Nr. 1
S. 1—320

1956
4. Januar

Chemisches Zentralblatt

Vollständiges Repertorium für alle Zweige der reinen und angewandten Chemie

1830 gegründet. 1897—1945 von der Deutschen Chemischen Gesellschaft fortgeführt.
Im Auftrage der Deutschen Akademie der Wissenschaften zu Berlin, der Chemischen Gesellschaft in der Deutschen Demokratischen Republik, der Akademie der Wissenschaften zu Göttingen und der Gesellschaft Deutscher Chemiker

herausgegeben von Prof. Dr. **Maximilian Pflücke**

127. Jahrgang

1 9 5 6

Chefredakteure: Dr. Eugen Klever und Prof. Dr. Maximilian Pflücke

Akademie-Verlag GmbH., Berlin — Verlag Chemie, GmbH., Weinheim/Bergstr.

Inhalt

Ein vollständiger oder gekürzter Abdruck der Referate ist ohne Genehmigung der Redaktion und des Verlages verboten!

Namenregister

Chemisches Zentralblatt

1956 Nr. 1 4. Januar

Eine Anregung von Professor Dr. FRANZ HEIN, Jena, und von Professor Dr. WALTHER HIEBER, München, gab Veranlassung, entsprechend einem Vorschlag von Professor Dr. WILHELM KLEMM, Münster, einem allgemeinen Wunsch seitens der Universitäts-Institutsleiter auf dem Gebiete der anorganischen Chemie nachzukommen und eine neue Einteilung der Kapitel A bis D vorzunehmen. Es wird deshalb von dem vorliegenden Heft 1 des Jahrgangs 1956 ab der Berichterstattungsstoff der Kapitel A bis D nach folgender Einteilung angeordnet:

A. Allgemeine, physikalische und anorganische Chemie.

- **A_1. Kernphysik und Kernchemie.**
- **A_2. Optisches Verhalten der Materie.**
- **A_3. Elektrizität. Magnetismus. Elektrochemie.**
- **A_4. Thermodynamik. Thermochemie.**
- **A_5. Kolloidchemie. Grenzschichtforschung.**
- **A_6. Strukturforschung.**
- **A_7. Gleichgewichte. Kinetik.**
- **A_8. Präparative anorganische Chemie. Komplexchemie. Metallorganische Verbindungen.**
- **A_9. Mineralogische und geologische Chemie.**

B. Allgemeine und theoretische organische Chemie.

C. Präparative organische Chemie. Naturstoffe.

D. Makromolekulare Chemie.

Die Benutzer des Chemischen Zentralblatts werden nachdrücklichst gebeten, Anregungen oder Kritiken dem Herausgeber zur Kenntnis zu bringen.

Berlin, den 4. Januar 1956.

Professor Dr. MAXIMILIAN PFLÜCKE.

Geschichte. Unterricht.

Ralph E. Oesper, *Gerhard Domagk und die Chemotherapie.* GERHARD DOMAGK (geb. 1895 in Lagow), Leben u. Arbeiten des Pathologen u. Bakteriologen (BAYER, Elberfeld; Therapien mit Sulfonamiden, Säurehydraziden usw.). (J. chem. Educat. **31.** 188—91. April 1954. Cincinnati, O., Univ.) K. BLUMRICH. 1

I. N. Stranski, *Widmungsheft für Max Volmer zum 70. Geburtstag.* Kurze Würdigung mit Bild. (Z. Elektrochem., Ber. Bunsenges. physik. Chem. **59.** Sonderblatt. Juli 1955.) E. KLEVER. 1

Joseph Czikel, *Ernst Diepschlag zum Gedächtnis.* Nachruf auf Prof. E. DIEPSCHLAG (geb. 20/2. 1885 in Wengern/Ruhr, gest. 28/12. 1953), seit 1946 an der Bergakademie Freiberg/Sa. Arbeiten über Eisenhütten- u. Gießereiwesen. (Forsch. u. Fortschr. **28.** 125—26. April 1954. Freiberg/Sa.) W. KUNTZ. 1

Wolfgang Schneider, *Josef Anton Häfliger †.* Nachruf u. Würdigung der Verdienste um die Pharmazie. (Arch. Pharmaz. Ber. dtsch. pharmaz. Ges. **287/59.** Nr. 9/10; Mitt. dtsch. pharmaz. Ges. **24.** 160. 1954.) M. NEGWER. 1

Maurice Lemoigne, *Nachruf auf Maurice Javillier (1875—1955).* Kurze Biographie u. Würdigung der Arbeiten von M. JAVILLIER (geb. 5/2. 1875 in Paris) auf dem

Gebiete der Agrikulturchemie, bes. der Bodenmikrobiologie (Aspergillus niger), sowie seiner Unterss. über Vitamin A. (C. R. hebd. Séances Acad. Sci. **240.** 2461–65. 27/6. 1955.) E. KLEVER. 1

E. Misslin-v. Salis, *Oscar Schulthess-Reimann, Dr. ès sciences. 2. März 1871 bis 27. Januar 1953.* Lebenslauf u. Persönlichkeit von Dr. SCHULTHESS-REIMANN (* in Rapperswil am Zürichsee), Leiter der ausländ. Filialen der Agfa, seit dem 1. Weltkrieg in analoger Funktion bei der Gesellschaft für chem. Industrie in Basel (CIBA), im 2. Weltkrieg in der „Sektion für Chemie u. Pharmazeutica" der Kriegswirtschaft in Bern tätig. — Bild. (Verh. schweiz. naturforsch. Ges. **134.** 352–54. 1954.) W. KUNTZ. 1

Virginia Bartow, *Axel Fredrik Cronstedt.* Lebensbild des A. F. CRONSTEDT (* 23/12. 1722 in der Provinz Södermanland, † 19/8. 1765 in Nysshytte). Er entwarf als erster ein auf die Chemie der Minerale gestütztes Syst. der Mineralogie u. entdeckte das Element Nickel. — Literaturangaben. (J. chem. Educat. **30.** 247–52. Mai 1953. Urbana, Ill., Univ. of Illinois.) W. KUNTZ. 1

Desmond Reilly, *Edward Divers und die Chemie der Stickstoffverbindungen.* Lebensbild des Chemikers E. DIVERS (* 27/11. 1837 in London, † 8/4. 1912 in Kensington), 1873–99 als Professor der Chemie in Tokio tätig. Forschungen über Stickstoff- u. Schwefelverbb.; Entdeckung des Natriumhyponitrits $Na_2N_2O_2$. — Bild. (J. chem. Educat. **30.** 234–37. Mai 1953. Kansas City, Mo., Midwest Res. Inst.) W. KUNTZ. 1

Félix Narti Ibañez, *Aufstieg und Bedeutung von Paul Ehrlich. Welt und Ideen des Schöpfers der Chemotherapie.* Vf. schildert zur Hundertjahrfeier des Geburtstages von PAUL EHRLICH seine Laufbahn u. würdigt seine Verdienste um die Chemotherapie. (Farmac. nueva **19.** 341–46. Juli 1954.) B. KRAFT. 1

P. Karrer, *Erinnerungsworte an Paul Ehrlich anläßlich seines 100. Geburtstages.* Ein Mitarbeiter EHRLICHs in seinen letzten Lebensjahren bringt eine Würdigung der Persönlichkeit, der Arbeitsweise u. der wissenschaftlichen Ergebnisse unter Heranziehung von Bestätigung u. Kritik durch spätere Forschung. — 3 Bilder. (Verh. schweiz. naturforsch. Ges. **134.** 76–87. 1954.) W. KUNTZ. 1

Karl Frz. Hoffmann, *Johann Rudolf Glauber (1604—1670).* Kurze Biographie nebst Hinweis auf Entdeckungen u. Leistungen von J. R. GLAUBER in der präparativen Chemie. (Med. Mschr. **9.** 471–72. Juli 1955. Türkenfeld.) HEINRICH HERMANN. 1

T. H. Bishop, *Vor 350 Jahren wurde Johann Rudolf Glauber, der Entdecker des „Sal admirabile", geboren.* Würdigung der vielseitigen chem.-medizin. Wirksamkeit von J. R. GLAUBER, * 1604 in Carlstadt, tätig in Salzburg, Wien, Frankfurt, Köln u. Amsterdam, wo er 1670 starb. — Bild. (Chemist and Druggist **162.** 555. 27/11. 1954.) W. KUNTZ. 1

J. Lindner, *Zum Gedenken an den 350. Geburtstag von Johann Rudolf Glauber.* Lebensbild u. Würdigung der wissenschaftlichen Leistung des 1604 geborenen u. 1670 verstorbenen J. R. GLAUBER. (Dtsch. Apotheker-Ztg. **94.** 1093. 11/11. 1954. Würzburg.) PH. FRESENIUS. 1

N. I. Pachorukow, *D. I. Mendelejew — der geniale Erkenner auf dem Gebiete der Entdeckung der chemischen Elemente.* Besondere Würdigung der Voraussage der Eigg. von noch nicht entdeckten Elementen durch MENDELEJEW u. geschichtliche Daten über die Entdeckung dieser Elemente. (Химия в Школе [Chem. Schule] **9.** Nr. 5. 14–19. Sept./Okt. 1954.) O. LEBTAG. 1

D. I. Sulfugarly, *Die Rolle D. I. Mendelejew's bei der Entwicklung der heimischen Erdölindustrie.* MENDELEJEW besuchte die Erdölanlagen in Pennsylvanien sowie mehrmals jene in Baku. Er empfahl die sorgfältige Gewinnung u. rationelle Verwertung der Schweröle sowie sehr dringlich den Bau einer Ölleitung Baku–Batum. Seine bekannte Annahme über den anorgan. Ursprung des Erdöls aus Fe-Carbid u. W. wurde überholt u. verlassen. (Известия Академии Наук Азербайджанской ССР [Nachr. Akad. Wiss. AserbaidshanSSR] **1955.** Nr. 2. 11–20. Febr.) A. v. WILPERT. 1

W. R. Bett, *Jôkichi Takamine (1854—1922), der Entdecker des Adrenalin.* Würdigung der Lebensarbeit TAKAMINES, * in Takaoka, Japan, seit 1890 in USA, † 22/7. 1922 in New York. (Chemist and Druggist **162.** 523. 20/11. 1954.) W. KUNTZ. 1

Georg Edmund Dann, *Die Entdeckung des Urans.* Bericht über die Entdeckung des Urans durch den Besitzer der Bärenapotheke in Berlin MARTIN HEINRICH KLAPROTH 1789 bei analyt. Unters. der Pechblende. (Österr. Apotheker-Ztg. **9.** 33–35. 15/1. 1955.) W. KUNTZ. 2

E. U. Condon, *Ein Halbjahrhundert Quantenphysik.* Persönliche Erinnerungen an die Fortschritte der theoret. Physik der letzten 50 Jahre (Quantentheorie, Matrizenmechanik, Statist. Theorien u. Kernphysik). (Science [Washington] **121.** 221. 18/2. 1955. Berkeley, Calif.) GERHARD SCHMIDT. 2

J. M. Rowson, *Pharmazie im 16. und im 18. Jahrhundert.* Überblick über die Entw. der Pharmazie in England u. ihre Verselbständigung gegen Medizin u. Chemie. (Pharmac. J. **173** ([4] **119**). 515—17. 25/12. 1954.) W. KUNTZ. 2

Wolfgang Schneider, *Der Weg vom Morphium bis zu den modernen Analgetica.* Vortrag, umfassend die Zeit von der Entdeckung des Morphiums durch SERTÜRNER (1806/1817) zur Konstitutionsaufklärung durch ROBINSON u. SCHÖPF (1927 u. 1928) u. zur Synth. durch GATES u. TSCHUDI (1952), ferner die Entw. verwandter Analgetica. (Dtsch. Apotheker-Ztg. **94.** 1143—45. 25/11. 1954. Braunschweig.) W. KUNTZ. 2

Leo Wolf, *Etwas aus der Geschichte des Kautschuks.* Geschichtlicher Überblick über die Produktion u. Verwertung des Kautschuks: Wildkautschuk, Vulkanisation, Plantagen-, Kunstkautschuk, Produktionsziffern. (Österr. Apotheker-Ztg. **9.** 38—40. 15/1. 1955.) W. KUNTZ. 2

A. P. Krjutschkow, *Sowjetischer Kautschuk.* Allg. Beschreibung der technol. Prozesse bei der Herst. von Na-Butadienkautschuk nach LEBEDEW aus A., die in der Sowjetunion 1931 großtechn. in Angriff genommen wurde. In diesem Zusammenhang wird die synthet. A.-Gewinnung nach verschied. bekannten Verff. behandelt. (Химия в Школе [Chem. Schule] **9.** Nr. 5. 3—13. Sept./Okt. 1954.) O. LEBTAG. 2

Charlotte Schaler, *Technische Abkürzungen und Zusammenziehungen im Englischen.* Schwierigkeiten bei der Lektüre; 12 Arten der Bldg. von Abkürzungen mit Beispielen; Unregelmäßigkeiten u. Doppeldeutigkeiten; Lösungsbehelfe. — 100 Literaturangaben. (J. chem. Educat. **32.** 114—17. März 1955. New York, N. Y., Sinclair Refining Co.) K. BLUMRICH. 4

Leo J. Stevens, *Die italienische chemische Literatur.* Von den in Amerika wenig berücksichtigten italien. chem. Veröffentlichungen (italien. Universitäten u. wissenschaftliche Gesellschaften, Geschichte der chem. Zeitschriften, Wörterbücher, Nachschlagewerke, Enzyklopädien, Referate, Lehrbücher u. Abhandlungen; sprachliche Schwierigkeiten). (J. chem. Educat. **31.** 180—83. April 1954. Philadelphia, Pa., Smith, Kline and French Labors.) K. BLUMRICH. 4

Fred H. Lohman, *Die mathematische Kombination der Gesetze von Lambert und Beer.* Im Unterricht meistens nicht gegebene Ableitung des kombinierten Gesetzes aus den einzelnen durch Integrieren der beide umfassenden Differentialgleichung. (J. chem. Educat. **32.** 155. März 1955. Ames, Io., State Univ.) K. BLUMRICH. 6

A. I. Gelfgat, *Demonstration der Ionenbewegung.* Beschreibung einer einfachen App., die auf der Anwendung von Filterpapier als elektrolyt. Bad beruht. Die beschriebenen sehr einfachen u. anschaulichen Verss. zeigen die Bewegung von H-Ionen, OH-Ionen, gefärbten Anionen u. Kationen sowie die gleichzeitige Wanderung entgegengesetzt geladener Ionen. (Химия в Школе [Chem. Schule] **9.** Nr. 5. 51—55. Sept./Okt. 1954.) O. LEBTAG. 6

Richard L. Barrett, *Die Formaldehyd-Zeitreaktion.* Wegen ihrer geklärten Kinetik wird die Rk. überschüssigen Formaldehyds mit $NaHSO_3$ in Ggw. von etwas Na_2SO_3 (WAGNER; nach Verbrauch des $NaHSO_3$ schlägt ein alkaliempfindlicher Indicator um) zum Demonstrieren des konstanten Verhältnisses der Verdünnung zur Reaktionszeit u. von deren Verdopplung beim Erhöhen der Temp. um ca. 10° empfohlen. (J. chem. Educat. **32.** 78—79. Febr. 1955. State College, N. Mex., New Mexico Coll. of Agric. and Mech. Arts.) K. BLUMRICH. 6

Vareille, *Eine Praktikumsaufgabe der direkten Analyse: Chromatographie von Blattfarbstoffen.* Ausrüstung u. Arbeitsplan für eine papierchromatograph. Übung. (Bull. Union Physiciens **49.** 243—45. Jan./Febr. 1955. St. Omer.) H. ENDRASS. 6

W. Bernard King und **John A. Beel,** *Grignard-Reagens im Anfängerkursus.* Erklärung der Struktur von A. durch Einw. von CH_3MgJ, Messen des entstehenden CH_4 (einfache Arbeitsweise) u. Auswerten des Ergebnisses. (J. chem. Educat. **32.** 146—48. März 1955. Ames, Io., State Coll.; Greeley, Colo., State Coll. of Educat.) K. BLUMRICH. 6

Günther Bugge, Hrsg. u. unter Mitw. namhafter Gelehrter. Das Buch der großen Chemiker. Unveränd. Nachdr. Bd. 1. 2. Weinheim/Bergstr.: Verl. Chemie. 1955. 1. Von Zosimos bis Schönbein. (XII + 496 S. m. 68 Abb. auf Taf. u. im Text.) 2. Von Liebig bis Arrhenius. (X + 559 S. m. 78 Abb. auf Taf. u. im Text). 8°. zus. DM 80,—.

Ss. Ss. Nametkin, Sammlung von Arbeiten, Band II. Moskau: Verlag der Akad. der Wiss. der UdSSR. 1955. (648 S. u. 2 Beilagen) 38 Rbl. 80 Kop. [russ.]

Ju. I. Ssolowjew, Grundriß der Geschichte der physikalisch-chemischen Analyse. Moskau: Verlag der Akad. der Wiss. der UdSSR. 1955. (222 S. m. Abb.) 10 Rbl. 50 Kop. [russ.]

A. Allgemeine, physikalische und anorganische Chemie.

R. T. Sanderson, *Elektronegativitäten in der anorganischen Chemie. Eine Revision der Atomladungsdaten.* (Vgl. C. **1954.** 8523 u. **1955.** 2373.) Die l. c. angenommene Aufladung des NaF von 90% wird auf 75% herabgesetzt, um bessere Einordnung der Edelgase zu erreichen. — Tabelle der neu berechneten Elektronegativitäten (SR) der Elemente (bis Bi) u. ihrer Änderung bei Ionisierung. — Formel zur Berechnung der anteiligen Atomladungen aus diesen Daten. (J. chem. Educat. **32.** 140—41. März 1955. Iowa City, Io., State Univ.) K. BLUMRICH. 10

Max von Laue, Die Relativitätstheorie. Bd. 1. Die spezielle Relativitätstheorie. 6. durchges. Aufl. anläßlich d. 50-Jahrfeier d. Relativitätstheorie. (VI + 204 S. m. 23 Abb., 1 Taf.) Braunschweig: Vieweg. 1955. 8°. = Die Wissenschaft Bd. 38. DM 16,80.

Horst Sackmann, Physikalische Chemie. 2. verb. Aufl. Leipzig: Fachbuchverl. 1955. (VIII + 205 S. m. 104 Abb. u. 27 Tab.) 8°. DM 6,50.

Clemens Schaefer, Einführung in die theoretische Physik. In 3 Bdn. Bd. 2. Theorie der Wärme. Molekularkinetische Theorie der Materie. 3. durchges. Aufl. Berlin: de Gruyter. 1955. (XII + 660 S. m. 88 Fig. im Text.) 8°. DM 42,—.

Clarence Harvey Sorum, Fundamentals of general chemistry. New York: Prentice-Hall. 1955. (597 S. m. Abb., Diagr.) O. $ 8,65.

A_1. Kernphysik und Kernchemie.

Marvin L. Goldberger, *Verwendung von Kausalitätsbedingungen in der Quantentheorie.* Die Ergebnisse der Ableitung der KRAMERS-KRONIG-Dispersionsbeziehungen sind im wesentlichen unabhängig von der Form der Kopplung zwischen dem elektromagnet. Feld u. den Materiefeldern. (Physic. Rev. [2] **97.** 508—10. 15/1. 1955. Chicago, Ill., Univ. of Chicago, Inst. for Nucl. Stud. and Dep. of Phys.) GERHARD SCHMIDT. 80

D. Bohm, R. Schiller und **J. Tiomno,** *Eine Kausaldarstellung der Pauli-Gleichung.* 1. Mitt. (Vgl. C. **1955.** 9012.) Vff. behandeln die Einführung des „inneren" („intrinsic") Spins in das hydrodynam. Modell, die kinemat. Beschreibung von Rotationen sowie die Beziehung zwischen Spin u. Geschwindigkeit. (Suppl. del Nuovo Cimento Nr. 1 (zu [10] **1**). 48—66. 1955. São Paulo, Univ., Fac. da Filos., Ciênc. e Letras.) GERHARD SCHMIDT. 80

D. Bohm und **R. Schiller,** *Eine Kausaldarstellung der Pauli-Gleichung.* 2. Mitt. (1. vgl. vorst. Ref.) Verallgemeinerung des l. c. beschriebenen Modells u. Darst. des Modells der PAULI-Theorie in Termen des einfachen Beispiels eines stationären Zustandes eines Elektrons in einem Atom. (Suppl. del Nuovo Cimento Nr. 1 (zu [10] **1**). 67—91. 1955.) GERHARD SCHMIDT. 80

R. H. Dicke, *Drehimpuls eines reellen Feldes.* Weiterführung der Betrachtungen über den Drehimpuls eines zweiten gequantelten reellen Feldes in Verbindung mit der Oscillation des fl. Tropfens u. den Multipolexpansionen des elektromagnet. Feldes. Der Operator für das Quadrat des Drehimpulses des Feldes wird diskutiert. (Physic. Rev. [2] **97.** 536—39. 15/1. 1955. Princeton, N. J., Princeton Univ., Palmer Phys. Labor.) GERHARD SCHMIDT. 80

Hans Freistadt, *Klassische Feldtheorie im Hamilton-Jacobi-Formalismus.* (Vgl. C. **1955.** 4985.) Entw. eines HAMILTON-JACOBI-Formalismus der klass. relativist. Feldtheorie, wobei sowohl zeitunabhängige als auch zeitabhängige Formalismen gegeben u. die Beziehungen zwischen diesen diskutiert werden. (Physic. Rev. [2] **97.** 1158—61. 15/2. 1955. Newark, N. J., Newark Coll. of Engng.) GERHARD SCHMIDT. 80

W. K. Burton, *Äquivalenz der Lagrangeschen Formulierungen der Quantenfeldtheorie von Feynman und Schwinger.* Ableitung des SCHWINGERschen dynam. Prinzips aus dem FEYNMAN-Prinzip. (Nuovo Cimento [10] **1.** 355—57. 1/2. 1955. Glasgow, Univ., Dep. of Natural Philos.) GERHARD SCHMIDT. 80

Ja. P. Terletzki, *Verfeinerte Diffusionsgleichung der Höhenstrahlprotonen im interstellaren Raum.* Es wird eine Beschleunigung der Höhenstrahlteilchen durch magnetisierte interstellare Materie in turbulenter Bewegung angenommen. Die Diffusionsgleichung der Höhenstrahlteilchen wird verbessert, indem auch die bei Proton–Proton-Stößen verbleibenden schnellen Protonen berücksichtigt werden. Hierdurch erhält der Exponent im Energiespektr. einen mit der Beobachtung übereinstimmenden Wert u. wird von αT ($\alpha = u^2/c^2\tau$ mit u = mittlere Turbulenzgeschwindigkeit u. τ = Zeit des Aufenthalts der Teilchen im Turbulenzbereich) unabhängig. (Доклады Академии Наук СССР [Ber. Akad. Wiss. UdSSR] **101.** 59—62. 1/3. 1955. Moskau, Lomonossow-Univ.) M. WIEDEMANN. 85

N. M. Kotscharjan, *Protonenkomponente der Höhenstrahlung in 3200 m Seehöhe.* Mittels eines magnet. Spektrometers wurden auf 3200 m Höhe 6085 Protonen mit Impulsen > 0,4 GeV/c, darunter 1740 mit p > 1 GeV/c registriert, die infolge Kernwechselwirkungen im Absorber steckenblieben. Mittels einer modifizierten Ausführung (Magnetfeld 5800 Oe, 4 Reihen von Zählrohren) wurden nochmals 1581 Protonen mit $p > 0,35$ GeV/c registriert, darunter 492 mit $p > 1,11$ GeV. Das differentielle Impulsspektr. des vertikalen Protonenflusses gehorcht im Bereich $1,2 < p < 2$ GeV/c der Beziehung $N(p)dp = a/p^{\gamma}dp$ mit $\gamma = 2,65 \pm 0,23$ u. $a = (1,46 \pm 0,16) \cdot 10^{-3}$. Das Spektr. zeigt ein Maximum bei 0,6—0,7 GeV/c. Die Gesamtintensität der Protonen mit $p > 1$ GeV/c ergibt sich zu $0,69 \cdot 10^{-3}$/cm²/sec. Aus dem Vgl. mit anderen Messungen wird die Absorptionsweglänge der Protonen in Luft für verschied. Impulsbereiche berechnet, die Werte liegen bei 115 g/cm². Unter einem Pb-Absorber von 68 g/cm² wurden 2742 Protonen mit $p > 0,35$ GeV/c registriert, für $p > 1$ GeV/c ergab sich eine Absorptionsweglänge in Pb von 315 ± 49 g/cm². Weiterhin wurde die Bldg. von Protonen u. Pionen in einer 1 cm dicken Pb-Schicht durch Neutronen untersucht. Die Intensität der Protonenbldg. in 1 g/cm² Pb auf 3200 m Höhe in Luft wurde zu $1,66 \cdot 10^{-6}$/cm²/sec/Raumwinkel ermittelt. Die Zahl der Pionen wurde abgeschätzt. (Журнал Экспериментальной и Теоретической Физики [J. exp. theoret. Physik] **28.** 160—69. Febr. 1955. Physikal. Inst. der Akad. der Wiss. der ArmenSSR.) M. WIEDEMANN. 85

John Lindsley, *Der Fluß primärer Höhenstrahl-α-Teilchen.* Eine durch ein ČERENKOV-Zählrohr in Koinzidenz mit einem Teleskop aus GEIGER-Zählern gesteuerte Nebelkammer wurde 5 Std. auf 17 g/cm² atmosphär. Tiefe geflogen. Auf 157 Aufnahmen wurden 60 α-Teilchen u. 20 mit $Z > 2$ beobachtet. Der vertikale prim. Fluß für Energien $> 700 \pm 100$ MeV/Nucleon der α-Teilchen ergibt sich daraus zu $0,014 \pm 0,002$/cm²/sec/Raumwinkel. (Physic. Rev. [2] **94.** 796. 1/5. 1954. Univ. of Minnesota.) M. WIEDEMANN. 85

A. P. Shdanow und **P. I. Fedotow,** *Übergangseffekt und Winkelverteilung für einzelne Höhenstrahlen.* Emulsionen von 300 μ Dicke wurden auf 5000 m Höhe 22 Tage lang exponiert. Es wurden die Bahnspuren mit mehr als 60 μ Länge gezählt. Die Absorptionskurve der Komponente, die einzelne schwere geladene Teilchen erzeugt, zeigt einen Übergangseffekt mit einem Maximum von 130% bei 1,4 cm, nach 4,5 cm einen exponentiellen Abfall mit einer freien Weglänge von 282 ± 15 g/cm². Der Wirkungsquerschnitt gehorcht der Beziehung $\sigma = kA^{2/3}\ 10^{-26}$ cm² mit $k = 3,5$. Die mittlere freie Weglänge der sek. Komponente ergab sich zu $13,3 \pm 2,5$ g/cm² Pb. (Доклады Академии Наук СССР [Ber. Akad. Wiss. UdSSR] **100.** 659—60. 1/2. 1955. Chlopin-Strahlungsinst. der Akad. der Wiss. der UdSSR.) M. WIEDEMANN. 85

J. E. Meggitt, *Gleichungen variabler Massen.* Vf. systematisiert die Feldgleichungen für Teilchen mit variablen Massen u. ermöglicht die Beschreibung von Familien solcher Teilchen durch eine allg. Theorie. (Physic. Rev. [2] **97.** **1126—31.** 15/2. 1955. Cambridge, England, Emmanuel Coll.) GERHARD SCHMIDT. 90

K. A. Brueckner und **C. A. Levinson,** *Approximative Zurückführung des Mehrkörperproblems für stark wechselwirkende Teilchen auf ein Problem von self-consistent Feldern.* Aufstellung einer transformierten Wellenfunktion zur Beschreibung von Teilchen, die sich in einem kollektiv bestimmten gleichförmigen Potential bewegen. (Physic. Rev. [2] **97.** 1344—52. 1/3. 1955. Bloomington, Ind., Indiana Univ.) GERHARD SCHMIDT. 90

A. Papapetrou und **W. Urich,** *Das Pol–Dipol-Teilchen im Gravitationsfeld und elektromagnetischen Feld.* Aufstellung der Bewegungsgleichungen für ein Pol–Dipol-Teilchen unter dem Einfl. vorgegebener Gravitations- u. elektromagnet. Kräfte u. Diskussion im LAGRANGE- sowie im HAMILTON-Formalismus. (Z. Naturforsch. **10a.** 109—17. Febr. 1955. Berlin, Dtsch. Akad. der Wiss.; Tübingen, Univ., Lehrst. für Theoret. Phys.) GERHARD SCHMIDT. 90

N. G. Van Kampen, *Vervollständigung von stationären Streuzuständen.* 1. Mitt. Theoret. Ableitung ausreichender allg. Bedingungen für die Streuphasen, die die stationären Streuzustände außerhalb des Streuers bestimmen. (Physica **21.** 127—36. Febr. 1955. Leiden, Univ., Inst.-Lorentz.) GERHARD SCHMIDT. 90

P. Swan, *Die Beziehung zwischen Nullenergie-Streuphasenverschiebungen, dem Pauli-Ausschlußprinzip und der Anzahl zusammengesetzter gebundener Zustände.* Für durch Integral–Differential-Gleichungen beschriebene Systeme wird ein Ausdruck für die Phasenverschiebung aufgestellt, der die Anzahl zusammengesetzter gebundener Zustände der einfallenden u. getroffenen Teilchen mit der Zahl der Zustände verbindet, aus denen das einfallende Teilchen durch das PAULI-Prinzip ausgeschlossen ist. (Proc. Roy. Soc. [London], Ser. A **228.** 10—32. 15/2. 1955. London, Univ. Coll., Dep. of Phys.) GERHARD SCHMIDT. 90

G. Breit und **M. H. Hull jr.,** *Amplituden bei der Nucleon–Nucleon-Streuung.* Vff. stellen für die Berechnung geeignete Amplituden zur Unters. elast. Stöße geladener u. ungeladener FERMI-DIRAC-Teilchen vom Spin 1/2 auf. (Physic. Rev. [2] **97.** 1047—50. 15/2. 1955. New Haven, Conn., Yale Univ.) GERHARD SCHMIDT. 90

G. Breit, J. B. Ehrman und **M. H. Hull jr.**, *Polarisation und Amplituden bei der Nucleon–Nucleon-Streuung.* (Vgl. vorst. Ref.) Unters. der Wrkg. der Kopplung von Zuständen mit gleichem J, aber verschied. L auf die Nucleon–Nucleon-Streuung u. Aufstellung von Formeln für die Polarisation von Nucleonen bei Doppelstreuverss. in für die numer. Berechnung geeigneten Ausdrücken. (Physic. Rev. [2] **97.** 1051–59. 15/2. 1955.) GERHARD SCHMIDT. 90

S. Tamor, *Polarisation bei der Streuung an komplexen Kernen.* Vf. untersucht die Polarisationseffekte bei der elast. Streuung energiereicher Nucleonen an komplexen Kernen in Ausdrücken der Impulsapproximation, wobei hauptsächlich darauf geachtet wird, die durch komplexe Kerne erzeugten großen Polarisationen mit den kleineren Wirkungen, die bei der Nucleon–Nucleon-Streuung gefunden werden, in Einklang zu bringen. Für eine besondere Klasse von Kernen (Deuteron u. α-Kerne) ist die Polarisation von der Wellenfunktion des Kerns unabhängig. Für diese Kerne werden unter Verwendung bestehender Nucleon–Nucleon-Phasenverschiebungen Berechnungen im einzelnen durchgeführt. (Physic. Rev. [2] **97.** 1077–83. 15/2. 1955. Berkeley, Univ. of California, Dep. of Phys., Radiat. Labor.; Livermore, Calif.) GERHARD SCHMIDT. 90

G. A. Snow, R. M. Sternheimer und **C. N. Yang**, *Polarisation der elastisch an Kernen gestreuten Nucleonen.* Unters. des Polarisationseffektes durch ein Spin–Bahn-Potential unter Benutzung des SERBERschen Modells. Zum Vgl. mit experimentellen Daten anderer Autoren wurde P(Θ) für an Be gestreute 316 MeV-Nucleonen berechnet. Es wird angenommen, daß der Polarisationseffekt auch im GeV-Bereich zu erwarten ist. (Physic. Rev. [2] **94.** 1073–74. 15/5. 1954. Upton, N. Y., Brookhaven Nat. Labor.) K.-H. BILLER. 90

A. Simon und **T. A. Welton**, *Polarisation aus isolierten Resonanzen.* (Vgl. C. **1954.** 10869.) Diskussion der Polarisation aus Rkk., die mit merklicher Intensität auf einen einzelnen Compoundzustand führen, im Zusammenhang mit der entsprechenden WIGNER-EISENBUD-Formel. (Physic. Rev. [2] **94.** 943–44. 15/5. 1954. Oak Ridge, Tenn., ORNL.) K.-H. BILLER. 90

Hans Mark, *Unelastische Streuung geladener Teilchen bei elektrischen Anregungsprozessen.* (Sitzungsbericht.) Vf. findet das Verhältnis R aus elast. u. unelast. gestreuten Teilchen proportional zur Übergangswahrscheinlichkeit der Strahlung u. als Funktion des Streuwinkels mit einem Maximum in Rückwärtsrichtung. R wird für verschied. Kerne berechnet. (Physic. Rev. [2] **94.** 1436–37. 1/6. 1954. MIT.) H. LIEPACK. 90

M. Markow, *Zur Theorie des dynamisch deformierbaren Formfaktors.* (Vgl. C. **1955.** 270.) Die Vorstellung eines dynam. deformierbaren Formfaktors gestattet eine Interpretation der Eigg. einer Reihe neuer Teilchen u. die Formulierung eines Mechanismus für die Mehrfachentstehung in einem Elementarakt. Vf. behandelt ein Nucleon im Mesonenfeld. Als Modell des Elementarteilchens dienen zwei Punktteilchen, die durch ein relativist. Wechselwirkungsgesetz gebunden sind. Die sich ergebenden Massenspektren werden abgeleitet, die Beseitigung auftretender Divergenzen wird diskutiert. (Доклады Академии Наук СССР [Ber. Akad. Wiss. UdSSR] **101.** 51–54. 1/3. 1955.) M. WIEDEMANN. 90

M. G. Meschtscherjakow, B. Ss. Neganow, N. P. Bogatschew und **W. M. Ssidorow**, *Reaktion $p + p \rightarrow d + \pi^+$ bei 460 MeV.* Mittels Synchrocyclotronprotonen von $460 \pm 0{,}9$ MeV wurde die Rk. $p + p \rightarrow d + \pi^+$ durchgeführt. Deuteronen u. Mesonen wurden durch Koinzidenzen zwischen 2 Teleskopen nachgewiesen, deren Winkel zum Primärbündel 6–9,3 bzw. 17–55° betrug. Die Protonen fielen auf Paraffin- bzw. Graphitauffänger. Die Unterscheidung der Deuteronen von den prim. Protonen erfolgte mittels eines Diskriminators (Anthracen-Scintillationszähler). Der differentielle Wirkungsquerschnitt (Schwerpunktssyst.) betrug $d\sigma/dw = (2{,}13 \pm 0{,}20)\,[(0{,}24 \pm 0{,}03) + \cos^2\Theta] \cdot 10^{-28}\,cm^2$/Raumwinkel, der Gesamtwirkungsquerschnitt $\sigma = (15{,}4 \pm 1{,}6) \cdot 10^{-28}\,cm^2$, das Verhältnis $\sigma(0^0)/\sigma(90^0) = 5{,}1 \pm 0{,}8$. Die Abhängigkeit von σ von der Mesonenenergie zwischen 22 u. 72 MeV, entsprechend einer Protonenenergie von 340–460 MeV, entspricht einem Exponenten zwischen 1,5 u. 2. Die Winkelverteilung spricht für überwiegende, wenn nicht vollständige Entstehung der Mesonen im p-Zustand. (Доклады Академии Наук СССР [Ber. Akad. Wiss. UdSSR] **100.** 673–76. 1/2. 1955. Inst. für Kernprobleme der Akad. der Wiss. der UdSSR.) M. WIEDEMANN. 90

M. G. Meschtscherjakow und **B. Ss. Neganow**, *Mesonenbildung bei der Reaktion $p + p \rightarrow d + \pi^+$ im Gebiet von 510–660 MeV.* (Vgl. vorst. Ref.) Im Anschluß an l. c. wurde der differentielle Wirkungsquerschnitt für die Bldg. von Pionen durch Protonen von maximal 657 MeV zu $d\sigma/dw = (4{,}35 \pm 0{,}25)\,[(0{,}23 \pm 0{,}03) + \cos^2\Theta]\,10^{-28}\,cm^2$/Raumwinkel u. der gesamte zu $\sigma = (3{,}1 \pm 0{,}2) \cdot 10^{-27}\,cm^2$ bestimmt. Für Energien zwischen 510–660 MeV wurde der differentielle Wirkungsquerschnitt unter 50° bestimmt u. hieraus der gesamte berechnet. Die Verss. bestätigen, daß die Pionen vor allem im p-Zustand entstehen, das Verhältnis der Übergänge $^1S_0 \rightarrow {}^3S_1$ u. $^1D_2 \rightarrow {}^3S_1$ ist in diesem Energiebereich konstant. (Доклады Академии Наук СССР [Ber. Akad. Wiss. UdSSR] **100.** 677—79. 1/2. 1955. Inst. für Kernprobleme der Akad. der Wiss. der UdSSR.) M. Wiedemann. 90

Wilson J. Frank, Kenneth C. Bandtel, Richard Madey und **Burton J. Moyer,** *Winkelverteilung und Ausbeute des Prozesses $p + d \rightarrow t + \pi^+$.* (Vgl. C. **1955.** 5713.) 340 MeV-Protonen des Synchrocyclotrons fielen auf Targets aus deuteriertem Paraffin u. aus C. Sowohl die entstehenden π^+-Mesonen als auch die Tritonen wurden mittels je zweier Scintillationszähler aus trans-Stilben nachgewiesen. Der Nachw. der Tritonen erfolgte innerhalb eines Winkels von 12° u. in größerer Entfernung. Der Wirkungsquerschnitt war konstant 0,45 mbarn/Raumwinkel über Winkel von 90—180° im Pionen-Schwerpunktssystem. In der Vorwärtsrichtung steigt er bis auf 5 mbarn/Raumwinkel bei 0°. Der totale Wirkungsquerschnitt wird durch numer. Integration auf 15 mbarn abgeschätzt. (Physic. Rev. [2] **94.** 1716—21. 15/6. 1954. Berkeley, Calif., Univ. of California, Dep. of Phys., Radiat. Labor.) M. Wiedemann. 90

W. B. Fowler, R. P. Shutt, A. M. Thorndike und **W. L. Whittemore,** *Mesonenerzeugung in n–p-Zusammenstößen bei Cosmotronenergien.* Im Cosmotron wurde ein Neutronenstrahl von 1—2,2 GeV erzeugt, dieser fiel auf eine mit H_2 von 20 at u. Methylalkohol gefüllte Diffusionsnebelkammer, die sich in einem Magnetfeld von 10500 Gauß befand. Es konnten 154 Fälle von Neutron–Proton-Zusammenstößen analysiert werden, bei denen 3 ionisierende Teilchen entstanden. Nach Messungen der Impulse u. der Ionisationsdichten handelt es sich in 24 Fällen um $p + p + \pi^-$, in 30 um $p + p + \pi^0 + \pi^-$ u. in 95 Fällen um $p + n + \pi^+ + \pi^-$. Die Bldg. von 3 Mesonen wurde nicht beobachtet. Die räumliche u. die Impulsverteilung der Sekundärteilchen wurde untersucht. Im Schwerpunktssyst. werden bei der Bldg. von $n + p + \pi^+ + \pi^-$-Protonen u. π^+ bevorzugt rückwärts, Neutronen u. π^- bevorzugt vorwärts emittiert, jedoch werden Protonen u. π^+ u. ebenso Neutronen u. π^- häufiger als Protonen u. π^- u. Neutronen u. π^+ in entgegengesetzter Richtung ausgesandt. Die Resultate werden mit der statist. Theorie von Fermi verglichen. Die Häufigkeiten der oben erwähnten Rkk. im Verhältnis $(0{,}8 \pm 0{,}3):(1 \pm 0{,}35):(3{,}2 \pm 0{,}7)$ ergeben für die Wahrscheinlichkeit der doppelten Mesonenerzeugung im Vgl. zur einfachen einen 20mal höheren Wert als die Theorie. Mit der Hypothese der Ladungsunabhängigkeit sind die experimentellen Daten in Einklang. Zwischen den emittierten Mesonen scheint keine starke Wechselwrkg. zu bestehen. Die Hypothese, daß jedes Nucleon für sich zu einem Zwischen-, möglicherweise Resonanzzustand angeregt wird, der dann unter Mesonenemission zerfällt, wird gestützt. (Physic. Rev. [2] **95.** 1026—44. 15/8. 1954. Upton, N. Y., Brookhaven Nat. Labor.) M. Wiedemann. 90

R. M. Walker, R. S. Preston, E. C. Fowler und **H. L. Kraybill,** *Erzeugung neutraler V-Ereignisse durch Cosmotronneutronen.* Mit einer modifizierten beweglichen Nebelkammer für Höhenstrahlunterss. werden angenähert 2000 Aufnahmen im Vorwärtsbündel der Neutronen durchgeführt, die durch Auftreffen energiereicher Protonen auf ein Be-Target im Cosmotron erzeugt worden sind. Es werden 9 V-Ereignisse beobachtet, die als Zerfall eines neutralen Teilchens, das in einer 1 in. dicken Pb-Platte in der Nebelkammer erzeugt worden ist, gedeutet werden. Der Neutronenstrom wird aus den im Ar-Gas der Kammer beobachteten Sternen zu 140 pro Aufnahme geschätzt. Eine obere Grenze des Querschnitts für Λ^0-Erzeugung von 3 mbarn pro Pb-Stern wird für die mesonenerzeugenden Neutronen abgeleitet. Die Energien der im Cosmotron beschleunigten Protonen liegen zwischen 2,2 u. 3,0 GeV. (Physic. Rev. [2] **97.** 1086—92. 15/2. 1955. New Haven, Conn., Yale Univ., Sloane Phys. Labor.) Gerhard Schmidt. 90

R. Gatto, *Über die Unabhängigkeit von der Ladung bei der Erzeugung von Λ-Teilchen.* Für verschied. Fälle des Verhältnisses der isotopen Spins des schweren Mesons (Θ) u. des Λ-Teilchens $T_\Theta:T_\Lambda$ (0:½, 0:1½, 1:½, 1:1½ usw.) wird untersucht, welche Teilchen vorkommen (Θ^0, Θ^+, Θ^-, Λ^0, Λ^+, Λ^{2+}, Λ^-). Die scheinbare geringere Erzeugung geladener gegenüber derjenigen neutraler Λ-Teilchen bei Annahme der Ladungsunabhängigkeit kann nicht erklärt werden. (Nuovo Cimento [9] **11.** 445—57. 1/5. 1954. Roma, Univ., Ist. di Fis., Ist. Naz. di Fis. Nucl.) R. K. Müller. 90

J. P. Astbury, *Analyse von V^0-Zerfällen, wenn die Meßfehler groß sind.* Vf. diskutiert die Möglichkeiten, zwischen Λ^0-Zerfällen (zu $p^+ + \pi^- + 37$ MeV) u. Θ^0-Zerfällen (zu $\pi^+ + \pi^- + 210$ MeV) bei den V^0-Teilchen zu unterscheiden. Die Meßfehler, die Einflüsse des Instruments u. deren Auswahl sowie die Möglichkeit noch anderer V^0-Zerfälle, z. B. $V_3^0 \rightarrow \tau^+ + \pi^-$, werden diskutiert. Eine Trennung der Λ^0- u. Θ^0-Teilchen ist durch Messung des Winkels zwischen den Sekundärteilchen φ u. des Impulses des negativen Teilchens p_- möglich. Für Λ^0 gilt $p_- < 1{,}2 \operatorname{cosec} \varphi \cdot 10^8$ eV/c, für 90% der

Θ^0 $p_- > 1{,}2$ cosec $\varphi \cdot 10^8$ eV/c. (Nuovo Cimento [9] **12.** 387—406. 1/9. 1954. Roma, Univ., Ist. di Fis., Ist. Naz. di Fis. Nucl.) M. WIEDEMANN. 90

S. B. Treiman, *Strahlungszerfall des Θ^0-Teilchens.* Der Zerfall des Θ^0-Teilchens verläuft normalerweise zu $\pi^+ + \pi^- + Q_0$ mit $Q_0 = 214 \pm 5$ MeV, der des τ^0 zu $\pi^+ + \pi^- + \pi^0$ mit $Q < 75$ MeV. Einzelne Fälle mit anomal niedrigem Q-Wert (< 214 MeV) können möglicherweise als Strahlungszerfall des Θ^0 gedeutet werden. Die Wahrscheinlichkeit für einen Q-Wert < 194 MeV beträgt 0,7%. (Physic. Rev. [2] **95.** 1360—62. 1/9. 1954. Princeton, N. J., Univ., Palmer Phys. Labor.) M. WIEDEMANN. 90

U. Haber-Schaim, Y. Yeivin und **G. Yekutieli,** *Erzeugung von K-Mesonen.* An Hand der statist. Meth. von FERMI wird für niedrige Energien (< 20 Mc²) die Entstehung von K-Mesonen beim Zusammenstoß von Nucleonen berechnet. Nach dem FERMI-Modell ist das charakterist. Vol. für die Erzeugung von der Größenordnung $(4\pi/3)\ \lambda^3$, wo λ_π bzw. λ_K die COMPTON-Wellenlänge des Pions bzw. K-Mesons sind. Für Energien von 6, 15 u. 200 MeV (Laboratoriumssyst.) erhalten Vff. $n_K/n_\pi = 0{,}09 \pm 0{,}03$, $0{,}20 \pm 0{,}02$ bzw. $0{,}5 \pm 0{,}2$ in befriedigender Übereinstimmung mit den Meßwerten von 0,14, 0,29 u. 0,66. (Physic. Rev. [2] **94.** 184—85. 1/4. 1954. Rehovoth, Weizmann Inst. of Sci.; Tel Aviv, Israel A. E. C., Cosmic Ray-Sect.) M. WIEDEMANN. 90

B. Gregory, A. Lagarrigue, L. Leprince-Ringuet, F. Muller und **Ch. Peyrou,** *Untersuchung geladener K-Mesonen mit zwei übereinanderstehenden Wilson-Kammern.* Mit zwei Nebelkammern, von denen die obere mit Magnetfeld, die untere als Vielplattenkammer betrieben wird, werden S- u. $V^\pm$-Ereignisse beobachtet. Bei einer Gruppe von Zerfällen haben die Sekundärteilchen Reichweiten < 20 gcm⁻² Pb. Sie stammen vermutlich aus τ-Mesonen. Die zweite Gruppe entsteht aus Teilchen der M. (914 ± 20) m_e. Es sind in der Mehrzahl μ-Mesonen, zum Teil auch π-Mesonen. (Nuovo Cimento [9] **11.** 292—309. 1/3. 1954. Paris, École Polytechn., Labor. de Phys.) M. POLLERMANN. 90

Herbert DeStaebler jr., *Kernabsorption negativer K-Teilchen.* Mittels einer Nebelkammer, die 11 Messingplatten von 0,5 in. enthielt u. durch energiereiche Kernwechselwirkungen ausgelöst wurde, wurden 20000 Aufnahmen erhalten. Es wurden 3 Ereignisse beobachtet, die als Kernabsorption negativer K-Teilchen gedeutet werden können. In zwei Fällen geht ein V^0-Teilchen, im dritten dazu noch ein L-Meson (π oder μ) von einem abgebremsten K-Teilchen aus. Die berechneten Q-Werte zeigen, daß es sich vermutlich um Λ^0-Teilchen handelt (Q = 37 MeV). Schätzungen der M. aus Reichweite u. Ionisation weisen darauf hin, daß das Primärteilchen ein K-Teilchen ist. Die Rk. könnte nach $K^- + p \rightarrow \Lambda^0 + \pi^0$ oder $K^- + n \rightarrow \Lambda^0 + \pi^-$ verlaufen. (Physic. Rev. [2] **95.** 1110—12. 15/8. 1954. Cambridge, Mass., MIT, Labor. for Nucl. Sci.) M. WIEDEMANN. 90

R. W. Meier, P. Scherrer und **G. Trumpy,** *Elastische Streuung und Polarisationseffekte von D–D-Neutronen an Kohlenstoff.* Vff. messen den differentiellen Wirkungsquerschnitt für die elast. Streuung von unpolarisierten Neutronen an ^{12}C für 9 verschied. Energien zwischen 2,40 u. 3,65 MeV. Durch eine Phasenanalyse der Ergebnisse läßt sich die differentielle Polarisation von ^{12}C als Funktion des Streuwinkels δ (im Laboratoriumssyst.) u. der Neutronenenergie berechnen. Mit diesen Daten u. mit Hilfe der gemessenen Asymmetrie der Winkelverteilung bei der Streuung polarisierter Neutronen kann der Polarisationsgrad $P_1(E_D, \Theta)$ der D–D-Neutronen als Funktion der Deuteronenenergie E_D u. des Winkels Θ, den die einfallenden Deuteronen mit den entstehenden Neutronen im Schwerpunktssyst. bilden, bestimmt werden. Der numer. Wert bei einem mittleren E_D von 600 keV wird angegeben. (Helv. physica Acta **27.** 577—612. 31/12. 1954. Zürich, ETH, Phys. Inst.) D. GEISSLER. 90

D. A. Hill, T. Coor, W. F. Hornyak, L. W. Smith und **G. A. Snow,** *Versuche mit Cosmotronneutronen.* 1. Mitt. (Sitzungsbericht.) Mit 2,2 GeV-Protonen in Be erzeugte Neutronen wurden mittels der von ihnen in Al erzeugten geladenen Teilchen untersucht: die Winkelverteilung des Bündels, die Anregungskurve des Empfängers, der γ-Geh. des Neutronenbündels u. die Winkelverteilung der geladenen Sekundärteilchen aus verschied. Materialien. Die mittlere Neutronenenergie wird aus der Winkelverteilung der Streuung an *Pb* u. *Cu* zu $1{,}4 \pm 0{,}2$ GeV bestimmt. Die totalen n–p- u. n–n-Wirkungsquerschnitte wurden aus Differenzmessungen an CH_2–C u. D_2O–H_2O zu 44 ± 3 bzw. $42 \pm 3 \cdot 10^{-27}$ cm² gemessen. (Physic. Rev. [2] **94.** 791. 1/5. 1954. Brookhaven Nat. Labor.) H. C. WOLF. 90

G. A. Snow, T. Coor, D. A. Hill, W. F. Hornyak und **L. W. Smith,** *Versuche mit Cosmotronneutronen.* 2. Mitt. (1. vgl. vorst. Ref.) (Sitzungsbericht.) Mit der l. c. beschriebenen Anordnung wurde die Winkelabhängigkeit der Durchlässigkeit sehr schneller Neutronen durch Be, C, Al, Cu, Sn u. Pb gemessen. Die Absorptionsquerschnitte betragen danach für *Pb* 1,610, *Sn* 1,220, *Cu* 0,755, *Al* 0,446, *Cu* 0,231 u. *Be* 0,236 barn (± 3—5%). Daraus wurden unter einschränkenden Voraussetzungen Werte für die Kernradien u. die opt. Parameter (k_1/K) bestimmt. Die Radien der schweren Kerne sind erheblich kleiner als 1,40 $A^{1/3}$. (Physic. Rev. [2] **94.** 791. 1/5. 1954.) H. C. Wolf. 90

A. C. Zemach und **R. J. Glauber**, *Neutronenstreuung durch Rotatoren.* (Sitzungsbericht.) Die beim Zusammenstoß von Neutronen mit Moll. stattfindende Wechselwrkg. mit den Molekülrotationen ist deshalb schwer zu erfassen, weil im allg. gleichzeitig auch Übergänge zwischen einer großen Anzahl von Zuständen mit großem Impulsmoment angeregt werden. Vff. geben für $\lambda/2\pi$ kleiner als die Moleküldimensionen die einfache Approximationssummation für das Problem. Bei großen Streuwinkeln ist der Wirkungsquerschnitt kleiner als nach der elast. Näherung; die relative Differenz ist von der Ordnung des Verhältnisses Neutronenmasse zu M. des Streuers. (Physic. Rev. [2] **94.** 790. 1/5. 1954. Harvard Univ.) H. C. Wolf. 90

D. Popović, *Resonanzabsorption von Neutronen in Natrium.* Um nachzuprüfen, ob Na als „1/v-Absorber" anzusehen ist, wird sein Cd-Verhältnis V mit dem des reinen 1/v-Absorbers B verglichen. Es ergibt sich $V_B = 48{,}1 \pm 0{,}25$, $V_{Na} + 41{,}5 \pm 0{,}8$; aus der Differenz folgt für das Resonanzintegral R = 0,037 barn. Die durch diesen R-Wert verursachten Fehler sind bei der Messung der Gesamtzahl der Neutronen je Volumeneinheit in Medien, die außer therm. Neutronen noch solche von höherer Energie enthalten, zu vernachlässigen, nicht aber bei der Best. der R-Werte anderer Elemente, bes. solcher mit geringer Resonanzabsorption. (Nuovo Cimento [9] **12.** 143—44. 1/7. 1954. Kjeller, Joint Establ. for Nucl. Energy Res.) R. K. Müller. 90

G. P. Millburn, W. Birnbaum, W. E. Crandall und **L. Schecter**, *Kernradien aus Messungen des Wirkungsquerschnittes für unelastische Streuung.* Vff. bestimmen aus der Intensitätsabnahme eines hochenerget., im Cyclotron erzeugten Teilchenbündels in Absorbern den Wirkungsquerschnitt für unelast. Streuung. Als Geschosse werden 290 MeV-Protonen, 160 MeV-Deuteronen, 315-MeV-^{3}He-Teilchen u. 240 MeV-α-Teilchen verwendet, als Streuer *Be, C, Al, Cu, Ta, Pb, Bi* u. *U*. Es zeigt sich, daß der Wirkungsquerschnitt für die unelast. Streuung von Teilchen mit n Nucleonen durch $\sigma_n = \pi(a_n A^{1/3} + r'_n)^2$ dargestellt werden kann, wobei die Größen a_n u. r'_n mit n variieren. Die Interpretation der Ergebnisse führt zu Werten für den Kernradius, die wesentlich größer als die aus anderen Messungen gewonnenen sind. (Physic. Rev. [2] **95.** 1268—78. 1/9. 1954. Berkeley, Calif., Univ., Dep. of Phys., Radiat. Labor.) D. Geissler. 90

Warren Heckrotte, *Wirkungsquerschnitte für die Streuung an Kernen und Größe des Kerns.* Messungen des Wirkungsquerschnittes für die unelast. Streuung von Deuteronen an verschied. Kernen durch Millburn u. Mitarbeiter (vgl. vorst. Ref.) führen zu dem Wert $R = 1{,}68\,A^{1/3}\cdot 10^{-13}$ cm für den Kernradius. Vf. zeigt, daß sich mit Hilfe eines ähnlich hohen Wertes für R die Streuung von 90 MeV-Neutronen richtig darstellen läßt, wenn man der Kerndichtefunktion nicht einen rechteckigen, sondern einen allmählich abklingenden Verlauf zuschreibt. Die Rechnungen, die das opt. Modell des Kerns benutzen, führen zu $R = 1{,}6\,A^{1/3}\cdot 10^{-13}$ cm. (Physic. Rev. [2] **95.** 1279—81. 1/9. 1954. Berkeley, Calif., Univ., Dep. of Phys., Radiat. Labor.) D. Geissler. 90

Owen Chamberlain und **O. Stern**, *Elastische Streuung von 190 MeV-Deuteronen an Protonen.* Ausführliche Darst. der C. **1954.** 5448 referierten Arbeit. (Physic. Rev. [2] **94.** 666—76. 1/5. **95.** 1705. 15/9. 1954. Berkeley, Calif., Univ. of California, Dep. of Phys.) F. Weigel. 90

S. Hochberg, H. S. W. Massey und **L. H. Underhill**, *Die Streuung von Nucleonen durch α-Teilchen — die s-Phasen.* Die s-Phasenverschiebungen für die Streuung von Neutronen u. Protonen durch α-Teilchen wird für den Energiebereich 0—4 MeV berechnet. Es wird eine zentrale Wechselwrkg. in Gestalt einer Gauss-Verteilung angenommen, wobei die verwendeten Konstanten den Bindungsenergien von Deuteron u. α-Teilchen entsprechen. Unter Verwendung der Resonanzgruppenstrukturmeth. werden Integrodifferentialgleichungen für die Wellenfunktionen, die die Streuung beschreiben, abgeleitet. Die s-Phasen werden durch exakte numer. Auswertung der Gleichungen bestimmt. Mit den aus Neutron- u. Protonstreuung erhaltenen Phasen ist dann Übereinstimmung vorhanden, wenn für die Kräfte zwischen den Nucleonen ein symm. Austauschcharakter angenommen wird. (Proc. physic. Soc., Sect. A **67.** 957—66. 1/11. 1954. London, Univ. Coll.) F. Weigel. 90

J. S. Blair, *Theorie der elastischen Streuung von α-Teichen an schweren Kernen.* (Vgl. C. **1955.** 2123.) Vf. verwendet ein halbklass. Modell, um die Streuverss. von Farwell u. Wegner (C. **1954.** 9681) zu deuten. Die Theorie führt zu einer Vorschrift zur Best. der Summe der Radien von Kern u. α-Teilchen aus den experimentellen Werten des Streuquerschnitts. Die theoret. Werte werden mit den an *Ag, Ta, Th, Pb* u. *Au* gemessenen Werten verglichen, wobei sich Übereinstimmung zeigt. (Physic. Rev. [2] **95.** 1218—22. 1/9. 1954. Seattle, Wash., Univ., Dep. of Phys.) D. Geissler. 90

N. P. Heydenburg und **G. M. Temmer**, *γ-Strahlen aus der unelastischen Streuung von α-Teilchen an Lithium und Fluor.* (Sitzungsbericht.) Die durch unelast. Streuung von α-Teilchen an Li ausgelöste 478 keV-γ-Strahlung wird mit Hilfe eines NaJ-Kristallspektrometers untersucht. Die Ausbeutekurve an einem dünnen Target zeigt Resonanzen bei 1,91, 2,46, 2,60, 2,70, 2,81 u. 3,06 MeV. Diese Resonanzen entsprechen Energieniveaus im ^{11}B-Compoundkern. Außer den Resonanzen bei 820 u. 960 keV treten bis hinauf zu 2,5 MeV keine weiteren Resonanzen in der (α, γ)-Rk. auf. Der Beschuß dünner CaF_2-Targets mit α-Teilchen liefert 3 γ-Linien bei 108 ± 2, 196 ± 2 u. 1280 keV. Die Eichung des NaJ-Kristallspektrometers erfolgt mit den 68 u. 142 keV-Linien von ^{230}Th, der 190 keV-Linie von ^{114}In u. der 1,28 MeV-Linie von ^{22}Na. Die beiden ersten γ-Strahlen aus dem Beschuß von CaF_2 stammen aus einer unelast. Anregung der beiden ersten Niveaus von ^{19}F, der dritte rührt von der Anregung des 1,28 MeV-Niveaus in ^{22}Ne durch die Rk. ^{19}F (α, pγ) ^{22}Ne her. Eine Ausbeutekurve der Linien bei 108 u. 196 keV liefert Resonanzen bei γ-Energien von 2,48, 2,55, 2,64, 2,77, 2,90, 3,02, 3,05, 3,18 u. 3,34 MeV. Das 196 keV-Niveau scheint unterhalb von 2,2 MeV durch COULOMB-Anregung erregt zu werden. (Physic. Rev. [2] **94.** 748. 1/5. 1954. Dep. of terrestr. Magnetism.)
F. WEIGEL. 90

T. E. Bortner und **G. S. Hurst**, *Der w-Wert in eV für 5 MeV-α-Teilchen in Gasen und Gasgemischen.* (Vgl. C. **1955.** 1203.) (Sitzungsbericht.) (Physic. Rev. [2] **95.** 303. 1/7. 1954. Oak Ridge, Tenn., Oak Ridge Nat. Labor.) GERHARD SCHMIDT. 90

Grenfell P. Boicourt und **John E. Brolley jr.**, *Die Reichweite von Po-α-Strahlung in verschiedenen Zählermischungen.* Im Hinblick auf die richtige Wahl des Druckes in Proportionalzählern u. Ionisationskammern wurde die Reichweite der Po-α-Strahlen in H_2, He, N_2, Ar, CO_2, CH_4, Kr sowie in Mischungen von Ar bzw. Kr mit CO_2 u. CH_4 in Abhängigkeit vom Gasdruck gemessen. (Rev. sci. Instruments **25.** 95—96. Jan. 1954. Los Alamos, N. Mex., Univ. of California, Los Alamos Sci. Labor.) F. LENZ. 90

John Phelps, W. F. Huebner und **Franklin Hutchinson**, *Bremsvermögen organischer Folien für 6 MeV-α-Teilchen.* Vff. bestimmen das Bremsvermögen mehrerer dünner organ. Folien relativ zu Luft mit natürlichen α-Strahlen aus ThC′ nach der Abschnittsmethode. Das mittlere atomare Bremsvermögen relativ zu Luft ist für *Polythen* 0,422, *Polyvinylalkohol* 0,515, *Celluloseacetat* 0,617, regenerierte Cellulose 0,597 u. *Mylar* 0,627. Die experimentellen Bremsvermögen sind innerhalb 2% reproduzierbar. (Physic. Rev. [2] **95.** 441—44. 15/7. 1954. New Haven, Conn., Yale Univ., Sloane Phys. Labor.)
GERHARD SCHMIDT. 90

Lloyd O. Herwig und **Glenn H. Miller**, *Relative Ionisationsausbeuten für Spaltprodukte in verschiedenen Gasen.* Die Ionisierung von *He, Ne, Ar, Kr,* N_2, *Ar* + 3% CO_2 u. Ar + 5% N_2 durch Spaltprodd. des ^{238}U wird mit einer Gitterionisationskammer gemessen. Vff. geben die Ionisierung als das Verhältnis der Ionisierung des betreffenden Gases durch Spaltprodd. zu der durch α-Teilchen an. Vff. weisen nach, daß die Hälfte des in Ar/CO_2-Mischungen gefundenen Ionisationsdefektes von 7 MeV durch CO_2 hervorgerufen wird. N_2 u. Kr zeigen verhältnismäßig starke Defekte, während zwischen Ar u. He kein starker Unterschied festgestellt wird. (Physic. Rev. [2] **95.** 413—17. 15/7. 1954. Ames, Io., Iowa State Coll., Dep. of Phys. and Inst. for Atom. Res.)
J. ROESMER. 90

H. L. Reynolds und **A. Zucker**, *Reichweite von Stickstoffionen in Emulsion.* (Vgl. C. **1955.** 735.) Messung der Reichweite von N-Ionen von 4—28 MeV aus dem **63** in.-Cyclotron mittels ILFORD C 2-Emulsionen (50 μ) in einer vor der Ausgangsöffnung des Cyclotrons angebrachten Vakuumkammer. Die Energie der Ionen wird in Abhängigkeit von der Reichweite dargestellt. Der Fehler ist durch Best. von α, des Winkels zwischen Rückstoßproton u. weiterfliegendem N-Ion, gegeben. Die Abnahme der Bahnbreite wird auf δ-Strahlung zurückgeführt, die bei niedrigen Ionengeschwindigkeiten keine genügende Reichweite mehr besitzt, um die Bahn zu verbreitern. (Physic. Rev. [2] **96.** 393—94. 15/10. 1954. Oak Ridge, Tenn., ORNL.) H. MENKE. 90

H. Preuss, *Zur Behandlung der Zweizentren-Wechselwirkungsintegrale.* (Vgl. C. **1955.** 1662.) Diskussion der vorliegenden Möglichkeiten zur numer. Best. der Zweizentren-Wechselwirkungsintegrale u. Angabe eines neuen vereinfachenden Berechnungsweges, der bei Verwendung von elektron. Rechenmaschinen durchgeführt werden kann. Der Anwendungsbereich einer vom Vf. früher angegebenen Abschätzung für Integrale wird erweitert. (Z. Naturforsch. **10a.** 211—15. März 1955. Göttingen, Max-Planck-Inst. für Phys.) GERHARD SCHMIDT. 95

E. Clementel und **C. Villi**, *Mehrkörperkräfte und nichtlineare Wechselwirkungen.* Analyt. Entwicklungen. (Nuovo Cimento [10] **1.** 344—46. 1/2. 1955. Padova, Univ.; Trieste, Univ., Ist. di Fis., Ist. Naz. di Fis. Nucl.) GERHARD SCHMIDT. 95

F. Penzlin, *Zur Theorie des pseudoskalaren Mesonenfeldes in pseudovektorieller Kopplung an das Nucleonenfeld.* Vf. zeigt, daß die Theorie des pseudoskalaren Mesonenfeldes mit pseudovektorieller Kopplung an ein DIRAC-Feld sich auch mit Hilfe des Verf. von HU [1950] nicht renormieren läßt. Dieser Nachw. erfolgt mittels der von DYSON in der Quantenelektrodynamik entwickelten Methoden. (Z. Naturforsch. **10a.** 216—19. März 1955. Leipzig, Univ., Inst. für theoret. Phys.) GERHARD SCHMIDT. 95

R. A. Ballinger und **N. H. March,** *Der „Grenzeffekt" im Thomas-Fermi-Modell für Atome.* (Vgl. C. **1955.** **1894.**) Theoret. Bemerkungen zum „Grenzeffekt" (in der Formel für die totale Bindungsenergie) u. Hinweis auf eine Modifizierung zur SCOTT-Formel. (Philos. Mag. [7] **46.** 246—47. Febr. 1955. Sheffield, Univ., Dep. of Phys.) GERHARD SCHMIDT. 95

G. M. Temmer und **N. P. Heydenburg,** *Der Prozeß der Coulomb-Anregung bei leichteren Kernen ungerader Massenzahl.* Vff. messen die COULOMB-Anregungsfunktionen der Kerne ^{19}F, ^{23}Na, ^{47}Ti, ^{55}Mn, ^{73}Ge, ^{51}V u. ^{57}Fe mit α-Teilchen bis 3,5 MeV. Die angeregten Zustände sind 113, 196, 446, 160, 128, 68, 320 bzw. 137 keV. In allen Fällen stimmen die gemessenen Kurven für niedrige Energien der α-Teilchen mit den theoret. für E 2-Übergänge zu erwartenden überein. Die für höhere Energien auftretenden Abweichungen werden diskutiert. (Physic. Rev. [2] **96.** 426—33. 15/10. 1954. Washington, D. C., Carnegie Inst. of Washington, Dep. of terrestr. Magnetism.) D. GEISSLER. 95

Vernon W. Hughes und **Werner B. Teutsch,** *Relativistische Beiträge zur magnetischen Abschirmung der Kerne in Atomen.* (Sitzungsbericht.) Die Abschwächung eines von außen angelegten magnet. Feldes im Kern durch die Elektronenbewegung wurde für Ein- u. Zweielektronenatome nach DIRAC u. DIRAC-BREIT errechnet. Als Term niedrigster Ordnung erhält man den gewöhnlichen nichtrelativist. Ausdruck nach dem LARMOR-Theorem. Dazu kommen Terme der Ordnung $\alpha^2 Z^2$. Diese relativist. Beiträge liegen für *H* u. *He* innerhalb der bisher erreichten Genauigkeit bei Messungen der magnet. Momente. Bei schweren Atomen können sie jedoch nicht mehr vernachlässigt werden. (Physic. Rev. [2] **94.** 761. 1/5. 1954. Univ. of Pennsylvania.) H. C. WOLF. 95

L. W. Groschew, *γ-Strahleneinfang von thermischen Neutronen und Struktur der Atomkerne.* Die von anderen Autoren bestimmten γ-Spektren, die beim Einfang therm. Neutronen durch Atomkerne auftreten, werden ausgewertet; dabei wird $\alpha_{1/2} = \Sigma n_i h\nu_i/\varepsilon$ mit ε = Energie der Neutronenbindung im entstandenen Kern, n_1 = Zahl der Photonen der Energie $h\nu_1$ je Einfang von 100 therm. Neutronen u. $h\nu_i > 1/2\,\varepsilon$ als Funktion von Kernladung Z u. Neutronenzahl N der gebildeten Kerne aufgetragen. Die Kurve zeigt Maxima bei den mag. Zahlen Z = 14, 20, 28, 82 u. N = 14, 20, 28, 50 u. 82. (Доклады Академии Наук СССР [Ber. Akad. Wiss. UdSSR] **100.** 651—54. 1/2. 1955. Phys. Lebedew-Inst. der Akad. der Wiss. der UdSSR.) M. WIEDEMANN. 95

E. Melkonian und **W. W. Havens jr.,** *Berechnung des Einflusses endlicher Auflösung auf die Neutronendurchlässigkeit in Resonanznähe.* Analyt. Berechnung des Einfl. einer bestimmten Auflösungsfunktion auf die Neutronendurchlässigkeit in der Nähe einer Resonanzstelle nach der BREIT-WIGNER-Formel für $n \cdot \sigma_0$ zwischen 0 u. 10 u. Auflösungsbreiten vom 0- bis zum 10fachen der natürlichen Niveaubreiten. Aus dem Vgl. einer experimentellen Durchlässigkeitskurve mit diesem Satz von errechneten Kurven erhält man Näherungswerte für die Niveauparameter. (Physic. Rev. [2] **94.** 790. 1/5. 1954. Columbia Univ.) H. C. WOLF. 95

A. M. Sessler und **H. M. Foley,** *Der Beitrag des Wechselwirkungsstromes zur Hyperfeinstruktur von Tritium.* (Sitzungsbericht.) Berechnung des Vektorpotentials, das ein Elektron in Kernnähe erzeugt, u. der magnet. Hyperfeinstrukturwechselwrkg., bes. für die Hyperfeinstruktur der Protonen-D-Schale von Tritium. (Physic. Rev. [2] **94.** 761—62. 1/5. 1954. Cornell Univ. and Columbia Univ.) H. C. WOLF. 95

Gabriel Weinreich und **Vernon W. Hughes,** *Hyperfeinstruktur von Helium 3 im metastabilen Triplettzustand.* Ausführliche Darst. der C. **1955.** **4751** referierten Arbeit mit zahlreichen Angaben über die Versuchsanordnung u. -durchführung. (Physic. Rev. [2] **95.** 1451—60. 15/9. 1954. New York, N. Y., Columbia Univ.; Philadelphia, Pa., Univ.) G. KIRSCHSTEIN. 95

Werner B. Teutsch und **Vernon W. Hughes,** *Hyperfeinstruktur von Helium 3 im metastabilen Triplettzustand.* Gegenüber dem beobachteten Wert von 6739,71 ± 0,05 MHz (vgl. vorst. Ref.) ergibt eine theoret. Berechnung 6735,9 ± 4,7 MHz. Der Einfl. der Kernstruktur sowie relativist. Korrekturen liegen innerhalb der Fehlergrenzen der Berechnung. (Physic. Rev. [2] **95.** **1461—63.** 15/9. 1954. Philadelphia, Pa., Univ.) G. KIRSCHSTEIN. 95

W. A. Fok, *Über die Schrödinger-Gleichung für das Heliumatom.* Die von HYLLERAAS (Z. Physik **48.** [1928.] 469; **54.** [1929.] 347) angegebene Meth. zur Lösung der

SCHRÖDINGER-Gleichung für He wird insofern abgewandelt, als die Reihenentw. der ψ-Funktion in besser angepaßter Weise vorgenommen wird. (Известия Академии Наук СССР, Серия Физическая [Nachr. Akad. Wiss. UdSSR, physik. Ser.] **18.** 161–72. März/April 1954. Leningrad, Shdanow-Univ., Physikal. Inst.) G. KIRSCHSTEIN. 95

L. M. Chromtschenko, *Untersuchung der Energieniveaus des Siliciumkerns nach der Methode magnetischer Analyse.* Si-Isotopenmischung natürlicher Zus. wird mit Deuteronen der Energie bis zu 4,4 MeV beschossen. Aus den Energiespektren ergeben sich zunächst die gleichen Niveaus, wie sie VAN-PATTER u. BUECHNER (C. **1954.** 8278) fanden, daher nimmt Vf. an, daß vorwiegend die Rk. $^{28}Si(d, p)^{29}Si$ abläuft. Darüber hinaus werden noch die höheren Niveaus von ^{29}Si beobachtet: 6,728, 7,000, 7,577, 7,820, 8,54, 8,832, 9,112(?) MeV. Die Reaktionsenergie $^{28}Si(d, p)^{29}Si$ beträgt $Q_0 = 6{,}229$ MeV. (Доклады Академии Наук СССР [Ber. Akad. Wiss. UdSSR] [N. S.] **98.** 761–63. 11/10. 1954.) J. GEIGER. 95

J. M. Baker und **B. Bleaney,** *Kernspin und magnetisches Moment von Terbium 195.* Das paramagnet. Resonanzspektr. des Tb^{3+}-Ions wurde beobachtet in einem Kristall aus Yttriumäthylsulfat, das ca. 0,1% Terbiumäthylsulfat enthielt. Das Spektr. besteht auf einem einzelnen elektron. Übergang, der in vier Hyperfeinlinien aufgespalten ist; dies bestätigt, daß der Spin von ^{159}Tb 3/2 beträgt. Die das Spektr. beschreibende HAMILTON-Funktion wird angegeben. Aus weiteren theoret. Überlegungen wird auf ein magnet. Kernmoment von $1{,}5 \pm 0{,}4$ Kernmagnetonen geschlossen. (Proc. physic. Soc., Sect. A **68.** 257. 1/3. 1955. Oxford, Clarendon Labor.) J. v. HARLEM. 95

N. N. Kolessnikow und **Ss. I. Larin,** *Wahrscheinlichkeit der spontanen Spaltung und die β-Stabilität.* Bei der Diskussion der Abhängigkeit der spontanen Spaltung von Z u. A zeigt sich, daß eine Beziehung aufgestellt werden kann zwischen der Halbwertszeit τ (in Jahren) u. der M. A* desjenigen Isotops, das von der Reihe der Isotope die größte β-Stabilität besitzt. Die Beziehung lautet $\log\tau = -4{,}85(Z^2/A^*) + 191 - 0{,}063\,(A - A^*)^2$, näherungsweise gilt $A^* = 2{,}5\,Z + 5$. Die Ursache der Abhängigkeit wird in der verschied. Deformierbarkeit der Kerne gesehen. (Журнал Экспериментальной и Теоретической Физики [J. exp. theoret. Physik] **28.** 244–45. Febr. 1955. Moskau, Univ.) M. WIEDEMANN. 103

Ja. B. Seldowitsch, Ss. Ju. Lukjanow und **Ja. A. Smorodinski,** *Neutrinoeigenschaften und doppelter β-Zerfall.* Überblick über Spin, M., magnet. Moment u. Wechselwirkungsquerschnitt des Neutrinos. Das Verhältnis von Neutrino/Antineutrino wird betrachtet. Diskussion u. Berechnung der Wahrscheinlichkeit des doppelten β-Zerfalls von ^{124}Sn, ^{96}Zr, ^{110}Pd, ^{130}Te, ^{238}U u. ^{48}Ca. (Успехи Физических Наук [Fortschr. physik. Wiss.] **54.** 361–404. Nov. 1954.) M. WIEDEMANN. 103

John T. McCarthy, *Massendifferenzen für Isobare, die doppelten β-Zerfall erleiden können.* Unter den stabilen isobaren Kernen mit $A \leq 150$ wurde systemat. nach Paaren ($\Delta Z = 2$) gesucht, deren Massendifferenzen einen Hinweis für das Vorliegen doppelten β-Zerfalls geben. Das experimentelle Material wurde mit Berechnungen nach der halbempir. WIGNER-Formel verglichen, wobei der einzige Parameter dieser Formel aus gesicherten experimentellen Werten bestimmt wurde. Die Energieberechnungen nach dieser Formel erscheinen unter Berücksichtigung der bei den mag. Zahlen auftretenden Diskontinuitäten richtig. Für die Emission zweier β-Teilchen steht eine Energie von ca. 2 MeV bei ^{48}Ca, ^{76}Ge, ^{82}Se, ^{96}Zr, ^{100}Mo, ^{116}Cd, ^{124}Sn, ^{130}Te, ^{136}Xe u. ^{150}Nd zur Verfügung. Daneben wurden 6 Kerne gefunden (^{78}Se, ^{96}Mo, ^{106}Pd, ^{124}Te, ^{130}Xe u. ^{136}Ba), bei denen doppelte Positronenemission möglich erscheint. Die Energie hierfür übersteigt in keinem Fall 1 MeV. (Physic. Rev. [2] **95.** 447–48. 15/7. 1954. Cleveland, O., Western Res. Univ.) R. CONRAD. 103

Robert W. Deutsch, *Analyse sekundärer Teilchen aus energiereichem Kernbeschuß.* Ausführliche Darst. der C. **1955.** 509 referierten Arbeit. (Physic. Rev. [2] **97.** 1110–23. 15/2. 1955. Berkeley, Calif., Univ. of California, Dep. of Phys., Radiat. Labor.) GERHARD SCHMIDT. 103

H. Morinaga, *Wirkungen der Isotopenspinauswahlregeln auf Kernphotoausbeuten.* Zur Erklärung der beobachteten großen Verhältnisse von $(\gamma, p)/(\gamma, n)$-Wirkungsquerschnitten werden die Wirkungen der Isotopenspinauswahlregeln betrachtet. Als Beispiel wird der Fall der Kernphoto-Rk. mit ^{25}Mg herangezogen. Es zeigt sich, daß die $T = 3/2$-Zustände hauptsächlich zur Protonenemission beitragen u. daß die $T = 1/2$-Zustände meistens Neutronen liefern. Die Diskussion über ^{25}Mg kann auf den Fall von ^{26}Mg ausgedehnt werden, wobei jedoch im Falle von ^{27}Al Einschränkungen gemacht werden müssen. Der experimentelle Nachw. für getrennte Riesenresonanzen für (γ, p)- u. (γ, n)-Querschnitte stützt die Annahme über die Wirkungen der Isotopenspinauswahlregeln.

(Physic. Rev. [2] **97.** 444—46. 15/1. 1955. Ames, Io., Iowa State Coll., Dep. of Phys. and Inst. for Atom. Res.) GERHARD SCHMIDT. 103

B. B. Kinsey und **G. A. Bartholomew,** *Dipol- und Quadrupolübergangswahrscheinlichkeiten bei Neutroneneinfang-γ-Strahlung.* Vff. finden aus der Intensität von Neutroneneinfang-γ-Strahlung bei Kernen gerader Protonenanzahl, daß die E 1-Strahlung hier stärker als alle anderen Multipolstrahlungstypen auftritt. Bei 7 MeV ist die E 2-Strahlung um den Faktor 2000 schwächer als E 1. Vff. vergleichen die Intensitäten von E 1 u. M 1 mit theoret. Voraussagen von WEISSKOPF, die im allg. um den Faktor 10 höher liegen. (Physic. Rev. [2] **93.** 1260—78. 15/3. 1954. Chalk River, Ontario, Can., A. E. of Canada Ltd.) J. VOITLÄNDER. 103

B. T. Feld, R. D. Godbole, A. Odian, F. Scherb, P. C. Stein und **A. Wattenberg,** *Erzeugung energiereicher Photoprotonen durch 325 MeV-Bremsstrahlung.* Nach der Meth. von KECK (C. **1953.** 2068) u. ROSENGREEN u. DUDLEY (C. **1954.** 2957) wurden sowohl bei Anwendung von *Be-* als auch *C*-Targets im Winkelbereich von 20—160° Winkelverteilungen von Protonen mit 126, 169 u. 203 MeV erhalten, woraus geschlossen wird, daß sich der Be- u. C-Kern für die Erzeugung von sehr energiereichen Photoprotonen gleich verhalten. Bei der Energieverteilung der Photoprotonen aus C bei 30° wurde eine Lücke in der Energieverteilung aufgefunden, die mit dem Quasi-Deuteron-Modell von LEVINGER (C. **1952.** 3440) übereinzustimmen scheint. Die Absolutwerte der differentiellen u. Gesamtquerschnitte werden angegeben. (Physic. Rev. [2] **94.** 1000—10. 15/5. 1954. Cambridge, Mass., MIT, Phys. Dep. and Labor for Nucl. Sci.) G. TÖLG. 103

David Luckey, *Geladene Photomesonen aus Kohlenstoff.* Vf. bestimmt die Querschnitte pro MeV-Mesonenenergie pro Quantenäquivalent für die Erzeugung von π^+-Mesonen aus C durch 310 MeV-Bremsstrahlung im Winkelbereich von 30—180°. Für diese Mesonenenergien u. Winkel liegen Daten vor, die der π^+-Erzeugung aus freien Protonen durch γ-Strahlen von 200, 235 u. 265 MeV entsprechen. Durch Anführung der Wirksamkeit ε, die als das Verhältnis der Erzeugung pro Proton in C zu der in H definiert wird, läßt sich ein Vgl. zur Erzeugung aus H durchführen. Für verschied. Winkel u. Mesonenenergien (34—70 MeV) werden die π^-/π^+-Verhältnisse für C wiedergegeben. (Physic. Rev. [2] **97.** 469—70. 15/1. 1955. Ithaca, N. Y., Cornell Univ., Newman Labor. of Nucl. Stud.) GERHARD SCHMIDT. 103

L. Katz, R. N. H. Haslam, R. J. Horsley, A. G. W. Cameron und **R. Montalbetti,** *Feinstruktur in den Aktivierungskurven von* $^{12}C(\gamma, n)^{11}C$ *und* $^{16}O(\gamma, n)^{15}O$. Ergänzend zu C. **1954.** 10638 werden die Diskontinuitäten in ^{16}O bei 15,9, 16,4, 16,7, 16,9, 17,1, 18,9, 19,3, 20,7 u. 21,9 MeV mitgeteilt. (Physic. Rev. [2] **95.** 464—71. 15/7. 1954. Saskatoon, Can., Univ. of Saskatchewan, Dep. of Phys.) H. NELKOWSKI. 103

J. Goldemberg und **L. Katz,** *Feinstruktur in den Neutronenausbeutekurven aus* (γ, n)*-Reaktionen bei* ^7Li, ^{12}C, ^{16}O *und* ^{19}F. (Vgl. vorst. Ref.) Ausführliche Darst. der C. **1954.** 10638 referierten Arbeit. (Physic. Rev. [2] **95.** 471—75. 15/7. 1954.) H. NELKOWSKI. 103

Katarina Ahnlund, *Protonengruppen aus dem Deuteronenbeschuß von* ^{20}Ne *mit Hilfe der magnetischen Analyse.* 2. Mitt. (1. vgl. C. **1955.** 975.) Die Unters. der Protonengruppen großer Reichweite aus der Rk. ^{20}Ne(d, p)^{21}Ne wurde auf 2 weitere, bereits von VAN PATTER u. Mitarbeitern (C. **1952.** 7766) u. von MIDDLETON u. TAI (C. **1954.** 4084) beobachtete Gruppen mit den Reaktionsenergien Q_2 u. Q_3 ausgedehnt. Bei den Beobachtungswinkeln 134,7 u. 91,0° zum einfallenden Deuteronenbündel wurde die Gruppe mit Q_2 nicht beobachtet, ihre Intensität ist demnach $<0{,}4\%$ von Q_0; die Gruppe mit Q_3 hatte die doppelte Intensität der Gruppe mit Q_0, die Reaktionsenergie wurde zu $Q_3 = 1{,}738 \pm 0{,}008$ MeV bestimmt. (Ark. Fysik **9.** Nr. 3. 39—40. 20/1. 1955.) R. CONRAD. 103

Bernd Crasemann, *Ein isomerer Zustand von* ^{65}Ga. (Vgl. C. **1954.** 8036.) Vf. konnte eine Positronenaktivität von $8{,}0 \pm 0{,}5$ Min. Halbwertszeit einem isomeren Zustand von ^{65}Ga zuschreiben. Die Energien der γ-Energien betragen 52 ± 2, 92 ± 4 u. u. 114 ± 4 keV. (Physic. Rev. [2] **93.** 1034. 1/3. 1954. Berkeley, Calif., Univ. of California, Dep. of Phys.) J. VOITLÄNDER. 103

Vaughn Culler und **R. W. Waniek,** *Gesamtwirkungsquerschnitte für Neutronen hoher Energie.* (Vgl. C. **1955.** 7140.) Vff. führen Abbremsverss. mit Neutronen durch, die durch Beschuß eines kleinen Be-Targets mit 110 MeV-Protonen erzeugt worden sind. Die Wirkungsquerschnitte für *Pb, Fe, Si, Al, O, C, D* u. *H* für Neutronenenergien von 61,5—107,9 MeV werden angegeben. (Physic. Rev. [2] **95.** 585. 15/7. 1954. Cambridge, Mass., Harvard Univ., Cyclotron Labor.) J. ROESMER. 103

E. G. Silver und **R. W. Waniek,** *Wechselwirkung hochenergetischer Neutronen mit Molybdän.* (Vgl. vorst. Ref.) In eine ILFORD G 5-Emulsion eingebettete dünne Mo-Drähte

werden mit Neutronen beschossen, die durch Beschuß eines Be-Targets mit 70 MeV-Protonen erzeugt worden sind. Bei 250 Kern-Rkk. werden Reichweite u. Raumwinkel der emittierten Teilchen gemessen u. dabei zwischen einfach u. doppelt geladenen Teilchen unterschieden. Das angegebene Reichweitenspektr. bezieht sich auf einfach geladene Teilchen. Den beiden Spitzen würden Energien von 3 u. 6 MeV entsprechen, falls es sich um Protonen handelt. Die berechnete Höhe des COULOMB-Potentialwalls für Mo beträgt ~9 MeV. Die Reichweiteverteilung der doppelt geladenen Teilchen, vermutlich α-Teilchen, ist derjenigen für einfach geladene sehr ähnlich. Die räumliche Verteilung der emittierten Teilchen wird diskutiert. (Physic. Rev. [2] **95.** 586—87. 15/7. 1954.)
J. ROESMER. 103

D. C. Lu, W. H. Kelly und **M. L. Wiedenbeck,** *γ-Spektren, die dem β-Zerfall von* ^{82}Br, ^{124}Sb *und* ^{131}J *folgen.* Für die Koinzidenzmessungen an den auf den β-Zerfall von ^{82}Br, ^{124}Sb u. ^{131}J folgenden γ-Strahlen wird eine Summationstechnik mit einem einzigen Scintillationskristall verwendet. Ein Zerfallsschema für ^{82}Br wird aufgestellt. Die für ^{124}Sb gemessenen Daten stimmen mit dem von LANGER u. Mitarbeitern (C. **1954.** 8278) angegebenen Zerfallsschema überein. Beim ^{131}J wird das von METZGER u. DEUTSCH (Physic. Rev. [2] **74.** [1948.] 1640) vorgeschlagene Zerfallsschema bestätigt. (Physic. Rev. [2] **95.** 1533—35. 15/9. 1954. Ann Arbor, Mich., Univ. of Michigan.) F. WEIGEL. 103

V. Keshishian, H. W. Kruse, R. J. Klotz und **C. M. Fowler,** *Energieniveaus in* ^{160}Dy. ^{160}Tb, entstanden durch Neutroneneinfang aus ^{159}Tb, geht unter β^--Emission in ^{160}Dy unter gleichzeitiger γ-Emission über. β-Spektren mit Maximalenergien von 851 ± 10, 557 ± 15, 461 ± 20 u. 280 ± 40 keV u. über 70 γ-Strahlen wurden beobachtet. 29 der intensivsten γ-Strahlungen dienten zusammen mit den β-Spektren zur Aufstellung eines Niveauschemas für ^{160}Dy. Unstimmigkeiten der Daten anderer Autoren über das β-Spektr. von ^{160}Dy werden durch Überlagerung früher nicht beobachteter schwacher Übergangsgruppen mit dem kontinuierlichen Spektr. erklärt. Graph. Darst. des normalisierten Elektronenspektr. von ^{160}Tb sowie des erlaubten Verlaufs von 4 Spektren, die durch FERMI-CURIE-Analyse des stetigen Teils der Spektralkurve erhalten wurden. Eine Halbwertszeit von 72,3 ± 0,5 Tagen wurde bei der Messung über 9 Halbwertszeiten beobachtet. Die beobachteten γ-Übergänge können nur zu angeregten Zuständen in ^{160}Dy gehören. (Physic. Rev. [2] **96.** 1050—52. 15/11. 1954. Manhattan, Kans., Kansas State Coll.) H. MENKE. 103

Thomas H. Handley, *Aktivitäten von Holmium mit Neutronendefizit.* Der Protonenbeschuß reiner Oxyde von *Dy*, *Ho* u. *Er* werden zur Klärung der Aktivitäten von Ho mit Neutronendefizit untersucht. Die Protonenenergien betrugen 20,5, 14,0 bzw. 8,5 MeV. Die 5,2 Tage- u. 65 Tage-Aktivitäten wurden nicht gefunden, die 5 Std.-Aktivität wurde der M. 162 zugeordnet, die durch Elektroneneinfang zerfällt. Das 41 Min.-^{164}Ho zerfällt durch Elektroneneinfang u. β^--Emission. (Physic. Rev. [2] **94.** 945—46. 15/5. 1954. Oak Ridge, Tenn., ORNL.) K.-H. BILLER. 103

Robert A. Naumann, *Identifizierung von Platin 188.* Vf. beschießt eine Ir-Folie mit 50 MeV-Synchrocyclotronprotonen u. trennt daraus eine Pt-Fraktion in folgender Weise ab: Das bestrahlte Ir wird mit KOH/KNO_3 aufgeschlossen, in 6n HCl gelöst u. Pt als Pt–Sn-Komplex mit Essigester extrahiert. Die Pt-Fraktion zeigt eine Aktivität mit $T_{1/2}$ = 10,3 ± 0,4 Tagen, nach 36tägigem Altern läßt sich eine 40 ± 3 Std.-Ir-Aktivität abtrennen. Diese letztere zerfällt in die bekannte ^{188}Os-Aktivität. Hierdurch lassen sich die neu gefundenen Pt- u. Ir-Aktivitäten dem ^{188}Ir u. ^{188}Pt zuordnen. (Physic. Rev. [2] **96.** 90—92. 1/10. 1954. Princeton, N. J., Princeton Univ., Palmer Phys. Labor. and Frick Chem. Labor.) F. WEIGEL. 103

E. C. Fowler, H. L. Kraybill, R. M. Walker und **R. S. Preston,** *Wechselwirkung von Neutronen bis zu 2,3 GeV mit Argon und Blei.* (Sitzungsbericht.) Mit 2,3 GeV-Cosmotronprotonen wurden in Be Neutronen erzeugt. Deren Wechselwrkg. mit dem Kammermaterial wurde in einer großen Nebelkammer photographiert. In 1446 stereoskop. Aufnahmen wurden 87 Sterne mit 3 oder mehr Zacken beobachtet, die durch neutrale Strahlung in Ar entstanden waren. Beobachtet wurde ferner der Zerfall neutraler V-Teilchen, die in 5 Fällen in Pb erzeugt worden waren. (Physic. Rev. [2] **94.** 791. 1/5. 1954. Yale Univ.) H. C. WOLF. 103

Glenn A. Price, *Energiespektren und Winkelverteilungen von Photoneutronen aus schweren Kernen.* Vf. untersucht die Energieverteilung von Photoneutronen, die bei Absorption von 22 MeV-Röntgenbremsstrahlung durch *Ag* u. *Bi* ausgelöst werden. Die Ergebnisse stimmen mit einer exponentiellen Energietermverteilung im Rahmen des statist. Modells überein. Bei der Unters. der Winkelverteilung mit verschied. Neutronendetektoren werden schwache Anisotropien der Neutronenemission festgestellt, deren Maxima bei 90° zum Röntgenstrahl liegen. Die Rkk. Al(n, p) u. Si(n, p) werden als

Neutronendetektoren benutzt. (Physic. Rev. [2] **93.** 1279—85. 15/3. 1954. Champaign, Ill., Univ. of Illinois, Phys. Res. Labor.) J. Voitländer. 103

B. L. Cohen, W. H. Jones, G. H. McCormick und **B. L. Ferrell,** *Winkelverteilungen von Spaltprodukten aus der mit 22 MeV-Protonen induzierten Spaltung von Thorium.* Vff. messen die Winkelverteilungen der Spaltprodd. *Ba, Sr, Zr, Ru* u. *Ag* aus der Th-Spaltung, die durch 22 MeV-Protonen aus dem inneren Bündel des 86 in.-Cyclotrons induziert worden ist. Die Spaltprodd. werden auf einer 7 mg/cm² dicken Al-Folie gesammelt, die gegen vagabundierende Aktivitäten im Cyclotron abgeschirmt ist. Die verschied. Spaltprodd. werden chem. isoliert, ihre Aktivitäten mit einem Endfenster-Geiger-Zähler gemessen. Innerhalb der Meßgenauigkeit sind sämtliche Winkelverteilungen um 90° symm. u. können durch den Ausdruck $J(\Theta) = a + b \cos^2 \Theta$ wiedergegeben werden. Für Ba, Sr, Zr, Ru u. Ag beträgt die Anisotropie (b/a) 0,26, 0,25, 0,19, 0,15 bzw. 0,10. (Physic. Rev. [2] **94.** 625—29; Sitzungsbericht: 758. 1/5. 1954. Oak Ridge, Tenn., ORNL.) Gerhard Schmidt. 103

Francis Perrin, *Internationale Werte der Wirkungsquerschnitte der spaltbaren Isotope für thermische Neutronen.* Internationale Festsetzung der σ-Werte (in barn) am 17/8. 1955 von ^{233}U, ^{235}U u. ^{239}Pu für σ (Absorption) zu 593 ± 8, 698 ± 10 bzw. 1032 ± 15 u. für σ (Spaltung) zu 524 ± 8, 590 ± 15 bzw. 729 ± 15. (C. R. hebd. Séances Acad. Sci. **241.** 669. 5/9. 1955.) Gerhard Schmidt. 103

Henry G. Petrow und **Gregory Rocco,** *Spaltungsausbeute von ^{159}Gd und ^{161}Tb.* Vff. beschreiben die Trennung der beim Beschuß von U_3O_8 mit therm. Neutronen erhaltenen Endaktivitäten ^{159}Gd, ^{161}Tb, ^{153}Sm u. ^{156}Eu. Zu einem aliquoten Teil, in dem mindestens $5 \cdot 10^5$ Spaltungen aufgetreten sind, werden je 10 mg der Seltenen Erden zugesetzt u. Sm u. Eu mit Na-Amalgam aus einer Acetat–Essigsäure-Pufferlsg. extrahiert. Von mitextrahierten 60% ^{234}Np wird in einer Austauscherkolonne Dowex 50–X 4, Ammoniumform, 200—400 Mesh, bei 80° getrennt. Zur Eluierung wurde 4,25%ig. Milchsäure, p_H 3,42, mit einer Geschwindigkeit von 30 ml/Std. durchgegeben. Trennung des Tb u. Gd voneinander, wie auch von Y u. anderen Seltenen Erden geschah in ident. arbeitenden Kolonnen. Gezählt wird im Proportionalitätszähler mit Al-Fenster. Folgende Spaltungsausbeuten in % werden gefunden: ^{153}Sm $1{,}3 \cdot 10^{-1}$, ^{156}Eu $1{,}2 \cdot 10^{-2}$, ^{159}Gd 1,1 bzw. $1{,}0 \cdot 10^{-3}$ u. ^{161}Tb 7,4 bzw. $7{,}1 \cdot 10^{-5}$, bezogen auf die Ausbeute von ^{99}Mo 6,2%. (Physic. Rev. [2] **96.** 1614. 15/12. 1954. Boston, Mass., Tracerlabor.) H. Menke. 104

Sigmund Berk und **Leonard Teitell,** *Radioaktive Substanzen zur Verhütung von Schimmelbildung an optischen Instrumenten.* Vff. untersuchen den Einfl. radioakt. Substanzen auf die Schimmelbldg., die in trop. Gebieten an opt. Instrumenten auftritt. Die von *Ra* u. *Po* ausgehenden ionisierenden Strahlen können die Schimmelbldg. verhindern, was auf die Wrkg. der α-Strahlen zurückgeführt wird. Die prakt. Anwendung ist sehr beschränkt. (Ind. Engng. Chem. **46.** 778—84. April 1954. Philadelphia, Pa., Frankford Arsenal, Pitman-Dunn-Labor.) Max Schmidt. 106

E. Glueckauf, *Die langfristigen Aussichten über die Aufbereitung von Spaltprodukten.* Verschied. Näherungsbetrachtungen für die Behandlung u. Aufbereitung von Spaltproduktlsgg. u. Vgl. ihrer wirtschaftlichen Vorteile. Die Berechnungen gründen sich auf die Annahme, daß die Weltproduktion der Kernenergie eine Abbrandmenge zwischen 200 u. 1000 t Kernbrennstoff pro Jahr erreichen wird. Aufbewahrungs- u. Extraktionsverff. werden behandelt. (Atomics and Atomic Technol. **6.** 270—76. 281. Sept. 1955.) Gerhard Schmidt. 110

R. Fourage und **L. Miramond,** *Untersuchung des ionischen Multiplikationskoeffizienten in CO_2-gefüllten Zählrohren.* Vff. beschreiben eine Meth. zur Best. des ion. Multiplikationskoeff. M in Zählrohren mit verschied. CO_2–A.-Füllungen bei Drucken von 10—760 mm Hg. Das Gasgemisch wird durch α-Teilchen einer 1 μC-Po-Quelle ionisiert, die ~ 1200 α-Teilchen pro Sek. emittiert. Durch Variation von Gasdruck, Gaszus. u. angelegter Spannung können Vff. M in einem Bereich von $1—1{,}5 \cdot 10^5$ verändern. (J. Physique Radium **15.** 780—81. Nov. 1954. Paris, École sup. de Phys. et Chim., Labor. d'Électr. générale.) J. Roesmer. 112

Daniel Blanc und **Henri Zyngier,** *Anwendung der Theorie von Wilkinson auf Geiger-Müller-Zählrohre mit äußerer Kathode.* Vff. bestätigen die Theorie von Wilkinson (C. **1948.** E. 534) für den Entladungsmechanismus von Geiger-Müller-Zählrohren mit äußerer Graphitkathode durch Messung der bei verschied. Zählraten u. Zählspannungen überführten Elektrizitätsmengen. Diese sind in erster Näherung der Differenz zwischen Zähl- u. Einsatzspannung proportional. Der Widerstand des gläsernen Zählrohrmantels wird für verschied. Tempp. berechnet, er stimmt mit dem durch Widerstandsmessungen gefundenen überein. (J. Physique Radium **15.** Nr. 1, Suppl. 1 A bis 4 A. Jan. 1954. Paris, Coll. de France, Labor. de Phys. atom. et mol.) G. Herrmann. 112

D. Blanc, *Arbeitscharakteristika von Zählern mit Außenkathode und reiner Methylalfüllung.* Ausführliche Darst. der C. **1954.** 10173 referierten Arbeit. (Nuovo Cimento [9] **11.** 231—40. 1/3. 1954. Paris, Coll. de France, Labor. de Phys. atom. et mol.) H.-J. Eichhoff. 112

Alladi Ramakrishnan, *Zähler mit statistisch verteilter Totzeit.* (Vgl. C. **1955.** 2596.) Vf. gibt Gleichungen für die von einem Zähler registrierten Impulszahlen, wenn die Totzeit statist. verteilt ist. (Philos. Mag. [7] **45.** 1050—52. Okt. 1954. Madras, Univ., Dep. of Phys.) G. Herrmann. 112

A. Malvicini, *Scintillationskammer für die Messung der in der Luft enthaltenen Emanation.* Der App. besteht aus einem Messingrohr (Durchmesser 50 mm, Höhe 25 mm), dessen Enden mit einer Messing- u. einer Plexiglasscheibe abgeschlossen sind; darin sind 2 dünne Celluloidrohre (35 u. 17 mm Durchmesser) angeordnet. Alle Innenflächen sind mit Ag-aktiviertem ZnS bedeckt. Die Plexiglasfläche wird auf einen Photomultiplier aufgesetzt, mit dem die durch die α-Teilchen erzeugten Impulse gezählt werden. (Nuovo Cimento [9] **12.** 821—23. 1/11. 1954. Milano, Labors. CISE.) R. K. Müller. 112

D. Brini, L. Peli, O. Rimondi und **P. Veronesi,** *Untersuchung eines Flüssigkeitsscintillationszählers.* Beschreibung eines Scintillationszählers mit einer Zählkammer von 1 cm Dicke u. 10 cm Durchmesser, die mit einer Lsg. von p-Terphenyl u. Diphenylhexatrien in Phenylcyclohexan gefüllt ist. Relativist. Teilchen werden prakt. 100% ig erfaßt, der wirksame Durchmesser entspricht dem geometr. u. die Lichtausbeute beträgt 30%. (Nuovo Cimento [9] **11.** 655—62. 1/6. 1954. Bologna, Univ., Ist. di Fis.) H.-J. Eichhoff. 112

Serge Gorodetzky, Raymond Armbruster, Pierre Chevalier, André Gallmann und **Robert Manquenouille,** *Über eine Anordnung elektronischer Bündelung auf zwei Kanäle, die den Paarnachweis auf einem Untergrund parasitärer Teilchen gestattet. Anwendungen auf den monopolaren Strahl von Sauerstoff 16.* (Vgl. C. **1955.** 4029.) Anwendung einer Anthracenkristallkoinzidenzanordnung mit $2 \cdot 10^{-8}$ sec Auflösung für die in Verbindung mit einem bestimmten γ-Strahl emittierten Paarelektronen auf die Beobachtung der monopolaren Paarstrahlung von ^{16}O (Übergang vom 6,05-MeV-Niveau zum Grundzustand). (C. R. hebd. Séances Acad. Sci. **241.** 482—83. 1/8. 1955.) Gerhard Schmidt. 112

G. T. Wright, *Statistik der Photomultiplier-Scintillationszähler.* Vf. behandelt die Statistik der Impulshöhenverteilung bei Scintillationsmessungen mit Photomultipliern theoret. u. gibt einen Teil der Ergebnisse graphisch. Der Einfl. von Unvollkommenheiten des Phosphors, ungleichmäßiger Arbeitsweise der Photokathode u. Multiplierdynoden, Thermoemission der Photokathode u. Nachimpulsen wird behandelt. (J. sci. Instruments **31.** 377—81. Okt. 1954. Grahamstown, South Africa, Rhodes Univ., Phys. Dep.) G. Herrmann. 112

L. C. Burnett und **M. Hawkes,** *Das Dekatron in der Kernphysik-Instrumentation.* Beschreibung eines Kaltkathodenrohres (Dekatron) u. seiner elektron. Eigg. (Wanderwellenformen). Die Auflösungszeit des GC 10 D-Rohres beträgt 50 μsec, die eine mittlere Zählrate von 200/sec mit einem berechneten Verlust von nur 1% ermöglicht. (Atomics and Atomic Technol. **6.** 283—90. Sept. 1955. Ericsson Telephones Ltd.) Gerhard Schmidt. 112

G. Breitling und **R. Glocker,** *Anschluß der Dosismessung bei schnellen Elektronenstrahlen (3—15 MeV) an die Röntgendosismessung.* Die Gleichungen für die Energieabgabe von Elektronen in Schichten, deren Dicke kleiner ist als die Reichweite, werden sinngemäß auf die sek. Elektronen übertragen. Die Ionisationskammer von 40 mm Durchmesser besteht aus 3 graphitierten, 0,04 mm starken Polystyrolfolien, die durch Luftzwischenräume von je 3 mm getrennt sind. Als Leuchtstoff dient eine 0,4 mm dicke Schicht eines Gemisches aus 75% Anthracen u. 25% 2-Chloranthracen. Die Rechnung ergibt, daß im Bereich von 3- 15 MeV-Elektronen die Ausnutzung der Sekundärelektronen im Leuchtstoff durchschnittlich 9% größer ist als in der Ionisationskammer. Die theoret. berechnete Kurve, welche das Verhältnis der Dosiswerte, gemessen mit Leuchtstoff u. Ionisation, normiert auf den Wert im Röntgen-Compton-Gebiet, angibt, wird durch die Lage der Meßpunkte bestätigt. Die Messungen werden in Luft ausgeführt; analoge Messungen in W. ergeben im Bereich von 3—15 MeV eine ähnliche Energieabhängigkeit. (Naturwissenschaften **42.** 11—12. 1. Jan.-H. 1955. Stuttgart, TH, Röntgeninst.) Gerhard Schmidt. 112

N. V. Ryder und **C. N. Watson-Munro,** *Der Nachweis von radioaktivem Staub der britischen Atombomben im Oktober 1953.* Die Außenluft wurde durch Papierfilter gesaugt, deren β-Aktivität laufend gemessen wurde. Sie stieg 36 Std. nach der Explosion vom 15/10. 1953 stark an (50 Impulse/Min. gegen 2 Impulse/Min. Normalwert), ging innerhalb von Std. zurück u. stieg 38—54 Std. nach der Explosion erneut an. Durch Abfallsmessungen wurde sichergestellt, daß es sich um Spaltprodd. handelte. Die Entfernung Womera—Wellington beträgt 3800 km, entsprechend 115 bzw. 63—90 km/Std. Wanderungsgeschwindigkeit. (New Zealand J. Sci. Technol., Sect. B **36**. 155—59. Sept. 1954. Wellington, Victoria Univ. Coll., Phys. Dep.) G. HERRMANN. 112

J. F. Gabites, *Die Drift von radioaktivem Staub der britischen Atombombenversuche im Oktober 1953.* (Vgl. vorst. Ref.) Vf. berichtet über die meteorolog. Bedingungen zur Zeit der l. c. referierten Beobachtungen. Es war keine direkte Strömung zwischen Australien u. Neuseeland vorhanden. Der 2. Aktivitätsanstieg könnte durch Wirbeldiffusion einer zunächst in ca. 7—8000 km Höhe befindlichen Wolke von radioakt. Material gedeutet werden. (New Zealand J. Sci. Technol., Sect. B **36**. 160—65. Sept. 1954.) G. HERRMANN. 112

Herbert M. Clark, *Das Auftreten eines ungewöhnlich stark radioaktiven Regens im Gebiet von Troy, New York.* 36 Std. nach der Explosion einer Atombombe (25/4. 1953) fiel in ca. 3700 km Entfernung vom Explosionsherd in einem heftigen Sturm Hagel u. Regen mit ungewöhnlich hoher Radioaktivität. Vf. untersuchte die Aktivität der Straßenoberfläche, von Papier u. Stoff, von W. aus Pfützen, von Pflanzen, von Leitungswasser u. W. aus Reservoirs in dem betroffenen Gebiet mit Zählern u. mit Autoradiogrammen. Poröse Materialien wiesen die stärkste Radioaktivität auf, die auch durch Behandlung mit heißer konz. HCl nur teilweise entfernt werden konnte. (Science [Washington] **119**. 619—22. 7/5. 1954. Troy, N. Y., Rensselaer Polytechn. Inst., Dep. of Chem.) MAX SCHMIDT. 112

A$_2$. Optisches Verhalten der Materie.

Ss. K. Wssechswjatski, G. M. Nikolski, Je. A. Ponomarew und **W. I. Tscherednitschenko,** *Über die korpuskulare Strahlung der Sonne.* (Vgl. MUSSTEL, Publicat. of the Crimean Astrophys. Observat. **10**. [1952.] 143.) In ihrer Erwiderung auf l. c. geben Vff. als obere Grenze für den Verlust der Sonne an Materie durch Teilchenstrahlung 10^{20} g/Jahr statt $6 \cdot 10^{17}$ g/Jahr an. Nach dem Coronaspektr. können die Strahlen als Materieströme mit Beschleunigungen bis zu 10^8 cm/sec^{-2} angesehen werden. Der Mechanismus der Ca^+-Beschleunigung, wobei Protonen mitgezogen werden, wird abgelehnt. Die Konz. der Protonen in geoakt. Strömen in der Nähe der Erde wird auf 10^3/cm^3 statt 0,6/cm^3 geschätzt. (Астрономический Журнал [Astronom. J.] **32**. 165—75. März/April 1955. Kiew, Univ., Lehrstuhl für Astronomie.) M. WIEDEMANN. 113

E. R. Musstel, *Über die korpuskulare Strahlung der Sonne.* (Vgl. vorst. Ref.) In seiner Erwiderung auf l. c. bestätigt Vf., daß der Gesamtmassenverlust der Sonne $6 \cdot 10^{17}$ g/Jahr nicht überschreiten kann. Die Hypothese, daß die äußeren Teile der Coronastrahlen Teilchenströme sind, die bei Annäherung an die Erde geomagnet. Störungen u. Aurora verursachen, wird abgelehnt. Die Konz. der solaren Protonen in der Nähe der Erde dürfte bei 1/cm^3 liegen. (Астрономический Журнал [Astronom. J.] **32**. 177—91. März/April 1955. Astronom. Observ. der Krim der Akad. der Wiss. der UdSSR.) M. WIEDEMANN. 113

Michael John Seaton, *Die Näherungsrechnung über Wirkungsquerschnitte der atomaren Photoionisation.* 1. Mitt. *Die Anwendung der wasserstoffähnlichen Wellenfunktionen auf das Kontinuum.* Die Wellenfunktionen nach BATES u. DAMGAARD für die Quantenzustände u. wasserstoffähnlichen Funktionen werden auf das kontinuierliche Spektr. angewendet. Die numer. Ergebnisse, die für die Übergänge np → kd erhalten werden, sind gültig, wenn die Serie n'd fast wasserstoffähnlich ist. (C. R. hebd. Séances Acad. Sci. **240**. 1193—95. 14/3. 1955.) P. WOLF. 114

Michael John Seaton, *Die Näherungsrechnung über Wirkungsquerschnitte der atomaren Photoionisation.* 2. Mitt. *Eine Beziehung zwischen dem Quantendefekt und der Phase der Wellenfunktion an der Spektralgrenze.* (1. vgl. vorst. Ref.) Man erhält die Beziehung $\pi\mu = \delta$, in der μ der Quantendefekt an einer Seriengrenze ist u. δ die Phasendifferenz zwischen der Wellenfunktion für das Kontinuum u. der entsprechenden wasserstoffähnlichen Wellenfunktion. (C. R. hebd. Séances Acad. Sci. **240**. 1317—18. 21/3. 1955.) P. WOLF. 114

Frederick R. Innes, *Spin-Bahn-Wechselwirkung in der Theorie der Komplexspektren.* (Sitzungsbericht.) Die Spin-Bahn-Wechselwirkungstheorie für Komplexspektren nach MARVIN (Physic. Rev. [2] **71**. [1947.] 102) wird so abgeändert, daß sich Ausdrücke aus irreduziblen Zweiteilchen-Tensoroperatoren ergeben. Man erhält Kombinationen von Kugelfunktionen u. Drehimpuls-Operatoren. (Physic. Rev. [2] **94**. 761. 1/5. 1954. Univ. of Pennsylvania.) H. C. WOLF. 118

Shang-Yi Ch'en, Robert B. Bennett und **Oleg Jefimenko,** *Absorptionsbanden von Rubidium in Gegenwart fremder Gase.* (Sitzungsbericht.) (Physic. Rev. [2] **98**. 281. 1/4. 1955. Univ. of Oregon.) R. STEIN. 118

Guy Pannetier, Marcel Barrère und **François Guedeney,** *Über die anomale Anregung der α-Banden des Ammoniak in Abwesenheit des NH-Radikals bei der stationären Zersetzung von Hydrazinhydrat.* Bei einer 150std. Exposition unter Verwendung eines Spektrographen mit der relativen Öffnung f/14 wurde das Spektr. der stationären Zers. von N_2H_5OH erhalten, welches keine NH-Banden, sondern die α-Banden des NH_3 enthält. Eine Diskussion des Spektr. unter Vgl. mit den Spektren der NH_3-Verbrennung mit O_2 u. der explosiven Zers. von NH_3 führt zu einer Stützung der Annahme, daß die α-Banden des NH_3 von dem NH_2-Radikal herrühren u. die Hydrazinzers. über dieses Radikal verläuft. (C. R. hebd. Séances Acad. Sci. **239.** 37—39. 5/7. 1954.) H.-J. EICHHOFF. 118

A. C. Oertel und **R. M. McKenzie,** *Die Abhängigkeit der Intensität von Konzentration und Stromstärke für Kupfer bei anodischer Erregung von Mineralstaub.* Der Absorptionsparameter u. die ursprünglich emittierte Intensität der Cu-Linie 3274 Å wurden bei der Unters. Cu-haltiger Pflanzenasche in der Bogenentladung bestimmt. Dabei wurde unter Konstanthaltung der bas. Zus. der Asche die Stromstärke variiert u. bei einer weiteren Versuchsreihe bei konstanter Stromstärke die bas. Zus. schrittweise geändert. Es wurde gefunden, daß der Absorptionsparameter sich näherungsweise mit 0,4facher Stärke der Cu-Konz. der Probe u. der Stromstärke des Bogens ändert. Dieses läßt sich durch die Annahme erklären, daß die relative Anzahl der absorbierenden Atome in der Bogenentladung davon abhängt, in welchem Maße Cu den Bogen passiert. Es wurde weiter festgestellt, daß sich die ursprünglich emittierte Intensität mit der 0,85fachen Stärke der Cu-Konz. u. linear mit der Stromstärke ändert. (Austral. J. appl. Sci. **5.** 330—38. Dez. 1954. Adelaide, CSIRO, Div. of Soils.) BRIGITTE MÜLLER. 118

C. J. Ballhausen, *Untersuchungen von Absorptionsspektren.* 2. Mitt. *Theorie der Kupfer(II)-Spektren.* Es werden eingehende Berechnungen unter Zugrundelegung der Ergebnisse von BJERRUM, BALLHAUSEN u. JÖRGENSEN (C. **1955.** 7373) zur Best. der Absorptionsspektren der Elemente der ersten Nebengruppe, deren Kationen ein effektives d-Elektron besitzen, angegeben. Da die Spektren u. Komplexe des Ti(III)-Ions nicht sehr gut bekannt sind, wird der $[Cu(NH_3)_n(H_2O)_{N-n}]^{2+}$-Komplex als Beispiel herangezogen. Die Werte der Radialfunktionen sind in Tabellen angegeben. Der Chloro- u. Bromokomplex des Cu(II)-Ions wird in die Betrachtungen einbezogen. (Kgl. danske Vidensk. Selsk., mat.-fysiske Medd. **29.** Nr. 4. 1—18. 1954. Copenhagen, Denmark, Techn. Univ., Chem. Dep. A.) D. HAHN. 118

B. W. Anderson und **C. J. Payne,** *Das Spektroskop und seine Anwendung auf die Edelsteinkunde.* 12. Mitt. *Absorptions- und Fluorescenzspektrum von rotem Spinell.* (11. vgl. C. **1955.** 7506.) In dem Absorptionsspektr. von rotem Spinell ist am charakteristischsten eine breite Bande mit ihrer Mitte bei ca. 5400 Å. Bei Cr-reichen Steinen sind eine Reihe von schmalen Absorptionslinien schwach sichtbar, von denen die stärkste ein Dublett bei 6855 u. 6840 Å ist. Zuweilen treten schwache Linien im blauen Teil des Spektr. bei 4650 u. 4550 Å auf. Im Fluorescenzspektr., welches für diagnost. Zwecke wertvoller ist, ist die Hauptemissionslinie durch einen dunklen Raum von einer anderen starken Linie bei 6750 Å getrennt. Auf jeder Seite dieser Linien treten mehrere andere Linien abnehmender Intensität auf, die für den natürlichen Spinell charakterist. sind. (Gemmologist **23.** 142—47. Aug. 1954.) C. GOTTFRIED. 118

F. A. Jenkins und **D. R. Speck,** *Phasenänderung bei Reflexion an Mehrfachschichten.* (Sitzungsbericht.) (Physic. Rev. [2] **98.** 282. 1/4. 1955. Berkeley, Univ. of California.) R. STEIN. 119

E. V. Smith, *Reflexionsmessungen an silicatischem Staub und Pulver.* Reflexionsmessungen an *Bergkristall* (1 μ), geschmolzenem *Quarz* (0—250 μ), *Halbopal* (0—250 μ), *Flint* (0—250 μ), *Chalcedon* (0—250 μ), *Olivin* (177—250 μ) u. *Lochalin Sand* (170—250 μ) im Gebiet von 2000—10000 Å. Obwohl alle Proben zu über 90% aus SiO_2 bestehen, zeigen die Reflexionskurven auffallende Verschiedenheiten, welche sich auch für verschieden alte Proben des gleichen Materials ergeben. Graph. Darst. des Reflexionsvermögens von Bergkristall (1 μ) bei 5000 Å in Abhängigkeit von der Dauer (0—30 Min.) einer Behandlung mit 40%ig. H_2F_2. Aus diesen Messungen wird abgeleitet, daß die Teilchen aus einem homogenen Kern bestehen, der von mehreren Schichten einer Dicke zwischen 2 u. $4 \cdot 10^{-2}$ μ umgeben sind, die sich in ihren Eigg. unterscheiden. (Brit. J. appl. Physics **5.** 340—41. Sept. 1954. Wolverhampton u. Staffordshire Techn. Coll.) H.-J. EICHHOFF. 119

B. W. Roberts und **C. P. Bean,** *Große magnetische Kerr-Rotation in der Legierung BiMn.* Ferromagnet. Elementarbereiche in BiMn-Kristalliten lassen sich leicht nachweisen unter Benutzung von planpolarisiertem Licht in Reflexion. Ein parallel zur c_0-Achse betrachteter Kristallit zeigt charakterist. Zickzack-Bilder der Elementarbereiche als stabile Konfiguration im Feld Null. Es werden ferner Bilder der magnet. Elementarbereiche gefunden, die an das spiralförmige Oberflächenanwachsen erinnern. Die große magneto-opt. Rotation wird in Zusammenhang gebracht mit dem großen spezif. Widerstand der BiMn-Legierung. (Physic. Rev. [2] **96.** 1494—96. 15/12. 1954. Schenectady, N. Y., General Electric Res. Labor.) J. v. HARLEM. 119

Fred L. Keller und **Alvin H. Nielsen,** *Das Infrarotspektrum und die Molekularkonstanten von DBr.* Ausführliche Darst. der C. **1954.** 7810 referierten Arbeit. (J. chem. Physics **22.** 294—99. Febr. 1954. Knoxville, Tenn., Univ. of Tennessee, Dep. of Phys.) H.-J. EICHHOFF. 120

M. Brook und **J. Kaplan,** *Dissoziationsenergie von NO und N_2.* Die Schwingungsniveaus des $X^2\pi$-Grundzustands von NO wurden bis v = 23 beobachtet. Es zeigte sich, daß die Dissoziationsenergie von NO wahrscheinlich 6,48 eV beträgt. Daraus folgt für N_2 eine Dissoziationsenergie von 9,76 eV. Ferner wird ein neues Syst. von NO-Banden im nahen Ultrarot gefunden, welches wahrscheinlich einem $^4\pi \rightarrow {}^4\pi$-Übergang zuzuordnen ist. (Physic. Rev. [2] **96.** 1540—42. 15/12. 1954. Los Angeles, Calif., Univ. of California, Inst. of Geophys.) D. HAHN. 120

P. P. Choruiguine, *Intensitätsmessungen an Raman-Spektren.* Zusammenfassender Vortrag. Diskussion. — 21 Literaturzitate. (J. Chim. physique Physico-Chim. biol. **50.** D 31—D 41. Nov./Dez. 1953.) M. KORTÜM. 120

R. O. Brick, J. J. Brady und **M. D. Pearson,** *Durchgang in das seltenere Medium bei der Totalreflexion von Mikrowellen.* (Sitzungsbericht.) (Physic. Rev. [2] **98.** 282. 1/4. 1955. Oregon State Coll.) R. STEIN. 121

F. A. Liuima, A. V. Bushkovitch und **A. G. Rouse,** *Druckverbreiterung bei COS in Mischungen mit Fremdgasen.* Vff. maßen die Linienbreiten der I = 1 → 2-COS-Linie bei verschied. Drucken sowie nach Zusatz von ca. 20, 50 u. 75% N_2O, He oder O_2. Bei Messungen des reinen Gases ergab sich ein Stoßdurchmesser von $9{,}20 \cdot 10^{-8}$ cm in guter Übereinstimmung mit einem von anderer Seite erhaltenen Wert von $9{,}28 \cdot 10^{-8}$ cm. Aus den Messungen an den Gasgemischen wurden ebenfalls die Stoßdurchmesser erhalten. Diese Durchmesser sind prakt. unabhängig von der Menge zugesetzten Fremdgases; diese Beobachtungen stehen in Widerspruch zu denen von POTTER, BUSHKOVITCH u. ROUSE (vgl. C. **1952.** 4724), welche bei NH_3 eine Abnahme des Stoßdurchmessers mit zunehmender Konz. des Fremdgases beobachtet hatten. (Physic. Rev. [2] **96.** 434—35. 15/10. 1954. St. Louis, Mo., Univ.) C. GOTTFRIED. 121

Gilbert S. Blevins, Albert W. Jache und **Walter Gordy,** *Millimeterwellenspektren von AsH_3 und AsD_3.* (Vgl. C. **1955.** 514.) Für $^{75}AsH_3$ (**I**) wurden im Wellenlängengebiet von 225 kMHz u. für $^{75}AsD_3$ (**II**) im Gebiet von 115 kMHz die Rotationsübergänge I = 0 → 1 gemessen. Aus den erhaltenen Frequenzen (Tabelle) wurden die B_0-Werte 112468,46 MHz für **I** u. 54477,15 MHz für **II** sowie die Trägheitsmomente I_B $7{,}459_{08} \cdot 10^{-40}$ g/cm² für **I** u. $14{,}595_{56} \cdot 10^{-40}$ g/cm² für **II** hergeleitet. Die beobachtete Kernquadrupolkopplung eQq von ^{75}As unterscheidet sich in den beiden Verbb. u. beträgt $-160{,}1 \pm 0{,}4$ MHz für **I** u. $-165{,}9 \pm 0{,}4$ MHz für **II**. Für ^{75}As wurde eine kernmagnet. Wechselwrkg. beobachtet mit der magnet. Kopplungskonstante 0,33 MHz für **I** u. ~ 0,07 MHz für **II**. Für die Valenzwinkel H—As—H bzw. D—As—D wurden 91° 50′ bzw. 91° 31′ angenommen. Mit diesen Werten u. den beobachteten Trägheitsmomenten erhält man die interatomaren Abstände As—H = 1,5192 Å u. As—D = 1,5145 Å. (Physic. Rev. [2] **97.** 684—86. 1/2. 1955. Durham, N. C., Duke Univ., Dep. of Phys.) C. GOTTFRIED. 121

Albert W. Jache, Gilbert S. Blevins und **Walter Gordy,** *Millimeterwellenspektren von SbH_3 und SbD_3.* In dem Wellenlängengebiet von 176 kMHz wurden die Rotationsübergänge J = 0 → 1 von $^{121}SbH_3$ (**I**), $^{123}SbH_3$ (**II**), $^{121}SbD_3$ (**III**) u. $^{123}SbD_3$ (**IV**) gemessen; die beobachteten Frequenzen sind tabellar. wiedergegeben. Aus diesen Werten ergaben sich die folgenden Rotationskonstanten B_0 für **I** 88031,92 (MHz); **II**: 88015,54; **III**: 44693,29; **IV**: 44677,13 u. I_B für **I**: $9{,}529_{62}$ ($\cdot 10^{-40}$ gcm²); **II**: $9{,}531_{40}$; **III**: $18{,}77_{04}$ u. **IV**: $18{,}77_{72}$. Die beobachteten Sb-Kernquadrupolkopplungen, eQq, sind für die n. u. deuterisierten Verbb. verschied. u. betragen für ^{121}Sb in **I** 458,7 $\pm 0{,}8$ MHz u. in **III** 465,4 $\pm 0{,}8$ MHz u. für ^{123}Sb 586,0 $\pm 0{,}8$ MHz für **II** u. 592,8 $\pm 0{,}8$ MHz für **IV**. Hieraus erhält man das Verhältnis $^{123}Q/^{121}Q = 1{,}275 \pm 0{,}003$. Die Kernquadrupolmomente des Sb wurden geschätzt zu $^{121}Q = -0{,}8 \cdot 10^{-24}$ cm² u. $^{123}Q = -1{,}0 \cdot 10^{-24}$ cm². Für das n. SbH_3 wurde eine bedeutende kernmagnet. Kopplung beobachtet: in SbH_3 wurde die magnet. Kopplungskonstante für ^{121}Sb zu 0,33 MHz u. für ^{123}Sb zu 0,18 MHz gefunden. Ihr Verhältnis, $^{121}C/^{123}C$, mit 1,84 steht in guter Übereinstimmung mit den Kern-g-Faktoren $^{121}g/^{123}g = 1{,}8465$. Die interatomaren Abstände betragen in SbH_3 Sb—H =

1,707 Å; Winkel H—Sb—H = 91° 18′ u. in SbD_3 Sb—D = 1,702 Å u. Winkel D—Sb—D— 90° 56′. (Physic. Rev. [2] **97.** 680—83. 1/2. 1955. Durham, North Carolina, Duke Univ., Dep. of Phys.) C. GOTTFRIED. 121

W. A. Hardy und **G. Silvey,** *Mikrowellenspektrum von TeCS und Massen der stabilen Tellurisotopen.* In dem Temperaturbereich von —55 bis —45° wurde das Mikrowellenspektr. von *TeCS* in den Rotationsübergängen I = 6 ← 5; I = 7 ← 6 u. I = 8 ← 7 untersucht. Es wurden 7 Isotope beobachtet mit A (Massenzahl) = 122; 123; 124; 125; 126; 128 u. 130. ^{120}Te, welches ebenfalls stabil ist. wurde nicht beobachtet, da seine Häufigkeit nur 0,09% beträgt. Die Molekularparameter des Mol. für alle Isotope sind tabellar. zusammengestellt, wobei eine mittlere Zentrifugalstörungskonstante von 95 Hz genommen wurde. Ebenso sind die gemessenen Frequenzen des 2 *l*-Dubletts mit v = 2 in dem Übergang I = 8 ← 7 für alle Isotopen in einer Tabelle zusammengefaßt. Das Dipolmoment wurde zu 0,172 ± 0,002 D gefunden: Innerhalb der Meßgenauigkeit der Grundzustandsübergänge wurden keine Resonanzeffekte vom Typ FERMI beobachtet. Ebenfalls wurde keine Quadrupolhyperfeinstruktur für die ungeraden Te-Isotope gefunden, in Übereinstimmung mit dem für diese Kerne beobachteten Spinwert von $^1/_2$. Aus dem Trägheitsmoment ergeben sich die Abstände Te—C = 1,904 Å u. C—S = 1,557 Å. Aus ihren Absorptionsfrequenzen wurden die Meßverhältnisse der 7 Isotopen berechnet. Die Te-Massendaten sind tabellar. wiedergegeben, die Massendefekte graph. gegen die Massenzahlen aufgetragen. Die ungerade—gerade Massenänderung für ^{123}Tè u. ^{125}Te beträgt 1,5 Millimasseneinheiten. (Physic. Rev. [2] **95.** 385—88. 15/7. 1954. New York, N. Y., Columbia Univ.) C. GOTTFRIED. 121

S. C. Sirkar und **D. K. Ghosh,** *Absorption von 3,3 cm-Mikrowellen in Chloroform und Äthylendichlorid im flüssigen Zustand.* Im Gebiet von 8702—9548 MHz wurde die Absorption von Chlf. u. Dichloräthylen bei verschied. Tempp. bis zum E. untersucht. Bei einer Kreisfrequenz ω = 56 540 MHz haben Chlf. bei 228° K u. Dichloräthylen bei 263° K ein Absorptionsmaximum. Die DKK. ε_0 u. ε_1 für die Frequenzen ∞ bzw. 0 sind 2,094 bzw. 6,12 bei Chlf. u. 2,084 bzw. 12,7 bei Dichloräthylen. Aus den extrapolierten Viscositätskurven wurden die Radien der Moll. u. aus Frequenz u. DK. die Relaxationszeiten τ bestimmt. Chlf.: $\tau = 1{,}523 \cdot 10^{-11}$, a = $1{,}5 \cdot 10^{-8}$ cm, Dichloräthylen: $\tau = 1{,}214 \cdot 10^{-11}$, a = $1{,}426 \cdot 10^{-8}$ cm. Aus der Größenordnung von a, die dem C—Cl-Abstand entspricht, wird geschlossen, daß die rotierenden Gebilde einzelne Moll. sind. Die Rotationsorientierung von $C_2H_4Cl_2$ entspricht der C—C-Achse, der hohe Wert der DK. läßt auf ein starkes permanentes elektr. Moment schließen. (J. chem. Physics **21.** 1614—15. Sept. 1953. Erratum: **22.** 350. Febr. 1954. Jadavpur, Calcutta, Indian Ass. for Cultivat. of Sci., Opt. Dep., u. Calcutta, Univ., Dep. of Phys.) F. SCHEUER. 121

Bernard Smaller und **Eugene Avery,** *Luminescenzuntersuchungen an KJ–TlJ.* Die Unterss. sollen über Art und Zustand der Elektronenfallen in KJ-TlJ-Phosphoren Aufschluß geben. Gleichungen für die durch Freiwerden von gefangenen Elektronen gegebene Phosphorescenzintensität werden aufgestellt (monomol. Prozeß). Experimentell werden die Thermoluminescenzkurven von krist. KJ mit 0,05% TlJ nach Röntgenbestrahlung, Bestrahlung mit UV-Licht oder γ-Strahlaktivierung bei 80° K aufgenommen. Es treten 4 Thermoluminescenzmaxima auf. Die Emissionsintensität in Abhängigkeit von der Wellenlänge des UV-Erregerlichtes weist ein Maximum auf, das für alle 4 Thermoluminescenzbanden bei der gleichen Wellenlänge liegt. Daraus kann geschlossen werden, daß das Anregungsband für alle freigelassenen Elektronen das gleiche ist. Das Studium der Phosphorescenzabklingzeiten läßt auf ein kurzlebiges u. ein langlebiges Einfangssyst. schließen. Das langlebige Syst. kann mittels einer 390 Curie Co^{60}-γ-Quelle untersucht werden. Es werden Gleichungen für die Geschwindigkeit aufgestellt, mit der bei Bestrahlung die leeren Fallen aufgefüllt werden. Die für ein Beispiel berechnete Thermoluminescenzkurve stimmt mit der experimentell gefundenen befriedigend überein. (Physic. Rev. [2] **92.** 232—37. 15/10. 1953. Lemont, Ill., Argonne National Labor.) M. KORTÜM. 125

Arrigo Addamiano, *Über die Fluorescenz von selbstaktiviertem Zinksulfid.* Vf. untersucht, welches die Mindesttemp. ist, bei der die Temperung von ZnS zur Selbstaktivierung führt. Bei Tempp. von 650° u. darüber wurde das Auftreten einer charakterist. blauen Bande bei 4700 Å beobachtet, bei 600° dagegen nicht. Die Helligkeit ist um so größer, je höher die Temperungstemp. war, die erforderliche Temperungszeit wächst mit abnehmender Temp., ohne Zusatz von Halogeniden getemperte Präpp. zeigen immer eine geringere Helligkeit als solche mit Halogenidzusatz. Aus verschied. Anzeichen schließt Vf., daß die Selbstaktivierung durch eine Art von Gitterstörung verursacht wird. (J. chem. Physics **23.** 1541. Aug. 1955. Cleveland, O., General Electric Comp., Nela Park, Lamp. Div., Advanced Lamp Developm. Labor.) H. W. LEVI. 125

A_3. Elektrizität. Magnetismus. Elektrochemie.

E. A. Ash und **D. Gabor,** *Experimentelle Untersuchungen über Elektronenwechselwirkungen.* Die Wechselwirkungen in einem Plasma in therm. Gleichgewicht u. in rein elektron. Raumladungen wurden aus der Streuung eines durch die Ladungswolke geschossenen Elektronenbündels bestimmt. Die Beobachtungen erfolgten auf einem Leuchtschirm, Winkel bis zu 10^{-4} konnten aufgelöst werden. Die Dichte des Gleichgewichtsplasmas wurde aus Kapazitätsmessungen mit einer dünnen Drahtsonde ermittelt, die der Elektronenwolke aus elektronenopt. Messungen. Die Wechselwrkg. war für beide Fälle nicht größer als der 5fache Wert nach der Theorie von THOMAS (Proc. Roy. Soc. [London], Ser. A **121.** [1928.] 464). Es wird gefolgert, daß Wechselwirkungen nicht verantwortlich für Anomalien in Niederdruckentladungen oder anderen elektron. Anordnungen sind. (Proc. Roy. Soc. [London], Ser. A **228.** 477—90. 22/3. 1955. Imperial Coll. of Sci. and Technol.) H. LIEPACK. 131

R. G. Fowler, *Kontraktion der positiven Säule einer Glimmentladung bei hohem Druck.* Als Ursache für die Energieverluste der Elektronen, die zu einer Kontraktion führen, werden unelast. Stöße betrachtet. Für *He* ergibt sich ein Dichtebereich für die Kontraktion, der den Beobachtungen entspricht. Eine halbempir. Berechnung der krit. Werte für *Ar*, *Ne*, *Luft* u. H_2 ist in befriedigender Übereinstimmung mit den zur Verfügung stehenden Meßergebnissen. (Proc. physic. Soc., Sect. B **68.** 130—36. 1/3. 1955. Univ. of Oklahoma.) H. LIEPACK. 131

G. Francis, *Die Entwicklung der elektrodenlosen Entladung in Wasserstoff.* Die Gas (1—76 mm Hg) enthaltenden zylindr. Quarz- oder Glasgefäße befanden sich zwischen planparallelen Elektroden. Die Wellenlängen lagen zwischen 50 u. $6 \cdot 10^6$ m (Frequenzbereich 6 MHz bis 50 Hz). Bei kurzen Wellenlängen waren Anfangspotential u. Strom niedrig, die Entladung entwickelte sich langsam. Bei einer krit. Wellenlänge stieg das Anfangspotential plötzlich an u. blieb dann bis zu zu den größten Wellenlängen konstant. Dicht über der krit. Wellenlänge war der Strom groß, nahm schnell zu u. floß kontinuierlich. Bei allen größeren Wellenlängen wurde ein kleiner Strom mit kurzen Impulsen beobachtet, die mit konstanter Höhe u. Gestalt in der Nähe der Spitzen des angelegten Feldes lagen. Das Anwachsen der Impulse wird auf Gasionisation u. durch Photonen ausgelöste Elektronenemission aus den Wänden zurückgeführt. Der Impuls hörte auf, wenn Wand- u. Raumladungen das Feld erniedrigten. Aus der Regelmäßigkeit der Impulse wird geschlossen, daß aus jedem Impuls Elektronen zur Auslösung des folgenden übrigbleiben. Sie sind am Ende des Impulses lose an die Anodenwand gebunden u. können bei Umkehr des Feldes leicht abgezogen werden. Diese Emission erfolgte bei Feldern <1000 V/cm, ist also keine n. Feldemission. (Proc. physic. Soc., Sect. B **68.** 137—47. 1/3. 1955. Oxford, Clarendon Labor.) H. LIEPACK. 131

N. Ja. Dodonowa, *Über den Mechanismus der Anregung von Schwingungsniveaus von Molekülen in elektrischen Entladungen.* (Vgl. C. **1955.** 10675.) Vf. zeigt durch pyrometr. Messung der Gastemp. elektr. Entladungen in *CO* u. CO_2 bei verschied. Drucken (40—100 mm Hg) u. Entladungsströmen (230 u. 175 mA), daß die Temp. 2000° nicht übersteigt u. daher die Anregung der Schwingungsniveaus der CO_2-Moll. mit dem Emissionsmaximum 4,65 μ keine Folge der Gaserwärmung, es wäre eine Temp. von 4000° erforderlich, ist. Die Anregung durch schnelle positive Ionen ist ebenfalls nicht möglich, da die Intensität der Infrarotemission bei einer Hochfrequenzentladung größer oder gleich der Intensität einer Entladung niedriger Frequenz ist. Der Anregungsmechanismus besteht vielmehr in Stößen langsamer Elektronen (Elektronen, deren Energie nicht ausreicht, die Elektronenniveaus des Mol. anzuregen). Es wird die Infrarotemission einer CO_2-Entladung mit konstantem Strom (0,02 A) bei 0,2—5 mm Hg unter gleichzeitiger Messung von Elektronentemp. u. E/P untersucht. Mit zunehmendem Druck wächst die Intensität der Emission u. fällt E/P, die Elektronentemp. beträgt bei 1 mm Hg 19000° K u. nähert sich mit wachsendem Druck der Gastemperatur. Der effektive Wirkungsquerschnitt der Elektronen für Stöße, die zur Anregung der ersten Schwingungsniveaus von CO_2 führen, erreicht das Maximum bei 0,2 eV, was der mittleren Energie der Elektronen in einer Entladung von $\approx$ 200 mm Hg Druck entspricht. (Доклады Академии Наук СССР [Ber. Akad. Wiss. UdSSR] [N. S.] **98.** 933—35. 21/10. 1954. Leningrad, Shdanow-Univ.) J. GEIGER. 131

Erling Holøien, *Zur Stabilität des negativen Lithiumions.* Die Existenz des negativen Li-Ions wird nach der Variationsmeth. nachgewiesen. Die Elektronenaffinität wird auf 0,75 eV geschätzt, ein Wert von 0,1 eV ist nicht unwahrscheinlich. (Arch. Math. Naturvidensk. **52.** Nr. 7. 85—94. 1954.) H. LIEPACK. 131

T. L. Bailey, J. M. McGuire und **E. E. Muschlitz jr.,** *Die Bildung negativer Ionen in Kohlenwasserstoffgasen.* Die Entstehung negativer Ionen beim Elektronenbeschuß von

CH_4, *C_2H_6* u. *C_2H_2* wird massenspektroskop. untersucht. Ionen von der M. 25 (C_2H^-) werden in allen 3 Gasen in großer Menge gefunden. Die Entstehung wird bei CH_4 durch Vielfachstoß gedeutet, im Falle des C_2H_2 wird einfacher Elektronenstoß angenommen u. auf die bekannte saure Eig. des C_2H_2 hingewiesen. (J. chem. Physics **22.** 2088—89. Dez. 1954. Gainesville, Fla., Univ. of Florida, Coll. of Engng.) PETER WOLF. 131

R. Cade, *Ein elektrostatisches Problem unter Berücksichtigung eines nichtlinearen flüssigen Dielektrikums.* Für den Fall der Influenz auf eine anisotrope dielektr. Kugel durch ein einheitliches Feld in einem schwach nichtlinearen fl. Dielektrikum wird eine Näherungsrechnung für die elektrostat. Kopplung durchgeführt. Die Nichtlinearität, die in einer Zusatzrechengröße zur DK. enthalten ist, hat ihren Ursprung entweder in den inneren Eigg. des Dielektrikums oder einer Elektrostriktion. Möglichkeiten der experimentellen Anwendung werden diskutiert u. magnet. u. elektrodynam. Analogien aufgezeigt. (Proc. physic. Soc., Sect. B **68.** 1—9. 1/1. 1955. Jamaica, West Indian, Univ. Coll.) D. HAHN. 132

John Hart und **D. A. Simmons,** *Eine Bemerkung betreffend die Leitfähigkeit von flüssigen Dielektrika.* Mit einer Zwei- u. einer Vierelektrodenzelle wird an *Chlf.* geprüft, wie weit Elektrodeneffekte die üblichen Verff. zur Best. der Ionenbeweglichkeit in organ. Fll. niederer Leitfähigkeit verfälschen. Es ergibt sich, daß für den Stromabfall sowohl Elektrodeneffekte als auch Effekte in der Fl. maßgebend sind. (Canad. J. Physics **33.** 54 bis 57. Febr. 1955. Ottawa, Nat. Res. Labors., Div. of Phys.; Birmingham, Univ.) K. L. WOLF. 132

D. Ter Haar und **A. Neaves,** *Zur thermoelektrischen Kraft von Metallen.* Es wird ein Ausdruck für den Beitrag des Gitterstromes zur thermoelektr. Kraft abgeleitet für Tempp., bei denen die Elektron–Phonon-Streuung vorherrscht. In diesem Temperaturbereich ist für den thermoelektr. Effekt ein Vorzeichen entgegengesetzt dem aus der einfachen Elektronentheorie der Metalle zu erwarten. (Proc. Roy. Soc. [London], Ser. A **228.** 568—74. 22/3. 1955. St. Andrews, St. Salvator's Coll., Dep. of Natural Philosophy.) H. LIEPACK. 133

André Lallemand und **Maurice Duchesne,** *Über die Entwicklung und Erhaltung des Photoeffekts einer im Vakuum befindlichen Antimon–Caesium-Schicht.* Im Rahmen der Entw. eines idealen Photonenempfängers untersuchen Vff. die Photoemissionseigg. einer im hohen Vakuum befindlichen *Sb–Cs*-Schicht. In ein Gefäß wird eine Glasampulle, die eine auf einer Glasplatte abgeschiedene Photokathode enthält, eingeführt u. nach einstündigem Entgasen bei 100° *Ba* auf die Gefäßwand aufgedampft, wodurch der Innendruck unter 10^{-6} mm Hg bleibt. Darauf wird die Glasampulle zerbrochen u. die Entw. des Photoeffekts in Abhängigkeit von der Zeit verfolgt. Eine elektron. Einrichtung gestattet es, das Elektronenbild der Kathode auf photograph. Platten abzubilden. In der Glasampulle selbst zeigt die Photokathode nur das Verh. einer gewöhnlichen Zelle mit einer mittleren Empfindlichkeit von 50 μ A/Lumen, während nach dem Zerbrechen eine exponentielle Abnahme des Photoeffekts festzustellen ist. Dagegen weisen Zellen, deren Kathoden nach n. Sensibilisierung mit einer dünnen Schicht metall. *Cs* bedeckt wurden, nur einen schwachen Photoeffekt auf, der aber nach Bruch der Ampulle in einigen Min. den bei der Herst. ursprünglich besessenen Maximalwert wieder erreicht u. dann allmählich abnimmt. Dasselbe Phänomen tritt auch an *Cs*-reichen Schichten auf, bei denen sich stets noch eine extrem hohe Störemission, die immerhin ausreicht, um das photograph. Bild der Kathode zu verschleiern, bemerkbar macht. Durch Bedeckung der photograph. Platten mit einer *Al*-Folie von 1 μ Stärke konnten Vff. zeigen, daß diese Emission elektron. Ursprungs ist. Es treten also bei den Unterss. folgende Effekte auf: 1. Eine Sublimation der *Cs*-Atome; 2. eine chem. Rk. des *Cs* mit den Restgasen des Gefäßes u. 3. eine an das Vorhandensein des *Cs*-Überschusses in der photoempfindlichen Schicht gebundene intensive Elektronenemission. Diese drei Phänomene lassen sich durch eine Abkühlung der Photoschicht auf ca. —55° verkleinern. Vff. können feststellen, daß unter diesen Bedingungen der Photoeffekt sich nicht merklich entwickelt u. daß selbst nach mehreren Std. keine Abnahme der Empfindlichkeit der sowohl *Cs*-armen als auch *Cs*-reichen Schicht wahrzunehmen ist. (C. R. hebd. Séances Acad. Sci. **240.** 1329—31. 21/3. 1955.) H. SURAWSKI. 134

R. L. Perry und **J. J. Brady,** *Aus einer Oberflächenverunreinigung von Aluminium resultierende Änderungen des photoelektrischen Wahrscheinlichkeitsfaktors.* (Sitzungsbericht.) (Physic. Rev. [2] **98.** 281. 1/4. 1955. Oregon State Coll.) R. STEIN. 134

R. C. Nelson, *Beweglichkeit und Quantenausbeute der Ladungsträger in Kristallviolett.* Wenn ein kleiner Teil eines ausgedehnten Kristallviolettfilms weit entfernt von den Elektroden bestrahlt wird, so erhält man nur wenige % von dem Leitfähigkeitsanstieg, der zu erwarten wäre, wenn man die gleiche Lichtmenge gleichmäßig über den ganzen Film verteilen würde. Dieses Verh. wird auf Raumladungseffekte zurückgeführt.

Vf. erläutert die Erscheinung durch ein Experiment, bei dem ein Lichtfleck einen Kristallviolettfilm überquert. Ein starker Leitfähigkeitsanstieg tritt ein, wenn sich der Lichtfleck der Elektrode nähert. Eine vorherige kurze stationäre Beleuchtung beeinflußt den Kurvenverlauf nur in Einzelheiten. Die Quantenausbeute wird in der Größenordnung von 10^{-6} angenommen. (J. chem. Physics **23.** 1550. Aug. 1955. Columbus, O., Ohio State Univ.) H. W. LEVI. 134

M. M. Bredow R. F. Komarowa und **A. R. Regel,** *Untersuchung der Veränderungen der gleichrichtenden Eigenschaften des Punktkontaktes Metall-Halbleiter unter dem Einfluß der Bestrahlung des Halbleiters durch Alkalimetallionen.* Vff. untersuchen den Einfl. von *K*-Ionen der Energie 1—4 keV aus einem Massenmonochromator auf die gleichrichtenden Eigg. des Punktkontaktes *W*–n-*Ge*. Nur bei vollständig durchgeführter Vorbehandlung der Ge-Oberfläche (geschliffen, poliert, mit H_2O_2 geätzt) wird durch die Bestrahlung mit K-Ionen der Gleichrichtungskoeff. wesentlich verringert. Bei kleiner Ionenenergie (2—2,5 keV) u. geringer „Bedeckungsdichte" der K-Ionen auf der Ge-Oberfläche erweist sich der Effekt gegen Luft u. nochmaliges Ätzen mit H_2O_2 als dauerhaft, dagegen verschwindet er bei Energien von $\approx$ 4 keV durch Einw. von Luft sofort. Mit kleinerer Ionenenergie nimmt der Effekt ab, bei $\approx$ 1 keV gelingt es nicht mehr, auch bei noch so langer Bestrahlungsdauer, einen Einfl. des Ionenstrahls auf die gleichrichtenden Eigg. des Punktkontaktes zu beobachten. (Доклады Академии Наук СССР [Ber. Akad. Wiss. UdSSR] [N. S.] **99.** 69—72. 1/11. 1954. Halbleiterlabor. der Akad. der Wiss. der UdSSR.) J. GEIGER. 135

M. Silver, R. S. Witte und **F. McCaffrey,** *Gleichrichtung in dünnen Schichten von PbS.* (Sitzungsbericht.) (Physic. Rev. [2] **98.** 270—71. 1/4. 1955. U. S. Naval Ordnance Test Station.) R. STEIN. 135

W. M. Becker und **K. Lark-Horovitz,** *Einkristallschichten von Germanium-Halbleitern.* (Sitzungsbericht.) (Physic. Rev. [2] **98.** 228. 1/4. 1955. Purdue Univ.) R. STEIN. 135

P. C. Banbury und **J. Houghton,** *Messungen des Injektionsverhältnisses von Punktkontakten auf Germanium.* An verschied. Chargen von n-leitendem Ge wurde das Injektionsverhältnis γ, das heißt das Verhältnis von Löcherstrom zum Gesamtstrom, untersucht. γ war unabhängig von Kontaktmaterial (*Pt, S*, n-Typ *Ge, Graphit*), Kontaktdruck u. der Ladungsträgerkonz. des Ge. γ nahm in allen Fällen ab mit zunehmendem Emitterstrom im Bereich von 0,5—30 mA u. auch etwas mit zunehmender Luftfeuchtigkeit. (Proc. physic. Soc., Sect. B **68.** 17—21. 1/1. 1955. Reading, Univ., Dep. of Phys.) D. HAHN. 135

G. G. E. Low, *Die Modulation des Oberflächenleitwerts von Germanium und Silicium durch äußere elektrische Felder.* Die Modulation des Oberflächenleitwerts durch kapazitiv angelegte elektr. Felder wird an Einkristallen oscillograph. untersucht. Es werden Ergebnisse für n- u. p-leitendes Ge bei verschied. Oberflächenbehandlungen, sowie für p-leitendes Si angegeben. Die Zeitabhängigkeit der beobachteten Leitfähigkeitsänderungen gestattet Rückschlüsse auf die Beschaffenheit der Oberflächenpotentialschwelle u. der Relaxationsphänomene. (Proc. physic. Soc., Sect. B **68.** 10—16. 1/1. 1955. Reading, Univ., Dep. of Phys.) D. HAHN. 135

S. H. Koenig und **G. R. Gunther-Mohr,** *Elektrische Leitfähigkeit von Germanium bei niedriger Temperatur.* (Sitzungsbericht.) (Physic. Rev. [2] **98.** 228—29. 1/4. 1955. IBM Watson Labor.) R. STEIN. 135

A. H. Mitchell und **C. Kittel,** *Donator- und Acceptorionisationsenergien in Silicium und Germanium.* (Sitzungsbericht.) (Physic. Rev. [2] **98.** 271. 1/4. 1955. Berkeley, Univ. of California.) R. STEIN. 135

J. B. Arthur, W. Bardsley, A. F. Gibson und **C. A. Hogarth,** *Über die Messung der Lebensdauer von Minderheitsstromträgern in n-leitendem Silicium.* Zur Messung der genannten, techn. sehr wichtigen Kenngröße von Ge-Kristallen werden drei verschied., genannte u. bewährte Gruppen von Methoden angewandt; sie liefern übereinstimmende Ergebnisse. Ihre unveränderte Anwendung auf Si-Kristalle ergibt jedoch starke Abweichungen der mit verschied. Methoden gemessenen Werte voneinander sowie von den aus dem Verh. von Si-Spitzentransistoren ermittelten. Die wesentlichsten Fehlerquellen sind in allen Fällen Fangstellen im Si, hauptsächlich an der Kollektorelektrode, welche je nach der vorliegenden Minderheitsstromträgerdichte mehr oder weniger wirksam werden u. die beschriebenen, von den entsprechenden des Ge abweichenden Effekte hervorrufen. Werden die Fangstellen durch Lichteinstrahlung unwirksam gemacht, liefern Messungen der Trägerbeweglichkeit im beschleunigenden Feld (drift mobility), des Emitterwirkungsgrades u. der Trägerlaufstrecke mittels Lichtsonde übereinstimmende Ergebnisse. Ungeeignet sind die Methoden, welche den zeitlichen Abfall der von injizierten Minderheitsstromträgern erhöhten Leitfähigkeit messen. Die zur Ausschaltung der Fangstellen u.

einiger anderer Fehlerquellen jeweils bestgeeigneten Maßnahmen werden beschrieben. (Proc. physic. Soc., Sect. B **68.** 121–29. 1/3. 1955. Great Malvern, Worcs., Radar Res. Establ.) H. BÖHM. 135

R. P. Feynman, *Langsame Elektronen in einem polaren Kristall.* Unter Verwendung der früher (vgl. C. **1951.** II. 1238; **1952.** 3278) vom Vf. erhaltenen Beziehungen wird die Wechselwrkg. zwischen einem Elektron u. einem polarisierbaren Gitter für den niedrigsten Energiezustand berechnet. Gleichungen werden angegeben für die Bewegung eines Elektrons im Gitterfeld nach Entfernung der Phononen, die Abhängigkeit der Wechselwirkungsenergie von der Kopplungskonstante u. die effektive M. des Elektrons. (Physic. Rev. [2] **97.** 660–65. 1/2. 1955. Pasadena, Calif., California Inst. of Technol.) O. FUCHS. 135

W. B. Pearson, *Widerstands- und thermoelektrische Messungen von kaltbearbeitetem Kupfer und das Widerstandsminimum bei tiefen Temperaturen.* Cu-Draht wurde bei der Temp. des fl. He (Probe **Ia**) bzw. der Temp. des fl. N_2 (**Ib**) bzw. bei Raumtemp. (**Ic**) gezogen. Als Maß für die Deformation dient die prozentuale Verringerung q des Drahtquerschnittes (q bis zu 70%). Gemessen wurde die Abhängigkeit des relativen elektr. Widerstandes $\beta = R_{4,2}/(R_{273}-R_{4,2})$ von q. β steigt mit wachsendem q an; der Anstieg ist bei **Ia** u. **Ib** etwa gleich groß, bei **Ic** aber weit geringer. Beim Lagern von **Ia** u. **Ib** bei 20° geht β zurück (Erholungserscheinung infolge Rekristallisation). Die absol. Thermospannung E von **Ia, Ic** u. von ausgeglühtem Cu (**Id**) ist zwischen 4 u. 40° K positiv. E von **Id** geht zwischen 10 u. 14° K durch ein Minimum (vermutlich wegen der Ggw. von Spuren von Fremdatomen, jedenfalls aber nicht durch Gitterstörungen, wie Leerstellen u. ähnliches, verursacht). dE/dT von **Ic** steigt bei 15° K mit wachsendem q an. Die Größe $(R_{4,2}-R_{T(min)})/R_{T(min)}$, wo $R_{T(min)}$ den Widerstand einer Probe bei der Temp. angibt, bei der R durch ein Minimum geht, von Cu–In-Legierungen steigt bei 15° K linear mit dE/dT an. (Vgl. Philos. Mag. [7] **45.** [1954.] 1087.) (Physic. Rev. [2] **97.** 666–69. 1/2. 1955. Ottawa, Can., Nat. Res. Council, Div. of Phys.) O. FUCHS. 136

T. Broom, *Der Temperatureinfluß der Verformung auf den spezifischen elektrischen Widerstand von kaltbearbeiteten Metallen und Legierungen.* Drähte aus verschied. kaltbearbeiteten Metallen u. Legierungen wurden in einem Spezialgerät zwischen Tempp. von –183 u. 100° gedehnt, wobei der Widerstand bei der Dehnungstemp. im Gerät selbst gemessen wurde. Die Änderung des spezif. elektr. Widerstandes erweist sich als abhängig von der Verformungstemp. im Verhältnis zur Rekristallisationstemperatur. Das starke Anwachsen des spezif. Widerstandes von *W* u. *Mo* bei Zimmertemp. (50 u. 18% gegenüber 2% bei *Cu, Al, Fe* u. *Ni*) verliert bei tiefen Tempp., also weit unterhalb der Rekristallisationstemp., seinen anomalen Charakter. Aus den qualitativen Ergebnissen folgt, daß eine Metalle u. Legierungen umfassende Theorie des Einfl. der Verformung auf den spezif. Widerstand neben dem Einfl. der übrigen Gitterstörungen eine quantitative Ermittlung der Packungsfehler erforderlich macht. (Proc. physic. Soc., Sect. B **65.** 871–81. 1/11. 1952. Melbourne, Univ. of Melbourne, Commonwealth Sci. and Industrial Res. Organization, Div. of Tribophys.) WERNER SCHULZ. 136

A. L. Schawlow, B. T. Matthias, H. W. Lewis und **G. E. Devlin,** *Struktur des Zwischenzustands in Supraleitern.* Auf der Oberfläche einer *Sn*-Probe wurden die im Zwischenzustand vorhandenen Bereiche dadurch sichtbar gemacht, daß supraleitendes Nb-Pulver aufgestreut wurde, das sich an den Stellen sammelt, wo kein Feld herrscht. Diese supraleitenden Bezirke sind inselförmig in das übrige Material eingebettet. (Physic. Rev. [2] **95.** 1344–45. 1/9. 1954. Murray Hill, N. J., Bell Telephone Labors.) G. KIRSCHSTEIN. 136

Charles F. Squire, *Schallgeschwindigkeit in supraleitendem Zinn.* Messungen zwischen 295 u. 2° K ergaben keine merkliche Änderung (< 0,3%) der Schallgeschwindigkeit in Sn beim Übergang in den supraleitenden Zustand. Die DEBYE-Temp. wurde zu 210° K berechnet. (Physic. Rev. [2] **95.** 1126–28. 1/9. 1954. Houston, Tex., Rice Inst.) G. KIRSCHSTEIN. 136

A. N. Gerritsen, *Der magnetisierungsabhängige Widerstand von Legierungen eines Edelmetalles und eines Übergangsmetalles bei tiefen Temperaturen.* Der elektr. Widerstand von Edelmetallen u. Übergangsmetallen in Lsg. wird in Abhängigkeit vom Magnetfeld (maximal 20 kOe) bei tiefen Tempp. (20,4–1,16° K) gemessen. Danach läßt sich folgende Gruppeneinteilung vornehmen: 1. Legierungen mit temperaturunabhängigem Widerstand u. Widerstandsänderung durch Magnetisierung gemäß dem KOHLERschen Gesetz (*Mn–Al*). 2. Legierungen mit Widerstandsmaximum ohne Magnetfeld u. keine Abweichungen vom KOHLERschen Gesetz (*Cu–Zn,* möglicherweise *Au–Ag*). 3. Legierungen mit Widerstandsmaximum ohne Magnetfeld u. Widerstandsabnahme im Magnetfeld (Mn u. Edelmetalle, Mn–*Cu*, Ag–Au, *Fe*–Au, verwickeltere Verhältnisse bei *Cr*–Au u. Fe–*Mg*).

Diese Widerstandsabnahme wird als einwandfreier neuer Effekt angesehen. (Physica **19.** 61—73. Jan./Febr. 1953. Leiden, Kamerlingh Onnes Labor.) WERNER SCHULZ. 136

K. Meyer, *Zur Theorie des Nernst-Effekts bei ferromagnetischen Metallen.* Es wird gezeigt, daß für den NERNST-Effekt eine ähnliche Beziehung wie für den HALL-Effekt in ferromagnet. Stoffen besteht: $E_y = -(Q_0H_z + Q_1M_z)\, \partial T/\partial x$. Die Konstante Q_1 des isothermen NERNST-Effektes läßt sich ohne Schwierigkeiten aus der Theorie der HALL-Konstanten R_1 gewinnen. Es wird ein Zweibändermodell analog dem von SONDHEIMER u. WILSON zugrunde gelegt: das Band 1 soll fast leer, das Band 2 fast besetzt sein. Die Rechnung ergibt ferner, daß die beiden Konstanten Q_1 u. Q_2 sich etwa um die gleiche Größenordnung unterscheiden wie die beiden HALL-Konstanten R_1 u. R_2. (Z. Naturforsch. **10a.** 166. Febr. 1955. Jena, Univ., Inst. für Theoret. Phys.) J. V. HARLEM. 137

D. I. Wolkow, *Magnetostriktion von ferromagnetischen Legierungen auf Manganbasis.* (Vgl. C. **1952.** 1778.) Die Magnetostriktion ($\lambda_s \cdot 10^6$) bei Sättigung (H_s) wird an Mn-Legierungen in Abhängigkeit von der Zus. untersucht. Bei Mn–Sb-Legierungen erreicht sie ein Maximum (—83,5 bei 20°) bei der Zus. MnSb u. ist damit mehr als doppelt so groß wie bei Ni (—35). Bei stärkeren Feldern $H > H_s$ ändert sich λ mit H linear, der Neigungswinkel nimmt mit der Temp. zu. Von der Magnetisierbarkeit I hängt λ im Gebiet $I = 0$ bis $I = I_s$ nach $\lambda = kI^2$ ab. Mn–Bi-Legierungen zeigen nur bei tiefen Tempp. hohe λ_s-Werte; bei hohem H u. —195° ist z. B. λ_s für MnBi = —145, bei 20° —8. Rasch von der krit. Temp. abgekühlte Mn–Bi-Legierungen haben niedrige, nach Anlassen auf 200—240° hohe λ_s-Werte. Bei Mn–Sn-Legierungen hat λ_s in Längs- u. Querrichtung gleiche Vorzeichen (negativ). Bei einer Legierung von 30,9 (%) Cu, 14 Mn u. 55,1 Bi ist $\lambda_s = -140$. Bei Cu–Mn–Al- u. Cu–Mn–Sn-Legierungen ist λ_s vom Ordnungsgrad abhängig u. klein. (Доклады Академии Наук СССР [Ber. Akad. Wiss. UdSSR] [N. S.] **97.** 809—11. 11/8. 1954. Moskau, Lomonossow-Univ., Wiss. Forsch.-Inst. für Physik.) R. K. MÜLLER. 137

H. E. Stauss und **G. Sandoz,** *Lineare Magnetostriktion einiger ternärer Kobalt–Eisen–Nickel-Legierungen.* (Sitzungsbericht.) (Physic. Rev. [2] **98.** 271. 1/4. 1955. Naval Res. Labor.) R. STEIN. 137

Klaus J. Kronenberg, *Zur Frage magnetisch gerichteter Gefüge in Dauermagneten.* Im Elektronenmikroskop (Vergrößerung 1:30000) wurden Oxydschichtabdrucke einer zwischen 950 u. 750° im Magnetfeld abgekühlten Dauermagnetlegierung mit 51 (%) Fe, 24 Co, 14 Ni, 8 Al u. 3 Cu abgebildet. Das erhaltene u. durch Anlaßbehandlung bei 800° fallweise vergröberte heterogene Gefüge wird besprochen u. scheint frühere Untersuchungsergebnisse von HEIDENREICH u. NESBITT im wesentlichen zu bestätigen. An sehr dünnen, nur wenige Atomschichten starken Oxydabdrücken des hochkoerzitiven Werkstoffes wurde bereits ohne Anlaßbehandlung eine gerichtete Kleinstruktur hoher Dispersität sichtbar, deren Form u. Dispersität die bisherigen Vermutungen über das Vorhandensein einer magnet. wirksamen Gefüge heterogenität bestätigt. (Z. Metallkunde **45.** 440—47. Juli 1954. Krefeld, Deutsche Edelstahlwerke Akt.-Ges.) H. HOCHSTEIN. 137

H. Suhl, *Ferromagnetische Resonanz in Nickelferrit zwischen 1 und 2 kMHz.* Vf. beschreibt spezielle Versuchsanordnungen, die es ermöglichen, ein angelegtes Feld so auf das durch die Form u. die Kristallanisotropie hervorgerufene Feld abzugleichen, daß sich ein geringes effektives Feld u. daher eine geringe Resonanzfrequenz ergeben. Es wird speziell der Fall eines kub. Einkristalls aus einer Ferritkugel (benutzt wurde $Ni_{0,75}Fe_{2,25} \cdot O_4$), die nur einen Elementarbereich umfaßt, betrachtet. (Physic. Rev. [2] **97.** 555—57. 15/1. 1955. Murray Hill, N. J., Bell Telephone Labors., Inc.) J. V. HARLEM. 137

Teinosuke Kanda, *Über die kernmagnetische Resonanz der Halogene in einigen Metallhalogeniden.* 1. Mitt. Es wurde die chem. Verschiebung der kernmagnet. Resonanz von *Cl*, *Br* u. *J* in einigen Metallhalogeniden gemessen. Die Ergebnisse zeigen, daß der Ursprung der großen Verschiebung der Paramagnetismus zweiter Ordnung ist, bedingt durch die kovalente Bindung des Halogenatoms an benachbarte Metallatome im Kristall. Die aus der Verschiebung berechnete Größe der Kovalenz hat eine vernünftige Größenordnung. Spin–Gitter-Relaxationszeiten von LiBr, AgBr u. TlBr wurden ebenfalls gemessen, u. es wurde gefunden, daß sie in direkter Korrelation zu der Verschiebung stehen. Es wird geschlossen, daß der Mechanismus für T_1 dieser Kristalle die Quadrupolkopplung ist, bedingt durch die kovalente Bindung des Br-Atoms. (J. physic. Soc. Japan **10.** 85—88. Febr. 1955. Kobe Univ., Dep. of Phys. [Orig.: engl.]) J. V. HARLEM. 137

Charles V. Banks, Roy W. Vander Haar und **Raymond P. Vander Wal,** *Magnetische Untersuchungen von Nickel(II)- und Palladium(II)-Komplexen mit einigen vic-Dioximen.* 16. Mitt. *Chemie der vic-Dioxime.* (15. vgl. C. **1954.** 10068.) Da die untersuchten Bis-[*vic*-dioximato-N.N']-metall(II)-Komplexe [*Bis-[butandion-(2.3)-dioximato-N.N']-Ni(II)* (I) u. *-Pd(II)*, *Bis-[cyclohexandion-(1.2)-dioximato-N.N'-]-Ni(II)* u. *-Pd(II)*,

Bis-[cycloheptandion-(1.2)-dioximato-N.N']-Ni(II), *Bis-[α-furildioximato-N.N']-Ni(II)* u. *-Pd(II)*, *Bis-[α-Benzildioximato-N.N'-]-Ni(II)* u. *-Pd(II)*] sich als diamagnet. erwiesen, so haben sie voraussichtlich alle quadrat. koplanare Strukturen (dsp^2), ähnlich wie von GODYCKI u. RUNDLE, für I gefunden. (J. Amer. chem. Soc. **77.** 324—25. 20/1. 1955. Ames, Io., Iowa State Coll., Inst. of Atomic Res. and Dep. of Chem.) J. v. HARLEM. 137

Eric N. Sloth und **Clifford S. Garner,** *Magnetische Momente von einigen oktaedrischen Iridiumkomplexen.* Mittels der GOUY-Meth. wurden die magnet. Susceptibilitäten von Na_2IrCl_6, $Na_3IrCl_6 \cdot 2\,H_2O$ u. $(NH_4)_2Ir(H_2O)Cl_5$ bestimmt für die festen Substanzen u. für wss. Lsgg. 0,6f in der komplexen Verb. u. 1f in *HCl*· Na_2IrCl_6 ist in festem Zustand u. in Lsg. paramagnet., sein magnet. Moment entspricht einem unpaaren 5d-Elektron u. den d^2sp^3 kovalenten Ir–Cl-Bindungen. Die beiden Ir(III)-Komplexe sind diamagnet., gleichfalls entsprechend der d^2sp^3-Bindungsbildung. Einzelheiten der Ergebnisse sind in Tabellen zusammengestellt. (J. chem. Physics **22.** 2064—66. Dez. 1954. Los Angeles, Calif., Univ. of California, Dep. of Chem.) J. v. HARLEM. 137

J. E. Bennett, D. J. E. Ingram und **J. G. Tapley,** *Paramagnetische Resonanz von aufgebrochenen Kohlenstoffbindungen.* Vff. berichten, daß die bei verschied. Kohlenarten beobachtete paramagnet. Resonanzabsorption unter richtigen Bedingungen auch an verkohlten natürlichen oder künstlichen Kohlenwasserstoffen beobachtet werden kann. Die Verss. wurden bei 36000, 25000, 9000 u. 40 MHz u. in einigen Fällen im Temperaturgebiet 20—200° K durchgeführt. Die Linienform dieser verkohlten Kohlenwasserstoffe ist genau die gleiche wie bei Kohlen beobachtet (g-Faktor $2{,}0030 \pm 0{,}0003$ bei allen Frequenzen u. Tempp., Linienbreite 8 ± 20e). (J. chem. Physics **23.** 215. Jan. 1955. Southampton, England, Univ. of Southampton.) J. v. HARLEM. 137

H. G. Dehmelt, *Paramagnetische Resonanz von atomarem Phosphor.* (Sitzungsbericht.) (Physic. Rev. [2] **98.** 1181—82. 15/5. 1955. Duke Univ.)
GERHARD SCHMIDT. 137

B. Bleaney, H. E. D. Scovil und **R. S. Trenam,** *Die paramagnetischen Resonanzspektren von Gadolinium- und Neodymäthylsulfaten.* Genaue Messungen der paramagnet. Resonanzspektren von Gd- u. Nd-Äthylsulfat wurden bei 3 cm in starken Magnetfeldern u. zwischen 6—22 cm in schwachen Magnetfeldern durchgeführt, wobei folgendes gefunden wurde: 1. das Gd^{3+}-Ion befindet sich in einem ^8S-Zustand, dessen Niveaus durch die Wrkg. des kristallinen elektr. Feldes (angenommene Symmetrie C_{3h}) aufgespalten sind. Die Ergebnisse sind in Übereinstimmung mit dieser Annahme, mit Ausnahme einiger Diskrepanzen in der Lage der Nullfeldlinien, deren Ursprung unbekannt ist. Die Hauptparameter der HAMILTON-Funktion für den Spin werden berechnet, der spektroskop. Aufspaltungsfaktor liegt isotrop bei $1{,}99 \pm 0{,}002$. 2. Das Nd^{3+}-Ion befindet sich im $^4I_{9/2}$-Zustand, der aufgespalten ist durch das Kristallfeld mit einem KRAMERS-Dublett als Grundzustand. Die Hyperfeinstruktur, bedingt durch die beiden ungeraden Isotope 143, 145 wurde ausgemessen, als Verhältnis der magnet. Kernmomente (143/145) ergibt sich $1{,}0683 \pm 0{,}0012$. Einige kleine Diskrepanzen in den Lagen der Hyperfeinlinien im Nullfeld werden gefunden, wodurch die Best. der genauen Werte der elektr. Kernquadrupolwechselwrkg. verhindert wird. Die Theorie von ELLIOTT u. STEVENS führt zu den Werten 1,0 u. 0,62 Kernmagnetonen für die Momente der Isotope 143 u. 145, mit einer Ungenauigkeit von ca. 25%. (Proc. Roy. Soc. [London], Ser. A **223.** 15—29. 7/4. 1954. Oxford, Univ., Clarendon Labor.) J. v. HARLEM. 137

B. Bleaney und **R. S. Trenam,** *Paramagnetische Resonanzspektren einiger Eisen(III)-Alaune und das magnetische Kernmoment von ^{57}Fe.* Die paramagnet. Resonanzspektren von Fe(III)–Rubidiumsulfat- u. Fe(III)–Kaliumselenat-Alaunen, verd. mit den entsprechenden Al-Alaunen, wurden im Detail analysiert. Es ergibt sich, daß die Aufspaltung des ^6S-Zustandes des Fe^{3+}-Ions erklärt werden kann mittels einer HAMILTON-Funktion für den Spin. Die Messungen zeigen auch, daß die Achsen des kub. kristallinen Feldes um einen kleinen Winkel gedreht sind gegenüber denen der Einheitszelle des Kristalls, wie nach der Röntgenanalyse der Struktur von LIPSON zu erwarten. Eine Hyperfeinstruktur, hervorgerufen durch ^{57}Fe, konnte in einer Probe, die einen Überschuß von 40% an diesem Isotop enthielt, nicht aufgelöst werden. Aus der Analyse der Linienform wurde als obere Grenze 0,0006 cm^{-1} als Gesamtbreite für eine solche Struktur festgestellt, was einem Kernmoment von 0,05 Kernmagnetonen entsprechen würde. (Proc. Roy. Soc. [London], Ser. A **223.** 1—14. 7/4. 1954. Oxford, Univ., Clarendon Labor.)
J. v. HARLEM. 137

Filippo Accascina und **Silvia Schiavo,** *Elektrische Leitfähigkeit der Alkaliperchlorate in Aceton.* In *Aceton* (**I**, $D.^{25}$ 0,7844, spezif. Leitfähigkeit $< 10^{-8}$) wird die elektr. Leitfähigkeit λ von $LiClO_4$ (**II**), $NaClO_4$ (**III**) u. $KClO_4$ (**IV**) in Abhängigkeit von der Konz. untersucht. Die Neigung der Kurve $\lambda - c^{1/2}$ ist bei **II** um 71%, bei **III** um 31%, bei **IV** um 122% größer, als nach der Gleichung von ONSAGER berechnet. Nach FUOSS (C. **1935.**

II. 487) werden für die Dissoziationskonstante ($K \cdot 10^4$), die Äquivalenzgrenzleitfähigkeit λ_0 u. die Ionenbeweglichkeiten μ_{0+} u. μ_{0-} folgende Werte gefunden: **II**: 1,9; 187,3; 72,0; 115,3; **III**: 2,3; 191,2; 75,9; 115,5; **IV**: 1,4; 188,7; 73,4; 115,3. Die μ_{0+} werden mit Daten der Literatur aus Leitfähigkeitsmessungen mit organ. Salzen in **I** verglichen, wobei sich für **II** u. **III** verhältnismäßig gute Übereinstimmung ergibt, während **IV** ein anomales Verh. zeigt, das mit den allg. Ansichten über die Solvatation von Ionen in nichthydroxyl. Lösungsmitteln nicht zu erklären ist. (Ann. Chimica **43**. 695—704. Nov. 1953. Roma, Univ., Ist. di Chim. fis.) R. K. MÜLLER. 138

R. H. Stokes, *Alternative Berechnung der Überführungszahlen in Zinksulfat-Lösungen.* Vf. diskutiert die aus EMK.-Messungen von LANG u. KING (C. **1955**. 4524) für die Zelle Pb–$PbSO_4$/$ZnSO_4$/$ZnSO_4$/Zn-Hg u. von PURSER u. Vf. (C. **1952**. 5209) für die Zelle Zn-Hg/$ZnSO_4$/$ZnSO_4$/Zn-Hg berechneten Überführungszahlen des Zn^{2+}-Ions. Es wird eine Meth. angegeben, die ohne Verwendung von Aktivitätskoeffizienten zu einer sich den Meßergebnissen gut anpassenden Kurve führt. (J. Amer. chem. Soc. **77**. 3219. 20/6. 1955. Nedlands, W. Australia, Univ. of Western Australia, Dep. of Chem.) I. KARUTZ. 138

Paul G. Sears, Eugene D. Wilhoit und **Lyle R. Dawson,** *Die Leitfähigkeiten einiger quaternärer Ammoniumbromide und -jodide in Dimethylformamid bei 25°.* (Vgl. AMES u. SEARS, C. **1955**. 4765.) Vf. untersuchten die Leitfähigkeiten von $(CH_3)_4NBr$, $(CH_3)_4NJ$, $(C_2H_5)_4NBr$, $(C_2H_5)_4NJ$, $(C_3H_7)_4NBr$, $(C_3H_7)_4NJ$ u. $(C_4H_9)_4NJ$ in Dimethylformamid bei 25°. In allen Fällen war der Anstieg der Kurven Äquivalentleitfähigkeit/$\sqrt{\text{Konz.}}$ stärker negativ als nach der ONSAGERschen Formel zu erwarten war. Nach der Extrapolationsmeth. von SHEDLOVSKY wurden die Grenzwerte der Äquivalentleitfähigkeiten u. die Dissoziationskonstanten bestimmt. Die im Vgl. zu einigen *K*- u. *Na-Halogeniden* schwächere Dissoziation der quaternären Ammoniumhalogenide beweist, daß erstere Kationen in Dimethylformamid erheblich solvatisiert sein müssen. Die Leitfähigkeiten der Bromide waren um $1,6 \pm 0,1\ \Omega^{-1}\,cm^2$ größer als diejenigen der entsprechenden Jodide. Ein Vgl. der Leitfähigkeiten in Aceton (**I**) mit denjenigen in Dimethylformamid (**II**) zeigte, daß für die untersuchten Salze sowie für KJ, NaJ, KNO_3, $NaNO_3$, KBr, $NaBr$, $KClO_4$, $NaClO_4$, $KSCN$ u. $NaSCN$ das Verhältnis **I**/**II** $= 2,32 \pm 0,09$ ist. (J. physic. Chem. **59**. 373—75. April 1955. Lexington, Ky., Univ. of Kentucky, Dep. of Chem.) I. KARUTZ. 138

Geneviève Darmois, *Über die Ionenhydratation.* Vf. bespricht einige Methoden zur Best. der Hydratationszahl n von Ionen u. vergleicht eigene in einer Tabelle zusammengestellte Zahlen mit denen anderer Autoren. In Bezug auf das H^+-Ion wird eine Änderung vorgeschlagen. Es handelt sich nicht mehr um das H_3O^+-Ion, sondern um das Proton, das zwischen den Wassermoll. wie in einem Käfig gelagert ist, wobei der einfachste Käfig durch eine tetraedr. Anordnung der Wassermoll. gebildet wird. Unter dieser Annahme führt die Berechnung des Vol. zu einem Wert von $n = 4,1$ für das H^+-Ion. (C. R. hebd. Séances Acad. Sci. **240**. 1341—43. 21/3. 1955.) H. SURAWSKI. 139

František Čůta und **Bohumil Polej,** *Die zweite Dissoziationskonstante der Phosphorsäure von 60—90°.* Die Vff. haben aus den p_{a_H}-Messungen der Phosphatlsgg. mittels Glaselektrode folgende pK_2-Werte der Phosphorsäure für die angegebenen Tempp. festgestellt: 7,215 (60°), 7,235 (70°), 7,240 (80°) u. 7,245 (90°). Den Vff. nach ist der Fehler dieser Werte $\pm 0,005$. (Chem. Listy **49**. 473—77. April 1955. Praha, Vysoká škole chem. technolog., Katedra analyt. chemie. [Orig.: tschech.]) V. KAČENA/Prag. 139

Ss. W. Gorbatschew, *Thermodynamische Kriterien von kinetischen Gleichungen elektrochemischer Reaktionen.* Es werden 3 Kriterien angegeben. 1. Kinet. Gleichungen müssen den beiden Hauptsätzen genügen. 2. Der Grenzübergang bei unendlich kleinen Geschwindigkeiten muß den Ausdruck für das Gleichgewicht liefern. 3. Einige Gleichgewichtszustände stellen sich im Vgl. zu gewissen Vorgängen so schnell ein, daß sie durch diese als nicht gestört zu betrachten sind. Die Berechtigung der Verwendung der entsprechenden Gleichungen muß jedoch experimentell gestützt werden. Die VOLMERsche Gleichung widerspricht nicht dem ersten, jedoch dem zweiten dieser Kriterien. Wenn der Strom Null wird, wächst das Potential über alle Grenzen, anstatt in die NERNSTsche Gleichung überzugehen. Die Grenzen der Anwendbarkeit der VOLMERschen Gleichung muß untersucht werden. Die Adsorptionstheorie der Überspannung von KOBOSEW (C. **1954**. 3400) widerspricht keinem der drei Kriterien u. ist darüber hinaus in der Lage, das unterschiedliche Verh. der verschied. Gase u. Metalle zu erklären. Sie nimmt jedoch an, daß sich das Gleichgewicht augenblicklich einstellt u. ist verbesserungsbedürftig. Vom Vf. (C. **1955**. 9966) wurde eine rein kinet. Gleichung abgeleitet, die den drei Kriterien genügt. Sie ergab sich aus Verss. über die Temperaturabhängigkeit der Polarisation u. bedarf weiterer Bestätigung. (Журнал Физической Химии [J. physik. Chem.] **27**. Nr. 9. 1362—69. Sept. 1953. Moskau, Chem.-Technolog. Mendelejew-Inst.) R. LANDSBERG. 140

P. M. Davidson, *Ein Ähnlichkeitsgesetz bei elektrischen Kontakten.* Kontakte, deren Berührungsflächen beim Öffnen kontinuierlich kleiner werden u. deren Material schließlich schm., sind einander ähnlich, wenn 1. bei gleichen Kontaktpotentialen die Maximaltempp. gleich sind; 2. die räumliche Temperatur- u. Potentialverteilung, bezogen auf einen normierten Berührungsflächenradius, ein einziges, für diesen Zustand charakterist. Diagramm ergibt u. 3. die normierten Radien für alle Kontaktpotentiale dieselben sind. Die Bedingungen, unter denen Ähnlichkeit auftritt, werden hauptsächlich in bezug auf die Konstanten des äußeren Stromkreises diskutiert. (Brit. J. appl. Physics **3**. 361—63. Nov. 1952. Swansea, Univ. Coll., Dep. of Phys.) H. Pieplow. 140

Maurice Bonnemay und **Roger Pineaux**, *Eine in geschmolzenen Salzen verwendbare Silberchloridelektrode.* Vff. beschreiben eine *Ag/AgCl*-Elektrode, die in einen Cl^--Ionen enthaltenden Elektrolyten eintaucht u. alle Bedingungen, wie Reversibilität, konstantes u. reproduzierbares Potential, einer gewöhnlichen Bezugselektrode erfüllt. Die Elektrode besteht aus einem Ag-Draht von 2 mm Durchmesser u. ist mit einer *AgOH*-Paste bestrichen. Diese wird bei 430° durch Wärme red. u. ergibt einen ca. 1 mm starken porösen Ag-Belag, der als Anode geschaltet bei der Elektrolyse einer wss. HCl-Lsg. chloriert wird. Die auf diese Weise hergestellte Elektrode wird getrocknet u. danach in ein Glaszylinderrohr gebracht, das selbst wiederum in einem anderen Glasrohr, welches die zu untersuchende Lsg. enthält, sitzt. Beide Rohre stehen durch eine Capillare von 1 mm Durchmesser u. 2 cm Länge in Verbindung. Als Elektrolyt wird ein bei 120° schmelzendes eutekt. Gemisch der Zus. 54,54% KNO_3, 18,18% $NaNO_3$ u. 27,28% $LiNO_3$ benutzt, dem nach u. nach verschied. KCl-Mengen bis zu ca. 1,5% zugesetzt werden. Es zeigt sich, daß die Änderung der Potentialdifferenz zweier gegeneinander geschalteter Ag-Elektroden, wobei die eine als Bezugselektrode dient, bei konstanter Temp. (170°) in Abhängigkeit vom Logarithmus der KCl-Konz. in einem Bereich von 0,1—1% linear verläuft. Das Potential der Ag-Elektrode gehorcht demnach also dem Gesetz: $E = E_0 + [(RT)/F] \cdot \ln[KCl]$. (C. R. hebd. Séances Acad. Sci. **240**. 1774—76. 2/5. 1955.) H. Surawski. 140

B. H. Claussen und **C. M. French**, *Normalpotential einer Ag/AgCl-Elektrode in einem Glykol–Wasser-Gemisch bei 25°.* Es wurde die EMK. der Zelle H_2 (1 at)/HCl (m) H_2O (X%) organ. Komponente (Y%)/AgCl–Ag in Äthylen-, Propylen- u. 2.3-Butylenglykol als organ. Komponente gemessen. Außerdem wurden in diesen Lsgg. bei verschied. HCl-Konzz. von 0,002—0,1 mol. HCl die mittleren Ionenaktivitätskoeffizienten bestimmt. Bei 25° ändern sich EMK. u. Aktivitätskoeff. wie folgt mit der HCl-Konz.: in 10% Äthylenglykol bei 0,00197—0,102 mol. HCl EMK. = 0,5387—0,3459 V u. γ = 0,949—0,783; in 20% Äthylenglykol (0,002156—0,09286 mol. HCl) 0,5285—0,3453 V u. 0,944—0,776; in 10% Propylenglykol (0,002488—0,09945 mol. HCl) 0,5261—0,3464 V u. 0,943—0,780; in 20% Propylenglykol (0,001851—0,09716 mol. HCl) 0,5338—0,3411 V u. 0,946—0,767; in 10% Butylenglykol (0,002181—0,09645 mol. HCl) 0,5321—0,3473 V u. 0,945—0,780 u. in 20% Butylenglykol (0,002367—0,0998 mol. HCl) 0,5202—0,3387 V u. 0,938—0,761. Die Normalpotentiale der Ag/AgCl-Elektrode für die 6 Lsgg. werden zu 0,216 u. 0,2101 V; 0,2150 u. 0,2077 V u. 0,2144 u. 0,2063 V angegeben. Der Einfl. der wechselnden Struktur der Lösungsmittel, die sich z. B. in den unterschiedlichen DKK. äußert, auf das Normalpotential, wird erörtert. (Trans. Faraday Soc. **51**. 1124—29. Aug. 1955. London, Queen Mary Coll., Dep. of Chem.) G. Maier. 140

N. P. Gnussin und **G. G. Chadmasch**, *Über einige Annahmen bei der Lösung der die Streufähigkeit berührenden Fragen.* Durch Erörterung der verschied. Theorien u. Gleichungen für die Streuung des Stromes im Elektrolysiergefäß wird gezeigt, daß die wichtigste der gemachten Annahmen darin besteht, daß der Vektor der Stromdichte längs der Stromlinien im elektr. Feld des Elektrolyten angeblich konstant sein soll. Dies gilt jedoch nur für ein rechteckiges Elektrolysiergefäß, dessen 2 entgegengesetzte Wände als Elektroden dienen. Die von Haring u. Blum [1923] abgeleitete Formel für die quantitative Best. des Streuvermögens ist kein realer Ausdruck der Stromverhältnisse an 2 Bereichen mit verschied. Abstand von der Anode in einer beliebigen Wanne. Allen Theorien gemeinsam ist die Zurückführung der Stromlinienstreuung auf die Verschiebung der Elektrode im rechteckigen Gefäß. Aus allen Formeln folgt, daß die Stromverteilung um so gleichmäßiger wird, je größer die spezif. Leitfähigkeit, die Polarisierbarkeit der Anode u. der Elektrodenabstand sind. Das Fehlen einer Übereinstimmung zwischen Theorie u. Vers. erklärt sich daraus, daß die gleichmäßige Stromverteilung u. die Stromänderung im rechteckigen Gefäß mit zunehmendem Abstand zwischen den Elektroden nicht miteinander übereinstimmen. (Журнал Прикладной Химии [J. angew. Chem.] **27**. 533—38. Mai 1954.) O. Lebtag. 141

John T. Porter II und **W. Donald Cooke,** *Die elektrolytische Zersetzung gelöster Amalgame.* Es wurde die anod. Zers. von gelösten Amalgamen u. das allg. Verh. von Amalgamelektroden bei 25° untersucht, wenn die Zers. verursacht wird: 1. durch Entladung durch einen Widerstand bei konstantem Potential; 2. unter dem Einfl. eines konstanten Stromes; 3. unter Bedingungen eines konstanten Anodenpotentials. Man fand, daß *Amalgame von Cd* u. *Th* vollkommen zers. werden können u. daß eine allg. Einsicht in die Zersetzungserscheinungen unter den Bedingungen eines konstanten Anodenpotentials oder durch einen Widerstand durch Anwendung der NERNST-Gleichung, des OHMschen Gesetzes u. des FARADAYschen Gesetzes mit den üblichen Konzentrationspolarisationskorrekturen gewonnen werden kann. Es zeigte sich, daß *Cd* bei den vorliegenden Experimenten insofern nicht reversibel ist, als ein Nichtpolarisationsbetrag zur Überspannung vorhanden ist. Die Wrkg. der Zers. durch konstanten Strom war bedeutend größer, als durch den berechneten Polarisationseffekt erklärt werden könnte. Es wird angenommen, daß diese Wrkg. auf die Bldg. eines adhärenten Films zurückzuführen ist, der eine Elektronenüberführung veranlaßt. Unterss. an *Bi, Ni* u. *Co* zeigen, daß die zers. Metalle nicht ohne Hg anod. oxydiert werden können. (J. Amer. chem. Soc. **77.** 1481—86. 20/3. 1955. Ithaca, N. Y., Cornell Univ.) A. F. BOGENSCHÜTZ. 141

K. S. G. Doss und **S. L. Gupta,** *Verhalten von oberflächenaktiven Substanzen an der Quecksilbertropfelektrode.* Vff. untersuchen den Einfl. capillarakt. Stoffe auf die Kapazität der Hg-Tropfelektrode in Abhängigkeit vom Potential. Es wird gefunden, daß je nach dem herrschenden Potential der Hg-Elektrode zwei Wirkungsweisen der zugesetzten Stoffe zu beobachten sind. In der Nähe der Elektrocapillarität Null wird durch Adsorption der oberflächenakt. Substanzen eine starke Erniedrigung der Kapazität bewirkt. Bei etwas höherem Kathodenpotential ist ein starker Anstieg der Kapazität zu erkennen, der zu einem Maximum leitet u. von einem scharfen Abfall der Kapazität bei noch höheren Potentialen gefolgt wird. Letzterer ist bedingt durch die Desorption, die bei höheren Potentialen mehr oder weniger stattfindet. Die Theorie des Phänomens wird formuliert. Als oberflächenakt. Substanz wird *Bromkresolpurpur* verwandt. Der Elektrolyt bestand aus 0,1nKCl u. 0,5% Na_2SO_3. (Proc. Indian Acad. Sci., Sect. A **36.** 493—500. Dez. 1952. Kanpur, Indian Inst. of Sugar Technol.) G. MAIER. 142

A. G. Stromberg und **L. Ss. Sagainowa,** *Einfluß von Campher auf die Elektrodenprozesse an der Cadmiumamalgam-Tropfelektrode.* (Vgl. C. **1955.** 524.) Die anod.-kathod. Wellen an der Cd-Amalgamtropfelektrode werden in Cd^{2+} enthaltenden Lsgg. von K_2SO_4, $Na_2S_2O_3$, NH_3 + NH_4Cl, KCl, KBr u. KJ mit u. ohne Zusatz von *Campher* (I) in gesätt. Lsg. untersucht. Außer bei KJ-Lsg. bewirkt der I-Zusatz eine Trennung der anod. u. kathod. Welle, wobei sich erstere nach negativeren, letztere nach positiveren Potentialen verschiebt, entsprechend $\alpha \Delta\varphi_{1/_2k} = \beta \Delta\varphi_{1/_2a}$. Je kleiner α gegenüber β ist, desto größer muß die Verschiebung sein. Die Werte von α u. β sind in obiger Reihenfolge: α 0,25, β 0,44; 0,25, 0,55; 0,73, 0,30; (0,9), 0,53; 0,15, 0,62; —, —. Die Verschiebungen liegen innerhalb der Grenzen der Desorption des I. Die Ergebnisse stehen in Einklang mit der Annahme verlangsamter Entladung u. Ionisation als zugrunde liegendem Vorgang. Bei verlangsamtem Eindringen von Ionen durch einen adsorbierten Film oberflächenakt. Stoffe (II) muß der Grenzstrom im Vgl. mit dem n. Diffusionsstrom innerhalb des Bereichs der Adsorption der II um ein Mehrfaches herabgesetzt sein, während der anod. Strom unverändert bleiben muß. Dies ist hier bei den Verss. mit I nicht der Fall. Der Sonderfall des KJ wird durch Einfl. der Bldg. von CdJ_4^{2-} erklärt. (Доклады Академии Наук СССР [Ber. Akad. Wiss. UdSSR] [N. S.] **97.** 107—10. 1/7. 1954. Gorki-Univ. des Urals.) R. K. MÜLLER. 142

Jiří Koryta, *Katalysierte Elektrodenreaktionen in der Polarographie.* 5. Mitt. *Katalytische Ströme an der strömenden Elektrode.* (4. vgl. C. **1955.** 7154.) Der Vf. leitete die Gleichungen für diejenigen polarograph. Stufen ab, bei welchen es sich um Regeneration des Depolarisators durch eingeschaltete chem. Rk. (katalyt. Stufen) an der strömenden Hg-Elektrode handelt. In Übereinstimmung mit den theoret. Erwägungen wurde bei der Anwesenheit von Hämin in Ggw. von O_2 keine katalyt. Stufe beobachtet. Der durch Regeneration des Depolarisators entstehende Strom wurde an der strömenden Hg-Elektrode nur in solchen Fällen beobachtet, bei denen die Geschwindigkeit der Regeneration genügend groß ist u. die Konz. des Stoffes, welcher die Regeneration verursacht, beliebig erhöht werden kann. So wurde z. B. eine Erhöhung der Stufen des Oxalatkomplexes des Ti(IV) in Anwesenheit von Chloraten, der UO_2^{2+}-Ionen in Anwesenheit von NO_3^--Ionen u. des Eisen(II)-Triäthanolaminkomplexes durch Rk. mit H_2O_2 beschrieben. Die berechneten Geschwindigkeitskonstanten sind etwas kleiner als diejenigen, welche mit Hilfe der Hg-Tropfelektrode gefunden wurden. (Chem. Listy **49.** 485—89. April 1955. Praha, Českoslov. akad. věd, Polarograf. ústav. [Orig.: tschech.]) P. ZUMAN/Prag. 142

H. Fischer, M. Seipt und **G. Morlock,** *Oscillographische Studien zur irreversiblen Polarisation der kathodischen Nickelabscheidung.* 1. Mitt. Das Abklingen der Polarisation bei der Ni-Abscheidung aus $NiSO_4$-Elektrolyten wurde untersucht. Eine geringe Widerstandspolarisation ist bereits innerhalb $5 \cdot 10^{-8}$ sec abgeklungen. Der weiterhin bis ca. 10^{-2} sec abgeklungene Betrag wird als Aktivierungspolarisation gedeutet, die zwei sich in ihrer Abklinggeschwindigkeit unterscheidende Mechanismen einschließt: a) den Aufbau der Doppelschicht (Aufbaupolarisation); b) den Durchtritt der Ionen durch die Doppelschicht (Durchtrittspolarisation). Die Aufbaupolarisation klingt innerhalb ca. 10^{-4} sec ab u. läßt sich von der langsamer abklingenden Durchtrittspolarisation trennen. (Z. Elektrochem. Ber. Bunsenges. physik. Chem. **59.** **440.** Juli 1955. Karlsruhe, TH, Inst. für Physikal. Chem. u. Elektrochemie.) G. MAIER. 142

Walther Jaenicke, Ragnar P. Tischer und **Heinz Gerischer,** *Die anodische Bildung von Silberchloriddeckschichten und Umlagerungserscheinungen nach ihrer kathodischen Reduktion zu Silber.* Die Struktur anod. bei verschied. Stromdichten erzeugter AgCl-Deckschichten auf Ag-Unterlage wird durch Messung des Schichtwiderstands u. durch mkr. Beobachtung während des Wachstums untersucht. Bei kleineren Stromdichten entstehen fest haftende graubraune Schichten hohen spezif. Widerstands, deren Leitfähigkeit auf Kationenwanderung längs innerer Grenzflächen beruht, bei hohen Stromdichten (>20 mA/cm^2) lockere, weiße Schichten von kleinem spezif. Widerstand, die auch für hydratisierte Ionen durchlässig sind. Bei der kathod. Red. bildet sich Ag längs innerer Kristallitgrenzen, so daß der Schichtwiderstand rasch verschwindet. Mkr. u. durch Reflexionsmessungen werden, bes. bei hohen Reduktionsstromdichten, sek. Umlagerungen des zunächst sehr feinteilig abgeschiedenen Ag beobachtet, die auf Oberflächenwanderung beruhen u. Zeiten von einigen Sek. bis Min. erfordern u. abhängig vom angelegten Potential u. der Lösungszus. sind. Die Ergebnisse werden im Hinblick auf die Elektrokristallisation u. die photograph. Entw. diskutiert. (Z. Elektrochem. Ber. Bunsenges. physik. Chem. **59.** **448.** Juli 1955. Karlsruhe, TH, Inst. für Physikal. Chem. u. Elektrochem., u. Stuttgart, Max-Planck-Inst. für Metallforsch.) G. MAIER. 142

A. C. Makrides und **Norman Hackerman,** *Hemmung bei Auflösung von Metallen durch Säuren.* 1. Mitt. *Einige allgemeine Beobachtungen.* Theoret. Betrachtungen. Die bei Auflösung von Metallen durch Säuren auftretenden Hemmungen in Ggw. bestimmter organ. Verbb. (Verbb. mit Elementen der V. u. VI. Nebengruppe oder —CN, —SCN, >CO u. —CHO als funktionelle Gruppen) werden auf Grund von experimentellen Ergebnissen anderer Autoren im Hinblick auf die Konst. solcher Verbb., die Oberflächenvorgänge bei ihrer Adsorption, den Einfl. des Lösungsm. u. den Zusammenhang zwischen Adsorption u. Hemmung diskutiert. Auf den Unterschied zwischen Hemmung u. Passivierung wird hingewiesen. Ein Mechanismus der Hemmung u. seine wichtigen Parameter werden angegeben. (J. physic. Chem. **59.** 707—10. Aug. 1955. Chicago, Ill., Univ., Inst. for Study of Metals; Austin, Tex., Univ. of Texas, Dep. of Chem.) H. HOFMANN. 143

A$_4$. Thermodynamik. Thermochemie.

Sidney W. Benson und **Charles S. Copeland,** *Einige Anomalien in den Daten über koexistente Dichten im Bereich der kritischen Temperatur.* An Hand einer Zusammenstellung der im krit. Bereich koexistenten Volumina u. Dichten von SO_2, H_2S, C_6H_6, CO_2, C_3H_6, N_2O u. H_2O zeigen Vff., daß die aus dem Gesetz der „geradlinigen Dichten“ berechneten Dichtewerte um ca. 4% höher liegen als die entsprechenden, aus dem Gesetz der „geradlinigen Volumina“ berechneten Werte. Da die Dichtekurve in der Nähe der krit. Temp. weniger Abweichungen von der Geraden zeigt als die Volumenkurve, neigen Vff. zu der Ansicht, daß die erwähnte Anomalie möglicherweise auf Ungenauigkeiten der Volumenkurve u. damit der Berechnung aus dem Gesetz der „geradlinigen Volumina“ zurückzuführen ist. (J. chem. Physics **23.** 1180—81. Juni 1955. Los Angeles, Calif., Univ. of Southern California, Chem. Dep.) I. KARUTZ. 148

Ja. S. Kasawtschinski, *Über eine Methode zur Bestimmung der Konstanten der Virialform der Zustandsgleichung eines realen Gases.* Bei Verwendung der dimensionslosen Koordinaten pv/RT_k, $\tau = T/T_k$ u. $\varphi = v/v_k$ läßt sich die Zustandsgleichung eines realen Gases wie folgt schreiben: $pv/RT_k = k\pi\varphi = \alpha_1\tau + \alpha_0 + \Theta$, wobei $k = p_k v_k/RT_k$, $\pi = p/p_k$, α_1 u. α_0 Funktionen von φ sind u. Θ eine Funktion von τ u. φ. Aus dieser Gleichung werden unter Benutzung des Begriffs einer linearen „grenz-krit.“ Oberfläche mehrere erweiterte Gleichungen abgeleitet, die dann zu einer summar. Gleichung zusammengefaßt werden; für diese werden die Konstanten in einer Tabelle zusammengefaßt. Für k ergeben sich folgende Werte: N_2 0,2924, C_2H_6 0,2755, CO_2 0,277, C_2H_4 0,2663, CH_4 0,2876, NH_3 0,2458, H_2O 0,2445. Die Endgleichung ergibt innerhalb eines breiten Bereiches der φ-Werte in der überwiegenden Mehrzahl der Fälle gegenüber den experimentellen p-, v-, T-Daten einen 0,3% nicht übersteigenden Fehler, nur in einzelnen Fällen 0,6—0,8%. Bei Vernachlässigung der Glieder mit höherer als 4. Potenz von $1/\varphi$ genügen zur Best. der restlichen 8 Konstanten die krit. Parameter u. p, v, T auf der Sättigungskurve. (Доклады Академии Наук СССР [Ber. Akad. Wiss. UdSSR] [N. S.] **95.** 1005—08. 11/4. 1954.) R. K. MÜLLER. 149

James A. Bierlein, *Eine phänomenologische Theorie der Soret-Diffusion.* Vf. löst das klass. SORET-Diffusionsproblem analyt. unter Berücksichtigung der Temperaturänderung mit der D. für den Fall der beliebigen Zus. eines bin. Flüssigkeitssystems. Die Lsg. ähnelt in ihrer Form der bekannten Gleichung von DE GROOT (Physica **9.** [1942.] 699) für verd. Lsgg., enthält aber zusätzliche Parameter für die Ausgangszus. u. den Koeff. der therm. Ausdehnung des Syst., die bei asymptot. Näherung für einen abnehmenden Temperaturgradienten verschwinden, ohne daß diese Näherung selbst für verd. Lsgg. der von DE GROOT vorgeschlagenen gleicht. Der asymptot. Ausdruck hat prakt. Bedeutung zur Abschätzung der SORET-Koeffizienten u. der gewöhnlichen Diffusionskoeffizienten bei einem experimentell untersuchten Syst. während der Periode der Thermodiffusion, wie an Hand der Diskussion einiger Anwendungsbeispiele gezeigt wird. (J. chem. Physics **23.** 10—14. Jan. 1955. Ohio, Wright-Patterson Air Force Base, Wright Air Developm. Center, Aeronautical Res. Labor.) W. NIEMITZ. 150

LeRoy S. Brooks, *Der Dampfdruck von Polonium.* Nach der von Vf. angegebenen Meth. (C. **1953.** 1132) wurde der Dampfdruck vom Po im Temperaturbereich 438—745° gemessen. Die Ergebnisse können durch die Gleichung $\log p = -5377{,}8 \pm 6{,}7/T + 7{,}2345 \pm 0{,}0068$ dargestellt werden. Der Kp. wurde zu 962,04 ± 1,93° u. die Verdampfungswärme zu 24,597 ± 0,031 kcal/Mol berechnet. (J. Amer. chem. Soc. **77.** 3211. 20/6. 1955. Miamisburg, O., Monsanto Chemical Comp., Mound Labor.) I. KARUTZ. 150

E. W. Dewing, *Dampfdrucke im System Natriumchlorid–Aluminiumchlorid.* Stat. Messungen u. Überführungsmessungen des Dampfdrucks fl. $NaCl$–$AlCl_3$-Mischungen mit Zusammensetzungen zwischen 50 u. 67 Mol-% $AlCl_3$ wurden durchgeführt. Es zeigte sich, daß über Mischungen mit ca. 50 Mol-% $AlCl_3$ eine flüchtige Verb. — wahrscheinlich *$NaAlCl_4$* — existiert, was mit dem bekannten Phasendiagramm des Syst. übereinstimmt. Die Ergebnisse können durch $\log P_{atm} = -17070 - \Delta\overline{H}/4{,}576\ T + 13660 - \Delta\overline{S}/4{,}576 - 8{,}052 \log T$ dargestellt werden. (J. Amer. chem. Soc. **77.** 2639—41. 5/5. 1955. Arvida, Quebec, Can., Aluminium Labors. Ltd.) I. KARUTZ. 150

R. Berman und **J. Poulter,** *Spezifische Wärme von Diamant bei niedrigen Temperaturen.* Es wurde eine App. konstruiert, mit der die Differenz zwischen den Wärmeinhalten zweier Fixtempp. zu bestimmen u. die Enthalpiedifferenz zwischen 4 u. 90°K oder 90°K u. Raumtemp. für Diamant bei einer Genauigkeit von 1% auf 100—200 mg zu messen ist. Mit dieser App. wurde eine große Anzahl von Proben der Typ I- u. Typ II-Steine untersucht. Ergebnisse werden angegeben. Die App. ist nicht beschrieben. (J. chem. Physics **21.** 1906—07. Okt. 1953. Oxford, Clarendon Labor.) A.-F. BOGENSCHÜTZ. 151

E. G. King, *Wärmekapazitäten bei tiefen Temperaturen und Entropien bei 298,16°K von Lithium- und Natriumaluminaten und -ferriten.* (Vgl. C. **1955.** 9262.) Die Wärmekapazitäten von *$LiAlO_2$* (**I**), *$LiFeO_2$* (**II**), *$NaAlO_2$* (**III**) u. *$NaFeO_2$* (**IV**) wurden bei Tempp. von 50—298°K gemessen. Alle Substanzen zeigten n. Verhalten. Für 298,16°K ergaben sich die Wärmekapazitäten (Entropien) der Substanzen zu **I** 16,20 (12,7 ± 0,1), **II** 19,81 (18,0 ± 0,2), **III** 17,52 (16,9 ± 0,2) u. **IV** 20,20 (21,1 ± 0,2) cal/Grad·Mol (cal/Grad·Mol). Unter Verwendung anderer thermodynam. Daten wurden die Bildungsentropien von **I, II, III** u. **IV** aus den Oxyden bei 298,16°K zu 0,2, 0,8, 2,3 u. 1,9 cal/Grad·Mol berechnet. (J. Amer. chem. Soc. **77.** 3189—90. 20/6. 1955. Berkeley, Calif., U. S. Dep. of Interior, Bur. of Mines, Reg. III, Min. Thermodynam. Branch.) I. KARUTZ. 151

W. P. Skripow und **W. K. Ssementschenko,** *Phasenübergänge II. Art und kritische Erscheinungen.* 5. Mitt. *Über das Maximum der Wärmekapazität im kritischen Bereich der Entmischung binärer flüssiger Systeme.* (4. vgl. C. **1953.** 8790.) Bereits bei mehreren sich entmischenden Flüssigkeitsgemischen ist bei der Entmischung ein Maximum der spezif. Wärme sowie der Viscosität festgestellt worden. Auch theoret. Unterss. hierüber liegen bereits vor. Vff. finden nunmehr hinsichtlich C_p dieselbe Erscheinung auch in den Systemen *Triäthylamin*–W. (mit unterer krit. Temp.) u. *Nitrobenzol–Heptan* (mit oberer krit. Temp.). Um bei calorimetr. Messungen die bei solchen sich entmischenden Systemen bes. leicht durch mangelnde Gleichgewichtseinstellung oder andere Ursachen auftretenden experimentellen Fehler zu vermeiden, entwickelten Vff. ein spezielles adiabat. Calorimeter, das näher beschrieben wird. Die Messungen ließen sich gut reproduzieren. Sie wurden stets beim Übergang von der einphasigen zur zweiphasigen Mischung vorgenommen. Die Gestalt der C_p—T-Kurven hat im Bereich der Entmischungstemp. die

Gestalt eines λ, wie sie für Umwandlungen II. Art charakterist. ist. (Журнал Физической Химии [J. physik. Chem.] **29.** 174—84. Jan. 1955. Moskau, Staatl. Lomonossow-Univ.) E. KORDES. 151

W. K. Ssementschenko und **W. P. Skripow,** *Phasenübergänge II. Art und kritische Erscheinungen.* 6. Mitt. *Einfluß geringer Beimischungen auf die Wärmekapazität des Systems Triäthylamin–Wasser im kritischen Bereich der Entmischung.* (5. vgl. vorst. Ref.) Es wurde der Einfl. von fremden Zusätzen auf die spezif. Wärme im Bereich der Entmischungstemp. bei bin. sich entmischenden Flüssigkeitsgemischen näher untersucht. Die Unters. erfolgte am bin. Syst. *Trimethylamin–W.* mit einer unteren krit. Temp. der Entmischung. Zugabe von *Tetramethylammoniumjodid* — einer oberflächenakt. Substanz — erhöht die krit. Temp. der Entmischung u. erniedrigt das Maximum der spezif. Wärme bei der Entmischung. *Isoamylalkohol* verhält sich wie eine oberflächeninakt. Substanz; er erniedrigt die krit. Temp. der Entmischung u. erniedrigt zugleich das Maximum der spezif. Wärme. Wenn bei der Entmischung kein Gleichgewicht erreicht wird, werden bei der Wiederholung der Entmischung auf den Temperatureigenschaftskurven Hysteresiserscheinungen beobachtet. (Журнал Физической Химии [J. physik. Chem.] **29.** 194—97. Jan. 1955.) E. KORDES. 151

M. J. LaSalle, und **James W. Cobble,** *Entropie und Struktur des Pervanadyl-Ions.* Vff. bestimmten die Lösungswärme u. die Löslichkeit von V_2O_5 in $HClO_4$–NH_4ClO_4-Lsgg. verschied. Zus. u. untersuchten die Absorptionsspektren der dabei erhaltenen Pervanadyllösungen. Die Lösungswärme von V_2O_5 in $HClO_4$, bezogen auf unendlich verd. Lsgg., wurde zu -5780 ± 90 cal/Mol bestimmt. Die Entropie des VO_2^+-Ions ergab sich zu $-5{,}5 \pm 0{,}5$ Entropieeinheiten, eine angenäherte Berechnung für das VO^{2+}-Ion führte zu einem Wert von -26 ± 3 Entropieeinheiten. Thermodynam. Funktionen von V_2O_5 u. $V_2O_5 \cdot H_2O$ wurden berechnet. Die Struktur des VO_2^+-Ions wird diskutiert. (J. physic. Chem. **59.** 519—24. Juni 1955. Berkeley, Calif., Univ. of California, Rad. Labor. and Dep. of Chem. and Chemical Engng.) I. KARUTZ. 154

W. I. Smirnowa und **B. F. Ormont,** *Abhängigkeit der Wärmetönungen und freien Energien der Bildung von Tantalcarbiden von der Phasen- und chemischen Zusammensetzung.* (Vgl. C. **1955.** 5734. 7159.) An verschied. Präpp. von TaC_x der hexagonalen β-Phase (x = 0,38—0,50) u. der kub. γ-Phase (x = 0,58—0,91) werden calorimetr. Messungen durchgeführt. Es ergeben sich folgende Werte der Bildungswärme ΔH^0_{298} u. der freien Bildungsenergie ΔG^0_{298} (in kcal): x = 0,40: ΔH^0_{298} —15,5, ΔG^0_{298} —15,3; x = 0,50: —17,0, —16,8; x = 0,60: —18,7, —18,6; x = 0,70: —21,5, —21,4; x = 0,80: —25,5, —25,4; x = 90: —31,7, —31,5; x = 1,0: (extrapoliert) —36,0, —35,7. Mit jeder Anlagerung von 0,1 C nimmt die auf 0,1 g-Atom C entfallende ΔH zu. Theoret. wäre eine Abnahme zu erwarten, wenn über die ersten 58% C-Atome weiterer C angelagert wird; die tatsächlich beobachtete Zunahme ist auf die Gittererweiterung zurückzuführen. Auf Grund der mit einer Entropie $S_{294,5} = 10{,}1$ Entropieeinheiten für „TaC" (nach Literaturangaben) berechneten ΔG-Werte ist anzunehmen, daß die β-Phase in Ggw. von freiem C thermodynam. instabil, Ta_1C_1 stabil ist. (Доклады Академии Наук СССР [Ber. Akad. Wiss. UdSSR] **100.** 127—30. 1/1. 1955. Phys.-chem. Karpow-Inst.) R. K. MÜLLER. 156

D. Smith, A. S. Dworkin und **E. R. Van Artsdalen,** *Die Verbrennungs- und Bildungswärmen von Borcarbid.* Aus calorimetr. Messungen erhielten Vff. für die Verbrennungswärme von B_4C einen Wert von $\Delta H^0_0 = -683{,}3 \pm 2{,}2$ kcal/Mol. Unter Verwendung der notwendigen zusätzlichen Daten aus der Literatur konnten daraus die Bildungswärme von B_4C zu $\Delta H^0_{f298} = -13{,}8 \pm 2{,}7$ kcal/Mol, die freie Bildungsenergie zu $\Delta F^0_{f298} = -13{,}6 \pm 2{,}7$ kcal/Mol u. die Reaktionswärme für $B_4C(c) = 4\,B(g) + C(g)$ zu $\Delta H^0_{298} = 748{,}3$ kcal berechnet werden. (J. Amer. chem. Soc. **77.** 2654—56. 5/5. 1955. Oak Ridge, Tenn., Oak Ridge Nat. Labor., Chem. Div.) I. KARUTZ. 156

Gerard Kraus, *Die Immersionswärme von Kohlenruß in Wasser, Methanol und n-Hexan.* Calorimetr. Best. der Immersionswärmen von 9 industriell hergestellten Rußsorten in W., Methylalkohol u. n-Hexan. Es wurde festgestellt, daß die Immersionswärmen in W. u. Methanol angenähert lineare Funktionen des O-Geh. pro Oberflächeneinheit des Rußes sind. Vf. schließt daraus, daß prakt. aller vorhandene Sauerstoff an der Oberfläche komplex gebunden ist. In n-Hexan ergeben sich für alle untersuchten Ruße nahezu konstante Immersionswärmen. Eine Verminderung der Zahl der akt. Zentren durch Graphitisierung des Rußes ändert die für die Adsorption nicht-polarer Fll. charakterist. Energien nicht wesentlich. Ein analoges Verh. wäre für O-freie Ruße in W. u. Methanol zu erwarten. Vf. schließt daraus auf eine gleichzeitige Verminderung der Zentren niedriger Energie beim Übergang der heterogenen Rußoberfläche in die homogene *Graphon*-Oberfläche. (J. physic. Chem. **59.** 343—45. April 1955. Bartlesville, Okla., Phillips Petroleum Comp., Res. Div.) I. KARUTZ. 156

I. I. Lipilina und **O. Ja. Ssamoilow,** *Thermochemische Untersuchung der Struktur von verdünnten wässerigen Uranylchlorid- und -nitratlösungen.* (Vgl. C. **1953.** 3840, 4826.) Die integralen Lösungswärmen (LW.) von $UO_2Cl_2 \cdot 3\,H_2O$ (I) u. $UO_2(NO_3)_2$ (II) werden in W. u. wss. HCl bzw. HNO_3 bei 25° gemessen, wobei die Additivität durch Messungen in Ggw. von KCl bzw. KNO_3 (III) mit einer Abweichung von höchstens 3,8% nachgewiesen wird. Die LW. ändert sich linear mit der Säurekonz., sie beträgt bei I −5,30 (kcal/Mol), mit Zusatz von 1,86 (Mol/50 Mol I) HCl −5,77; bei II +10,50, mit Zusatz von 1,78 HNO_3 +6,59; bei III −8,54, mit Zusatz von 2,88 HNO_3 −5,92. Die Koordinationszahl von UO_2^{2+} ergibt sich zu n = 2,21 (r + 1,38) (r = Radius des U = 1,40 Å) = 6,14. UO_2^{2+} ist also von 6 Mol W. umgeben, die in einer zur linearen oder fast linearen Achse O—U—O senkrechten Fläche angeordnet sind, ebenso wie die Ringe von Wassermoll., die die Kanäle in der Struktur von Eis begrenzen. Es bestätigt sich somit auch hier, daß die Strukturen von Lsgg. der geringstmöglichen Änderung der Struktur des W. entsprechen. Der Radius des U entspricht gerade dem Radius des Kanals in einem Ring von 6 Wassermolekülen. (Доклады Академии Наук СССР [Ber. Akad. Wiss. UdSSR] [N. S.] **98.** 99—102. 1/9. 1954. Kurnakow-Inst. für allg. u. anorg. Chem. der Akad. der Wiss. der UdSSR.) R. K. MÜLLER. 156

Gisèle Dalmai, Ralph Delbourgo und **Paul Laffitte,** *Einfluß des Rohrdurchmessers auf die Entzündungsgrenzen von n-Butanol–Luft-Gemischen.* Bei Drucken geringer als Atmosphärendruck weist die Kurve Druck/Konz. bei *n-Butan* (I)–Luft-Gemischen für die Möglichkeit der Funkenzündung bei 6—7% I ein Maximum auf. Die Flammen bei geringeren als diesen I-Konzz. (= FGK) u. die bei höheren Konzz. (= FHK) zeigen unterschiedliche Erscheinungsbilder, die bei FGK von der Vorbehandlung der Gase, bei FHK von der Art der Flammenfortpflanzung (ob horizontal oder vertikal, ob auf- oder absteigend, ob in engen oder weiten Rohren) abhängen. Vff. untersuchte aufsteigende FHK in I–Luft-Gemischen in senkrecht stehenden Pyrexrohren von 80 cm Länge u. 1,17—5,55 mm Durchmesser. Eine FHK galt als bestehend, wenn sie sich durch das ganze Rohr fortpflanzte. Bei stöchiometr. Mischungen ist der Einfl. vom Rohrdurchmesser R relativ gering; FHK pflanzen sich in Rohren unter einem bestimmten R-Wert anscheinend nicht fort. Bei größeren R-Werten tritt Turbulenz auf, die die Best. erschwert. (C. R. hebd. Séances Acad. Sci. **240.** 192—94. 10/1. 1955.) E. ROEDER. 157

Arthur Levy und **Philip F. Kurz,** *Eine Analyse der Stabilität von Kohlenmonoxyd–Kohlenwasserstoff–Luft-Flammen.* Verbrennungsverss. mit Brennstoffgemischen haben gezeigt, daß die Stabilitätsgrenze eines Zwei-Komponenten-Gemisches im allg. zwischen die Grenzen der einzelnen Komponenten fällt. Eine interessante Abweichung tritt bei CO–KW-stoff-Flammen, die in Luft brennen, auf. Das bin. Brennstoffgemisch hat eine größere Stabilität als wenn das CO oder der KW-stoff allein in Luft verbrennen. Es wurde gezeigt, daß die langsame Vorflammoxydation von CH_4 die Oxydation von CO verhindert. Demnach können CO–CH_4-Gemische vor dem Eintritt in die Flammzone zu CO–H_2O-Dampfgemischen durch die Vorflammoxydation von CH_4 umgebildet sein. Die Stabilitäten von CO–CH_4-Flammen nach WALKER u. WRIGHT stimmen mit den experimentell ermittelten Stabilitäten von CO–H_2O-Dampfgemischen äquivalenter Zus. gut überein. (J. Amer. chem. Soc. **77.** 1459—61. 20/3. 1955. Columbus, O., Battelle Mem. Inst.) A.-F. BOGENSCHÜTZ. 157

G. M. Lewin, E. M. Malkowa und **A. K. Ssemenowa,** *Untersuchung des Charakters der graphischen Darstellungen einer einfachen Abkühlung von Körpern.* Vff. geben vergleichende Unterss. der Abkühlung von *Gips, Alabaster, Zucker, Paraffin, Gummi* u. *Transformatorenöl* im zylindr. Calorimeter bzw. Lambdacalorimeter (Stahl, Messing, Cu, Ni) u. im Kugel-Bicalorimeter (mit schemat. Abb. der benutzten Geräte) u. werten diese nach der Beziehung $\ln\vartheta = f(\tau)$ (ϑ = Differenz zwischen der Temp. u an einem bestimmten Punkt des untersuchten Körpers u der Temp. t des umgebenden Mediums, τ = Zeit) bzw. $\ln\vartheta = -m\tau + B$ aus. Nach Ablauf einer bestimmten Zeit vom Beginn der Abkühlung ab wird die Kurve $\ln\vartheta = f(\tau)$ linear; die falsche Feststellung dieser Zeit kann zu einem Fehler führen, der die zulässige maximale Abweichung (3%) bei wiederholter Best. des Abkühlungstempos (Konstante m obiger Gleichung) weit übersteigt. (Журнал Технической Физики [J. techn. Physik] **25.** 270—79. Febr. 1955.) R. K. MÜLLER. 158

Kathryn A. McCarthy und **Stanley S. Ballard,** *Wärmeleitfähigkeit von Germanium bei gewöhnlichen Temperaturen.* (Sitzungsbericht.) (Physic. Rev. [2] **98.** 271. 1/4. 1955. Tufts Coll.) R. STEIN. 158

C. T. Ewing, R. E. Seebold, J. A. Grand und **R. R. Miller,** *Thermische Leitfähigkeit von Quecksilber und zwei Natrium–Kalium-Legierungen.* In Fortsetzung früherer Arbeiten über Na u. K (vgl. C. **1952.** 5051) untersuchten Vff. die therm. Leitfähigkeit von sehr reinem Hg bei Tempp. von 150—540° sowie von zwei Na–K-Legierungen mit

56,5 Gew.-% K bei 150—520° u. 17,7 Gew.-% K bei 150—680°. App. u. Meßmethodik werden eingehend beschrieben. Die Temperaturabhängigkeit der therm. Leitfähigkeit entspricht in allen Fällen dem aus der elektr. Leitfähigkeit vorausgesagten Verhalten. Als Hilfswerte wurden die Wärmeleitfähigkeiten der rostfreien *Stähle Typ 304* u. *310* im gleichen Temperaturbereich gemessen. (J. physic. Chem. **59.** 524—28. Juni 1955. Washington, D. C., Naval Res. Labor.) I. Karutz. 158

André Dognon und **Yvonne Simonot,** *Die Wichtigkeit verschiedener experimenteller Bedingungen bei der Bestrahlung mit Ultraschall.* Bei der Beschallung biol. oder chem. Substanzen mit Ultraschallwellen großer Amplitude, z. B. der Beeinflussung der Oxydation von KJ, treten stark streuende u. schlecht reproduzierbare Ergebnisse auf. Vff. zeigen daher, daß der Wirkungsgrad der Beschallung von einer Reihe „äußerer" Faktoren abhängen kann. Die Ergebnisse sind z. B. stark davon abhängig, ob bei Bestrahlung von Fll. in geeigneten Behältnissen, die selbst wieder im Wasserbade angeordnet sind, die Schallwellen das Behältnis durchsetzen u. wieder in die Bad-Fl. eintreten oder ob sie auf Grenzflächen Meßsubstanz/Luft oder Meßsubstanz/Festkörper treffen. Im letzten Falle ist es wesentlich, ob der begrenzende Festkörper schallabsorbierend oder schallreflektierend wirkt. Weiter zeigen sich Abweichungen für verschied. Eintauchtiefen der Substanzbehälter in die Badflüssigkeit. Aus den Ergebnissen folgt, daß es notwendig ist, nicht nur auf die Gleichheit thermodynam. u. elektr. Größen wie Temp., Druck, Vol., Konz., Frequenz u. Spannung am Quarz zu achten, sondern auch auf die Beibehaltung der äußeren Versuchsanordnung. (C. R. hebd. Séances Acad. Sci. **240.** 608—10. 7/2. 1955.) H. Jacob. 159

Francesco Maffei und **Maria Buonsanto,** *Einfluß der Viscosität auf die Fortpflanzungsgeschwindigkeit von Ultraschall in Kaliumchloridlösungen.* (Vgl. Giacomini, C. **1954.** 4554.) Die Fortpflanzungsgeschwindigkeit v (m/Sek.) der Ultraschallwellen ist eine lineare Funktion der Lsg. (0,025—2,0 mol.) der KCl-Lsgg., während die Viscosität bis zu einem Minimum bei 0,8 mol. Lsg. abfällt u. bei höheren Konzz. wieder zunimmt. Ein dementsprechendes Maximum von v bei 6%ig. Lsg. wird also nicht bestätigt. Bei 0,025 mol. Lsg. (0,1863%) ist v 1498,5, bei 2 mol. Lsg. (14,9106%) 1595,7. (Ann. Chimica **43.** 804—06. Dez. 1953. Bari, Univ., Fac. di Med., Ist. di Fis. sperim.) R. K. Müller. 159

Gilbert W. Castellan und **Hugh M. Hulburt,** *Die Umwandlung von Translations- in Schwingungsenergie in einem unsymmetrischen molekularen Potentialfeld.* Mit wellenmechan. Rechnungen werden die Reflektionskoeffizienten für Materiewellen in einem parabol. u. einem quadrat. Kanal berechnet, der an einem Ende durch eine Vertikalplatte mit dem Neigungswinkel Θ gegen die Kanalachse abgeschlossen ist. An diesem Modell wird der Energieübergang beim Zusammenstoß eines Atoms (z. B. *He* oder *Ar*) mit einem Mol. (Cl_2, CO, N_2O, CO_2) untersucht. Berechnet wird die benötigte Zahl der Zusammenstöße zur Umwandlung eines Schwingungsenergiequants in Abhängigkeit von $\lambda = \tan \Theta$. Die berechneten Werte werden mit Ergebnissen von Schall-Dispersionsmessungen an N_2O u. CO_2 u. Messungen der Temperaturabhängigkeit der mittleren Übergangswahrscheinlichkeit pro Zusammenstoß bei Cl_2 u. einem Gemisch von $Cl_2 + CO$ verglichen. (J. chem. Physics **18.** 312—22. März 1950. Washington, D. C., Catholic Univ. of America, Dep. of Chem.) A. Reuter. 159

David A. Mooney, Introduction to thermodynamics and heat transfer. New York: Prentice-Hall. 1955. (440 S., Diagr.) O. $ 6,—.

A_5. Kolloidchemie. Grenzschichtforschung.

A. Packter, *Der Einfluß des kristallinen Zustandes auf die rhythmische Fällung.* Vf. hat die Fällung schwerlösl. Metallsalze (Chromate, Jodide, Arsenate, Sulfide, Hydroxyde, Silicate u. Thiocyanate) auf Filterpapier untersucht. Die Fällungen erfolgen bei bestimmten Verhältnissen von Anionen- u. Kationenkonzz., die von Salz zu Salz variieren. Liegt dieses Verhältnis in einem Bereich, in dem kristalline Fällungen möglich sind, erfolgen rhythm. Fällungen. Die für die Konstante k der Gleichung $x_n = ak^n$ (x_n = Abstand des n ten Ringes vom Diffusionszentrum) gefundenen Werte sind kleiner als die von anderen Autoren für Gelatine oder Kohlenhydrate gefundenen. Sie stehen in keiner Beziehung zur Löslichkeit der Verbb. in Wasser. Die Bedeutung des kristallinen Zustandes der Salze für das Auftreten rhythm. Fällungen geht auch aus Verss. des Vf. hervor, kristalline Ndd. durch gemeinsame Fällung zweier Kationen oder ähnliches zu bewirken. (J. chem. Soc. [London] **1955.** 1180—84. April. London, King's College.) H.-U. Woelk. 164

P. H. Elworthy und **L. Saunders,** *Oberflächenkräfte von Lecithinsolen in Gegenwart einiger anorganischer Salze.* Vff. beschreiben eine empfindliche App. zur Messung der

Oberflächenspannung nach der Abreißmeth. die noch Ablesungen von 0,01 mg gestattet. Mit ihr wurde der Einfl. von Elektrolyten auf die an der Grenzfläche Lecithinsol/W. auftretende Oberflächenspannung γ ermittelt. Bei elektrolytfreien Solen (durch Ionenaustauscher gereinigt) ist sie vernachlässigbar klein. Geringe Mengen KCl oder NaCl bewirken Kräfte von 0,011 dyn/cm, 2-wertige Metallionen in einer Konz. von $10^{-5}\,\mu$ solche von 0,1—0,25 dyn/cm, wobei γ in Abhängigkeit von der Elektrolytkonz. ein Maximum durchläuft. In Übereinstimmung mit der Tatsache, daß $CaCl_2$ je nach seiner Konz. sowohl flockend als auch peptisierend auf Lecithinsole wirken kann, finden Vff. 2 Maxima im Verlauf der γ/c-Kurven. Die Höhe der beobachteten Maxima steht im Zusammenhang mit dem Atomvol. der Metalle, jedoch nicht mit dem Ionenradius der krist. Verbindungen. Für die Wirksamkeit in bezug auf γ ergibt sich für die untersuchten Elektrolyte die Reihe $CdCl_2 > MgCl_2 > CaCl_2 > BaCl_2$. (J. chem. Soc. [London] **1955**. 1166—69. April. London, Univ., School of Pharmacy.) H. U. WOELK. 166

Melvin C. Baker, Philip A. Lyons und **S. J. Singer,** *Ultrazentrifugierung und Diffusion von Wolframatokieselsäure.* Vff. untersuchten das Sedimentations- u. Diffusionsverh. von $H_4SiW_{12}O_{40} \cdot x\,H_2O$ u. bestimmten das Mol.-Gew. mit Hilfe der Gleichung von SVEDBERG zu $2{,}91 \cdot 10^3$ (Formelmäßig: 2875,1). Für die Sedimentations- (in Pufferlsgg. verschied. Ionenstärken erhalten) u. Diffusionskoeffizienten gelten die Beziehungen $S_{25}^{w} = (4{,}56 - 0{,}16\,c)$ u. $D_{25}^{w} = (4{,}515 + 0{,}134\,c) \cdot 10^{-6}\,cm^2$/Sekunde. Die allg. Gültigkeit der Gleichung von SVEDBERG wird durch die Unterss. der Vff. bestätigt. Es wird darauf hingewiesen, daß sich die Wolframatokieselsäure (u. ähnliche Substanzen) zur Eichung anderer Methoden der Molekulargewichtsbest. eignet. (J. Amer. chem. Soc. **77.** 2011—12. 5/4. 1955. New Haven, Conn., Yale Univ., Chem. Dep.) H.-U. WOELK. 171

D. A. Posspechow, *Über die Graetzsche Formel für die Viscosität von Flüssigkeiten.* (Vgl. C. **1954**. 9254.) Die Gültigkeit der Formel von GRAETZ [1888] $\eta = A(t_0 - t)/(t - t_1)$ (η = Viscositätskoeff., t = Temp., t_0 = krit. Temp., A u. t_1 = Konstanten der Fl.) wurde an 29 Stoffen nachgeprüft. Entgegen der Annahme von GRAETZ erwies sich t_0 in vielen Fällen nicht gleich der krit. Temp., sondern lag über oder unter diesem Wert. Nach GRAETZ sollte t_1 unterhalb des F. liegen. Die Gegenüberstellung der t_1- u. neueren F.-Werte für 15 organ. Verbb. ergab, daß t_1 häufig weit oberhalb des F. liegt. Die theoret. Schlußfolgerungen aus der GRAETZschen Formel sind daher abzulehnen. (Журнал Прикладной Химии [J. angew. Chem.] **27.** 789—91. Juli 1954.) O. LEBTAG. 172

W. P. Ssolomko und **Ss. D. Rawikowitsch,** *Abhängigkeit der Viscosität von Flüssigkeiten von der Temperatur.* Krit. Bemerkungen zu den Arbeiten von POSSPECHOW (vgl. C. **1954.** 23. 9254 u. früher). Da die exponentielle Abhängigkeit der Viscosität nur in einem von der krit. Temp. weit entfernten Gebiet gültig ist, ist die von POSSPECHOW vorgenommene Extrapolation der logarithm. Kurven in die Nähe u. oberhalb der krit. Temp. unzulässig. Die Begriffe „Grenzviscosität" u. „Temp. der Grenzviscosität" haben keinen physikal. Sinn. Das gleiche gilt für die „Winkelpunkte". (Журнал Прикладной Химии [J. angew. Chem.] **27.** 546—48. Mai 1954.) O. LEBTAG. 172

R. W. Thickens, *Bestimmung der rheologischen Eigenschaften von fließfähigen Körpern nach einer elektrischen Methode.* Zur Messung der Viscosität η von sehr zähfl. Körpern (η zwischen 100 u. 20000 Poise) bei verschied. Schubgeschwindigkeiten wurde vom Vf. eine App. entwickelt, bei der sich die zu untersuchende Substanz in einer Kugelschale befindet u. eine Kugel unter einem einstellbaren Druck in die Substanz gepreßt wird. Durch Kapazitätsmessung wird die Zeit bestimmt, die die Kugel zum Weiterbewegen um eine vorgegebene Strecke braucht. Messungen werden mitgeteilt für *Indopol H-100* (I), 3 *Polyisobutylen*-Proben (Vistac 1, 2 u. 4; **II**), *Ricinusöl* (**III**) u. *Polystyrol* (**IV**). **I, II** u. **III** zeigen NEWTONsches Fließen (Änderung der Belastung im Verhältnis 1 : 4). Die η-Werte betragen 256 (I) bzw. 732, 1690 u. 4856 Poise für die 3 II-Proben je bei 25°; $-d\eta/dT$ ist umso größer, je größer η. Bei mehrstd. Erhitzen von **I** u. **II** auf 100° ändert sich η nicht. η von **IV** beträgt 15000 Poise bei 23°; **IV** zeigt starke Abweichung vom NEWTONschen Fließverh. (Änderung der Belastung im Verhältnis 1 : 22). Die η-Messungen sind auf ca. 5% genau. (J. Polymer Sci. **10.** 257—73. März 1953. Appleton, Wis., Inst. of Paper Chem.) O. FUCHS. 173

B. P. Bering und **W. W. Sserpinski,** *Adsorption eines Gasgemisches.* 4. Mitt. *Adsorption von Wasser- und Äthylchloriddämpfen an aktiver Kohle.* (3. vgl. C. **1955.** 9265.) Die Adsorption eines Gemisches von W. u. Äthylchlorid (I) an Aktivkohle wurde bei 74° im Bereich von 0—240 mm Partialdruck des W. (entsprechend $0{,}85 = p/p_s$) u. von 0 bis 180 mm Partialdruck des **I** untersucht. Dabei wurden abgemessene Mengen der beiden Dämpfe in ein Gefäß mit bekanntem Vol. zugelassen, in dem sich die Kohle auf einer Waage befand. Die Gesamtabsorption wurde aus der Zunahme des Gewichts erhalten, der Gleichgewichtsdruck der Gasphase manometr. bestimmt, u. so die Teilabsorption u. die Partialdrucke berechnet. Die Adsorptionsisothermen des W. werden mit der Zunahme des p_2 vom Koordinaten-Nullpunkt aus nach rechts verschoben. Die Adsorption des I nimmt, wenn p/p_s des W. 0,5 erreicht, plötzlich stark ab, I wird von W. fast völlig aus der Kohle verdrängt. Bei hohen Drucken ersetzen bei der Adsorptionsverdrängung 5 Mol W. 1 Mol I. Die Ergebnisse lassen sich nicht durch Capillarkondensation von W. deuten; Vff. diskutieren die Bldg. langer durch H-Brücken verbundener Ketten von W. in der adsorbierten Phase. (Известия Академии Наук СССР, Отделение Химических Наук [Nachr. Akad. Wiss. UdSSR, Abt. chem. Wiss.] **1953.** 957—67. Nov./Dez. Inst. für Physikal. Chem. der Akad. der Wiss. der UdSSR.) M. WIEDEMANN. 176

J. Bagg und **F. C. Tompkins**, *Calorimetrische Sorptionswärmen von Gasen an aufgedampften Eisenfilmen.* Vff. bestimmen calorimetr. die Sorptionswärmen von H_2, *CO*, N_2 u. O_2 an aufgedampften Fe-Filmen, sowie die Sorptionswärmen von H_2 u. CO an Filmen, die bereits teilweise mit anderen Gasen bedeckt sind. Im Falle der Adsorption von H_2 an mit CO bedeckten Filmen ergibt sich ein Sorptionsverhältnis CO : H_2 = 1,60 bei 0,1 mm Druck u. nicht, wie bisher angenommen, = 2. Es wird gezeigt, daß die Heterogenitätstheorie von BOUDART (vgl. C. **1953.** 5992) zur Berechnung der Abnahme der Sorptionswärme mit der Bedeckung falsch ist. Einige mögliche Anwendungen auf katalyt. Probleme werden kurz diskutiert. (Trans. Faraday Soc. **51.** 1071—80. Aug. 1955. London, Imp. Coll. of Sci. and Technol., Chem. Dep.) H. W. LEVI. 176

Denis Papée, *Beitrag zur Kenntnis anorganischer Adsorptionsmittel. Entwicklung der Struktur und des Gefüges verschiedener Arten von Aluminiumoxyd und Siliciumoxyd.* Zur Auffindung einer Beziehung zwischen der Entw. der Struktur u. den Adsorptionseigg. untersucht Vf. chem. u. physikal. die folgenden Adsorptionsmittel: *Böhmit* (**I**), *Bayerit* (**II**), *Silicagel* (**III**) u. gefälltes SiO_2 (**IV**). Die Substanzen werden in näher beschriebener Weise therm. behandelt u. an ihnen in einer angegebenen App. die Adsorption von N_2, Wasserdampf u. von organ. Dämpfen (*n-Heptan, Cyclohexan* u. *Benzol*) gemessen. An Hand von 60 Literaturzitaten diskutiert Vf. die verschied. Adsorptionstheorien u. stellt bei den Prodd. **I—IV** folgende Eigg. fest: **I** hat den Charakter eines Gels der Zus. $Al_2O_3 \cdot 1{,}92\ H_2O$. Seine sowohl im Vakuum als auch bei Atmosphärendruck aufgenommenen Entwässerungskurven zeigen zwischen 100 u. 400° eine schrittweise Abgabe von W. an. Die Adsorptionsisothermen sind vom Typ 4 der BRUNAUERschen Klassifikation. Des weiteren besitzen die bei Atmosphärendruck calcinierten Proben größere Poren u. eine kleinere Oberfläche als die im Vakuum gewonnenen. **II** ist ein gut krist. Prod., das bei der Entwässerung seine spezif. Oberfläche bedeutend vergrößert. Diese erreicht, wenn die **II**-Struktur verschwindet, ein Maximum. Die Adsorptionsisothermen gehören zum Typ 2. Bei hoher Entwässerungstemp. erfolgt eine tiefergehende Texturumlagerung als bei **I**. Die Substanz **III** ist aus einem kompakten Polykondensationsgitter aufgebaut. Die Adsorptionsisothermen sind vom Typ 4 u. zeigen eine sehr homogene Porenverteilung. Bei der Entwässerung bei 800° treten Kristallisation u. beträchtliche Reduzierung der Oberfläche u. des Porenvol. ein, was einer krit. Zus. $SiO_2 \cdot 0{,}15\ H_2O$ entspricht. Längere Einw. von Wasserdampf führt zu einer teilweisen Wiederherstellung des Gefüges. Prod. **IV** besteht aus unterschiedlichen Teilchen; seine poröse Textur ist bes. heterogen u. sehr druckempfindlich. Die Isothermen sind von einem schlecht definierten Typ: der größte Teil der Adsorption erfolgt nämlich bei relativ hohen Drucken. Des weiteren entwickeln sich die Eigg. von **IV** weniger schnell als von **III** unter der Einw. einer hohen Temperatur. Die Unters. dieser Prodd. zeigt also einen fundamentalen Unterschied zwischen **I** u. **II** einerseits u. **III** u. **IV** andererseits, wobei erstere von ihrer Fällung ab adsorbierende Eigg. besitzen, während die anderen das Aktivitätsmaximum erst als Folge einer Strukturumwandlung erreichen. So zeigt **I** im Verhältnis zu seinem schlecht geordneten Zustand eine von den SiO_2-Arten kaum verschied. Texturentwicklung. Dennoch nimmt die permanente Wasseradsorption nur dann beträchtlich zu, wenn unter Einw. der Temp. die ursprüngliche Struktur des Prod. verschwindet. (Bull. Soc. chim. France, Mém. [5] **1955.** 14—35. Jan. Sorbonne, Labor. de Chim. Min.) H. SURAWSKI. 176

Frank H. Dickey, *Spezifische Adsorption.* Es werden die Bedingungen zur Darst. spezif. Adsorbentien für nachst. organ. Verbb. durch Fällung von SiO_2-*Gelen* aus Na-Silicatlsgg. nach 3 Methoden (Fällung mit Essigsäure, Oxalsäure oder HCl) in Ggw. des Stoffes, für den ein spezif. Adsorbens gesucht wird, eingehend untersucht u. diskutiert: *Methylorange* (**I**), *Äthylorange* (**II**), *Vitamin* B_{12}, *Tyrosin, Aurin, Orange II, Butylorange, Methylrot, Malachitgrün, Brillantgrün, Kristallviolett, Alizarin, Methylenblau, Phenolphthalein, Fluorescein, Thymolblau, Chrysamin.* Adsorptionsisothermen für **I** u. **II** sind graph., weitere Ergebnisse graph. u. in Tabellen wiedergegeben. Ein großer Teil der Oberfläche von in Ggw. von I gefälltem SiO_2-Gel zeigt eine größere Affinität für den Farbstoff als die üblichen SiO_2-Adsorbientien; ein kleinerer Teil dieser Oberfläche adsorbiert I sehr fest. Stoffe, die von den üblichen Adsorbentien aus wss. Lsgg. nicht adsorbiert werden, begünstigen unter obigen Bedingungen nicht die Ausbldg. spezif. Adsorbentien. Die Bldg. u. Beibehaltung spezif. Adsorptionseigg. wird durch niedrige p_H-Werte, kleine Elektrolytkonzz. u. tiefe Tempp. begünstigt. Ein Teil der organ. Verb., die bei der Gelbildung zugegen ist, wird irreversibel adsorbiert u. zeigt dann beachtlichen Widerstand gegen Zerstörung durch chem. oder Lichteinw. neben einer Bereitschaft für gewisse Rkk., die ihre Struktur nur unwesentlich beeinflussen. Die absol. Adsorptionskapazität der Gele ist nur größenordnungsmäßig reproduzierbar. (J. physic. Chem. **59**. 695—707. Aug. 1955. Berkeley, Univ. of California, Dep. of Chem., California Inst. of Technology, Gates and Crellin Labors. of Chem.; Uppsala, Univ., Biokemiska Institutionen.) H. Hofmann. 176

Joseph S. Lukesh, *Untersuchung der Absorption von Wasser in porösem glasigem Siliciumdioxyd mittels Röntgenstrahlenbeugung.* Eine röntgenograph. Analyse ergab, daß das in den Hohlräumen eines von den Corning Glass Works hergestellten porösen Siliciumdioxyds festgehaltene W. in fl. Form vorliegt, außer vielleicht in einer monomol. Schicht direkt an der Oberfläche der Poren. (J. physic. Chem. **59**. 669—70. Juli 1955. Schenectady, N. Y., General Electric Comp., Knolls Atomic Power Labor.) I. Karutz. 176

Ss. Je. Bressler, *Zur Theorie der Nichtgleichgewichtschromatographie, die Bildung einer stationären Zonenfront.* Vf. entwickelt die früher (vgl. C. **1954**. 3408) abgeleitete Gleichung weiter u. erhält für kleine Werte von τ (Verzögerung) angenäherte Lsgg. für den Fall der Frontal- u. Elutionschromatographie. Für nichtlineare Adsorptionsisothermen ergibt sich eine Differentialgleichung, die keine allg. Lsg. ermöglicht. Der Nachw. der Bldg. einer stationären Front beim Ionenaustausch erfordert eine den Randbedingungen entsprechende Lsg. der Differentialgleichung. Man erhält für die Bewegungsgeschwindigkeit der stationären Front $u = v/\{\alpha + [N_0 \cdot \varepsilon (3 - 2\varepsilon)/C_0 (2 - \varepsilon)]\}$, wo v = Fließgeschwindigkeit in ml/Sek. Kolonnenquerschnitt in cm², α = Porenvol. in ml auf 1 ml des Adsorbens, N = adsorbierte Menge in g auf 1 ml des Adsorbens [$N_0 = N(c_0)$], c = Konz. des Adsorbats in g/ml, ε ergibt sich aus $N = Ac^\varepsilon$ ($0 < \varepsilon < 1$); $\varepsilon < 1$ bedeutet eine Adsorptionsisotherme, die in Richtung der Konzentrationsachse konkav ist. (Доклады Академии Наук СССР [Ber. Akad. Wiss. UdSSR] [N. S.] **97**. 699—702. 1/8. 1954.) R. Wittwer. 177

W. Fuchs und **A. Leyer,** *Über die Entfernung des Kupfers aus ammoniakalischen Kupferlösungen mit Ionenaustauscher Lewatit KS.* Es werden Gleichgewichtsunterss. zwischen Lewatit KS u. Cu^{2+} in ammoniakal. Lsg. beschrieben. Die Cu-Aufnahme erreicht an 4 verschied. Korngrößen nach 800 Std. den gleichen Endwert, jedoch ist die Gleichgewichtseinstellung bei der kleinsten Korngröße am schnellsten. Ferner nimmt die Cu-Aufnahme mit wachsender Konz. der Lsg. u. mit steigender Temp. zu. Aus der Tatsache, daß der Austauscher in ammoniakal. Lsg. annähernd das Doppelte der theoret. Menge an Cu^{2+} aufnimmt, wird geschlossen, daß dieses in Form des einwertig positiven $[Cu(NH_3)_4OH]^+$-Komplexes gebunden wird. Diese Annahme wird durch die Best. des NH_3-Geh. am Austauscher, durch den Säureverbrauch bei der Regenerierung u. vor allem durch die Übereinstimmung der experimentell u. der theoret. für den Austausch 1-1wertiger Kationen berechneten Gleichgewichtskurve bestätigt. Ferner wird gezeigt, daß die Rk. 2. Ordnung ist. (Z. Elektrochem., Ber. Bunsenges. physik. Chem. **57**. 365 bis 368. 1953. Aachen, TH, Chem.-techn. Inst.) Günter Lange. 177

A_6. Strukturforschung.

E. Stanley, *Eine schnelle numerische Methode zur Berechnung von Strukturfaktoren.* Es wird eine einfache u. schnelle Meth. zur genauen Berechnung von Ausdrücken der Art cos (h x + k y) bzw. sin (h x + k y) angegeben. Das Verf. ist numer. u. verwendet eine Tabelle der cos x-Werte sowie entsprechend angelegte Abdeckungen. (Acta crystallogr. [Copenhagen] **8**. 122—23. Febr. 1955. Ottawa, Can., Nat. Res. Council, Div. of Phys.) W. Krönert. 181

V. M. Wolontis, *Berechnungen von Fourier-Projektionen auf der Rechenmaschine I. B. M. 701.* Vf. gibt Hinweise zur Entw. von Programmen für elektron. Rechenmaschinen zur Berechnung von Fourier-Synthesen. Ein entsprechendes Programm wird auf der I. B. M. 701 geprüft. (Acta crystallogr. [Copenhagen] **8**. 86—87. Febr. 1955. Murray Hill. N. J., Bell Telephone Labors., Inc.) W. Krönert. 181

Rudolf Bode und **Richard Mock,** *Ein Röntgengoniometer mit visueller Beobachtung und seine Verwendung zur Bestimmung der Kristallorientierung.* Vff. beschreiben ein Röntgengoniometer, bei dem durch visuelle Beobachtung die Röntgenreflexe bekannter Netzebenen an eine Marke zu führen u. sodann die Richtungswinkel der Netzebenen bzgl. eines körperfesten Koordinatensyst. direkt abzulesen sind; die Best. der übrigen Kristallachsen erfolgt mit Hilfe des WULFFschen Netzes. Vff. bestimmten nach dieser Meth. die Orientierung von *Al* (als Einzelkörner von 2,5 mm Durchmesser in einem polykristallinen Vierkantstab u. als Einkristalle). (Z. Naturforsch. **10a**. 161—65. Febr. 1955. München, Univ., Phys. Inst.) G. RUBAN. 181

E. Fues und **H. Stumpf,** *Klassische nichtlineare Gitterstatik gestörter Kristallstrukturen.* Zur Best. der Gleichgewichtszustände von Gittern, die durch Atome auf Zwischengitterplätzen, Versetzungen usw. gestört sind, wird im klass. mechan. Punktmodell eine Lösungsmeth. entwickelt. Bzgl. der Gitterdynamik sind die in der Störstelle auftretenden Bindungskräfte von Interesse, die von jenen der übrigen Gitterumgebung abweichen. Ein einfachstes Beispiel, bei dem ein Atom auf einem Zwischengitterplatz in dichtester Kugelpackung eingelagert wird, zeigt, daß für physikal. sinnvolle Teilchenpotentiale die bei Ausschwingung auftretenden rücktreibenden Kräfte am Störatom auf das 40—50fache der Werte in der ungestörten Gitterumgebung ansteigen. Die Gleichgewichtsfigur u. ihre Abhängigkeit vom gewählten Potential wird ausführlich beschrieben. (Z. Naturforsch. **10a.** 136—45. Febr. 1955. Stuttgart, TH, Inst. für theoret. u. angew. Phys.) G. RUBAN. 181

H. O. Jenkins, *Bindungsenergien, Kernabstände und Kraftkonstanten in einer Gruppe von verwandten Molekülen.* Vf. zeigt, daß in einer Reihe verwandter Moll. die Bindungsenergie sich mit dem reziproken Wert des Quadrats des Kernabstandes im Gleichgewichtszustand ändert, u. zwar auch dann, wenn die Konstanz des Bindungstyps nicht gewahrt ist. Untersucht werden die zweiatomigen Elemente der Sauerstoff- u. Stickstoffgruppe (N_2, P_2, As_2, Sb_2 u. Bi_2; O_2 u. Te_2), die zweiatomigen gasförmigen Alkalimetalle (Li_2, Na_2, K_2, Rb_2 u. Cs_2), sowie die krist. Alkali- u. Erdalkalimetalle (*Mg, Ca, Sr* u. *Ba*), ferner die Elemente der Kohlenstoffgruppe (*C* u. *Si*) u. die C—H-Bindungen. (Trans. Faraday Soc. **51.** 1042—44. Aug. 1955. Manchester, Univ., Christ Church Rectory.) H. W. LEVI. 182

H. A. Skinner, *Der Valenzzustand einiger Elemente aus den Gruppen 2, 3 und 4; Konfigurationen mit d-Niveaus.* Vf. berechnet für die Atome *Mg, Ca, Zn, Sr, Al, Sc, Ga, Y, Ti* u. eine Anzahl isoelektron. Ionen die zur Erreichung des Valenzzustandes erforderliche Anregungsenergie. Die erhaltenen Werte zeigen größenordnungsmäßig, wie leicht die in jedem Falle zur Auswahl stehenden Valenzzustände erreicht werden können. Die Elemente der zweiten Reihe u. die der B-Gruppen bevorzugen aus s- u. p-Elektronen aufgebaute Konfigurationen, die Elemente der A-Gruppen dagegen solche mit d-Elektronen. Die Bindungsniveaus der letzteren werden als isovalente Hybride aufgefaßt, der Charakter dieser Hybridisierung wird qualitativ diskutiert. (Trans. Faraday Soc. **51.** 1036—42. Aug. 1955. Manchester, Univ., Chem. Dep.) H. W. LEVI. 182

R. E. Rundle, *Die Struktur des Eises.* In Fortführung einer früheren Arbeit (vgl. C. **1954.** 2347) diskutiert Vf. einige Probleme, die mit der Restentropie u. der Frage einer polaren oder nichtpolaren Struktur des Eises zusammenhängen. Vf. vertritt die Ansicht, daß eine bei tiefer Temp. tatsächlich hexagonale Struktur Gründe für die Annahme einer Polarität biete, u. schlägt eine derartige polare Struktur vor, die sich auf Grund der bisherigen Strukturbestimmungen nicht von der von PAULING (J. Amer. chem. Soc. **57.** [1935.] 2580) vorgeschlagenen nichtpolaren Struktur unterscheiden läßt, die aber, im Gegensatz zu dieser, verschied. physikal. Eigg. des Eises vernünftig zu erklären gestattet, ohne allerdings das auf Grund des PAULINGschen Strukturvorschlages deutbare Problem der Restentropie zu lösen. (J. physic. Chem. **59.** 680—82. Aug. 1955. Ames, Io., Iowa State Coll., Inst. for Atomic Res. and Dep. of Chem.) R. STEIN. 182

Aldo Turco und **Luigi Mazzoni,** *Effektive Valenz des Antimons in Halogenhypoantimonaten.* 1. Mitt. *Untersuchungen über* $(NH_4)_2SbBr_6$ *und* Rb_2SbCl_6 *unter Anwendung von radioaktivem Antimon.* (Vgl. C. **1954.** 10896.) Es wird versucht, die Frage der Valenz des Sb in Verbb. des Typs $Me^I_2\ SbX_6$ (Me^I = z. B. Alkali oder NH_4, X = Halogen) dadurch aufzuklären, daß man von Sb^{5+} u. Sb^{3+} ausgeht, wobei eine Komponente mit ^{125}Sb markiert ist. Bei der Darst. von $(NH_4)_2SbBr_6$ mit $^{125}Sb^{3+}$ zeigt sich, daß der Austausch von Sb^{5+} u. Sb^{3+} in Ggw. von Br^- so rasch erfolgt, daß sich über die Valenzfrage nichts aussagen läßt. Bei Rb_2SbCl_6 nehmen bei einem Verhältnis Sb^{5+}/Sb^{3+} = 1,5 mehr Sb-Atome am Austausch teil, als für das stöchiometr. Verhältnis bei Vorliegen von Sb^{4+} zu erwarten wäre. Es findet also ein sehr starker Elektronenaustausch statt, ohne daß aber die Frage, ob die Verbb. Sb^{4+} enthalten, auf diesem Wege geklärt werden könnte. (Ann. Chimica **43.** 853—64. Dez. 1953. Padova, Univ., Ist. di Chim. generale.) R. K. MÜLLER. 182

Aldo Turco und **Giovanni Sordillo,** *Effektive Valenz des Antimons in Halogenhypoantimoniaten.* 2. Mitt. *Untersuchungen an* $m(NH_4)_2SnCl_6 \cdot n(NH_4)_2SbCl_6$ *unter Anwendung von radioaktivem Antimon.* (1. vgl. vorst. Ref.) Mit ^{124}Sb als Indicator (in Form von Sb^{3+}) werden Mischkristalle $m(NH_4)_2SnCl_6 \cdot n(NH_4)_2SbCl_6$ (I) dargestellt, in denen die Sb-Atome durch Sn-Atome „verd." sind, wodurch der Austausch zwischen Sb^{3+} u. Sb^{5+} verlangsamt wird. Wenn in I Sb als Sb^{4+}vorläge, müßten alle Sb-Atome gleich radioakt. sein. Dies ist jedoch nicht der Fall, vielmehr finden sich in I Sb^{5+}-Atome von erheblich geringerer Radioaktivität als der der Sb^{3+}-Atome. Die Annahme eines teilweisen Übergangs von Sb in Sb^{4+} würde bedeuten, daß I paramagnet. sein müßte, was nicht zutrifft. Man kann aus den Verss. schließen, daß mindestens der überwiegende Teil des Sb sicher nicht als Sb^{4+} vorliegt. Als wahrscheinlich wird angenommen, daß der Isotopenaustausch auf Elektronenschwingungen zwischen Sb^{3+} u. Sb^{5+} beruht. (Ann. Chimica **43.** 865—72. Dez. 1953.) R. K. MÜLLER. 182

Daniel Balesdent, *Über eine Fehlerursache bei der experimentellen Untersuchung bestimmter chemischer Gleichgewichte mit Zwischenbildung einer festen Lösung.* Bei der Unters. chem. Gleichgewichte, bei denen eine feste Lsg. auftritt, können erhebliche Fehler entstehen, sobald die Voraussetzung nicht mehr hinreichend erfüllt ist, daß die stationären Werte von Druck u. Zus. der Gasphase Gleichgewichtswerte sind, die bei Störung nach einer bestimmten Zeit ihre ursprünglichen Werte wieder erreichen. Als Beispiel diskutiert Vf. das Gleichgewicht der Rk. $Cu_2S + H_2 = 2\,Cu + H_2S$ in Ggw. von *Au.* Im Gleichgewichtszustand ist das Verhältnis der Partialdrucke $\varrho = p_{H_2S}/p_{H_2}$ mit der Aktivität a des Cu der gebildeten Au–Cu-Legierung durch die Beziehung $K = \varrho\, a^2$, wo K die Gleichgewichtskonstante bedeutet, verknüpft. Bei gegebener Temp. hängt a nur vom Cu-Geh. der Legierung ab. Zur Erreichung des Gleichgewichts muß die Legierung homogen sein, was innerhalb sehr kleiner Abstände nur durch eine Diffusion im festen Zustand bewirkt wird, bei großer Entfernung hingegen das Auftreten einer Zwischengasphase erforderlich macht. So können z. B. bei Verwendung eines Gemisches von *Cu-* u. *Au-* oder von Cu_2S- u. *Au*-Pulver infolge ungenügender Homogenisierung Fehler auftreten, obwohl die erhaltenen Gleichgewichte ganz das Aussehen eines echten Gleichgewichts zeigen. Vf. weist dieses Phänomen experimentell nach u. gibt tabellar. die bei 530° gemessenen Werte ϱ_1 (Cu–Au-Folie von 10 μ Dicke) u. ϱ_2 (Gemisch von Cu- u. Au-Pulver) in Abhängigkeit vom Cu-Geh. an. Es zeigt sich, daß diese Fehlerquelle bei allen Gleichgewichten mit einer festen Lsg., deren Komponenten keine flüchtigen Verbb. geben, festgestellt wird. (C. R. hebd. Séances Acad. Sci. **240.** 1534—36. 4/4. 1955.) H. SURAWSKI. 190

M. P. Lewitzki, *Über den Begriff der „Aktivierungsenergie" für den festen Zustand einer Substanz.* An Stelle der von ARCHAROW (C. **1955.** 1218) gegebenen Ableitung für die Diffusionsgeschwindigkeit D in festen Körpern ($D = D_0 \cdot e^{-Q_e/RT}$) schlägt Vf. unter mathemat. Entw. eine Formel vor, in der die Entropie S u. $U = F + TS$ (F = freie Aktivierungsenergie) verwendet werden: $D = D_0\, e^{-U/RT}\, e^{S/R}$. (Журнал Технической Физики [J. techn. Physik] **25.** 544—45. März 1955.) R. K. MÜLLER. 190

A. M. Dubowitzki, F. G. Margoliss und **T. W. Glasowa,** *Über die Dendritstruktur von Ammoniumnitrat und ihr Einfluß auf das Zusammenbacken des Salzes.* Eine hohe Übersättigung der Lsg. von NH_4NO_3 (I) führt bei der Kristallisation zu einer Dendritbildung. Während in einer bei 52° gesätt. u. bis zur Zimmertemp. abgekühlten 80%ig. I-Lsg. Dendrite entstehen, beobachtet man in der 70—72%ig. I-Lsg. eine vorwiegende Nadelbildung. Wird diese Lsg. mit Schnee gekühlt, so tritt auch hier Dendritbldg. ein. Eine Erhöhung der Viscosität der I-Lsg. durch Zugabe von Glycerin, Gelatine, Harnstoff, $Mg(NO_3)_2$ oder $Ca(NO_3)_2$ führt zur Bldg. einer stabilen Dendritstruktur. Die Dendritkristalle sind weniger fest als die Nadeln. Von entscheidender Bedeutung für das Zusammenbacken von I ist nicht die Dendritform, sondern die Menge der beim Abkühlen, Trocknen u. bei der Aufbewahrung ausfallenden Kristalle. (Журнал Прикладной Химии [J. angew. Chem.] **27.** 368—75. April 1954. Wiss. Inst. für Düng. u. Insektofungicide.) O. LEBTAG. 190

Takurō Tsuzuku und **Tsutomu Komoda,** *Schichtwachstum von künstlichem Graphit.* Künstliche Graphiteinkristalle zeigen im elektronenmkr. Bild Schichtwachstum. Es handelt sich offenbar um Doppelspiralen von zwei Schraubenversetzungen entgegengesetzten Vorzeichens. Die Oberflächenstrukturen sind ähnlich wie die von HORN (C. **1953.** 8020) auf natürlichem Graphit beschriebenen. Stufenhöhen zwischen 150 u. 350 Å; Beschreibung der Zuchtmeth. der Graphitkristalle. (J. physic. Soc. Japan **10.** 81—82. Jan. 1955. Fujisawa-City, Tokai Electrode Mfg., Techn. Res. Labor.; Kokubunji, Tokyo, Hitachi Co. Ltd., Central Res. Labor. [Orig.: engl.]) H. C. WOLF. 190

James P. Smith, Walter E. Brown und **James R. Lehr,** *Struktur von kristallisierter Phosphorsäure.* Vff. berichten über die röntgenograph. Strukturbest. der wasserfreien H_3PO_4 (I) u. des Hemihydrats $2H_3PO_4 \cdot H_2O$ (II) auf Grund zweidimensionaler FOURIER-Projektionen. I krist. in der Raumgruppe $C_{2h}^5 - P2_1/c$ mit 4 Formeleinheiten in einer Elementarzelle mit den Dimensionen a = 5,80 ± 0,02, b = 4,85 ± 0,02, c = 11,62 ± 0,04 Å, β = 95°20' ± 20'; II krist. in der Raumgruppe $C_{2h}^5 - P2_1/a$ mit ebenfalls 4 Formeleinheiten in einer Elementarzelle mit a = 7,94 ± 0,04, b = 12,94 ± 0,02, c = 7,38 ± 0,02 Å, β = 109°25' ± 30'. Ergänzend werden die opt. u. morpholog. Eigg. der beiden krist. Phasen kurz beschrieben, bei beiden tritt starke Doppelbrechung auf. (J. Amer. chem. Soc. **77.** 2728—30. 20/5. 1955. Wilson Dam, Ala., Tennessee Valley Authority, Div. of Chem. Developm.) R. STEIN. 195

H. Hendus und **H. D. Hardt,** *Über die orthorhombische Modifikation von Berylliumoxyformiat.* Das bei langsamer Sublimation von *Berylliumformiat* neben W. u. CO entstehende Oxyformiat $Be_4O(HCOO)_6$ krist. rhomb.; Gitterkonstanten a = 14,36, b = 11,66, c = 7,91 kX; gemessene D. 1,611, Z = 4. Die Auslöschungen ergeben D_{2h}^{16} — P n m a u. C_{2v}^9 — P n a als wahrscheinliche Raumgruppen. (Z. anorg. allg. Chem. **277.** 127—28. Nov. 1954. Saarbrücken, Inst. für Metallforsch. u. Chem. Inst.) G. RUBAN. 195

J. W. Johnson, P. A. Agron und **M. A. Bredig,** *Molvolumen und Struktur von festen und geschmolzenen Caesiumhalogeniden.* Vff. berichten über Röntgenbeugungsunterss. an festem CsBr u. CsJ bei Tempp. von 25° bis zu den FF. der Salze (636 bzw. 621°). Es ergaben sich keinerlei Beweise für einen Übergang der kub. raumzentrierten in die kub. flächenzentrierte Struktur, wie er beim CsCl bei 469° beobachtet wird. Eine Diskussion der Molvolumina der festen u. fl. Salze in der Umgebung der FF. führt Vff. zu dem Schluß, daß dieser Übergang von acht- zu sechsfacher Koordination beim Bromid u. Jodid erst beim Erreichen des F. als Teil des Schmelzprozesses stattfindet. Die prozentuale Volumenausdehnung beim Schmelzen ist beim Bromid (26,8%) u. Jodid (28,5%) nahezu gleich der Summe (27,1%) der beim Chlorid bei der Strukturumwandlung (17,1%) u. beim Schmelzen (10,0%) beobachteten Volumenzunahmen. (J. Amer. chem. Soc. **77.** 2734—37. 20/5. 1955. Oak Ridge, ORNL, Chem. Div.) R. STEIN. 195

Harold P. Klug, *Gitterkonstanten von Rubidium- und Caesium-Eisenalaun.* Präzisionsgitterkonstantenbestimmungen bei 25 ± 0,1° ergeben: $RbFe(SO_4)_2 \cdot 12H_2O$, a = 12,3229 ± 0,0005 Å, $CsFe(SO_4)_2 \cdot 12H_2O$, a = 12,4299 ± 0,0004 Å. (Acta crystallogr. [Copenhagen] **8.** 114. Febr. 1955. Pittsburgh, Pa., Mellon Inst.) W. KRÖNERT. 195

G. N. Tischtschenko und **S. G. Pinsker,** *Elektronographische Bestimmung der Struktur von Cs_2CoCl_4.* Das untersuchte Ni-freie Cs_2CoCl_4 (I) zeigt die pyknometr. D. 3,10, die elektronograph. D. 3,34. Die Dimensionen der rhomb. Elementarzelle mit 4 Moll. sind a = 9,72 ± 0,02, b = 7,38 ± 0,02 u. c = 12,94 ± 0,03 Å. Die Struktur des I ist durch 13 Parameter gekennzeichnet; sie enthält als isolierte komplexe Gruppen schwach verzerrte Tetraeder $[CoCl_4]^{2-}$ in Bindung an Cs^+ u. gehört zum Strukturtyp K_2SO_4. Die Ionen Cs_I^+ u. Cs_{II}^+ binden 5 bzw. 6 Tetraeder. Die Abstände Co—Cl im Tetraeder betragen 2,22, 2,33 u. 2,41 Å, die Abstände Cl—Cl 3,70 u. 3,86 Å; am wahrscheinlichsten erscheint der Co-Cl-Abstand 2,33 Å. Für Co^{II} ist die quadrat. Konfiguration des Komplexes weniger charakterist. als für Cu^{II} (Vgl. mit Cs_2CuCl_4); die Bindung Cu—Cl (2,22 Å) ist weniger polar als die Bindung Co—Cl (2,34 Å). (Доклады Академии Наук СССР [Ber. Akad. Wiss. UdSSR] **100.** 913—16. 1 Tafel. 11/2. 1955.) R. K. MÜLLER. 195

W. Schaffer, *Die Kristallstruktur von Hydrazoniumhexachlorostannat, $(N_2H_5)_2 \cdot SnCl_6$.* $(N_2H_5)_2SnCl_6$ ist rhomb. mit a = $11{,}8_4$, b = $11{,}8_4$, c = $8{,}2_3$ Å. Die D. wird zu 2,40 bestimmt; damit wird Z = 4. PATTERSON-Projektionen zeigen die Ähnlichkeit mit der K_2PtCl_6-Struktur, jedoch sind Ebenen der Sn-Atome (mit den dazugehörenden Cl-Atomen) umschichtig um $^1/_{15}$ c in der z-Richtung verschoben. Als weitere Abweichung von der Idealstruktur wird eine Verdrehung der $SnCl_6$-Oktaeder um ca. 10° abwechselnd nach rechts u. links angenommen. Folgende Atomkoordinaten (x, y, z) werden für die entsprechenden Punktlagen der Raumgruppe P n c a angegeben, wobei die N-Parameter Näherungswerte darstellen: Sn (—0,25, 0, —$0{,}21_6$); Cl (—$0{,}04_8$, —0,036, —$0{,}21_6$), (—$0{,}21_5$, $0{,}20_2$, —$0{,}21_6$), (—0,25, 0, $0{,}07^9$), (—0,25, 0, —$0{,}51_2$); N ($0{,}00_0$, $0{,}26_7$, $0{,}03_3$), ($0{,}09_5$, $0{,}33_4$, $0{,}05_7$). Das Hydrazoniumion scheint genügend Raum für beträchtliche therm. Schwingungen zu besitzen, wobei jedoch die Längen u. Winkel von H-Brücken zu benachbarten Cl-Atomen erhalten bleiben. (Acta crystallogr. [Copenhagen] **7.** 242—46. 10/3. 1954. Cambridge, Cavendish Labor., Crystallogr. Labor.; Cape Town, South Africa, Univ., Phys. Dep.) W. KRÖNERT. 195

C. H. MacGillavry, *Phasenuntersuchung durch Beugung.* Übersicht über die Anwendung von Beugungsunterss. mit Röntgen-, Elektronen- u. Neutronenstrahlen zur Best. von Phasendiagrammen u. zur Ermittlung von Phasenübergängen bei metall. Systemen. (Chem. Weekbl. **51.** 431—37. 4/6. 1955.) W. WESLY. 197

A. Taylor und **Sam Leber**, *Kristallographische Winkel für hexagonale Metalle.* Die Winkel zwischen den kristallograph. Ebenen für die hexagonalen Elemente *Be, Ti, Zr, Mg, Zn* u. *Cd* werden mitgeteilt. (J. Metals **6.** Nr. 2, Sect. 2, Trans AIME **200.** 190—92. Febr. 1954. Cleveland, O., Horizons, Inc.) H. Hochstein. 197

K. Ganzhorn, *Quantenmechanik der kubisch raumzentrierten Strukturen der Übergangsmetalle.* Im Anschluß an eine Symmetrieüberlegung von Bethe (Ann. Physik **3.** [1929.] 133) werden Linearkombinationen von d- u. s-Funktionen gesucht, die der empir. Koordination eines Atoms im Kristallgitter angepaßt sind. Es wird angenommen, daß die sich ergebenden Funktionen gleichzeitig die Ortskorrelation der betreffenden Elektronen liefern. Im Sinne der Heitler-London-Rechnung folgt, daß die Spins antiferromagnet. geordnet sein müssen. Es wird angenommen, daß der geschilderte Bindungsmechanismus bei Ti bis Fe vorliegt. (Z. Naturforsch. **7a.** 291—92. März/April 1952. Stuttgart, TH, Inst. für theoret. u. angew. Phys., u. Max-Planck-Inst. für Metallforsch.) K. Schubert. 197

P. B. Braun und **J. H. N. van Vucht**, *Intermetallische Verbindungen Al–Th.* 1. Mitt. Von den im Verlauf der Unters. des Syst. Al–Th aufgefundenen 6 intermetall. Verbb. werden Al_3Th, Al_2Th u. Al_2Th_3 hier beschrieben. Die Legierungen werden durch Schmelzen von gepreßten Th- u. Al-Pulvergemischen unter Ar-Atmosphäre hergestellt, gepulvert u. 30 Min. im Vakuum bei 600—650° getempert. Pulverdiagramme werden mit dem Norelco-Diffraktometer hergestellt. Al_3Th krist. hexagonal in der Raumgruppe $P6_3/m\,m\,c$; a = 6,499, c = 4,626 Å; Z = 2; $D_{exp.}$ 6,14, $D_{ber.}$ 6,14. Th in 2(d): $\pm(^2/_3, ^1/_3, ^1/_4)$, Al in 6(h): $\pm(x, 2x, ^1/_4)$, $\pm(2\bar{x}, \bar{x}, ^1/_4)$, $\pm(x, \bar{x}, ^1/_4)$ mit x = 0,143. Jedes Th-Atom wird von 3mal 2 Al-Atomen mit 3,26 Å, 2mal 3Al-Atomen mit 3,15 Å, 2mal 3Th-Atomen mit 4,408 Å u. 2Th-Atomen mit 4,627 Å Abstand umgeben. Ketten, die von Al-Komplexen mit je 3 Atomen gebildet werden, laufen in Richtung der c-Achse. Jedes Th-Atom steht innerhalb dieser Ketten mit 4 Al-Atomen in Kontakt. Die Al–Al-Abstände betragen innerhalb der Ketten 2,79 bzw. 2,82 Å u. zwischen denselben 3,71 Å (kürzester Abstand). Al_2Th krist. in der Raumgruppe P6/m m m mit a = 4,393, c = 4,164 Å; Z = 1. $D_{exp.}$ 6,84, $D_{ber.}$ 6,85; Th in 1(a): (0, 0, 0) Al in 2(d): $\pm(^2/_3, ^1/_3, ^1/_2)$; Strukturtyp C 32 (AlB_2). Bemerkenswert ist der kurze Al–Al-Abstand von 2,54 Å. Weitere Atomabstände sind: Th–Al = 3,28, Th–Th = 4,166 bzw. 4,394 Å. Die angegebene Struktur von Al_2Th wird durch die Elektronenbeugungsunters. von Andresen u. Goedkoop (vgl. nachst. Ref.) bestätigt. Al_2Th_3 scheint nur oberhalb 1100° beständig zu sein. Folgende Daten werden erhalten: Raumgruppe P4/m b m, a = 8,13, c = 4,22 Å; Z = 2; $D_{exp.}$ 8,98, $D_{ber.}$ 9,02; Th in 2(a): (0, 0, 0), $(^1/_2, ^1/_2, 0)$, Th in 4(h): $\pm(x, ^1/_2 + x, ^1/_2)$, $\pm(^1/_2 + x, \bar{x}, ^1/_2)$ mit x = 0,674; Al in 4(g): $\pm(y, ^1/_2 + y, 0)$, $\pm(^1/_2 + y, \bar{y}, 0)$ mit y = 0,116. Der Aufbau der Struktur von Al_2Th_3 läßt sich unter Heranziehung eines pseudokub. Th- u. eines pseudohexagonalen Al_2Th-Gitters beschreiben. Die pseudokub. Anteile haben ein Verhältnis c/a = 0,99; die Al_2Th-Anteile wären streng hexagonal mit dem Parameter x = 0,683 für Th. Das Th-Atom mit z = 0 besitzt als Nachbarn 8 Th (Abstand 3,67 Å), 2 Th (4,22 Å) u. 4 Al (3,26 Å). Das Th-Atom mit z = $^1/_2$: 1 Th (4,00 Å), 2 Th (4,22 Å), 4 Th (4,25 Å) sowie 6 Al (3,20 Å). (Acta crystallogr. [Copenhagen] **8.** 117. Febr. 1955. Eindhoven, N. V. Philips' Gloeilampenfabrieken, Philips Res. Labor.) W. Krönert. 197

J. A. Goedkoop und **A. F. Andresen**, *Die Kristallstruktur von Kupferhydrid.* CuH, dessen Kristallstruktur von Hüttig u. Brodkorb (Z. anorg. allg. Chem. **153.** [1926.] 235) als kub. u. von Müller u. Bradley (J. chem. Soc. [London] **1926.** 1669) als hexagonal angegeben ist, wird röntgenograph. sowie mit Hilfe von Neutronenbeugung untersucht. Zur sicheren Best. der H-Lagen wird auch die Deuteriumverb., *CuD*, hergestellt u. untersucht. Die Resultate von Müller u. Bradley werden bestätigt. CuH besitzt Wurtzitstruktur, a = 2,89, c = 4,61 Å mit Cu in 0, 0, 0; $^1/_3, ^2/_3, ^1/_2$, H in 0, 0, $^3/_8$; $^1/_3, ^2/_3, ^7/_8$. (Acta crystallogr. [Copenhagen] **8.** 118—19. Febr. 1955. Kjeller, Norwegen, Joint Etablishment for Nucl. Energy Res.; Oslo, Univ.) W. Krönert. 197

Ju. P. Ssimanow, *Röntgenographische Untersuchung der Legierungen des Systems Aluminium–Palladium.* Im Syst. Al–Pd werden 3 Verbb. nachgewiesen: Al_3Pd (I), Al_3Pd_2 (II) u. AlPd (III). I hat rhomb. Gitter mit a = $7{,}07_1 \pm 0{,}005$ (Å), b = $7{,}51_6 \pm 0{,}005$, c = $5{,}07_7 \pm 0{,}005$, Raumgruppe nach Fedorow D(P n n m) u. C_v^2(P n n 2). **II** hat hexagonales Gitter mit a = $4{,}209_5 \pm 0{,}0015$, c = $5{,}156 \pm 0{,}002$, c/a = 1,225 (Typ Al_3Ni_2). Bei **III** liegt außer einer kub. Hochtemperaturmodifikation (a = $3{,}043 \pm 0{,}008$, Typ CsCl) auch eine solche mit hexagonalem Gitter bei niedriger Temp. vor mit a = $3{,}956 \pm 0{,}002$, c = $5{,}599 \pm 0{,}005$. Raumgruppe D_{6h}^2 (C6/m c c) oder C_{6v}^2 (C6/c c). Bei den Legierungen mit 75% Pd wird kub. Gitter mit a = $3{,}86_6 \pm 0{,}003$ gefunden, das aber mit dem für Pd_3Al zu erwartenden (a ≈ 3,73) nicht übereinstimmt. (Журнал

Физической Химии [J. physik. Chem.] **27.** 1503—09. Okt. 1953. Moskau, Lomonossow-Univ., Chem. Fak.) R. K. Müller. 197

H. C. Vacher, C. J. Bechtoldt und **E. Maxwell,** *Die Struktur von einigen Iridium-Osmium-Legierungen.* Die röntgenograph. Unters. zeigte ein deutliches Gebiet einer festen Lsg. von Os in Ir. Das Gebiet der festen Lsg. von Ir in Os dagegen ist stärker eingeschnürt u. liegt bei weniger als 21% Ir. Dies bedeutet ein großes Gebiet der Zus., in welchem zwei Phasen nebeneinander bestehen können. (J. Metals **6.** Nr. 1. Sect. 1. Trans. AIME **200.** 80. Jan. 1954. Washington, D. C., Nat. Bur. of Stand.) H. Hochstein. 197

Peter Greenfield und **Paul A. Beck,** *Die σ-Phase in binären Legierungen.* Durch mkr. u. röntgenograph. Unterss. wird das Auftreten u. die Zus. der σ-Phase in bin. Legierungen, wie V–Ni-, V–Co-, V–Fe-, V–Mn-, Cr–Fe-, Cr–Co-, Cr–Mn-, Mo–Fe- u. Mo–Co-Legierungen, nachgewiesen bzw. bestimmt. Hierbei wird u. a. gezeigt, daß eine wichtige Voraussetzung für die Bldg. der σ-Phase die Erreichung einer konstanten Elektronenvakanzzahl je Atom von annähernd 3,4—3,6 ist. Eine Betrachtung der Temperatur- u. der Zusammensetzungsbereiche der Stabilität der verschied. σ-Phasen zeigt, daß die relativen Atomgrößen der Legierungskomponenten auch die σ-Bldg. deutlich beeinflussen. Ein mittelgroßer Unterschied in den Atomgrößen ist für die σ-Phasenbldg. günstig, während ein zu großer Unterschied diese Bldg. einschränkt, wenn nicht gar unterbindet. (J. Metals **6.** Nr. 2. Sect. 2. Trans. AIME **200.** 253—57. Febr. 1954. Urbana, Ill., Univ. of Illinois.) H. Hochstein. 197

Otto Krisement und **Franz Wever,** *Calorimetrische Untersuchung einer Zwischenstufenumwandlung.* Untersucht wird der isotherm. Austenitzerfall eines *Stahls* mit 1,20(%) Cr u. 3,78 Mn im Temperaturgebiet von 280—460°. Die gesamten hierbei frei werdenden Wärmemengen sind ein Maß für die Menge des entstandenen Umwandlungsgefüges; sie sind bei den niedrigsten Versuchstempp. am größten u. werden mit steigender Temp. kleiner. Dieser Verlauf gibt die mit steigender Temp. zunehmende Unvollständigkeit der Zwischenstufenumwandlung wieder. Bei einer Temp. von 440°, die für den untersuchten Stahl mitten im Gebiet der Perlit- u. Zwischenstufe liegt, ist die entwickelte Wärmemenge auf den Wert gefallen, der für eine reine Carbidausscheidung aus dem Austenit zu erwarten ist, so daß hier kein Zwischenstufenferrit mehr entstehen konnte. Im umwandlungsträgen Gebiet zwischen Perlit- u. Zwischenstufe folgt bei längeren Haltezeiten der Carbidausscheidung eine Perlitbldg. nach. Sie bedingt eine weitere Wärmeentwicklung. Es wird angenommen, daß der Zwischenstufenferrit, ähnlich wie der Martensit, über einen Umklappvorgang entsteht. Hieraus wurde für die Zwischenstufenumwandlung des untersuchten Stahles eine Art Unterkühlungsschaubild abgeleitet, welches zeigt, daß in dem untersuchten Temperaturbereich die Zwischenstufenumwandlung des Stahles durch eine Carbidausscheidung aus dem Austenit eingeleitet werden muß. Mit den ausgeschiedenen Carbidteilchen setzt sofort der Austenitzerfall nach Art einer Doppel-Rk. ein. In der Nähe der oberen Grenztemp. der Zwischenstufe, bei der neben der Carbidausscheidung aus dem Austenit keine Bldg. von Zwischenstufenferrit mehr auftritt, wurde in Übereinstimmung damit das Wachstumsgesetz einphasiger Teilchen beobachtet. Aus der Temperaturabhängigkeit der Zeiten, bei denen im Verlauf der isotherm. Verss. die Umwandlungsgeschwindigkeit ihren Höchstwert annimmt, wird gefolgert, daß im untersuchten Temperaturbereich die prim. aus dem Austenit gebildeten Keime Carbidkeime sind. Die Carbidausscheidung aus dem Austenit im untersuchten Stahl wird daher für die führende Teil-Rk. der Zwischenstufenumwandlung gehalten. (Arch. Eisenhüttenwes. **25.** 489—98. Sept./Okt. 1954. Düsseldorf, Max-Planck-Inst. für Eisenforsch.) H. Hochstein. 197

W. M. Lomer, *Die Fließerscheinungen in polykristallinem weichem Stahl.* Vf. gibt einen zusammenfassenden Überblick über die wichtigsten makroskop. Merkmale des Fließens in einem polykristallinen weichen Stahl. Es hat danach den Anschein, daß das Sinken der Spannung nach dem ersten Fließen für die Lokalisierung von plast. Fließen verantwortlich ist; diese Lokalisierung ihrerseits ist wiederum verantwortlich für die makroskop. Scherspannung, welche mit der Lüders-Deformation im Zusammenhang steht. Das Auftreten dieser Scherspannung beeinflußt das Aussehen der Lüders-Banden in dem Versuchsstück u. damit die Regelmäßigkeit des Fortschreitens des Fließens. (J. Mechan. Physics Solids **1.** 64—73. Okt. 1952. Cambridge, Cavendish Labor.) C. Gottfried. 200

J. D. Fast und **J. L. Meijering,** *Unelastische Einflüsse in Vanadium und Stickstoff enthaltendem Eisen.* Ein Fe-Draht von 0,7 mm Durchmesser, der 0,51 At.-% V enthielt, wurde verschieden lange in einem Gasstrom von 99 Vol.% N_2 + 1 Vol.-% H_2 auf 950° erhitzt, in W. abgeschreckt u. hierauf bei verschied. Tempp. die innere Reibung gemessen. Zu diesem Zweck wurden die Drähte als Suspensionselement in einem Torsionspendelsyst. mit einer Schwingungsperiode von 1,3 (u. 5,6 Sek.) benutzt. Bei einem reinen

Fe-Draht, der ebenso behandelt worden war u. hierbei 0,10 At.-% N_2 aufgenommen hatte, wurde nur ein Maximum der inneren Reibung beobachtet. Die erhaltene Kurve bei aufsteigender Temp. hat nahezu denselben Verlauf wie die bei fallender Temp., woraus geschlossen werden kann, daß fast keine Ausfällung im Verlauf der Messungen stattgefunden hatte. Bei den V enthaltenden Drähten nahmen die Drähte 1 Atom N auf 1 Atom V auf u. zusätzlich ungefähr eine ebenso große Menge, wie sie von reinem Fe unter denselben Bedingungen aufgenommen wird. Die erste Menge N verbindet sich chem. mit dem V u. verursacht keine innere Reibung. Der überschüssige N verursacht nicht nur ein Dämpfungsmaximum, das mit dem in reinem Fe übereinstimmt, sondern noch ein zweites Maximum bei höheren Temperaturen. Dieses zweite Maximum kann nicht mit Hilfe einer einzigen Relaxationszeit beschrieben werden; es ist auf die Anwesenheit von VN-Teilchen im Metall zurückzuführen. Diese geben nicht unmittelbar Anlaß zu Dämpfung, sondern schaffen in ihrer unmittelbaren Umgebung Zwischengitterplätze, in denen die freien N-Atome viel stärker gebunden sind als in den n. Zwischengitterplätzen. Diese anomalen Plätze fangen die freien N-Atome schnell ein, worauf sie die anomale Dämpfung verursachen. Die Bindungsenergie ist nicht für alle anomalen Plätze die gleiche, u. die Verteilung der Energien verschiebt sich mit zunehmender Vergröberung des VN-Nd. nach der Seite stärkerer Bindung. Dies folgt aus einer Verschiebung des zweiten Dämpfungsmaximums nach höherer Temp. durch längeres Glühen bei 950°. Vom Zwischenzustand, wo die N-Atome die anomale Dämpfung verursachen, gehen sie ziemlich schnell in den völlig ausgeschiedenen Zustand (Fe-Nitrid) über, wo sie zu keiner Dämpfung mehr Anlaß geben. Es folgt hieraus, daß der VN-Nd. eine stark beschleunigende Wrkg. auf die Ausscheidung von gelöstem N ausübt. (Philips Res. Rep. **8.** 1—20. Febr. 1953. Eindhoven.) C. GOTTFRIED. 200

William A. Allen, *Elastische Beschreibung eines kugelförmigen Impulses hoher Amplitude in Stahl.* (Sitzungsbericht.) Mit Hilfe einer elektron. Rechenmaschine wurden umfassende Rechnungen durchgeführt, um ein Problem in der Elastizität abzuschätzen, welches den Einfl. einer zylindr. Ladung eines hochexplosiven Sprengstoffes nachahmt, der in engem Kontakt mit einer Stahlplatte zur Detonation gebracht wird. Obwohl die elast. Theorie in ein Gebiet extrapoliert wurde, in dem sie nicht anwendbar ist, erhält man doch einen Einblick in den Ursprung der negativen Komponente des Impulses, welche Zugbruch in dem Material hervorruft. (Physic. Rev. [2] **92.** 1082—83. 15/11. 1953.) C. GOTTFRIED. 200

I. Barducci, *Über den scheinbaren Elastizitätsmodul poröser Feststoffe.* Inhaltlich ident. mit der C. **1955.** **301** referierten Arbeit. (Alluminio **23.** 261—68. Mai 1954.) R. K. MÜLLER. 200

W. E. Garner, ed. Chemistry of the solid state. New York: Academic Press. 1955. (425 S. m. Abb.) O. $ 8,80.

A₇. Gleichgewichte. Kinetik.

Ja. M. Warschawski und **Ss. E. Waissberg,** *Über die Gesetzmäßigkeiten der Gleichgewichtsverteilung von Deuterium bei Isotopenaustauschreaktionen des Wasserstoffs.* (Vgl. C. **1955.** **4561.**) Die Gleichgewichtsverteilung des D bei Rkk. des Isotopenaustausches zwischen 2 Verbb. A u. B ist gegeben durch den Verteilungskoeff. $\alpha = ([D]/[H])_A/([D]/[H])_B$. Zur Berechnung von α ist die Kenntnis der Gleichgewichtskonstanten K u. K_∞ erforderlich. Diese sind nach statist. Gleichungen zu errechnen. Man kann α als das Verhältnis zweier Größen (β) auffassen, von denen jede zu einer bestimmten Substanz gehört u. unabhängig davon ist, mit welcher anderen Substanz diese in Austausch tritt. Auf Grund der Beziehung $\beta = a\, e^{b/T}$ werden in einer Tabelle die Werte für a, b u. (bei 20, 50 u. 75°) β für 15 Nichtmetallhydride mitgeteilt, wobei für den Fall der Nichtmetalle derselben Gruppe des Period. Syst. ähnliche β-Faktoren erhalten werden (höchste Werte bei 1. Gruppe, abnehmend bei höheren Gruppen). Eine weitere Tabelle gibt die Werte β_{20^0} in Berechnung für 2atomige Hydride bzw. Radikale, deren Kurve, bezogen auf die Ordnungsnummer Z, einen regelmäßigen Wechsel der Maxima u. Minima zeigt. Der maximal mögliche Wert von α (8—8,5 bei 20°) muß beim H-Isotopenaustausch zwischen dem Hydrid des schwersten Alkalimetalls u. einer Verb. eines Nichtmetalls der 1. Gruppe mit H vorliegen. Auf Grund der gefundenen Gesetzmäßigkeiten läßt sich der Verteilungskoeff. in einem beliebigen Syst. H-haltiger Substanzen ohne Durchführung einer Rechnung voraussagen u. annähernd feststellen. Dieselben Beziehungen gelten auch für Tritium u. Isotope anderer einwertiger Elemente mit nur quantitativen Unterschieden. (Доклады Академии Наук СССР [Ber. Akad. Wiss. UdSSR] **100.** 97—100. 1/1. 1955. Wiss. physik.-chem. Karpow-Forschungsinst.) R. K. MÜLLER. 221

Alfred Śliwa, *Einlagerungsphasen.* Überblick über den Begriff der Einlagerungsphasen (EP); EP mit einfacher u. zusammengesetzter Struktur; chem. Bindungen in

EP; Anwendung der EP in der Technik. — 35 Literaturhinweise. (Wiadomości chem. **6.** 116—33. März 1952. Breslau [Wrocław], Politechn., I. Kat. Chem. nieorgan.)
R. K. MÜLLER. 223

W. Slough und **A. R. Ubbelohde,** *Assoziationskomplexe aromatischer Organometallhalogenide in Lösungen.* In einem Spezialtensimeter eigenen Entwurfs wurden die Dampfdrucke der Lsgg. von $MgBr_2$ u. von GRIGNARD-Verbb. RMgX [R = Cyclohexyl (I), Phenyl (II), p-Tolyl (III), o-Tolyl (IV), p-Methoxyphenyl (V)] in Ae. gemessen, um die schon bekannten Assoziationen dieser Verbb. in Abhängigkeit von Zeit, Temp., Konz. u. R zu untersuchen. Die Assoziationsneigung ist nur gering ($i = 2-6 = n_B/n$; Molenzahl n = gemessen; n_B = berechnet aus Analysendaten für monomol. Lsg.) mit der Tendenz Br > Cl; **I > II > III > IV > V**; ein Anwachsen wird ferner beobachtet bei $MgBr_2$-Zugabe (stark) u. Konzentrationserhöhung (gering), eine Abnahme bei Temperaturerhöhung. Spuren von O_2 begünstigen die Assoziation: Setzt man GRIGNARD-Verbb. nur wenige Min. einer N_2-Atmosphäre mit 2% O_2 aus, so kann man sie nicht mehr krist., sondern nur noch in öliger, polymerisierter Form abscheiden. Als Kraftzentrum der Assoziationsbldg. ist vor allem das Br-Atom anzusehen. Eine Stabilisierung der Assoziationskomplexe kann entweder durch Polarisationsbindung des Benzolkerns als Elektronenacceptor mit Halogenatomen erfolgen (**A**) oder dadurch, daß die aromat. Gruppen als Elektronendonatoren durch Überlappung ihrer π-Bahnen mit leeren Elektronenbahnen des Mg wirken u. Bldg. von Mg ← Br-Brücken auftritt (**B**). (J. chem. Soc. [London] **1955.** 108—14. Jan. Belfast, Queen's Univ., Dep. of Chem.)
U. WANNAGAT. 223

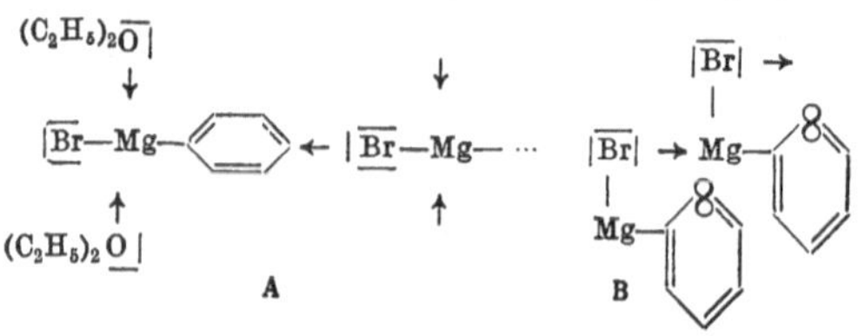

B. M. Kosyrew und **A. I. Riwkind,** *Über die Untersuchung der Komplexbildung in Lösungen nach der Methode der Protonenresonanz.* Das effektive magnet. Moment μ_{eff}, das die Intensität der Wrkg. eines Paramagnetikums (Pm) auf die Verkürzung der Zeit (T_1) der Spin-Gitter-Relaxation der Protonen kennzeichnet, ändert sich bei Wechsel des Lösungsm. oder bei Komplexbildung. — Beispiele: *Fe^{3+}* c = 0,002—0,015 (Mol/Liter): μ_{eff} = 5,9 (BOHRsche Magnetonen μ_B), bei Einführung von *NH_4CNS* c = 0,05: 4,65; 0,1: 4,2, 0,3: 3,4 μ_B; *Cu^{2+}* c = 0,02—0,08: 2,1 μ_B, bei Zusatz von NH_3 u. Bldg. von *$[Cu(NH_3)_4]^{2+}$*: 1,52 μ_B; *Cr-K-Alaun* mit *$[Cr(H_2O)_6]^{3+}$* c = 0,003—0,013: 5,1 μ_B, nach Erhitzen auf 75° (Farbänderung von Violett nach Grün) u. Bldg. von *$[Cr(H_2O)_4SO_4]^+$*: 3,5 μ_B. Der sehr starke Einfl. der Komplexbldg. auf die Protonenresonanz kann als empfindliche Meth. zur Unters. der komplexen Ionen in Lsgg. von paramagnet. Salzen verwendet werden. Aus der Konz. N des Pm u. der Viscosität η der Lsgg. ergibt sich μ_{eff} nach $\eta_1 N_1 \mu^2_{eff\,1} = \eta_2 N_2 \mu^2_{eff\,2}$, wenn für eine Standardlsg. (Index 1), z. B. *$MnCl_2$*-Lsg. η, N u. μ_{eff} bekannt sind. (Доклады Академии Наук СССР [Ber. Akad. Wiss. UdSSR] [N. S.] **98.** 97—98. 1/9. 1954. Phys.-techn. Inst. der Kasan-Zweigstelle der Akad. der Wiss. der UdSSR.)
R. K. MÜLLER. 223

Georges Journet und **Jean Vadon,** *Neue, die Ionenhydratation betreffende Erkenntnisse.* Vff. geben einen zusammenfassenden Überblick über die Hydratation der Ionen u. diskutieren an Hand von 21 Literaturzitaten im einzelnen folgende Gebiete: I. Teil: Experimentelle Unters. der von der Ionenhydratation abhängenden physikal. Eigg.: 1. Einige Methoden, die Ergebnisse in der Größenordnung der Primärhydratationszahl liefern (Messung des Aktivitätskoeff.; Verwendung von Ionenaustauschern; Messung der Lösungswärme; Austausch-Rkk. zwischen hydratisiertem u. freiem W.). 2. Einige neue Methoden, die große Hydratationszahlen ergeben (Transport von hydratisierten Ionen durch Anlegung eines elektr. Feldes; Polarimetrie). II. Teil: Theoret. Best. der Hydratationszahl: 1. Ster. Methode. 2. Betrachtungen über die Zahl der Hydratwassermoll. eines Salzes im festen Zustand. 3. Theoret. Betrachtungen über die potentielle Energie eines Wassermol. in verschied. Zuständen nach BERNAL u. FOWLER. III. Teil: 1. Wanderungsgeschwindigkeit der Ionen im elektr. Feld. 2. Viscosität der Elektrolytlösungen. 3. Scheinbares Vol. der Ionen in wss. Lösung. 4. Scheinbare spezif. Wärme der Salze in wss. Lsg. u. 5. Einfl. der Elektrolyte auf die Löslichkeit der Gase. (Bull. Soc. chim. France, Mém. [5] **1955.** 593—607. April.)
H. SURAWSKI. 224

D. V. Ramana Rao, *Löslichkeitsprodukt von Bariummolybdat.* Vf. weist nach, daß bei der Fällung von Na_2MoO_4 mit $BaCl_2$ reines $BaMoO_4$ entsteht. Das Löslichkeitsprod. wird zu $3{,}41 \cdot 10^{-8}$ bestimmt. (Current Sci. **22.** 274. Sept. 1953. Cuttack, Ravenshaw Coll., Dep. of Chem.)
H.-G. MOSLÉ. 224

O. Gübeli und **H. U. Wiesendanger,** *Radiochemische Methoden zur Untersuchung heterogener isotopischer Austauschreaktionen mit Schwefelverbindungen.* Als Grundlage für radiochem. Unterss. heterogener Austausch-Rkk. verschied. S-Verbb. wird ein neues Meßverf., das auf dem Zirkulationsprinzip beruht, zur Messung von Lsgg. mit dem schwachen β-Strahler ^{35}S als Leitisotop entwickelt. Das sogenannte kontinuierliche Zirkulationsverf. besitzt den Vorteil, daß mit einem einzigen Ansatz die heterogene Austausch-Rk. ohne besondere Trennung der Phasen kontinuierlich verfolgt werden kann. Im heterogenen Syst. *CdS*–S^{2-} kann während 15 Std. bei 95° kein Austausch von ^{35}S zwischen den Phasen festgestellt werden. Unter analogen Versuchsbedingungen wird im Syst. *SrSO₃*–SO_3^{2-} der heterogene Austausch bei 20, 40 u. 80° experimentell bestimmt. Der Austausch zwischen *BaSO₄* u. SO_4^{2-} wird bei 20, 40, 60, 80 u. 95° verfolgt. Die reproduzierbaren Versuchsergebnisse lassen eine kinet. Berechnung der Austausch-Rkk. zu. Beim komplexen Charakter des Austausches werden als langsamste u. damit zeitbestimmende Teilvorgänge für die erste Reaktionsphase die Selbstdiffusions- u. für die zweite die Rekristallisationsvorgänge der festen Phase erkannt. (Helv. chim. Acta **38.** 716–27. 2/5. 1955. Zürich, ETH, Anorg.-chem. Inst.) H. GEDSCHOLD. 225

J. F. Duncan und **B. W. Oakley,** *Der isotopische Austausch von Kupfer zwischen Kupfer(II)-nitrat und dem Metall.* Vff. untersuchen den isotop. Austausch von Cu zwischen einer mit radioakt. ^{64}Cu ($T_{1/2}$ = 12,88 Std.) markierten $Cu(NO_3)_2$-Lsg. u. gepulvertem Elektrolytkupfer. Der beobachtete schnelle scheinbare Austausch ist im wesentlichen auf eine sek. Oberflächen-Rk. zurückzuführen; er wird bes. durch oxydierend wirkende Medien begünstigt. An einer elektrolyt. hergestellten, frischen nichtoxydierten Cu-Oberfläche wird gezeigt, daß der wahre Austausch zwischen der reinen Metalloberfläche u. der Lsg. selbst nach 14 Std. noch nicht vollständig ist. (J. chem. Soc. [London] **1955.** 1401–03. Mai. Harwell, Didcot, Berks., Atom. Energy Res. Establ.) H. GEDSCHOLD. 225

Eric N. Sloth und **Clifford S. Garner,** *Austausch von Radioiridium zwischen Hexachloroiridat(III)- und Hexachloroiridat(IV)-Ionen.* Vff. finden bei der Unters. des Austausches von ^{192}Ir zwischen $IrCl_6^{2-}$- u. $IrCl_6^{3-}$-Ionen in 1f HCl-Lsg. bei Komplexionenkonzz. von 0,1–0,0001f, daß vollständiger Austausch in ca. 1 Min. bei Tempp. von 1 u. 50° in der Dunkelheit erfolgt. Trotz gleicher Resultate bei Verwendung dreier verschied. chem. Trennmethoden {Fällung des Ir(IV) als $(NH_4)_2[IrCl_6]$, Extraktion des Ir(IV) mit Aceton–Chlf.-Mischungen u. Extraktion des Ir(IV) mit 2-Butanon} kann die Möglichkeit eines durch die Trennung induzierten Austausches nicht ausgeschlossen werden. Unter der Annahme, daß der Austausch nicht trennungsinduziert ist u. daß ein Geschwindigkeitsgesetz 1. Ordnung in bezug auf jeden der beiden Ir-Komplexe befolgt wird, ist die spezif. Geschwindigkeit bei 1° größer als 290 Liter·Mol^{-1}·sec^{-1}. Vorsichtsmaßnahmen bei der Markierung substitutionsinerter Komplexe mit Isotopen werden diskutiert. (J. Amer. chem. Soc. **77.** 1440–44. 20/3. 1955. Los Angeles, Calif., Univ. of California, Dep. of Chem.) H. GEDSCHOLD. 225

Harold A. Schwarz und **Augustine O. Allen,** *Die Strahlungschemie des Nitritions in wässeriger Lösung.* Luftfreie KNO_2-Lsgg. werden bei ihrem natürlichen p_H bei 25° mit Röntgen- bzw. γ-Strahlen (120–1500 Curie, ^{60}Co) bestrahlt. Dabei entsteht zunächst in Primär-Rk. H_2 u. H_2O_2; mit zunehmender H_2O_2-Bldg. folgt als strahlungsinduzierte Rk. die Bldg. von NO_3^- aus NO_2^- u. H_2O_2. Diese Rk. ist um so langsamer, je größer $[NO_2^-]$. Zur Aufklärung des Reaktionsmechanismus wurden Lsgg. von NO_2^- u. H_2O_2 bestrahlt. Die Ergebnisse führten zur Annahme einer über Radikale verlaufenden Reaktionsfolge, deren wesentliches Merkmal die Konkurrenz zwischen NO_2^- u. H_2O_2 bzgl. Rk. mit den im W. gebildeten H-Atomen ist. Die Ausbeute an H-Atomen beträgt 2,4/100 eV. Die anfängliche H_2O_2-Ausbeute liegt in reinen NO_2^--Lsgg. zunächst höher, nimmt aber mit steigender $[NO_2^-]$ ab (bei Konzz. $<$0,002 mol.). Der Einfl. von NO_2^- auf die anfängliche H_2O_2-Ausbeute ähnelt qualitativ dem Einfl. des Br^- (SWORSKI, C. **1955.** 5976). — In O_2-haltigen NO_2^--Lsgg. tritt bei Bestrahlung sofortige Oxydation des NO_2^- ein, wobei die NO_3^--Ausbeute steigt mit zunehmendem $[NO_2^-]/[O_2]$. (J. Amer. chem. Soc. **77.** 1324–30. 5/3. 1955. Upton, Long Island, N. Y., Brookhaven Nat. Labor., Chem. Dep.) M. SCHENK. 226

H. G. Heal, *Die Zersetzung von kristallinem Natriumazid durch Röntgenstrahlen.* Die Unters. der Zers. von NaN_3 durch Röntgenstrahlen in bezug auf Zersetzungsvorgang u. -prodd. ergibt, daß die bei der Auflösung der bestrahlten Kristalle in W. auftretenden N_2-, NH_3- u. OH^--Mengen der Gesamtdosis proportional sind, unabhängig — für nicht zu starke Zerss. — von der in der Zeiteinheit eingestrahlten Dosis. Die Ausbeute bei 102° ist 1,3mal so groß wie die bei 51°. Aus Absorptionsmessungen an bestrahltem NaN_3, das eine Bande bei 3400 Å zeigt, wird gefolgert, daß beim Bestrahlungsprozeß atomares Na nicht gebildet wird. Aus dem chem. u. spektrograph. Verh. des bestrahlten NaN_3

ergibt sich nach Vf. als möglicher Primärprozeß die Dissoziation des angeregten N_3-Ions in N^- u. N_2 an verschied. Gitterstörstellen. Bei der Auflösung des Kristalls in W. führt N^- über eine Folge verschied. Rkk. dann zur NH_3- u. OH^--Bildung. (Canad. J. Chem. **31.** 1153—63. Dez. 1953. Belfast, Queen's Univ.) J. RUDOLPH. 226

Ruth E. Stephens, Bacon Ke und **Dan Trivich,** *Die Wirksamkeit einiger fester Stoffe als Katalysatoren für die Photosynthese von Wasserstoffperoxyd.* Vff. untersuchten die Wirksamkeit von *CdS, HgS, GaN,* Ga_2S_3, *CdSe, ZnS, CdTe, ZnTe,* Ga_2O_3, *AgJ* u. *Se* als Katalysatoren für die Photosynth. von H_2O_2, wobei sie die Herstellungsbedingungen der einzelnen Substanzen stark variierten. CdS als die wirksamste Substanz wurde näher untersucht, außerdem wurde festgestellt, daß AgJ in seinem Verh. stark dem schon früher als Katalysator für die H_2O_2-Photosynth. bekannten ZnO ähnelt. Unter Verwendung von monochromat. Licht wurde gezeigt, daß sich die katalyt. Wrkg. von ZnO, CdS u. CdSe bis zu ihren jeweiligen Absorptionsgrenzen erstreckt. Wegen der chem. Verschiedenheit der katalyt. wirksamen Substanzen wird die Annahme geäußert, daß die Kristalleigg. für die beobachtete Aktivität verantwortlich sind. Zusammenhänge mit der Kristallstruktur, den Halbleiter- u. photoelektr. Eigg. werden angedeutet. Es wird darauf hingewiesen, daß ZnO u. die anderen untersuchten Verbb. imstande sind, Sonnenenergie auf chem. Systeme zu übertragen. (J. physic. Chem. **59.** 966—69. Sept. 1955. Detroit, Mich., Wayne Univ., Dep. of Chem.) H. W. LEVI. 226

I. I. Smirnowa, *Über die Autokatalyse in festen Stoffen am Beispiel der thermischen Zersetzung von Kaliumpermanganat.* Vf. zeigt, daß der Zerfall von krist. $KMnO_4$ beim isotherm. Erhitzen anders verläuft, als von PROUT u. TOMPKINS (Trans. Faraday Soc. **40.** [1944.] 488) beschrieben wurde. Vf. findet im Gegensatz zu den genannten Autoren, daß die Wahrscheinlichkeit der Bldg. neuer Reaktionskeime beim krist. $KMnO_4$, nicht konstant ist, sondern mit der Dauer der isothermen Erhitzung deutlich zunimmt. Dies spricht eindeutig für eine katalyt. Wrkg. des festen Reaktionsproduktes. (Журнал Физической Химии [J. physik. Chem.] **29.** 135—41. Jan. 1955. Moskau, Staatl. Lomonossow-Univ.) E. KORDES. 227

A. A. Balandin, *Die Multiplett-Theorie und das Prinzip des Teilgleichgewichtes. Mechanismus der Hydrierung und Dehydrierung.* (Vgl. C. **1955.** 10216.) Für die Dublett-Rk. AB + CD = AD + BC ergibt sich bei Wechselwrkg. mit den akt. Zentren des

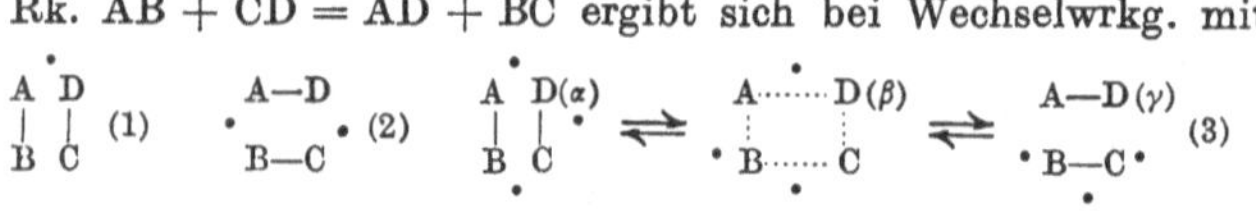

Katalysators (durch die Punkte dargestellt) Schema 1, für die umgekehrte Rk. Schema 2, für beide in ihrer Gesamtheit Schema 3. Diese Darst., die durch ein Atommodell vom Kalottentyp erläutert wird, steht in Einklang mit der Multiplett-Theorie, wonach die Katalyse gerade an den Kristallkanten stattfindet. Das Atommodell von 3β zeigt, daß jedes Atom (A, B, C, D) gerade am Zwischenraum zwischen 2 benachbarten Atomen des Katalysators liegt, wo es wie bei der Kristallisation durch chem. Kräfte festgehalten wird. Der so gebildete Zwischenkomplex ist für Hin- u. Rück-Rk. derselbe u. unabhängig vom Abstand der Katalysatoratome. Auch die Konstanz des Valenzwinkels am akt. Komplex bleibt gewahrt. Die Bindungen zwischen A, B, C u. D verhindern das Eindringen dieser Atome zwischen die des Katalysators. Auf den Mechanismus der Hydrierung u. der Dehydrierung angewandt werden diese Vorstellungen unter Annahme folgender Stufen: a) RHCHOH + V_2W_2 = RHCHOV + HW + VW (Zustand I → II); b) RHCHOV + VW = RHCVOV + HW (langsamste Stufe); c) RHCVOV + 2 HW = RHCO + H_2 + V_2W_2 (Zustand III → IV); dabei bedeuten V u. W die Oberflächenvalenzen 1. bzw. 2. Art, RCH_2OV ist die halbhydrierte Form. Auch dieser Fall wird (für R = C_3H_7) an einem Modell erläutert, aus dem sich rechner. ableiten läßt, daß die Anfangsglieder der homologen Reihe prim. Alkohole (außer CH_3OH) mit gleicher Geschwindigkeit dehydriert werden u. gleiche Adsorptionskoeffizienten aufweisen. Die energet. Gleichungen der Multiplett-Theorie ermöglichen im Zusammenhang mit der Theorie der absol. Reaktionsgeschwindigkeiten den Nachw., daß Stufe b (mit der größten Aktivierungsenergie) die Dehydrierungsgeschwindigkeit bestimmt. Dies wird in einem Energiediagramm illustriert. Mit dem Katalysator reagiert zuerst die O—H-Bindung (Stufe a), dann die C—H-Bindung (b); der Zerfall (III — IV) des Dublettkomplexes (im Schema 3: β — γ) ist ein exothermer Vorgang; die Differenz des Energieniveaus von I u. IV gibt die Reaktionswärme der Dehydrierung. Die im Schema durch Punktierung angedeuteten Moleküldeformationen machen es möglich, daß nicht die größte Energiedifferenz E (zwischen I u. III) überwunden werden muß, da keine völlige Zerreißung der C—H-Bindung erfolgt. Ein Teil der Energie der Zerreißung von C—H wird durch die Energie von H—H kompensiert; daher ist die Aktivierungsenergie $\varepsilon \approx$

—0,75 E. Die Theorie erklärt auch die Unfähigkeit des Cu (kein Carbidbildner, daher schwache Cu—C-Bindung), die Hydrierung von Bzl. zu katalysieren. (Доклады Академии Наук СССР [Ber. Akad. Wiss. UdSSR] [N. S.] **97.** 449—52. 21/7. 1954. Zelinsky-I st. für organ. Chem. der Akad. der Wiss. der UdSSR, u. Moskau, Lomonossow-Univ.) R. K. Müller. 227

A. A. Balandin, *Katalytische Schichten und ihr Einfluß auf die Aktivierungsenergie.* (Vgl. vorst. Ref.) Bei der heterogenen Katalyse werden folgende Schichten unterschieden: I. Nichtakt. Hauptmasse des Katalysators; II. akt. Zentren; III. an diesen befindliche Anteile der Reaktionspartner; IV. deren an der Rk. nicht beteiligte Substituenten; V. Gas- bzw. Flüssigkeitsphase. Aus der Differenz der (in Summen der einzelnen Komponenten zerlegten) mol. Wärmeinhalte des Ausgangssyst. — Δ H (R) u. des Zwischenkomplexes — Δ H (M) ergibt sich die Bildungswärme des Komplexes aus den Ausgangsstoffen (R) zu E = Δ H (R) — Δ H (M); diese steht zur Aktivierungsenergie ε der Rk. in der Beziehung $\varepsilon \approx -0{,}75$ E, wobei der Koeff. 0,75 durch die Deformierung der Moll. bedingt ist. Es wird nun untersucht, wie sich die Änderungen der Atome in den einzelnen Schichten I—V auf E auswirken, bes. über die darin enthaltenen Energieinkremente a, b, c, d, die Korrekturen für die Abweichung von der Additivität darstellen. Die erhaltenen Schlußfolgerungen werden an Beispielen belegt. (Доклады Академии Наук СССР [Ber. Akad. Wiss. UdSSR] [N. S.] **97.** 667—70. 1/8. 1954. Zelinsky-Inst. für organ. Chem. der Akad. der Wiss. der UdSSR, u. Moskau, Lomonossow-Univ.) R. K. Müller. 227

A_8. Präparative anorganische Chemie. Komplexchemie. Metallorganische Verbindungen.

A. G. Keenan, *Differentielle thermische Analyse der thermischen Zersetzung von Ammoniumnitrat.* Vf. untersucht die therm. Zers. von NH_4NO_3 mittels therm. Analyse. Weiterhin wurde der Einfl. der im Mol-Verhältnis 0,05 : 1 zugesetzten Salze *NaF*, *NaJ*, $(NH_4)_2SO_4$, *NaBr*, *NaCl*, NH_4Cl u. $(NH_4)_2Cr_2O_7$ auf Zersetzungstemp. u. Größe des frei werdenden Wärmebetrages untersucht. Vf. kommt zu dem Ergebnis, daß schon geringe Verunreinigungen mit NaCl zu Explosionen von gelagertem NH_4NO_3 führen können. (J. Amer. chem. Soc. **77.** 1379—80. 5/3. 1955. Chicago, Ill., Illinois Inst. of Technol., Dep. of Chem.) I. Karutz. 243

Harry C. Baden, Stephen E. Wiberley und **Walter H. Bauer,** *Bildung von Diboran bei langsamer Oxydation von Pentaboran.* Bei langsamer Zuführung trockener Luft zu reinem *Pentaboran* (I) in einer Gasabsorptionszelle (10 cm lang, 150 ml Vol.) bei 25°/50 mm findet partielle Oxydation unter Bldg. von B_2H_6 (II), H_2 u. eines weißen Festkörpers statt. Der Reaktionsverlauf konnte auf Grund der unterschiedlichen Spektren beider Borane durch Infrarotabsorptionsmessungen verfolgt werden. Bei einem Gesamtdruck, der sich 1 at näherte, betrug gegen Ende der Rk. (nach 6 Std.) der Partialdruck von II ca. 10 mm. Infrarotspektren von I u. von dem Reaktionsgemisch bei Ende der Rk. sind wiedergegeben. Vff. sind der Ansicht, daß die Anfangs-Rk. von I mit O_2 zu unvollständiger Oxydation führt u. II aus instabilen Resten des teilweise oxydierten I-Mol. entsteht. Der weiße Festkörper, dessen Spektr. sich von dem höherer Borhydride u. H_3BO_3 unterscheidet, ist vermutlich HBO_2 oder B_2O_3. (J. physic. Chem. **59.** 287—88. März 1955. Troy, N. Y., Rensselaer Polytechn. Inst., Dep. of Chem.) H. Hofmann. 258

P. F. Antipin und **W. W. Ssergejew,** *Subchlorid des Siliciums.* Über elementares Si wurde im Quarzrohr bei verschied. Tempp. Cl_2 geleitet. Bereits in der 1. Hälfte des Rohres reagierte Cl_2 mit Si unter Bldg. von $SiCl_4$ (I). Es zeigte sich, daß oberhalb 1000° I mit Si zu reagieren beginnt, wobei $SiCl_2$ (II) entsteht. Die Gleichgewichtskonstante K_{Cl} für die Rk.: $SiCl_4 + Si \rightleftharpoons 2\,SiCl_2$ errechnet sich aus dem experimentellen Verhältnis Cl: Cl : Si für 1273° (absol.) = 0,0257; 1373° = 0,1428; 1473° = 0,695; 1573° = 4,72; 1673° = 18. Der negative Wert der freien Energie der Bldg. von II aus den Elementen nimmt mit steigender Temp. zu: —42,39 bei 1273° (absol.); —44,7 bei 1373°; —46,84 bei 1473°; —48,8 bei 1573°; —50,7 bei 1673°. Dies zeigt, daß in diesem Temperaturbereich die Beständigkeit von II zunimmt. (Журнал Прикладной Химии [J. angew. Chem.] **27.** 784—88. Juli 1954. Allunions Aluminium- u. Magnesium-Inst.) O. Lebtag. 261

Henri Guérin und **Cyrille Duc-Maugé,** *Untersuchung des Systems K_2O-As_2O_5-H_2O bei 20°.* Vff. untersuchen das Syst. K_2O-As_2O_5-H_2O u. stellen ihre erhaltenen Ergebnisse graph. in einem gleichseitigen Dreiecksdiagramm dar, in dem jede Ecke einer reinen Komponente entspricht. Das *As* wird jodometr. u. das *K* als $KClO_4$ gravimetr. bestimmt. Es ergibt sich aus dem Zustandsbild, daß in stark sauren Lsgg. mit einem As_2O_5 (I)-Geh. über 70% u. einem K_2O (II)-Geh. bis zu 6,7% die feste Bodenphase aus der Verb. $As_2O_5 \cdot H_2O$ besteht. Bei einem I-Geh. zwischen 61,5 u. 70,5% existiert das saure Salz $K_2O \cdot$

2 $As_2O_5 \cdot 5\,H_2O$, das durch das Verhältnis II/I = 1/2 charakterisiert wird u. große, wahrscheinlich monokline Kristalle bildet. Das Monokaliumorthoarsenat *KH_2AsO_4* krist. im quadrat. Syst. u. besitzt einen ausgedehnten Stabilitätsbereich, wogegen das Dikaliumorthoarsenat, das zwei Hydrate besitzt, nur einen begrenzten Bereich aufweist. Das Monohydrat *$K_2HAsO_4 \cdot H_2O$* ist bei 20° stabil u. sehr lösl. (426 g Salz/100 g W.). Das Anhydrid *$2\,K_2O \cdot As_2O_5 \cdot H_2O$*, das sich in Ggw. von H_2SO_4 aus übersätt. Lsg. ausscheidet, ist bei dieser Temp. unbeständig. Das Heptahydrat des Trikaliumorthoarsenats *$K_3AsO_4 \cdot 7\,H_2O$* existiert in einem großen Stabilitätsbereich u. hat eine Löslichkeit von 438 g/100 g Wasser. Es krist. in feinen Nadeln, die an der Luft verwittern. Bei einer II-Konz. über 40% haben Vff. ein Pentasalz der Zus. *$5\,K_2O \cdot As_2O_5 \cdot 18\,H_2O$* isoliert, das in großen, wahrscheinlich kub. Kristallen auftritt. (C. R. hebd. Séances Acad. Sci. **240**. 2409—11. 20/6. 1955.) H. SURAWSKI. 265

Guy William Leonard jr., Ellis R. Lippincott, Richard D. Nelson und **Douglas E. Sellers,** *Das Tetramminnatrium-Ion.* Durch Umsetzung von fl. NH_3 mit wasserfreiem NaJ bildet sich ein bei 25° stabiles, fl. Prod. der Zus. $Na(NH_3)_4J$ mit F. +3° u. p_{NH_3} 420 Torr (25°). Sein UV-Spektr. unterscheidet sich von denen des NaJ u. des NH_3 mit λ_{min} 309 u. λ_{max} 330. Aus RAMAN- u. ultrarotspektroskop. Unterss. ergibt sich, daß $Na(NH_3)_4^+$ (I) große Ähnlichkeit mit $Zn(NH_3)_4^{2+}$ (II) u. $Pb(CH_3)_4$ (III) besitzt u. verhältnismäßig starke Bindung zwischen Na^+ u. NH_3 vorliegt, bei der Ionen–Dipol-Kräfte eine wichtigere Rolle spielen als in den Amminkomplexen der Übergangsmetalle. Da die entsprechenden RAMAN-Linien bei I breiter sind als bei II u. III, ist auch die Ggw. von $Na(NH_3)_3^+$ u. $Na(NH_3)_2^+$ zu diskutieren. Die Valenzkraftkonstante für Me–NH_3 beträgt für I $1{,}9 \cdot 10^5$, für II $1{,}85 \cdot 10^5$, für III $1{,}87 \cdot 10^5$ dyn/cm. (J. Amer. chem. Soc. **77**. 2029. 5/4. 1955. Manhattan, Kans., Kansas State Coll., Dep. of Chem.) U. WANNAGAT. 274

J. C. S. Wagener, *Reduktion von Erdalkalioxyden durch Methan.* Erdalkalioxyde werden durch CH_4 nach MOORE, ALLISON u. WOLFSTEIN (C. **1955**. 4062) zu den Metallen red.; die verhältnismäßig geringe Elektronenemission von Erdalkalioxydkathoden bei der Aktivierung mit CH_4 steht dazu in Widerspruch. Nach Verss. des Vf. ist die Elektronenemission groß, wenn die CH_4-Drucke sehr niedrig gehalten werden ($< 5 \cdot 10^{-5}$ Torr bei 1075° K oder $< 10^{-2}$ Torr bei 1475° K), bei höheren Drucken wirkt CH_4 durch C-Abscheidung vergiftend. C kann durch Umsetzung mit dem Erdalkalioxyd wieder entfernt werden, wenn die resultierenden CO-Drucke geringer als die aus den freien Energiewerten berechneten Gleichgewichtsdrucke (875° K: $3 \cdot 10^{-9}$; 1075° K: $9 \cdot 10^{-6}$; 1275° K: $2 \cdot 10^{-3}$; 1475° K: $8 \cdot 10^{-2}$ Torr für *BaO* u. *SrO*) bleiben, andernfalls ist die Vergiftung nicht aufzuheben. (J. chem. Physics **23**. 204. Jan. 1955. Cleveland, O., Kemet Co., Div. of Union Carbide & Carbon Corp.) U. WANNAGAT. 280

E. I. Lewitina, *Verhalten von Magnesium in Alkalihydroxydlösungen.* Die auf Mg bei Behandlung mit NaOH (Lsg.) gebildete Schutzschicht besteht aus $Mg(OH)_2$ mit einfachem hexagonalem Gitter (a = 3,13, c = 4,75 Å), während beim Erhitzen von Mg an der Luft eine Schutzhaut von MgO (kub., a = 4,20 Å) entsteht. Durch Auflösung der Schutzhaut mit 20%ig. H_2CrO_4, die nur $Mg(OH)_2$, nicht aber Mg angreift, wird die Kinetik des Wachstums der Schutzhaut untersucht. Seine Geschwindigkeit nimmt stark mit steigender Temp., weniger stark mit zunehmender NaOH-Konz. zu. Eine kompakte Schutzhaut mit einer Dicke von $\sim 2\,\mu$ erhält man bei Einw. von NaOH mit 700—800 g/Liter beim Kp. (130—135°). Die Bldg. der Schutzhaut hemmt die chem. Rk. zwischen Metall u. NaOH, die anfangs ziemlich heftig verläuft, wobei ein Teil des Mg in Lsg. geht. Durch Rühren (30—100 U/Min.) u. durch Ggw. von Oxydationsmitteln wird der Prozeß nicht beeinflußt. (Журнал Общей Химии [J. allg. Chem.] **24** (86). 216—18. Febr. 1954.) R. K. MÜLLER. 282

R. Flatt, G. Brunisholz und **O. Blumer,** *Beitrag zur Kenntnis des quinären Systems Ca^{2+}–NH_4^+–H^+–NO_3^-–PO_4^{3-}–H_2O.* 14. Mitt. *Das quaternäre System NH_4^+–H^+–NO_3^-–PO_4^{3-}–H_2O bei 25°.* (13. vgl. C. **1955**. 5977.) Das Syst. NH_4^+–H^+–NO_3^-–PO_4^{3-}–H_2O (**A**) u. die tern. Randsysteme NH_4^+–H^+–PO_4^{3-}–H_2O u. NH_4^+–H^+–NO_3^-–PO_4^{3-} wurden untersucht. Im Syst. **A** wurden 8 bin. Systeme begrenzende Einsalzpunkte, 12 tern. Systeme begrenzende Zweisalzpunkte u. 4 Dreisalzpunkte quaternärer Systeme aufgefunden. Die Koordinaten der invarianten Punkte werden mitgeteilt sowie das Syst. graph. dargestellt. Als Bodenkörper treten auf: *NH_4NO_3, $NH_4H_5(PO_4)_2$, $(NH_4)_2HPO_4$, $NH_4NO_3 \cdot 2\,HNO_3$, $(NH_4)_3H_9(PO_4)_4$, $(NH_4)_7H_2(PO_4)_3$, H_3PO_4, $NH_4H_2PO_4$, $(NH_4)_3PO_4 \cdot 3\,H_2O$.* (Helv. chim. Acta **38**. 753—69. 2/5. 1955. Lausanne, Univ., Labor. de Chim. min. et analyt.) H.-G. MOSLÉ. 283

R. Flatt, G. Brunisholz und **Ph. Rod,** *Beitrag zur Kenntnis des quinären Systems Ca^{2+}–NH_4^+–H^+–NO_3^-–PO_4^{3-}–H_2O.* 15. Mitt. *Das quaternäre System HNO_3–*

H_3PO_4-NH_3-H_2O bei 25°. (14. vgl. vorst. Ref.) Löslichkeitsbestimmungen im Syst. HNO_3-H_3PO_4-NH_3-H_2O wurden bei 25° durchgeführt. Folgende feste Phasen stehen im Gleichgewicht mit einer Lsg.: *NH_4NO_3* (I), *$(NH_4)_2HPO_4$* (II), *$(NH_4)_7H_2(PO_4)_3$* (III), *$(NH_4)_3PO_4 \cdot 3\,H_2O$* (IV), *$3\,NH_4NO_3 \cdot (NH_4)_3PO_4$* (V). Das Löslichkeitsdiagramm des Syst. NH_4NO_3-$(NH_4)_3PO_4$-NH_3-H_2O für 25° wird mitgeteilt. Es setzt sich zusammen aus den Lösungsflächen von **I, III, IV, V.** Mit Hilfe dieser Ergebnisse u. der früheren Unterss. wird das Löslichkeitsdiagramm des Syst. HNO_3-H_3PO_4-NH_3-H_2O für 25° aufgestellt. Außer den bereits erwähnten festen Phasen wurden aufgefunden *$NH_4NO_3 \cdot 2\,HNO_3$*, *H_3PO_4*, *$(NH_4)H_5(PO_4)_2$* (VI), *$(NH_4)_3H_9(PO_4)_4$* (VII), *$(NH_4)H_2PO_4$* (VIII). Das Löslichkeitsdiagramm des Syst. H_3PO_4-NH_3-H_2O für 25° wird aufgezeichnet; es enthält 7 Teilkurven der 7 festen Phasen des Syst.: H_3PO_4, **VI, VIII, II, III, IV** u. **VII.** (Helv. chim. Acta **38.** 769—83. 2/5. 1955.) H.-G. Moslé. 283

D. Janjić, E. Briner und **H. Paillard,** *Experimentelle Untersuchungen über die Zersetzungsgeschwindigkeit von Calcium-, Natrium- und Kaliumcarbonat allein oder in Gegenwart von Beimengungen (Siliciumdioxyd, Aluminiumoxyd, Metakaolin und Wasserdampf).* Es werden im einzelnen eine Meth. u. eine App. beschrieben, die es gestatten, die therm. Zersetzungsgeschwindigkeit von *$CaCO_3$* (I), *Na_2CO_3* (II) u. *K_2CO_3* (III) allein oder in Ggw. von *SiO_2* (IV), *Al_2O_3* (V), *Metakaolin* (entwässerter Kaolin; **VI**) u. Wasserdampf zu untersuchen. Bei verschied. Tempp. (etwa zwischen 100 u. 700°) wird ein N-Strom allein oder mit Wasserdampf zusammen über die analysenreinen Substanzen **I** bis **III** bzw. über ihre äquimol. Mischungen mit **IV—VI** geleitet u. die infolge der Zers. der Carbonate entstehende *CO_2*-Menge bestimmt. Die bei einer Versuchsdauer von 1 Std. erhaltenen Ergebnisse sind in Tabellen zusammengestellt u. zeigen, daß sowohl der Wasserdampf als auch **IV, V** u. **VI** eine individuelle beschleunigende Wrkg. auf die Zers. der drei Carbonate ausüben. Bei gleichzeitiger Anwesenheit von Wasserdampf u. einer festen Beimengung wird dieser Effekt noch verstärkt, wobei sich jedoch **I, II** u. **III** qualitativ u. quantitativ verschieden verhalten. Des weiteren vergleichen Vff. ihre Ergebnisse mit denjenigen, die bei früheren Unterss. der drei entsprechenden Sulfate (vgl. Briner u. Mitarbeiter; C. **1949.** II. 380) erhalten wurden. (Helv. chim. Acta **38.** 349—55. 1/2. 1955. Genf, Univ., Labor. de Chim. techn., théor. et d'Electrochim.)
H. Surawski. 283

D. Janjić, E. Briner und **H. Paillard,** *Untersuchungen über die Dissoziationsgleichgewichte des Calciumcarbonats allein oder in Gegenwart von Siliciumdioxyd.* (Vgl. vorst. Ref.) Mittels einer geeigneten App. wird bei verschied. Tempp. (500—800°) die Dissoziation von *$CaCO_3$* (I) durch Messung des CO_2-Gleichgewichtsdruckes untersucht u. gezeigt, daß die tabellar. zusammengestellten experimentellen Ergebnisse gut mit den nach den folgenden thermodynam. Methoden berechneten Werten übereinstimmen. Es sind dies: 1. Meth. nach Nernst (über 700° aber erhebliche Abweichungen); 2. nach Uhlich; 3. nach Lewis u. Randall u. 4. nach der Beziehung $\Delta\,G_T = \Delta\,H_T - T \cdot \Delta\,S_T$. Dagegen treten bei dem unter den gleichen Bedingungen untersuchten Syst. **I**-*SiO_2* Schwierigkeiten auf: Einmal, daß die gemessenen CO_2-Drucke unter den thermodynam. berechneten Werten liegen, u. zum anderen, daß infolge der unregelmäßigen Druckänderungen in Abhängigkeit von der Temp. u. der Versuchsdauer das Syst. niemals einen Gleichgewichtszustand, selbst nach sehr langer Zeit nicht, erreicht. Vff. deuten die Abweichung des gemessenen von dem berechneten CO_2-Druck durch die Annahme, daß sich nicht nur allein Mono-, sondern auch Di- u. Tricalciumsilicate bilden. Die erhaltenen p_{CO_2}-Werte sind, wie es die thermodynam. Berechnungen der Bildungs-Rkk. des Di- u. Tricalciumsilicats zeigen, merklich viel niedriger als diejenigen, die der Bldg. des Monocalciumsilicats entsprechen. Des weiteren wird die Existenz dieser Polysilicate in den vorliegenden Prodd. noch an Hand mkr. beobachteter Farb-Rkk. nachgewiesen. (Helv. chim. Acta **38.** 355—63. 1/2. 1955.) H. Surawski. 283

W. K. Solotuchin und **W. F. Tschernjak,** *Über Reaktionen von Cadmiumsalzen mit Salzen der Weinsäure.* Vff. stellten fest, daß beim Vermischen von Lsgg. von Cd-Salzen (Nitrat u. Sulfat) mit Tartraten der Alkalimetalle keine Säure entsteht. Dagegen scheidet sich *$CdC_4H_4O_6$* (I) ab. **I**, frisch gefällt, ist amorph u. in Na-Tartratlsg. löslich. Bei dreifachem Überschuß an *$Na_2C_4H_4O_6$* (II) bildet sich ein Gleichgewicht zwischen $Na_2[Cd(C_4H_4O_6)_2]$ (III) u. **I** aus. **I**, krist., ist in Lsgg. von **II** u. W. unlösl. (Löslichkeitsprod. $7{,}3 \cdot 10^{-7}$ bei 22°). Der Verbrauch an NaOH bei der Titration von Cd-Tartratlsgg. gegen Phenolphthalein oder Thymolphthalein ist von der **II**-Konz. abhängig (je mehr **II**, um so weniger NaOH), der Einfl. von Temp. u. Verdünnung ist gering. In Lsgg. von **I** u. **II** bei $p_H \sim 9$ Gleichgewicht zwischen *$NaCdC_4H_3O_6 \cdot H_2O$* (oder $NaCdOHC_4H_4O_6$?), **III** u. **I**. Aus Lsgg. der Cd-Tartrate fällt Lauge $Cd(OH)_2$ ($Na_2CdC_4H_2O_6$ zweifelhaft); gelbes Blutlaugensalz u. Schwefelwasserstoff scheiden im schwach sauren (p_H 6,5—6,6) wie auch im schwach alkal. (p_H ~9) die entsprechenden Cd-Salze aus. Die alkal. Rk. der Cd-Salze mit den Tartraten der Alkalimetalle kann nicht zur acidimetr. Best. des Cd herangezogen werden. (Украинский Химический Журнал [Ukrain. chem. J.] **19.** 267—75. 1953. Lemberg, Staatl. Univ.) CH. WEISKE. 289

Edwin S. Gould und **Albert Amendola,** *Reaktionen von zwei Diaryldiseleniden mit Quecksilber(II)-chlorid.* Rk. zwischen *Diphenyldiselenid* (**I**) oder *Di-(o-biphenylyl)-diselenid* (**II**) u. $HgCl_2$ (**III**) in A., Isopropanol (**IV**) oder Diisobutylcarbinol (**V**) liefert nicht Verbb. der Zus. $Ar_2Se_2 \cdot 2\,HgCl_2$ (vgl. BRADT u. GREEN, J. org. Chemistry **1.** [1936.] 540), sondern Verbb. der Zus. ArSeHgCl (**VI**). Darst. von **VI** aus **I** oder **II** durch längeres Erhitzen mit **III** in reduzierenden Lösungsmitteln oder in hoher Ausbeute aus frisch bereitetem Selenophenol (**VII**) u. **III.** Vff. nehmen an, daß ArSe•-Radikale mit dem H sek. Alkohole **VII** u. Pinakole bilden, anschließend **VII** mit **III** zu **VI** u. HCl reagiert. Die Rk. wird durch Licht nicht beeinflußt.

Versuche: *Chloroquecksilber(II)-selenophenylat,* $C_6H_5ClHgSe$, F. 189°, aus 1,5 g **I** u. 2,6 g **III** durch 4 Std. Erhitzen in 50 cm³ **IV** oder **V** am Rückfluß, abkühlen u. filtrieren als weiße Substanz. Die gleiche Verb. erhält man durch 2 Std. Erhitzen von 5 g **I**, 2 g Zinkstaub u. 1 g KOH in 25 cm³ CH_3OH, Ansäuern des Reaktionsprod. mit H_2SO_4 u. Zugabe zu einer Lsg. von **III** in CH_3OH u. Umkristallisation aus sd. Toluol. — *2-[Chloroquecksilber(II)-seleno]-biphenyl,* $C_{12}H_9ClHgSe$, F. 183°, Darst. wie vorst. Verb. aus **II** u. **III** in **IV** oder **V** (80 ± 10% Ausbeute) oder aus **II** nach Red. mit Zinkstaub wie oben (90%), glänzende, weiße Platten aus Toluol. — Oxydation der als Lösungsm. verwendeten sek. Alkohole durch die Selenverbb. zu Ketonen war mit 2.4-Dinitrophenylhydrazin nicht nachweisbar. — Best. von Hg bzw. Cl^- erfolgte nach Zers. der organ. Verb. mit konz. HNO_3 u. Fällung des Hg mit 6n KOH. Cl^- wurde im Filtrat nach Ansäuern mit HNO_3 durch Titration nach VOLHARD, Hg nach Lösen des Nd. in konz. HNO_3 rhodanometr. nach SWIFT bestimmt. (J. Amer. chem. Soc. **77.** 2103—04. 20/4. 1955. Brooklyn, N. Y., Polytechn. Inst., Dep. of Chem.) F. OEHLMANN. 290

A. W. Slawwo, *Über die Hydrate der Jodomercurate des Aluminiums.* Durch Sättigung von 31%ig. AlJ_3-Lsg. mit HgJ_2 (**I**) wird versucht, in Analogie mit den entsprechenden Be–Hg-Jodiden, $Al(HgJ_3)_3$ u. $Al_2(HgJ_4)_3$ (bzw. deren Kristallhydrate) darzustellen, was jedoch nicht gelingt. Die durch Lösen von Al in 50%ig. HJ erhaltene Lsg. von $AlOHJ_2$ liefert beim Sättigen mit **I** im mol. Verhältnis 1 : 3 u. 2 : 3 u. längerem Stehen der hellgelben Lsgg. über H_2SO_4 hellgelbe, feine Kristalle der Zus. $AlOHJ_2 \cdot 2\,HgJ_2 \cdot 6\,H_2O$ oder $HOAl[J_3Hg]_2 \cdot 6\,H_2O$, die bei 15° zu 90,49% lösl. sind, über H_2SO_4 ~1 Mol W. verlieren, bei 48° im Kristallwasser schm., bei 52° Zers. unter Abgabe von HJ u. **I** erleiden. Es bestätigt sich auch hier, daß die Ggw. stark polarisierbarer Ionen in der äußeren Sphäre durch Schwächung der innerkomplexen Bindung zur Zerstörung des Komplexradikals führt; diesem Effekt läßt sich durch Anlagerung negativer Ionen entgegenwirken, wie dies hier durch Sättigung einer Valenz des Al^{3+} mit einer OH-Gruppe geschieht. (Сборник Статей по Общей Химии [Samml. Aufsätze allg. Chem.] **1.** 28—30. 1953. Odessa, Stalin-Inst. für Mühlen- u. Elevatorwirtschaftsingenieure, Lehrstuhl für analyt. Chem.) R. K. MÜLLER. 290

K. Ziegler und **H. Lehmkuhl,** *Elektrolytische Abscheidung von Aluminium.* Die früher (Angew. Chem. **67.** [1955.] 213 [Vortragsbericht]) beschriebene fl. Komplexverb. $Na[Al(C_2H_5)_3F] \cdot Al(C_2H_5)_3$ ist ein vorzüglicher Leiter des elektr. Stromes u. liefert an Kathoden aus Fremdmetallen (auch bei Verwendung von Anoden aus unreinem Al) einen weitgehend porenfreien, chem. sehr resistenten Überzug aus 99,999%ig. Al. Bei einer Raffination von Al (technolog. analog der von Cu) werden 2—3 kW/h pro kg Al verbraucht, Verbrauch an Elektrolyt tritt prakt. nicht ein. Das $Al(C_2H_5)_3$ wird nach dem von ZIEGLER u. Mitarbeitern (vgl. nachst. Reff.) beschriebenen Verf. dargestellt. Der Elektrolyt ist luftempfindlich. (Angew. Chem. **67.** 424. 21/8. 1955. Mülheim/Ruhr, Max-Planck-Inst. für Kohleforsch.) G. CLEVE. 294

K. Ziegler und **H. G. Gellert,** *Eine Möglichkeit zur ausschließlich chemischen Raffination von Aluminium.* Die von ZIEGLER u. Mitarbeitern (vgl. nachst. Ref.) beschriebene Umsetzung: $Al + 3\,CH_2{=}C(CH_3)_2$ (**I**) $+ 1\frac{1}{2}\,H_2 \rightarrow Al[CH_2CH(CH_3)_2]_3$ (**II**) ist reversibel. Das hiernach bei ca. 120° leicht zugängliche **II** verliert beim Erhitzen auf 150° 1 Mol **I** unter Bldg. von *Diisobutyl-AlH,* das bei 250° glatt in *Al,* **I** u. H_2 zerfällt. Außer zur Raffination von Al sollte sich dieses Verf. auch zur Erzeugung von Al-Spiegeln auf erhitzten Oberflächen eignen. (Angew. Chem. **67.** 424—25. 21/8. 1955. Mülheim/Ruhr, Max-Planck-Inst. für Kohleforsch.) G. CLEVE. 294

K. Ziegler, H. G. Gellert, K. Zosel, W. Lehmkuhl und **W. Pfohl,** *Herstellung von Aluminiumalkylen und Dialkylaluminiumhydriden.* Unter bestimmten, leicht einzuhaltenden Bedingungen lassen sich bei ca. 120° Olefine, H_2 u. Al unmittelbar zu *Al-Tri-*

akylen zusammenlagern. Mit Isobutylen verläuft die Rk. gut, bei Anwendung von Äthylen bzw. Propylen können die Olefine mit den Reaktionsprodd. weiterreagieren. Dies kann man umgehen, wenn man Dialkylaluminiumhydride (die nach 2 AlR_3 + Al+ 1½ H_2 → 3 AlR_2H bei Tempp. über 100° erhalten werden) mit Olefinen bei Tempp. weit unter 100° umsetzt, wobei glatt AlR_3 gebildet wird. Man kann auch in einer Stufe arbeiten, wenn in der Reaktionsmischung stets AlR_2H vorhanden ist. — Al-Triisobutyl gibt mit Olefinen vom Typ $CH_2{=}CRR'$ Austausch-Rkk., bei denen $CH_2 \cdot CHRR'$ an das Al gebunden wird unter Austritt von Isobutylen. (Angew. Chem. **67**. **424**. 21/8. 1955. Mülheim/Ruhr, Max-Planck-Inst. für Kohleforsch.) G. CLEVE. 294

K. Ziegler und **H. Lehmkuhl**, *Ein neues Verfahren zur Herstellung von Bleitetraäthyl.* Verwendet man bei der von ZIEGLER u. LEHMKUHL (C. **1956**. 50) beschriebenen elektrolyt. Raffination von Al Anoden aus Pb, so bildet sich quantitativ $Pb(C_2H_5)_4$, das fl. abgezogen werden kann. Bei Verwendung von Anoden aus anderen Metallen ist das Ergebnis analog. Das kathod. abgeschiedene 99,99%ig. Al kann nach der Meth. von ZIEGLER u. Mitarbeitern (vgl. vorst. Ref.) in $Al(C_2H_5)_3$ übergeführt u. wieder für den Elektrolyten verwendet werden. (Angew. Chem. **67**. **424**. 21/8. 1955.) G. CLEVE. 328

I. N. Beljajew, M. L. Scholochowitsch und **G. W. Barkowa**, *Umsetzung von Bleititanat mit Salzen in Schmelzen.* (Vgl. C. **1953**. 3839.) Aus den F.-Diagrammen ergibt sich, daß $PbTiO_3$ (I) mit folgenden Salzen Eutektika bildet: $Na_2V_2O_6$, F. 620° (1% I), $K_2V_2O_6$, F. 516° (1%), Na_2MoO_4 (II), F. 689° (0,2%), K_2MoO_4, F. 914° (0,12%), Na_2WO_4 (III), F. 680° (0,2%), Na_2F_2, F. 980° (1,5%), K_2F_2, F. 845° (12%), Na_2SiO_3, F. 857° (35%), K_2SiO_3, F. 640° (22,5%), Na_2CO_3, F. 830° (0,15%), K_2CO_3, F. 877° (0,75%), $Na_4P_2O_7$, F. 922° (9%), $K_4P_2O_7$, F. 962° (12,5%). I zeigt starke Analogie der chem. Eigg. mit $BaTiO_3$. Auch in den Systemen PbO–II u. PbO–III liegen Eutektika vor mit F. 685° (0,2% PbO) u. F. 681° (0,1%). Im Syst. I–II findet Entmischung der Schmelze zwischen 1,5 u. 3,5% I statt, im Syst. I–III zwischen 1,25 u. 2,25%, im Syst. I–Na_2F_2 zwischen 2 u. 20% I; diese Befunde werden mit der Annahme von Vierstoffsystemen erklärt. (Журнал Общей Химии [J. allg. Chem.] **24** (**86**). 211—15. Febr. 1954. Rostow/Don, Molotow-Univ.) R. K. MÜLLER. 328

M. L. Scholochowitsch und **I. N. Beljajew**, *Umsetzung von Bariumtitanat mit Salzen in Schmelzen.* (Vgl. C. **1954**. 2353. 3887 u. vorst. Ref.) Von 26 Systemen aus $BaTiO_3$ (I) u. Alkali- bzw. Pb-Salzen zeigen nur die 7 mit $(KPO_3)_2$, $Pb_3(PO_4)_2$, $Pb(BO_2)_2$, K_2MoO_4, Na_2SO_4, K_2SO_4 u. Li_2SO_4 keine stabilen Querschnitte. Aus den Schmelzen der übrigen 19 Systeme lassen sich Einkristalle von I züchten. Eutektika mit höherem Geh. an I werden mit folgenden Salzen erhalten: Na_2SiO_3, F. 942° (27% I), $(KPO_3)_2$, F. 746, 747, 776° (11, 16, 24%), Li_2SiO_3, F. 1048° (16%), $Na_4P_2O_7$, F. 853° (13%), $K_4P_2O_7$, F. 992° (11%), $Pb_3(PO_4)_2$, F. 623° (9%), Na_2F_2, F. 952° (7%), $Pb(BO_2)_2$, F. 623° (5%). In den meisten Salzschmelzen von Na, K, Li, Pb u. Ba ist I wenig löslich. Ein Zusammenhang der reziproken Löslichkeit mit der Polarisierbarkeit der Ionen ist nur bei den Systemen mit Alkalifluoriden erkennbar. Maßgebend für die Gesamtheit der Eigg. der Schmelzsysteme u. dadurch auch für ihre Klassifizierung ist der Charakter der chem. Bindung: das Gleichgewicht verschiebt sich durchweg nach der Seite der Verbb., die den größten Unterschied im Charakter der chem. Bindung aufweisen. (Журнал Общей Химии [J. allg. Chem.] **24** (**86**). 218—24. Febr. 1954.) R. K. MÜLLER. 328

M. Je. Zimbler, *Gewinnung und Untersuchung des Bleitartratkomplexes.* Vf. entwickelte eine Meth. zur Darst. eines Pb-Tartratkomplexsalzes aus $Pb(NO_3)_2$-Lsg. u. zusammengesetztem Peptisator (Tartrat u. Lauge, 3 : 1 bis 1 : 2). Ausfällung des Komplexes mit 96%ig. A., waschen mit A. u. trocknen bei 105°. Analyse des Komplexes ergab die Zus. $Na[PbC_4H_3O_6]$ (I). Vf. stellte eine Verringerung der Stabilität des Komplexes sowohl bei Laugen- als auch Tartratüberschuß fest. Die Bindung des Pb im Komplex wird durch Substitution des Wasserstoffs der Hydroxyl- u. Carboxylgruppen erklärt. — Diskussion der in der Literatur angegebenen Konstitutionsformeln. (Украинский Химический Журнал [Ukrain. chem. J.] **19**. 289—93. 1953. Kiew, Inst. für Hydromeliorat.) CH. WEISKE. 328

W. A. Ptschelkin, A. F. Jefimow und **A. W. Lapitzki**, *Niobate und Tantalate der Erdalkalimetalle.* 1. Mitt. *Metaniobate und Metatantalate von Calcium, Strontium und Barium.* Erdalkalimetaniobate u. -metatantalate werden dargestellt, indem ein feingemahlenes äquimol. Gemisch von $Nb_2O_5(Ta_2O_5)$ u. $MeCO_3$ (Me = Ca, Sr, Ba) mit 10% KF als Flußmittel 3 Std. auf 1200° erhitzt wird. Durch Mahlen des Prod. u. Behandlung mit W. wird KF entfernt u. bei 120° getrocknet. Die Prodd. entsprechen der Zus. $Me(NbO_3)_2$ bzw. $Me(TaO_3)_2$. Sie weisen alle hohen F. auf u. sind nicht flüchtig, auch nicht im Vakuum; allerdings färben sich die farblosen Metaniobate beim Erhitzen im Vakuum grau. Die spezif. elektr. Leitfähigkeit der gesätt. Lsgg. bei 20° beträgt bei

$Ca(NbO_3)_2$ 1,22·10^{-5}, *$Sr(NbO_3)_2$* 2,06·10^{-6}, *$Ba(NbO_3)_2$* 3,81·10^{-6}, *$Ca(TaO_3)_2$* 2,14·10^{-5}, *$Sr(TaO_3)_2$* 0,99·10^{-5}, *$Ba(TaO_3)_2$* 1,42·10^{-5} $Ohm^{-1}cm^{-1}$. Die Ba-Salze sind leichter lösl. als die Sr-Salze, diese am schwersten lösl., die Ta-Verbb. löslicher als die Nb-Verbindungen. (Журнал Общей Химии [J. allg. Chem.] **24** (**86**). 1284—86. Aug. 1954. Moskau, Univ.) R. K. MÜLLER. 332

A. Simon und **E. Baumgärtel,** *Über die Bildung von Komplexen im System $Cr(OH)_3$–H_3AsO_4–HNO_3.* Cr(III)-, Arsenat- u. H-Ionen bilden in wss. Lsg. den Komplex *$[(H_2O)_4Cr(HAsO_4)]^+$* (I). Die Bldg. verläuft über zwei definierte Zwischenprodd., das grauviolette, röntgenkrist. *$[Cr(H_2O)_6]AsO_4$* (**II**) u. das röntgenamorphe *$CrAsO_4 \cdot aq$.* (**IV**). **II** ist instabil u. wandelt sich unter Wasserabspaltung im **IV** um. Besser läßt sich **I** durch Red. von Chromsäure mit H_2O_2 in Ggw. äquimol. Mengen H_3AsO_4 u. HNO_3 erhalten. I-Lsgg. sind smaragdgrün u. reagieren sauer. In stark HNO_3-haltigen Lsgg. wird **I** unter Rückbldg. von Hexaquo-Chrom(III)-Ionen zersetzt. Unter bestimmten Bedingungen durchgeführte Überführungsverss. bestätigten die komplexe Bindung des Arsenats an das Cr. **I** ist jedoch nicht sehr beständig. Die hohe Leitfähigkeit von **I**-Lsgg. wird durch das Vorhandensein von H^+, die nach $[(H_2O)_4\overset{(+)}{Cr}(HAsO_4)]^+ \rightleftharpoons [(H_2O)_4\overset{(+)}{Cr}\cdots\overset{(-)}{(AsO_4)}]$ (III) + H^+ entstehen, erklärt. **III** zerfällt nicht, sondern lagert sich an nichtdissoziiertes **I** unter Bldg. höhermol. Komplexionen an. Diese Auffassung konnten Vff. durch Viscositätsmessungen stützen. Da die Viscosität bei Erhöhung der I-Konz. ohne H^+-Abspaltung ebenfalls stark ansteigt (in 2mol. Lsg. 13 cP, in 4mol. Lsg. ~1000 cP) diskutieren Vff. eine weitere Polymerisation zu Kombinationen, wie $-[(HAsO_4)-Cr(H_2O)_4-(HAsO_4)-Cr(H_2O)_4-(HAsO_4)]-$. Die Formulierung **I** ist nur als Grenzformel anzusehen. (Chem. Techn., Sonderh. **1952**. 19—20. Dresden, TH, Inst. für anorgan. u. anorgan.-techn. Chem.) H.-G. PLUST. 335

Ss. I. Skljarenko und **L. E. Lewin,** *Einwirkung von metallischem Natrium auf Natriumwolframate.* Um zu prüfen, ob die elektrolyt. Abscheidung von W aus *Na_2WO_4* (**I**)-Schmelzen ein sek. Prozeß ist mit Na-Abscheidung als prim. Vorgang, wird **I** bei 850—900° unter atmosphär. Druck mit Na umgesetzt. Dabei erfolgt teilweise Red. zu W, es verbleibt noch nicht umgesetztes Na, die Rk. ist also umkehrbar. Mit steigender Na-Konz. nimmt die W-Ausbeute ab. Bei Verwendung von *$Na_2W_2O_7$* (**II**) oder *5 $Na_2O \cdot 12$ WO_3* (**III**) ist die W-Ausbeute höher, nimmt aber auch mit steigender Na-Menge ab. Es wird angenommen, daß die Rk. in Stufen erfolgt: 1. $WO_3 + 6\,Na \rightleftharpoons 3\,Na_2O + W$; 2. $3\,Na_2O + 3\,WO_3 \rightleftharpoons 3\,Na_2WO_4$; summar.: $4\,WO_3 + 6\,Na \rightleftharpoons 3\,Na_2WO_4 + W$. Die „krit. Menge" Na, bei der 100%ig. Red. erzielbar sein müßte, beträgt (in %) für **I** 0, bei Eutektikum 5, bei **II** 12,5, bei **III** 14,58. Bei Überschreiten dieser Mengen nimmt die W-Ausbeute ab. (Сборник Статей по Общей Химии [Samml. Aufsätze allg. Chem.] **1**. 58—63. 1953.) R. K. MÜLLER. 337

Marius Picon und **Jean Flahaut,** *Über das Uranmonosulfid.* US wird durch Behandeln von UOS im Vakuum bei 1300° mit Al dargestellt. Nach der Reinigung erhält man ein gut krist. Prod. von gelblichem Metallglanz. Die Analyse ergibt 11,4% S u. 88,5% U, was annähernd der Zus. US entspricht. Die gefundene D. liegt mit 10,31 um ca. 0,6 unter der mit a = 5,48 Å berechneten Dichte. Die von ZACHARIASEN (C. **1950**. I. 502) angegebenen kristallograph. Daten werden bestätigt. Dagegen wird die von STROTZER, SCHNEIDER u. BILTZ (Z. anorg. allg. Chem. **243**. [1940.] 307. 322) beobachtete Verb. U_4S_3 nicht aufgefunden. Statt dessen existieren Mischkristalle von US + U. Zur Erklärung der niedrigen D. werden sowohl U- als auch S-Fehlstellen im Kristallgitter angenommen. (C. R. hebd. Séances Acad. Sci. **241**. 655—57. 29/8. 1955.) W. KRÖNERT. 339

L. Sacconi und **G. Giannoni,** *Untersuchungen über die Komplexibilität des Uranyls.* 1. Mitt. *Die Darstellung und Eigenschaften von Uranylkomplexen mit verschiedenen β-Diketonen.* Zur Klärung der Frage, ob das U(VI) z. B. im $[UO_2(H_2O)_4(NO_3)_2]$ mit KZ = 8 anzusehen ist, untersuchten Vff. das Komplexverh. des U(VI) bes. im Hinblick auf β-Diketone u. beschreiben die aus *Uranylacetat* (**I**) u. *-nitrat* (**II**) entstandenen Komplexe. Folgende β-Diketone wurden verwendet: *Benzoylaceton, Dibenzoylmethan, Picolinoylaceton, Benzoylpicolinoylmethan* (**III**), *Nicotinoylaceton, Benzoylnicotinoylmethan* (**IV**), *Benzoylfuroylmethan, 5-Acetoacetyl-3-methylisoxazol* u. *5-Benzoylacetyl-3-methylisoxazol.* Wss.-alkoh. **I**-Lsgg. bilden mit den Diketonen, außer **IV**, krist. mehr oder minder intensiv orangefarbene Komplexe der allg. Zus. $[UO_2(\text{Diketon})_2 \cdot n\,H_2O]^{2+}$ (n = 1, 2, 8) in denen das W. sehr fest gebunden ist. Die entsprechenden wasserfreien Komplexe haben rot-braunrote Farbe u. können Ae.-, NH_3- oder Pyridinmoll. addieren. Aus **IV** u. **I** bildet sich ein wasserfreier Komplex $[UO_2(IV)_2]^{2+}$. Aus **II** u. **III** bzw. **IV** konnten orangefarbene Komplexe der Zus. $[UO_2(\text{III bzw. IV})_2(NO_3)_2]$ erhalten werden. Auf Grund der Löslichkeitsverhältnisse des $[UO_2(Diketon)_2 \cdot n H_2O]^{2+}$ kommen Vff. zu der Ansicht, daß in ihm die KZ des U(VI) >6 ist u. demnach der Komplex koordinativ ungesätt. ist. Zur gleichen Ansicht gelangen Vff. auch für die genannten Nitratkomplexe, für die der Nichtelektrolytcharakter nachgewiesen wurde. Daraus u. aus dem Verh. dieser Komplexe wird auf die Existenz kovalenter U(VI)—NO_3-Bindungen u. die KZ = 8 des U(VI) geschlossen. Vff. diskutieren daher für den $[UO_2(IV)_2]^{2+}$-Komplex eine polymere Mehrkernstruktur, in dem das U(VI) die KZ = 8 besitzt. Diese Struktur macht die Unlöslichkeit des Komplexes in organ. Lösungsm. u. W. sowie dessen therm. Stabilität sehr gut verständlich u. stützt die Auffassung bzgl. der KZ = 8 des U(VI). (J. chem. Soc. [London] **1954**. 2368—72. Juli. Florence, Univ., Ist. di Chim. Fis.) H.-G. PLUST. 339

L. Sacconi und **G. Giannoni**, *Untersuchungen über die Komplexibilität des Uranyls.* 2. Mitt. *Absorptionsspektren der Komplexe mit β-Diketonen.* (1. vgl. vorst. Ref.) Vff. untersuchten Lsgg. der UO_2-β-Diketon-Komplexe in wasserfreien u. wss. organ. Lösungsmitteln spektrophotometrisch. Die erhaltenen Spektren der β-Diketone sowie die der Komplexe werden diskutiert. Vff. gelangten daraufhin zu der Ansicht, daß a) die koordinative Bindungen zwischen dem U(VI)-Zentralion u. den Liganden sehr stark sind u. vermutlich kovalenten Charakter besitzen, b) die Komplexe in den verschied. wasserfreien u. wss. organ. Lösungsmitteln eine sehr große Neigung zur Bldg. von Solvaten u. Hydraten haben, c) die Anziehung zwischen U(VI) u. den Wassermoll. bzw. U(VI) u. den organ. Lösungsmittelmoll. sehr stark ist u. als Komplexbindung anzusehen ist u. d) das U(VI) in den untersuchten Komplexen eine KZ >6 anstrebt. (J. chem. Soc. [London] **1954**. 2751—55. Aug.) H.-G. PLUST. 339

Jacques Aubry und **Fernand Marion**, *Über die Änderungen der chemischen Zusammensetzung von Eisen(II)-oxyd.* Durch Erhitzen einer kleinen Fe- oder Fe-Oxydmenge (ca. 0,2 g) auf über 570° unter einem Gemisch von H_2 u. Wasserdampf konstanter Zus. wird *FeO* (I) dargestellt. Auf Grund der Analysen ergibt sich, daß die chem. Zus. von I von der Temp. u. dem Verhältnis p_{H_2O}/p_{H_2} abhängt. Der durch eine Oberfläche dargestellte Gleichgewichtsbereich erstreckt sich zwischen den beiden Grenzen $Fe_{0,946}O$ u. $Fe_{0,88}O$. Die Änderungen der chem. Zus. von I werden in den Gleichgewichts-Rkk. durch die folgenden Schemata dargestellt: $(1 - x)\ Fe + H_2O \rightleftharpoons Fe_{(1-x)}O + H_2$ u. $3\ Fe_{(1-y)}O + (1 - 4\ y)\ H_2O \rightleftharpoons (1 - y)\ Fe_3O_4 + (1 - 4\ y)\ H_2$, wobei x u. y Temperaturfunktionen mit den Werten $x_{570°} = 0{,}065$; $x_{1300°} = 0{,}054$; $y_{570°} = 0{,}065$ u. $y_{1300°} = 0{,}12$ sind. Die bei der Darst. sehr sauerstoffreicher Fe-Oxyde ($t° > 900°$; $p_{H_2O}/p_{H_2} > 4$) erhaltenen Prodd. besitzen mehr als 0,2% Magnetit. In diesem Fall ist die Best. des Gleichgewichtsbereiches durch chem. Analyse nicht mehr genau genug. (C. R. hebd. Séances Acad. Sci. **240**. 1770—71. 2/5. 1955.) H. SURAWSKI. 354

Georges Chaudron, *Zu der vorstehenden Veröffentlichung von Jacques Aubry und Fernand Marion: Über die Änderungen der chemischen Zusammensetzung von Eisen(II)-oxyd.* (Vgl. vorst. Ref.) An Hand mehrerer Literaturstellen diskutiert u. vergleicht Vf. die von AUBRY u. MARION, sowie die von anderen Autoren erhaltenen Ergebnisse über die Verb. *FeO* u. gelangt zu der Schlußfolgerung, daß die von AUBRY gefundene Form der Gleichgewichtskurve eine Änderung der Löslichkeit von *Fe* in der FeO-Phase in Abhängigkeit von der Temp. anzeigen müßte. (C. R. hebd. Séances Acad. Sci. **240**. 1771—72. 2/5. 1955.) H. SURAWSKI. 354

A. L. Rotinjan, W. L. Cheifetz, Je. Ss. Kositsch und **Je. N. Kalnina**, *Zusammensetzung schwerlöslicher, durch Alkalihydroxyde aus Sulfatlösung gefällter Nickelverbindungen und die isobaren Standardbildungspotentiale.* Durch Analyse der Gleichgewichtskurven wurde bei Best. der Zus. der bei der Rk. zwischen $NiSO_4$ (I) u. NaOH gebildeten schwerlösl. Ni-Salze festgestellt, daß bis ca. 0,1 mol. I im Gleichgewicht mit der Lsg. reines $Ni(OH)_2$ (II) vorliegt, bei ca. 0,1—1,0 mol. I der Komplex $3\ NiSO_4 \cdot 4\ Ni(OH)_2$ (III). Durch Messungen der elektr. Leitfähigkeit wurde ebenfalls nachgewiesen, daß bei geringer Aktivität von I (a-Werte) reines II entsteht, bei hoher Aktivität dagegen III. Auf Grund der Gleichgewichtskurve errechnet sich das isobare Standardpotential der II-Bldg. zu 20,8 kcal/Mol gegenüber einem früheren Wert von 18,9. Das isobare Standardpotential der III-Bldg. (ΔZ^0_{bas}) beträgt 96,0 kcal/Mol, das der Anlagerung von 3 Mol I an 4 Mol II (ΔZ^0_{Anl}) 20,4 kcal/Mol. (Журнал Общей Химии [J. allg. Chem.] **24** (86). 1294—1302. Aug. 1954.) O. LEBTAG. 356

L. Sacconi (unter techn. Mitarbeit von **G. Caroti**), *Komplexchemische Reaktionen.* 2. Mitt. *Zweikernige Nickeloxalhydrazimidinokomplexe.* (1. vgl. C. **1955**. 5738.) *Disalicylaloxalhydrazimidin* (I), $HO-C_6H_4-CH{=}N-NH-(NH{=})C-C({=}NH)-NH-N{=}HC-C_6H_4-OH$ bzw. $HO-C_6H_4-CH{=}N-N{=}(H_2N)C-C(NH_2){=}N-N{=}CH-C_6H_4-OH$ wirkt mit $Ni(CH_3COO)_2$ (II) als bis-3-zähliger Ligand u. liefert eine Reihe zweikerniger bis-bicycl. Komplexe, deren Darst. u. Eigg. beschrieben werden. Bei der Rk. von I mit II wird eine rotbraune Verb. erhalten, deren magnet. Unterss. zeigen, daß auf 3 Ni-Atome nur 2 unpaarige Elektronen vorhanden sind. Es bildet sich das Komplexanion *Diacetatodisalicylaloxalhydrazimidinodinickelat*, dessen 2 negative Ladungen durch ein Nickelgegenion kompensiert werden, u. die zweikernige bis-tricycl. Komplexverb. *Nickeldiacetatodisalicylaloxalhydrazimidinodinickelat* (III), $Ni[Ni_2(C_{16}H_{12}O_2N_6)(CH_3COO)_2] \cdot 4 H_2O$, entsteht. Die beiden Ni-Atome des Komplexes sind diamagnet., sie sind mit den Liganden durch 4 gleichwertige d s p^2-Bindungen verbunden, die in einer Ebene liegen; das Ni-Gegenion liefert den Paramagnetismus der Verbindung. Die Acetationen können durch verschied. Liganden, z. B. durch organ. Basen, durch CN^-, CNS^-, OH^-, NO_2^- ersetzt werden. Behandelt man III mit NH_3, Äthylendiamin, Hydrazin, Pyridin, Anilin, Chinolin usw., so werden kristalline, rote oder rotorange Verbb. erhalten. Der Diamagnetismus dieser Komplexe zeigt, daß beide Ni-Atome als Koordinationszentren wirken, die mit den Atomen der Koordinationsgruppe durch 4 plane d s p^2-Atombindungen verknüpft sind.

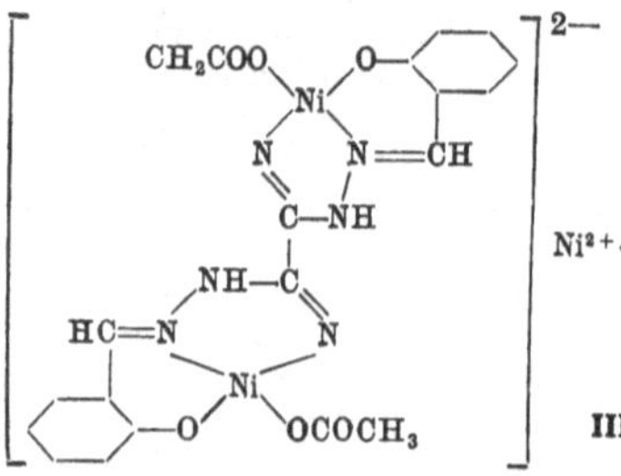

III

Werden diese Verbb. mit NaOH- u. Natriumplumbitlsg. behandelt, entsteht durch Aminverdrängung die orange Komplexverb. *Bleidihydroxodisalicylaloxalhydrazimidinodinickelat* (IV), $PbNi_2(C_{16}H_{12}O_2N_6)(OH)_2 \cdot 4 H_2O$. Analoge Komplexverbb. werden erhalten mit Di-{[2-oxynaphthyl-(1)]-methylen}-oxalhydrazimidin (V), $HO-C_{10}H_6-CH{=}N-NH-(NH{=})C-C({=}NH)-NH-N{=}HC-C_{10}H_6 \cdot OH$, bzw. $HO-C_{10}H_6-CH{=}N-N{=}(H_2N)C-C({=}NH_2){=}N-N{=}HC-C_{10}H_6-OH$, u. mit *Di-(o-oxyphenylmethylmethylen)-oxalhydrazimidin* (VI), $HO-C_6H_4-(CH_3-)C{=}N-NH-(NH{=})C-C({=}NH)-NH-N{=}C(-CH_3)-C_6H_4-OH$, bzw. $HO-C_6H_4-(CH_3-)C{=}N-N{=}(H_2N-)C-C(-NH_2){=}N-N{=}C(-CH_3)-C_6H_4-OH$. Diese Komplexe sind, mit Ausnahme des Cyanoderiv., in W., A. u. in anderen organ. Lösungsmitteln sehr wenig lösl. oder unlöslich. Gegen Alkali sind sie sehr beständig, selbst beim Kochen mit konz. NaOH bildet sich kein Nd. von $Ni(OH)_2$, sondern eine rotorangefarbige Lsg., aus der oft der Na-Hydroxokomplex in Form orangefarbiger Nadeln kristallisiert. Auch *Dibenzaloxalhydrazimidin* (VII), $C_6H_5-CH{=}N-NH-(HN{=})C-C({=}NH)-NH-N{=}HC-C_6H_5$ bzw. $C_6H_5-CH{=}N-N{=}(H_2N)C-C(-NH_2){=}N-N{=}CH-C_6H_5$, reagiert mit ammoniakal. II-Lsg. u. bildet eine braune Verb., die der Bruttoformel $C_{16}H_{14}N_6Ni$ entspricht, der Komplex ist diamagnetisch. Die Unlöslichkeit der Verb. in W. u. in sämtlichen organ. Lösungsmitteln, wie auch die Stabilität gegen Alkali, sprechen dafür, daß sie stark polymerisiert ist. Die wahrscheinliche Formulierung hierfür wird diskutiert. Darst. der Verbb.: **III**: Zu einer Aufschlämmung von 5 g I in 200 cm³ A. wird eine Lsg. von 13 g II in 40 cm³ W. hinzugegeben u. auf dem Wasserbad erwärmt; aus der gebildeten roten Lsg. fällt **III** als rotbrauner kristalliner Nd. aus. Es ist wenig lösl. in W. u. A., unlösl. in Ae., bei 130° verliert die Verb. 2 H_2O. — *Diamminodisalicylaloxalhydrazimidinodinickel*, $Ni_2(C_{16}H_{12} \cdot O_2N_6)(NH_3)_2$, durch Erwärmen von 2 g III mit 20 cm³ konz. NH_3 u. 80 cm³ A., rotorange Tafeln, sehr wenig lösl. in A., Ae. u. Chloroform. — *Dihydrazinodisalicylaloxalhydrazimidinodinickel*, $Ni_2(C_{16}H_{12}O_2N_6)(N_2H_4)_2$, durch Erwärmen von 1,5 g III in 35 cm³ A. mit 7,5 cm³ 86%ig. Hydraziniumhydroxyd, rotorange Tafeln, wenig lösl. in A., lösl. in Phenol. — *Dipyridinodisalicylaloxalhydrazimidinodinickel*, $Ni_2(C_{16}H_{12}O_2N_6)(C_5H_5N)_2$, 2 g III mit 20 cm³ Pyridin u. 20 cm³ A. verreiben u. am Rückfluß kochen, rotkristalliner Nd., sehr wenig lösl. in A., unlösl. in Ae., leicht lösl. in Phenol, lösl. in Naphthalin. — *Dianilinodisalicylaloxalhydrazimidinodinickel*, $Ni_2(C_{16}H_{12}O_2N_6)(C_6H_5NH_2)_2$, 1 g III mit 2,5 g Anilin, 25 cm³ A. u. 15 cm³ W. erhitzen, rotorange, rhomboidale Täfelchen, sehr wenig lösl. in A., unlösl. in Ae., leicht lösl. in Phenol. — *Dichinolinodisalicylaloxalhydrazimidinodinickel*, $Ni_2(C_{16}H_{12}O_2N_6)(C_9H_7N)_2$, 1 g III in hydroalkoh. Chinolin lösen, aus der Lsg. krist. ein rotoranger Nd., lösl. in Phenol. — *Diäthylendiaminodisalicylaloxalhydrazimidinodinickel*, $Ni_2(C_{16}H_{12}O_2N_6)(H_2N-CH_2-CH_2-NH_2)_2$, 1,5 g III mit 10 cm³ A. u. 10 cm³ 72%ig. Äthylendiamin erwärmen, rotorange Kristalle, sehr wenig lösl. in A., unlösl. in Ae. u. Chlf., lösl. in Phenol. — **IV**, 1 g der Diaminverb. in 140 cm³ 4,5%ig. NaOH erhitzen, zu dieser in der Wärme filtrierten Lsg. wird eine Natriumplumbitlsg., erhalten aus 80 cm³ 10%ig. NaOH u. 2 g in 60 cm³ W. gelöstem $Pb(NO_3)_2$, gegeben. Beim Abkühlen der kurz erwärmten Lsg. fällt **IV** als oranger Nd. aus, unlösl. in W. u. A., lösl. mit rotoranger Farbe in NaOH. — *Dinatriumdicyanodisalicylaloxalhydrazimidinodinickelat*, $Na_2[Ni_2(C_{16}H_{12}O_2N_6)(CN)_2] \cdot 12 H_2O$, 0,6 g III mit 35 cm³ einer 2,5 g NaCN enthaltenden Lsg. verreiben, 200 cm³ W. hinzufügen u. zum Sieden erhitzen, leicht lösl. in W. u. Alkohol. — *Nickeldirhodanatodisalicylaloxalhydrazimidinodinickelat*

(**VIII**), $Ni[Ni_2(C_{16}H_{12}O_2N_6)(CNS)_2]\cdot 4\,H_2O$, zu 1 g **III** eine Lsg. von 2 g $Ni(SCN)_2$ in 30 cm³ A. geben u. auf dem Wasserbad erwärmen, roter, kristalliner Nd., sehr wenig lösl. in W. u. Alkohol. — *Nickeldinitritodisalicylaloxalhydrazimidinodinickelat* (**IX**), $Ni[Ni_2(C_{16}H_{12}\cdot O_2N_6)(NO_2)_2]\cdot 4\,H_2O$, 1 g **III** mit 1 g $NaNO_2$ in 10 cm³ W. u. 5 cm³ A. erwärmen, roter Nd., unlösl. in W. u. Alkohol. — *Nickeldiacetatodi-{[2-oxynaphthyl-(1)]-methylen}-oxalhydrazimidinodinickelat* (**X**), $Ni[Ni_2(C_{24}H_{16}O_2N_6)(CH_3COO)_2]\cdot 4\,H_2O$, 0,5 g **V** mit 25 cm³ A. u. 1,3 g in 10 cm³ W. gelöstem **II** verreiben u. 8 Std. am Rückfluß erhitzen, braune Kristalle, unlösl. in W., sehr wenig lösl. in Alkohol. — *Diamminodi-([2-oxynaphthyl-(1)]-methylen)-oxalhydrazimidinodinickel*, $Ni_2(C_{24}H_{16}O_2N_6)(NH_3)_2$, 1 g **X** mit 30 cm³ A. u. 15 cm³ konz. NH_3 verreiben u. erwärmen, braunoranger, mikrokristalliner Staub, sehr wenig lösl. in A., lösl. in Phenol. — *Diamminodi-(o-oxyphenylmethylmethylen)-oxalhydrazimidinodinickel*, $Ni_2(C_{18}H_{16}O_2N_6)(NH_3)_2$, 1 g **VI** mit 50 cm³ A. verreiben u. mit einer Lsg. von 2 g **II** in 20 cm³ konz. NH_3 für 10 Std. unter wiederholtem NH_3-Zusatz erwärmen, orange Nadeln, wenig lösl. in A. u. Phenol. — *Dibenzaloxalhydrazimidinodinickel*, $C_{16}H_{14}N_6Ni$, 0,6 g **VII** mit 30 cm³ A. verreiben u. mit einer Lsg. von 0,4 g **II** in 5 cm³ konz. NH_3 erwärmen, braunes Pulver, in allen organ. Lösungsmitteln unlöslich. — *Disalicylaloxalhydrazimidin* u. **VII** wurden nach DEDICHEN (C. **1937**. I. 87) u. CURTIUS, DEDICHEN (J. prakt. Chem. [2] **50**. [1894.] 254) dargestellt. — **V**: 4 g in 30 cm³ A. u. 60 cm³ W. gelöstes Oxalhydrazimidin mit 12 g in 100 cm³ A. gelöstem 2-Oxynaphthaldehyd mischen, am Rückfluß erwärmen u. den gelben Nd. absaugen. Aus Amylacetat gelbe Nadeln, die über 150° dunkler werden u. bei 303° unter Zerfall schm., wenig lösl. in Alkohol. — **VI**: 8 g in 40 cm³ A. u. 60 cm³ W. gelöstes Oxalhydrazimidin werden mit 20 g in 130 cm³ A. gelöstem o-Oxyacetophenon gemischt, 1 Std. am Rückflußkühler erwärmt. Aus Amylacetat strohgelbe Nadeln, die bei 249—250° schm., in A. wenig löslich. Die Meßergebnisse magnet. Messungen werden wiedergegeben für die paramagnet. Verbb. (Zahlen in Klammern = μ_{eff}-Werte in BOHRschen Magnetonen): **III** (3,30); **VIII** (3,25); **IX** (2,98); **X** (3,28). Magnet. Daten der übrigen diamagnet. Verbb. sind nicht angeführt, da es schwer ist, diese Präpp. frei von paramagnet. Verunreinigungen zu erhalten. (Z. anorg. allg. Chem. **271**. 176—84. Febr. 1953. Florenz, Univ., Inst. für physikal. Chem.) H.-W. SPARMANN. 356

Karl Hauffe und **Per Kofstad**, *Über den Mechanismus der Oxydation von Cu_2O bei hohen Temperaturen.* Vff. berichten über Oxydationsverss. an Cu_2O-Proben zwischen 800 u. 1000° bei verschied. O_2-Drucken (zwischen 5 mm Hg u. 1 at). Es ergibt sich ein kub. Anlaufgesetz; die Temperaturabhängigkeit der Oxydationsgeschwindigkeit ist im untersuchten Temperaturbereich außerordentlich klein. Die beobachtete Abhängigkeit der Oxydationsgeschwindigkeit des Cu_2O zu CuO vom O_2-Druck der Vorbehandlungsperiode des Cu_2O vor der Oxydation u. vom O_2-Druck während der Oxydation läßt sich mit Hilfe der Randschichttheorie deuten. (Z. Elektrochem., Ber. Bunsenges. physik. Chem. **59**. 399—404. Juli 1955. Oslo, Zentralinst. für ind. Forsch.) R. STEIN. 358

George M. Murphy and others, eds., Production of heavy water. New York: McGraw-Hill. 1955. (411 S., Diagr.) O. $ 5,25.

Erich Thilo, Anorganische Chemie in Frage u. Antwort. 5. verb. u. erg. Aufl. Leipzig: J. A. Barth. 1955. (133 S. m. 3 Abb. im Text.) 8°. DM 3,—.

Leopold Gmelins Handbuch der anorganischen Chemie. Hrsg. vom Gmelin-Institut in Clausthal-Zellerfeld. Hauptred. **Erich Pietsch**. 8. Aufl. System Nr. 39, Lfg. 1. Seltene Erden. Einleitender Überblick. Geschichtliches Vorkommen. (III + 122 S.) DM 68,—. Nr. 59, T. B. Verbindungen. Lfg. 3. Eisen und Kohlenstoff. (XXI S. + S. 513—656.) DM 89,—. T. C. Prüfverfahren u. mechanisch-technologische Eigenschaften d. Kohlenstoffstähle sowie d. legierten Stähle. Lfg. 1. Härteprüfverfahren. (VII + 162 S.) DM 99,—. Lfg. 2. Kerbschlagzähigkeit. (VIII + 288 S. m. Abb.) DM 164,—. T. D. Erg.-Bd. 1. Magnetische u. elektrische Eigenschaften d. Eisens u. seiner Legierungen. (XV + 148 S. m. 166 Fig.) DM 94,—. T. F. Nachweis u. Bestimmung von Fremdelementen in Eisen u. Stahl. 1, Lfg. 1. Probenahme. Gase. Rückstandsanalyse. (V + 164 S. m. Abb.) DM 94,—, Lfg. 2. Nachweis u. Bestimmung von Begleit- u. Legierungselementen in Eisen u. Stahl. (CLII S. + S. 165—430) DM 223,—. 2, Lfg. 1. Eigentliche Legierungselemente. Sonstige Elemente. (VII + 164 S.) DM 64,—. Lfg. 2. Sonstige Elemente (Schluß). Sonderverfahren. Normen. (XVI S. + S. 165—388.) DM 191,—. Nr. 69/70. Masurium. Rhenium. (VII + XXI + 154 S. m. 12 Fig.) DM 109,—. Weinheim/Bergstr., u. Berlin: Verl. Chemie. 1955. 4°.

A_9. Mineralogische und geologische Chemie.

W. I. Kusnetzow, *Zur Frage der Genesis der granitischen Pegmatite.* Auf Grund der jahrelangen Unters. eines ungenannten großen *Pegmatit* (I)-Feldes der Sowjetunion kommt Vf. zu dem Schluß, daß es zwei Wege der I-Bldg. gibt. Ein geringer Teil der Schörl-Muskovit-I ist möglicherweise durch Substitution der Einschlußgranite oder anderer Adergesteine unter der Einw. von Gasen u. Lsgg. entstanden, die mit B u. den Bestandteilen des längs der Spalten umlaufenden W. gesätt. waren. Die Hauptmasse von I entstand durch Kristallisation des I-Magmas, das längs der Spalten in das Einschlußgestein intrusiv eintrat, wobei der Verdrängungsprozeß sich mit den bereits gebildeten grobkrist. I überlagerte. Der Einfl. des I-Magmas auf das Einschlußgestein war nur sehr gering u. hatte keinen wesentlichen Einfl. auf die Struktur u. die Zusammensetzung. Die I-Bldg. erfolgte parallel zur Bldg. der Granite der Festlandintrusion. Damit wird die Theorie von Sawaritzki (Записки Всесоюзного Минералогического Общества [Schr. Allunions mineral. Ges.] **76**. [1947.] 1) gestützt, wonach die I nicht auf Kosten von mit flüchtigen Stoffen angereicherten Schmelzen entstehen, sondern durch Umkristallisation der Einschlußgesteine selbst unter dem Einfl. der sie passierenden Lsgg., die mit ihnen im chem. Gleichgewicht stehen. (Доклады Академии Наук СССР [Ber. Akad. Wiss. UdSSR] [N. S.] **96**. 163—66. 1/5. 1954.) O. Lebtag. 378

D. P. Sserdjutschenko, *Über die kristallchemische Rolle des Natriums in Magnesium-Eisen-Glimmern.* Unterss. über die chem. Zus. von *Natrophlogopit, Natroferrophlogopit* u. *Natroalumobiotit* aus Süd-Jakutien ergaben, daß in ihren Strukturformeln (bei Si + Al_{IV} = 4) die K-Ionenzahl 1 nicht übersteigt, daß jedoch die Gesamtionenzahl aus der K-Gruppe häufig 1,11; 1,25; 1,45 erreicht, vorwiegend oder ausschießlich durch Na. Die Na-Menge beträgt 0,38; 0,46; 0,77. Bei besonderen thermodynam. Verhältnissen, vorwiegend bei erhöhter Temp., kann die Substitution von K durch Na im Glimmergitter sehr verstärkt werden, desgleichen die Besetzung der Oktaederstellen in den Si-O-Hexagenen durch Na u. K. Unter den gleichen Bedingungen wird Mg in den Oktaederschichten des Glimmergitters isomorph durch Na ersetzt. Ähnlich dem Li, kann Na in die Oktaeder durch heterovalenten Ersatz von 2 Mg durch NaAl eintreten. Für eine Reihe natürlicher Glimmer ist ein solcher Eintritt von Na (u. Ca) in die oktaedr. (Mg_3–Al_2)-Strukturschichten erforderlich, wenn man berücksichtigt, daß die Summe der Ionen von K, Na, Rb u. Cs (bei Si + Al_{IV} = 4) den Wert 1 nicht übersteigen darf. (Доклады Академии Наук СССР [Ber. Akad. Wiss. UdSSR] [N. S.] **97**. 315—18. 11/7. 1954.) O. Lebtag. 380

Erich Seeliger, *Ein neues Vorkommen von Hutchinsonit in Wiesloch in Baden.* Der bisher nur aus dem Binnental, Kanton Wallis, Schweiz, bekannte Hutchinsonit, (Pb, Tl)S·Ag_2S·5 As_2S_3, ist jetzt mit *Auripigment, Gelpyrit, Zinkblende* u. *Bleiglanz* sowie seinen eigenen amorphen Umwandlungsprodd. vergesellschaftet als jüngste Bldg. mehrerer Generationen im trübgrauen grobkörnigen Kalk am Gänsberg südwestlich von Wiesloch in größerer Menge auch in vermeßbaren, flächenreichen Kristallen aufgefunden worden. An den mit verd. HCl bzw. Essigsäure aus dem Kalk isolierten Kristallen wurden im Bereich der c-Achse 19 Flächenlagen, darunter (310), (210), (320), (110), (340), (230), (120), (490), (250), (380), (130), (3.10.0), (270), (140), (290), (150), (1.10.0), (1.20.0) identifiziert. Pseudomorphosen von Zinkblende, Jordanit oder anderen isotropen PbAsS-Verbb. wurden beobachtet. Die Entstehung der Lagerstätte ist nicht extrusiv-hydrothermal, sondern eine sek.-hydrothermale Bldg. im Sinne Schneiderhöhns. (Neues Jb. Mineralog., Abh. **86**. 163—78. Mai 1954. Heidelberg.) K. Löffler. 380

Ljudevit Barić, *Ludlamit aus der Blei-Zinklagerstätte Stari Trg (Trepča) bei Kosovska Mitrovica (Jugoslavien) mit besonderer Berücksichtigung der Dispersionsverhältnisse seiner optischen Elemente.* Der durchsichtige, lichtgrüne Ludlamit (I) wurde für Stari Trg (Trepča) erstmalig aufgefunden. I sitzt neben Chalkopyrit u. Ankerit auf der schwach gewölbten (0 0 0 1)-Fläche eines Pyrrhotinkristalls. Chem. Analyse: Unlösl. 0,16%; Fe_2O_3 Spuren; FeO 49,68; CaO 0,10; MgO 0,22; P_2O_5 33,17; H_2O 16,87; Summe 100,20. D. 3,17. Härte (Mohs) 3,5—4. Ng 1,6880; Nm 1,6669; Np 1,6499; alle mit $\pm$0,0002 Toleranz. 2 V (berechnet) $\pm$84,48′, (gemessen) +83°20′. Dispersion des opt. Achsenwinkels r > v ist schwach. Orientierung Ng $\wedge$ c = 68°00′. (Neues Jb. Mineralog., Abh. **86**. 179—210. Mai 1954. Zagreb, Kroat. Nationalmuseum, Mineralog.-petrogr. Abt.) K. Löffler. 380

A. K. Gladkowski und **Je. Ss. Gutkin,** *Noch einmal über das Alter von Eruptivgesteinen des Zentralteiles der Turgai-Meerenge.* Durch eingehende Unters. des krist. Tuffes, des Argillits (I) u. des Paleobasaltes wird nachgewiesen, daß der krist. Tuff in keiner Weise dem thermal veränderten I entspricht, weil dann Andalusit–Sillimanit-Gesteine vorliegen müßten. Es ist deshalb falsch, den Effusiven ein jüngeres Alter zuzuschreiben. (Доклады Академии Наук СССР [Ber. Akad. Wiss. UdSSR] [N. S.] **96**. 147—49. 1/5. 1954. Uraler Gorki-Univ.) O. Lebtag. 382

Gerhard Bischoff, *Der Neustädter Granit (Hammereisenbach-Granit) und seine Stellung im Rahmen der Südschwarzwälder Intrusionen. Ein Beitrag zum Problem der Granittektonik.* Der Neustädter Granit (I), gegliedert in die Hochfirst- u. Hammereisenbachscholle, ist als einer der jüngsten Schwarzwälder Granite Ende des Kulms in der sudet. Phase als sehr saurer, kalkarmer, normalkörniger, roter Zweiglimmergranit mit einem Mineralbestand aus *Quarz, Orthoklas, Plagioklas, Biotit, Chlorit, Muskovit,* wenigen

Apatit-Säulchen in nordsüdlicher Richtung intrudiert. Der Geh. an *Eisenglanz* wird auf nachträgliche Infiltration zurückgeführt u. steht in Zusammenhang mit der Ausscheidung von *Turmalin*, *Topas*, *Cordierit*, *Zirkon* in miarolith. Drusen der pneumatolyt. Phase. I ist heute in seinem obersten Intrusionsniveau angeschnitten u. erscheint als in tiefere Stockwerke des Gebirges als die anderen Schwarzwälder Granite intrudiert. I zeigt typ. CLOSSsche Tektonik. Chem. Analyse des frischen u. zers. I vom Hochfirstgebiet: SiO_2 73,52(%); 74,66; Al_2O_3 14,03; 14,32; Fe_2O_3 0,31; 1,49; FeO 1,00; 0,24; CaO 0,39; —; MgO 0,17; 0,12; Na_2O 4,00; 1,17; K_2O 5,59; 5,89; P_2O_5 0,24; Spur. Glühverlust 0,75; 1,96, Summe 100,00; 99,85. I wird postgranittekton. von Granitporphyren sowie Mineral- u. Erzgängen vornehmlich in den Q-Klüften durchörtert. (Neues Jb. Geol. Paläontol., Abh. **98.** 277—308. Febr. 1954. Berlin.) K. LÖFFLER. 385

Umberto Sborgi, Luciana Naldini und **Giuseppina Santarella,** *Chemische und physikalisch-chemische Analyse des Wassers von Bracca (Bergamo).* Das untersuchte W. gehört nach seiner Analyse zu den Wässern von mittlerem Mineralgehalt. (Ann. Chimica **43.** 709—22. Nov. 1953. Milano, Univ., Ist. die Chim. gen.) R. K. MÜLLER. 393

Francesco Monforte und **Gaetano Labruto,** *Chemische und physikalisch-chemische Analyse der Schwefelwässer der Marinothermen in Ali Marina (Messina).* Die mit 26° (bei 30° Außentemp.) entspringende Quelle enthält folgende Konzz. ($\cdot 10^3$): Li^+ 0,0787, K^+ 0,0331, Na^+ 9,6075, Ca^{2+} 1,2970, Mg^{2+} 0,9220, Cl^- 9,5438, SO_4^{2-} 2,1873, J^- 0,0007, HCO_3^- 0,1818, HS^- 0,0168. Sie ist nicht radioaktiv. Es wird eine ausführliche Berechnung des mittleren Dissoziationsgrades gegeben u. die wahrscheinliche Zusammengehörigkeit der Ionen in Tabellen mitgeteilt. (Ann. Chimica **42.** 247—64. April/Mai 1952. Messina, Univ., Ist. di Chim. farm.) R. K. MÜLLER. 393

Francesco Monforte und **Gaetano Labruto,** *Chemische und physikalisch-chemische Analyse des Thermalwassers einer neuen Quelle in Ali Marina (Messina).* (Vgl. vorst. Ref.) Die der alten Quelle benachbarte neue Quelle enthält (Konz.$\cdot 10^3$): Na^+ 2,5970, K^+ 0,1426, Ca^{2+} 1,7755, Mg^{2+} 0,7992, Cl^- 4,5441, J^- 0,0002, SO_4^{2-} 1,4822, HCO_3^- 0,7128, HS^- 0,0018. Temp. im Brunnen 30°, beim Austritt 21°. Das W. ist nicht radioaktiv. (Ann. Chimica **42.** 265—82. April/Mai 1952.) R. K. MÜLLER. 393

Hans-Karl Paetzold, *Die vertikale Verteilung des atmosphärischen Ozons nach Ballonaufstiegen.* Zusammenfassender Bericht über die vertikale Verteilung des atmosphär. O_3 in den letzten Jahren zu verschied. Jahreszeiten auf Grund von Ballonaufstiegen mit UV-Spektrographen in Weißenau. (Z. Naturforsch. **10a.** 33—41. Jan. 1955. Weißenau, Max-Planck-Inst. für Phys. der Stratosphäre.) C. GOTTFRIED. 396

Arthur Adel, *Cyclische Veränderungen in der effektiven Strahlungstemperatur der Ozonschicht.* (Sitzungsbericht.) (Physic. Rev. [2] **98.** 282. 1/4. 1955. Arizona State Coll.) R. STEIN. 396

L. Santomauro und **A. Cigna,** *Erste Messungen der Radioaktivität der atmosphärischen Niederschläge.* Die von Februar 1951 bis November 1952 durchgeführten Messungen der Radioaktivität der atmosphär. Ndd. in verschied. Orten Italiens lassen ein Ansteigen der Aktivität nach Atomexplosionen an anderen Punkten der Erde erkennen. Der zeitliche Abstand des Anstiegs von der Explosion beträgt bei Explosionen in Las Vegas 8 Tage, in Eniwetok 2 Wochen, in Australien (Montebelloinseln) 3 Wochen. (Ann. Geofisica **6.** 381—87. Juli 1953. Milano, Oss. Astron. Brera.) R. K. MÜLLER. 396

Paul E. Damon und **P. K. Kuroda,** *Über die natürliche Radioaktivität von Regenwasser.* (Vgl. C. **1955.** 5026.) Vff. fanden eine natürliche Radioaktivität des Regenwassers von 1—60 mμC/Liter, die hauptsächlich von Ra(B + C) herrührt. Die von ThB herrührende Aktivität ist $<10^{-10}$ Curie/Liter, die von RaD $<10^{-11}$ Curie/Liter. Beim Auftreffen auf die Erdoberfläche enthält Regenwasser RaA. Vff. diskutieren den Mechanismus, der zur Ansammlung der Zerfallsprodd. im Regenwasser führt. Die Gesamtaktivität nähert sich dem Grenzwert, der durch die Bldg. von RaA aus Rn bestimmt wird. Eine durchschnittliche Rn-Konz. der Atmosphäre von $0{,}2\cdot 10^{-13}$ Curie/Liter innerhalb des Wolkensyst. reicht aus, um die beobachtete Radioaktivität des Regenwassers zu bewirken. (Trans. Amer. geophysic. Union **35.** 208—16. April 1954. Fayetteville, Ark., Univ. of Arkansas, Dep. of Phys.) MAX SCHMIDT. 396

B. Allgemeine und theoretische organische Chemie.

H. O. Pritchard und **F. H. Sumner,** *Die Berechnung von Bindungslängen in Naphthalin und Anthracen.* Vff. berechnen die Bindungsordnungen für *Naphthalin* (I) u. *Anthracen* (II) nach folgenden 6 Methoden. Meth. 1: Die einfache HÜCKELsche MO-Näherung. Meth. 2: POPLEs (Trans. Faraday Soc. **49.** [1953.] 1375) self-consistent-Meth.

(s. c. m. o.). Meth. 3: Eine modifizierte s. c. m. o.-Methode. POPLEs Meth. berücksichtigt Variation der π-Elektronenwechselwrkg. mit dem Kernabstand, jedoch nicht die Änderung der Energie des σ-Gerüsts mit der Bindungslänge, Vff. berücksichtigen auch diese. Meth. 4: In der HÜCKELschen MO-Meth. wird das COULOMB-Integral um $\pm\beta$ (β = Resonanzintegral) für die beiden zentralen C-Atome in I variiert. Meth. 5: In der POPLEschen s. c. m. o.-Meth. wird das COULOMB-Integral für die zentralen C-Atome um $\Delta\alpha$ geändert. Hier ist — im Gegensatz zu Meth. 4 — die Größe der Elektronenwechselwrkg. zwischen nächsten Nachbarn selbst vom Vorzeichen der Korrektur $\Delta\alpha$ abhängig. Vff. postulieren, daß die zentralen C-Atome in I u. II elektronegativer als alle anderen sind, u. setzen $\Delta\alpha = \beta$. Meth. 6: Eine modifizierte s. c. m. o.-Meth., bei der die Kompressionsenergien des σ-Bindungsgerüstes wie bei Meth. 3 u. die Elektronendichten der zentralen C-Atome nach Meth. 5 behandelt werden. Die nach diesen 6 Methoden berechneten Bindungsordnungen u. Bindungslängen zeigen keine befriedigende Übereinstimmung mit den experimentellen Werten. (Trans. Faraday Soc. **51**. 457—62. April 1955. Manchester, Univ., Dep. of Chem.) H. GOETZ. B 10

V. J. Hammond und **W. C. Price**, *Oscillatorstärken der Vakuumultraviolettabsorptionsbanden von Benzol und Äthylen.* Vff. haben die Vakuum-UV-Spektren von *Bzl.* (I) u. *Äthylen* (II) bei Drucken von 0,2—8 mm Hg mit einer Genauigkeit von 0,1 mm Hg gemessen. Bei I (gemessener Wellenlängenbereich 2150—1640 Å) liegt das Maximum der Absorption bei 1780 Å. Diese starke Bande kann dem A_{1g}—E_{1u}-Übergang zugeordnet werden. Vff. finden hier als Wert für die Oscillatorstärke f 0,88, nach der LCAO-Näherung sollte f = 0,81 u. nach der Freie-Elektronen-Theorie 0,6 betragen. Die Werte sind mit denen von PLATT u. KLEVENS (C. **1948**. I. 1191) in Lsg. gemessenen vergleichbar. — Bei II wurde bes. der Bereich von 1820—1430 Å untersucht. Hier tritt ein breites Kontinuum auf, das von einer Serie von scharfen Banden überlagert wird. Für das Kontinuum wurde ein f-Wert von 0,29 gefunden, die Freie-Elektronen-Theorie sagt einen f-Wert von 0,40 voraus. Es handelt sich hierbei um einen N → V-Übergang. Die überlappenden Banden entsprechen einem N → R-Übergang. Hier sind die Werte mit denen von ZELIKOFF u. WATANABE (C. **1955**. 5026) vergleichbar. (Trans. Faraday Soc. **51**. 605—10. Mai 1955. London, King's Coll., Wheatstone Labor.) H. GOETZ. B 114

Rudolf Pummerer, Fritz Meininger, Georg Schrott und **Helmut Wagner**, *Über die Absorptionsspektren von Indigofarbstoffen und ihren Salzen mit Säuren.* 5. Mitt. *über Indigofarbstoffe.* (4. vgl. C. **1956**. 108.) Es wird spektroskop. untersucht, in welchem Maße sich *Indigo* (I) sowie seine ein- u. zweisäurigen Salze von den Formeln **a**, **b** u. **c** ab-

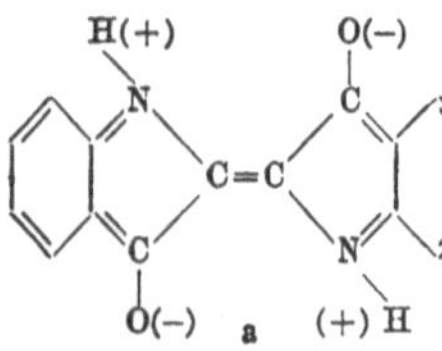

a

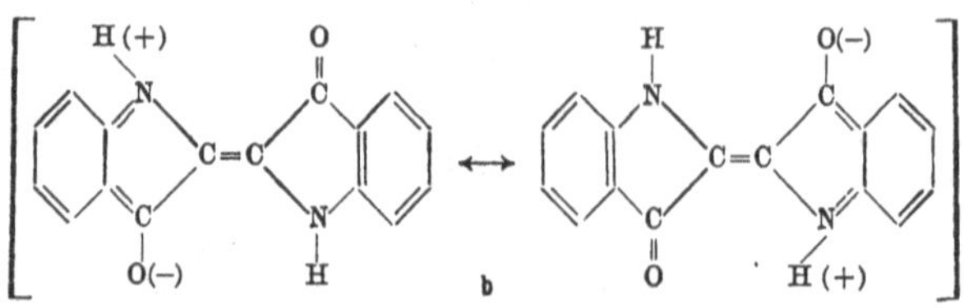

b

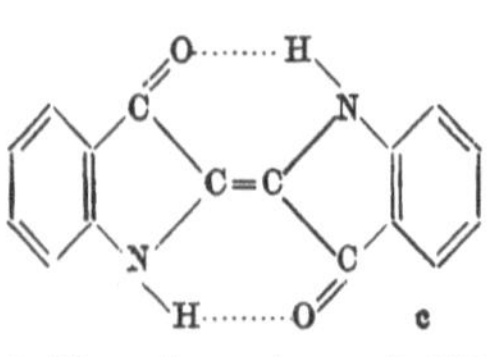

c

leiten lassen. Bei der Bldg. der einsäurigen *Salze* tritt eine Erhöhung von λ_{max} um 70 mμ ein. λ_{max} des Spektr. von *N.N'-Dimethylindigo* (II)-*Diperchlorat* ist gegenüber den einsäurigen Salzen um 140 mμ nach kürzeren Wellen verschoben. Ein weitgehender Zerfall der Salze wird durch Arbeiten in einem großen Säureüberschuß oder in Acetonitril verhindert. Thioindigo bildet in Ae. im Gegensatz zu I kein Hydrobromid, beide geben aber mit LiBr, $AlCl_3$ u. $SnCl_4$ tiefblaue *Addukte.* N.N'-Dimethylindigoweißdimethyläther (III) bildet mit ClO_4 u. mit Br_2 *blaue Salze,* die analog den WEITZ-EMMERTschen Dipyridylsalzen [1926] zu formulieren sind. Auf Grund der Diskussion der UV-Spektren von I u. den beschriebenen Salzen, ferner von *Benzalindoxyl, Phenylglyoxalindogenid, Zimtaldehydindogenid, Isatin-2-anil,* II, *Aminiumsalz aus* III u. ClO_4, *N.N'-Äthylenindigo, N.N'-Vinylenindigo* u. *Isatin-2-methylanilid* existieren bei den Indigofarbstoffen u. ihren Salzen mit Säuren drei Typen von Absorptionsspektren: 1. die der Farbstoffe, 2. die der einsäurigen u. 3. die der zweisäurigen Salze. Typ 3 ist auf Formel **a** u. Typ 2 mit ziemlicher Wahrscheinlichkeit auf Formel **b** zurückzuführen. Die Absorption der Indigofarbstoffe weicht von diesen beiden Typen deutlich ab, so daß eine polare, hälftig o-chinoide Formel **b** zu weit zu gehen scheint. Bei einer solchen wäre eine stärkere Übereinstimmung der Absorption von I u. II u. den Monosalzen (Typ 2) zu erwarten. Eine gewisse Polarisierung ist aber sicher vorhanden, doch wohl im Rahmen der üblichen Diketonformel mit $NH^{\delta+}$ u. $C{=}O^{\delta-}$. Die üblichen Additions-Rkk. von o-Chinonen (mit Anilin u. HBr) versagen deshalb beim Indigo.

Versuche: I-*Hydrochlorid* (**IV**), $C_{16}H_{10}O_2N_2 \cdot HCl$. *Hydrobromid* (**V**), $C_{16}H_{10}O_2N_2 \cdot HBr$; nimmt 8 Mol W. auf. Verss. zur Herst. des Dihydrochlorids u. Dihydrobromids scheiterten. *Monosulfat*, $C_{16}H_{10}O_2N_2 \cdot H_2SO_4$, dunkelblaue Nadeln. *Disulfat*, $C_{16}H_{10}O_2N_2 \cdot 2\,H_2SO_4$, feine braunschwarze Nadeln. *Perchlorat*, kurze dicke Prismen, in Aceton, Chlf. u. Eisessig mit tiefblauer Farbe löslich. — Verss. zur Methylierung von **I** bzw. **IV** oder **V** mit CH_2N_2 bzw. $(CH_3)_2SO_4$ schlugen fehl. Aus **V** u. $(CH_3)_2SO_4$ wurde eine *Verb.* $C_{16}H_{10}O_2N_2 \cdot CH_3OSO_3H \cdot H_2O$ erhalten. — II-*Hydrochlorid*, $C_{18}H_{14}O_2N_2 \cdot HCl \cdot 1/2\,H_2O$. *Hydrobromid*, enthält 3,52% Br im Kern. *Diperchlorat*, $C_{18}H_{14}O_2N_2 \cdot 2\,HClO_4$, aus **II** in Eisessig u. 70%ig. $HClO_4$; blauschwarze, rautenförmige Kristalle. — *N.N'-Dimethylindigweißdimethyläther* (**III**; *Tetramethylindigweiß*), $C_{20}H_{20}O_2N_2$, F. 120—125,5° (ab 120° Sintern), durch Methylieren der Küpe von **II** mit $(CH_3)_2SO_4$; sechsseitige Täfelchen. — *N.N'-Dimethylindigweiß-O.O'-diacetat*, $C_{22}H_{20}O_4N_2$, F. 145—146° (Eisessig), aus **II** durch acetylierende Reduktion. — *Aminiumsalz aus* **III** *u.* ClO_4, $C_{20}H_{20}O_6N_2Cl$, aus **III**, J_2 u. $AgClO_4$ in Ae. bei —15°; aus Aceton–Ae. Nadeln (Drusen); 70,5%. Reduktive Spaltung mit CH_3OH u. Zn bei —7° gibt **III**. — *Aminiumsalz aus* **III** *u. Brom*, $C_{20}H_{20}O_2N_2Br_3$, aus **III** u. Br_2 in Ae. bei —10°; nur wenige Std. haltbar. Red. führt zu **III**. — *N.N'-Äthylenindigo, Hydrochlorid*, $C_{18}H_{12}O_2N_2 \cdot HCl$; rautenförmige, violette Kristalle. *Diperchlorat*, $C_{18}H_{12}O_2N_2 \cdot 2\,HClO_4$, lange, blaue Prismen; in Aceton u. W. mit tiefblauer Farbe löslich. — N.N'-Vinylenindigo bildet weder mit HCl noch mit $HClO_4$ ein Salz. — *Phenylglyoxalindogenid*, $C_{16}H_{11}O_2N$, F. 173,5 bis 174,5°, aus Indoxylschmelze u. Phenylglyoxalhydrat in sd. W.; aus 50%ig. Essigsäure dunkelrote Prismen. *Na-Salz*, $C_{16}H_{10}O_2NNa$, indigoblaues amorphes Pulver. *N-Methylderiv.*, F. 129—130°, aus A.–W. rote Kristalle. — *Zimtaldehydindogenid* (*Cinnamalindoxyl*). $C_{17}H_{13}ON$, F. 179—180°, aus Indoxylcarbonsäure u. Zimtaldehyd bei 60°; aus 50%ig. Essigsäure, rote Würfel. Nach Zusatz von Pyridin, $Na_2S_2O_4$ u. Na_2CO_3 verküpbar. *Na-Salz*, grün, nur kurze Zeit haltbar. — *Additionsprod. aus* **I** *u.* $AlCl_3$, $C_{16}H_{10}O_2N_2 \cdot AlCl_3$, grünschwarze Stäbchen. — II-*Zinntetrachlorid-Addukt*, $C_{18}H_{14}O_2N_2 \cdot SnCl_4$, dunkelblaue Kristalle mit schwarzem Metallglanz. (Liebigs Ann. Chem. **590**. 195—215. 1954. Erlangen, Univ., Chem. Labor.) H. CASZEBAUM. B 118

R. Wizinger und **H. Sontag**, *Über den Vinylensprung bei unsymmetrischen Phenylmethinen.* Um den Einfl. der Kettenlänge auf den bathochromen Effekt kennenzulernen, synthetisierten Vff. eine Anzahl asymm. *Phenylmethine* des Typs **A**, in dem R u. R_1 einwertige Reste darstellen, von denen mindestens einer Chromophorcharakter besitzt. R u. R_1 können auch zum Ring geschlossen sein. Dazu wurden die Vinylenhomologen des Benzaldehyds bis zum *11-Phenylhendecapentaenal*

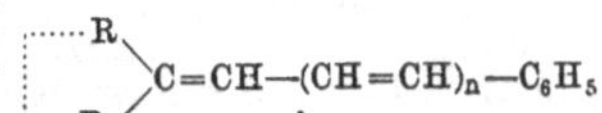

A

nach KUHN u. WINTERSTEIN [1928] u. SCHMITT [1941] dargestellt u. mit den folgenden Komponenten umgesetzt: *3-Oxythionaphthen* (**I**), *Rhodaninsäure* (**II**), *Acetophenon* (**III**), *N-Methylchinaldiniummethylsulfat* (**IV**), *N-Äthyl-2-methylbenzselenazoliumjodid* (**V**), *Cyanessigester* (**VI**), *Indandion-(1.3)* (**VII**), *Barbitursäure* (**VIII**), *1-Phenyl-3-methylpyrazolon-(5)* (**IX**) u. *2-Methyl-4.6-diphenylpyryliumsulfoacetat* (**X**). Die den 4.6-Diphenylpyryliumsalzen entsprechenden N-Methylpyridiniumsalze wurden nicht durch Kondensation, sondern durch Umsatz der Verbb. der Pyryliumreihe mit wss. Methylamin erhalten. Es wurde der bathochrome Gesamteffekt (in A. oder Eisessig) für jeweils 5 Vinylengruppen der einzelnen Verbindungsreihen angegeben, er variiert von 76 mμ in der **I**-Reihe bis zu 194 mμ in der **X**-Reihe. In der gleichen Reihenfolge nimmt auch weitgehend der bathochrome Effekt des ersten Vinylensprunges zu. Damit stehen aber alle dargestellten Verbb. noch dem Diphenylpolyentyp sehr nahe. Es besteht keine Parallelität zwischen der Lage des Absorptionsmaximums des Anfangsgliedes u. der Größe des ersten Vinylensprunges u. des Gesamteffektes von 5 Vinylengruppen. Eine genaue Deutung der zum Teil recht unterschiedlichen Empfindlichkeit der einzelnen Grundsysteme gegenüber der Verlängerung der konjugierten Kette kann zur Zeit noch nicht gegeben werden.

Versuche: *Kondensationprodd. mit* **I**: *n* = *2*, $C_{19}H_{14}OS$, F. 153°, aus A. orangerote Blättchen; nach 30 Min. Erwärmen von **I** mit 5-Phenylpentadienal (**XI**) in A. in Ggw. einiger Tropfen Piperidin. In H_2SO_4 violett löslich. — *n* = *3*, $C_{21}H_{16}OS$, F. 170°, rotbraune Nadeln aus Eisessig; wie vorst. aus **I** u. 7-Phenylheptatrienal (**XII**). In H_2SO_4: blau. — *n* = *5*, $C_{25}H_{20}OS$, F. 212—213°, dunkelbraune Nadeln aus viel Eisessig; aus **I** u. 11-Phenylhendecapentaenal (**XIII**). In H_2SO_4: blauviolett. — *Kondensationsprodd. mit* **II**: *n* = *2*, $C_{14}H_{11}ONS_2$, F. 218—219°, hellrote Kristalle aus Eisessig; 1std. Erwärmen von **II** mit **XI** in 90%ig. A. u. wenig H_2SO_4 auf dem Wasserbad. In H_2SO_4: violett. — *n* = *3*, $C_{16}H_{13}ONS_2$, F. 237—239°, dunkelrote Blättchen aus Eisessig; aus **II** u. **XII** in Essigsäureanhydrid u. wenig Piperidin, 1std. Erwärmen. In H_2SO_4: blau. — *Kondensationsprodd. mit* **III**: *n* = *3*, $C_{21}H_{18}O$, F. 120°, aus A. orangegelbe Nadeln; durch Stehen einer

Lsg. von **III** u. **XII** in heißem A. mit wenig 10%ig. NaOH. In H_2SO_4: violett, rasch veränderlich. — *n = 5*, $C_{25}H_{22}O$, F. 172—173°, orangerote Blättchen aus Eisessig; aus **III** u. **XIII** in A. u. wenig 10%ig. NaOH, 10 Min. am Rückfluß. In H_2SO_4: violett, unbeständig. — *N-Methyl-4.6-diphenyl-2-[ω-phenylpolyen]-pyridiniumperchlorate*, Darst. erfolgt durch 2std. Erhitzen der Pyryliumsalze mit überschüssiger wss. Methylaminlsg. in A. u. Abdampfen des Lösungsm., keine weiteren Angaben. — *Kondensationsprodd. mit* **IV**: *n = 0*, $[C_{18}H_{16}N]O_4Cl$, gelbe Nadeln aus Eisessig; nach 1std. Erwärmen von **IV** u. Benzaldehyd in Essigsäureanhydrid mit wenig Pyridin, Aufnehmen in A., nach 2std. Stehen Zugabe von $NaClO_4$-Lösung. — *n = 1*, $[C_{20}H_{18}N]ClO_4$, F. 225—227°, dunkelgelbe Nadeln aus Eisessig; wie vorst. aus **IV** u. Zimtaldehyd. — *n = 2*, F. 227°, unscharf, aus A. braunes Pulver; aus **IV** u. **XI** in A. mit Piperidin, 1 Std. auf dem Wasserbad, nach Erkalten Zugabe von wss. $NaClO_4$. — *n = 3*, $[C_{24}H_{22}N]ClO_4$, F. 222—224°, rotbraune Nadeln; wie n = 0 aus **IV** u. **XII**. — *n = 5*, F. 278—280° (Zers.), braune Nadeln aus Eisessig; aus **IV** u. **XIII** in Essigsäureanhydrid u. Pyridin, 1std. Erwärmen, dann wie unter n = 0. — *Kondensationsprodd. mit* **V**: durch 1std. Erhitzen der Komponenten in A. mit wenig Piperidin u. Überführung in das Perchlorat mit 20%ig. wss. $NaClO_4$. *n = 0*, $[C_{17}H_{16}NSe]\cdot ClO_4$, F. 237—238°, orangefarbene Nadeln aus Eisessig; aus **V** mit Benzaldehyd. — *n = 1*, $[C_{19}H_{18}NSe]ClO_4$, F. 219—220°, karminrote Nadeln aus Eisessig; aus **V** mit Zimtaldehyd. — *n = 2*, F. 198—200°, dunkelbraun; aus **V** mit **XI**. — *n = 3*, F. > 190° (Zers.), schwarzes Pulver, aus **V** u. **XII**. — *Kondensationsprodd. mit* **VI**: durch Stehenlassen einer absol. alkoh. Lsg. der Komponenten mit wenig Piperidin. *n = 2*, $C_{16}H_{15}O_2N$, F. 137°, aus absol. A. gelbe Nadeln; aus **VI** mit **XI**. In H_2SO_4: rot. — *n = 3*, $C_{18}H_{17}O_2N$, F. 126°, gelbe Nadeln aus absol. A.; aus **VI** mit **XII**. In H_2SO_4: rotviolett. — *n = 5*, $C_{22}H_{21}O_2N$, F. 160—162°, violettbraune Blättchen aus viel A.; aus **VI** mit **XIII**. In H_2SO_4: blau. — *Kondensationsprodd. mit* **VII**: durch 1std. Erwärmen der Komponenten in Eisessig. *n = 2*, $C_{20}H_{14}O_2$, F. 166—167°, aus A. orangerot; aus **VII** mit **XI**. In H_2SO_4: violett. — *n = 3*, $C_{22}H_{16}O_2$, F. 169°, dunkelrote Nadeln aus Eisessig; aus **VII** mit **XII**. In H_2SO_4: blau. — *n = 4*, $C_{24}H_{18}O_2$, F. 190°, rotbraun aus Eisessig; aus **VII** mit 9-Phenylnonatetraenal. In H_2SO_4: grünstichigblau. — *n = 5*, $C_{26}H_{20}O_2$, F. 210°, violettbraun aus Eisessig; aus **VII** mit **XIII**. In H_2SO_4: grünstichigblau. — *Kondensationsprodd.* mit **VIII**: durch ½std. Erhitzen der in A. gelösten Komponenten mit einigen cm³ Eisessig u. wenig Piperidin. *n = 3*, $C_{17}H_{14}O_3N_2$, F. 241—243°, rotbraune Nadeln aus Eisessig; aus **VIII** mit **XII**. In H_2SO_4: blau. — *n = 5*, $C_{21}H_{18}O_3N_2$, F. 252—254°, glänzende dunkelblaue Kristalle aus Eisessig; aus **VIII** mit **XIII**. In H_2SO_4: grünstichigblau. — *Kondensationsprodd. mit* **IX**: durch Erhitzen der Komponenten mit Essigsäureanhydrid. *n = 2*, $C_{21}H_{18}ON_2$, F. 167°, dunkelbraune Nadeln aus Eisessig; aus **IX** mit **XI**. In H_2SO_4: fuchsinrot. — *n = 3*, $C_{23}H_{20}ON_2$, F. 163—164°, blauviolette Blättchen aus Eisessig; aus **IX** mit **XII**. In H_2SO_4: blau. — *n = 5*, $C_{27}H_{24}ON_2$, F. 197°, violettblaue Blättchen aus Eisessig; aus **IX** mit **XIII**. In H_2SO_4: blau. — *Kondensationsprodd. mit* **X**: durch 1std. Erwärmen der Komponenten in Eisessig auf dem Wasserbad u. Umwandlung in die in Eisessig sehr schwerlösl. Perchlorate mit 20%ig. wss. $NaClO_4$. *n = 2*, $C_{29}H_{23}O_5Cl$, F. 252—255° (Zers.), dunkelblaues Pulver aus Eisessig, aus **X** mit **XI**. — *n = 3*, $C_{31}H_{25}O_5Cl$, F. 255° (Zers.), dunkelblaues Pulver aus Eisessig; aus **X** mit **XII**. — *n = 5*, F. > 250° (Zers.) schwarzes Pulver aus Eisessig; aus **X** mit **XIII**. (Helv. chim. Acta **38**. 363—72. 1/2. 1955. Basel, Univ., Inst. für Farbenchemie.) M. Kühnel. B 118

R. Wizinger und **P. Kölliker**, *Über den Vinylensprung bei unsymmetrischen Anisylmethinen.* (Vgl. vorst. Ref.) Um den Einfl. der auxochromen Gruppe kennenzulernen, stellten Vff. eine Reihe asymm. *Anisylmethine* der Formel **A** (vgl. vorst. Ref., statt C_6H_5 jedoch p-$CH_3OC_6H_4$) dar u. verglichen tabellar. die erhaltenen Verbb. mit den Phenylanalogen. Von den in der Literatur schon zum größten Teil beschriebenen *Anisaldehydkondensationsprodd.* (n = 0) wurden die Absorptionsmaxima aufgenommen. — Nach den Methoden zur Darst. der ω-Phenylpolyenaldehyde gelang es nur, das *ω-Anisylhendecapentaenal* (**II**) zu synthetisieren, während der *Methoxyzimtaldehyd* (**I**) zweckmäßigerweise nach Vilsmeyer aus p-Methoxystyrol, Formylmethylanilin u. $POCl_3$ aufgebaut wurde. **I** u. **II** wurden mit den folgenden Komponenten zu den entsprechenden *Anisylmethinen* kondensiert: *Oxythionaphthen* (**III**), *Rhodaninsäure* (**IV**), *Acetophenon* (**V**), *N-Methylchinaldiniummethylsulfat* (**VI**), *2-Methylbenzselenazoljodäthylat* (**VII**), *Cyanessigester* (**VIII**), *Indandion* (**IX**), *Barbitursäure* (**X**), *Phenylmethylpyrazolon* (**XI**) u. *2-Methyl-4.6-diphenylpyryliumsulfoacetat* (**XII**). Außer bei den Oxythionaphthen- u. Rhodaninsäureverbb. ist der Vinylensprung in der Anisylreihe offensichtlich k l e i n e r als in der analogen Phenylreihe, es nimmt somit anscheinend die bathochrome Wrkg. der Methoxylgruppe in den asymm. Anisylmethinen mit steigender Polyenkettenlänge ab.

V e r s u c h e: *p-Methoxyzimtaldehyd* (**I**), F. 57—58° (Methanol mit W.); durch Zutropfen von 25 g p-Methoxystyrol innerhalb 20 Min. zu einem Gemisch von 50 g Formylmethylanilin u. 50 g $POCl_3$ u. 1½std. Nachrühren bei 70—80°; 17,5 g Rohausbeute. In A. λ_{max} 318—319 mμ. — *11-Anisylhendecapentaenal* (II), $C_{18}H_{18}O_2$, F. 198,5—200°, scharlachrote Kristalle aus A./Dioxan 1 : 1, dann Eisessig; durch Zugabe von 10 g Crotonaldehyd u. 4 g frischem Piperidinacetat zu einer Lsg. von 10 g I in 50 cm³ Pyridin u. 15 cm³ konz. HCl u. 14tägiges Stehen; 5,35 g Rohausbeute. In A. λ_{max} 422 mμ. — *Kondensationsprodd. mit* **IV**: *n* = *1*, $C_{13}H_{11}O_2NS_2$, F. 234—236°, orangefarbene Blättchen aus A./Dioxan; aus **IV** mit I in A. u. wenig Eisessig/Piperidin, 45 Min. Erwärmen; in A. λ_{max} 417 mμ. In H_2SO_4: zinnoberrot. — *Kondensationsprodd. mit* **VI**: *n* = *0*, $C_{19}H_{18}O_5NCl$, F. 251—253°, aus A. goldgelbe Blättchen; durch 2std. Erhitzen von **VI** mit Anisaldehyd (**XIII**) in A. in Ggw. von Eisessig/Piperidin u. Überführung in das Perchlorat. In Aceton λ_{max} 413 mμ. — *n* = *1*, $C_{21}H_{20}O_5NCl$, F. 230° (Zers.), rotviolette Nädelchen aus A.; aus **VI** mit I. In Aceton λ_{max} 447 mμ. — *Kondensationsprodd. mit* **VII**: *n* = *0*, $C_{18}H_{18}O_5NSeCl$, F. 236—237°, orangefarbene Nädelchen aus A.; aus **VII** mit **XIII**. In Aceton λ_{max} 423 mμ. — *n* = *1*, $C_{20}H_{20}O_5NSeCl$, F. 229° (Zers.), weinrote Nädelchen aus A.; aus **VII** mit I. In Aceton λ_{max} 456 mμ. — *Kondensationsprodd. mit* **VIII**: *n* = *1*, $C_{15}H_{15}O_3N$, F. 121°, gelbe Nadeln aus A.; aus **VIII** mit I. In A. λ_{max} 382 mμ. — *Kondensationsprodd. mit* **IX**: *n* = *1*, $C_{19}H_{14}O_3$, F. 215°, orangefarbene Nadeln aus Eisessig; durch kurzes Erhitzen von **IX** mit I in A., in Ggw. von Eisessig/Piperidin in A. λ_{max} 418 mμ. — *Kondensationsprodd. mit* **X**: *n* = *0*, $C_{12}H_{10}O_4N_2$, F. 279—280°, gelbe Blättchen aus Eisessig, aus **X** mit **XIII** in A., Eisessig/Piperidin, 30 Min. am Rückfluß in Eisessig λ_{max} 386 mμ. — *n* = *1*, F. 280° (Zers.), karminrote Kristalle aus A./Dioxan (1 : 2); wie vorst. aus **X** mit I. In Eisessig λ_{max} 428 mμ, in Aceton λ_{max} 407 mμ. — *n* = *5*, $C_{22}H_{20}O_4N_2$, F. 240° (Zers.), violettschwarzes Pulver aus Eisessig; aus **X** u. **II** in Eisessig, Zugabe von wenig Piperidin, 1½std. Erwärmen u. 4 Tage Stehen. In Aceton λ_{max} 545 mμ. — *Kondensationsprod. mit* **XI**: *n* = *1*, $C_{20}H_{18}O_2N_2$, F. 173—179°, dunkelrote Prismen aus Eisessig; aus **XI** mit I, 1std. Erhitzen. In A. λ_{max} 404 mμ. — *n* = *5*, $C_{28}H_{26}O_2N_2$, F. 189—191°, braunschwarzes krist. Pulver aus Eisessig; aus **XI** mit **II**. In A. λ_{max} 512 mμ. — *Kondensationsprod. mit* **XII**: *n* = *1*, $C_{28}H_{23}O_6Cl$, F. 239° schwarzviolette Nadeln aus Eisessig; durch 1std. Erwärmen von **XII** mit I in Eisessigsäureanhydrid u. Zugabe alkoh. $NaClO_4$. λ_{max} 554 mμ. — *n* = *5*, $C_{36}H_{31}O_6Cl$, F. ca. 245° (Zers.), grünlichschwarzes Pulver aus Eisessig; aus **XII** u. **II** in Essigsäureanhydrid, 1½std. Erhitzen auf dem Wasserbad, Zugabe alkoh. $NaClO_4$. 4 Tage stehenlassen. λ_{max} ca. 666 mμ. — Maxima für die nach bekannten Verff. dargestellten Kondensationsprodd.: *n* = *0* mit **III** 441; mit **IV** 392; mit **V** 343; mit **VIII** 342; mit **IX** 382; mit **XI** 364 u. mit **XII** 502 mμ; *n* = *1* mit **III** 470 u. mit **V** 373 mμ. (Helv. chim. Acta **38.** 372—80. 1/2. 1955. Basel, Univ., Inst. für Farbenchem.)

M. KÜHNEL. B 118

Samuel B. Knight, R. H. Wallick und **Carolyn Balch,** *Die Ultraviolettabsorptionsspektren und Dissoziationskonstanten von Monochlor- und Monomethylchinolinen.* (Vgl. C. **1955.** 1701.) Vff. bestimmten die UV-Absorptionsspektren von sieben Monochlor- u. sechs Monomethylchinolinen in 95%ig. A., 10%ig. A. u. 10%ig. A., der 0,01n HCl enthielt. Die Verschiebung u. Intensitätsschwankungen der Maxima konnten bei den Monochlorchinolinen mit dem räumlichen Bau der Moll. in Beziehung gesetzt werden, die der Monomethylchinoline nicht. Die Dissoziationskonstanten wurden aus den Spektraldaten ermittelt. Vff. diskutieren die Änderung der Elektronendichte am N-Atom, durch den Einfl. der verschied. Substitution als möglichen Grund für die Größe der Basizität. Spektraldaten der B- u. E_2-Bande der Chlorchinoline in 10% A. sowie Dissoziationskonstanten: *2*- [B-Bande, λ_{max}] 3180 Å, [ε_{max}] 4610; [E_2-Bande, λ_{max}] 2820, [ε_{max}] 3320. — *3*- 3230, 3560; 2830, 3060; [K_b] 2,1—2,5·10^{-12}. — *4*- 3160, 2850; 2890, 4900; 2,5—2,8·10^{-11}. — *5*- 3170, 3170; 2920, 4640; 2,2—2,6·10^{-11}. — *6*- 3190, 3500; 2760, 3650; 1,0—1,1·10^{-11}. — *7*- 3190, 3670; 2790, 3560; 3,7—4,2·10^{-11}. — *8-Chlorchinolin,* 3150, 2990; 2920, 4500; 7,0—7,6·10^{-12}. — *2*- [B-Bande in 10%ig. A., λ_{max}] 3150, [ε_{max}] 3860; [E_2-Bande in 10%ig. A. λ_{max}] 2790, [ε_{max}] 3200; [E_2-Bande in 95%ig. A., λ_{max}] 2730, [ε_{max}] 3450; [E_2-Bande in Isooctan, λ_{max}] 2700, 3720; [K_b] 2,6—2,9·10^{-9}. — *3*- 3180, 3120; 2860, 3350; 95%ig. A. u. Isooctan fehlen; 1,9·10^{-10}. — *4*- 3130, 2730; 2830, 4530; 2800, 4750; 2740, 4790; 2,0 bis 2,2·10^{-9}. — *6*- 3170, 2330; 2850, 2340; 2790, 2530; 2700, 3390; 7,6—7,9·10^{-10}. — *7*- 3180, 2400; 2920, 2170; 2840, 3320; 2760, 3310; 1,0—1,2·10^{-9} u. *8-Methylchinolin* 3140, 2650; 2920, 3750; 2910, 3590; Isooctan fehlt; 4,2—5,0·10^{-10}. (J. Amer. chem. Soc. **77.** 2577 bis 2579. 5/5. 1955. Chapel Hill, N. C., Univ., Venable Labor.) M.-L. KLAAR. B 118

A. W. Reitz und **T. Kalafawy,** *Thermochromismus von Di-β-naphthospiropyran.* Das Spektr. des thermochromen *Di-β-naphthospiropyrans* wurde in Phenetol bei 29, 58, 82, 105 u. 127° aufgenommen, wobei eine thermochrome Absorptionsbande im grünen Bereich festgestellt wurde. Die Aktivierungsenergie der Umwandlung in die absorbierende Form wurde zu 5,80 kcal/Mol bestimmt. (Experientia [Basel] 9. 289. 15/8. 1953. Cairo, Fouad I Univ., Fac. of Sci.) H.-J. NITZSCHKE. B 119

Charles M. Huggins und **George C. Pimentel**, *Infrarotintensität der C—D-Valenzschwingung in Chloroform-d in verschiedenen Lösungsmitteln.* Vff. messen die Frequenz, Halbwertsbreite u. Intensität der C—D-Valenz- u. Deformationsschwingungen von $CDCl_3$ in verschied. Lösungsmitteln. Die erwartete Beziehung zwischen Lösungswärme u. Verschiebung der Bande 2258 ± 4 cm^{-1} (C—D-Valenzschwingung) wird nicht gefunden. Dagegen existiert ein Zusammenhang zwischen Lösungswärme u. scheinbarer integraler Intensität der Bande (Intensitätsverhältnis CCl_4/Triäthylamin = ~ 30). Die Deformationsfrequenz zeigt keine Intensitätsänderung. Vff. erklären die Ergebnisse mit einer Wechselwrkg. analog zur Wasserstoffbindung; die Konstanz der C—D-Deformationsfrequenz deutet darauf hin, daß die Intensitätsänderung nicht einer Erhöhung des ion. Charakters der C—D-Bindung zugeschrieben werden kann. — Die Verwendung von $CHCl_3$ als Lösungsm. für quantitative Infrarotmessungen sollte danach mit Vorsicht erfolgen. (J. chem. Physics 23. 896—98. Mai 1955. Berkeley, Calif., Univ., Dep. of Chem. and Chem. Engng.) G. WINKLER. B 120

J. Rud Nielsen, C. Y. Liang und **Lester W. Daasch**, *Schwingungsspektren und berechnete thermodynamische Eigenschaften von 1.1.1.2-Tetrachloräthan und Pentachloräthan.* Es wurden in dem Gebiet von 2—38 μ die Infrarotspektren von gasförmigen u. fl. *1.1.1.2-Tetrachloräthan* u. von fl. *Pentachloräthan* untersucht. Außerdem wurden von beiden Verbb. im fl. Zustand die RAMAN-Spektren photographiert. Für die meisten der RAMAN-Banden wurden die relativen Intensitäten u. die Depolarisationsfaktoren gemessen. Von den Infrarotspektren wurden vollständige Zuordnungen der Grundschwingungsfrequenzen durchgeführt, welche tabellar. zusammengestellt sind. Aus diesen Grundschwingungsfrequenzen u. den Trägheitsmomenten wurden die Wärmeinhaltsfunktion, die Wärmekapazität, die Entropie u. die GIBBSsche freie Energiefunktion für beide Verbb. als ideale Gase bei 1 at u. bei verschied. Tempp. berechnet. (J. opt. Soc. America 43. 1071 bis 1079. Nov. 1953. Norman, Okla., Univ., Dep. of Phys., u. Washington, D. C., Naval Res. Labor.) C. GOTTFRIED. B 120

R. C. Lord und **Putcha Venkateswarlu**, *Die Infrarotspektren von Propylen und Propylen-d_6.* Erneut untersucht wurde das Infrarotspektr. von *Propylen* (I), u. zwar mit etwas höherer Auflösung als bei den früheren Unterss. von anderer Seite. Durch diese verbesserte Auflösung konnte die Zuordnung vieler Banden (Grundannahme I als nahezu symm. Kreisel) durchgeführt werden. Wichtige Veränderungen bei den bestehenden Zuordnungen ergaben sich nicht. Zusätzlich wurde noch das Spektr. von *Propylen-d_6* (II) untersucht. Aus einer Obertonbande konnte die nichtbeobachtete Torsionsfrequenz in I bei 174 cm^{-1} u. in II bei ca. 130 cm^{-1} lokalisiert werden. (J. opt. Soc. America 43. 1079 bis 1085. Nov. 1953. Cambridge, Mass., Inst. of Technol., Spectroscopy Labor.) C. GOTTFRIED. B 120

J. Overend und **H. W. Thompson**, *Schwingungs-Rotationsbanden und Molekularstruktur von Allen.* Es wurden die ||-Schwingungsrotationsbanden von *Allen* (I) u. *Allen-d_4* (II) zwischen 3—5,5 μ untersucht. Bei I war die Feinstruktur der Parallelbanden bei 3,3 u. 5,1 μ gut aufgelöst, bei II die der Bande bei 5,2 μ. Analyse der Spektren lieferte die Rotationskonstanten. Die Werte von B_0 für die 2 isotropen Moll. sind 0,2974 cm^{-1} u. 0,2313 cm^{-1}; in beiden Fällen ist D_3 nicht größer als ca. 10^{-8} cm^{-1}. Aus diesen Werten ergibt sich für den Abstand C—C ein Wert von 1,30 Å. Es wird darauf hingewiesen, daß dieser Wert kleiner ist als der entsprechende Abstand in Äthylen, dagegen sehr nahe dem C—C-Abstand in Keten ist, welches elektron. dem Allen verwandt ist. Sowohl in Keten als auch in I besteht die C—C-Bindung zwischen zwei C-Atomen, von welchen das eine sp^2-, das andere sp-Hybridisierung seiner Atombahnen besitzt. Im Äthylen dagegen haben beide C-Atome sp^2-Hybridisierung. Dieser Unterschied dürfte den kürzeren C—C-Abstand in Keten u. Allen gegenüber Äthylen erklären. (J. opt. Soc. America 43. 1065—70. Nov. 1953. Oxford, Phys. Chem. Labor.) C. GOTTFRIED. B 120

N. A. Slowochotowa, G. I. Ssamochwalow, G. M. Kunitzkaja und **M. A. Miropolskaja**, *Anwendung der Infrarotabsorptionsspektren zur Untersuchung der Zwischenprodukte bei der Synthese von Vitamin A und Carotin.* Unters. der Infrarotspektren des durch Kondensation von Methylheptenon mit γ-Bromcrotonsäureester dargestellten *Pseudojonons* (I) u. des aus natürlichem Citral hergestellten *Pseudojonons* (II). I ist bedeutend stärker enolisiert, enthält eine größere Menge an cis-Isomeren als II u. besteht im Gegensatz zu II aus 2 isomeren Formen, eine mit Doppelbindung in γ-, die andere in δ-Stellung (von der CO-Gruppe aus). Durch Vgl. der Infrarotspektren von chromatograph. getrennten Reaktionsprodd. der Darst. von β-Jonylidencrotonsäuremethylester (III), synthetisiert durch Kondensation von β-Jonon mit γ-Bromcrotonsäuremethylester

nach REFORMATSKI, mit dem Spektr. von III, dargestellt durch Einw. von Diazomethan auf die freie krist. Säure (F. 156—157,5°), wird festgestellt, daß bei der Synth. von III Struktur- u. Bindungsisomere entstehen. (Журнал Общей Химии [J. allg. Chem.] **24** (86). 2222—30. Dez. 1954. Wiss. Physikal.-Chem. Karpow-Forschungsinst.)
K. HÖRIG. B 120

R. L. Ward und **S. I. Weissman,** *Elektronenübertragung zwischen dem negativen Naphthalinion und Naphthalin.* Die Elektronenübertragungs-Rk. zwischen negativem Naphthalinion (I) u. *Naphthalin* (II) wurde in Tetrahydrofuran spektroskop. untersucht. I besitzt ein komplexes paramagnet. Resonanzabsorptionsspektr. mit 28 Linien. Seine Hyperfeinstruktur kommt durch die Wechselwrkg. zwischen dem magnet. Moment der ungepaarten Elektronen u. dem magnet. Moment der Protonen des I zustande. Fügt man zu I wenig II hinzu, so werden die Linien der Hyperfeinstruktur breiter. In Ggw. größerer Mengen II verschwindet die Hyperfeinstruktur, gleichzeitig nehmen die Amplituden zwischen den Maxima u. Minima ab. Die Linienverbreiterung wird einer Elektronenübertragung von I zu II zugeschrieben. Die Lebensdauer des I in Ggw. von 0,8mol. II beträgt $1{,}2\cdot10^{-6}$ sec. Unter der Annahme, daß die Elektronenübertragung dem Gesetz zweiter Ordnung folgt, ergibt sich die Geschwindigkeitskonstante zu $1{,}0\cdot10^{6}$ Liter/Mol·sec bei 30°. (J. Amer. chem. Soc. **76**. 3612. 5/7. 1954. St. Louis, Miss., Washington Univ., Dep. of Chem.)
H. NÖTH. B 121

Roger Adams und **Dale C. Blomstrom,** *Behinderte Drehung in Arylaminen. 15. Mitt. Stereoisomere Diglutarimidomesitylene.* (14. vgl. C. **1951**. II. 2581.) Während N-Glutarylanilin bei der Dehydratisierung mit Acetanhydrid u. Na-Acetat nicht in N-Phenylglutarimid verwandelt werden kann, ergibt N.N'-Diglutaryldiaminomesitylen *Diglutarimidomesitylen. N.N'-Bis-[α.α-dimethylglutaryl]-diaminomesitylen* wird aus α.α-Dimethylglutarsäureanhydrid u. Diaminomesitylen erhalten u. läßt sich bei der Dehydratisierung in ein Gemisch der Stereoisomeren von *Bis-[α.α-dimethylglutarimido]-mesitylen* verwandeln, das auf Grund der verschied. Löslichkeit in CH_3OH in die *trans*-[bezogen auf die Stellung der beiden gem.-Dimethylgruppen zueinander] u. in die niedriger schm. u. leichterlösl. *cis-Form* aufgetrennt werden kann. Kleine, aber charakterist. Unterschiede in den Infrarotspektren bestätigen die Ergebnisse. Beide Formen ergeben bei Nitrierung verschieden schm. *Nitroverbb.* (ebenfalls cis-trans gemäß Infrarot). Verss., *N.N'-Bis-[4-chlorsulfonylbutyl]-diaminomesitylen* darzustellen u. zum Diimid zu cyclisieren, scheiterten an den vergeblichen Syntheseverss. von *4-Brombutansulfonylchlorid.* Die Glutarimidderivv. stellen die ersten Beispiele für Stereoisomere dar, bei denen die Starrheit durch das Äquivalent zweier verschied. Acylgruppen an den N-Atomen verursacht wird.

Versuche: *N.N'-Bis-glutaryldiaminomesitylen,* $C_{19}H_{26}O_6N_2$, F. 243,5—244,5° (A.) aus Glutarsäureanhydrid u. Diaminomesitylen in trocknem Bzl.; 90%. — *Diglutarimidomesitylen,* $C_{19}H_{22}O_4N_2$, F. 280,5—282,5°, aus vorst. Verb., Na-Acetat u. Acetanhydrid, 6std. Kochen, Prismen aus A.; 55%. — *N.N'-Bis-[α.α-dimethylglutaryl]-diaminomesitylen,* $C_{23}H_{34}O_6N_2$, F. 258—259,5°, wie bei vorvorst. Rk. mit α.α-Dimethylglutarsäureanhydrid; Nadeln aus Eisessig; 94%. — *trans-Bis-[α.α-dimethylglutarimido]-mesitylen,* $C_{23}H_{30}O_4N_2$, F. 225—226° (Toluol), aus vorst. Verb. wie oben durch 1std. Kochen, Hydrolysieren, Neutralisieren, Abfiltrieren, Ausziehen des Nd. mit Chlf., Abdampfen (87%) u. fraktionierte Kristallisation aus CH_3OH; als zuerst fallende Komponente. *cis-Isomeres,* F. 204—205° (Toluol), als leichterlösl. Komponente. — *trans-Bis-[α.α-dimethylglutarimido]-nitromesitylen,* $C_{23}H_{29}O_6N_3$, F. 256,5—257,5°, aus vorst. trans-Verb. mit 90%ig. HNO_3 (D. 1,5) bei 0°, 45 Min.; Blättchen aus A.; 100%. *cis-Isomeres,* F. 234—236°; Prismen aus wss. A.; 90%. — *4-Brombutylthioisocyanat,* C_5H_8NBrS, $Kp._1$ 97—99°, aus sd. Tetramethylenbromid in absol. A. u. KSCN in W., 1std. Kochen; n_D^{20} 1,5288; 50%. — *4-Chlorbutylthioisocyanat,* C_5H_8NClS, $Kp._{1,5}$ 88,5—90,5°, aus Tetramethylenchlorid u. KSCN; n_D^{20} 1,5023; 44%. (J. Amer. chem. Soc. **75**. 2375—77. 20/5. 1953. Urbana, Ill., Univ., Chem. Labor.)
H. LEHWALD. B 123

J. Ph. Poley, *Bemerkung über die dielektrische Relaxation in Glycerin.* Kurze krit. Stellungnahme zu einer Analyse des Relaxationsverh. von Glycerin durch DAVIDSON u. COLE (C. **1955**. 2384). (Physica **19**. 301—02. März 1953. Den Haag, Nat. Defence Res. Council, Vlakte van Waalsdorp, Phys. Labor.)
K. L. WOLF. B 132

D. C. McKean, *Das Dipolmoment der Si—F-Bindung.* Vf. weist an Hand von Vgll. des Dipolmoments μ u. seiner Ableitung nach der Bindungslänge bei verschied. Fluorverbb. sowie durch Modellbetrachtungen nach, daß die Gleichsetzung des aus Infrarotintensitäten erschlossenen μ u. des stat. Bindungsmoments bei der Si—F-Bindung nicht gerechtfertigt ist. (J. Amer. chem. Soc. **77**. 2660—61. 5/5. 1955. Providence, Rh. I., Brown Univ., Metcalf Res. Labor.)
M.-L. KLAAR. B 132

J. G. Aston, Kuo Hao Hu und **Frank L. Gittler,** *Freie Dissoziationsenergie der Aminhydrochloride bei 25⁰ aus EMK-Messungen.* Vff. berichten kurz über eine Meth. zur Best. der freien Dissoziationsenergie von Aminhydrochloriden, die am Beispiel des *Methylammoniumchlorids* erläutert wird. Unter Vermeidung der Ggw. von Spuren reduzierbaren Materials, die zu fehlerhaften Ergebnissen führen, ergibt sich für ΔF^0 bei 298,16° T abs. ein Wert von 22,831 ± 12 kcal. Für $\Delta H^0_{298.16\,abs}$ ergibt sich aus dem Temperaturkoeff. ein innerhalb von 30 cal mit calorimetr. Messungen übereinstimmender Wert. Die Ergebnisse werden diskutiert u. mit denen des NH_4Cl verglichen. (J. Amer. chem. Soc. **76.** 4492. 5/9. 1954. State College, Pa., Univ., Dep. of Chem., u. Clevelands Heights, O., Doctors Hosp., u. Montoursville, Pa., Sylvania Electr. Prod. Inc.) W. Niemitz. B 139

Melba A. Grafius und **J. B. Neilands,** *Scheinbare Dissoziationskonstanten von Cysteinderivaten.* Vff. bestimmten die Dissoziationskonstanten von *Cystein* (**I**), *Cysteinbetain* (**II**) u. *S-Methylcystein* (**III**, F. 148° unter Zers.) bei 25°. Unter Benutzung des von Edsall (vgl. Ryklan u. Schmidt, Arch. Biochemistry **5.** [1944.] 89) angegebenen Dissoziationsschemas werden als scheinbare Dissoziationskonstanten gefunden für **I** pK'_{a2} 8,30, pK'_{a3} 10,40, für **II** pK'_{a2} 8,65 u. für **III** pK'_{a2} 8,75. Aus diesen Werten lassen sich die individuellen Dissoziationskonstanten von **I** zu pK_{aD} 9,95 u. pK_{aC} 10,05 berechnen. Daraus folgt ein Verhältnis von Zwitterionform/neutrale ungeladene Form von 1,3 : 1, wenn die volle negative Ladung der Carboxylgruppe vernachlässigt wird. (J. Amer. chem. Soc. **77.** 3389—90. 20/6. 1955. Berkeley, Calif., Univ. of California, Dep. of Biochem.) K. Frenkler. B 139

Eugene C. Ashby und **Gennady M. Kosolapoff,** *Die Chemie von Phosphonsäuren mit aromatischen Kernen.* 2. Mitt. *Die isomeren Tolylphosphonsäuren.* (1. vgl. C. **1953.** 4519.) Zur Erklärung der unterschiedliche Löslichkeit von o- (**I**), m- (**II**) u. p-Tolylphosphonsäure (**III**) in den verschied. Lösungsmitteln werden nach früherer Meth. (vgl. C. **1953.** 9426) für die Dissoziationskonstanten die nachst. pK_1'- u. pK_2'-Werte ermittelt: Für **III** 1,84 bzw. 7,33, für **II** 1,88 bzw. 7,44 u. für **I** 2,10 bzw. 7,68. Die schwächere Acidität von **I** wird auf ster. Hinderung zurückgeführt. Ferner wurden die Mol.-Geww. für **I** u. **II** in Naphthalin (**III** löst sich hierin nicht), für **I** u. **III** in Aceton u. Campher u. für **I**—**III** in wss. Lsg. nach der kryoskop. Meth. bestimmt. In allen Lösungsmitteln ist **I** schwächer assoziiert als **II** u. vor allem als **III**. **III** neigt demnach am stärksten zu polymerer H-Brückenbindung, was auch durch die starke Zunahme des Mol.-Gew. bei zunehmender Konz. in wss. Lsg. bestätigt wird. Die erheblich geringere Löslichkeit von **III** in den verschied. Lösungsmitteln beruht also auf der größeren Assoziationsfähigkeit.

Versuche: *p-Tolylphosphonsäure* (**III**), aus p-Tolyldiazoniumfluoborat u. PCl_3 in Dioxan bei Ggw. von CuCl u. Hydrolyse nach Doak u. Freedman (J. Amer. chem. Soc. **73.** [1951.] 5658); 60% (Ausbeute). — *m-Tolylphosphonsäure* (**II**), F. 121° (konz. HCl oder Bzl.-Ligroin), analog vorst. Verb. bei 55°; 69,8%. — *o-Tolyldiazoniumfluoborat,* F. 106°; 70%; ist stabil (vgl. dagegen Roe, Org. Reactions **5.** [1949.] 200); gibt bei der Umwandlung in **I** nur sehr geringe Ausbeuten. — *o-Tolylphosphonsäure* (**I**), F. 141°, durch Grignard-Rk. nach Burger u. Dawson (J. org. Chemistry **16.** [1950.] 1250) über den Diäthylester ($Kp._{14}$ 148—150°; 59%) durch Hydrolyse mit konz. HCl, Aufnehmen in sd. Bzl. + wenig Propanol u. Fällen mit Benzin. — Verss., die entsprechenden isomeren Äthylphenylphosphonsäuren darzustellen, gelangen nicht. Lediglich *o-Äthylbenzoldiazoniumfluoborat* konnte in 70%ig. Ausbeute dargestellt, aber nicht umgewandelt werden, die anderen Diazoniumfluoborate sind instabil. (J. Amer. chem. Soc. **75.** 4903—05. 20/10. 1953. Auburn, Ala., Polytechn. Inst., Ross. Chem. Labor.) H. Lehwald. B 139

Philip J. Elving und **C. Eugene Bennett,** *Polarographisches Verhalten des 2.2.2-Trichloräthanols. Säurenatur des Trichloräthanols.* Im Rahmen einer systemat. Unters. des Einfl. verschied. funktioneller Gruppen auf die elektrochem. Spaltung von **C**–Halogen-Bindungen untersuchen Vff. das polarograph. Verh. der *2-Chloräthanole,* von denen lediglich das *2.2.2-Trichloräthanol* (**I**) eine polarograph. Welle im Potentialbereich von 0 bis −2,0 liefert. Die lineare Beziehung zwischen Stromstärke u. Konz. erlaubt die polarograph. Best. dieser Verb. im Konzentrationsbereich von 0,1—1,0 mMol im NH_3-haltigem Puffer vom p_H 8,4 auf ±2% genau. Die Natur des Reduktionsprozesses wird diskutiert sowie dessen Zusammenhang mit dem Säurecharakter des **I** untersucht. (J. Amer. chem. Soc. **76.** 4473—74. 5/9. 1954. State College, Pa., Univ., u. Ann Arbor, Mich., Univ.) W. Niemitz. B 142

P. G. Masslow, *Über die graphischen Methoden zur Bestimmung der thermodynamischen Eigenschaften organischer Verbindungen.* Den entwickelten graph. Methoden liegt die Annahme zugrunde, daß bei genügend langen Moll. mit übereinstimmenden

Kettengliedern (z. B. —C—C—C—, —N—N—N— u. a.) jedes Kettenglied (z. B. —CH_2—) bei gleicher Temp. stets einen gleichen Beitrag zur betreffenden thermodynam. Eig. der Verb. liefert. Die graph. Methoden gestatten für weite Temperaturbereiche die Werte der Bildungswärmen der Dämpfe organ. Verbb. mit n. Struktur zu berechnen. Die Meth. läßt sich prinzipiell auch auf Verbb. mit verzweigten Ketten u. auch auf Fll. anwenden. Diese graph. Berechnung kann auch für Dämpfe von O- u. N-haltigen Verbb. u. ebenso auch von Mercaptanen benutzt werden. (Журнал Физической Химии (J. physik. Chem.] **29.** 62—69. Jan. 1955.) E. KORDES. B 146

J. Erskine Hawkins und **George T. Armstrong,** *Physikalische und thermodynamische Eigenschaften von Terpenen.* 3. Mitt. *Der Dampfdruck von α-Pinen und β-Pinen.* (2. vgl. C. **1955.** 1704.) Es wurde der Dampfdruck von *α-Pinen* (**I**, n_D^{25} 1,4631—1,4632, $D.^{25}_4$ 0,8539, $[\alpha]_D^{25}$ +29,12°, 99,6 Mol-% rein) u. *β-Pinen* (**II**, n_D^{25} 1,4768, $D.^{25}_4$ 0,8667, $[\alpha]_D^{25}$ —18,54°, 97,7 Mol-% rein) gemessen. Er variierte bei **I** von 3,06 bis 756,01 mm für 292,60—428,91° K u. bei **II** von 1,89—759,02 mm für 291,87—439,07° K (p korr). Für die Gleichung $\log p = A - B/T$ ergaben sich für **I**: (3—15 mm) B = 2435, A = 8,806 u. die Verdampfungswärme L_V = 11140 cal/Mol; (15—110 mm) 2210, 8,089; L_V = 10110; (110—215 mm) 2130, 7,871, L_V = 9747; (215—760 mm) 2072, 7,712, L_V = 9482; für **II**: (2—23 mm) B = 2270, A = 8,120, L_V = 10390; (23—50 mm) 2250, 8,060 u. 10300; (50—175 mm) 2210, 7,947 u. 10110; (175—760 mm) 2100, 7,663 u. 9610. Daraus berechnet sich für **I** Kp. 155,9 ± 0,1° u. für **II** Kp. 166,0 ± 0,1°. (J. Amer. chem. Soc. **76.** 3756—58. 20/7. 1954. Gainesville, Fla., Univ., Dep. of Chem.) L. FISCHER. B 150

Gerald A. Thomas und **J. Erskine Hawkins,** *Physikalische und thermodynamische Eigenschaften von Terpenen.* 4. Mitt. *Dielektrizitätskonstante, Brechungsindex und Dichte einiger Terpene.* (3. vgl. vorst. Ref.) Vff. bestimmten von folgenden Verbb. die physikal. Konstanten: *α-Pinen*, $Kp._{20}$ 52°, $D.^{25}$ 0,8544, n_D^{25} 1,4631, DK. 2,1787. — *β-Pinen*, $D.^{25}$ 0,8673, n_D^{25} 1,4768, $[\alpha]_D^{25}$ —18,20°, DK. 2,4970. — *d-Limonen*, $Kp._{20}$ 71°, $D.^{25}$ 0,8383, n_D^{25} 1,4701, $[\alpha]_D^{25}$ +102,66°, DK. 2,3746. — *l-Limonen*, $D.^{25}$ 0,8384, n_D^{25} 1,4701, DK. 2,3738. — *Dipenten*, $Kp._{20}$ 71°, $D.^{25}$ 0,8370, n_D^{25} 1,4701, DK. 2,3810. — *Terpinolen*, $D.^{25}$ 0,8562, n_D^{25} 1,4860, DK. 2,2918. — *α-Terpinen*, $D.^{25}$ 0,8309, n_D^{25} 1,4760, DK. 2,4526. — *γ-Terpinen*, $D.^{25}$ 0,8458, n_D^{25} 1,4712, DK. 2,2738. — *Pinan*, $D.^{25}$ 0,8542, n_D^{25} 1,4603, $[\alpha]_D^{25}$ —20 2°, DK. 2,1456. — *Δ^3-Caren*, $D.^{25}$ 0,8511, n_D^{25} 1,498, DK. 2,1988. — *Myrcen*, $D.^{25}$ 0,7888, n_D^{25} 1,4680, DK. 2,300. — *Alloocimen*, $Kp._{20}$ 90°, $D.^{25}$ 0,8059, n_D^{25} 1,5420, DK. 2,5574. — *Bzl.*, $D.^{25}$ 0,8736, n_D^{25} 1,4982, DK. 2,273. — *CCl_4*, n_D^{25} 1,4574, DK. 2,227. (J. Amer. chem. Soc. **76.** 4856—58. 5/10. 1954.) L. FISCHER. B 150

G. S. Verma, *Ultraschallabsorption in Zuckerlösungen.* (Vgl. PRYOR u. ROSCOE, C. **1954.** 8540.) Vff. berechnen die maximale Ultraschallabsorption u. die Frequenz, bei der diese eintritt (vgl. GHOSH u. VERMA, J. Sci. Ind. Res. [India], **8.** [1949.] 192), für Lsgg. von *Sucrose*, *Glucose* u. *Lactose* bei verschied. Konzz. u. Tempp. auf der Grundlage der Strukturänderung in der quasikristallinen Struktur des fl. Mediums. Die gefundenen Relaxationsfrequenzen für Zuckerlsgg. (95—724 MHz) liegen außerhalb des üblichen experimentellen Bereichs. (J. chem. Physics **23.** 876—77. Mai 1955. Allahabad, Indien, Univ., Dep. of Physics.) G. WINKLER. B 159

H. Umstätter, *Ein Viscogramm für Kohlenwasserstoffe.* Mathemat.-physikal. Ableitung einer Viscosität–Temp.-Funktion u. ihre Überprüfung an 43 verschied. KW-stoffen. (Kautschuk u. Gummi **4.** 324—26. Sept. 1951. Berlin-Dahlem, Chem.-Techn. Reichsanst. u. Materialprüfungsamt.) W. RUSKE. B 172

Robert S. Hansen und **Robert D. Hansen,** *Die Adsorption von Kohlenwasserstoffen aus methyl- und äthylalkoholischer Lösung an nichtporöse Kohlen.* Vff. bestimmen die Adsorptionsisothermen von *Octan* (**II**), *Decan* (**III**) u. *Dodecan* (**IV**), in Methanol (**I**) gelöst, an den Aktivkohlen Graphon (**V**; Oberfläche 114,0 m^2/g), Spheron-6 (**VI**; 78,7 m^2/g) u. DAG-1 (102,4 m^2/g; **VII**) bei 25° über den gesamten Konzentrationsbereich. Für **III** u. **IV** werden die gleichen Messungen auch in äthylalkoh. Lsg. durchgeführt. Für die in **I** gelösten KW-stoffe ist an **V** u. **VI** eine multimol. Adsorption sichergestellt; an **VII** wird sie wahrscheinlich gemacht. Bei niedrigen Molenbrüchen ist die Adsorption in äthylalkoh. Lsg., ähnlich wie in methylalkoh. Lsg., wahrscheinlich eine Funktion der KW-stoffaktivität. Löslichkeiten in **I** bei 25°: **II**, 19,25 [Gew.-%] (1,282 [Mol/Liter]). — **III**, 10,25 (0,5613). — **IV**, 5,883 (0,2696). (J. physic. Chem. **59.** 496—98. Juni 1955. Ames, Io., Iowa State Coll., Inst. for At. Res., u. Dep. of Chem.) K. FRENKLER. B 176

Paul D. Bartlett, *Die chemischen Eigenschaften der Methylgruppe.* Der Einfl. von CH_3-Gruppen auf die Eigg. u. Reaktionsfähigkeit von Verbb. wird nach vorliegenden u. eigenen Arbeiten zusammenfassend diskutiert. Die Effekte werden dabei auf ster. Hinderung oder geänderte Polarität zurückgeführt, mögliche Gründe für den induktiven

Effekt der CH_3-Gruppe werden diskutiert. (J. chem. Educat. **30.** 22—31. Jan. 1953. Cambridge, Mass., Harvard Univ.) K. Blumrich. B 182

M. I. Batujew und **L. I. Anzuss,** *Optische Untersuchung der chemischen Struktur des Oxoctenols von A. M. Butlerow.* Vff. klären die Struktur des *Oxoctenols* (I) durch Unters. seines Raman-Spektr. auf. Lage u. Form der OH- u. CO-Banden zeigen, daß beide Gruppen durch intramol. H-Bindung verknüpft sind. Vergleiche mit den Spektren von Guajacol u. o-Chlorphenol deuten auf eine Fünfringstruktur. Es wird deshalb I die Formel $(CH_3)_3C-CO-COH(CH_3)_2$ zugeschrieben u. an Hand dieser Formel eine Deutung seiner Rkk. gegeben, die durch die bisher vorgeschlagenen Strukturformeln nicht erklärt werden. (Доклады Академии Наук СССР [Ber. Akad. Wiss. UdSSR] **100.** 267—70. 11/1. 1955. Zelinsky-Inst. für Organ. Chem. der Akad. der Wiss. der UdSSR.) K. Hörig. B 182

D. M. Chakraburtty, *Elementarkörperdimensionen von Phthalsäure.* Drehkristallaufnahmen an *Phthalsäure* um die 3 Hauptachsen ergaben eine monokline Zelle mit den Dimensionen a = 5,054 Å, b = 14,03 Å, c = 9,325 Å u. Z = 4. (Sci. and Cult. **19.** 505—06. April 1954. Calcutta, Ind. Assoc. for Cultiv. of Sci., Dep. of Gen. Phys.) C. Gottfried. B 195

J. Monteath Robertson, *Ein physikalischer Weg zur Bestimmung von Terpenoidstrukturen.* In dieser dritten Henderson-Gedächtnisvorlesung berichtet Vf. über teils von ihm u. seinen Schülern, teils von anderen Seiten durchgeführten röntgenograph. Strukturunterss. an Terpenen u. Camphern. Beschrieben werden die Strukturen von *Geranylaminhydrochlorid, d-α-Halogencampher, β-Caryophyllenalkohol* sowie dem entsprechenden *Chlorid* u. *Bromid, Longifolen* u. dessen *Hydrochlorid* u. *-bromid,* von *Lanostenol* u. *Methyloleanolatjodacetat.* (Roy. Inst. Chem., Lectures, Monogr. Rep. **1954.** Nr. 6. 1—21.) C. Gottfried. B 195

M. I. Kabatschnik, *Zur Theorie des Tautomeriegleichgewichts in Lösungen. Einfluß der Solvatation auf das Gleichgewicht zwischen Ketoform und den isomeren cis- und trans-Enolformen.* In einem Überblick wird das Keto–Enol-Gleichgewicht unter dem Gesichtspunkt des protolyt. Säure–Basen-Gleichgewichts behandelt. In den Lsgg. von Keto–Enol-Verbb. mit offener Kette liegen 3 Säuren vor: die Ketonsäure, die cis- u. die trans-Enolform. Der Einfl. des Lösungsm. wird diskutiert. (Vgl. auch C. **1955.** 3342.) (Известия Академии Наук СССР, Отделение Химических Наук [Nachr. Akad. Wiss. UdSSR, Abt. chem. Wiss.] **1955.** 98—108. Jan./Febr. Zelinsky-Inst. für organ. Chem.; Inst. für metallorgan. Verbb. der Akad. der Wiss. der UdSSR.) M. Wiedemann. B 221

N. A. Ismailow und **A. K. Franke,** *Gegenseitige Löslichkeit in ternären flüssigen Systemen.* 1. Mitt. *System Wasser–Isopropylalkohol–Dichloräthan.* Von diesen 3 fl. Komponenten lösen sich bei 25° sowohl W. als auch Dichloräthan (I) in beliebiger Konz. in Isopropylalkohol, während zwischen W. u. I eine breite Mischungslücke besteht. Die Löslichkeitskurve im tern. Syst. wurde mittels isothermer Titration bis zur Entmischung bestimmt. Von den jeweils miteinander im Gleichgewicht existierenden beiden gesätt. fl. Schichten wurde die Lichtbrechung gemessen. Die Ermittlung der Zus. der krit. tern. Lsg. erfolgte unter Zuhilfenahme der gemessenen Lichtbrechung. (Журнал Физической Химии [J. physik. Chem.] **29.** 120—27. Jan. 1955. Charkow, Chem.-Pharmazeut. Inst.) E. Kordes. B 221

Charles N. Satterfield, John H. Powell jr., Eugene A. Oster jr. und **James P. Noyes,** *Ternäre Flüssigkeit–Flüssigkeits-Gleichgewichte von einigen Kohlenwasserstoffen und Schwefeldioxyd.* Vff. untersuchten die Gleichgewichte nachfolgender tern. Systeme bei −20° F; *Bzl.* mit *n-Butan, n-Hexan, Cyclohexan, n-Heptan* (I) bzw. *n-Decan* (II) u. SO_2, sowie *Toluol* mit I u. SO_2, *Xylol* mit *n-Nonan* u. SO_2, *sek.-Butylbenzol* mit II u. SO_2. Das Syst. Bzl.–I–SO_2 wurde auch bei 0 u. −35° F untersucht. Mit Hilfe dieser Modellsysteme sollte eine Abschätzung der SO_2-Extraktionsleistung einer Vielzahl von KW-stoffgemischen möglich sein. (Ind. Engng. Chem. **47.** 1458—62. Juli 1955. Cambridge, Mass., Massachusetts Inst. of Technol.) L. Fischer. B 221

W. M. Krawtschenko und **I. Ss. Passtuchowa,** *Die ternären Systeme Inden–Isochinolin–Naphthalin und Naphthalin–Isochinolin–Benzol.* Aus den Diagrammen Gleichgewichtstemp. T–Phasenzus. X u. den Isothermen im Kristallisationsfeld geht hervor, daß alle tern. Mischungen des Syst. *Inden* (I)–*Isochinolin* (II)–*Naphthalin* (III) beim Abkühlen aus fl. Schmelzen in einer kontinuierlichen Reihe von festen Lsgg. kristallisieren. Alle untersuchten Gemische verteilen sich auf 5 Schnitte des Konzentrationsdreiecks bei folgendem Verhältnis I/II (in Gew.-%): 90,00:10,00; 80,00:20,00; 59,60 zu 40,40; 40,44:59,56; 21,21:78,79. Die Temperaturdifferenz der beginnenden u. beendeten

Kristallisation beträgt höchstens ~8°. Das Phasengleichgewicht Fl.–Kristalle gehört demnach zu den selten vorkommenden einfachen kontinuierlichen 3komponentigen festen Substitutionslösungen. Im Syst. III–II–Bzl. gibt es eine Linie der bin. Eutektica, welche die Kristallisationsfelder der festen Lsg. III–II u. Bzl. voneinander trennt. Dieses Syst., das bisher nicht untersucht wurde, gehört nicht zu dem Typ von I–II–III. (Vgl. auch C. **1953.** 4350.) Журнал Физической Химии [J. physik. Chem.] **27.** 822—29. Juni 1953. Stalino, Industr. Donez-Inst.) O. Lebtag. B 221

Robert W. Taft jr., Joseph B. Levy, David Aaron und **Louis P. Hammett,** *Geschwindigkeiten, Gleichgewichts- und Temperaturkoeffizienten der reversiblen Hydratation von gasförmigem 1-Methylcyclopenten-(1) durch verdünnte Salpetersäure.* Es wurde nach einer früheren Meth. (vgl. Levy u. Mitarbeiter, C. **1953.** 9117) die Kinetik der Hydratation von gasförmigem *1-Methylcyclopenten-(1)* (I, $Kp._{760}$ 75,2—75,6°, n_D^{26} 1,4287) zu *1-Methylcyclopentanol-(1)* (II, F. 34,8—35,3°, auch aus Cyclopentanon u. CH_3MgBr) durch verd. wss. HNO_3 zwischen 30 u. 45° sowie die Dehydratisierung von II unter gleichen Bedingungen verfolgt u. mit den Ergebnissen bei Isobuten (III, vgl. l. c.) verglichen. Die Aktivierungsenthalpien ΔH^{+} für die Hydratation u. die Rück-Rk. betragen 13,77 bzw. 28,19 kcal/Mol, die Aktivierungsentropien ΔS^{+} —40,2 bzw. +9,6 cal/Grad. Eine mögliche Isomerisierung von I oder II während der Rk. konnte ausgeschlossen werden. Bei tiefen Tempp. wurden wegen des geringen Dampfdruckes von I, bei höheren wegen der vollständigen Irreversibilität der Dehydratisierung keine Messungen durchgeführt. Der Vgl. mit III zeigt, daß die Rk. von I 3,64mal schneller bei 35° (bei 45° 3,05mal) abläuft. ΔH^{+} ist für I um 3,50 kcal/Mol u. ΔS^{+} 9,0 cal/Grad geringer als bei III. Die geringen Unterschiede in den k-Werten zwischen I u. III sind also darauf zurückzuführen, daß die Wrkg. des großen Unterschiedes in ΔH^{+} durch den in ΔS^{+} fast völlig kompensiert wird. Die Rk. von I verläuft bei weitem weniger vollständig als die von III. Für die Gleichgewichts-Rk.: I (gasförmig) + H_2O (fl.) ⇌ II (Lsg. in W.) wurde die Gleichgewichtskonstante zu 0,315 bei 29,84° bzw. zu 0,1013 Mol/Liter·at bei 44,9° berechnet (ΔH —14,34 kcal/Mol; ΔS —49,8 cal/Grad). Die Verteilungskonstanten von I zwischen Gasphase u. Lsg. sind für 30, 35 u. 45° angegeben. (J. Amer. chem. Soc. **74.** 4735—37. 5/10. 1952. New York, N. Y., Columbia Univ., Dep. of Chem.)
B. Gnauck. B 221

Robert T. O. Connor, Robert R. Mod, Mildred D. Murray und **Evald L. Skau,** *Röntgenbeugungs- und Infrarotspektren von Molekülverbindungen aus Acetamid und langkettigen gesättigten Fettsäuren.* Untersucht wurden die 1:1-Molekülverbb. von *Acetamid* mit *Laurinsäure, Myristinsäure, Palmitinsäure* u. *Stearinsäure.* Die erhaltenen Infrarotspektren der Verbb. im NaCl-Gebiet waren jenen der jeweils beteiligten Verbb. ähnlich u. waren für alle Glieder der homologen Reihe, wie die Spektren der gesätt. Fettsäuren, identisch. Die Infrarotspektren sind daher nicht zur Identifizierung der einzelnen Molekülverbb. geeignet. Auf den Röntgenaufnahmen wurden die Interferenzen von „langen" u. „kurzen" Netzebenenabständen ausgemessen. Die starken, den langen Netzebenenabständen entsprechenden Interferenzen entsprachen in der Länge 2 Mol der gesätt, Fettsäure u. 2 Mol Acetamid. Die entsprechenden schwachen, den langen Netzebenenabständen entsprechenden Interferenzen erwiesen sich als ident. mit der Interferenz der „C"-Form der entsprechenden Säure. Bei der Verb. Myristinsäure–Acetamid wurde zusätzlich noch eine sehr schwache Interferenz beobachtet, die auch einem langen Netzebenenabstand entsprach. Sie verdankt ihre Entstehung wahrscheinlich der Sublimation einer geringen Menge Acetamid während der Aufnahme, wobei eine äquivalente Menge Fettsäure frei wird, die dann als ein weiterer Bestandteil diese Interferenz liefert. Der Neigungswinkel β in den Molekülverbb. ist derselbe wie in der homologen Reihe der Fettsäuren. Die kurzen Netzebenenabstände sind tabellar. zusammengestellt. — Die Molekülverbb. haben wahrscheinlich die nebenst. Form.

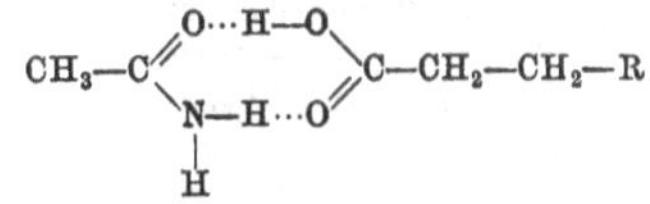

(J. Amer. chem. Soc. **77.** 892—95. 20/2. 1955. New Orleans, La., Southern Reg. Res. Labor.)
C. Gottfried. B 223

M. G. Gonikberg, *Anwendung hoher Drucke zur Untersuchung des Mechanismus chemischer Reaktionen.* An Hand der Literatur (50 Literaturangaben) behandelt Vf. Grundlagen u. Wesen des Hochdruckverf. u. seine Anwendung bei Unterss. über das therm. Cracken von Paraffin-KW-stoffen, die homogene destruktive Hydrierung von aromat. KW-stoffen, den Reaktionsmechanismus der Äthyljodidanlagerung an Pyridin, der Mutarotation von Glucose, der therm. Polymerisation von Styrol sowie über den Mechanismus der katalyt. Reaktionen. (Успехи Химии [Fortschr. Chem.] **24.** 14—31. 1955.) O. Lebtag. B 225

A. D. Stepuchowitsch und **Je. I. Etingof,** *Sterische Faktoren reversibler Elementarreaktionen von H- und CH_3-Radikalen mit einfachsten Olefinen.* (Vgl. C. **1954.** 5723.) Für die reversible Abtrennung eines H-Atoms von ungesätt. Moll. durch ein CH_3-Radikal werden (bei 900° K) folgende Werte der ster. Faktoren S (in Klammern S-Wert für die Rück-Rk.) berechnet: C_2H_4 (I), $3,6 \cdot 10^{-5}$ ($9,1 \cdot 10^{-6}$); C_3H_6 (II), $7,0 \cdot 10^{-6}$ ($5,9 \cdot 10^{-6}$); *iso*-C_4H_8 (III), $3,0 \cdot 10^{-6}$ ($4,3 \cdot 10^{-6}$). Bei der Rk. mit H-Radikal werden erhalten: I, $4,6 \cdot 10^{-3}$ ($1,6 \cdot 10^{-4}$); II, $1,2 \cdot 10^{-3}$ ($1,9 \cdot 10^{-4}$); III, $2,2 \cdot 10^{-3}$ ($1,6 \cdot 10^{-4}$); C_3H_4 (*Allen*), $2,4—10^{-3}$ ($1,8 \cdot 10^{-4}$). Danach wird beim Übergang vom H- zum CH_3-Radikal der S-Wert um 2—3 Größenordnungen vermindert. Sowohl mit H- als auch CH_3-Radikal ist die Rk. mit I begünstigt. Beim Übergang zu komplizierteren Moll. zeigt sich eine Tendenz zur Abnahme von S. Aus den Verss. werden Schlüsse über die Reaktionsfähigkeit der CH_3- u. H-Radikale bei niedriger u. hoher Temp. gezogen. (Доклады Академии Наук СССР [Ber. Akad. Wiss. UdSSR] [N. S.] **99.** 815—18. 11/12. 1954. Saratow, Tschernyschewski-Univ.) O. Lebtag. B 225

Aksel A. Bothner-By, *Stereochemie der Umlagerung unter Wanderung zwischen mehrfach gebundenen Kohlenstoffatomen. cis-* (I) u. *trans-*$^{14}C_{(1)}$*-1-p-Bromphenyl-1-phenyl-2-bromäthylen* (II) wurden dargestellt u. durch tert. K-Butylat in tert.-Butylalkohol in die entsprechenden *4-Bromtolane* umgelagert. Diese wurden mit $K_2Cr_2O_7$–H_2SO_4 zu Benzoesäure u. p-Brombenzoesäure oxydiert u. die Verteilung der Radioaktivität nach Verbrennen zu CO_2 gemessen; daraus geht hervor, daß das cis-Isomere (Brom- u. p-Bromphenyl-cis) sich unter 88%ig. Wanderung der Phenylgruppe, das trans-Isomere unter 92%ig. Wanderung der p-Bromphenylgruppe umlagerte. Bei der Umlagerung durch KNH_2 in fl. NH_3 reagierte das aromat. gebundene Brom mit. Als erster Reaktionsschritt wird die Abspaltung eines Protons angenommen; im Anion wandert die zum Halogen trans-stehende Arylgruppe. Die daneben auftretende Wanderung des cis-stehenden Aryls wird durch Isomerisierung des Anions erklärt. Der Grad der Stereospezifität ist damit eine Funktion der relativen Geschwindigkeiten der Umlagerung u. der Isomerisierung der zwei möglichen Anionen. Die Infrarotspektren von I u. II (10—15 μ) werden angegeben.

V e r s u c h e: $^{14}C_{(1)}$*-Acetylchlorid* (III) aus geschmolzenem Na-$^{14}C_{(1)}$-Acetat u. Benzoylchlorid bei 100°. — $^{14}C_{(CO)}$*-p-Bromacetophenon,* F. 52—53° (PAe.), aus III; 47% (Ausbeute). — $^{14}C_{(1)}$*-1-p-Bromphenyl-1-phenyläthylen,* Öl, durch Zutropfen vorst. Verb. in Ae. zu Phenyl-MgBr in Ae. u. 12std. Kochen; ~100%. — *cis-*$^{14}C_{(1)}$*-1-p-Bromphenyl-1-phenyl-2-bromäthylen* (I), F. 106—106,4° (Pyramiden aus PAe.), aus vorst. Verb. in CS_2 u. Br_2 in CS_2 u. fraktionierte Kristallisation aus PAe.; 18%. — *trans-*$^{14}C_{(1)}$*-1-p-Bromphenyl-1-phenyl-2-bromäthylen* (II), F. 42—44° (Nadeln aus PAe.), aus den Mutterlaugen des cis-Deriv. nach Chromatographieren an Al_2O_3 in PAe.; 4%. — *4-Bromtolan,* $C_{14}H_9Br$, F. 83—85° (PAe.), durch 72std. Kochen von 1-p-Bromphenyl-1-phenyl-2-bromäthylen in tert.-Butanol in Ggw. von K-tert.-Butylat. — $^{14}C_{(x)}$*-4-Bromtolan,* F. 83—85° (PAe.), analog der inakt. Verb. aus I oder II; ~100%. (J. Amer. chem. Soc. **77.** 3293—96. 20/6. 1955. Cambridge, Mass., Harvard Univ., Mallinckrodt Labor. of Chem.) H. Bertsch. B 225

George S. Hammond und **Winston Grundemeier,** *Der Mechanismus der Benzidinumlagerung.* 3. Mitt. *Die Umlagerung von p.p'-Dideuterohydrazobenzol.* (2. vgl. Cohen u. Hammond, C. **1954.** 5972.) Vff. stellen fest, daß die Geschwindigkeit der Umlagerung des *p.p'-Dideuterohydrazobenzols* in absol. HCl enthaltendem A. nur maximal um 10% langsamer ist als die bei der undeuterierten Verbindung. Ferner ist das Verhältnis von Benzidin zu Diphenylin in dem erhaltenen Produktgemisch innerhalb des Versuchsfehlers gleich bei den deuterierten u. undeuterierten Substraten. Diese Ergebnisse deuten an, daß der geschwindigkeitsbestimmende Schritt der Rk. die Bldg. der zweiten konjugierten Säure des Hydrazobenzols ist, u. daß die Folge-Rkk., die die Art der Reaktionsprodd. bestimmen, nicht durch Abzug von Protonen aus den Kernstellungen stattfinden, die der Substitution unterliegen.

V e r s u c h e: *p-Deuteronitrobenzol,* aus dem Diazoniumchlorid des p-Nitroanilins u. Deuterohypophosphorsäure (Infrarotspektr.) in D_2O; 42% (Ausbeute). — *p.p'-Dideuterohydrazobenzol,* F. 128—129°, aus vorst. Verb. durch Red.; 86%. (J. Amer. chem. Soc. **77.** 2444—46. 5/5. 1955. Ames, Io., Iowa State Coll., Chem. Labor.) J. Knaul. B 225

Shou-Cheng J. Fu, Sanford M. Birnbaum und **Jesse P. Greenstein,** *Einfluß von optisch-aktiven Acylgruppen auf die enzymatische Hydrolyse N-acylierter L-Aminosäuren.* (Vgl. auch Fu u. Birnbaum, C. **1954. 2414** u. früher). D- u. L-Alanin werden in die entsprechenden opt.-akt. α-Chlorpropionsäuren ohne Konfigurationsänderung umgewandelt. Die halogenierten Säuren werden über ihre Säurechloride mit Glycin, L-Alanin, L-Butyrin, L-Norvalin, L-Phenylalanin u. L-Tyrosin verknüpft. Die Prodd. aus den ersten

4 Aminosäuren werden zu Unterss. mit *Nierenacylase I* (I), die aus den letzten beiden zu Unterss. mit *Pankreascarboxypeptidase* (II) verwendet. Die acylierten Aminosäuren mit L-Acylsubstituenten werden durch I mit größeren Geschwindigkeiten hydrolysiert als solche mit D-Acyl-Substituenten. Die Differenzen der Geschwindigkeiten für die L- u. D-Acylsubstituenten sind jedoch sehr viel größer, wenn als Acylgruppen Alanyl statt α-Chlorpropionyl verwendet wird. Mit steigender Länge der Seitenkette der endständigen L-Aminosäure wird die Differenz im Falle der α-Chlorpropionylderivv. größer; im Falle der Alanylderivv. bleibt sie prakt. konstant. Mit Ausnahme der Carbobenzoxyalanylderivv. war bei der II der Unterschied. der Reaktionsgeschwindigkeiten zwischen L- u. D-Acylderivv. relativ gering. Im Gegensatz zu I greift II den L-Chlorpropionylrest viel schneller an als den L-Alanyl- oder Propionylrest.

Versuche: *L- u. D-Alanin*, $[\alpha]_D^{25}$ +14,4 bzw. −14,4° (c = 2; 5n HCl), aus Acetyl-DL-alanin u. I. — *L-α-Chlorpropionsäure*, $C_3H_5O_2Cl$, $Kp._{10}$ 77°, durch Rk. von L-Alanin in 6n HCl mit $NaNO_2$ bei 0—5°, 4 Std. Rühren bei 0°; keine meßbare Racemisierung bei 4 Wochen Stehen bei −10°; $[\alpha]_D^{25}$ −18,2° (*l* = 10 cm), $[\alpha]_D^{25}$ −14,6°, $D.^{25}$ 1,2485, n_D^{25} 1,4322. — *D-α-Chlorpropionsäure*, aus D-Alanin entsprechend; $[\alpha]_D^{25}$ +18,2° (*l* = 10 cm), $[\alpha]_D^{25}$ +14,6°, $D.^{25}$ 1,2485, n_D^{25} 1,4321. — *L-Chlorpropionylchlorid*, $C_3H_4OCl_2$, $Kp._{100}$ 53°, aus der Säure mit $SOCl_2$ + etwas PCl_3 bei −10°, 15 Min. Schütteln bei −10°, 4 Std. Erhitzen auf dem Dampfbad; $[\alpha]_D^{25}$ +5,8° (*l* = 10 cm), $[\alpha]_D^{25}$ +4,6°, $D.^{25}$ 1,2689, n_D^{25} 1,4368. — *D-Chlorpropionylchlorid*, analog, $[\alpha]_D^{25}$ −5,8° (*l* = 10 cm) $[\alpha]_D^{25}$ −4,6°, $D.^{25}$ 1,2682, n_D^{25} 1,4370. — *L-Chlorpropionylglycin*, F. (korr.) 127°, $[\alpha]_D^{24}$ −21,4° (2,0%, W.), −31,3° (Methanol). — *D-Chlorpropionylglycin*, F. 127°, +21,4°, +31,2°. — *L-Chlorpropionyl-L-alanin*, F. 156°, −66,5°, −47,6°. — *D-Chlorpropionyl-L-alanin*, F. 156°, −35,7°, −9,8°. — *L-Chlorpropionyl-L-butyrin*, F. 94°, −49,4°, −31,7°. — *D-Chlorpropionyl-L-butyrin*, F. 94°, −26,4°, −3,4°. — *L-Chlorpropionyl-L-norvalin*, F. 48—50°, −40,0°, −25,4°. — *D-Chlorpropionyl-L-norvalin*, F. 85°, −20,6°, −1,6°. — *L-Chlorpropionyl-L-phenylalanin*, F. 89°, —, +41,5°. — *D-Chlorpropionyl-L-phenylalanin*, F. 112°, —, 30,2°. — *L-Chlorpropionyl-L-tyrosinmethylester*, $C_{13}H_{16}O_4 \cdot NCl$, F. 113°, aus dem Säurechlorid mit L-Tyrosinmethylester ($[\alpha]_D^{25}$ +25,5° [c = 2, Methanol]) in Chlf. in Ggw. von Na_2CO_3. — *D-Chlorpropionyl-L-tyrosinmethylester*, F. 113°, entsprechend vorst. Verb.; $[\alpha]_D^{25}$ +21,4°. — *L-Chlorpropionyl-L-tyrosin*, F. 155°, —, +51,1°. — *D-Chlorpropionyl-L-tyrosin*, F. 155°, —, +42,1°. — *DL-Chlorpropionyl-L-alanin*, F. 157°, −51,1°, 28,7°. — *DL-Chlorpropionyl-D-alanin*, F. 157°, +51,1°, +28,7°. — *DL-Brompropionyl-L-alanin*, F. 173°, −41,2°, −26,6°. — *DL-Brompropionyl-D-alanin*, F. 173°, +40,9°, +26,5°. — *Acetyl-L-phenylalanin*, F. 171°, $[\alpha]_D^{25}$ +52,5° (c = 2, Äthanol). *Propionyl-L-phenylalanin*, F. 132°, $[\alpha]_D^{25}$ +50,0° (c = 2, Äthanol). — *Chloracetyl-L-phenylalanin*. — *Carbobenzoxy-D-alanyl-L-alaninäthylester*, $C_{16}H_{22}O_5N_2$, F. 89,5°, aus Carbobenzoxy-*D*-alanin (F. 84°, $[\alpha]_D^{25}$ des HCl-Salzes = −11,4° [c = 2, 5n HCl]) in Toluol–Chlf. u. in Ggw. von Isovalerylchlorid u. Triäthylamin; 87% (Ausbeute); (bei Verwendung von Isobutylchlorcarbonat an Stelle von Isovalerylchlorid in Ggw. von überschüssigem Ester war die Ausbeute sehr gering). — *Carbobenzoxy-D-alanyl-L-alanin*, $C_{14}H_{18}O_5N_2$, F. 116°. — *D-Alanyl-L-alanin*, aus vorst. Verb. durch Hydrogenolyse der Carbobenzoxygruppe in 1:1 Methanol–W.; $[\alpha]_D^{25}$ −71,1° (c = 2, W.). — Analog: *L- u. D-Alanyl-L-norvalin* ($[\alpha]_D^{25}$ [c = 2, W.] −5,0 bzw. −47,4°) u. *L- u. D-Alanyl-L-butyrin* ($[\alpha]_D^{25}$ (c = 2, W.) −8,0 bzw. −52,8°) aus L-Butyrinäthylesterhydrochlorid ($[\alpha]_D^{25}$ +6,1° [c = 2; 5n HCl]) u. L-Norvalinäthylesterhydrochlorid ($[\alpha]_D^{25}$ +9,5° [c = 2, 5n HCl]); Ausbeuten 65—80%. Zwischenprodd.: *Äthylcarbobenzoxy-L-alanyl-L-butyrinat*, F. 77°. — *Äthylcarbobenzoxy-D-alanyl-L-butyrinat*, F. 93°. — *Carbobenzoxy-L-alanyl-L-butyrin*, F. 154°. — *Carbobenzoxy-D-alanyl-L-butyrin*, F. 141°. — *Äthylcarbobenzoxy-L-alanyl-L-norvalinat*, F. 108°. — *Äthylcarbobenzoxy-D-alanyl-L-norvalinat*, F. 90°. — *Carbobenzoxy-L-alanyl-L-norvalin*, F. 145°. — *Carbobenzoxy-D-alanyl-L-norvalin*, F. 151°. — *Carbobenzoxy-L-alanyl-L-phenylalanin*, F. 122°, u. *Carbobenzoxy-D-alanyl-L-phenylalanin*, F. 74°, beide $C_{20}H_{22}O_5N_2$, aus dem betreffenden Carbobenzoxyalanin u. L-Phenylalaninäthylester in Ggw. von Isovalerylchlorid u. Triäthylamin mit nachfolgender Verseifung. (J. Amer. chem. Soc. **76**. 6054—58. 5/12. 1954. Bethesda, Md., Nat. Inst. of Health, Nat. Cancer Inst., Labor. of Biochem.) J. MATTNER. B 225

J. Grundy, *Der Mechanismus der Reaktion von Halogenbenzoesäuren und Halogennitrobenzolen mit nucleophilen Reagentien.* (Vorl. Mitt.) Die Reaktivität von *2-Nitro-*, *4-Nitro-*, *2.4-Dinitro-* u. *2.4.6-Trinitrobrombenzol* gegenüber verschied. Basen wurde untersucht. Nitrogruppen in 4-Stellung aktivieren viel wirksamer als in 2-Stellung, anscheinend nach verschied. Mechanismen: Im Falle der 2- u. 6-Nitrohalogenbenzole kann wegen ster. Hinderung der Resonanz eine Aktivierung nur durch den —I-Effekt erfolgen, während Nitrogruppen in 4-Stellung durch ihren —M-Effekt die nucleophile Substitution viel stärker begünstigen. 2-Halogenbenzoesäuren sind selbst gegenüber starken

Basen beständig (der —I-Effekt der Carboxylgruppe ist geringer als der der Nitrogruppe), reagieren dagegen sehr leicht in Ggw. von Ionen des Fe, Co, Ni, Cu, Zn, Pt, nicht aber Mn oder Sn; durch Koordination mit dem Metallion wird der —I-Effekt des Halogens vergrößert u. sein +M-Effekt verringert u. zusammen mit dem—I-Effekt der Carboxylgruppe die Reaktionsfreudigkeit des Halogens mit nucleophilen Reagentien bewirkt. (Chem. and Ind. **1954.** 23. 2/1. Blackburn, Techn. Coll.) G. LOHAUS. B 225

Sidney D. Ross und **Irving Kuntz,** *Molekülverbindungen.* 3. Mitt. *Der Einfluß der Bildung einer Molekülverbindung auf die Geschwindigkeiten der Reaktion von Anilin mit 2.4-Dinitrochlorbenzol.* (2. vgl. C. **1955.** 56.) Die Geschwindigkeitskonstanten 2. Ordnung der Rk. zwischen *Anilin* (I) u. *2.4-Dinitrochlorbenzol* (II) wurden bei 24,4 ± 0,1° in A., 50% A.–50% Äthylacetat u. Äthylacetat bestimmt. In den beiden erstgenannten Lösungsmitteln nahmen die k-Werte mit zunehmender Konz. von I bei konstanter Konz. von II ab. Die Beobachtung wird durch die Bldg. einer Mol.-Verb. zwischen den beiden Komponenten erklärt; dafür spricht auch das Auftreten einer tiefgelben Färbung bei ihrem Vermischen. Die Resultate der Unterss. erlauben keine Entscheidung zwischen zwei möglichen Mechanismen, von denen einer annimmt, daß die freien Komponenten, die im Gleichgewicht mit dem Komplex stehen, zu den Endprodd. 2.4-Dinitrodiphenylamin u. Anilinhydrochlorid reagieren, während der Alternativvorschlag den langsamen Zerfall der Mol.-Verb. in die Prodd. fordert. Außer auf kinet. Wege wurden die Gleichgewichtskonstanten der Bldg. der Mol.-Verb. zwischen I u. II noch spektroskop. durch Messung der zeitlichen Veränderung der Absorption u. Extrapolation auf t = 0 bestimmt. Die nach den beiden Methoden erhaltenen Werte stimmen größenordnungsmäßig überein u. zeigen, daß in Äthylacetat nur geringe oder gar keine Komplexbldg. stattfindet. (J. Amer. chem. Soc. **76.** 3000—05. 5/6. 1954. North Adams, Mass., Sprague Electric Co., Res. Labors.) G. LOHAUS. B 225

Massimo Simonetta und **Giorgio Favini,** *Über die Kinetik der Reaktion zwischen aromatischen Nitrochlorderivaten und Alkoholaten in alkoholischer Lösung.* (Vgl. C. **1954.** 5266 u. **1955.** 2638.) Für die Rk. der Chlornitronaphthaline mit Na-Methylat (I) u. -Äthylat (II) werden folgende mittlere Geschwindigkeitskonstanten k in Std.$^{-1}$ (Mol/Liter) ermittelt: mit I *1-Chlor-2-nitronaphthalin* (III) 50° 0,555, 55° 0,874, 60° 1,54; *1-Chlor-4-nitronaphthalin* (IV) 50° 0,500, 55° 0,805, 60° 1,36; *1-Nitro-2-chlornaphthalin* (V) 60° 0,0735, 65° 0,109, 70° 0,177; mit II bei 60°: **III** 1,910, **IV** 1,380, **V** 0,0925. Für die Aktivierungsenergie (cal/Mol) ergibt sich: **III** 20450, **IV** 19850, **V** 21800. Die Ergebnisse bestätigen die bei Verss. über die Rk. von **III, IV** u. **V** mit KOH in wss.-alkoh. Lsg. u. in W.–Dioxan-Gemisch gefundene Folge der Reaktionsfähigkeit (l. c.), die durch die Energieunterschiede der π-Elektronen des aromat. Mol. im Ausgangs- u. Übergangszustand bestimmt wird u. von Temp., Lösungsm. u. Art der das Cl substituierenden Gruppe unabhängig ist. (Atti Accad. naz. Lincei, Rend., Cl. Sci. fisiche, mat. natur. [8] **16.** 84—88. Jan. 1954. Milano, Univ., Ist. di Chim. ind. u. Politecn., Ist. di Chim. gen.) R. K. MÜLLER. B 225

C. Gardner Swain und **Arthur D. Ketley,** *Das Chloriniumion als ein Intermediärprodukt bei der Chlorierung aromatischer Verbindungen durch unterchlorige Säure.* Die Geschwindigkeitskonstante der Chlorierung von *Methyl-p-tolyläther* (Kp.$_{762}$ 174—175°) durch HClO in perchlorsaurem Gemisch von 37,5% W. bzw. D_2O u. 62,5% Dioxan in Ggw. von $AgClO_4$ bei 25° betrug $4{,}9 \cdot 10^{-2}$ bzw. $9{,}46 \cdot 10^{-2}$ Min.$^{-1}$. Danach muß intermediär Cl^+ auftreten. (J. Amer. chem. Soc. **77.** 3410. 20/6. 1955. Cambridge, Mass., Inst. of Technol., Dep. of Chem.) L. FISCHER. B 225

Marshall W. Cronyn, Mary Pin Chang und **Richard A. Wall,** *Die Reaktivität des α-Wasserstoffatoms von Thiolestern.* Äthylthiolacetat (I) gibt im Gegensatz zu Äthylacetat durch CLAISEN-Kondensation mit Isopropyl-MgBr (II) als Kondensationsmittel in 60—70%ig. Ausbeute *Acetthiolessigsäureäthylester.* Die kinet. Unters. der KNOEVENAGEL-Kondensation von Benzaldehyd mit *Dithiolmalonsäurediäthylester* (III) bzw. Malonsäurediäthylester (IV) zeigte, daß die relative Reaktionsgeschwindigkeit von **III** ca. 4mal größer ist als die von **IV.** Die aus diesen Rkk. ersichtliche Verstärkung des sauren Charakters des α-H-Atoms bei Ersatz der Carbäthoxy- durch die Thiolestergruppe wird auf die Differenz der Resonanzenergien einer mesomeren Form, die die Ablösung eines Protons in α-Stellung erschwert, zurückgeführt. Die Überlappung der C(2p)- u. S(3p)-Zustände in der C–S-Doppelbindung $-\overset{|}{C}=\underset{+}{S}-R$ ist geringer als in $-\overset{|}{C}=\underset{+}{O}-R$, was auch in der Differenz der σ-Konstanten zwischen m-CH_3S- u. p-CH_3S— gegen m- bzw. p-CH_3O— zum Ausdruck kommt. Thiolessigsäure-tert.-butylester (V) reagiert mit II viel langsamer als **I,** zu *Acetthiolessigsäure-tert.-butylester.* **II** gibt mit **V** eine relativ stabile GRIGNARD-Verb., die mit Cyclohexanon durch REFORMATSKI-Rk. *1-Oxycyclo-*

hexylthiolessigsäure-tert.-butylester (VI) gibt. Durch Desulfurierung mit Raney-Ni wurde daraus *2-[1-Oxycyclohexyl]-äthanol* erhalten. Diese Meth. wird zur Darst. von 1.3-Glykolen aus Ketonen vorgeschlagen.

Versuche: *Acetthiolessigsäureäthylester*, $C_6H_{10}O_2S$, Kp.$_{30}$ 110°, durch Zutropfen von I zu II in Ae. bei −20° u. 70 Min. Rühren bei 0°; n_D^{26} 1,4942; 66,5% (Ausbeute). — *Acetthiolessigsäure-tert.-butylester*, $C_8H_{14}O_2S$, Kp.$_3$ 55°, aus V u. II in Ae. analog vorst. Verb. u. 2 Std. Rühren bei Raumtemp.; n_D^{25} 1,4808; 30% neben 60% V. — *1-Oxycyclohexylthiolessigsäure-tert.-butylester* (VI), $C_{12}H_{22}O_2S$, Kp.$_2$ 106°, durch Zutropfen von V zu II in Ae. bei −25°, sofort folgendes Zutropfen von Cyclohexanon unterhalb −20°, 1 Std. Rühren bei −20° u. 12 Std. bei Raumtemp.; n_D^{25} 1,4951; 65%. — *1-Oxycyclohexylessigsäure*, F. 61° (PAe.), aus VI durch Verseifung mit NaOH; 85%. — *2-[1-Oxycyclohexyl]-äthanol*, $C_8H_{16}O_2$, Kp.$_{12}$ 140°, durch 1std. Kochen von VI mit Raney-Ni in tert.-Butylalkohol; n_D^{18} 1,4900; 80%. — *Dithiolmalonsäurediäthylester* (III), $C_7H_{12}O_2S_2$, Kp.$_2$ 110—112°, aus Malonsäure durch Rk. mit $SOCl_2$ u. Umsetzung des entstehenden Säurechlorids mit Äthylmercaptan; n_D^{25} 1,5203; 25%. — *Benzaldithiolmalonsäurediäthylester*, $C_{14}H_{16}O_2S_2$, Kp.$_1$ 177—179°, aus Benzaldehyd u. III in Bzl. in Ggw. von Piperidin u. Capronsäure; n_D^{25} 1,6180; 68%. (J. Amer. chem. Soc. **77**. 3031—34. 5/6. 1955. Portland, Ore., Reed Coll., Univ. of Washington, Univ. of California, Dep. of Chem.)
H. Bertsch. B 225

Volker Franzen und **Helmut Krauch**, *Reaktionsmechanismen*. 1. Mitt. *Die Meerwein-Schuster-Arylierung*. Zusammenfassende Darst. des Mechanismus der Arylierung α.β-ungesätt. Carbonyl-, Carboxyl- u. Nitrilverbb. mit Diazoniumsalzen in Ggw. von Cu-Salzen. Deutung als Radikalmechanismus. Obige Benennung der Rk. wird von den Vff. vorgeschlagen. (Chemiker-Ztg. **79**. 101—02. 20/2. 1955. Heidelberg, Max-Planck-Inst. für Med. Forsch., Inst. für Chem.) K. Prchal. B 225

DeLos F. DeTar und **Abdul A. Kazimi**, *Durch Gomberg-Bachmann-Reaktion erhaltene Dinitrobiphenyle. Eine quantitative Untersuchung*. Vff. untersuchten die Gomberg-Bachmann-Rk. von 3- (I) u. 4-Nitrobenzoldiazoniumchlorid (II) mit Nitrobenzol u. Na-Acetat. Das Gemisch der isomeren *3.X'-* bzw. *4.X'-Dinitrobiphenyle* (X' = zweite Nitrogruppe) wurde UV- u. infrarotspektrophotometr. bestimmt. Das Verhältnis der aus I erhaltenen Isomeren, 3.2':3.3':3.4'-Dinitrobiphenyl betrug 31:25:44; bei Verwendung von II 34:23:43. Nitrobenzoldiazoniumchlorid bildet hier somit mehr m- u. p-Substitutionsprodd. als Benzol-, p-Brombenzol- u. p-Tolyldiazoniumchlorid (vgl. De Tar u. Scheifele, C. **1953**. 1311). Ob dies durch den Nitrosubstituenten oder durch die Verwendung von Na-Acetat statt NaOH bedingt ist, konnte nicht entschieden werden.

Versuche: *2.4'-Dinitrobiphenyl*, F. 92,7—93,7° (A. u. Aceton). — *4.4'-Dinitrobiphenyl*, F. 228—233° (A. u. Aceton). — *2.2'-Dinitrobiphenyl.*, F. 124—124,5° (A.), aus o-Chlornitrobenzol durch Ullmann-Rk., blaßgelbe Nadeln. — *3.3'-Dinitrobiphenyl*, F. 201—202° (Aceton), aus diazotiertem m-Nitranilin (III) durch reduktive Kupplung durch ammoniakal. Cu(II)-Lsg., blaßgelbe Tafeln. — *3-Nitrobiphenyl*, F. 57—58° (95% Hexan–5% Bzl.), aus diazotiertem III u. Bzl. durch Gomberg-Bachmann-Reaktion. — *2.3'-Dinitrobiphenyl*, F. 118—119,5° (A.), aus vorst. Verb. durch Nitrierung. — *4.3'-Dinitrobiphenyl*, F. 188—188,5°. (J. Amer. chem. Soc. **77**. 3842—44. 20/7. 1955. Columbia, S. C., Cornell Univ., Baker Labor. of Chem.) J. Knaul. B 225

P. H. Gore, *Die Friedel-Crafts-Acylierungsreaktion und ihre Anwendung auf polycyclische aromatische Kohlenwasserstoffe*. Vf. gibt eine gedrängte Übersicht über den Mechanismus der Friedel-Crafts-Acylierungs-Rk., den Einfl. des Katalysators, der Acylkomponente u. des Lösungsmittels. Besprechung der Faktoren, die die Substitutionsstellung in polycycl. Systemen beeinflussen, wie Lösungsm., Katalysatormenge, Zugabereihenfolge mit besonderer Berücksichtigung der Ergebnisse der letzten 12 Jahre. Detailierte Diskussion u. Zusammenfassung der Ergebnisse der Acylierung von 10 polycycl. aromat. KW-stoffen (*Naphthalin, Anthracen, Phenanthren, Pyren, Benzanthracen, Chrysen, Triphenylen, Benzophenanthren, Benzopyren* u. *Perylen*). — 12 Tabellen, 442 Literaturzitate. (Chem. Reviews **55**. 229—81. April 1955. London, Acton Techn. Coll., Dep. of Chem.) H. Bertsch. B 225

C. D. Lawrence und **C. F. H. Tipper**, *Einige Reaktionen von Cyclopropan und ein Vergleich mit den niedrigeren Olefinen*. 1. Mitt. *Einleitung und Reaktion mit starken Säuren*. Die Rk. von *Cyclopropan* (I) mit mäßig konz. Lsgg. starker Säuren ist ca. 5mal so schnell wie die Rk. von *Propen* (II) mit den entsprechenden Säuren; die Kinetik ist jedoch bei I u. II sehr ähnlich. Die Reaktionsgeschwindigkeit v ist dem Ausdruck $[C_3H_6]\cdot[\text{Säure}]^n$ proportional; n beträgt bei wss. $HClO_4$ oder wss. H_2SO_4 6—10, bei H_2SO_4 in Eisessig 2,5—3,5. Mit steigender Säurekonz. steigt auch v. Ersetzt man einen Teil des W. bei der

$HClO_4$-Lsg. durch Methanol, so fällt v, obgleich die Löslichkeit des I 12—15 mal größer wird. Zusatz von gepulvertem SiO_2 zur Vergrößerung der Oberfläche hat auf die Geschwindigkeit der Rk. von I mit wss. $HClO_4$ keinen Einfluß. Aus der Unters. des Einfl. der Temp. auf die v-Werte errechnen sich folgende Aktivierungsenergien: 16,5 kcal/Mol. für die Absorption von II in H_2SO_4/Eisessig, 18,0 kcal/Mol bei I in H_2SO_4/Eisessig, 13,8 kcal/Mol für I in wss. $HClO_4$. Das Prod. aus wss. $HClO_4$ u. I halten Vff. für *Propylperchlorat*. Aus wss. H_2SO_4 u. I entstand ein Öl, wahrscheinlich *Di-n-propylsulfat* u. *Propylhydrogensulfat*; aus H_2SO_4/Eisessig wurde daneben *n-Propylacetat* isoliert. Es wird ein Reaktionsmechanismus angenommen, bei dem der 1. Schritt in der Addition eines Protons an den KW-stoff besteht. (J. chem. Soc. [London] **1955**. 713—16. März. Liverpool, Univ., Dep. of Inorgan. and Physical. Chem.) J. MATTNER. B 225

Wyman R. Vaughan, Robert L. Craven, Randel Q. Little jr. und **A. Charles Schoenthaler,** *Addition von Halogenwasserstoffen an α.β-ungesättigte Säuren.* HCl reagiert mit Dibenzobicyclo-[2.2.2]-octatriendicarbonsäure-(2.3) (I) in Eisessig bei 135° unter Bldg. von *2-Chlordibenzobicyclo-[2.2.2]-octadien-cis-dicarbonsäure-(2.3)·anhydrid* (II) u. bei 25° zu *2-Chlordibenzobicyclo-[2.2.2]-octadien-trans-dicarbonsäure-(2.3)* (III). III isomerisierte sich unter den Darstellungsbedingungen von II quantitativ zu II, während es in Abwesenheit von HCl in I (*Dimethylester*, F. 152,5—156,0°) überging. Das in 2-Stellung unsubstituierte III-Analogon isomerisierte sich unter gleichen Bedingungen nur zu 40,5% zu dem II-Analogon. Vff. führen die Isomerisierung auf eine durch Säure katalysierte Enolisierung der trans-Verbb., gefolgt von einer irreversiblen H_2O-Abspaltung unter Bldg. des Anhydrids zurück. Dieser Anhydridring wird durch Substitution in 2-Stellung stabilisiert. — Bei der Anlagerung von HBr an Cyclohexencarbonsäure (IV) wurde neben *cis-2-Brom-* (V; trans-Addition) auch in geringer Menge *trans-2-Bromcyclohexancarbonsäure* (VI) gefunden, wobei höhere HBr-Konz. u. erhöhte Tempp. die Bldg. von VI begünstigten. Die unter gleichen Bedingungen durchgeführten Isomerisierungsverss. ergaben nur, daß sich V leichter als VI verändert. Demnach scheint die Addition von HX an Olefine, deren C=C-Bindung mit einer COOH-Gruppe in Konjugation stehen mag oder nicht, nach einem im wesentlichen stereospezif. trans-Additionsmechanismus abzulaufen. Die mit geringerer Geschwindigkeit einsetzende Isomerisierung liefert dann über das Enol die scheinbaren cis-Additionsprodukte.

Versuche: *2-Chlordibenzobicyclo-[2.2.2]-octadien-cis-dicarbonsäure-(2.3)-anhydrid* (II), F. 154,0—155,3° (Toluol), durch Erhitzen von I bzw. III in Eisessig (bei 0° mit HCl gesätt.), 3 Tage auf 135° im Rohr, 63,5 bzw. 98,0 (Ausbeute). — *2-Chlordibenzobicyclo-[2.2.2]-octadien-trans-dicarbonsäure-(2.3)* (III), $C_{18}H_{13}O_4Cl$, F. 217,5—218,5° (Nitromethan), durch Stehen von I in 35%ig. HCl–Eisessig-Lsg., 8 Tage bei 25° im Rohr; 67,5%. *Dimethylester* $C_{20}H_{17}O_4Cl$ F. 141—142° (Methanol). — *trans-2-Chlorcyclohexen-(4)-carbonsäure,* $C_7H_9O_2Cl$, F. 108,6—109,8° (PAe.), durch Erhitzen von Butadien u. trans-β-Chloracrylsäure in Ggw. von Hydrochinon in Bzl., 30 Std. auf 150° im Bombenrohr; 71%. — *trans-2-Bromcyclohexen-(4)-carbonsäure,* $C_7H_9O_2Br$, F. 115,0—115,6° (PAe. korr.), analog vorst. Verb. mit trans-β-Bromacrylsäure 23 Std. bei 150°; 79,5% (roh). — *trans-2-Chlorcyclohexancarbonsäure,* $C_7H_{11}O_2Cl$, F. 84,0—85,7° (PAe., korr.), durch Hydrierung vorvorst. Verb. in Eisessig in Ggw. von Pt nach ADAMS; 94,4%. — *trans-2-Bromcyclohexancarbonsäure* (VI), $C_7H_{11}O_2Br$, F. 109,0—109,8° (PAe., korr.), analog vorst. Verb. aus vorvorst. Verb.; 96%. — *cis-2-Chlorcyclohexancarbonsäure,* $C_7H_{11}O_2Cl$, F. 97,6—98,4° (PAe., korr.), durch 15std. Erhitzen von IV in mit HCl gesätt. Eisessig im Bombenrohr auf 100—110°; 66,3%. — *cis-2-Bromcyclohexancarbonsäure* (V), F. 111,2 bis 112,2°, aus IV u. 30%ig. HBr in Eisessig. (J. Amer. chem. Soc. **77**. 1594—98. 20/3. 1955. Ann Arbor, Mich., Univ., Dep. of Chem.) L. FISCHER. B 225

Norman H. Cromwell, Glenn V. Hudson, Ronald A. Wankel und **Philip J. Vanderhorst,** *Äthyleniminketone.* 9. Mitt. *Stereochemie und Mechanismus von Dreiringspaltung und Dreiringschluß.* (8. vgl. C. **1953**. 7798.) Der stereochem. Verlauf der HCl-Ringspaltung bei *cis–trans*-Isomeren von Arylaroylaziridinen [Äthyleniminketone], der Einfl. der Cl-Ionenkonz. u. des Lösungsm. auf die Zus. der Reaktionsmischung sowie der Ringschluß von α-Chlor-β-amino- u. von α-Amino-β-chlorketonen wird in Bzl.–Ae. bzw. in Methanol näher untersucht. — Jede Ringöffnung u. jeder Ringschluß ist mit einer WALDENschen Umkehrung an dem C-Atom verbunden, an dem die Substitutionsänderung erfolgt. *cis*-Arylaroylaziridine liefern mit überschüssiger HCl im wesentlichen *threo*-α-Amino-β-chlorketonhydrochloride, die mit Morpholin in die ursprünglichen *cis*-Aziridine zurückverwandelt werden. Die *trans*-Form von 1-Benzyl-2-phenyl-3-[p-toluyl]-äthylenimin (I) geht unter den gleichen Bedingungen in eine Mischung der Hydrochloride von *threo-α-Chlor-β-benzylaminobenzyl-p-methylacetophenon* (II) u. *threo-β-Chlorbenzyl-α-benzylamino-p-methylacetophenon* (III) über. Mit 2 Mol HCl bildet sich aus *cis*-I als Hauptprod. II, während *trans*-I unter den gleichen Bedingungen eine Mischung der Hydrochloride von II u. III liefert, die beim Ringschluß wieder in *trans*-I übergeht. Dabei konnte gezeigt werden, daß III-Hydrochlorid langsam in Ggw. von 1Mol *cis*-I u. II-Hydrochlorid umgelagert wird; die Rk. ist in Aceton nahezu vollständig. Ferner ergab sich, daß der Anteil an α-Chlor-β-aminoketonen bei der Ringspaltung von *cis*-Äthyleniminketonen mit steigender Cl^--Konz. zunimmt, während bei den *trans*-Isomeren dieser Effekt weniger ausgeprägt ist. Vff. schließen aus den Ergebnissen: 1. S_N2-Ringspaltung ist bei beiden Stereoisomeren für die Bldg. von α-Chlor-β-aminoketonhydrochloriden von größerer Bedeutung als S_N1-Rk., 2. bei der Bldg. von β-Chlor-α-aminoketonhydrochloriden ist umgekehrt S_N1 vorherrschend, 3. Hyperkonjugation des Dreiringes mit der CO-Gruppe wirkt in trans-Isomeren gegen den induktiven Effekt u. begünstigt S_N2-Rk. an β-C-Atom im Vgl. zu der Umsetzung der cis-Verb., 4. in Methanol als ionisierendem Medium tritt bevorzugt S_N1-Rk. ein.

Versuche: *cis-1-Benzyl-2-phenyl-3-benzoyläthylenimin* (IV), F. 108°. — *cis-1-Benzoyl-2-phenyl-3-[p-toluyl]-äthylenimin* (*cis*-I), F. 116—118°. — *trans*-I, F. 72—74°. — *cis-1-Cyclohexyl-2-phenyl-3-[p-toluyl]-äthylenimin* (V), F. 111—112°. — *threo-α-Chlor-β-benzylaminobenzylacetophenon* (VI), $C_{22}H_{20}ONCl$, F. 82—83° (Bzl. + PAe.), aus IV in Ae. + Bzl. (2:1) bei 23—25° mit 2 Mol äther. HCl (10 Min.) u. Zerlegen des Hydrochloridgemisches mit Benzylamin in Ae.; 70%. *Hydrochlorid*, F. 148—149°. Liefert mit Morpholin auf dem Wasserbad 80% IV (F. 107—108°) zurück. — *threo-α-Benzylamino-β-chlorbenzylacetophenon* (VII), F. 92—93°, aus IV in Ae. + Bzl. durch Einleiten von überschüssiger HCl bei 35°; 91%, oder als Nebenprod. von VI; 7%. *Hydrochlorid*, F. 165—166°. Liefert mit Morpholin auf dem Wasserbad 68% IV (F. 104—107°) zurück. — *threo-α-Chlor-β-benzylaminobenzyl-p-methylacetophenon* (II), $C_{23}H_{22}ONCl$, F. 115° (Bzl. + PAe.), aus *cis*-I oder *trans*-I mit der berechneten Menge HCl, oder aus *cis*-I mit überschüssiger HCl bei 23—25° u. Behandeln des Hydrochlorids mit 1Mol-äquivalent Benzylamin in Ae.; 72, 64 bzw. 4%. *threo-α-Benzylamino-β-chlorbenzyl-p-methylacetophenon* (III) als Nebenprod.; 11, 36 bzw. 4%. *Hydrochlorid*, $C_{23}H_{23}ONCl_2$, F. 167—169°. Liefert mit Morpholin auf dem Wasserbad 84% cis-I (F. 115—116°) zurück; mit Triäthylamin entstehen in Bzl. (96 Std.) 76%, in A. 38% *cis*-I. — Mischung von *erythro-α-Benzylamino-β-chlorbenzyl-* u. *erythro-α-Chlor-β-benzylaminobenzyl-p-methylacetophenonhydrochlorid*, $C_{23}H_{23}ONCl_2$, F. 168—170°, aus *trans*-I mit 2 Moläquivalenten HCl; 44 bzw. 56%. Die Mischung der Chloride liefert mit Triäthylamin 79% *trans*-I (F. 72—74°) zurück. — *threo-α-Chlor-β-cyclohexylaminobenzyl-p-methylacetophenonhydrochlorid* u. *threo-α-Cyclohexylamino-β-chlorbenzyl-p-methylacetophenonhydrochlorid*, $C_{22}H_{27}ONCl_2$, a) F. 161—163°, aus V mit überschüssiger HCl im Verhältnis 10,2:89,8; 77%; b) F. 180—181°, aus V mit 2 Moläquivalenten HCl im Verhältnis 79,6:20,4; 79,6%. Der Ringschluß der Mischungen bei Zimmertemp. liefert V zurück. (J. Amer. chem. Soc. **75**. 5384—89. 5/11. 1953. Lincoln, Nebr., Univ., Dep. of Chem.)

H. GOLD. B 225

Ernest Grunwald und **Stanley J. Cristol**, *Mechanismen von Eliminierungsreaktionen*. 14. Mitt. *Lösungsmittel- und Salzeffekte bei der alkalischen Dehydrohalogenierung von Chlor- und Brommaleat und -fumarat*. (13. vgl. C. **1955**. 8587.) Die in der 7. Mitt. (C. **1954**. 9009) für die Rkk. $OH^- + {}^{\ominus}OOCCH{=}CXCOO^{\ominus} \rightarrow {}^{\ominus}OOCC{\equiv}CCOO^{\ominus} + H_2O + X^-$ (cis oder trans; X = Cl, Br) bei einer Ionenstärke von 0,1mol. ermittelten kinet. Daten werden auf die Ionenstärke 0 extrapoliert. Es ergaben sich bei 70° folgende Werte (1. Wert in W., 2. in 54,2%ig. A.): $k_0 \cdot 10^4$ [Liter·Mol^{-1}·$Sek.^{-1}$]: *Chlorfumarat* (I) 2,54; 0,845; *Chlormaleat* (II) 0,279; 0,088; *Bromfumarat* (III) 43,3; 19,2; *Brommaleat* (IV) 3,84; 1,30; Aktivierungsenergien ^{A}E[kcal·Mol^{-1}]: I 21,0; 23,1; II 24,9; 24,0; III 17,9; 19,7; IV 22,6; 22,5; Aktivierungsentropien $\Delta S^{\ddagger}$ [cal·$Grad^{-1}$]: I —16; —12; II —9; —14; III —19; —16; IV —11; —13. Für III werden die in der 7. Mitt. (l. c.) angegebenen Werte wie folgt korr. (in W.): ^{A}E 18,5; $\Delta S^{\ddagger}$ —15; $10^4 \cdot k$ (Ionenstärke 0,1mol.) 139. Die Ergebnisse entsprechen nun qualitativ der elektrostat. Theorie; die Annahme eines anomalen Solvatisierungseffektes dieser Verbb. (vgl. HUGHES u. Mitarbeiter, C. **1954**. 7622) ist nicht mehr erforderlich. (J. Amer. chem. Soc. **77**. 2891—92. 20/5. 1955. Tallahassee, Fla., Florida State Univ., u. Boulder, Colo., Univ. Dep. of Chem.)

J. ROTHE. B 225

Robert L. Letsinger und **Edward Bobko**, *Die Stereochemie einiger Eliminierungsreaktionen durch Butyllithium*. Bei der Einw. von n-Butyl-Li auf *cis-* u. *trans-Methyl-2-phenylcyclohexyläther* (cis- u. trans-I) wird aus trans-I (CH_3O- u. C_6H_5-Gruppe in trans-Stellung) viel schneller *1-Phenylcyclohexen* (II) gebildet als aus cis-I. Die Eliminierung der CH_3O-Gruppe u. des zu ihr cis-stehenden H-Atoms verläuft also am schnellsten; die Rk. unterscheidet sich also von den n. basenkatalysierten E_2-Rkk., bei denen die trans-Eliminierung bevorzugt ist.

V e r s u c h e : *cis-2-Phenylcyclohexanol* (cis-III), F. 39—41° (Hexan), durch Hydrierung von 2-Phenylcyclohexanon in absol. A. (Raney-Ni, H_2 73 at, 55°, 5 Std.); 47% (Ausbeute). *Phenylurethan*, F. 128—129°. — *trans-2-Phenylcyclohexanol* (trans-III), F. 55,5—56,5°, nach Alexander u. Mudrak (vgl. C. **1953.** 3060 u. 9119). *Phenylurethan*, F. 136,5—138°. — *cis-* u. *trans-Methyl-2-phenylcyclohexyläther* (cis-I u. trans-I): *cis*-I, $C_{13}H_{18}O$, Kp.$_{10}$ 123—125°, aus 8,81 g cis-III u. 2,39 g NaH in Bzl. unter H_2, mehrere Std. bei 70°; Nd. unter Kühlung mit CH_3J versetzt u. 19 Std. bei 63° gehalten; n_D^{20} 1,5218; 8,04 g. *trans*-I, $C_{13}H_{18}O$, Kp.$_{10}$ 125—126°, analog aus trans-III; n_D^{20} 1,5208; 8,14 g. — Je 5,22 g cis- u. trans-I wurden mit 0,077 Mol C_4H_9Li in Pentan unter N_2 nach 30 Min. bei 26° 21 Std. gekocht. trans-I gab neben Ausgangsmaterial eine Fraktion (2,01 g), Kp.$_{10}$ 123—127°, n_D^{20} 1,5292; die 15,2—17,4% *1-Phenylcyclohexen* (II) enthielt. — Bei cis-I wurde nur Ausgangsmaterial erhalten. Bei analoger Umsetzung in Ae.-Pentan (1:1) entstand aus cis-I 8,3%, aus trans-I 61% II (+ $KMnO_4$ → *δ-Benzoylvaleriansäure*, F. 74—75°, *Semicarbazon*, F. 183—185°), in Ggw. von äquimol. $N(C_2H_5)_3$ 11,5 bzw. 61%. Bei einwöchigem Kochen mit 4 CH_3Li lieferte nur trans-I ca. 8% II. — *Methylcyclohexyläther* (IV) u. C_4H_9Li gaben in Ae.-Pentan (1:1) nach 45 Std. Kochen nur IV u. etwas Octan (aus n-C_4H_9Li). (J. Amer. chem. Soc. **75.** 2649—51. 5/6. 1953. Evanston, Ill., Northwestern Univ., Chem. Labors.) K. Lehmstedt. B 225

Wyman R. Vaughan und **Randel Q. Little jr.**, *Reaktionen behinderter α-substituierter Bernsteinsäuren.* 3. Mitt. *Mechanismus der Reaktion von Halogensäuren mit Basen.* (2. vgl. C. **1955.** 9792.) Die früheren Unterss. (C. **1953.** 7795) haben gezeigt, daß bei der Alkalibehandlung von 2-Brom-3-methyldibenzo- u. 2-Bromdibenzobicyclo-[2.2.2]-octadien-cis-2.3-dicarbonsäureanhydrid (II) die β-COOH-Gruppe zusammen mit dem Br-Atom abgespalten wurden u. nach β-Lactonbldg. eine α-Oxysäure entstand, während bei 2-Bromdibenzobicyclo-[2.2.2]-octadien-trans-2.3-dicarbonsäure (III) in einer ungewöhnlichen Wagner-Meerwein-Umlagerung Dibenzobicyclo-[2.2.2]-octatrien-2-carbonsäure (I) u. 2-exo-Oxy-3.4;6.7-dibenzobicyclo-[3.2.1]-octadien-cis-1.8-dicarbonsäure (IV) gebildet wurden. Da die dehalogenative Decarboxylierung sowohl nach einem cis- wie auch nach einem trans-Mechanismus erfolgen kann, wurde die Kinetik der Hydrolyse von II u. III in Aceton mit $NaHCO_3$ untersucht. Als Arrheniussche Aktivierungsenergie A für die Gesamt-Rk. ergab sich für II 24,9, für III 29,9 kcal/Mol, als Aktivierungsentropie $\Delta S^{\ddagger}$ für II 9,9, für III 13,7 cal/Grad·Mol. Die Rk. verlief im schwach alkal. Medium in beiden Fällen als Rk. 1. Ordnung, unabhängig vom p_H. Im gegenwärtigen Fall kann die Umlagerung von III nicht über ein β-Lacton durch einfachen intramol. Austausch des Br eintreten, III muß daher bei der innermol. Austausch-Rk. als α-Halogensäure angesehen werden. Eine qualitative Unters. über die Wrkg. einer höheren OH^--Konz. zeigte bei II eine lineare Abhängigkeit des log k von der OH^--Konz., was auf einen bimol. Prozeß bei höherer OH^--Konz. schließen läßt. Darüber hinaus veränderte sich das Verhältnis der Reaktionsprodd. I u. *2-Oxydibenzobicyclo-[2.2.2]-octadien-trans-2.3-dicarbonsäure* (V) zugunsten der letzteren. Die Rk. ist als Kopplungsprozeß (l. c.) aufzufassen. Die Umlagerung von III zu I kann über eine E_1-Eliminierung zufriedenstellend erklärt werden. Die der gleichzeitigen Bldg. von IV scheint aber nicht nur über das entsprechende Lacton zu verlaufen, möglicherweise wird dieses in stark alkal. Medium gar nicht gebildet. Auf jeden Fall erscheint der Hydrolysenmechanismus der cis-Bromsäure verschieden von dem der trans-Isomeren. — V e r s u c h e : *2-Oxydibenzobicyclo-[2.2.2]-octadien-trans-2.3-dicarbonsäure* (V), F. 229,5—231° (Zers.), aus II in Aceton + 0,25 Mol $NaHCO_3$; 63,4% (Ausbeute). Aus der Mutterlauge *Dibenzobicyclo-[2.2.2]-octatrien-2-carbonsäure* (I), F. 248,5—250° (wss. Essigsäure), 28,6%; bildet sich ferner zu 80% bei Behandlung von III wie vorst., als Nebenprod. hierbei *2-exo-Oxy-3.4;6.7-dibenzobicyclo-[3.2.1]-octadien-cis-1.8-dicarbonsäure* (IV), F. 195,5—197,5° (Zers.); 7%. (J. Amer. chem. Soc. **76.** 2952—56. 5/6. 1954. Ann. Arbor, Mich., Univ., Dep of Chem.) H. Lehwald. B 225

A. H. Sehon und **B. deB. Darwent**, *Die thermische Zersetzung von Mercaptanen. Benzylmercaptan* (I) zers. sich bei 760—1020° K in Ggw. eines großen Überschusses an Toluol (II) als Trägergas u. Falle für freie Radikale zu Dibenzyl (III) u. H_2S, die in gleichen Mengen entstanden, u. zu H_2 u. CH_4. Die unter gleichen Bedingungen durchgeführte Pyrolyse von *Methyl-* (IV) u. *Äthylmercaptan* (V) bei 1005—1102° K bzw. 785 bis 938° K lieferte CH_4, H_2S, H_2 u. III bzw. H_2S, C_2H_4, H_2, CH_4 u. III, wobei V bei niederen Tempp. hauptsächlich H_2S u. C_2H_4 lieferte, während die Menge der anderen Stoffe erst bei höheren Tempp. erheblicher wurde. Der Gesamtdruck aller in einem Strömungssyst. untersuchten Gasgemische lag bei 10 mm Hg. Die Zers. von I verlief als homogene Rk. freier Radikale u. nach dem Zeitgesetz 1. Ordnung. Die Aktivierungsenergie E betrug 53 ± 2 kcal/Mol, sie ist der Rk. I → $C_6H_5CH_2\cdot + \cdot SH$ zuzuordnen; daher entspricht E der Bindungsdissoziationsenergie D der C—S-Bindung in I. Auch IV zers. sich nach einem freien Radikalmechanismus, jedoch komplizierter. E = D (CH_3—SH) wurde zu 67 kcal/Mol ermittelt; dabei wurde der Häufigkeitsfaktor q = $3 \cdot 10^{13} \cdot sec^{-1}$ benutzt, der bei I ermittelt worden war. Bei **V** läuft neben einer Molekülgruppierung unter Bldg. von H_2S u. C_2H_4 eine freie Radikalzers. ab, die bei höheren Tempp. immer mehr an Bedeutung gewinnt; der erste Vorgang scheint etwas heterogenen Charakter zu besitzen. Mit abnehmender Temp. sank E für die Rk. von 55 auf 48 kcal/Mol. Mit der Annahme q = $1 \cdot 10^{12} sec^{-1}$ betrug E für die Radikalzers. von **V** 63,5 kcal/Mol, wobei wieder E = D (C_6H_5—SH) war. Die Bildungswärme der SH-Radikale ließ sich aus den Ergebnissen zu 32 u. 31 kcal/Mol errechnen, in Übereinstimmung mit Werten von FRANKLIN u. LUMPKIN (C. **1953**. 829). (J. Amer. chem. Soc. **76**. 4806—10. 5/10. 1954. Ottawa, Can., Nat. Res. Labor., Div. of Pure Chem.) L. FISCHER. B 225

Arthur T. Blades und **E. W. R. Steacie**, *Einige Gesichtspunkte bei der Pyrolyse von Toluol. n-Propylbenzol* (**I**) wurde in Ggw. von Toluol (**II**)-d_3 (Mol-Verhältnis 1:40) bei 995° absol., einem Gesamtdruck von 1,7 cm Hg u. einer Kontaktzeit von 0,45 Sek. zu ca. 30% therm. zersetzt. Als Reaktionsprodd. wurden H_2, Methan (**III**), Äthan, Äthylen, Bzl. u. Dibenzyl (**IV**) festgestellt. Massenspektrometr. Analyse der verschied. Fraktionen ergab das Verhältnis H_2:HD:D_2 = 1:1:~0 u. CD_4:CD_3H:CD_2H_2 = 1:1,5: ~1. Das Bzl. war überwiegend C_6H_6 u. enthielt höchstens geringe Mengen C_6H_5D. Damit wird die Möglichkeit einer intramol. Bldg. von **III** bei der Pyrolyse von **I** ausgeschlossen u. die Annahme von SZWARC (C. **1951**. **II**. 3570), daß H-Atome bei der Rk. mit **II III** erzeugen, gestützt. Als Reaktionsfolge ist $H\cdot + C_6H_5CH_3 \rightarrow C_6H_6 + CH_3\cdot$, $CH_3\cdot + C_6H_5CH_3 \rightarrow CH_4 + C_6H_5CH_2\cdot$ anzunehmen. Es wird extrapoliert, daß bei 1000° absol. ca. 10% der Radikale bei der Einw. auf n. **II** H vom Kern abziehen, während für **II**-d_3 dieser Prozentsatz sicher noch größer ist. Um die Anwendbarkeit der Toluol-Trägergas-Technik bei Tempp., bei denen ein rascher Zerfall des **IV** zu erwarten ist, zu prüfen, wurden Verss. über die relativen Geschwindigkeiten der Rkk. $C_6H_5CH_2\cdot +$ p-$FC_6H_4CH_3 \rightarrow C_6H_5CH_3 +$ p-$FC_6H_4CH_2\cdot$ u. $2\,C_6H_5CH_2\cdot \rightarrow$ **IV** durch Pyrolyse von **IV** in Ggw. eines Überschusses p-Fluortoluol (**V**) unternommen. Bei 994° absol., 1,35 cm Hg, 0,253 Sek. Kontaktzeit u. einem Molverhältnis **V**:**IV** = 50:1 wurden 35% **IV** in p.p'-Difluordibenzyl übergeführt. Wenn die kleinen Mengen H_2 u. **III** vernachlässigt werden, ist folgender Mechanismus im Einklang mit den Beobachtungen: $(C_6H_5CH_2)_2 \rightleftharpoons 2\,C_6H_5\cdot CH_2\cdot$; $C_6H_5CH_2\cdot + FC_6H_4CH_3 \rightleftharpoons C_6H_5CH_3 + FC_6H_4CH_2\cdot$; $2\,FC_6H_4CH_2\cdot \rightleftharpoons (FC_6H_4\cdot CH_2)_2$; $C_6H_5CH_2\cdot + FC_6H_4CH_2\cdot \rightleftharpoons FC_6H_4CH_2CH_2C_6H_5$. Bei Tempp. um 1000° absol. sind also Komplikationen durch H-Abspaltung von dem zerfallenden Mol. durch die Benzylradikale zu erwarten, bes. wenn die C—H-Bindungen schwach sind. Die Unterss. von HORREX u. MILES (C. **1954**. 7845) über die Pyrolyse von **IV** führen zu falschen Ergebnissen, offenbar wegen Vernachlässigung des Rekombinationsschrittes in ihrem Mechanismus. (Vgl. auch C. **1955**. 3346.) (Canad. J. Chem. **32**. 1142—45. Dez. 1954. Ottawa, Ontario, Can., Nat. Res. Council, Div. of Pure Chem.) G. LOHAUS. B 225

J. N. Pitts jr. und **I. Norman**, *Struktur und Reaktivität bei der Dampfphasenphotolyse von Ketonen.* 1. Mitt. *Methylcyclopropylketon.* Bei der Dampfphasenphotolyse von *Methylcyclopropylketon* (**I**, Kp.$_{745}$ 110,2—110,4°) bei 25—120° mit Licht von λ = 2654 u. 2537 Å entstand mit einer Quantenausbeute Φ von 0,31 ± 0,02 *Methylpropenylketon.* Die Wahrscheinlichkeit der Dissoziation von **I** in Radikale dürfte sehr gering sein, denn Φ_{CO} war nur 0,12 bei 170°. In geringer Menge waren Buten-(1), Propylen, Äthan, Methan, Äthylen u. Diallyl, sowie bei Versuchstempp. >100° noch Spuren von Cyclopropan entstanden. Der Mechanismus der Pyrolyse wird diskutiert. (J. Amer. chem. Soc. **76**. 4815—19. 5/10. 1954. Evanston, Ill., Northwestern Univ., Chem. Labor.) L. FISCHER. B 226

Kenneth B. Wiberg und **Thomas W. Hutton**, *Die Photolyse von Diazomethyl-tert.-butylketon.* Durch Bestrahlung von reinem Diazomethyl-tert.-butylketon (**I**) mit UV-Licht entstand neben *2.2.6.6-Tetramethylhepten-(4)-on-(3)* (**II**) hauptsächlich *2.4-Di-tert.-butylbuten-(3)-olid* (**III**). Die Konst. von **III** wurde durch Hydrolyse zu *α-tert.-Butyl-δ.δ.δ-trimethyllävulinsäure* (**VII**) u. unabhängige Synth. von **VII** bewiesen. Erhitzen von **VII** oder **III** im Bombenrohr ergab das zu **III** isomere Buten-(2)-olid. — Ergebnisse, die bei der Photolyse von Diazoaceton u. Diazoacetophenon (**VIII**) gewonnen wurden, lassen vermuten, daß die Bestrahlung von Diazoketonen kaum eine allg. Meth. zur Darst. von Butenoliden ist. Bei **VIII** entstand etwas *2-[2'.4'-Diphenyl-Δ$^{3'}$-butyrolactonyl-(2')]-2.4-diphenyl-Δ^{3}-butyrolacton.*

Versuche (FF. korr., Spektren in 95%ig. A.): *Diazomethyl-tert.-butylketon* (**I**), $C_6H_{10}ON_2$, Kp.$_{15}$ 69°, aus überschüssigem Diazomethan in Ae. u. Pivalinsäurechlorid; D^{25} 0,963; n_D^{25} 1,4709; λ_{max} 252 mμ (ε = 8760); 92% (Ausbeute). — *2.4-Di-tert.-butylbuten-(3)-olid* (**III**), $C_{12}H_{20}O_2$, F. 41,5—42° (wss. A.), Kp.$_{11}$ 109—116°, durch Bestrahlen von I in Quarzglas mit einer 100 W-Hg-Bogenlampe, 3 Tage; 224 mμ (2450); 62%. *Dibromid*, $C_{12}H_{20}O_2Br_2$, F. 112,5—113,2° (Hexan), aus III mit 4%ig. Br_2 in CCl_4; 99% (roh). — *2.2.6.6-Tetramethylhepten-(4)-on-(3)* (II), $C_{11}H_{20}O$, Kp.$_{29}$ 87°, als Nebenprod. von III; D.^{25} 0,855; n_D^{25} 1,4368; 228 mμ (9400); 1,4 g (roh), aus 16 g I. *2.4-Dinitrophenylhydrazon*, $C_{17}H_{24}O_4N_4$, F. 145—146° (A.); 365 mμ (29000); gelb. — *2.2.6.6-Tetramethylheptanon-(3)-2'.4'-dinitrophenylhydrazon*, $C_{17}H_{26}O_4N_4$, F. 129—129,3° (A.), aus II in absol. A. durch katalyt. Red. in Ggw. von PtO_2 nach Adams u. Umwandlung in das Hydrazon, chromatograph. Reinigung; 363 mμ (22000); 65%. —*2.4- Di-tert.-butylbuten-(2)-olid*, $C_{12}H_{20}O_2$, F. 92,5—94° (Sublimation), aus III durch Erhitzen in 15%ig. wss. NaOH auf dem Dampfbad (70%); durch Stehen in NH_3-gesätt. 20%ig. W.-Dioxan oder durch Erhitzen von III oder VII im Bombenrohr, 3 Tage bei 180° (78% aus VII); 212 mμ (11300). — *2.4-Di-tert.-butylbutanolid*, $C_{12}H_{22}O_2$, F. 82—83° (Sublimation), durch Hydrierung von III oder vorst. Verb. in absol. A. in Ggw. von Pd/$BaSO_4$; 224 mμ (2450); 83 bzw. 99% (roh). — *α-tert.-Butyl-δ.δ.δ-trimethyllävulinsäure* (VII), $C_{12}H_{22}O_3$, F. 81,5 bis 82,5° (Sublimation), durch Kochen von III in methanol. HCl unter Rückfluß 3 Std., Nadeln; 5%. *Methylester* (?), $C_{13}H_{24}O_3$, F. 34,5—35,5°, neben VII bei der Darst. aus III; 65%. — *Äthylenketal* von *2.2.5.6.6-Pentamethylhepten-(4)-on-(3)* (IV), $C_{14}H_{26}O_2$, Kp.$_9$92 bis 99°, aus 2.2.5.6.6-Pentamethylhepten-(4)-on-(3) (Kp.$_{19}$ 97—102°, n_D^{25} 1,4483) mit Äthylenglykol in Bzl. in Ggw. von p-Toluolsulfonsäure 132 Std. Kochen unter Abtrennung des W.; n_D^{25} 1,4499; 61%. — *Äthylenketal* von *6-Brom-5-tert.-butyl-2.2-dimethylhexen-(4)-on-(3)*, $C_{14}H_{25}O_2Br$, Kp.$_{2,2}$ 111—113°, aus vorst. Verb. mit N-Bromsuccinimid in CCl_4-Lsg. in Ggw. von Azo-bis-isobutyronitril u. MgO durch Bestrahlen mit einer 75 W-Lampe, 15 Min.; D.^{25} 1,166; n_D^{25} 1,4870; 89%. *2.4-Dinitrophenylhydrazon*, $C_{18}H_{25}O_4N_4Br$, F. 175,5 bis 176° (A.-Äthylacetat), gelb. — *Äthylenketal* von *6-Acetoxy-5-tert.-butyl-2.2-dimethylhexen-(4)-on-(3)* (V), $C_{16}H_{28}O_3$, Kp.$_{0,25}$ 87—88°, durch Kochen vorst. Ketals in absol. A. mit K-Acetat; D.^{25} 0,987; n_D^{25} 1,4572; 92%. Gibt bei Hydrierung in absol. A. in Ggw. von Pd/$BaSO_4$ IV; 90%. — *Äthylenketal* von *5-tert.-Butyl-6-oxy-2.2-dimethylhexen-(4)-on-(3)*, $C_{14}H_{26}O_3$, Kp.$_{3,8}$ 117—120°, durch 1std. Kochen von V in methanol. KOH unter Rückfluß; D.^{25} 0,972; n_D^{25} 1,4648; 92%. — *Äthylenketal* von *2.2.5.6.6-Pentamethylheptanon-(3)* (?), Kp.$_{4,7}$ 63—66°, durch Hydrierung von 3,47 g vorst. Verb. in Ggw. von PtO_2; n_D^{25} 1,4383; 2,21 g. — *6-Acetoxy-5-tert.-butyl-2.2-dimethylhexen-(4)-on-(3)*, $C_{14}H_{24}O_2$, Kp.$_{3,7}$ 116—120°, durch 2std. Kochen von V in wss.-alkoh. HCl auf dem Dampfbad; D.^{25} 0,944; n_D^{25} 1,4550; λ_{max} 231 mμ (ε = 9300); 65%. — *6-Acetoxy-5-tert.-butyl-2.2-dimethylhexanon-(3)*, $C_{14}H_{26}O_2$, F. 39—41°, Kp.$_{2,5}$ 115—116°, durch Hydrierung vorst. Verb. in absol. Methanol in Ggw. von W-4-Raney-Ni bei 1—2 at; n_D^{25} 1,4441; 62%. — *5-tert.-Butyl-6-oxy-2.2-dimethylhexanon-(3)* (VI), $C_{12}H_{24}O_2$, Kp.$_{0,55}$ 61,5—62°, durch 2std. Kochen vorst. Verb. in methanol. KOH, D.^{25} 0,923, n_D^{25} 1,4476; 80%. Gibt bei Oxydation mit wss. $KMnO_4$ VII. — *2-[2'.4'-Diphenyl-$\Delta^{3'}$-butyrolactonyl-(2')]-2.4-diphenyl-Δ^3-butyrolacton*, F. 287—288° (rasch bis auf 285° erhitzt), F. 268—270° (Anisol), aus Diazoacetophenon analog III; 8,6%. (J. Amer. chem. Soc. **76**. 5367—71. 5/11. 1954. Seattle, Wash., Univ., Dep. of Chem.) L. Fischer. B 226

D. W. Ssokolski und **L. Ss. Melechina**, *Niedertemperaturhydrierung pflanzlicher Öle in Lösungsmitteln.* Inhaltlich ident. mit der C. **1953**. 7513 referierten Arbeit. (Известия Академии Наук Казахской ССР, Серия Химическая [Nachr. Akad. Wiss. KasachSSR, Ser. Chem.] **1953**. Nr. 7. 20—29.) R. Richter. B 227

A. Guyer, A. Bieler und **M. Sommaruga**, *Über die katalytische Reduktion aliphatischer Dicarbonsäuren und ihrer Ester.* Die katalyt. Red. der Diäthylester der aliphat. Dicarbonsäuren von C_2—C_{13} mit Bariumchromat stabilisiertem Kupferchromoxydkatalysator unter einem maximalen Wasserstoffdruck von 270 at führt überwiegend zu den entsprechenden Glykolen, sowie zu einwertigen Alkoholen u. KW-stoffen als Nebenprodukten. Bei den Verbb. C_5—C_{13} steigt die für die Bldg. an Glykolen günstigste Temp. mit zunehmender Kettenlänge von 275 zu 300° an, dabei nimmt die auf das Gewicht des Esters bezogene Katalysatormenge ab. Die Verbb. mit 4 u. 5 C-Atomen ergeben teilweise cycl. Produkte. — Die katalyt. Red. der freien aliphat. Dicarbonsäuren von C_{14}—C_{21} mit Kupferchrombariumoxydkatalysator bei 280—300° u. maximalem Wasserstoffdruck von 270 at ergibt vollständig die entsprechenden Glykole, niedrigmol. Dicarbonsäuren werden teilweise zu Oxycarbonsäuren red., die sek. esterartige Kondensationsprodd. liefern, die Red. wird durch Anwendung von Lösungsmitteln (Dioxan) erleichtert. Eine vollständige Red. der Säuren von C_7—C_{13} gelingt mit Kupferoxyd als Katalysator, bei den niedrigmol. Verbb. herrscht Bldg. der esterartigen Kondensationsprodd. vor. (Helv. chim. Acta **38**. 976—82. 15/6. 1955. Zürich, ETH, Techn.-Chem. Labor.) B. Witt. B 227

G. I. Kiprianow und **A. M. Weitzman**, *Vollständige katalytische Hydrierung von o- und p-Oxyacetophenon.* Bei der Red. von p-Oxyacetophenon (I) in Ggw. von Raney-Ni wird *4-Äthylcyclohexanol*, bei der Red. von o-Oxyacetophenon (II) dagegen *2-[α-Oxyäthyl]-cyclohexanol* erhalten. I u. II werden zu *4-Äthyl-* bzw. *2-Acetylcyclohexanon* oxydiert u. diese als *Semicarbazone* identifiziert.

Versuche: *2-[α-Oxyäthyl]-cyclohexanol*, $Kp._6$ 91—93°; durch Red. von II in CH_3OH an RANEY-Ni 5 Std. bei 175° u. 100 at; 45% (Ausbeute). — *2-Acetylcyclohexanon*, $Kp._3$ 70—74°; aus vorst. Verb. mit $Na_2Cr_2O_7$ in Essigsäure; 60%. *Monosemicarbazon*, $C_9H_{15}O_2N_3$, F. 163—164° (A.); 58%. — *4-Äthylcyclohexanol*, $Kp._8$ 80—85°; durch Red. von I analog Vorst.; 48%. — *4-Äthylcyclohexanon*, $Kp._8$ 76—80°; 55%. *Semicarbazon*, $C_9H_{17}ON_3$, F. 174—175°. (Украинский Химический Журнал [Ukrain. chem. J.] **19.** 662—63. 1953. Ukrain. Inst. für exp. Endokrinol., Abt. für organ. Synthese.)

O. POLLAK V. EMHOFEN. B 227

Joel R. Gutmann, *Austauschreaktion zwischen Deuterium und Methylaminen an Eisenpulver.* Der Austausch zwischen Deuterium u. *Methylamin* (II) u. *Dimethylamin* (III) ist bei 242, 289 u. 331° eine Rk. 1. Ordnung, es werden nur die H-Atome am N gegen D ausgetauscht. Bei niedriger Temp. findet mit *Trimethylamin* kein, bei 331° langsamer Austausch statt (Zers.). Die Austauschgeschwindigkeiten sind bei *Ammoniak* (I) u. den Aminen bei 242°: I 2,9; II 3,0; III $2{,}5 \cdot 10^{-3}$ [min^{-1}]; bei 289°: I 0,023; II 0,022; III 0,021; bei 331°: I 0,050; III 0,042. Als geschwindigkeitsbestimmender Schritt der Rk. wird die Umsetzung von adsorbierten NH_2-, $NHCH_3$- bzw. $N(CH_3)_2$-Radikalen angesehen. (J. physic. Chem. **59.** 478—79. Mai 1955. Rehovoth, Israel, Israel Atom. Energy Comm.)

M.-L. KLAAR. B 227

G. Natta, R. Ercoli, S. Castellano und **F. H. Barbieri,** *Der Einfluß des Wasserstoff- und Kohlenoxydpartialdruckes auf die Geschwindigkeit der Hydroformylierungsreaktion.* (Vgl. C. **1953.** 2258.) Die frühere Feststellung über die Unabhängigkeit der Reaktionsgeschwindigkeit (RG) der Hydroformylierung vom $CO-H_2$-Partialdruck konnte als eine Überlagerung zweier einander entgegengesetzter Effekte erklärt werden: Bei Verss. mit *Cyclohexen* (I) bei 110° wurde beobachtet, daß sich bei konstantem CO-Druck die RG mit zunehmendem H_2-Druck erheblich steigert u. bei konstantem H_2-Druck mit zunehmendem CO-Druck bis zu 10 at zunächst gleichfalls steigert, bei weiter zunehmendem CO-Druck jedoch abnimmt. Dieselben Ergebnisse wurden mit *2-Äthylhexen-(1)* erzielt. Es wird ein Gleichgewicht zwischen $[Co(CO)_4]_2$ (II), CO u. dem Olefin angenommen, in dem das CO im II durch das letztere teilweise ersetzt wird. (J. Amer. chem. Soc. **76.** 4049—50. 5/8. 1954. Mailand, Polytechn. Inst., Abt. für ind. Chem.)

H. R. HENSEL. B 227

G. Baddeley und **D. Voss,** *Der Mechanismus der Friedel-Crafts-Acylierung.* Zwischen Al-Halogenid u. 2.4.6-Tribrom- bzw. 2.4.6-Trimethylbenzoylhalogeniden wurde Halogenaustausch beobachtet. Es wird die Rk. $Ar \cdot CX{:}\overset{+}{O} \cdot \overset{-}{Al}X_3 \rightleftharpoons Ar \cdot \overset{+}{C}O + \overset{-}{Al}X_4$ angenommen, bei welcher die Ionen allerdings nur in Spuren vorhanden sind. Mit $SnCl_4$ u. $TiCl_4$ wurden ähnliche Ergebnisse erhalten. Auch ein Halogenaustausch nach der Gleichung $ArCOCl + HBr \rightarrow ArCOBr + HCl$ wurde in CS_2 bei 18° beobachtet. Das acylierend wirkende Reagens ist das Acylkation; das geht daraus hervor, daß bei Verwendung obenst. Acylhalogenide bei der FRIEDEL-CRAFTSschen Rk. keine ster. Hinderung auftritt. Die Verzögerung der FRIEDEL-CRAFTS-Rk. durch Zusätze von z. B. m-Dinitrobenzol, Nitrobenzol, Benzophenon, p-Methoxybenzophenon wird u. a. auf die Einw. dieser Substanzen auf die Acylkationen zurückgeführt. Wenn eine Mischung von 2.4.6-Tribrombenzoesäureanhydrid mit $AlBr_3$ in W. gegossen wird, so entstehen Bromid u. Säure in äquimol. Mengen. Anhydrid u. Bromid der 2.4.6-Tribrombenzoesäure dissoziieren in konz. H_2SO_4, der Methylester nicht, Mechanismus $Ar \cdot COY + H_2SO_4 \rightarrow Ar\overset{+}{C}O + YH + SO_4H^-$; die Dissoziation nimmt mit steigendem elektronegativem Charakter von Y zu. 2.4.6-Trimethylbenzoesäuremethylester dissoziiert in H_2SO_4, jedoch nicht in Ggw. von Al-Halogenid bei Raumtemperatur. Bei der Messung der Geschwindigkeit der Rkk. $2.4.6\text{-}C_6H_2 \cdot Br_3COCl + ArH \xrightarrow{AlBr_3} 2.4.6\text{-}C_6H_2Br_3COAr + HBr$ (oder HCl) in CS_2 ergab sich, daß die Zeit in Min., zu der die Hälfte der Komponenten reagiert hatte, bei *Mesitylen* (alles relative Werte) 8, bei *m-Xylol* 18, bei *p-Xylol* 24, bei *Bzl.* 46 u. bei *Naphthalin* 70 betrug.

Versuche: *2.4.6-Tribrombenzoylbromid* (I), $C_7H_2OBr_4$, F. 32,5—33°, $Kp._{15}$ 195 bis 200°, aus PBr_5 u. der Säure. Aus 2.4.6-Tribrombenzoylchlorid (II) u. den angegebenen KW-stoffen in Ggw. von $AlBr_3$ in CS_2 wurden erhalten: *2.4.6-Tribrom-2'.4'.6'-trimethylbenzophenon*, $C_{16}H_{13}OBr_3$, F. 174° (Ligroin), mit Mesitylen (VII); auch aus I u. VII in Äthylenchlorid bei Ggw. von $SnCl_4$. — *-2'.4'-dimethylbenzophenon*, $C_{15}H_{11}OBr_3$, F. 117° (Ligroin), mit m-Xylol. — *-2'.5'-dimethylbenzophenon*, F. 135° (Ligroin), aus p-Xylol. — *2.4.6-Tribrombenzophenon*, F. 147° (Ligroin), mit Benzol. — *2.4.6-Tribromphenyl-α-naphthylketon* (III), $C_{17}H_9OBr_3$, F. 175—176° (Ligroin), mit Naphthalin. —

α-Naphthyl-m-nitrophenylketon, $C_{17}H_{11}O_3N$, F. 122—123°, aus 7 g Naphthalin in Äthylenchlorid durch Zugabe zu einer Mischung von 10 g m-Nitrobenzoylchlorid u. 30 g $AlCl_3$ in Äthylenchlorid; hellbraune Prismen aus Eisessig; 13,4 g (Ausbeute). — *α-Naphthylphenylketon*, F. 74°, durch Red. vorst. Verb. mit $SnCl_2$ zum entsprechenden Aminoketon (**IV**) u. Desaminierung. — *3-Amino-2.4.6-tribromphenyl-α-naphthylketon*, $C_{17}H_{10}ONBr_3$, F. 177°, aus **IV** durch Zugabe von Br_2 in HCl-Lsg.; hellbraune Prismen aus Eisessig. Durch Desaminierung wurde **III** erhalten. — *4-Methoxy-2'.4'.6'-trimethylbenzophenon*, $C_{17}H_{18}O_2$, F. 78—79°, a) aus 0,55 g 2.4.6-Trimethylbenzoylchlorid, 1,1 g $AlBr_3$ u. 0,65 g Anisol in CS_2; 0,63 g; b) aus **VII**, $AlBr_3$ u. Anisoylchlorid in CS_2. — *2.4.6-Tribrombenzoesäureanhydrid* (**V**), $C_{14}H_4O_3Br_6$, F. 149°, aus 1 g **II** in Ae. durch Zugabe von 0,45 g Pyridin u. Stehenlassen über Nacht; Nadeln aus Eisessig; 0,85 g. Gibt in CS_2 mit $AlBr_3$ bei 24std. Stehen bei Raumtemp. **I** u. 2.4.6-Tribrombenzoesäure (**VI**), ähnlich wirkte $AlCl_3$ in Äthylenchlorid. Lösen von **V** in konz. H_2SO_4 u. Eingießen in W. gab ebenfalls **VI**. (J. chem. Soc. [London] **1954**. 418—22. Jan. Manchester, Univ., Fac. of Technol.) J. Mattner. B 227

A. Schneider, *Reaktionen und relative Reaktivität von Naphthenen und Isoparaffinen bei Niedertemperaturreaktionen mit Carboniumionen.* Es wurde eine Reihe von Alkylierungs-Rkk. von *Methylcyclopentan* (**I**), in Isobutan (**II**), Isopentan (**III**), 2-Methylpentan (**IV**) u. in Methylcyclohexan (**V**) gelöst, mit Propylen u. Isobutylen (**VI**) in Ggw. von HF bei 23—25° durchgeführt. Die hauptsächlichsten Rkk. waren Wasserstoffübertragung, Alkylierung von **I** durch die Olefine u. Isoparaffine, sowie Selbstalkylierung von **I** unter Bldg. von *Dimethyldekahydronaphthalinen*. Bei der Rk. von **I** in **II** mit **VI** entstanden hauptsächlich *Tetramethylcyclohexane*. Bei den Alkylierungen von **V** in **II**, **III** oder **IV** mit **VI** oder Buten-(2) war **V** relativ reaktionsträge. Die Reaktivität nahm in der Folge: **I**, **IV**, **III**, **II**, **V** ab. Der Mechanismus der Rkk. wird diskutiert. Ferner wird versucht, die Hemmwrkg. von Naphthenen für die Disproportionierung von $AlCl_3$-katalysierten Isomerisierungen zu erklären. (J. Amer. chem. Soc. **76**. 4938—45. 5/10. 1954. Norwood, Pa., Sun Oil Co., Basic Res. Div.) L. Fischer. B 227

C. Präparative organische Chemie. Naturstoffe.

W. M. Corbett und **J. Kenner**, *Umesterung als Mittel der Veresterung zu Halogeniden unter neutralen Bedingungen.* Vff. stellen Halogenide aus Alkoholen durch „konjugierte Umesterung" dar, indem sie die aus den Alkoholen u. Arylsenfölen zugänglichen *N-Aryl-O-alkylthiocarbamate* (**A**) mit Diphenylmethylbromid (**I**) bzw. Diphenylmethylchlorid (**II**) ohne Lösungsm. unter vermindertem Druck erhitzen, wobei die intermediär gebildeten *Sulfoniumhalogenide* in die gewünschten *Halogenide* u. *N-Aryl-S-diphenylmethylthiocarbamate* gespalten werden. Störungen werden verursacht durch therm. Zers. von **A**: a) reversibel zu *ROH* u. *Senföl*, b) nach Art der Xanthogenatzers. unter Bldg. von *COS*, *Olefin* u. *ArNH₂*; letzteres addiert sich an das nach a) entstandene Senföl zum entsprechenden *Diarylthioharnstoff*. Demgemäß führt die therm. Zers. von *Thiocarbanilsäurecyclohexylester* (**III**) zu *Cyclohexanol* neben *Cyclohexen*, *symm.-Diphenylthioharnstoff* u. *COS*; analog verhalten sich die Thiocarbamate (s. unten) **IV**, **V**, **VI**, **XII**, **XIII** u. **XIV**. Demgegenüber sind **VII**, **VIII**, **IX** u. **X** nur zur reversiblen Zers. nach a) befähigt. Aus **VII** u. **I** wird neben *1.2-O-Isopropyliden-3-brompropandiol-(1.2)* *Aceton* erhalten, dessen Abspaltung wahrscheinlich durch das der Zers. von **I** entstammende HBr bewirkt wird. Aus dem gleichen Grunde lassen sich **VI** sowie die Zuckerderivv. **VIII**, **IX**, **X**, **XV**, **XVI** u. **XVII** weder mit **I** noch mit dem reaktionsträgeren **II** zu entsprechenden Halogeniden umsetzen. (+)-sek.-Octylalkohol wird über sein α-Naphthylthiocarbamat (**XIV**) in (—)-*sek.-Octylbromid* verwandelt; Cholesterin geht nach diesem Verf. ohne Konfigurationswechsel über **XI** in *Cholesterylbromid* über.

Versuche: Phenylthiocarbamate: *Cyclohexyl-* (**III**), $C_{13}H_{17}ONS$, F. 79—80°; dest. unzers. bei 0,2 Torr; 57% (Ausbeute); gibt bei 760 Torr u. 220—240° (Bad) unter N_2 die oben angeführten Zersetzungsprodukte. — *2-Methoxyäthyl-* (**IV**), $C_{10}H_{13}O_2NS$, F. 45—46°; 71%; Zers. analog **III**. — *2-Methoxy-1-methoxymethyläthyl-* (**V**), $C_{12}H_{17}O_3NS$, F. 39—40°; 57%; Zers. analog **III**. — *1.3-O-Benzylidenglycerin-* (**VI**), $C_{17}H_{17}O_3NS$, F. 158—159° (zweite Modifikation: F. 136—138°); Zers. analog **IX**. — *1.2-O-Isopropylidenglycerin-* (**VII**), $C_{13}H_{17}O_3NS$, F. 58,5—59,5°; 81%; Zers. analog **III**. — *1.2;5.6-Di-O-isopropyliden-D-glucose-* (**VIII**), $C_{19}H_{25}O_6NS$, amorph; $[\alpha]_D^{20}$ —49,7° (Chlf.); 97%; Zers. analog **IX**. — *1.2;3.4-Di-O-isopropyliden-D-galaktose-* (**IX**), $C_{19}H_{25}O_6NS$, F. 135,5—136,5°; $[\alpha]_D^{20}$ —76,6° (Chlf.); 80%; zers. sich bei 15 Torr u. 220° (Bad) unter N_2 zu *Phenylsenföl* u. *Di-O-isopropylidengalaktose* ohne nachweisbare Bldg. von COS. — *2.3;5.6-Di-O-isopropyliden-D-mannose-* (**X**), $C_{19}H_{25}O_6NS$, F. 114,5—116°; $[\alpha]_D^{20}$ +14,8° (Chlf.); 65%; Zers. analog **IX**. — *Cholesteryl-* (**XI**), $C_{34}H_{51}ONS$, F. 179—180°; $[\alpha]_D^{20}$ —5,2°

(Chlf.); 44%. — α-Naphthylthiocarbamate: *Cyclohexyl-* (XII), $C_{17}H_{19}ONS$, F. 109—110°; 68%; Zers. analog III. — *sek.-Octyl-* (XIII), $C_{19}H_{25}ONS$, F. 47,5—49°; 59%; Zers. analog III. — (+)-*sek.-Octyl-* (XIV), sirupös; $[\alpha]_D^{20}$ +16° (A.); 47%. — *1.2;5.6-Di-O-isopropyliden-D-glucose-* (XV), $C_{23}H_{27}O_6NS$, sirupös; $[\alpha]_D^{20}$ —49,3° (Chlf.); 40%. — *Methyl-2.3.6-trimethyl-D-glucosid-* (XVI), $C_{21}H_{27}O_6NS$, F. 131,5—132,5°; $[\alpha]_D^{20}$ +78,6° (Aceton). — *2.3;5.6-Di-O-isopropyliden-D-glucosedibenzylmercaptal-* (XVII), $C_{37}H_{41}O_5NS_3$, sirupös; $[\alpha]_D^{20}$ —38,5° (Bzl.); 69%. — Halogenide, durch Erhitzen der A mit I bzw. II bei 15 Torr auf 120—130° u. Reinigung des Destillats (Vorlage mit fl. Luft gekühlt) durch nochmalige Dest. über HgO oder $KMnO_4$; aus dem Rückstand der ersten Dest. gewinnt man *N-Phenyl-S-diphenylmethylthiocarbamat*, $C_{20}H_{17}ONS$, F. 138—139,5° (A.), bzw. *N-α-Naphthyl-S-diphenylmethylthiocarbamat*, $C_{24}H_{19}ONS$, F. 162—163° (A.). — *2-Methoxyäthylbromid*, $Kp._{771}$ 111,5°, aus IV u. I; n_D 1,4500; 90%. — *2-Methoxyäthylchlorid*, $Kp._{750}$ 88,3°, aus IV u. II; n_D 1,4105; 75,2%. — *2-Methoxy-1-methoxymethyläthylbromid*, $Kp._{763}$ 174,5°, aus V u. I; n_D 1,4560; 70,5%. — *2-Methoxy-1-methoxymethyläthylchlorid*, $Kp._{750}$ 156°, aus V u. II; n_D 1,4350; 57,5%. — *Cyclohexylbromid*, $Kp._{751}$ 160°, aus III u. I; n_D 1,4965; 37,8%. Daneben *COS* u. *Cyclohexen*, Kp. 83°; n_D^{22} 1,44501; 31,8%. — *sek.-Octylbromid*, $Kp._{27}$ 80,5°, aus XIII u. I; n_D 1,4500; 61,5%. — *sek.-Octylchlorid*, $Kp._{765}$ 171°, aus XIII u. II; n_D 1,4248; 46,5%. — *1.2-O-Isopropyliden-3-brompropandiol-(1.2)*, $Kp._{756}$ 178°, aus VII u. I; n_D 1,4738; 21,5%. — *1.2-O-Isopropyliden-3-chlorpropandiol-(1.2)*, $Kp._{759}$ 159°, aus VII u. II; n_D 1,4370; 6%. — *Cholesterylbromid*, F. 97—98° (A.), durch 1std. Verschmelzen von XI u. I bei 120°; 47%. (J. chem. Soc. [London] **1953**. 3572—75. Nov. Urmston, Manchester, Brit. Rayon Res. Assoc.)
H. KLEINFELLER. 460

C. R. Noller, C. A. Luchetti, E. M. Acton und **R. A. Bernhard,** *Die Reaktion von Methansulfochlorid mit Alkoholen in Gegenwart von Pyridin.* Bei der Rk. von Methansulfochlorid mit einem Alkohol in Ggw. von sd. Pyridin entsteht *Alkylmethansulfonat* oder *Alkylchlorid,* im weiteren Verlauf der Rk. reagiert das Pyridin mit dem Alkylmethansulfonat unter Bldg. von *Methansulfonsäure* bzw. mit dem Alkylchlorid unter Bldg. des entsprechenden *Olefins* oder des entsprechenden *Alkylpyridiniumsalzes.* n-Hexylalkohol, Octanol-(2), 2-Methylheptanol-(2) u. Cyclohexanol gaben 0, 24, 56 bzw. 29% (Ausbeute) Olefin u. 59, 28, 0 bzw. 18% des entsprechenden Chlorids. n-, sek.-, tert.- u. Isobutylalkohol lieferten 58, 40, 0 bzw. 53% Chlorid. Die prim. Alkohole liefern danach in der Hauptsache das Chlorid, die sek. gleiche Mengen Olefin u. Alkylchlorid u. die tert. in der Hauptsache das Olefin. Bei der Verwendung von Pinakolylalkohol wurden 14% eines Olefingemisches (*tert.-Butyläthylen, asymm.-Methylisopropyläthylen* u. *Tetramethyläthylen*) u. 4% des entsprechenden Chlorids erhalten. (J. Amer. chem. Soc. **75**. 3851—52. 5/8. 1953. Stanford, Calif., Stanford Univ., Dep. of Chem.)
R. BOLLINGER. 560

Wayland E. Noland und **Bruce N. Bastian,** *Einwirkung von Alkali auf Allylalkoholchlorjodide. „β-Epichlorhydrin“ (2-Chlorallylalkohol).* Vff. führen eine Neuunters. der Rk. zwischen Allylalkoholchlorjodiden [durch Einw. von JCl auf Allylalkohol (I); Hauptprod. vermutlich 2-Chlor-3-jodpropanol-(1)] u. gepulvertem NaOH durch (vgl. BIGOT [1891]; NILSSON u. SMITH, Svensk. kem. Tidskr. **56**. [1944.] 156). Das neben I, Epichlorhydrin (III) u. Epijodhydrin erhaltene Prod. „β-Epichlorhydrin“ vorst. Autoren erweist sich auf Grund seiner physikal. u. chem. Eigg. als *2-Chlorallylalkohol* (II). Die für das in geringen Mengen entstehende „β-Epijodhydrin“ von BIGOT aus Analogiegründen angenommene 2-Jodtrimethylenoxydstruktur wird von Vff. stark bezweifelt. Als weiteres Prod. bei Anwendung größerer Mengen NaOH wird *2-Chlorallylglycidäther* erhalten.

Versuche: *2-Chlorallylalkohol* (II), $Kp._{735}$ 133,5—133,6°; n_D^{25} 1,4565; Infrarotbanden 3330, 1648, 716 cm^{-1}. *p-Nitrobenzoat*, $C_{10}H_8O_4NCl$, F. 64,0°. *3.5-Dinitrobenzoat*, $C_{10}H_7O_6N_2Cl$, F. 82,3°. — *Epijodhydrin*, C_3H_5OJ, $Kp._8$ 44—46°, nach NEF [1904]; n_D^{25} 1,5465; Infrarotbanden 1257, 842 cm^{-1}; 29% (Ausbeute). — *2-Chlorallylglycidäther* (IV), $C_6H_9O_2Cl$, $Kp._3$ 37,5—38,0°, $Kp._9$ 80—82°, durch Behandeln von II u. III mit gepulvertem NaOH in absol. Ae. (16std. Kochen); $D.^{25,5}_4$ 1,1468; $n_D^{25,5}$ 1,4591; Infrarotbanden 1640, 1250, 857, 1097, 716 cm^{-1}; 16%. — *Gemisch von Allylalkoholchlorjodiden*, $Kp._{1,5}$ 69—95°, durch langsame Zugabe (1½ Std.) von JCl zu einem Gemisch von I u. Eis unter heftigem Rühren; 72%; 4,6 Mol geben in sd. Ae. bei portionsweiser Zugabe von 5,3 Mol NaOH (4,75 Std.) unter heftigem Rühren u. Stehenlassen über Nacht 16% II u. 12% *Epichlorhydrin* (III, $Kp._{742}$ 116°; $n_D^{25,5}$ 1,4350; Infrarotbanden 1271, 855, 724 cm^{-1}); 2,6 Mol geben wie vorst. mit 8,4 Mol NaOH 19% II, 18% III u. 10% IV. (J. Amer. chem. Soc. **77**. 3395—97. 20/6. 1955. Minneapolis, Minn., Univ., School of Chem.) G. WINKLER. 560

T. H. Bevan, T. Malkin und **D. B. Smith,** *Darstellung von Glycerinjodiden. Glycerin-α-jodhydrin* wird nach dem Verf. von LANDAUER u. RYDON (J. chem. Soc. [London] **1953**. 2224) zur Darst. von Jodiden aus 1.2-O-Isopropylidenglycerin u. Triphenylphosphitmethojodid in 75%ig. Ausbeute erhalten. In ähnlicher Weise gibt 1.3-Benzylidenglycerin das *β-Jodid* in 56%ig. Ausbeute.

Versuche: *Glycerin-α-jodid* (*Glycerin-α-jodhydrin*), F. 48,5—49,5° (Chlf.), Zufügen von 35 g 1.2-O-Isopropylidenglycerin zu 90 g Triphenylphosphitmethojodid unter 50°, 6 Std. Schütteln mit 5%ig. NaOH, Zufügen von 5 cm³ 5n H_2SO_4 in 125 cm³ 86%ig. A., 20 Std. Stehen, 5 Min. Kochen, Neutralisieren mit $BaCO_3$, Filtrieren, Einengen, Extrahieren mit W. u. der wss. Lsg. mit Ae.; 29,2 g (Ausbeute). — Das intermediär gebildete *Isopropylidenjodid*, Kp.$_2$ 70—72°, wird durch Aufnehmen des ersten, von Phenol u. J_2 befreiten Reaktionsprod. in Ae. u. Dest. erhalten. — *Glycerin-β-jodid*, $C_3H_7O_2J$, F. 53°, 36std. Kochen von 24,3 g Triphenylphosphit u. 15 g CH_3J, Waschen mit Ae., Zufügen von 12 g 1.3-O-Benzylidenglycerin unter 50°, nach 8 Std. Waschen mit NaOH, Aufnehmen in Ae.; nach Entfernen des Ae. 30std. Hydrolysieren mit 3 cm³ 5n H_2SO_4 in 75 cm³ 86%ig. A. bei 40°; Aufarbeiten wie vorst.; Plättchen; 7 g. (J. chem. Soc. [London] **1955.** 1383—84. April. Bristol, Univ.) I. Ahrlé. 570

B. A. Arbusow, K. W. Nikonorow und **S. G. Schischowa,** *Ester der Propylenglykolphosphor- und Propylenglykolthiophosphorsäure.* Durch Einw. von $POCl_3$ auf Propylenglykol in Pyridin wird cycl. *Propylenglykolphosphorsäurechlorid* (I) dargestellt, das mit Alkoholen in Pyridin oder mit Alkoholaten die entsprechenden *Ester* gibt. Analoge Verbb. werden mit $PSCl_3$ erhalten. Die insekticide Wrkg. dieser Verbb. ist um ein mehrfaches geringer als die von Tetraäthylpyrophosphat u. Tetraäthylmonothiopyrophosphat.

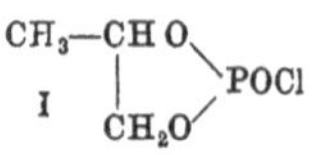

Versuche: *Propylenglykolphosphorsäurechlorid* (I), $C_3H_6O_3ClP$, Kp.$_4$ 102—105°; man gibt zu einem Gemisch aus 22,8 g Propylenglykol, 89,4 g Diäthylanilin u. 200 ml Ae. bei —3° in 2 Std. 46,05 g $POCl_3$; D.$^{20}_4$ 1,4210; n_D^{20} 1,4520; 21% (Ausbeute). — *Propylenglykolthiophosphorsäurechlorid* (II), $C_3H_6O_2ClSP$, Kp.$_3$ 82—84°; aus 68 g $PSCl_3$ in 63,5 g Pyridin + 300 ml Ae. u. 30,5 g Propylenglykol bei —3°, anschließend 2 Std. bei 35°; D.$^{20}_4$ 1,3902; n_D^{20} 1,5090; 43,5%. — Propylenglykolphosphorsäurealkylester. *Äthylester*, $C_5H_{11}O_4P$, Kp.$_3$ 105—108°; zu C_2H_5ONa-Lsg. (3,67 g Na, 70 ml A. + 100 ml Ae.) setzt man bei 0—2° tropfenweise 25 g I u. rührt 2 Std. unter Anwärmenlassen auf Zimmertemp.; D.$^{20}_4$ 1,2095; n_D^{20} 1,4265; 34%. *Methylester*, $C_4H_9O_4P$, Kp.$_5$ 114—118°; D.$^{20}_4$ 1,2734; n_D^{20} 1,4250; 33%. *Propylester*, $C_6H_{13}O_4P$, Kp.$_3$ 116—118°; D.$^{20}_4$ 1,1623; n_D^{20} 1,4290; 34%. *Butylester*, $C_7H_{15}O_4P$, Kp.$_3$ 127—130°; D.$^{20}_4$ 1,1211; n_D^{20} 1,4312; 32,2%. *Isobutylester*, $C_7H_{15}O_4P$, Kp.$_3$ 122—124°; D.$^{20}_4$ 1,1331; n_D^{20} 1,4310; 32,2%. — Propylenglykolthiophosphorsäurealkylester. *Methylester*, $C_4H_9O_3SP$, Kp.$_{11}$ 121—123°; aus II u. CH_3OH + Ae. in Ggw. von Pyridin bei 3—10°, dann bei Zimmertemp.; D.$^{20}_4$ 1,2639; n_D^{20} 1,4828; 41,8%. *Äthylester*, $C_5H_{11}O_3SP$, Kp.$_6$ 107—108°; D.$^{20}_4$ 1,2086; n_D^{20} 1,4770; 55%. *Propylester*, $C_6H_{13}O_3SP$, Kp.$_5$ 110—112°; D.$^{20}_4$ 1,1696; n_D^{20} 1,4741; 61%. *Isopropylester*, $C_6H_{13}O_3SP$, Kp.$_3$ 104 bis 106°; D.$^{20}_4$ 1,1734; n_D^{20} 1,4750; 38%. *Butylester*, $C_7H_{15}O_3SP$, Kp.$_3$ 114—116°; D.$^{20}_4$ 1,1435; n_D^{20} 1,4730; 52,4%. *Isobutylester*, $C_7H_{15}O_3SP$, Kp.$_3$ 112—115°; D.$^{20}_4$ 1,1386; n_D^{20} 1,4720; 38%. (Известия Академии Наук СССР, Отделение Химических Наук [Nachr. Akad. Wiss. UdSSR, Abt. chem. Wiss.] **1954.** 823—29. Sept./Okt. Kasan, Chem. Arbusow-Inst. der Filiale der Akad. der Wiss. der UdSSR.) O. Pollak v. Emhofen. 590

Ss. G. Strelzowa und **Ss. B. Sserebrjany,** *Gewinnung von Di-n-butyläther und Di-n-butylsulfat durch Umsetzung von n-Butylalkohol und Schwefelsäure.* Es wird untersucht, unter welchen Bedingungen bei der Rk. von n-Butylalkohol mit H_2SO_4 die Bldg. von *Di-n-butyläther* (I) oder *Di-n-butylsulfat* (II) begünstigt wird. Bei längerem Erhitzen u. bei der Anwendung geringerer Mengen H_2SO_4 entsteht vorwiegend **I**, während größere H_2SO_4-Mengen u. kürzeres Erhitzen die Bldg. von **II** fördern. — Es werden 2 Verff. angegeben, bei denen **I** bzw. **II** in den besten Ausbeuten erhalten werden: **I**, Kp. 140 bis 142°; man kocht 1300 g n-Butylalkohol mit 160 ml konz. H_2SO_4 9½ Std.; 750 g (Ausbeute); daneben 170 g **II**. — **II**, Kp.$_6$ 115—116°; 250 g n-Butylalkohol u. 130 g konz. H_2SO_4 werden in Ggw. von 300 ml **I** 3 Std. u. nach Hinzufügen von 50 g Butanol noch 1 Std. gekocht; 105 g; daneben 70 g **I**. (Украинский Химический Журнал [Ukrain. chem. J.] **19.** 664—65. 1953. Inst. für organ. Chem. der Akad. der Wiss. der UkrSSR.) O. Pollak v. Emhofen. 600

M. F. Schosstakowski und **N. A. Gerstein,** *Zu den Umwandlungen der Vinyläther. Chemische Eigenschaften von Alkyl-β-chloräthylacetalen.* Eine Unters. über die Beweglichkeit des β-Cl- u. α-H-Atoms in β-Chloräthylacetalen, $CH_3CH(OR)OCH_2CH_2Cl$. Di-[β-chloräthyl]-acetal reagiert nicht mit Dimethylanilin bei 100° oder mit KOH in sd. Ae.; dagegen läßt sich, wie früher (vgl. C. **1953.** 2424) festgestellt, Cl durch NH_2 ersetzen. Verhältnismäßig leicht gelingt der Ersatz von Cl durch die C_2H_5O-Gruppe mittels alkoh. KOH; Abspaltung von HCl erfolgt nicht. Dies gilt auch für Alkyl-β-chloräthylacetale.

Versuche: *Äthyl-β-äthoxyäthylacetal*, $C_8H_{18}O_3$, Kp.$_4$ 40—40,5°; aus Äthyl-β-chloräthylacetal u. alkoh. KOH, 8 Std. bei 80°; bewegliche Fl.; n_D^{20} 0,8955; 11,7% (Ausbeute). — *n-Butyl-β-äthoxyäthylacetal*, $C_{10}H_{22}O_3$, Kp.$_5$ 71—72°; aus n-Butyl-β-chloräthylacetal; $D.^{20}_4$ 0,8832; n_D^{20} 1,4090; 96,2%. — *β.β'-Diäthoxydiäthylacetal*, $C_{10}H_{22}O_4$, Kp.$_{13}$ 109—110°; $D.^{20}_4$ 0,9379; n_D^{20} 1,4181; 19,3%. (Известия Академии Наук СССР, Отделение Химических Наук [Nachr. Akad. Wiss. UdSSR, Abt. chem. Wiss.] **1953.** Nr. 4. 716—20. Juli/Aug. Inst. für organ. Chem. der Akad. der Wiss. der UdSSR.) R. Knobloch. 670

M. F. Schosstakowski und **Je. P. Gratschewa,** *Synthese und Umwandlungen von α-Methylvinylbutyläther.* 2. Mitt. (1. vgl. C. **1955.** 4081.) Durch Anlagerung von Butylalkohol an Methylacetylen in Ggw. von KOH wird *α-Methylvinylbutyläther* (**I**) erhalten, der durch Rk. mit Butylalkohol in Ggw. von wenig HCl in *Acetondibutylketal* (**II**) übergeführt wird. **I** u. **II** werden durch W. oder verd. Säuren leicht unter Bldg. von Butylalkohol u. Aceton hydrolysiert.

Versuche: *α-Methylvinylbutyläther* (I), $C_7H_{14}O$, Kp.$_{751}$ 111—112°; man erhitzt 111 g Butylalkohol, 50 g Methylacetylen u. 10 g KOH 14 Std. auf 248—250°; $D.^{20}_4$ 0,7955; n_D^{20} 1,4111; 90,7 g (Ausbeute). — *Acetondibutylketal* (II), $C_{11}H_{24}O_2$, Kp.$_{24}$ 69 bis 70°; man rührt äquimol. Mengen I u. Butylalkohol bei Zimmertemp. in Ggw. von wenig konz. HCl; $D.^{20}_4$ 0,8363; n_D^{20} 1,4150; 81%. — Aus den Hydrolyseprodd. von I oder II (1%ig. H_2SO_4) wird *Aceton* (*2.4-Dinitrophenylhydrazon*, F. 127,7°) isoliert. (Журнал Общей Химии [J. allg. Chem.] **23** (**85**). Nr. 8. 1320—23. Aug. 1953. Inst. für organ. Chem. der Akad. der Wiss. der UdSSR.) O. Pollak v. Emhofen. 710

Edward E. Smissman, *Eine neue Methode zur α-Bromierung von Carbonsäuren.* Vf. stellte folgende α-Bromcarbonsäuren dar: *α-Bromessigsäure*, Kp.$_{30}$ 100—105°, F. 47 bis 49°; 0,1 Mol Essigsäure in 10 ml Polyphosphorsäure u. 1 ml H_2O unter Rühren bis zur Auflösung erhitzen, 0,117 Mol Br_2 bei 80—100° innerhalb 1 Std. zutropfen u. weitere 2 Std. rühren; 67,6% (Ausbeute). *Amid*, F. 86—88°. *Anilid*, F. 129—130°. — *α-Brompropionsäure*, Kp.$_{740}$ 200—203°; $D.^{20}_4$ 1,691; 76%. *Anilid*, F. 96—97°. — *α-Brombuttersäure*, Kp.$_{25}$ 122—126°; $D.^{20}_4$ 1,564; 74,7%. *Amid*, F. 108—110°. *Anilid*, F. 95—96,5°. — *α-Bromisobuttersäure*, F. 45—48°, Kp.$_{20}$ 110—116°; 87%. *Amid*, F. 146—148°. — *α-Bromvaleriansäure*, Kp.$_{25}$ 132—136°; $D.^{20}_4$ 1,381; 85,5%. *Anilid*, F. 44—46°. — *α-Bromisovaleriansäure*, Kp.$_{25}$ 136—140°; $D.^{20}_4$ 1,459; 61,1%. *Amid*, F. 130—131°. — *α-Bromcyclohexancarbonsäure*, F. 59—60°, Kp.$_{18}$ 160—162°, aus 0,10 Mol Cyclohexancarbonsäure in 50 ml Polyphosphorsäure durch Erhitzen auf 120° unter 10 Min. Rühren, 0,275 Mol Br_2 zugetropft u. 4 Std. weitergerührt; 76,5%. *Amid*, F. 132—134°. — *α.α'-Dibromessigsäureanhydrid*, Kp.$_{25}$ 153—155°, Kp. 270—271°; zu 0,0212 Mol Acetanhydrid in 5 ml CCl_4 1,5 ml Br_2 u. 0,0015 Mol $AlCl_3$ zugegeben, über Nacht stehengelassen u. weitere Br_2-Zugabe bis zum Auftreten der Bromfarbe; 57,9%. (J. Amer. chem. Soc. **76.** 5805—07. 20/11. 1954. Chicago, Ill., Univ., Coll. of Pharm.) L. Fischer. 810

V. G. Kendall, P. B. Lumb und **J. C. Smith,** *Synthese von DL-Ricinoleinsäure.* (Kurze Mitt.) Vff. beschreiben die Synth. von *DL-Ricinoleinsäure* [*12-Oxyoctadecen-(9)-säure*] aus 1-Chlor-6-jodhexan (I) in 8 Stufen. Das wichtigste Zwischenprod. der Reaktionsfolge ist das olefin. Acetal *1-Chlor-10.10-dimethoxydecen-(7)*, welches mit wss. Weinsäure zum entsprechenden Aldehyd hydrolysiert wird, der n. mit n-Hexyl-MgBr kondensiert werden kann.

Versuche: *1-Chlor-10.10-dimethoxydecen-(7)*, Kp.$_{0,3}$ 93°, aus **I** u. Na-Acetylid über *1-Chloroctin-(7)* u. *1-Chlor-10.10-dimethoxydecin-(7)*; n_D^{20} 1,4631. — *1-Chlordecen-(7)-al-(10)*, durch Hydrolyse vorst. Verb. mit wss. Weinsäure. *2.4-Dinitrophenylhydrazon*, $C_{16}H_{21}O_4N_4Cl$, F. 108,5°. — *1-Chlorhexadecen-(7)-ol-(10)*, $C_{16}H_{31}OCl$, Kp.$_{0,005}$ 138°, aus vorst. Verb. durch Umsetzen mit n-Hexyl-MgBr; n_D^{20} 1,4710. — *DL-Ricinoleinsäuremethylester*, $C_{19}H_{36}O_3$, Kp.$_{0,005}$ 157—160°, F. —7 bis —5°, aus vorst. Verb. durch Ersatz des Cl durch J u. Umsetzung mit Na-Malonester; n_D^{20} 1,4631; daraus durch Hydrolyse mit methanol. KOH *DL-Ricinoleinsäure* [*12-Oxyoctadecen-(9)-säure*], $C_{18}H_{34}O_3$, F. +3°; n_D^{20} 1,4728. (Chem. and Ind. **1954.** 1228. 2/10. Oxford, Dyson Perrins Labor.) G. Winkler. 810

C. A. Miller und **Loren M. Long,** *Anticonvulsiva.* 3. Mitt. *Untersuchung von N.α.β-Alkylsuccinimiden.* (2. vgl. C. **1952.** 7171; 4. vgl. C. **1954.** 9022.) Eine Reihe von *alkylierten Succinimiden* wurde dargestellt durch Rk. von Aldehyden oder Ketonen mit Cyanessigester (I), Anlagerung von HCN, Alkylierung, Hydrolyse, Decarboxylierung u. Rk. mit einem prim. Amin. Die Verbb. sind wirksam gegen metrazolinduzierte, nicht aber gegen elektr. induzierte Krämpfe.

Versuche: *α.β-Dicyan-β-methylheptansäureäthylester*, $C_{12}H_{18}O_2N_2$, Kp.$_{2,3}$ 141 bis 145°, durch Zugabe von 1 Mol KCN zu 0,62 Mol Äthyl-α-cyan-β-butyl-β-methylacrylat (aus Butylmethylketon u. I) in 50%ig. A., Erwärmen auf dem Dampfbad, Verdünnen mit W. u. Ansäuern mit 12n HCl (Kongorot); 58% (Ausbeute). — *α-Butyl-α-methylbernsteinsäure*, $C_9H_{16}O_4$, F. 91—93° (Ae.), durch 20std. Kochen vorst. Esters mit 12n HCl, Aufnehmen des Öls in 10%ig. NaOH u. Ansäuern des Filtrats; 59%. — *α.β-Dicyan-α-methyl-β.β-diäthylpropionsäureäthylester*, Kp.$_{22}$ 178—179°, durch Zugabe von KCN zu Äthyl-α-cyan-β.β-diäthylacrylat in 95%ig. A., Erwärmen auf dem Dampfbad, Zugabe von CH_3J bei 25°, 4std. Kochen, Zugabe von W. u. Extraktion mit Ae.; 67%. — *α.α-Diäthyl-β-methylbernsteinsäure*, F. 99—102° (Essigester-PAe.), durch 16std. Kochen vorst. Esters mit konz. H_2SO_4, Eisessig u. W., Zugabe von Eis, Aufnehmen in Ae., Lösen des Ae.-Rückstands in 10%ig. NaOH, Extraktion mit Ae. u. Ansäuern mit 12n HCl (Kongorot); 62%. — *α-Butyl-α-äthylsuccinimid*, $C_{10}H_{17}O_2N$, F. 62—64°, durch Zugabe von α-Butyl-α-äthylbernsteinsäure zu konz. NH_4OH, Erhitzen bis zu einer Innentemp. von 200°, Aufnehmen in Ae. u. Verdünnen des Filtrats mit PAe.; 33%. — Analog nachst. Succinimide: *α-Äthyl-*, $C_6H_9O_2N$, F. 74—76°; 34%. — *α.α-Dimethyl-*, F. 104—106°; 87%. — *α.β-Dimethyl-*, $C_6H_9O_2N$, F. 107—109°; 39%. — *N.α-Dimethyl-*, Kp.$_{17,5}$ 115—117°; 58%. — *N.α.α-Trimethyl-*, $C_7H_{11}O_2N$, Kp.$_{13,5}$ 98°; 67%. — *N.α.β-Trimethyl-*, Kp.$_{20,5}$ 115—117°; 59%. — *N-Äthyl-α-methyl-*, $C_7H_{11}O_2N$, Kp.$_{20,5}$ 115 bis 117°; 63%. — *N.α-Dimethyl-α-äthyl-*, $C_8H_{13}O_2N$, Kp.$_{15}$ 111°; 77%. — *N-Äthyl-α.α-dimethyl-*, Kp.$_5$ 76—77°; 76%. — *N-Äthyl-α.β-dimethyl-*, Kp.$_{18}$ 109—111°; 76%. — *N-Propyl-α-methyl-*, $C_8H_{13}O_2N$, Kp.$_{27}$ 129—131°; 66%. — *α-Methyl-α-butyl-*, $C_9H_{15}O_2N$, Kp.$_{23}$ 179—181°; 74%. — *α.α-Diäthyl-β-methyl-*, $C_9H_{15}O_2N$, F. 73—74°; 39%. — *N-Methyl-α.α-diäthyl-*, $C_9H_{15}O_2N$, Kp.$_{7,2}$ 105—106°; 83%. — *N.α-Diäthyl-α-methyl-*, Kp.$_{14,8}$ 112°; 57%. — *N-Propyl-α.β-dimethyl-*, $C_9H_{15}O_2N$, Kp.$_{22,5}$ 124—125°; 60%. — *N-Isopropyl-α.α-dimethyl-*, Kp.$_{7,4}$ 87°; 78%. — *N.α-Dimethyl-α-butyl-*, $C_{10}H_{17}O_2N$, Kp.$_{16,5}$ 131—134°; 68%. — *N.β-Dimethyl-α.α-diäthyl-*, $C_{10}H_{17}O_2N$, Kp.$_{22,5}$ 134—135°; 58%. — *N.α.α-Triäthyl-*, $C_{10}H_{17}O_2N$, Kp.$_{24,5}$ 132°; 83%. — *N-Propyl-α-methyl-α-äthyl-*, $C_{10}H_{17}O_2N$, Kp.$_{19}$ 128—129°; 70%. — *N-Äthyl-α-methyl-α-butyl-*, $C_{11}H_{19}O_2N$, Kp.$_{11}$ 132 bis 135°; 70%. — *N.α.α-Triäthyl-β-methyl-*, $C_{11}H_{19}O_2N$, Kp.$_{21}$ 135—136°; 75%. — *N.α-Diäthyl-α-butyl-*, $C_{12}H_{21}O_2N$, Kp.$_{47,6}$ 169—171°; 73%. (J. Amer. chem. Soc. **75.** 373—75. 20/1. 1953. Detroit, Mich., Parke, Davis & Co., Res. Labors.)

Hildegard Baganz. 820

G. Zemplén, L. Mester und **E. Móczar,** *Über das Reduktionsvermögen der Pentaoxypimelinsäurederivate.* Durch Erwärmen von pentaoxypimelinsaurem Ca (I) mit Oxalsäure bildet sich *Pentaoxypimelinsäure-γ-lacton*, dessen Äthyl- (II) bzw. *Propylester* (III) sich leicht zum *Tetraacetat* von II (IV) bzw. III (V) acetylieren läßt. Durch saure Verseifung u. Umesterung entstand aus **IV III** u. aus **V II.** Ferner wurden noch aus **I** *Pentaacetoxypimelinsäure* u. dessen *Diäthylester* dargestellt. Von diesen Verbb. zeigten nur **IV** u. **V** nach alkal. Behandlung ein Reduktionsvermögen, wie es bei dem Lactonderiv. der Mannozuckersäure u. der Zuckersäure angetroffen wird. Das Entstehen des Reduktionsvermögens kann auch hier mit der Bldg. einer enolartigen Struktur erklärt werden.

Versuche: *Pentaoxypimelinsäureäthylester-γ-lacton* (II), $C_9H_{14}O_8$, F. 161° (absol. A.), durch Erwärmen von 25 g **I** in wss. Oxalsäure unter Schütteln auf dem Dampfbad; 12 g (Ausbeute). *Tetraacetat* (**IV**), $C_{17}H_{22}O_{12}$, F. 145—146° (A.), Kp.$_{0,4}$ 230 bis 240°, aus 5 g **II** u. Acetanhydrid u. $ZnCl_2$; 6 g. — *Pentaoxypimelinsäurepropylester-γ-lacton* (**III**), $C_{10}H_{16}O_8$, F. 131—132°, durch 2std. Kochen von 0,1 g **II** in 25%ig. HCl-absol. n-Propanol; 0,2 g. *Tetraacetat* (**V**), $C_{18}H_{24}O_{12}$, F. 102° (Propanol), analog **IV** aus 0,5 g **III**; 0,35 g. — *Pentaacetoxypimelinsäure*, $C_{17}H_{22}O_{14}$, F. 166°, zur Suspension von 4 g **I** in 28 ml Acetanhydrid unter Rühren auf dem Wasserbade innerhalb 1½ Std. ein Gemisch aus 1,8 ml konz. H_2SO_4 u. 20 ml Acetanhydrid zugetropft, dazwischen ½ Std. nach Beginn 2 g $ZnCl_2$ zugegeben u. abschließend 2 Std. in der Hitze weitergerührt; 1,3 g Nadeln. *Diäthylester*, $C_{21}H_{30}O_{14}$, F. 97—98° (A.), Kp.$_{2-3}$ 245—255°, 9 g **I** in absol. A. unter Kühlung mit HCl-Gas gesätt., 7 g der isolierten Substanz 24 Std. in Acetylchlorid stehengelassen u. ½ Std. auf dem Wasserbad erwärmt. (Acta chim. Acad. Sci. hung. **4.** 161—68. 1954. Budapest, Techn. Univ., Inst. für organ. Chem.) L. Fischer. 850

Allen E. Senear, *Die Darstellung von dl-Alloisocitronensäurelacton.* (Vgl. Pucher u. Vickery, J. biol. Chemistry **163.** [1946.] 169.) Vff. beschreiben die Darst. von *dl-Alloisocitronensäurelacton* aus dl-Isocitronensäurelacton (**I**) unter den Bedingungen der Epimerisierung von α-Oxysäuren der Zuckerreihe nach Fischer. Ein Vers., durch Anhydridbldg. zu entscheiden, welches der beiden Racemate einer cis-Konfiguration der beiden Carboxylgruppen relativ zum Lactonring entspricht, scheitert.

Versuche: *Monopyridiniumsalz von dl-Alloisocitronensäurelacton*, $C_{11}H_{11}O_6N$, F. 139,6—141,8° (A.), durch 3std. Erhitzen von 10 g **I** mit wss. Pyridin im geschlossenen Rohr auf 140—150°; 5,42 g (Ausbeute). — *dl-Alloisocitronensäurelacton*, $C_6H_6O_6$, F. 158,2-

bis 159,4° (Äthylacetat/PAe.), durch Eindampfen vorst. Salzes mit 1,5n NaOH, dann mit 12n HCl zur Trockne u. ½std. Erwärmen auf 100° im Vakuum; 68%. *Di-p-bromphenacylester*, $C_{22}H_{16}O_8Br_2$, F. 166,8—167,2° (A.); 45%. (J. Amer. chem. Soc. **77.** 2564 bis 2565. 5/5. 1955. Goleta, Univ., Santa Barbara Coll.) G. WINKLER. 850

Henry Gault und **Léonce Laloi,** *Oxycarbonylierung von Monooxalylbernsteinsäureestern. 3-Carbäthoxy-2-ketobutyrolacton-3-essigsäureäthylester* (I), Kp.$_{0,9}$ 172°, durch Zugabe von Monooxalylbernsteinsäuretriäthylester u. 2—5% K_2CO_3 zu überschüssigem 30%ig. Formalin, 4—5std. Schütteln, Behandlung mit 30%ig. HCl nach 24std. Stehen u. Extraktion mit Ae.; *Dinitrophenylhydrazon,* F. 147°. — *Methylenbernsteinsäure,* F. 161 bis 165° (Zers.), durch Spaltung von I mit Alkalien neben *Oxalsäure.* — *2-Ketobutyrolacton-3-essigsäure,* F. 161°, durch Kochen von I mit HCl. *Äthylester,* F. 48°, Kp.$_1$ 158°; *Phenylhydrazon,* F. 158°. Läßt sich leicht bromieren. — Die analoge Kondensation mit Benzaldehyd gelang nicht. (Bull. Soc. chim. France, Mém. [5] **1955.** 154—55. Jan. Bellevue, C. N. R. S., Centre d'Études et de Rech. de Chim. Organ. Appl.)
HORST BAGANZ. 870

Charles Glacet und **Antoine Gaumeton,** *Einwirkung von Organomagnesiumverbindungen auf α-Aminoepoxyde.* Während tri-N-substituierte α-Aminoepoxyde mit aliphat. oder aromat. GRIGNARD-Verbb. schon in Ae. sehr glatt *ω-Aminoalkohole* liefern, machen sek. Amine die Verwendung von Tetrahydrofuran oder besser Bzl. als Lösungsm. erforderlich. Die Prodd. letzterer Rk. werden durch Dehydratation über Al_2O_3 (Meth. **A**) in *Piperidine* übergeführt, die auch aus 1.5-Dibromalkanen u. Aminen entstehen.

V e r s u c h e : *5-Phenyl-5-butylaminopentanol-(1),* $C_{15}H_{25}ON$, Kp.$_{0,6}$ 135,5—136°, aus Phenyl-MgBr u. 1.5-Epoxy-1-butylaminopentan in 70 Std. bei 40° in Bzl. u. Hydrolyse des *Mg-Komplexes* mit NH_4OH; D.$^{20}_4$ 0,971; n_D^{20} 1,5138; 62% (Ausbeute). *Pikrolonat,* F. 151,5—152° (langsame Zers.). — *1-Butyl-2-phenylpiperidin,* $C_{15}H_{23}N$, Kp.$_{12}$ 142°, a) nach **A** bei 190°; D.$^{19,5}_4$ 0,934; $n_D^{19,5}$ 1,5146; 86%; b) aus 1-Phenyl-1.5-dibrompentan u. Butylamin. *Pikrat,* $C_{21}H_{26}O_7N_4$, F. 177° (A.). — *5-Butylaminoheptanol-(1),* $C_{11}H_{25}ON$, Kp.$_{12}$ 142,5—143°, mit Äthyl-Mg-halogenid in 2 Std. bei 40° in Bzl.; D.$^{19}_4$ 0,883; n_D^{19} 1,4573; 30%. — *1-Butyl-2-äthylpiperidin,* $C_{11}H_{23}N$, Kp.$_{11}$ 87°, a) nach **A** bei 250°; D.$^{14,5}_4$ 0,846; $n_D^{14,5}$ 1,4573; 80%; b) aus 1.5-Dibromheptan. *Pikrat,* $C_{17}H_{26}O_7N_4$, F. 100,5° (Isopropylalkohol). — *5-Diäthylaminoheptanol-(1),* $C_{11}H_{25}ON$, Kp.$_{12}$ 125,2—125,4°, aus 1.5-Epoxy-1-diäthylaminopentan in Ae. bei 5°; D.$^{23}_4$ 0,875; n_D^{23} 1,4520; 70%. Wird zum Strukturbeweis in *5-Diäthylaminohepten-(1)* bzw. *N.N-Diäthyl-α-äthylpiperidiniumbromid* übergeführt. (C. R. hebd. Séances Acad. Sci. **241.** 208—10. 11/7. 1955.)
R. PASEDAG. 920

A. N. Nessmejanow, N. K. Kotschetkow und **Ja. W. Dombrowski,** *β-Aminovinylketone.* 3. Mitt. *Synthese von Alkyl-β-aminovinylketonen.* (1. vgl. C. **1955.** 2400; 2. vgl. Известия Академии Наук СССР, Отделение Химических Наук [Nachr. Akad. Wiss. UdSSR, Abt. chem. Wiss.] **1953.** 991.) Aus Alkyl-β-chlorvinylketonen u. konz. wss. NH_3OH-Lsg. erhält man *Alkyl-β-aminovinylketone* mit hoher Ausbeute. Bei sämtlichen erhaltenen Verbb. wächst n_D^{20} nach der Dest. rasch an u. erreicht nach 1½ Std. ein Maximum; nach erneuter Dest. zeigt sich dieselbe Erscheinung (tautomere Umwandlungen?).

V e r s u c h e : A l k y l - β - a m i n o v i n y l k e t o n e, R—CO—CH=CH—NH_2. *R* = *CH_3*, Kp.$_3$ 70—71°; 600 ml 25%ig. NH_3-Lsg. werden mit NH_3 bei 0—3° gesätt. u. unter Kühlung innerhalb 20 Min. bei weiterem Einleiten von NH_3 mit 0,2 Mol Methyl-β-chlorvinylketon versetzt; man rührt noch 2 Std., läßt einige Std. im Eisbad stehen, sättigt mit K_2CO_3 u. extrahiert mit Ae.; D.$^{20}_4$ 1,0220; n_D^{20} 1,5668 (hier, wie auch weiterhin, das Maximum nach 2 Std.); 84,4% (Ausbeute). *R* = *C_2H_5*, Kp.$_3$ 72—73°; D.$^{20}_4$ 0,9893; n_D^{20} 1,5440; 77,8%. *R* = *n-C_3H_7*, Kp.$_3$ 84—85°; D.$^{20}_4$ 0,9650; n_D^{20} 1,5327; 81,8%. *R* = *$(CH_3)_2CH$*, Kp.$_{0,5}$ 55—56°; D.$^{20}_4$ 0,9610; n_D^{20} 1,5273; 80,2%. *R* = *$(CH_3)_2$·$CHCH_2$*, Kp.$_{2,5}$ 98—99°; D.$^{20}_4$ 0,9456; n_D^{20} 1,5221; 83,5%. *R* = *n-C_5H_{11}*, Kp.$_2$ 103°; D.$^{20}_4$ 0,9342; n_D^{20} 1,5160; 79,6%. (Известия Академии Наук СССР, Отделение Химических Наук [Nachr. Akad. Wiss. UdSSR, Abt. chem. Wiss.] **1955.** 179—81. Jan./Febr. Moskau, Lomonossow-Univ.) O. POLLAK V. EMHOFEN. 940

O. W. Kildischewa, L. P. Rassteikene und **I. L. Knunjanz,** *Umwandlungen der Mercaptoaminosäuren.* 4. Mitt. *α.β-Dihalogen-α-acylaminopropionsäuren.* (3. vgl. C. **1955.** 9301.) *α-Acylaminoacrylsäuren* werden aus Brenztraubensäure u. einem Säureamid gewonnen: $CH_3COCO_2H + NH_2COR \rightarrow CH_2{=}C(NHCOR)CO_2H + H_2O$. Hieraus durch Anlagerung von Cl_2 oder Br_2 *α.β-Dihalogen-α-acylaminopropionsäuren,* in denen das Halogen sehr beweglich ist. W. (bei langer Einw.) u. Alkalilauge hydrolysieren vollständig unter Bldg. von NH_4Br. Die Dichlorverbb. sind etwas beständiger als die Dibromverbb., so daß es gelingt, nur 1 Cl hydrolyt. abzuspalten. Säurehydrolyse führt bei α.β-Dibrom-α-benzoylaminopropionsäure (I) u. α.β-Dibrom-α-phenylacetylaminopropionsäure (II) zu *Benzoyloxy-* bzw. *Phenylacetyloxybrenztraubensäure,* weitergehende Hydrolyse in beiden Fällen zu *Oxybrenztraubensäure.* Wird II oder α.β-Dichlor-α-phenylacetylaminopropionsäure (III) mit $(CH_3CO)_2O$ behandelt, so werden *4-Brommethylen-* bzw. *4-Chlormethylen-2-benzyloxazolon* erhalten. I oder α.β-Dichlor-α-benzoylaminopropionsäure (IV) geben bei der gleichen Behandlung *4-Brommethyl-* bzw. *4-Chlormethyl-4-acetoxy-2-phenyloxazolon.*

V e r s u c h e: *α-Acetylaminoacrylsäure,* F. 198—199°; 35 g Brenztraubensäure u. 12 g Acetamid werden in 300 ml Bzl. erhitzt; durch gleichzeitiges Abdest. wird das Reaktionswasser als azeotropes Gemisch mit Bzl. entfernt; 53% (Ausbeute). — *α-Benzoylaminoacrylsäure* (V), $C_{10}H_9O_3N$, F. 158—160° (wss. A.); 30%. — *α-Phenylacetylaminoacrylsäure* (VI), $C_{11}H_{11}O_3N$, F. 189—190° (wss. A.); a) aus Brenztraubensäure u. Phenylacetamid in Bzl.; 50—60% neben etwas *α.α-Bis-[phenylacetylamino]-propionsäure,* die durch Waschen mit Eisessig entfernt wird; b) aus letztgenannter Verb. u. Brenztraubensäure in sd. Bzl.; 59%. — *α-[Carbobenzyloxyamino]-acrylsäure* (VII), $C_{11}H_{11}O_4N$, F. 100 bis 101° (Bzl.); aus Brenztraubensäure u. Benzylurethan (2 : 1 Mol); 43%. Werden die Reaktionsteilnehmer im Verhältnis 1 : 1 Mol angewendet, so entsteht quantitativ *α.α-Bis-[carbobenzyloxyamino]-propionsäure,* F. 134—136° (70%ig. A.). — *α.β-Dichlor-α-benzoylaminopropionsäure* (IV), $C_{10}H_9O_3NCl_2$, F. 128—130° (Zers.); aus V u. Cl_2 in CCl_4 unter Kühlung; aus Ae. Kristalle; 98%. — *α.β-Dibrom-α-benzoylaminopropionsäure* (I), $C_{10}H_9O_3NBr_2$, F. 139—140° (Zers.); aus V u. Br_2 in Chlf.; aus Ae. Kristalle; 93%. — *α.β-Dichlor-α-phenylacetylaminopropionsäure* (III), $C_{11}H_{11}O_3NCl_2$, F. 105—107° (Zers.); aus VI; 93%. — *α.β-Dibrom-α-phenylacetylaminopropionsäure* (II), $C_{11}H_{11}O_3NBr_2$, F. 128—130° (Zers.); Nadeln; 73%. — *α.β-Dibrom-α-[carbobenzyloxyamino]-propionsäure,* $C_{11}H_{11}O_4NBr_2$, F. 108—112° (Zers.); aus VII; 96%. — *Benzoyloxybrenztraubensäure;* man löst 6,5 g I bei 55° in 100 ml W., kühlt ab, filtriert, behandelt mit 0,5%ig. Lsg. von 2.4-Dinitrophenylhydrazin in 2n HCl u. erhält nach Einw. über Nacht 6,9 g des *2.4-Dinitrophenylhydrazons,* $C_{16}H_{12}O_8N_4$, F. 168—173° (A.). — *Phenylacetyloxybrenztraubensäure. 2.4-Dinitrophenylhydrazon,* $C_{17}H_{14}O_8N_4$, F. 169—171° (A.); 95,8%. — *Oxybrenztraubensäure;* man löst 3,6 g II in 40 ml W. (1—2 Min. bei 70—80°), filtriert nach dem Abkühlen, läßt 2 Tage reagieren, konz. die Lsg., filtriert *Phenylessigsäure* ab, bringt die Mutterlauge zur Trockne, löst in 150 ml W., filtriert, behandelt mit 0,5%ig. Lsg. von 2.4-Dinitrophenylhydrazin in 2n HCl im Eisschrank u. erhält 0,8 g des *2.4-Dinitrophenylhydrazons* vom F. 160—161° (Essigester). — *4-Chlormethylen-2-benzyloxazolon,* $C_{11}H_8O_2NCl$, F. 114—115° (Zers.); VI wird mit Cl_2 in CCl_4 in III übergeführt, zur Reaktionsmasse $(CH_3CO)_2O$ hinzugefügt, am nächsten Tage CCl_4 u. $(CH_3CO)_2O$ bei 40—50° abdest., worauf Kristallisation erfolgt; aus absol. A. gelbliche Nadeln; 58%. — *4-Brommethylen-2-benzyloxazolon,* $C_{11}H_8O_2NBr$, F. 112—114° (Chlf. + absol. A.); 52%. — *4-Brommethyl-4-acetoxy-2-phenyloxazolon,* $C_{12}H_{10}O_4NBr$, F. 137—138° (absol. A.); aus I u. $(CH_3CO)_2O$; überschüssiges $(CH_3CO)_2O$ wird im Vakuum bei 50—60° abdest.; Nadeln; 80%. — *4-Chlormethyl-4-acetoxy-2-phenyloxazolon,* $C_{12}H_{10}O_4NCl$, F. 110° (Zers.); Nadeln; aus IV; 74%. (Известия Академии Наук СССР, Отделение Химических Наук [Nachr. Akad. Wiss. UdSSR, Abt. chem. Wiss.] **1955.** 260—70. März/April. Zelinsky-Inst. für organ. Chem. der Akad. der Wiss. der UdSSR.) R. Knobloch. 950

O. W. Kildischewa, M. G. Linkowa und **I. L. Knunjanz,** *Umwandlungen der Mercaptoaminosäuren. 5. Mitt. β-Halogen-α-oxy-α-acylaminopropionsäuren und ihre Derivate.* (4. vgl. vorst. Ref.) α.β-Dihalogen-α-acylaminopropionsäuren tauschen das α-Halogenatom gegen die Oxy-, Alkoxy-, Acetoxy- u. andere Gruppen aus. β-Halogen-α-oxy(alkoxy)-α-phenylacetylaminopropionsäuren geben beim Behandeln mit $(CH_3CO)_2O$ *4-Halogenmethylen-2-benzyl-oxazolone.* Während β-Chlor-α-oxy-α-benzoylaminopropionsäure (I) bei Einw. von $(CH_3CO)_2O$ *4-Chlormethyl-4-acetoxy-2-phenyloxazolon* (II) liefert, bildet sich aus β-Chlor-α.α-bis-[benzoylamino]-propionsäure *4-Chlormethylen-2-phenyloxazolon* (III). Aus α.β-Dichlor-α-benzoylaminopropionsäure (IV) entsteht durch Abspaltung von W. mittels PCl_5 *4-Chlor-4-chlormethyl-2-phenyloxazolon;* die Verss., diese Verb. in II oder III überzuführen, waren erfolglos, da keine Rk. eintrat; W. oder A. wirken zwar bei längerer Reaktionsdauer ein, doch wird hierbei der Oxazolonring aufgespalten; hieraus wird geschlossen, daß die Bldg. von II aus IV mittels $(CH_3CO)_2O$ so erfolgt, daß erst das α-Chloratom durch CH_3COO ersetzt wird u. dann Cyclisierung eintritt, nicht umgekehrt. II wird durch 80%ig. CH_3CO_2H bei Zimmertemp. zu I hydrolysiert.

V e r s u c h e: *β-Chlor-α-oxy-α-benzoylaminopropionsäure* (I), $C_{10}H_{10}O_4NCl$, F. 120 bis 121° (Zers.); a) 2,62 g IV werden 10 Min. unter Rühren mit 0,84 g $NaHCO_3$ in 9 ml W. behandelt; 69% (Ausbeute); b) aus II u. 90%ig. CH_3CO_2H, 3 Tage bei Zimmertemp.; 0,1 g aus 0,26 g II. Die Verb. ist zersetzlich u. kann aus $C_2H_4Cl_2$ nur unter großen Verlusten umkrist. werden. — *β-Chlor-α-methoxy-α-benzoylaminopropionsäure* (**V**), $C_{11}H_{12}O_4NCl$, F. 159—160° (Zers.); aus 2,6 g **IV** u. 3,5 ml CH_3OH, 1 Min. bei Zimmertemp.; 78%. Ist beständiger als **I**. *Methylester*, $C_{12}H_{14}O_4NCl$, F. 105—106° (Ae.); a) aus **V** u. CH_2N_2 in Ae. + wenig CH_3OH; fast quantitativ; b) beim Erwärmen (20 Min.) von 0,52 g **II** mit 10 ml CH_3OH + 0,5 ml 10%ig. K_2CO_3-Lsg., Eindampfen im Vakuum auf das halbe Vol. u. Zusatz von W.; 70%; c) aus **II** u. CH_3OH + wenig HCl-Gas, kurze Zeit bei Zimmertemp.; 50% neben 15% **V** (Trennung durch $NaHCO_3$). — *β-Chlor-α-äthoxy-α-benzoylaminopropionsäure*, $C_{12}H_{14}O_4NCl$, F. 117—118° (Zers.); aus **IV** u. wenig absol. A. bei Zimmertemp.; aus Ae. oder warmem $(CH_3CO)_2O$ Kristalle; 50%. — *β-Brom-α-oxy-α-benzoylaminopropionsäure*, $C_{10}H_{10}O_4NBr$, F. 105—106°; aus α.β-Dibrom-α-benzoylaminopropionsäure bei Einw. von $NaHCO_3$-Lsg. (2—4 Min.); aus Essigester Kristalle (unter großen Verlusten); 94%. Hieraus durch längere Einw. von W. oder mit überschüssiger $NaHCO_3$-Lsg. *Benzoyloxybrenztraubensäure*. — *β-Chlor-α-oxy-α-phenylacetylaminopropionsäure*, $C_{11}H_{12}O_4NCl$, F. 106—106,5° (Essigester); aus α.β-Dichlor-α-phenylacetylaminopropionsäure u. $NaHCO_3$-Lsg.; sehr zersetzlich; 70%. *Methylester*, $C_{12}H_{14}O_4NCl$, F. 101—103° (Ae. + Essigester); aus der Säure u. CH_2N_2 in Ae. (neben *Phenylacetamid*). — *β-Brom-α-oxy-α-phenylacetylaminopropionsäure* (**VI**), $C_{11}H_{12}O_4NBr$, F. 105—106° (Zers.); aus α.β-Dibrom-α-phenylacetylaminopropionsäure u. $NaHCO_3$-Lsg. zu 93% oder beim Schütteln der Lsg. in Ae. mit W.; aus $C_2H_4Cl_2$ oder Chlf. Kristalle. Alkalien oder Säuren führen in *Phenylacetyloxybrenztraubensäure* über; verhält sich beim Titrieren mit Alkalilauge wie eine 2bas. Säure; 0,1n $AgNO_3$ fällt quantitativ AgBr. — *β-Brom-α-äthoxy-α-phenylacetylaminopropionsäure* (**VII**), $C_{13}H_{16}O_4NBr$, F. 126°; 70%. *Methylester*, $C_{14}H_{18}O_4NBr$, F. 97—98°; aus der Säure u. CH_2N_2. — *β-Brom-α-methoxy-α-phenylacetylaminopropionsäure*, $C_{12}H_{14}O_4NBr$, F. 125—126° (Zers.). — *α-Benzoylaminoacrylsäuremethylester*; 5,7 g α-Benzoylaminoacrylsäure werden mit 8 g $(CH_3)_2SO_4$ in 100 ml CH_3OH + 2 g wasserfreiem Na_2CO_3 + 1 g Hydrochinon 2 Std. gekocht; nicht destillierbar; 50%. Hieraus durch Bromieren in Chlf. quantitativ *α.β-Dibrom-α-benzoylaminopropionsäuremethylester*, $C_{11}H_{11}O_3NBr_2$, F. 90—91° (Ae.); unbeständig. — *β-Brom-α-äthoxy-α-benzoylaminopropionsäuremethylester*, $C_{13}H_{16}O_4NBr$, F. 104—106°; durch Hinzufügen vorst. Verb. zu A.; 70%. — *4-Chlormethyl-4-acetoxy-2-phenyloxazolon* (**II**), F. 107—108° (absol. A.); 2,25 g **I** werden 10 Min. mit 5 ml $(CH_3CO)_2O$ auf 70—80° erhitzt; 50%. — *4-Brommethyl-4-acetoxy-2-phenyloxazolon*, F. 134—135° (absol. A.); 41%. — *4-Brommethylen-2-benzyloxazolon*, $C_{11}H_8O_2NBr$, F. 109—111° (Zers.); aus **VI** oder **VII**; 18,8 bzw. 56%. — *4-Chlor-4-chlormethyl-2-phenyloxazolon*, $C_{10}H_7O_2NCl_2$, F. 70—74°; 2,62 g **IV** werden mit 2,1 g PCl_5 in 20 ml Bzl. 2 Std. gekocht; 1,8 g. — *β-Chlor-α.α-bis-[benzoylamino]-propionsäure*, $C_{17}H_{15}O_4N_2Cl$, F. 140—141° ($C_2H_4Cl_2$); man erhitzt 0,6 g **II** mit gesätt. $NaHCO_3$-Lsg. auf 80°, kühlt ab, filtriert *Benzamid* (0,1 g) ab u. säuert das Filtrat an; 0,15 g (neben etwas *Benzoyloxybrenztraubensäure*). Hieraus beim Erhitzen mit $(CH_3CO)_2O$ auf 60 bis 70° unter Abspaltung von *Benzonitril 4-Chlormethylen-2-phenyloxazolon* (**III**). (Известия Академии Наук СССР, Отделение Химических Наук [Nachr. Akad. Wiss. UdSSR, Abt. chem. Wiss.] **1955**. 271—81. März/April.) R. Knobloch. 950

O. W. Kildischewa, M. G. Linkowa und **I. L. Knunjanz**, *Umwandlungen der Mercaptoaminosäuren*. 6. Mitt. *β-Halogen-α-acylaminoacrylsäuren und ihre Derivate*. (5. vgl. vorst. Ref.) α.β-Dihalogen-α-acylaminopropionsäuren gehen beim Kochen in Bzl. in *β-Halogen-α-acylaminoacrylsäuren* über (Acyl = C_6H_5CO u. $C_6H_5CH_2CO$); diese geben bei Einw. von $(CH_3CO)_2O$ *4-Halogenmethylen-2-aryloxazolone*. β-Brom-α-[carbobenzyloxyamino]-acrylsäure (**I**) liefert beim Behandeln mit wasserentziehenden Mitteln das *innere Anhydrid* der *α-Carboxyamino-β-bromacrylsäure*, das relativ beständig gegen W. ist u. aus Alkoholen umkrist. werden kann.

Versuche: *β-Chlor-α-benzoylaminoacrylsäure* (**II**), F. 160—161° (Zers.); 2,6 g α.β-Dichlor-α-benzoylaminopropionsäure werden 40—50 Min. in 200 ml Bzl. gekocht; aus absol. A. Kristalle; 50% (Ausbeute). *Methylester*, F. 93—94° (PAe. oder 50%ig. CH_3OH); aus der Säure u. CH_2N_2 in Ae.; 62,5%. — *β-Brom-α-benzoylaminoacrylsäure* (**III**), $C_{10}H_8O_3NBr$, F. 155—156° (Zers.); 22%. — *β-Chlor-α-phenylacetylaminoacrylsäure* (**IV**), $C_{11}H_{10}O_3NCl$, F. 180—182° (Zers.); a) aus α.β-Dichlor-α-phenylacetylaminopropionsäure; 50%; b) aus 4-Chlormethylen-2-benzyloxazolon beim Erwärmen mit 0,5n NaOH auf 50—60°; 40%. — *β-Brom-α-phenylacetylaminoacrylsäure* (**V**), $C_{11}H_{10}O_3NBr$, F. 174 bis 175° (Zers.). *Methylester*, $C_{12}H_{12}O_3NBr$, F. 100—101° (Ae.). — *β-Brom-α-[carbobenzyloxyamino]-acrylsäure* (**I**), $C_{11}H_{10}O_4NBr$, F. 163—164° (Zers.); man bromiert α-[Carbobenzyloxyamino]-acrylsäure mit der äquimol. Menge Br_2 in Chlf. u. kocht die etwas eingedampfte Lsg. nach Zusatz von Bzl. 4 Std.; aus wss. A. Nadeln; 60%. — *4-Chlormethylen-2-benzyloxazolon*, F. 114—115° (Zers.); 0,239 g **IV** werden mit 2 ml $(CH_3CO)_2O$ 15 Min. auf 80° erhitzt; 60%. — *4-Brommethylen-2-benzyloxazolon*, F. 110—112°; aus **V**. — *4-Chlormethylen-2-phenyloxazolon*, F. 135—137°; aus **II** u. $(CH_3CO)_2O$ bei 100°; 80%. —

4-Brommethylen-2-phenyloxazolon, $C_{10}H_6O_2NBr$, doppelter F. 137° u. 189—192° (Zers.) aus **III**; 53%. Liefert in äther. Lsg. mit Anilin *4-Phenylaminomethylen-2-phenyloxazolon* F. 153—155°. — *Inneres Anhydrid* der *α-Carboxyamino-β-bromacrylsäure*, $C_4H_2O_3NBr$ F. 205—206° (Zers.; im geschlossenen Röhrchen); fast quantitativ beim Mischen von **I** mit der äquimol. Menge PCl_5; beim Kristallisieren aus warmem A. (maximal 55°) treten große Verluste ein. (Известия Академии Наук СССР, Отделение Химических Наук [Nachr. Akad. Wiss. UdSSR, Abt. chem. Wiss.] **1955**. 282—88. März/April.) R. Knobloch. 950

G. W. Pigulewski und **I. L. Kuranowa**, *Eine neue Methode zur Bestimmung der Struktur von Oxyaminosäuren.* Die Struktur der durch Rk. von Epoxystearinsäure mit NH_3 erhaltenen *Oxyaminostearinsäure* (**I**) wurde nach Criegee durch Oxydation mit $(CH_3CO_2)_4Pb$ zu *9-Amino-10-oxystearinsäure* bestimmt, da aus dem Oxydationsprod. *Pelargonaldehyd* u. *Azelainsäuremononitril* isoliert wurden. Ein Vers., die Struktur von **I** durch Red. mit HJ, Diazotierung der NH_2-Gruppe u. Verkochen zu bestimmen, gelang infolge zu geringer Ausbeute nicht. — 6,5 g **I** (F. 154—155°) in 50 ml Eisessig werden mit 9,2 g $(CH_3CO_2)_4Pb$ 2 Std. auf 50° erhitzt, das Reaktionsprod. wird mit W. verd. u. mit Wasserdampf destilliert; aus der öligen Schicht wird mit Ae. *Pelargonaldehyd* (*Semicarbazon*, F. 99—100°), F. 99—100°, extrahiert; der Rückstand im Kolben wird filtriert, alkal. gemacht, ausgeäthert u. angesäuert: *Azelainsäuremononitril*, $C_9H_{15}O_2N$, das bei der Hydrolyse mit alkoh. KOH *Azelainsäure*, F. 105—106°, liefert. (Журнал Прикладной Химии [J. angew. Chem.] **28**. 213—16. Febr. 1955.) O. Pollak v. Emhofen. 950

Aurelio Romeo und **Lucia Magni**, *Synthese einiger zweibasischer β-Aminosäuren.* Durch Red. des Phenylhydrazons des Acetondicarbonsäurediäthylesters mit Al-Amalgam u. anschließende Hydrolyse wird *β-Aminoglutarsäure* erhalten. Analog werden aus β-Ketopimelin- u. β-Ketokorksäureester *β-Aminopimelin-* bzw. *β-Aminokorksäure* erhalten.

Versuche: *β-Aminoglutarsäure*, $C_5H_9O_4N$, F. 268—272° (Zers.; Mikrokristalle aus W.), aus Acetondicarbonsäurediäthylester durch Umsetzen mit Phenylhydrazin (24 Std. bei 0—5°) in Ae., Red. mit Al-Amalgam in A. + W. bei 25—30° (2mal je 10 Std.) u. Hydrolyse des Reaktionsprod. mit $Ba(OH)_2$ (3 Tage bei 20°). — *α-Aceto-β-ketopimelinsäurediäthylester*, $C_{13}H_{20}O_6$, $Kp._{0,01}$ 116—120° (Öl), aus Na-Acetessigester u. Glutarsäureäthylesterchlorid in trockenem Bzl. (3 Tage bei 20°, dann 8 Std. Rückfluß). — *β-Ketopimelinsäurediäthylester*, $C_{11}H_{18}O_5$, $Kp._{0,1}$ 113°, aus vorst. Verb. in Ae. u. NH_3-Gas, zunächst unter Kühlung, dann bei 21° (12 Std.). — *β-Aminopimelinsäure*, $C_7H_{13}O_4N$, F. 183 bis 185° (Zers.; W.), aus vorst. Verb. durch Red. des Phenylhydrazons wie oben. — *2-Ketopiperidin-6-essigsäure*, $C_7H_{11}O_3N$, F. 140° (Chlf. + PAe.), aus vorst. Säure durch Erhitzen unter N_2 auf 180—190°. — *α-Aceto-β-ketokorksäurediäthylester*, Öl, aus Na-Acetessigester u. Adipinsäureäthylesterchlorid wie oben. — *β-Ketokorksäurediäthylester*, $C_{12}H_{20}O_5$, $Kp._{0,4}$ 146—148°, Öl, aus vorst. Ester u. NH_3 wie oben. — *β-Aminokorksäure*, $C_8H_{15}O_4N$, F. 235° (Zers.; aus W. + A. 1:4), aus vorst. Ketoester wie oben. (Atti Accad. naz. Lincei, Rend., Cl. Sci. fisiche, mat. natur. [8] **14**. 423—28. März 1953. Roma, Univ., Ist. Chim., Labor. di Chim. organ.) K. Faber. 950

D. N. Andrejew und **G. I. Saworotnowa**, *Siliciumorganische Ester der Essig- und Isobuttersäure.* Die Na-Salze der Essig- u. Isobuttersäure reagieren mit Alkylchlorsilanen unter Bldg. von *Alkylsilylacetaten* bzw. *Alkylsilylisobutyraten*. So wird z. B. aus $CH_3COO \cdot Na$ u. Methyldi-n-butylchlorsilan (**I**) *Methyldi-n-butylsilylacetat* dargestellt.

Versuche: *Methyldi-n-butylsilylacetat*, $C_{11}H_{24}O_2Si$, $Kp._8$ 83° aus 0,23 Mol **I** u. 0,37 Mol CH_3COONa in PAe. durch 10—15std. Erhitzen auf 60—85° unter Rühren, Filtrieren u. fraktionierte Dest.; $D.^{20}_4$ 0,8568; n_D^{20} 1,4284; ca. 70% (Ausbeute). — *Methyldi-n-butylsilylisobutyrat*, $C_{13}H_{28}O_2Si$, $Kp._5$ 105—107°; $D.^{20}_4$ 0,8620; n_D^{20} 1,4238; 60%. — *Tri-n-butylsilylisobutyrat*, $C_{16}H_{34}O_2Si$, $Kp._{13}$ 145—146°; $D.^{20}_4$ 0,8663; n_D^{20} 1,4345; 61%. — *Dimethylphenylsilylisobutyrat*, $C_{12}H_{18}O_2Si$, $Kp._6$ 114—116°; $D.^{20}_4$ 0,9844; n_D^{20} 1,4909; 10%. — *Methyldi-n-butylchlorsilan* (**I**), $C_9H_{21}ClSi$, Kp. 193—198°; aus n-Butyl-MgBr u. CH_3SiCl_3 (2:1); $D.^{20}_4$ 0,8656; n_D^{20} 1,4325. — *symm.-Dimethyltetra-n-butyldisiloxan*, $C_{18} \cdot H_{42}OSi_2$, $Kp._5$ 150—152°; durch Hydrolyse von **I** u. Dehydratisierung das Hydrolyseprod.; $D.^{20}_4$ 0,8281; n_D^{20} 1,4336. (Известия Академии Наук СССР, Отделение Химических Наук [Nachr. Akad. Wiss. UdSSR, Abt. chem. Wiss.] **1954**. 707—08. Juli/Aug. Inst. für Silikat-Chemie der Akad. der Wiss. der UdSSR.) O. Pollak v. Emhofen. 980

A. Je. Arbusow und **N. A. Rasumowa**, *Über Ester der propylenglykolphosphorigen Säure und ihre Umwandlungen.* Bei mehrstd. Erhitzen des Äthylester der cycl. propylenglykolphosphorigen Säure (**I**), $CH_3—CH—O$ / $CH_2—O$ $>POC_2H_5$, mit C_2H_5Br im Rohr auf 125° erfolgt Anlagerung von C_2H_5Br unter Lösung einer der C—O-Bindungen des Ringes; von den 2 Aufspaltungsmöglichkeiten wird diejenige als wahrscheinlicher angesehen, die zu *Äthylphosphonsäureäthylester-2-bromisopropylester* (II) führt. Bei 140—150° entsteht außer II *cycl. Äthylphosphonsäurepropylenglykolester* (III); bei 150—160° ist III einziges Reaktionsprodukt. Vielleicht ist daher II Zwischenprod. bei der Bldg. von III (Abspaltung von C_2H_5Br u. Ringschluß). Wie I-Äthylester verhalten sich andere I-Alkyl (Aryl)-ester; außer C_2H_5Br können andere Alkylbromide (-chloride) angewendet werden, wobei die entsprechenden Verbb. resultieren. — *Methylphosphonsäuremethylester-2-bromisopropylester*, $Kp._{13}$ 133,5—135°; $D.^{20}_0$ 1,4130; n_D^{20} 1,4535. — *Äthylphosphonsäureäthylester-2-bromisopropylester* (II), $Kp._{14}$ 133,5—134,5°; $D.^{20}_0$ 1,3184; n_D^{20} 1,4558. — *Benzylphosphonsäureäthylester-2-chlorisopropylester*, $Kp._1$ 148—150°; $D.^{20}_0$ 1,1775; n_D^{20} 1,5044. — *Propylphosphonsäurepropylester-2-bromisopropylester*, $Kp._1$ 121°; $D.^{20}_0$ 1,2182; n_D^{20} 1,4529. — *Isopropylphosphonsäure-isopropylester-2-bromisopropylester*, $Kp._6$ 125—127°; $D.^{20}_0$ 1,2490; n_D^{20} 1,4545. — *Äthylphosphonsäurephenylester-2-bromisopropylester*, $Kp._{0,07}$ 137°; $D.^{20}_0$ 1,3641; n_D^{20} 1,5188. — *Cycl. Alkylphosphonsäurepropylenglykolester*: Alkyl = CH_3; $Kp._{10}$ 137°; $D.^{20}_0$ 1,2381; n_D^{20} 1,4431. Alkyl = C_2H_5 (III); $Kp._{12}$ 143,5—144,5°; $D.^{20}_0$ 1,1941; n_D^{20} 1,4444. Alkyl = $C_6H_5CH_2$; F. 122—122,5°. Alkyl = n-C_4H_9; $Kp._{0,22}$ 121,5 bis 123°; $D.^{20}_0$ 1,1300; n_D^{20} 1,4482. (Доклады Академии Наук СССР [Ber. Akad. Wiss. UdSSR.] [N. S.] **97**. 445—48. 21/7. 1954. Kasan, Chem.-Technolog. Kirow-Inst.)

O. Pollak v. Emhofen. 980

Hellmut Bredereck, Inge Hennig und **Walter Rau** (unter Mitarbeit von **W. Deckelmann, E. Gröger** und **W. Binder**), *Alkylierungen mehrwertiger Phenole mit Dialkylsulfat.* (Vgl. C. **1952**. 3818.) Die Abhängigkeit der partiellen bzw. vollständigen Alkylierung 2- u. 3wertiger Phenole mit Dialkylsulfat u. Alkali von p_H, Lösungsm. u. Menge des Alkylierungsmittels wird eingehend untersucht (Tabellen).

Versuche (unter den Optimalbedingungen): *Guajacol* (I), Kp. 199—201°, aus Brenzcatechin u. 1,3 Mol Dimethylsulfat (II) in Nitrobenzol bei 40° u. p_H 8—9 (mit 20%ig. NaOH); 90% (Ausbeute). — *Resorcinmonomethyläther*, $Kp._{17}$ 128—138°, analog I; 79%. *Hydrochinonmonomethyläther*, Kp. 241—245°, analog I; (unter H_2 oder N_2); 74%. *Brenzcatechinmonoäthyläther* (*Guäthol*), $Kp._{14}$ 97—103°, analog I, aber mit Diäthylsulfat bei 60°; 83%. — *Resorcinmonoäthyläther*, $Kp._{11}$ 132—138°, analog vorst. Verb.; 70%. — *Hydrochinonmonoäthyläther*, Kp. 237—247°, analog vor vorst. Verb.; 69%. — Pyrogalloläther: *Monomethyläther-(1)*, $Kp._{14}$ 139—142°, F. 36—38° (Bzl.), aus Pyrogallol in W., CCl_4 u. 1,3 Mol II bei p_H 8,5—9, anschließend Fällung mit Pb-Acetat; 28%. *Monomethyläther-(2)*, $Kp._{12}$ 140—142°, F. 85—87° (Bzl.), aus dem Filtrat der Pb-Fällung vorst. Verb.; 12% (*1.3-Diacetat*, F. 66,5—68°). *Dimethyläther-(1.2)*, $Kp._{14}$ 124—127°, analog, aber mit 2,5 Mol II; Abtrennung von *Trimethyläther* aus der alkal. Lsg. mit Ae., dann Fällung des 1.3-Äthers als Na-Salz; 47% (*3-Benzoat*, F. 56—58°). *Dimethyläther-(1.3)*, $Kp._{14}$ 141,5—142,5°, F. 51—52,5°, aus dem bei vorst. Rk. abgetrennten Na-Salz; 8% (*2-Benzoat*, F. 114—116°). — Phloroglucinäther: *Monomethyläther*, $Kp._{14}$ 189—195°, mit 1,3 Mol II in Bzl. bei p_H 8—9, Trennung von nachst. Verb. durch Ausschütteln aus Bzl. mit W.; 58%. *Dimethyläther*, $Kp._{14}$ 170—174°, analog, aber mit 2,5 Mol II; 66%. *Trimethyläther*, $Kp._{10}$ 130—132°, F. 50°, mit 3,6 Mol II in Aceton bei p_H 8—9; 93%. *Triäthyläther*, $Kp._{24}$ 170—180°; 81%. (Chem. Ber. **86**. 1085—95. 9/10. 1953. Stuttgart, TH, Inst. für Organ. Chemie u. Organ.-Chem. Technol.) S. Preiss. 1060

Charles E. Frank und **Walter E. Foster**, *Durch Natrium bewirkte Kondensation von organischen Halogeniden mit Carbonylverbindungen.* (Vgl. Cadwallader u. Mitarbeiter, C. **1949**. II. 1076) Vff. untersuchen die durch feinverteiltes Na bewirkte Kondensation von organ. Halogeniden mit Carbonylverbb. zu Alkoholen in Abhängigkeit von Temp., Lösungsm. u. Mengenverhältnis der Reaktionspartner. Störende Neben-Rkk. sind gegebenenfalls die Metallierung der Carbonylverb. (unter Red. der natriumorgan. Zwischenverb. zum KW-stoff) u. Halogenwasserstoffabspaltung des Alkylhalogenides. Nach Vff. sind deshalb die besten Resultate mit Carbonylverbb. ohne α-H-Atom u. mit Halogeniden, die keinen Halogenwasserstoff abspalten können, zu erwarten. Die Vorteile der Meth. gegenüber einer Synth. nach Grignard sind nach Vff.: die Leichtigkeit der Rk. mit relativ inerten Verbb. [z. B. Chlorbenzol (V)], die Möglichkeit der Anwendung der Metallierung als Weg zu den natriumorgan. Zwischenverbb. u. die Verwendung von KW-stoffen als Lösungsmittel.

Versuche: *2-Benzylpropanol-(2)*, $Kp._{4,5}$ 83—85°, durch Zugabe einer Lsg. von Benzylchlorid (I) u. Aceton in Isoctan zu einer Na-Suspension in Dibutyläther/Isooctan in Ggw. von katalyt. Mengen Benzophenon bei 5° unter N_2 (3 Std.); n_D^{16} 1,5171; 42% (Ausbeute auf umgesetztes Chlorid bezogen). — Die Darst. der folgenden Verbb. erfolgte wie vorstehend. — *1.3-Diphenyl-2-methylpropanol-(2)*, $Kp._{0,5}$ 138—139°, aus I u. Äthylacetat (II); n_D^{25} 1,5665, n_D^{18} 1,5708; 72%. — *2.4-Dimethyl-3-benzylpentanol-(3)*, $Kp._1$ 99°, aus I u. Diisopropylketon (III); n_D^{25} 1,5125; 65%. — *2.6-Dimethyl-4-benzyl-*

heptanol-(4), Kp.$_1$ 103—105°, aus I u. Diisobutylketon (**IV**); n_D^{25} 1,4957; 59%. — *1-Phenylbutanol-(2)*, Kp.$_1$ 68—75°, aus I u. Propionaldehyd (**VI**); n_D^{16} 1,5233; 16%. — *2.4-Dimethyl-3-phenylpentanol-(3)*, Kp.$_{0,5}$ 74—76°, aus **V** u. **III**; n_D^{25} 1,5109, n_D^{20} 1,5140; 38%. — *1-Phenylpropanol-(1)*, Kp.$_3$ 77—78°, aus **V** u. **VI**; n_D^{20} 1,5178; 10%. *p-Nitrobenzoat*, F. 55,6°. — *6-Methylundecanol-(6)*, Kp.$_{1,5-2,0}$ 78—83°, aus n-Amylchlorid (**VII**) u. **II**; n_D^{20} 1,4386; 23%; gibt bei Dehydratisierung *Olefin*, n_D^{20} 1,4373. — *2-Methyl-4-isobutylnonalol-(4)*, Kp.$_{0,2}$ 77—78°, aus **VII** u. **IV**; n_D^{25} 1,4419; 12%. — *2.4-Dimethyl-3-isopropylpentanol-(3)*, Kp.$_{30}$ 94—95°, aus Isopropylchlorid u. **III**; n_D^{20} 1,4479; 6%. (Ind. Engng. Chem. **46**. 1019—21. Mai 1954. Cincinnati, O., Univ., Appl. Sci. Res. Labor.)

G. WINKLER. 1070

Ss. G. Rykliss und **P. A. Jufa**, *Zur Synthese von 4.4'-Dinitrodiphenylsulfid.* Es wird festgestellt, daß das im techn. Na_2S vorhandene Na_2S_2 die Ausbeute an *4.4'-Dinitrodiphenylsulfid* (**I**) bei der Rk. von 4-Nitrochlorbenzol (**II**) mit Na_2S gegenüber der Verwendung von reinem Na_2S von 27 auf 54% erhöht. Ein Zusatz von Na_2S_2 oder S zu reinem Na_2S hat die gleiche Wirkung. Als günstigster Zusatz (bzw. Geh.) hinsichtlich der Ausbeute u. Reinheit von **I** erwiesen sich 8% S, bezogen auf die Menge an wasserfreiem Na_2S. — **I**, $C_{12}H_8O_4N_2S$, F. 156—157° (Eisessig), man löst 31,5 g **II** in 250 ml A., gibt zu der sd. Lsg. in 1 Std. 24 g krist. Na_2S u. 0,64 g S in 72 ml W. u. erwärmt 6 Std. auf dem sd. Wasserbad; 52—54% Ausbeute. (Украинский Химический Журнал [Ukrain. chem. J.] **20**. 71—72. 1954. Ukrain. Wiss. Tuberkulose-Forschungsinst.)

O. POLLAK V. EMHOFEN. 1090

A. W. Kirssanow, Je. Ss. Lewtschenko und **G. Ss. Tretjakowa**, *Diphenylamidinierung von Carbonsäuren.* Es wird festgestellt, daß bei der Einw. von Anilin u. $SiCl_4$ auf Carbonsäuren in guter Ausbeute die entsprechenden *N.N'-Diphenylamidine* erhalten werden. In geringer Menge entstehen daneben Säureanilide. Als Zwischenprodd. treten gemischte Anhydride der Kiesel- u. Carbonsäure sowie Anilide auf. Dieses wird dadurch bewiesen, daß die N.N'-Diphenylamidine auch durch Einw. von $SiCl_4$ auf ein Gemisch von Anilin u. dem gemischten Anhydrid aus Kiesel- u. Carbonsäure oder durch Einw. von $SiCl_4$ auf ein Gemisch von Säureanilid u. Anilin erhalten werden. Die Meth. ist vor allem zur Darst. von Diphenylamidinen von Oxy- u. Aminosäuren geeignet. Die N.N'-Diphenylamidine von aromat. o-Oxysäuren (z. B. 1-Oxy-2-naphthoesäure-N.N'-diphenylamidin; **I**) sind gelb gefärbt, offenbar liegen sie in einer chinoiden Form vor, die durch eine H-Brücke stabilisiert ist (**Ia**). Bei der Einw. von Verbb., die mit dem phenol. Hydroxyl von **I** reagieren, werden Derivv. der benzoiden, farblosen Form erhalten, z. B. wird bei der Einw. von CH_3J auf **I** das Monomethylderiv., bei der Einw. von Acetanhydrid das Diacetylderiv. erhalten, die beide farblos sind. Als weiterer Beweis für die chinoide Struktur der N.N'-Diphenylamidine aromat. o-Oxysäuren wird ihr Absorptionsspektr. angesehen, daß den Spektren analog gebauter chinoider Verbb. ähnlich ist. Bei den N.N'-Diphenylamidinen von p-Oxysäuren ist die Ausbldg. der chinoiden Struktur infolge des Fehlens der stabilisierenden H-Brücke erschwert u. die chinoide Form wird nur unter bestimmten Bedingungen gebildet: p-Oxybenzoesäure-N.N'-diphenylamidin ist bei n. Temp. farblos, wird aber beim Erhitzen auf 70—80° gelb u. löst sich in ketisierenden Lösungsmitteln (A., Methanol) mit gelber Farbe.

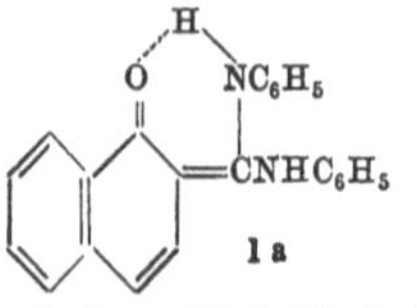

Ia

Versuche: *2-Oxy-3-naphthoesäure-N.N'-diphenylamidin* (**II**), $C_{23}H_{18}ON_2$. F. 215 bis 216° (Chlorbenzol), man gibt zu einem Gemisch aus 0,02 Mol 2-Oxy-3-naphthoesäure u. 0,13 Mol Anilin in 20 ml Chlorbenzol unter Kühlung eine Lsg. von 0,035 Mol $SiCl_4$ in 10 ml Chlorbenzol, erhitzt 2 Std. auf 150—160°, neutralisiert mit Soda u. treibt Chlorbenzol u. Anilin mit Wasserdampf ab; leuchtendgelbe Kristalle; 6,42 g (Ausbeute). Daneben *2-Oxy-3-naphthoesäureanilid*; 0,48 g. **II**-*Diacetylderiv.*, $C_{27}H_{22}O_3N_2$, F. 134° (A.), aus **II** durch 1std. Kochen mit Acetanhydrid; 87,8%. **II**-*Hydrochlorid*, $C_{23}H_{19}ON_2Cl$, wird nicht zers. bei 3std. Erhitzen mit konz. HCl auf 150° im Rohr oder beim Kochen mit 40%ig. H_2SO_4. Beim Schmelzen mit KOH erfolgt Zers., aus dem Rektionsprod. werden isoliert: *2-Oxy-3-naphthoesäureanilid, 2-Oxy-3-naphthoesäure* u. *Anilin.* — *2-Methoxy-3-naphthoesäure-N.N'-diphenylamidin*, $C_{24}H_{20}ON_2$, F. 186—187° (A.), durch 5std. Erhitzen von **II** in alkoh. KOH mit CH_3J; 77%. — *3-[N.N'-Diphenylguanyl]-2-oxy-1-[p-sulfobenzolazo]-naphthalin*, $C_{29}H_{22}O_4N_4S$, durch Kuppeln von **II** mit diazotierter Sulfanilsäure in wss.-alkoh. Lsg.; orangefarbene Kristalle; 97%. — Analog **II** folgende *N.N'-Diphenylamidine*: *Acet-*, F. 132—133° (A.), aus je 0,01 Mol Essigsäure u. $SiCl_4$ u. 0,09 Mol Anilin; Nadeln; 79%. *Benz-*, F. 162—163°, analog Vorst.; 45,8%; daneben *Benzanilid*; 31,6%. *Salicylsäure-*, $C_{19}H_{16}ON_2$, F. 155—156°, aus äquimol. Mengen Salicylsäure, $SiCl_4$ u. Anilin; 52%. *Hydrochlorid*, $C_{19}H_{17}ON_2Cl$, F. 261—263° (wss. A.). *1-Oxy-2-naphthoesäure-* (**I**), $C_{23}H_{18}ON_2$, F. 204—205°, man erwärmt äquimol. Mengen 1-Oxy-

2-naphthoesäure u. $SiCl_4$ auf 30—40°, gibt im Überschuß Anilin hinzu u. erhitzt 4 Std. auf 160°; zitronengelbe Kristalle; 58%. Daneben *1-Oxy-2-naphthoesäureanilid*, F. 153 bis 154° (A.); 28%. *m-Oxybenz-*, $C_{19}H_{16}ON_2$, F. 158—160°, aus Anilin u. m-Oxybenzoesäure u. der doppelten Menge $SiCl_4$; 46%. *Hydrochlorid*, $C_{19}H_{17}ON_2Cl$, F. 250—252° (W.).Mit der äquimol. Menge $SiCl_4$ entsteht nur *m-Oxybenzanilid*, F. 153—154° (W.); 76,4%. *p-Oxybenz-*, $C_{19}H_{16}ON_2$, F. 214—215°, analog Vorst.; 40%. *Anthranilsäure-*, F. 115—116° (A.); aus äquimol. Mengen Anthranilsäure u. $SiCl_4$ mit überschüssigem Anilin, Nadeln; 63%. *Pikrat*, F. 230°. *m-* u. *p-Aminobenz-*; 56 u. 50%. (Украинский Химический Журнал [Ukrain. chem. J.] **19.** 622—30. 1953. Inst. für organ. Chem. der Akad. der Wiss. der UkrSSR.) O. Pollak v. Emhofen. 1200

Josef Klosa, *Synthese einiger neuer Hydrazone des Salicylsäurehydrazids und des 3.5-Dibromsalicylsäurehydrazids.* 5. Mitt. *Über Synthese tuberkulostatischer Substanzen.* (4. vgl. C. **1955.** 8596.) Vf. beschreibt die Darst. verschied. Hydrazone des Salicylsäure- u. des 3.5-Dibromsalicylsäurehydrazids. Die erhaltenen Verbb. zeigen zwar tuberkulostat. Wirksamkeit, übertreffen aber in vitro nicht die bekannten als Tuberkulostatica angewandten Therapeutica.

V e r s u c h e : S a l i c y l h y d r a z o n e (aus A.; 84—96% Ausbeute): *Anisaldehyd-*, $C_{15}H_{14}O_3N_2$, F. 218—219°, Nadeln. — *Salicylaldehyd-*, $C_{14}H_{12}O_3N_2$, F. 274 bis 276°, gelbe Nadeln. — *Zimtaldehyd-*, $C_{16}H_{14}O_2N_2$, F. 237°, Nadeln. — *Vanillin-*, $C_{15}H_{14}$·O_4N_2, F. 215°, Nadeln. — *Crotonaldehyd-*, $C_{11}H_{12}O_2N_2$, F. 190—192°, Drusen. — *Furfurol-*, $C_{12}H_{10}O_3N_2$, F. 225—227°, bräunliche Nadeln. — *Antipyrinaldehyd-*, $C_{19}H_{18}O_3N_4$, F. 214 bis 216°, gelbe Nadeln. — *Aceton-*, $C_{10}H_{12}O_2N_2$, F. 231—232°, Drusen. — *Acetessigsäureäthylester-*, $C_{13}H_{16}O_4N_2$, F. 150°, Drusen. — *Cyclohexanon-*, $C_{13}H_{16}O_2N_2$, F. 212—213° (unter Braunfärbung), Drusen. — *Acetophenon-*, $C_{15}H_{14}O_2N_2$, F. 208—210° (unter Gelbfärbung), Nadeln. — *Acetylantipyrin-*, $C_{20}H_{20}O_3N_4$, F. 295°, Nadeln. — *3.5-Dibromsalicylsäuremethylester*, F. 150—152° (Bzl.), durch Zutropfen von Br_2/CS_2 zu 15 g Methylsalicylat in CS_2 in Ggw. von Fe-Spänen unter Rühren u. 14std. Stehen; 16 g (Ausbeute). — *3.5-Dibromsalicylsäurehydrazid*, $C_7H_6O_2N_2Br_2$, F. 220—222° (A.), durch 3std. Kochen von 10 g vorst. Verb. mit Hydrazinhydrat in A. u. 4std. Stehenlassen; 8,5 g. Daraus 3.5-D i b r o m s a l i c y l h y d r a z o n e : *Benzaldehyd-*, $C_{14}H_{10}O_2N_2Br_2$, F. 236°, Drusen. — *Anisaldehyd-*, $C_{15}H_{12}O_3N_2Br_2$, F. 238°, Nadeln. — *Salicylaldehyd-*, $C_{14}H_{10}$·$O_3N_2Br_2$, F. 200°, gelbe Nadeln. — *Zimtaldehyd-*, $C_{16}H_{12}O_2N_2Br_2$, gelbe Nadeln. — *Vanillin-*, $C_{15}H_{12}O_4N_2Br_2$, F. 220°, Nadeln. — *Furfurol-*, $C_{12}H_8O_3N_2Br_2$, F. 232°, braune Nadeln. — *Antipyrinaldehyd-*, $C_{19}H_{16}O_3N_4Br_2$, F. 242°, gelbe Nadeln. — *Aceton-*, C_{10}·$H_{10}O_2N_2Br_2$, F. 204°, bräunliche Nadeln. — *Cyclohexanon-*, $C_{13}H_{14}O_2N_2Br_2$, F. 182°, gelbbraune Nadeln. — *4-Acetylantipyrin-*, $C_{20}H_{18}O_3N_4Br_2$, F. 228°, gelbe Sternchen. (Arch. Pharmaz. Ber. dtsch. pharmaz. Ges. **288/60.** 49—52. 1955. Berlin, ASAL, wissenschaftl. Labor.) G. Winkler. 1250

John Blair, J. J. Brown und **G. T. Newbold,** *Lactone.* 1. Mitt. *Eine neue Methode für die Umwandlung von Phthaliden in Phthalaldehydsäuren.* Es wird die Darst. von *Phthalaldehydsäuren* durch Umsetzung von Phthaliden mit alkoh. Dimethylamin (I) zu *o-Oxymethyl-N.N-dimethylbenzamiden*, Oxydation mit CrO_3 u. Hydrolyse der nicht isolierten *o-Formyl-N.N-dimethylbenzamide* mit verd. HCl beschrieben. Auf diesem Wege ist u. a. *6-Methoxyphthalaldehydsäure*, ein Abbauprod. des Melleins (Ochracins) zugänglich. — Weniger geeignet ist die Darst. von Phthalaldehydsäuren aus den Phthaliden mit MnO_2 in verd. H_2SO_4, die von Vff. an der Oxydation von Mekonin (6.7-Dimethoxyphthalid; **III**) zu *Opiansäure* untersucht wurde; ihr Verlauf hängt von der Qualität des MnO_2 ab, außerdem tritt leicht Weiteroxydation zu *Hemipinsäure* ein. Auch die Verwendung von PbO_2 in H_2SO_4 oder CH_3COOH oder von CrO_3 in Acetanhydrid erwies sich als ungünstig, wie Verss. zur Oxydation von 5.6-Methylendioxyphthalid zu 4.5-Methylendioxyphthalaldehydsäure zeigten. — Bei Einw. von alkoh. NH_3 auf Phthalid (**II**) u. **III** in der Kälte entstehen *o-Oxymethylbenzamid* bzw. *2.3-Dimethoxy-6-oxymethylbenzamid* in guter Ausbeute, deren CrO_3-Oxydation die *Imide* der entsprechenden *Dicarbonsäuren* ergeben. — Die UV-Absorptionsmaxima der meisten Verbb. sind angegeben.

V e r s u c h e : CrO_3-Oxydation der o-Oxymethylamide: Die Lsg. von 1 Teil Amid (bzw., falls dieses nicht isoliert wurde, die Reaktionslsg. von 1 Teil Phthalid u. **I**) in 20 Teilen Eisessig wird bei Zimmertemp. unter Rühren mit 1 Teil CrO_3 in 1 Teil W. u. 20 Teilen Eisessig versetzt, 5 Min. gerührt, 100 Teile W. werden zugegeben, 3mal wird mit je 50 Teilen Chlf. extrahiert. — *6-Oxymethyl-2.3-dimethoxy-N.N-dimethylbenzamid* (**IV**), $C_{12}H_{17}O_4N$, F. 93—95°, aus **I** u. **III** in A. durch 2tägiges Stehen u. Abdest. $< 35°$; aus PAe.-Äthylacetat Plättchen; 89% (Ausbeute); beginnt sich bei 170° Badtemp. zu zers., bei $^1/_2$std. Erhitzen auf 170—180° entstehen 85% *Mekonin* (**III**), F. 101—102°; aus A. Nadeln; **III** entsteht auch aus **IV** durch $^1/_2$std. Kochen mit 3n HCl; ca. 100%, auch durch Kochen mit 3n NaOH in guter Ausbeute. **IV**-*Acetat*, $C_{14}H_{19}O_5N$, F. 63—64°, mit Essigsäureanhydrid–Pyridin bei Zimmertemp.; aus PAe. Prismen. — *Opiansäure* (*5.6-Dimethoxyphthalaldehydsäure*), $C_{10}H_{10}O_5$, F. 145—146°, aus **IV** durch Oxydation, Abdest. des Chlf. im Vakuum u. 2std. Kochen des Harzes mit 3n HCl; aus W. Nadeln; 46%. — *Phthalaldehydsäure*, F. 97°, aus **II** in A. durch 4std. Erhitzen mit **I** im Autoklaven auf 130°, Oxydation u. Hydrolyse wie vorst.; Nadelrosetten aus Bzl.–PAe.; 20%. — *m-Opiansäure*, F. 185—187°, aus 500 mg m-Mekonin u. 33%ig. alkoh. **I** durch 5std. Erhitzen im Autoklaven auf 140—145°, Oxydation u. Hydrolyse; aus W. Nadeln; 40 mg. — *3-Methoxyphthalaldehydsäure*, $C_9H_8O_4$, F. 155—157°, aus 0,5 g 4-Methoxyphthalid durch 4std. Erhitzen mit A. u. **I** auf 140—150°, Eindampfen $<$35° Badtemp., Oxydation u. Hydrolyse; Nadeln aus Bzl.–PAe.; $p_{K\alpha}$ 5,57; 210 mg. — *5-Methoxy-4-methylphthalaldehydsäure*, $C_{10}H_{10}O_4$, F. 162—163°, aus 500 mg 6-Methoxy-5-methylphthalid durch 4std. Erhitzen mit 30%ig. alkoh. **I** im Autoklaven auf 140°, Eindampfen $<$40°, Oxydation, Hydrolyse u. Isolierung des sauren Anteils mit Chlf.; Nadeln aus Bzl.; 200 mg. — *4.5.6-Trimethoxyphthalaldehydsäure*, $C_{11}H_{12}O_6$, F. 137—138°, aus 300 mg 5.6.7-Trimethoxyphthalid u. 33%ig. alkoh. **I** durch 4std. Erhitzen im Rohr auf 60°, 2tägiges Stehen bei Zimmertemp., Oxydation des nicht isolierten Zwischenprod. u. Hydrolyse; Nadeln aus Bzl.–PAe.; 50 mg. — *2-Amino-3-methoxybenzoesäure* (**V**), F. 164—166°, durch portionsweise Zugabe von 8 g $Na_2S_2O_4$ zu 2 g 3-Methoxy-2-nitrobenzoesäure u. KOH in W. $<$40°, $^1/_2$std. Stehen, Ansäuern mit HCl u. 3std. Erhitzen auf dem Dampfbad; 1,4 g. — *3-Methoxyphthalsäure*, $C_9H_8O_5$, F. 169—171°, aus 5 g **V** in verd. HCl durch Diazotieren, Zugabe von Harnstoff, Filtrieren, Eingießen in die heiße Lsg. von KCN u. $CuSO_4$ in W., $1^1/_2$std. Erhitzen auf dem Dampfbad, Ansäuern mit HCl, 4std. Kochen des rohen *Nitrils* (4 g) mit 10%ig. KOH, Ansäuern, Eindampfen u. Ausziehen mit sd. Essigester; Prismen aus PAe.–Essigester; 3,5 g. — *3-Methoxyphthalsäureanhydrid*, $C_9H_6O_4$, F. 159—160°, sublimiert beim Erhitzen von 2 g vorst. Säure auf 180—185° bei n. Druck u. 160—170°/10^{-3} mm; Blättchen aus PAe.–Essigester; 1,8 g. — *7-Oxyphthalid* (**VI**), $C_8H_6O_3$, F. 134—136°, aus 4,4 g vorst. Anhydrid, Eisessig, HCl (D. 1,16) u. Zn-Staub durch 6std. Kochen, Filtrieren nach mehrstd. Stehen, Neutralisieren mit Sodalsg., Ausziehen mit Chlf., Eindampfen, $2^1/_2$std. Kochen mit HBr (D. 1,46—1,49) in Leuchtgasatmosphäre zur Abtrennung der *4-Oxyverb.*, Eindampfen, Lösen in W. u. Sublimation des Eindampfrückstandes bei 130—140°/10^{-3} mm; Prismen aus Essigester–PAe.; 1,4 g; mit $FeCl_3$ in wss. A. Purpurfärbung. — *7-Methoxyphthalid* (**VII**), $C_9H_8O_3$, F. 107—109°, 1. 5 g **V** werden 3 Std. mit 8 g $LiAlH_4$ in Ae. gekocht, es wird aufgearbeitet u. der rohe *Aminoalkohol* (3,5 g) nach Lösen in HCl diazotiert; nach Zugabe von Harnstoff wird die filtrierte Lsg. zu der heißen Lsg. von KCN u. $CuSO_4$ in W. gegeben, 30 Min. erhitzt, mit Ae. extrahiert u. bis zur Bldg. eines roten Öls eingedampft; letzteres wird mit 10%ig. KOH 2 Std. gekocht, es wird abgegossen, kongosauer gemacht u. mit Chlf. extrahiert; Nadeln aus Essigester–PAe.; 100 mg; Vff. weisen darauf hin, daß der von Duncanson u. Mitarbeitern (J. chem. Soc. [London] **1953.** 1331) angegebene F. 96° auf Verunreinigung durch 4-Methoxyphthalid zurückzuführen ist; 2. aus 650 mg **VI** in Ae. mit CH_2N_2; 570 mg. Entmethylierung von **VII** mit wss. HBr gibt **VI** zurück. — *6-Oxymethyl-2-methoxy-N.N-dimethylbenzamid*, $C_{11}H_{15}O_3N$, F. 120—121°, aus 120 mg **VII** in A. u. **I** bei 0°, 3tägiges Stehen bei Zimmertemp. u. Eindampfen unter vermindertem Druck $<$35°; Blättchen aus Essigester–PAe.; 140 mg. — *6-Methoxyphthalaldehydsäure*, $C_9H_8O_4$, F. 151 bis 153°, als *Hydrat*, $C_9H_8O_4 \cdot H_2O$, aus 100 mg vorst. Verb. durch Oxydation, Extraktion mit Chlf., 1std. Kochen mit 3n HCl u. Ausziehen mit Chlf.; Nadeln aus W.; 50 mg; verliert das Kristallwasser bei 58°/0,5 mm; $p_{K\alpha}$ 5,13. *2.4-Dinitrophenylhydrazon*, $C_{15}H_{12}O_7N_4$, F. 250—252° (Zers.), aus A. gelbe Nadeln. — *o-Oxymethylbenzamid*, $C_8H_9O_2N$, F. 149—150°, aus **II** in A. u. fl. NH_3 durch 12std. Stehen u. Eindampfen; Blättchen aus Essigester–PAe.; 75%. — *Phthalimid*, F. 235°, aus vorst. Verb. durch Oxydation u. Extraktion mit Chlf.; Nadeln aus W.; 70%. — *6-Oxymethyl-2.3-dimethoxybenzamid*, $C_{10}H_{13}O_4N$, F. 140—142°, aus 5 g **III** in A. durch langsame Zugabe von fl. NH_3 unter Schütteln, 12std. Stehen u. Abdest., wobei sich ein Harz abscheidet, das mit heißem Bzl. digeriert wird; aus Essigester–PAe. Blättchen; 3,5 g. *Acetat*, $C_{12}H_{15}O_5N$, F. 159 bis 160°, mit Essigsäureanhydrid–Pyridin u. Extraktion mit Chlf.; Blättchen aus Bzl.–PAe.; 80%. — *Hemipinimid*, $C_{10}H_9O_4N$, F. 225—227°, aus 250 mg vorst. Verb. durch Oxydation u. Extraktion mit Chlf.; aus A. Nadeln; 100 mg. (J. chem. Soc. [London] **1955.** 708—12. März. Glasgow, Royal Technical Coll.) H. Hofmann. 1260

Ng. Ph. Buu-Hoï, D. Xuong und **H. Nam**, *N.N'-Diarylthioharnstoffe und verwandte Verbindungen von möglichem biologischem Interesse. Symm. N.N'-Diarylthioharnstoffe* wurden durch Rk. von prim. Arylaminen mit CS_2 u. S in A. nach Hugerhof [1899] in guter Ausbeute erhalten. *Asymm. N.N'-Diarylthioharnstoffe* wurden aus Arylisothiocyanaten u. prim. Aminen dargestellt. Die *Arylisothiocyanate* wurden durch kurzes

Erhitzen von symm. N.N'-Diarylthioharnstoffen mit Essigsäureanhydrid erhalten. Während p-Nitranilin weder mit CS_2 noch mit Arylisothiocyanaten reagiert, wurde aus p-Aminobenzolsulfonamid u. Isothiocyanaten eine große Zahl asymm. Thioharnstoffe erhalten, die das p-Aminophenylsulfonylradikal enthalten. o-Trifluormethylanilin reagiert im Gegensatz zu p-Trifluormethylanilin nicht mit Arylisothiocyanaten, was vermutlich auf ster. Hinderung beruht. Aminopyridine u. 2-Aminothiazol konnten zu der Kondensation mit Isothiocyanaten benutzt werden, dagegen nicht 2-Aminopyrimidin. Alle dargestellten Thioharnstoffe bilden Chelate, einige zeigen tuberkulostat. Wirksamkeit in vitro. Die als Ausgangsmaterial benötigten Arylamine wurden durch Rk. mit 2.3-Dichlor-1.4-naphthochinon, Chloranil u. Acetonylaceton charakterisiert.

Versuche (mit **E. Lescot jr.**): Nachst. p-Alkylaniline wurden durch BECKMANNsche Umlagerung der entsprechenden 4-Alkylacetophenonoxime u. Hydrolyse der p-Alkylacetanilide dargestellt: *p-n-Propyl-*, Kp. 229°, n_D^{23} 1,5428. —*p-n-Butyl-*, Kp. 242°, n_D^{23} 1,5361. — *p-n-Heptyl-*, $C_{13}H_{21}N$, Kp. 286°, n_D^{23} 1,5205, blaßgelbes Öl. — p-Alkyloxyaniline, durch 4—6std. Kochen von p-Formamidophenol, KOH u. Alkylbromid in A. u. alkal. Hydrolyse der p-Alkyloxyformanilide; 75—90% (Ausbeute): *p-Isopropoxy-*, $C_9H_{13}ON$, Kp.$_{15}$ 146—147°, n_D^{18} 1,5471. — *p-n-Propoxy-*, n_D^{25} 1,5455. — *p-n-Butoxy-*, n_D^{28} 1,5398. — *p-Isobutoxy-*, Kp.$_{15}$ 140—150°. — *p-Isopentyloxy-*, n_D^{26} 1,5302. — *p-n-Pentyloxy-*, $C_{11}H_{17}ON$, Kp.$_{17}$ 175—176°, n_D^{26} 1,5345. — *p-n-Heptyloxy-*, $C_{13}H_{21}ON$, Kp.$_{16}$ 202—204°, F. 46—47° (Ligroin), Blättchen. — *p-[3-Phenylpropoxy]-*, $C_{15}H_{17}ON$, Kp.$_{15}$ 234—236°, F. 58° (Ligroin), Nadeln. — Thiocarbanilide: *4-Brom-4'-fluor-*, $C_{13}H_{10}N_2BrFS$, F. 177°. — *4-Brom-4'-chlor-*, $C_{13}H_{10}N_2ClBrS$, F. 202°. — *4-Brom-2'-chlor-*, F. 198°. — *4-Brom-4'-isobutoxy-*, $C_{17}H_{19}ON_2BrS$, F. 198°. — *4-Brom-2'.5'-dimethoxy-*, $C_{15}H_{15}O_2N_2BrS$, F. 137°. — *4-Brom-4'-n-heptyloxy-*, $C_{20}H_{25}ON_2 \cdot BrS$, F. 183—184°. — *4-Brom-4'-dimethylamino-*, $C_{15}H_{16}N_3BrS$, F. 208°. — *4-Brom-2'-phenyl-*, $C_{19}H_{15}N_2BrS$, F. 178°. — *4-Brom-4'-oxy-*, $C_{13}H_{11}ON_2BrS$, F. 196°. — *4-Äthoxy-4'-methyl-*, $C_{16}H_{18}ON_2S$, F. 142°. — *4-Methoxy-4'-methyl-*, $C_{15}H_{16}ON_2S$, F. 161°. — *4-Methyl-4'-n-propoxy-*, $C_{17}H_{20}ON_2S$, F. 142°. — *4-Methyl-4-'isopentyloxy-*, $C_{19}H_{24}ON_2S$, F. 135°. — *4-Isobutoxy-4'-methyl-*, $C_{18}H_{22}ON_2S$, F. 152°. — *2-Methoxy-4'-methyl-*, $C_{15}H_{16} \cdot ON_2S$, F. 149°. — *2.5-Dimethoxy-4'-methyl-*, $C_{16}H_{18}O_2N_2S$, F. 128°. — *2-Äthoxy-4'-methyl-* $C_{16}H_{18}ON_2S$, F. 156°. — *4-n-Butoxy-4'-methyl-*, $C_{18}H_{22}ON_2S$, F. 139°. — *4-Methyl-4'-[3-phenylpropoxy]-*, $C_{23}H_{24}ON_2S$, F. 130°. — *4-Äthyl-3'-methyl-*, $C_{16}H_{18}N_2S$, F. 98°. — *2-Äthyl-4'-methyl-*, $C_{16}H_{18}N_2S$, F. 182°. — *4.2'.3'-Trimethyl-*, $C_{16}H_{18}N_2S$, F. 156°. — *4-Methoxy-2'.3'-dimethyl-*, $C_{16}H_{18}ON_2S$, F. 183°. — *4-Brom-4'-methoxy-*, $C_{14}H_{13}ON_2BrS$, F. 202°. — *2-Chlor-4'-methoxy-*, $C_{14}H_{13}ON_2ClS$, F. 173°. — *4-Fluor-4'-methoxy-*, $C_{14}H_{13} \cdot ON_2FS$, F. 172°. — *2.4'-Dimethoxy-*, $C_{15}H_{16}O_2N_2S$, F. 161°. — *2-Äthoxy-4'-methoxy-*, $C_{16}H_{18}O_2N_2S$, F. 157°. — *4.2'.5'-Trimethoxy-*, $C_{16}H_{18}O_3N_2S$, F. 149°. — *4-Arsono-4'-methyl-*, $C_{14}H_{15}O_3N_2SAs$, F. ca. 262° (Zers.). — *4-Oxy-4'-methoxy-*, $C_{14}H_{14}O_2N_2S$, F. 198°. — *4-Butoxy-4'-methoxy-*, $C_{18}H_{22}O_2N_2S$, F. 164°. — *4-Isobutoxy-4'-methoxy-*, $C_{18}H_{22}O_2N_2S$, F. 161°. — *4-Methoxy-4'-isopentyloxy-*, $C_{19}H_{24}O_2N_2S$, F. 155°. — *4-Methoxy-4'-[3-phenylpropoxy]-*, $C_{23}H_{24}O_2N_2S$, F. 154°. — *4-Äthoxy-2'.5'-dimethoxy-*, $C_{17}H_{20} \cdot O_3N_2S$, F. 149°. — *4-Äthoxy-2'-methoxy-*, $C_{16}H_{18}O_2N_2S$, F. 129°. — *4-Äthoxy-4'-[3-phenylpropoxy]-*, $C_{24}H_{26}O_2N_2S$, F. 147°. — *4-Äthoxy-4'-oxy-*, $C_{15}H_{16}O_2N_2S$, F. 196°. — *2-Chlor-4'-äthoxy-*, $C_{15}H_{15}ON_2ClS$, F. 191°. — *4-Äthoxy-3'.4'-dimethyl-*, $C_{17}H_{20}ON_2S$, F. 122°. — *3-Chlor-4'-äthoxy-*, $C_{15}H_{15}ON_2ClS$, F. 133°. — *4-Brom-4'-äthoxy-*, $C_{15}H_{15}ON_2BrS$, F. 179°. — *4-Dimethylamino-4'-äthoxy-*, $C_{17}H_{21}ON_3S$, F. 197°. — *4-Äthoxy-4'-fluor-*, $C_{15}H_{15}ON_2FS$, F. 172°. — *4-Chlor-4'-äthoxy-*, $C_{15}H_{15}ON_2ClS$, F. 189°. — *4-Äthoxy-2'-phenyl-*, $C_{21}H_{20} \cdot ON_2S$, F. 144°. — *4.3'.4'-Trimethyl-*, $C_{16}H_{18}N_2S$, F. 134°. — *2-Chlor-4'-methyl-*, $C_{14}H_{13} \cdot N_2ClS$, F. 184°. — *3-Chlor-4'-methyl-*, $C_{14}H_{13}N_2ClS$, F. 138°. — *4-n-Heptyloxy-2'.4'-dimethyl-*, $C_{22}H_{30}ON_2S$, F. 124°. — *4-Dimethylamino-2'.4'-dimethyl-*, $C_{17}H_{21}N_3S$, F. 155°. — *2.4-Dimethyl-4'-[3-phenylpropoxy]-*, $C_{24}H_{26}ON_2S$, F. 115°. — *4-Fluor-2'.4'-dimethyl-*, $C_{15}H_{15}N_2FS$, F. 131°. — *2-tert.-Butyl-*, $C_{17}H_{20}N_2S$, F. 190°. — *2-tert.-Butyl-2'-äthoxy-*, $C_{19}H_{24}ON_2S$, F. 172°. — *4-Brom-2-tert.-butyl-*, $C_{17}H_{19}N_2BrS$, F. 187°. — *4-Fluor-4'-oxy-*, $C_{13}H_{11}ON_2FS$, F. 179°. — *4-Fluor-3'-methyl-*, $C_{14}H_{13}N_2FS$, F. 125°. — *4-Fluor-2'-phenyl-*, $C_{19}H_{15}N_2FS$, F. 163°. — *4-Methyl-4'-aminosulfonyl-*, $C_{14}H_{15}O_2N_3S_2$, F. 234°. — *2-Chlor-4'-fluor-*, $C_{13}H_{10}N_2ClFS$, F. 189°. — *4-Isobutoxy-4'-fluor-*, $C_{17}H_{19}ON_2FS$, F. 179°. — *3-Chlor-4'-fluor-*, $C_{13}H_{10}N_2ClFS$, F. 136°. — *4-Dimethylamino-4'-fluor-*, $C_{15}H_{16}N_3FS$, F. 193 bis 194°. — *4-Chlor-4'-fluor-*, $C_{13}H_{10}N_2ClFS$, F. 169°. — *4-Fluor-2'.5'-dimethoxy-*, $C_{15}H_{15} \cdot O_2N_2FS$, F. 161°. — *4-Fluor-4'-n-heptyloxy-*, $C_{20}H_{25}ON_2FS$, F. 162°. — *4-Fluor-4'-[3-phenylpropoxy]-*, $C_{22}H_{21}ON_2FS$, F. 139°. — *4-Chlor-4'-n-propoxy-*, $C_{16}H_{17}ON_2ClS$, F. 189°. — *4-[3-Phenylpropoxy]-4'-n-propoxy-*, $C_{25}H_{28}O_2N_2S$, F. 143°. — *4-Fluor-4'-n-propoxy-*, $C_{16} \cdot H_{17}ON_2FS$, F. 178°. — *4-Dimethylamino-4-n-propoxy-*, $C_{18}H_{23}ON_3S$, F. 156°. — *4-Oxy-4'-n-propoxy-*, $C_{16}H_{18}O_2N_2S$, F. 198°. — *4-Isobutoxy-4'-n-propoxy-*, $C_{20}H_{26}O_2N_2S$, F. 175°. — *4-n-Pentyloxy-4'-n-propoxy-*, $C_{21}H_{28}O_2N_2S$, F. 167°. — *4-n-Heptyloxy-4'-propoxy-*,

$C_{23}H_{32}O_2N_2S$, F. 162°. — *4-Brom-4'-n-butoxy-*, $C_{17}H_{19}ON_2BrS$, F. 189°. — *4-n-Butoxy-4'-fluor-*, $C_{17}H_{19}ON_2FS$, F. 168°. — *4-n-Butoxy-4-[3-phenylpropoxy]-*, $C_{26}H_{30}O_2N_2S$, F. 149°. — *4-n-Butoxy-4'-oxy-*, $C_{17}H_{20}O_2N_2S$, F. 186°. — *4-n-Butoxy-4'-trifluormethyl-*, $C_{18}H_{19}ON_2F_3S$, F. 186°. — *4-Chlor-4'-isopentyloxy-*, $C_{18}H_{21}ON_2ClS$, F. 186°. — *4-Fluor-4'-isopentyloxy-*, $C_{18}H_{21}ON_2FS$, F. 171°. — *4-n-Heptyloxy-4'-isopentyloxy-*, $C_{25}H_{36}O_2N_2S$, F. 121°. — *4-Isopentyloxy-4'-[3-phenylpropoxy]-*, $C_{27}H_{32}O_2N_2S$, F. 132°. — *4-Oxy-4'-isopentyloxy-*, $C_{18}H_{22}O_2N_2S$, F. 158°. — *4'-Oxy-4-n-pentyloxy-*, $C_{18}H_{22}O_2N_2S$, F. 172°. — *4-Dimethylamino-4'-n-pentyloxy-*, $C_{20}H_{27}ON_3S$, F. 142°. — *4-Isobutoxy-4-n-pentyloxy-*, $C_{22}H_{30}O_2N_2S$, F. 143°. — *4-Chlor-4'-n-pentyloxy-*, $C_{18}H_{21}ON_2ClS$, F. 172°. — *4-Fluor-4'-n-pentyloxy-*, $C_{18}H_{21}ON_2FS$, F. 168°. — *4-Isobutoxy-2'-phenyl-*, $C_{23}H_{24}ON_2S$, F. 145°. — *4-Dimethylamino-2'-phenyl-*, $C_{21}H_{21}N_3S$, F. 174°. — *4-Oxy-2'-phenyl-*, $C_{19}H_{16}ON_2S$, F. 168°. — *4-Chlor-2'-phenyl-*, $C_{19}H_{15}N_2ClS$, F. 191°. — *4-n-Heptyloxy-2'-phenyl-*, $C_{26}H_{30}ON_2S$, F. 123°. — *2-Phenyl-4'-[3-phenylpropoxy]-*, $C_{28}H_{26}ON_2S$, F. 131°. — *4-Fluor-*, $C_{13}H_{11}N_2FS$, F. 194°. — *4-Fluor-4'-methyl-*, $C_{14}H_{13}N_2FS$, F. 179°. — *4-Fluor-2'-methoxy-*, $C_{14}H_{13}ON_2FS$, F. 121°. — *2-Äthoxy-4'-fluor-*, $C_{15}H_{15}ON_2FS$, F. 134°. — *4-Äthyl-*, $C_{15}H_{16}N_2S$, F. 129°. — *4-Äthyl-4'-methyl-*, $C_{16}H_{18}N_2S$, F. 155°. — *4-Äthyl-4'-methoxy-*, $C_{16}H_{18}ON_2S$, F. 163°. — *4-Äthoxy-4'-äthyl-*, $C_{17}H_{20}ON_2S$, F. 158°. — *2-Äthoxy-4'-äthyl-*, $C_{17}H_{20}ON_2S$, F. 148°. — *4-Äthyl-4'-isopentyloxy-*, $C_{20}H_{26}ON_2S$, F. 138°. — *4-Brom-4'-äthyl-*, $C_{15}H_{15}N_2BrS$, F. 198°. — *4-Äthyl-2'.4'-dimethyl-*, $C_{17}H_{20}N_2S$, F. 119°. — *4-Äthyl-2'.3'-dimethyl-*, $C_{17}H_{20}N_2S$, F. 172°. — *4-Äthyl-4'-n-propoxy-*, $C_{18}H_{22}ON_2S$, F. 154°. — *4-Äthyl-4'-isopropoxy-*, $C_{18}H_{22}ON_2S$, F. 134°. — *4-Brom-3'-fluor-6'-methoxy-*, $C_{14}H_{12}ON_2BrFS$, F. 152°. — *4-n-Butoxy-4'-äthyl-*, $C_{19}H_{24}ON_2S$, F. 144°. — *4-Isobutoxy-4'-äthyl-*, $C_{19}H_{24}ON_2S$. F. 146°. — *4-Äthyl-4'-fluor-*, $C_{15}H_{15}N_2FS$, F. 168°. — *4-Chlor-4'-äthyl-*, $C_{15}H_{15}N_2ClS$, F. 197°. — *4-n-Propyl-*, $C_{16}H_{18}N_2S$, F. 126°. — *4-Methyl-4'-n-propyl-*, $C_{17}H_{20}N_2S$, F. 131°. — *4-Methoxy-4'-n-propyl-*, $C_{17}H_{20}ON_2S$, F. 164°. — *4-Methoxy-4'-aminosulfonyl-*, $C_{14}H_{15}O_3N_3S_2$, F. 232—234°. — *2-Methoxy-4'-n-propyl-*, $C_{17}H_{20}ON_2S$, F. 129°. — *4-Äthoxy-4'-n-propyl-*, $C_{18}H_{22}ON_2S$, F. 166°. — *2-Äthoxy-4'-n-propyl-*, $C_{18}H_{22}ON_2S$, F. 161°. — *4-Isopentyloxy-4'-n-propyl-*, $C_{21}H_{28}ON_2S$, F. 138°. — *4-Brom-4'-n-propyl-*, $C_{16}H_{17}N_2BrS$, F. 187°. — *2.4-Dimethyl-4'-n-propyl-*, $C_{18}H_{22}N_2S$, F. 129°. — *2-Phenyl-4'-n-propyl-*, $C_{22}H_{22}N_2S$, F. 143°. — *4-n-Propoxy-4'-n-propyl-*, $C_{19}H_{24}ON_2S$, F. 168°. — *4-Isopropoxy-4'-n-propyl-*, F. 155°. — *4-n-Butoxy-4'-n-propyl-*, $C_{20}H_{26}ON_2S$, F. 157°. — *4-Isobutoxy-4'-n-propyl-*, F. 159°. — *4-Fluor-4'-n-propyl-*, $C_{16}H_{17}N_2FS$, F. 157°. — *4-Chlor-4'-n-propyl-* $C_{16}H_{17}N_2ClS$, F. 177°. — *4-n-Butyl-*, $C_{17}H_{20}N_2S$, F. 144°. — *4-n-Butyl-4'-methyl-*, $C_{18}H_{22}N_2S$, F. 137°. — *4-n-Butyl-4'-methoxy-*, $C_{18}H_{22}ON_2S$, F. 169°. — *4-n-Butyl-2'-methoxy-*, F. 121°. — *4-n-Butyl-4'-äthoxy-*, $C_{19}H_{24}ON_2S$, F. 159°. — *4-n-Butyl-2'-äthoxy-*, F. 138°. — *4-n-Butyl-4'-isopentyloxy-*, $C_{22}H_{30}ON_2S$, F. 132°. — *4-n-Butyl-4'-n-propoxy-*, $C_{20}H_{26}ON_2S$, F. 167°. — *4-n-Butyl-4'-isopropoxy-*, $C_{20}H_{26}ON_2S$, F. 138°. — *4-n-Butoxy-4'-n-butyl-* $C_{21}H_{28}ON_2S$, F. 161°. — *4-Isobutoxy-4'-n-butyl-*, F. 151°. — *4-n-Butyl-4'-fluor-*, $C_{17}H_{19}N_2F$ F. 162°. — *4-n-Butyl-4'-chlor-*, $C_{17}H_{19}N_2ClS$, F. 174°. — *4-Brom-4'-n-butyl-*, $C_{17}H_{19}N_2BrS$, F. 181°. — *4-Fluor-4'-n-heptyl-*, $C_{20}H_{25}N_2FS$, F. 158°. — *4-Chlor-4'-n-heptyl-*, $C_{20}H_{25}N_2ClS$, F. 167°. — *4-Brom-4'-n-heptyl-*, $C_{20}H_{25}N_2BrS$, F. 176°. — *4-Äthoxy-4'-aminosulfonyl-*, $C_{15}H_{17}O_3N_3S_2$, F. 246°. — *4-n-Heptyl-4'-methyl-*, $C_{21}H_{28}N_2S$, F. 129°. — *4-Äthoxy-4'-n-heptyl-*, $C_{22}H_{30}ON_2S$, F. 151°. — *4-n-Heptyl-4'-n-propoxy-*, $C_{23}H_{32}ON_2S$, F. 156°. — *4-n-Heptyl-4'-isopropoxy-*, $C_{23}H_{32}ON_2S$, F. 136°. — *4-n-Butoxy-4'-n-heptyl-*, $C_{24}H_{34}ON_2S$, F. 151°. — *4-Isobutoxy-4'-n-heptyl-*, $C_{24}H_{34}ON_2S$, F. 116. — *4-n-Heptyl-4'-isopentyloxy-*, $C_{25}H_{36}ON_2S$, F. 112 . — *4-Äthyl-4'-n-propyl-*, $C_{18}H_{22}N_2S$, F. 139°. — *4-n-Butyl-4'-n-propyl-*, $C_{20}H_{26}N_2S$, F. 164°. — *4-n-Heptyl-4'-n-propyl-*, $C_{23}H_{32}N_2S$, F. 138°. — *4-n-Butyl-4'-äthyl-*, $C_{19}H_{24}N_2S$, F. 138°. — *4-n-Butyl-4'-n-heptyl-*, $C_{24}H_{34}N_2S$, F. 140°. — *2-Methylmercapto-*, $C_{14}H_{14}N_2S_2$, F. 189°. — *4-Methyl-2'-methylmercapto-*, $C_{15}H_{16}N_2S_2$, F. 204°. — *3-Methyl-2'-methylmercapto-*, $C_{15}H_{16}N_2S_2$, F. 174°. — *2-Methylmercapto-4'-n-propyl-*, $C_{17}H_{20}N_2S_2$, F. 183°. — *4-n-Butyl-2'-methylmercapto-*, $C_{18}H_{22}N_2S_2$, F. 179°. — *4-Äthoxy-2'-methylmercapto-*, $C_{16}H_{18}ON_2S_2$, F. 202°. — *2-Methylmercapto-4'-n-propoxy-*, $C_{17}H_{20}ON_2S_2$, F. 144°. — *4-n-Butoxy-2'-methylmercapto-*, $C_{18}H_{22}ON_2S_2$, F. 194°. — *4-Isobutoxy-2'-methylmercapto-*, $C_{18}H_{22}ON_2S_2$, F. 207°. — *2-Methylmercapto-4'-isopentyloxy-*, $C_{19}H_{24}ON_2S_2$, F. 189°. — *4-Fluor-2'-methylmercapto-*, $C_{14}H_{13}N_2FS_2$, F. 217°. — *4-Chlor-2'-methylmercapto-*, $C_{14}H_{13}N_2ClS_2$, F. 225°. — *4-Brom-2'-methylmercapto-*, $C_{14}H_{13}N_2BrS_2$, F. 228°. — *2-Methylseleno-*, $C_{14}H_{14}N_2SSe$, F. 196°. — *4-Methyl-2'-methylseleno-*, $C_{15}H_{16}N_2SSe$, F. 209°. — *3-Methyl-2'-methylseleno-*, F. 176°. — *2-Methylseleno-4'-n-propyl-*, $C_{17}H_{20}N_2SSe$, F. 182°. — *4-n-Butyl-2'-methylseleno-*, $C_{18}H_{22}N_2SSe$, F. 178°. — *4-Äthoxy-2'-methylseleno-*, $C_{16}H_{18}ON_2SSe$, F. 207°. — *2-Methylseleno-4'-n-propoxy-*, — *2-Methylseleno-4'-isopropoxy-*, F. 151°. — *4-n-Butoxy-2'-methylseleno-*, $C_{18}H_{22}ON_2SSe$, F. 195°. — *4-Isobutoxy-2'-methylseleno-*, F. 198°. — *2-Methylseleno-4'-isopentyloxy-*, $C_{19}H_{24}ON_2SSe$, F. 189°. — *4-Fluor-2'-methylseleno-*, $C_{14}H_{13}N_2FSSe$, F. 221°. — *4-Chlor-2'-methylseleno-*, $C_{14}H_{13}N_2ClSSe$, F. 226°. — *4-Brom-2'-methylseleno-*, $C_{14}H_{13}N_2BrSSe$, F. 232°. — *4-Chlor-4'-fluor-*

6-methoxy-, $C_{14}H_{12}ON_2ClFS$, F. 139°. — *4-Chlor-4'-fluor-5'-methyl-*, $C_{14}H_{12}N_2ClFS$, F. 181°. — *4-Chlor-5'-fluor-4'-methoxy-*, F. 179°. — *3-Fluor-6-methoxy-4'-methyl-*, $C_{15}H_{15}\cdot ON_2FS$, F. 148°. — *4-Äthoxy-3'-fluor-6'-methoxy-*, $C_{16}H_{17}O_2N_2FS$, F. 163°. — *3-Fluor-6-methoxy 4'-isopentyloxy-*, $C_{19}H_{23}O_2N_2FS$, F. 93°. — *4-Phenyl-*, $C_{19}H_{16}N_2S$, F. 208°. — *4-Fluor 4'-phenyl-*, $C_{19}H_{15}N_2FS$, F. 221°. — *4-Brom-4'-phenyl-*, $C_{19}H_{15}N_2BrS$, F. 229°. — *4-n-Heptyl-4'-phenyl-*, $C_{26}H_{30}N_2S$, F. 219°. — *4-Methoxy-4'-phenyl-*, $C_{20}H_{18}ON_2S$, F. 211°. — *2-Methoxy-4'-phenyl-*, F. 223°. — *4-Äthoxy-4'-phenyl-*, $C_{21}H_{20}ON_2S$, F. 226°. — *2-Äthoxy-4'-phenyl-*, F. 232°. — *4-Isobutoxy-4'-phenyl-*, $C_{23}H_{24}ON_2S$, F. 225°. — *4-Isopentyloxy-4'-phenyl-*, $C_{24}H_{26}ON_2S$, F. 195°. — *2.4'-Diphenyl-*, $C_{25}H_{20}N_2S$, F. 226°. — *2.5-Dichlor-*, $C_{13}H_{10}N_2Cl_2S$, F. 177°. — *2.5-Dichlor-4'-fluor-*, $C_{13}H_9N_2Cl_2FS$, F. 174°. — *2.5.4'-Trichlor-*, $C_{13}H_9N_2Cl_3S$, F. 201°. — *4-Brom-2'.5'-dichlor-*, $C_{13}H_9N_2Cl_2BrS$, F. 193°. — *2.5-Dichlor-4'-methyl-*, $C_{14}H_{12}N_2Cl_2S$, F. 162°. — *2.5-Dichlor-3'-methyl-*, $C_{14}H_{12}N_2Cl_2S$, F. 156°. — *2.5-Dichlor-4'-methoxy-*, $C_{14}H_{12}ON_2Cl_2S$, F. 177°. — *2.5-Dichlor-2'-methoxy-*, $C_{14}H_{12}ON_2\cdot Cl_2S$, F. 154°. — *2.5-Dichlor-4'-äthoxy-*, $C_{15}H_{14}ON_2Cl_2S$, F. 172°. — *2.5-Dichlor-4'-n-propoxy-*, $C_{16}H_{16}ON_2Cl_2S$, F. 158°. — *2.5-Dichlor-4'-isopropoxy-*, F. 151°. — *4-n-Butoxy-2'.5'-dichlor-*, $C_{17}H_{18}ON_2Cl_2S$, F. 145°. — *4-Isobutoxy-2'.5'-dichlor-*, F. 161°. — *2-Methoxy-5-methyl-*, $C_{15}H_{16}ON_2S$, F. 181°. — *2-Methoxy-4'-fluor-5-methyl-*, $C_{15}H_{15}ON_2FS$, F. 142°. — *4-Chlor-2'-methoxy-5'-methyl-*, $C_{15}H_{15}ON_2ClS$, F. 153°. — *4-Brom-2'-methoxy-5'-methyl-*, $C_{15}H_{15}ON_2BrS$, F. 161°. — *2-Methoxy-5.4'-dimethyl-*, $C_{16}H_{18}ON_2S$, F. 139°. — *2-Methoxy-5.3'-dimethyl-*, $C_{16}H_{18}ON_2S$, F. 129°. — *4.4'-Dichlor-2.2'-dimethoxy-*, $C_{15}H_{14}O_2N_2Cl_2S$, F. 151—152°. — *2.3.2'.3'-Tetramethyl-*, $C_{17}H_{20}N_2S$, F. 224°. — *4.4'-Di-n-heptyloxy-*, $C_{27}H_{40}O_2N_2S$, F. 155°. — *2.2'-Diäthoxy-*, $C_{17}H_{20}O_2N_2S$, F. 126°. — *4.4'-Bis-[3-phenylpropoxy]-*, $C_{31}H_{32}O_2N_2S$, F. 159—160°. — *2.2'-Diphenyl-*, $C_{25}H_{20}N_2S$, F. 165—166°. — *4.4'-Di-n-propyl-*, $C_{19}H_{24}N_2S$, F. 154°. — *4.4'-Di-n-butyl-*, $C_{21}H_{28}N_2S$, F. 159°. — *4.4'-Di-n-heptyl-*, $C_{27}H_{40}N_2S$, F. 152°. — *2.2'-Dimethylmercapto-*, $C_{15}H_{16}N_2S_3$, F. 159°. — *2.2'-Dimethylseleno-*, $C_{15}H_{16}N_2SSe_2$, F. 167°. — *4.4'-Diisopropoxy-*, $C_{19}H_{24}O_2N_2S$, F. 142°. — *2.2'-Di-tert.-butyl-*, $C_{21}H_{28}N_2S$, F. 182°. — *4.4'-Bis-[aminosulfonyl]-*, $C_{13}\cdot H_{14}O_4N_4S_3$, F. ca. 248° (Zers.). — *2.2'-Dimethoxy-5.5'-dimethyl-*, $C_{17}H_{20}O_2N_2S$, F. 146°. — *4.4'-Difluor-*, $H_{13}H_{10}N_2F_2S$, F. 208°. — *3.3'.4.4'-Tetrachlor-*, $C_{13}H_8N_2Cl_4S$, F. 180—181°. — 2.5-Dimethylpyrrole, durch 30 Min. Kochen von 1 Mol Amin mit 1,5 Mol Acetonylaceton, Dest. im Vakuum u. Kristallisation der festen Prodd. aus CH_3OH; 90—100%: *1-[p-n-Propoxyphenyl]-*, $C_{15}H_{19}ON$, Kp.$_{13}$ 176°, F. 47°. — *1-[p-Isopropoxyphenyl]-*, Kp.$_{25}$ 177°, n_D^{52} 1,5485. — *1-[p-Isobutoxyphenyl]-*, $C_{16}H_{21}ON$, Kp.$_{14}$ 179°, F. 45°. — *1-[p-n-Butoxyphenyl]-*, Kp.$_{13}$ 186°, F. 39°. — *1-[p-Isopentyloxyphenyl]-*, $C_{17}H_{23}ON$, Kp.$_{13}$ 189°, $n_D^{19,5}$ 1,4675. — *1-[p-n-Pentyloxyphenyl]-*, Kp$_{13}$ 189—192°, n_D^{21} 1,4557. — *1-[p-n-Heptyloxyphenyl]-*, $C_{19}H_{27}ON$, Kp.$_{15}$ 222°, n_D^{26} 1,4355. — *1-[p-3-Phenylpropoxyphenyl]-*, $C_{21}H_{23}ON$, Kp.$_{16}$ 260°, F. 68—69°. — *1-[o-Äthoxyphenyl]-*, $C_{14}H_{17}ON$, Kp.$_{13}$ 158—160°, $n_D^{19,5}$ 1,5404. — *1-[p-n-Propylphenyl]-*, $C_{15}H_{19}N$, Kp.$_{23}$ 164°, n_D^{25} 1,5479. — *1-[p-n-Butylphenyl]-*, $C_{16}H_{21}N$, Kp.$_{25}$ 178°, n_D^{25} 1,5426. — *1-[p-n-Heptylphenyl]-*, $C_{19}H_{27}N$, Kp.$_{25}$ 208°, n_D^{25} 1,5296. — *1-[o-Methylmercaptophenyl]-* $C_{13}H_{15}NS$, F. 91°. — 3-Chlor-1.4-naphthochinone, durch kurzes Kochen von Arylamin, 2.3-Dichlor-1.4-naphthochinon u. Na-Acetat in A. u. Kristallisation aus A.: *2-[p-n-Propylanilino]-*, $C_{19}H_{16}O_2NCl$, F. 141°. — *2-[p-n-Butylanilino]-*, $C_{20}H_{18}O_2NCl$, F. 139°. — *2-[p-n-Heptylanilino]-*, $C_{23}H_{24}O_2NCl$, F. 124°. — *2-[p-n-Propoxyanilino]-*, $C_{19}H_{16}O_3NCl$, F. 162°. — *2-[p-Isopropoxyanilino]-*, F. 176°. — *2-[p-n-Butoxyanilino]-*, $C_{20}H_{18}O_3NCl$, F. 155°. — *2-[p-Isobutoxyanilino]-*, F. 181°. — *2-[p-n-Pentyloxyanilino]-*, $C_{21}H_{20}O_3NCl$, F. 147°. — *2-[p-Isopentyloxyanilino]-*, F. 145°. — *2-[p-n-Heptyloxyanilino]-*, $C_{23}H_{24}O_3NCl$, F. 136°. — *2-[p-(3-Phenylpropoxy)-anilino]-*, $C_{25}H_{20}O_3NCl$, F. 170°. — *2-[3.4-Dichloranilino]-*, $C_{16}H_8O_2NCl_3$, F. 246°. — *2-[2-Methoxy-5-methylanilino]-*, $C_{18}H_{14}\cdot O_3NCl$, F. 157°. — 3.6-Dichlor-1.4-benzochinone, analog aus 1 Mol Chloranil u. 2 Mol Arylamin; Kristallisation aus A. oder A.-Pyridin; 80—98%: *2.5-Bis-[p-n-propylanilino]-*, $C_{24}H_{24}O_2N_2Cl_2$, F. 268°. — *2.5-Bis-[p-n-butylanilino]-*, $C_{26}H_{28}O_2N_2Cl_2$, F. 264°. — *2.5-Bis-[p-n-heptylanilino]-*, $C_{32}H_{40}O_2N_2Cl_2$, F. 212°. — *2.5-Bis-[p-n-propoxyanilino]-*, $C_{24}H_{24}O_4N_2Cl_2$, F. 254°. — *2.5-Bis-[p-isopropoxyanilino]-*, F. $>$300°. — *2.5-Bis-[p-n-butoxyanilino]-*, $C_{26}H_{28}O_4N_2Cl_2$, F. 248°. — *2.5-Bis-[p-isobutoxyanilino]-*, F. 278°. — *2.5-Bis-[p-n-pentyloxyanilino]-*, $C_{28}H_{32}O_4N_2Cl_2$, F. 241°. — *2.5-Bis-[p-isopentyloxyanilino]-*, F. 161°. — *2.5-Bis-[p-n-heptyloxyanilino]-*, $C_{32}H_{40}O_4N_2Cl_2$, F. 234°. — *2.5-Bis-[p-(3-phenylpropoxy)-anilino]-*, $C_{36}H_{32}O_4N_2Cl_2$, F. 228°. — *2.5-Bis-[3.4-dichloranilino]-*, $C_{18}H_8O_2N_2Cl_6$, F. $>$320°. — *2.5-Bis-[2-methoxy-5-methylanilino]-*, $C_{22}H_{20}O_4N_2Cl_2$, F. 263°. — Isothiocyanate, durch 10 Min. Kochen von 1 Mol Thiocarbanilid mit 2 Mol Essigsäureanhydrid; 80—90%: *p-n-Propylphenyl-*, $C_{10}H_{11}NS$, Kp.$_{15}$ 150°, $n_D^{22,5}$ 1,5942. — *p-n-Butylphenyl-*, $C_{11}H_{12}NS$, Kp.$_{15}$ 162°, n_D^{23} 1,5880. — *p-n-Heptylphenyl-*, $C_{14}H_{19}NS$, Kp.$_{20}$ 205—207°. — *p-n-Propoxyphenyl-*, $C_{10}H_{11}ONS$, Kp.$_{15}$ 174°, n_D^{22} 1,6072. — *p-Isopropoxyphenyl-*, Kp.$_{17}$ 170°, n_D^{19} 1,6056. — *p-n-Butoxyphenyl-*, $C_{11}H_{13}ONS$, Kp.$_{16}$ 190 bis 191°, n_D^{27} 1,5942. — *p-n-Pentyloxyphenyl-*, $C_{12}H_{15}ONS$, Kp.$_{16}$ 202—204°, n_D^{27} 1,5726. — *p-Isopentyloxyphenyl-*, Kp.$_{15}$ 195—196°, n_D^{25} 1,5802. — *p-Fluorphenyl-*, C_7H_4NFS, Kp. 215°, n_D^{26} 1,6116. — *Diphenylyl-(2)-*, $C_{13}H_9NS$, Kp.$_{32}$ 312°, n_D^{26} 1,6162. — *2.3-Dimethylphenyl-*, C_9H_9NS, Kp.$_{13}$ 146°, n_D^{20} 1,6119. — *2.4-Dimethylphenyl-*, Kp.$_{16}$ 144 bis 145°, n_D^{28} 1,6102, F. 42°, Prismen aus Ligroin. — N'-α-Naphthylthioharnstoffe: *N-p-Fluorphenyl-*, $C_{17}H_{13}N_2FS$, F. 185°. — *N-p-Chlorphenyl-*, $C_{17}H_{13}N_2ClS$, F. 192°. — *N-m-Chlorphenyl-*, F. 156°. — *N-2.5-Dichlorphenyl-*, $C_{17}H_{12}N_2Cl_2S$, F. 202°. — *N-3.4-Dichlorphenyl-*, F. 191°. — *N-p-Bromphenyl-*, $C_{17}H_{13}N_2BrS$, F. 226°. — *N-p-Tolyl-*, $C_{18}H_{16}N_2S$, F. 204°. — *N-2.4-Dimethylphenyl-*, $C_{19}H_{18}N_2S$, F. 189°. — *N-p-Äthylphenyl-*, $C_{19}H_{18}N_2S$, F. 173°. — *N-n-Propylphenyl-*, $C_{20}H_{20}N_2S$, F. 168°. — *N-n-Butylphenyl-*, $C_{21}H_{22}N_2S$, F. 164°. — *N-p-n-Heptylphenyl-*, $C_{24}H_{28}N_2S$, F. 149°. — *N-p-Oxyphenyl-*, $C_{17}H_{14}ON_2S$, F. 208°. — *N-p-Methoxyphenyl-*, $C_{18}H_{16}ON_2S$, F. 194°. — *N-3-Fluor-6-methoxyphenyl-*, $C_{18}H_{15}ON_2FS$, F. 137°. — *N-2.5-Dimethoxyphenyl-*, $C_{19}H_{18}O_2N_2S$, F. 153°. — *N-p-Äthoxyphenyl-*, $C_{19}H_{18}ON_2S$, F. 201°. — *N-o-Äthoxyphenyl-*, F. 164°. — *N-p-n-Butoxyphenyl-*, $C_{21}H_{22}ON_2S$, F. 157°. — *N-p-Isobutoxyphenyl-*, $C_{21}H_{22}ON_2S$, F. 166°. — *N-p-Isopentyloxyphenyl-*, $C_{22}H_{24}ON_2S$, F. 163°. — *N-p-[3-Phenylpropoxy]-phenyl-*, $C_{26}H_{24}ON_2S$, F. 152°. — *N-o-Methylmercaptophenyl-*, $C_{18}H_{16}N_2S_2$, F. 178°. — *N-o-Methylselenophenyl-*, $C_{18}H_{16}N_2SSe$, F. 174°. — *N-p-Dimethylaminophenyl-*, $C_{19}H_{19}N_3S$, F. 189°. — *N-β-Naphthyl-*, $C_{21}H_{16}N_2S$, F. 210°. — *N-5-Oxynaphthyl-(1)-*, $C_{21}H_{16}ON_2S$, F. 219°. — *N-4-Chlornaphthyl-(1)-*, $C_{21}H_{15}N_2ClS$, F. 212°. — N'-β-Naphthylthioharnstoffe: *N-p-Fluorphenyl-*, $C_{17}H_{13}N_2FS$, F. 203°. — *N-p-Chlorphenyl-*, $C_{17}H_{13}N_2ClS$, F. 215°. — *N-2.5-Dichlorphenyl-*, $C_{17}H_{12}N_2Cl_2S$, F. 179°. — *N-p-Bromphenyl-*, $C_{17}H_{13}N_2BrS$, F. 212°. — *N-p-Tolyl-*, $C_{18}H_{16}N_2S$, F. 171°. — *N-2.4-Dimethylphenyl-*, $C_{19}H_{18}N_2S$, F. 168°. — *N-p-Äthylphenyl-*, $C_{19}H_{18}N_2S$, F. 183°. — *N-p-n-Propylphenyl-*, $C_{20}H_{20}N_2S$, F. 179°. — *N-p-Butylphenyl-*, $C_{21}H_{22}N_2S$, F. 179°. — *N-o-tert.-Butylphenyl-*, F. 200°. — *N-p-n-Heptylphenyl-*, $C_{24}H_{28}N_2S$, F. 176°. — *N-p-Oxyphenyl-*, $C_{17}H_{14}ON_2S$, F. 224°. — *N-p-Methoxyphenyl-*, $C_{18}H_{16}ON_2S$, F. 192°. — *N-3-Fluor-6-methoxyphenyl-*, $C_{18}H_{15}ON_2SF$, F. 137°. — *N-2.5-Dimethoxyphenyl-*, $C_{19}H_{13}O_2N_2S$, F. 166°. — *N-p-Äthoxyphenyl-*, $C_{19}H_{18}ON_2S$, F. 190°. — *N-p-Isobutoxyphenyl-*, $C_{21}H_{22}ON_2S$, F. 179°. — *N-p-n-Heptyloxyphenyl-*, $C_{24}H_{28}ON_2S$, F. 176°. — *N-p-[3-Phenylpropoxy]-phenyl-*, $C_{26}H_{24}ON_2S$, F. 171°. — *N-o-Methylmercaptophenyl-*, $C_{18}H_{16}N_2S_2$, F. 205°. — *N-o-Methylselenophenyl-*, $C_{18}H_{16}N_2SSe$, F. 210°. — *N-p-Dimethylaminophenyl-*, $C_{19}H_{19}N_3S$, F. 172°. — *N-Diphenylyl-(4)-*, $C_{23}H_{18}N_2S$, F. 242°. — *N-Diphenylyl-(2)-*, F. 192°. — *N-4-Chlornaphthyl-(1)-*, $C_{21}G_{15}N_2ClS$, F. 189°. — N'-[Pyridyl-(2)]-thioharnstoffe: *N-p-Fluorphenyl-*, $C_{12}H_{10}N_3FS$, F. 178°. — *N-p-Chlorphenyl-*, $C_{12}H_{10}N_3ClS$, F. 208°. — *N-p-Bromphenyl-*, $C_{12}H_{10}N_3BrS$, F. 224°. — *N-p-Tolyl-*, $C_{13}H_{13}N_3S$, F. 192°. — *N-m-Tolyl-*, F. 174°. — *N-2.4-Dimethylphenyl-*, $C_{14}H_{15}N_3S$, F. 193°. — *N-p-n-Butylphenyl-*, $C_{16}H_{19}N_3S$, F. 156°. — *N-p-Methoxyphenyl-*, $C_{13}H_{13}ON_3S$, F. 208°. — *N-p-Äthoxyphenyl-*, $C_{14}H_{15}ON_3S$, F. 209°. — *N-p-n-Propoxyphenyl-*, $C_{15}H_{17}ON_3S$, F. 171°. — *N-p-n-Butoxyphenyl-*, $C_{16}H_{19}ON_3S$, F. 149°. — *N-p-Isopentyloxyphenyl-*, $C_{17}H_{21}ON_3S$, F. 146°. — *N-Diphenylyl-(2)-*, $C_{18}H_{15}N_3S$, F. 176°. — *N-α-Naphthyl-*, $C_{16}H_{13}N_3S$, F. 236°. — *N-β-Naphthyl-*, F. 242°. — N'-[Thiazolyl-(2)]-thioharnstoffe: *N-p-Fluorphenyl-*, $C_{10}H_8N_3FS_2$, F. 181°. — *N-p-Chlorphenyl-*, $C_{10}H_8N_3ClS_2$, F. 204°. — *N-p-Bromphenyl-*, $C_{10}H_8N_3BrS_2$, F. 206°. — *N-p-Tolyl-*, $C_{11}H_{11}N_3S_2$, F. 201°. — *N-2.4-Dimethylphenyl-*, $C_{12}H_{13}N_3S_2$, F. 204°. — *N-p-n-Propylphenyl-*, $C_{13}H_{15}N_3S_2$, F. 204°. — *N-p-Methoxyphenyl-*, $C_{11}H_{11}ON_3S_2$, F. 212°. — *N-p-Äthoxyphenyl-*, $C_{12}H_{13}ON_3S_2$, F. 203°. — *N-α-Naphthyl-*, $C_{14}H_{11}N_3S_2$, F. 235°. — *N-β-Naphthyl-*, F. 232°. — Thioharnstoffe: *N.N'-Bis-[indanyl-(5)]-*, $C_{19}H_{20}NS$. F. 127 bis 128°. — *N.N'-Bis-[4-chlornaphthyl-(1)]-*, $C_{21}H_{14}N_2Cl_2S$, F. 202°. — *N-[4-Chlornaphthyl-(1)]-N'-p-fluorphenyl-*, $C_{17}H_{12}N_2ClFS$, F. 199°. — *N-[4-Chlornaphthyl-(1)]-N'-[diphenylyl-(2)]-*, $C_{23}H_{17}N_2ClS$, F. 198°. — *N-p-Butoxyphenyl-N'-[5-oxynaphthyl-(1)]-*, $C_{21}H_{22}O_2N_2S$, F. 181°. — *N-[6-Methylpyridyl-(2)]-N'-α-naphthyl-*, $C_{17}H_{15}N_3S$, F. 212°. — *N-[6-Methylpyridyl-(2)]-N'-β-naphthyl-*, $C_{17}H_{15}N_3S$, F. 252°. — *N.N'-Bis-[thiazolyl-(2)]-*, $C_7H_6N_4S_3$, F. 260°. (J. chem. Soc. [London] **1955**. 1573—81. Mai. Paris, Univ., Radium Inst., Dep. of Organ. Chem.) HILDEGARD BAGANZ. 1280

Frederick Kurzer und **J. Roy Powell**, *Cyanamide*. 8. Mitt. *Die Reaktion von 1-Arylbiureten mit Arylsulfonylchloriden.* (7. vgl. C. **1955**. 11215.) Die Rk. von 1-Arylbiureten mit Arylsulfochloriden in Pyridin (**I**) liefert *Isocyanate* u. *Triarylsulfonylmelamine* als Hauptprodukte. Es wird angenommen, daß die Rk. zunächst unter Bldg. von *1-Aryl-4-O-arylsulfonyl-4-isobiureten* verläuft, die auf Grund ihrer Atomanordnung $-C(OSO_2R) = NH$ unter Abspaltung von Arylsulfonsäuren in *N-Aryl-N'-cyanharnstoffe* übergehen. Diese werden mit weiterem Arylsulfohalogenid unter Bldg. von *N-Aryl-N'-cyan-N'-arylsulfonylharnstoffen* reagieren, die auf Grund der $-N(SO_2R)-CN$-Gruppe in Nachbarschaft zu einem beweglichen H-Atom in *Arylisocyanate* u. *Arylsulfonylcyan-*

amide zerfallen. Letztere polymerisieren unter anderem zu *Triarylsulfonylmelaminen.* Da aus N-Aryl-N'-cyanharnstoffen u. Arylsulfohalogeniden ebenfalls die gleichen Reaktionsprodd. erhalten wurden, kann der angenommene Reaktionsmechanismus als richtig angesehen werden. *Arylsulfonylcyanamide* konnten nur in Form ihrer Salze isoliert werden. Beim Vers., die freien Säuren darzustellen, trat stets Bldg. von *Arylsulfonylharnstoffen* oder Hydrolyse zu *Arylsulfonamiden* ein. Die Umsetzung von Diphenylcarbamoylchlorid mit Cyanamid ergab *N-Cyan-N'.N'-diphenylharnstoff* (**XI**), der gegen Alkali recht beständig ist, von sd. HCl in *Diphenylamin* übergeführt wird u. nach kurzem Erhitzen mit konz. H_2SO_4 *1.1-Diphenylbiuret* liefert. Die bei der Rk. von Arylbiureten oder Cyanharnstoffen mit Arylsulfohalogeniden in wechselnder Menge auftretenden nichtkristallisierbaren sauren Ndd., die nach Hydrolyse mit konz. H_2SO_4 oder alkoh. HCl die entsprechenden Sulfonsäuren oder Sulfonamide liefern, werden als lineare Polymere der Arylsulfonylcyanamide angesehen. Während 4-Methyl-1-phenyl-4-isobiuret (**XIII**) mit Arylsulfochloriden in alkal. Medium nicht reagiert, wurde in **I** eine kleine Menge *Triarylsulfonylmelamin* isoliert.

Versuche: *1-Phenylbiuret* (**II**), F. 170—171° (Zers.; absol. A.), aus **XIII**; aus **I** Prismen; 62—70% (Ausbeute). — *4-Methyl-1-[α-naphthyl]-4-isobiuret*, $C_{13}H_{13}O_2N_3$, F. 141 bis 142° (Zers.), durch Schütteln von Methylisoharnstoffhydrochlorid u. KOH in W. mit α-Naphthylisocyanat bei <25°, Extraktion des Nd. mit sd. A. u. Einengen des alkoh. Filtrats; glänzende Plättchen; 56%. Daneben *N.N'-Di-α-naphthylharnstoff* (**V**), F. 286 bis 287°. — *1-[α-Naphthyl]-biuret* (**III**), $C_{12}H_{11}O_2N_3$, F. 214—215° (Zers.), durch Erwärmen vorst. Verb. mit 3n HCl bis zur beendeten Methylchloridentw. u. Kühlen auf 0°; Nadeln aus A.; 75—80%. — *symm.-Diphenylharnstoff* (**IV**), F. 236—238°, durch Erwärmen von 0,02 Mol **II** in **I** mit 0,06 Mol p-Toluolsulfochlorid (**VI**) auf 85—90°, Gießen auf Eis, Ansäuern mit konz. HCl (Kongorot)), Extraktion des Nd. mit 12%ig. NaOH u. Abtrennen des unlösl. Prod.; Nadeln aus A.; 52—61%. — *Tri-[p-toluolsulfonyl]-melamin* (**VIII**), $C_{24}H_{24}O_6N_6S_3$, F. 282—284°, durch Ansäuern des alkal. Filtrates (Kongorot) u. Zugabe des Nd. zu sd. A.; Plättchen aus A.; 40—45%. *Hochpolymeres p-Toluolsulfonylcyanamid*, aus dem alkoh. Filtrat; 30—43%. — Analog: *Tribenzolsulfonylmelamin*, $C_{21}H_{18}O_6N_6S_3 \cdot C_2H_6O$, F. 150—152° (Zers.), aus **II** u. Benzolsulfochlorid; 38% u. 68% **IV**. — Aus **II** u. o-Toluolsulfochlorid (**VII**) *Tri-[o-toluolsulfonyl]-melamin* (**IX**), F. 292—294°; 16%, 62% **IV** u. 45% *niedrigschm. saures Material.* — *symm.-N.N'-Di-α-naphthylharnstoff* (**V**), F. 286—287° (Zers.), aus **III** u. **VI** in **I** bei 95°; 82%. Daneben 45% **VIII** u. 35% niedrigschm. Material. — **XIII** ergab mit Arylsulfochloriden in **I** 3—8% *Triarylsulfonylmelamin.* — *N-Cyan-N'-[α-naphthyl]-harnstoff* (**XII**), $C_{12}H_9ON_3$, F. 148—149° (Zers.), durch Schütteln von Cyanamid u. NaOH in W. mit α-Naphthylisocyanat bei 20—25° u. Ansäuern des Filtrats mit konz. HCl (Kongorot); Prismen aus Aceton–PAe.; 85%. — Erwärmen von 0,02 Mol N-Cyan-N'-phenylharnstoff (**X**) mit 0,04 Mol **VI** in **I** auf 80°, Gießen auf Eis (a) u. Ansäuern ergab 65% **IV**, 58% **VIII** u. 30% niedrigschm. Material (F. 65—75°). Wurde die Reaktionslsg. nach dem Erwärmen mit PAe. extrahiert (b), so konnten aus dem Rückstand 19% **IV** u. 52% **VIII** isoliert werden. $^1/_2$std. Erwärmen des Extraktes mit Anilin, Extraktion mit NaOH, Abtrennen von 67% **IV** u. Ansäuern des Filtrats lieferte *p-Toluolsulfanilid*, $C_{13}H_{13}O_2NS$, F. 100—102° (Bzl.–PAe.). — Analog: Aus **X** u. **VII** nach (a) 65% **IV** u. 36% **X**. — Aus **XII** u. **VI** nach (a) 54% **V** u. 38% **VIII**. — *N-Cyan-N'.N'-diphenylharnstoff* (**XI**), $C_{14}H_{11}ON_3$, F. 153—154°, durch Rühren von 0,24 Mol Cyanamid in wss. NaOH mit 0,06 Mol Diphenylcarbamoylchlorid in Aceton, Verdampfen des Acetons, Verdünnen mit W. u. Ansäuern mit konz. HCl bei 0°; Platten aus Aceton–PAe.; 65—85%. *Diphenylamin*, F. 52—54°, aus der äther. Lsg.; 10%. **XI**-*Na-Salz*, F. 89—91°, durch 48std. Stehen der Reaktionslsg. nach Verdampfen des Acetons bei 0°; Nadeln aus Aceton; 90—95%. — *1.1-Diphenylbiuret*, $C_{14}H_{13}O_2N_3$, F. 182—183° (Zers.; A.), durch Rühren von **XI** mit konz. H_2SO_4 bei 25°, Gießen der Lsg. auf Eis, Aufnehmen des trockenen Nd. in Aceton–A. u. Eindampfen des Filtrats; Prismen; 44%. — *N-Cyan-N-[m-nitrobenzolsulfonyl]-N'.N'-diphenylharnstoff*, $C_{20}H_{14}O_5N_4S$, F. 200—202° (Zers.), durch Behandlung von **XI** in **I** mit m-Nitrobenzolsulfochlorid, 1std. Stehen bei 15°, Gießen auf Eis–konz. HCl, Aufnehmen des Nd. in sd. A.–Aceton u. Filtration; Nadeln aus Bzl.–PAe.; 40—52%. Liefert nach 10std. Kochen in A. unter Einleiten von HCl, Eindampfen im Vakuum, Rühren mit 12%ig. NaOH, Abtrennen von *Diphenylamin* (86%) u. Ansäuern des Filtrats *m-Nitrobenzolsulfonamid*, F. 159—161° (W.), Nadeln; 56%. — *p-Toluolsulfonylharnstoff*, $C_8H_{10}O_3N_2S$, F. 191—192° (Zers.), a) durch kurzes Kochen von Na-p-Toluolsulfonylcyanamid (**XIV**; F. 290—294° [Zers.; Aceton–Ae.], Platten) mit W. u. konz. HCl u. Abtrennen des Nd.; Kristalle aus W. u. dann Aceton–PAe.; 45%. *p-Toluolsulfonamid*, F. 136 bis 137°, aus dem wss. Filtrat; b) durch 48—72std. Stehen des Na-Salzes in saurer Lsg. bei Raumtemperatur. — *Benzolsulfonylharnstoff*, F. 170—171°, durch Lösen von Na-Benzolsulfonylcyanamid in 0,1 n H_2SO_4 u. langsames Eindampfen; 33%. — *p-Toluolsulfonylthio-*

harnstoff, $C_8H_{10}O_2N_2S_2$, F. 128—129° (A.), durch 6std. Erhitzen von **XIV** mit bei 0° mit H_2S gesätt. NH_3 in n-Butanol im Rohr auf 100°, Abtrennen des Nd. bei 0°, Lösen in W. u. Ansäuern; Platten; 20%. — Analog *Benzolsulfonylthioharnstoff*, F. 137—139° (A.); 30%. — *Verb.* $[C_8H_8O_2N_2S]_n$, Zers. zwischen 70—90°, durch Erhitzen von Cyanamid mit **VI** in **I** auf 80—90°, Zugabe von n-HCl bei 0°, Lösen des Nd. in sd. A., Dekantieren der alkoh. Lsg. u. Zugabe von W.–NaCl; 28—41%. Aus dem alkoh.-unlösl. Rückstand 3% **VIII.** *K-Salz*, $[C_8H_7O_3N_2SK]_n$, durch Zugabe von 6n wss. KOH zu der alkoh. Lsg. des Prod.; aus 66%ig. A. Platten. *Ag-Salz*, $[C_8H_7O_2N_2SAg \cdot H_2O]_n$, durch Zugabe von $AgNO_3$ zu einer ammoniakal. Lösung. Liefert nach Hydrolyse mit konz. H_2SO_4 56—64% *p-Toluolsulfonsäure*, mit alkoh. HCl 58% *p-Toluolsulfonamid* u. Spuren *Cyanursäure*. (J. chem. Soc. [London] **1955.** 1497—04. Mai. London, Univ., Royal Free Hosp. School of Med.)

Hildegard Baganz. 1280

J. Willenz, *Die Darstellung verschiedener N-Alkyl- und N.N-Dialkyl-p-nitrosoaniline.* Vf. beschreibt die Darst. verschied. N-Alkyl- u. N.N-Dialkyl-p-nitrosoaniline aus den entsprechenden N-Alkylverbb. durch direkte Nitrosierung u. Umlagerung nach Fischer-Hepp. Mit N-Nitroso-N-n-octadecylamin erfolgt beim Vers. der Umlagerung Denitrosierung.

Versuche: *p-Nitroso-N-isopropylanilin*, $C_9H_{12}ON_2$, F. 82,5° (Zers.; aus Leichtbenzin), durch Nitrosierung von N-Isopropylanilin (Kp. 204—107°) u. $1^1/_2$std. Stehenlassen der mit HCl gesätt. äther. Lsg.; 25,4% (Ausbeute). — *N-n-Hexylanilin*, $C_{12}H_{19}N$, $Kp._{0,7-1}$ 94—101°, durch 39std. Kochen von Anilin mit n-Hexylbromid in Leichtbenzin; n_D^{20} 1,5223. *p-Toluolsulfonylderiv.*, $C_{19}H_{25}O_2NS$, F. 63—64°. *Pikrolonat*, $C_{22}H_{27}O_5N_5$, F. 160—161,5°. — *N-n-Hexyl-N-nitrosoanilin*, $C_{12}H_{18}ON_2$, $Kp._{1,5}$ 127—130°, aus vorst. Verb. u. HNO_2; 80%. — *p-Nitroso-N-hexylanilin*, $C_{12}H_{18}ON_2$, F. 47—48° (Bzl./Leichtbenzin), aus vorst. Verb. in Ae./Methanol durch Sättigen mit HCl; 7,2%, oder durch Zugabe von mit HCl gesätt. Ae./Methanol zu vorst. Verb., 2 Std. Stehenlassen bei Zimmertemp. u. Evaporation; 15%. *Pikrolonat*, $C_{22}H_{26}O_6N_6$, F. 133,5° (Zers.). — *N-[3.5.5-Trimethylhexyl]-anilin* (I), $C_{15}H_{25}N$, $Kp._{0,5}$ 110°, Kp. 310°, durch 30std. Kochen von Anilin mit 3.5.5-Trimethylhexyljodid (II; $Kp._2$ 62°); n_D^{20} 1,5110; 75%. — *N-Nitroso-N-[3.5.5-trimethylhexyl]-anilin*, $C_{15}H_{24}ON_2$, $Kp._{0,7}$ 126—128°, durch Nitrosierung vorst. Verb.; n_D^{20} 1,5164; 86%. — *p-Nitroso-N-[3.5.5-trimethylhexyl]-anilin*, $C_{15}H_{24}ON_2$, F. 93—94° (Leichtbenzin), aus vorst. Verb. durch Umlagerung; 33%. *Pikrat*, $C_{21}H_{27}O_8N_5$, F. 93,5°. — *N-n-Octadecylanilin*, $C_{24}H_{43}N$, $Kp._1$ 215—220°, F. 51,5° (Aceton), durch 40std. Kochen von Anilin mit n-Octadecylbromid; 51%. — *N-Nitroso-N-n-octadecylanilin*, $C_{24}H_{42}ON_2$, F. 50° (Methanol), durch Nitrosierung vorst. Verb.; gibt beim Vers. der Umlagerung *N-n-Octadecylanilinhydrochlorid*, $C_{24}H_{44}NCl$, F. 103—103,5°. — *N.N-Dihexylanilin*, $C_{18}H_{31}N$, $Kp._{0,5}$ 130—135°, durch 48std. Kochen von N-n-Hexylanilin mit n-Hexylbromid; n_D^{20} 1,5067; 59,3%. *Pikrolonat*, $C_{28}H_{39}O_5N_5$, F. 108—110°. — *p-Nitroso-N.N-di-n-hexylanilin*, $C_{18}H_{30}ON_2$, viscoses Öl, aus vorst. Verb. durch Nitrosierung u. Umlagerung. — *4-Di-n-hexylamino-2'.4'-dinitrodiphenylamin*, $C_{24}H_{34}O_4N_4$, F. 74,5—75° (A.; Leichtbenzin), durch Red. vorst. Verb. mit Zn-Staub/HCl u. Kondensation mit 1-Chlor-2.4-dinitrobenzol (**III**). — *N-n-Hexyl-N-methylanilin*, $C_{13}H_{21}N$, $Kp._{0,3}$ 94—98°, durch 3tägiges Kochen von N-Methylanilin mit n-Hexylbromid; n_D^{20} 1,5229; 70,5%. — *N-n-Hexyl-N-methyl-p-nitrosoanilin*, $C_{13}H_{20}ON_2$, F. 33,5—34° (Leichtbenzin), aus vorst. Verb.; 90,5% [*Pikrolonat*, $C_{23}H_{28}O_6N_6$, F. 108—109° (Zers.)]; gibt bei der Red. mit Zn-Staub/HCl *N-n-Hexyl-N-methyl-p-phenylendiamin. Pikrolonat*, $C_{23}H_{30}O_5N_6$, F. 141—142° (Zers.; aus $CHCl_3$). — *N.N-Bis-[3.5.5-trimethylhexyl]-anilin*, $C_{24}H_{43}N$, $Kp._{0,5}$ 150°, durch Kochen von **I** mit **II** in Leichtbenzin; n_D^{20} 1,4961; 77,5%. *Monopikrat*, $C_{30}H_{46}O_7N_4$, F. 109°. — *p-Nitroso-N.N-bis-[3.5.5-trimethylhexyl]-anilin*, $C_{24}H_{42}ON_2$, F. 48—48,5° (Leichtbenzin), aus vorst. Verb.; 52%. — *4-Bis-[3.5.5-trimethylhexyl]-amino-2'.4'-dinitrodiphenylamin*, $C_{30}H_{46}O_4N_4$, F. 91,5° (A.), durch Red. vorst. Verb. u. Kondensation mit **III.** — *N-Methyl-N-[3.5.5-trimethylhexyl]-anilin*, $C_{16}H_{27}N$, $Kp._2$ 138°, aus Methylanilin u. **II**; n_D^{20} 1,5108; 88%. *Pikrolonat*, $C_{26}H_{35}O_5N_5$, F. 133,5—135°. — *N-Methyl-p-nitroso-N-[3.5.5-trimethylhexyl]-anilin*, $C_{16}H_{26}ON_2$, F. 48° (Leichtbenzin), aus vorst. Verb.; 77%. *Hydrochlorid*, $C_{16}H_{27}ON_2Cl$, F. 134° (Zers.). — *4-[N-Methyl-N-(3.5.5-trimethylhexyl)-amino]-2.4'-dinitrodiphenylamin*, $C_{22}H_{30}O_4N_4$, F. 65,5° (A., Leichtbenzin), durch Red. vorst. Hydrochlorids u. Kondensation mit **III.** *Hydrochlorid*, $C_{22}H_{31}O_4N_4Cl$, F. 205°. — *N-Äthyl-N-[3.5.5-trimethylhexyl]-anilin*, $C_{17}H_{29}N$, $Kp._{2,5}$ 140°, aus N-Äthylanilin u. **II**; n_D^{20} 1,5091; 85%. — *N-Äthyl-p-nitroso-N-[3.5.5-trimethylhexyl]-anilin*, $C_{17}H_{28}ON_2$, grünes Öl. *Hydrochlorid*, $C_{17}H_{29}ON_2Cl$, F. 129° (Zers.). — *4-[N-Äthyl-N-(3.5.5-trimethylhexyl)-amino]-2'.4'-dinitrodiphenylamin*, $C_{23}H_{32}O_4N_4$, F. 80,5° (Leichtbenzin), durch Red. vorst. Hydrochlorids u. Kondensation mit **III.** (J. chem. Soc. [London] **1955.** 1677—82. Juni. Durham, Billingham u. Co., Imp. Chem. Int. Ltd., Res. Dep.)

G. Winkler. 1310

Elias Epstein und **Mervin Meyer,** *Mono- und Dialkylaminoäthylester von m-Aminoalkoxybenzoesäuren.* 2-Oxybenzoesäure (II) wird mit verd. HNO_3 zu einem Gemisch von *2-* u. *6-Oxy-3-nitrobenzoesäure* nitriert, die auf Grund ihrer Löslichkeitsunterschiede leicht getrennt werden können. 3.5-Dinitrobenzoesäure (III) wird nach $(NH_4)_2S$-Red. zu *3-Nitro-5-aminobenzoesäure* durch Diazotierung u. Hydrolyse in *3-Nitro-5-oxybenzoesäure* übergeführt. Die Oxy-3-nitrobenzoesäuren werden entweder mit Alkylarylsulfonaten in Ggw. von wasserfreiem K_2CO_3 oder in Form ihrer *Methylester* mit Alkyljodiden oder -bromiden in Ggw. von Ag_2O bzw. alkoh. $NaOCH_3$ zu *Alkoxy-3-nitrobenzoesäuren* umgesetzt. Mit $SOCl_2$ entstehen daraus *Alkoxy-3-nitrobenzoylchloride,* die, soweit möglich, durch Hochvakuumdest. gereinigt werden. Die Säurechloride liefern a) mit Monoalkylaminoäthanolen, die durch Kondensation von Alkylaminen mit Äthylenoxyd (I) oder aus Alkylbromiden u. Äthanolamin gewonnen werden, nach SCHOTTEN-BAUMANN u. b) mit Dialkylaminoalkoholen durch direkte Kondensation in nicht wss. Lösungsmitteln *Mono-* u. *Dialkylaminoäthylester von Alkoxy-3-nitrobenzoesäuren.* Die *Hydrochloride* der Alkoxynitroester geben bei der Red. mit Fe oder der katalyt. Hydrierung in Ggw. von Pd die *Mono-* u. *Dialkylaminoäthylester* von *2-*, *5-* bzw. *6-Alkoxy-3-aminobenzoesäuren,* die durch Hochvakuumdest. gereinigt u. in ihre *Hydrochloride* übergeführt werden. Sie erweisen sich als nicht reizende Anästhetica mit geringer Toxizität, die an Wirksamkeit meist Cocain u. Procain, bes. im Falle des *3-Amino-5-heptoxybenzoesäure-2'-n-amylaminoäthylesters,* übertreffen. *2-Butoxy-3-aminobenzoesäure-2'-diäthylaminoäthylesterhydrochlorid* (*Primacainhydrochlorid*) ist ein wirksames u. sicheres Lokalanästheticum für die Zahnheilkunde.

Versuche: *Isobutylaminoäthanol,* $Kp._{28}$ 98—101°, durch langsames Zugeben von I zu einer wss. Lsg. von Isobutylamin bei 10—20°, 4std. Stehen bei Raumtemp., langsames Zugeben von NaOH $<40°$ u. Ausäthern ;60% (Ausbeute). — *2-Oxy-5-nitrobenzoesäure,* F. 230—233°, aus II mit 10%ig. HNO_3 bei 50—65°, Suspendieren in sd. W. u. Abfiltrieren; 46%. — *2-Oxy-3-nitrobenzoesäure,* F. 146—149°, aus vorst. Filtrat über das *Ba-Salz*; 15%. — *3-Nitro-5-aminobenzoesäure,* F. 208—211° (W.), durch Einleiten von H_2S in eine Lsg. von III in konz. NH_4OH, Heißfiltration u. Ansäuern mit Eisessig; 80%. — *3-Nitro-5-oxybenzoesäure,* F. 192—194° (W.), durch Zugeben von $NaNO_2$ zu vorst. Verb. in W. u. konz. H_2SO_4 bei Raumtemp., Zugeben der warmen Diazoniumsalzlsg. zu sd. wss. H_2SO_4, 30 Min. Kochen u. Verdünnen mit Eis; 30%. — 3-Nitrobenzoesäuren: *5-Butoxy-*(IV), $C_{11}H_{13}O_5N$, F. 123—125° (50%ig. Isopropylalkohol), a) durch 6std. Kochen des Methylesters vorst. Verb. mit Butyljodid in Ggw. von Ag_2O, Filtration, 2std. Kochen des isolierten *Methylesters* mit 10%ig. NaOH u. Ansäuern; 85%; b) aus vorst. Verb. nach CLINTON u. Mitarbeitern (C. **1953.** 6467); 80%; c) durch 24std. Kochen des Methylesters vorst. Verb. in CH_3OH mit $NaOCH_3$ u. Butylbromid u. 3std. Weitererhitzen in Ggw. von Na_2CO_3 u. W.; 80%. — *2-Isopropoxy-*, $C_{10}H_{11}O_5N$, F. 84—85°. — *2-Propoxy-*, $C_{10}H_{11}O_5N$, F. 88—89°. — *2-Butoxy-*, $C_{11}H_{13}O_5N$, F. 68—71°. — *2-Pentoxy-*, $C_{12}H_{15}O_5N$, F. 54—55,5°. — *2-Heptoxy-*, $C_{14}H_{19}O_5N$, F. 52—53,5°. — *6-Butoxy-*, $C_{11}H_{13}O_5N$, F. 116—119°. — *5-Heptoxy-*, $C_{14}H_{19}O_5N$, F. 95—98°. — *3-Nitro-5-butoxybenzoylchlorid,* $Kp._{700\,\mu}$ 141—143°, durch 6std. Kochen von IV in Toluol mit $SOCl_2$; 83%. — *3-Nitro-5-butoxybenzoesäure-2'-n-amylaminoäthylesterhydrochlorid,* F. 114—115° (W.), durch rasches Zugeben von NaOH u. n-Amylaminoäthanol in W. zu vorst. Säurechlorid in Trichloräthylen unter Rühren, 10 Min. Rühren $<40°$, Ansäuern der Trichloräthylenschicht mit konz. HCl u. Aufkochen; 63%. — *3-Nitro-2-butoxybenzoesäure-2'-diäthylaminoäthylesterhydrochlorid* (VI), F. 132—134° (Isopropylalkohol), durch 1std. Kochen von Diäthylaminoäthanol in Bzl. u. 2-Butoxy-3-nitrobenzoylchlorid (V); 92%. — *2-Butoxy-3-nitrobenzoesäure-2'-isobutylaminoäthylesterhydrochlorid,* durch Sättigen von Isobutylaminoäthanol in Toluol mit HCl, 24std. Kochen mit V, Ausziehen mit W., Alkalisieren mit Na_2CO_3 u. Ausäthern; hellgelbes Öl; 30%. — 3-Aminobenzoesäuren: *6-Butoxy-*, *2'-Diäthylaminoäthylester,* $Kp._{50\,\mu}$ 174°, durch 3std. Rühren von 3-Nitro-6-butoxybenzoesäure-2'-diäthylaminoäthylesterhydrochlorid in W. mit Fe-Spänen bei 70°, Filtrieren, Zugeben von Citronensäure u. $NaHSO_3$, Alkalisieren mit Na_2CO_3, Ausäthern, Dest., Lösen des Rückstandes in CH_3OH u. Ansäuern mit konz. HCl auf p_H 5 → *Hydrochlorid,* $C_{17}H_{29}O_3N_2Cl$, F. 104—106° (Äthylacetat); 52%. — *2-Butoxy-*, *2'-Diäthylaminoäthylester,* $Kp._{10\,\mu}$ 134°, durch 3std. Hydrieren von VI in W. in Ggw. von PdO/Kohle unter 40 pounds u. Schütteln, Filtrieren, Zugeben von $NaHSO_3$, Alkalisieren mit Na_2CO_3 u. Ausäthern; hellgelbes Öl. *Hydrochlorid,* $C_{17}H_{29}O_3N_2Cl$, F. 118—120°, in Isopropylalkohol durch Ansäuern mit konz. HCl auf p_H 4,5; 52%. — *2-Isopropoxy-*, *2'-Diäthylaminoäthylesterhydrochlorid,* $C_{16}H_{27}O_3N_2Cl$, F. 142—146°. — *2-Butoxy-*, *2'-Diäthylaminoäthylesterhydrochlorid,* $C_{17}H_{29}O_3N_2Cl$, F. 127—130°. *2'-Dimethylaminoäthylesterhydrochlorid,* $C_{15}H_{25}O_3N_2Cl$, F. 132—136°. *2'-Isobutylaminoäthylesterhydrochlorid,* $C_{17}H_{29}O_3N_2Cl$, F. 98—101°. *2'-Dibutylaminoäthylester,* $Kp._{20\,\mu}$ 180°; *Hydrochlorid,* $C_{21}H_{37}O_3N_2Cl$, Öl. — *2-Pentoxy-*, *2'-Diäthylaminoäthylester,* $Kp._{10\,\mu}$ 138°; *Hydrochlorid,* $C_{18}H_{31}O_3N_2Cl$, Öl. —

2-Heptoxy-, 2'-Diäthylaminoäthylesterhydrochlorid, $C_{20}H_{35}O_3N_2Cl$, Öl. — *5-Butoxy-, 2'-Amylaminoäthylesterhydrochlorid*, $C_{18}H_{31}O_3N_2Cl$, F. 190—192°. *2'-[1''-Methylheptyl-amino]-äthylesterhydrochlorid*, $C_{21}H_{37}O_3N_2Cl$, F. 128—130°. — *5-Heptoxy-, 2'-Amylamino-äthylesterhydrochlorid*, $C_{21}H_{37}O_3N_2Cl$, F. 176—178°. — *6-Butoxy-, 2'-Dimethylamino-äthylester*, Kp.$_{7\mu}$ 155°; *Hydrochlorid*, $C_{15}H_{25}O_3N_2Cl$, F. 128—132°. *2'-Propylaminoäthyl-ester*, Kp.$_{15\mu}$ 166°; *Hydrochlorid*, $C_{16}H_{27}O_3N_2Cl$, F. 159—162°. *2'-Isobutylaminoäthylester-hydrochlorid*, $C_{17}H_{29}O_3N_2Cl$, F. 196—197°. *2'-Amylaminoäthylesterhydrochlorid*, $C_{18}H_{31}\cdot O_3N_2Cl$, F. 203—205°. *2'-[1''-Methylbutylamino]-äthylesterhydrochlorid*, $C_{18}H_{31}O_3N_2Cl$, F. 159—163°. *2'-[2''-Äthylhexylamino]-äthylesterhydrochlorid*, $C_{21}H_{37}O_3N_2Cl$, F. 179 bis 181°. *2'-[1''-Methylheptylamino]-äthylesterhydrochlorid*, $C_{21}H_{37}O_3N_2Cl$, F. 194—196°. (J. Amer. chem. Soc. **77**. 4059—61. 5/8. 1955. Brooklyn, N. Y., Novocol Chem. Mfg. Co., Inc., Res. Labors.) R. Pasedag. 1350

Henry Gilman und **T. C. Wu**, *Hexaphenyläthan-Analoge*. 1. Mitt. *Hexaaryldi-silane mit Phenyl- und p-Tolylgruppen*. Vff. stellen die 10 möglichen *Hexaaryldisilane* mit Phenyl- u. p-Tolylgruppen dar, um ihre Löslichkeiten im Verhältnis zu ihrer Struktur zu untersuchen. Die Verbb. wurden durch Kupplung von Triarylsilyl-K mit Triarylchlor-silan, aus einem partiell chlorierten Organodisilan u. einer Organo-Li-Verb. oder durch Kupplung eines Triarylchlorsilans mit Na erhalten. Als Ausgangsstoffe wurden *Phenyldi-p-tolylchlorsilan* (**IV**), *1.1.1-Triphenyl-2.2.2-trichlordisilan* (**V**) u. *1.1.1.2-Tetraphenyl-2.2-dichlordisilan* (**VI**) neu dargestellt. Je unsymm. das Disilan substituiert ist, um so niedriger ist der F. u. um so größer die Löslichkeit. Eine mögliche Dissoziation der Hexa-aryldisilane wurde untersucht durch Einw. von J_2 u. O_2 auf *1.1.2-Triphenyl-1.2.2-tri-p-tolyldisilan* (**I**) u. auf *1.1.2.2-Tetraphenyl-1.2-di-p-tolyldisilan* (**VIII**). Trotz der besse-ren Löslichkeiten dieser Verbb. im Vgl. mit den symm. Hexaaryldisilanen wurde dabei keine Rk. festgestellt. Die magnet. Susceptibilität von **I** beträgt $-0{,}6\cdot10^{-6}$ für die Kristalle u. die benzol. Lösung.

Versuche (Umsetzungen mit Organo-Li- u. Triaryl-K-Verbb. unter N_2): *Phenyl-di-p-tolylchlorsilan* (**IV**), $C_{20}H_{19}ClSi$, F. 99—100°, Kp.$_{1,2}$ 190—192°, aus 2 Mol p-Tolyl-Li (**X**) mit 1 Mol Phenyltrichlorsilan in Ae.; 92% (Ausbeute). — *1.1.1.2-Tetraphenyl-2.2-dichlordisilan* (**VI**), $C_{24}H_{20}Cl_2Si_2$, F. 98—101°, aus Hexaphenyldisilan (**II**) durch Spal-tung mit Na-K-Legierung in Ae. zu *Triphenylsilyl-K* (**III**) u. dessen Umsatz mit Phenyl-trichlorsilan in Ae.; 34%; daneben **II**, F. 362°; 16%. — *1.1.1-Triphenyl-2.2.2-trichlordi-silan* (**V**), $C_{18}H_{15}Cl_3Si_2$, F. 143—145° (PAe.), aus **III** u. $SiCl_4$ in Ae.; 27%; daneben **II**. — *1.1.2.2-Tetraphenyl-1.2-di-p-tolyldisilan* (**VIII**), $C_{38}H_{34}Si_2$, F. 252—253° (Bzl.), aus Di-phenyl-p-tolylchlorsilan (**VII**) mit Na in Xylol; 62%. — *1.1.2-Triphenyl-1.2.2-tri-p-tolyl-disilan* (**I**), $C_{39}H_{36}Si_2$, F. 226—227° (Bzl.-A.), durch Spaltung vorst. Verb. mit Na-K-Legierung in Ae. zu *Diphenyl-p-tolylsilyl-K* u. dessen Umsatz mit **IV**; 52%. — *1.1.1-Tri-phenyl-2.2.2-tri-p-tolyldisilan*, $C_{39}H_{36}Si_2$, F. 262—264° (Bzl.-PAe.), a) aus **X** u. **V** in Ae. (6 Std. Rühren bei Raumtemp.) u. Hydrolyse mit W.; 11%; b) aus Triphenylchlorsilan u. Tri-p-tolylsilyl-K; 26%. — *1.1.1.2-Tetraphenyl-2.2-di-p-tolyldisilan*, $C_{38}H_{34}Si_2$, F. 229 bis 230° (PAe.), a) aus **VI** u. **X** in Ae.; 14%; b) aus **III** u. **IV**; 72%. — *Pentaphenyl-p-tolyldi-silan*, $C_{37}H_{32}Si_2$, F. 283—285° (Bzl.), a) aus **X** u. Pentaphenylchlordisilan in Ae. (16 Std. bei Raumtemp.) u. Hydrolyse mit W.; 28%; b) aus **III** u. **VII**; 77%. — **II**, F. 368—370° (Dioxan), a) analog **VIII**; 92%; b) analog **I**; 66%. — *1.2-Diphenyl-1.1.2.2-tetra-p-tolyl-disilan*, F. 240—241° (Bzl.-PAe.), analog **VIII**; 71%. — *1.1-Diphenyl-1.2.2.2-tetra-p-tolyldisilan*, F. 240—241° (Bzl.-PAe.), analog **I**; 57%. — *Phenylpenta-p-tolyldisilan*, F. 288—290° (Bzl.), analog **I**; 19%. — *Hexa-p-tolyldisilan*, F. 354—356° (Toluol), durch Zufügen von **X** zu Si_2Cl_6 a) in Ae. bei Raumtemp.; 30% (daneben 31% *Tetra-p-tolylsilan* [**IX**]); b) in Bzl. bei 0°; 28% (32% **IX**); c) in Ae. bei 65°; 27% (29% **IX**). Durch Zugabe von Si_2Cl_6 in Ae. zu **X**-Lsg. bei 0° entstand nur **IX** (42%). (J. Amer. chem. Soc. **75**. 3762—65. 5/8. 1953. Ames, Io., State Coll., Chem. Labor.) G. Seeliger. 1380

N. W. Chromow-Borissow, **A. M. Janowitzkaja** und **A. M. Chaletzki**, *Synthese und Umwandlung von Methyldicyclohexylcarbinol*. Das aus Methylcyclohexylketon (**I**) u. Cyclohexyl–MgBr erhaltene *Methyldicyclohexylcarbinol* (**II**) wird beim Behandeln mit konz. H_2SO_4 unter Bldg. von *1.1-Dicyclohexyläthen* (**III**) u. *Methylcyclohexylcyclohexyli-denmethan* (**IV**) dehydratisiert. Die Struktur von **III** u. **IV** ergibt sich aus der $KMnO_4$-Oxydation, wobei *Dicyclohexylketon* bzw. **I** erhalten werden. Bei der Bromierung von **III** u. **IV** entstehen unter HBr-Entw. Monobromderivate.

Versuche: 25,2 g **I** in Ae. gibt man zu Cyclohexyl–MgBr (20%ig. Überschuß), erwärmt 4 Std. auf dem Wasserbad, läßt über Nacht stehen, zers. mit W. + 5%ig. H_2SO_4 u. dest.; das erhaltene rohe **II** [Kp.$_5$ 130—170°; 17,5 g (Ausbeute)] wird mit 5 Tropfen konz. H_2SO_4 dest.: *Methylcyclohexylcyclohexylidenmethan* (**IV**), $C_{14}H_{24}$, Kp.$_5$ 166—167°; D.$^{20}_{20}$ 0,9715; 33,6% u. *1.1-Dicyclohexyläthen* (**III**), $C_{14}H_{24}$, Kp.$_5$ 134—135°; D.$^{20}_{20}$ 0,9104; 22,4%. — Oxydation von **IV** mit 2%ig. $KMnO_4$-Lsg. gibt **I** [*Semicarbazon*,

F. 171—172° (A.)] u. Cyclohexanon. Bromierung von **IV** in Chlf. gibt ein *Bromid* $C_{14}H_{23}$·*Br*, grünliche ölige Flüssigkeit. — Bei der $KMnO_4$-Oxydation von **III** entsteht *Dicyclohexylketon* [*Semicarbazon*, F. 198—200° (Zers.)]. Bromierung von **III** gibt *ein Bromid* $C_{14}H_{23}Br$, dunkelbraune Fl., zers. sich beim Erhitzen. (Журнал Общей Химии [J. allg. Chem.] **25** (**87**). 526—29. März 1955. Leningrad, Med. Inst.) O. Pollak v. Emhofen. 1810

I. N. Nasarow und **G. A. Schwechgeimer,** *Cyanäthylierung cyclischer und heterocyclischer Alkohole und Amine. Hydrierung und Alkoholyse der Cyanäthylierungsprodukte.* Durch Behandeln von Cyclohexanol mit Acrylonitril wird *Cyclohexyl-β-cyanäthyläther* erhalten, der durch Hydrieren in *Cyclohexyl-γ-aminopropyläther* übergeht. Analoge Rkk. werden mit 2- u. 3-Methylcyclohexanol u. 1.2.5-Trimethylpiperidol-(4) durchgeführt. 1.2.5-Trimethylpiperidyl-(4)-[β-cyanäthyl]-äther gibt bei Einw. von A. + konz. H_2SO_4 *1.2.5-Trimethylpiperidyl-(4)-[β-carbäthoxyäthyl]-äther.* Methylamin liefert beim Behandeln mit Acrylonitril *Methyl-β-cyanäthyl-* u. *Methyl-di-[β-cyanäthyl]-amin*; Dimethylamin gibt *β-[Dimethylamino]-propionitril.* Das aus 2.5-Dimethylpiperidon-(4) entstehende *1-[β-Cyanäthyl]-2.5-dimethylpiperidon-(4)* läßt sich durch katalyt. Hydrierung in Ggw. von NH_3 in *1-[γ-Aminopropyl]-2.5-dimethyl-4-aminopiperidin* überführen.

Versuche: *Cyclohexyl-β-cyanäthyläther,* $C_9H_{15}ON$, Kp.$_{20}$ 130—132°; aus 193 g Cyclohexanol u. 105 g Acrylonitril in Ggw. von 14 g 40%ig. KOH bei maximal 30°; man rührt noch 6 Std. bei Zimmertemp.; $D.^{20}_4$ 0,9674; n_D^{20} 1,4586; 208 g (Ausbeute). 35 g hiervon werden in 120 ml mit NH_3 gesätt. CH_3OH in Ggw. von 2 g Raney-Ni bei 95 bis 105°/145 at anfänglichem H_2-Druck 1¼ Std. hydriert, wobei 34,5 g *Cyclohexyl-γ-aminopropyläther,* $C_9H_{19}ON$, Kp.$_{4,5}$ 72—74°; $D.^{20}_4$ 0,9281; n_D^{20} 1,4646 erhalten werden; sein *Phenylcarbamidoderiv.* schm. bei 101,5—102,5° (Bzl.). — *2-Methylcyclohexyl-β-cyanäthyläther,* $C_{10}H_{17}ON$, Kp.$_{18}$ 134—137°; aus 2-Methylcyclohexanol; $D.^{20}_4$ 0,9502; n_D^{20} 1,4564; 137,5 g aus 142 g. Hieraus fast quantitativ *2-Methylcyclohexyl-γ-aminopropyläther,* $C_{10}H_{21}ON$, Kp.$_{3,5}$ 73—74,5°; $D.^{20}_4$ 0,9115; n_D^{20} 1,4603 (*Phenylcarbamidoderiv.*, F. 96 bis 98°). — *3-Methylcyclohexyl-β-cyanäthyläther,* $C_{10}H_{17}ON$, Kp.$_{16}$ 133—136°; aus 3-Methylcyclohexanol; $D.^{20}_4$ 0,9458; n_D^{20} 1,4529; 109,5 g aus 114 . Hieraus *3-Methylcyclohexyl-γ-aminopropyläther,* $C_{10}H_{21}ON$, Kp.$_4$ 76—78°; $D.^{20}_4$ 0,9118; n_D^{20} 1,4599. — *1.2.5-Trimethylpiperidyl-(4)-[β-cyanäthyl]-äther,* $C_{11}H_{20}ON_2$, Kp.$_4$ 117°; aus 1.2.5-Trimethylpiperidol-(4); $D.^{20}_4$ 0,9661; n_D^{20} 1,4635; 42 g aus 45 g. (*Pikrat*, F. 111—113°). Hieraus *1.2.5-Trimethylpiperidyl-(4)-[γ-aminopropyl]-äther,* $C_{11}H_{24}ON_2$, Kp.$_8$ 116—118°; $D.^{20}_4$ 0,9315; n_D^{20} 1,4680 (*Pikrat*, F. 147—149°). — *1.2.5-Trimethylpiperidyl-(4)-[β-carbäthoxyäthyl]-äther,* $C_{13}H_{25}O_3N$, Kp.$_4$ 109—110°; 20 g vorvorst. Verb. werden mit 50 ml A. + 30 g konz. H_2SO_4 18 Std. bei 90° verrührt; $D.^{20}_4$ 0,9807; n_D^{20} 1,4504; 20,2 g. *Hydrochlorid*, F. 93,5—95°. — *Methyl-β-cyanäthylamin* (**I**), Kp.$_{25}$ 86°; zu 122 g CH_3NH_2 in 700 ml CH_3OH werden unter Rühren in 2 Std. 208 g Acrylonitril bei maximal 30° hinzugefügt, worauf noch 10 Std. gerührt wird; n_D^{20} 1,4320; 255,5 g neben 54 g *Methyl-di-[β-cyanäthyl]-amin* (**II**), Kp.$_6$ 162—164°; n_D^{20} 1,4606. Letztgenannte Verb. wird auch aus 21,5 g **I** u. 16 g Acrylonitril bei 16std. Erhitzen auf 90° erhalten; 31,2 g. — *Methyl-di-[γ-aminopropyl]-amin,* $C_7H_{19}N_3$, Kp.$_4$ 81—83°; durch Hydrieren von **II** (Raney-Ni; NH_3-gesätt. CH_3OH; 90—100°/100 at H_2-Druck); $D.^{20}_4$ 0,9023; n_D^{20} 1,4753; 10,6 g aus 13,7 g neben *1-Methyl-1.5-diazacyclooctan,* isoliert als *Hydrochlorid,* $C_7H_{17}N_2Cl$, F. 189,5—190° (A.). — *Methyl-β-cyanäthyl-[β-carbomethoxyäthyl]-amin,* $C_8H_{14}O_2N_2$, Kp.$_6$ 133°; Kp.$_{4,5}$ 114°; aus 21 g **I** u. 21,5 g Methylacrylat (anteilweise) bei maximal 30°, dann 5 Tage bei Zimmertemp.; $D.^{20}_4$ 1,0338; n_D^{20} 1,4507; 39,3 g. *Pikrat*, F. 108—109°. — *β-[Dimethylamino]-propionitril,* Kp.$_{10}$ 60—61°; aus äquimol. Mengen $(CH_3)_2NH$ u. Acrylonitril in CH_3OH; n_D^{20} 1,4282; 566,5 g aus 270 g des Amins. Hieraus *γ-[Dimethylamino]-propylamin,* Kp.$_{758}$ 131—134°; n_D^{20} 1,4398. — *1-[β-Cyanäthyl]-2.5-dimethylpiperidon-(4)*, $C_{10}H_{16}$·ON_2, Kp.$_{5,5}$ 143—145°; aus 127 g 2.5-Dimethylpiperidon-(4) u. 53 g Acrylonitril, 3 Std. bei 95—97°; dickes Öl; $D.^{20}_4$ 1,0345; n_D^{20} 1,4841; 31,2 g neben viel nicht umgesetztem Ausgangsmaterial. *Hydrochlorid*, F. 166,5—167° (Aceton). *Pikrat*, F. 136—137° (Aceton). Hieraus (13,3 g) durch Hydrieren analog Vorst. *1-[γ-Aminopropyl]-2.5-dimethyl-4-aminopiperidin,* $C_{10}H_{23}N_3$, Kp.$_{3,5}$ 108—110°; $D.^{20}_4$ 0,9475; n_D^{20} 1,4917; 10,6 g. *Pikrat*, F. 227,5 bis 228,5° (A. + Aceton). (Журнал Общей Химии [J. allg. Chem.] **24** (**86**). 163—69. Jan. 1954. Inst. für Organ. Chem. der Akad. der Wiss. der UdSSR.) R. Knobloch. 1870

J. E. H. Hancock und **R. P. Linstead,** *Die direkte Bildung von Cyclopentanonen durch Einwirkung von Mineralsäuren auf Carboxyadipinsäuren und verwandte Verbindungen.* Die Verseifung des aus Äthylidenmalonsäurediäthylester (**I**) dargestellten *2.3-Dimethylbutantetracarbonsäure-(1.1.4.4)-tetraäthylesters* (**II**) durch Kochen mit konz. HCl liefert nicht nur die durch Decarboxylierung der freien Tetracarbonsäure entstehenden Stereomeren der *β.γ-Dimethyladipinsäure* (**III**), von denen Vff. die *meso*-Form isolieren, sondern auch *3.4-Dimethylcyclopentanon* (**IV**), davon ca. 80% *trans*-Form. **IV** wird aus **II** auch dann erhalten, wenn **II** durch Red. von **I** bei 0° statt in sd. Ae. dargestellt u.

dann nachweislich frei von vorgebildeten cycl. Estern ist. Analoge Unterss. an 20 mehrbas. Säuren u. Estern zeigen, daß die beobachtete Rk. auf die Adipinsäurereihe mit Bldg. fünfgliedriger Ringketone beschränkt ist, an den Estern erst nach deren Verseifung einsetzt u. maximale Ausbeuten bei Anwendung von wss. HBr gibt. Ketone entstehen neben den Dicarbonsäuren jedoch nur aus solchen Adipinsäuren, die a) in einer oder b) in beiden α-Stellungen zusätzliche Carboxyl- oder Cyangruppen tragen; bei a) erreicht die Ketonausbeute allg. ca. 40%, bei b) ca. 70%. Sind die α-Stellungen alkyliert, so wird kein Keton erhalten. Ebensowenig bilden sich unter obigen Bedingungen Cyclohexanone aus Derivv. der Pimelinsäurereihe (Ausnahme: cis-β-Dekalon aus Cyclohexan-1-cyanessigsäure-2-β-propionsäureester; vgl. BARRETT, COOK u. LINSTEAD, J. chem. Soc. [London] **1935.** 1065) oder Cyclobutanone, Cycloheptanone u. Cyclooctanone aus entsprechenden Tetracarbonsäureestern bzw. Dipropylketon aus Äthylmalonsäure bzw. Aceton aus Malonester. Vff. deuten die Entstehung der Cyclopentanone durch prim. Addition eines Protons an ein Carboxyl (a) unter Ausbldg. des cycl. Übergangszustandes **V** mit gelockerter CH-Bindung (b) der Malonsäuregruppe, Austritt von W. bei (a) u. nachfolgende Decarboxylierung. Letztere findet bei Pimelinsäurederivv. vorzeitig statt u. macht die Bldg. des Cyclanons unmöglich. — Von den untersuchten Verbb. gewinnen Vff. Butantetracarbonsäure-(1.1.4.4)-tetraäthylester (**VI**) erstmalig krist. u. frei von cycl. Begleitestern, indem sie den mit Äthylendibromid (**VII**) umgesetzten Mg-Malonester (**VIII**) in großem Überschuß verwenden. Das bei der Red. von **I** mit Al-Amalgam entstehende niedrigsd. Nebenprod. ist nicht Malonsäurediäthylester (vgl. VOGEL, J. chem. Soc. [London] **1927.** 1985), sondern Äthylmalonsäurediäthylester (**IX**).

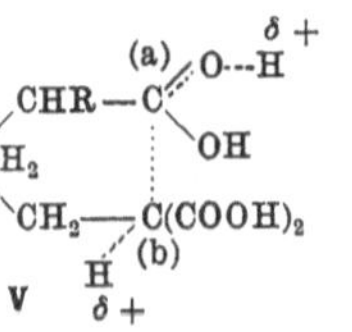

V

Versuche: *Äthylidenmalonsäurediäthylester* (I), $C_9H_{14}O_4$, nach VOGEL (l. c.); $n_D^{26,5}$ 1,4385, λ_{max} 225 mμ ($\varepsilon = 5600$); 82% (Ausbeute). — *2.3-Dimethylbutantetracarbonsäure-(1.1.4.4)-tetraäthylester* (II), $C_{18}H_{30}O_8$, Kp.$_{10^{-4}}$ 70—80°, Kp.$_{0,1}$ ca. 146°, a) durch Red. von 240 g **I** mit 90 g amalgamiertem Al in sd. Ae. (30 Min.), portionsweise Zugabe von W. u. längeres Rühren; b) aus 68,5 g **I** u. 63 g Al-Amalgam in Ae. bei 0° mit später wiederholter Zugabe von 49,5 g Al, dosierter Zugabe von W. bei Tempp. $< 10°$ u. längerem Rühren bei 0°; die nach b) dargestellte Verb. zeigt im Gegensatz zum Prod. a) keine $FeCl_3$-Rk.; n_D^{20} 1,4452; 196 g nach a), 31,5 g nach b). Daneben *Äthylmalonsäurediäthylester* (**IX**), $C_9H_{16}O_4$, Kp.$_{0,5}$ 52—54°, Kp.$_{0,1}$ 48°, $n_D^{21,5}$ 1,4154, n_D^{26} 1,4135; 52,4 g nach a), 16,8 g nach b). — *meso-β.γ-Dimethyladipinsäure* (meso-**III**), F. 131—133,5°, durch 8std. Kochen von 196 g **II** mit wss. HCl unter Abdest. des A. u. darauffolgendes Abtreiben nachst. Ketons mit Wasserdampf; aus dem Stereomerengemisch (28 g) wird meso-**III** nach 4 Kristallisationen aus Essigester isoliert; 14,2 g. — *3.4-Dimethylcyclopentanon* (**IV**), *2.4-Dinitrophenylhydrazon*, $C_{13}H_{16}O_4N_4$, F. 149,2—150°, aus A. gelbe Nadeln. *Semicarbazon*, F. 209,5—212° (CH_3OH); enthält ca. 80% trans-Form. *Oxim*, $C_7H_{13}ON$, F. 99,8—100,5° (A.-W.). *Dibenzalverb.*, $C_{21}H_{20}O$, F. 113—114°; *2.4-Dinitrophenylhydrazon*, $C_{27}H_{24}O_4N_4$, F. 220° (Zers.), aus A. tiefrote Nadeln. — *meso-2.3-Dimethylbutantetracarbonsäure-(1.1.4.4)-tetramethylester* (**X**), $C_{14}H_{22}O_8$, F. 102,5—103,5°, aus der meso-Säure (F. 179°) u. Diazomethan in Ae.; aus CH_3OH Rhomboeder. — *Butantetracarbonsäure-(1.1.4.4)-tetraäthylester* (**VI**), $C_{16}H_{26}O_8$, F. 15—17°, Kp.$_{0,2}$ 120 bis 130° (Bad), durch 12std. Erhitzen u. Rühren von 58 g **VII** mit **VIII** (aus 200 g Malonsäurediäthylester) u. Reinigung des durch Waschen mit KOH bis zur abgeschwächten $FeCl_3$-Rk. von cycl. Ketonestern befreiten u. fraktionierten Rohprod. über die Dinatriumverb.; n_D^{17} 1,4408; aus A. Prismen; 5,96 g. *Freie Säure* (**XI**), $C_8H_{10}O_8$, F. 179° (Zers.), durch 12std. Schütteln von **VI** mit KOH; aus Aceton–Ligroin–Essigester Kristalle; 95%. *Tetramethylester*, $C_{12}H_{18}O_8$, F. 73,5—75,5°, analog **X**; aus CH_3OH–W. oder Ligroin Nadeln. — *Hexantetracarbonsäure-(2.2.5.5)-tetraäthylester* (**XII**), F. 52,5—53,5° (PAe.), aus **VI**, CH_3J u. $NaOC_2H_5$; 91%. *Freie Säure* (**XIII**), F. 207° (Zers.), analog **XI** bei 25°. *Tetramethylester*, $C_{14}H_{22}O_8$, F. 93—94° (CH_3OH–W. bzw. Ligroin). Das durch Decarboxylieren von **XIII** erhaltene Stereomerengemisch schm. bei 110—114°. — *Propantetracarbonsäure-(1.1.3.3)-tetraäthylester* (**XIV**), $n_D^{20,5}$ 1,4387. — *Pentantetracarbonsäure-(1.1.5.5)-tetraäthylester* (**XV**), $C_{17}H_{28}O_8$, Kp.$_{0,08}$ 172°, aus 1.3-Dibrompropan nach GUHA u. SESHADRIENGAR (Ber. dtsch. chem. Ges. **69.** [1936.] 1215); n_D^{10} 1,4452; gibt keine $FeCl_3$-Rk.; 42%. *Freie Säure* (**XVI**), $C_9H_{12}O_8$, F. 155° (Zers.), analog **XIII**; aus Essigester–PAe. Kristalle. *Tetramethylester*, $C_{13}H_{20}O_8$, F. 42—43,5°, aus PAe. Prismen. — *γ-Brombuttersäureäthylester* (**XVII**), Kp.$_{12}$ 83°, aus γ-Butyrolacton in absol. A. u. HBr bei 0°; n_D^{22} 1,4553—1,4558; 82%. — *Butantricarbonsäure-(1.1.4)-triäthylester* (**XVIII**), $C_{13}H_{22}O_6$, Kp.$_{0,1}$ ca. 115°, a) aus **XVII** u. Na-Malonester; b) durch Zers. des aus trockenem $NaOC_2H_5$, Oxalester u. Adipinsäureester in Bzl. dargestellten Kondensationsprod. bei 160—180° (20 Torr) unter N_2; n_D^{20} 1,4364, 1,4352; 72% nach a). *Freie Säure* (**XIX**),

F. 148°; 90%. — *1-Cyanbutandicarbonsäure-(1.4)-diäthylester* (**XX**), $C_{11}H_{17}O_4N$, Kp.$_{0,15}$ 120°, aus **XVII** u. Na-Cyanessigester in Bzl.; n_D^{26} 1,4389; 35%. — *1-Cyanpentandicarbonsäure-(1.5)-diäthylester* (**XXI**), $C_{12}H_{19}O_4N$, Kp.$_{0,2}$ 120°, analog **XX** aus δ-Bromvaleriansäureester (aus dem Oxyester); n_D^{22} 1,4416; 8%. — *Cyclopentan-1-cyanessigsäure-2-essigsäurediäthylester* (**XXII**), Kp.$_{0,1-0,2}$ 132—138°, durch Red. von Cyclopentylidencyanessigsäure-2-essigsäurediäthylester (Kp.$_{0,02}$ 125—135°, n_D^{19} 1,4895) mit H_2 u. 10%ig. Pd-Kohle bei 5 at, 7tägige Einw. von Raney-Ni in A. u. erneutes Schütteln mit H_2 u. Pd-Kohle; $n_D^{21,5}$ 1,4672—1,4676. — *cis-Bicyclo-[3.3.0]-octanon-(3)*, aus **XXII** u. HBr nach nachst. allg. Verfahren. *2.4-Dinitrophenylhydrazon*, $C_{14}H_{16}O_4N_4$, F. 114—115°; 21%. — Zur Cyclisierung der Ester bzw. Säuren erhitzen Vff. 1 g Verb. mit wss. HCl bzw. HBr im N_2-Strom, fangen das flüchtige Keton in 2.4-Dinitrophenylhydrazin (in konz. H_2SO_4–W.–CH_3OH) auf, vervollständigen die Decarboxylierung bei 120° u. wägen die durch Eindampfen isolierte Dicarbonsäure sowie das getrocknete u. in Bzl. an Al_2O_3 chromatographierte Dinitrophenylhydrazon. Aus nachst. Verbb. erhalten Vff. mit HCl (a) bzw. HBr (b) folgende Ausbeuten (in %) an Keton (als Dinitrophenylhydrazon bestimmt) bzw. (in Klammern) an Dicarbonsäure: **IX** b) 0 (—); **XVIII** a) 10 (83), b) 48 (50); **XIX** b) 42 (50); **VI** a) 27 (67), b) 78 (21); **XI** b) 79 (19); **XII** b) 0 (—); **XIII** b) 0 (90); **X** a) 21 (76); **II** a) 45 (52), b) 73 (15); Butandicarbonsäure-(1.4)-dimethylester a) 0 (100); Butandicarbonsäure-(1.4)-diäthylester b) 0 (100); **III** a) 0 (100); **XV** b) 0 (96); **XVI** b) 0 (99); **XIV** b) 0 (100); Heptantetracarbonsäure-(*1.1.7.7*)-tetraäthylester b) 0 (100); Octantetracarbonsäure-(1.1.8.8)-tetraäthylester b) 0 (100); **XX** b) 35 (69); **XXI** b) 0 (99); **XXII** b) 20 (—). (J. chem. Soc. [London] **1953**. 3496—3503. Nov. London, Imp. Coll. of Sci. and Technol.) H. Kleinfeller. 1960

Stephen B. Coan und **Domenick Papa,** *Parasympathetisch blockierende Substanzen.* 2. Mitt. (1. vgl. Sperber u. Mitarbeiter, C. **1952.** 6214.) Von disubstituierten Essigsäuren wurde über das Säurechlorid durch Umsetzung mit verschied. 3- oder 4-Piperidolen u. mit Dialkylaminoalkanolen eine Reihe von bas. Estern dargestellt. Von den Estern wurden quartäre Salze dargestellt. Im allg. lag die Aktivität nicht über 30% von der von Atropinsulfat.

Versuche: *α-[1-Oxycyclopentyl]-isocapronsäure*, $C_{11}H_{20}O_3$, F. 95,2—96,2° (PAe.), aus α-Bromisocapronsäureäthylester (Kp.$_{22-23}$ 95—97°; n_D^{27} 1,4432), Cyclopentanon u. Zn nach Reformatski über den *Äthylester* (Kp.$_2$ 95—99°; n_D^{23} 1,4625; 50% Ausbeute); 42%. — *1.6-Dimethyl-3-oxypiperidin*, $C_7H_{15}ON$, Kp.$_8$ 65—67°; n_D^{27} 1,4700; 3-Amino-6-methylpyridin wird über das Diazoniumsalz in *6-Methylpyridol-(3)* (F. 159—162° [roh]; 88,5%) übergeführt, mit p-Toluolsulfonsäuremethylester *1.6-Dimethyl-3-oxypyridinium-p-toluolsulfonat* (F. 165—167°, grünliche Substanz; 65%) dargestellt u. das quaternäre Salz in absol. A. an PtO_2 hydriert; 30,5%. — *1.2.6-Trimethyl-3-oxypiperidin*, F. 57—57,5°, Nadeln (PAe.), analog. *Methojodid*, $C_9H_{20}ONJ$, F. 304,5 bis 305° (CH_3OH/Ae.). — *β-[N-Methyl-N-isopropylamino]-äthanol*, Kp.$_6$ 162—163°. *β-Diisopropylaminoäthanol*, Kp. 186—190°. *1-Methylpiperidinol-(4)*, Kp.$_{16}$ 101—103°. *1-Methylpiperidinol-(3)*, Kp.$_{17}$ 80—86°. *1.2.2.6-Tetramethylpiperidinol-(4)*, F. 76—77°. — *α-[n-Propyl]-cyclopentylessigsäure-2.6-dimethylpyridyl-(3)-ester*, $C_{17}H_{25}O_2N$, Kp.$_1$ 140—150°; n_D^{26} 1,4948; das Säurechlorid wird in Bzl. gelöst, in die benzol. Lsg. von äquivalentem 2.6-Dimethyl-3-oxypyridin u. Pyridin oder Triäthylamin eingetropft u. 2 Std. unter Rückfluß gekocht; 76%. — *α-[n-Propyl]-cyclopentylessigsäure-1.2.6-trimethylpiperidyl-(3)-ester*, $C_{18}H_{33}O_2N$, Kp.$_1$ 141—148°, aus vorst. Verb. durch Quaternisierung mit p-Toluolsulfonsäuremethylester u. anschließende Hydrierung mit PtO_2 in A.; n_D^{28} 1,4750; 55%. *Methojodid*, $C_{19}H_{36}O_2NJ$, F. 141—142°; 75%. — Von der gleichen Säure folgende *Ester*: *1-Methylpiperidyl-(4)-*, $C_{16}H_{29}O_2N$, Kp.$_1$ 129—132°; n_D^{23} 1,4670; 55%. *Methojodid*, $C_{17}H_{32}O_2$·NJ, F. 176,8—177,5°; 95%. *Methobromid*, $C_{17}H_{32}O_2NBr$, F. 221,8—222,5; aus dem Jodid mit AgBr; 80%. — *1.6-Dimethylpiperidyl-(3)-*, $C_{17}H_{31}O_2N$, Kp.$_4$ 159—164°; n_D^{25} 1,4620; 40%. *Methojodid*, $C_{18}H_{34}O_2NJ$, F. 222—223°; 80,2%. — Diphenylessigsäureester: *1-Methylpiperidyl-(3)-*, $C_{20}H_{23}O_2N$, Kp.$_1$ 188—193°; n_D^{23} 1,5520; 70%. *Methojodid*, $C_{21}H_{26}O_2NJ$, F. 130,0—132°; 65%. — *1-Methylpiperidyl-(4)-*, $C_{20}H_{23}O_2N$, Kp.$_1$ 184 bis 188°; n_D^{23} 1,5548; 58%. *Methojodid*, $C_{21}H_{26}O_2NJ$, F. 212,5—212,9°; 64%. *n-Butobromid*, $C_{24}H_{32}O_2NBr$, F. 158—159,5°; 75%. — *α-Phenyl-Δ²-cyclohexenylessigsäure-1'-methylpiperidyl-(4')-ester*, $C_{20}H_{27}O_2N$, Kp.$_3$ 186—190°; 48%. *Methojodid*, $C_{21}H_{30}O_2NJ$; F. 98—100°; 89%. — *α-Phenyl-Δ²-cyclopentenylessigsäure-1'-methylpiperidyl-(4')-ester*, $C_{19}H_{25}O_2N$, Kp.$_4$ 186—191°; n_D^{24} 1,5298; 67%. *Methojodid*, $C_{20}H_{28}O_2NJ$, F. 139—140,2°; 63,2%. *Methobromid*, $C_{20}H_{28}O_2NBr$, F. 211,5—212°; 79%. — Von dieser Säure außerdem die *Ester*: *1'-Methylpiperidyl-(3')-*, $C_{19}H_{25}O_2N$, Kp.$_2$ 159—161°; n_D^{24} 1,5234; 80%. *Methojodid*, $C_{20}H_{28}O_2NJ$, F. 164—164,2°; 71%. — *1'.2'.2'.6'-Tetramethylpiperidyl-(4')-*, $C_{22}H_{31}$·O_2N, Kp.$_1$ 162—167°; n_D^{28} 1,5267; 51,3%. *Methojodid*, $C_{23}H_{34}O_2NJ$, F. 190,8—192°; 50%. — *β-[N-methyl-N-isopropylamino]-äthyl-*, $C_{19}H_{27}O_2N$, Kp.$_1$ 156—159°; n_D^{26} 1,5098;

80%. *Methojodid*, $C_{20}H_{30}O_2NJ$, F. 129,2—130°; 85%. *Methobromid*, $C_{20}H_{30}O_2NBr$, F. 172,5 bis 173,5°; 78%. — *β-Diisopropylaminoäthyl-*, $C_{21}H_{31}O_2N$, Kp.$_2$ 168—172°; n_D^{26} 1,5102; 63%. *Methobromid*, $C_{22}H_{34}O_2NBr$, F. 164—165°; 25%. — *α-[n-Propyl]-Δ²-cyclopentenylessigsäure-1'-methylpiperidyl-(4')-ester*, $C_{16}H_{27}O_2N$, Kp.$_1$ 127—129°; n_D^{23} 1,4770; 80%. *Methojodid*, $C_{17}H_{30}O_2NJ$, F. 158,4—159,6°; 90%. — *1'.2'.2'.6'-Tetramethylpiperidyl-(4')-*, $C_{19}H_{33}O_2N$, Kp.$_1$ 134—139°; n_D^{32} 1,4762; 60%. *Methojodid*, $C_{20}H_{36}O_2NJ$, F. 193—194,8°; 53%. — *Tropyl-*, $C_{18}H_{29}O_2N$, Kp.$_1$ 152—156°; n_D^{26} 1,4933; 67%. *Methojodid*, $C_{19}H_{32}O_2NJ$, F. 255—256°; 50%. — *β-[N-methyl-N-isopropylamino]-äthyl-*, $C_{16}H_{29}O_2N$, Kp.$_3$ 138—140°; n_D^{29} 1,4592; 67%. *Methojodid*, $C_{17}H_{32}O_2NJ$, F. 184,5—185°; 59%. — *α-Isobutyl-Δ²-cyclopentenylessigsäure-β-[N-methyl-N-isopropylamino]-äthylester*, $C_{17}H_{31}O_2N$, Kp.$_3$ 133—138°; n_D^{24} 1,4622; 68%. *Methojodid*, $C_{18}H_{34}O_2NJ$, F. 192,6—193,2°; 35%. — *α-Isobutyl-1-oxycyclopentylessigsäure-β-[N-methyl-N-isopropylamino]-äthylester*, $C_{17}H_{33}O_3N$, Kp.$_1$ 150°; n_D^{27} 1,4639; 58%. *Methojodid*, $C_{18}H_{36}O_3NJ$, F. 182,6—184,5°; 75%. *Methobromid*, $C_{18}H_{36}O_3NBr$, F. 206—207°; 82%. (J. org. Chemistry **20.** 774—79. Juni 1955. Bloomfield, N. J., Schering Corp., Chem. Res. Labors.) K. NEZEL. 2010

David Taber, Norman Picus, Ernest I. Becker und **Paul E. Spoerri,** *Synthesen für 6-substituierte 1.2.3.4-Tetraphenylfulvene.* Vff. haben durch bas.-katalysierte Kondensation von 1.2.3.4-Tetraphenylcyclopentadien (**I**, F. 179—180°) mit aromat. bzw. heterocycl. Aldehyden nach DILTHEY u. HUCHTEMANN (J. prakt. Chem. **154.** [1940.] 238) die entsprechenden Fulvene dargestellt. Es wurde ferner versucht, Fulvene durch Kondensation von Tetracyclon (**XVII**) mit Verbb. zu erhalten, die akt. Methyl- oder Methylengruppen enthalten (3-Äthyl-2-methylbenzthiazoliumjodid bzw. 2-Methylbenzthiazol); diese Verss. schlugen fehl. Vff. vermuten, daß die Reaktionsfähigkeit der Carbonylgruppe

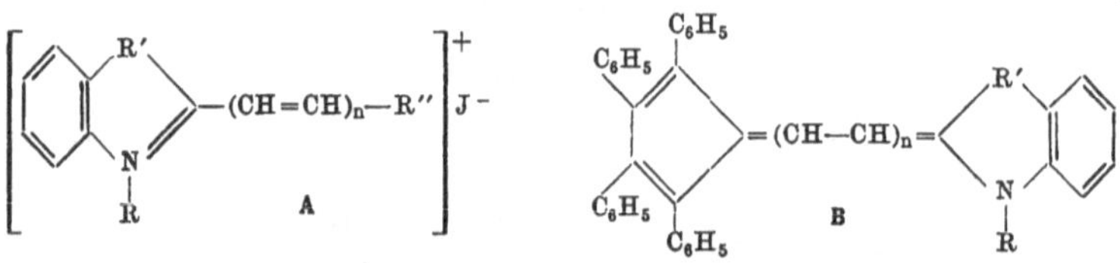

in **XVII** zu gering ist u. daß die Phenylgruppen ster. Hinderung bedingen. Bei der Umsetzung von quaternären heterocycl. Basen vom Typ **A** mit **I** unter der katalyt. Wrkg. von Na-Methylat entstehen *6.6-disubstituierte 1.2.3.4-Tetraphenylfulvene* des Typs **B**. Es gelang auf diese Weise, die *Fulvene* **IX—XIII** (n bei **IX** gleich 0, bei **X—XIII** gleich 1) aus **I** u. 2-Methylmercapto-3-methylbenzthiazoliumjodid (**IV**), 3-Äthyl-2-[β-acetanilidovinyl]-benzoxazoliumjodid (**V**), -benzthiazoliumjodid (**VI**), -benzselenazoliumjodid (**VII**) u. 1-Äthyl-2-[β-acetanilidovinyl]-chinoliniumjodid (**VIII**) darzustellen. Verss., **I** auf diese Weise mit 2-[β-Acetanilidovinyl]-1-äthyl-6-methylpyraziniumjodid zu kondensieren, waren erfolglos.

Versuche: *Chinolin-2-aldehyd* (**II**), $C_{10}H_7ON$, F. 71°, durch Oxydation von Chinaldin mit SeO_2 oder aus Chinolyl-(2)-tribrommethan. — *3-Äthyl-2-methylbenzselenazoliumjodid*, $C_{10}H_{12}NJSe$, durch Quaternierung von 2-Methylbenzoselenazol mit C_2H_5J. — *Benzthiazol-2-aldehyd* (**III**), C_8H_5ONS, F. 75—77°, aus 2-Methylbenzthiazol mit SeO_2. — *6-Phenyl-1.2.3.4-tetraphenylfulven*, $C_{36}H_{26}$, F. 203—204° (Zers., PAe.), durch 4std. Kochen von 2 g Benzaldehyd mit 1 g **I** in Methanol, dabei Zugabe (10 Min.) von 50 cm³ einer 4%ig. methanol. Na-Methylatlsg.; 73%. — Analog: *6-[p-Methoxyphenyl]-*, $C_{37}H_{28}O$, F. 199—199,5° (Zers., PAe.), mit 0,5 g Anisaldehyd, 2 Std.; 88%. — *6-[p-Dimethylaminophenyl]-*, $C_{38}H_{31}N$, F. 253—255° (Zers., PAe.), mit 2 g p-Dimethylaminobenzaldehyd, 3 Std.; 74%. — *6-[p-Nitrophenyl]-*, $C_{36}H_{25}O_2N$, F. 227—228° (Zers., Bzl.–PAe.), mit 1 g p-Nitrobenzaldehyd, 2 Std.; 32%. — *6-[p-Chlorphenyl]-*, $C_{36}H_{25}Cl$, F. 176—177° (Zers., PAe.), mit 1,5 g p-Chlorbenzaldehyd, 2 Std.; 50%. — *6-Styryl-*, $C_{38}H_{28}$, F. 193—194° (Zers., Methanol), mit 1 g Zimtaldehyd, 2 Std.; 37%. — *6-[p-Dimethylaminostyryl]-*, $C_{40}H_{33}N$, F. 229—231° (Zers., Bzl.–PAe.), mit 0,76 g p-Dimethylaminozimtaldehyd (F. 133—137,5°), 4 Std.; 16%. — *6-[Naphthyl-(1)]-*, $C_{40}H_{28}$, F. 209—211° (Zers., Essigsäure) mit 1,15 g 1-Naphthaldehyd, 4 Std.; 49%. — *6-Furfuryl-*, $C_{34}H_{24}O$, F. 187—188° (Zers., PAe.), mit 1,47 g Furfurol, 4 Std.; 55,6%. — *6-[Chinolyl-(2)]-*, $C_{39}H_{27}N$, F. 242—243° (Zers., Methanol), mit 0,6 g **II**, 1³/₄ Std.; 85%. — *6-[Chinolyl-(4)]-*, $C_{39}H_{27}N$, F. 226,5 bis 227,5° (Zers., Bzl.–PAe.), mit 0,5 g Chinolin-4-aldehyd (F. 51—52°) u. 1,18 g **I**, ³/₄ Std.; 79,7%. *Methojodid*, $C_{40}H_{30}NJ$, F. 264—265° (Zers., A.). — *6-[Chinolyl-(6)]-*, $C_{39}H_{27}N$, F. 210—210,5° (Zers., Bzl.–PAe.), mit 0,3 g Chinolin-6-aldehyd (F. 75—76°) u. 0,7 g **I**, 3 Std.; 41%. *Methojodid*, $C_{40}H_{30}NJ$, polymorph (?). — *6-[Benzthiazolyl-(2)]-1.2.3.4-tetraphenylfulven*, $C_{37}H_{25}NS$, F. 229,5—230° (Zers., Bzl.–PAe.), mit 0,5 g **III** u. 1,15 g **I**, ½ Std.; 72,3%. — *6.6-disubstituierte 1.2.3.4-Tetraphenylfulvene vom Typ* **B**:

IX, $C_{37}H_{27}NS$, F. 346—350° (Zers.; PAe.-Bzl.), aus 4 g **IV** u. 1,8 g **I**, 16 Std. in sd. Methanol; 77,5%. — **X**, $C_{40}H_{31}ON$, F. 244,5—255,5° (Zers., Methanol-Bzl.), aus 0,87 g **V** u. 0,74 g **I**, 7¼ Std. in sd. Isopropylalkohol; 9,3%. — **XI**, $C_{40}H_{31}NS$, F. 277—279° (Zers., PAe.-Bzl.), aus 0,9 g **VI** u. 0,74 g **I**, 1 Std. in sd. Methanol; 56%. — **XII**, $C_{40}H_{31}NSe$, F. 278—279° (Zers., gewaschen mit Methanol), aus 0,97 g **VII** u. 0,74 g **I**, 1 Std. in sd. Methanol; 50%. — **XIII**, $C_{42}H_{33}N$, F. 283—285° (Zers., PAe.-Bzl.), aus 0,89 g **VIII** u. 0,74 g **I**, 3 Std. in sd. Methanol. (J. Amer. chem. Soc. **77**. 1010—12. 20/2. 1955. Brooklyn, N. Y., Polytechn. Inst., Chem. Labor.) H. GOETZ. 2200

P. Y. Yeh, C. T. Chen, S. Y. Ro und **C. H. Wang**, *Reversible Dimerisierung von 2.6-Dibenzylidencyclohexanon.* Durch Kochen des gelben 2.6-Dibenzylidencyclohexanon (I, $C_{20}H_{18}O$, F. 117—118°) unter Rückfluß in A. entstand eine farblos kristallisierende Verb., genannt *2.6-Dibenzylidencyclohexanon-dimeres* (II), dessen Struktur vermutlich die des *2.3.9.10-Tetraphenyltricyclo-[9.3.1.1^{4.8}]-15.16-diketohexadecadien-(1.8)* ist. So konnte von II ein Dioxim u. ein Tetrahydroderiv. dargestellt werden. Die Oxydation von I in Chlf. mit $KMnO_4$ bei 5° lieferte *Benzoesäure* ($C_7H_6O_2$, F. 121—122°) u. *Glutarsäure* (*Diphenacylester*, $C_{21}H_{20}O_6$, F. 103—104°). Hingegen ließ sich II unter gleichen Bedingungen nicht oxydieren. — *2.6-Dibenzylidencyclohexanondimeres* (II), $C_{40}H_{36}O_2$, F. 187—188° (korr.; A.), durch 120std. Rückflußkochen von I in A.; λ_{max} 290 mμ (ε = 42500, in A.); 90% (Ausbeute). *Dioxim*, $C_{40}H_{38}O_2N_2$, F. 197—198° (aus A. Nadeln). *Tetrahydroderiv.*, $C_{40}H_{40}O_2$, F. 217—218° (A.), aus 0,55 g II in A. durch Hydrierung in Ggw. von Pt nach ADAMS; Nadeln; 0,44 g. (J. Amer. chem. Soc. **77**. 3415—16. 20/6. 1955. Taipei, Taiwan, China, Nat. Taiwan Univ., Dep. of Chem.) L. FISCHER. 2360

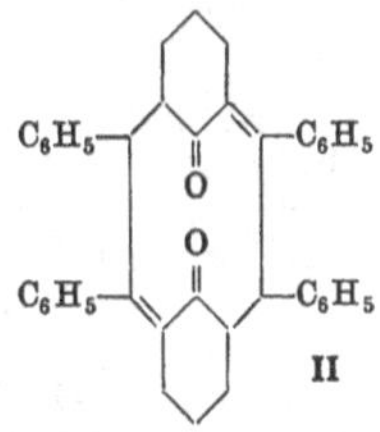

II

C. F. H. Allen und **J. A. Van Allan**, *Die Struktur von Japps Indanon.* Für das von JAPP [1887] aus 3.4-Diphenylcyclopenten-(2)-ol-(4)-on (II; „Anhydroacetonbenzil") erhaltene *Keton $C_{33}H_{24}O$* (I), das früher (C. **1934**. I. 44) als 2.3.5.6-Tetraphenylindanon formuliert wurde, wird jetzt die Struktur *3.3.5.6-Tetraphenylindanon* bewiesen. Das Vorhandensein einer der CO-Gruppe benachbarten CH_2-Gruppe ergibt sich aus der Kondensation mit Anisaldehyd. Es werden neue Erklärungen für die Bldg. von **I** aus **II**, für einige Rkk. der Halogenderivv. u. für die Dehydrierung von **I** mit S zu *2.3.5.6-Tetraphenylindanon* angegeben. Aus 3.3a.5.6-Tetraphenyl-3a.4-dihydroindenon u. **I** entsteht mit Phenyl-MgBr dasselbe *1.3.3.5.6-Pentaphenylindanol-(1)*. Ein *Hexaphenylindenon-(2)* (**III**) wird beschrieben.

Versuche: *2-[4-Methoxybenzal]-3.3.5.6-tetraphenylindanon-(1)*, $C_{41}H_{30}O_2$, F. 218 bis 219°, aus 5 g **I** u. 2 ml Anisaldehyd durch 4std. Kochen mit Na-Acetat in A.; hellgelbe Kristalle aus Essigsäure; 2,3 g (Ausbeute). — *2-Oxo-1.1.3.3.5.6-hexaphenylindan* (**III**), $C_{45}H_{32}O$, F. 285° (Bzl.-PAe.), aus 0,5 g 1.2-Dioxy-1.2.3.3.5.6-hexaphenxlindan durch 4std. Kochen in 15 ml Essigsäure mit 3 Tropfen konz. H_2SO_4; 0,32 g. — Die Infrarotspektren von **I** u. **III** u. das UV-Spektr. von **I** sind angegeben. (J. org. Chemistry **20**. 315—21. März 1955. Rochester, N. Y., Kodak Res. Labors.) P. LOTZ. 2650

G. S. Saharia, *Oxyketone.* 1. Mitt. *Friessche-Verschiebung von Phenyl- und isomeren Kresylestern der 1-Naphthoesäure.* Die Umsetzung von Phenyl- u. Kresylestern der 1-Naphthoesäure mit $AlCl_3$ ohne Lösungsm. lieferte bei 120° p-, bei 160° o-Oxyketone. Phenyl-1-naphthoat ergab im Gegensatz zu diesen Ergebnissen bei 160° das p-Oxyketon.

Versuche: Die Darst. der *1-Naphthoesäureester* erfolgte durch Zugabe von Phenol u. 10%ig. NaOH zu 1-Naphthoylchlorid u. Kristallisation des Nd. aus verd. Alkohol. — Nachst. *Naphthyl-(1)-ketone* wurden erhalten durch 2std. Erhitzen von 1 Mol Ester mit 1,3 Mol $AlCl_3$ auf die erforderliche Temp., Hydrolyse mit HCl, Extraktion mit Ae., Ausziehen der äther. Lsg. mit 2%ig. $NaHCO_3$ u. 1%ig. Sodalsg., Erwärmen des Ätherrückstands mit PAe. u. einigen Tropfen Bzl. u. Kristallisation der isomeren Ketone aus verd. A. oder Petroläther. Durch Ansäuern des sodaalkal. Extraktes wurden in einigen Fällen die reinen p-Oxyketone isoliert: *4-Oxyphenyl-*, F. 165—166°, aus *α-Naphthoesäurephenylester* ($C_{17}H_{12}O_2$, F. 106°) bei 120°; gelbe Nadeln. Gleiches Ergebnis bei 160°. *2.4-Dinitrophenylhydrazon*, F. 286—287°, dunkelrote Nadeln. — *4-Oxy-3-methylphenyl-*, F. 165°, aus *α-Naphthoesäure-o-kresylester* ($C_{18}H_{14}O_2$, F. 90°) bei 120°, hellbraune rechteckige Platten. *2.4-Dinitrophenylhydrazon*, F. 260—261°, orange Nadeln. Bei 160° wurde an Stelle des Ketons die freie Säure isoliert. — *4-Oxy-2-methylphenyl-*, aus *α-Naphthoesäure-m-kresylester* ($C_{18}H_{14}O_2$, F. 72°) bei 120°. *2.4-Dinitrophenylhydrazon*, F. 290°, dunkelrote Nadeln. — *2-Oxy-5-methylphenyl-*, F. 145°, aus *α-Naphthoesäure-p-kresylester* ($C_{18}H_{14}O_2$, F. 73°) bei 160°, gelbe Nadeln. *2.4-Dinitrophenylhydrazon*, F. 222°, rote Platten. (J. sci. ind. Res. [New Delhi] **13 B**. 544—46. Aug. 1954. Delhi, Univ., Dep. of Chem.)
HORST BAGANZ. 2700

R. C. Gupta und **M. S. Muthana**, *Synthese von 2.4-Dimethylleudalin.* Vff. beschreiben die Synth. von *2.4-Dimethylleudalin*, aus Isopropylbenzol (I). — *β-[p-Isopropylbenzoyl]-α-methylpropionsäure*, $C_{14}H_{18}O_3$, F. 118—119°, durch Umsetzung von I mit Methylsuccinyldichlorid in Nitrobenzol nach Friedel-Crafts. — *γ-[p-Isopropylphenyl]-α.γ-dimethylvinylessigsäure*, $C_{15}H_{20}O_2$, Kp.$_1$ 145—148°, durch Zugabe von CH_3MgJ zum Methylester vorst. Säure, Dehydratisierung u. Hydrolyse. — *2.4-Dimethyl-7-isopropyltetralon-(1)*, $C_{15}H_{20}O$, Kp.$_1$ 122—123°, aus vorst. Verb. durch Red. mit HJ in Ggw. von rotem P u. Cyclisierung mit $AlCl_3$ in Bzl.; *2.4-Dinitrophenylhydrazon*, F. 132—133°. — *2.4-Dimethylleudalin*, $C_{16}H_{20}$, Kp.$_2$ 115—116°, F. 65°, aus vorst. Verb. durch Zugabe von CH_3MgJ u. Dehydierung mit Schwefel. *Pikrat*, F. 120—121°. *Trinitrobenzolat*, F. 137 bis 138°. (Current Sci. **22**. 22/1. 1953. Bangalore, Indian Inst. of Sci., Dep. of Organ. Chem.) G. Winkler. 2700

Kenneth G. Rutherford und **Calvin L. Stevens**, *Enolester von α-Halogenketonen.* Durch Acetylierung des stabilen Enolations, das bei tiefer Temp. durch Rk. von 2-Chlor-α-tetralon (I), 2-Brom-α-tetralon (II) u. 2-Bromindanon-(1) (III) mit wasserfreiem gepulvertem Na-Methylat in absol. Ae. erhalten wurde, stellten Vff. *1-Acetoxy-2-chlor-3.4-dihydronaphthalin* (**IV**), *1-Acetoxy-2-brom-3.4-dihydronaphthalin* (**V**) u. *3-Acetoxy-2-brominden* (**VI**) dar. Analog wurde aus 2-Chlorcyclohexanon (**VII**) *1-Caproxy-2-chlorcyclohexen* (**VIII**) dargestellt. Chlorierung von **IV** ergab *2.2-Dichlor-*, Bromierung von **V** *2.2-Dibrom-α-tetralon* (**IX**), von **VI** *2.2-Dibromindanon-(1)*. Die Lage der Doppelbindung in **VIII** wurde durch Oxydation zu *Cyclohexandion-(1.2)* festgelegt.

V e r s u c h e: *2-Chlor-α-tetralon* (**I**; *2-Chlor-3.4-dihydro-1(2H)-naphthalinon*), F. **44** bis 45,5°, aus α-Tetralon u. Cl_2 in CCl_4; 70% (Ausbeute); auch durch Hydrolyse von **IV** in Essigsäure mit wss. HCl (4 Std. auf dem Dampfbad); 83%. — *2-Brom-α-tetralon* (**II**), F. 37 bis 38° (Nadeln aus PAe.), durch Zutropfen von Br_2 zu einer Lsg. von α-Tetralon in Ae.; 80%. — *2-Bromindanon-(1)* (**III**), F. 37—38,5° (PAe.), analog **II** aus Indanon-(1); 80%. — *2-Chlorcyclohexanon* (**VII**), Kp.$_6$ 78—82°, aus Cyclohexanon in W.; 60%. — *1-Acetoxy-2-chlor-3.4-dihydronaphthalin* (**IV**), $C_{12}H_{11}O_2Cl$, F. 61—62° (PAe.), aus **I** in Ae. u. wasserfreiem gepulvertem Na-Methylat in Ae. bei —80° u. Zugabe von überschüssigem Acetylchlorid, sobald die Mischung homogen wurde, u. Erwärmen auf Raumtemp.; 65%. — *2.2-Dichlor-α-tetralon*, $C_{10}H_8OCl_2$, F. 74—76° (PAe.), durch Zugabe einer konz. Lsg. von Cl_2 in CCl_4 zu **IV** in CCl_4 in Ggw. von Benzoylperoxyd im Sonnenlicht; 41%. — *1-Acetoxy-2-brom-3.4-dihydronaphthalin* (**V**), $C_{12}H_{11}O_2Br$, F. 80—81° (PAe.), aus **II** analog **IV** bei —60°; 47%. — *2.2-Dibrom-α-tetralon* (**IX**), F. 59—60° (Ae.-PAe.), aus **V** in Essigsäure beim Zutropfen von Br_2 unter Rühren u. Erwärmen; 82%. — *3-Acetoxy-2-brominden* (**VI**), $C_{11}H_9O_2Br$, F. 80—81° (PAe.), aus 10 g **III** analog **IV**; 23%; daneben nachst. Verb.; 1,6 g. — *2.2-Dibromindanon-(1)*, F. 131—132° (PAe.), aus **VI** analog **IX**; 88%. — *1-Caproxy-2-chlorcyclohexen* (**VIII**), $C_{12}H_{19}O_2Cl$, Kp.$_{0,05}$ 86—87°, aus **VII** u. wasserfreiem, gepulvertem Na-Methylat in Ae. bei —50° u. überschüssigem Caproylchlorid; n_D^{25} 1,4707; 29%. — *Cyclohexandion-(1.2)-osazon*, $C_{18}H_{20}N_4$, F. 150—151° (gelbe Nadeln aus A.), aus **VIII** in Aceton u. wss. $KMnO_4$-Lsg. (2 Std. unter Rühren bei Raumtemp.), Rk. mit Phenylhydrazin in A. u. Erhitzen mit Essigsäure (3 Std. auf dem Wasserbad); 42%. (J. Amer. chem. Soc. **77**. 3278—80. 20/6. 1955. Detroit, Mich., Wayne Univ., Chem. Dep.) H. Bertsch. 2700

P. Dutta, J. K. Chakrabarti und **P. C. Dutta**, *Untersuchungen über die Synthese von Santonin.* (Vgl. Dutta, Sci. and Cult. **19**. [1953.] 164; Abe u. Mitarbeiter, C. **1955**. 10524 u. J. Amer. chem. Soc. **75**. [1953.] 2567.) Vff. untersuchen die Kondensation des Dienons I mit Methylmalonsäurediäthylester (II) u. teilen, da die Unters. gleichzeitig von japan. Autoren durchgeführt wurde (l. c.), nur die von diesen abweichenden Ergebnisse mit. Durch Epoxydierung von I u. Umsetzung des Epoxydes **IV** mit **II** wird der Oxyester **V** erhalten, der nur geringe Neigung zur Lactonbldg. zeigt. Das wird mit der stereochem. Anordnung der Hydroxyl- u. Propionsäuregruppe in **V** erklärt.

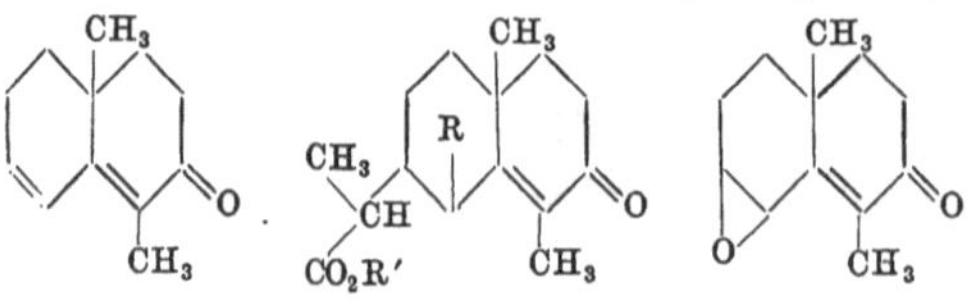

I III R = R' = H IV
V R = OH R' = C_2H_5

V e r s u c h e (alle UV-Spektren in A. aufgenommen): *Dicarbonsäure*, F. 191—192°, durch Kondensation von I mit II; gibt bei Decarboxylierung bei 195—200° die *Monocarbonsäure* **IIIa**, F. 133—134°; λ_{max} 250 mμ, log ε = 4,0 (*2.4-Dinitrophenylhydrazon des Methylesters*, F. 169—170°), durch Decarboxylierung bei 215—220° die *Monocarbonsäure* **IIIb**, F. 144°; λ_{max} 251 mμ, log ε = 4,0 (*2.4-Dinitrophenylhydrazon des Methylesters*,

F. 163—164°, Misch-F. beider Derivv. 150—155°). — *Epoxyd* **IV**, Kp.$_{0,6}$ 108—110°, aus **I** u. Perbenzoesäure; λ_{max} 244 mμ (log ε = 3,9); gibt bei der Umsetzung mit **II** in Ggw. von äthanol. $NaOC_2H_5$ ein *Prod.* (vermutlich *Dihydrosantonin*) vom Kp.$_{0,1}$ 142—145°; λ_{max} 248 mμ (log ε = 3,9) u. den *Oxyester* **V**, Kp.$_{0,1}$ 165—170°; λ_{max} 247 mμ, log ε = 4,1 (*2.4-Dinitrophenylhydrazon*, F. 127°; Möglichkeit der Oxydation der Allylalkoholgruppe durch überschüssiges Reagens nach Vff. nicht ausgeschlossen). (Chem. and Ind. **1955**. 170—71. 12/2. Calcutta, Indian Assoc. for the Cultivation of Sci.) G. WINKLER. 2700

Raymond Calas und **Robert Lalande.** *Über 2 stereoisomere Dihydrodimere des 9-Cyananthracens.* Bei der Umsetzung von 1 Mol *9-Cyananthracen* (**I**) mit 3 Mol C_2H_5MgBr (**II**) erhält man 2 isomere Verbb. **A** (F. 334—335° u. **B** (F. 305—310°) (bzgl. **A** vgl. auch CALAS u. DESCHAMPS, Bull. Soc. chim. France, Mém. **1950.** 1035). Analyse u. Mol.-Gew. lassen auf Dihydrodimere von **I** schließen. Die UV-Spektren von **A** u. **B** sind prakt. ident. u. entsprechen den Spektren des 9.10-Dihydroanthracens u. des Photodimeren des 9-Cyananthracens. Die Infrarotspektren weisen die —C≡N-Bande auf. Bei der Oxydation von **A** u. **B** entsteht 9.10-Anthrachinon. Bei der therm. Zers. bilden sich zu gleichen Teilen **I** u. *9-Cyan-9.10-dihydroanthracen* (F. 112°). Vff. nehmen daher an, daß **A** u. **B** Stereoisomere des *10.10'-Dicyan-9.9'.10.10'-tetrahydro-9.9'-dianthranyls* sind. Dafür spricht auch, daß bei der Umsetzung von **I** mit **II** aus den 2 C_2H_5 zu gleichen Teilen C_2H_4 u. C_2H_6 entstehen. (C. R. hebd. Séances Acad. Sci. **240.** 2239—41. 6/6. 1955.) N. ULLMANN. 2800

E. A. Braude und **W. F. Forbes,** *Polycyclische Systeme.* 5. Mitt. *Ein neuer Weg zu Azulenen.* (4. vgl. C. **1953.** 7289.) Die bereits in einer vorläufigen Mitt. (vgl. C. **1952.** 6522.) beschriebene Synth. von *Azulen* u. *1-Methylazulen* wird ausführlich wiedergegeben, ferner wird über die analoge Synth. von *1.2-Benzazulen* aus Cyclohepten-(1)-yl-phenylketon, über die Cyclisierung von Cyclohexen-(1)-ylphenylketon zu Hexahydrofluorenon (**I**) als Modellvers. sowie über vergebliche Verss. zur Darst. von Verbb. berichtet, aus denen die unbekannten KW-stoffe *Pentalen* u. *Heptalen* zugänglich sein sollten. Das erhaltene **I** erwies sich als (cis?)-Isomeres des Hexahydrofluorenons von COOK u. HEWETT (J. chem. Soc. [London] **1936.** **62**), für welches Vff. die trans-Anellierung der beiden alicycl. Ringe für wahrscheinlich halten. Die UV-Spektren der dargestellten Verbb. werden diskutiert.

V e r s u c h e : Nachst. Daten für die l. c. beschriebenen Verbb. sind nachzutragen: *Δ^9-Oktahydro-1-ketoazulen*, Kp.$_{0,8}$ 80°, n_D^{21} 1,5237; 60% (Ausbeute). *2.4-Dinitrophenylhydrazon*, $C_{16}H_{18}O_4N_4$, F. 226°, dunkelrote Prismen. — Mit **E. A. Evans**: 6 g 1-[Cyclohepten-(1)-yl]-allylalkohol unter N_2 mit H_3PO_4–HCOOH behandelt (1 Std./80°) → 4 g Gemisch von *2-Allylidencycloheptanol* u. *2-Allylidencyclohepten*, daraus mit MnO_2 *2-Allylidencycloheptanon*, *2.4-Dinitrophenylhydrazon*, $C_{16}H_{18}O_4N_4$, F. 196°, dunkelrote Nadeln. — *Δ^9-Oktahydro-1-oxyazulen*, *3.5-Dinitrobenzoat*, $C_{17}H_{18}O_6N_2$, F. 164°, aus A. Nadeln. — *1.4.5.6.7.8-Hexahydroazulen*, $C_{10}H_{14}$, Kp.$_{0,5}$ 56°, n_D^{21} 1,5129; 75%. — *Azulen*, F. 93°; *symm.-Trinitrobenzoladdukt*, F. 163°, aus A. braune Nadeln. — *1.4.5.6.7.8-Hexahydro-1-methylazulen*, Kp.$_{0,5}$ 66°, $n_D^{19,5}$ 1,5124; 84%. — *1-Methylazulen*, tiefblaue Fl.; *Trinitrobenzoladdukt*, F. 155°, fast schwarze Prismen. — *Cyclohepten-(1)-ylphenylketon*, $C_{14}H_{16}O$, Kp.$_{5\cdot10^{-4}}$ 95°, aus α-[Cyclohepten-(1)-yl]-benzylalkohol durch 4tägiges Schütteln mit MnO_2 in PAe. unter N_2; n_D^{22} 1,5591; 60%. *2.4-Dinitrophenylhydrazon*, $C_{20}H_{20}O_4N_4$, F. 133—134°, rote Prismen aus Essigester–CH_3OH. — *Oktahydro-3-keto-1.2-benzazulen*, $C_{14}H_{16}O$, Kp.$_{3\cdot10^{-3}}$ 102°, aus vorst. Verb. mit H_3PO_4/HCOOH; n_D^{25} 1,5668; 75%. *2.4-Dinitrophenylhydrazon*, $C_{20}H_{20}O_4N_4$, F. 206°, aus Äthylacetat rote Nädelchen. — *Oktahydro-3-oxy-1.2-benzazulen*, $C_{14}H_{18}O$, F. 121°, aus vorst. Verb. mit $LiAlH_4$; Prismen aus PAe.; 85%. — *1.4.5.6.7.8-Hexahydro-1.2-benzazulen*, $C_{14}H_{16}$, Kp.$_{10}$ 86°, aus vorst. Verb. durch Dest. über $KHSO_4$ bei 100—150° (Bad)/10^{-3} mm; n_D^{21} 1,5801; 90%. — *1.2-Benzazulen*, F. 170°, aus vorst. Verb. mit Pd/Al_2O_3 bei 320—340°/20 mm; grüne Platten; 3—6%. *symm.-Trinitrobenzoladdukt*, F. 153°, aus A. braunschwarze Nadeln. — *Cyclohexen-(1)-ylphenylketon*, $C_{13}H_{14}O$, Kp.$_{5\cdot10^{-4}}$ 86°, F. 38°, aus α-[Cyclohexen-(1)-yl]-benzylalkohol wie oben; Prismen aus n-Pentan; n_D^{25} 1,5660; 75%. *2.4-Dinitrophenylhydrazon*, $C_{19}H_{18}O_4N_4$, F. 168°, orangefarbene Tafeln. — *1.2.3.4.(cis?)10.11-Hexahydrofluorenon* (**I**), $C_{13}H_{14}O$, Kp.$_{2\cdot10^{-3}}$ 86°, durch Cyclisierung vorst. Verb. wie oben; n_D^{25} 1,5631; 80%. *2.4-Dinitrophenylhydrazon*, $C_{19}H_{18}O_4N_4$, F. 158°, orangerote Platten aus Essigester–CH_3OH; aus dem Semicarbazon (F. 212°) von COOK u. HEWETT (l. c.) das *isomere* [1.2.3.4.(trans?)10.11] *Prod.*, F. 190—191°, Nadeln. — *Fluoren*, F. 110° (PAe.), aus 1 g **I** u. 25%ig. Pd-Kohle (im N_2-Strom 20 Std. auf 300° erhitzt); 0,4 g. — *Cyclopenten-(1)-ylpropenylketon* (**II**), $C_9H_{12}O$, Kp.$_{0,6}$ 66°, F. 34°, aus 1-[Cyclopenten-(1)-yl]-buten-(2)-ol-(1) wie oben; n_D^{21} 1,5137; Platten aus Pentan; 60%. *2.4-Dinitrophenylhydrazon*, $C_{15}H_{16}O_4N_4$, F. 152°, dunkelrote Nadeln. — Beim Vers. der Cyclisierung von **16** g **II** mit H_3PO_4/HCOOH (6 Std. bei 90°) entstanden 7 g *2-Oxycyclopentylpropenylketon* ($C_9H_{14}O_2$, Kp.$_{0,1}$ 40°, n_D^{20} 1,4912; *2.4-Dinitrophenylhydrazon*, $C_{15}H_{18}O_5N_4$, F. 191°, rote Nadeln aus CH_3OH) u. 3 g des zugehörigen *Formiats* [$C_{10}H_{14}O_3$, F. 30° (Pentan), $Kp._{0,1}$ 73°, n_D^{20} 1,4840; *Semicarbazon*, $C_{11}H_{17}O_3N_3$, F. 158°, aus CH_3OH Nadeln]. — *2-Methyl-5.6-cyclopentanotetrahydro-γ-pyron*, $C_9H_{14}O_2$, $Kp._{0,1}$ 62°, durch Cyclisierung von **II** mit H_3PO_4 (15 Std., Zimmertemp.) n_D^{24} 1,4861. *Semicarbazon*, $C_{10}H_{17}O_2N_3$, F. 182°, aus A. Prismen. — *Cyclohepten-(1)-yl-pentadien-(2.4)-ylketon*, $C_{13}H_{18}O$, $Kp._{4\cdot10^{-4}}$ 114°, durch Oxydation von 1-[Cyclohepten-(1)-yl]-hexadien-(3.5)-ol-(1) wie oben; blaßgelbe Fl.; n_D^{17} 1,5413; 75%. *2.4-Dinitrophenylhydrazon*, $C_{19}H_{22}O_4N_4$, F. 219—222° (Zers.), dunkelrote Prismen. — *Δ^9-Oktahydro-1-keto-3-propenylazulen*, $C_{13}H_{18}O$, $Kp._{5\cdot10^{-4}}$ 67°, aus vorst. Verb. mit H_3PO_4/HCOOH; n_D^{20} 1,5290; 24%. *2.4-Dinitrophenylhydrazon*, $C_{19}H_{22}O_4N_4$, F. 212° (Zers.), dunkelrote rechteckige Prismen. (J. chem. Soc. [London] **1953**. 2208—16. Aug. London, Imp. Coll. of Sci. and Technol., Dep. of Org. Chem.) K. LEHMSTEDT. 2950

Harry H. Wasserman und **Joyce B. Brous**, *cis- und trans-γ-Halogen-α.β-epoxyketone. Reaktionen mit Anilin.* Die durch Rk. von α-Diphenacylchlorid [trans-1-Phenyl-1-chlormethyl-2-benzoyläthylenoxyd, F. 116—118°] mit Anilin in W. bei Siedetemp. u. anschließender Behandlung mit A. entstandene Verb. (vgl. C. **1954**. 9000) wurde jetzt als *4-Äthoxy-1.3.4-triphenyl-6-oxa-3-azabicyclo-[3.1.0]-hexan* [**I**, $C_{24}H_{23}O_2N$, F. 126—128° (Chlf.–A.)] identifiziert. Die Einw. von verd. HCl oder Essigsäure auf **I** lieferte das bekannte 3-Oxy-1.2.4-triphenylpyrrol. (J. Amer. chem. Soc. **76**. 5811—12. 20/11. 1954. New Haven, Conn., Yale Univ., Dep. of Chem.) L. FISCHER. 3030

Norman H. Cromwell und **Richard J. Mohrbacher**, *Äthyleniminketone.* 10. Mitt. *Die Stereoisomerieverhältnisse beim 1-Cyclohexyl-2-methyl-3-[p-phenylbenzoyl]-äthylenimin.* (9. vgl. C. **1956**. 72.) Zur Unters. der Stereoisomerie bei Äthyleniminketonen werden die *cis–trans*-Isomeren von *1-Cyclohexyl-2-methyl-3-[p-phenylbenzoyl]-äthylenimin* (**I**) dargestellt, u. ihre Konfiguration durch UV- u. Infrarotabsorptionsspektren u. Verh. gegen Phenylhydrazin bestimmt. — *p-Phenylcrotonophenon* (**II**), das aus Crotonoylchlorid u. Diphenyl nach FRIEDEL-CRAFTS zugänglich ist, kann mit guter Ausbeute in *α.β-Dibrom-p-phenylbutyrophenon* (**III**) übergeführt werden. Seine Umsetzung mit Cyclohexylamin führt zu der erwarteten Isomerenmischung von **I**, die chromatograph. in 33% hochchm. *trans*-**I** u. 59% *cis*-**I** getrennt werden konnte (vgl. auch SOUTHWICK u. CHRISTMAN, C. **1955**. 5038). Als Nebenprod. von **II** bildet sich unter den gegebenen Bedingungen *β-Oxy-p-phenylbutyrophenon* (**IV**), das bei der Vakuumdest. in **II** übergeht; seine Ggw. ist für die Darst. von **I** belanglos. **IV** liefert beim Behandeln mit HCl *β-Chlor-p-phenylbutyrophenon.* Die *trans*-Konfiguration von *trans*-**I** ergab sich aus der Umsetzung mit Phenylhydrazin zu *1-Phenyl-3-[p-xenyl]-4-cyclohexylamino-5-methylpyrazolin* (**V**) als Hauptreaktionsprod. neben wenig *1-Phenyl-3-[p-xenyl]-5-methylpyrazol*, das aus *cis*-**I** als alleiniges Reaktionsprod. gebildet wird. *trans*-**I** absorbiert im UV bei längeren Wellen (284 mμ) als *cis*-**I** (279 mμ). Die ν_{co} im Infrarotspektr. liegt bei *trans*-**I** (1660 cm^{-1}) niedriger als bei *cis*-**I** (1677 cm^{-1}). UV- u. Infrarotspektren ergaben ferner, daß die CH_3-Gruppe in *trans*-**I** mit der Äthylenimingruppierung durch Hyperkonjugation in Wechselwrkg. treten kann.

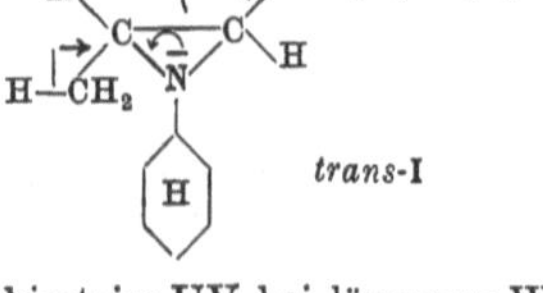

trans-I

Versuche: *p-Phenylcrotonophenon* (**II**), $C_{16}H_{14}O$, F. 99—100° (Leichtbenzin), aus 77 g Diphenyl u. 55 g Crotonoylchlorid in Tetrachloräthan bei 0° mit $AlCl_3$ (1 Std.), später bei 50° (1½ Std.), 87 g (Rohausbeute) Reinigen durch Dest. bei 0,6 mm. — *β-Oxy-p-phenylbutyrophenon* (**IV**), $C_{16}H_{16}O_2$, F. 116,5—118°, als Nebenprod. von **II**, aus dem rohen Reaktionsprod. (vom F. 75—87°) durch Chromatographieren aus Bzl. an Al_2O_3 u. Eluieren mit A. + Bzl., neben 48% **II** aus den ersten Elutionsanteilen; 44%. — *β-Chlor-p-phenylbutyrophenon*, $C_{16}H_{15}OCl$, F. 103—104° (Leichtbenzin), aus **IV** in absol. Bzl. mit HCl; 97%. — *p-Phenylbutyrophenon*, F. 96—97° (absol. A.), durch Hydrieren von **II** in A. in Ggw. von PtO_2; 73%. — *α.β-Dibrom-p-phenylbutyrophenon* (**III**), $C_{16}H_{14}OBr_2$, F. 171—172° (Bzl. + PAe.), aus rohem **II** (F. 65—95°) in CCl_4 mit Brom bei 10 bis 20°. — *trans-1-Cyclohexyl-2-methyl-3-[p-phenylbenzoyl]-äthylenimin* (*trans*-**I**), $C_{22}H_{25}ON$, F. 141,5—142° (PAe.), aus **II** mit Jod u. Cyclohexylamin in absol. Bzl. nach SOUTHWICK u. CHRISTMAN (l. c.), Nadeln; 64%. — *cis-1-Cyclohexyl-2-methyl-3-[p-phenylbenzoyl]-äthylenimin* (*cis*-**I**), $C_{22}H_{25}ON$, F. 127—128°, aus **III** u. Cyclohexylamin in Bzl. bei 10—30° (6 Std.), später im Eisschrank (18 Std.), Chromatographieren des rohen Isomerengemisches aus Bzl. an Al_2O_3 u. Eluieren mit A. + Bzl. (erste Eluate *trans*-**I**); 59%. — *1-Phenyl-3-[p-xenyl]-4-cyclohexylamino-5-methylpyrazolin* (**V**), $C_{28}H_{31}N_3$, F. 158—159,5° (Leichtbenzin), aus *trans*-**I** in A. + Chlf. mit einer Lsg. von Phenylhydrazin in Eisessig bei Zimmertemp. (14 Std.), gelbgrüne, hexagonale Tafeln, die in verd. Lsg. intensiv blau fluorescieren; 40%. — *1-Phenyl-3-[p-xenyl]-5-methylpyrazol*, F. 128—129,5° (absol.

A.), als Nebenprod. von **V**, Tafeln; 16%, oder analog aus cis-**I**; 88%. Die Lsgg. zeigen keine Fluorescenz. (J. Amer. chem. Soc. **75.** 6252—56. 20/12. 1953. Lincoln, Nebr., Univ., Dep. of Chem.) H. GOLD. 3030

K. D. Petrow, Je. Ss. Lagutschewa und **W. I. Puchowa,** *Über die Darstellung und Eigenschaften von 1.3-Dioxyäthyldiazetidin und 2-Phenyloxazolidin.* Bei der Rk. von Äthanolamin mit CH_2O wird nicht, wie von PAQUIN (Ber. dtsch. chem. Ges. **82.** [1949.] 316) 1.3.5-Tris-[β-oxyäthyl]-hexahydro-1.3.5-triazin, sondern *1.3-Bis-[β-oxyäthyl]-1.3-diazetidin* (**I**) erhalten. Die Rk. läßt sich am besten in benzol. Lsg. unter Abdest. des entstehenden W. durchführen. Beim Erhitzen geht **I** in *Methylenäthanolamin* (**II**) über, beim Stehen wird dieses wieder unter Bldg. von **I** dimerisiert. Acetylierung von **I** liefert **I**-*Diacetat*, das bei der Dest. in **II**-*Acetat* übergeht. Die Struktur von **II**-Acetat wird durch eine unabhängige Synth. aus β-Acetoxyäthylamin durch Rk. mit CH_2O in Ggw. von HCl bewiesen. **I** reagiert mit N-[β-Oxypropyl]-anilin (**III**) in wss. A. unter Bldg. von *5-Methyl-3-phenyloxazolidin* (**IV**). Da als Nebenprod. Äthanolamin auftritt, dürfte der Bldg. von **IV** eine Spaltung von **I** in CH_2O u. Äthanolamin vorausgehen. Bei der Rk. von **III** mit 2-Phenyloxazolidin (**V**) entsteht *5-Methyl-2.3-diphenyloxazolidin* (**VI**). **V** wird hierbei vermutlich unter Ringöffnung hydrolysiert u. in Äthanolamin u. Benzaldehyd gespalten. Letzterer reagiert dann mit **III** unter Bldg. von **VI**.

Versuche: *1.3-Bis-[β-oxyäthyl]-1.3-diazetidin* (**I**), $C_6H_{14}O_2N_2$, $Kp._6$ 94—97°, aus 122 g β-Äthanolamin in 140 ml Bzl. u. 163 g 36,7%ig. Formalins durch 6—10std. Kochen auf dem Wasserbad unter Abdest. des gebildeten W. u. fraktionierte Dest.; das erhaltene *Methylenäthanolamin* (**II**; n_D^{20} 1,5192) geht beim Stehen unter Selbsterwärmung in **I** über; $D.^{20}_{20}$ 1,1787; n_D^{20} 1,5192; 48 g (Ausbeute). Nach PAQUIN (l. c.; ohne Abdest. des gebildeten W.) wird unreines **I** erhalten. *Acetat*, $C_5H_9O_2N$, $Kp._{758}$ 224—225°, a) aus **I** mit $(CH_3CO)_2O$ (1 : 3 Mol), 8 Std. bei 95—100°, Abdest. des überschüssigen $(CH_3CO)_2O$, Verdünnen mit W., Extraktion mit Butanol–Ae.-Gemisch (1 : 1 Vol.) u. fraktionierte Dest.; $D.^{20}_{20}$ 1,1474; n_D^{20} 1,4758; 115 g aus 219 g **I**; b) aus 51,5 g β-Acetoxyäthylamin u. 16,5 g Paraformaldehyd in 100 ml Bzl. in Ggw. von 5 ml HCl durch Erhitzen unter Abdest. des entstehenden W., Neutralisieren mit Sodalsg., Extrahieren mit Butanol u. Dest.; $D.^{20}_{20}$ 1,1485; n_D^{20} 1,4762; 14 g. — *5-Methyl-3-phenyloxazolidin* (**IV**), $C_{10}H_{13}ON$, F. 37,5 bis 38,5° (A.), $Kp._{10-11}$ 130—132°, aus 72,8 g **I** u. 120,8 g **III** in 50 ml wss. A., 8 Std. bei Zimmertemp. u. Dest.; n_D^{20} 1,5600; 31 g (Rohausbeute). Daneben *Äthanolamin*, Kp. 170 bis 173°. — *5-Methyl-2.3-diphenyloxazolidin* (**VI**), $C_{16}H_{17}ON$, F. 87,2—88,5° (A.), $Kp._8$ 180—183°, aus 37,2 g **V** u. 37,7 g **III** in 50 ml wss. A., 8 Std. Rühren bei Zimmertemp. u. Dest.; 9 g. (Журнал Общей Химии [J. allg. Chem.] **23** (**85**). 1771—75. Okt. 1953. Wiss. Forschungsinst. für plast. Massen.) G. FROELICH. 3040

Reynold C. Fuson und **Harlan P. Wallingford,** *Grignard-Reaktionen unter Öffnung des Furanringes.* Mesityl-MgBr (**I**) reagiert mit 2-Mesitoylfuran (**II**) oder 2-Duroylfuran (**III**) unter Öffnung des Furanringes zu *1.5-Dimesitylpentadien-(2.4)-ol-(2)-on-(1)* (**IV**) bzw. *1-Duryl-5-mesitylpentadien-(2.4)-ol-(2)-on-(1)*. **IV** läßt sich zu *1.5-Dimesitylpentandiol-(1.2)* (**V**) hydrieren, das mit HJ in Eisessig/Acetanhydrid zu *1.5-Dimesitylpentan* red. wird.

Versuche: *2-Duroylfuran* (**III**), $C_{15}H_{16}O_2$, F. 167,5—168,0° (CH_3OH u. A.), aus Furoylchlorid in CS_2, Durol u. $AlCl_3$; 88% (Ausbeute). — *2-Mesitoylfuran* (**II**), $C_{14}H_{14}O_2$, F. 104—104,5° (PAe.), analog aus Mesitylen; 83%. — *1-Duryl-5-mesitylpentadien-(2.4)-ol-(2)-on-(1)*, $C_{24}H_{28}O_2$, F. 180,5—181°, aus **I** u. **III** in sd. Ae.; aus CH_3OH, gelbe Prismen; 40%. *Acetat*, $C_{26}H_{30}O_3$, F. 140—141°, aus A. elfenbeinfarbene Prismen. *Benzoat*, $C_{31}H_{32}O_3$, F. 179,5°, aus A. elfenbeinfarbene Kristalle. — *1.5-Dimesitylpentadien-(2.4)-ol-(2)-on-(1)* (**IV**), $C_{23}H_{26}O_2$, F. 198—199,5°, analog vorst. Verb. aus **II** u. **I**; aus A. gelbe Prismen; 42%. *Methyläther*, $C_{24}H_{28}O_2$, F. 113,5—114°, aus PAe. hellgelbes Pulver. — *1.5-Dimesitylpentandiol-(1.2)* (**V**), $C_{23}H_{32}O_2$; aus **IV** in A. bei 115° u. 135 at H_2 über RANEY-Ni; *mesitylpentandiol-(1.2)* (**V**), $C_{23}H_{32}O_2$, F. 172—173°, aus **IV** in A. bei 115° u. 135 at H_2 über RANEY-Ni; aus A. Nadeln; 80%, daneben aus der Mutterlauge eines der *1.5-Dimesitylpentanolone-(1.2)* (**VI**), $C_{23}H_{30}O_2$, F. 70°; **V** gibt mit HJO_4 u. A. *Mesitylaldehyd*, $Kp._{30}$ 135 bis 137°, n_D^{20} 1,5343. — *1.5-Dimesitylpentanon-(2)*, $C_{23}H_{30}O$, F. 114,5—115°, a) aus **VI** in Acetanhydrid/Eisessig u. 48%ig. HJ; aus A. Nadeln; b) aus **V** u. 48%ig. HBr; 61%. — *1.5-Dimesitylpentan*, $C_{23}H_{32}$, F. 114,5—115° (nach Sublimation bei 125—130°/0,3 mm), aus **V** nach vorst. Meth. a); aus A. Nadeln; 50%. — *1.5-Dimesitylpentandiol-(1.5)*, $C_{23}H_{32}O_2$, F. 229—230° (aus Dimethylformamid durch Fällung mit W.), aus 1.3-Dimesitoylpropan in A. bei 135 at H_2 u. 175° über Cu–Cr-Oxyd; 50%. Gibt mit HJ in Acetanhydrid/Eisessig vorst. Verb. (81%). — Die UV- u. Infrarotmaxima der meisten Verbb. sind angegeben. (J. Amer. chem. Soc. **75.** 5950—52. 5/12. 1953. Urbana, Ill., Univ., Noyes Chem. Labor.) K. LÖFFLER. 3061

William E. Truce und **Frederick J. Lotspeich,** *Friedel-Crafts-Kondensationen von Benzolsulfonylchlorid mit Thiophenderivaten.* Benzolsulfonylchlorid (I) reagiert mit 2.5-Dichlorthiophen (II) in Ggw. von $AlCl_3$ unter Bldg. von *Phenyl-2 5-dichlorthienyl-(3)-sulfon.* 2.5-Dimethyl-, 2.5-Dijod- u. 2-Chlor-5-jodthiophen geben bei der Rk. mit I in Ggw. von $AlCl_3$, $FeCl_3$, $SnCl_4$ oder J_2 nur Harze. Thiophen gibt mit Benzolsulfonsäureanhydrid in Ggw. von $AlCl_3$ oder H_3PO_4 ebenfalls nur Harz.

Versuche: *Phenyl-2.5-dichlorthienyl-(3)-sulfon,* $C_{10}H_{16}O_2Cl_2S_2$, F. 126,5—128° (Methanol), a) aus 0,1 (Mol) II durch Zutropfen zu einer Mischung von 0,1 I, 0,1 $AlCl_3$ u. 50 cm^3 CS_2 u. 47std. Rühren bei Raumtemp.; 24% (Ausbeute); b) aus 0,1 II durch Rk. mit Chlorsulfonsäure, Umsetzung des nach Neutralisation mit 10%ig. NaOH erhaltenen *Na-2.5-Dichlorthiophensulfonats-(3)* (66%) mit PCl_5 (8 Std. auf dem Wasserbad) u. Rk. des *Sulfonylchlorids* mit Bzl. in Ggw. von $AlCl_3$ (15 Std. bei Raumtemp., 2 Std. bei 80° unter Rühren); 56%. (J. Amer. chem. Soc. **77.** 3410—11. 20/6. 1955. Lafayette, Ind., Purdue Univ., Dep. of Chem.) H. Bertsch. 3071

Frederick C. Uhle, Clifford G. Vernick und **Gaston L. Schmir,** *Synthese von 1.3.4.5-Tetrahydrobenz-[c.d]-indol.* Vff. beschreiben zwei Synthesen des *1.3.4.5-Tetrahydrobenz-[c.d]-indols* (IV). Die eine ging aus von 5-Nitrotetralin (I), das mit Oxalester zu *8-Nitro-1.2.3.4-tetrahydronaphthyl-(1)-glyoxylsäure*(II) kondensiert wurde; II lieferte durch reduzierende Cyclisierung mit $Fe(OH)_2$ u. nachfolgende CO_2-Abspaltung IV. Die andere Synth. bestand in der Cyclisierung von N-Formyl-5-aminotetralin mit K-tert.-Butylat. Durch Hydrierung von II mit PtO_2 in CH_3COOH entstand als Hauptprod. *2.3-Dioxy-4.5-trimethylenchinolin.*

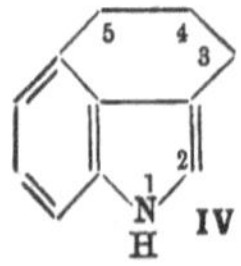
IV

Versuche (FF. korr.): *8-Nitro-1.2.3.4-tetrahydronaphthyl-(1)-glyoxylsäure* (II), $C_{12}H_{11}O_5N$, F. 117—118°, blaßgelbe Kristalle (Bzl.), aus I u. Oxalsäurediäthylester in Ggw. von C_2H_5OK in A.-Ae. (18 Std. Stehen), anschließend Hydrolyse mit wss.-methanol. $NaHCO_3$; 20% (Ausbeute), nicht vermehrt bei Ggw. von Pyridin während der Rk.; daneben 10% *8.8'-Dinitro-1.1'-bi-1.2.3.4-tetrahydronaphthyl,* $C_{20}H_{20}O_4N_2$, F. 177—191° (CH_3OH), u. viel I zurück. — *II-Oxim,* $C_{12}H_{12}O_5N_2$, F. 160—162° (Zers.; A.-W.); 46%. — *8-Nitro-1.2.3.4-tetrahydronaphthonitril-(1),* $C_{11}H_{10}O_2N_2$, F. 94—96° (CH_3OH-W.), aus II-Oxim u. sd. Acetanhydrid (30 Min.). — *II-Äthylester,* $C_{14}H_{15}O_5N$, F. 61—62° (Bzl.-PAe.), aus II, A. u. H_2SO_4; 78%; bildet mit C_2H_5OK in Ae. purpurfarbene Enolatlösung. — *2-Carboxy-1.3.4.5-tetrahydrobenz-[c.d]-indol* (III), $C_{12}H_{11}O_2N$, F. 176—177° (W.), aus II u. $Fe(OH)_2$ in KOH (30 Min. bei 100°); UV-Spektr.; mit p-Dimethylaminobenzaldehyd + H_2SO_4 Purpurfärbung; 80%. *Äthylester,* $C_{14}H_{15}O_2N$, F. 127—128° (A.), aus III über das *Chlorid*; 87%. — *N-Formyl-5-aminotetralin,* $C_{11}H_{13}ON$, F. 101—102° (Ligroin), aus 5-Aminotetralin u. sd. HCOOH (20 Std.). — *1.3.4.5-Tetrahydrobenz-[c.d]-indol* (IV), $C_{11}H_{11}N$, F. 55—56° (A.-W. oder PAe.), a) aus vorst. Verb. u. K-tert.-Butylat (10 Min. bei 340—360°) über das *Pikrat* ($C_{17}H_{14}O_7N_4$, F. 164—166° [A.]; 10,8%), das an Al_2O_3 in Bzl. zerlegt wurde; daneben 50% *5-Aminotetralin*; b) aus III u. sd. wss.-alkoh. HCl (6 Std.; 78% *Pikrat*; nach 30 Min. Kochen geringere Ausbeute, dagegen war in Ggw. von $SnCl_2$ die Decarboxylierung nach 30 Min. im wesentlichen beendet); c) aus II u. Zn-Staub in sd. Eisessig (12 Std.; 40%, daneben 30% III). — *2.3-Dioxy-4.5-trimethylenchinolin,* $C_{12}H_{11}\cdot O_2N$, F. 232—233° (Aceton), aus II-Äthylester u. H_2/PtO_2 in CH_3COOH (3 Std.); UV-Spektr.; mit $FeCl_3$ Grünfärbung; 50%, daneben 30% III. *3-Acetat,* $C_{14}H_{13}O_3N$, F. 256 bis 259° (A.); 75%. (J. Amer. chem. Soc. **77.** 3334—37. 20/6. 1955. Boston, Mass., Harvard Med. School, Dep. of Pharmacol.) J. Rothe. 3081

Rudolf Pummerer und **Fritz Meininger,** *Über eine neue Methode zur Darstellung von N.N'-alkylierten Indigofarbstoffen mittels technischer Indigosole.* 4. Mitt. *über Indigofarbstoffe.* (3. vgl. C. **1949.** I. 53.) Das Dinatriumsalz des Leukoindigodischwefelsäureesters (I), einige im Benzolring halogensubstituierte Derivv. desselben sowie die entsprechenden Verbb. einiger Indigoide wurden mit $(CH_3)_2SO_4$, $(C_2H_5)_2SO_4$ u. Benzylchlorid in Ggw. von starkem Alkali am N alkyliert. Die *N-alkylierten Prodd.* wurden nach Ruggli (Helv. chim. Acta **23.** [1940.] 706) zu den alkylierten Küpenfarbstoffen oxydiert, die durch O_2 mehr oder weniger leicht entalkyliert werden, wobei die Alkylgruppe als entsprechender Aldehyd abgespalten wird. Aus N.N'-dialkylierten Indigofarbstoffen gelingt es, sukzessive beide Alkylgruppen abzuspalten. Die Alkylierungs-Rk. ist vom p_H abhängig. In die Unters. wurden die Dinatriumsalze der Dischwefelsäureester (techn. Indigosole) folgender Küpenfarbstoffe in Form der von den Farbwerken Hoechst gelieferten techn. Anthrasole einbezogen: I (Anthrasol 0), 5.7.5'.7'-Tetrabromleukoindigo- (Anthrasol 04 B), 4.4'-Dichlor-5.5'-dibromleukoindigo- (Anthrasol 04 G), 4.5.7.4'.5'.7'-Hexabromleukoindigo- (III; Anthrasol 06 B), Anthracen-2-[5'.7'-dibromindol]-2'-leukoindigo- (Indigosol AZG, Leukoalizarinindigo G, nicht mehr im Handel),

4-Chlornaphthalin-2-[4'-methyl-5'-chlor-7'-methoxyindol]-2'-leukoindigo- (**IV**; Anthrasol Druckblau IGG), 5.7-Dichlorthionaphthen-2-[4'-methyl-5'-chlor-7'-methoxyindol]-2'-leukoindigo- (**V**; Anthrasoldruckblau IB). — Die Alkylierungsprodd. von **III** konnten wegen des zu geringen Bromgeh. des Handelsprod. nicht analysenrein erhalten werden. — Aus **I** wurden mit $CH_2Br \cdot CH_2Br$ u. $CH_2Br \cdot CH_2 \cdot CH_2Br$ auch *N.N'-Äthylenindigo* (vgl. 2. Mitt.; Ber. dtsch. chem. Ges. **75.** [1942.] 1042) u. *N.N'-Trimethylen indigo* dargestellt. — Als Textilfarbstoffe sind die neuen Prodd. ungeeignet.

Versuche: *N.N'-Dimethylindigweißdischwefelsäureester, Dinatriumsalz,* $C_{18}H_{14} \cdot O_8N_2S_2Na_2 \cdot 4\,H_2O$, Zers. bei 135° (W.), durch Methylieren von **I** mit $(CH_3)_2SO_4$ bei p_H 4—5 entsteht ein Gemisch von nicht umgesetztem Prod. u. Monomethylverb., bei p_H 8—10 bildet sich ein Gemisch von Mono- u. Dimethylierungsprod., in sehr starkem Alkali fast nur Dimethylierungsprod.; lange, breite, schwachgelbstichige Nadeln mit bitterem Geschmack. *Anilinsalz,* $C_{18}H_{16}O_8N_2S_2 \cdot 2\,C_6H_5NH_2$, breite Blättchen. *Pyridinsalz,* $C_{18}H_{16}O_8N_2S_2 \cdot 2\,C_5H_5N$, derbe Stäbchen, die sich oberflächlich rasch hellgrün färben. — *N.N'-Dimethylindigo* (**VI**), $C_{18}H_{14}O_2N_2$, F. 182—183° (Sintern bei 171°), aus vorst. Verb. u. $Fe(NH_4)(SO_4)_2$ in verd. H_2SO_4; dunkelblau-violette, mikrokristalline Nadeln, in indifferenten Lösungsmitteln mit malachitgrünartiger Farbe lösl.; Acetonitril löst blau, kalte konz. H_2SO_4 violett; läßt sich aus benzol. Lsg. mit konz. HCl ausschütteln; 95% ([Ausbeute] auf **I** bezogen). — *N-Methylisatin,* F. 131°, aus **VI** mit Eisessig/konz. HNO_3 (15 : 1). — *N-Monomethylindigo,* $C_{17}H_{12}O_2N_2$, F. 254°, bei 258° Verfestigung, bis 300° kein neues Schmelzen, durch Methylieren von **I** bei p_H 8—10 zum *Dinatriumsalz des N-Monomethylindigweißdischwefelsäureesters* (läßt sich zum N.N-Dimethylderiv. methylieren), Oxydation nach RUGGLI (l. c.) u. chromatograph. Trennung; in organ. Lösungsmitteln wesentlich leichter lösl. als Indigo; aus PAe. blauviolette Kristallnädelchen; ab 200° langsame, ab 233—234° rasche Sublimation; weniger lichtempfindlich als **VI.** Liefert im Licht rotvioletten *Körper von F. 284°* (Sublimationsbeginn 210—220°). — *Dinatriumsalz des N.N'-Diäthylindigweißdischwefelsäureesters,* $C_{20}H_{18}O_8N_2S_2Na_2 \cdot 4\,H_2O$ (W.). → *N.N'-Diäthylindigo,* $C_{20}H_{18}O_2N_2$, F. 161° (Sintern ab 150°); organ. Lösungsmittel lösen grün; konz. H_2SO_4, $HClO_4$ u. HCl geben tiefdunkelblaue Lsgg., die weniger als die des **VI** beständig sind; 92%. → *N-Äthylisatin,* F. 94,5°. — *N-Monoäthylindigo,* F. 245°, aus **I** mit $(C_2H_5)_2SO_4$; ab 200° Sublimation von derben Prismen oder Nadeln. — *Dinatriumsalz des N.N'-Dibenzylindigweißdischwefelsäureesters,* $C_{30}H_{22}O_8N_2S_2Na_2 \cdot 4\,H_2O$, aus **I** in wss. Lsg. durch Behandeln mit 42%ig. NaOH u. $C_6H_5CH_2Cl$ bei 90—95°; in kaltem W. mäßig löslich → *N.N'-Dibenzylindigo,* $C_{30}H_{22}N_2O_2$, F. 165°; organ. Lösungsmittel lösen reingrün. → *N-Benzylisatin,* F. 131° (korr.). — *N-Monobenzylindigo,* F. 210° (vorher Sintern), a) durch Behandeln einer sd. Lsg. vorvorst. Verb. in Eisessig mit Luft; b) durch Benzylieren von **I** mit wenig Benzylchlorid u. chromatograph. Trennung. — *Dinatriumsalz des N.N'-Dimethyl-5.7.5'.7'-tetrabromindigweißdischwefelsäureesters,* $C_{18}H_{10} \cdot O_8N_2Br_4S_2Na_2 \cdot 2\,H_2O$. → *N.N'-Dimethyl-5.7.5'.7'-tetrabromindigo,* $C_{18}H_{10}O_2N_2Br_4$, F. 220° (bei 230° Braunfärbung), blaue Nädelchen; etwas leichter lösl. in organ. Lösungsmitteln als die Stammsubstanz, am besten in Pyridin, mäßig lösl. in Bzl. u. Dioxan, wenig lösl. in Eisessig, Lsgg. hell- bis intensivgrün; konz. H_2SO_4 löst blau; Küpe zieht schlecht auf; aus Pyridin gut ausgebildete Stäbchen. → *N-Methyl-5.7-dibromisatin,* F. 182—183°. *3-Anil,* F. 158° (Zers.). — *N-Monomethyl-5.7.5'.7'-tetrabromindigo,* $C_{17}H_8O_2N_2Br_4$, Zers. bei 300° (unter Braunfärbung), durch Entmethylieren des Dimethylderiv. mit Luftsauerstoff; aus Nitrobenzol haarfeine Nadeln; 30,63%. — *Dinatriumsalz des N.N'-Diäthyl-5.7.5'.7'-tetrabromindigweißdischwefelsäureesters,* $C_{20}H_{14}O_8N_2Br_4S_2Na_2 \cdot 4\,H_2O$, Zers. bei 121°. *Anilin-* u. *Pyridinsalz.* → *N.N'-Diäthyl-5.7.5'.7'-tetrabromindigo,* $C_{20}H_{14}O_2N_2Br_4$. Wird leicht entalkyliert zu *N-Monoäthyl-5.7.5'.7'-tetrabromindigo,* $C_{18}H_{10}O_2N_2Br_4$, F. 225°, aus Eisessig kupfrig glänzende Nadeln. → *N-Äthyl-5.7-dibromisatin,* F. 128—129°. — *N.N'-Dibenzyl-5.7.5'.7'-tetrabromindigo,* $C_{30}H_{18}O_2N_2Br_4$, F. 163—164° (Sintern bei 157 bis 160°); Bzl., Pyridin lösen mäßig, Chlf., Dioxan u. CCl_4 besser; aus CCl_4 nach Zusatz von Ae. prismat. Stäbchen; 87,6%. → *N-Benzyl-5.7-dibromisatin,* $C_{15}H_9O_2NBr_2$, F. 149—150°, ziegelrot, beim Erwärmen gelb. — *N.N'-Dimethyl-4.4'-dichlor-5.5'-dibromindigo,* $C_{18}H_{10} \cdot O_2N_2Cl_2Br_2$, F. 209° (Sintern bei 200°); wird leicht entmethyliert; beim Erhitzen in hochsd. Lösungsmitteln (Nitrobenzol) grüne Lsgg., die unter Entmethylierung blau werden; Küpe zieht nicht auf Baumwolle auf; aus Nitrobenzol durch Fällung mit PAe. grüne, etwas blaustichige mkr. Nadeln; 95%. → *N-Methyl-4-chlor-5-bromisatin,* $C_9H_5O_2 \cdot NClBr$, F. 256°, aus Eisessig ziegelrote Kristalle, im UV-Licht schwarz. — *N.N'-Diäthyl-4.4'-dichlor-5.5'-dibromindigo,* $C_{20}H_{14}O_2N_2Cl_2Br_2$, F. 169° (Sintern bei 165°), aus Pyridin mit Ae. grüne Prismen. → *N-Monoäthyl-4.4'-dichlor-5.5'-dibromindigo,* F. > 300°. — *N-Äthyl-4-chlor-5-bromisatin,* F. 179—180°, rote Nadeln. — *N.N'-Dibenzyl-4.4'-dichlor-5.5'-dibromindigo,* F. 130°, grüne Prismen → *N-Benzyl-4-chlor-5-bromisatin,* F. 211 bis 212°. — *Dinatriumsalz des N-Methylanthracen-2-[5'.7'-dibromindol]-2'-leukoindigodi-*

schwefelsäureesters, $C_{23}H_{13}O_8NBr_2S_2Na_2$ (Hydrat aus A. mit Ae.), schwachgelbliche, derbe Nadeln. → *N-Methylanthracen-2-[5'.7'-dibromindol]-2'-indigo*, $C_{23}H_{13}O_2NBr_2$, F. 271° (Zers. u. Sublimation; ab 210° Verfärbung nach Dunkelblau), aus Pyridin–Ae. dunkelgrüne Prismen; in Pyridin, Chlf., Anilin, Nitrobenzol ziemlich leicht lösl.; nach längerem Kochen der Lsg. Verfärbung nach Blau; in Bzl., Aceton, CCl_4 schwer bis mäßig lösl., in konz. H_2SO_4 olivgrün. — *N-Äthylanthracen-2-[5'.7'-dibromindol]-2'-indigo*, $C_{24}H_{15}O_2NBr_2$, F. 258° (ab 215° Sublimation blauer Nädelchen); 84,9%. *Dinatriumsalz des Leukoschwefelsäureesters*, analog der N-Methylverbindung. — *N-Benzylanthracen-[5'.7'-dibromindol]-2'-indigo*, $C_{29}H_{17}O_2NBr_2$, bei 205° blauschwarze Schmelze (aus CCl_4 u. Ae.); 73,48% (aus dem *Indigosol*). — Die *N-Alkylderivv.* von **V** u. das *N-Methylderiv.* von **IV** werden sehr leicht entalkyliert. *N-Äthyliertes* **IV** liefert bei der Oxydation einen violetten *Farbstoff* (bei 60° grün, bei 90° blau), sublimiert bei 230—240° in blauvioletten Nädelchen vom F. 314—315° (korr.). — *N.N'-Äthylenindigo*, $C_{18}H_{12}O_2N_2$, aus **I**, $CH_2Br·CH_2Br$ u. 42%ig. NaOH bei 70°, chromatograph. Reinigung u. Oxydation nach RUGGLI; 30%. — *N.N'-Trimethylenindigo*, $C_{19}H_{14}O_2N_2$, F. 220,5° (korr.; Zers. unter Braunfärbung u. Sublimation blauer Kristalle), aus **I** mit Trimethylenbromid u. 42%ig. NaOH bei 85—90° u. chromatograph. Reinigung; aus Pyridin metall. glänzende Prismen oder Tafeln, in Durchsicht braunviolett. → *N.N'-Trimethylendiisatin*, $C_{19}H_{14}O_4N_2$, F. 239°, aus Eisessig rotorangefarbene Kristalle; 84,4%. (Liebigs Ann. Chem. **590**. 173—94. 1954. Erlangen, Univ., Chem. Labor.) H. CASZEBAUM. 3081

Paul Shlichta, John K. Inman und **Howard J. Lucas,** *Darstellung und Konfiguration von* D-(—)-*4.5-Dimethyl-1.3-dioxolan.* D-(—)-*4.5-Dimethyl-1.3-dioxolan* (**I**), das Formal des D-(—)-Butandiols-(2.3) (**II**), besitzt die gleiche Konfiguration wie **II**. Das wurde festgestellt durch Rkk. von **II** mit CH_2J_2, CH_2Cl_2 bzw. Essigsäurechlormethylester (**III**) im bas. Medium. Die Prodd. sind opt.-akt. u. ident. mit dem aus **II** u. CH_2O in säurekatalysierter Rk. erhaltenen. Daraus folgt, daß während der Rk. von **II** mit CH_2O keine der beiden Alkyl—O-Bindungen gespalten wird, daß also weder ein Carboniumion- noch ein S_N 2-Mechanismus an den asymm. Zentren angreift. Ein ähnlicher Schluß wird für die säurekatalysierte Hydrolyse von **I** gezogen. Die einzelnen Zwischenstufen werden ausführlich besprochen. — **II**, $[\alpha]_D^{25}$ —12,25°. — **III**, Kp. 111—113°, aus Paraformaldehyd u. CH_3COCl oder besser durch Chlorierung von Methylacetat im Sonnenlicht. — Aus CH_2J_2 (F. 5—6°) u. dem Na-Salz von **II** (dargestellt aus Na u. **II**; 1½ Std. bei 60—80°, dann Zugabe von W. u. 2std. Kochen) entstand wenig unreines D-(—)-*threo-3-Methoxybutanol-(2)*, $C_5H_{12}O_2$, Kp.$_{748}$ 124—127,5°, $[\alpha]_D^{25}$ —23,35°, n_D^{25} 1,418; daneben Butanon, aber kein **I**. — Weitere Verss., in denen die Reaktionsteilnehmer bis auf 150° erhitzt wurden, gaben ebenfalls kein **I**. — D-(—)-*4.5—Dimethyl-1.3-dioxolan* (**I**), Kp.$_{748}$ 95,5—96°, aus **II** u. a) CH_2J_2 u. KOH (15%), b) CH_2Cl_2 (Kp. 50°) u. Na (1std. Kochen; 49%), c) **III** u. Na (2std. Kochen; 44%); $[\alpha]_D^{25}$ —23,40°, n_D^{25} 1,3978, $D.^{25}_4$ 0,936. (J. Amer. chem. Soc. **77**. 3784—85. 20/7. 1955. Pasadena, Calif., Inst. of Technol., Gates and Grellin Labors.) J. ROTHE. 3102

Reuben G. Jones und **Marjorie J. Mann,** *Neue Methoden der Synthese von β-Aminoäthylpyrazolen.* Neue Methoden u. Verbesserung der bekannten (vgl. JONES, C. **1949**. E. 1214) zur Synth. der Magensekretstimulantia *3-* (**I**) u. *4-[β-Aminoäthyl]-pyrazol* (**II**) werden beschrieben. Das zur Darst. von **I** wichtige Zwischenprod. *3-Oxymethylpyrazol* (**III**) wird jetzt durch Red. von Pyrazol-3-carbonsäure-n-butylester (**VI**) oder durch Kondensation von Hydrazin (**IV**) mit 4.4-Diäthoxybutin-(2)-ol-(1) (**V**) bzw. 2-[4'.4'-Diäthoxybutin-(2')-yloxy]-tetrahydropyran dargestellt. Außer über **III** kann **I** auch durch katalyt. Hydrierung von *Pyrazol-3-acetaldehydhydrazon,* welches aus γ-Pyron u. **IV** entsteht, erhalten werden. Bei der Hydrierung von Pyrazol-3-acetonitril (**VII**) wird neben **I** auch *Bis-[β-pyrazolyl-(3)-äthyl]-amin* gebildet. Das bei der l. c. beschriebenen Darst. von **II** wichtige Zwischenprod. *Pyrazol-4-carbonsäureäthylester* kann auch durch CLAISEN-Kondensation von Ameisensäureäthylester u. β.β-Diäthoxypropionsäureäthylester zu *Diformylessigsäureäthylester* u. Rk. von dessen Na-Verb. mit **IV** erhalten werden. Bei einer neuen Synth. von **II** gehen Vff. von 2-Äthoxytetrahydrofuran-3-aldehyddiäthylacetal [vgl. A. P. 2 517 543 (C. **1951**. II. 140)] aus, das mit **IV** zu *4-[β-Oxyäthyl]-pyrazol* kondensiert wird. Das entsprechende β-Chlorderiv. reagiert mit Phthalimid-K zu 4-[β-Phthalimidoäthyl]-pyrazol, aus dem durch Hydrolyse **II** entsteht. Ausgehend von 2-Äthoxytetrahydropyran-3-aldehyddiäthylacetal, werden die analogen Propylderivv. erhalten. Ferner werden *Pyrazol-3-* bzw. *-4-essigsäure* u. einige Derivv. beschrieben.

Versuche: *Pyrazol-3-carbonsäure-n-butylester* (**VI**), $C_8H_{12}O_2N_2$, F. 67,5—68°, durch 6std. Erhitzen von Pyrazol-3-carbonsäure, Butanol u. H_2SO_4; 70% (Ausbeute). — *4.4-Diäthoxybutin-(2)-ol-(1)* (**V**), $C_8H_{14}O_3$, Kp.$_{0,5}$ 88°, Kp.$_9$ 118—122°, n_D^{25} 1,4495, $D.^{25}_{25}$ 1,004, durch Umsatz von Propargylalkohol mit C_2H_5MgBr u. Zugabe von Orthoameisensäuretriäthylester; nach 2tägigem Stehen entsteht durch 20std. Erhitzen eine glasige M., die mit wss. Ammoniumacetatlsg. zers. wird; 23%. — *2-Propargyloxytetrahydropyran*, $C_8H_{12}O_2$, Kp.$_9$ 63—65°, n_D^{25} 1,4523, D.$^{25}_{25}$ 0,9965; zu Dihydropyran u. konz. HCl wurde Propargylalkohol gegeben, die Temp. wurde auf 60° gehalten; 93%. — *2-[4'.4'-Diäthoxybutin-(2')-yloxy]-tetrahydropyran*, $C_{13}H_{22}O_4$, Kp.$_{0,1}$ 115°, n_D^{25} 1,4570, D.$^{25}_{25}$ 1,025; vorst. Verb. wurde mit C_2H_5MgBr umgesetzt, nach Erhitzen mit Orthoameisensäuretriäthylester in Bzl. wurde mit wss. Ammoniumacetatlsg. zers.; 70%. — *3-Oxymethylpyrazol* (**III**), Kp.$_{0,5}$ 135—140°; a) vorst. Verb. wurde zu einer Lsg. von **IV**·2 HCl in W. u. A. gegeben (Temp. > 40°), nach Zugabe von Na_2CO_3 wurde dest.; 57%; b) analog aus **V**; 40%; c) aus **VI** durch Red. mit $LiAlH_4$; 84%. *Pikrat*, F. 182—183°. — *Pyrazol-3-acetaldehydhydrazon*, $C_5H_8N_4$, F. 122—123° (aus trockenem **IV**), durch Rk. von γ-Pyron mit **IV**-Hydrat in CH_3OH; 100%; durch Permanganatoxydation entsteht *Pyrazol-3-carbonsäure*, F. 216—217° (Zers.). — *3-[β-Aminoäthyl]-pyrazol* (**I**), $C_5H_9N_3$, Kp.$_{0,5}$ 118—123°, a) durch Hydrierung vorst. Verb. unter 40 lbs. in Ggw. von Pt; 40%; b) durch Hydrierung der Reaktionslsg. von γ-Pyron u. **IV**-Hydrat in CH_3OH nach Zugabe von fl. NH_3 unter 1500 lbs. in Ggw. von Raney-Ni bei 90°; 81%; c) bei der Hydrierung von **VII** in Methanol u. NH_3 in Ggw. von Raney-Ni unter 2000 lbs. bei Zimmertemp.; 60%. *Dihydrochlorid*, F. 224—226°. — *Bis-[β-pyrazolyl-(3)-äthyl]-amin*, neben **I** nach c); 26%. *Tripikrat*, $C_{28}H_{24}O_{21}N_{14}$, F. 112—114°. *Trihydrochlorid*, $C_{10}H_{15}N_5$·3 HCl, F. 213—214° (Zers.). — *Pyrazol-3-essigsäure*, durch Verseifung von **VII**; *Hydrochlorid*, $C_5H_6O_2N_2$·HCl, F. 137 bis 140°. *Äthylester*, $C_7H_{10}O_2N_2$, Kp.$_{0,4}$ 106°, n_D^{25} 1,4870, mit A. u. HCl; *Hydrochlorid*, $C_7H_{10}O_2N_2$·HCl, F. 107—109°. — *Pyrazol-3-acetamid*, $C_5H_7ON_3$, F. 148—149°, aus vorst. Verb. u. NH_3; Nadeln. — *Pyrazol-4-carbonsäureäthylester*, F. 76—78°, Kp.$_{0,6}$ 120—130°, aus der Na-Verb. von Diformylessigsäureäthylester, **IV**-Hydrat u. Essigsäure; 47%. — *4-[β-Oxyäthyl]-pyrazol*, $C_5H_8ON_2$, F. 54—55°, Kp.$_{0,3}$ 140—145°, aus 2-Äthoxytetrahydrofuran-3-aldehyddiäthylacetal u. **IV**·2 HCl; 92%. — *4-[β-Chloräthyl]-pyrazolhydrochlorid*, $C_5H_7N_2Cl$·HCl, F. 129—130° (A.), aus vorst. Verb. mit $SOCl_2$; 95%. — *4-[β-Phthalimidoäthyl]-pyrazol*, $C_{13}H_{11}O_2N_3$, F. 175—176° (W.), aus vorst. Verb. u. Phthalimid-K in Dimethylformamid; 86%. — *4-[β-Aminoäthyl]-pyrazol* (**II**), *Dihydrochlorid*, $C_5H_9N_3$·2 HCl, F. 216—218°, aus vorst. Verb. u. HCl; 90%. — *Pyrazol-4-essigsäure*, $C_5H_6O_2N_2$, F. 208 bis 210°, aus Pyrazol-4-acetonitril durch Verseifung; 96%. — *Pyrazol-4-[N-benzylacetamid]*, $C_{12}H_{13}ON_3$, F. 170—172° (W. oder A.), durch Rk. von Pyrazol-4-acetylchlorid (aus vorst. Verb. u. $SOCl_2$) u. Benzylamin. — *4-[γ-Oxypropyl]-pyrazol*, F. 50—52° (PAe.–Essigester), Kp.$_3$ 170°, n_D^{25} 1,5190, D.$^{25}_{25}$ 1,124, durch Rk. von 2-Äthoxytetrahydropyran-3-aldehyddiäthylacetal u. **IV**·2 HCl; 91%. *Hydrochlorid*, $C_6H_{10}N_2Cl$·2 HCl, F. 104 bis 105° (Ae.–A.). — *4-[γ-Chlorpropyl]-pyrazolhydrochlorid*, $C_6H_9N_2Cl$·HCl, F. 115—116° (A.–Ae.), aus vorst. Verb. u. $SOCl_2$; 100%. — *4-[γ-Phthalimidopropyl]-pyrazol*, $C_{14}H_{13}$·O_2N_3, F. 136—137° (W.), aus vorst. Verb. u. Phthalimid-K; 88%. — *4-[γ-Aminopropyl]-pyrazoldihydrochlorid*, $C_6H_{11}N_3$·2 HCl, F. 188—190°, aus vorst. Verb. durch Hydrolyse mit HCl; 92%. (J. Amer. chem. Soc. **75**. 4048—52. 20/8. 1953. Indianapolis, Ind., Lilly Res. Labors.) F. Ehrhardt. 3122

Robert R. Davies, *Indazolderivate: Die Synthese verschiedener Amino- und Oxyindazole und davon abgeleiteter Sulfonsäuren.* Vf. beschreibt die Darst. verschied. Indazolderivv. (Amino- u. Oxyindazole u. davon abgeleitete Sulfonsäuren) aus den entsprechenden substituierten o-Toluidinen. 3-Nitro-2.6-xylidin liefert bei der Umsetzung mit HNO_2 ein Gemisch von *6-* u. *4-Nitro-7-methylindazol.* Die Chlorierung von 6-Nitroindazol gibt *3-Chlor-6-nitroindazol*, während die Nitrierung u. Sulfonierung die 5-substituierten Derivv. liefern. Die Ursache der Aktivität der 5-Stellung wird diskutiert. Nitrierung u. Sulfonierung von 5-Nitroindazol führt zu den 7-substituierten Derivaten. — Die Konfigurationszuordnung der dargestellten Sulfonsäuren ist nicht eindeutig gesichert u. basiert auf drei Annahmen: Kupplungs-Rkk., Konfiguration des Ausgangsprod. u. FF. der S-p-Chlorbenzylthiuroniumoxyindazolsulfonate.

Versuche: Darst. der nachst. Nitroindazole nach Org. Syntheses **20**. [1940.] 72 aus den entsprechenden o-Toluidinen. *4-Nitroindazol*, F. 202°; 79% (Ausbeute). *5-Nitroindazol* (**IV**), F. 180°; 72%. *6-Nitroindazol* (**II**), F. 209°; 88,5%. *7-Nitroindazol* (**I**), F. 180°; 71%. *5-Methyl-6-nitroindazol* (**III**), F. 173°; 53%. *4-Chlor-6-nitroindazol*, $C_7H_4O_2N_3Cl$, F. 190° (W.); 81%. *5-Chlor-6-nitroindazol*, $C_7H_4O_2N_3Cl$, F. 172°; 34%. *6-Methoxy-5-nitroindazol* (**VI**), $C_8H_7O_3N_3$, F. 191°; 35%. *6-Chlor-5-nitroindazol* (**V**), $C_7H_4O_2N_3Cl$, F. 213°; 63,3%. *6-Methyl-4-nitroindazol*, $C_8H_7O_2N_3$, F. 204°; 73,5%. *3-Methyl-6-nitroindazol*, $C_8H_7O_2N_3$, F. 182°; 73,5%. — *7-Methyl-6-nitroindazol*, F. 222°, aus 3-Nitro-2.6-xylidin u. HNO_2 in Essigsäure; 64 g, daneben, abgetrennt mit 50%ig. A. *7-Methyl-4-nitroindazol*, F. 179°; 37 g (Gesamtausbeute 76%). — *2-Methyl-7-nitroindazol*, $C_8H_7O_2N_3$, F. 143°, durch Methylierung von 60 g **I** mit Dimethylsulfat bei 80—65°; 30,6 g, daneben *1-Methyl-7-nitroindazol*, $C_8H_7O_2N_3$, F. 98°; 34,6 g. — *1-Methyl-6-nitroindazol* (**IX**), F. 122°, aus **II** wie vorst.; daneben *2-Methyl-6-nitroindazol* (**X**), F. 158°. — *1-Benzoyl-6-nitroindazol*, $C_{14}H_9O_3N_3$, F. 161°, durch Benzoylierung von **II**; 42%, daneben *2-Benzoyl-6-nitroindazol*, $C_{14}H_9O_3N_3$, F. 165°; 20%. — *1-Benzoyl-5-methyl-6-nitroindazol*, $C_{15}H_{11}O_3N_3$, F. 163°, aus **III**; 37,5%, daneben *2-Benzoyl-5-methyl-6-nitroindazol*, $C_{15}H_{11}O_3N_3$, F. 162°; 36%. — *1-Benzoyl-5-nitroindazol*, F. 190°, aus **IV**; 50,5%, daneben *2-Benzoyl-5-nitroindazol*; 77% (Gesamtausbeute). — *1-Benzoyl-6-chlor-5-nitroindazol*, $C_{14}H_8O_3N_3Cl$, F. 203°, aus **V**; 24%, daneben *2-Benzoyl-6-chlor-5-nitroindazol*, $C_{14}H_8O_3N_3Cl$, F. 192°; 46,5%. — *1-Benzoyl-6-methoxy-5-nitroindazol*, $C_{15}H_{11}O_4N_3$, F. 192°, aus **VI**; daneben *2-Benzoyl-6-methoxy-5-nitroindazol*, $C_{15}H_{11}O_4N_3$, F. 186°; 40%. — *3-Chlor-6-nitroindazol*, $C_7H_4O_2N_3Cl$, F. 154° (A.), durch Einleiten von Cl_2 in eine Suspension von **II** (0,1 Mol) in W. bei 95°; 18 g, ferner aus nachst. Verb. mit PCl_3 oder $POCl_3$. — *6-Nitroindazolon* (*3-Oxy-6-nitroindazol*), $C_7H_5O_3N_3$, F. 243° (W.), aus 113 g 4-Nitroanthranilsäure u. HNO_2; 60 g. — *2-[p-Methoxyphenyl]-6-nitroindazol*, F. 150°, durch Erwärmen von 4'-Methoxy-2-methyl-3-nitroazobenzol in Eisessig mit H_2O_2 in Ggw. von $FeSO_4$ auf 80—85°. — Nachst. Aminoindazole wurden aus den entsprechenden Nitroverbb. durch Red. mit Fe in W. (Meth. **A**), mit Fe in A. (Meth. **B**) oder durch Hydrierung mit RANEY-Ni (Meth. **C**) dargestellt [Charakterisierung als *3-Oxy-2-naphthoylderivv.* (*OND*)]: *4-Amino-*, F. 150°, **C**; 92,5%. *OND*, F. 296°. — *5-Amino-* (**XII**), F. 183°, **C**; 82%. *OND*, F. 245°. — *6-Amino-* (**XI**), F. 209°, **A**; 86%. *OND*, F. 274°. — *7-Amino-*, F. 162°, **C**; 86%. *OND*, F. 218°. — *5-Methyl-6-amino-*, F. 165°, **B**; 71,5%. *OND*, F. 258°. — *5-Chlor-6-amino-*, F. 194°, **C**; 88%. *OND*, F. 248°. — *4-Chlor-6-amino-*, F. 198°, **C**; 88%. *OND*, F. 294°. — *6-Chlor-5-amino-*, F. 178°, **A**; 88%. *OND*, F. 252°. — *6-Methoxy-5-amino-*, F. 165°, **B**; 90%. *OND*, F. 263°. — *7-Methyl-6-amino-*, F. 182°, **C**; 84%. *OND*, F. 299°. — *7-Methyl-4-amino-*, F. 124°, **C**; 87,5%. *OND*, F. 279°. — *6-Methyl-4-amino-*, F. 126°, **C**; 79%. *OND*, F. 279°. — *3-Methyl-6-amino-*, F. 205°, **C**; 91%. *OND*, F. 284°. — *2-Methyl-6-amino-*, F. 165°, **B**; 81%. *OND*, F. 212°. — *1-Methyl-6-amino-*, F. 130°, **C**; 75,3%. *OND*, F. 180°. — *1-Methyl-7-amino-*, F. 135°, **B**; 72%. — *2-Methyl-7-amino-*, F. 73°, **B**; 90%. — *1-Benzoyl-6-amino-*, F. 194°, **C**; 80%. *OND*, F. 257°. — *2-Benzoyl-6-amino-*, F. 179°, **C**; 70%. *OND*, F. 266°. — *2-Benzoyl-5-methyl-6-amino-*, F. 185°, **C**; 74%. *OND*, F. 249°. — *1-Benzoyl-5-amino-*, F. 178°, mit Zn in A.; 90%. *OND*, F. 249°. — *2-Benzoyl-5-amino-*, F. 170°, wie vorst.; 60%. *OND*, F. 276°. — *3-Chlor-6-amino-*, F. 184°, **C**; 76%. *OND*, F. 269°. — *2-[p-Methoxyphenyl]-6-amino-*, F. 174°, **C**; 32%. *OND*, F. 211°. — *3-Oxy-6-amino-*, F. 285°, **C**; 80,5%. — Nachst. Oxyindazole wurden aus den entsprechenden Aminoindazolen durch Hydrolyse mit konz. H_2SO_4 (10 Std. im Autoklaven bei 170—180°/150—220 lbs./sq.in.) dargestellt: *6-Oxy-* (**VII**), $C_7H_6ON_2 \cdot {}^1/_2\, H_2O$, F. 217°; 95,5%. — *5-Oxy-* (**VIII**), $C_7H_6ON_2 \cdot H_2O$, F. 186°; 93%. — *4-Oxy-*, $C_7H_6ON_2$, F. 163°; 72%. — *7-Oxy-*, $C_7H_6ON_2$, F. 174°; 64%. — *1-Methyl-7-oxy-*, $C_8H_8ON_2$, F. 163°; 79%. — *2-Methyl-7-oxy-*, $C_8H_8ON_2$, F. 179°; 71%. — *6-Methyl-4-oxy-*, $C_8H_8ON_2$, F. 176°; 64,2%. — *7-Methyl-4-oxy-*, $C_8H_8ON_2$, F. 179°; 68%. — *7-Methyl-6-oxy-*, $C_8H_8ON_2$, F. 164°; 62%. — *3-Methyl-6-oxy-*, $C_8H_8ON_2$, F. 221°; 57,5%. — *6-Oxyindazol-5-carbonsäure*, $C_8H_6O_3N_2$, F. 202° (Zers., aus Butanol), durch Erhitzen von 75 g **VII** mit KOH u. CO_2 im Autoklaven (12 Std. bei 210° u. 300 lbs./sq.in.); 70 g. — *5-Oxyindazol-6-carbonsäure*, $C_8H_6O_3N_2$, F. 205° (Butanol), aus 27 g **VIII** wie vorst.; 24 g. — *5.6-Dinitroindazol*, F. 225° (10%ig. Essigsäure), durch Nitrierung von **II** mit Nitriergemisch bei 8—10°; 91%. — *5.6-Diaminoindazol*, $C_7H_8N_4$, F. 286° (W.), durch Red. vorst. Verb. mit $SnCl_2$/HCl; 85%. *Phenanthrachinonderiv.*, F. 325° (Zers.). — *5.6-Dioxyindazol*, $C_7H_6O_2N_2$, F. 234° (W.), durch 5std. Erhitzen von 41,3 g vorst. Verb. mit 20%ig. H_2SO_4 im Autoklaven auf 145—150°; 35,7 g. — *Diaminomethylindazol*, $C_8H_{10}N_4$, F. 263° (W.), durch Red. des Nitrierungsprod. von **IX** (F. 171°). *Phenanthrachinonderiv.*, F. 291°. — *2-Methyl-5.6-diaminoindazol*, $C_8H_{10}N_4$, F. 226°, durch Nitrierung von **X** zu *2-Methyl-5.6-dinitroindazol* ($C_8H_6O_4N_4$, F. 213°) u. Reduktion. — *5.7-Dinitroindazol*, F. 222,5° (Butanol), durch Nitrierung von 20 g **IV** wie vorst.; 19 g. — *6-Aminoindazol-5-sulfonsäure*, $C_7H_7O_3N_3S \cdot {}^1/_2\, H_2O$, durch Sulfonierung von **II** 49 g mit 20%ig. Oleum (5 Std. bei 120—130°) u. Red. mit Fe/$FeSO_4$; 50 g; gibt durch Hydrolyse *6-Oxyindazol-5-sulfonsäure* (*S-p-Chlorbenzylthiuroniumsalz*, F. 226°). — *6-Aminoindazol-4-sulfonsäure*, $C_7H_7O_3N_3S \cdot H_2O$, durch Sulfonierung von 53,2 g **XI**; 78 g; gibt durch Hydrolyse *6-Oxyindazol-4-sulfonsäure*, $C_7H_6O_4N_2S$ (*S-p-Chlorbenzylthiuroniumsalz*, F. 212,5—213,5°). — *5-Aminoindazol-7-sulfonsäure*, $C_7H_7O_3N_3S$, aus 39,9 g **XII** wie vorst.; 63 g, gibt *5-Oxyindazol-7-sulfonsäure*, $C_7H_6O_4N_2S$ (*S-p-Chlorbenzylthiuroniumsalz*, F. 205°). — *6-Aminoindazol-5-sulfonsäure*, $C_7H_7O_3N_3S \cdot {}^1/_2\, H_2O$, durch Erhitzen von **XI**-Sulfat (109 g) mit 100%ig. H_2SO_4 in o-Dichlorbenzol auf 160—170° unter Rühren u. zum Teil unter Vakuum; 80 g; gibt bei 10std. Erhitzen mit W. im Autoklaven bei 155—160° *6-Oxyindazol-5-sulfonsäure* (*S-p-Chlorbenzylthiuroniumsalz*, F. 277,5°). — *5-Aminoindazol-6-sulfonsäure*, $C_7H_7O_3N_3S$, aus **XII**-Sulfat wie vorstehend. — *6-Oxyindazol-7-sulfonsäure*, $C_7H_6O_4N_2S$, durch 1std. Erwärmen von **VII** mit 100%ig. H_2SO_4 auf 100°; 93,3%. *S-p-Chlorbenzylthiuroniumsalz*, F. 204,5°. — *5-Oxyindazol-4-sulfonsäure* (XIII), $C_7H_6O_4N_2S$, aus 13,5 g VIII wie vorst.; 17,5 g. *S-p-Chlorbenzylthiuroniumsalz*, F. 215°. — *6-Aminoindazol-7-sulfonsäure*, durch 6std. Erhitzen von VII mit 40%ig. $NaHSO_3$-Lsg. u. NH_4OH auf 150—160° im Autoklaven unter Rühren; 45%. — *5-Aminoindazol-4-sulfonsäure*, $C_7H_7O_3N_3S$, durch Aminierung von XIII wie vorstehend. — *7-Amino-6-oxyindazol-4-sulfonsäure*, $C_7H_7O_4N_3S$, aus 67 g VII durch Nitrosierung u. Red. mit $NaHSO_3$; 80 g. — *4-Amino-5-oxyindazol-7-sulfonsäure*, C_7H_7·O_4N_3S, aus VIII wie vorstehend. — *4-Aminoindazol-6-sulfonsäure*, $C_7H_7O_3N_3S$, durch Umsetzung von 4-Methyl-5-nitrometanilsäure mit $NaNO_2$ in Eisessig u. Red. mit Fe/$FeSO_4$; 73,5%; 72,4 g geben bei 10std. Erhitzen mit 4%ig. H_2SO_4 im Autoklaven auf 175 bis 180° *4-Oxyindazol-6-sulfonsäure*, $C_7H_6O_4N_2S$; 45 g. (J. chem. Soc. [London] **1955**. 2412 bis 2423. Juli. Manchester, Imp. Chem. Ind. Ltd., Dyestuff Div., Res. Labor.)

G. WINKLER. 3122

N. K. Uschenko, Ss. N. Baranow und **T. Je. Gorisdra,** *Über die Reaktion von Oxazolidinen mit α-Mercaptocarbonsäuren.* Oxazolidine, die am N-Atom nicht substituiert sind, reagieren mit α-Mercaptosäuren unter Bldg. von *3-[β-Oxyäthyl]-thiazolidonen-(4)*. Die Oxazolidine gehen hierbei unter Ringöffnung zunächst in die entsprechenden SCHIFFschen Basen über, die mit den α-Mercaptosäuren zu den Thiazolidonen reagieren. Es wird durch Rk. von Äthanolamin mit Aldehyden eine Reihe von Oxazolidinen erhalten, die durch Rk. mit Thioglykolsäure (I) bzw. Thiomilchsäure (II) direkt zu den Thiazolidonen umgesetzt werden.

Versuche: *2.3-Diphenyl-5-methylthiazolidon-(4)*, $C_{16}H_{15}ONS$, F. 117—118° (Ae.); man kocht je 0,1 Mol Benzaldehyd u. Anilin in 200 ml Bzl. 1 Std., gibt 0,1 Mol II zu u. kocht noch 2 Std.; 18,9 g (Ausbeute). — *2-Phenyl-3-[2'.3'-dioxypropyl]-5-methylthiazolidon-(4)*, $C_{13}H_{17}O_3NS$, F. 108° (Toluol; an anderer Stelle F. 180°); aus Benzaldehyd u. 1-Aminopropandiol-(2.3), ½ Std. kochen, II zugeben u. 3 Std. kochen; 91%. — Folgende 3-[β-Oxyäthyl]-5-methylthiazolidone-(4): *2-o-Nitrophenyl-*, $C_{12}H_{14}O_4N_2S$, F. 131—132° (Bzl.); aus Äthanolamin, II u. o-Nitrobenzaldehyd; 70%. *2-m-Nitrophenyl-*, $C_{12}H_{14}O_4N_2S$, F. 112—113° (Bzl.); 80%. *2-Phenyl-*, $C_{12}H_{15}O_2NS$, F. 52—53° (W.); Nadeln; 52%. *2-o-Chlorphenyl-*, $C_{12}H_{14}O_2NClS$, F. 72—73° (Amylacetat; PAe.); 51%. *2-o-Oxyphenyl-*, $C_{12}H_{15}O_3NS$, F. 98—99° (Bzl.); 42%. *2-[3'.4'-Methylendioxyphenyl]-*, $C_{13}H_{15}O_4NS$, F. 101° (Äthylacetat); 62%. *2-p-Dimethylaminophenyl-*, $C_{14}H_{20}O_2N_2S$, F. 126° (Isoamylacetat); 82%. — Nach vorst. Verf. wurden ferner 2-Phenyl-, 2-o-Oxyphenyl- u. 2-o-Chlorphenyloxazolidin mit I sowie 2-o-Chlorphenyl-5-oxymethylen-, 2-p-Dimethylaminophenyl-5-oxymethylen-, 2-Vinyl-5-phenyl- u. 2-o-Oxyphenyl-5-oxymethylenoxazolidin mit II zur Rk. gebracht. Die erhaltenen Thiazolidone konnten jedoch nicht in reiner Form isoliert werden. (Украинский Химический Журнал [Ukrain. chem. J.] **20**. 64—70. 1954. Lwow, Med. Inst., Lehrstuhl für organ. Chem.)

O. POLLAK V. EMHOFEN. 3142

Richard H. Wiley, Albert J. Hart, Richard P. Davis und **Newton R. Smith,** *2-Pyrone.* 10. Mitt. *Die Chemie der Isodehydracetsäurederivate. Ein Hydrazinabbau, Di- und Dialkylaminoäthylester und Anilide.* (9. vgl. C. **1955**. 10510.) Isodehydracetsäure (I)-äthylester (II) reagiert mit Hydrazin unter Bldg. von *3-Methylpyrazolon-(5)*. Diese Rk. ist eine bisher noch nicht beobachtete Umkehr der aldolartigen Kondensation, durch die aus 2 Moll. Acetessigester II entsteht. Vff. stellten weiter durch Einw. von NH_3 u. prim. Aminen auf I-Chlorid (III) bei erhöhter Temp. verschied. Amide dar. Auch konnten einige weitere Ester von I mit Dialkylaminoäthanol u. mehrwertigen Oxyverbb. synthetisiert werden, deren zerstörende Wrkg. auf Tumoren geprüft wurde. Die ungewöhnliche Stabilität der Ester von I gegenüber einer Pyridonbldg. wird mit der Möglichkeit, daß Hyperkonjugation auftreten kann, erklärt.

Versuche: *Isodehydracetamid*, $C_8H_9O_3N$, F. 220° (W.), aus III in trockenem Ae. durch Sättigen mit NH_3; 25% (Ausbeute). — *Isodehydracetanilid*, $C_{14}H_{13}O_3N$, F. 204 bis 205° (wss. A.), aus III u. Anilin in Ae. durch 1std. Stehen; 54%; daneben durch Umkristallisation des in A. unlösl. Rückstandes aus Methylcellosolve eine *Verb.* $C_{15}H_{13}$·O_2N, F. 179—180°. — *Isodehydracet-4-dimethylaminoanilid*, $C_{16}H_{18}O_3N_2$, F. 255—256°, analog; 69%. — *Isodehydracet-4-diäthylaminoanilid*, $C_{18}H_{22}O_3N_2$, F. 191°, Erweichung bei 148°; 68%. — *Isodehydracetsäure-β-diäthylaminoäthylester*, $C_{14}H_{21}O_4N$, $Kp._2$ 178,5 bis 180°, aus III u. β-Diäthylaminoäthanol in trockenem Ae. unter 1std. Rühren u. 10 Std. Stehenlassen; $n_D^{27,7}$ 1,5061; 61%. *Methojodid*, $C_{15}H_{24}O_4NJ$, F. 148—150°, durch 10std. Stehen vorst. Verb. u. Methyljodid in Ae.; 55%. — *Isodehydracetsäure-β-dibutylaminoäthylester*, $C_{18}H_{29}O_4N$, $Kp._1$ 188—191°; n_D^{28} 1,4953; 68%. *Methojodid*, $C_{19}H_{32}O_4NJ$, F. 155—156°; 42%. — *Isodehydracetsäure-β-dimethylaminoäthylester*, $Kp._8$ 161—168°; n_D^{25} 1,5128; 24%. *Methojodid*, $C_{13}H_{20}O_4NJ$, F. 207°; 75%. — *Diisodehydracetsäure-*

diäthylenglykolester, $C_{20}H_{22}O_9$, F. 119—120° (Methanol), aus **III** u. Diäthylenglykol durch 6std. Erhitzen auf 160°; 91%. — *Diisodehydracetsäuretriäthylenglykolester*, C_{22}·$H_{26}O_{10}$, F. 108° (Methanol), analog 6 Std. bei 120—135°; 89%. — *Diisodehydracetsäurethiodiäthylenglykolester*, $C_{20}H_{22}O_8S$, F. 80—81° (Toluol); 60%. — *Tetraisodehydracetsäurepentaerythritester*, $C_{37}H_{36}O_{16}$, F. 225—227° (Essigsäure), analog bei 150°; 77%. — *3-Methylpyrazolon-(5)*, $C_4H_6ON_2$, F. 216—218° (korr., A.), durch langsames Zufügen von $N_2H_4 \cdot H_2O$ zu **II** unter Eiskühlung, nach 1 Std. W. zugegeben; 18%. *Monoacetylderiv.*, $C_6H_8O_2N_2$, F. 153—154° (korr.). (J. Amer. chem. Soc. **76.** 4931—33. 5/10. 1954. Louisville, Ky., Univ., Coll. of Arts and Sci., Dep. of Chem.) L. FISCHER. 3211

P. L. Sawhney und **T. R. Seshadri**, *Partialmethyläther von Polyoxycumarinen.* 1. Mitt. *Teilmethylierung von 5.7-Dioxy-4-methylcumarin.* (Vgl. SCHMID, C. **1948.** I. 457.) Vff. untersuchen die Methylierung von 5.7-Dioxy-4-methylcumarin (**I**) mittels Dimethylsulfat (**II**)/wss. Na_2CO_3 u. finden als Reaktionsprod. in Übereinstimmung mit SCHMID (l. c.) *7-Methoxy-5-oxy-4-methylcumarin*, dessen Konst. durch Überführung in die bekannte Verb. *7-Methoxy-5.6-diäthoxy-4-methylcumarin* sichergestellt wird. Zur Erklärung der besonderen Reaktionsfähigkeit des Hydroxyls in 7-Stellung wird von Vff. die durch Konjugation auf die 7-Stellung (p-Stellung) übertragene elektromere Polarisation der Carbonylgruppe angenommen. Obwohl auch für die 5-Stellung der gleiche Effekt möglich wäre, ist er doch nicht so stark ausgeprägt (vgl. Reaktionsvermögen der p-Oxygruppen in Phloracetophenon; MURTI u. SESHADRI, Proc. Ind. Acad. Sci., Sect. A **29.** [1949.] 1).

Versuche: *7-Methoxy-6-oxy-4-methylcumarin-5-aldehyd*, $C_{12}H_{10}O_5$, F. 214 bis 216° (A.), durch 6std. Erwärmen von 3 g 7-Methoxy-6-oxy-4-methylcumarin u. 6 g Hexamin in Eisessig auf dem Wasserbad; 1,5 g (Ausbeute). — *7-Methoxy-5.6-dioxy-4-methylcumarin* (**III**), $C_{11}H_{10}O_5$, F. 237—238° (Methanol), durch Zugabe 1n NaOH-Lsg. zu 1 g vorst. Verb. in Pyridin u. Versetzen mit 20%ig. H_2O_2 unter Kühlung u. Schütteln; 0,6 g. — *5.6.7-Trimethoxy-4-methylcumarin*, F. 113—114° (Äthylacetat), durch 6std. Kochen vorst. Verb. mit **II**/K_2CO_3 in Aceton. — *7-Methoxy-5-oxy-4-methylcumarin*, F. 256—257°, durch ½std. Erwärmen von 5 g **I** mit **II**/wss. Na_2CO_3 auf 60° u. 3std. Stehen bei Zimmertemp.; 2,5 g (*Acetat*, F. 189—190°); gibt bei Methylierung *5.7-Dimethoxy-4-methylcumarin*, F. 172—173°. — *7-Methoxy-5-äthoxy-4-methylcumarin*, $C_{13}H_{14}O_4$, F. 188—189° (Methanol), durch 10std. Kochen von 3 g vorst. Verb. mit Diäthylsulfat/K_2CO_3 in Aceton; 2,7 g. — *7-Methoxy-5-äthoxy-6-oxy-4-methylcumarin*, $C_{13}H_{14}O_5$, F. 201—202° (Methanol), durch tropfenweises Versetzen von 2 g vorst. Verb. in wss.-alkal. Pyridinlsg. mit Kaliumpersulfatlsg. unter Kühlung u. Rühren (5 Std.) u. 24std. Stehenlassen, nach Ansäuern Behandeln mit Na-Bisulfit/HCl ½ Std. bei 70 bis 80°; 0,2 g; ferner wie vorst. durch Oxydation mit HgO u. anschließend Kaliumpersulfat über die *Cumarsäure*; 0,35 g. — *7-Methoxy-5.6-diäthoxy-4-methylcumarin*, C_{15}·$H_{18}O_5$, F. 168—169° (Methanol), durch Äthylierung von **III**, ferner aus vorst. Verbindung. (Proc. Indian Acad. Sci., Sect. A **37.** 592—98. Mai 1953. Delhi, Univ., Dep. of Chem.) G. WINKLER. 3211

W. B. Whalley, *Umlagerung von Isoflavonen.* (Vgl. WHALLEY, J. chem. Soc. [London] **1953.** 3366; Chem. and Ind. **1953.** 27.) Vf. beschreibt die Umlagerung von 5-Oxy-7.4'-dimethoxy-6-methylisoflavon (**I**) mit HJ in *5-Oxy-7.4'-dimethoxy-8-methylisoflavon* als erstes Beispiel einer wechselseitigen Umlagerung von 5-oxy-8-substituierten in 5-oxy-6-substituierte Isoflavone (u. umgekehrt) unter dem Einfl. von HJ (l. c.).

Versuche: *5-Oxy-7.4'-dimethoxy-8-methylisoflavon*, F. 167°, durch 15std. Kochen von 1 g **I** mit HJ/Essigsäure u. Methylierung des Reaktionsprod. mit Dimethylsulfat/K_2CO_3 in Aceton; 0,2 g (Ausbeute); gibt bei weiterer Methylierung *5.7.4'-Trimethoxy-8-methylisoflavon.* (Chem. and Ind. **1954.** 1230. 2/10. Liverpool, Univ., Dep. of Organ. Chem.) G. WINKLER. 3211

John G. Erickson und **Joan S. Keps**, *Reaktionen langkettiger Amine.* 4. Mitt. *Darstellung von N-Alkylpyrrolidinen, N.N-Dialkylpyrrolidiniumchloriden und N.N-Dialkylpiperidiniumchloriden.* (3. vgl. C. **1955.** 6029.) Vff. stellen fest, daß die für N-Alkylpyrrolidine mit kurzen Alkylketten angegebene Darst. (vgl. VON BRAUN [1916 u. früher]) für die Gewinnung von *langkettigen N-Alkylpyrrolidinen* so abgewandelt werden kann, daß 1. mit 1.4-Dichlorbutan (**I**) gearbeitet wird u. 2. statt überschüssigem Amin Soda oder eine andere anorgan. Base als säurebindendes Mittel verwendet wird. — *Langkettige N.N-Dialkylpyrrolidinium-* u. *-piperidiniumchloride* stellen Vff. aus sek. Aminen u. **I** bzw. 1.5-Dichlorpentan (**II**) in Ggw. von Soda her.

Versuche: *N-Dodecylpyrrolidin*, $Kp._{0,03-0,05}$ 90—105°, aus Dodecylamin u. **I** durch 11,5std. Kochen in Butanol mit Soda; 64% (Ausbeute). *Pikrat*, $C_{22}H_{36}O_7N_4$, F. 59—60°. — *N-Octadecylpyrrolidin*, $Kp._{0,04-0,05}$ 140—168°, ebenso aus Octadecylamin

in 14 Std.; 53%. *Pikrat*, $C_{28}H_{48}O_7N_4$, F. 69—70°. — *N.N-Didodecylpyrrolidiniumchlorid*, $C_{28}H_{58}NCl$, F. 114—144°, aus Didodecylamin (III) u. I in 17 Std.; 68%; wachsartige Masse. — *N.N-Dioctadecylpyrrolidiniumchlorid*, $C_{40}H_{82}NCl$, F. 159—161,5°, aus Dioctadecylamin (IV) u. I in 6,5 Std.; 70%. — *N.N-Didodecylpiperidiniumchlorid*, $C_{29}H_{60}NCl$, F. 179—180°, aus III u. II in 23,5 Std.; 72%. — *N.N-Dioctadecylpiperidiniumchlorid*, $C_{41}H_{84}NCl$, F. 174,5—176,5°, aus IV u. II in 26 Std.; 94%. (J. Amer. chem. Soc. **77.** 485—86. 20/1. 1955. Minneapolis, Minn., General Mills, Inc., Res. Labors.)
R. Gompper. 3231

Anthony W. Schrecker und **Priscilla B. Maury,** *Darstellung von Nicotinsäure- und Isonicotinsäureanhydrid.* Durch Einw. der entsprechenden Menge Oxalylchlorid in Bzl. an Stelle von $SOCl_2$ auf die K-Salze werden Nicotinsäure u. Isonicotinsäure direkt in die *Anhydride* übergeführt. Isolierung der Säurechloride u. anschließende Umsetzung mit den K-Salzen steigert die Ausbeute nicht. — *Nicotinsäureanhydrid*, F. 123—126°, prismat. Nadeln aus Bzl.; 85% (Ausbeute). — *Isonicotinsäureanhydrid*, $C_{12}H_8O_3N_2$, F. 112,7—113,9°, Prismen aus Bzl.-Pentan; 73%. Bei einem Vers. *polymorphe Form*, F. 103—105°, Tafeln. (J. Amer. chem. Soc. **76.** 5803. 20/11. 1954. Bethesda, Md., Nat. Inst. of Health, Nat. Cancers Inst., Labor. of Chem. Pharmacol.) H. Sinn. 3231

Michel Siemiatycki, *Über eine Synthese des 2.2'.6 6'-Tetraphenyldipyridyl-(4.4')-ketons.* Durch trockene Dest. des Ca-Salzes der 2.6-Diphenylpyridincarbonsäure-(4), erhalten durch doppelte Umsetzung des K-Salzes mit $CaCl_2$ [99% (Ausbeute)], bei 380 bis 430° u. 10^{-6}—10^{-7} mm erhielt Vf. das *2.2'.6.6'-Tetraphenyldipyridyl-(4.4')-keton*, F. 202—203° (Kofler-Mikroheizbank), prismat. Nadeln (A.-Essigester 1:1 oder Aceton); 76,8%. Analog aus dem Ba-Salz bei 0,05—0,01 mm 26%. *Oxim*, F. 236°, Nadeln (A.-Essigester). *2.4-Dinitrophenylhydrazon*, F. 302—303° (Bank), gelbe Plättchen (A.-Essigester). (C. R. hebd. Séances Acad. Sci. **241.** 63—64. 4/7. 1955.) J. Rothe. 3231

Samuel W. Tinsley, *Die Darstellung von 3-Bromchinolinderivaten.* Die Umsetzung von 2.2.3-Tribrompropanol (I) mit Anilinen zu *3-Bromchinolinen* (vgl. Baker u. Mitarbeiter, C. **1953.** 8867) verläuft mit 2.4-disubstituierten Verbb. am glattesten. Bei der Rk. mit p-Nitroanilin bzw. Anthranilsäure (III) wird auch der N-freie Ring bromiert, im Falle von 2-Methyl-5-nitroanilin dagegen nicht. Während mit Anilin, den 3 Bromanilinen, 2-Aminopyridin, 2-Amino-4-nitrophenol oder 2.5-Dimethylanilin nur schwarze, unlösl. Teere entstehen, erfolgt mit Sulfanilsäure u. 2-Aminotoluol-5-sulfonsäure keine Umsetzung. Bei Anwesenheit eines Lösungsm. gibt I mit 2-Nitro-4-methylanilin (IV) vermutlich *3-[2-Nitro-4-methylanilino]-3-brom-2-bromiminopropanal-2-nitro-4-methylanil*, das beim Erwärmen in Essigsäure in *6-Methyl-8-nitrochinolin* (V) übergeführt wird. Aus o-Nitroanilin (II) entsteht ohne Lösungsm. ein analoges Zwischenprod., dessen Bildungsmöglichkeit diskutiert wird u. das beim Cyclisieren *3-Brom-8-nitro-* u. nicht *3.6-Dibrom-8-nitro-* oder *6-Brom-8-nitrochinolin* liefert.

Versuche: Durch Zugeben von I zu einer Lsg. des Amins in Eisessig bei Wasserbadtemp. unter Rühren, 3std. Erhitzen, Filtrieren, Rühren der rohen Hydrobromide mit NH_4OH u. Umkristallisieren aus A. nachst. 3-Bromchinoline: *6-Nitro-8-chlor-*, $C_9H_4O_2N_2ClBr$, F. 203—204°; 64% (Ausbeute). — *6-Nitro-8-methoxy-*, $C_{10}H_7 \cdot O_3N_2Br$, F. 219—220°; 78%. — *6-Nitro-8-methyl-*, $C_{10}H_7O_2N_2Br$, F. 190—191°; 80%. — *6-Nitro-8-brom-*, $C_9H_4O_2N_2Br_2$, F. 218—219°; 41%. — *6-Phenyl-8-nitro-*, $C_{15}H_9O_2N_2Br$, F. 183—186°, a) aus III u. I ohne Lösungsm. u. Zugeben von Essigsäure; 15%; b) analog aus m-Bromanthranilsäure; 66%. — *6-Methyl-8-nitro-*, (V), $C_{10}H_7O_2N_2Br$, F. 190°; 60%. — *6.8-Dimethyl-*, $C_{11}H_{10}NBr$, F. 59—60°; 32%. — *6-Chlor-8-carboxy-*, $C_{10}H_5O_2 \cdot NClBr$, F. 237—238°; 72%. — *6.8-Dinitro-*, F. 157°; 40%. — *5-Nitro-8-methoxy-*, $C_{10}H_7 \cdot O_3M_2Br$, F. 212—213°; 50%. — *5-Amino-8-methoxy-*, $C_{10}H_9ON_2Br$, F. 171°, durch Red. vorst. Verb. mit $SnCl_2$ u. HCl; 71%. — *6-Phenyl-8-amino-*, $C_{15}H_{11}N_2Br$, F. 121—122°; 80%. — *6-Methyl-8-amino-*, $C_{10}H_9N_2Br$, F. 117—118°; 70%. — *6-Amino-8-chlor-*, $C_9H_6 \cdot N_2ClBr$, F. 223°; 77%. — *6-Amino-8-methoxy-*, $C_{10}H_9ON_2Br$, F. 224—225°; 77%. — *6-Amino-8-methyl-*, $C_{10}H_9N_2Br$, F. 141—142°; 72%. — *3-[2-Nitro-4-methylanilino]-3-brom-2-bromiminopropanal-2-nitro-4-methylanil* (?), $C_{17}H_{15}O_4N_5Br_2$, F. 160—165° (A.), durch Rühren von IV mit I bis zum Erhalten einer dicken M. u. 30 Min. Erwärmen auf dem Wasserbad; hellorangefarbene Kristalle; 25%. Erwärmen in Essigsäure → *V-Hydrobromid*, das mit NH_4OH V gibt. — *3-[2-Nitroanilino]-3-brom-2-bromiminopropanal-2-nitroanil* (?), $C_{15}H_{11}O_4N_5Br_2$, F. 180—181° (A.), analog aus II; hellgelbe Kristalle; 12%. Erwärmen in Essigsäure → *3-Brom-8-nitrochinolin* (F. u. Misch-F. 120 bis 122°). (J. Amer. chem. Soc. **77.** 4175—76. 5/8. 1955. Lubbock, Tex., Technol. Coll., Chem. Labor.) R. Pasedag. 3231

Freeman H. McMillan und **John A. King,** *Die Reaktion von α-Acylbernsteinsäureestern mit Hydrazin.* Vff. zeigen, daß α-Acylbernsteinsäureester mit Hydrazinhydrat (I) unter Bldg. von *Pyrazolonen* u. den isomeren *Dihydropyridazonen* reagieren. α-Formylbernsteinsäurediäthylester (II) gab mit I *4-Carbäthoxymethylpyrazolon-(5)* u. *4-Carbäthoxy-4.5-dihydropyridazon-(6)* (III). In einem Fall enthielt III nach der Dest. 20% *4-Carbäthoxypyridazon-(6)* (IV). Analog gab α-Acetylbernsteinsäurediäthylester (V) *3-Methyl-4-carbäthoxymethylpyrazolon-(5)* u. *3-Methyl-4-carbäthoxy-4.5-dihydropyridazon-(6)* (VI), α-Oxalylbernsteinsäuretriäthylester (VII) *3-Carbäthoxy-4-carbäthoxymethylpyrazolon-(5)* u. *3.4-Bis-[carbäthoxy]-4.5-dihydropyridazon-(6)* (VIII). III gab mit Br_2 in Eisessig unter Dehydrierung IV, VI u. VIII analog *3-Methyl-4-carbäthoxypyridazon-(6)* (IX) bzw. *3.4-Bis-[carbäthoxy]-pyridazon-(6)* (X). Durch Verseifung mit verd. Säure u. therm. Decarboxylierung mit Cu-Pulver wurden aus IV *Pyridazon-(6)* (XI), aus IX *3-Methylpyridazon-(6)* u. aus X XI erhalten. Aus V u. Semicarbazid wurde kein Pyridazon erhalten. Die UV-Spektren der Pyrazolone u. Dihydropyridazone unterscheiden sich nur durch die stärkere Absorption der letzteren. Bei den von v. ROTHENBERG [1895] u. von GAULT u. Mitarbeitern (Bull. Soc. chim. France Mém. [5] **21.** [1954.] 916) als III bzw. VIII beschriebenen Verbb. handelt es sich in Wirklichkeit um die isomeren Pyrazolone.

Versuche: *4-Carbäthoxymethylpyrazolon-(5)*, $C_7H_{10}O_3N_2$, F. 167—168,5° (wss. A.), aus II in A. u. I in W. unter Rühren bei 45°; 56% (Ausbeute); daneben *4-Carbäthoxy-4.5-dihydropyridazon-(6)* (III), $C_7H_{10}O_3N_2$, Kp.$_{0,4}$ 125—130°; 9%. — *3-Methyl-4-carbäthoxymethylpyrazolon-(5)*, $C_8H_{12}O_3N_2$, F. 166—167° (A.), aus V in A. u. I in W. beim Erwärmen auf 80°; 52,5%; daneben *3-Methyl-4-carbäthoxy-4.5-dihydropyridazon-(6)* (VI), $C_8H_{12}O_3N_2$, F. 91,5—92,5° (Bzl.-Skellysolve C); 21%. — *3-Carbäthoxy-4-carbäthoxymethylpyrazolon-(5)*, $C_{10}H_{14}O_5N_2$, F. 156—159° (Äthylacetat), aus VII u. I in A.; 11%; daneben *3.4-Bis-[carbäthoxy]-4.5-dihydropyridazon-(6)* (VIII), $C_{10}H_{14}O_5N_2$, F. 98—100,5° (Äthylacetat), Kp.$_{0,4}$ 175—180°; 10%. — *4-Carbäthoxypyridazon-(6)* (IV), $C_7H_8O_3N_2$, F. 126,5—127,5° (W.), a) aus III in sd. Eisessig beim Zutropfen von Br_2; 65%; b) bei der Dest. von III; 20%. — *3-Methyl-4-carbäthoxypyridazon-(6)* (IX), C_8H_{10}·O_3N_2, F. 114,5—116°, aus VI in sd. Eisessig u. Br_2. — *3.4-Bis-[carbäthoxy]-pyridazon-(6)* (X), $C_{10}H_{12}O_5N_2$, F. 85,5—87,5°, analog aus VIII. — *4-Carboxypyridazon-(6)* (XII), C_5H_4·O_3N_2, F. 303° (Zers.; W.), aus IV durch 1std. Kochen mit 20%ig. HCl; 50%. — *3-Methyl-4-carboxypyridazon-(6)* (XIII), $C_6H_6O_3N_2$, F. 247° (Zers.), analog aus IX. — *3.4-Dicarboxypyridazon-(6)* (XIV), $C_6H_4O_5N_2$, F. 291° (Zers.), aus X; teilweise decarboxyliert. — *Pyridazon-(6)* (XI), F. 97—100° (Skellysolve B), aus XII oder XIV beim Erhitzen mit Cu-Pulver, — *3-Methylpyridazon-(6)*, F. 138—140° (Skellysolve B), analog aus XIII. — *α-Acetylbernsteinsäurediäthylestersemicarbazon*, $C_{11}H_{19}O_5N_3$, F. 115—116° (W.), aus V in A., Semicarbazid·HCl u. Na-Acetat in W. bei 1std. Kochen; 59%. (J. Amer. chem. Soc. **77.** 3376—78. 20/6. 1955. New York, N. Y., Warner-Chilcott Res. Labors.)

H. BERTSCH. 3272

Je. Ss. Golowtschinskaja, *Über die Umwandlung der Harnsäure in 8-Methylxanthin.* 2. Mitt. *Einwirkung von Mineralsäuren auf 4.5-Bis-[acetylamino]-uracile.* (1. vgl. C. **1954.** 9522.) 4.5-Bis-[acetylamino]-uracil (I) u. das hieraus durch partielle Verseifung entstehende 4-Amino-5-acetylaminouracil (II) geben beim Erhitzen mit $(CH_3CO)_2O$ *8-Methylxanthin*; 3-Methyl-4.5-bis-[acetylamino]-uracil (III) liefert *3.8-Dimethylxanthin*; aus 1.3-Dimethyl-4.5-bis-[acetylamino]-uracil (IV) u. 1.3-Dimethyl-4-amino-5-acetylaminouracil (V) entsteht *8-Methyltheophyllin.* Im Falle von 1.3-Dimethyl-4.5-bis-[acetylmethylamino]-uracil (VI), an dessen Seitenketten-N-Atomen kein H vorhanden ist, entsteht bei Einw. von $(CH_3CO_2)O$ kein Xanthinderivat. Das bei der Methylierung von I u. a. entstehende Trimethylderiv., dessen Konst. l. c. als 1.3-Dimethyl-4-acetylmethylamino-5-acetylaminouracil (VII) angenommen wurde (Bestätigung vgl. unten), liefert ebenfalls kein Xanthinderiv., sondern nur 1.3-Dimethyl-4-acetylmethylamino-5-diacetylaminouracil (VIII). I u. seine Methylierungsprodd. werden mit Mineralsäuren verseift. Nach BILTZ u. SCHMIDT (Liebigs Ann. Chem. **431.** [1923.] 97) soll nur eine der Acetylgruppen hydrolyt. abgespalten werden. Quantitative Bestimmungen zeigen jedoch, daß verd. H_2SO_4 oder H_3PO_4 1,12—1,41 Mol CH_3CO_2H abspalten. Die offenbar vorliegende Neben-Rk. konnte nur in der Bldg. eines Xanthinderiv. unter Beteiligung einer der CH_3CO-Gruppen bestehen, worauf auch Angaben des D. P. 144 761 schließen lassen. Bei Verseifungsverss., die mit I in verd. HCl durchgeführt werden, können dementsprechend bis zu 50% *8-Methylxanthin* erhalten werden. Bei III spaltet sich CH_3CO_2H sehr langsam (ca. 30% bei 48std. Erhitzen mit 10%ig. HCl) ab; bei VIII werden 2 Mol CH_3CO_2H abgespalten (1 Mol schon durch heißes W. unter Rückbldg. von VII). Die $CH_3CO(CH_3)N$-Gruppe ist also viel schwerer verseifbar als die CH_3CONH-Gruppe. Aus VII entstehen beim Behandeln mit 10%ig. HCl 77% *1.3.8.9-Tetramethylxanthin* („*8-Methylisocoffein*"), womit die Konst. von VII endgültig bewiesen ist. Aus den Verss. werden Schlüsse über die Herkunft der 8-Methylgruppe in den 8-Methylxanthinen gezogen; danach liefert das Acetyl in der 4-Acetylamino- oder 4-Acetylmethylaminogruppe die 8-CH_3-Gruppe, wenn der Imidazolring durch Einw. von Mineralsäuren geschlossen wird. Im alkal. Medium dagegen wird das Acetyl der in 5-Stellung befindlichen Gruppen in Anspruch genommen (vgl. 1. Mitt.), wie aus der Überführung von **II** in 8-Methylxanthin u. der üblichen Meth. der Herst. von Purinen aus 4-Amino-5-acylaminopyrimidinen folgt. Dies wird auch für die Cyclisierungs-Rk. bei **I** unter Anwendung von Alkalilauge gültig sein, da die 4-Acetylaminogruppe sehr leicht verseifbar ist.

Versuche: *8-Methylxanthin*, a) 2 g **I** werden mit 10 ml 10%ig. HCl ½ Std. gekocht; 1 g (Ausbeute; Geh. 75,3%); nach Methylieren mit $(CH_3)_2SO_4$ in NaOH *Methylcoffein*, F. 209–210°; b) 2,25 g **I** werden mit 4 ml 10%ig. NaOH unter Rühren 2 Std. auf dem sd. Wasserbad erhitzt; 0,74 g (Geh. 94,4%). — *3.8-Dimethylxanthin*, aus 3-Methyl-4-amino-5-acetylaminouracil (2 g) u. 10%ig. NaOH auf dem sd. Wasserbad; Nadeln aus W.; 1,7 g (enthält etwas Ausgangsmaterial). Wird mit $(CH_3)_2SO_4$ + NaOH in *Methylcoffein* übergeführt. — *8-Methyltheophyllin*, $C_8H_{10}O_2N_4$, F. 315–320° (W.); a) durch 30std. Kochen von 0,5 **IV** mit 10 ml $(CH_3CO)_2O$; Nadeln; 0,3 g; b) durch 80std. Kochen von 1.3-Dimethylharnsäure (0,5 g) mit $(CH_3CO)_2O$; 0,3 g (ohne Berücksichtigung einer geringen Menge weniger reinen Prod.); c) aus **V** u. NaOH; 1,05 g aus 2,1 g. — *1.3-Dimethyl-4-acetylmethylamino-5-diacetylaminouracil* (**VIII**), $C_{13}H_{18}O_5N_4$, F. 179–181°; 1 g **VII** werden mit 20 ml $(CH_3CO)_2O$ 40 Std. gekocht; aus W. große, vielflächige Prismen, aus Essigester oder Bzl. längliche Tafeln; 1,16 g. — *1.3.8.9-Tetramethylxanthin* („*1.3.8.9-Tetramethylisoxanthin*"), $C_9H_{12}O_2N_4$, F. 254; aus 3 g **VII** bei 2std. Kochen mit 15 ml 10%ig. HCl; aus W. Nadeln, aus A. längliche Tafeln; 1,84 g. (Журнал Общей Химии [J. allg. Chem.] **24** (**86**). 146–52. Jan. 1954.)

R. Knobloch. 3272

J. H. Lister und **G. R. Ramage**, *Hydropteridine.* 1. Mitt. *Die Bildung von 5.6.7.8-Tetrahydro-4.6-dimethylpteridinen.* Vff. haben 2.4-Dichlor-6-methyl-5-nitropyrimidin mit Aminoaceton zu *4-Acetonylamino-2-chlor-6-methyl-5-nitropyrimidin* (II) kondensiert, das bei Red. mit H_2/Raney-Ni in A. *2-Chlor-7.8-dihydro-4.6-dimethylpteridin* (I) liefert; ebenso wurden andere *2-substituierte 7.8-Dihydro-4.6-dimethylpteridine* dargestellt (Einführung der 2-Substituenten vor der reduktiven Cyclisierung). Bei weiterer Hydrierung mit PtO_2 in Eisessig entstehen aus den Dihydroverbb. *2-substituierte 5.6.7.8-Tetrahydro-4.6-dimethylpteridine.* Die 7.8-Dihydro-4.6-dimethylpteridine sind instabil gegen 0,1n-Säure u. 0,05n-Lauge (Rückoxydation zum Pteridin), während die Tetrahydroverbb. in saurer Lsg. unverändert bleiben. Die UV-Spektren der Tetrahydropteridine gleichen denen der 4.5-Diaminopyrimidine, nur sind bei ersteren die Banden maximaler Absorption nach längeren Wellenlängen hin verschoben (Abb.). Die beschriebenen Hydropteridine scheinen keine charakterist. Derivv. zu bilden.

Versuche: *4-Acetonylamino-2-amino-6-methyl-5-nitropyrimidin* (III), $C_8H_{11}\cdot O_3N_5$, F. 198–200° (Zers.), aus II in warmem A. mit NH_4OH (D. 0,88), dann 25 Min. kochen; aus W. braune Prismen; 60% (Ausbeute). — *4-Acetonylamino-2-diäthylamino-6-methyl-5-nitropyrimidin*, F. 117–118°, aus **II** in A. mit $(C_2H_5)_2NH$; citronengelbe Nadeln; 90%. — *4-Acetonylamino-2-oxy-6-methyl-5-nitropyrimidin*, $C_8H_{10}O_4N_4$, F. 245° (Zers.), aus **II** durch Kochen in Eisessig (20 Min.); aus W. Nadeln; 87%. — *2-Chlor-7.8-dihydro-4.6-dimethylpteridin* (I), $C_8H_9N_4Cl$, F. 215° (Zers.), durch katalyt. Hydrierung von **II** mit Raney-Ni in A. bei 45–50°; Platten aus A.; 77%. — *2-Amino-7.8-dihydro-4.6-dimethylpteridin*, $C_8H_{11}N_5\cdot H_2O$, F. 200° (Zers.), wie vorst. bei 20° aus 2,53 g **III**; aus W. braune Prismen; 1,75 g. — *2-Diäthylamino-7.8-dihydro-4.6-dimethylpteridin*, F. 124–125°, wie vorst.; orangegelbe Nadeln aus Ligroin; 80%. — *7.8-Dihydro-2-oxy-4.6-dimethylpteridin*, $C_8H_{10}ON_4$, Zers. bei 294°, wie vorst. bei 50° in A./W.; aus W. Nadeln. — *2-Chlor 5.6.7.8-tetrahydro-4.6-dimethylpteridin*, $C_8H_{11}N_4Cl$, F. 226–227°, durch Hydrierung von I in Essigsäure in Ggw. von PtO_2; aus Amylalkohol lachsfarbene Nadeln; 77%. — *5.6.7.8-Tetrahydro-4.6-dimethylpteridinhydrochlorid*, F. 231°, durch Hydrierung von 1,5 g vorst. Verb. in A. in Ggw. von Pd-Kohle; gelbliche Kristalle aus Amylalkohol; 1,4 g. Daraus die *freie Base*, $C_8H_{12}N_4$, F. 159°, gelbliche Prismen. *Pikrat*, F. 252–253°. Nd. mit $HgCl_2$. — *2-Amino-5.6.7.8-tetrahydro-4.6-dimethylpteridin*, $C_8H_{13}N_5\cdot ½ H_2O$, F. 206–207°, aus der Dihydroverb. wie oben; aus W. braune Prismen; 60%. *Pikrat*, F. 270° (Zers.). Gelber Nd. mit $HgCl_2$. — *2-Diäthylamino-5.6.7.8-tetrahydro-4.6-dimethylpteridin*, $C_{12}H_{21}N_5$, F. 93°, aus der Dihydroverb. in A. mit Raney-Ni/H_2 (45 at); braune Prismen aus wss. Aceton; 84%. — *5.6.7.8-Tetrahydro-2-oxy-4.6-dimethylpteridin*, $C_8H_{12}ON_4$, Schwarzfärbung bei ca. 300°, in Essigsäure mit PtO_2/H_2; Nadeln. *Pikrat*, F. 235° (Zers.). — *2-Diäthylamino-4.6-dimethylpteridin*, $C_{12}H_{17}N_5$, F. 87 bis 88°, aus der Di- oder Tetrahydroverb. mit $KMnO_4$ in absol. Aceton; aus PAe. rote Prismen; 91 bzw. 10%. — *4-Amino-2-diäthylamino-6-methyl-5-nitropyrimidin*, $C_9H_{15}\cdot O_2N_5$, F. 73–74°, aus der 2-Chlorverb. in A. mit $(C_2H_5)_2NH$; aus A./W. gelbe Nadeln. —

4.5-Diamino-2-diäthylamino-6-methylpyrimidin, $C_9H_{17}N_5$, F. 97°, aus vorst. Verb. in A. mit H_2/RANEY-Ni; aus Ligroin Kristalle; 58%. (J. chem. Soc. [London] **1953**. 2234 bis 2238. Aug. Huddersfield, Techn. Coll.) H. GOEBEL. 3272

James A. Moore, *4-Oxy-5-methyl-6-phenyl-7H-1.2-diazepin, eine neue heterocyclische Verbindung.* Vf. beschreibt Darst. u. Eigg. von *4-Oxy-5-methyl-6-phenyl-7H-1.2-diazepin* (I), das bemerkenswert leicht Umlagerungs-Rkk. eingeht. Vf. nimmt an, daß I über ein ion. Zwischenprod. II entsteht.

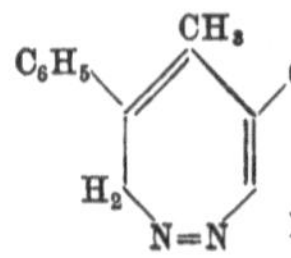
I

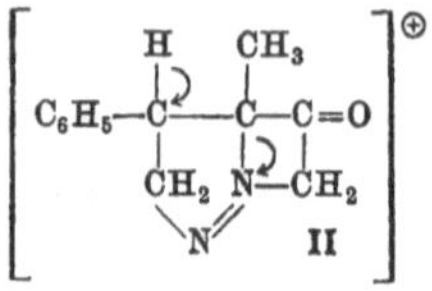
II

— *3-Diazoacetyl-3-methyl-4-phenyl-Δ^1-pyrazolin*, $C_{12}H_{12}ON_4$, F. 90—91°, aus α-Methylcinnamoylchlorid u. CH_2N_2. — I, $C_{12}H_{12}ON_2$, F. 150—151°, orangerote Prismen (A.), aus vorst. Verb. u. CH_3COOH bei 70°; 70% (Ausbeute); UV- u. Infrarotspektren; pK'$_A$ >12; lösl. in wss. Alkali, daraus fällbar mit Säuren, aber lösl. in warmer 20%ig. HCl unter Verschwinden der Farbe. *Acetat*, $C_{14}H_{14}O_2N_2$, F. 89°, gelbe Prismen; UV- u. Infrarotspektren; gab mit 1%ig. Alkali quantitativ u. sehr schnell I zurück. *Benzoat*, $C_{19}H_{16}O_2N_2$, F. 147°, gelbe Platten, aus I u. Benzoesäureanhydrid in Pyridin. *Hydrochlorid*, $C_{12}H_{12}ON_2 \cdot HCl$, F. 192—195°, Prismen; 90%. — Katalyt. oder chem. Redd. von I gaben farblose bas. Prodd., die an der Luft in dunkle unlösl. Gummis übergingen. — *4-Oxy-5-methyl-6-phenyl-7-[α-oxybenzyl]-7H-1.2-diazepin*, $C_{19}H_{18}O_2N_2$, F. 145°, gelb, aus I u. C_6H_5CHO in Ggw. von C_2H_5ONa; Spektren ähnlich denen von I. — *4-Acetoxy-5-methyl-6-phenyl-7-benzal-7H-1.2-diazepin*, $C_{21}H_{18}O_2N_2$, F. 168°, orangerote Nadeln, aus vorst. Verb. u. Acetanhydrid in Pyridin; Spektren. — *Verb.* $C_{19}H_{16}ON_2$, F. 128°, aus vorst. Verb. durch saure oder alkal. Hydrolyse; UV-Maxima 250 mμ (in A.; ε = 9000), 291 mμ (in A.-KOH; ε = 14500). *2.4-Dinitrophenylhydrazon*, $C_{25}H_{20}O_4N_6$, F. 160°. — *1-Amino-3-oxy-4-methyl-5-phenylpyridin* (III; Zwitterion), $C_{12}H_{12}ON_2$, F. 195—200° (Zers.), Nadeln, aus I-Hydrochlorid u. 1 Äquivalent Alkali; pK'$_A$ 4,9; UV-Spektrum. *Acetat*, F. 216°; pK'$_A$ 4,1; 6,3; Spektren; gab bei Säurehydrolyse III zurück. Mit CH_2N_2 entstand aus dem Acetat eine *Base*, pK'$_A$ 4,3 (*Pikrat*, F. 149—151°), die durch Säurehydrolyse u. folgende Desaminierung *3-Methoxy-4-methyl-5-phenylpyridin* ergab (*Pikrat*, $C_{19}H_{16}O_8N_4$, F. 138°). — *3-Oxy-4-methyl-5-phenylpyridin*, $C_{12}H_{11}ON$, F. 198° (sublimiert), aus III mit alkoh. HNO_2; pK'$_A$ 4,6; 9,5; UV-Spektr.; gab $FeCl_3$-Reaktion. Mit Perbenzoesäure entstand daraus das *N-Oxyd*, F. 285° (Zers.), pK'$_A$ 6,9, mit CH_2N_2 der *Methyläther*. — Behandeln von I mit Benzoylchlorid in Pyridin lieferte neben I-*Benzoat* eine isomere *Verb. vom F. 125°* (gefunden C 75,07; H 5,33; N 9,15%; UV- u. Infrarotspektren; 50%), die vermutlich das bicycl. Syst. von II enthält. (J. Amer. chem. Soc. **77**. 3417—18. 20/6. 1955. Detroit, Mich., Parke, Davis & Co., Res. Labors.) J. ROTHE. 3370

G. R. Barker und **D. C. C. Smith**, *Die Chemie der Ribose und ihrer Derivate.* 4. Mitt. *2.3-Di-O-methyl-D-ribose.* (3. vgl. C. **1955**. 2205.) Die Synth. von *2.3-Di-O-methyl-D-ribose* (**IV**) erfolgt durch Tritylierung von Methyl-αβ-D-ribofuranosid (I) am $C_{(5)}$, 2.3-Methylierung u. Abspaltung der Tritylgruppe durch Hydrogenolyse oder durch HCl in Chlf.; dabei entsteht je nach dem Verf. das *Methyl-2.3-di-O-methyl-αβ-ribofuranosid* oder *-pyranosid* (**III**). Die Hydrolyse von **III** ergibt **IV**. Für den Konstitutionsbeweis dient die Bldg. eines *Phenylosazons* unter Verlust der Methylgruppe am $C_{(2)}$ u. die Herst. des *Lactons*, dessen Hydrolysengeschwindigkeit einem γ-Lacton entspricht. Die Methylierung des **IV**-Methylglykosids u. Hydrolyse führt in der Hauptsache zu *2.3.4-Tri-O-methyl-D-ribose* u. wenig *2.3.5-Tri-O-methyl-D-ribose.*

Versuche (FF. auf dem KOFLER-Block): *Methyl-5-O-trityl-αβ-D-ribofuranosid*, $C_{25}H_{26}O_5$, Glas, aus 5,48 g I durch Schütteln mit Triphenylchlormethan in Pyridin bis zur Lsg. u. 7tägiges Stehen bei 15°, Eingießen in W., u. den Nd. in Chlf. lösen; 12,1 g (Ausbeute). — *Methyl-2.3-di-O-methyl-5-O-trityl-αβ-D-ribofuranosid* (II), $C_{27}H_{30}O_5$, Sirup, aus vorst. Verb. u. Methyljodid u. Ag_2O; 90%. — *Methyl-2.3-di-O-methyl-αβ-D-ribopyranosid* (**III**), $C_8H_{16}O_5$, Kp.$_{0,01}$ 130° (Badtemp.), n_D^{19} 1,4557, aus 11,2 g **II** in Chlf. durch Sättigen mit HCl bei 0° u. 2std. Stehen, Vakuumabdampfen u. den Rückstand mit W. verreiben, das Filtrat mit NaOH auf p_H 7 einstellen, eindampfen u. mit CH_3OH extrahieren; 3,3 g. — *2.3-Di-O-methyl-D-ribose* (**IV**), $C_7H_{14}O_5$, Sirup, $[\alpha]_D^{17}$ —16,6° (c = 6,48 in W.); n_D^{16} 1,4750, aus **III** u. 0,2n H_2SO_4 durch Erhitzen auf 95—100° bis zur konstanten Drehung. *p-Tosylhydrazon*, $C_{14}H_{22}O_6N_2S$, F. 139—140°. *3-O-Methyl-D-ribosephenylosazon*, $C_{18}H_{22}O_3N_4$, F. 135—140°, aus 72 mg **IV** u. Phenylhydrazin, Essigsäure u. W. durch 5std. Erhitzen auf 80° u. chromatograph. Reinigung; 22 mg. Bei der Perjodatoxydation von **IV** wird pro Mol 1,01 Mol $NaJO_4$ verbraucht u. 0,95 Mol HCHO gebildet. — *Methyl-2.3-di-O-methyl-αβ-D-ribofuranosid*, $C_8H_{16}O_5$, Sirup, Kp.$_{0,01}$ 110° (Badtemp.), n_D^{22} 1,4554, aus **II** durch Hydrieren in Ggw. von Pd-Kohle bei Atmosphärendruck; ein grauer Nd., der den Katalysator u. *Bis-triphenylmethylperoxyd* (F. 188°)

enthält, wird abgetrennt, das Filtrat eingeengt u. dabei *Triphenylmethan* (F. 90°) entfernt; den Rückstand in Bzl./W. aufnehmen u. die wss. Phase eindampfen; 1,3 g. — *2.3-Di-O-methyl-D-ribonolacton*, $C_7H_{12}O_5$, F. 77,5° (Äthylacetat/Ae.), $[\alpha]_D^{19}$ −31,5° (Anfangswert) → −14,3° (381 Min.; c = 17,39 in W.), aus 0,862 g **III** durch 7std. Hydrolyse mit n H_2SO_4 bei 95—100°, Neutralisieren über Amberlite IR-4B (OH), Einengen u. 4 Tage mit Br_2 bei Raumtemp. stehenlassen; 0,670 g. Eine Lsg. von *2.3-Di-O-methyl-D-ribonsäure* durch Lösen des Lactons in der äquivalenten Menge n NaOH, 20 Min. Erwärmen auf 90° u. genaue Neutralisation mit n-HCl hat $[\alpha]_D^{20}$ +36,1° (Anfangswert, c = 5,80 in 0,5 n NaOH). — Die Methylierung von **III** in wss. NaOH mit Dimethylsulfat unter N_2 (5std. Zutropfen u. 2std. Rühren bei 60° u. 20 Min. bei 100° führt nach der Hydrolyse mit n HCl (3 Std. bei 95—100°) zu *2.3.4-Tri-O-methyl-D-ribopyranose*, $C_8H_{16}O_5$, F. 88,5—91° (*Anilid*, $C_{14}H_{21}O_4N$, F. 57,5—58,5°), u. geringen Mengen der *2.3.5-Verb.* (papierchromatograph. Nachw.). *3.4-Di-O-methyl-D-ribosephenylosazon*, $C_{19}H_{24}O_3N_4$, F. 141° (Nadeln aus CH_3OH/W.). (J. chem. Soc. [London] **1955**. 1323—26. April. Manchester, Univ.) H. ROSSOW. 3400

G. R. Barker, T. M. Noone, D. C. C. Smith und **J. W. Spoors**, *Die Chemie der Ribose und ihrer Derivate.* 5. Mitt. *Die Synthese von Methyläthern durch partielle Methylierung.* (4. vgl. vorst. Ref.) Die Methylierung von Methyl-5-O-trityl-D-ribofuranosid (**I**) führt nach Hydrolyse zu 2 Monomethylverbb., die als *2-* (**III**) u. *3-O-Methyl-D-ribose* (**IV**) identifiziert werden konnten. Die Methylierung von sirupösem Methylisopropyliden-D-ribopyranosid (**II**), das nach Ansicht der Vff. aus einem Gemisch aus Methyl-2.3- u. -3.4-isopropyliden-D-ribopyranosid u. etwas -2.3-isopropyliden-D-ribofuranosid besteht, ergibt nach Hydrolyse **III**, *4-O-Methyl-D-ribose* (von der nur die chromatograph. Eigg, ermittelt wurden) u. *5-O-Methyl-D-ribose* (**V**). Aus Benzylidenguanosin oder dem Kondensationsprod. aus Benzaldehyd u. Methyl-D-ribofuranosid entsteht durch Methylierung u. Hydrolyse nur **V**. *2.5-* (**VI**) u. *3.5 Di-O-methyl-D-ribose* (**VII**) konnten durch Methylierung von **V** synthetisiert werden.

V e r s u c h e [FF. auf dem KOFLER-Block; Papierchromatographie: n-Butanol (gesätt. mit W.) u. n-Butanol (gesätt. mit W. u. Borsäure als Lösungsm.; R_F-Werte vgl. Original]: *2-O-Methyl-D-ribose*, $C_6H_{12}O_5$ (**III**), $[\alpha]_D^{20}$ −32° (c = 1,09 in CH_3OH) u. *3-O-Methyl-D-ribose* (**IV**), $[\alpha]_D^{20}$ +7,5 (c = 0,6 in CH_3OH), aus **I**, Methyljodid u. Ag_2O durch 10 Min. Erhitzen unter Rühren, das Filtrat eindampfen, den Sirup in Bzl. an Al_2O_3 fraktionieren, mit Ae. eluieren (*Methyl-2.3-di-O-methyl-5-O-trityl-D-ribofuranosid*), danach mit CH_3OH (Gemisch aus *Methyl-2-* u. *-3-O-methyl-5-O-trityl-D-ribofuranosid*), CH_3OH eindampfen, auf dem Dampfbad mit 80%ig. Essigsäure 30 Min. erhitzen, das Filtrat mit W. verdünnen, mit Chlf. ausschütteln, die wss. Lsg. eindampfen u. die Essigsäure mit A. entfernen, den Sirup 1 Std. mit 0,04n HCl hydrolysieren u. papierchromatograph. in **III** u. **IV** trennen. *D-Ribosephenylosazon*, $C_{17}H_{20}O_3N_4$, F. 160°, aus **III**, 2n-Essigsäure u. Phenylhydrazin durch 4½std. Erhitzen auf 100°, den Nd. in Bzl. lösen u. an Al_2O_3 reinigen (Elution mit Bzl./Ae. 1:1). *3-O-methyl-D-ribosephenylosazon*, $C_{18}H_{22}O_3N_4$, F. 135°, aus **IV** wie vorstehend. — Die Methylierung von **II** (aus Methyl-D-ribopyranosid u. Aceton, $Kp._{0,01}$ 170—175° (Badtemp.), n_D^{16} 1,4596) durch 6std. Kochen mit CH_3J u. Ag_2O, Hydrolyse des Reaktionsgemisches mit 0,04n HCl u. Fraktionierung einer 0,01mol. Na-Tetraboratlsg. über Dowex-1 ergibt *2-* (**III**), *4-* u. *5-O-Methyl-D-ribose* (**V**), die papierchromatograph. durch ihre R_F-Werte identifiziert wurden. — *Methyl-2.3-O-benzyliden-D-ribofuranosid*, $C_{13}H_{16}O_5$, $Kp._{10^{-5}}$ 100°, n_D^{20} 1,5225, $[\alpha]_D^{20}$ −41,0° (c = 8,49 in Chlf.), aus Methyl-D-ribofuranosid oder -β-D-ribopyranosid, Benzaldehyd u. $ZnCl_2$ durch 24std. Schütteln in geschlossener Flasche. — Die Methylierung vorst. Verb. führt zu *Methyl-2.3-O-benzyliden-5-O-methyl-D-ribofuranosid*, $C_{14}H_{18}O_6$, $[\alpha]_D^{20}$ −55,6° (c = 4,1 in Chlf.), n_D^{17} 1,5161, das durch Hydrolyse mit 0,04n HCl in reines **V** verwandelt wird. **V** entsteht auch aus 2′.3′-O-Benzylidenguanosin durch Methylierung u. Hydrolyse (papierchromatograph. Nachw.). Aus 11,4 g Methyl-5-methyl-2.3-isopropyliden-D-ribofuranosid wird durch Kochen mit 0,1n H_2SO_4 3 g **V** als Sirup gewonnen, das mit W. u. Br_2 durch 4tägiges Stehen bei Raumtemp. in *5-O-Methyl-D-ribonolacton*, $C_6H_{10}O_5$, F. 109 bis 110°, $[\alpha]_D^{18}$ +27,4° (Ausgangswert) → +15,3° (420 Min.; c = 8,5 in W.) verwandelt wird. — *2.5-Di-O-methyl-D-ribose* (**VI**), u. *3.5-Di-O-methyl-D-ribose* (**VII**), $C_7H_{14}O_5$, Sirup, aus **V** u. 1%ig. methanol. HCl durch 1½std. Stehen bei Raumtemp. u. Methylierung des *Methyl-5-O-methyl-D-ribofuranosids*, Hydrolyse u. papierchromatograph. Trennung. *3.5-Di-O-methyl-D-ribosephenylosazon*, $C_{19}H_{24}O_3N_4$, F. 161°, aus **VII**, u. *5-O-Methyl-D-ribosephenylosazon*, $C_{18}H_{22}O_3N_4$, F. 150°, aus **VI**. — Perjodatoxydation von **III**, **IV** u. **V** vgl. Original. (J. chem. Soc. [London] **1955**. 1327—32. April.) H. ROSSOW. 3400

M. L. Wolfrom, J. N. Schuhmacher, H. S. Isbell und **F. L. Humoller**, *Beobachtungen über die Formen der Allose und ihrer Phenylosazone.* Von β-D-Allose u. β-L-Allose werden dimorphe Formen, F. 128 bzw. 141°, gefunden, die verschied. Röntgendiagramme zeigen. β-D-Allose, F. 128°, geht z. B. bei längerer Lagerung in die bei 141° schm. Form über; β-L-Allose verändert sich beim Lagern nicht, wird aber bei Berührung mit frisch hergestellter L-Allose in die höherschm. Form verwandelt. — *DL-Allose* (F. 180°) wird aus gleichen Mengen der D- u. L-Form (F. 141°) hergestellt; Röntgendiagramme dieser Verb., ihres Phenylosazons u. des Phenylosazons der D- oder L-Verb. bewiesen, daß das Racemat eine wahre racem. Verb. ist. Gute Röntgendiagramme werden nur von frisch dargestellten Osazonen gegeben, Vff. bezweifeln daber die Brauchbarkeit dieser Derivv. zur Charakterisierung der Zucker. (J. Amer. chem. Soc. **76.** 5816—17. 20/11. 1954. Columbus, O., State Iniv., Dep. of Chem.) H. ROSSOW. 3400

S. J. Angyal, *Ringöffnung von Anhydrozuckern des Äthylenoxydtyps.* (Vgl. BOSE u. Mitarbeiter, C. **1954.** 7192.) Vf. diskutiert die Richtung der Ringöffnung verschied. Anhydrozucker vom Äthylenoxydtyp. — Bei den 2.3-Anhydrohexopyranosiden erklärt die Annahme, daß sich die voluminöse CH_2OH-Gruppe bevorzugt in äquatorialer Stellung befindet, alle bekannten Fälle von Ringöffnung (Ausnahme: Methyl-2.3-anhydro-α-D-allosid; NEWTH u. Mitarbeiter (C. **1949.** I. 202). Bei den 2.3-Anhydro-4.6-O-benzylidentalosiden u. -gulosiden ist die Gestalt des Mol. nicht festgelegt, da beide Ringe cis-Verknüpfung haben, aber die Annahme einer äquatorialen Stellung für $C_{(6)}$ liefert die korrekte Richtung der Ringöffnung. Bei 2.3-Anhydropentopyranosiden ist infolge Fehlens der CH_2OH-Gruppe die Energiedifferenz zwischen den beiden möglichen „Sesselformen" gering. In dem Falle erlangt die Vermeidung des REEVESschen „Δ^2-Instabilitätsfaktors" (= Gestalt des Mol., in dem die $C_{(2)}$-O-Valenz die beiden C—O-Valenzen am $C_{(1)}$-Atom halbiert) das Übergewicht (Advances Carbohydrate Chem. **6.** [1951.] 123) u. erklärt die Richtung der Ringöffnung. Für 3.4-Anhydrohexopyranoside ist nach Vf. das vorliegende experimentelle Material zu gering, um eine gültige Aussage zu machen; es besteht die Möglichkeit, daß der ster. Effekt des $C_{(6)}$-Atoms vorherrschend ist. Die beiden Anhydroinosite öffnen wie erwartet. 1.2-Anhydromyoinosit reagiert in der Form e.e.e.e u. liefert hauptsächlich DL-Inosit (a.e.e.e.e.a), 1.2-Anhydroalloinosit (in den Formen e.a.a.e u. a.e.e.a, beide von annähernd gleicher Stabilität) liefert in angenähert gleichen Mengen Neoinosit (prim. die Form a.e.a.a.e.a, die in die stabilere e.a.e.e.a.e umgewandelt wird) u. (L)-Inosit (zuerst a.a.a.e.e.a, dann Umlagerung in e.e.e.a.a.e). (Chem. and Ind. **1954.** 1230—31. 2/10. Sydney, N.S.W., Univ. of Technol.) G. WINKLER. 3400

R. Bognár und **P. Nánási,** *Umglykosylierung von N-Arylglykosylaminen.* Umglykosylierung bedeutet Austausch des Aglycons eines O- oder N-Glykosids gegen eine andere Oxy- oder Aminokomponente. Nach neueren Unterss. scheint die Rk. durch Enzyme katalysiert zu werden. Bei Ggw. von Protonen ist die Rk. auch auf rein chem. Wege durchführbar; so wurden *N-[p-Sulfamylphenyl]-* (**I**), *N-[m-* (**IV**) u. *-p-Nitrophenyl]-D-glucosylamin* (**V**) durch Rk. von anderen N-Aryl-D-glucosylaminen mit den betreffenden Aminen dargestellt. Es handelt sich um eine Gleichgewichts-Rk., die unter bestimmten Bedingungen rückläufig verlaufen kann. Daß es sich um eine Umglykosylierung u. nicht um eine Hydrolyse mit anschließender neuer Glykosidbldg. handelt, geht daraus hervor, daß in den meisten Fällen bei Ausschluß von W. die besten Ausbeuten erhalten werden, u. daraus, daß **I** auf dem erwähnten Wege 5—10mal schneller gebildet wird als aus Glucose (**VI**) u. Sulfanilamid (**II**) in Ggw. des entsprechenden sek. Amins unter gleichen Bedingungen. Eine Konz. von weniger als 5% W. hat jedoch im allg. keinen Einfl. auf Ablauf der Rk. u. Ausbeute, manchmal ist sie sogar notwendig, weil schwerer lösl. Hydrate gebildet werden oder die Löslichkeiten im gewünschten Sinne beeinflußt werden.

Versuche: *N-[p-Sulfamylphenyl]-D-glucosylamin* (**I**), $C_{12}H_{18}O_7N_2S$, F. 204° (Zers.), a) aus **II** u. N-Phenyl-D-glucosylamin (**III**) in warmem, HCl-haltigem absol. A. in 1½ Min.; $[\alpha]_D^{22}$ 115° (c = 1,2 in Pyridin), —122° (c = 1,2 in W.); 69% (Ausbeute); b) ebenso aus **II** u. **IV**; 2 Min. gekocht; 85%; in 96%ig. A. 60%; in absol. A. ohne HCl keine Rk.; bei mehr als 0,2 Mol HCl schlechtere Ausbeute; c) aus **II** u. **V** wie bei a) in 30 Sek.; 97%; in 96%ig. A. 72%; Hydrolyse mit verd. HCl gab 78% *Sulfanilamid* (**II**), F. 165°; d) aus **VI, II** u. p-Nitranilin (**VII**) wie bei a); Erhitzen im Wasserbad; 76%; e) ebenso aus N-[p-Bromphenyl]-D-glucosylamin (**VIII**) u. **II** in der Hitze; 75—80%; f) aus N-[4-Carboxy-3-oxyphenyl]-D-glucosylamin (**IX**) u. **II** in heißem 99%ig., HCl-haltigem Methanol; 2 Min.; 92%; in 96% ig. A. mit konz. HCl oder NH_4Cl 89 bzw. 83%; gleiche Ausbeute aus **II**, 4-Aminosalicylsäure, **VI** u. NH_4Cl in 96% ig. A., jedoch langsamer; g) aus **II** u. N-[p-Tolyl]-D-glucosylamin in HCl-A. in der Hitze; 45%; unter gleichen Bedingungen aus **II, VI** u. p-Toluidin in 70 Min.; 40%. — *N-[p-Nitrophenyl]-D-glucosylamin* (**V**), $C_{12}H_{16}O_7N_2 \cdot 2H_2O$, F. 184° (Zers.; wss. A.), a) aus **III** u. **VII** in wss. Methanol oder absol. A. in Ggw. von HCl; 10 Min. kochen; $[\alpha]_D^{22}$ —193° (c = 1,4 in Pyridin) gibt bei Hydrolyse **VII**, F. 147°; b) 40—43%; aus N-[o-Nitrophenyl]-D-glucosylamin

u. **VII** in wss. HCl-haltigem Methanol; 10 Min. kochen; 56%; c) aus **IV** u. **VII** in absol. HCl-haltigem Methanol; 5 Min. kochen; 65%; d) aus **I** u. **VII** in wss. HCl-haltigem Methanol; 10 Min. kochen; 70%; e) aus **VIII** u. **VII** wie vorst.; 5 Min. kochen; 67%; f) aus **IX** u. **VII** in kaltem HCl-haltigem Methanol; 75%; bei Verwendung von 2 Mol **VII** Ausbeute höher als 90%. — *N-[m-Nitrophenyl]-D-glucosylamin* (**IV**), F. 177—178°, a) aus **V** u. m-Nitroanilin (**X**) in HCl-haltigem A.; 5 Min. kochen; $[\alpha]_D^{22}$ $-167°$ (c = 1,2 in Pyridin); Hydrolyse liefert **X**, F. 114°); 60%; b) aus **I** u. **X** in wss. HCl-haltigem A.; 10 Min. kochen; 21%. (J. chem. Soc. [London] **1955**. 189—93. Jan. Debrecen, Kossuth Univ., Inst. für Organ. Chem.) G. REMBARZ. 3400

R. Bognár, P. Nánási und **É. Nemes-Nánási**, *Umglykosylierung von N-Arylmannosyl-, -galaktosyl- und -lactosylamin und Tetra-O-acetyl-N-arylglucosylamin.* (Vgl. vorst. Ref.) Die Umglykosylierung wird bei N-Derivv. des Mannosyl-, Galaktosyl-, Lactosylamins u. bei D-Glucosylamintetraacetat untersucht. Umwandlung von *N-[p-Sulfamylphenyl]-D-glucosylamintetraacetat* (**I**) durch p-Bromanilin (**V**) in *N-[p-Bromphenyl]-D-glucosylamintetraacetat* (**II**) u. von **II** in **I** durch Sulfanilamid (**III**) beweist die Umkehrbarkeit der Reaktion. Aus reinem α- bzw. *β-N-Arylglucosylamintetraacetat* bildet sich in Lsg. bei Ggw. von Protonen ein Anomerengemisch, wobei das Gleichgewicht sehr schnell erreicht wird. Umglykosylierung der Tetraacetate in wasserfreien Lösungsmitteln unterstützt die Ansicht, daß die Rk. nicht über eine Hydrolyse verläuft, denn D-Glucosetetraacetat reagiert unter den Bedingungen der Umglykosylierung bei Ggw. der entsprechenden Amine nicht; weiterhin zeigen acetylierte Glykosylamintetraacetate in Abwesenheit anderer Amine unter den Bedingungen der Umglykosylierung Mutarotation, wobei das Gleichgewicht in 2 Min. erreicht ist u. das Anomerengemisch in einer Ausbeute von 50—60% isoliert werden kann. Bei weiterem Erhitzen verfärbt sich die Lsg.; ist jedoch ein Protonenacceptor zugegen, so tritt keine Verfärbung ein, u. nach 6—8 Min. werden 90% Anomerengemisch erhalten. — Die Umglykosylierung scheint von der relativen Basität der Aminkomponenten gesteuert zu werden; die weniger bas. Amine reagieren am besten. Mit dieser Rk. ist eine neue Meth. zur Darst. von *O-Acetylglykosylaminen* gegeben u. wird ihre Pyranosidstruktur erneut bewiesen. Ein Reaktionsmechanismus wird angegeben.

V e r s u c h e: *N-[p-Tolyl]-D-mannosylamin*, $C_{13}H_{19}O_5N$, F. 182° (wss. CH_3OH), aus N-[p-Sulfamylphenyl]-D-mannosylamin u. p-Toluidin in wss., HCl-haltigem Methanol; 15 Min. kochen; $[\alpha]_D^{22}$ $-178°$ (c = 0,9; Pyridin), $-99,1°$ (c = 1,0; Methanol); 70% (Ausbeute). — *N-[p-Sulfamylphenyl]-D-galaktosylamin*, $C_{12}H_{18}O_7N_2S \cdot H_2O$, F. 174° (wss. A.), aus N-[4-Carboxy-3-oxyphenyl]-D-galaktosylamin u. **III** in 80%ig., HCl-haltigem Methanol; 5 Min. kochen; $[\alpha]_D$ $-95°$ (c = 1,5; Pyridin), 50%. — *N-[p-Sulfamylphenyl]-lactosylamin*, $C_{18}H_{28}O_{12}N_2S \cdot 3H_2O$, F. 208° (83%ig. A.), aus N-[4-Carboxy-3-oxyphenyl]-lactosylamin, u. **III** in 70%ig. HCl-haltigem A.; 5 Min. kochen; $[\alpha]_D^{22}$ $-66,1°$ (c = 1,5; Pyridin); 55%. — *N-[p-Sulfamylphenyl]-D-glucosylamin-2.3.4.6-tetraacetat* (**I**), $C_{20}H_{26}O_{11}N_2S$, F. 188—192° (A.; Anomerengemisch), a) aus α-N-Phenyl-D-glucosylamin-2.3.4.6-tetraacetat ($[\alpha]_D$ $+150°$ in Chlf.) u. **III** in absol., HCl-haltigem A.; 15 Min. kochen; $[\alpha]_D^{24}$ $+95°$ (c = 0,9; Pyridin); 64%; b) ebenso aus β-N-Phenyl-D-glucosylamin-2.3.4.6-tetraacetat ($[\alpha]_D$ $-37°$ in Chlf.); 60%; Rk. in 96%ig. A. ergibt 70%; dieses Gemisch, F. 190°, enthält mehr vom linksdrehenden Anomeren; $[\alpha]_D^{22}$ $+26,2°$ (c = 0,7; Pyridin); c) aus β-N-[p-Tolyl]-D-glucosylamin-2.3.4.6-tetraacetat (**IV**) ($[\alpha]_D$ $-58,5°$ in Pyridin) u. **III** in absol. HCl-haltigem A.; 7 Min. kochen; 80%; dasselbe Gemisch ist aus α-N-[p-Tolyl]-D-glucosylamin-2.3.4.6-tetraacetat oder in 60%ig. Ausbeute aus **II** u. **III** erhältlich. *Hexaacetat*, F. 115°; $[\alpha]_D$ $+75°$ (c = 0,7; Pyridin). — *N-[p-Bromphenyl]-D-glucosylamin-2.3.4.6-tetraacetat* (**II**), $C_{20}H_{24}O_9NBr$: Aus 0,5 g **IV** u. 0,4 g p-Bromanilin (**V**) wird nach 5 Min. Kochen in etwas HCl enthaltendem absol. A., Verdünnen mit W. u. Kristallisation des Öls aus A. das *β-Anomere*, F. 158°, $[\alpha]_D^{22}$ $-68°$ (c = 0,9; Pyridin), erhalten, 0,3 g. aus der Mutterlauge durch Zugabe von W. ein *Prod.* mit F. 123° u. $[\alpha]_D^{22}$ $+86°$ (c = 0,9; Pyridin); 0,1 g; zusammen 50%. β-N-[p-Sulfamylphenyl-D-glucosylamin-2.3.4.6-tetraacetat ($[\alpha]_D$ $-54°$) gibt mit **V** in heißem, HCl-haltigem absol. A. nach 5 Min. kochen, Zugabe von W. u. Kristallisation aus A. ein *Prod.* mit F. 161°; $[\alpha]_D^{22}$ $-56,5°$ (c = 0,9; Pyridin), $-31,6°$ (c = 0,7; Chlf.), das mit der rechtsdrehenden Verb. keine F.-Depression gibt; 60%; das gleiche Ergebnis wird mit α-N-[p-Sulfamylphenyl]-D-glucosylamin-2.3.4.6-tetraacetat in CH_3OH erhalten. (J. chem. Soc. [London] **1955**. 193—95. Jan.) G. REMBARZ. 3400

R. L. Clark, A. A. Pessolano, J. Weijlard und **K. Pfister**, *N-Substituierte Epoxymorphinane.* Eine Anzahl N-substituierter Derivv. von Normorphin (I), Dihydro-, Desoxy- u. Dihydrodesoxynormorphin sowie von verschied. Dihydronormorphinonen wird dargestellt u. auf ihre antagonist. Wrkg. gegenüber Morphin untersucht. Die Synth. der Verbb. erfolgte durch Austausch der $N-CH_3$-Gruppe gegen CN mit CNBr, Hydro-

I 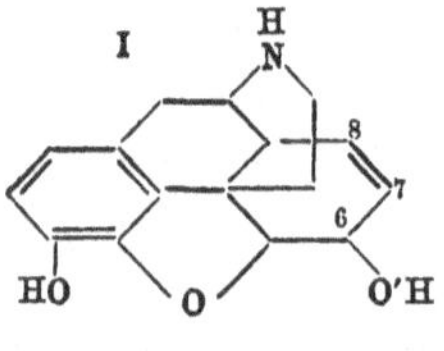

lyse u. Rk. mit entsprechendem Alkylbromid. Die Entfernung der alkoh. OH-Gruppe erfolgte durch Tosylierung u. $LiAlH_4$-Red. nach RAPOPORT u. BONNER (C. **1952.** 372), wobei von der bereits N-alkylierten oder von der nichtalkylierten Verb. ausgegangen werden kann. Die pharmakol. Unters. zeigte, daß bei freier phenol. OH-Gruppe N-Allyl-, -Methallyl-, -n-Propyl- u. -Isobutylderivv. aller Verbindungsklassen der analget. Wrkg. des Morphins entgegenwirken. Bei den acetylierten Verbb. ist die Wrkg. uneinheitlich u. eine Verallgemeinerung nicht möglich. Markierung der phenol. OH-Gruppe durch Methylierung führt zu weniger wirksamen Verbindungen. Die Einführung der Allylgruppe ist nicht allein entscheidend für die pharmakol. Wrkg.: Bei Meperidin, Dihydrothebainonmethyläther u. N-Methyl-Δ^6-dehydroisomorphinan führt der Austausch der $N-CH_3$-gegen die N-Allylgruppe zwar zur Verminderung der analget. Wrkg., bewirkt aber keinen Antagonismus.

Versuche ($[\alpha] = [\alpha]_D^{23}$ mit c $\sim$ 1 in A.): Die Rk. der Normorphinderivv. mit äquimol. Mengen Alkylhalogeniden (**a** Chlorid, **b** Bromid, **c** Jodid) u. einem 50%ig. Überschuß an $NaHCO_3$ erfolgte in einem geeigneten Lösungsm. durch Kochen, Filtrieren in der Hitze, Eindampfen, Ausziehen mit sd. Chlf., Einengen u. Behandeln mit Ae. ([Meth.] **A**), die Hydrierung der 7.8-Doppelbindung in 50% ig. Essigsäure über $PdCl_2$ (**B**), die Acylierung mit Säureanhydriden bei 100° in 2 Std. (**C**), die Methylätherspaltung mit Pyridinhydrochlorid bei 210—225° (**D**), die Entfernung der alkoh. OH-Gruppe durch Tosylierung u. Rk. mit $LiAlH_4$ (**E**), die selektive Entacetylierung durch 5std. Stehen der Diacetylverbb. mit 2,5n HCl (**F**), die N-Entmethylierung nach V. BRAUN u. Mitarbeitern [1914] (**G**). — Normorphine: *N-Äthyl-*, $C_{18}H_{21}O_3N$, F. 217—218° (Äthylacetat), **Ac** (7 Std. in A.); $[\alpha]$ —146°. — *N-β-Oxyäthyl-*, $C_{18}H_{21}O_4N$, F. 246—247° (A.), **A b** (22 Std. in Propanol); $[\alpha]$ —142°. — *N-Aminoformylmethyl-*, $C_{18}H_{20}O_4N_2$, F. 303 bis 304° (NaOH-CH_3COOH), aus dem Ester mit wss. NH_4OH. — *N-Carbäthoxymethyl-*, $C_{20}H_{23}O_5N$ + 2% H_2O, F. 127—129° (A.), **A b** (4 Std. in A.); $[\alpha]$ —121°. — *N-β-Phenoxyäthyl-*, $C_{24}H_{25}O_4N$, F. 186—187° (CH_3OH), **A b** (26 Std. in Propanol); $[\alpha]$ —126°. — *N-Allyl-O.O'-diacetyl-*, *Tartrat*, $C_{23}H_{25}O_5N \cdot C_4H_6O_6 \cdot 1/2\, H_2O$, F. 148—155° (W.), **C**; $[\alpha]$ — 126°. — *N-Allyl-O-acetyl-*, $C_{21}H_{23}O_4N \cdot 1/2\, H_2O$, F. 105—107° ($CH_3OH$), **F**; $[\alpha]$ — 194°. — *N-Allyl-*, *N-Oxyd*, $C_{19}H_{21}O_4N \cdot 1/2\, H_2O$, F. 247° (wss. A.), durch 2std. Stehen von N-Allylnormorphin in Essigsäure mit 30% ig. H_2O_2 bei 60—70°, 12std. Stehen u. Alkalisieren mit NH_4OH; $[\alpha]$ —104°. — *N-Allyl-*, *Methobromid*, $C_{20}H_{24}O_3NBr \cdot H_2O$, F. 249 bis 250° (W.), durch 10 Min. Erwärmen von Morphin u. Allylbromid in CH_3OH, dann Stehen; $[\alpha]$ — 63°. — *N-β-Bromallyl-*, *Hydrobromid*, $C_{19}H_{20}O_3NBr \cdot HBr$, F. 265° ($CH_3OH$), **A b** (24 Std. in A.); $[\alpha]$ — 85°. — *N-n-Propyl-O.O'-diacetyl-*, $C_{23}H_{27}O_5N$, F. 135—136° (A.), **C**; $[\alpha]$ —177°. — *N-n-Propyl-O-methyl-*, *Hydrochlorid*, $C_{20}H_{25}O_3N \cdot HCl$, F. 276—278° (A.), **A c** (4 Std. in A.); $[\alpha]$ — 103°. — *N-Isopropyl-*, *Perchlorat*, $C_{19}H_{23}O_3N \cdot HClO_4$, F. 275° (A.), **A b** (8 Std. in Propanol); $[\alpha]$ —97°. — *N-n-Propyl-*, *Hydrochlorid*, $C_{19}H_{23}O_3N \cdot HCl$ + 4% H_2O, F. 195—198° (W.), **A c** (20 Std. in A.); $[\alpha]$ — 94°. — *N-Isopropyl-O-methyl-*, *Hydrobromid*, $C_{20}H_{25}O_3N \cdot HBr$, F. 237—238° (A.), **A c** (20 Std. in A.); $[\alpha]$ —86°. — *N-β-Cyanäthyl-*, $C_{19}H_{20}O_3N_2$, F. 220—221° (A.), **A b** (20 Std. in A.); $[\alpha]$ —146°. — *N-Acetonyl-*, $C_{19}H_{21}O_4N$, F. 170—172° (A.), **A a** [3 Std. in $HCON(CH_3)_2$]; $[\alpha]$ —137°. — *N-β-Oxypropyl-*, *Hydrobromid*, $C_{19}H_{23}O_4N \cdot HBr$, F. 241—243° (A.), **A b** (44 Std. in Propanol); $[\alpha]$ —96°. — *N-γ-Oxypropyl-*, *Hydrochlorid*, $C_{19}H_{23}O_4N \cdot HCl \cdot H_2O$, F. 207 bis 210° (W.), **A b** (48 Std. in Propanol); $[\alpha]$ — 85°. — *N-β-Carbäthoxyäthyl-*, $C_{21}H_{25}O_5N$, F. 155—157° (CH_3OH), **A b** (4 Std. in A.); $[\alpha]$ —129°. — *N-Methallyl-*, $C_{20}H_{23}O_3N$, F. 196—199° (A.) (es entstand einmal eine polymorphe Form vom F. 216°), **A c** (10 Std. in A.) oder **A a** (74 Std. in wss. Aceton); $[\alpha]$ —152°. — *N-Crotyl-*, *Tartrat*, $C_{20}H_{23}O_3N \cdot C_4H_6O_6$, F. 171—173° (A.), **A a** (104 Std. in A.); $[\alpha]$ —74°. — *N-Isobutyl-*, $C_{20}H_{25}O_3N$, F. 209—210° (A.), **A c** (24 Std. in Propanol); $[\alpha]$ —140°. — *N-Isobutyl-O-methyl-*, *Hydrobromid*, $C_{21}H_{27}O_3N \cdot HBr$, F. 265—268° (A.), **A c** (18 Std. in A.); $[\alpha]$ — 96°. — *N-n-Butyl-*, $C_{20}H_{25}O_3N$, F. 200—202° (A.), **A b** (30 Std. in Propanol); $[\alpha]$ —139°. — *N-n-Amyl-*, $C_{21}H_{27}O_3N$, F. 202—203° (A.), **A b** (20 Std. in Propanol); $[\alpha]$ —132°. — *N-n-Hexyl-*, $C_{22}H_{29}O_3N$, F. 181—182° (Bzl.), **A b** (22 Std. in Propanol); $[\alpha]$ —118°. *Hydrochlorid*, F. 284° (A.-CH_3OH); $[\alpha]$ — 89°. — *N-Benzyl-*, $C_{23}H_{23}O_3N$, F. 230—231° (A.), **A a** (20 Std. in A.); $[\alpha]$ —130°. — *N-p-Nitrobenzyl-*, $C_{23}H_{22}O_5N_2$, F. 232—233° (A.), **A a** (21 Std. in A.); $[\alpha]$ —95°. — *N-Phenacyl-*, *Hydrochlorid*, $C_{24}H_{23}O_4N \cdot HCl \cdot 1\frac{1}{2}\, H_2O$, F. 235—239° (W.), **A a** (65 Std. in A.); $[\alpha]$ — 85°. — *N-β-Phenäthyl-*, *Tartrat*, $C_{24}H_{25}O_3N \cdot C_4H_6O_6$ + 2,5% H_2O, F. 146—148° (wss. A.), **A b** (72 Std. in A.); $[\alpha]$ —67°. — *N-β-Cyclohexyläthyl-*, *Tartrat*, $C_{24}H_{31}O_3N \cdot C_4H_6O_6 \cdot 1/2\, H_2O$, F. 156—159° (wss. CH_3OH), **A b** (44 Std. in A.); $[\alpha]$ —61°. — *N.O.O'-Tripropionyl-*, $C_{25}H_{29}O_6N$, F. 215—217° (A.), **C**; $[\alpha]$ —260°. — Dihydronormorphine: *N-Allyl-*, $C_{19}H_{23}O_3N$, F. 179—180° (Äthylacetat),

Ab (17 Std. in A.); [α] −170°. *Hydrobromid*, F. 264—266° (A. + Ae.); [α] −113°. — *N-Allyl-O-methyl-*, *Hydrobromid*, $C_{20}H_{25}O_3N\cdot HBr$, F. 221—223° (A.), **Ab**; [α] −116°. — *N-Allyl-O.O'-diacetyl-*, *Tartrat*, $C_{23}H_{27}O_5N\cdot C_4H_6O_6\cdot 1/2\ H_2O$, F. 107—113° (A.), **C**; [α] −76°. — *N-n-Propyl-*, $C_{19}H_{25}O_3N$, F. 231—232° (Äthylacetat), **B**; [α] −150°. *Hydrochlorid*, $C_{19}H_{25}O_3N\cdot HCl\cdot H_2O$, F. 147—149° (A.); [α] −114°. — *N-n-Propyl-O-methyl-*, *Hydrobromid*, $C_{20}H_{27}O_3N\cdot HBr$, F. 283—285° (A.), **B**; [α] −106°. — *N-n-Propyl-O.O'-diacetyl-*, *Hydrochlorid*, $C_{23}H_{29}O_5N\cdot HCl$, F. 262—266° (A.-Ae.), **C**; [α] −96°. — *N-Methallyl-*, $C_{20}H_{25}O_3N$, F. 181—182° (A.), **Ac** (6 Std. in A.); [α] −159°. — *N-Isobutyl-*, $C_{20}H_{27}O_3N$, F. 191—193° (A.), **B**; [α] −156°. — Desoxynormorphine: *O-Methyl-*, *Hydrobromid*, $C_{17}H_{19}O_2N\cdot HBr$, F. 311—312° (A.), **E** u. **G**; [α] −23°. — *N-Allyl-*, $C_{19}H_{21}O_2N$, F. 174—175° (Äthylacetat), **D**; [α] −96° *Hydrochlorid*, F. 297—300° (A.-Ae.); [α] −60°. — *N-Allyl-O-methyl-*, $C_{20}H_{23}O_2N$, F. 75—77° (Ae.), **E** u. **A**; [α] −98°. — *N-Allyl-O-methyl-6-tosyl-*, $C_{27}H_{29}O_5NS$, F. 109—110° (Ae.) **E**; [α] −183°. *Hydrobromid*, F. 145—146° (CH_3OH); [α] −163° — *N-n-Propyl-*, *Hydrochlorid*, $C_{19}H_{23}O_2N\cdot HCl$ + 35% H_2O, F. 272—273° (A.), **D**; [α] −33°. — *N-n-Propyl-O-methyl-*, *Hydrobromid*, $C_{20}H_{25}O_2N\cdot HBr$, F. 281—283° (A.-Ae.), **Ac** (24 Std. in A.); [α] −34°. — Dihydrodesoxynormorphine: *O-Methyl-*, $C_{17}H_{21}O_2N$, F. 92—94° (Äthylacetat), **G** u. **B**; [α] −71°. — *N-Allyl-*, $C_{19}H_{23}O_2N$, F. 141—142° (Äthylacetat), **D**; [α] −102°. — *N-Allyl-O-methyl-*, $C_{20}H_{25}O_2N$, F. 72—74° (Äthylacetat), **Ab** (5 Std. in A.); [α] −106°. — *N-Allyl-O-methyl-6-tosyl-*, *Tartrat*, $C_{27}H_{31}O_5NS\cdot C_4H_6O_6\cdot 1/2\ H_2O$, F. 135—140° (A.), **E**; [α] −112°. — *N-n-Propyl-*, $C_{19}H_{25}O_2N$, F. 141—144° (Äthylacetat), **D**; [α] −92°. — *N-n-Propyl-O-methyl-*, *Hydrobromid*, $C_{20}H_{27}O_2N\cdot HBr$, F. 282—283° (A.), **E** u. **B**; [α] −62°. — Dihydronormorphinone: *O-Methyl-*, $C_{17}H_{19}O_3N$, F. 144—147° (Äthylacetat), **G**; [α] −176°. — *N-Cyan-O-methyl-*, $C_{18}H_{18}O_3N_2$, F. 217—218° (A.), **G**; [α] −250°. — *N-Allyl-*, $C_{19}H_{21}O_3N$, F. 212—216° (Äthylacetat), **D**; [α] −200°. — *N-Allyl-O-methyl-*, *Tartrat*, $C_{20}H_{23}O_3N\cdot C_4H_6O_6\cdot H_2O$, F. 106—110° (A.), **Ab** (6 Std. in A.); [α] −84°. — *N-n-Propyl-*, $C_{19}H_{23}O_3N$, F. 214—216° (Äthylacetat), **D**; [α] −155°. — *N-n-Propyl-O-methyl-*, *Hydrobromid*, $C_{20}H_{25}O_3N\cdot HBr$, F. 293° ($CH_3OH$), **Ac** (30 Std. in A.); [α] −135°. — *N-Methallyl-*, *Tartrat*, $C_{20}H_{23}O_3N\cdot C_4H_6O_6\cdot 1/2\ H_2O$, F. 119—124° (wss. A.), **D**; [α] −97°. — *N-Methallyl-O-methyl-*, *Tartrat*, $C_{21}H_{25}O_3N\cdot C_4H_6O_6\cdot H_2O$, F. 88—92° (wss. A.), **Aa** (70 Std. in A.); [α] −98°. — *N-Isobutyl-*, *Tartrat*, $C_{20}H_{25}O_3N\cdot C_4H_6O_6$, F. 137—140° (A.), **D**; [α] −89°. — *N-Isobutyl-O-methyl-*, *Tartrat*, $C_{21}H_{27}O_3N\cdot C_4H_6O_6$ + 3% H_2O, F. 98 bis 100° (wss. A.), **Ac** (70 Std. in A.); [α] −97°. — *N-Allyldihydrothebainonmethyläther*, *Hydrobromid*, $C_{21}H_{27}O_3N\cdot HBr$, F. 275—278°, **G** u. **A**; [α] −53°. *N-Propylderiv.*, *Perchlorat*, $C_{21}H_{29}O_3N\cdot HClO_4$, F. 268—270°; [α] −49°. (J. Amer. chem. Soc. **75**. 4963—67. 20/10. 1953. Rahway, N. J., Merck & Co., Res. Labors.) H. LEHWALD. 3500

J. W. Cook, J. D. Loudon und **P. McCloskey,** *Chemie der Gattung Mitragyna.* 3. Mitt. *Synthese eines Abbauproduktes des Mitragynins.* (2. vgl. C. **1952.** 54.) Von dem von ING u. RAISON (C. **1939.** II. 1877) bei der Zn-Staubdest. des Mitragynins isolierten Abbauprod. $C_{14}H_{14}ON_2$, das die Eigg. eines Methoxy-N-methylharmans hat, war bekannt, daß es nicht mit 7- oder 8-Methoxy-1.2-dimethyl-β-carbolin ident. ist. In der Absicht, 9-Methoxy-1.2-dimethyl-β-carbolin darzustellen, wurde das Chloracetylderiv. des N-Methyl-o-anisidins mit $AlCl_3$ bei 160° erhitzt. Als Hauptprod. entstand dabei *2.3-Dihydro-3-keto-4-methylbenz-1.4-oxazin.* Dieses ließ sich bei 200—220° durch $AlCl_3$ in Indolderivv. umlagern. Das alkalilösl. Umlagerungsprod. wurde mit Dimethylsulfat methyliert, wobei zwei isomere Methoxyoxindole der Zus. $C_{10}H_{11}O_2N$ entstanden. Das eine von ihnen (I) gab bei der Red. mit $LiAlH_4$ ein Methoxyindol (III) u. ein Methoxyindolin u. jedes dieser Reduktionsprodd. enthielt eine N-Methylgruppe. Die entsprechenden Reduktionsprodd. des isomeren Methoxyoxindols (II) enthielten nach der Best. keine $N\text{-}CH_3$-Gruppe. Da das von ING u. RAISON erhaltene Abbauprod. ein N-Methyl enthält, wurde das N-methylhaltige Indol (III) über das entsprechende Gramin u. Tryptophan in das Methoxy-1.2-dimethyl-β-carbolin verwandelt. Letzteres war mit dem Mitragyninabbauprod. identisch. Hiermit war das Abbauprod. zwar synthetisiert, aber seine Struktur noch ungewiß. 7-Methoxyindol gab bei der Einw. von CH_3J u. K in fl. NH_3 ein Methylierungsprod., das mit dem aus II erhaltenen Indol (IV) ident. war u. wie dieses bei der N-Methylbest. einen Nullwert lieferte. Es wurde daher vermutet, daß C-Alkylierung eingetreten war. IV war aber weder mit 7-Methoxy-2- noch -3-methylindol identisch. Als dagegen N-Methyl-o-anisidin mit Oxalylchlorid acyliert wurde u. das hieraus mit $AlCl_3$ erhaltene *7-Methoxy-1-methylisatin* in 2 Stufen red. wurde, entstand IV. Da aus 7-Methoxyindol ein 9-Methoxy-β-carbolin entsteht, konnte das Abbauprod. nun auch nicht mit 9-Methoxy-1.2-dimethyl-β-carbolin ident. sein; als Struktur kam schließlich nur *6-Methoxy-1.2-dimethyl-β-carbolin* (V) in Frage, was schließlich durch die Synth. von I, das sich als *4-Methoxy-1-methyl-*

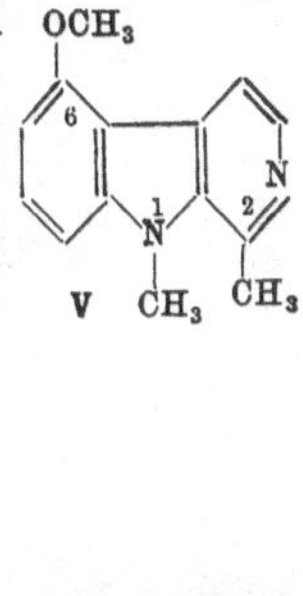

V

oxindol erwies, bewiesen wurde. III war demnach *4-Methoxy-1-methylindol.* Mit HCHO u. Dimethylamin entstand daraus *4-Methoxy-1-methylgramin.* Als Methojodid reagierte dieses mit Na-Acetamidomalonester unter Bldg. von *α-Acetamido-α-carbäthoxy-β-[4-methoxy-1-methylindolyl-(3)]-propionsäureäthylester* (VI), das nach stufenweiser Hydrolyse u. Decarboxylierung zu *4-Methoxy-1-methyltryptophan* führte. Dieses wurde mit CH_3CHO kondensiert u. mit $K_2Cr_2O_7$ in V übergeführt.

Versuche (FF. korr.): *N-Methyl-o-anisidin*, Kp. 228—230°, durch Methylierung von Na-Acetyl-o-anisidin u. Hydrolyse mit 50%ig. H_2SO_4. *Pikrat*, $C_8H_{11}ON \cdot C_6H_3O_7N_3$, F. 141—142°, gelbe Prismen (A.). *N.N-Dimethyl-o-anisidin*, $Kp._{47-48}$ 128—131°, aus o-Anisidin u. Dimethylsulfat bei 50—80°. *Pikrat*, $C_9H_{13}ON \cdot C_6H_3O_7N_3$, F. 144—145°, gelbe Prismen (A.). — *2.3-Dihydro-3-keto-4-methylbenz-1.4-oxazin*, $C_9H_9O_2N$, F. 57—58°, aus PAe. Stäbchen; N-Methyl-o-anisidin wird mit Chloracetylchlorid in Bzl./Pyridin (1 Std. bei 100°) acyliert, der Rückstand der sauer ausgeschüttelten Benzollsg. mit $AlCl_3$ versetzt u. schließlich 1½ Std. bei 160° erhitzt, das Gemisch nach dem Abkühlen gepulvert u. mit Eisbrei über Nacht bei 0° aufbewahrt; nach Abgießen der überstehenden Fl. wird das zähe, braune Prod. mit 7,5%ig. NaOH verrührt, der ungelöste Anteil in Ae. aufgenommen u. der Ätherrückstand dest. ($Kp._3$ 127—129°). Zur Umlagerung wird $AlCl_3$ in die geschmolzene Verb. unter Rühren eingetragen u. 1 Std. bei 220° erhitzt, nach dem Abkühlen die braune Paste gepulvert, mit Eis u. Salzsäure zers., die ausgeschiedene M. in verd. NaOH gelöst, nicht umgelagertes Oxazin mit Ae. ausgeschüttelt u. die wss. Lsg. mit konz. HCl angesäuert. Das ausgeschiedene Rohprod. wird in 7,5%ig. NaOH gelöst, mit Dimethylsulfat methyliert, die neutralisierte Lsg. mit Essigester ausgeschüttelt, der Essigester verdampft u. der Rückstand dest. ($Kp._{0,25}$ 118—123°); das Destillat wird mehrmals mit kaltem Ae. digeriert u. aus W. krist.: *4-Methoxy-1-methyloxindol* (I), $C_{10}H_{11}O_2N$, F. 137—138°, glänzende Nadeln oder Blättchen. In der äther. Mutterlauge *7-Methoxy-1-methyloxindol* (II), $C_{10}H_{11}O_2N$, F. 101—102°, lange, spitze Blättchen (nach Chromatographie an Al_2O_3 in äther. Lsg.). — *2.3-Dihydro-3-keto-2-methylbenz-1.4-oxazin*, $C_9H_9O_2N$, F. 144,5—145,5°, aus α-Brompropionyl-o-anisidid u. $AlCl_3$ bei 160° während 15 Min.; Nadeln (wss. A.). — *2.3-Dihydro-3-keto-benz-1.4-oxazin*, $C_8H_7O_2N$, F. 172—173°, aus Chloracetyl-o-anisidid u. der vierfachen Menge $AlCl_3$ bei 175—190° während 1 Std.; Blättchen (wss. A.). — *7-Methoxy-1-methylisatin*, $C_{10}H_9O_3N$, F. 186,5—187°; 26 g Oxalylchlorid u. 13 g N-Methyl-o-anisidin werden in 100 ml Bzl. 3 Std. gekocht, danach wird Bzl. durch Äthylendichlorid ersetzt, unter Kühlung 13 g $AlCl_3$ eingetragen, das Gemisch nach 24 Std. auf Eis gegossen u. der Rückstand der organ. Phase aus wss. A. (Kohle) krist.; blutrote Nadeln. *β-Oxim*, $C_{10}H_{10} \cdot O_3N_2 \cdot 0{,}5\,H_2O$, F. 234—235° (Zers.), aus vorst. Verb. u. Hydroxylaminhydrochlorid oder aus II u. wss. $NaNO_2$-Lsg. in Eisessig; goldgelbe Nadeln. — *7-Methoxy-1-methyl-2.3-dioxyindol*, $C_{10}H_{11}O_3N$, F. 170—175° (Zers.), durch Eintragen von 0,51 g $Na_2S_2O_4$ in die sd. Suspension vorst. Verb. (0,39 g) in W.; Prismen. — *7-Methoxy-1-methyloxindol* (II), durch Red. vorst. Verb. mit Na-Amalgam in verd. H_2SO_4. — *2-Methoxy-6-nitrobenzylcyanid*, $C_9H_8O_3N_2$, F. 78—79°, aus 2-Methoxy-6-nitrobenzylchlorid u. KCN in A.; gelbe, lichtempfindliche Blättchen (A./W., 1 : 1, Kohle). — *2-Methoxy-6-nitrophenylessigsäure*, $C_9H_9O_5N$, F. 171—172°, durch Hydrolyse vorst. Verb. mit konz. HCl; gelbliche Prismen (W. mit etwas A.). — *4-Methoxyoxindol*, $C_9H_9O_2N$, F. 196—197°, durch Hydrierung vorst. Verb. über Pd-Mohr in Eisessig; aus A./W. gelbliche Nadeln. — *4-Methoxy-1-methyloxindol* (I), F. 136,5—137°, durch 6std. Erhitzen vorst. Indols in methanol. $NaOCH_3$-Lsg. mit CH_3J bei 40—45° unter Rückfluß u. nach Abtreiben des Lösungsm. Zugabe von 10%ig. NaOH; kleine hellgelbe Prismen oder Blättchen. — *7-Methoxy-1-methylindol* (IV), $C_{10}H_{11}ON$, F. 54,5—55,5°, durch Red. von II mit $LiAlH_4$ oder durch Zutropfen von 7-Methoxyindol in Ae. u. CH_3J in Ae. zu einer Lsg. von K, fl. NH_3 u. etwas $Fe(NO_3)_3$. *Pikrat*, $C_{10}H_{11}ON \cdot C_6H_3O_7N_3$, F. 151°, schokoladenbraune Nadeln (A.). Daneben *7-Methoxy-1-methylindolin. Pikrat*, $C_{10}H_{13}ON \cdot C_6H_3O_7N_3$, F. 145 bis 148° (Sintern bei 130°), gelbe Prismen (A.). — *4-Methoxy-1-methylindol* (III), $C_{10}H_{11} \cdot ON$, F. 89°, durch $LiAlH_4$-Red. von I in Ae.; flache Prismen (PAe.). *Pikrat*, $C_{10}H_{11}ON \cdot C_6H_3O_7N_3$, F. 153°, dunkelrote Nadeln (A.). Daneben *4-Methoxy-1-methylindolin*, schwachgelbes Öl, $Kp._{10,5}$ 95—97° (Badtemp.). *Pikrat*, $C_{10}H_{13}ON \cdot C_6H_3O_7N_3$, F. 163—164° (Zers.), gelbe Kristalle (A.). — *7-Methoxy-2-methylindol*, $C_{10}H_{11}ON$, F. 83—83,5°, aus Aceton-o-methoxyphenylhydrazon u. $ZnCl_2$ nach FISCHER; aus PAe. flache Nadeln, die an der Luft gelb werden. *Pikrat*, $C_{10}H_{11}ON \cdot C_6H_3O_7N_3$, F. 157—158°, braunrote Nadeln (A.). — *7-Methoxy-3-methylindol*, $Kp._{15}$ 150°, gelbliches Öl, entsprechend aus Propionaldehyd u. o-Methoxyphenylhydrazin. *Pikrat*, $C_{10}H_{11}ON \cdot C_6H_3O_7N_3$, F. 158,5—159°, dunkelrote Nadeln (A.). — *3-Dimethylaminomethyl-4-methoxy-1-methylindol* (*4-Methoxy-1-methylgramin*); zu 33%ig. wss. Dimethylamin wird bei 5° Essigsäure gegeben u. nach Zugabe von Formalin die Mischung unter Schütteln in feingepulvertes III gegeben; nach 3 Std.

bei 40° u. 24 Std. bei 20° wird mit 10%ig. NaOH versetzt, die sich bei 0° bildende Ausscheidung mit n HCl u. Ae. behandelt, die saure Lsg. alkal. gemacht u. mit Ae. ausgeschüttelt; Öl. *Pikrat*, $C_{13}H_{18}ON_2 \cdot C_6H_3O_7N_3$, F. 160—161°, gelbe Prismen (CH_3OH). *Methojodid*, $C_{14}H_{21}ON_2J \cdot 3\ H_2O$; Blättchen (Bzl./A.), sehr hygroskopisch. — *α-Acetamido-α-carbäthoxy-β-[4-methoxy-1-methylindolyl-(3)]-propionsäureäthylester* (**VI**), $C_{20}H_{26}O_6N_2$, F. 144—145°; vorst. Jodmethylat wird zur alkoh. Lsg. von Na-Acetamidomalonester gegeben u. 24 Std. gekocht, die filtrierte Lsg. in W. gegossen u. der Nd. in Bzl. an Al_2O_3 gereinigt; Prismen (Bzl./PAe.). — *α-Acetamido-β-[4-methoxy-1-methylindolyl-(3)]-propionsäure*, $C_{15}H_{18}O_4N_2 \cdot H_2O$, F. 190—195° (Sintern bei 120°, langsames Erhitzen), F. 120—125° (Zers., rasches Erhitzen), durch Verseifung von **VI**; lange, spitze Blättchen (A./W., 2 : 1). — *α-Amino-β-[4-methoxy-1-methylindolyl-(3)]-propionsäure (4-Methoxy-1-methyltryptophan)*, $C_{13}H_{16}O_3N_2$, F. ca. 250° (Zers.), durch Erhitzen von vorst. Acetylderiv. mit W. bei 180—190° (6 Std.), fast farblose, platte Nadeln (W./A., 1 : 1). — *2.3.4.5-Tetrahydro-6-methoxy-1.2-dimethyl-β-carbolincarbonsäure-(4)*, $C_{15}H_{18}O_3N_2 \cdot H_2O$, F. 255—257° (Zers.); eine Lsg. von 0,35 g vorst. Verb. in 50 ml heißem W. wird rasch abgekühlt, mit 1 ml frisch dest. Acetaldehyd versetzt, nach 24 Std. bei 20° im verschlossenen Gefäß 12 Std. bei 50—70° erwärmt u. eingedampft; winzige cremefarbene Blättchen (W., Kohle). — *6-Methoxy-1.2-dimethyl-β-carbolin* (**V**), $C_{14}H_{14}ON_2$, F. 139—140°; 0,28 g vorst. Säure werden in 170 ml W., 14 ml 10%ig. $K_2Cr_2O_7$-Lsg. u. 3 ml Essigsäure 3 Min. gekocht, gekühlt, dann mit überschüssiger Na_2SO_3-Lsg. behandelt u. mit gesätt. Sodalsg. versetzt; das Carbolin wird in Ae. aufgenommen u. in Bzl. an Al_2O_3 gereinigt; gelbliche Prismen (Bzl./PAe.). *Pikrat*, $C_{14}H_{14}ON_2 \cdot C_6H_3O_7N_3$, F. 267° (Zers.), winzige gelbe Nadeln (CH_3OH). *p-Nitrobenzylidenderiv.*, $C_{21}H_{17}O_3N_3$, F. 264°, goldgelbe Nadeln (Bzl.). **V** u. dessen Derivv. gaben keine F.-Depression mit den entsprechenden Derivv. des Mitragyninabbauprod. von ING. (J. chem. Soc. [London] **1952**. 3904—12. Okt. Glasgow, Univ.) K. NEZEL. 3500

G. G. Doig, J. D. Loudon und **P. McCloskey**, *Chemie der Gattung Mitragyna.* 4. Mitt. *Derivate des Harmans.* (3. vgl. vorst. Ref.) Durch die Synth. von *9-Methoxy-*, *9-Methoxy-1-methyl-* u. *6-Methoxy-1-methylharman* wurde die Reihe der Harmanderivv., die eine Methoxylgruppe im Benzolkern enthalten, u. eine 1-Methylgruppe oder diesen Substituenten nicht besitzen, vervollständigt. Die Synth. entsprach der l. c. beschriebenen. Von allen Harmanderivv. wurden die UV-Spektren bestimmt.

Versuche: *1.2-Dimethyl-β-carbolinmethosulfat*, $C_{14}H_{16}O_4N_2S$, F. 262° (Zers.), aus Harman (F. 238°) u. Dimethylsulfat in Bzl.; Nadeln (CH_3OH). *Anhydrobase*, $C_{13}H_{12}N_2$, F. 177—178° (Zers.), gelbe Nadeln, aus Vorst. u. n NaOH. — *1.2.3-Trimethyl-3-carboliniumjodid*, $C_{14}H_{15}N_2J$, F. 279—281°, aus vorst. Verb. u. CH_3J; gelbe Nadelbüschel. Erhitzen dieses Salzes in einer Sublimationsröhre bei 290°/0,5 Torr während 1 Std. gab *1.2-Dimethyl-β-carbolin*, $C_{13}H_{12}N_2$, F. 102°, Plättchen. — *7-Methoxy-2-methyl-β-carbolin*, F. 275—276°, u. *7-Methoxy-1.2-dimethyl-β-carbolin*, F. 130—131° (vgl. 2. Mitt., C. **1952**. 54). — *8-Methoxy-2-methyl-β-carbolin (Harmin)*, F. 261—262°, Nadeln (CH_3OH/W.). Daraus *8-Methoxy-1.2-dimethyl-β-carbolin*, F. 122—123°, Nadeln. — *3-Dimethylaminomethyl-4-methoxyindol (4-Methoxygramin)*, $C_{12}H_{16}ON_2$, F. 142—143°, aus 4-Methoxyindol in einer MANNICH-Rk., Prismen (Bzl., Kohle). — *α-Acetamido-α-carbäthoxy-β-[4-methoxyindolyl-(3)]-propionsäureäthylester*, $C_{19}H_{24}O_6N_2$, F. 162—163° (Sintern bei 158°); zu Na-Acetamidomalonester in A. wird 4-Methoxygramin gegeben u. dann tropfenweise Dimethylsulfat unter Rühren hinzugefügt; nach 16 Std. bei 20° wird in W. gegossen u. der Ester mit Chlf. ausgezogen; Blättchen (A.). — *α-Amino-β-[4-methoxyindolyl-(3)]-propionsäure (4-Methoxytryptophan)*, $C_{12}H_{14}O_3N_2$, F. 235 bis 246° (Zers.); vorst. Ester wird mit Sodalsg. verseift, nach Ae.-Extraktion die wss. Lsg. angesäuert u. die Acetamidoverb. mit W. 6 Std. bei 180° erhitzt; Prismen (A./W., 1 : 3). — *2.3.4.5-Tetrahydro-6-methoxy-2-methyl-β-carbolincarbonsäure-(4)*, $C_{14}H_{16}O_3N_2 \cdot H_2O$, F. 259—260° (Zers.), aus vorst. Verb. u. Acetaldehyd in W. während 24 Std. bei 20 u. 1 Std. bei 100°. — *6-Methoxy-2-methyl-β-carbolin (6-Methoxyharman)*, $C_{13}H_{12}ON_2$, F. 246—247° (Zers.), aus vorst. Verb. u. $K_2Cr_2O_7$ in essigsaurer Lsg.; Stäbchen (Chlf., Al_2O_3). — *6-Methoxy-1.2-dimethyl-β-carbolinmethosulfat*, $C_{15}H_{18}O_5N_2S$, F. 285° (Zers., Sintern bei 272°), gelbe Nadeln (CH_3OH). Hieraus über die *Anhydrobase* [F. 234° (Zers.)] mit CH_3J *6-Methoxy-1.2.3-trimethyl-β-carboliniumjodid*, $C_{15}H_{17}ON_2J \cdot H_2O$, F. 253—254° (Zers.), braune Nadeln (wss. A.). Hieraus durch Pyrolyse *6-Methoxy-1.2-dimethyl-β-carbolin*, F. 138° (Sintern bei 135°). — *9-Methoxy-2-methyl-β-carbolin (9-Methoxyharman)*, $C_{13}H_{12}ON_2$, F. 239—240°, entsprechend wie oben über die Stufen *7-Methoxygramin* ($C_{12}H_{16}ON_2$, F. 112,5°, aus A./PAe. dünne Stäbchen), *α-Acetamido-α-carbäthoxy-β-[7-methoxyindolyl-(3)]-propionsäureäthylester* [$C_{19}H_{24}O_6N_2$, F. 147°, Prismen (A.)], *7-Methoxytryptophan* [$C_{12}H_{14}O_3N_2$, F. ca. 250° (Zers.), gelbliche Nadeln] u. *2.3.4.5-Tetrahydro-9-methoxy-2-methyl-β-carbolincarbonsäure-(4)*, $C_{14}H_{16}O_3N_2 \cdot H_2O$, F. 255

bis 256° (Zers.). — *9-Methoxy-1.2-dimethyl-β-carbolin*, $C_{14}H_{14}ON_2$, F. 164—165°, Plättchen (PAe. 60—80°), über *9-Methoxy-1-methylharmanmethosulfat* [$C_{15}H_{18}O_5N_2S$, F. 245°, Nadeln (CH_3OH); *Base*, F. 167° (Zers.)] u. *9-Methoxy-1.2.3-trimethyl-β-carboliniumjodid*, $C_{15}H_{17}ON_2J$, F. 294—295° (Zers.), Nadeln (A.). (J. chem. Soc. [London] **1952**. 3912—16. Okt.) K. Nezel. 3500

Adolfo Quilico, Cesare Cardani und **Luigi Panizzi**, *Über die Struktur des Flavoglaucins.* Gewisse Unterschiede im chem. Verh. von Flavoglaucin (I) u. einfacher gebauten Modellsubstanzen führen zu der Annahme, daß die bisher für I angenommene Struktur 2-Isopentenoyl-5-[n-heptyl]-6-methylhydrochinon (vgl. C. **1952**. 6062 u. früher) nicht zutrifft u. daß I als *3-Isopentenyl-6-[n-heptyl]-gentisinaldehyd* zu bezeichnen ist. Bei der Oxydation von I mit H_2O_2 in alkoh. NaOH entstehen neben *Caprylsäure* (**III**) die *Carbonsäuren* $C_{15}H_{22}O_4$ (**IV**), F. 159—160° (W.), u. $C_9H_{12}O_4$ (**V**), F. 203—204°. **IV**, die bei der $KMnO_4$-Oxydation reichlich **III** liefert, hat die Struktur eines *Gentisin*- oder *Homogentisinsäurederiv.* (**VI** bzw. **II**). Die für die Strukturaufklärung von I wichtigere Säure **V**

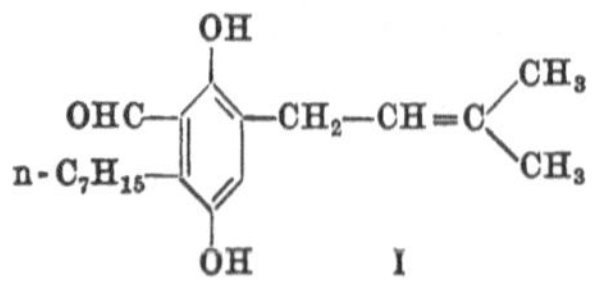
I

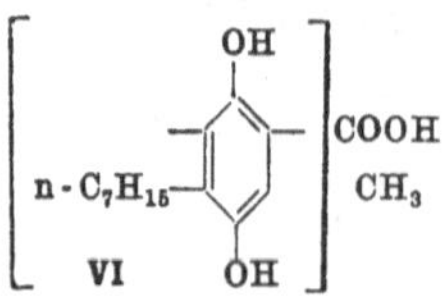
VI

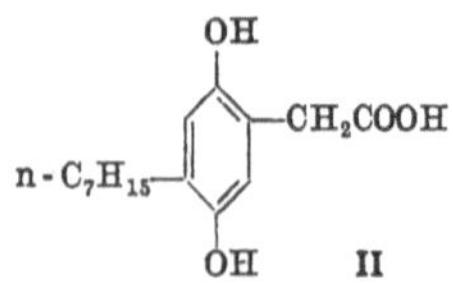
II

enthält 2 Carboxylgruppen u. wird durch $KMnO_4$ in alkal. Medium zu *Aceton*, CH_3COOH u. *Oxalsäure*, in saurem Medium zu *Aceton*, CO_2 u. CH_3COOH oxydiert. Katalyt. Hydrierung mit Raney-Ni/H_2 des Na-Salzes von **V** gibt die *gesätt. Säure* $C_9H_{16}O_4$, F. 77 bis 78°, die als *Isoamylbernsteinsäure* (*Anilid*, F. 135°) erkannt wurde. Als wahrscheinlichste Struktur für **V** wird die der *Isobutenylitaconsäure* angesehen. Die für I jetzt angenommene Struktur erklärt auch einige weitere Rkk., u. a. die Cyclisierung durch alkoh. HCl, leichter, als dies mit der bisher angenommenen Struktur möglich war. Wenn die jetzt angenommene Struktur für I richtig ist, müssen Dihydro-I als *2-Isoamyl-5-[n-heptyl]-gentisinaldehyd-(6)* u. Tetrahydro-I als *2-Isoamyl-5-[n-heptyl]-gentisinalkohol-(6)* bezeichnet werden. Der natürliche Begleiter von I, *Auroglaucin*, ist dann als *2-Isopentenyl-5-[n-heptatrienyl]-gentisinaldehyd-(6)* anzusprechen. (Atti Accad. naz. Lincei, Rend., Cl. Sci. fisiche, mat. natur. [8] **14**. 358—64. März 1953. Milano, Politecn., Ist. di Chim. gen., u. Napoli, Univ., Ist. di Chim. organ.) K. Faber. 3550

Lindsay H. Briggs, F. E. Jacombs und **G. A. Nicholls**, *Die Farbstoffe der Borke von Rhamnus alaternus L.* Aus der mit PAe. extrahierten Borke von *Rhamnus alaternus* L. werden mit Aceton 22% teilweise krist. *Oxyanthrachinonylglykoside* isoliert, deren Aglykone durch Chromatographie in *Emodin* u. eine *Verb.* $C_{15}H_{10}O_6$ (I), wahrscheinlich *3.4.5.7-Tetraoxy-2-methylanthrachinon*, aufgetrennt werden. Die Struktur von I wurde nach dem Ausschlußverf. aus folgenden Rkk. u. Eigg. ermittelt: I bildet ein *Tetraacetat* u. einen *Tetramethyläther*. Als Nebenprod. der Methylierung wird ein *Dimethyläther* gefaßt (wahrscheinlich 2 β-OH-Gruppen, da diese bes. leicht methylierbar sind), die beiden anderen OH-Gruppen stehen in 1.8- oder 4.5-Stellung (Infrarotbanden bei 1681 u. 1613 μ u. UV-Maximum bei 367 mμ). Ein weiterer Beweis für die α-Stellung dieser OH-Gruppen ist ein Maximum bei 367 mμ im Tetramethyläther (charakterist. für Anthrachinone ohne freie α-OH-Gruppen). Die Kuhn-Roth-Best. zeigt eine CH_3-Gruppe an, die wahrscheinlich in β-Stellung steht, da alle bisher isolierten Methylanthrachinone aus Pflanzen die CH_3-Gruppen in β-Stellung besitzen. I gibt einen negativen Bargellini-Test u. wird in alkal. Lsg. nicht oxydiert (keine vicinalen Trioxygruppen), färbt gebeizte Wolle u. wird aus MgO nicht durch Essigsäure eluiert (vicinale Dioxygruppen). In NaOH u. konz. H_2SO_4 liefert I eine rote Lösung.

V e r s u c h e : *3.4.5.7-Tetraoxy-2-methylanthrachinon* (I), $C_{15}H_{10}O_6$, F. 310° (nach Sublimation bei 220°/0,01 mm), aus der getrockneten u. zerkleinerten Borke von *Rhamnus alaternus* L. durch erschöpfende Extraktion mit Aceton, Eindampfen, Hydrolysieren der wss. Lsg. durch 12std. Kochen mit konz. HCl, Aufnehmen des Nd. (8% *Aglykone*) in Aceton, Chromatographieren an MgO u. Auflösen der purpurfarbenen Zone in HCl; ziegelrote Platten aus Essigsäure. *Tetraacetat*, $C_{23}H_{18}O_{10}$, F. 224°, citronengelbe Nadeln aus Eisessig. *Tetramethyläther*, $C_{19}H_{18}O_6$, F. 181—182°, aus 203 mg I in Aceton durch ½std. Kochen mit $(CH_3)_2SO_4$ u. KOH u. Chromatographie aus Aceton an MgO; gelbe Nadeln aus Eisessig; 93 mg (Ausbeute), daneben ein *Dimethyläther*, $C_{17}H_{14}O_6$, F. 220°, orangefarbene Nadeln aus Eisessig; 30 mg; mit konz. H_2SO_4 rubinrot, $FeCl_3$-Rk. braun. — *Emodin*, F. 255° (nach Sublimation bei 175°/0,01 mm), aus der roten Zone obigen Chromatogramms; orangefarbene Nadeln aus Eisessig. *Triacetat*, F. 197°, citronengelbe

Nadeln aus Eisessig. *Trimethyläther*, F. 222—223°, gelbe Nadeln aus Eisessig; daneben der *7-Methyläther* (*Physicon*), F. 201—202°, orangegelbe Nadeln aus Eisessig. — Die UV- u. Infrarotspektren von I, seinen Äthern u. von Emodin sind angegeben. (J. chem. Soc. [London] **1953**. 3069—72. Okt. Auckland, New Zealand, Univ. Coll.)

H. LEHWALD. 3550

L. Zechmeister und **F. J. Petracek**, *Bis-[dehydro]-carotine*. Vff. weisen darauf hin, daß die von ihnen dargestellte Verb. „Bis-[dehydro]-β-carotin" (ZECHMEISTER u. WALLCAVE, J. Amer. chem. Soc. **75**. [1953.] 4493), für die eine symm. u. eine asymm. Struktur zur Diskussion gestellt wurden, nach der erfolgten Totalsynth. von 3.4.3'.4'-Bis-[dehydro]-β-carotin (I; INHOFFEN u. RASPE, Liebigs Ann. Chem. **594**. [1955.] 165) nur die asymm. Struktur **A** haben kann. Die Verb. wird jetzt als *retro-Bis-[dehydro]-carotin* (**II**) bezeichnet. I ist ident. mit einem Nebenprod. der Dehydrierung von sowohl α- als auch β-Carotin (vgl. KARMAKAR u. ZECHMEISTER, J. Amer. chem. Soc. **77**. [1955.] 55). I u. **II** können also durch direkte Dehydrierung von Carotinen erhalten werden. (J. Amer. chem. Soc. **77**. 2567—68. 5/5. 1955. Pasadena, Calif., Inst. of Technol., Gates and Crellin Labor. of Chem.)

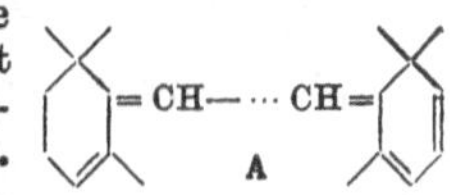

G. WINKLER. 3550

D. H. R. Barton, T. Bruun und **A. S. Lindsey**, *Sesquiterpenoide*. 2. Mitt. *Tricyclische Derivate von Caryophyllen*. (1. vgl. C. **1955**. 8629.) Ausführliche Wiedergabe der C. **1953**. 2927 referierten Arbeit, die zur Aufklärung der Strukturen von *Caryophyllen* (**I**), *β-Caryophyllenalkohol* (**II**) u. *Cloven* geführt hat. Für die *Dicarbonsäure* $C_{12}H_{18}O_4$ (vgl. 1. Mitt., l. c.) wird die Struktur *2.6.6-Trimethylbicyclo-[3.2.0]-heptan-1.2-dicarbonsäure* abgeleitet; da sich ihr Anhydrid nicht bromieren ließ, muß sie ditert. sein. Die Stereochemie von I u. einiger Derivv. wird diskutiert u. eine Erläuterung zu den Anomalien der Absorptionsspektren einiger gesätt. *2.4-Dinitrophenylhydrazone* gegeben.

V e r s u c h e (opt. Drehungen in Chlf.): *1.9-Dioxy-4.4.8-trimethyltricyclo-[6.3.1.0^{2,5}]-dodecan* (**III**), $C_{15}H_{26}O_2$, F. 106—107° (PAe. oder Ae.), $[\alpha]_D$ — 5° (c = 2,00), aus dem Rückstand der Dest. von Caryophyllenoxyd; *Acetat*, $C_{17}H_{28}O_3$, F. 104—105° (PAe.), $[\alpha]_D$ + 27° (c = 2,23). — *1-Oxy-4.4.8-trimethyltricyclo-[6.3.1.0^{2,5}]-dodecanon-(9)* (**IV**), $C_{15}H_{24}O_2$, F. 104° (Chlf./PAe.), $[\alpha]_D$ — 74° (c = 2,49), aus **III** in Essigsäure mit CrO_3 in 2 Tagen bei 5°; gab mit Hydrazin u. Na-Äthylat/A. bei 180° *β-Caryophyllenalkohol* (**II**), F. 93—94° (PAe.), $[\alpha]_D$ — 3,5 (c = 1,98), — 3° (c = 2,07). — *1.10-Dioxy-4.4.8-trimethyltricyclo-[6.3.1.0^{2,5}]-dodecen-(10)-on-(9)* (**V**), F. 141—142° (Bzl.), $[\alpha]_D$ + 85° (c = 2,19), aus **IV** mit SeO_2 in A. am Rückfluß in 2 Std., vorübergehend purpurrot mit $FeCl_3$ in wss. A.; *Acetat*, $C_{17}H_{24}O_4$, F. 140—141° (Methanol), $[\alpha]_D$ + 88° (c = 2,08). — *2-Keto-4.8.8-trimethylbicyclo-[5.2.0]-nonancarbonsäure-(4)* (**VI**), $C_{13}H_{20}O_3$, Fl. aus **V**-Acetat durch Oxydation mit $KMnO_4$ in Aceton; *Methylester-2.4-dinitrophenylhydrazon* (**VII**), $C_{20}H_{26}O_6N_4$, F. 169—170° (quadrat. Plättchen aus Chlf./Methanol). — Kalte alkal. H_2O_2-Oxydation von **V** in Methanol führte zu einer öligen *Oxydicarbonsäure*, deren öliger *Dimethylester* bei der Dehydratisierung mit $POCl_3$ in Pyridin bei Raumtemp. ein Gemisch ungesätt. Ester gab, das ca. 25% eines *α.β-ungesätt. Esters* enthielt. Das Gemisch gab, in Essigsäure ozonisiert u. mit Zn-Staub erhitzt, ebenfalls den Methylester von **VI**. Zu diesem gelangten Vff. auch durch Erhitzen obiger Oxydicarbonsäure mit 50%ig. wss. KOH u. Methylierung mit CH_2N_2. Bei der Chromatographie des 2.4-Dinitrophenylhydrazons wurde im Verhältnis 10:1 neben **VII** dessen *Iso-Form* gefunden, $C_{20}H_{26}O_6N_4$, F. 184,5—185,5° (Nadeln aus Chlf./Methanol). Mit konz. HCl konnte bei beiden nur der 2.4-Dinitrophenylhydrazinrest, nicht die Estergruppe hydrolysiert werden. — *Clovensäure*, $C_{15}H_{24}O_4$, F. 190 bis 191° (Zers.; A.), $[\alpha]_D$ + 31° (c = 1,53 in absol. A.), durch Oxydation von Cloven mit CrO_3/Essigsäure oder mit konz. HNO_3. — **II** gab mit PCl_5 *1-Chlor-4.4.8-trimethyltricyclo-[6.3.1.0^{2,5}]-dodecan*, F. 66—67° (Plättchen aus wss. Methanol), $[\alpha]_D$ + 6,5° (c = 3,77). — Beim Erwärmen von **III**-Acetat mit PCl_5 bildete sich *9-Acetoxy-1-chlor-4.4.8-trimethyltricyclo-[6.3.1.0^{2,5}]-dodecan*, $C_{17}H_{27}O_2Cl$, F. 125—126° (Nadeln aus wss. Methanol), $[\alpha]_D$ + 42° (c = 1,97), das mit 5%ig. methanol KOH hydrolysiert u. dann mit Chromsäure oxydiert wurde zu *1-Chlor-4.4.8-trimethyltricyclo-[6.3.1.0^{2,5}]-dodecanon-(9)*, $C_{15}H_{23}OCl$, F. 45—46° (Methanol), $[\alpha]_D$ — 69° (c = 2,45]; *2.4-Dinitrophenylhydrazon*, $C_{21}H_{27}O_4N_4Cl$, F. 145—146° (Methanol). Dieses Chlorketon gab mit SeO_2 in sd. A. **V** neben einer hochschm. organ. Se-Verbindung. — Von dem tricycl. Diketon, $C_{14}H_{20}O_2$ (**VIII**) (vgl. 1- Mitt. l. c.), wurde in Methanol/HCl am Rückfluß das *Bis-2 4-dinitrophenylhydrazon* erhalten, $C_{26}H_{28}O_8N_8$, F. 260—261° (Essigester). **VIII** gab bei der Red. mit Na in n-Propylalkohol ein *Glykol* $C_{14}H_{24}O_2$, F. 181—182° (CHlf.), $[\alpha]_D$ — 43° (c = 0,56). — *Isomeres Glykol* $C_{14}H_{24}O_2$, F. 159—159,5° (Chlf./PAe.), $[\alpha]_D$ — 69° (c = 1,24), analog aus dem Oxyketon $C_{14}H_{22}O_2$ (vgl. l. c.). — *6-* bzw. *7-Ketocholestan-3β-ylacetat-2.4-dinitrophenylhydrazon*, $C_{35}H_{52}O_6N_4$, F. 172—173° (Essigester/A.) bzw. F. 185—186° (Chlf./Methanol). — *3.5-Cyclocholestan-6-on-2.4-dinitrophenylhydrazon*, $C_{33}H_{48}O_4N_4$, F. 178—179° (Chlf./Methanol), gab am Rückfluß in Essigsäure mit konz. HCl *3β-Chlorcholestan-6-on*, F. 130—131°, (Methanol); *2.4-Dinitrophenylhydrazon*, $C_{33}H_{49}O_4N_4Cl$, F. 197—198° (Chlf./Methanol). — I u. *Dihydrocaryophyllen* [Kp.$_4$ 110°, n_D^{20} 1,4888, $[\alpha]_D^{20}$ —23,15° (homogen)] reagierten nicht mit Phenylazid bei Raumtemp. in 6 Monaten. (J. chem. Soc. [London] **1952**. 2210—19. Juni. London, Birkbeck Coll.) W. LINDENBERG. 3600

A. Aebi, D. H. R. Barton und **A. S. Lindsey,** *Sesquiterpenoide.* 3. Mitt. *Die Stereochemie von Caryophyllen.* (2. vgl. vorst. Ref.) Vff. bezeichnen als *Caryophyllen* (**I**) den Naturstoff u. als *Isocaryophyllen* (**II**) das Isomerisierungsprod. von **I.** Bei der durch verd. H_2SO_4 katalysierten, milden Wasseranlagerung an die Oxyde (**IV** u. **VII**) von **I** u. **II** entstehen zwei *4.4.8-Trimethyltricyclo-[6.3.1.0^{1,5}]-dodecandiole-(2.9)* (**III** u. **IIIa**), die sich durch die Konfiguration an $C_{(9)}$ unterscheiden. Diese Verss. zeigen, daß **I** u. **II** hinsichtlich ihrer Äthylendoppelbindung geometr. Isomere sind. Aus der unterschiedlichen Reaktionsgeschwindigkeit bei der Umsetzung mit Perphthalsäure, mit der **I** schneller reagiert als **II**, läßt sich schließen, daß **I** die trans- u. **II** die cis-Konfiguration besitzt. Zu dem gleichen Ergebnis kommt man auf Grund der Rk. mit HNO_2, mit dem nur **I** ein *Nitrosit* bildet, u. durch deren Einw. **I** zu **II** isomerisiert wird. Die mit Pd katalysierte Hemihydrierung von **I** u. **II** ergibt dieselbe cis-Dihydroverb., das *Dihydroisocaryophyllen.*

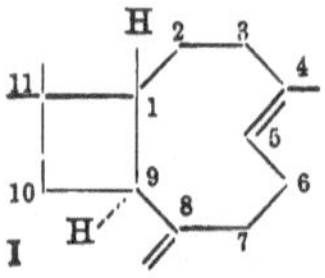

I

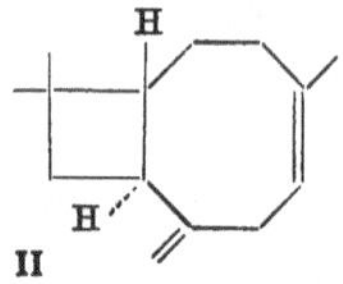

II

V e r s u c h e: ([α] = $[\alpha]_D$ in Chlf.): *Dihydroisocaryophyllen*, Kp.$_3$ 96°, durch Hydrierung von **I** oder **II** nach NAVES u. PERROTTET (Helv. chim. Acta **24.** [1941.] 789); α —31°; wird durch $1^1/_2$std. Erhitzen mit Hydrochinon u. Naphthalin-β-sulfonsäure unter N_2 auf 150° nicht verändert. *4.4.8-Trimethyltricyclo-[6.3.1.0^{1,5}]-dodecandiol-(2.9)* (**III**), $C_{15}H_{26}O_2$, F. 152—153°, durch 2std. Kochen von 10 g Caryophyllenoxyd (**IV**), wss. Aceton u. 50%ig. H_2SO_4 u. Verdampfen des Acetons im Vakuum; aus PAe. Nadeln, [α] + 5° (c = 1,9); 41 g (Ausbeute). *Diacetat*, $C_{18}H_{30}O_4$, F. 96—97°, aus Methanol Prismen, [α] —54° (c = 2,05). — *4.4.8-Trimethyltricyclo-[6.3.1.0^{1,5}]-dodecandion-(2.9)* (**V**), $C_{15}H_{22}O_2$, F. 50—51°, durch CrO_3-Oxydation von 1 g **III** in Essigsäure, Ätherextraktion u. Chromatographie an Al_2O_3 u. Elution mit PAe.; aus PAe. Nadeln, [α] —109° (c = 1,9); 200 mg. *Bis-2.4-dinitrophenylhydrazon*, $C_{27}H_{30}O_8N_8$, F. 240—241° (Essigester/A.). — *4.4.8-Trimethyl-2-oxotricyclo-[6.3.1.0^{1,5}]-dodecanol-(9)*, $C_{15}H_{24}O_2$, F. 84—85°, bei der Chromatographie von **V** durch Elution mit Bzl.; aus PAe. Nadeln; [α] +11° (c = 1,7); 450 mg. *2.4-Dinitrophenylhydrazon*, $C_{21}H_{28}O_5N_4$, F. 179—180°, aus A. Nadeln. *Acetat* (**VI**), $C_{17}H_{26}O_3$, F. 76—77°, aus PAe. Nadeln; [α] —34° (c = 1,35). — *4.4.8-Trimethyltricyclo-[6.3.1.0^{1,5}]-dodecanon-(9)* (mit **T. Bruun**), durch Erhitzen vorst. Verb. in A. mit Hydrazin über Nacht auf 180° u. Oxydation des entstandenen Öls mit CrO_3 in Essigsäure. *2.4-Dinitrophenylhydrazon*, F. 190—191° (Chlf./Methanol). — *3.3.10.10-Tetrabrom-4.4.8-trimethyltricyclo-[6.3.1.0^{1,5}]-dodecandion-(2.9)*, $C_{15}H_{18}O_2Br_4$, F. 190—192°, durch 2tägiges Stehen von **V** mit Br_2 in Essigsäure; aus A. Platten; [α] —68° (c = 1,9). Durch Kochen mit Zn-Staub in Eisessig wurde **V** zurückgewonnen. — *3.3-Dibrom-4.4.8-trimethyl-2-oxotricyclo-[6.3.1.0^{1,5}]-dodecyl-(9)-acetat*, aus **VI** wie vorst.; aus Ae. Platten; [α] —14° (c = 0,9). — *3-Brom-4.4.8-trimethyl-2-oxotricyclo-[6.3.1.0^{1,5}]-dodecyl-(9)-acetat*, $C_{17}H_{25}O_3Br \cdot CH_3OH$, F. 182—183° (Methanol), durch 4std. Kochen von 100 mg vorst. Verb. mit Kollidin; 20 mg. — *Isocaryophyllenoxyd* (**VII**), $C_{15}H_{24}O$, F. 80—81° (PAe.), durch Oxydation von **II** (Kp.$_3$ 93°, [α] —19°, durch Behandlung von **I** mit HNO_2) mit Perphthalsäure in Ae.; [α] —4° (c = 1). *Glykol*, $C_{15}H_{28}O_2$, F. 165° (PAe.), durch Hydrierung von 1 g **VII** in Essigester über Pd/$CaCO_3$ u. 6tägiges Stehen des entstandenen Öls in Dioxan u. wss. H_2SO_4; [α] —3° (c = 2,0); 340 mg. Die Hydrierung von **IV** [F. 61°, [α] —69° (c = 3,8)] ergibt *Dihydrocaryophyllenoxyd*, F. 63—65°. — *4.4.8-Trimethyltricyclo-[6.3.1.0^{1,5}]-dodecan-epi-diol-(2.9)* (**IIIa**), $C_{15}H_{26}O_2$, F. 174—175°, analog **II** durch Wasseranlagerung an **VII**; [α] +19° (c = 0,6). Durch 5std. Stehen von 200 mg **IIIa** mit 105 mg CrO_3 in wss. Essigsäure u. Filtration in Bzl. durch Al_2O_3 entstanden 180 mg **V**. — *4.4.8-Trimethyl-2-oxotricyclo-[6.3.1.0^{1,5}]-dodecan-epi-ol-(9)*, F. 68—70° (PAe.), durch 3std. Stehen von 200 mg **IIIa** mit 48 mg CrO_3 in wss. Essigsäure u. Chromatographie; [α] +31° (c = 0,6); 90 mg. (J. chem. Soc. [London] **1953**. 3124—29. Okt.) E. FRANCK. 3600

D. H. R. Barton und **E. J. Tarlton,** *Sesquiterpenoide.* 4. Mitt. *Konstitution von Carisson.* (3. vgl. vorst. Ref.) Für das von MOHR, SCHINDLER u. REICHSTEIN (Helv. chim. Acta **37.** [1954.] 462) isolierte *Carisson* wird die Struktur **I** wie folgt bewiesen: Vorsichtige Abspaltung von W. aus **I** in alkal. Medium gibt ein Öl, aus dem das 2.4-Dinitrophenylhydrazon (DNP) von *β-Cyperon* (*β*-**II**) erhältlich ist, das auch aus *α*-**II**-DNP durch Behandeln mit Säure unter den bei der DNP-Herst. üblichen Bedingungen ent-

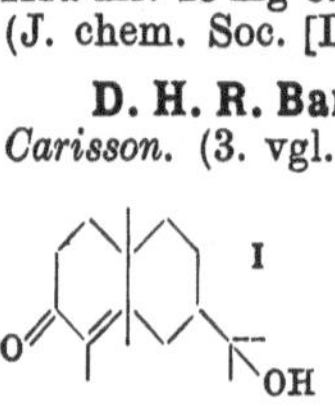

I

steht. Das prim. aus I hergestellte u. dann dehydratisierte *DNP* ist ident. mit α-II-DNP. — α-II-*DNP*, F. 188—190°, $[\alpha]_D$ +414°(c = 0,0124 in Chlf.). — β-II-*DNP*, F. 230 bis 232°, $[\alpha]_D$ +836° (c = 0,0053 in Chlf.). — I-*DNP*, $C_{21}H_{28}O_5N_4$, F. 174—175°, $[\alpha]_D$ +538° (c = 0,0139 in Chlf.). — Die UV-Maxima der 3 DNPP sind angegeben. (J. chem. Soc. [London] **1954**. 3492—94. Okt.) W. SCHULENBURG. 3600

A. Aebi, D. H. R. Barton, A. W. Burgstahler und **A. S. Lindsey**, *Sesquiterpenoide. 5. Mitt. Stereochemie der tricyclischen Derivate des Caryophyllens.* (4. vgl. vorst. Ref.) *Clovandiol-(2β.9α)* [**II**; *4.4.8-Trimethyltricyclo-[6.3.1.0*[1,5]*]-dodecandiol-(2β.9α)*], das Hydratisierungsprod. des Caryophyllenoxyds (vgl. vorvorst. Ref.), wurde schrittweise zu *p-Cymol* (**XI**) abgebaut. Die Oxydation von **II** zum *Ketol* (**III**) u. *Dion* [**IV**; *Clovandion-(2.9)*] wurde bereits beschrieben; weitere Zwischenprodd. waren die *Ketodicarbonsäure* **V**, *Diketodicarbonsäure* **VI**, *Tetracarbonsäure* **VII**, *Ketodicarbonsäure* **VIII** [Strukturbeweis durch das Ausbleiben der Anhydridbldg. beim Schmelzen infolge der trans-Lage der Carboxylgruppen im Gegensatz zu *Clovensäure* (**XII**)] u. den *Diester* **IX**, dessen *Oxydationsprod.* **X** zu **XI** dehydriert wurde. **II** wurde über **III** u. das *Oxymethylenderiv.* **XIII** oder

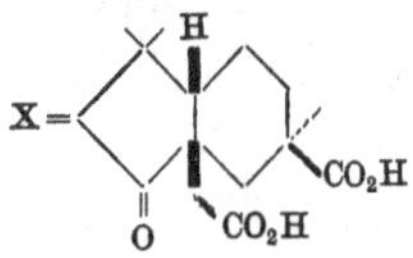

V X = H_2
VI X = O

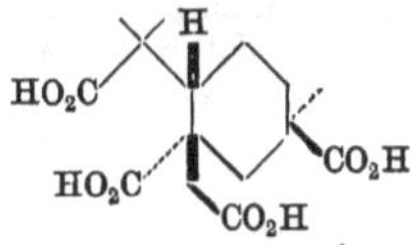

VII

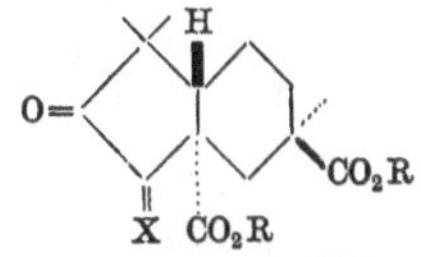

VIII X = H_2, R = H; VIIIa R = CH_3
IX X = O, R = CH_3

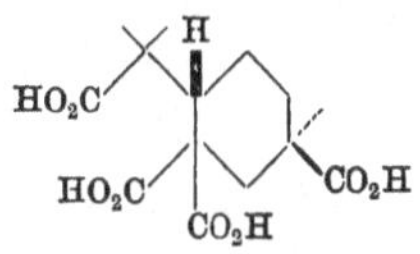

X

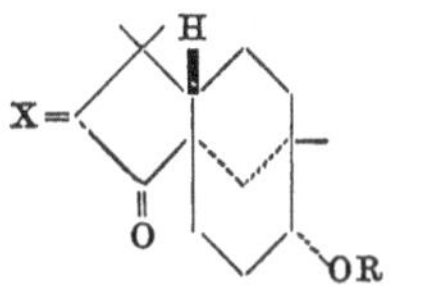

XIII R = H, X = CHOH
XIV R = CH_3CO, X = O

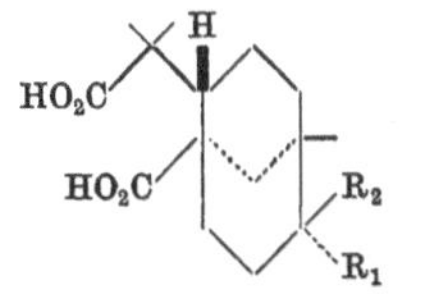

XV R_1 = OH, R_2 = H
XVI R_1 + R_2 = O
XII R_1 = R_2 = H

das *Dionolacetat* **XIV** durch Spaltung des fünfgliedrigen Rings in die *Oxydicarbonsäure* **XV** u. diese über die *Ketodicarbonsäure* **XVI** in **XII** übergeführt. — Als ster. Bezugszentrum wählen Vff. das H-Atom in 1-Stellung beim *Caryophyllen* (**I**) u. bezeichnen Substituenten u. Bindungen auf derselben Seite der Hauptringebene mit β, die der Gegenseite mit α. Die Stereochemie des Caryolans (zum β-Caryophyllenalkohol gehöriger gesätt. tricycl. KW-stoff) u. der Clovanreihe der tricycl. I-Derivv. wird durch die Lage der CH_2-Brücke erklärt. Unter Bezugnahme auf frühere Arbeiten werden der konfigurationsbedingte Verlauf der in diesen Reihen eintretenden Rkk. (z. B. die schnellere Oxydierbarkeit der 9α-Oxyverbb. gegenüber dem 9β-Analogen), die physikal. Eigg. einiger Verbb. u. die Zugehörigkeit von *Caryolanol-(1)* (*β-Caryophyllenalkohol*) u. *Cloven* zu stereochem. verschied. Gruppen begründet.

V e r s u c h e ([α] = $[\alpha]_D$ in Chlf.): *Ketodicarbonsäure* **V**, $C_{15}H_{22}O_5$, F. 230—231° (Bzn. + Methanol), durch 72std. Oxydation von 1 g **IV** in Eisessig mit CrO_3 in möglichst wenig W. bei Raumtemp.; $[\alpha]_D$ +7° (c = 1,50 in A.); 0,55 g (Ausbeute); oder ebenso aus **II**. — *Diketodicarbonsäure* **VI**, $C_{15}H_{20}O_6$, F. 207° (lange feine Nadeln aus Bzn. + Methanol), durch 4std. Kochen von 500 mg **V** mit SeO_2 in Essigsäure; $[\alpha]_D$ —37° (c = 1,02 in A.); 400 mg. — *Tetracarbonsäure* **VII**, F. ca. 154° (Zers.; amorphes Pulver aus Bzl. + Methanol), aus **VI** in 10%ig. NaOH mit 30%ig. H_2O_2 (48 Std. bei Raumtemp., dann Ansäuern mit konz. HCl); $[\alpha]_D$ —16° (c = 1,16 in A.). *Tetramethylester*, $C_{19}H_{30}O_8$, F. 61 bis 62°, Prismen aus PAe., [α] —32° (c = 1,48). — *Ketodicarbonsäure* **VIII**, $C_{14}H_{20}O_5$, F. 110 bis 115° (Essigester + Bzl.) u. F. 173—174° (nach Trocknen im Vakuum bei 80°), durch Erhitzen von 1,3 g **VII** bis zur Beendigung der Wasserabscheidung u. dann 6 Std. im Rohr auf 200°, 1std. Kochen mit KOH in A., Eindampfen, Ansäuern mit konz. HCl, Chromatographie aus Bzl. an Silicagel u. Elution mit Bzl. + 20% Ae.; $[\alpha]_D$ +81° (c = 1,19 in A.); 0,8 g. — *Dimethylester* (**VIIIa**), $C_{16}H_{24}O_5$, F. 88—89°, Prismen aus PAe., [α] +56° (c = 4,50); *2.4-Dinitrophenylhydrazon*, $C_{22}H_{28}O_8N_4$, F. 168—169° (Bzl. + Methanol). **VIII** wurde durch 1¼ std. Erhitzen auf 195—200° nicht verändert; **XII** gab in 1 Min. das *Anhydrid*. — *Diketodicarbonsäureester* (**IX**), ein viscoses gelbes Öl, durch 1std. Kochen von 2,1 g **VIIIa** mit SeO_2 in Essigsäure; 2,05 g. Spaltung von **IX** in alkoh. KOH mit H_2O_2 (40 Min. bei Raumtemp.), 24std. Verseifung mit KOH auf dem Dampfbad u. Ansäuern mit 50%ig. H_2SO_4 gab 1,7 g rohes **X**, von dem 0,6 g mit Pd/Tierkohle bei 300° zu *p-Cymol* (**XI**) dehydriert wurden; nach Chromatographie 20 mg; identifiziert durch Infrarot- u. UV-Absorption u. Oxydation zu *Terephthalsäure*. — *9α-Oxyclovensäure* (**XV**), $C_{15}H_{24}O_5$, F. 174—176° (Zers.; Nadeln aus Ae. + Bzl. u. dann aus Chlf. + Methanol), $[\alpha]_D$ +2° (c = 2,21 in A.). a) $^1/_2$std. Kochen von 4,3 g 2-Oxoclovanol-(9α) (**III**) in Isoamylformiat u. Ae. mit feinverteiltem Na in absol. A., Zers. von überschüssigem Na mit Methanol u. Ansäuern → *Oxymethylenverb.* **XIII** (orangefarbenes Öl; 4,4 g), die in A. u. 10%ig. NaOH mit H_2O_2 behandelt wurde; 2,6 g. b) 1std. Kochen von 1,5 g **III**-*Acetat* mit SeO_2 in Essigsäure → *2.3-Dioxoclovanyl-(9α)-acetat* [**XIV**; F. 134—136° (Bzl. + PAe.), [α] —6° (c = 0,58); 1,0 g], daraus **XV** durch 20std. Stehen in methanol. KOH + H_2O_2 bei 0° u. $^1/_2$std. Kochen mit 2n Kalilauge; 800 mg. — *9-Oxoclovensäure* (**XVI**), $C_{15}H_{22}O_5$, F. 180° (Zers.; Ae. + PAe.), $[\alpha]_D$ +21° (c = 1,06 in A.), aus 0,18 g **XV** durch 5std. Rk. mit CrO_3 mit wenig W. u. Essigsäure; 0,18 g. — *Clovensäure* (**XII**), F. u. Misch-F. 195—196° (Zers.; Ae. + PAe.); aus 0,1 g **XVI** durch Erhitzen über Nacht mit gesätt. Na-Äthylatlsg. u. 100%ig. Hydrazin auf 180°; 80 mg. — *Caryolandiol-(1.9α)*, $C_{15}H_{26}O_2$, F. 162—163° (Chlf. + PAe.), [α] —5° (c = 2,39), aus *9-Oxocaryolanol-(1)* durch $1^1/_2$std. Kochen in n-Propanol mit Na. — Ein Vers. zur Umlagerung von *Caryolandiol-(1.9β)* durch 3std. Kochen in wss. Aceton mit 50%ig. H_2SO_4 lieferte das Ausgangsmaterial fast zu 100% zurück. — Die Geschwindigkeiten der CrO_3-Oxydation von **II**, **III**, Clovandiol-(2β.9β) u. 2-Oxoclovanol-(9β) zu **II** wurden bestimmt. (J. chem. Soc. [London] **1954**. 4659—65. Dez.) W. SCHULENBURG. 3600

D. H. R. Barton und **A. Nickon**, *Sesquiterpenoide*. 6. Mitt. *Absolute Konfiguration des Caryophyllens*. (5. vgl. vorst. Ref.) Durch Anwendung der Regeln von KLYNE u. STOKES (C. **1955**. 9050) auf die Mol.-Rotationen einiger bekannter u. neu dargestellter Derivv. des Clovans, Caryolans u. des Oxyketons **III** wird für Caryophyllen (**I**) nebenst. Konfiguration abgeleitet. Bei 25 von den 28 untersuchten Verbb. stimmten die Zuordnungen untereinander u. mit der Konfiguration von **I** überein; von den 3 Abweichungen (*Benzoat* u. *3.5-Dinitrobenzoat* von *Clovandiol-(2β·9α)-2-benzoat* sowie **III**-*Acetat*) lassen sich die beiden ersten auf Vicinaleffekte zurückführen, während die dritte nur gering ist.

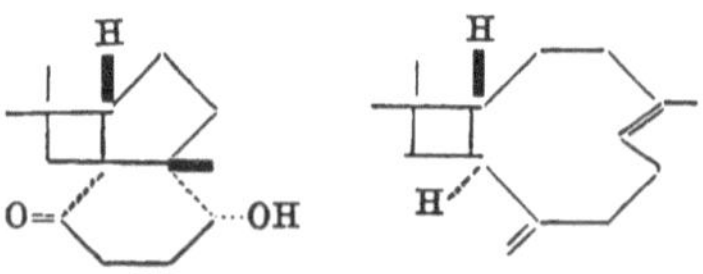

III I

Versuche ([α] = $[\alpha]_D$ in Chlf.): *Acetate* u. *Benzoate* durch Stehenlassen der Alkohole mit Acetanhydrid bzw. Benzoylchlorid über Nacht in Pyridin, *3.5-Dinitrobenzoate* mit 3.5-Dinitrobenzoylchlorid in Pyridin durch $1^1/_2$std. Erwärmen auf dem Dampfbad. *Clovandiol-(2β.9α)*, *2β-Benzoat* (**II**), $C_{22}H_{30}O_3$, F. 132—133°, Nadeln aus PAe., [α] +46° (c = 1,26). *2β.9α-Dibenzoat*, $C_{29}H_{34}O_4$, F. 128,5—129°, Nadeln aus Methanol, [α] +67° (c = 1,32). *9α-Acetat-2β-benzoat*, $C_{24}H_{32}O_4$, F. 84—85° (Methanol), [α] +7° (c = 1,07). *2β-Benzoat-9α-[3.5-dinitrobenzoat]*, $C_{29}H_{32}O_8N_2$, F. 178—179°, Nadeln aus Chlf. + PAe., [α] +74° (c = 1,10). *2β-[3.5-Dinitrobenzoat]*, F. 209—211° (Chlf. + PAe.), [α] +44° (c = 1,16). — *2β-Oxyclovanon-(9)*, $C_{15}H_{24}O_2$, F. 77—78° (PAe.), [α] —92° (c = 1,04), aus **II** mit $Na_2Cr_2O_7 \cdot 2\,H_2O$ in Essigsäure in 20 Std. u. Verseifung des öligen *Oxobenzoats* durch $^3/_4$std. Kochen mit methylalkoh. KOH. — *3.5-Dinitrobenzoat*, $C_{22}H_{26}O_7N_2$, F. 135,5 bis 136,5° (PAe.), [α] —15° (c = 1,50). — *Clovanol-(2β)*, $C_{15}H_{26}O$, F. 95—96°, Nadeln durch Sublimation bei 70°/0,5 mm, [α] +23° (c = 1,23), aus vorst. Verb. durch 15std. Erhitzen auf 185° mit Na in A. u. wasserfreiem Hydrazin. *Benzoat*, $C_{22}H_{30}O_2$, F. 46 bis 47,5°, sublimiert bei 80°/0,1 mm. *3.5-Dinitrobenzoat*, $C_{22}H_{28}O_6N_2$, F. 134—135°, Nadeln aus PAe., [α] +44° (c = 1,12). — *Clovanon-(2)*, Öl, [α] +20° (c = 2,32), aus vorst. A. durch Stehenlassen über Nacht mit $Na_2Cr_2O_7 \cdot 2\,H_2O$ in Essigsäure. *2.4-Dinitrophenylhydrazon*, $C_{21}H_{28}O_4N_4$, F. 152—153° (Essigester + Methanol). — *Clovanol-(2α)*, $C_{15}H_{26}O$, F. 97—98,5° (wss. Methanol), [α] —24° (c = 1,10), aus vorst. Keton durch Hydrieren über Pt in Essigester in Ggw. von 72%ig. $HClO_4$ u. chromatograph. Reinigung. Weder der α- noch der β-Alkohol ist mit „α-Caryophyllenalkohol" [F. 118°], [α] +5° (c = 0,47)] identisch. — *9α-Oxyclovanon-(2)*, *Benzoat*, $C_{22}H_{28}O_3$, F. 134—135°, Stäbchen aus PAe., [α] —19° (c = 1,75). *3.5-Dinitrobenzoat*, $C_{22}H_{26}O_7N_2$, F. 166—167°, Nadeln aus Chlf. + PAe., [α] +4° (c = 1,25). — *Clovanyl-(9α)-3.5-dinitrobenzoat*, $C_{22}H_{28}O_6N_2$, F. 192—193°, Nadeln aus PAe., [α] —35° (c = 0,84), aus vorst. Oxyketon wie oben über den öligen *Alkohol* {[α] —22° (c = 1,05)}. — *2-Oxoclovanyl-(9β)-3.5-dinitrobenzoat*, $C_{22}H_{26}O_7N_2$, F. 191—192° (Bzl. + PAe.), [α] +33° (c = 1,07). — *Clovensäureanhydrid*, F. 50° (PAe.), [α] —11° (c = 2,84), nach RUZICKA (C. **1931**. II. 45). — *6α-Acetoxyclovensäureanhydrid*, $C_{17}H_{24}O_5$, F. 114—115°, Nadeln aus kaltem wss. Methanol, [α] —58° (c = 0,84). — *Caryolandiol-(1.9β)*, *9β-Benzoat*, $C_{22}H_{30}O_3$, F. 130—131° (wss. Methanol), [α] +24° (c = 1,06). *9β-3.5-Dinitrobenzoat*, $C_{22}H_{28}O_7N_2$, F. 201—202° (Bzl.-PAe.), [α] +20° (c = 1,05). — *Caryolandiol-(1.9α)*, *9α-Acetat*, $C_{17}H_{28}O_3$, F. 102—103°, Nadeln aus PAe., [α] —16°

(c = 1,07). *9α-Benzoat*, $C_{22}H_{30}O_3$, F. 157—158° (wss. Methanol), [α] —32° (c = 1,02). — III-*Acetat*, $C_{16}H_{24}O_3$, F. 57—58° (wss. Methanol), [α] —17 (c = 1,07). *Benzoat*, $C_{21}H_{26}O_3$, F. 98—99° (wss. Methanol), [α] —52° (c = 1,74). *Dinitrobenzoat*, [α] —50° (c = 1,76). (J. chem. Soc. [London] **1954**. 4665—69. Dez.) W. SCHULENBURG. 3600

C. J. W. Brooks, *Beobachtungen über Taraxerol (Skimmiol)*. Vf. bestätigt in verschied. Punkten die Annahme der Struktur von *Taraxerol* (I) als ein *Δ¹⁴-Isooleanen-3β-ol* (vgl. BEATON u. Mitarbeiter, Chem. and Ind. **1955.** 35) u. stellt endgültig die Identität von I u. *Skimmiol* sicher. Die rasche Isomerisierung von I-Epoxyd durch Säure wird nach Vf. von einer Molekularumlagerung vom Carboniumion-Typ begleitet.

Versuche: *Taraxerol* (I, *Skimmiol*), F. 278—280° (Bzl.), $[\alpha]_D$ +2° ($CHCl_3$; c = 1,32), UV-Absorption 210 (ε = 3900), 215 (2400), 220 (700) u. 223 (250) mμ. *Acetat* (III), F. 303—307° (Bzl.). *Benzoat*, F. 228—289° ($CHCl_3$/Methanol), $[\alpha]_D$ +34° (c = 0,98). — *Taraxeron*, F. 245—249° ($CHCl_3$/Methanol), nach KOLLER u. Mitarbeitern (C. **1951.** II. 979), $[\alpha]_D$ +12° (c = 1,38). — *Taraxeren*, $C_{30}H_{50}$, F. 238—240°, durch 18std. Erhitzen eines Reaktionsgemisches von 50 mg vorst. Verb. in A., Hydrazin u. Na; $[\alpha]_D$ +3° (c = 0,68); 47 mg (Ausbeute). — *Taraxeroloxyd*, F. 204—208° (wss. Aceton), durch 3½-tägiges Stehenlassen von 364 mg I in $CHCl_3$ mit Monoperphthalsäure in Ae.; $[\alpha]_D$ +33° (c = 1,00); 178 mg; 148 mg geben bei 3std. Kochen mit äthanol. H_2SO_4 „*β-Oxyskimmiol*" (II), F. 244—245°; $[\alpha]_D$ +83° (c = 0,69); 75 mg. — *Verb.* $C_{30}H_{46}O_2$ (Diketon), F. 210—213° (Methanol), aus 54 mg II in Essigsäure u. CrO_3, Chromatographie an Al_2O_3 u. Eluierung mit Leichtbenzin/Bzl. (9:1); $[\alpha]_D$ +29° (c = 0,82); λ_{max} 295 mμ (ε = 67); 26 mg. — *Taxerylacetatoxyd*, $C_{32}H_{52}O_3$, F. 245—247° ($CHCl_3$/Methanol), aus III wie vorst.; $[\alpha]_D$ +51° (c = 0,93); 5,0 mg geben bei 3std. Erhitzen auf dem Wasserbad in Essigsäure/HCl „*β-Oxyskimmiolacetat*" (IV), F. 279—282° (Bzl.); $[\alpha]_D$ +75° (c = 1,07); 300 mg. — *Verb. vom F. 274—277°* (Bzl./Leichtbenzin), durch Oxydation von 51 mg IV mit CrO_3 in Essigsäure; $[\alpha]_D$ +15° (c = 0,91); λ_{max} 300 mμ (ε = 40); 23 mg. — *Oleanadien-(11.13)-ylacetat*, F. 226—227° (Äthylacetat/Methanol), durch 20std. Kochen von 200 mg III in Essigsäure mit SeO_2; $[\alpha]_D$ —58° (c = 1,94); λ_{max} 242, 250 u. 259,5 mμ (log ε = 4,35, 4,4 u. 4,2); 55 mg, daneben *12.19-Dioxooleanadien-(9.13)-ylacetat*, F. 237 bis 240° (wss. Methanol); $[\alpha]_D$ —90° (c = 0,60); λ_{max} 276 mμ (log ε = 4,07); 11 mg. (J. chem. Soc. [London] **1955.** 1675—77. Juni. London, Birkbeck Coll.)

G. WINKLER. 3600

Edward R. Garrett und **Douglas A. Lyttle**, *Die Kinetik der 20-Ketoreduktion in 11α-Acetoxypregnan-3.20-dion durch Natriumborhydrid.* Für quantitative Messungen erfolgt die Red. der 3-Ketogruppe des *11α-Acetoxypregnan-3.20-dions* (I, F. 149,5—153,5°) mit $NaBH_4$ zu rasch; Vff. untersuchten die Kinetik der Red. der $C_{(20)}$-Carbonylgruppe von I u. *3α-Oxy-11α-acetoxypregnan-20-on* (F. 145,5—147,0°) in 68,5%ig. Dioxan zwischen 15° u. 57° u. stellten fest, daß ein bimol. Reaktionsmechanismus vorliegt. — Diskussion der möglichen Mechanismen. (J. Amer. chem. Soc. **75.** 6051—52. 5/12. 1953. Kalamazoo, Mich., Upjohn Comp., Res. Labor.) G. SCHORRE. 3700

Huang-Minlon und **Russell H. Pettebone**, *Eine weitere Untersuchung über die Reduktion von Steroidsemicarbazonen.* Neben den bisher durch Red. von Cortisonacetat-3-semicarbazon (I) mit $LiBH_4$ bei nachheriger Acetylierung u. Entfernung der Semicarbazidgruppe erhaltenen *Δ⁴-Pregnen-11.17.20.21-tetrol-3-on-20.21-diacetat* (III) u. *Δ⁴-Preg-*

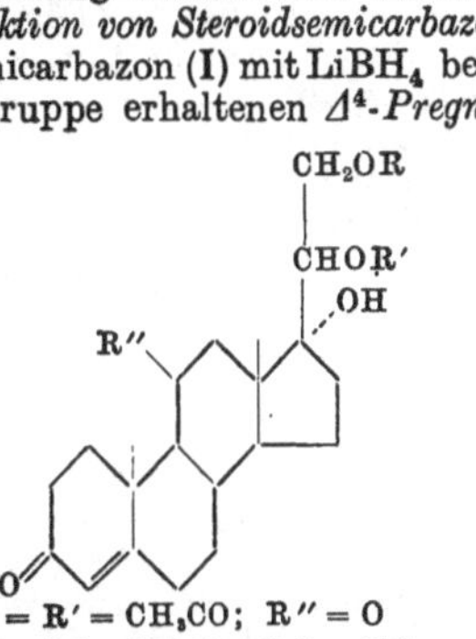

II R = R' = CH_3CO; R'' = O
III R = R' = CH_3CO; R'' = OH
IV R = CH_3CO; R' = H; R'' = OH
V R = R' = H; R'' = OH

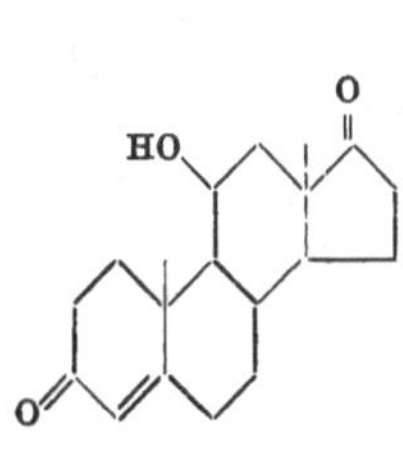

VI

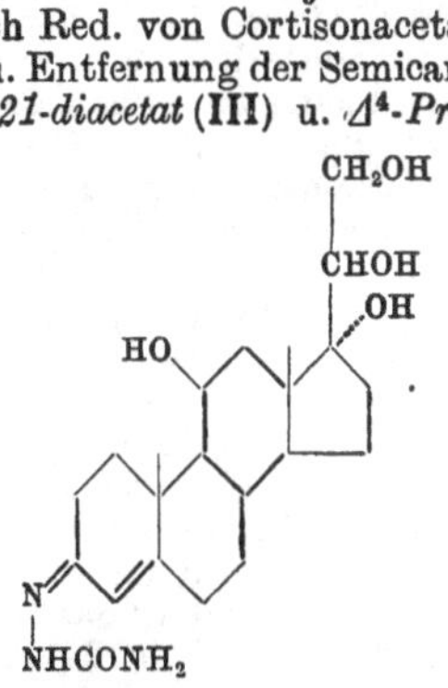

VII

nen-17.20.21-triol-3.11-dion-20.21-diacetat (II; vgl. WENDLER u. Mitarbeiter, J. Amer. chem. Soc. **73.** [1951.] 3818) isolierten Vff. als Hauptprod. ein weiteres Acetat, das als *Δ⁴-Pregnen-11.17.20.21-tetrol-3-on-21-acetat* (IV) identifiziert wurde. Das aus IV durch Verseifung erhaltene *4-Pregnen-11.17.20.21-tetrol-3-on* (**V**) wurde zum *Diacetat* **III** acetyliert. Perjodsäure-Oxydation führte **IV** in *11-Dihydroadrenosteron* (**VI**) über. Vff. vermuten, daß die Acetylgruppe von **IV** an $C_{(21)}$ durch partielle Acetylierung des intermediären *Tetrols* **VII** entsteht, das bisher nicht kristallin erhalten wurde.

Versuche: *Δ^4-Pregnen-11.17.20.21-tetrol-3-on-21-acetat* (**IV**), $C_{23}H_{34}O_6$, F. 235 bis 237° (Aceton–Essigester), 1 g **I** wurde in Tetrahydrofuran in 3/4 Std. bei 25° zu $LiBH_4$ in Tetrahydrofuran gegeben, 4 Std. bei Zimmertemp. gerührt, mit Essigsäure zers., im Vakuum fast zur Trockne eingeengt u. der mit W. behandelte Rückstand bei 80° im Vakuum getrocknet. Das mit Essigsäureanhydrid–Pyridin erhaltene Acetat wurde in W. mit 90%ig. Brenztraubensäure in Ggw. von Na-Acetat unter N_2 4 Std. auf 75° erwärmt. Der nach Eindampfen erhaltene Rückstand wurde mit Essigester extrahiert, die nach Waschen mit $NaHCO_3$ u. Trocknen gewonnene Lsg. im Vakuum eingeengt u. der Rest in Bzl.–Chlf. an Al_2O_3 chromatographiert. Die mit Bzl.–Chlf. eluierten Fraktionen lieferten **II**, F. 235—240°, 60 mg, u. **III**, F. 223—226°, 100 mg, u. die mit Chlf.–Methanol (1 : 1) erhaltenen Anteile **IV**, 350—465 mg; λ_{max} in A. 2425 Å (E 399). Die unter denselben Bedingungen ohne Acetylierung durchgeführten Rkk. lieferten als Hauptprod. **V**. — *Δ^4-Pregnen-11.17.20.21-tetrol-3-on* (**V**), F. 126—127°, aus **IV** in Methanol mit einer wss. Lsg. von K_2CO_3 u. $KHCO_3$ durch 72std. Stehen bei n. Temperatur. — *Δ^4-Pregnen-11.17.20.21-tetrol-3-on-20.21-diacetat*, F. 228—230°, aus **IV** mit Essigsäureanhydrid u. Pyridin. — *11-Dihydroadrenosteron* (**VI**), F. 195,5—197°, 50 mg **IV** wurden in Methanol mit wss. Perjodsäure versetzt, 21 Std. wurde bei Zimmertemp. stehengelassen, mit W. verd. u. mit Essigester extrahiert; der Essigester-Rückstand wurde bei 170°/0,035 mm sublimiert; 26 mg Ausbeute. (J. Amer. chem. Soc. **74**. 1562—63. 20/3. 1952. Rahway, N. J., Merck & Co., Inc., Res. Labors.) G. SCHORRE. 3700

August I. Ryer und **William H. Gebert,** *3β.17α-Dioxynorcholansäurelacton.* Vff. red. das 3-Oxyderiv. des von ihnen durch Oxydation aus Sitosterinacetatdibromid erhaltenen 3β-Acetoxy-17α-oxynor-Δ^5-cholensäurelactons (vgl. C. **1952**. 6694) zu einem Gemisch der entsprechenden *Norcholan-* u. *Allonorcholansäurelactone*, von denen das letztere (**VI**) die *Oxysäure* **I** lieferte. Der 3-Acetatmethylester **III** wurde mit $SOCl_2$ zum *Δ^{16}-Norcholensäureester*(**IV**) dehydratisiert u. dieser zum *Allonorcholansäureester* reduziert.

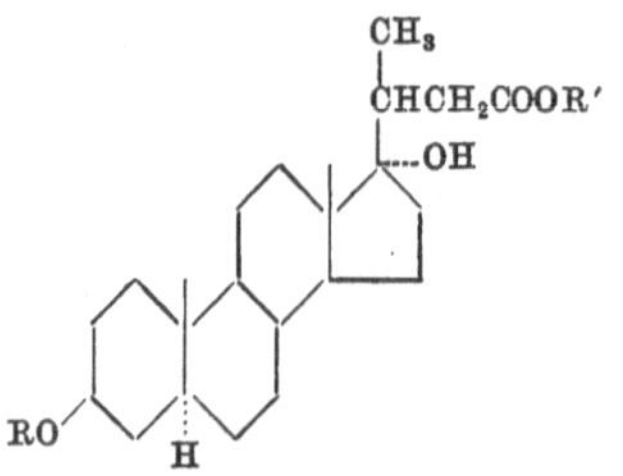

I R = H, R' = H
II R = H, R' = CH_3
III R = CH_3CO, R' = CH_3

Versuche (FF. korr.): *3β.17α-Dioxyallonorcholansäurelacton* (**VI**), $C_{23}H_{36}O_3$, F. 284—285,4°, aus 12 g 3β.17α-Dioxynor-Δ^5-cholensäurelacton (F. 282 bis 283°; $[\alpha]_D^{22}$ —94,4° [2% in Chlf.]) mit H_2 in Ggw. von PtO_2; aus Aceton Nadeln; $[\alpha]_D^{20}$ —16,4° (2% in Chlf.); 23 g (Ausbeute). — *3β-Acetoxy-17α-oxyallonorcholansäurelacton*, $C_{25}H_{38}O_4$, F. 240,6—242,6° (Methanol u. Aceton), aus 4 g **VI** durch 2std. Kochen mit Essigsäureanhydrid; $[\alpha]_D^{22}$ —21,2° (2% in Chlf.); 3,08 g. — *3β.17α-Dioxynorcholansäurelacton*, $C_{23}H_{36}O_3$, F. 234,6—236,4°. Die Acetonmutterlaugen von der Kristallisation von **VI** wurden eingedampft u. 8 g des Rückstandes in heißem Bzl. mit dem gleichen Vol. Bzn. versetzt; das ausgefallene **VI** wurde abgetrennt, die Mutterlauge eingedampft, der Rückstand in Bzl. an Florisil chromatographiert u. mit Bzl. eluiert; $[\alpha]_D^{20}$ —15,2° (2% in Chlf.); 1,53 g. — *3β.17α-Dioxyallonorcholansäure* (**I**), $C_{23}H_{38}O_4$, F. 282—284°, aus 18,2 g **VI** durch 2std. Erhitzen mit 5%ig. äthanol. KOH; $[\alpha]_D^{22}$ —1,58° (2% in Methanol); 13,8 g. — **I**-*Methylester* (**II**), $C_{24}H_{40}O_4$, aus dem Ag-Salz von 15 g **I** mit CH_3J; aus Methanol feine Nadeln, F. 150 bis 153° u. nach Wiedererstarren F. 282—284°; $[\alpha]_D^{22}$ —0,4° (2% in Methanol); 2 g. — *3β-Acetoxy-17α-oxyallonorcholansäuremethylester* (**III**), $C_{26}H_{42}O_5$, F. 196—198,4° (Methanol), aus 13,5 g **II** in Pyridin mit Essigsäureanhydrid; $[\alpha]_D^{21}$ —10,25° (2% in Chlf.); 10,7 g. — *3β-Acetoxyallonor-Δ^{16}-cholensäuremethylester* (**IV**), $C_{26}H_{40}O_4$, F. 120,6—123,4°, zu 11,3 g **III** in Pyridin wurde unter Kühlen $SOCl_2$ zugegeben, 2 Std. im Eisbad u. 1 Std. bei Raumtemp. stehengelassen; aus Methanol feine Nadeln; $[\alpha]_D^{21}$ +2,0° (2% in Chlf.); 3,1 g; Nebenprod. ist das 3-Acetoxylacton; 1,85 g. — *3β-Acetoxyallonorcholansäuremethylester* (**V**), $C_{26}H_{42}O_4$, F. 159,4—169,8° (Aceton u. Methanol), aus 2 g **IV** in absol. A. durch Hydrieren mit Pd-Kohle; $[\alpha]_D^{25}$ +11,0° (2% in Chlf.); 1,7 g. — *3β-Oxyallonorcholansäure*, F. 226—226,8° (Essigester u. Aceton), aus **V** durch Kochen mit 2%ig. methanol. KOH; $[\alpha]_D^{24}$ 22,8° (1% in A.). (J. Amer. chem. Soc. **74**. 4464—66. 5/9. 1952. Bloomfield, N. J., Schering Corp., Chem. Developm. Dep.) G. SCHORRE. 3700

Kyosuke Tsuda, Ko Arima und **Ryoichi Hayatsu,** *Cholesterin und verwandte Verbindungen.* 1. Mitt. *Struktur eines neuen nicht konjugierten Cholestadienols aus 7-Brom-*

cholesterin. 7α-Bromcholesterylbenzoat (I) reagiert mit Anilin bzw. Piperidin unter Bldg. des *7β-Anilino-* bzw. *7β-Piperidinoderivates.* 7β-Bromcholesterylbenzoat (II) gibt die epimeren *7α-Derivate.* I liefert mit Pyridin in der Kälte ein *Pyridiniumsalz* (III), II das nicht konjugierte Dienolbenzoat *$\Delta^{5.8}$-Cholestadienol* (IV)-*Benzoat* (IVa) (vgl. ARIMA, Pharm. Bull., Japan 1. [1953.] 224). Beim Erhitzen von III mit Pyridin entsteht IVa, daneben wenig *7-Dehydrocholesterylbenzoat* (VII) u. *$\Delta^{4.6}$-Cholestadienylbenzoat* (VIII). Bei der Einw. von 2.4.6-Kollidin, α- u. γ-Picolin, AgOH oder wss. p-Toluolsulfonsäure auf I bzw. II wird IVa als Hauptprod. erhalten. Hydrierung von IV-*Acetat* (IVb) mit PtO_2 in Essigester liefert *Δ^{8}-Cholesten-3β-ylacetat,* das in Eisessig zu *Cholestanylacetat* hydriert werden kann. Oxydation von IVb mit HNO_3 gibt *Methylpyromellitsäure.* CrO_3-Oxydation von IVb führt zu *7-Keto-$\Delta^{5.8}$-Cholestadienylacetat* (V), das sich mit Pd in Eisessig leicht zu *7-Ketocholestanylacetat* red. läßt. V erleidet unter Einw. von H_2SO_4 in Essigsäureanhydrid Dienon–Phenol-Umlagerung zum *Phenol* VI-*Diacetat.* Oxydation von VI-*Methyläther* mit HNO_3 liefert *1-Methyl-4-nitrobenzol-2.3.5.6-tetracarbonsäure.* Se-Dehydrierung von VI ergibt eine krist. *Substanz $C_{19}H_{18}O$* u. *zwei aromat. KW-stoffe $C_{19}H_{18}$* der Anthracenreihe, was auf einen Cyclopentanoanthracenkern in VI hinweist. Die UV-Spektren von VI u. der Dehydrierungsprodd. von VI werden diskutiert.

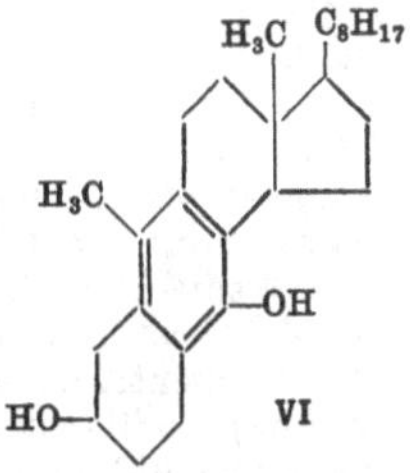

VI

V e r s u c h e (opt. Drehungen in Chlf.): *Pyridiniumsalz von 7α-Bromcholesterylbenzoat* (III), $C_{39}H_{54}O_2NBr$, F. 189—190°, aus 10 g I u. Pyridin (7 Std. bei Zimmertemp.); aus Chlf.-Ae. Nadeln; $[\alpha]_D^{20}$ +71° (c = 1,02); 3,2 g (Ausbeute). — *7α-Anilinocholesterylbenzoat,* $C_{40}H_{55}O_2N$, F. 174—175°, aus 3 g II in Anilin (über Nacht Stehen); Prismen aus Chlf.; $[\alpha]_D^{25}$ +120° (c = 1,07); 1,7 a. — *7β-Anilinocholesterylbenzoat,* $C_{40}H_{55}O_2N$, F. 188 bis 189°, analog vorst. Verb. aus 3 g I; Prismen; $[\alpha]_D^{25}$ +134,5° (c = 1,22); 2,2 g. — *7α-Piperidinocholesterylbenzoat,* $C_{39}H_{59}O_2N$, F. 195—197°, aus 2 g II u. Piperidin in Toluol (10 Min. bei 90—95°); Nadeln aus Bzl.-Aceton; $[\alpha]_D^{25}$ +52° (c = 1,87); 370 mg. — *7β-Piperidinocholesterylbenzoat,* $C_{39}H_{59}O_2N$, F. 166—168°, analog vorst. Verb. aus 2 g I; $[\alpha]_D^{25}$ +92,8° (c = 2,02); Nadeln; 410 mg. — *$\Delta^{5.8}$-Cholestadienylbenzoat* (IVa), $C_{34}H_{48}O_2$, F. 149—150°, a) aus I bzw. II u. Pyridin (5 Std. bei 100°); aus Chlf.-Aceton Prismen; 80%, daneben 4% *7-Dehydrocholesterylbenzoat* (VII) u. 6% *$\Delta^{4.6}$-Cholestadienylbenzoat* (VIII); b) aus I u. α- oder γ-Picolin (über Nacht Stehen); 35—45%; c) mit symm. Kollidin, Reinigung durch Verseifung, Acetylierung u. Chromatographie an Al_2O_3; 35%, daneben 5% *Cholesterylacetat,* F. 113—114° (→ *Cholesterin,* F. 146—148°; $[\alpha]_D^{23}$ —38,5°), sowie 4—5% VII u. 6—8% VIII; d) mit AgOH in Ae. u. Chromatographie; 40%, daneben 30% *7β-Oxycholesterylbenzoat,* F. 189—190°, u. 3% *7α-Oxycholesterylbenzoat,* F. 165 bis 167°; e) aus I oder II in Pyridin u. Ag-p-Toluolsulfonat (über Nacht Stehen); 70%. — *$\Delta^{5.8}$-Cholestadien-3β-ol* (IV), $C_{27}H_{44}O$, F. 147—148°, aus 30 g IVa u. methanol. KOH in Bzl. (3 Std. Kochen); aus Chlf.-Aceton Nadeln; $[\alpha]_D^{25}$ —54,7° (c = 1,17); 18,4 g. *Acetat* (IVb), F. 121—122°, durch Acetylierung von IV oder analog IVa aus den entsprechenden Acetaten; aus Aceton Nadeln; $[\alpha]_D^{25}$ —48,3° (c = 3,31) — *Δ^{8}-Cholesten-3β-ol,* F. 128—129°, $[\alpha]_D^{23}$ +51,6° (c = 1,26). *Acetat,* $C_{29}H_{48}O_2$, F. 124—126°, aus IVb in Essigester u. H_2 über PtO_2; Nadeln aus Essigester-CH_3OH; $[\alpha]_D^{23}$ +33,5° (c = 1,08). Gibt bei der Hydrierung in Essigester bei 80° *Cholestanylacetat,* F. 113—114° (Aceton). — *Methylbenzoltetracarbonsäuretetramethylester,* $C_{15}H_{16}O_8$, F. 122—123°, aus 3 g IVb (oder aus 7-Dehydrocholesterin) u. HNO_3 (D. 1,38; 30 Std. bei 100°) u. anschließende Veresterung mit CH_2N_2; Nadeln aus A.; 72 mg. — *7-Keto-$\Delta^{5.8}$-cholestadien-3β-ylacetat* (V), $C_{29}H_{44}O_3$, F. 151—152°, aus 52 g IVb u. CrO_3 in Eisessig bei 45—50°; aus A. Prismen; $[\alpha]_D^{22}$ —67,3° (c = 0,951); 14,2 g. *Semicarbazon,* $C_{30}H_{47}O_3N_3$, F. 210—212° (Zers.). — *7-Ketocholestanylacetat,* F. 146—148°, aus V in Eisessig u. N_2 über 10%ig. Pd-Kohle; Schuppen aus CH_3OH. — *Steroidphenol* VI, $C_{27}H_{42}O_2$, F. 261—265°, aus 8 g V in Chlf., Essigsäureanhydrid u. konz. H_2SO_4 (6 Std. bei 20°) u. Verseifung des rohen *Diacetats* (F. 164°) mit alkoh. KOH; aus A. Nadeln; 3,2 g. *Methyläther,* $C_{28}H_{44}O_2$, F. 218—220°, aus A. Prismen. — *1-Methyl-4-nitrobenzol-2.3.5.6-tetracarbonsäure,* $C_{11}H_7O_{10}N$, F. 220 bis 226° (Zers.), aus 2 g vorst. Methyläthers u. HNO_3 (D. 1,38; 30 Std. bei 100°); aus A. blaßgelbe Mikrokristalle; 100 mg. *Tetramethylester,* $C_{15}H_{15}O_{10}N$, F. 132—133°, aus A. Nadeln. — Bei der Dehydrierung von VI mit Se (2 Std. bei 290—300° u. 32 Std. bei 330—340°), Chromatographie des Destillats vom $Kp._{0,002}$ 170—250° in PAe.-Bzl. (1 : 1) an Al_2O_3, Elution mit demselben Lösungsm. u. erneute Chromatographie der ersten beiden Hauptfraktionen im PAe. an Al_2O_3 wurden der *KW-stoff $C_{19}H_{18}$* (*Pikrat,* $C_{19}H_{18} \cdot C_6H_3O_7N_3$, F. 133,5—134°, orangefarbene Nadeln aus A.) u. der *KW-stoff $C_{19}H_{18}$* (*Pikrat,* $C_{19}H_{18} \cdot C_6H_3O_7N_3$, F. 149—150°, gelblichbraunes mikrokrist. Pulver aus A.), aus der dritten Fraktion durch Chromatographie in Bzl. *Verb. $C_{19}H_{18}O$,* F. 210—212°, Nadeln aus A., erhalten. (J. Amer. chem. Soc. **76**. 2933—38. 5/6. 1954. Hakata, Fukuoka, Japan, Univ. of Kyushu, Med. Fac., Pharm. Inst.) H. JAHNKE. 3700

Arthur Green und **Raymond Delaby,** *Über die Pterithiamine.* (Vgl. C. **1952.** 2515.) Für das l. c. beschriebene *2-Amino-4-oxypterithiaminjodid* (I; *N-[2-Amino-4-oxypteridyl-(6)-methyl]-4-methyl-5-[β-oxyäthyl]-thiazoliumjodid*) wird die Stellung der Methylenbrücke an $C_{(6)}$ des Pteridinkernes durch oxydativen Abbau zu *2-Amino-4-oxypteridin-6-carbonsäure* (durch das UV-Spektr. identifiziert) bewiesen. Durch $^1/_2$std. Kochen von 200 mg I mit Acetanhydrid, Essigsäure u. etwas konz. H_2SO_4 u. Gießen in Aceton wurden 65 mg *2-Acetylamino-4-oxypterithiaminhydrogensulfat* ($C_{15}H_{18}O_7N_6S_2$) erhalten, während *2-Oxy 4-aminopterithiaminjodid* (aus N-[β-Brom-β-formyläthyl]-4-methyl-5-[β-oxyäthyl]-thiazoliumbromid u. 2-Oxy-4.5.6-triaminopyrimidin u. Fällen mit KJ) u. *2.4-Diaminopterithiaminjodid* (aus N-[γ.γ-Dibromacetonyl]-4-methyl-5-[β-oxyäthyl]-thiazoliumbromid u. 2.4.5.6-Tetraaminopyrimidin u. Fällen mit KJ) nur in sehr unreiner Form u. nur durch das UV-Spektr. nachweisbar erhalten werden konnten. Verss. zur Darst. von *2-Amino-4.7-dioxypterithiaminjodid* aus N-[β-Carboxy-β-ketoäthyl]-4-methyl-5-[β-oxyäthyl]-thiazoliumbromid u. 2.4.5-Triamino-6-oxypyrimidin führten infolge andersartigen Ringschlusses u. nachfolgender Abspaltung des Thiazolrestes zu *2-Amino-4-oxypteridin-7-carbonsäure.* (Bull. Soc. chim. France, Mém. [5] **1955.** 700—03. Mai. Paris, Univ., Fac. de Pharm., Labor. de Pharm. Chim.) H.-J. BESTMANN. 3800

Arthur Green und **Raymond Delaby,** *Über Chinoxalothiamine und Derivate analoger Struktur.* (Vgl. vorst. Ref.) Vff. bezeichnen als *Chinoxalothiamine* (oder *Chinoxalinylthiamine*) Substanzen (s. nebenst. Struktur), die den Chinoxalinring u., verbunden über eine Methylenbrücke, den Thiazolring des Vitamins B_1 enthalten. Es wurden Verbb. dieser Reihe u. analoge *N-[Chinoxalinyl-(2)-methyl]-pyridiniumsalze* mit OH an $C_{(3)}$ des Chinoxalinringes durch Kondensation der quartären Salze aus 4-Methyl-5-[β-oxyäthyl]-thiazol bzw. Pyridin u. Brombrenztraubensäure mit dem entsprechenden o-Diamin dargestellt. Die Verbb. ohne OH-Gruppe erhält man bei der Rk. der o-Diamine mit dem *Pyridiniumsalz des Brommethylglyoxals,* das bei der Hydrolyse des N-[γ-Brom-γ-phthalimidoacetonyl]-pyridiniumbromids (I) entsteht. Diese Synth. konnte für das entsprechende Thiazoliumsalz noch nicht durchgeführt werden. Die Absorption im UV ist derjenigen der Pterithiamine (vgl. l. c.) ähnlich.)

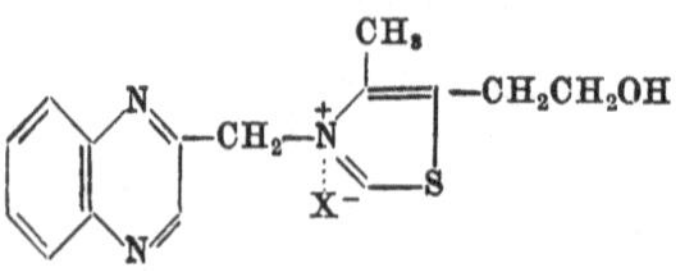

V e r s u c h e : *N-[3-Oxychinoxalinyl-(2)-methyl]-pyridiniumbromid,* $C_{14}H_{12}ON_3Br$, F. 255°, durch Zufügen von o-Phenylendiamin (II) zur sd. Lsg. vom Brombrenztraubensäure u. Pyridin in Butanol; 55% (Ausbeute). *Jodid,* $C_{14}H_{12}ON_3J$, F. 220°, durch Um-setzung des Bromids in W. mit KJ unter Erwärmen; 81%. — *N-[Chinoxalinyl-(2)-methyl]-pyridiniumbromid,* $C_{14}H_{12}N_3Br$, F. 201°, durch 45 Min. Kochen von I, Na-Acetat u. II in A., Eindampfen u. Behandeln mit Aceton; aus A. gelbe Kristalle; 80%. *Jodid,* $C_{14}H_{12}$·N_3J, F. 196°. — Analog den vorst. Verbb. wurden (unter Verwendung von 1.2-Diamino-4.5-dimethyl- u. -4 5-dichlorbenzol) dargestellt: *N-[6.7-Dimethyl-3-oxychinoxalinyl-(2)-methyl]-pyridiniumbromid,* $C_{16}H_{16}ON_3Br$, F. 273°; 45%. *Jodid,* $C_{16}H_{16}ON_3J$, F. 262°. — *N-[6.7-Dichlor-3-oxychinoxalinyl-(2)-methyl]-pyridiniumbromid,* $C_{14}H_{10}ON_3Cl_2Br$, F. 235°; 52%. *Jodid,* $C_{14}H_{10}ON_3Cl_2J$, F. 228°. — *3-Oxychinoxalothiaminbromid,* $C_{15}H_{16}O_2N_3BrS$, F. 227°; 22%. *Jodid,* $C_{15}H_{16}O_2N_3JS$, F. 214°. — *3-Oxy-6.7-dimethylchinoxalothiaminbromid,* $C_{17}H_{20}O_2N_3BrS$, F. 244°; 24%. *Jodid,* $C_{17}H_{20}O_2N_3JS$, F. 229°. — *3-Oxy-6.7-dichlorchinoxalothiaminbromid,* $C_{15}H_{14}O_2N_3Cl_2BrS$, F. 224°; 20%. *Jodid,* $C_{15}H_{14}O_2N_3Cl_2JS$, F. 205°. — *N-[6.7-Dimethylchinoxalinyl-(2)-methyl]-pyridiniumbromid,* $C_{16}H_{16}N_3Br$, F. 234°; 71%. *Jodid,* $C_{16}H_{16}N_3J$, F. 222°. — *N-[6.7-Dichlorchinoxalinyl-(2)-methyl]-pyridiniumbromid,* $C_{14}H_{10}N_3Cl_2Br$, F. 218°; 89%. *Jodid,* $C_{14}H_{10}N_3Cl_2J$, F. 210°. — Die UV-Maxima aller Jodide in NaOH u. HCl sind angegeben. (Bull. Soc. chim. France, Mém. [5] **1955.** 704—07. Mai.) H.-J. BESTMANN. 3800

J. B. Armitage, J. R. Cannon, A. W. Johnson, L. F. J. Parker, E. Lester Smith, W. H. Stafford und **A. R. Todd,** *Die Chemie der Vitamin B_{12}-Gruppe.* 3. Mitt. *Der Verlauf des hydrolytischen Abbaus.* (2. vgl. C. **1954.** 8124.) Die Hydrolyse von *Vitamin B_{12}* (I; *Cyanocobalamin*) wurde unter einer großen Anzahl verschied. Bedingungen der Säure- bzw. Basenkonz., der Temp. u. der Dauer untersucht. Zur Trennung der erhaltenen Gemische bas., neutraler u. saurer Prodd. diente die Papierelektrophorese, vorzugsweise in wss. Cyanidlsg., wobei I u. seine Abbauprodd., soweit sie noch das *5.6-Dimethylbenzimidazolnucleotid* (II) enthalten, ein CN^--Ion zu einem Dicyanidkomplex (vgl. SMITH, BALL u. IRELAND, Biochem. J. **52.** [1952.] 395) aufnehmen. Nach den Ergebnissen enthält I 3 prim. Amidgruppen, die unter milden Bedingungen stufenweise zu Carboxylgruppen hydrolysierbar sind. Die erhaltenen Säuren, 3 *isomere Monocarbonsäuren* (alle

3 in unterschiedlicher Menge krist. erhalten), 3 *isomere Dicarbonsäuren* (davon 2 krist.), 1 *Tricarbonsäure* (krist.) u. 1 *Tetracarbonsäure* (krist.; durch Hydrolyse der CN-Gruppe entstanden) wurden chromatograph. getrennt bzw. gereinigt; sie lassen sich bis auf die Tetracarbonsäure wieder in I zurückverwandeln, am besten durch Umsetzung mit Chlorameisensäureäthylester u. Triäthylamin zu den gemischten Anhydriden u. deren Rk. mit NH_3. — Die Bedingungen zur hydrolyt. Abspaltung von II, vor oder nach Hydrolyse der Amidgruppen, wurden ermittelt; II [*5.6-Dimethyl-1-[α-D-ribofuranosyl]-benzimidazol-2'*(oder *3'*)*-phosphat*, F. 240—241° (Zers.; wss. Aceton)] wurde krist. isoliert. Das II-freie Hydrolyseprod. von I ist wahrscheinlich ident. mit dem „Faktor B" aus Kälberfaeces (vgl. FORD u. PORTER, C. **1954.** 6989); seine Amidgruppen werden leicht hydrolysiert, die dabei entstehenden *Säuren* (nicht krist.) sind auch aus den oben erwähnten Mono-, Di- bzw. Tricarbonsäuren aus I durch hydrolyt. Entfernung von II zugänglich. Die CO-haltigen Endprodd. der energ. Hydrolyse von I enthalten 5, 6 u. 7 Säuregruppen bei saurer u. 5 u. 6 Säuregruppen bei alkal. Hydrolyse. — In Übereinstimmung mit früheren Ergebnissen (vgl. C. **1951.** II. 3171) nehmen Vff. an, daß 1-Aminopropanol-(2), welches erst nach II abgespalten wird, einerseits mit Phosphorsäure verestert u. andererseits durch eine Amidbindung an den Rest des Mol. geknüpft ist. (J. chem. Soc. [London] **1953.** 3849—64. Dez. Cambridge, Univ., Chem. Labor. u. Greenford, Mddx., Glaxo Labors. Ltd.) K. MAIER. 3800

Douglas S. Morris und **Sylvia D. Smith**, *Chloramphenicolanaloge.* 1. Mitt. Über das aus der Nitroverb. durch Hydrierung erhältliche *DL-threo-2-Acetamido-1-[p-aminophenyl]-propandiol-(1.3)* (I) wird nach SANDMEYER die *p-Cyanphenylverb.* (II) erhalten, die durch Verseifen u. Umsetzen mit Dichloressigsäuremethylester (III) u. anschließende (oder auch vorhergehende) Rk. mit alkoh. HCl bzw. alkal. H_2O_2 bzw. alkoh. $(NH_4)_2S$ (dann mit Halogenketonen) bzw. KOCN u. HCl in *Chloramphenicolanaloge* übergeführt wird, die statt der Nitrogruppe eine *Cyan-* (**IV**), *Äthoxycarbonyl-*, *Carbamyl-*, *Thiocarbamyl-* (*Thiazolyl-*) bzw. *Ureidogruppe* enthalten u. ca. 10% der antibakteriellen Aktivität von Chloramphenicol besitzen. D-threo-2-Amino-1-[p-nitrophenyl]-propandiol-(1.3) (**VI**) gibt mit KOCN u. HCl die entsprechende opt.-akt. *Ureidoverbindung.*

Versuche: *DL-threo-2-Acetamido-1-[p-aminophenyl]-propandiol-(1.3)* (I), $C_{11}H_{16}$·O_3N_2, F. 179—180°, aus der Nitroverb. in Methanol durch Hydrieren in Ggw. von 5%ig. Pd/$SrCO_3$ bei Zimmertemp.; Nadeln; ca. 90% (Ausbeute). — *DL-threo-2-Acetamido-1-[p-cyanphenyl]-propandiol-(1.3)* (II), $C_{12}H_{14}O_3N_2$, F. 146—147°, aus 64 g I in konz. HCl durch Diazotieren, Neutralisieren mit Na_2CO_3 u. Rk. mit NaCN, $NiCl_2$ u. Na_2CO_3 in W. (<5°); aus Essigester blaßgelbe Nadeln; 42,9 g. — *DL-threo-2-Dichloracetamido-1-[p-äthoxycarbonylphenyl]-propandiol-(1.3)*, $C_{14}H_{17}O_5NCl_2$, F. 109—110°, aus 10 g II in A. durch $3^1/_2$std. Kochen unter Durchleiten von HCl u. anschließende Umsetzung des freien Amins mit III; Nadeln aus Essigester/PAe.; 3 g. — *DL-threo-1-[p-Cyanphenyl]-2-dichloracetamidopropandiol-(1.3)* (**IV**), $C_{12}H_{12}O_3N_2Cl_2$, F. 126—127°, aus 5 g II u. verd. H_2SO_4 (1 Std. auf dem Wasserbad) u. 1std. Kochen der Base mit III; Nadeln aus Essigester/PAe.; 1 g. — *DL-threo-2-Acetamido-1-[p-carbamylphenyl]-propandiol-(1.3)*, $C_{12}H_{16}$·O_4N_2, F. 157—158° (Isopropanol/Essigester), aus 7,2 g II in A., W., 30%ig. H_2O_2 u. 5n NaOH bei 20°, dann 10 Min. bei 40°; 3,6 g. *Dichloracetamidoverb.*, $C_{12}H_{14}O_4N_2Cl_2$, F. 137—138°, Nadeln aus Essigester/PAe.; analog aus **IV**. — *DL-threo-2-Acetamido-1-[p-thiocarbamylphenyl]-propandiol-(1.3)* (**V**), $C_{12}H_{16}O_3N_2S$, F. 211—212°, aus 4,6 g II, H_2S u. NH_3 in A. (1 Std. im Rohr bei 70°); gelbe Prismen aus sd. W.; 13,5 g. Die entsprechende Dichloracetamidoverb. konnte aus **IV** nach dieser Meth. oder mit H_2S in Pyridin u. Triäthylamin nicht erhalten werden. — *2-[p-(DL-threo-2-Acetamido-1.3-dioxypropyl)-phenyl]-4-methylthiazol*, $C_{15}H_{18}O_3N_2S$, F. 193—194° (Essigester), aus 1,34 g **V** u. Chloraceton durch 1std. Kochen in A.; 0,4 g. *Dichloracetamidoderiv.*, $C_{15}H_{16}O_3N_2Cl_2S$, F. 204—205°, durch Verseifung mit 2n H_2SO_4 u. Umsetzen mit III; Nadeln aus Methanol. — *2-[p-(DL-threo-2-Acetamido-1.3-dioxypropyl)-phenyl]-4-[p-nitrophenyl]-thiazol*, $C_{20}H_{19}$·O_5N_3S, F. 236°, aus 2,54 g **V** u. p-Nitrophenacylbromid durch 3std. Kochen in A.; Prismen; 2,3 g. *Dichloracetamidoderiv.*, $C_{20}H_{17}O_5N_3Cl_2S$, F. 234°, gelbe Nadeln aus Methanol. — *D-threo-1-[p-Nitrophenyl]-ω-ureidopropandiol-(1.3)*, $C_{10}H_{13}O_5N_3$, F. 170 bis 171°, aus 4,24 g VI u. KOCN in 2n HCl; aus A. Nadeln. — *DL-threo-2-acetamido-1-[p-ureidophenyl]-propandiol-(1.3)*, $C_{12}H_{17}O_4N_3$, F. 218° (Zers.), aus 4,48 g I analog vorst. Verb.; aus W. Nadeln. — *DL-threo-2-ureido-1-[p-ureidophenyl]-propandiol-(1.3)*, $C_{11}H_{16}O_4N_4$, F. 199° (Zers.), analog vorvorst. Verb. aus DL-threo-2-Amino-1-[p-aminophenyl]-propandiol-(1.3) u. KOCN. (J. chem. Soc. [London] **1954.** 1680—82. Juni. Hounslow, Mddx., Parke, Davis & Co., Ltd., Res. Dep.) I. AHRLÉ. 3900

Charles S. Franklin, Douglas S. Morris und **Sylvia D. Smith**, *Chloramphenicolanaloge.* 2. Mitt. (1. vgl. vorst. Ref.) Das durch FRIESsche Verschiebung von Phenylacetat dargestellte *p-Oxyacetophenon* wird benzoyliert u. in *α-Acetamido-p-benzoyloxy-*

acetophenon verwandelt, das nach Oxymethylierung mit CH_2O u. nachfolgender Red. nach MEERWEIN-PONDORFF bzw. Hydrierung das mit HCl bzw. H_2SO_4 in geringer Ausbeute zu zwei *isomeren Aminen* hydrolysierbare *2-Acetamido-1-[p-benzoyloxyphenyl]-propandiol-(1.3)* liefert. Die entsprechenden Umsetzungen mit p-Benzyloxyacetophenon führen zu *α-Acetamido-p-benzyloxy-β-oxypropiophenon* (I), das bei der Hydrierung unter Debenzylierung eine Schmiere liefert, nach MEERWEIN-PONDORFF oder mit $NaBH_4$ jedoch zum entsprechenden *Propandiol* (II) reduzierbar ist. I liefert durch Hydrolyse u. Hydrogenolyse zum *DL-threo-2-Amino-1-[p-oxyphenyl]-propandiol-(1.3)* u. anschließende Rk. mit Dichloressigsäuremethylester das gewünschte Chloramphenicolanaloge, *DL-threo-2-Dichloracetamido-1-[p-oxyphenyl]-propandiol-(1.3)*, das sich zur *3.5-Dijodverb.* jodieren läßt. In einem Fall wurde bei der Red. von I nach MEERWEIN-PONDORFF statt II das auch aus I-*Acetat* mit sd. Chinolin darstellbare *α-Acetamido-p-benzyloxyacrylophenon* erhalten.

Versuche: *p-Oxyacetophenon*, F. 108°, aus 1 kg Phenylacetat u. $AlCl_3$ bei 90—95°; 370 g (Ausbeute), daneben als wasserdampfflüchtiger Anteil 258 g *o-Oxyacetophenon*, Kp.$_6$ 98°. — *α-Acetamido-p-benzoyloxyacetophenon*, $C_{17}H_{15}O_4N$, F. 167—168° (Essigester), aus 95 g Hexaminsalz von *p-Benzoyloxy-ω-jodacetophenon* (aus vorst. Verb. nach CORRIGAN, J. Amer. chem. Soc. **67.** [1945.] 1894) durch Hydrolyse mit konz. HCl in A. u. Rühren des Hydrochlorids mit Essigsäureanhydrid/Na-Acetat in Eiswasser; Nadeln; 22 g. — *2-Acetamido-1-[p-benzoyloxyphenyl]-äthanol*, $C_{17}H_{17}O_4N$, F. 146—148°, aus 2,97 g vorst. Verb. durch Hydrieren in A. in Ggw. von RANEY-Ni; Nadeln aus Essigester. — *α-Acetamido-p-benzoyloxy-β-oxypropiophenon*, $C_{18}H_{17}O_5N$, F. 168°, aus 15 g vorvorst. Verb. in A., wss. CH_2O u. $NaHCO_3$ (1 Std. bei 40—45°); Tafeln aus Essigester; 10 g. — *2-Acetamido-1-[p-benzoyloxyphenyl]-propandiol-(1.3)*, $C_{18}H_{19}O_5N$, F. 177° (Essigester), a) aus 5 g vorst. Verb. u. Al-Isopropylat in Isopropanol durch Dest. u. Zers. des Rückstandes mit sd. W.; 3,3 g (roh); b) aus 12,3 g vorst. Verb. durch Hydrierung in A. in Ggw. von RANEY-Ni; 5,6 g. — *2-Amino-1-[p-benzoyloxyphenyl]-propandiol-(1.3)*, $C_{16}H_{17}O_4N$, F. 145—146°, aus 1,7 g vorst. Verb. (Meth. b) u. 2n HCl in A. (90 Min. auf dem Wasserbad); Tafeln aus A./Essigester; 0,94 g (roh). Analog mit sd. 2n H_2SO_4 die *isomere Verb.* $C_{16}H_{17}O_4N$, F. 184° (Plättchen aus CH_3OH/Essigester; über das *Sulfat*, $C_{16}H_{17}O_4N \cdot {}^1/_2\, H_2SO_4 \cdot H_2O$, F. 246°, Tafeln aus W.). — *p-Benzyloxyacetophenon*, F. 93°, nach PRIESTLY u. MONESS (J. org. Chemistry **5.** [1940.] 355). — *ω-Acetamido-p-benzyloxyacetophenon*, $C_{17}H_{17}O_3N$, F. 138°, aus 113 g vorst. Verb. u. Br_2 in $CHCl_3$ u. Ae. bei 10°, 2std. Rühren mit Hexamethylentetramin, Hydrolyse der Additionsverb. mit A. u. konz. HCl u. Acetylierung; Nadeln aus Methanol; 75 g. — *ω-Acetamido-p-oxyacetophenon*, $C_{10}H_{11}O_3N$, F. 179—180°, aus vorst. Verb. durch Hydrierung in Ggw. von Pd/$SrCO_3$; Prismen aus Essigester. — *α-Acetamido-p-benzyloxy-β-oxypropiophenon* (I), $C_{18}H_{19}O_4N$, F. 147—148°, aus 75 g vorvorst. Verb., wss. Formaldehyd u. $NaHCO_3$ durch $1^1/_2$std. Rühren bei 45°; Tafeln; 62 g. — *α-Acetamido-p-oxy-β-oxypropiophenon*, $C_{11}H_{13}O_4N$, F. 178—179°, durch Hydrogenolyse vorst. Verb. in A. in Ggw. von RANEY-Ni oder Pd/$SrCO_3$; Nadeln aus Essigester. — *DL-threo-2-Acetamido-1-[p-benzyloxyphenyl]-propandiol-(1.3)* (II), $C_{18}H_{21}O_4N$, F. 169—170°, a) aus 3 g I, Al-Isopropylat u. Isopropanol durch $1^1/_2$std. Dest. u. Zers. mit W.; Nadeln aus Essigester; b) aus I in A. u. $NaBH_4$. — *DL-threo-2-Acetamido-1-[p-oxyphenyl]-propandiol-(1.3)*, $C_{11}H_{15}O_4N$, F. 175° (Zers.), aus vorst. Verb. in A. durch Hydrogenolyse über Pd/$SrCO_3$; Nadeln aus Essigester oder Dioxan. *Methyläther*, $C_{12}H_{17}O_4N$, F. 128° (W.). — *DL-threo-2-Acetamido-1-[4-oxy-3.5-dijodphenyl]-propandiol-(1.3)*, $C_{11}H_{13}O_4NJ_2$, F. 186° (Zerss.; A.), aus vorst. Verb. in gesätt. wss. $NaHCO_3$ u. wss. J_2/NaJ. — *DL-threo-2-Amino-1-[p-benzyloxyphenyl]-propandiol-(1.3)*, $C_{16}H_{19}O_3N$, F. 126—127°, aus 1,5 g II u. sd. n-H_2SO_4 über das *Sulfat* ($C_{16}H_{19}O_3N \cdot {}^1/_2\, H_2SO_4 \cdot H_2O$, F. 229—230° [Zers.]); Tafeln aus W.; 0,6 g. — *DL-threo-2-Amino-1-[p-oxyphenyl]-propandiol-(1.3)*, $C_9H_{13}O_3N$, F. 138°, aus 1,6 g vorst. Verb. in A. u. H_2 über Pd/$SeCO_3$; aus Methanol u. Essigester Nadeln; 0,6 g. — *DL-threo-2-Dichloracetamido-1-[p-oxyphenyl]-propandiol-(1.3)*, $C_{11}H_{13}O_4NCl_2$, F. 122—124°, aus vorst. Verb. u. Dichloressigsäuremethylester (20 Min. Kochen); aus Essigester Nadeln. — *DL-threo-2-Dichloracetamido-1-[4-oxy-3.5-dijodphenyl]-propandiol-(1.3)*, $C_{11}H_{11}O_4NCl_2J_2 \cdot H_2O$, F. 165° (Zers.; wss. A.), aus vorst. Verb. durch Jodierung. — *α-Acetamido-β-acetoxy-p-benzyloxypropiophenon*, $C_{19}H_{21}O_5N$, F. 132°, aus I durch Acetylierung; aus A. Nadeln. — *α-Acetamido-p-benzyloxyacrylophenon*, $C_{18}H_{17}O_3N$, F. 138°, aus 0,4 g vorst. Verb. in Chinolin (3 Min. Kochen); Nadeln aus Methanol. Ident. mit dem bei einer MEERWEIN-PONDORFF-Red. von I erhaltenen Produkt. — *2-Acetamido-1-[p-oxyphenyl]-propanol-(1)*, F. 194—195° (W.), durch Hydrierung vorst. Verb. in A. in Ggw. von Pd/$SrCO_3$. (J. chem. Soc. [London] **1954.** 1683—86. Juni.) I. AHRLÉ. 3900

David D. Evans, Douglas S. Morris, Sylvia D. Smith und **David J. Tivey,** *Chloramphenicolanaloge.* 3. Mitt. (2. vgl. vorst. Ref.) Aus D-(—)-threo-2-Acetamido-1-[p-nitrophenyl]-propandiol-(1.3) wird über die Stufe der *p-Aminoverb.* die *Dimethylaminoverb.* (D-I) dargestellt, die zum *p-Phenyltrimethylammoniumchlorid* quaternisiert wird. Dessen krist. *freie Base* wird mit Dichloressigsäuremethylester (II) zum *Chloramphenicolanalogen* umgesetzt. Hydrolyse von D-I mit wss. H_2SO_4 liefert die *freie Dimethylaminoverb.*, die mit II jedoch nur einen Teer gibt. Das Jodanaloge von Chloramphenicol DL-threo-1-[p-Jodphenyl]-2-dichloracetamidopropandiol-(1.3) (III) wird zum Beweis der threo-Konfiguration katalyt. zu (±)-*threo-2-Acetamido-1-phenylpropandiol-(1.3)* enthalogeniert bzw. mit Benzopersäure in die *Jodoxyverb.* u. in die *Dibenzoyljodosoverb.* umgewandelt. *2-Acetamido-1-[p-benzylphenyl]-propandiol-(1.3)* (IV) wird in der *threo-* u. *erythro*-Form hergestellt. Zum Beweis, daß bei der Bromierung von p-Benzylacetophenon kein Angriff an der Brückenmethylengruppe eintritt, wird das so erhaltene *p-Benzylphenacylbromid* über das entsprechende *Pyridiniumbromid* zu *p-Benzylbenzoesäure* abgebaut.

Versuche: *D(—)-threo-2-Acetamido-1-[p-nitrophenyl]-propandiol-(1.3)*, F. 125 bis 127° (Essigester), durch Acetylierung des freien Amins. — *D(—)-threo-2-Acetamido-1-[p-dimethylaminophenyl]-propandiol-(1.3)* (*D*-I), $C_{13}H_{20}O_3N_2$, F. 136—139,5°, aus 71 g vorst. Verb. durch Hydrierung in Ggw. von Pd-Kohle u. weitere Hydrierung in Ggw. von wss. CH_2O; Tafeln aus Essigester; $[\alpha]_D^{20}$ —20,1° (c = 1,05; 96%ig. A.); 44 g (Ausbeute). Analog *DL*-I, F. 159,5—160,5°, blaßgelbe Kristalle aus Methanol.— *p-[D(—)-threo-2-Amino-1.3-dioxypropyl]-phenyltrimethylammoniumchlorid, Hydrochlorid*, $C_{12}H_{22}O_2N_2Cl_2$, F. 237°, aus *D*-I in Chlf., A. u. $(CH_3)_2SO_4$, Behandlung mit $BaCl_2$ u. HCl; aus A. hygroskop. Nadeln; *N-Dichloracetylderiv.*, $C_{14}H_{21}O_3N_2Cl_3$, F. 115—120°, $[\alpha]_D^{20}$ —28,7° (c = 1,16; 96%ig. A.), aus der freien Base u. II in sd. CH_3OH; $[\alpha]_D^{20}$ +21,7° (c = 1,07; W.). — *D(—)-threo-2-Amino-1-[p-dimethylaminophenyl]-propandiol-(1.3)*, $C_{11}H_{18}O_2N_2$, F. 143 bis 145° ($CHCl_3$ oder Isopropanol), aus 17 g *D*-I durch 2std. Kochen mit 2n H_2SO_4 u. Wasserdampfdest.; $[\alpha]_D^{20}$ —24,5° (c = 0,54; 96%ig. A.). — *p-[DL-threo-2-Acetamido-1.3-dioxy propyl]-phenyltrimethylammoniumchloridhydrochlorid*, $C_{14}H_{24}O_3N_2Cl_2$, F. 235—237°, aus 4 g *DL*-I u. CH_3J in Methanol (15 Min. auf dem Dampfbad); aus A./Aceton Nadeln. — *DL-threo-2-Acetamido-1-phenylpropandiol-(1.3)*, F. 132—133°, aus III durch Hydrierung mit 5%ig. Pd/$SrCO_3$ in A. u. Acetylierung; aus Essigester Nadeln. — *DL-threo-2-Dichloracetamido-1-[p-jodoxyphenyl]-propandiol-(1.3)*, $C_{11}H_{12}O_5NCl_2J$, F. 105° (Zers.), aus 2 g III in Dimethylformamid u. Benzopersäure in Chlf. (48 Std. Stehen); 1,1 g. — *DL-threo-1-[p-Dibenzoyljodosophenyl]-2-dichloracetamidopropandiol-(1.3)*, $C_{25}H_{22}O_7NCl_2J$, F. 156 bis 157°, wie vorst. Verb. (16 Std. im Eisschrank); Tafeln. — *p-Benzylacetophenon*, Kp.$_5$ 188 bis 190°, F. 39°, aus Diphenylmethan in CS_2, Acetylchlorid u. $AlCl_3$ bei 0°; aus PAe. Nadeln. — *p-Benzylphenacylbromid*, $C_{15}H_{13}OBr$, F. 47,5—49,5°, aus vorst. Verb. u. Br_2 in Chlf. bei —10 bis 0°; aus Methanol Nadeln. — *p-Benzylphenacylpyridiniumbromid*, $C_{20}H_{18}ONBr \cdot H_2O$, F. 72—83°, aus vorst. Verb. u. Pyridin (5 Min. Erwärmen); aus A. hygroskop. Nadeln. Gibt beim Erhitzen mit 10%ig. NaOH *p-Benzylbenzoesäure*, F. 156 bis 157°. — *p-Benzylphenacylaminhydrochlorid*, $C_{15}H_{16}ONCl$, F. 194—195°, aus vorvorst. Verb. u. Hexamethylentetramin in Chlorbenzol bei 40° wird das *quaternäre Salz* ($C_{21}H_{25} \cdot ON_4Br$, F. 95—105°; Nadeln aus Aceton) bereitet u. mit konz. HCl in A. behandelt; aus W., dann verd. HCl Tafeln. *Acetylderiv.*, $C_{17}H_{17}O_2N$, F. 113,5—114,5°, Tafeln aus Aceton. — *α-Acetamido-p-benzyl-β-oxypropiophenon*, $C_{18}H_{19}O_3N$, F. 118°, aus vorst. Acetamidoderiv. u. wss. Formaldehyd in A. u. NaOH bei p_H 9 (8 Min.); aus Essigester Nadeln; 80%. Nach 1—3std. Rk. als Hauptprod. *α-Acetamido-p-benzyl-β-oxy-α-oxymethylpropiophenon*, $C_{19}H_{21}O_4N$, F. 161—163°, aus Essigester Nadeln. — *2-Acetamido-1-[p-benzylphenyl]-propandiol-(1.3)* (IV), $C_{18}H_{21}O_3N$, *threo*-IV, F. 119—120°, Nadeln, u. *erythro*-IV, F. 167—168°, Rhomben; a) aus 3,5 g vorst. Verb., Al-Isopropylat u. Isopropanol; durch fraktionierte Kristallisation Trennung aus Essigester; 2 g bzw. 0,1 g; b) aus 5,95 g vorst. Verb. durch Hydrierung in Methanol in Ggw. von RANEY-Ni u. fraktionierte Kristallisation aus Methanol; 0,84 g bzw. 1,6 g. — *DL-erythro-2-Amino-1-[p-benzylphenyl]-propandiol-(1.3)*, $C_{16}H_{19}O_2N$, F. 110—114°, aus 1,5 g erythro-IV durch $2^1/_2$std. Kochen mit 2n H_2SO_4; über das *Sulfat* ($C_{16}H_{19}O_2N \cdot {}^1/_2 H_2SO_4$, F. 230—234°, Tafeln); Nadeln aus Äther. *Dichloracetylderiv.*, $C_{18}H_{19}O_3NCl_2$, F. 140—140,5°, Tafeln aus Essigester. — *DL-threo-2-Dichloracetamido-1-[p-benzylphenyl]-propandiol-(1.3)*, $C_{18}H_{19}O_3 \cdot NCl_2$, F. 110°, analog aus threo-IV; aus W. Nadeln. (J. chem. Soc. [London] **1954**. 1687—90. Juni.) I. AHRLÉ. 3900

J. Kollonitsch, A. Hajós und **V. Gabor** (unter Mitarbeit von **M. Kraut**), *Neue Synthesen des Chloramphenicols und deren stereochemische Beziehungen.* (Vorl. Mitt.) *threo-β-Phenylserinol* (threo-I)-*Methyläther* (II) wurde dargestellt aus *β-Phenylserin-O-methyläther* (aus β-Phenyl-β-methoxy-α-brompropionsäure [III] vom F. 140°) mit $LiAlH_4$ oder durch Red. des *Säurechlorids der Phthalylverb.* nach ROSENMUND, Red. des *β-Phenyl-β-methoxy-α-phthalimidopropionaldehyds* mit Al-Isopropylat u. Dephthalierung mit Hydrazin. Die durch Nitrierung u. Desacetylierung des *O.N-Diacetates von* II entstandene

Base (threo-IV) lieferte nach Demethylierung *threo-1-[p-Nitrophenyl]-2-amino-1.3-dioxypropan*. threo-IV wurde durch Weinsäure oder Dibenzoylweinsäure in opt. Antipoden gespalten, von denen das linksdrehende Isomere zu *threo-β-[p-Nitrophenyl]-serinol* (**Va**) demethyliert wurde, das mit dem Hydrolyseprod. des natürlichen *Chloramphenicols* (**V**) ident. ist. **Va** lieferte mit Pentachloraceton **V**. Die isomere **III** vom F. 180° (**IIIa**; durch Einw. von Br_2 u. gelbem PbO in CH_3OH auf trans-Zimtsäure) wurde aminiert, nach den angegebenen Methoden zu *erythro-***I***-Methyläther* (**VI**) red. u. in die *Nitroverb.* übergeführt. Bei der Demethylierung von **VI** mit wss. HBr entsteht infolge Umlagerung neben *erythro-***I** *threo-***I**. erythro-β-[p-Nitrophenyl]-serinol, **Va** u. threo-**I** werden durch wss. HBr nicht umgelagert. Durch Rk. von threo-I-N.$O_{(3)}$-Diacetat mit CH_3J u. Ag_2O u. Desacetylierung wurde *threo-***I**-$O_{(1)}$*-Methyläther* dargestellt, der mit **II** ident. ist. Damit war der Beweis erbracht, daß bei der Demethylierung von **II** keine Konfigurationsänderung eintritt. Eine weitere Synth. von **V** ging aus vom *1-Phenyl-2-brom-1.3-dimethoxypropan* (**VII**; aus trans-Zimtalkoholmethyläther, Br_2 u. gelbem PbO in CH_3OH), das nach Ammonolyse *threo-***I***-Dimethyläther* (**VIII**) ergab. **VIII**-*N-Acetat* erwies sich mit der durch Methylierung von *threo-***I***-N-Acetat* erhaltenen Verb. als identisch. Es lieferte nach Nitrierung, Desacetylierung u. Demethylierung **Va**. **IIIa** u. **VII**, die analog dargestellt wurden u. deshalb gleiche Konfiguration besitzen, liefern nach Ammonolyse Verbb., die diastereomeren Reihen zugehören. Dies wird dadurch erklärt, daß bei **IIIa** der Einfl. der benachbarten Gruppen eine Konfigurationsänderung verhindert. Die Methylhypobromitaddition wird als trans-Addition betrachtet. — *threo-***II***-N-p-Nitrobenzoat*, $C_{17}H_{18}O_5N_2$, F. 179—181°. — *threo-1-[p-Nitrophenyl]-1-methoxy-3-oxy-2-aminopropan* (threo-**IV**), $C_{10}H_{14}O_4N_2$, F. 82—84°. (—)-*threo-***IV**, F. 105—107°, $[\alpha]_D$ —74° (c = 1; n-HCl). — *erythro-***II***-N-p-Nitrobenzoat*, $C_{17}H_{18}O_5N_2$, F. 163—164°. — *erythro-***IV**, $C_{10}H_{14}O_4N_2$, F. 110—111°. — *threo-***I***-Dimethyläther* (**VIII**), *N-p-Nitrobenzoat*, $C_{18}H_{20}O_5N_2$, F. 129—130°. *N-Acetat*, $C_{13}H_{19}O_3N$, F. 97—98°. — **Va***-Dimethyläther-N-acetat*, $C_{13}H_{18}O_5N_2$, F. 129—130°. (Experientia [Basel] **10**. 458—59. 15/11. 1954. Budapest, Forschungsinst. für die pharmazeut. Ind. u. Fabrik Chinoin, Labors.) HILDEGARD BAGANZ. 3900

Antonio Iliceto, *Erythro → threo-Umwandlungen in der Chloramphenicolreihe.* Bei der Einw. von P-Halogeniden (PX_5, POX_3) auf die threo- u. die erythro-Form von 1-[p-Nitrophenyl]-2-dichloracetamidopropandiol-(1.3) entsteht in beiden Fällen die threo-Form des 1.3-Dihalogenderiv.; die erythro → threo-Umwandlung erfolgt also leichter als umgekehrt. — *d-* (F. 147,5—148,5°) u. *dl-threo-1-[p-Nitrophenyl]-2-dichloracetamido-1.3-dichlorpropan* (F. 135,5—136°) sowie *d-* (F. 149—150°) u. *dl-threo-1-[p-Nitrophenyl]-2-dichloracetamido-1.3-dibrompropan* (F. 137,5—138,5°) wurden so dargestellt. (Ricerca sci. **23**. 1621—23. Sept. 1953. Padua, Univ., Ist. di Chim. organ.) R. K. MÜLLER. 3900

F. D. Gunstone und **M. A. McGee,** *Santalbinsäure.* Vff. zeigen durch verschied. Abbau-Rkk. u. Unters. des UV- u. Infrarotspektr., daß *Santalbinsäure* (aus Samenöl von Santalum album) eine *trans-Octadecen-(11)-in-(9)-säure* ist, ident. mit Ximeninsäure (Synth. vgl. nachst. Ref.; vgl. ferner AHLERS u. LIGHTHELM, J. chem. Soc. [London] **1952**. 5039).

Versuche: *Santalbinsäure* [*trans-Octadecen-(11)-in-(9)-säure*], $C_{18}H_{30}O_2$, F. 38 bis 40°, UV-Absorption λ_{max} 228 mg (ε = 16600, Inflexion 240 mμ, ε = 11500 in A.), Infrarotabsorption λ_{max} 953 cm^{-1} in CS_2 (*p-Bromphenacylester*, F. 53—54°); gibt bei Hydrierung nach Aufnahme von 3 Mol H_2 *Stearinsäure*, bei Oxydation mit Perameisensäure *11.12-Dioxystearolsäure*, F. 88—89°, daraus durch Hydrierung *erythro-11.12-Dioxystearinsäure*, F. 129—130° (daraus durch Oxydation mit Perjodat *1.11-Undecandisäure*, F. 109—110°) bei Oxydation mit $KMnO_4$/Essigsäure *Heptansäure* (*p-Bromphenacylester*, F. 69—70°) u. *Azelainsäure*, F. 104—105°. (Chem. and Ind. **1954**. 1112. 4/9. Glasgow, Univ., Chem. Dep.) G. WINKLER. 3950

J. Grigor, D. MacInnes und **J. McLean,** *Die Synthese von Ximeninsäure.* (Vgl. vorst. Ref.) Vff. beschreiben die Synth. von *Ximeninsäure* [*Octadecen-(11)-in-(9)-säure*; vgl. vorst. Ref.] aus Ricinstearolsäure (**I**).

Versuche: *Ricinstearolsäuremethylester*, $C_{19}H_{34}O_3$, F. 19—20°, aus **I** (aus Ricinusöl erhältlich). — *Octadecen-(11)-in-(9)-säure* (*Ximeninsäure, Santalbinsäure*), $C_{18}H_{30}O_2$, Kp.$_{0,075}$ 198°, F. 38—39°, aus vorst. Verb. durch Chlorierung mit $SOCl_2$ zu *12-Chlorstearolsäuremethylester* u. Hydrolyse mit methanol. KOH. *Amid* $C_{18}H_{31}ON$, F. 105°. *p-Bromphenacylester*, $C_{26}H_{35}O_3Br$, F. 54°. Oxydation mit Perameisensäure vgl. vorst. Referat. (Chem. and Ind. **1954**. 1112. 4/9. Glasgow, Roy. Techn. Coll.) G. WINKLER. 3950

Morton Beroza, *Die Struktur von Sesamolin und dessen stereochemische Verwandtschaft zu Sesamin, Asarinin und Pinoresinol.* (Vgl. BEROZA, J. Amer. Oil Chemists Soc. **31**. [1954.] 302.) Vf. stützt die Annahme der Struktur von *Sesamolin* (**I**) als ein

2-[3.4-Methylendioxyphenoxy]-6-[3.4-methylendioxyphenyl]-3.7-dioxabicyclo-[3.3.0]-octan durch die Isolierung zweier weiterer Abbauprodd., die *Piperonylsaüure* (II) u. das *cis-Di-γ-lacton* von *α.β-Bis-[oxymethyl]-bernsteinsäure* (III). II bestätigt die Existenz einer zweiten 3.4-Methylendioxyphenylgruppe in I, u. III beweist, daß der Zentralkern von I eine 3.7-Dioxabicyclo-[3.3.0]-octan-Struktur besitzt, für die von Vf. cis-Konfiguration angenommen wird. Die Oxydation von Sesamin (IV) u. Pinoresinol (V) mit HNO_3 liefert ebenfalls opt. akt. **III**, während aus Asarinin (VI) unter gleichen Bedingungen der opt. Antipode von III erhalten wird. Die Zentralkerne von **IV** u. **VI** haben wie **V** cis-Konfiguration. Vf. diskutiert die Einwände, die gegen die Annahme einer trans-Form für I sprechen.

Versuche: *Piperonylsäure* (II), F. 227° (Methanol/W.), durch 8std. Kochen von I in Aceton mit $KMnO_4$. — *cis-Di-γ-lacton von α.β-Bis-[oxymethyl]-bernsteinsäure*; (+)-*Verb.* (III), $C_6H_6O_4$, F. 160—161°, durch Oxydation von I mit konz. HNO_3 bei Zimmertemp.; 22% (Ausbeute), ferner wie vorst. aus **IV** u. **V**; $[\alpha]_D^{36}$ +210° (c = 1,01; W.). (—)-*Verb.*, F. 160—161°, wie vorst. aus **VI**; $[\alpha]_D^{30}$ —204° (c = 0,49). *dl-Verb.*, F. 137—138°. (J. Amer. chem. Soc. **77**. 3332—34. 20/6. 1955. Beltsville, Md., U. S. Dep. of Agricult., Agricult. Res. Serv., Entomol. Res. Branch.) G. Winkler. 3950

D. Makromolekulare Chemie.

J. J. Hermans, *Die Entmischung von Lösungen von Polymeren.* Beispiele über die Anwendung von Phasendiagrammen auf die Entmischung von Polymerenlsgg. durch Änderungen von Temp. u. Zus. u. auf die Fraktionierung durch Temperaturänderung. — 9 Schrifttumshinweise. (Chem. Weekbl. **51**. 424—27. 4/6. 1955.) W. Wesly. 4000

M. J. Roedel, *Die Molekularstruktur des Polyäthylens.* 1. Mitt. *Kettenverzweigung im Polyäthylen während der Polymerisation.* Vf. untersucht die verschied. Verzweigungsmöglichkeiten bei der nach einem Radikalmechanismus verlaufenden Äthylenpolymerisation. Die Polymerisationen wurden unter Druck mit einem Peroxydkatalysator in Lsg. durchgeführt, wobei Druck u. Temp. konstant gehalten wurden. Hierbei konnten je nach den Polymerisationsbedingungen zwei Arten von Kettenverzweigung beobachtet werden, die sich in den physikal. Eigg. der Polymerprodd. unterschieden. Langkettige Verzweigung tritt auf bei intermol. Wasserstoffübertragung, ist abhängig von der Polymerkonz. u. bedingt hauptsächlich die rheolog. Eigenschaften. Die kurzkettige Verzweigung scheint bedingt zu sein durch intramol. Wasserstoffübertragung über intermediär auftretende Ringbldg., ist abhängig von der Polymerisationstemp. u. beeinflußt die Eigg. der kristallinen Struktur. (J. Amer. chem. Soc. **75**. 6110—12. 20/12. 1953. Wilmington, Del., E. I. Du Pont de Nemours & Co., Polychem. Dep.) W. Meyer. 4010

W. M. D. Bryant und **R. C. Voter,** *Die Molekularstruktur des Polyäthylens.* 2. Mitt. *Bestimmung der kurzkettigen Verzweigung.* (1. vgl. vorst. Ref.) Vff. konnten durch Infrarotuntersuchungen nachweisen, daß die Anzahl der vorhandenen Methylgruppen im *Polyäthylen* weit höher als bei geradkettiger Polymerisation in Form von Endgruppen zu erwarten wäre. Die hohe Zahl läßt sich nicht durch einen bimol. Mechanismus (Übertragung zwischen einer wachsenden Kette u. einem fertigen Polymermol.) erklären, was auf einen monomol. Mechanismus mit intramol. Übertragung schließen läßt. Die nähere spektroskop. Unters. ergab, daß die vorhandenen Methylgruppen nicht in Form von anhängenden Seitengruppen vorlagen, sondern jeweils Endgruppen höhergliedriger, meist 4 C-Atome zählender Seitenketten waren. Die Anzahl der vorhandenen Methylgruppen lag zwischen 0,2 u. 4,6 auf 100 C-Atome. Je größer die Anzahl der kurzen Seitenketten im Vgl. zur Gesamtkettenlänge, desto höher kristallin waren die Verbb., in Übereinstimmung mit den Röntgenergebnissen. Das allg. strukturelle Bild des Polyäthylens wurde noch einmal im Hinblick auf die hier gefundenen Ergebnisse überprüft. (J. Amer. chem. Soc. **75**. 6113—18. 20/12. 1953.) W. Meyer. 4010

F. W. Billmeyer jr., *Die Molekularstruktur des Polyäthylens.* 3. Mitt. *Bestimmung der langkettigen Verzweigung.* (2. vgl. vorst. Ref.) Es wurde eine neue Meth. zur quantitativen Abschätzung der Kettenverzweigung entwickelt u. auf *Polyäthylen* angewandt. Man vergleicht die leicht schwankenden Mol.-Geww. u. die Intrinsicviscositäten eines verzweigten Polymeren mit den früher für lineare, sonst jedoch ident. Proben berechneten Werten. Die Meth. hat jedoch nur einen Sinn bei langkettigen Verzweigungen. Messungen ergaben, daß einige Polyäthylene 4—34 solcher Verzweigungen pro Mol. besitzen, bezogen auf das durchschnittliche mittlere Mol.-Gewicht. Die Molekulargröße verteilt sich auf einen äußerst breiten Bereich, weswegen durch Fraktionierung das Polyäthylen in einzelne Fraktionen von zwar verschied., jedoch nicht mehr so stark variierendem Mol.-Gew. zerlegt wurde. (J. Amer. chem. Soc. **75**. 6118—23. 20/12. 1953.) W. Meyer. 4010

J. K. Beasley, *Die Molekularstruktur des Polyäthylens.* 4. Mitt. *Kinetische Berechnung des Einflusses der Kettenverzweigung auf die Molekulargewichtsverteilung.* (3. vgl. vorst. Ref.) Vf. berechnet Zahl u. Verteilung der langkettigen Verzweigung des *Polyäthylens* in Abhängigkeit von der jeweiligen Mol.-Gew.-Verteilung aus kinet. Beziehungen, die eine radikal. Übertragung beschreiben. Die Mol.-Gew.-Verteilung wird durch das Vorhandensein sogenannter hochmol. „Schwänze" weiter in die Breite gezogen, so daß das Verhältnis von Mol.-Gew. zur Anzahl der Moll. wesentlich höher liegt als bei linearen Polymeren. Auch die durchschnittliche Zahl der Verzweigungen pro Mol. schwankt stark, da neben verzweigten Moll. immer eine große Anzahl unverzweigt vorliegen. (J. Amer. chem. Soc. **75.** 6123—27. 20/12. 1953.) W. Meyer. 4010

C. A. Sperati, W. A. Franta und **H. W. Starkweather jr.,** *Die Molekularstruktur des Polyäthylens.* 5. Mitt. *Der Einfluß von Kettenverzweigung und Molekulargewicht auf physikalische Eigenschaften.* (4. vgl. vorst. Ref.) Vff. zeigten, daß sich verschied. physikal. Eigg. von Polyäthylenkörpern durch Kombination der unabhängigen Strukturparameter von kurzkettiger u. langkettiger Verzweigung sowie vom Mol.-Gew. kontrollieren lassen. Festigkeit, Erweichungspunkt u. Aufnahme von Reagentien werden durch den Grad der Kristallinität kontrolliert, die sich aus der kurzkettigen Verzweigung u. den Dichtemessungen ergibt. Aus D. u. Schmelzviscosität lassen sich Ausdehnungsvermögen, Flüchtigkeit u. Härte kontrollieren. Die viscoelast. Eigg. der geschmolzenen Polymeren u. die Zerreißfestigkeit des Festkörpers lassen sich durch Mol.-Gew. u. Anteil an langkettiger Verzweigung kontrollieren. Die Beziehungen zwischen den eben genannten Größen wurden in Form mathemat. Gleichungen aufgezeigt u. die in der Literatur auftretenden Anomalien erklärt. (J. Amer. chem. Soc. **75.** 6127—33. 20/12. 1953.)
W. Meyer. 4010

G. Zigeuner und **H. Weichsel,** *Über die Struktur der künstlichen Harze.* 1. kurze Mitt. *Über die Spaltung von Dioxydibenzyläther- und Dioxydibenzylaminketten.* Vff. untersuchten die Aufspaltung der Ätherbrücken bei gehärteten Phenolalkoholen (vgl. Zinke u. Ziegler, Österr. Chem.-Ztg. **47.** [1944.] 151). Das durch Härtung des p-tert.-Butylphenoldialkohols bei 155° gebildete *Dimethylenätherkettenprod.* (I) gab mit p-Toluidin (II) *2.6-Bis-[p-toluidinomethyl]-4-tert.-butylphenol* (III). I reagierte außerdem mit 2.4-Dimethylphenol (IV) in Ggw. von $POCl_3$ zu *2.6-Bis-[2-oxy-3.5-dimethylbenzyl]-4-tert.-butylphenol* (V). Das beim Erhitzen von o-Kresoldialkohol auf 150° entstehende *Ätherkettenprod.* wurde hierbei in *2.4-Bis-[2-oxy-3.5-dimethylbenzyl]-6-methylphenol* (VI) übergeführt. V u. VI konnten ebenfalls aus den entsprechenden Phenoldialkoholen mit IV u. $POCl_3$ gewonnen werden. 2.2'-Dioxy-3.5.3'.5'-tetramethyldibenzyläther zeigte gegenüber aromat. Aminen bzw. IV u. $POCl_3$ analoges Verhalten. — Bei der Härtung von Phenolen mit Hexamethylentetramin (VII) erfolgt die Verknüpfung durch Dimethylenamin- bzw. Trimethylenaminbrücken. Umsatz dieser Verbb. mit aromat. Aminen führt zu *N-Oxybenzylanilinen.* Aus *2.2'-Dioxy-3.5.3'.5'-tetramethyldibenzylamin* (durch Kondensation von IV mit VII) entstand beim Erhitzen mit II *N-2-Oxy-3.5-dimethylbenzyl-p-toluidin.* Das Kondensationsprod. aus p-tert.-Butylphenol u. VII wurde durch II zu III aufgespalten. (Mh. Chem. **85.** 457—60. 1954. Graz, Univ., Inst. für organ. u. pharmazeut. Chemie.) W. Meyer. 4010

Sven Sönnerskog, *Suspensionspolymerisation von Acrylonitril.* Vf. zeigt, daß unter Einhaltung gewisser Bedingungen (Unlöslichkeit des Katalysators, Abhängigkeit der Katalysatorwirksamkeit von der Temp., Flüchtigkeit) eine Suspensionspolymerisation des *Acrylonitrils* (I) möglich ist. Als Katalysatoren wurden α.α'-Azo-bis-[isobutyronitril] sowie α.α'-Azo-bis-[α.γ-dimethylvaleronitril] unter Zusatz von Stabilisatoren, wie Äthyloxyäthylcellulose, Na-Carboxymethylcellulose oder polyacrylsaurem Na, verwendet. Die Polymerisationen wurden unter Anwendung von 200 g I, 600 g W., 0,5—3 g Katalysator, 1,2 g Stabilisator ohne u. mit 1—10 g tert.-Dodecylmercaptan (II) bei 50, 60 u. 65° innerhalb 150, 180 u. 240 Min. durchgeführt. Das Mol.-Gew. der Polymeren ist hauptsächlich abhängig vom Verhältnis Katalysator : Monomeren, die Menge des verwendeten W. sowie die Variation der Temp. haben wesentlich geringeren Einfluß. Verdünnung der Suspension mit KW-stoffen (Kerosin, Xylol) oder CCl_4 bewirkte kaum eine Änderung gegenüber der Polymerisation ohne Verdünnungsmittel, während Xylol mit steigendem Geh. den DP herabsetzte. Bei Zugabe von II als Regulator konnte die Polymerisation bei mittleren u. niedrigen Mol.-Geww. unterbrochen werden. In alkoh. Medium trat keine Polymerisation ein, meist wurde bei p_H 7 gearbeitet. — Abschließend wurde der Reaktionsmechanismus diskutiert sowie auf die Löslichkeitsunterschiede zwischen Emulsions- u. Suspensionspolymerisaten hingewiesen. (Acta chem. scand. **8.** 579—84. 1954. Stockholm, Schweden, Stockholms Superfosfat Fabriks A.B., Ljungawerk.)
W. Meyer. 4010

W. A. Kargin und **G. Ss. Markowa**, *Elektronographische Untersuchung von kristallinen Polymeren.* 1. Mitt. *Lineare Polyamide.* In den aus nachst. angegebenen Komponenten erhaltenen Polymeren werden elektronenmkr. folgende Identitätsperioden (A) festgestellt (1: 4,77; 2: 4,42; 3: 4,10; 4: 3,73; 5: 2,37; 6: 2,18; 7: 1,96; 8: 1,73; 9: 1,58; 10: 1,48; 11: 1,33; 12: 1,20): *Putrescin* + *Adipinsäure* (I): 1, 2, 4, 5, 6, 7, 10, 12; *ε-Aminocapronsäure*: 2, 3, 4, 5, 6, 7, 8, 9, 10, (11), 12; *Hexamethylendiamin* (II) + I: 2, 4, 5, 6, 7, 8, 9, 10, 12; II + I + *Pimelinsäure* (Nylon-Copolymeres) wie vorst.; *ζ-Aminoönanthsäure*: 2, 4, 5, 6, 7, 9, 11, 12; II + *Sebacinsäure* (III): 2, 4, 5, 6, 7, 8, 9, 10, 12; *1.10-Diaminodecan* + III: 2, 3, 4, 5, 6, 7, 8, 9, 10, 11, 12. Alle untersuchten Polyamide geben auch in nichtorientierten dünnen Filmen zahlreiche Beugungslinien, die in ihrer Breite den bei organ. krist. niedermol. Verbb. erhaltenen entsprechen. In den Intensitäten sind die Unterschiede der Polyamide untereinander gering. Geringe Verwaschung u. schwacher Untergrund sprechen für hohen Ordnungsgrad, ebenso die Ähnlichkeit mit den Röntgenbildern. Bei den Ringen, die großen Identitätsperioden entsprechen, sind die Reflexunterschiede der verschied. Polymeren größer. (Журнал Физической Химии [J. physik. Chem.] **27**. 1236—40. Aug. 1953. Moskau, Physik.-chem. Karpow-Inst.) R. K. Müller. 4010

A. M. Liquori und **A. Mele**, *Viscositätsverhalten von Polyhexamethylenadipamidmolekülen in Lösung.* Die Wechselwrkg. von Polymerenmoll. mit den Moll. eines Lösungsm. führt zu einer Abhängigkeit der Grenzviscosität von der Molekülgestalt. Die Unterss. der Vff. über die Grenzviscosität von *Nylon 66* in m-Kresol u. Lösungsmittelgemischen wie H_2SO_4-W. oder HCOOH-W. ergaben, daß die red. Viscosität η_{sp}/c linear von der Konz. c abhängig ist, die Amidgruppen also nicht ionisiert sind. Eine Ausnahme bilden Lsgg. in 90%ig. HCOOH, die einen schwachen elektroviscosen Effekt zeigen. In den Lösungsmittelgemischen nimmt der Wert der Hugginsschen Konstante (Ind. Engng. Chem. **35**. [1943.] 980) mit abnehmender Lösungsfähigkeit zu. Die Meßwerte entsprechen dem von Mark abgeleiteten Gesetz $[\eta] = K\overline{M}_w^a$, wobei der Wert des Exponenten a in Lösungsmittelgemischen mit der Lösungsfähigkeit abnimmt u. gegen 0,5 am Fällungspunkt geht. Die Ergebnisse deuten darauf, daß der Knäuelungsgrad der Moll. mit der Lösungsfähigkeit der Lösungsmittel variiert u. die mol. Biegsamkeit hoch ist, was mit dem linearen, seitenkettenfreien Aufbau der Polymeren übereinstimmt. Die Grenzviscosität in m-Kresol nimmt mit steigender Temp. ab. Die Behandlung der Ergebnisse nach der Theorie von Flory u. Fox (C. **1952**. 6380) legt nahe, daß die Polymerenmoll. in m-Kresol gestreckter als in den anderen Lösungsmitteln sind, was auf die größere Anziehung der Kresolmoll. durch die Amidgruppen auf Grund einer stärkeren Tendenz zur Bldg. von H-Bindungen zurückgeführt werden kann. (J. Polymer Sci. **13**. 589—94. Juni 1954. Rom, Univ., Ist. di Chim. Farmaceutica.) W. Ruske. 4010

J. E. Field, D. E. Woodford und **S. D. Gehman**, *Ultrarotuntersuchung der Oxydation von Elastomeren.* Durch Ultrarotanalyse untersuchten Vff. den Verlauf der Oxydation von kautschukelast. Prodd. in gereinigtem unvulkanisiertem Zustand (*Emulsions-* u. *Na-Polybutadien, Emulsions-, Na-* u. *Alfin-Polyisopren, Na-Butadien–Styrol-Mischpolymerisat, Neopren, Butylkautschuk, GR–S*). Ferner wurden strukturelle Änderungen, die durch Alterungsschutzmittel, die Temp., die Ggw. von Fe in Spuren u. UV-Bestrahlung hervorgerufen werden, untersucht. Die bis zur Bldg. von im Spektr. sichtbaren funktionellen Gruppen, wie OH u. CO, erforderliche O_2-Menge wurde ermittelt. In einigen Fällen wurde in Vorverss. das Auftreten charakterist. Absorptionsbanden mit Zugspannungsmessungen in Beziehung gebracht. Alle Prodd. zeigten im Verlauf der Oxydation qualitativ die gleichen Strukturänderungen. Beträchtlich mehr O_2 wird für Strukturänderungen benötigt als bis zur ersten sichtbaren Bldg. von OH u. CO. Die Stukturänderungen entsprechen den augenblicklichen Autoxydationstheorien. Obwohl die Hydroperoxydbldg. im Spektr. nicht festzustellen war, findet sie wahrscheinlich doch augenblicklich nach deren Bldg. statt, wobei aber die Konz. von —OOH immer unterhalb der Ultraroterfassungsgrenze bleibt. Die physikal. Eigg. ändern sich kaum, bis sichtbare Mengen an OH u. CO gebildet werden. (J. Polymer Sci. **15**. 51—67. Jan. 1955. Akron, O., Goodyear Tire & Rubber Co., Res. Labor.) R. Schäff. 4030

O. Kratky und **G. Porod**, *Zur Kleinwinkelstreuung der Cellulose. Der Lorentzfaktor in seiner Bedeutung für die Streuung parallelepipedischer Körper.* Ausgangspunkt der Arbeit sind die krit. Bemerkungen von Hosemann (vgl. C. **1955**. 9744) zu der von Porod (vgl. C. **1953**. 495; **1954**. 7357) gegebenen Analyse der Röntgenkleinwinkelstreuung. Zunächst wird der Begriff der „Streuungsäquivalenz" präzisiert. Danach wird bei der Auswertung der Streuaufnahmen immer nur ein dem realen Objekt streuungsäquivalentes Syst., aber kein reales Syst. erhalten. Der Erfolg der Deutung der Ergebnisse hängt somit von der glücklichen Wahl des Modellsyst. ab; dasselbe gilt für die Größe der berechneten Parameter. Durch Variation der Versuchsbedingungen (Streuung im verd. u. dichtgepackten Zustand) läßt sich die Brauchbarkeit des zugrunde gelegten Modells prüfen. Der Vgl. der beiden von HOSEMANN bzw. von Vff. für Cellulose vorgeschlagenen Modellsysteme ergibt für letzteres bessere Übereinstimmung mit dem Experiment. Das Auftreten eines Faktors (des „LORENTZ-Faktors") in der Streukurve parallelepiped. Körper läßt sich experimentell durch vergleichende Unterss. an ungeordneten u. faserstrukturierten Objekten prüfen (vgl. hierzu übernächstes Ref.). Als weiteren Beweis für die Richtigkeit ihres Modells sehen Vff. das Auftreten eines Maximums in der Kleinwinkelstreukurve von Spezialfasern (vgl. HEIKENS u. Mitarbeiter, C. **1954.** 10849) sowie die Ergebnisse elektronenmkr. Unterss. (mehrere Literaturdaten) an (Vorliegen bes. hoher Einheitlichkeit der Micelldicke von nativer u. regenerierter Cellulose). Vgl. hierzu auch nachst. Referat. (Z. Elektrochem., Ber. Bunsenges. physik. Chem. **58.** 918—23. 1954. Graz, Univ., Inst. für Theoret. u. Physikal. Chem.) O. FUCHS. 4050

R. Hosemann, *Bemerkung zur Arbeit von O. Kratky und G. Porod „Zur Kleinwinkelstreuung der Cellulose"*. Krit. Bemerkungen zu der vorst. ref. Arbeit, wobei die ablehnende Stellungnahme der Vff. zu der Interferenztheorie des Vf. zurückgewiesen wird. Vgl. hierzu auch die C. **1955.** 9744 referierte Arbeit des Verfassers. (Z. Elektrochem., Ber. Bunsenges. physik. Chem. **58.** 923—24. 1954. Berlin-Dahlem, Max-Planck-Ges., Fritz Haber-Inst.) O. FUCHS. 4050

P. H. Hermans und **A. Weidinger,** *Experimentelle Bestimmung der Korrektion für den Lorentzfaktor bei Kleinwinkelaufnahmen hochorientierter Cellulosefasern.* Von sehr hoch orientierten Fortisanfasern wurden Kleinwinkelaufnahmen gemacht, wobei das Faserbündel einmal parallel zum Spalt lag u. einmal ein quasi isotropes, aus kurzgeschnittenen Fäserchen hergestelltes Präp. verwendet wurde. Die Auswertung der Aufnahmen zeigt, daß für das orientierte Präp. die Eliminierung des LORENTZ-Faktors mit guter Annäherung nach $I\,\Theta$ zu erfolgen hat, in Übereinstimmung mit den von KRATKY u. POROD (vgl. vorst. Reff.) erhaltenen theoret. Ergebnissen. Die von Vff. früher (vgl. C. **1955.** 5455 u. 6653) mitgeteilten Daten, die mit $I\,\Theta^2$ ausgewertet werden, müssen daher korrigiert werden. (Z. Elektrochem., Ber. Bunsenges. physik. Chem. **58.** 924—25. 1954. Utrecht, N. V. Ondezoekingsinst. Res.) O. FUCHS. 4050

W. Koblitz, H. Kiessig und **K. Hess,** *Über Gitterzustand, Lösungsmechanismus und Lösung bei Cellulosexanthogenaten.* In Fortführung der früher (vgl. C. **1952.** 6787) von Vff. erhaltenen Ergebnisse über die Xanthogenierung der *Cellulosen* wird der Einfl. des Gitterzustandes der Xanthate (I) auf den Lösungszustand der Viscose in Abhängigkeit vom Alter (bis zu 60 Std.) von I, von der therm. Vorbehandlung (z. B. Herst. von I bei 12° u. Erwärmen auf 35°), von der Tauchlaugenkonz. (14 u. 19,5% NaOH) u. von der Größe der Gitteraufweitung (12,5—17,5 Å) im Gebiet geringer CS_2-Aufnahmen bestimmt. Bei der Alterung von I tritt trotz des Verlustes an I-Gruppen keine Abnahme des Netzebenenabstandes der I-Schichten auf den dem verminderten I-Gruppengeh. entsprechenden Wert auf. Viscosen aus gealtertem I zeigen einen durch Viscosität u. Filterwert besser charakterisierten Lösungszustand als Viscosen aus nicht gealtertem I mit gleichem γ-Wert (= I-Gruppen/C_6). Die Erscheinung wird auf den größeren Schichtenabstand des verwendeten I zurückgeführt. Röntgenunterss. von in verschied. Medien (NaOH + Aceton bzw. Isopropylalkohol + W. bzw. Dioxan + W.) begrenzt gequollenen Cellulosexanthaten zeigen, daß bei dem Quellungsvorgang zunächst der gleichmäßige Schichtenabstand verlorengeht, während der Seitenabstand der Mol.-Ketten in den Schichten erhalten bleibt. Für gelierte u. gefällte Viscosen folgt, daß zuerst die dem Seitenabstand der Ketten zugeordnete Interferenz erscheint. In den Fällungsprodd. liegt daher ebenfalls eine Schichtenstruktur ohne einheitlichen Schichtenabstand vor. Aus dem Bestehen eines Zusammenhanges zwischen dem Lösungszustand der Viscosen u. dem Gitterabstand des zugehörigen I wird geschlossen, daß in den Lsgg. Ordnungszustände vorkommen, die mit dem Gitterzustand des Ausgangs-I in Beziehung stehen. Vff. nehmen daher an, daß Quellung u. Dispergierung des I zunächst an den Schichten als den beständigeren Struktureinheiten u. nicht an den einzelnen Moll. erfolgt u. daß in Abhängigkeit von der Größe des Netzebenenabstandes im Ausgangs-I auch Dispergierungen bis zu mehr oder weniger großen Schichtenpaketen vorkommen können. (Z. Elektrochem., Ber. Bunsenges. physik. Chem. **58.** 872—82. 1954. Köln, Glanzstoff-Courtaulds G. m. b. H., Forschungsinst.) O. FUCHS. 4050

A. J. Charlson, J. R. Nunn und **A. M. Stephen,** *Die Zusammensetzung des Gummis aus Acacia cyanophylla.* Hydrolyse des Gummis aus Acacia cyanophylla ergibt *L-Rhamnose* (I), *L-Arabinose* (II), *D-Galaktose* (III) u. *D-Glucuronsäure* (IV) im Mol.-Verhältnis 5:2:11:5. Der niedrige Anteil an II zwingt zur Annahme einer sich wiederholenden Einheit, die nicht einen, sondern mindestens 5 Säurereste enthält. Der Geh. an I u. IV ist ungewöhnlich hoch; da das Verhältnis der beiden Reste nahezu 1:1 beträgt, wird I glykosid. an die Säurereste des Gummis gebunden sein. Die gereinigte Gummisäure hat eine negative spezif. Drehung, wie die Gummen anderer Akazia-Arten, aber ein beträchtlich niedrigeres Äquivalentgewicht (740). Die bei Autohydrolyse der Gummisäure u. bei Teilhydrolyse des dabei entstehenden abgebauten Polysaccharids (**B**) erhaltene Aldobiuronsäure ist *6-O-β-D-Glucuronosyl-D-galaktose* (**V**), die schon aus A. mollissima u. A. pycnantha isoliert worden ist. Das Disaccharid *3-O-α-D-Galaktopyranosyl-L-arabinose* (**VI**) tritt unter den Prodd. der Autohydrolyse auf. Der Gummi aus A. cyanophylla ist also wesentlich anders zusammengesetzt als der aus A. pycnantha (vgl. Hirst u. Perlin, C. **1955**. 2688).

Versuche [Spezif. Drehungen in W.; Papierchromatogramme bei 27° in Butanol–A.–W. (20:1:3), Äthylacetat–Essigsäure–Ameisensäure–W. (18:3:1:4) oder Butanol–Pyridin–W. (9:2:2)]: 100 g roher Gummi, im Herbst in Kapland gesammelt, wurden zur Reinigung aus verd. HCl durch Eingießen in A. ausgefällt; die gleiche Operation wurde mehrfach mit reinem W. wiederholt; nach Trocknung bei 45° im Vakuum amorphes Pulver; $[\alpha]_D^{16}$ −20° (c = 0,68); 65 g (Ausbeute). — Totalhydrolyse in 2n H_2SO_4 bei 100° in 14 Std.: Papierchromatograph. Auswertung nach Partridge (C. **1948**. II. 427) u. quantitative Analyse nach Hirst u. Jones (J. chem. Soc. [London] **1949**. 1659) ergibt das Vorliegen von **III**, **II** u. **I** im angenäherten Mol-Verhältnis 11,1:2:5. — Die Teilhydrolyse von 54 g der Gummisäure in 1 Liter W. bei 90—95° wurde polarimetr. u. jodometr. verfolgt: $[\alpha]_D$ ca. +30° nach 50 Std.; nach 4 Std. zeigten sich auf einem Papierchromatogramm **I**, **II** u. ein reduzierendes Disaccharid (**VI**), nach 23 Std. **III** u. eine Aldobiuronsäure (**V**). Bei Eingießen des eingeengten Hydrolysats in A. fiel eine abgebaute Säure (**B**) aus (27,3 g), $[\alpha]_D$ ca. 0° (c = 0,58), Äquivalentgewicht 700. Weitere 15std. Hydrolyse von 13 g dieses Polysaccharides mit 0,5 n H_2SO_4 auf dem Wasserbad ($[\alpha]_D$ erhöhte sich von +3° auf +35°) lieferte nach Neutralisation mit $BaCO_3$ u. Eingießen in CH_3OH ein amorphes *Ba-Salz*, $[\alpha]_D^{17}$ +13° (c = 0,7), 9 g, das sich als Salz von **V** erwies. Aus der wss. methanol. Mutterlsg. wurde **III** (5,9 g) in der üblichen Weise isoliert u. identifiziert. Bei vollständiger Hydrolyse von **B** entstanden nur **III** u. eine Uronsäure. 2 g **V**, erhalten nach Behandeln von 4 g des Ba-Salzes mit Amberlite IR-100 H u. Chromatographie an Cellulose, erwiesen sich als *6-O-β-D-Glucuronosyl-D-galaktose* (**V**), $C_{12}H_{20}O_{12}$, beständige feste M., $[\alpha]_D^{16}$ −3° (c = 2,0), Äquivalentgewicht 380; Methylierung von 1,3 g führte zu *Hepta-O-methyl-6-O-β-D-glucuronosyl-D-galaktosemethylester*, $C_{20}H_{36}O_{12}$, F. 86 bis 87°, Nadeln aus PAe., $[\alpha]_D^{18}$ −35° (c = 1,2 in Chlf.), 1 g, nach dessen Hydrolyse papierchromatograph. *2.3.4-Tri-O-methylgalaktose*, $[\alpha]_D^{20}$ +100° (c = 0,9), isoliert wurde. Mit Perjodat entwickelte dieser Zucker *HCHO* u. lieferte ferner *N-Phenyl-D-galaktosylamin-trimethyläther*, $C_{15}H_{23}O_5N$, F. 161—162°. — Aus dem Filtrat von **B** wurde nach Neutralisation mit $BaCO_3$, Einengen u. Eingießen in Methanol weiteres Ba-Salz (8,3 g), $[\alpha]_D^{17}$ +4° (c = 0,46), ausgefällt u. abfiltriert. Im Filtrat verblieben die reduzierenden Zucker (**A**), 17,5 g. Nach Hydrolyse des Salzes mit 2n H_2SO_4 im Rohr (14 Std. bei 100°) ließ sich im neutralisierten Hydrolysat papierchromatograph. **III** u. eine Uronsäure feststellen. Ein aus dem Ba-Salz wie oben gewonnenes *Heptylderivat* von **V**, $[\alpha]_D^{17}$ −30° (c = 1,2 in Chlf.), zeigte keine Depression im Misch-F. mit der oben beschriebenen Methylverbindung. — *D-Glucuron*, F. 179°, u. *D-Glucuronsäure* (**IV**), F. 154°, $[\alpha]_D^{17}$ +33° (c = 2,0), wurden aus 11,5 g Ba-Aldobiuronat nach 16std. Erhitzen mit 2n H_2SO_4 auf dem Wasserbad, Neutralisieren des Hydrolysates ($BaCO_3$), Ausfällung des gebildeten Ba-Salzes (3,6 g nach Reinigung), Eingießen in CH_3OH u. Fraktionierung der freien Säure in einer Cellulosesäule mit halbgesätt. wss. Butanol gewonnen; Oxydation von **IV** mit N_2O_4 in Chlf. u. Kondensation des Prod. mit o-Phenylendiamin führte zu dem bekannten *Dibenzimidazolderiv.* der *D-Glucozuckersäure*, F. 234° (Zers.). — Papierchromatograph. Prüfung des Sirups der reduzierenden Zucker (**A**) ließ **I**, **II**, **III** u. **VI** erkennen. Erhitzen von **A** im Rohr mit 2n H_2SO_4 (14 Std. auf 100°) u. Analyse des Hydrolysats nach Hirst u. Jones (l. c.) ergab für **I**, **II** u. **III** das Mol-Verhältnis 5,0:1,9:1,2. — *α-L-Rhamnosehydrat*, F. 93—94° (A.), krist. in der Kälte nach Verrühren des Sirups **A** (16,5 g) mit CH_3OH aus; 5 g Rohprod.; $[\alpha]_D^{16}$ +9° (c = 2,1); *Phenylosazon*, F. 175° (Zers.). — 1,2 g *L-Arabinose* (**II**), F. 156°, $[\alpha]_D^{20}$ +105° (c = 1,0), *Benzoylhydrazon*, F. 204° (A.), 0,6 g *D-Galaktose* (**III**), F. 164°, $[\alpha]_D^{18}$ +79° (c = 1,2), u. 1,9 g *α-L-Rhamnose* (**I**) ergibt die Trennung von 5,1 g **A** durch Chromatographie über eine Cellulose mit halbgesätt. wss. Butanol. Weiteres Eluieren mit 96%ig. A. lieferte 0,6 g **VI**, $[\alpha]_D^{16}$ +152° (c = 2,3). — **VI** bildete bei schwefelsaurer Hydrolyse **III** u. **II** (Papierchromatographie). Darst. eines schwachgelben *Phenylosazons*, $C_{23}H_{30}O_8N_4$, F. 235° (Zers.), u. eines *Heptamethylderiv.*, $C_{18}H_{34}O_{10}$, F. 87—88° (PAe.), $[\alpha]_D^{16}$ +168° (c = 1,2), identifizierte **VI** als *3-O-α-D-Galaktopyranosyl-L-arabinose*. Chromatograph. Trennung der Prodd., die bei saurer Hydrolyse von 0,52 g des Methylderiv. entstehen, in einer Cellulosesäule mit Bzn. enthaltendem Butanol als Eluiermittel lieferte einen gelben Sirup (0,21 g), aus dem nach Umsetzung mit Anilin in A. *N-Phenyl-D-galaktosylamin-2.3-*

4.6-tetramethyläther, F. 192°, isoliert wurde, ferner ein Gemisch methylierter Zucker (0,13 g) u. eine *Di-O-methyl-L-arabinose*, (0,09 g), $[\alpha]_D^{15}$ +135° (c = 1,1); letztere Fraktion lieferte keinen HCHO bei Perjodatoxydation u. bildete bei Behandlung mit Anilin in A. die *Anilinverb.* von *2.4-Di-O-methyl-L-arabinose*, $C_{13}H_{19}O_4N$, F. 137°. (J. chem. Soc. [London] **1955.** 269—73. Jan. Cape Town, Univ., Dep. of Chem., u. Pretoria, Council for Scientific and Industrial Res., Nat. Chem. Res. Labor.) R. Koch. 4050

Godfrey E. Mann, *Erhöhung der Intrinsicviscosität von Erdnußprotein durch Behandlung mit Terephthalyldichlorid.* Bei der Umsetzung von Erdnußprotein mit wechselnden Mengen *Terephthalyldichlorid* (I) bzw. *Benzoylchlorid* (II) in wss.-alkal. Suspension zwischen 0° u. 26° entstehen nur im Falle des bifunktionellen I Derivv. von erhöhter Intrinsicviscosität (η) u. verminderter Löslichkeit (L.), während äquivalente Mengen des monofunktionellen II keine entsprechende Änderung gegenüber dem Ausgangsprotein erkennen lassen. Die Messung beider Größen erfolgt in 10 mol. Harnstofflsg. bei 25°. Der Terephthalsäure-(III)-Geh. der Derivv. steigt zunächst etwa proportional der angewandten Mengen I, später langsamer an; bei 26° erfolgt anscheinend etwas geringere Rk. als bei 0°. Mit wachsendem III-Geh. der Derivv. steigt η bis zum Sechsfachen, u. L. sinkt auf ca. 80% des Ausgangsproteins. Weitere Erhöhungen des III-Geh. ergibt starken Abfall beider Größen. Die Steigerung von η ist abhängig von der Reaktionstemp., u. zwar bei 0° größer als bei 26°, selbst bei geringerem III-Geh. des Derivats. Aus der Unwirksamkeit von II folgt, daß die Erhöhung der η nicht durch Denaturierungseffekte hervorgerufen wird, sondern wahrscheinlich durch dreidimensionale Vernetzung. Dafür sprechen die bifunktionelle Natur des Reagens, die Löslichkeitserniedrigung u. die Gelnatur der unlösl. Produkte. Jedoch würde eine Steigerung der Molekülasymmetrie, hervorgerufen durch gegenseitige Abstoßung etwa gebildeter geladener Zentren Protein–CO–C_6H_4–COO⁻, den gleichen Effekt hervorrufen. (J. Amer. chem. Soc. **75.** 3526—29. 20/7. 1953. New Orleans, La., Southern reg. Res. Labor.) M. Rothe. 4070

Maurice Green und **Mark A. Stahmann**, *Darstellung und enzymatische Hydrolyse von Poly-γ-äthylglutamyl-Rinderplasmaalbumin.* Vff. stellten *Poly-γ-äthylglutamyl-Rinderplasmaalbumin* (I) durch Rk. von Rinderplasmaalbumin mit N-Carboxy-γ-äthylglutaminsäureanhydrid in Phosphatpuffer dar. Aus dem Zuwachs an Glutaminsäure errechnet sich ein Anstieg des Mol.-Gew. von 69000 auf 82500. Die Hydrolyse von I u. Polyglycylalbumin durch *Papain* u. *Pankreasextrakt* erfolgte nur zu ca. 75%, bezogen auf das unmodifizierte Protein, während bei *Trypsin* u. *Chymotrypsin* der entsprechende Hydrolysegrad nur 55—70% betrug. Im Gegensatz dazu erfolgte die Hydrolyse durch Pepsin bei I u. unmodifiziertem Rinderplasmaalbumin in gleichem Umfange. Ein ungereinigtes Peptidasepräp., das Triglycin leicht hydrolysierte, hatte auf das Polyglycylalbumin keine Wirkung.

Versuche: 5 g krist. Rinderplasmaalbumin in 500 ml $^1/_{15}$ mol. Phosphatpuffer, p_H 7,3, lösen u. auf 3° abkühlen. 5 g N-Carboxy-γ-äthyl-*L*-glutaminsäureanhydrid unter Rühren zugeben, Reaktionsgemisch 4 Std. bei Zimmertemp. schütteln u. weitere 20 Std. bei 3° halten. Reaktionsgemisch zentrifugieren u. unter Rühren gegen mehrfach zu wechselndes dest. W. 3—4 Tage dialysieren. I wurde aus dem Dialysat durch Lyophilisation als weißer Rückstand erhalten; Ausbeute 5,0 g. (J. biol. Chemistry **213.** 259—69. März 1955. Madison, Wis., Univ., Coll. of Agriculture, Dep. of Biochem.) K. Nehring. 4070

Arthur Veis und **Jerome Cohen**, *Der Abbau von Kollagen.* 2. Mitt. *Der Lösungsvorgang im sauren p_H-Bereich.* (1. vgl. C. **1955.** 121.) Der Lösungsvorgang von bes. gereinigtem, von allem bei niedriger Temp. in Säure lösl. Prokollagen befreiten, sonst jedoch unbehandeltem Rinderhaut-*Kollagen* (I) wurde in saurem p_H-Bereich näher geprüft, um Erkenntnisse für die I–Gelatine (II)-Umwandlung zu erhalten. Untersucht wurde die partielle Löslichkeit in Abhängigkeit vom p_H u. der Extraktionsdauer bei 60°; bei dieser Temp. erfolgt noch keine Hitzeschrumpfung. Im p_H-Bereich 5,75—2,5 tritt zunehmende Löslichkeit ein, der Löslichkeitsanteil nähert sich jeweils mit zunehmender Extraktionszeit einem p_H-abhängigen oberen Grenzwert. Demgegenüber führt die Behandlung beim p_H 2 nach $2^1/_2$ Std. zu einer schnell zunehmenden Auflösung der I-Struktur. Die ungelösten Anteile weisen erhöhtes Bindungsvermögen für Farbstoffe auf, jedoch keinen Anstieg der bas. Gruppen; eine Zunahme freier Carboxylgruppen findet nur im Rahmen der vorhandenen Asparagin- u. Glutaminsäure statt. Während demzufolge keine Anzeichen für eine wesentliche Hydrolyse von Peptidbindungen nachzuweisen sind, nimmt der Gesamt-N-Geh. der ungelösten Anteile mit zunehmender Extraktionszeit ab, im extrahierten Teil, in dem der N-Geh. gegenüber dem Ausgangs-I geringer ist, demgegenüber allmählich zu. Vff. schließen daraus, daß das intakte I sich aus einer Reihe verwandter Proteine von nicht ganz ident. Zus. aufbaut. (J. Amer. chem. Soc. **77.** 2364—68. 5/5. 1955. Chicago, Ill., Amour & Co., Res. Div.) W. Königsdorf. 4070

Arthur Veis, Delbert N. Eggenberger und **Jerome Cohen,** *Der Abbau von Kollagen. 3. Mitt. Charakterisierung von infolge mildem Säureabbau löslichen Produkten.* (2. vgl. vorst. Ref.) Das lösl. Protein, das man durch milde therm. (60°) u. Säurebehandlung (p_H 5,75—2,0) aus gereinigtem, aber sonst unvorbehandeltem *Hautkollagen* (I) erhält, zeigt nicht das typ. Verh. einer Gelatine, sondern ähnelt eher dem nativen I u. dem „Prokollagen". Es ist stark polydispers mit Mol.-Gewichten zwischen $20 \cdot 10^6$ u. unter $1 \cdot 10^6$. Lichtstreuungs- u. Viscositätsmessungen bei 40° weisen bei den größten Teilchen auf eine stark asymm. Form u. Windungsradien von der Größenordnung 6000 Å hin. Zwei unterschiedlich gewonnene I-Extrakte M (1 Std., 60°, p_H 5,75) u. D (4 Std., 60°, p_H 2) wurden sowohl durch Alkoholfällung (A) als auch über die Koazervatbldg. mit Na-Dodecylsulfat (B) fraktioniert. Während nach B die Unterschiede der mengenmäßigen Fraktionsverteilung von M u. D gering sind, treten bei A sehr erhebliche Unterschiede auf. Bei einem A./W.-Verhältnis von 2 waren 86% von M ausgefällt, ohne daß bei D schon eine Trübung auftrat, bei A./W. = 10 war bei M die Fällung vollständig gegenüber einer 23%ig. Ausfällung von D. Die Mol.-Parameter der einzelnen Fraktionen, wie sie sich aus den Lichtstreuungs- u. Viscositätsmessungen bei 40° ergeben, weisen auf gleiche Grobstruktur in allen Fraktionen hin. Auswertung u. Diskussion hierüber sowie die Stabilität der I-Bldg. bei 40° erfolgte auf der Basis der Paulingschen Schraubenstruktur. (J. Amer. chem. Soc. **77.** 2368—74. 5/5. 1955.) W. Königsdorf. 4070

K. Laki und **W. R. Carroll,** *Größe des Myosinmolekels.* Für frisches *Myosin* (I), das keinen höheren Tempp. als 10° ausgesetzt ist, finden Vff. ein Mol.-Gew. von 500000. Dies ergibt sich aus einem gemessenen Diffusionskoeff. $D_{20}^{w} = 1{,}0 \cdot 10^{-7}$ (1°), der Sedimendationskonstanten $S_{20}^{w} = 6{,}15 \cdot 10^{-13}$ (4°) u. 0,728 als spezif. Volumen. Setzt man I für mehrere Std. Tempp. von 25—30° aus, so treten Änderungen auf. Bei einer Incubationszeit von 2 Std. verändert sich die vorher typ. scharfe Sedimentationsbande u. S erhöht sich auf $8{,}2 \cdot 10^{-13}$. Unter diesen Bedingungen scheint die Veränderung reversibel zu sein, denn zentrifugiert man in der Kälte, so bekommt man wieder die symm. scharfe Bande mit erniedrigter $S = 4{,}8 \cdot 10^{-13}$. Längere Incubationszeit führt zu weiteren u. irreversiblen Veränderungen. Diese Abhängigkeit von der Temp. scheint für I spezif. zu sein u. weist auf seine Rolle als kontraktibles Muskelprotein hin. Gleichzeitig erklärt dies die Abweichungen der bisher in der Literatur angegebenen Werte. Ob es sich hierbei um Änderungen der Gestalt oder Aggregation oder beides handelt, läßt sich bisher nicht entscheiden. Da man jedoch annehmen muß, daß diese Formänderungen, wenn auch langsam, schon bei niedriger Temp. stattfinden, wird der wirkliche D vermutlich etwas höher liegen u. der gefundene Wert von 500000 für das Mol.-Gew. damit noch zu hoch sein. Betrachtet man das I-Mol.-Gew. als die Summe der Mol.-Gewichte seiner Splitterprodd., der *Meromyosine* (II) (2 L-II u. 1 H-II), so ergaben sich aus den von Szent-Györgyi (Arch. Biochem. Biophysics **42.** [1953.] 305) bestimmten Werten für D u. S u. dem spezif. Vol. 0,748 die Mol.-Gewichte 96000 für L-II, 232000 für H-II u. somit für I 424000. (Nature [London] **175.** 389—90. 26/2. 1955. Bethesda, Md., Nat. Inst. of Arthritis and Metabolic Deseases u. Nat. Inst. of Health, Public Health Service, Dep. of Health, Education and Welfare.) W. Königsdorf. 4070

G. Gamow, *Mögliche mathematische Beziehungen zwischen Desoxyribonucleinsäure und Proteinen.* Die Vorstellungen des Vf. basieren auf dem Modell der Desoxyribonucleinsäure (I) von Watson u. Crick (Nature [London] **171.** [1953.] 964). Die 4 Amine, Adenin, Thymin, Guanin u. Cytosin, der Doppelkette von I können in 20 verschied. Rhomben angeordnet werden. Jeder Rhombus soll eine Aminosäure spezif. binden können. So liegt in der Anordnung der Amine in der I, welche die Chromosomen bildet, ein Bauprinzip für die Biosynth. der Enzymproteine vor. Am Beispiel des Insulins versucht Vf. eine Zuordnung zwischen Rhombus u. Aminosäure. (Kgl. danske Vidensk. Selsk., biol. Medd. **22.** Nr. 3. 3—13. 1954. Washington, D. C., George Washington Univ.) K. Heyns. 4090

Gunnar Jungner, *Die Bedeutung zweiwertiger Ionen für das Molekulargewicht von Natriumthymonucleataggregaten in wässerigen Lösungen.* Aus dielektr. Messungen wurde das Mol.-Gew. wss. Lsgg. von Thymonucleaten berechnet. Bei langgestreckten Moll. mit erheblichen transversen Dipolmomenten werden hierbei niedrigere Werte erhalten als nach anderen Methoden. Wenn *Na-Thymonucleat* (I) in 2%ig. Lsg. Cl-frei dialysiert wird u. nach Zusatz von $MgCl_2$ mit 5 Voll. A. gefällt wird, steigt das Mol.-Gew. von 120000 auf 500000, keine Änderung tritt ein, wenn $MgCl_2$ fortgelassen wird. Ähnlich wirken Ca^{2+} u. Zn^{2+}. Bei der Herst. von I aus Kalbsthymus in Ggw. von Mg^{2+} entstehen labile Präpp. mit Mol.-Gewichten von mehreren Millionen. Von den Aggregaten gebundenes Mg kann durch Dialyse oder Ionenaustausch mit NaCl mehr oder weniger weitgehend wieder entfernt werden, wobei das Mol.-Gew. erniedrigt wird. Es kann daher angenommen werden, daß Mg u. andere zweiwertige Ionen für die Bldg. makromolekularer Thymonucleinsäuren von Bedeutung ist. (Acta chem. scand. **5.** 168—74. 1951. Stockholm, Karolinska Inst., Biochem. Dep.) P. LOCH. 4090

E. Volkin und **C. E. Carter,** *Herstellung und Eigenschaften von Ribonucleinsäuren der Säugetiere.* Aus gepufferten Homogenaten geeigneter Säugetiergewebe wurden die unlösl. *Ribonucleinsäure*-Protein-Komplexe nach MIRSKY u. Mitarbeitern (J. gen. Physiol. **30.** [1946.] 117) abgetrennt, u. aus diesen mit Guanidin–HCl bei 38° Ribonucleinsäuren vom in Lsg. bleibenden Protein getrennt. Diese wurden durch Chloroformextraktion u. A.-Präcipitation weitergereinigt. Mit Ausnahme der Ribonucleinsäure aus Pankreas u. Kalbsthymus lag bei ihnen das Verhältnis N:P zwischen 1,73 u. 1,79. In Sedimentationsverss. zeigten sie einheitliche Fallgeschwindigkeiten. Nach Hydrolyse mit Alkali wurde mittels Anionenaustauscher der Geh. an einzelnen Mononucleotiden opt. bestimmt. Kristalline Ribonuclease machte aus den Ribonucleinsäuren ca. 40% der sek. Phosphatgruppen frei. Die Gesamtergebnisse für 11 Präpp. sind in einer Tabelle aufgeführt. (J. Amer. chem. Soc. **73.** 1516—19. April 1951. Oak Ridge, Tenn., Nat. Labor., Biol. Div.) P. LOCH. 4090

Friedrich Konrad Beilsteins Handbuch der organischen Chemie. Hrsg. u. bearb. v. **Friedrich Richter.** 4. Aufl. Erg.-Werk 2, Bd. 27. Berlin, Göttingen, Heidelberg: Springer. 1955. 2. Die Literatur von 1920—29 umfassend. Bd. 27. Als Erg. d. 27. Bdes des Hauptwerkes. (XLIV + 1120 S. m. Abb.) DM 380,—.

Else Brandt, Organische Chemie in Frage und Antwort. 4. verb. Aufl. Leipzig: J. A. Barth. 1955. (115 S. m. 3 Abb. im Text.) 8°. DM 4,25.

E. A. Brause and **F. C. Nachod,** eds., Determination of organic structures by physical methods. New York: Academic Press. 1955. (824 S. m. Abb.) $ 15,—.

E. Biologische Chemie. Physiologie. Medizin.

E_1. Allgemeine Biologie und Biochemie.

A. I. Lopuschanski und **P. I. Lopuschanski,** *Zur Frage der Energetik biologischer Synthesen.* Auf Grund theoret. Betrachtungen u. krit. Prüfung des Literaturmaterials (31 Angaben) kommen Vff. zu der Schlußfolgerung, daß der endotherme (enderg.) Charakter der biol. Synthesen experimentell nirgends bewiesen wurde u. theoret. nicht zu beweisen ist, u. daß diese Theorie den Gesetzen der Thermodynamik u. den Versuchsergebnissen widerspricht. Die von TAUSSON an Mikroorganismen nachgeprüfte These vom exothermen (exerg.) Charakter der biol. Synthesen ist auch auf höhere Pflanzen u. Tiere anwendbar. (Биохимия [Biochemie] **20.** 251—57. März/April 1955. Tschernowitz, Univ.) O. LEBTAG. 4100

Hugo Schanderl, *Die spontane und künstliche Verwandlung von Sproßpilzen (Hefen) in Spaltpilze (Bakterien).* Bei Kultur einer Reihe von Hefegattungen über 12 bis 16 Monate bei p_H 4,8—6,2; unter absol. sterilen Bedingungen zeigten 30—45% aller Reinkulturen fast nur noch sporulierende Bakterien vom Typ *Bac. subtilis,* ca. 45% enthielten eine Mischung granulierter Hefezellen u. extracellulärer Granula von Kokken, Diplokokken u. Stäbchenform, die teilweise Eigenbewegung zeigten; nur ein ganz geringer Teil der Kulturen enthielt n. Hefezellen. Bzgl. dieser Umwandlungen können die Hefestämme in sehr labile, labile u. stabile eingeteilt werden. Ferner gelang es durch 20 Min. lange Einw. von 5%ig. Antiforminlsg., die Zellwände zu zerstören u. die Granula künstlich in Massen frei zu setzen, ohne ihre Lebensfähigkeit zu beeinträchtigen; sie bildeten nach charakterist. Kopulationen schwärmende u. sporulierende Bakterien vom Typ Bac. subtilis. (Naturwissenschaften **40.** 296—97. Mai 1953. Geisenheim, Lehr- u. Forschungsanst. für Wein-, Obst- u. Gartenbau, Inst. für Bot., Gärungsphys. u. Hefereinzucht.) W. D. WEINMANN. 4130

J. C. Goedheer, *Die Orientierung der Farbstoffmoleküle im Chloroplasten.* Die Messung von Dichroismus, Absorptionsanisotropie u. anomaler Doppelbrechungsdispersion bei den eine Lamellenstruktur zeigenden Chloroplasten von *Mougeotia* ergab eine gewisse Orientierung der *Chlorophyll* (**I**)- u., in geringerem Maße, der *Carotinoid*-Moleküle. Bei *Funaria* mit relativ kleinen, granulahaltigen Chloroplasten waren die Absorptionsmessungen im polarisierten Licht zu ungenau, als daß ein schwacher Dichroismus hätte nachgewiesen werden können. Anomale Doppelbrechungsdispersion wurde in allen untersuchten Chloroplasten angetroffen. In vivo ist die Ebene der **I**-Moll. vorzugsweise parallel den Lamellen orientiert, während die Lipidmoll. hierzu senkrecht angeordnet sind. (Biochim. biophysica Acta [Amsterdam] **16.** 471—76. April 1955. Utrecht-Delft, Biophys. Res. Group.) K. MAIER. 4150

John W. Kelly, *Unterdrückung der Metachromasie durch basische Proteine.* Die von WIAME angegebene spektrophotometr. Meth. (C. **1947.** E. 170) zur Messung der Metachromasie in Lsg. wurde zur Unters. der Unterdrückung der *Heparin* (**I**)-Metachromasie durch bas. Proteine (Protamin, Histon) herangezogen. Das Fehlen der Metachromasie ist nicht notwendigerweise ein Beweis für die Abwesenheit einer metachromat. Substanz. Die Unters. der Empfindlichkeit von I-Eiweiß-Kombinationen gegenüber Hitze, Röntgenstrahlen u. Trypsin ergab Zerstörung von I durch Röntgenstrahlen. Zusammenhänge zwischen einigen Untersuchungsergebnissen u. histolog. Beobachtungen werden diskutiert. (Arch. Biochem. Biophysics **55**. 130—37. März 1955. Woods Hole, Mass., Marine Biol. Labor.; Philadelphia, Pa., Univ. of Pennsylvania, Zool. Labor.) K. MAIER. 4150

Rolf Louis, *Die Wirkung von Indolylessigsäure auf Kulturen embryonalen Hühnerherzgewebes.* Die Wrkg. von *Indolylessigsäure* (I) auf Zellwachstum u. Zellteilung wird an embryonalem Hühnerherzgewebe mit verschied. Methoden untersucht. Bei anaerober Führung der Verss. zeigt sich bei niedrigen I-Konzz. (bis 10^{-7} mol.) eine Förderung des Zellwachstums, die auf Förderung der Glykolyse zurückgeführt wird. Bei höheren Konzz. (von 10^{-6} bis 10^{-3} mol.) tritt eine immer stärker werdende Hemmung auf. Im aeroben Vers. fällt die Förderung weg, die Hemmung wird ebenfalls beobachtet. Die Zellteilung wird in jedem Fall von I gehemmt. Die Wrkg. von I beruht wahrscheinlich auf einer Änderung des Wassergeh. der Zelle u. damit verbundener Viscositätserhöhung der höheren Konzz., die sowohl die Zellteilung als auch die Ausbreitung der Kulturen erschwert. (Z. Zellforsch. mikroskop. Anatom. **41**. 385—90. 1955. Bern, Univ, Theodor-Kocher-Inst., Abt. für Gewebekultur.) U. BAUMANN. 4150

Wolfram Seyfarth, *Über das Studium der Chondriosomen der Soorhefe (Monilia albicans) und ihr Nachweis mit Triphenyltetrazoliumchlorid.* (Vorl. Mitt.) Vorläufige Mitt. zu der C. **1953**. 4055 referierten Arbeit. (Naturwissenschaften **39**. 91. Febr. 1952. Berlin-Buch, Städt. Krankenhaus, Sero-bakteriol. Abt.) D. ITZEROTT. 4150

Wolfram Seyfarth, *Über das Studium der Mitochondrien der Tumorzellen.* 2. Mitt. (1. vgl. Naturwissenschaften **39**. [1952.] 91; vgl. auch C. **1953**. 4055.) Aus malignen menschlichen u. tier. Tumoren gezüchtete Soorhefe (Monilia albicans) zeigte bei Zusatz von Antiformin Auflösung der Zellhülle, jedoch wurden die Chondriosomen dabei nicht angegriffen. Wurden die so vorbehandelten Zellen nach Sedimentierung in alkal. Nährlsg. bei 37° bebrütet, so wies die Bouillon bei mkr. Unters. stark bewegliche kurze u. lange Stäbchen auf, die den aus isolierten Mitochondrien von Tumoren bei Bebrütung gewonnenen Formen völlig glichen. Chondriosomen der Sproßzellen u. Mitochondrien der Tumoren werden als völlig gleich angesehen, wofür die in Tumorzellen gefundenen kleinsten beweglichen Granula ebenfalls als Beweis angesehen werden. Die Mitochondrien sollen Endosporen sein, aus denen sich Mikroorganismen entwickeln können. (Naturwissenschaften **39**. 192. April 1952. Berlin-Buch, Städt. Krankenh.) D. ITZEROTT. 4160

H. George Mandel, Pierre-Emmanuel Carló und **Paul K. Smith,** *Die Einführung von 8-Azaguanin in die Nucleinsäuren tumortragender Mäuse.* Vff. injizierten $^{14}C_{(2,4)}$-8-Azaguanin (I) intraperitoneal Sarkom 37 tragenden CAF_1-Mäusen. I wurde in die Nucleinsäurefraktionen der Leber u. des Tumors eingebaut, wobei der Einbau in den Tumor höher war. Der Unterschied beim Einbau von I u. Guanin (II) in die verschied. Nucleinsäurefraktionen zeigt wahrscheinlich die Wrkg. von I als Antimetabolit im Nucleinsäurestoffwechsel. I kann II bei der Bld. der Nucleinsäuren nicht einfach ersetzen. Adenin-, II- u. Pyrimidinfraktionen zeigten keine Radioaktivität. Eine Umwandlung von I in Azaadenin wurde nicht beobachtet. (J. biol. Chemistry **206**. 181—89. Jan. 1954. Washington, D. C., Univ. Dep. of Pharmacol.) L. REPPEL. 4160

Hans von Euler, *Enzyme in neoplastischen Geweben.* Übersicht über Enzymsysteme des oxydativen Stoffwechsels mit Hinblick auf die Tumorforschung. Bericht über Verss. aus den Jahren 1937—41 über Entfärbung von Methylenblau durch Rattenlebergewebe. Es wird bes. auf den Unterschied zwischen der Entfärbungsaktivität Cozymase-bedingter Dehydrasen in der Leber n. u. der JENSEN-Sarkome tragender Ratten hingewiesen. Einige Entfärbungsverss. von Lebergewebe nach 4monatiger Buttergelbbehandlung werden angeführt. (Ark. Kemi **6**. Nr. 42. 455—65. 1954. Stockholm, Inst. für anorgan.-chem. Forsch. u. Vitamin-Inst.) K. GENEST. 4160

R. M. Cunningham, Gwen Hilton und **E. E. Pochin,** *Aufnahme von radioaktivem Jod durch Schilddrüsencarcinome.* Bei Verss. mit ^{131}J zeigt sich, daß carcinomatöses Schilddrüsengewebe J erheblich rascher umsetzt als das n. Schilddrüsengewebe. Der allmähliche Rückgang der J-Aufnahme läßt sich damit erklären, daß die Menge des Tumorgewebes durch Einw. der aufeinanderfolgenden Dosen abnimmt. Zweckmäßig verfolgt man die Konz. des an Protein gebundenen J. (Brit. J. Radiol. **28**. 252—56. Mai 1955. London, Univ., Hospital Med. School, Dep. of Clin. Res.) W. WESLY. 4160

Francisco Javier Marín Górriz, *Chemotherapie des Krebses mit Isotopen.* (Clín. y Lab. **59**. 401—15. Juni 1955. Zaragoza.) P. G. SCHEURLEN. 4160

K. Fellinger, *Die radioaktiven Isotope in der Carcinomtherapie.* Vortrag. (Wiener klin. Wschr. **67** ([N. F.] **10**). 217—20. 1/4. 1955.) G. WELTZIEN. 4160

Arthur Sawitsky und **Charles R. Ream,** *Klinische Bewertung des 6-Mercaptopurins.* Die Unterss. der klin. Wirksamkeit von *6-Mercaptopurin* (Anfangsdosis 2,5 mg/kg/Tag) bei 14 Kindern (14 akute Leukämien, davon 1 akute Monocytenleukämie) u. 12 Erwachsenen (5 akute Leukämien, 1 akute Monocytenleukämie, 5 chron. myeloide Leukämien, 1 chron. myeloide, eosinophile Leukämie) mit Leukämien ergab bei einem großen Teil der Fälle gute hämatolog. u. klin. Remission bzw. partielle oder klin. Remission. Die Toxizitätserscheinungen waren gering. (Ann. New York Acad. Sci. **60.** 472—77. 6/12. 1954. Jamaica, Long Island, N. Y., Queens General Hospital, Pathol. and Med. Services.) K. MAIER. 4160

P. Stern und **A. Misirlija,** *Untersuchung antileukämischer Substanzen an der Hühnerleukose.* Durch *1-m-Tolylsemicarbazid* (**I**; *Maretin*) u. *3-Semicarbazidobenzamid* (**II**) erzeugt man Leukämie bei Hühnern, die zur Unters. für antileukäm. Verbb. geeignet ist. *Butazolidin* (*3.5-Dioxy-1.2-diphenyl-4-n-butyl-pyrazolidin, Na-Salz*) hat bei Leukämien neben einem antiphlogist. u. antipyret. einen direkten cytostat. Effekt. (Experientia [Basel] **11.** 26—7. 15/1. 1955. Sarajevo, Med. Fakultät, Pharmakolog. Inst.) J. MILLER. 4160

G. Consoli, *Cytostatische Behandlung der Blutkrankheiten mit Oxychlorin. Oxychlorin* (**I**; *Chlorhydrat des Methyl-bis-[β-chloräthyl]-amino-N-oxyds*) zeigte sich bei chron. myeloischen Leukämien u. beim malignen Lymphogranulom wirksam, während es gegenüber sarcomatösen Leukämien u. Carcinomen ohne Wrkg. war. **I** ist wirksamer u. weniger tox. als *Chloramin.* (Minerva med. [Torino] **46 I.** 1386—88. 16/5. 1955. Napoli, Univ., Ist. di Patol. Spec. Med.) P. G. SCHEURLEN. 4160

M. Matos und **I. de Salcedo,** *Wirkung des ACTH beim inoperablen Ösophaguscarcinom.* Vff. beobachteten bei 5 Fällen von inoperablem Speiseröhrenkrebs eine subjektive Besserung des Befindens mit Appetitzunahme unter Behandlung mit *ACTH.* (Rev. clín. españ. **56.** 391—95. 31/3. 1955. Oporto, Serv. de Patol. Quirúrg.) P. G. SCHEURLEN. 4160

Marcello Scafi und **Renato Baldassarri,** *Über die Behandlung der chronischen myeloischen Leukämie mit einer neuen antimitotischen Substanz aus Colchicum autumnale.* Vff. verwendeten mit sehr gutem Erfolg bei 4 Patienten mit chron. myeloischer Leukämie *Colcemid* (*Desacetylcolchicin*). Verträglichkeit gut, so daß eine Dauerbehandlung möglich ist. Anfangsdosis 5—7 mg täglich. Die Erythro- oder Thrombopoese wird nicht beeinflußt. (Gazz. int. Med. Chirurg. **60** (**59**). 626—37. 15—31/5. 1955. Roma, Policlinica Umberto I.) P. G. SCHEURLEN. 4160

W. R. L. James, *Primäres Lungencarcinom bei Bergleuten mit Pneumokoniose in Südwales.* Bei der Sektion von 1827 Bergleuten in Südwales wurde bei 3,3% ein prim. Lungencarcinom gefunden, bei der Vergleichsgruppe (keine Bergarbeiter) von 1531 Personen bei 5,4%. Hinsichtlich des Todesalters u. der Verteilung der Metastasen bestanden zwischen den beiden Gruppen keine Unterschiede. (Brit. J. ind. Med. **12.** 87—91. April 1955. Cardiff, Welsh National School of Med., Dep. of Pathol. and Bacteriol.) H. ZELLER. 4160

René Truhaut, *Berufsgeschwulstkrankheiten erregende chemische Substanzen.* Ausführliche Darst. der in C. **1954.** 3484 u. C. **1955.** 840 referierten Arbeiten. — 274 Literaturangaben. (Arch. Maladies profess. Méd. Travail Sécurité soc. **15.** 431—67. 1954. Paris, Univ., Labor. de Toxicol. de la Faculté de Pharmacie et Service des rech. chim. du Centre clin. et thérapeut. de l'Inst. Gustave Roussy [Inst. du Cancer].) V. SACHS. 4160

W. W. Westerfeld and others, ed. Biochemical preparations. V. 4. New York: Wiley. 1955. (115 S., Diagr.) O. $ 3,75.

E_2. Enzymologie. Gärung.

N. M. Ssissakjan und **N. A. Wassiljewa,** *Oxydations–Reduktions-Prozesse bei hartem und weichem Weizen.* Bei der Keimung von hartem u. weichem Weizen erfolgt eine starke Intensivierung der Atmung u. der Redoxprozesse. In den Embryonen verlaufen Atmung u. Oxydationsprozesse intensiver als im Endosperm. In den ersten Tagen des Wachstums sind die Embryonen von größerer Bedeutung für die H-Übertragung, später die Endosperme. Im Embryo sind die *Dehydrasen* von Citronensäure u. Äpfelsäure am aktivsten, im Endosperm die der Glutamin- u. Bernsteinsäure. In den ersten 5 Tagen des Wachstums unterscheiden sich die Weichweizen von den Hartweizen durch eine intensivere Atmung, ein Atmungsmaximum am 2. Tag u. durch ihre Redoxfermentsysteme. Beide Weizenarten besitzen eine *Ascorbinsäureoxydase* u. eine *Polyphenoloxydase*, die Weichweizen daneben eine *Peroxydase*, die Hartweizen eine *Cytochromoxydase*. Die biol. Oxydation erfolgt im Endosperm mit Hilfe der gleichen Fermentsysteme wie im Embryo, nur ist die Aktivität dieser Fermente im Endosperm viel geringer. (Биохимия [Biochemie] **19**. 730—37. Nov./Dez. 1954. Moskau, Bach-Inst. für Biochem. der Akad. der Wiss. der UdSSR.) O. LEBTAG. 4210

Roland F. Beers jr., *Gleichgewichtshinderung des Systems Katalase–H_2O_2 während des stationären Zustands.* Die möglichen Effekte von Inhibitoren (CN^-, N_3^-, H_2NOH, F^-) auf die Kinetik des Syst. Katalase–H_2O_2 im stationären Zustand wurden analyt. untersucht. Der Assoziationsgrad zwischen dem freien Enzym, dem Primärkomplex (vgl. CHANCE, Acta Chem. Scand. **1**. [1947.] 236) oder beiden einerseits u. dem Inhibitor andererseits ist unabhängig von der Konz. des Substrats, aber abhängig vom Verhältnis freies Enzym:Primärkomplex im stationären Zustand. Daher zeigen alle reversiblen Inhibitoren einen konkurrierenden Typ der Hinderung, außer wenn die Affinitäten beider Enzymformen zum Inhibitor dieselben sind. Die Affinität des Primärkomplexes für H_2NOH, N_3^-, F^- u. einige einwertige Salze ist beträchtlich größer als die des freien Enzyms, für CN^- ist sie gleich oder kleiner. Vf. nimmt an, daß der Hauptmechanismus der Hinderung des Primärkomplexes die Bldg. einer Verb. mit dem Inhibitor in sich schließt, die mit dem covalenten Sekundärkomplex (vgl. CHANCE, l. c.) ident. sein könnte. (J. physic. Chem. **59**. 25—30. Jan. 1955. Bethesda, Md., Naval Med. Res. Inst., Div. of Physical Biochem.) J. ROTHE. 4210

A. P. Bresstkin und **L. A. Iwanowa**, *Die Aktivität von Katalasepräparaten in der Atmosphäre von Kohlendioxydgas.* In Verss. mit *Katalase* (I) aus der Hundeleber wurde die I-Aktivität in Ggw. von CO_2 bis zu 95,2% unterdrückt. Verss. bei verschied. p_H sowie in Ggw. von $NaHCO_3$ oder Phosphatpuffer ergaben, daß die Senkung der I-Aktivität nicht durch H^+, HCO_3^- oder CO_3^{2-} erfolgt. Die hemmende Wrkg. von CO_2 auf die I-Aktivität ist umkehrbar: sie kann durch einfaches Einblasen von Luft oder O_2 beseitigt werden. Es ist anzunehmen, daß I mit CO_2 eine instabile Bindung eingeht. Dies wird dadurch bestätigt, daß 1 ml I bei 20° 1,5 ml CO_2 auflöst, während 1 ml dest. W. nur 0,878 ml CO_2 löst. Die Ergebnisse stehen im Einklag mit den Ergebnissen von PROKOSCHEW u. MININA (vgl. C. **1954**. 10035), wonach die Aktivität der Dehydrase, die Intensität der Atmung u. die Umwandlung der organ. Säuren in den Schnitten von Kartoffel-, Georginen- u. Batateknollen durch CO_2 unterdrückt werden. (Биохимия [Biochemie] **20**. 54—56. Jan./Febr. 1955.) O. LEBTAG. 4210

R. D. Tschirgi, **R. W. Frost** und **J. L. Taylor**, *Hemmung der cerebrospinalen Flüssigkeitsbildung durch einen Kohlensäureanhydrase-Inhibitor, 2-Acetylamino-1.3.4-thiadiazol-5-sulfonamid* (*Diamox*). Die intravenöse Injektion von *Diamox* (I) verursacht bei anästhesierten Katzen u. Kaninchen eine ständige 3—15fache Abnahme der Bldg. von cerebrospinaler Fl. (C.F.), die eine merkliche Red. des intracraniellen Druckes zur Folge hat. Vff. schreiben dieses Phänomen nicht einer Veränderung der Plasma-CO_2-Konz. zu. Vff. sind der Ansicht, daß die Kohlensäureanhydrase des Zentralnervensyst. (ZNS) die Bldg. von H^+ u. HCO_3' aus dem ZNS-CO_2 in der Blut–Hirn-Schranke (BHS) katalysiert. Diese Ionen werden mit Plasmaanionen u. -kationen, zum großen Teil Na^+ u. Cl^-, ausgetauscht, so daß diese Ionen in die interstitielle Fl. des ZNS gelangen. Durch die Wirksamkeit der relativen Impermeabilität der BHS für Elektrolyten dringt somit W. herein zur Aufrechterhaltung des osmot. Gleichgewichtes. Durch I erfolgt Abnahme der H^+- u. HCO_3^--Bildung. I zerstört so die Voraussetzung zur Bldg. von ZNS-interstitieller u. cerebrospinaler Flüssigkeit. (Proc. Soc. exp. Biol. Med. **87**. 373—76. Nov. 1954. Los Angeles, Cal., Univ. and Los Angeles and Veterans Administration.) G. BRATFISCH. 4210

Jane Harting und **Sidney F. Velick**, *Durch Glycerinaldehyd-3-phosphatdehydrogenase katalysierte Bildung von Acetylphosphat.* Neben *D-Glycerinaldehyd-3-phosphat* (I), aus dem durch *Glycerinaldehyd-3-phosphatdehydrogenase* (II) unter oxydativer Phosphorylierung *1.3-Diphosphoglycerinsäure* entsteht, können *Acetaldehyd* (III), *Propionaldehyd* u. *Butyraldehyd* der II (aus Kaninchenmuskulatur) als Substrat dienen. Dabei entsteht aus III Acetylphosphat. DPN dient als H-Acceptor. Phosphat oder Arsenat sind an der Rk. beteiligt, die Oxydation des Aldehyds verläuft aber auch in deren Abwesenheit. Da die Affinität Enzym : III viel geringer ist als die von Enzym : I, sind für hohe Umsatzraten große Konzz. an II u. III erforderlich. Die physiol. Bedeutung der Oxydierung von III u. anderer nichtphosphorylierter Aldehyde ist trotz einer II-Konz. in der Kaninchenmuskulatur von ca. 300mg/100 g Gewebe ungewiß. (J. biol. Chemistry **207**. 857—65. April 1954. St. Louis, Mo., Univ., School of Med. Dep. of Biol. Chem.) HANS THIELE. 4210

Jane Harting und **Sidney F. Velick,** *Durch Glycerin-3-phosphatdehydrogenase katalysierte Übertragungsreaktionen von Acetylphosphat.* (Vgl. vorst. Ref.) *Glycerinaldehyd-3-phosphatdehydrogenase* katalysiert die Übertragung von Acetylgruppen vom Acetylphosphat auf verschied. Acceptoren, z. B. anorgan. Phosphat, Arsenat u. die Thiolgruppen des Coenzyms A u. des Glutathions. Die Ggw. von gebundenem DPN ist hierbei im Gegensatz zur Phosphotransacetylase erforderlich. Das spricht gegen eine bakterielle Verunreinigung. Nach achtmaligem Umkristallisieren ist die Oxydierung von Acetaldehyd u. die Bldg. von Acetyl-CoA noch unverändert, was gegen eine Verunreinigung mit einem anderen Enzym vom Kaninchenmuskel her spricht. Das DPN fungiert bei der Rk. nicht als H-Donator oder -Acceptor. Es wird angenommen, daß sowohl die oxydative Phosphorylierung als auch die Acetylübertragung über ein Acetylenzym verlaufen. (J. biol. Chemistry **207.** 867—78. April **1954.**) HANS THIELE. 4210

Harry Rudney, *Die Synthese von β.β-Dimethylacrylsäure in Rattenleberhomogenisaten.* Rattenleberpräpp. synthetisieren aus *Acetat β.β-Dimethylacrylsäure* (I). 10 μ Mol $^{14}CH_3COONa$ u. 40 μMol I wurden mit Homogenisat incubiert. Nach Alkalisieren wurde I (0,4 Millimol) als Träger zugesetzt, angesäuert, kontinuierlich mit Ae. extrahiert, der neutralisierte Extrakt eingedampft, der Rückstand in 2 mol. Phosphatpuffer (p_H 7,6) an einer gepufferten Celitesäule mittels Butanol u. Chlf. getrennt (Elution von C_6- u. höheren Fettsäuren mit Chlf., von I mit 5% Butanol + 95% Chlf., mehrmalige Chromatographie von I mit 1% Butanol + 99% Chlf.). Der Abbau der isolierten radioaktiven I durch SCHMIDTsche Rk. gab $C_{(1)}$ als CO_2, Oxydation mit saurem $KMnO_4$ $C_{(3,4,4')}$ als Aceton u. $C_{(1,2)}$ als CO_2, Abbau des Acetons mit NaOJ $C_{(4,4')}$ als CHJ_3. Die Isotopenverteilung war: $C_{(4+4')}$ 63,8%, $C_{(3)}$ Spuren, $C_{(2)}$ 35,3%, $C_{(1)}$ 16%. (J. Amer. chem. Soc. **77.** 1698—99. 20/3. 1955. Cleveland, O., Western Reserve Univ., Med. School, Dep. of Biochem.) K. MAIER. 4210

Joseph L. Rabinowitz, *Die Biosynthese radioaktiver β-Oxyisovaleriansäure in Rattenleber.* Nach Incubation zellfreier Homogenisate u. partikelfreier Extrakte aus Rattenleber mit *$^{14}C_{(2)}$-Na-Acetat* (I) oder mit *$^{14}C_{(3')}$-β-Oxy-β-methylglutarsäure* (II) konnte mittels Trägertechnik *β-Oxyisovaleriansäure* (III) isoliert werden. II bildet für III eine geeignetere Vorstufe als I. Die ^{14}C-Verteilung in III (aus I) stimmte mit anderen Angaben überein. Der Abbau aus II erhaltener III sprach für die Verwertung einer gewissen Menge intakter II, außerdem jedoch vor der Verwertung für einen erheblichen Abbau von II u. eine Gleichgewichtseinstellung von II mit Essigsäure u. wahrscheinlich auch *Acetessigsäure.* Aktivitätsverteilung in III: $C_{(1)}$ 3 bzw. 5% (aus II bzw. I), $C_{(2)}$ 14 bzw. 30%, $C_{(3)}$ 7 bzw. 4%, $C_{(4,4')}$ 75 bzw. 61%. (J. Amer. chem. Soc. **77.** 1295—96. 5/3. 1955. Philadelphia, Veterans Administration Hospital, Radioisotope Unit, and Univ. of Pennsylvania, School of Med., Dep. of Physiol. Chem.) K. MAIER. 4210

R. J. Pennington und **T. M. Sutherland,** *Bildung von Succinat aus Propionat durch Kohlendioxydfixierung im Epithel des Schafpansens.* $^{14}C_{(1)}$-Propionat (I) wurde mit Epithelgewebsschnitten von Schafpansen in Ggw. von Malonat unter 80% O_2 u. 20% CO_2 incubiert. Etwa 85% des umgewandelten I-Carboxyls wurden als CO_2, der Rest als *Succinat* (II) wiedergefunden. Der Einbau des CO_2-C (Verss. mit $^{14}CO_2$) in II erfolgte in gleichem Maße wie der des I-Carboxyl-C; bei Fehlen von I war der CO_2-C-Einbau gering. Die Lactatsynth. war unbedeutend. — Die II-Bldg. aus I scheint auf direktem Wege unter CO_2-Fixierung zu verlaufen. (Biochem. J. **60.** XXXVII. Aug. 1955. Bucksburn, Aberdeenshire, Rowett Res. Inst.) G. BRESSAU. 4210

Vira E. Kennedy, Nathan Lavenda und **Lawrence M. Marshall,** *Die Verwertung von $^{14}C_{(1)}$-Succinat durch Mäusethymus in vitro.* Incubation von Homogenisaten aus Leber u. Thymus n. junger männlicher Mäuse (*NJH*-Stamm) mit *$^{14}C_{(1)}$-Bernsteinsäure* ergab eine geringere Verwertung durch Thymus als durch Leber. Von der Aktivität des verbrauchten Succinats war im Leberhomogenisat ein höherer %-Satz (49,5% als Äpfelsäure) als im Thymusbrei nachweisbar. Das in den Verss. mit Thymushomogenat frei werdende $^{14}CO_2$ betrug nie mehr als 13% des mit Leber erhaltenen. (Amer. J. Physiol. **180.** 113—14. Jan. 1955. Washington, D. C., Howard Univ., Coll. of Med., Dep. of Biochem. and Dep. of Physiol.) K. MAIER. 4210

L. A. Martynow, *Änderung der Aktivität der Bernsteinsäuredehydrase und Lipase der Organe des Kaninchens in verschiedenen Entwicklungsstadien der Fettdystrophie und bei Behandlung derselben mit einigen Heilmitteln.* An Kaninchen wurde durch intravenöse Injektionen von 0,15 g/kg *Novarsenol* (I) Fettdystrophie erzeugt u. die Aktivität der *Bernsteinsäuredehydrase* (II) u. der *Lipase* (III) geprüft. Es wurde eine stärkere Hemmung der Aktivität der II nach 24 Std. festgestellt, dem eine maximale Fettanhäufung in den Organen folgte. Die Aktivität der III änderte sich nicht. 35 mg/kg Barbamyl, zweimal täglich subcutan eingeführt, verminderte nach 24 Std. die durch

I hervorgerufene Aktivitätshemmung von II in allen Organen der Versuchstiere erheblich, im Gehirn bis zur Norm. Prophylakt. intravenös eingeführte 10 ml/kg 5%ig. Na-Bicarbonatlsg. oder 0,02 g/kg Ascorbinsäure (IV) stellten die II-Aktivität in allen Organen (außer in den Nieren) wieder her; bei IV war sogar eine Erhöhung der Aktivität in Leber u. Herz zu beobachten. (Фармакология и Токсикология [Pharmakol. u. Toxikol.] **17.** Nr. 4. 30—32. Juli/Aug. 1954.) B. KRAFT. 4210

Edward G. Rennels und **Arthur Ruskin,** *Histochemisch nachweisbare Veränderungen in der Aktivität der Bernsteinsäuredehydrogenase in der Rattenniere nach Verabreichung von Quecksilberdiureticis.* An Nierenschnitten von jungen Ratten, denen *Mercuhydrin* (I) subcutan verabreicht worden war, wurde die Aktivität der *Bernsteinsäuredehydrogenase* (II) mit Neotetrazoliumchlorid geprüft. I führte in Dosen über 10 mg Hg/kg Körpergewicht zu einer merklichen Hemmung von II in den proximalen Tubuli contorti der Niere. Dosen unter 10 mg waren unwirksam. Diese Hemmung ebenso wie die begleitende Diurese konnten durch BAL (jedoch nicht durch *l*-Cystein oder Glutathion) verhindert werden. Es wird angenommen, daß die Monothiole, bevor sie die Niere erreichen, oxydiert werden. Vff. lokalisieren auf Grund ihrer Befunde die Hg-Wrkg. in die proximalen Tubuli contorti. (Proc. Soc. exp. Biol. Med. **85.** 309—14. Febr. 1954. Galveston, Tex., Univ., Med. Branch, Dep. of Anatomy.) F. LEUSCHNER. 4210

Hans G. Boman, *Adsorption von Prostataphosphatase an Ionenaustauscherharz.* Es wird die teilweise Reinigung menschlicher *Samenprostataphosphatase* (I) durch Adsorption an Dowex 50 u. folgende Elution beschrieben. Bei der Elution wurde der ursprünglich saure Puffer kontinuierlich durch alkal. ersetzt. Die I-Lsg. wurde durch 5fache Verdünnung des Samens mit 0,9%iger NaCl-Lsg., anschließendes Zentrifugieren von den Spermatozoen u. Dialyse bei p_H 5,4 (Acetatpuffer) erhalten. Die I-Aktivität wurde nach BESSEY bestimmt. Eine kleine nach MOORE u. STEIN vorbehandelte Dowex 50-Säule wurde bei 4° mit 0,3 cm^3 Enzymlsg. beschickt. I wird innerhalb einer kleinen Zone adsorbiert u. in ca. 0,5 cm^3 mit 75% der ursprünglichen Aktivität eluiert. Der N-Geh. pro I-Einheit zeigt, daß durch die Chromatographie zumindest eine 5fache Reinigung erreicht wurde. Ferner ergibt sich, daß I zwischen p_H 5,5 u. 6,5 eluiert wird. Puffer mit größerer Kapazität in diesem p_H-Bereich lassen noch bessere Trenneffekte erwarten, da nach der I-Elution gleich inaktives Protein eluiert wird. (Nature [London] **173.** 447—48. 6/3. 1954. Uppsala, Univ., Inst. of Biochem.) G. FAUST. 4210

Poul Strøier Rasmussen, *Adsorption von Testikelhyaluronidase an Glas.* Rindertestes-*Hyaluronidase* (I) wird an Papier, Watte, Glas u. Quarzsand adsorbiert in Abhängigkeit von p_H u. Ionenstärke. Sie kann z. B. an Glaskugelkolonnen aus Phosphat p_H 7,7/μ = 0,1 adsorbiert u. bei p_H 5,6/μ = 1,0 fraktioniert eluiert u. damit gereinigt werden. Bes. ist auch mit Amberlite IRC 50 vielfache Anreicherung möglich. Ein Teil der „Instabilität" höher gereinigter I ist vielleicht auf Adsorption an Glasoberflächen zurückzuführen. (Acta chem. scand. **8.** 633—36. 1954. Kopenhagen, Univ., Biochem. Ind.) H. GIBIAN. 4210

Santiago Grisolia, Donald P. Wallach und **Harold J. Grady,** *Carbamylübertragung mittels Säuger- und Bakterienenzympräparaten.* Die Rk. *Ornithin* (I) → *Citrullin* (II) verläuft in 2 enzymat. Stufen: *Acetylglutamat* + CO_2 + NH_3 + *Adenosintriphosphat* $\xrightarrow[Mg^{2+}]{\text{Enzym I}}$ *Verb. X* + *Adenosindiphosphat, Verb. X* + I $\xrightarrow{\text{Enzym II}}$ II + *Carbamylglutamat* (III) + PO_4^{3-}, wobei *Verb. X Carbamylphosphat* (IV)-Charakter hat. *Verb. X* u. IV reagieren mit teilweise gereinigten *E* II-Präpp. aus Kalbsleber (C. **1955.** 7005) oder mit Bakterienextrakten (Stamm *D 10*, Gruppe *D*-Streptokokken) u. I gleich gut unter Bldg. von II. IV u. *Verb. X* werden durch das *Spaltungs*-Enzym (Biochim. biophysica Acta **14** [1954] 446) sowie nichtenzymat. mit gleicher Geschwindigkeit gespalten. *Verb. X* u. IV sind sehr nahe verwandte, wahrscheinlich jedoch nicht ident. Verbindungen. (Biochim. biophysica Acta [Amsterdam] **17.** 150—51. Mai 1955. Kansas City, Univ. of Kansas Med. Center, Dep. of Med., McIlvain Biochem. Cardiovascular Labor.) K. MAIER. 4210

Fritz Bramstedt, *Die Proteolyse im anaciden Magen. Kathepsin* (I) ist im Magen bei geringerer Acidität wirksam als *Pepsin* (II) u. tritt deshalb früher in Aktion als II. Die Säuerung ist abhängig von der Größe der HCl-Produktion, von der Pufferkapazität der Nahrung u. der NH_3-Bildung. Wenn diese nicht mehr ausreicht, erreicht die II-Spaltung ihr Maximum, während I am stärksten wirkt, wenn die NH_3-Bldg. am größten ist. Bei Schleimhautatrophie wird die Wrkg. von I u. II durch *Trypsin* aus rückfließendem Duodenalsaft ersetzt. Dementsprechend kann bei solchen Fällen von Anacidität mit Pankreasfermentpräpp. gute Wrkg. erzielt werden. (Medicina [Madrid] **23 I.** 148—60. März 1955. Hamburg, Univ., Physiolog. Chem. Inst.) P. G. SCHEURLEN. 4210

M. P. Tschernikow, *Über die Reaktion von Chymotrypsin mit nativen und denaturierten Eiweißstoffen.* Elektrophoret. wurde festgestellt, daß *Chymotrypsin* (I) mit *Ei-*

albumin (II) u. *Serumalbumin* (III) Fermentsubstrate bildet. Im Gemisch I-natives II werden ca. 0,6% I gebunden, im Gemisch mit nativem III ca. 0,3%. Denaturiertes II bindet ca. 60% I. Durch denaturiertes III werden 40—60% I gebunden. Vorläufige Verss. zur Klärung der Frage, ob die Bldg. von Ferment-Substratkomplexen mit dem ursprünglichen denaturierten Eiweiß erfolgt oder mit seinen Spaltprodd., ergaben, daß bei den elektrophoret. Verss. die Proteolyse des denaturierten III verzögert ist u. daß in 2 Std. nur ca. 30% gespaltet werden. (Биохимия [Biochemie] **20.** 71—76. Jan./Febr. 1955. Moskau, Inst. für biol. u. med. Chem. der Akad. der med. Wiss. der UdSSR.)
O. LEBTAG. 4210

Paul Flanagan und **Fabian Lionetti,** *Lysozymverteilung im Blut.* Vff. untersuchten die Verteilung von *Lysozym* (I) im Kaninchen u. -Humanblut. Von allen Zellkörpern im Blut zeigen nur die Leukocyten (L) geringe I-Aktivität. Erst nach Lysis der L. kann I bestimmt werden. Die Aktivität steigt etwa auf das Fünffache. Thrombocyten enthalten kein I, eventuell beobachtete I-Aktivität in T. stammt von den L., Erathrocyten enthalten u. adsorbieren kein I. Citrat-Dextrose-Blut enthält ca. 2- bis 2,5mal soviel I wie mit Ionenaustauscher behandeltes Blut. Vff. sehen hierin ein Zeichen, daß das mit Ionenaustauscher behandelte Blut die L. besser schützt. (Blood **10.** 497—501. Mai 1955. Boston, Mass., Univ., School of Med., Dep. of Biochem.)
G. BRATFISCH. 4210

W. A. Engelgardt und **N. P. Lissowskaja,** *Die Rolle der Oxydationssubstrate und des Adenosintriphosphates beim Phosphoproteinumsatz.* Unter Zusatz von $KH_2{}^{32}PO_4$ zum Incubationsmedium wurde der Einfl. verschied. Oxydationssubstrate auf die Umwandlung von *Phosphorprotein* (I), die Rolle des *Adenosintriphosphates* (II) bei diesem Prozeß u. die Oxydation der Substrate durch die Hirnrindenschnitte von Ratten untersucht. Die Substrate zeigten folgende Wrkg. auf den I-Umsatz, die II-Resynth. u. die Oxydation der Substrate (++ bedeutet intensive, + wenig intensive, — fehlende Wrkg.): *Glucose*: ++; ++; ++; *Mannose*: ++; ++; ++; *Fructose*: —; ++; ++; *Brenztraubensäure*: —; +; ++; *Glutaminsäure*: —; —; ++; *Bernsteinsäure*: —; —; +; *Fumarsäure*: —; —; —; *Äpfelsäure*: —; —; —; *Galaktose*: —; —; —. Es besteht danach eine bestimmte Parallelität zwischen der Geschwindigkeit der I-Umwandlung u. dem II-Geh. in der Hirnzelle. Alle Faktoren, die zum Zerfall von II führen, hemmen den I-Umsatz. Die Ggw. von II ist eine notwendige, jedoch nicht ausreichende Voraussetzung für den I-Umsatz. Warum bei starkem oxydativem Umsatz u. intensiver Resynth. von II in Ggw. von Fructose u. Brenztraubensäure ein I-Umsatz nicht beobachtet wird, bleibt ungeklärt. (Биохимия [Biochemie] **20.** 225—35. März/April **1955.** Moskau, Bach-Inst. für Biochem. der Akad. der Wiss. der UdSSR.) O. LEBTAG. 4210

N. I. Prosskurjakow und **Je. Ss. Chromowa,** *Adsorption von Fermenten durch den Kleber von Weizenmehl.* Der aus 70%ig. Weizenmehl gewonnene Kleber wurde nach verschied. Trocknung (Vakuumexsiccator, Aceton, lyophile Trocknung mit u. ohne vorherige Auflösung) auf die Aktivität von *β-Amylase* (I), *Katalase* (II), *Peroxydase* (III), *Polyphenoloxydase* (IV), *Invertase* (V), *Dehydrase* (VI) u. *Proteinase* (VII) untersucht. Die im Mehl vorliegende I wird danach fast vollständig im Kleber wiedergefunden; dies gilt auch für IV. Die Aktivität von II dagegen ist im Kleber viel geringer als im Mehl. Die Aktivität von IV ist nach der Acetonbehandlung u. nach der Auflösung des Klebers in Essigsäure im Vgl. zur Vakuum- u. lyophilen Trocknung um ~50% gesenkt. I, V u. VI können im Kleber nicht festgestellt werden. VII ist nachweisbar. VII ist für die tiefgehenden Veränderungen des Klebers bei langer Aufbewahrung verantwortlich. Die Gluteinfraktion des Klebers zeigt eine viel stärkere I-Aktivität als die Gliadinfraktion. Es ist jedoch möglich, daß bei der Fraktionierung eine Inaktivierung der adsorbierten Fermente eintritt, wodurch dieser Befund unsicher wird. Durch Acetonbehandlung des Klebers wird die I-Aktivität stark herabgesetzt. (Биохимия [Biochemie] **20.** 193—97. März/April 1955. Moskau, Lomonossow-Univ., Lehrstuhl für Biochem. der Pflanzen.)
O. LEBTAG. 4210

F. de Ritis, M. Coltorti und **G. Giusti,** *Transaminaseaktivität des menschlichen Serums bei Virushepatitis.* Vff. fanden die Aktivität der *Transaminasen* (I) gegenüber *l*-Asparaginsäure u. α-Ketonglutarsäure (**a**) sowie gegenüber *l*-Alanin u. α-Ketoglutarsäure (**b**) im Serum von Kranken mit Virushepatitis gegenüber der Norm auf über 1600% erhöht. Auch andere Leberkrankheiten zeigten eine deutliche Erhöhung der I, jedoch nicht in dem Maße wie bei Hepatitis. Bei der Hepatitis betrug gegenüber allen anderen Krankheiten der Quotient **a** I/**b** I stets unter 1. (Minerva med. [Torino] **46.** I. 1207—09. 28/4. 1955. Napoli, Univ., Ist. di Patologia Spec. Med.)
P. G. SCHEURLEN. 4210

Joanne M. Ravel, Barbara Felsing und **William Shive,** *Vergleichende Untersuchung der Hemmwirkung von Glutaminsäure und Cysteinsäure auf die Verwertung der Asparagin-*

säure. (Vgl. C. **1954**. 9066.) *Glutaminsäure* (**I**) blockiert die Verwertung von *Asparaginsäure* (**II**) bei Rkk., die bei *Leuconostoc dextranicum 8086* mit der Biosynth. von *Pyrimidinen* (**III**) u. bei *Lactobacillus arabinosus 17-5* mit derjenigen von *Lysin*, *Threonin* u. zu einem gewissen Grade von **III** zusammenhängen. *Cysteinsäure* (**IV**) hemmt die Beteiligung von **II** bei Rkk., die in beiden Organismen mit der Biosynth. dieser Endprodd. in Verbindung stehen. Da **I** nicht die Verwertung von **II**-Vorstufen, wie *Bicarbonat* u. *Oxalacetat*, hemmt, die die **IV**-Blockierung kompetitiv aufheben, greifen **I** u. **IV** anscheinend verschied. Stellen an. Die synergist. Wrkg. von **I**–**IV**-Kombinationen auf *L. arabinosus* spricht ebenfalls für einen verschiedenartigen Wirkungsmechanismus beider Inhibitoren. (Arch. Biochem. Biophysics **54**. 541—48. Febr. 1955. Austin, Univ. of Texas, Biochem. Inst. and Dep. of Chem., and Clayton, Foundation for Res.) K. MAIER. 4210

K. W. Daisley, *Glutathionsynthese durch die normale und durch die röntgenbestrahlte Linse*. Durch dialysierte Extrakte aus Linsen von Kaninchen wird aus *Glutamat*, *Cystein* u. *Glycin* in Ggw. von ATP, Mg^{2+}, K^+ u. eines ADP in ATP zurückverwandelnden Enzymsyst. Glutathion (**I**) synthetisiert (bei 37°). Die synthetisierte **I**-Menge beträgt zwischen 70 u. 140 mg/100 g Linsenfrischgewicht u. Std. bei p_H 6,4. Nach Röntgenbestrahlung des Kaninchenauges in vivo nahm die Fähigkeit zur **I**-Synth. anscheinend parallel zur zunehmenden Kataraktbldg. ab u. ging bei vollständiger Trübung der Linse ganz verloren. (Biochem. J. **60**. XL. Aug. 1955. Oxford, Univ., Nuffield Labor. of Ophthalmol.) G. BRESSAU. 4210

W. F. Perry und **Helen F. Bowen**, *Der Einbau von Acetat in Fettsäure durch Leberschnitte adrenalektomierter Ratten*. Es wurde der Einbau von $^{14}C_{(2)}$-*Acetat* in Fettsäuren durch Leberschnitte a) hungernder, b) beliebig fressender sowie c) neben der Grunddiät Glucose (Magenschlauch) erhaltender adrenalektomierter männlicher Ratten untersucht. Im Vgl. zu entsprechend gefütterten n. Tieren zeigten die Leberschnitte der operierten in allen 3 Fällen eine verminderte Acetataufnahme in die Fettsäuren. (Amer. J. Physiol. **180**. 21—22. Jan. 1955. Winnipeg, Can., Univ. of Manitoba, Dep. of Physiol. and Med. Res.) K. MAIER. 4210

Charles E. Carter und **Leonard H. Cohen**, *Enzymatische Synthese von Adenylbernsteinsäure*. Aus Hefeautolysaten wurde durch $(NH_4)_2SO_4$-Fällung u. partielle Hitzeinaktivierung eine Proteinfraktion erhalten, die frei von *Fumarase* ist u. nachst. Rk. katalysiert. Das gebildete Prod. **II** wurde vorläufig als *Adenylbernsteinsäure, 6-[Succinylamino]-9-[ribofuranosyl-purin-5'-phosphat*, bezeichnet. Die Isolierung als Mono-NH_4-Salz erfolgte durch Ionenaustauschchromatographie an Dowex-1 (Chloridform), Eluierung mit 0,02 n HCl-NH_4Cl u. A.-Fällung. Die Konst. ergibt sich aus der quantitativen Hydrolyse des organ. gebundenen P von **II** zu anorgan. Phosphat durch 5'-Nucleotidase aus Stiersperma, der UV-Absorption (λ_{max} 267 mμ), dem enzymat. Einbau $^{14}C_{(COOH)}$-markierter **I** in **II** ohne Verdünnung der relativen mol. spezif. Aktivität, Abbau ^{14}C-markierter **II** durch Hefeenzym zu **I** u. *Adenosinmonophosphat* (**III**) u. der Nichtangreifbarkeit von **II** durch Muskeladenylsäuredesaminase. Die Gleichgewichtskonstante wurde für obige Rk. zu $12 \cdot 10^{-3}$ (Mol/Liter) berechnet. Die **II**-Best. kann durch die Absorption bei 280 mμ erfolgen. **II** bildet möglicherweise eine Zwischenstufe beim Einbau der NH_2-Gruppe in Purinnucleotide. *Adenindesoxyribosyl-S-phosphat* verhält sich bei der Rk. wie **III**. (J. Amer. chem. Soc. **77**. 499—500. 20/1. 1955. New Haven, Conn., Yale Univ., School of Med., Dep. of Pharmcol.) K. MAIER. 4210

Fumarsäure (I) + *Adenosin-5'-phosphat* ⇌

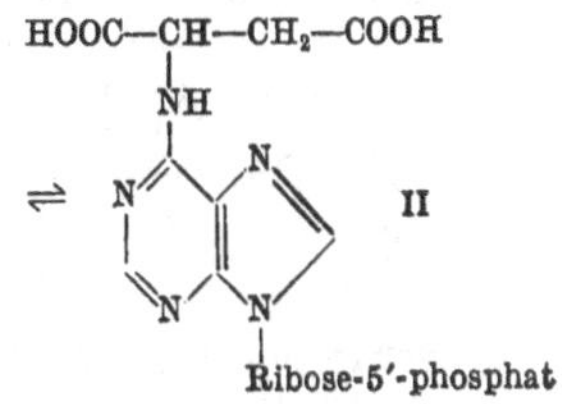

II

L. A. Heppel und **P. R. Whitfeld**, *Durch Ribonuclease und Milzphosphodiesterase katalysierte Nucleotidaustauschreaktionen*. 1. Mitt. *Synthese und gegenseitige Umwandlung einfacher Ribomononucleotide*. Es wird eine Gruppe enzymat. Austausch-Rkk. beschrieben, bei denen Übertragung von *Ribomononucleotid*-Resten stattfindet. *Ribonuclease* (**I**) (Pankreas-**I**) katalysiert die Bldg. von *Cytidin-3'-methylphosphat* aus *Cytidin-2'.3'-monophosphat* (**IV**) u. CH_3OH. Eine ähnliche Rk. erfolgt mit dem *Uridin*deriv. u. ferner mit A. an Stelle von CH_3OH. **I** katalysiert auch die Bldg. von *Cystidin-3'-methylphosphat* aus *Cytidin-3'-benzylphosphat* (**II**) u. CH_3OH, ist jedoch gegenüber *Cytidin-2'-benzylphosphat* unwirksam. Milz-*Phosphodiesterase* (**III**) katalysiert die Bldg. von Alkylestern (*Adenosin-3'-methylphosphat, Adenosin-3'-äthylphosphat*) aus **II** u. *Adenosin-3'-benzylphosphat* in Ggw. von A. oder CH_3OH. Jedoch findet mit **III** aus **IV** u. A. oder aus *Adenosin-2'.3'-monophosphat* u. A. keine Alkylesterbldg. statt. Von den geprüften Alkoholen eigneten sich nur CH_3OH u. A. als Acceptoren, jedoch können noch andere Verbb., z. B.

Ribonucleoside u. cycl. *Nucleotide*, diesem Zwecke dienen. (Biochem. J. 60. 1—7. Mai 1955. Cambridge, Univ., Molteno Inst., Agric. Res. Council Plant Virus Res. Unit.) K. MAIER. 4210

P. R. Whitfeld, L. A. Heppel und **R. Markham**, *Die enzymatische Hydrolyse von Ribonucleosid-2'.3'-phosphaten.* Bestimmte Enzyme hydrolysieren *Nucleosid-2'.3'-monophosphate* unter Bldg. der entsprechenden *Nucleosid-2'-phosphate* (I). Milz-*Phosphodiesterase* (III), die internucleotid. Phosphodiesterbindungen hauptsächlich zu *Nucleosid-3'-phosphaten* (II) hydrolysierte, bildete aus cycl. Nucleotiden I. Ein Rohpräp. von *Raigrasphosphatase* führte cycl. Nucleotide, z. B. *Adenosin-2'.3'-monophosphat*, in I und II über u. entphosphorylierte (in Ggw. von *3'-Nucleotidase!*) dann II zu Nucleosiden. Kalbsdarmmucosa-III spaltete *Cytidin-2'.3'-monophosphat* (IV) zu *Cytidin-3'-phosphat*, *Adenosin-2'.3'-monophosphat* (V) u. *Guanosin-2'.3'-monophosphat* hauptsächlich zum entsprechenden Nucleosid-3'-phosphat, wobei bei cycl. Purinnucleotiden auch merkliche Mengen (10—20%) I entstanden. *Crotalus adamanteus*-Gift hydrolysierte **IV** u. **V** zu II. (Biochem. J. 60. 15—19. Mai 1955. Cambridge, Univ., Molteno Inst., Agric. Res. Council Plant Virus Res. Unit.) K. MAIER. 4210

L. A. Heppel, P. R. Whitfeld und **R. Markham**, *Notiz zur Konstitution des Triphosphopyridinnucleotids. Triphosphopyridinnucleotid* (I) wird durch Prostata-*Phosphomonoesterase* (II) vollständig in *Diphosphopyridinnucleotid* übergeführt, während II cycl. *Adenosin-2'.3'-phosphat* nicht angreift. I enthält demnach keine cycl. 2'.3'-Phosphatgruppe, sondern ein Monoesterphosphat, das wahrscheinlich mit $C_{(2')}$ des Adenosinrestes verknüpft ist, so daß Übereinstimmung mit der von KORNBERG u. PRICER angegebenen I-Konst. besteht. Für diese spricht auch die Bldg. von *Adenosin-2'.5'-diphosphat* bei der Spaltung von I mit 0,1 nNaOH (20—25°, 24 Std.) sowie mit *Crotalus adamanteus*-Gift. (Biochem. J. 60. 19—21. Mai 1955. Cambridge, Univ., Molteno Inst., Agric. Res. Council Plant Virus Res. Unit.) K. MAIER. 4210

R. H. de Meio und **Christine Lewycka**, *Synthese von Dehydroepiandrosteronsulfat in vitro.* Eine aus Rattenleberhomogenisat hergestellte mikrosomenfreie Lsg. katalysiert die Bindung von Dehydroepiandrosteron u. SO_4^{2-} zu *Dehydroepiandrosteronsulfat*, wozu Ggw. von Adenosintriphosphat u. Mg^{2+} notwendig ist. (Endocrinology 56. 489—90. April 1955. Philadelphia, Pa., Dep. of Biochem., Jeff. Med. Coll.) H. AMAN. 4210

H. Blaschko und **Jean M. Himms**, *Die enzymatische Hydrolyse des α-Cocains. α-Cocain* (I; *Methylbenzoyl-α-ekgonin*) wird durch Kaninchenserum schneller hydrolysiert als *Cocain* (II). Im Gegensatz zu II wird I auch durch Pferdeserum (Ps.) u. menschliches Plasma (mP.) hydrolysiert. Durch *Eserin* (III) wird die I-Hydrolyse, wahrscheinlich infolge *Pseudocholinesterase* (IV)-Inhibierung, gehemmt (bei 0,005mol. I u. 10^{-7}mol. III bei Ps. zu ca. 55%, bei mP. zu ca. 75%). In IV-freiem Ochsenserum war die I-Hydrolyse sehr gering. (Biochem. J. 60. XXXIX. Aug. 1955. Oxford, Univ., Dep. of Pharmacol.) G. BRESSAU. 4210

Erwin Schwenk, George J. Alexander, Thomas H. Stoudt und **Charles A. Fish**, *Untersuchungen zur Biosynthese des Cholesterins.* 7. Mitt. *Die Bildung von Cholesterinvorstufen durch Hefe.* (6. Mitt. C. **1955.** 1779.) Das Unverseifbare aus ruhenden *Saccharomyces cerevisiae*-Zellen, die mit $^{14}C_{(COOH)}$ markiertem *Na-Acetat* incubiert worden waren, lieferte mit Digitonin eine radioaktive Sterinfraktion, die eine höhere Aktivität besaß als aus den Rohsterinen durch Kristallisation u. Acetylierung isolierbares gereinigtes *^{14}C-Ergosterin* (I). Eine aus den Sterinen gewonnene ^{14}-C-Zymosterinfraktion wies eine höhere Aktivität als das ^{14}C-I auf. Aus den Digitoninmutterlaugen wurde durch Chromatographie an Al_2O_3 aus der Pentanfraktion *^{14}C-Squalen* (II) abgetrennt. Die mittels Bzl., A. u. CH_3OH erhaltenen Eluate wurden wie die ^{14}C-II-Fraktion an Ratten verfüttert. Aus II sowie der Benzol- u. A.-Fraktion entstand hierbei *^{14}C-Cholesterin.* (Arch. Biochem. Biophysics 55. 274—85. März 1955. Shrewsbury, Mass., Worcester Foundation for Exp. Biol.; Rahway, N. J., Merck and Comp., Chem. Div., Res. Labors.) K. MAIER. 4270

E₃. Mikrobiologie. Bakteriologie. Immunologie.

Herbert N. Prince und **Robert C. Cleverdon**, *Die Flavobakterien.* 2. Mitt. *Verwertung von Stickstoffverbindungen.* (1. vgl. C. **1955.** 7236.) Von 26 als alleinige N-Quelle für *Flavobacterium aquatile, F. suaveolens* u. *F. estereoaromaticum* geprüften Verbb. erweisen sich NH_4Cl, $(NH_4)_2SO_4$, α-Alanin, Serin, Asparaginsäure, Asparagin, Glutaminsäure, Glutamin, Arginin, Histidin (I), Prolin (II), Oxyprolin u. Tryptophan in einem Glucosemedium mit dem erforderlichen Vitaminzusatz als geeignet. Cystein (III) u. NH_2OH waren für alle 3 Species, Methionin für *F. aquatile* toxisch. Die III-Toxizität gegenüber *F. aquatile* wurde durch I, diejenige gegenüber *F. suaveolens* durch Leucin, Methionin u. II, diejenige gegenüber *F. esteroaromaticum* durch Isoleucin u. die 4 genannten Aminosäuren aufgehoben. (J. Bacteriol. **69.** 307—09. März 1955. Storrs, Conn., Univ. of Connecticut, Dep. of Bacteriol.) K. MAIER. 4310

M. Raynaud, B. Bizzini, G. Fischer und **A. R. Prévot,** *Untersuchungen über die ligninzersetzenden Bakterien.* 1. Mitt. Im Rahmen einer Untersuchungsreihe über die bakterielle *Lignin* (I)-Zers. wird zunächst über die Methodik (I-Darst.: Phenol-I, Alkali-I, Amyl-I, natives I; Kulturmedien; Best. des Rest-I; Bakterienstämme; Isolierungstechnik) ein Überblick gegeben. — 35 Literaturangaben. (Ann. Inst. Pasteur **88.** 454—65. April 1955. Inst. Pasteur, Annexe de Garches.) K. MAIER. 4320

Philip H. Abelson, *Aminosäurebiosynthese in Escherichia coli: Isotopenversuche mit* ^{14}*C-Glucose.* Vf. untersucht Stoffwechselbeziehungen einer Reihe von Aminosäuren in *Escherichia coli* durch Verwendung von ^{14}C-Glucose. Die Ergebnisse bewiesen die Existenz eines KREBS-Cyclus u. folgende biosynthet. Reihenfolge: a) *Glutaminsäure* (I), *N-Acetylglutaminsäure, N-Acetylglutamin-γ-semialdehyd, N-α-Acetylornithin, Ornithin, Citrullin, Arginin*; b) **I**, *Glutamin-γ-semialdehyd,* Δ^1*-Pyrrolin-5-carbonsäure, Prolin*; c) *Asparaginsäure* (**II**), *Lysin*; d) **II**, *Homoserin* (**III**), *Methionin*; e) **II, III**, *Threonin* (**IV**), *α-Ketobuttersäure, α.β-Dioxy-β-methylvaleriansäure, α-Keto-β-methylvaleriansäure, Isoleucin*; f) *Brenztraubensäure* (**V**), *Alanin*; g) **V**, *α.β-Dioxyisovaleriansäure, α-Ketoisovaleriansäure* (**VI**), *α-Ketoisocapronsäure, Leucin*; h) **VI**, *Valin*; i) *Serin* (**VII**), *Glycin*; j) **VII**, *Cystein*; k) **VII, V**; l) **IV**, *Glycin*; m) *Phenylbrenztraubensäure, Phenylalanin.* (J. biol. Chemistry **206.** 335—43. Jan. 1954. Washington, D. C., Carnegie Inst. of Washington, Dep. of Terestrial Magnetism.) L. REPPEL. 4320

Joanne M. Ravel, Louise Woods, Barbara Felsing und **William Shive,** *Einige Beziehungen zwischen Asparaginsäure, Threonin und Lysin.* Vff. untersuchen die Beziehungen zwischen Asparaginsäure (I), Threonin (II) u. Lysin (III) am Wachstum von *Lactobacillus arabinosus 17–5* u. *Lactobacillus casei 7469.* Es besteht Abhängigkeit zwischen **II** u. **III**, da keine von beiden die andere vollständig ersetzen kann, jede für sich aber eine gewisse Aktivität entwickelt. Die genannten Organismen synthetisieren **I** bei Zusatz von **II** u. **III**, *Biotin* (**IV**) u. *Bicarbonat.* Der Einfl. von **IV** auf den **I**-Bedarf u. die Fähigkeit von **II** u. **III**, **I** einzusparen, deutet auf eine additive Rolle von **II** u. **III** bei der **IV**-Verwertung hin. (J. biol. Chemistry **206.** 391—400. Jan. 1954. Austin, Tex., Univ., Biochem. Inst. and Dep. of Chem.) L. REPPEL. 4320

W. M. Harding und **William Shive,** *Cyclopentylglycin, ein analoger Hemmstoff des Isoleucins. Cyclopentylglycin* (**I**) hemmt die Bldg. von *Isoleucin* (**II**) in *E. coli* u. anderen Organismen vollkommen. **I** verhindert das Wachstum von E. coli in einer Konz. von 20—30 γ in 10 ml. Ebenso verhalten sich *Leucin* (**III**), *Valin* (**IV**) u. *Threonin* (**V**). **III** u. **IV** aber nur wenig, während **V** sich in geringeren Konzz. wie **I** verhält, aber nicht in hohen Konzentrationen. Das deutet darauf hin, daß **V** eine Art Vorläufer des **II** ist. Durch Pantothensäure, Thiamin u. α-Ketoglutarsäure wird die Biosynth. von **II** nur wenig gesteigert. Weiter wurde in die Unters. *α-Keto-β-methylvaleriansäure* einbezogen. Dieses Ketoanaloge von **II** kann vermutlich nicht nur in **II** umgewandelt werden, sondern ist auch bei Verhinderung der Bldg. von **II** in der Lage, eine essentielle Funktion ohne vorherige Umwandlung in **II** auszuüben.

Versuche: *DL-Cyclopentylglycin,* $C_7H_{13}O_2N$, F. 286—288° (Zers.), aus *α-Bromcyclopentylessigsäure* u. konz. NH_3, 9 Tage stehenlassen, unter verringertem Druck einengen, mit wenig A. waschen, Reinigung durch Auflösen in W. mit wenig NaOH, Zugabe von Kohle, Neutralisation mit HCl, Verdünnen mit A., Kristalle aus heißem W. 14,4% (Rohprod., bezogen auf Cyclopentylbromid). (J. biol. Chemistry **206.** 401—10. Jan. 1954. Austin, Tex., Univ., Biochem. Inst., Dep. of Chem.) L. REPPEL. 4330

Fukujiro Fujikawa, Akimasa Tokuoka, Kazuko Miura, Eishi Kometani, Shozo Nakazawa, Tokugoro Omatsu und **Tadaaki Toyoda,** *Untersuchungen über die antibakterielle Wirksamkeit einiger organischer Stoffe in vitro.* 1. Mitt. *Antibakterielle Wirkung einiger organischer Stoffe auf Micrococcus pyogenes var. aureus 209 P, Escherichia coli communior und Bacillus subtilis.* Micrococcus pyogenes var. aureus 209 P wurde in Konzz. über 1 : 80000 völlig gehemmt durch *Thymochinon, 1.4-Naphthochinon, 1.4-Naphthochinon-bis-[guanylhydrazonnitrat], p-Nitrothymol* (I), *2-Chlor-3-methyl-4-thiocyan-6-isopropylphenol* (II) u. *2-Chlor-4-acetothymol* (III). Bei 1 : 320000 wirkte noch **I** u. **III**, bei 1 : 640000 noch **II**. Das Wachstum von Bacillus subtilis wurde bei über 1 : 80000 gehemmt von **I, II, III** u. *3-Methyl-4-thiocyano-6-isopropylphenol*; **II** hemmte noch bei 1 : 640000. (J. pharmac. Soc. Japan [Yakugakuzasshi] **73.** 20—23. Jan. 1953. Kyoto Coll. Pharm. [Orig.: japan.]) L. SCHULER. 4330

Fukujiro Fujikawa, Yuhei Hitosa, Michiyo Yamaoka, Yoshiko Fujiwara, Shozo Nakazawa, Tokugoro Omatsu und **Tadaaki Toyoda,** *Untersuchungen über die anti-*

bakterielle Wirksamkeit einiger organischer Verbindungen in vitro. 2. Mitt. Antibakterielle Wirksamkeit einiger organischer Verbindungen gegen Micrococcus pyogenes var. aureus, Escherichia coli communior und Bacillus subtilis. (1. vgl. vorst. Ref.) In vitro wurden geprüft 25 substituierte *Diphenyläther*, 7 andere *Diphenylderivv.*, 4 *Diphenylenoxydderivv.* u. 21 *Flechtensäuren* bzw. deren Derivv. neben Furacin (stets 1 : 80000), zum Vgl. Wachstumshemmung bei Konzz. bis 1 : 80000, u. zum Teil etwas höher, gegen *Micrococcus pyogenes* var. *aureus* zeigte sich mit *2.5-Dimethyl-4'-oxydiphenyläther* (I), *Anziasäure* (II), *Mikrophyllinsäure* (III), *Protocetrarsäure* (IV), *α-Collatolsäure* (V), *Collatolon* (VI), *Rangiformsäure* (VII), *1-Protolichesterinsäure* u. *Sphärophorol* (VIII), desgleichen gegen *Escherichia coli* mit **II, III, IV, V, VI, VII**, *β-Collatolsäure* u. *Stictinsäure*; desgleichen gegen *Bac. subtilis* mit **II, III, IV, V, VIII**, *Divaricatsäure, Sphärophorin, 2.5-Dimethyl-3-oxydiphenyläther* u. *3.7-Dioxy-1.9-dimethyldibenzofuran.* Gegen alle 3 Organismen wirkten in Konz. 1 : 80000 **II, III, IV** u. **V.** — Tabellen u. für die Flechtensäuren 15 Formelbilder. (J. pharmac. Soc. Japan [Yakugakuzasshi] **73.** 135—38. Febr. 1953. Kyoto Univ. [Orig.: japan.]) L. Schuler. 4330

Shigehiro Katsura, *Antibakterielle Wirkungen des Hinokitiols (m-Isopropyltropolon). Hinokitiol* (I) übt auf viele aerobe u. anaerobe Bakterien einschließlich Tuberkelbakterien eine bactericide sowie bakteriostat. Wrkg. aus, die zwar deutlich schwächer als die der Antibiotica ist, wobei sich aber der bakteriostat. Effekt weitgehend gleichmäßig auf verschied. Bakterien erstreckt. *Tropolon* hat stärkere bakteriostat. Wrkg. als I. Die untersuchten I-Derivv. (*I-Na, o'-Mononitrohinokitiol, o'-Monochlorhinokitiol, o-Monochlorhinokitiol, o-Monobromhinokitiol*) wirkten schwächer als I. Körper-Fll., wie Vollblut, Eiter, Sputum, Plasma, Pleuraexsudat, vermindern die I-Aktivität. (Zbl. Bakteriol., Parasitenkunde, Infektionskrankh. Hyg., I. Abt., Orig. **161.** 206—11. Juni 1954. Niigata, Univ., Med. Klinik.) K. Maier. 4330

A. Guelin und **P. Lépine,** *Die Vermehrung von Phagen und Bakterien in* L*-Tryptophanlösung und in Abhängigkeit von der Anfangszahl der Bakterien.* Der Paradysenteriebacillus *Y 6 R* u. die Colidysenteriebakteriophage *C 16* vermehren sich in einer *L-Tryptophan*-Lsg., wenn die Impfung mit einer geringen Bakterienzahl erfolgt. Die Phagenentw. beginnt um so später, je kleiner die anfängliche Zellzahl war. Dieser verzögerte Entwicklungsbeginn trotz vorhandener in Teilung befindlicher Zellen läßt sich durch fehlende Fixierung der Phagenteilchen auf den spärlich vorhandenen Bakterien erklären. Die Phagenfixierung erfordert eine starke Bakterienkonzentration. (Ann. Inst. Pasteur **88.** 403—19. April 1955. Inst. Pasteur.) K. Maier. 4331

A. Bessemans, P. Derom, I. Colle und **J. van Hoydonck,** *Einfluß von Penicillin und Erythromycin (Ilotycin) auf die experimentelle Leptospirose von Meerschweinchen und syrischem Goldhamster.* Das Wachstum von Leptospira ictero-haemorrhagiae, Stamm Afsnee, wird in vitro von *Penicillin* (I) u. *Erythromycin* (II) gehemmt. In vivo bei Meerschweinchen u. Hamstern bedingen I u. II in geeigneter Verabreichung völligen Schutz gegenüber diesem Erreger. (Rev. belge Pathol. Méd. exp. **24.** 183—93. April 1955. Gand, Univ. de l'État, Inst. d'Hyg. et de Bactériol.) H. Dossmann. 4340

A. Bessemans, P. Derom, I. Colle und **J. van Hoydonck,** *Wirkung von drei neuen Antibioticis auf Leptospirenkulturen.* Unters. von *Viomycin* (I), *Achromycin* (II) u. *Aureomycin* (III) auf 3 Leptospirenstämme ergab keinen Effekt mit I; die Empfindlichkeit der Erreger gegenüber II u. III lag zwischen *Chloromycetin* u. *Penicillin.* (Rev. belge Pathol. Méd. exp. **24.** 194—98. April 1955. Gand, Univ. de l'État, Inst. d'Hyg. et Bactériol.) H. Dossmann. 4340

V. van Gramberen, *Vergleichende Untersuchung an drei Tetracyclinen.* Empfindlichkeitsunterss. von ca. 100 verschied. Keimen gegenüber *Chlortetracyclin, Oxytetracyclin* u. *Tetracyclin* in Abhängigkeit von der Konz. ergaben weitgehende Übereinstimmung; Abweichungen untereinander in ca. 10% der Fälle. (Rev. belge Pathol. Méd. exp. **24.** 177—82. April 1955. Louvain, Univ., Inst. de Bactériol.) H. Dossmann. 4340

J. Melnykowycz und **K. R. Johansson,** *Bildung von Aminen durch Intestinalmikroorganismen und der Einfluß von Chlortetracyclin.* Im Darm der Ratte werden durch die Intestinalflora aus Aminosäuren beträchtliche Mengen biogener Amine produziert. Die Bldg. von Decarboxylierungsenzymen wird durch *Chlortetracyclin* (I) unterdrückt. Die Ergebnisse zeigen, daß die im Darm gebildeten Amine (Putrescin, Histamin, Tyramin) auf die Ratte tox. wirken u. daß I durch Unterdrückung der Aminbldg. wachstumsfördernd wirkt. (J. exp. Medicine **101.** 507—17. 1/5. 1955. Minneapolis, Minn., Univ. of Minnesota, Dep. of Bacteriol. and Immunol.) H. Goebel. 4340

Marjorie Anchel und **Marvin P. Cohen,** *Untersuchungen an Biformin.* 1. Mitt. *Seine Charakterisierung als ein 9-C-Polyacetylenglykol.* Aus Kultur-Fll. der Basidiomycetenart *Polyporus biformis* läßt sich durch Extraktion mit Chlf. u. mehrfache Gegenstromverteilung einer methanol.-wss. Lsg. zwischen Ae./Skelly-Solve (2 : 1) u. 50%ig. Methanol eine gegen Bakterien u. Pilze wachstumshemmende, krist. Substanz, *Biformin* (I), isolieren. Sein UV-Absorptionsspektr. ist typ. für natürlich vorkommende Polyacetylenverbb., zeigt Maxima bei 259, 274, 291 u. 310 mμ. Seine katalyt. (Pt) Hydrierung führt zu einem 9-C-Glykol, während die von *Nemotin* (II) u. *Nemotin A* zu *Undecansäure* führte. Die alkal. Behandlung, z. B. 8tägige Incubation einer wss. I-Lsg. mit gleichem Vol. 0,1 mol. Boratpufferlsg. führt nach dem veränderten UV-Spektr. zu einem Isomeren, ähnlich wie bei II. I ist hiernach als ein 9-C-Polyacetylenglykol mit 2 Äthylen- u. 2 Acetylenbindungen anzusehen. Während I bereits in Konzz. von wenigen γ/ml antibiot. wirkt, sind die Reduktionsprodd. u. Isomeren unter Konzz. von 250 γ/ml gegen Bakterien u. unter 125 γ/ml gegen Pilze unwirksam. — I-Reduktionsprod. (III), $C_9H_{20}O_2$, F. 40—43°, aus I mit H_2 bei Ggw. von Pt-Katalysator. Sein *Monodinitrobenzoat*, $C_{16}H_{22}O_7N_2$, F. 50—55° (unscharf), aus vorst. Verb. mit *3.5-Dinitrobenzoylchlorid* (IV) u. einigen Tropfen Pyridin; das *Di-3.5-dinitrobenzoat* (*α-Naphthylaminanlagerungsverb.*), $C_{43}H_{42}O_{12}N_6$, F. 111—112°, aus I u. III im Überschuß unter Zugabe von überschüssigem α-Naphthylamin; orangefarbene Nadeln. *p-Toluidid des Reduktionsprod. von* II, $C_{18}H_{29}NO$, F. 78—79,5°, Misch-F. mit p-Toluidid der Undecansäure 80°. (J. biol. Chemistry **208.** 319—26. Mai 1954. New York, N. Y., Botan. Garden.) H. Endrass. 4340

H. Smith und **H. T. Zwartouw**, *Die Fraktionierung der intracellulären Substanzen von Bacillus anthracis natürlicher Herkunft; das Polysaccharid und Polyglutaminsäure.* Vff. isolierten aus Bacillus anthracis ein Polysaccharid mit einem Geh. von 43% *Galaktose*, 37% *Hexosamin*, 3,95% Stickstoff u. 14,7% destillierbare Säure, berechnet auf Acetyl. Papierchromatograph. wurden *Glucosamin* u. ninhydrinpositive Flecken nachgewiesen. Weiterhin isolierten Vff. Polyglutaminsäure u. untersuchten sie elektrophoret. u. in der Ultrazentrifuge. (Biochem. J. **56.** VIII. Jan. 1954. Porton, Wilts, Microbiol. Res. Dep.) L. Reppel. 4350

A. I. Braude, F. J. Carey, Donald Sutherland und **Margaret Zalesky**, *Versuche mit radioaktivem Endotoxin.* 1. Mitt. *Die Verwendung von ^{51}Cr zur Markierung von Endotoxin von Escherichia coli.* Der Einbau von ^{51}Cr war am mit Trichloressigsäure gereinigtem Endotoxin ausgiebiger als bei Verss., die Markierung während der Züchtung durch Zusatz von ^{51}Cr zum Nährboden oder am getrockneten Bakterienmaterial vor der Extraktion des Endotoxins auszuführen. Die Markierung ist stabil u. schädigt die Toxizität des Endotoxins nicht. Die Messung der Radioaktivität kann daher bei Tierverss. quantitativ verwertbare Auskunft über den Verbleib des tox. Prinzips des Endotoxins geben. (J. clin. Invest. **34.** 850—57. Juni 1955. Dallas, Tex., Univ. of Texas, Southwestern Med. School, Dep. of Internal Med.) E. Fischoeder. 4370

A. I. Braude, F. J. Carey und **Margaret Zalesky**, *Versuche mit radioaktivem Endotoxin.* 2. Mitt. *Die Beziehungen physiologischer Wirkungen zu der Verteilung der Radioaktivität bei Kaninchen nach Injektion tödlicher Dosen von mit radioaktivem Chromnatrium markiertem Endotoxin der Escherichia coli.* (1. vgl. vorst. Ref.) Nach intravenöser Injektion wurde markiertes Endotoxin zunächst im Plasma nachgewiesen (nicht jedoch wie nach Injektion von $Na_2{}^{51}CrO_4$ ohne Endotoxin in den Erythrocyten). Schon nach Min. nimmt die Konz. im Plasma rasch ab, während sie in der Leukocyten, Blutplättchen usw. enthaltenden Zwischenschicht, die sich mit dem Citratblut über dem Erythrocytenbodensatz bildet, sowie bes. in der Leber, weniger in anderen Organen, ansteigt. In dieser Phase besteht Fieber, Leukopenie u. gelegentlich Hypotonie u. Diarrhoe. Das Verh. des Blutvol. bei verschied. Tieren ist nicht einheitlich. (J. clin. Invest. **34.** 858 bis 866. Juni 1955.) E. Fischoeder. 4370

I. I. Dubrowskaja, Je. I. Kaitmasowa und **I. O. Tarchanowa**, *Über die chemische Natur der allergischen Stoffe bei den Erregern der Brucellose.* Zwecks Klärung der Frage, ob die allerg. Eigg. der Stoffe aus Brucellamikroben den Proteinen oder Nucleoproteiden oder nach Ansicht anderer Autoren spezif. Polysacchariden (I) zuzuschreiben sind, wurden Unterss. mit sogenannten I-Proteinkomplexen aus der Mikrobenmasse von *Brucella abortus 146*, *Br. suis 6* u. *Br. melitensis 548* durchgeführt. Verss. mit brucelloseverseuchten Meerschweinchen ergaben, daß die Eiweißfraktionen im Vgl. zu den Ausgangsantigenen verstärkte allerg. Eigg. aufweisen, während die I-Fraktion keine allerg. Eigg. zeigt. Die spezif. Eiweißfraktion im Komplex mit I erhält man beim Erhitzen der Brucellen mit schwacher Essigsäure. Nach den Ergebnissen der chromatograph. Unters. der Aminosäurezus. unterscheiden sich diese spezif. Proteine qualitativ u. quantitativ von den cytoplasmat. Proteinen der Brucellazellen. (Биохимия [Biochemie] **20.** 94—99. Jan./Febr. 1955. Moskau, Inst. für Epidemiol. u. Mikrobiol. der Akad. der med. Wiss. der UdSSR, Biochem. Abt.) O. Lebtag. 4370

Max Schlamowitz, *Die Bildung von Antikörpern gegen die Intestinalphosphatase vom Hund.* Die *alkal. Phosphatase* aus der Intestinalmucosa vom Hund (I) wurde durch Acetonfällung u. Trypsinverdauung dargestellt. Antiserum wurde von Kaninchen nach 18 Injektionen des Enzymalaunpräcipitats gewonnen. Als Testsubstrat für die Enzymaktivität diente eine Na-β-Glycerophosphatlsg. ($2,5 \cdot 10^{-2}$ Mol). Eine vollständige Präcipitation trat bei einer I-Konz. von 20—40 γ/0,4 ml mit Antiserum ein. Das präcipitierte Enzym blieb voll wirksam. Erfolgte die Präcipitation in Ggw. der Testsubstanz (0,1 mol.), so verringerte sich die Enzymwirksamkeit um 12%. Daraus wird geschlossen, daß die I aus zwei Komponenten besteht, von denen die eine 12% des Gesamtenzyms ausmacht u. in ihrer Aktivität durch die Präcipitation beeinträchtigt wird. (J. biol. Chemistry **206.** 361—67. Jan. 1954. New York, Sloan-Kettering Inst. for Cancer Res.)
E. FISCHOEDER. 4370

Max Schlamowitz, *Die Spezifität des Antiserums gegen die Intestinalphosphatase vom Hund.* (Vgl. vorst. Ref.) Außer der nach dem Aceton–Trypsin-Verf. dargestellten Intestinalphosphatase vom Hund wurden auch Phosphatasen mittels A. Fällung aus Intestinum von Kaninchen, Ratte, Hund u. aus Leber u. Niere vom Hund gewonnen. Sämtliche Enzyme hatten ihr Wirkungsoptimum bei p_H 9,7 u. wurden etwa gleichmäßig durch CN^-, F^- u. Taurocholat gehemmt, durch Mg^{2+} jedoch verstärkt. Nur die beiden Intestinalphosphatasen vom Hund reagierten mit Kaninchenantiserum (l. c.) bei der Präcipitation. Die Ursachen dieses verschied. Verh. werden erörtert. (J. biol. Chemistry **206.** 369—74. Jan. 1954.)
E. FISCHOEDER. 4370

A. Tasman und **L. Smith,** *Über die Bildung von Diphtherietoxin im Speichel durch C. diphtheriae.* Der *Fe*-Geh. von Speichelproben wurde zu 0,10—0,61 γ/g ermittelt u. war in einigen Fällen wegen der Kleinheit nicht mehr bestimmbar. Da diese *Fe*-Konzz. von der gleichen Größenordnung sind wie diejenigen von Nährlsgg., die zur Herst. von *Diphtherietoxin* (I) dienen, u. nach ROSEBECK in Speichel eine Anzahl freier Aminosäuren vorkommt, die ebenfalls in Medien zur I-Herst. enthalten sind, wurde Speichel als Nährlsg. für *C. diphtheriae* verwendet. Die Bldg. von I konnte durch die charakterist. Haut-Rk. beim Meerschweinchen nach intracutaner Injektion nachgewiesen werden. I ist thermolabil, wird durch n. Serum nicht, jedoch durch Antitoxindiphtherieserum spezif. neutralisiert. (Antonie van Leeuwenhoek **19.** 135—48. 1953. Utrecht, Nat. Inst. of Publ. Health.)
K. MAIER. 4370

Patricia Elly Kramer, Mary Louise Robbins und **Paul K. Smith,** *Phenolische Verbindungen als chemotherapeutische Agentien gegen den Poliomyelitisvirus in Gewebskulturen.* Auf Kulturen des Testikulargewebes von Affen, die mit dem Stamm Y-SK beimpft waren, kam die Wirksamkeit von verschied. Mono-, Di- u. Triphenolen gegen den Poliomyelitisvirus zur Auswertung. Hierzu kam noch der Test 20 anderer Verbindungen. Histolog. war die Tätigkeit des Virus an dem Einfl. auf die Fibroblasten zu erkennen. DI_{50} gab dabei die infizierende Dosis an, die zur Degeneration der Hälfte der Fibroblasten führt. Bei den Testen kamen 100 DI_{50} zur Anwendung, die 24 Std. vor Zusatz der Phenole verimpft wurden. Nach weiteren 24 Std. wurde die Verb. entfernt, nachgewaschen u. die weitere Veränderung des Gewebes beobachtet. Die Verbb., deren hemmender Index (tox. Konz./hemmende Konz.) bei 8 u. höher liegt, waren: *4-Amino-2-diäthylaminomethylphenoldihydrochlorid*; *2-Amino-5-oxytoluolhydrochlorid*; *4-Amino-1-naphtholhydrochlorid*; *p-Aminophenol*; *p-Benzylaminophenolhydrochlorid*; *Brenzcatechin*; *Dichlorhydrochinon*; *Gallussäure*; *4-Hexylresorcin*; *Hydrochinon*; *o-Oxybenzal-p'-oxyphenylimin*; *p-Methylaminophenolsulfat*; *Naphthoresorcin*; *Phenylhydrochinon* u. *Toluhydrochinon*. *4-Amino-1-naphthol*, *p-Aminophenol*, *Gallussäure* u. *Toluchinon* zeigten bemerkenswerte Affinität zum Gewebe u. blieben auch nach mehrfachem Auswaschen wirksam. Von den untersuchten nichtphenol. Verbb. waren nur *Dimethylaminoazobenzol*, *Na-Hexahydrosalicylat* u. *p-Nitroanilin-o-sulfonsäure* beschränkt hemmend. Zum Abschluß wurde noch der antagonist. Einfl. einer Reihe von im Serum vorkommenden Stoffen untersucht. Die größte Wrkg. zeigte *Glutathion*, daneben vermochten *Serin*, *Threonin* u. *Oxyprolin* oftmals die Hemmung der phenol. Mittel aufzuheben. (J. Pharmacol. exp. Therapeut. **113.** 262—71. März 1955. Washington, D. C., George Washington Univ., School of Med., Dep. of Pharmacol., Bacteriol., Hyg. and Preventive Med.)
K. ZOPFF. 4374

Ricardo O. Manzi und **Carlos V. Colombo,** *Behandlung des Herpes zoster mit Phenylbutazonaminopyrin.* Bei 10 Personen mit Herpes zoster wurden bei lokaler Infiltration von *Irgapyrin* günstige Ergebnisse erzielt. (Semana méd. **106** (**62**). 534—35. 28/4. 1955.)
P. G. SCHEURLEN. 4374

H. Veldkamp, A study of the aerobic decomposition of chitin by microorganisms. Wageningen: H. Veenman & Zonen. (48 S. m. Abb.) fl. 2,90.

E_4. Pflanzenchemie. Pflanzenphysiologie. Pflanzenpathologie.

M. I. Tschetschenkin, *Zur Frage der Verbreitung hoch ungesättigter Fettsäuren in Fetten von Süßwasserpflanzen.* Es wurden folgende Werte für den Fettgeh. in % u. die JZ. erhalten: *Spirogyra* (Sp.) 2,05 bzw. 130,0; *Lemna minor L.* (L.m.) 3,10 bzw. 108,5; *Elodea canadensis Rich.* (E.c.) 1,02 bzw. 107,28. Aus den Unterss. über die Bromfettsäuren (4 Fraktionen) geht hervor, daß bei allen 3 untersuchten Pflanzen im Unterschied zu den Tieren in der 1. Fraktion weniger Bromide enthalten sind als in der 2. Fraktion. Von den ungesätt. Fettsäuren kommen in allen 3 Pflanzen *Linol-* u. *Linolensäure* vor, wobei die letzte bei L.m. u. E.c. die ungesättigste ist, während in Sp. eine stärker ungesätt. Säure vorkommt. Charakterist. für die pflanzlichen Fette ist die Ggw. der in Süßwassertierfetten fehlenden Linolensäure. (Биохимия [Biochemie] **20.** 249—50. März/April 1955. Pskow, Pädagog. Inst., Lehrstuhl für Chemie.) O. LEBTAG. 4420

M. Ch. Tschailachjan, A. A. Megrabjan und **N. A. Karapetjan,** *Selektive Baktericidität der Wurzeln als Faktor der gegenseitigen Beziehungen der Bohnengewächse und der Knöllchenbakterien.* Die Wurzeln von Leguminosen zeigen eine stark ausgeprägte selektive Baktericidität gegenüber Knöllchenbakterien. Sie enthalten entweder bakterieide oder antibiot. Stoffe, die das Wachstum der artfremden Knöllchenbakterien unterdrücken. Die arteigenen Knöllchenbakterien werden nicht gehemmt. Während der Knospenbldg. u. Blütezeit erhöht sich bei den Leguminosen die Baktericidität gegenüber den artfremden Knöllchenbakterien. Beim Fruchttragen wird die Baktericidität in den meisten Fällen herabgesetzt. Die Wurzeln der Leguminosen haben einen stimulierenden Einfl. auf das Wachstum der arteigenen Knöllchenbakterien. Allg. kann angenommen werden, daß die Virulenz der Bakterien u. die selektive Baktericidität als Hauptfaktoren der gegenseitigen Beziehungen der Knöllchenbakterien bei den Leguminosen anzusehen sind. (Известия Академии Наук Армянской ССР, Биологические и Сельскохозяйственные Науки [Nachr. Akad. Wiss. ArmenSSR, biol. landwirtsch. Wiss.] **8.** Nr. 3. 61—75. März 1955. Sektor Mikrobiol. der Akad. der Wiss. der ArmenSSR.) OTTO MAIER. 4450

Jonas E. Richmond, Kurt Salomon und **S. Caplin,** *Häminbiosynthese in Homogenaten von Wurzelknöllchen der Sojabohne.* Homogenate der Wurzelknöllchen von Sojabohnen wurden mit *^{14}C-Glycin* u. *^{14}C-Acetat* 3½ Std. incubiert u. danach die Radioaktivität des *Hämins* gemessen. Bei *$^{14}C_{(2)}$-Glycin* (I) betrug sie $38 \cdot 10^3$, bei *1-^{14}C-Glycin* (II) $4 \cdot 10^3$, bei *2-^{14}C-Acetat* $45 \cdot 10^3$ u. bei *^{14}C-Acetat* $38 \cdot 10^3$ Stöße. Es bestehen gewisse Unterschiede zum entsprechenden Verh. tier. Gewebe. So steigert z. B. 0,01 mol. *NaF* den Einbau von II um ca. 400, den von I um 190%, während für das Knochenmark eine 50%ig. Hemmung des I-Einbaues beobachtet wurde. Das Temperaturoptimum liegt für den Einbau der Substrate beim Knochenmark bei 37°, für Sojabohnenwurzelknöllchen bei 25°. (Nature [London] **174.** 34—35. 3/7. 1954. Rochester, N. Y., Univ., Dep. Biochem.) W. SCHELER. 4450

Ida Kugler, *Zur Frage der Abgabe keimungshemmender Stoffe durch Samen.* Lepidium sativum u. Sinapis alba geben beim Quellen der Samen im UV-Licht fluorescierende Stoffe (diese sind in der Samenschale u. im Sameninnern zu finden) an das Substrat ab, die eine keimungshemmende Wrkg. auf eigene u. fremde Samen haben. Keimfähige Samen haben diese Stoffe in Spuren, nichtkeimfähige in großer Menge. An der Hemmwirkg. können auch Aminosäuren beteiligt sein. (Beitr. Biol. Pflanzen **31.** 313—32. 1955. Geisenheim/Rh., Bundesanstalt für Qualitätsforsch. pflanzl. Erzeugnisse.) E. VEVERA. 4455

Bogislav Rackow, *Die Energetik der Assimilation und Dissimilation sowie ihrer Teilprozesse.* Auf Grund thermochem. Daten u. bekannter Redoxpotentiale berechnet Vf. für die Red. der „akt. Essigsäure" mit Codehydrase-H_2 zur Aldehydstufe die freie Enthalpie zu $-\Delta G \approx \pm 0$ kcal. Falls die weitere Red. zu Oxygruppen unter gleichzeitiger Einlagerung von CO_2 stattfindet, ist dabei der Energiebedarf der Carboxylierung gedeckt: Für die Red. u. gleichzeitige Carboxylierung der Brenztraubensäure zu Oxalessigsäure ist $-\Delta G = +1$ kcal. Somit sind bei den wichtigsten Teilprozessen, die der Atmung u. Assimilation gleichzeitig angehören, beide Vorgänge energet. gleich begünstigt. Energieniveauschemata u. Redoxpotentiale sind angegeben. Bei der Umkehrung des KREBSschen Citronensäurecyclus mußten Acetaldehyd zur Brenztraubensäure u. Succinmonoaldehyd zur Ketoglutarsäure carboxyliert werden. Demgegenüber ist die Assimilation im CALVIN-BENSONschen Pentoseheptulosecyclus über Glykolaldehyd, der um 22 kcal energiereicher ist als Essigsäure, bevorzugt, so daß bei gleicher Anzahl Reduktionsäquivalente die Energiemulde von 22 kcal gegenüber dem KREBS-Cyclus überbrückt wird. Der Mindestquantenbedarf je CO_2- u. O_2-Mol. beträgt 4 Quanten für die Reduktionsäquivalente u. ein Quant für die energiespeichernde Phosphatbindung.

(Z. Elektrochem., Ber. Bunsenges. physik. Chem. **58.** 523—29. 1954. Jena, Univ., Inst. für Phys. Chemie.) W. SCHWENKE. 4460

T. N. Godnew und **A. A. Schlyk,** *Neues über die Biosynthese des Chlorophylls in der Pflanze.* Nach Einführung von mit ^{14}C markierter Glucose in die Blätter der Zwiebel konnte man ^{14}C in dem neu gebildeten *Chlorophyll* (**I**) finden. Damit war der Beweis erbracht, daß **I** als Bausteine Moll. der Hexosen verwendet. Die Beteiligung des Acetats bei der Bldg. des **I** konnte auf analoge Weise nachgewiesen werden. Außer **I** zeigten danach auch Carotinoide eine erhebliche Radioaktivität. Phytol u. Carotinoide werden mit Hilfe des ^{14}C gebildet, welches den gleichen Ausgangsstoffen entspringt. Der Übergang des Protochlorophylls in **I** unter der Einw. von Fermenten ohne Beteiligung des Lichtes konnte in Maisblättern, die unter hohem Druck mit dem Saft von Tannenkeimlingen infiltriert wurden, nachgewiesen werden. Die Rk. verlief nur bei Zugabe von H-Donatoren. Dadurch wurde ihr reduzierender Charakter geklärt. Der gleichzeitige Ablauf der Synth. u. des Zerfalls des **I** im grünen Blatt konnte bestätigt werden. (Природа [Natur] **44.** Nr. 5. 48—51. Mai 1955.) F. DU MANS. 4460

Hedwig Claes, *Analyse der biochemischen Synthesekette für Carotinoide mit Hilfe von Chlorella-Mutanten.* Nach Röntgenbestrahlung eines Chlorella vulgaris-Stammes wurden 4 Mutanten isoliert, die die n. Endprodd. der *Carotinoid* (**I**)-Synth. nicht oder in red. Mengen bildeten, u. bei denen gleichzeitig eine mehr oder weniger vollständige Blockierung der *Chlorophyll* (**IX**)-Synth. vorlag. Das vom Chlorella-Wildtyp im Licht oder Dunkeln gebildete **I**-Gemisch besteht vorwiegend aus α- u *β-Carotin* (**II, III**) sowie *Xanthophyllen* (**VII**), während die Mutanten diese Pigmente nicht oder in geringer Konz. enthalten. An ihrer Stelle treten verschied. **I**-Verbb. höheren Sättigungsgrades auf, die beim Wildtyp nicht vorkommen. Identifiziert wurden *Phytoen* (**IV**), *Phytofluen* (**V**) u. *ζ-Carotin* (**VI**). Deren Speicherung beruht offensichtlich auf einer Blockierung verschied. Rkk. der n. **I**-Synthese. Bei Neukombination der für die Pigmentzus. der rotfrüchtigen, vorwiegend *Lycopin* bildenden Handelstomaten verantwortlichen Gene durch Kreuzung verschied. *Lycopersicum*-Arten sowie einer orangefrüchtigen *L. esculentum*-Varietät waren die 3 Carotine ebenfalls nachweisbar. Die Mutante 5/871 synthetisiert nur **IV**, Stamm 5/515 bildet **IV, V** u. **VI**, während die **VII**-Synth. vollständig gehemmt ist. Stamm 9a enthält **VII**, jedoch kein **II** u. **III** oder höchstens Spuren derselben. Das **I**-Gemisch besteht größtenteils aus **IV, V, VI.** u. einem noch nicht identifizierten **I** (λ_{max} 4,26 mμ). Die Mutanten wurden in Ggw. von Glucose (**VIII**) im Dunkeln gezüchtet. Sie werden durch Licht abgetötet. Es wurde eine weitere Mutante 5/520 isoliert, die sowohl mit **VIII** im Dunkeln als auch vollständig autotroph im Licht kultiviert werden kann u. auffallende Unterschiede in der Pigmentzus. bei heterotropher u. autotropher Kultur zeigt. Sie bildet bei Dunkelkultur fast kein **IX** u. keine **VII**, jedoch **IV, V, VI** u. mehrere nichtidentifizierte Carotinoide; darunter möglicherweise *Tetrahydrolycopin* u. *Lycopin.* Im Licht verhält sich 5/520 hinsichtlich **IX** u. **I**-Synth. wie der Wildtypstamm. Dies zeigt, daß bei Chlorella mindestens eine Rk. bei der **I**-Bldg. einerseits auf rein enzymat. Wege, andererseits nur mit Hilfe von Lichtenergie ablaufen kann. Bei 5/520 ist der enzymat. Weg blockiert u. erst bei Belichtung n. **I**-Bldg. möglich. (Z. Naturforsch. **9b.** 461—69. Juli 1954. Tübingen, Max-Planck-Inst. für Biol.) K. MAIER. 4460

E. Latzko, *Zur Biochemie des Cyanamids.* Gegen Cyanamid zeigte Sommergerste die größte Empfindlichkeit; es folgte Mais u. dann die Kartoffel. In der Pflanze konnte bei ungünstiger Witterung u. niedriger Stoffwechselintensität Cyanamid noch nach mehr als einer Woche analyt. nachgewiesen werden. Fermentpräpp. aus verschied. Pflanzen unterschieden sich erheblich in ihrer Fähigkeit, Cyanamid abzubauen. Verss. mit verschied. Enzymen (vgl. C. **1955.** 6598) bestätigten, daß die Umwandlung von Cyanamid zu Harnstoff enzymat. gesteuert wird. Neben dem Abbauweg über Harnstoff dürften in etwa gleichem Ausmaße auch andere Umsetzungen vor sich gehen. (Landwirtsch. Forsch., Sonderh. Nr. **6.** 113—16. 1955.) A. JACOB. 4460

Karl Höhn, *Zur Frage der Bedeutung der Nucleinsäuren für die Wachstumsvorgänge in der Pflanze.* Es werden Wachstums- u. Entwicklungsvorgänge u. die Guttation bei Zufuhr freier Nucleinbasen untersucht u. dabei wird festgestellt, daß *Uracil* (**I**) in sehr geringer Konz. auf sämtliche Wachstums- u. Entwicklungsvorgänge fördernd u. auf die Guttation hemmend wirkt. *2-Thiouracil* (**II**), Antagonist von **I**, wurde zur Blockierung u. Inaktivierung zelleigener Nucleinsäure angewendet. Der wachstumsfördernde Einfl. von **I** liegt in der Stimulation der Meristemtätigkeit. Die hemmende Wrkg. von **II** auf decapitierte, invers gestellte Avena-Coleoptilen läßt sich von **I** nicht beeinflussen. *Trypaflavin* zeigt ebenfalls hemmende Wrkg. beim Wachstumsvorgang. Es wird die Wrkg. der freien Nucleinbasen auf die zelleigenen Nucleinsäuren besprochen u. die Unterschiede in der Wrkg. mit den verschied. Wachstumsstadien der Pflanze in Zusammenhang gebracht. (Beitr. Biol. Pflanzen **31**. 261—92. 1955. Mainz, Univ., Botan. Inst.) E. VEVERA. 4480

F. Lona und **Ada Bocchi**, *Verminderung der photoperiodischen Notwendigkeiten von Perilla ocymoides Lour. var. nankinensis Voss. durch Hypoauxinisation mittels Eosin.* Es wird das Problem des Mechanismus der photoperiod. Rk. der Pflanze in Beziehung zur Wuchsstoff- u. Antiwuchsstoffwrkg. gebracht. Die Verss. werden an der Kurztagspflanze Perilla ocymoides Lour. var. nankinensis Voss. mit Eosin (I), das hypoauxierende Wrkg. hat, ausgeführt. 0,002%ig. Lsg. von I wird auf die Pflanze gebracht, wobei der Zuwachs der sich entfaltenden Blätter beeinträchtigt wird, ohne Hemmung des organogenet. Rhythmus. I setzt die Minimalperiode der anthogenen Induktion herab. Mit I behandelte Pflanzen in Langtagsverhältnissen gehen niemals zur Blütenbldg. über. Die Wrkg. von I ist grundsätzlich quantitativer Natur. Vff. vertreten die Hypothese, daß die hypoauxinierende Wrkg. auf die sich entfaltenden Blätter eine raschere physiol. Reifung ausübt u. so eine photoperiod. Empfindlichkeit u. anthogene Eignung hervorgerufen wird. Andererseits können durch die I-Wrkg. in ihrem Zuwachs gehinderte Blätter rascher als die n. ihre Fähigkeit verlieren, die von den reifen Blättern herrührenden Blühstoffe aufzufangen. Tritt die Hypoauxinisation vor der photoperiod. Induktion auf, so wird die Blühfähigkeit gefördert. Es ist so die Möglichkeit gegeben, daß die Wuchsstoffe u. Antiwuchsstoffe eine Rolle spielen, das physiol. Altern der Pflanze bestimmen u. so ihre Gesamtblühreife beeinflussen. (Beitr. Biol. Pflanzen **31**. 333—47. 1955. Parma, Univ., Bot. Inst. u. Garten.) E. VEVERA. 4485

Gerhard Grümmer und **Fritz Mach**, *Die Behandlung brennfleckenkranker Bohnen mit Patulin und Streptomycin.* Verss., durch Quellen von Buschbohnen in wss. Lsgg. von *Patulin* u. *Dihydrostreptomycin* (I) die Brennfleckenkrankheit, verursacht durch *Glomerella lindemuthianum*, zu bekämpfen, ergaben, daß die Antibiotica nur an denjenigen Stellen der Samenschalen in das Innere eindringen konnten, die durch den Erreger der Krankheit bereits zerstört waren. Vff. schlagen eine Meth. vor, mit der durch Einquellen der Bohnen in 0,05%ig. Lsg. von I in dest. W. eine fast völlige Entseuchung des Saatgutes möglich ist. (Zbl. Bakteriol. Parasitenkunde Infektionskrankh. Hyg., II. Abt. **108**. 449—64. 15/4. 1955. Greifswald, Ernst-Moritz-Arndt-Univ., Inst. für Agrarbiol. u. Bot. Inst.) W. BEINERT. 4490

W. W. Sotow, *Besonderheiten des Kohlenhydratstoffwechsels in den Wurzeln der durch Phylloxera infizierten Weinrebe.* Die Faserwurzeln der nicht von Phylloxera befallenen Weinrebe enthalten nur Spuren von *Stärke* (I) u. keine *Maltose* (II). Die bei Phylloxerabefall entstehenden Wurzelgallen synthetisieren große Mengen I; gleichzeitig tritt II auf u. wird der Geh. an *Saccharose* (III), Monosacchariden u. Trockensubstanz erhöht. Auf den Phylloxerabefall antwortet die Wurzel mit einer verstärkten I-Synth. u. I-Spaltung unter Bldg. von II, III u. Monosacchariden. Ein Auszug von Phylloxeralarven zeigt eine stark hydrolysierende Wrkg. auf I. Bei Befall entstehen in den Zellen viele Chondriosomen oder Plastiden. Die Bldg. von cytoplasmat. Granula in den Zellen der Wurzelgalle ist bei den resistenten u. für Phylloxera anfälligen Rebensorten spezifisch. Bei den anfälligen Sorten wird die hydrolysierende Wrkg. der Polysaccharide spaltenden Phylloxerafermente nicht ausgeschaltet, während bei den resistenten Sorten diese paralysiert wird. (Биохимия [Biochemie] **19**. 649—51. Nov./Dez. 1954. Odessa, Allunions Wiss. Phylloxera-Forschungsstation.) O. LEBTAG. 4490

Walter Baumeister, Beiträge zur Mineralstoffernährung der Pflanzen. Köln u. Opladen: Westdt. Verl. 1955. (48 S.) 4°. = Forschungsberichte des Wirtschafts- und Verkehrsministeriums Nordrhein/Westfalen. Nr. 137. DM 11,80.

Helmut Schönnamsgruber, Studien über den Phosphathaushalt von jungen Holzpflanzen, insbesondere von Pappeln. Stuttgart z. Z. Ludwigsburg: Ulmer. 1955. (68 S. m. 62 Abb.) = Mitteilungen der Württembergischen Forstlichen Versuchsanstalt. Bd. 12, H. 2. DM 3,—.

E_5. Tierchemie. Tierphysiologie. Tierpathologie.

Pablo Liendo Coll, *Ein Apparat mit offenem Kreislauf zur calorischen Stoffwechselbestimmung.* 1. Mitt. Durch Einatmen frischer CO_2-freier Luft u. Ausatmen in ein geschlossenes Syst., in dem CO_2 durch Volumendifferenz nach Absorption bestimmt wird, fallen die Nachteile von Apparaten mit Vollkreislauf weg. (Arch. venezolanos Nutric. **1**. 283—88. Dez. 1950. Inst. Nac. de Nutric.) W. KIMPEL. 4500

A. Beaumont, *Das Auftreten von Glykogen in der Leber von Kaulquappen.* Vf. beobachtet, daß das Auftreten von *Glykogen* (I) in der Leber von Kaulquappen unabhängig vom Metamorphosestadium ist, u. zwar tritt I bei Rana temporaria in den mittleren, bei Bufo bufo, Rana esculenta u. Discoglossus pictus dagegen schon in den ersten Entwicklungsstadien auf. Werden die Anurenlarven mit 5—10‰ig. *Glucose* (II)-Lsgg. behandelt, läßt sich bereits 20—30 Std. später I in der Leber nachweisen, so daß diese Behandlung ein noch früheres Erscheinen von I ermöglicht. Ferner wird festgestellt, daß die Hypophyse mit der I-Ablagerung nicht im Zusammenhang steht u. auch die Thyreoidea nur sek. auf die I-Speicherung einwirkt. (C. R. Séances Soc. Biol. Filiales **148.** 29—31. Jan. 1954. Sorbonne, Labor. d'Anat. et d'Histol.) P. FAHRNLAENDER. 4520

A. Rossi-Fanelli, D. Cavallini und **C. de Marco,** *Aminosäurenzusammensetzung von menschlichem kristallisiertem Myoglobin und Hämoglobin.* Mit Hilfe der Ionenaustauscherchromatographie nach MOORE u. STEIN wurde die *Aminosäuren* (AS)-Zus. von menschlichem krist. *Myoglobin* (Mb) u. *Hämoglobin* (Hb) quantitativ bestimmt. Es bestehen qualitative u. quantitative Unterschiede im AS-Gehalt. In g AS, bezogen auf 100 g Protein, beträgt die Zus. bei Hb u. Mb (Zahlen in Klammern): Asparaginsäure 9,99 (8,27), Threonin 6,03 (2,85), Serin 5,02 (4,43), Glutaminsäure 7,41 (10,17), Prolin 5,02 (5,48), Glycin 4,28 (6,08), Alanin 9,83 (5,82), Cystin 0,89 (0,00), Valin 11,00 (4,64), Methionin 1,23 (2,69), Isoleucin 0,00 (5,27), Leucin 14,90 (13,67), Tyrosin 2,90 (2,19), Phenylalanin 9,62 (8,22), Histidin 8,49 (7,79), Lysin 10,64 (19,09), Arginin 3,48 (2,47), Tryptophan 2,00 (3,40) u. Amid-N 1,13 (1,22). (Biochim. biophysica Acta [Amsterdam] **17.** 377—81. Juli 1955. Rom, Univ., Inst. of Biochem.) H. PATZSCH. 4520

Eino Kulonen, *Die freien Aminogruppen von mit Citronensäure extrahiertem Kollagen. Prokollagen,* gewonnen durch Extraktion mit Citronensäure aus Karpfenschwimmblase bzw. mit MCILWAINE's Pufferlsg. p_H 3 aus Kaninchenhaut, wurde mit einer alkoh. Lsg. von Dinitrofluorbenzol (DNFB) in mit Tetraborat gesätt. Lsg. umgesetzt (2 Std.), die DNP-Proteine mit A. ausgefällt, die DNP-Aminosäuren nach Säurehydrolyse papierchromatograph. identifiziert u. quantitativ nach Ausschneiden u. Eluieren der Flecken photometr. bestimmt (3500 Å). Dabei wurden nur geringe Mengen DNP-Asparaginsäure u. DNP-Alanin gefunden. Während in beiden Fällen die ε-NH_2-Gruppen des Oxylysins mit DNFB voll erfaßt werden konnten, reagierten von den ε-NH_2-Gruppen des Lysins nur ca. $^2/_3$ mit DNFB. (Ann. Med. exp. Biol. fenn., Suppl. **33.** Nr. 3. 1—8. 1955. Boston, Mass., General Hosp., Robert W. Memorial Labor., u. Helsinki, Univ., Dep. of Med. Chem.) W. KÖNIGSDORF. 4520

B. Schmidli und **J.-M. Paschoud,** *Die freien Aminosäuren und Polypeptide der normalen menschlichen Haut.* Angabe einer Meth. zur Best. der freien *Aminosäuren* (I) u. *Polypeptide* (II) in der Haut. Colorimetr. Messung der Menge des *α-Amino-N* (**III**) in den wss. Extrakten ergab für I-Geh. in der n. menschlichen Haut 229 mg% **III**, der Geh. an in W. bzw. in 0,01n HCl lösl. **II** betrug 1350 bzw. 790 mg%. 12 verschied. I waren papierchromatograph. u. 5 weitere in den hydrolysierten Extrakten nachzuweisen. (Dermatologica [Basel] **110.** 315—22. März/Mai 1955. Bern, Univ., Dermatol. Klinik.) H. DOSSMANN. 4520

J.-M. Paschoud und **B. Schmidli,** *Aminosäuren und Polypeptide in der mit Psoriasis befallenen Haut.* (Vgl. vorst. Ref.) Bericht über vergleichende Best. von *Aminosäuren* (I) u. *Polypeptiden* (II) bei Psoriatikern in der n. u. erkrankten Haut. I entspricht in beiden Fällen im Mittel dem Wert bei n. Personen, dagegen wurde in der kranken Haut ein Abfall der wasserlösl. **II** um 50% festgestellt, was auf eine Störung im Proteinstoffwechsel hinweist. (Dermatologica [Basel] **110.** 323—31. März/Mai 1955.) H. DOSSMANN. 4520

T. Hama und **T. Goto,** *Über die chemischen Eigenschaften des Ranachroms 1 der fluorescierenden Pteridinverbindung des Frosches.* Es wird eine Meth. zur Gewinnung u. Reinigung des *Ranachroms 1* (I) gegeben. Chromatograph. Unterss. zeigen, daß das I unter Lichteinw. in Ranachrom 1a (II) umgewandelt wird, während die Umwandlung des II in *Ranachrom 5* [*2-Amino-4-oxypteridin-6-carbonsäure*) auch bei Dunkelheit zu erfolgen scheint. — 4 Literaturangaben. (C. R. Séances Soc. Biol. Filiales **148.** 1313—16. Juli 1954. Yokohama-Hiyoshi, Univ. de Kéio, Labor. biol.) H. LAMP. 4520

Ernest Cotlove (unter techn. Mitarbeit von **Patricia A. McMahon** und **Ellen M. MacEwen**), *Mechanismus und Ausdehnung der Verteilung von Inulin und Saccharose in Chloridräumen von Gewebe.* Vff. zeigten, daß der Umfang der Verteilung von *Inulin* (I) u. *Saccharose* (II) in den Muskeln, dem subcutanen Gewebe der Ratten u. in Sehnen von Kaninchen u. Hunden in vivo im wesentlichen gleich dem der Chloridräume ist, die das wahre extracelluläre Vol. darstellen. Die Ratten wurden einer 1—45std. Infusion mit 7,5%ig. I oder 7,5 oder 10%ig. II ausgesetzt, nach deren Ende in den Gewebehomogenaten Cl, I u. II bestimmt wurden. Mit Hilfe der Formeln von SCHMIDT (Bull. Math. Biophysics **14.** [1952.] 229) konnte die Kinetik für die Verteilung von I u. II berechnet werden. Die Gleichgewichtseinstellung erfolgte in einer relativ schnellen u. einer sehr langsamen exponentiellen Komponente. Es wird auf die Bedeutung der

Diffusionsfaktoren hingewiesen, die bei in vitro-Verss. für die Diffusion von **I**, **II** u. ^{36}Cl in Kaninchensehnen berechnet werden. Die Komplikationen der Interpretation der Austauschgeschwindigkeiten u. des Verteilungsumfanges von Substanzen unter n. u. patholog. Bedingungen werden diskutiert. (Amer. J. Physiol. **176.** 396—410. März 1954. Bethesda, Md., Nat. Inst. of Health, Nat. Heart Inst., Labor. of Kidney and Electrolyte Metabolism.) K. GENEST. 4550

A. St. G. Huggett, *Der Transport von Lipiden und Kohlenwasserstoffen durch die Placenta.* Vf. bespricht die bisher aufgestellten Theorien über den Transport von Lipiden u. KW-stoffen durch die Placenta, deren Chemismus noch unbekannt ist. — 38 Literaturangaben. (Cold Spring Harbor Sympos. quantitat. Biol. **19.** 82—92. 1954. London, Univ., St. Mary's Hosp., Med. School, Dep. of Phys.) G. WELTZIEN. 4550

G. Popják, *Der Ursprung der fötalen Lipide.* Vf. bewies mittels Markierung mit Isotopen, daß weder ein Phospholipid noch Fettsäuren oder Cholesterin die Placenta durchwandern, sondern im Fötus neu synthetisiert werden. (Cold Spring Harbor Sympos. quantitat. Biol. **19.** 200—08. 1954. London, England, Hammersmith Hosp., Exp. Radiol. pathol. Res.) G. WELTZIEN. 4550

D. Kritchevsky, A. W. Moyer, W. C. Tesar, J. B. Logan, R. A. Brown, M. C. Davies und **H. R. Cox,** *Die Wirkung des Cholesterinlösemittels bei der experimentellen Atherosklerosis.* Kaninchen mit einem Durchschnittsgewicht von 1,5—2,0 kg wurden über 2 Monate mit n. Futter, dem ein Zusatz an *Cholesterin* (**I**) in verschied. Form zugesetzt war, ernährt: 3% **I** in Maisöl, 3% **I** in partiell hydriertem Pflanzenfett (niedriger F.) u. **I** ungelöst. Parallel dazu wurden Kaninchen, gefüttert mit n. Futter ohne Zusätze u. mit Zusätzen an Maisöl oder Pflanzenfett ohne **I**, entsprechend untersucht. Vff. bestimmten die Lipoprotein- u. **I**-Spiegel am Anfang u. Ende der Untersuchung. Die Aorten der nach 2 Monaten getöteten Kaninchen wurden nach einer 0—4-Skala atherosklerot. Schädigungen eingeteilt, die Lebern wurden gewogen u. der Gesamtgeh. an nichtverseifbarem Material u. **I** bestimmt. Der Durchschnittsgrad der Schädigungen betrug 2,71 für **I** in Maisöl, 3,71 für **I** in Pflanzenfett u. 3,8 für **I** in reiner Form. (Amer. J. Physiol. **178.** 30—32. Juli 1954. Pearl River, N. Y., Amer. Cyanamid Co., Lederle Labors. Div., Viral and Rickettsial Res. Sect.) G. BRATFISCH. 4552

Stefan Goldschmidt und **Hans Burkert,** *Über das Vorkommen einiger im Bienenhonig bisher unbekannter Zucker.* Vff. untersuchen verschied. Bienenhonige (75%ig. wss. Lsgg.) [Blatthonig (a), Zuckerwasserhonig (b), Wald-, Feld-, Wiesen-, Heide-, Sommer- u. Rotkleehonig (c)] auf papierchromatograph. Wege u. stellen fest, daß **a** neben *Glucose* (R_F = 0,18, **I**) u. *Fructose* (R_F = 0,23, **II**) noch *Saccharose* (R_F = 0,14, **III**), *Maltose* (R_F = 0,11, **IV**), *Isomaltose* (R_F = 0,09, **V**), Spuren *Melecitose* (R_F = 0,08, **VI**), *Raffinose* (R_F = 0,05, **VII**) u. *Galaktose* (**VIII**) enthält. An neuen Zuckerarten werden durch partielle Hydrolyse (2nHCl, verd. CH_3COOH, Invertase, β-Glucosidase, Naphthoresorcin–Trichloressigsäure bzw. Anilinoxalat) *Kestose* [*α-Glucopyranosyl-(1.2)-β-fructofuranosyl-(6.2)-β-fructofuranosid*, R_F = 0,12 (n-Propanol–Essigester–W. 7:2:1), **IX**], *Erlose* [*α-Maltosyl-β-D-fructosid*, R_S = 0,57 (n-Butanol–Pyridin–W. 3:1:1,5), **X**], *Dextrantriose* (*6-Glucopyranosylisomaltose*, R_F = 0,03, **XI**), *4-Glucosyl*-**XI** (*α-Glucosyl-(1.4)-α-glucosyl-(1.6)-α-glucosyl-(1.6)-α-glucose*, R_F = 0,01; **XII**) u. ein höheres dextrinartiges Kohlenhydrat gefunden. **b** enthält neben **I** u. **II** nur **III**, **IV**, **V** u. **X**, **c** die gleichen Zuckerarten wie **a**, jedoch fehlen meist die höheren Saccharide. Während **III**, **VI**, **VII**, **IX** von den Bienen mit dem Nektar eingetragen werden, entstehen **IV**, **V**, **X**, **XI** u. **XII** sek. durch Transglykosidierung im Bienenkörper. (Hoppe-Seyler's Z. physiol. Chem. **300.** 188—99. 16/5. 1955. München, TH, Organ.-chem. Inst.) P. FAHRNLAENDER. 4555

Otto Trombik, *Fraktionierte Magensaftbestimmung nach p_H-Werten (eine Methode für den praktischen Arzt).* (Vgl. C. **1955.** 7515.) Nach p_H-Wertbest. des Magensaftes im Nüchternzustand erfolgt Reizung mit Coffein, Benzimidon oder ähnlichen u. danach in Abständen von 10 Min. Magensaftausheberung u. p_H-Wertbest. mit Spezialindicatorpapier p_H 0,5—5,0 (MERCK). Der n. gesunde Magen geht von p_H 6—7 bis auf 1,5—2, der anacide bleibt über p_H 5, während der ulcuskranke Magen dauernd Werte zwischen p_H 1 u. 2 beibehält. (Med. Klin. **49.** 1839—40. 12/11. 1954. Ried i. I., Oberösterreich.) F. KRUSEN. 4555

J. Kaulbersz, T. L. Patterson und **D. J. Sandweiss,** *Weitere Versuche über die Wirkung von Urinextrakten von hypophysektomierten Hunden auf die gastrische Sekretion.* 6 Hunde, denen die Hypophyse nach der transtemporalen Meth. entfernt war, bekamen Urinextrakt (**I**) injiziert. Gleichzeitig wurden 1—2 mg Histamin (**II**) in 2 Intervallen gegeben. 1 mg-Dosen **I** bewirkten Ansteigen der gastr. Sekretion, gemessen an der Menge des gebildeten HCl, gleichgültig, ob **I** während der 1. oder der 2. **II**-Periode gegeben wurde. Mehr als 3 mg **I** zeigten während der ersten 80 Min. nach der Injektion keine Wrkg., jedoch wurde nach mehreren Std. eine deutliche Verminderung des gastr. Sektrets festgestellt. Vff. schließen, daß die Hypophyse eine wichtige Rolle im Mechanismus der urogastr. Produktion spielt. (Amer. J. Physiol. **176**. 388–92. März 1954. Detroit, Mich., Wayne Univ., Coll. of Med., Dep. of Surg. and Physiol., u. Harper Hosp., Res. Div.) K. GENEST. 4555

Rudolph Seiden, *Hormone in der Veterinärmedizin.* Übersicht über Wirkungsweise u. Anwendung von Sexual- u. Hypophysenhormonen sowie des Thyroxins in der Veterinärmedizin. — 24 Literaturangaben. (Manufact. Chemist **23**. 13–17. Jan. 1952.) A. SCHMIDT. 4558

E. Perry McCullagh, *Einige neuere Fortschritte und Richtungen in der klinischen Endokrinologie.* Überblick über neuere Beobachtungen im Bereich des Hypothalamus, der Hypophyse, der Schilddrüse, der Nebenschilddrüsen, des Pankreas u. der Nebennieren. — 59 Literaturangaben. (Cleveland clin. Quart. **22**. 33–46. Jan. 1955. Dallas, Tex., Acad. of Internal Med., Dep. of Endocrinol.) F. LEUSCHNER. 4558

Walter M. Booker, Frances M. DaCosta, James R. Tureman, Cleo Froix und **William Jones,** *Die Beziehung der Ascorbinsäure zur Funktion der Nebennierenrinde während Kältestress. Cortison* (I) u. *Ascorbinsäure* (II) bewirkten eine Zunahme des Überlebens von n. u. adrenalektomierten, einem Kältestress ausgesetzten Mäusen. II war wirkungsvoller bei den n. Tieren; aber es ergab keinen merklichen Wirkungsunterschied von I, wenn es in mäßigen Mengen beiden Gruppen verabreicht wurde. Niedrige Dosen von I, kombiniert mit hohen Dosen von II, wirkten stärker an n. als an adrenalektomierten Tieren. Bei hohen Dosen von I in Kombination mit geringen Dosen von II war die Wrkg. auf adrenalektomierte Tiere stärker. Es wird eine periphere Beziehung zwischen den Hormonen der Nebennierenrinde u. der II vermutet. Adrenalektomierte Kontrolltiere wiesen während Stress u. Erholung höhere Kaliumspiegel im Blut auf als n. oder mit II behandelte Tiere. Man nimmt an, daß II die „Handhabung“ von K bei den adrenalektomierten u. einem Kältestress ausgesetzten Tieren erleichtert. (Endocrinology **56**. 413–19. April 1955. Washington, D. C., Howard Univ., Med. School, Dep. of Pharmacol.) H. AMAN. 4558

Bluebell Reade Forker und **Agnes Fay Morgan,** *Der Einfluß von Nebennierenrindenhormon auf die Ratte mit Riboflavindefizit.* Während n. Ratten auf verminderte Sauerstoffzufuhr — entsprechend der O_2-Spannung von 20000 Fuß Höhe über 24 Std. — mit erhöhter Glykogenbldg. in der Leber reagieren, verlieren Tiere, die von Jugend an auf riboflavinarmes Futter gesetzt werden, nach anfänglich gesteigerter Reaktionsfähigkeit sehr rasch diese Eig. u. vermögen nach einigen Wochen auf O_2-Verminderung überhaupt nicht mehr mit erhöhter Glykogenbldg. zu reagieren. Die Zufuhr begrenzter Mengen von *Nebennierenrindenextrakt, Cortison* (I) oder von *Riboflavin* (II) vor dem Sauerstoffvers. stellt die glykogenet. Fähigkeit der Tiere völlig wieder her. *Desoxycorticosteron* dagegen ist völlig wirkungslos, bei nebennierenlosen Tieren hat II keine Wirkung. Die wichtige Rolle des I bei der Auslösung oder Erhaltung der Glykogenese nach dem Anoxieschock bei II-Mangel deuten Vff. als Hinweis darauf, daß ein Ausfall der Nebennierenrinde Teil eines Defizitsyndroms sein könne. Da die unmittelbare Behebung der Ausfallerscheinungen durch II die intakte Sekretion von Nebennierenrinde u. Hypophyse voraussetzt, scheine die Hemmung, verursacht durch das II-Defizit, in einem Reiz auf den Hypophysenrindencyclus zu liegen. (J. biol. Chemistry **209**. 303–11. Juli 1954. Berkeley, Calif., Univ., Dep. of Home Economics.) H. DANNENBAUM. 4558

Esten W. Ray, Stuart C. Averill, Wm. R. Lyons und **Ruth E. Johnson,** *Hormonale Aktivitäten der Rattenplacenta im Vergleich mit denen des Mammotropins der Hypophyse.* Die Rattenplacenta enthält in ihrem frühen Entwicklungsstadium Substanzen mit luteotropen, mammotropen, lactogenen u. den Kropfsack stimulierenden Wirkungen. Im Vgl. mit dem *Mammotropin* der Hypophyse (*Prolactin*) sind die drei ersten Aktivitäten stark, während die letzte schwach ist. Auf mammotrope Wrkg. wurden von der Rattenplacenta 3 Teile gesondert untersucht. Teile der Decidua capsularis waren bes. wirksam. Etwa 5 mg dieses Gewebes zeigten die gleiche Aktivität wie ungefähr 2 mg gereinigtes Mammotropin aus der Hypophyse. (Endocrinology **56**. 359–73. April 1955. Berkeley, Calif., Univ., Dep. of Anat. and Inst. of Exp. Biol.) H. AMAN. 4559

Yoshisuke Suzuki, Yasuo Toshimori und **Koshi Mochizuki,** *Möglichkeit direkter Beförderung von Testikelhormon zu einigen, dicht beim Testikel liegenden Erfolgsorganen bei der Ratte nach der Geburt und ihre physiologische Bedeutung.* Der Widerspruch, der beim Geschlechtsreifungsvorgang an der Ratte beobachtet wurde, nämlich, daß das Wachstum der Nebenhoden, die Descendenz der Testikel u. die Spermiogenese etwa im Alter von 30–40 Tagen stattfindet, viel früher als das deutliche Wachstum der Samenblase u. der Prostata, ist möglicherweise durch die Annahme zu erklären, daß das Testikelhormon nicht nur durch das Blutzirkulationssyst., sondern auch auf direktem Wege an die dem Testikel anliegenden Erfolgsorgane herangebracht wird. Diese Vermutung wird durch folgende Punkte gestützt: 1. Bei der einseitigen Hodenentfernung an unreifen Ratten überwiegt das Wachstum des Nebenhodens auf der Testikelseite gegenüber dem der orchiektomierten Seite. 2. Ein Einfl. des Nebenhodengeh. an Testikelsekret auf die Gewichtszunahme des Nebenhodens war vor dem 60. Lebenstage, wenn erst Sperma im intakten Nebenhoden festgestellt werden konnte, nicht deutlich. 3. Unterschiede im Geh. an Androgen oder in dessen Produktion in den beiden Testikeln, hervorgerufen durch einseitige intratestikuläre Implantationen androgener Stoffe oder von Hypophysenvorderlappenmaterial an unreifen Tieren ergaben deutliche Unterschiede im Wachstum der Nebenhoden. Bei Überdosierung von Hypophyse u. Androgen war der Unterschied weniger deutlich, u. gleichzeitig zeigte sich eine Reizwrkg. auf die Samenblase. 4. Die durch einseitige Orchiektomie während der Geschlechtsreife hervorgerufenen Wachstumsunterschiede waren am größten im Alter von ungefähr 30 Tagen, bevor ein merkliches Wachstum der Samenblase einsetzte. (Endocrinology **56.** 347—58. April 1955. Tokyo, Japan, Univ., Fac. of Agric., Labor. of Vet. Physiol. and Anat.) H. AMAN. 4559

Rolf Kaiser, *Vergleichende Untersuchungen über den Abbau von Progesteron und Desoxycorticosteron in Pregnandiol.* Vergleichende Unterss. an 13 Frauen mit Rezidiven strahlenbehandelter Collumcarcinome über den Verlauf der Basaltemp., der *Pregnandiol* (I)-Ausscheidung u. der Harnmenge nach Injektion von 80—100 mg *Progesteron* (II) u. 80—100 mg *Desoxycorticosteronacetat* (III) ergaben: III bewirkte in $^2/_3$ der Fälle im gleichen Maße wie II eine Erhöhung der Basaltemp., während in $^1/_3$ die Wrkg. etwas abgeschwächter war. II wurde durchschnittlich zu 14% als I ausgeschieden. Das nach III erhaltene Endprod. betrug durchschnittlich 6,7% der injizierten III-Menge u. enthielt nur ca. 50% I. Zusätzliche Verabreichung von III zu II erhöhte die I-Ausscheidung nur um 20—25%. Die Harnausscheidung reagierte auf II-Zufuhr mit einem langsamen Absinken über mehrere Tage. Die Wasserretention nach III machte sich dagegen meist schon innerhalb der ersten 48 Std. am stärksten bemerkbar. Anscheinend wird im wesentlichen nur das im Organismus aus Desoxycorticosteron gebildete II zu I abgebaut. (Klin. Wschr. **33.** 264—69. 15/3. 1955. München, Univ., I. Frauenklinik.) K. MAIER. 4559

Eberhard Koch, *Leukocytenabbau und Steroidhormone.* Wie beim Menschen waren beim Versuchstier (Ratte) im Gefolge verschied. Reize sowie nach Injektion von *Steroidhormonen* (I) im Blutausstrich regelmäßig leukocytäre Abbauformen nachweisbar. Verschied. I gaben in Abhängigkeit von der endokrinen Ausgangslage bei Prüfung an gonadektomierten, epinephrektomierten u. hypophysektomierten Tieren Dosis–Wrkg.-Kurven komplizierten Verlaufes. Abbauzellzahl (granulocytäre Formen) u. Latenzzeit reagierten auf I-Zufuhr stets in gleicher Folge, wobei sich nachstehende Reihe mit zu- oder auch abnehmendem Wirkungsgrad ergab: *Östradiol, Testosteron, Androsteron, Pregnenolon, Progesteron, DOC, Pregnandion* u. *Cortison.* Die einzelnen Kurven waren für das betreffende Steroid charakteristisch. (Klin. Wschr. **33.** 270—72. 15/3. 1955. Gießen, Justus-Liebig-Hochschule, Med. Akad., Med. u. Nervenklinik.) K. MAIER. 4559

A. Rockenschaub, *Zur Frage der hormonellen Steuerung des menstruellen Cyclus.* 1. Mitt. *Eigenfluorescenz und Steroidhormonabgabe im Eierstock.* An Hand von Ovarschnitten (Mensch, Nagetier) wird fluorescenzmkr. der Zusammenhang zwischen Intensität u. Farbe der Eigenfluorescenz im UV u. der innersekretor. Tätigkeit untersucht. Vf. gelangt zu der Ansicht, daß eine charakterist. grüngelbe Eigenfluorescenz mit der Aktivität des Ovars verknüpft werden kann. Eine entsprechende Fluorescenz isc auch in anderen inkretor. akt. Geweben feststellbar (Nebennierenrinde, LEYDIG- u. SERTOLI-Zellen des Hodens, Syncytium der Placenta). Aus den Befunden wird die Auffassung entwickelt, daß der weibliche Cyclus quantitativ, das heißt durch ein jeweils anderes Verhältnis der stets gleichzeitig produzierten verschied. Sexualhormone, bestimmt u. gesteuert wird. Im Ovar selbst werden die Theca- u. Granulosazellen als der Ort der Hormonproduktion angesprochen. Die Veränderungen der Fluorescenz im Verlauf des Cyclus werden geschildert u. im Sinne der obigen Auffassung gedeutet. (Zbl. Gynäkol. **76.** 1329—38. 1954. Wien, Univ. I. Frauenklinik.) H. DANNENBAUM. 4559

A. Rockenschaub, *Zur Frage der hormonellen Steuerung des menstruellen Cyclus.* 2. Mitt. (1. vgl. vorst. Ref.) Zahlreiche Angaben der gynäkolog.-inkretor. Fachliteratur werden im Sinne der in der 1. Mitt. entwickelten Auffassung von der quantitativ-hormonalen Steuerung des weiblichen Cyclus diskutiert. (Zbl.Gynäkol. **76.** 1338—46. 1954.) H. DANNENBAUM. 4559

Harold A. Levey und **Clara M. Szego,** *Die Wirkung von Androgenen auf die Fructosebildung durch die Geschlechtsaccessorien von Meerschweinchen und Ratten.* Es hat sich gezeigt, daß bei unbehandelten, unreifen Meerschweinchen der Beginn der Sekretion mit dem ersten Auftreten von Fructose (II) in der Samenblase zusammenfällt. Die Verabreichung von *Testosteronpropionat* (I) an unreife, männliche Tiere stimulierte das Wachstum u. hemmte die Sekretionsaktivität (einschließlich der II-Bldg.) in den Samenblasen von Meerschweinchen, stimulierte aber beide Funktionen an der Ratte. I, *Androsteron*, *Dehydroisoandrosteron* u. *17-Methyltestosteron*, zugeführt als subcutane Pillen, waren gleich wirksam in der Stützung des Gewichtes u. der II-Bldg. in den Samenblasen von kastrierten, erwachsenen Meerschweinchen. Zwei nichtidentifizierte, reduzierende Substanzen werden als Bestandteile des Sekrets der Samenblase des Meerschweinchens zusammen mit II u. Citronensäure beschrieben, von denen die eine mit Hefe vergärbar ist. Die mögliche Art einer Sekretregulierung durch androgene Hormone wird erörtert. (Endocrinology 56. 404—12. April 1955. Los Angeles, Calif., Univ., Dep. of Zool.) H. AMAN. 4559

Richard A. Edgren, *Wirkungen von Östrogenen auf die Knochendichte bei englischen Sperlingen.* Sperlinge erhielten 19 Tage intramuskuläre Injektionen von *Östron* (20 γ/Tag) oder *Methallenestril* (*Vallestril*; 50 γ/Tag). Zwar blieb hierdurch das Trockengewicht von Humerus, Radius, Ulna, Femur u. Tibio-Tarsus unbeeinflußt, doch wurde das spezif. Gewicht bes. von Femur u. Tibio-Tarsus erhöht. (Endocrinology 56. 491—93. April 1955. Chicago, Ill., G. D. Searle & Co., Div. of Biol. Res.) H. AMAN. 4559

Ruth Blasius und **Josef Schuck,** *Elektrophoretische Untersuchungen von Uterusmuskelproteinen infantiler und mit Östrogenen behandelter infantiler Kaninchen.* Elektrophoresediagramme von Extrakten aus infantilen unbehandelten oder aus mit *Östrogenen* frühreif gemachten infantilen Uteri (Kaninchen) zeigen stets die 3 Hauptkomponenten der *Protein*-Fraktionen, nur ist deren Anteil am Gesamtproteingeh. sehr verschieden. Dem Follikelhormon kommt nach den Versuchsergebnissen nicht nur die Proliferationswrkg. auf die Uterusschleimhaut zu, sondern es übt auch auf die Uterusmuskulatur eine eiweißaufbauende u. wachstumsfördernde Wrkg. aus, indem es eine deutliche *Actomyosin*-Bldg. hervorruft. (Klin. Wschr. 33. 276—78. 15/3. 1955. München, Univ., Med. Poliklinik.) K. MAIER. 4559

Krystyna Wójcicka-Pokornowa, *Der Einfluß von implantierten Stilböstrolkristallen auf die Hoden ausgewachsener weißer Ratten.* Nach Einimpfen von 0,5 mg *Stilböstrol* (I) in die rechten Keimdrüsen wurde nach 18, 25, 35 Tagen ihr Gewicht sowie der Geh. an *Cholesterin* (II) u. *Ketosteroiden* festgestellt. Es zeigte sich, daß die Drüsen mit der Dauer der Einw. degenerieren. Es tritt keine Hormonsynth. mehr ein. Die gleichzeitige Anhäufung von II wird damit gedeutet, daß die Biosynth. der Hormone über II („Prohormon") läuft, da diese aber gestört ist, kommt es zur Anreicherung von II. Vielleicht wird auch I in II direkt übergeführt, da in der Umgebung der Impfstelle am meisten II auftritt. — 16 Literaturangaben. (Endokrynol. polska 5. 208—20. 1954. Kraków, Zakt. Biolog. i Embriolog. AM.) F. URBAN. 4559

E. S. Crelin und **A. L. Haines,** *Die Wirkungen von lokal in die Symphyse und das Kniegelenk zugeführtem Östrogen an der kastrierten Maus.* 5 Wochen alte kastrierte ♂ u. ♀ Mäuse erhielten je 2 Implantate von *Östrogen*-Partikeln in die Symphyse u. das linke Knie. 30 Tage später wurden die Tiere getötet. Veränderungen in östrogenempfindlichen Geweben zeigten eine ausreichende Wrkg. der Implantate. An jeder Maus war die Symphyse biegsam u. die Schambeinspalte meßbar. Eine teilweise Resorption des Schambeins trat in der gleichen Weise auf wie nach subcutaner Injektion von Östrogen. Das Ausmaß der Resorption symphysärer Gelenkkappen aus hyalinen Knorpeln u. der Ersatz der symphysären Faserknorpel durch dichtes, kollagenes Bindegewebe war verschieden. In 6 Fällen bestand das Schambeinzwischengewebe meist ganz aus ligamentösem Gewebe, welches direkt mit dem Schambein durch ein Netz aus feinen Gitterfasern zusammenhing. Die Knorpel u. Bänder am Knie waren an jeder Maus n.; jedoch trat medulläre Knochenbldg. auf in der Patella u. in der Epiphyse u. Metaphyse des Femur u. der Tibia, außerdem eine extensive Wucherung von präkollagenen Fasern im Bereich der Markhöhlen. Die Epiphysenplatten waren dünner als die der unbehandelten Kontrolltiere. Die obigen Veränderungen zeigten sich auch am unbehandelten, kontralateralen Knie. Obgleich 9 Wochen alte, unbehandelte ♂ u. ♀ Kontrollmäuse 3 Wochen vor der Geschlechtsreife kastriert wurden, entwickelte sich ein deutlicher Geschlechtsdimorphismus ihres Beckens. (Endocrinology 56. 461—70. April 1955. New Haven, Conn., Yale Univ., School of Med., Dep. of Anat.) H. AMAN. 4559

J. Froewis und **J. Spurny,** *p-Oxypropiophenon im Rattentierversuch.* Es wird die umstrittene Wrkg. des *p-Oxypropiophenons* (I) nachgeprüft, das teils als schwach östrogener Stoff, teils als spezif. Hemmstoff für die gonadotrope Funktion der Hypophyse angesprochen worden ist. Eigene Verss. an 90 weiblichen Ratten bestätigten lediglich eine ganz schwach östrogene Wrkg. u. lieferten für eine Hemmwrkg. auf die Hypophyse keinerlei Anhaltspunkte. Eher kann von einem Synergismus des I mit östrogenen Wirkstoffen gesprochen werden. (Arch. Gynäkol. **184**. 804—09. 1954. Wien, I. Univ.-Frauenklinik.) H. DANNENBAUM. 4559

Fred B. Rogers und **John Lansbury**, *Atrophie der auriculären und nasalen Knorpel nach Verabreichung von Chorion-Gonadotropin bei einem Fall von Arthritis mutilans mit Siccasyndrom.* Es wird über eine Patientin in der Menopause mit Arthritis mutilans berichtet, deren Krankheitsbild durch das Siccasyndrom am nichtarticulären Knorpel kompliziert war. Nach Verabreichung von *Korotrin* (WINTHROPS STEARNS Chorion-Gonadotropin aus menschlichem Schwangerenharn) trat eine Exacerbation der Gelenksymptome u. eine bemerkenswert rasche Atrophie der Ohr- u. Nasenknorpel ein. Vff. diskutierten einen genet. Zusammenhang mit der endokrinen Situation der Menopause. (Amer. J. med. Sci. **229**. 55—62. Jan. 1955. Philadelphia, Pa., Temple Univ., School of Med., Dep. of Med.) F. LEUSCHNER. 4559

H. D. Purves und **W. E. Griesbach**, *Veränderungen der gonadotropen Eigenschaften der Rattenhypophyse nach Gonadektomie.* Es erfolgt eine fortschreitende qualitative Veränderung des gonadotropen Komplexes, indem während der ersten 15 Tage die Reizwrkg. auf den Follikel vorherrscht. Hierauf folgt eine Luteinisierungsphase über ca. 9 Monate, u. von da ab tritt noch einmal eine Follikelreizwrkg. auf. Basophile, welche in großer Anzahl nach der Gonadektomie im Hypophysenvorderlappen auftreten, lassen sich auf Grund ihres Glykoproteidgeh. u. ihrer Lage im Inneren der Hypophyse in zwei voneinander unabhängige Gruppen einteilen, welche den an der n. Ratte beschriebenen peripheren u. zentralen Typen entsprechen. Es gibt einen fortschreitenden Wechsel des Übergewichts einer dieser zwei Zelltypen nach der Gonadektomie, welcher den qualitativen Wechsel in der gonadotropen Wrkg. einschließt. Die größte Anzahl zentraler Zellen ist während der Luteinisierungsphase vorhanden, während die peripheren Zellen für die Follikelreizphase bezeichnend sind. Es wird deshalb vermutet, daß die peripheren Zellen das Follikelreizhormon produzieren, die zentralen Zellen dagegen für das Luteinisierungshormon verantwortlich sind. (Endocrinology **56**. 374—86. April 1955. Dunedin, New Zealand, Endocr. Res., Dep. of Med. Res. Counc. of New Zealand, Med. School.) H. AMAN. 4560

Arthur Stadtmüller, *Tierexperimentelle Untersuchungen über Regulationsvorgänge der gonadotropen Funktion des Hypophysenvorderlappens.* Sehr umfangreiche tierexperimentelle Arbeit mit zahlreichen Mikrophotos u. großem Literaturnachw. über die Wrkg. von Ovar- u. Kristallisationsimplantaten auf Hypophyse u. Genitaltrakt am Meerschweinchen, unter besonderer Bezugnahme auf Arbeiten von LIPSCHÜTZ u. BISKIND. (Arch. Gynäkol. **184**. 661—716. 1954. Göttingen, Univ., Frauenklinik.) H. DANNENBAUM. 4560

J. E. Logan, **F. C. Heagy** und **R. J. Rossiter**, *Phosphorstoffwechsel der Nebenniere: Einfluß von Hypophysektomie und Darreichung von ACTH auf die Einverleibung von radioaktivem Phosphat in die RNA-Nucleotide.* Die spezif. Aktivität des P auf jede der 4 RNA (*Ribonucleinsäure*)-Nucleotide der Nebenniere von hypophysektomierten Ratten bzgl. des adrenalen anorgan. Phosphates nahm 16 Std. nach der Darreichung von anorgan. ^{32}P (I) ab. Diese Abnahme wurde vermieden durch eine einmalige Injektion von ACTH 4 Std. vor der Darreichung des I. Es wird gefolgert, daß in der Nebenniere hypophysektomierter Ratten folgendes vor sich geht: a) eine Abnahme in dem Maße, in dem I vom extracellulären in den intracellulären Teil der Drüse übergeht u. b) eine Abnahme in dem Maße der Bldg. organ. Phosphorverbb. (Phospholipoide, RNA-Nucleotide) aus dem cellulären anorgan. Phosphat. Es wird angenommen, daß diese Veränderungen u. die in der Gegenrichtung durch ACTH entstehenden auch Veränderungen in der Gesamtenergie des Stoffwechsels der Nebenniere hervorrufen. (Endocrinology **56**. 455—60. April 1955. London, Western Ontario, Can., Univ., Dep. of Biochem.) H. AMAN. 4560

Frank Ulrich, Harold Tarver und **Choh Hao Li**, *Der Einfluß von Wachstums- und adrenocorticotropen Hormonen auf den Albuminstoffwechsel der hypophysenlosen Ratte.* Es wird der Einfl. einer langfristigen Zufuhr von *Wachstumshormon* (I), *ACTH* (II) u. *Thyroxin* (**III**) auf den Stoffwechsel des Plasmaalbumins an ausgewachsenen hypophysenlosen Ratten bei Injektion von markiertem Albumin (^{35}S) untersucht. Die Tiere reagieren zunächst mit starker Senkung der Albuminsynth. auf etwa die Hälfte des Wertes beim n. Tier. Zufuhr von I steigert wieder mindestens zur Norm, ein Zusatz von III zu I hat keinen potenzierenden Einfl., II verursacht beim hypophysenlosen Tier einen anfangs gesteigerten Albuminabbau ohne erheblichen ersatzweisen Aufbau. I u. II erscheinen als Antagonisten, deren Gesamtwrkg. vom Mengenverhältnis abhängt; bei gleichzeitiger Darreichung scheint der Einfl. von I vorherrschend zu sein. Der Proteingeh. der Nahrung spielt in diese Verhältnisse hinein; wahrscheinlich beruht der Effekt von I auf einer verbesserten Ausnutzung der Aminosäuren aus dem Futter u. aus endogenem Protein.

(J. biol. Chemistry **209.** 117—25. Juli 1954. Berkeley, Calif., Univ., School of Med., Hormone Res. Labor. and Dep. of Physiol. Chem.) H. DANNENBAUM. 4560

M. W. Sinkoff, R. C. De Bodo, H. Den und **S. P. Kiang,** *Antiinsulinwirkung von Wachstumshormonen bei adrenalektomierten und hypophysektomierten Hunden.* Vff. untersuchten die Wrkg. des *Wachstumshormons* (I) auf den Kohlenhydratstoffwechsel bei Hunden, denen 34—232 Tage vor der I-Gabe Hypophyse u. Nebenniere entfernt worden waren. Die I-Präpp. *J 21609 R, BGH 369-202 B* (ARMOUR) u. C 515 (SQUIBB) wurden intramuskulär 7—17 Tage lang in Dosen von 1—2 mg/kg/Tag injiziert. Die auf täglich 1,5—2,5 mg Desoxycorticosteronacetat (SCHERING) gehaltenen Hunde zeigten nach I-Gabe Hemmung oder gar Aufhebung der schweren Insulinüberempfindlichkeit u. der sek. Hypoglykämie während des intravenösen Glucosetoleranztestes. Im Gegensatz zu Hunden, denen nur die Hypophyse entfernt war, bewirkte I keine Widerstandsfähigkeit gegen Diabetes u. gegen Insulin. Es wird geschlossen, daß der *ACTH*-Geh. der I-Präpp. u. die Nebennierenrindensteroide nicht wesentlich für die I-Wrkg. auf den Kohlenhydratstoffwechsel sind. (Amer. J. Physiol. **176.** 361—66. März 1954. New York, N. Y., Univ., Coll. of Med., Dep. of Pharmacol.) K. GENEST. 4560

F. de Matteis, *Heparin und ACTH: Analogien und Unterschiede. Heparin* soll in folgenden Rkk. dem *ACTH* ähnlich wirken: Abnahme des Hoden- u. Milzgewichts, Hyperämie u. Ödem der Hypophyse, Zunahme des Leber- u. Nierengewichts sowie des Gewichts der Schilddrüse, Abnahme des Blutcholesterins, des Albumins u. Zunahme der Globuline, antianaphylakt. Wrkg., Eosinopenie u. antirheumat. Wirkung. (Minerva med. [Torino] **46 I.** 1800—04. 20/6. 1955. Genova, Univ., Ist. di Clin. Pediatr.) P. G. SCHEURLEN. 4560

Gordon L. Farrell und **Gert Laqueur,** *Verringerung des Gehaltes der Hypophyse an ACTH durch Cortison.* Hunde wurden 14, 44 u. 71 Tage lang mit täglich 100 mg *Cortison* behandelt. Hierauf wurden die Hypophysen entfernt u. ihr Geh. an *ACTH* (I) wurde verglichen mit dem bei den Kontrolltieren. I war auf 54% der Kontrollen in 14 Tagen, auf 3,3% in 44 Tagen u. auf 2% in 71 Tagen gesunken. (Endocrinology **56.** 471—73. April 1955. Bethesda, Md., Nat. Inst. of Arthritis and Metab. Dis., Nat. Inst. of Health.) H. AMAN. 4561

Eugene L. Bliss, Claude J. Migeon, Don H. Nelson, Leo T. Samuels und **C. H. Hardin Branch,** *Einfluß von Elektroschock und Insulinkoma auf den Spiegel adrenocorticaler Steroide im peripheren Kreislauf.* Elektrokrämpfe nach 2 Methoden verursachen meistens eine deutliche Erhöhung im Geh. des Blutes an *17-Oxycorticosteroiden* (I). Die Erhöhungen waren äquivalent denen einer einzigen Injektion von 0,1—1,0 I.E. *Corticotropin.* Starke Krämpfe wurden gehemmt durch Vorbehandlung mit *Diphenylhydantoin* (*Dilantin*)-*Na* u. *SKF 2599,* um die Apnoe, Cyanose u. heftigen Muskelbewegungen eines vollen Krampfes zu vermeiden. Der Anstieg von I im Blut im Gefolge der Schocktherapie scheint therapeut. nicht bedeutsam zu sein u. erklärt nicht die Wirkungen dieser Verfahren. (A. M. A. Arch. Neurol. Psychiatry **72.** 352—61. Sept. 1954. Utah, Univ., School of Med., Dep. of Psych. and Biol. Chem.) H. AMAN. 4561

G. Brichta und **O. Parzer,** *Die Wirkung des Cortisons auf lymphatische Leukämiezellen.* Es wird in einer WARBURG-App. der Einfl. wechselnder *Cortison*-Mengen auf die O_2-Atmung lymphat. Leukämiezellen geprüft u. eine Verminderung der Atmung gefunden, die der Dosis etwa parallel geht. Diese Erscheinung wird im Sinne von SELYE u. DOUGHERTY als direkte in vitro-Schädigung der Zellen durch den Wirkstoff gedeutet u. diskutiert. (Wiener Z. inn. Med. Grenzgebiete **35.** 218—22. Mai 1954. Wien, Univ., II. Med. Klinik.) H. DANNENBAUM. 4561

K. Peter Eymer und **Hanns Moll,** *17-Ketosteroidausscheidung bei akutentzündlichen Lebererkrankungen nach ACTH-Belastung.* Bei 10 Patienten mit einer Hepatitis epidemica bzw. einer homologen Serumhepatitis wurde jeweils 2 Tage vor u. 3—4 Tage nach einer intramuskulären *ACTH*-Belastung die *17-Ketosteroid*-Ausscheidung im Urin bestimmt. Es zeigte sich im wesentlichen, daß die ausgeschiedenen Mengen entweder niedrig oder unter der Norm liegend sind u. auch nach Belastung nicht oder nur ohne signifikante Erhöhung reagieren, teilweise sogar absinken. (Ärztl. Forsch. **8.** I/38—40. 10/1. 1954. München, Univ., II. Med. Klinik.) H. AMAN. 4561

Horst Helmut Krüger, *Klinische Prüfung eines Depotcortisonestergemisches.* Es wird über vergleichende Unterss. mit *Scherosondepot* (I), einem Gemisch von *Cortisonönanthat* u. *Cortisonundecylat* 1 : 2, an 18 Patienten u. *Scheroson* (II, SCHERING A. G., Berlin) an 5 Patienten mit Polyarthritis rheumatica, Asthma bronchiale oder Agranulocytose berichtet. Die einmalige Verabreichung von 1000 mg I führte im Vgl. mit der fortlaufenden II-Gabe (4mal täglich 25 mg an 10 Tagen) ebenfalls einen ausgeprägten therapeut. Erfolg herbei. (Ärztl. Wschr. **10.** 105—09. 4/2. 1955. Berlin, Freie Univ., Med. Klinik.) F. LEUSCHNER. 4561

Albert Segaloff, Douglas Gordon und **Benjamin N. Horwitt,** *Therapie von maskulinisierender Nebennierenhyperplasie mit Hydrocortisonacetat. Erfolgreiche Therapie mit wenigen intramuskulären Injektionen.* (J. Amer. med. Assoc. **157.** 1479—81. 23/4. 1955. New Orleans, La., Tulane Univ., School of Med., Dep. of Med.; Alton Ochsner Med. Found.) F. KRUSEN. 4561

A. Robecchi, V. Daneo und **G. Marrazzi,** *Über die Behandlung der rheumatischen Erkrankungen mit einem neuen synthetischen Steroid: Metacortandracin.* Vff. berichten über Erfolge in der Behandlung verschied. rheumat. Krankheiten mit *Metacortandracin* (I; *$\Delta^{1.4}$-Pregnadien-17α.21-diol-3.11.20-trion,* in den USA *Meticorten*). I ist 3—4mal wirksamer als Cortison (II) bzw. Hydrocortison. Wie II bewirkt I einen Eosinophilensturz u. eine Hemmung der 17-Ketosteroidausscheidung. Nebenerscheinungen treten bei langfristiger Behandlung angeblich seltener auf, wurden jedoch in Gestalt von Appetitsteigerung, Gewichtszunahme, Blutdrucksteigerung, Schlaflosigkeit u. Reizbarkeit gelegentlich beobachtet. I bedingt wie II eine Albuminzu- u. Globulinabnahme, der Glucosestoffwechsel wird nicht beeinflußt. (Minerva med. [Torino] **46 I.** 1457—70. 23/5. 1955. Torino, Ospedale Magg. S. Giovanni Battista.) P. G. SCHEURLEN. 4561

R. Scalabrino und **G. Curtarelli,** *Gesichtspunkte der Hormonbehandlung des Morbus Bouillaud. Zur neuen Behandlungsweise mit Metacortandracin.* (Vgl. auch vorst. Ref.) *Metacortandracin* (I) besitzt in der Behandlung rheumat. Krankheiten eine mehrfach stärkere Wrkg. als *Cortison* (II), weshalb die Dosis niedriger gehalten werden kann. Im Gegensatz zu II hat I keinen nennenswerten Einfl. auf den Kohlenhydratstoffwechsel u. bewirkt auch keine Wasserretention, sondern steigert die Diurese. Wie I mindert auch II die Blutkörperchensenkung, das Fieber u. die Schmerzen, die Wrkg. auf die elektrophoret. Fraktionen u. den Fibrinogengeh. ist bei I u. II gleich. Der Ascorbinsäurespiegel, der durch II erhöht wird, bleibt nach I fast unbeeinflußt. (Minerva med. [Torino] **46 I.** 1471—78. 23/5. 1955. Milano, Ospedale Fatebenefratelli.) P. G. SCHEURLEN. 4561

Valy Menkin, *Über die entzündungshemmende Wirkung von Hydrocortison (Verbindung F).* An Hunden u. Kaninchen wird untersucht, ob die Anwesenheit von *Hydrocortison* (I) in einem Entzündungsherd die Aktivität von geschädigten Zellen unterdrückt, so daß sie ihre Fähigkeit verlieren, adäquate Mengen von *Leukotaxin* (II) oder von *LPF* (*leukocytosis-promoting factor*) zu bilden. Durch wiederholte Injektionen von I in den Entzündungsherd wurde die Fähigkeit von II, die Permeabilität von Capillaren zu erhöhen, beträchtlich vermindert. Die Ausschwemmung von Leukocyten als Wrkg. von II wurde ebenfalls deutlich herabgesetzt. Der Mechanismus der Entzündungshemmung durch I kann als eine Wrkg. auf den Inhalt der Zellen erklärt werden. (Science [Washington] **120.** 1026—28. 17/12. 1954. Philadelphia, Pa., Temple Univ., School of Med., Agnes Barr Chase Found. for Cancer Res.) H. AMAN. 4561

F. Knüchel und **W. Kuhn,** *Therapeutisch-experimentelle Ergebnisse nach Siccazellbehandlung. (Harnsteroidausscheidung nach Injektionen innersekretorischer Drüsen.)* Zur Prüfung der organspezif. Beeinflussung innersekretor. Drüsen durch Frischzellentherapie wurde die getrennte Best. der 17-Ketosteroide im Harn (säulenchromatograph. Trennung mit Al_2O_3) herangezogen. Hypophysen-, Nebennieren-, Testes- u. Placentapräpp. führten zu einer vermehrten Ausscheidung der aus der betreffenden oder von ihr abhängigen Drüse stammenden Steroide. Nach Injektion von Hypothalamus konnte kein Einfl. auf die 17-Ketosteroide beobachtet werden. Unspezif. Beeinflussung wurde durch die Prüfung von Lungengewebe u. Pyrifer weitgehend ausgeschlossen. (Die Medizinische **1955.** 587—93. 16/4. Königstuhl, Heilstätte der LVA Baden.) F. LEUSCHNER. 4561

Annemarie König, *Über den Umkehreffekt von Adrenalin und Acetylcholin am temperaturbeeinflußten Froschherzen.* Bei Herzen in situ von Rana esculenta wurde der Sinus venosus 3 Min. auf 1—40° erwärmt bzw. abgekühlt. Die Frequenzsteigerung bei Tempp. über 20° ließ sich durch *Adrenalin* negativ beeinflussen, u. zwar um so stärker, je größer die Abweichung von der Ausgangslage war. Diese Paradox-Rkk. ließen sich bei Tempp. unter 20° mit *Acetylcholin* in entsprechender Weise erzielen. (Z. ges. exp. Med. **125.** 178—84. 1955. Greifswald, Univ., Physiol. Inst.) E. CARSTENS. 4561

Norman F. Boas und **Joseph B. Foley,** *Elektrophoresestudien über die Verteilung von Hexosamin in Proteinen der Schilddrüse.* Schilddrüsen von Tieren u. Menschen verschied. Art haben einen hohen Geh. an *Hexosamin* (I) (1—2% T.G.). Thyreoglobulin enthält sowohl das meiste an I (72%) als auch an Hexosen der Schilddrüse (61%), aber keine Uronsäure. Es ist deshalb ein Glykoproteid, reich an I (3,3%) u. Hexose (4,5%).

Ein säurelösl. Glykoproteid wurde ebenfalls in der Schilddrüse nachgewiesen; es ist in kleinen Mengen vorhanden u. von hohem Geh. an I (11,5%). Die Unterss. bieten keine Bestätigung für Beobachtungen, wonach die Schilddrüse (ausschließlich Bindegewebe) ein Mucopolysaccharid enthalten soll. Hypophysektomierte oder mit thyreotropem Hormon behandelte Ratten zeigen trotz Veränderungen im Gewicht der Schilddrüsen keine Unterschiede im Gesamtgeh. an I. Stress (Fraktur) beeinflußt nicht die Gesamtmenge oder Konz. von I. (Endocrinology **56.** 474—83. April 1955. Bethesda, Md., Nat. Inst. of Arthritis and Metab. Dis., Nat. Inst. of Health, Publ. Health Serv., N. S. Dep. of Health, Educat. and Welfare.) H. AMAN. 4562

Joachim-Hermann Scharf, Werner Förster und **Erich Muscholl,** *Über die getrennte Abhängigkeit des Stoffwechselverhaltens und der Schilddrüsenhyperplasie von den β- und γ-Zellen der Adenohypophyse bei der Ratte nach gemeinsamer Verabreichung von Thyreostaticis und SH-gruppenhaltigen Substanzen.* Es wurden Schilddrüse u. Hypophyse auf den durch die sulfhydrylgruppenhaltigen Verbb. *BAL* u. *Methionin* modifizierten Einfl. des *Methylthiouracils* histolog. untersucht. Dabei wurde gefunden, daß die Stoffwechseländerung des Organismus mit einer Modifizierung der β-Zellen u. die Kropfbldg. mit einer T-Zellbldg. aus γ-Zellen (Hauptzellen) in der Hypophyse verknüpft ist. Da beide Prozesse unabhängig voneinander verlaufen können, nehmen Vff. an, daß die hypophysäre Schilddrüsenregulation nicht nur von den β-Zellen (Thyreotropinsynth.), sondern überdies von den γ-Zellen abhängig ist. (Naturwissenschaften **41.** 146. 2. März-H. 1954. Mainz, Univ., Anatom. Inst.) F. LEUSCHNER. 4562

Jean Roche, Raymond Michel und **Jamshed Tata,** *Über die Natur der Jodverbindungen, die von der Leber und der Niere ausgeschieden werden, nach Verabreichung von* L*-Thyroxin und* L*-3.5.3'-Trijodthyronin.* Vff. untersuchten mit chromatograph. Methoden die in Galle u. Urin von Ratten vorkommenden jodhaltigen Abbauprodd. von injizierten $^{131}J_{(3')}$-L-Thyroxin u. $^{131}J_{(3'.5)}$- bzw. $^{131}J_{(3'.5)}$-L-3.5.3'-Trijodthyronin. Nach Injektion von L-Thyroxin konnte im Urin 3.5.3'.5'-Tetrajodthyrobrenztraubensäure nachgewiesen werden, nach Injektion von L-3.5.3'-Trijodthyronin in der Galle 3.5.3'-Trijodthyrobrenztraubensäure. Die Existenz der beiden α-Ketosäuren scheint in beiden Fll. möglich zu sein. Die oxydative Desaminierung der beiden Schilddrüsenhormone ist ihr erster Abbauschritt in der Leber; wahrscheinlich ist ihr Abbau in der Niere der gleiche. (Biochim. biophysica Acta [Amsterdam] **15.** 500—07. Dez. 1954. Paris, Coll. de France, Labor. de Biochim. gén. et comp.) R. HÄHNEL. 4562

Seymour H. Wollman und **Robert O. Scow,** *Der Einfluß von Propylthiouracil auf das Verhältnis der Radiojodkonzentrationen in Schilddrüse und Serum normaler und hypophysektomierter Ratten.* An n. u. hypophysektomierten Ratten war das Verhältnis der Radiojodkonzz. in Schilddrüse u. Serum (T/S) viel höher, wenn die organ. Bindung von Jod durch eine Einzelgabe von *Propylthiouracil* blockiert, als wenn sie möglich war. Daraus scheint hervorzugehen, daß das Gleichgewichtsverhältnis von Radiojod zwischen Schilddrüse u. Blut die Höchstgrenze war für die Speicherung von ^{131}J durch die Schilddrüse überhaupt. Wenn Bindung möglich war, betrug T/S (mit Radiojod) nur $^1/_{40}$ des für stabiles J angegebenen. (Endocrinology **56.** 445—47. April 1955. Bethesda, Md., Nat. Canc. Inst. and Nat. Inst. of Arthritis and Metabol. Dis.) H. AMAN. 4562

Seymour H. Wollman und **Robert O. Scow,** *Einfluß verschiedener Kropfnoxen und der Dosis von Propylthiouracil auf das Verhältnis von Radiojodkonzentrationen in Schilddrüse und Serum der Maus.* Schon 10 μg *Propylthiouracil* (**I**) verursachen eine teilweise Hemmung der Bindung von Radiojod durch die Schilddrüse; dies ist verbunden mit einer Zunahme im T/S-Verhältnis (vgl. vorst. Ref.). Zwischen 10 u. 60 μg steigt T/S fortschreitend an, während die Bindung von Radiojod abnimmt. Zwischen 60 u. 2500 μg war das Bindungsvermögen meist völlig aufgehoben, u. T/S blieb konstant. Mit 5 mg von **I** dagegen wird T/S deutlich erhöht gegenüber 2,5 mg, was mit dem ungewöhnlich großen Abfall der Radiojodkonz. im Blut auf höhere Dosen von **I** in Beziehung steht. T/S wurde nach *Thiouracil, 2-Mercaptoimidazol, Thiobarbital, 2-Mercaptothiazolin, Sulfadiazin* u. *Phloroglucin* als Bindungshemmstoffe bestimmt. Es war verhältnismäßig konstant u. unabhängig von den Kropfnoxen. Das in den Schilddrüsen durch die drei letzten Noxen u. **I** blockierte ^{131}J war zumeist lediglich in Form von Jodid vorhanden. (Endocrinology **56.** 448—54. April 1955. Bethesda, Md., Nat. Canc. Inst. and Nat. Inst. of Arthritis and Metabol. Dis.) H. AMAN. 4562

A. A. Axelrad, C. P. Leblond und **H. Isler,** *Rolle des Jodmangels bei der Erzeugung von Kropf durch die Remington-Diät.* Von allen Bestandteilen der Diät scheint nur NaCl eine wichtige Rolle bei der Erzeugung von Kropf zu spielen. Beim niedrigsten Geh. an Jod (4,1 μg J/100 g Diät) entwickelt sich der Kropf in Ggw. oder Abwesenheit von NaCl; jedoch die Gewichte u. der Radiojodgeh. der Drüsen nehmen durch NaCl zu. Wenn die Zufuhr von J auf 12,2 oder mehr μg/100 g Diät erhöht wurde, wurde die Schwellung der Schilddrüse verhindert, ob die Tiere NaCl erhielten oder nicht. Deshalb erzeugt NaCl keinen Kropf, falls kein Mangel an J vorhanden ist. Jedoch bewirkt NaCl eine ausgesprochene Aktivierung der Schilddrüse, was mit histolog. Methoden erkennbar ist. (Endocrinology **56**. 387—403. April 1955. Montreal, Can., McGill Univ., Dep. of Anat.) H. AMAN. 4562

Franz Rausch und **Wolfgang Ladwig,** *Thiouracilresistente Hyperthyreosen in der Behandlung mit Methylmercaptoimidazol. Favistan* (*Methylmercaptoimidazol*) zeigt eine stärkere thyreostat. Wirksamkeit als *Propycil* (*Propylthiouracil*) bei annähernd gleicher Häufigkeit von Nebenwirkungen. (Die Medizinische **1955**. 739—41. 14/5. Bad Rothenfelde, Krankenhaus, Interne Abt.) D. NEUBERT. 4562

C. H. Bowden und **N. F. MacLagan,** *Die Bestimmung von Thyroxin und verwandten Substanzen auf Papierchromatogrammen durch die Cersulfat–Arsenigsäure-Reaktion.* Vff. beschreiben eine Meth. zur Verwendung der Cersulfat–Arsenigsäure-Rk. zur Best. von Thyroxin (I) u. ähnlichen Substanzen auf Papierchromatogrammen. Filterstreifen (WHATMAN 1) von der gleichen Größe wie das Chromatogramm werden mit einer Mischung von gleichen Teilen $Ce(SO_4)_2 \cdot 4\,H_2O$ in n H_2SO_4 (10%ig. Lsg.) u. Natriumarsenit in n H_2SO_4 (5%) getränkt, auf das Chromatogramm gelegt u. zwischen Glasscheiben gebracht, Einw. 30 Minuten. J-haltige Substanzen zeigen weiße Flecken auf gelbem Untergrund, die nur 1—2 Tage haltbar sind. 0,1—1 mg I u. Jodthyroxin konnten photoelektr. noch nachgewiesen werden. Die Flecke sind bes. gut im UV-Licht zu photographieren. (Biochem. J. **56**. VII—VIII. Jan. 1954. London, Westminster Med. School, Dep. of Chem. Pathol.) L. REPPEL. 4562

I. Arthur Mirsky, Gladys Perisutti und **Robert Jinks,** *Die Zerstörung von Insulin in der intakten Maus.* Nach intraperitonealer Injektion eines Gemisches von Zinkinsulin u. ^{131}*J-Insulin* wurden die damit behandelten Mäuse desintegriert u. die Radioaktivität des Gesamthomogenisates u. des proteinfreien Filtrates (Trichloressigsäure) bestimmt. Dadurch wurde festgestellt, daß die Zerstörung des Insulins im intakten Tier mit einer Geschwindigkeit verläuft, die durch eine reaktionskinet. Gleichung erster Ordnung dargestellt werden kann (Maximalgeschwindigkeit 59,35 E./1000 g Maus; MICHAELIS-Konstante 409,03). Die MICHAELIS-Konstante spricht für eine Hydrolyse u. Ggw. einer „*Insulinase*". (Endocrinology **56**. 484—88. April 1955. Pittsburgh, Pa., Univ., Dep. of Clin. Sci., School of Med.) H. AMAN. 4564

R. Klinger und **P. Dalle Coste,** *Die Anwendung der Lävulose in der Diätetik und Behandlung des Diabetes mellitus. Lävulose* (I) kann teilweise als Kohlenhydrat (II)-Ersatz beim Diabetiker verwandt werden; es gelingt damit, bei gleichbleibender II-Zufuhr die Insulindosis zu vermindern. I führt nach Angaben der Vff. bei langfristiger Anwendung nicht zu einer Verschlechterung der diabet. Stoffwechsellage. (Minerva med. [Torino] **46 I**. 1389—92. 16/5. 1955. Milano, Ufficio d'Igiene.) P. G. SCHEURLEN. 4564

J. Schmör, *Blutzuckerbestimmung mit Thymol–Schwefelsäure.* Die Blutzuckerbest. beruht auf der Farb-Rk. von Kohlenhydraten mit *Thymol* (I)/H_2SO_4. Zur Durchführung wird dem mit 6%ig. Trichloressigsäure deproteinisierten u. zentrifugierten Blut, Plasma oder Serum eine Lsg. von 250 mg I in 100 cm^3 konz. H_2SO_4 zugesetzt, 10 Min. auf 100° erhitzt u. nach Abkühlung die Intensität des gebildeten rötlichen Farbtones im PULFRICH-Photometer bestimmt (mittlerer Fehler: 2,5%). Im Blut von Kaninchen, die 2 E. *Insulin* erhalten haben, wird nach dieser Meth. der Glucoseabfall bestimmt. Es wird angeführt, daß I-Reagens nur Methyl- u. Oxymethylfurfurol bildende Stoffe, also nur Kohlenhydrate, erfaßt. (Klin. Wschr. **33**. 449—50. 1/5. 1955. Graz, Univ., Physiol. Inst.) P. FAHRNLAENDER. 4564

Ole Petter Lossius, *Herztod im Insulinkoma bei der Behandlung von Schizophrenie.* Ein plötzlicher Herztod bei Insulinkoma bei der Behandlung von Schizophrenie, der in der Sektion multiple hämorrhag. Herzinfarkte zeigte, wird möglicherweise auf eine Herzschädigung infolge vorhergegangener Elektroschockbehandlung zurückgeführt. (Nordisk Med. **53**. 58—59. 13/1. 1955. Oslo, Gaustad Sykehus.) G. WELTZIEN. 4564

Hiroshi Mayeda, *Der Sitz der Histaminfreiwerdung durch Sinomenin.* Der größte Teil des bei intravenöser Anwendung von *Sinomeninhydrochlorid* (II) an Plasma u. Lymphe abgegebenen *Histamins* (I) entstammt der Haut, dann den Muskeln u. zum geringsten Teil der Leber (Hunde). Bei *Pepton* (III) dagegen entstammt der größte Teil der Leber. Bei Katzen liefern Haut u. Muskeln bei beiden Prodd. den größten Anteil an I. Die Tatsache, daß alternierende Tachyphylaxie hervorgerufen werden kann, beweist, daß das von II u. III frei gemachte I aus derselben Quelle stammt, wenngleich der Mechanismus der Freisetzung von I bei beiden Stoffen verschieden ist. (Jap. J. Pharmacol.

3. 73—81. März 1954. Okayama, Japan, Univ., Med. School, Dep. of Pharm. [Orig.: engl.]) G. WELTZIEN. 4569

Marjorie B. Zucker und **Jennie Borrelli**, *Nachweis, Menge und Freisetzung von Serotonin menschlicher Blutplättchen.* Es wurde die vasoconstrict. Wrkg. von Thrombocyten, die durch Zentrifugieren aus menschlichem Blut gewonnen u. nach dem Waschen in physiol. Salzlsg. oder in Serum resuspendiert worden waren, bzw. von Extrakten aus Thrombocyten am isolierten u. durchströmten Kaninchenohr gegen synthet. *Serotonin* (I) verglichen. In 10^9 Thrombocyten war diese Aktivität der von 0,76 γ I äquivalent. Serum mit resuspendierten Thrombocyten u. Extrakte waren wirkungsgleich, wenn sie auf gleiche Thrombocytenzahl bezogen wurden. Sowohl I als auch die Thrombocytenpräpp. wurden in ihrer Aktivität durch *1-Methylmedmain* (*1.2-Dimethyl-3-äthyl-5-dimethylaminoindol*) gehemmt. Daraus folgt, daß das vasoconstrict. Prinzip der Thrombocyten mit I ident. sein dürfte. Der gesamte I-Geh. der gewaschenen Zellen, die in Plasma resuspendiert worden waren, wird bei der Koagulation (durch Recalcifikation hervorgerufen) entbunden, jedoch nur die Hälfte, wenn Vollblut in Glasgefäßen gerinnt. (J. appl. Physiol. **7.** 425—31. Jan. 1955. New York, N. Y., Univ., Coll. of Dent.) G. WELTZIEN. 4569

V. Erspamer, *Einfluß von 5-Oxytryptamin (Enteramin) auf die Regulation des Wasseraustausches durch die Froschhaut.* Unterss. des Vf. lassen erkennen, daß selbst hohe Dosen (bis zu 8 mg/kg) von *5-Oxytryptamin* (I), das für die Regulation der Urinausscheidung bei Säugetieren von Bedeutung sein soll, den Wasseraustausch durch die Haut bei Rana esculenta nicht beeinflussen. Ebenso unwirksam waren rohe Enteraminextrakte, die außer I teilweise *N-Methyl-5-oxyindolylalkylamin*, *Tyramin* sowie *Octopamin* u. wechselnde Mengen anorgan. Salze enthielten. (Acta pharmacol. toxicol. [Köbenhavn] **10.** 1—6. 1954. Bari, Italien, Univ., Dep. of Pharmacol.) H. HELGE. 4569

Leland C. Clark jr., Catherine Winkler, Frank Gollan und **R. Phyllis Fox**, *Die Extraktion und Reinigung von Hypertensin (Angiotonin).* Durch Incubation von Schweinerenin u. Rinderplasma in der Kälte, gefolgt von einer Wasserdampfkoagulation u. Filtration, kann *Hypertensin* quantitativ bei einem p_H 1,5 u. NaCl-Sättigung des Filtrates mit n-Butanol extrahiert werden. Hinzufügen von 4 Teilen Ae. zum Butanolextrakt u. Zentrifugieren in der Kälte fällt die Aktivität in hoher Ausbeute. Diese Stufen lassen eine 1000fache Reinigung bei 70% Ausbeute erzielen. Erneute Fällung aus Methanol oder Butanol führt zu einer weiteren Reinigung. Dieses Präp. läßt sich im UV- u. Infrarotspektr., durch Elementaranalyse, Trypsininaktivierung u. Ninhydrinfärbung nach Säurehydrolyse als Polypeptid charakterisieren. (J. biol. Chemistry **206.** 717—24. Febr. 1954. Yellow Springs, O., Antioch Coll., Fels Res. Inst.) F. LEUSCHNER. 4569

James Walker, *Fötales und ausgereiftes Hämoglobin im Blut von menschlichen Föten.* (Vorl. Mitt.) Ausgereiftes Hämoglobin ist erstmalig bei einem fötalen Alter von 13 Wochen nachzuweisen. Sein Anteil beträgt dann 1—2% des Gesamthämoglobins u. steigt danach in der 35.—43. Woche schnell an (35—40%). Bei Anoxie steigt der Geh. an fötalen Erythrocyten u. an fötalem Hämoglobin an (Ausgleichsmechanismus). (Cold Spring Harbor Sympos. quantitat. Biol. **19.** 141—42. 1954. Aberdeen, Schottland, Univ.) G. WELTZIEN. 4572

G. van Grembergen, *Hämoglobin in Heterakis gallinae. Heterakis gallinae*, eine Nematodenart, enthält *Hämoglobin* (I), das als *Oxy*-I (578,3 u. 542 mμ), als *CO*-I (570 u. 530 mμ), als red. I (555 mμ) u. als *Pyridinhämochromogen* (557 u. 525 mμ) qualitativ bestimmt wurde. Es bestehen Unterschiede zum I des Huhnes, das den Wirt bildet. (Nature [London] **174.** 35. 3/7. 1954. Ghent, Univ., Dep. Zoophysiol. and Parasit.) W. SCHELER. 4572

E. F. McCarthy, *Hämoglobin und Eisen in den Föten und Neugeborenen der Säugetiere.* Zusammenfassender Bericht über die bisher erschienenen Arbeiten. — 47 Literaturangaben. (Cold Spring Harbor Sympos. quantitat. Biol. **19.** 133—40. 1954. Dublin, Irland, Univ. Coll.) G. WELTZIEN. 4572

Ernst Krah, *Verstärkung der Reaktionsfähigkeit des Blutgruppenmerkmals P durch Fermentbehandlung der Blutkörperchen.* Zum sicheren Nachw. eines schwach ausgebildeten P-Faktors wird Serum mit Ferment (Papainlsg.) behandelt, wodurch der P-Faktor scheinbar verstärkt wird. (Klin. Wschr. **30.** 953—54. 15/10. 1952. Heidelberg, Klin. Universitätsanstalten, Serodiagnost. Abt.) K. MAIER. 4572

Bruce Mackler, Peter Foris und **George M. Guest**, *Die enzymatische Trennung von Adenosinpyrophosphaten im Menschenblut.* Vergleichende Unterss. von *organ. Pyrophosphaten* (I) im Menschenblut wurden mit 4 Enzymsystemen — Kartoffel-*Apyrase*, Hefe-*Hexokinase*, *Myokinase* u. *5-Adenylsäuredesaminase* — durchgeführt. Neben geringen Mengen unbekannter Fraktionen bestanden die I vorwiegend aus *ATP*. Die Ergebnisse wurden mit denen der Säurehydrolyse verglichen. (J. biol. Chemistry **206.** 77—82. Jan. 1954. Cincinnati, O., Univ. of Cincinnati, Children's Hosp., Res. Found. and Dep. of Pediatr.) L. REPPEL. 4572

J. E. Lovelock, *Die Schutzwirkung neutral gelöster Stoffe gegen die Hämolyse durch Einfrieren und Auftauen.* Aus der Unters. der Schutzwrkg. von *Methanol, A., Formamid, Acetamid, Äthylenglykol, Propylenglykol, Glycerin* (I), *Diäthylenglykol, Erythrit, Monoacetin, d-Xylose, Triäthylenglykol, Glucose, Saccharose* u. *Polyäthylenglykol* gegen Gefrierhämolyse werden die Bedingungen für ein ideales Schutzmittel abgeleitet: Hohe Löslichkeit in wss. Salzlsgg. zwischen —40 u. +40°, schnelles u. vollkommenes Penetrationsvermögen, niederes Mol.-Gew. u. fehlende Toxizität. I erfüllt diese Voraussetzungen am besten. (Biochem. J. **56.** 265—70. Febr. 1954. London, Mill Hill, Nat. Inst. for Med. Res.) H. MATTHIES. 4573

H. A. Saroff, N. R. Rosenthal, E. R. Adamik, N. Hages und **H. A. Scheraga,** *Die Methylierung von Rinderserumalbumin.* Rinderserumalbumin wurde a) mit Dimethylsulfat (I) in W. u. b) mit trocknem angesäuertem Methanol (II) methyliert. Die Reaktionsprodd. wurden mittels Methoxyl-, Methylimid-, Elektrophorese-, Sedimentations- u. Infrarotanalyse untersucht. I erwies sich als ungeeignet zur Erzielung gleichmäßiger, hochmethylierter Prodd., wogegen II selektiv die Carboxylgruppen zu verestern scheint, wobei homogene Derivv. entstehen. (J. biol. Chemistry **205.** 255—70. Nov. 1953. Bethesda, Md., Nat. Inst. of Arthritis and Metabol. Dis., Nat. Inst. of Health; Ithaca, N. Y., Cornell Univ., Dep. of Chem.) K. NEHRING. 4574

H. Südhof, H. Kellner, A. Steinhoff und **E. Vietze,** *Eiweißschädigung bei der Serumdialyse. Verminderung der proteingebundenen Kohlenhydrate.* Der Geh. des Blutserums an eiweißgebundenen *Kohlenhydraten* (I) wird durch Dialyse deutlich verringert. Anscheinend werden hierbei bes. labile I-Gruppen, vor allem solche, die sich bei der Trichloressigsäurefällung des Nativserums abspalten, jedoch bei der A.-Fällung noch miterfaßt werden, aus dem Eiweißverband gelöst u. wegdialysiert. *Glucosamin* scheint bei diesen Vorgängen nicht beteiligt zu sein. (Klin. Wschr. **33.** 286. 15/3. 1955. Göttingen, Univ., Med. Klinik u. Kinderklinik.) K. MAIER. 4574

Abraham Saifer und **Harold Corey,** *Elektrophoretische Beweglichkeit–Ionenstärke-Untersuchungen von Proteinen.* 1. Mitt. *Heterogenität von menschlichem Serumalbumin.* Vff. untersuchen die Beziehungen zwischen Ionenstärke des Puffers u. der Beweglichkeit von menschlichem Serumalbumin (I) bei der freien Elektrophorese. Unter Verwendung verschied. Pufferlsgg. von verschied. Ionenstärke ließ sich I in verschied. Gipfel zerlegen. Es wurden bei Standardbedingungen (Acetat–NaCl-Puffer, p_H 4; Ionenstärke 0,03) vier gut reproduzierbare Fraktionen erhalten, wenn die I-Konz. zwischen 1 u. 5% lag u. eine 5- oder mehrstd. Dialyse gegen Acetat–NaCl-Puffer der Ionenstärke 0,03 bei 25° vorausging. Nach vorläufigen Unterss. erscheint es Vff. möglich, auf diese Weise auch andere Fraktionen, wie z. B. γ-Globulin, weiter aufzuteilen. (Proc. Soc. exp. Biol. Med. **86.** 46—53. Mai 1954. Brooklyn, N. Y., Jewish Sanit. and Hosp. for Chronic Diseases.) K. NEHRING. 4574

André Meyer, Henri Kaufmann und **Jean Gelin,** *Erste Resultate der Elektrophorese der Proteine und Lipide bei der Lungentuberkulose.* Vff. versuchen eine Auslegung der ersten Ergebnisse der Papierelektrophorese der Proteine u. Lipide bei 88 Kranken der verschied. Stadien von Lungentuberkulose. (Rev. Tuberculose [5] **19.** 178—86. 1955. Paris, Serv. de Pneumophtisiol. de Boucicaut, Labor. de l'Hôpital Broussais et de l'Hôtel-Dieu.) G. WELTZIEN. 4574

B. Kreis, M. F. Jayle, P. Clerc und **H. Lutier,** *Plasmaproteinveränderungen im Verlauf der Lungentuberkulose.* Nach Ansicht der Vff. haben die von ihnen auf elektrophoret. u. chem. Wege nachgewiesenen Plasmaproteinveränderungen im Verlauf einer Lungentuberkulose keinen bes. diagnost. noch prognost. Wert. (Rev. Tuberculose [5] **19.** 187—96. 1955. Paris.) G. WELTZIEN. 4574

Chailley-Bert, Pierre Labignette und **Fabre-Chevalier,** *Beitrag zur Untersuchung der Veränderung des Blutcholesterins während körperlicher Tätigkeit.* Der Vgl. der *Blutcholesterin* (I)-Menge bei 2 Gruppen von Personen (30—60 Jahre), a) mit sitzender Lebensweise, b) mit viel Bewegung, ergab im 1. Falle einen über 2,1 g (vereinzelt bis über 3), im 2. Falle einen zwischen 1,25 u. 2,15 g liegenden I-Gehalt. Bei 3 Hypercholesteinämie zeigenden Personen mit wenig Bewegung trat nach mehrwöchiger körperlicher Tätigkeit (täglich Spazierengehen, Radfahren) eine Senkung des I-Spiegels ein. Durch die körperliche Bewegung erfolgt ein vermehrter I-Stoffwechsel, der von einer erhöhten I-Ausscheidung durch die Haut u. den Lungenkreislauf begleitet ist. (Presse méd. **63.** 415—16. 19/3. 1955. Fac. de Méd., Labor. de Biol. appl. à l'Educat. et aux Sports.) K. MAIER. 4574

Gustaf Myhrman und **Olof Wilander,** *Entzündliche Anämie und Serumeisenveränderungen bei Myocardinfarkt.* In sehr vielen Fällen tritt bei Myocardinfarkt ein Abfall im Hämoglobingeh. u. Abnahme der Zahl der roten Blutkörperchen ein. Kontrolle des Fe-Geh. im Serum ergab gradmäßig u. zeitlich unterschiedliche, vorübergehende Abnahme im Fe-Gehalt. (Acta med. scand. **151.** 407—17. 18/5. 1955. Örebro, Sweden, Dep. of Internal Med., u. Centrallasarettet [County Central Hosp.].) H. DOSSMANN. 4574

H. Herrmann, *Über den Einfluß von novocainartigen Präparaten auf die Thromboplastinzeit.* 20 Fälle verschied. Erkrankung zeigten nach *Panthesin*-Infusion keine wesentliche Verschiebung der Thromboplastinzeit innerhalb der ersten 7 Stunden. (Wiener klin. Wschr. **67** ([N. F.] 10). 231—32. 1/4. 1955. Wien, Kaiser-Franz-Joseph-Spital.) G. WELTZIEN. 4574

Erich Rappert, *Versuch einer neuen Therapie der Thrombose.* 1. Mitt. (Vgl. C. **1953.** 2950.) Thrombophlebitiden lassen sich mit gutem Erfolg mit einer Infusion $^1/_4$%ig. *Novocain*-Lsg. (3 ml/kg Körpergewicht) oder 1—3 Ampullen *Hydergin*/Tag behandeln. Die Therapie sollte bis zum Abklingen der klin. u. subjektiven Symptome fortgeführt werden. (Wiener klin. Wschr. **64.** ([N. F.] 7). 283—86. 18/4. 1952. Wien, Krankenanstalt Rudolfstiftung.) C. REICHLE. 4574

R. Kappeler und **F. Koller,** *Über die intravenöse Verabreichung von Vitamin K_1 (Konakion) als Antidot der Antikoagulantien vom Typus des Dicumarol.* An 40 Patienten mit verschied. Krankheiten, die *Marcoumar* bzw. *Tromexan* erhielten, wurden 5—10 mg *Vitamin K_1* (*Konakion*; HOFFMANN-LA ROCHE, Basel) intravenös verabreicht. Bereits nach 2 Std. war beginnender Anstieg von *Prothrombin* (I) u. *Faktor VII* festzustellen, der nach 22—46 Std. ein Maximum erreichte. Hierbei war im allg. die I-Aktivität um 35—70% gestiegen, während *Faktor VII* schneller u. *Faktor X* langsamer als I zunahmen. (Schweiz. med. Wschr. **85.** 62—64. 15/1. 1955. Zürich, Univ., Med. Klinik.) F. KRUSEN. 4574

Peter Marquardt und **Elisabeth Carl,** *Untersuchungen von Blutkonserven auf „Frühgifte".* Die Unters. von citrathaltigen Blutkonserven u. von Serumkonserven auf „Frühgifte" erfolgt durch Beobachtung der typ. Drucksenkung (Tachyphylaxie) an der in Chloralose–Urethan-Narkose befindlichen Katze, die dabei empfindlicher reagiert als in Pernoctonnarkose. Nur ca. $^1/_3$ der verwendeten Katzen reagierte „empfindlich" auf „Frühgift", das nur in 20% der untersuchten Konserven in erheblicher Menge enthalten war. Von 55 Proben waren nur 4 sicher frei von „Frühgift". — 8 Literaturangaben. (Arzneimittel-Forsch. **4.** 534—36. Sept. 1954. Freiburg/Br., Univ., Med. Fak., Abt. für exp. Therap.) PH. FRESENIUS. 4576

Claude A. Villee, *Der intermediäre Stoffwechsel der Gewebe des menschlichen Fötus.* (Vgl. auch C. **1954.** 6257.) Fötale Gewebe geben in vitro mit *Insulin* dieselbe Rk. wie ausgereifte Gewebe. Gewebe von Föten von diabet. u. nichtdiabet. Müttern zeigen in allen Stoffwechselfunktionen dieselben Abläufe. Im Alter von 8 Wochen zeigen fötale Gewebe im allg. dieselben Rkk. wie die entsprechenden ausgereiften Gewebe. (Cold Spring Harbor Sympos. quantitat. Biol. **19.** 186—99. 1954. Boston, Mass., Harvard Med. School, Dep. of Biol. Chem. and Lying-in Hosp. Res. Labor.) G. WELTZIEN. 4583

R. A. McCance und **E. M. Widdowson,** *Stoffwechsel und Nierenfunktion in den ersten beiden Lebenstagen.* Vff. fanden bei fast allen Kindern während der ersten 48 Std. einen vermehrten Abbau von Körperprotein, verminderte Urinausscheidung, ein hohes N/K-Verhältnis im Urin, eine hohe Ausscheidung von anorgan. P während u. unmittelbar nach der Geburt. (Cold Spring Harbor Sympos. quantitat. Biol. **19.** 161—66. 1954. Cambridge, England, Univ., Med. Res. Counc., Res. Dep.) G. WELTZIEN. 4583

Alfred Jost, *Hormonale Faktoren in der Entwicklung des Fötus.* Mütterliche Ovarialhormone sind nicht für das Wachstum des Fötus, sondern für die uterine Akkomodation nötig. Eine Störung des hormonalen Gleichgewichtes dagegen hat immer Störungen in der n. Entw. des Fötus zur Folge. (Cold Spring Harbor Sympos. quantitat. Biol. **19.** 167—81. 1954. Paris, Univ., Fac. des Sci., Labor. de Biol. anim. P. C. B.) G. WELTZIEN. 4583

P. Creac'h, *Physiologische Eigenschaften der verseifbaren Fraktion der Fisch- und Walöle.* Zusammenfassende Ausführungen über die physiol.-chem. Wirkungen der Seetieröle vom Standpunkt ihres spezif. Aufbaues (polyolefin. Fettsäuren) u. der Ggw. von relativ viel Vitamin A u. D im Unverseifbaren derselben. Es werden behandelt: der ernährungsphysiol. Wert (Verdaulichkeit, Rückwrkg. auf die Körperlipoide, Auftreten des Fischgeruches u. -geschmackes im Speicherfett u. in den sonstigen Geweben, Übergang in die Milchfette, Mangel an essentiellen Fettsäuren, Störungen des Stoffwechsels [verzögertes Wachstum, Gelbpigmentierung des Speicherfettes, Anorexie, Mangel an Vitamin E], Wirkungen der oxydierten Fette). In gleicher Weise Ausführungen über die

Bedeutung der Seetieröle für die Ernährung des Menschen, wobei behandelt werden: hydrierte Seetieröle u. ihre Verdaulichkeit, polymerisierte Prodd. u. ihre physiol. bedenklichen Wirkungen. Ferner wird der Effekt der Seetieröle auf Mikroorganismen dargestellt (bakteriostat. bzw. baktericide Wirkungen). Hinweis auf den die Vernarbung von Wunden fördernden Effekt gewisser Seetieröle. (Oléagineux **10**. 161—68. März 1955. Inst. Sci. et Techn. des Pêches Maritimes.) K. TÄUFEL. 4585

George F. Wilgram, W. Stanley Hartroft und **Charles H. Best,** *Anormale Lipoide in den Coronargefäßen und Aortensklerose bei jungen, mit Cholinmangeldiät gefütterten Ratten.* Bei cholinarm u. fettreich ernährten Ratten kommt es zur Ablagerung von Lipoiden u. färbbarem Fett in den Coronararterien sowie zu einer Aortensklerose. Neben den bekannten Schäden an Leber u. Niere ist also auch das cardiovasculäre Syst. durch den Mangel an lipotropen Substanzen betroffen. (Science [Washington] **119**. 842—43. 11/6. 1954. Toronto, Ontario, Can., Univ., Banting and Best Dep. of Med. Res.) H. JORDAN. 4585

Juan Carlos Radice und **Elena Musmanno,** *Fluorescenzmikroskopische Bestimmung des Vitamins A im Rattenovar.* An histolog. Schnitten des Rattenovars konnte während der verschied. Phasen des Cyclus *Vitamin A* fluorescenzmkr. nachgewiesen werden. (Semana méd. **106** (62). 488—91. 21/4. 1955.) P. G. SCHEURLEN. 4587

Gunnar Ågren und **Percy Nordqvist,** *Über die anästhetische Wirkung einer Thiamin inaktivierenden Substanz am Hüftnerven des Frosches.* Vff. verglichen Gesamtextrakte aus Espenblättern u. einzelne gereinigte Fraktionen davon (Dialyse, Ionophorese, mehrfache A.- u. Ae.-Fällung) bzgl. ihrer *Thiamin* (I) inaktivierenden u. leitungsblockierenden Wrkg. am Nervus ischiadicus von R. temporaria. Am wirksamsten erwies sich der wss. Gesamtauszug u. der neutrale Anteil eines gereinigten, ionophoret. getrennten Blattextraktes. Dieser fällt durch schnellen Wirkungsverlust auf, u. zwar entspricht die Abnahme des anästhet. Effektes einer verminderten I-Hemmung. Dabei handelt es sich um eine Substanz, die die I-Best. nach MELNIK u. FIELD beeinträchtigt; die Wrkg. ist reversibel. Die ionophoret. gewonnene Kathodenfraktion enthielt einen Faktor, der die Leistungsfähigkeit wieder herstellte. (Acta pharmacol. toxicol. [København] **10**. 51—57. 1954. Uppsala, Univ., Deps. of Med. Chem. and Pharmacol.) H. HELGE. 4587

Giuseppe Squadrito, *Verhalten des Prothrombinspiegels nach Verabreichung von Nicotinsäure und seiner Amide.* Vf. beobachtete nach Anwendung von *Nicotinsäure* oder seines Amids eine Abnahme des Prothrombingehalts. Bei Leberkranken nahm Prothrombin eher zu. (Gazz. int. Med. Chirurg. **60** (59). 208—15. 28/2. 1955. Messina, Univ., Ist. di Patol. Spec. Med.) P. G. SCHEURLEN. 4587

Robert D. Barnard und **Mark D. Freeman,** *Die Umkehr der Toxizität von Aminopterin durch eine hämatopoietische Fraktion des „animal protein factors" aus Mikroben: Einige Ähnlichkeiten eines Kulturrückstandes von Streptomyces mit dem hypophysären Erythropoetin.* Aus einer rohen Kultur-Fl. von *Streptomyces griseus* mit „*animal protein factor*", in welcher *Corticotropin* (I) gefunden wurde, wurde ein Säureeluat eines Kohleadsorbates hergestellt. In täglichen oralen Dosen von 2 mg kehrte dieses Eluat nicht nur die myeloplast. u. cholinerg. Giftwrkg. von *Aminopterin* (II) an milchentwöhnten Ratten um, sondern rief beschleunigtes Wachstum u. Hämatopoiese angesichts der Verabreichung von II hervor. Daraus wird geschlossen, daß die Kultur-Fl. *Erythropoetin* u. *Somatotropin* zusätzlich zum I enthielt. Da bekannt ist, daß die Darmflora eine Quelle von I ist, wird angenommen, daß Mikroorganismen, einschließlich der Darmflora, auch somatotrop. u. erythropoiet. Wirkstoffe oder deren Vorläufer hervorbringen, ähnlich denen des Hypophysenvorderlappens. Es wird ferner angenommen, daß eine Vorstufe des *Erythropoetins* der Hypophyse durch die Darmflora entsteht u. daß sie als ein vorübergehender Bestandteil der Darmschleimhaut u. Leber den Hypophysenvorderlappen erreicht, wo sie zu ihrem Endprod. umgewandelt wird; erythropoiet. Hormon, *EPH*. Entsprechend der bekannten Physiologie des *EPH* ist es möglich, daß ihm eine Rolle als Transportregulator im Cholinesterasestoffwechsel zukommt. Diese Folgerung stimmt überein mit der Ggw. des Enzyms in wenigstens einem Darmorganismus (*Ps. fluorescens*), in der Darmschleimhaut, Leber u. in dem vermutlichen Erfolgsorgan von *EPH*, dem hämatopoiet. Mark. Eine Theorie über die Wechselbeziehungen zwischen *EPH* u. *Cholinesterase* wird aufgestellt, um die Art zu erklären, in welcher *Erythropoetin* oder *Cholinesterase* gewisse cholinerg. Erscheinungen während der Verabreichung von II zu beschränken vermögen. Die Theorie wurde in bezug auf bestimmte cholinerg. Erscheinungen geprüft, die bei Patienten mit gestörtem Cholinesterasetransport ausgelöst werden. In Übereinstimmung mit einer früheren Theorie von EVERETT u. SAWYER wird geschlossen, daß die hypophysäre Regulierung des Cholesterinspiegels eine Komponente des druckausgleichenden (oder „Adaptations“-) Syndroms ist, nicht direkt abhängig von der adrenocorticalen Vermittlung. (Amer. J. Digest. Diseases **22.** 76—82. März 1955. New York, New York City, N. Y., Professional Pathol. Labors.) H. AMAN. 4587

M. R. Droop, *Cobalaminbedarf bei Chrysophyceae.* Die Annahme, daß alle Chrysomonaden zum Wachstum *Cobalamin* (*Vitamin* B_{12}; **I**) benötigen, bestätigte sich bei Monochrysis lutheri Droop, Prymnesium parvum Carter, Syracosphaera elongata nom. prov. Maximales Wachstum wurde bei allen drei Arten bei einer Konz. von 30 bis 100 mγ **I**/Liter gefunden. (Nature [London] **174.** 520—21. 11/9. 1954. Millport, Marine Stat.) R. HÄHNEL. 4587

U. D. Register, *Die Wirkung von Vitamin* B_{12} *auf die Leber- und Blut-Nichteiweißsulfhydrylverbindungen.* Ratten, die *Vitamin-*B_{12}-arme Diät erhielten, zeigten eine Erniedrigung des Gesamtwertes der Nichteiweißsulfhydrylgruppen in Leber u. Blut, die bes. der Abnahme von *Glutathion* (**I**) zuzuschreiben ist. Beim Ergothionein konnte kein sicherer Befund erhoben werden. Es wird geschlossen, daß die Erhaltung des **I**-Spiegels im Körper zu den Funktionen des Vitamins B_{12} gehört. (J. biol. Chemistry **206.** 705—09. Febr. 1954. Loma Linda, Calif., Coll. of Med. Evangelists, School of Med., Dep. of Biochem.) F. LEUSCHNER. 4587

Allan Frölich, *Beziehungen zwischen der Qualität des Sojabohnenkuchenmehles und dem Bedarf der Küken an Vitamin* B_{12}. Aus den Unterss. ergab sich, daß minderwertige (unterhitzte) Proben von Sojabohnenkuchenmehl geringere Zunahmen u. schlechtere Futterverwertung ergaben. Die Tiere verarmten schneller an ihrer Vitamin-B_{12}-Reserve. Ob der Grund in der stärkeren antiproteolyt. Aktivität oder an dem Geh. an Soyin liegt, soll weiter geklärt werden. (Nature [London] **173.** 132—33. 16/1. 1954. Uppsala, Nat. Animal Exp. Stat.) K. NEHRING. 4587

Filippo Lo Jacono, *Die Fettausscheidung bei perniciosaähnlichen Anämien des Säuglings.* Während bei der Sprue die Fettausscheidung im Stuhl unter der Behandlung mit *Vitamin* B_{12} (**I**) kaum zurückgeht, beobachtete Vf. bei 8 Säuglingen, die an einer hyperchromen, perniciosaähnlichen Anämie erkrankt waren, unter der Behandlung mit **I** einen raschen Rückgang der Fettausscheidung von anfänglich durchschnittlich 23,8% auf n. Werte. (Pediatria [Napoli] **63.** 260—70. 1955. Palermo, Univ., Clin. Pediatr.) P. G. SCHEURLEN. 4587

Wilhelm Stepp, *Zum Vitamin-C-Bedarf Erwachsener.* Allg. Ausführungen über optimale Versorgung mit *Vitamin C*, die zu 125 mg täglich angenommen wird, u. seine Bedeutung im Zusammenhang mit Infektionsresistenz, Adaptationskrankheiten u. allg. Gesundheitszustand. (Dtsch. med. Wschr. **80.** 289—92. 25/2. 1955. München.) F. KRUSEN. 4587

E. Grundler, *Zur Vitamin-D-Überdosierung im Säuglings- und Kleinkindesalter.* An Hand von 10 Fällen, von denen einer ausführlich beschrieben wird, stellt Vf. die Symptomatik der *Vitamin-D* (**I**)-Überdosierung dar. Die Krankheitserscheinungen, die gegenüber schweren neuropath. Rkk., chron. Nephritis u. FEERschen Neurosen differentialdiagnost. abgegrenzt werden müssen, bestehen hauptsächlich in einer Hypercalcämie (10,5—15,5 mg%), Neuropathie, Appetitlosigkeit, Obstipation, Nieren- u. Myocardschäden u. röntgenolog. Veränderungen. Die Kinder hatten **I** in Stößen von 45—110 mg oder einige Wochen lang mit täglich 5—15 mg erhalten. Die Behandlung besteht hauptsächlich in Vermeidung jeglicher **I**- u. Calciumzufuhr bis zur Normalisierung der Blut-Ca-Werte. Vf. empfiehlt zur Rachitisprophylaxe während der Wintermonate 1—2 Stöße von 10 mg u. therapeut. 2 Stöße von 15 mg **I**, um Überdosierungserscheinungen sicher zu vermeiden. — 29 Literaturangaben. (Dtsch. med. Wschr. **80.** 285—88. 25/2. 1955. Tübingen, Univ., Kinderklinik.) F. KRUSEN. 4587

Armando Aghina und **Romolo Cerra,** *α-Tocopherol und Blutgerinnung.* Vff. beobachteten nach hohen Dosen *α-Tocopherol* bei 13 Versuchspersonen eine milde antithrombot. Wrkg., die mit Hilfe der Gerinnungszeit, der Prothrombinzeit u. der Heparinaktivität bestimmt wurde. (Gazz. int. Med. Chirurg. **60** (**59**). 444—55. 15/4. 1955. Napoli, Univ., Ist. di Clin. Chirurg. Gen.) P. G. SCHEURLEN. 4587

Henrik Dam, Inge Prange und **Ebbe Søndergaard,** *Vitamin-*K_1*-Gehalt des Blutes und verschiedener Organe von Hühnchen und Ratten nach der Zufuhr hoher Dosen.* Vff. verabreichten Hühnern u. Ratten 0,1 mg *Vitamin* K_1/g Körpergewicht. u. verglichen die in Blut, Galle, Leber, Milz u. Lungen wiedergefundene Menge sowie den Einfl. auf die Prothrombinzeit (PZ). Verwendung fand eine mit Tween 80 (Polyoxyäthylensorbitanmonooleat) hergestellte koll. Lsg., die Best. erfolgte colorimetr. in Ae.–A.-Extrakten (nach IRREVERRE u. SULLIVAN, Science [Washington] **94.** [1941.] 497). Nach oraler u. intramuskulärer Applikation wurde **I** nur langsam u. in geringer Menge resorbiert, nach intravenöser (i. v.) Injektion erfolgte eine Speicherung in Leber, Milz u. Lunge.

Diese betrug nach 1 Tag 68%, nach 42 Tagen noch ca. 16% der Dosis. Gleichzeitige Gabe von *Coumachlor* [*3-[α-p-Chlorphenyl-β-acetyläthyl]-4-oxycumarin* (II), 0,05 mg/g Körpergewicht 1 mal. bzw. mehrmals] war dabei ohne Einfl. auf die Ablagerung von I, die PZ stieg jedoch langsam an. 7γ I/g Körpergewicht bewirkten bei Hühnern, die Mangel an I litten, ein Absinken der PZ auf n. Werte, am schnellsten nach intravenöser Zufuhr. Da II-Gabe bei Hühnern, die einmal eine hohe Dosis I bekamen u. dieses in Leber u. Milz noch in ausreichender Menge gespeichert haben, trotzdem zu einer Verlängerung der PZ führt, ist anzunehmen, daß dieses I vielleicht in veränderter Form im RES gespeichert wird. (Acta pharmacol. toxicol. [København] **10.** 58—68. 1954. Kopenhagen, Polytechn. Inst., Dep. of Biochem. and Nutrit.) H. HELGE. 4587

Marion A. Blankenhorn, *Die Wirkung des Vitaminmangels auf Herz und Kreislauf.* In dieser klin. Übersicht wird der Einfl. von *Thiamin, Tocopherol, Folsäure, Pyridoxin, Vitamin* B_{12} u. *Nicotinsäure* sowie *Vitamin C* auf Herz u. Kreislauf unter besonderer Berücksichtigung des Beri-Beri-Herzens abgehandelt. (Circulation [New York] **11.** 288—91. Febr. 1955. Cincinnati, Univ., Dep. of Internal Med., Coll. of Med. and Hosp. Gen.) H. JORDAN. 4587

H. Schroeder und **M. Fuchs,** *Antibiotica und Vitaminstoffwechsel.* Bei ca. 60 gesunden u. kranken Personen durchgeführte laufende Bestimmungen der Harnausscheidung u. des Blutspiegels verschied. *Vitamine* [I, *Vitamin A,* B_1, *C, Lactoflavin* (II), Nicotinsäureamid (III)] unter dem Einfl. therapeut. Dosen von *Antibioticis* (*Streptomycin, Penicillin, Terramycin, Achromycin, Sanamycin, Citocyllin*) zeigten in Übereinstimmung mit klin. Beobachtungen bei fast allen untersuchten I eine signifikante Entvitaminisierung, die bes. bei II u. III deutlich ausgeprägt war u. nicht allzu selten zu manifesten avitaminot. Erscheinungen führte. Die Beeinflussung des I-Stoffwechsels durch die Antibiotica erfolgt anscheinend auf 3fache Weise, durch direkte Antivitaminwrkg. sowie durch Einw. auf die bakterielle I-Synth. im Magen–Darm-Kanal u. durch die Darmresorption. (Klin. Wschr. **33.** 278—82. 15/3. 1955. Aachen, Luisenhospital, Innere Abt.) K. MAIER. 4587

W. G. Duncombe und **R. F. Glascock,** *Der Beitrag der aus der Nahrung stammenden Stearinsäure zum Milchfett. Stearinsäure* (I), die mittels *Tritium* an $C_{(9)}$ u. $C_{(10)}$ markiert worden war, wurde lactierenden Ziegen verfüttert. 17% der eingenommenen Aktivität wurde in den ersten 24 Std. in den Milchlipoiden ausgeschieden u. 25% in den ersten 5 Tagen. Ungefähr 70% der langkettigen Fettsäuren (II) der Milch stammen aus Nahrungsfett. Gesätt. u. ungesätt. nichtflüchtige Säuren von Glyceriden (III) u. nichtflüchtige Säuren von Phosphatiden hatten ungefähr dieselbe spezif. Aktivität wie Säuren von Blut-III. Die Unterss. zeigen, daß die I aus der Nahrung nicht nur zu langkettigen II beiträgt, sondern auch zu anderen Milchbestandteilen. (Biochem. J. **57.** XI. Juni 1954. Reading, Univ. of Reading, Nat. Inst. for Res. in Dairying.) H. BENISCHKE. 4596

Cl. Reymond, Cl. Wild, D. Djelali, J. Frei und **T. Béraud,** *Beitrag zur Untersuchung des Kohlenhydratstoffwechsels bei Lebercirrhose.* Vff. führen an 22 gesunden u. 14 an Lebercirrhose erkrankten Personen intravenöse *Fructose* (I)-Belastungen (80 cm^3 40%ig. I-Lsg. in 6 Min.) durch u. bestimmen vor u. nach den Verss. I, *Glucose, Brenztraubensäure* (II), *Milchsäure* (III) u. anorgan. P im Serum u. Gesamtblut sowie den Geh. an *Blutcocarboxylase* (IV). Aus den Unterss. geht hervor, daß die cirrhot. Leber Phosphorylierungsstörungen der Hexosen u. eine Verlangsamung des Abbaus von II u. III aufweist. Sie scheint durch eine Verminderung an IV bedingt zu sein, da deren Konz. im Blut von Leberkranken herabgesetzt gefunden wurde. (Schweiz. med. Wschr. **85.** 325—29. 2/4. 1955. Lausanne, Univ. Clin. méd.) P. FAHRNLAENDER. 4596

N. T. Werthessen, Lawrence J. Milch, R. F. Redmond, Leland L. Smith und **E. C. Smith,** *Biosynthese und Konzentrierung von Cholesterin durch die intakte weiterlebende Rinderaorta in vitro.* Vff. fanden, daß *Cholesterin* (I) innerhalb der Aorta (Ao.) konz. werden kann, wenn der lebende Zustand in vitro aufrechterhalten bleibt. Das Ansteigen der I-Konz. steht in Beziehung zum Glucoseverbrauch der Aorta. Durch Anwendung von ^{14}C-Acetat zeigten Vff., daß während der I-Konzentrierung durch die Ao. die akt. Biosynth. von I innerhalb der Ao. weitergeht. Die Prüfung des I-Geh. an verschied. Abschnitten der Ao. zeigte zunehmende Veränderungen der I-Konz. entlang ihrer Länge. Die I-Konz./g Trockengewebe ist minimal am Beginn der Ao., am Herzen, u. steigt an zu einem Maximum an der Gabelung. Vff. sind der Ansicht, daß die Ao. I in einem solchen Ausmaß synthetisieren kann, daß innerhalb kurzer Zeit die I-Konz. verdoppelt ist. (Amer. J. Physiol. **178.** 23—29. Juli 1954. San Antonio, Southwest Found. for Res. and Educat., Dep. of Physiol. and Biochem.; Randolph Field, Tex., USAF School of Aviat. Med., Dep. of Pharmacol. and Biochem.) G. BRATFISCH. 4597

A. G. B. Kovách, L. Takács, P. Róheim, S. Kiss und **E. Kovách,** *Die Glucoseaufnahme des Muskels im Schock.* Die *Glucose* (I)-Aufnahme durch das Rattendiaphragma war in vitro nach vorangegangener Schockbehandlung der Tiere herabgesetzt. Zusatz von 1 E. Insulin pro ml hob diesen Effekt auf. Schock unmittelbar nach Hypophysektomie bzw. 2 Wochen nach Adrenalektomie setzte die I-Aufnahme nicht herab. Wss. Muskelextrakte von Schockratten wiesen eine die Hexokinaseaktivität teilweise hemmende Wrkg. auf. (Acta physiol. Acad. Sci. hung. **3.** 345—55. 1952. Budapest, Med. Univ., Physiol. Inst.) H.-G. SCHWEIGER. 4597

A. Chari und **E. Wertheimer,** *Die Wirkung von Ketonkörpern auf den Kohlenhydratstoffwechsel des Rattenzwerchfells.* In vitro-Verss. zeigten eine Herabminderung der *Glykogen*-Synth. u. ein geringes Anwachsen der Glucose (I)-Ausnutzung durch Rattenzwerchfell u. Leberschnitte bei Zugabe von 0,1%ig. *Acetoacetat* (II). Die Höhe dieses „Acetoacetateffektes" ist von der I- u. II-Konz. abhängig. *β-Oxybutyrat* war schlechter, *Aceton* gar nicht wirksam. *Methylenblau* erzeugte den Effekt ebenfalls. Dieser wird auch am Zwerchfell alloxandiabet. Ratten bei Ggw. von Insulin u. Adrenalin u. nach in vivo-Ketongaben untersucht. (Biochem. J. **57.** 443—49. Juli 1954. Jerusalem, Israel, Hebrew Univ., Hadassah Med. School, Dep. of Biochem.) K. GENEST. 4597

W. I. Telepnewa, *Besonderheiten des Kohlenhydrat–Phosphor-Umsatzes der Skelettmuskeln nach Denervation und Tendotomie.* In Verss. mit Kaninchen wird gezeigt, daß bei der Incubation des Breies von n. Wadenmuskeln bei aeroben Verhältnissen der Kohlenhydratzerfall glykolyt. erfolgt. In Ggw. von Glykogen (I) u. Fluorid (II) wird viel anorgan P gebunden, wobei zwischen aeroben u. anaeroben Verhältnissen kein wesentlicher Unterschied besteht. Bei der Incubation in O_2-Atmosphäre ohne II-Zusatz wird viel Milchsäure angereichert. Im denervierten Muskel sind I-Phosphorolyse, Phosphohexokinase-Rk. u. glykolyt. Oxydo-Red. gestört. Dadurch wird die Intensität der Phosphorylierung 4 Wochen nach der Operation um 50% herabgesetzt. Bei Tendotomie des Muskels wird sie zu diesem Zeitpunkt um 15% vermindert. (Биохимия [Biochemie] **20.** 212—19. März/April 1955. Moskau, Lomonossow-Univ., Lehrstuhl für Biochem. der Tiere.) O. LEBTAG. 4597

William W. Schottstaedt, William J. Grace und **Harold G. Wolff,** *Lebenslage, persönliches Verhalten und renale Exkretion von Flüssigkeit und Elektrolyten.* (J. Amer. med. Assoc. **157.** 1485—88. 23/4. 1955. New York, N. Y., N. Y. Hosp., Dep. of Med.; Cornell Univ., Med. Coll.) F. KRUSEN. 4597

S. W. Cole, Cole's practical physiological chemistry. 10th edn. Rev. and re-writen by **Ernest Baldwin** and **David James Bell.** London: W. Heffer. 1955. (X + 261 S., Diagr. Taf.) 21 s.

Hellmut Wigand, Die nicht-hämolytischen Bluttransfusionsstörungen. Berlin, Göttingen, Heidelberg: Springer 1955. (75 S. m. 20 Abb.) 8°. DM 12,—.

E₆. Pharmakologie. Therapie. Toxikologie. Hygiene.

Kurt Sommermeyer, *Über die Dosierung radioaktiver Präparate mit Anthracenkristallen (Vergleichsmessungen).* Vf. beschreibt eine spezielle Meßanordnung, mit der es möglich ist, die Proportionalität zwischen Dosis u. Fluorescenzausbeute an *Anthracen*-Kristallen u. die Unabhängigkeit dieser Proportionalität von der Strahlenqualität zu prüfen. Die Messungen des Vf. wurden an der Strahlung von ^{90}Sr hinter Cellonschichten durchgeführt. Vergleichsmessungen mit einer SIEMENS-Phantomkammer. Die Übereinstimmung der Anthracenkurve (räumliche Dosisverteilung) mit der Luftkurve (Phantomkammer) ist vollkommen. Gleicher Befund wurde an einem Ra-Monel-Präp., an einem Ra-Präp. in Pt–Ir sowie vor einem Ra-Monel-Plattenpräp. gefunden. (Strahlentherapie **95.** 424—31. Nov. 1954. Freiburg/Br., Univ., Radiol. Inst.) W. REUSSE. 4601

V. Verga und **A. Cali,** *Einfluß von Röntgenstrahlen auf die Mucopolysaccharide der Nabelschnur.* Bestrahlung mit 5000—7000 r (150 kW; 3 Al; 40 cm) der Nabelschnur ergaben Fehlen der Metachromasie u. negative HALE-Rk., was auf eine Depolarisation der Grundsubstanz durch die Röntgenstrahlen zurückgeführt wird. — 25 Literaturangaben. (Radioterap. Radiobiol. Fisica med. **9.** 10—21. 1954. Neapel, Univ., Ist. Anatom. Patol. et Ist. Radiol.) G. WELTZIEN. 4601

Günter Höhne, Hans A. Künkel und **Renate Anger,** *Die Serumeiweißkörper der Ratte nach Röntgenganzbestrahlung mit 3000 r.* Die strahleninduzierten Veränderungen im Serumeiweißspektr. (Elektropherogramm) der Ratte nach Röntgenganzbestrahlung mit 3000 r treten etwa zum gleichen Zeitpunkt in Erscheinung wie nach Bestrahlung mit 650 r. Infolge des bei der höheren Dosis erheblich früher eintretenden Todes der Tiere kommt es hier nicht mehr zu den starken Verschiebungen der relativen Anteile der Einzelfraktionen am Gesamtprotein, wie sie bei den schwächer bestrahlten Tieren auftreten. (Klin. Wschr. **33.** 284. 15/3. 1955. Hamburg-Eppendorf, Univ., Frauenklinik.) K. MAIER. 4601

Margery G. Ord und **L. A. Stocken,** *Die Wirkung der Bestrahlung auf die oxydative Phosphorylierung und die Adenosintriphosphatase in vitro.* Verss. über die Einw. von γ-Strahlen auf Milzmitochondrien von Ratten in vitro zeigen, daß weder die oxydative Phosphorylierung noch die *Adenosintriphosphatase* durch die Bestrahlung, die in vivo starke Wirkungen auslöst, beeinflußt wird. — 24 Schrifttumshinweise. (Brit. J. Radiol. **28.** 279—82. Mai 1955. Oxford, Univ., Dep. of Biochem.) W. WESLY. 4601

H. Burger, H. Grabinger und **J. Lehmann,** *Über die Schutzwirkung von Periston N bei Anwendung energiereicher Strahlen.* An 650 Inzuchtratten wurden bei n. Fütterung 1000 bzw. 1500 r in Form von Röntgentotalbestrahlungen appliziert (185 kV, 4 mA, FHA 31 cm, ohne Filter, Dosisleistung 86 r/min). Eine Std. später u. an drei weiteren Tagen erhielten die Tiere intraperitoneale Injektionen von 0,5 cm^3 *Periston N* (I) pro 100 g Körpergewicht im Gemisch mit physiol. Kochsalzlösung. Während 48 Std. wurde dann der Urin der Tiere gesammelt u. nach Filtration unbestrahlten Tieren intraperitoneal injiziert. Die Überlebensrate der mit I behandelten Tiere wurde erhöht. Bei Bestrahlung mit 1000 r z. B. kamen 30 von 60 Tieren zwischen dem 4. u. 21. Tag ad exitum, bei zusätzlicher I-Behandlung überlebten 56 von 60 Tieren. Bei diesen fielen außerdem typ. Nachbestrahlungseffekte, wie wss. Diarrhoe u. Erytheme, nahezu aus. Bei 1500 r gingen alle Tiere zugrunde, bei zusätzlicher I-Behandlung blieben 9 von 60 Tieren am Leben. An den Urinproben bzw. den damit injizierten Ratten wurde gezeigt, daß die radiotox. Zerfallsprodd., die für die Entstehung von Strahlenschäden verantwortlich sind, an I gebunden schnell über die Nieren ausgeschieden werden. (Strahlentherapie **95.** 399—406. Nov. 1954. Tübingen, Univ., Frauenklinik.) W. REUSSE. 4601

G. B. Hutchinson, *Einige Hinweise auf die Radioisotopentherapie.* Radioakt. Isotope sind in der Hand des Forschers nützliche Hilfsmittel. Da der Umgang mit diesen Stoffen zum Teil unbekannt ist, werden einige recht wertvolle Hinweise über Eigg., Gebrauch u. Vorsichtsmaßregeln sowie über den Einsatz der Isotopen für Diagnose u. Therapie gegeben. (J. Amer. pharmac. Assoc., pract. Pharmacy Edit. **15.** 360—63. 377. Juni 1954. Washington, D. C., Off. of the Surg. Gen., Div. Administrative Serv.) H. P. FIEDLER. 4601

S. J. Wyard, A. Nightingale und **I. G. Austin,** *Die Strahlungsgefahr bei der Anwendung von Thorium X zur Hauttherapie.* Verss. über die mit der Anwendung von *Th X* zur Hautbehandlung (in verd. alkoh. Lsgg. mit $CaCl_2$ als Trägerstoff) für Personal [Einatmung von Th-Emanation (I), Einw. von β- u. γ-Strahlen, Schädigung der Haut infolge Berührung mit der Th X-Lsg.] u. Patient (Einatmung von I, Schädigung der Gonaden durch γ-Strahlen, Schädigung der Körpergewebe infolge Einw. des durch die Haut eingedrungenen Th X u. seiner Zerfallprodd.) verknüpften Gefahren zeigen, daß diese gering sind, wenn hinreichende Vorsichtsmaßnahmen getroffen werden. (Brit. J. Radiol. **28.** 274—78. Mai 1955. London, Guy's Hosp., Med. School, Physics Dep.) W. WESLY. 4601

Th. Hornykiewytsch und **H. St. Stender,** *Ergebnisse und Erfahrungen bei der Untersuchung von 1000 Patienten mit Biligrafin.* Bei Reihendurchleuchtungen der Gallenblase wurde die Brauchbarkeit von *Bilisectan* (I) u. *Biligrafin* (II) diskutiert. Die Darstellungsleistung des II überwiegt die des I um 36%. II ist das *Di-Na-Salz von N.N'-Adipinyl-bis-[3-amino-2.4.6-trijodbenzoesäure]* u. erzeugt schon nach ca. 30 Min. einen röntgenfähigen Schatten, da es von den Leberzellen akt. konz. u. sezerniert wird. (Aerztl. Wschr. **9.** 564—68. 11/6. 1954. Gießen, Univ., Med. Klinik, Strahlenabt.) G. WELTZIEN. 4601

Edmund B. Flink, Francis L. Stutzman, Arthur R. Anderson, Theodore Konig und **Robert Fraser,** *Magnesiummangel nach längerer parenteraler Flüssigkeitszufuhr und nach chronischem Alkoholismus mit Komplikation durch Delirium tremens.* Bei einem Fall mit hypochloräm., hypokaliäm. Alkalose u. Hypophosphatämie traten nach Besserung dieser gestörten Verhältnisse durch Injektionen von Salzlsgg. Muskelkrämpfe u. andere Störungen in Erscheinung. Dabei wurde Mg-Mangel festgestellt (1,19 Milliäquivalente/Liter Serum). Durch Zufuhr von täglich 20 Milliäquivalenten Mg intramuskulär während 3 Tagen wurde rasche Besserung des Allgemeinzustandes erzielt. Bei einigen weiteren derartigen Fällen sowie bei 19 Patienten mit *Delirium tremens* wurden durchweg niedrige Serum–Mg-Werte festgestellt. Bei 15 davon wurde durch Mg-Behandlung Besserung erzielt, zum Teil überraschend schnell, u. in einem Fall nach 3 maliger Wiederholung. Die stärksten Störungen, bes. Tremor, kamen allg. bei niedrigsten Mg-Werten vor. In diesem Zusammenhang wird auf das Vork. von Mg-Mangelzuständen beim Rind (Weidetetanie) hingewiesen. (J. Lab. clin. Med. **43.** 169—83. Febr. 1954. Minneapolis, Minn., Univ., Veterans Admin. Hosp., Deps. of Med. and Surg.) J. SCHWAIBOLD. 4606

Norman Lasker, Theodore R. Sherrod und **Keith F. Killam,** *Alkohol und die Coronarcirculation des Hundes.* An anästhesierten Hunden mit freigelegtem Herzen wurde einerseits der Ausfluß am Sinus coronarius (a) u. andererseits der Blutstrom der Coronararterie (b) nach intravenösen Gaben von 50%ig. A. bestimmt. — Ergebnisse: Bei a erfolgte nach Verabreichung von 375 u. 500 mg A./kg eine Erhöhung des Ausflusses um 60 u. 120%, während die zugehörigen A.-Konzz. bei 65 u. 110 mg% lagen. Langsame Injektion von 500 mg A./kg über 35 Min. führte zu 30%ig. Erhöhung des Ausflusses. Im Fall b war, wie auch bei a, die Dosis von 250 mg noch unwirksam. 375 u. 500 mg A./kg erhöhten den Blutfluß um 30 bzw. 60%. Die beobachteten Effekte kamen 15 bis 30 Min. nach Verabreichung zum Abklingen u. sind möglicherweise auf verminderten Gefäßwiderstand zurückzuführen. 0,25 mg Papaverin u. 2,5 mg Aminophyllin sind in der vasodilator. Wrkg. 100 mg A. gleichzusetzen. (J. Pharmacol. exp. Therapeut. **113.** 414—20. April 1955. Chicago, Ill., Univ. of Illinois, Coll. of Med., Dep. of Pharmacol.)
K. ZOPFF. 4607

William E. Loring und **Lawrence J. Hartley,** *Die zerstörende Wirkung von DL-Äthionin auf Pankreas, Magen und Glandula submaxillaris.* Bei Ratten bewirkt *DL-Äthionin* bei intracardialer oder intraperitonealer Gabe von 125—900 mg über verschieden lange Zeiträume eine Zerstörung der acinären Zellen des Pankreas, der Hauptzellen des Magens u. der Zellen der Gl.submaxillaris. Veränderungen in Leber, Nieren, Hoden u. Nebennieren fehlten. (Amer. J. Pathol. **31.** 521—28. Mai/Juni 1955. Chapel Hill, N. C., Univ. of North Carolina, School of Med., Dep. of Pathol.) WOLFGANG ALBRECHT. 4607

O. Ss. Manoilowa und **N. D. Bakulina,** *Wassergehalt und Reststickstoff im Gehirn von Tieren unter Bedingungen der Dämpfung und der Erregung.* Der Wasser (**I**)-Geh. u. die Schwankungen des Rest-N (**II**)-Geh. im Gehirn von Kaninchen, Katzen, weißen Mäusen u. Ratten unter Einfl. von Ae., Chlf., Amylnatrium u. Cardiazol (**III**) wurden an insgesamt 94 Tieren geprüft. Unter Einfl. der Narkotica u. Schlafmittel sank der **I**-Geh., u. zwar bei Ae. stärker als unter Einfl. des Chloroforms. Das wird auf die Verminderung der Intensität von Oxydationsprozessen zurückgeführt. Auch **II** ging während des Schlafes zurück. **III** bewirkte den Anstieg sowohl des **I** wie des **II** im Gehirn der Versuchstiere, was mit der Förderung des Eiweißzerfalls durch die Erregung in Zusammenhang gebracht wird. (Физиологический Журнал СССР имени И. М. Сеченова [Ssetschenow J. Physiol. UdSSR] **41.** 262—64. März/April 1955. Kuibyschew, Med. Inst., Lehrstuhl für biol. Chem.) F. DU MANS. 4607

M. W. Parkes und **P. Sacra,** *Unfähigkeit von Acetylcholinantagonisten, Mäuse gegen die Toxizität von „Tensilon" zu schützen.* Im Gegensatz zu *Neostigmin* u. *Tetraäthylpyrophosphat*, deren Wrkg. durch *Atropin* (**I**), *Tubocurarin* (**II**) u. *Hexamethonium* (**III**) zum Teil aufgehoben wird, läßt sich die Toxizität des *Tensilons* (*3-Oxy-N-dimethyläthylaniliniumbromid*) durch **I**, **II** u. **III** nicht aufheben. (Nature [London] **174.** 969. 20/11. 1954. Welwyn Garden City, Roche Products Ltd., Biol. Labor.)
H. R. SCHÜTTE. 4607

Antonio Romero Calatayud, *Moderne Beurteilung der Toxizität von Kaffee, Alkohol und Tabak, besonders hinsichtlich ihrer Wirkung auf den menschlichen Magen.* Übersicht über die pathophysiol. Wirkungen des *Kaffees*, *A.* u. *Tabaks.* (Med. españ. **33** (18). 184—95. März 1955. Valencia, Real Acad. de Med.) P. G. SCHEURLEN. 4607

R. H. Rigdon, *Atypische Cirrhose bei der Ente, hervorgerufen durch Methylcholanthren.* Bei weißen Pekingenten bewirkt *Methylcholanthren* bei intramuskulärer, subcutaner u. intracutaner Gabe eine atyp. verlaufende Lebercirrhose. Die degenerierten Leberzellen werden durch eine amyloidähnliche M. ersetzt, welche sich mit Amyloidfarbstoffen nicht anfärben läßt u. in keinem andern Bauchorgan auftritt. (Amer. J. Pathol. **31.** 461—67. Mai/Juni 1955. Galveston, Tex., Univ. of Texas, Med. Branch, Labor. of Exp. Pathol.) WOLFGANG ALBRECHT. 4607

Veikko Pirilä und **Eero Siltanen,** *Über die chemische Natur des ekzembildenden Stoffes im Terpentinöl.* 1. Mitt. Die Oxydationsprodd. von *Terpentinöl* (**I**) u. *α-Pinen* (**II**) bilden auf der Haut Ekzeme, im Gegensatz zu reinen Produkten. Antikatalysatoren (*Hydrochinon, Pyrogallol*) verhindern diese Wirkung. Der Wirkstoff konnte aus oxydierten **I** u. **II** durch Vakuumdest. abgetrennt werden. Er ist hitzeempfindlich u. zers. sich bei 140° vollständig. Vermutlich ist der Wirkstoff mit *α-Pinenperoxyd* identisch. Auch Δ^3-Caren liefert ein Prod. mit ekzembildenden Eigenschaften. (Dermatologica [Basel] **110.** 144—55. Febr. 1955. Helsinki, Univ., Chem. Inst.) J. MILLER. 4608

Karl-Heinz Kröber, *Purpura haemorrhagica als Nebenerscheinung bei der INH-Medikation.* In einem unter 1250 Tuberkulosefällen traten nach Alkoholabusus, nachdem vorher insgesamt 95 g *INH* gut vertragen worden waren, ausgedehnte Hautblutungen (Capillartoxikose) auf; Rückbldg. der Erscheinungen mit *Stytobion*, *Ca*, *Vitamin C*, *K* u. *P* (*Citrin*). (Tuberkulosearzt **9.** 394—97. Juli 1955. Hahn/Oldbg., Niedersächs. Landesheilstätte.) H. DOSSMANN. 4610

A. Fötzsch, *Klinische Erfahrungen mit Isonicotinsäurehydrazid* (*INH*) *bei der Behandlung tuberkulöser Augenerkrankungen.* Bericht über 227 tuberkulöse Augenerkrankungen. Alleinige orale Behandlung mit *Isonicotinsäurehydrazid* (I), 10 mg/kg in 3 täglichen Gaben bei Erwachsenen. Kein Unterschied zwischen *Nikocid*-WOLFEN u. *Isotebezid*-JENAPHARM. 44% deutliche Besserungen, 54% prakt. unbeeinflußt, 2% Verschlechterungen. Das unbefriedigende Ergebnis ließ sich neuerdings durch Kombination von I mit *PAS* oder *Streptomycin* bzw. durch zusätzliche subconjunctivale I-Verabreichung verbessern. (Dtsch. Gesundheitswes. **8.** 1343—46. 29/10. 1953. Jena, Univ., Augenklinik.) H. DOSSMANN. 4610

R. Je. Karziwadse, *Kombinierte Anwendung von Streptomycin, PAS und Tibon bei Lungentuberkulose.* Vf. behandelte 160 Kranke mit Lungentuberkulose mit *Streptomycin* (I) u. *PAS* (II), 30 weitere Kranke erhielten II mit Tibon (III), 26 II, I u. Bluttransfusionen. III wurde nur in Dosen von 0,02—0,06 g mit 8 g II täglich gegeben. Die besten Resultate bei Erkrankungen mit ausgesprochener Intoxikation erhielt man mit I u. anschließender (2—3 Wochen nach Beginn der Behandlung) Zugabe von II. Transfusionen (3—4mal 100—150 cm³) steigerten die Wirksamkeit der medikamentösen Behandlung. (Проблемы Туберкулеза [Probleme Tuberkulose] **1955.** Nr. 2. 29—32. März/April. Tbilissi, Wiss. Tuberkulose-Forschungsinst.) F. DU MANS. 4610

S. Valenti und **M. Zubiani,** *Über die kombinierte antibakterielle Behandlung der Lungentuberkulose mit verschiedenen synthetischen Antibioticis.* (Minerva med. [Torino] **46** I. 1479—81. 23/5. 1955. Roma, Univ., Ist. Carlo Forlanini dell' I. N. P. S.) P. G. SCHEURLEN. 4611

Gene H. Stollerman, Jerome H. Rusoff und **Ilse Hirschfeld,** *Prophylaxe gegenüber Streptokokken Gruppe A bei rheumatischem Fieber. Anwendung einmaliger monatlicher Injektionen von Benzathine–Penicillin G.* Unter *Benzathine–Penicillin*-Prophylaxe mit einer Injektion von 1,2 E./Monat über 2 Jahre war bei 145 ambulanten Fällen mit rheumat. Fieber das Auftreten von Rückfällen oder Reinfektionen mit Streptokokken Gruppe A zu vermeiden; günstigere Ergebnisse als mit oralem *Penicillin* oder *Sulfadiazin*. (New England J. Med. **252.** 787—92. 12/5. 1955. New York City, Irvington House u. New York Univ., Coll. of Med., Dep. of Med.) H. DOSSMANN. 4611

John B. MacGibbon, *Anaphylaktische und Purpuraerscheinungen durch Procain-Penicillin G in wässeriger Suspension.* (Brit. med. J. **1955 I.** 1196. 14/5. Baltimore, Md., Church Home and Hosp.) F. KRUSEN. 4611

A. Locker und **K. H. Spitzy,** *Über Beziehungen zwischen Penicillinaktivierung und Gewebsatmung der Leber.* Bei der aeroben u. anaeroben Inaktivierung durch Meerschweinchenleberschnitte erleidet *Penicillin V* (*Phenoxymethylpenicillin*) eine stärkere Inaktivierung als *Penicillin G.* Bei der Herabsetzung der Gewebsatmung durch *4.6-Dinitro-o-kresol* sinkt mit dem Sauerstoffverbrauch auch die Penicillininaktivierung (Pi.). Blausäure ruft neben der Atmungshemmung eine Stimulation von Pi. hervor, die ebenso groß ist wie die, die sich mit Brenztraubensäure bei Atmungsförderung erzielen läßt. (Z. ges. exp. Med. **125.** 100—15. 1955. Wien, 1. Med. Univ.-Klinik.) E. CARSTENS. 4611

C. F. Högman und **N. Schager,** *Intraperitoneale Verabreichung von Tetracyclin beim Menschen. Vorläufiger Bericht über Konzentrationsspiegel im Exsudat der Bauchhöhle und im Serum.* In 5 Fällen wurden nach Verabreichung von 1 g *Tetracyclin* (I) bei Laparotomie 16 Std. lang hohe I-Konzz. im Exsudat der Bauchhöhle u. bis zu 24 Std. ausreichende Serumkonzz. festgestellt. (Acta chirurg. scand. **108.** 439—42. 28/2. 1955. Stockholm, Karolinska Sjukhuset, Karolinska Inst., Med. School, Bacteriol. Labor. and Dep. of Surg.) H. DOSSMANN. 4611

Harry M. Robinson jr., *Oxytetracyclin in Dermatologie und Syphilologie.* (Int. Rec. Med. **168.** 207—12. April 1955. Baltimore, Md., Univ. of Maryland, School of Med., Dep. of Dermatol.) H. DOSSMANN. 4611

Joseph Buchman, *Anwendung von Oxytetracyclin bei Infektionen von Knochen und Gelenken und ihren weichen Gewebshüllen.* Diskussion des Wertes u. der Indikation von *Oxytetracyclin* (I) für Prophylaxe u. Behandlung von Knochen- u. Gelenkinfektionen bei alleiniger Anwendung oder in Verbindung mit chirurg. Eingriffen. I ist früheren Antibioticatherapien überlegen. (Int. Rec. Med. **168.** 213—19. April 1955. New York, N. Y., Hosp. für Joint Diseases, Beth. David Hosp. u. New York Univ., Post Graduate Med. School.) H. DOSSMANN. 4611

Aaron Prigot und **Aubre de L. Maynard,** *Oxytetracyclin als Adjuvans bei chirurgischer Therapie der festgestellten Peritonitis und Verunreinigungen des Bauchfells.* (Int. Rec. Med. **168.** 220—28. April 1955. New York, N. Y., Harlem Hosp., Dep. of Hosp.) H. DOSSMANN. 4611

H. Close Hesseltine, *Oxytetracyclin bei Geburtshilfeinfektionen.* (Int. Rec. Med. **168.** 229—37. April 1955. Chicago, Ill., Univ. of Chicago, Dep. of Obstetrics and Gynecol. u. Chicago Lying-in Hosp.) H. DOSSMANN. 4611

George Blinick und **Samuel Soichet,** *Oxytetracyclin bei der Behandlung von Beckeninfektionen.* (Int. Rec. Med. **168.** 238—47. April 1955. New York, N. Y., Harlem- u. Beth Israel Hosp.) H. DOSSMANN. 4611

William C. Baum, *Oxytetracyclin bei der Behandlung von Infektionen der Geschlechtsteile und Harnwege.* (Int. Rec. Med. **168.** 248—53. April 1955. Ann Arbor, Mich., Univ. Hosp.) H. DOSSMANN. 4611

Milton Marmell und **Aaron Prigot,** *Intramuskuläres Oxytetracyclin bei der Behandlung akuter gonorrhoischer Urethritis des Mannes.* (Int. Rec. Med. **168.** 254—56. April 1955. New York, N. Y., Harlem Hosp., Dep. of Hosp.) H. DOSSMANN. 4611

Joseph W. Hallett und **Irving H. Leopold,** *Oxytetracyclin in der Ophthalmologie: Eine Literaturübersicht.* 54 Literaturangaben. (Int. Rec. Med. **168.** 257—70. April 1955. Philadelphia, Pa., Wills Eye Hosp.) H. DOSSMANN. 4611

L. Chambon, *Untersuchung der in vitro-Empfindlichkeit des Whitmore-Bacillus gegenüber Framycetin. Framycetin* (I) hemmt mit ca. 25 γ/cm³ *Malleomyces pseudomallei* u. wirkt in einer Konz. von ca. 50 γ/cm³ baktericid. Kombination von **I** mit *Penicillin* (**II**) hat einen synergist. Effekt gegenüber *Chloramphenicol*-resistenten Stämmen zur Folge. 6—8 γ **I** + 16—16 E. **II**/cm³ senken die Zahl der überlebenden Zellen auf 0,01%. Eine **I**—**II**-Kombination eignet sich vielleicht zur Behandlung lokalisierter Melioidosisformen. (Ann. Inst. Pasteur **88.** 466—71. April 1955. Saigon, Inst. Pasteur.) K. MAIER. 4611

D. E. Hutcheon, S. Y. P'An, J. F. Gardocki und **Doris A. Jaeger,** *Die sympathicomimetischen und andere pharmakologische Eigenschaften von* DL-*2-[1.2.3.4-Tetrahydronaphthyl-(1)]-imidazolin (Tetrahydrozolin). Tetrahydrozolin* (**I**, *Tyzin*) wurde in dieser Arbeit einer eingehenden pharmakol. Überprüfung unterworfen u. dabei mit *Epinephrin* (**II**), *Naphazolin* (**III**) u. *Phenylephrin* (**IV**) verglichen. Bei Hunden u. Katzen unter Phenobarbital- oder Pentobarbitalanästhesie ergaben intravenöse Gaben von 0,05 mg **I**/kg einen sehr deutlichen Abfall des Blutdrucks; massive Gaben von 5 mg/kg waren auch vom Duodenum aus wirksam. Die äquivalenten Gaben von **II**, **III** u. **IV** betrugen $^1/_{40}$, $^1/_5$ u. $^1/_6$. Vasoconstriction am isolierten Kaninchenohr trat bereits nach Mengen von 0,2 μg ein. Am Herz zeigte sich nach Gaben von 0,5 mg **I**/kg verlangsamte Tätigkeit, die auch durch beiderseitige Vagotomie wenig beeinflußt wurde. Arrhythmien waren auch nach höheren Gaben nicht festzustellen. Am glatten Eingeweidemuskel der Katze war nach 40 μg **I**/kg ein Absinken des Tonus u. der Bewegung festzustellen, welches mit vergleichbaren Gaben **III** u. **IV** nicht zu erreichen war. Am Luftröhrenpräp. war nach Gaben von 0,2 mg **I** keine Entspannung sichtbar, dagegen wurden durch Histamin hervorgerufene Kontraktionen eindeutig gehemmt. Die Wrkg. von **I** auf das Zentralnervensyst. äußerte sich in herabgesetzter Reaktionsfähigkeit u. Verstärkung des hypnot. Effekts von Pentobarbital. Der Blutzuckerspiegel war nach Gaben von 0,5 mg **I** stark erhöht, ähnliche Werte lieferte **III**. Die Toxizität von **I** äußerte sich in Atmungslähmung, wobei DL_{50} für Mäuse u. Ratten intravenös 40 bzw. 35 mg/kg betrug. Lokale Reizungen im Conjunctivalsack waren mit 0,5%ig. gepufferten Lsgg. nicht hervorzurufen. (J. Pharmacol. exp. Therapeut. **113.** 341—52. März 1955. Brooklyn, N. Y., Chase Pfizer & Co., Res. Labor.) K. ZOPFF. 4620

W. Puls und **W. Döhner,** *Klinische Beobachtungen bei Anwendung von Scopodystal.* Vff. erzielten bei Vagotonikern u. bei Sympathicotonikern mit Organbeschwerden auf Grund von Neurosen gute Erfolge mit *Scopodystal* (DESITINWERK CARL KLINKE GMBH, Hamburg). Es vereinigt in sich *Scopolamin, Phenyläthylbarbitursäure, Papaverin* u. *Coffein.* (Aerztl. Wschr. **9.** 568—69. 11/6. 1954. Düsseldorf, Med. Akad., Psych. u. Nervenklinik.) G. WELTZIEN. 4620

John C. Krantz jr., *Cholinergische Blockierungsmittel für den gastrointestinalen Trakt.* Übersicht über die Mittel, die die Wrkg. von *Acetylcholin* (**I**) blockieren wie *Belladonna* u. *Atropin* (**II**); die Überlegenheit von **II** gegenüber *Syntropan, Homatropinemethylbromid, Trasentin, Pavatrine, Bentylhydrochlorid* u. *Paminebromid* wird herausgestellt u. die umfassendere **I**-Wrkg. von *Banthine, Antrenyl, Prantal* u. *Monodral* besprochen. (Amer. J. Gastroenterol. **24.** 31—35. Juli 1955. Baltimore, Md.) H. DOSSMANN. 4620

Hubert Giertz und **Karl Pfleger,** *Entmethylierung von Methylpervitin zu Pervitin.* Zur Klärung der Frage, ob *Methylpervitin* (I) im Körper zu *Pervitin* (II) entmethyliert wird, erhielten 5 Versuchspersonen I. Die Unters. des 24 Std.-Urins nach 15 mg I per os ergab positive Rk. nach VIDIC (C. **1955.** 178). Extrakte aus großen Mengen Kontrollurins reagierten, wahrscheinlich infolge Ggw. anderer sek. Amine als **II**, ebenfalls positiv. Nach **I**-Zuführung konnte jedoch **II**, neben **I**, durch Papierchromatographie (Butanol–Eisessig) des Ae.-Extraktes aus Urin identifiziert werden. Außerdem traten nach **I**-Aufnahme im Urin weitere noch nicht identifizierte Substanzen auf. (Klin. Wschr. 33. 284—85. 15/3. 1955. Düsseldorf, Med. Akad., Pharmakol. Inst.) K. MAIER. 4622

J. J. Ghosh und **J. H. Quastel**, *Narkotica und Hirnstoffwechsel.* Durch K-Ionen oder 2.4-Dinitrophenol stimulierte Hirnsubstanz hat in vitro einen erhöhten O_2-Verbrauch. Diese Stoffwechselsteigerung kann durch A. u. verschied. Barbiturate in pharmakodynam. wirksamen Dosen red. werden. An der nicht stimulierten Hirnsubstanz haben dieselben Narkotica keine Stoffwechselwirkung. Es wird angenommen, daß die Narkotica eine bestimmte Phase des Zellstoffwechsels, welche durch K-Empfindlichkeit ausgezeichnet u. mit der Oxydation von Glucose bzw. Brenztraubensäure verbunden ist, verlangsamen. (Nature [London] **174.** 28—31. 3/7. 1954. Montreal, Gen. Hosp., Res. Inst.) LOTHAR BARTH. 4627

Peter B. Dews, *Untersuchungen über Verhaltungsweisen.* 1. Mitt. *Unterschiedliche Beeinflussung der Picktätigkeit von Tauben durch Pentobarbital in Abhängigkeit von der Erfolgschance.* Eine psychophysiol. Versuchsreihe mit der App. nach SKINNER, einem Automaten, der nach wiederholtem Anpicken einer Kontakteinrichtung Futter freigibt. Bei unmittelbarer Erfolgschance blieb die intramuskuläre Injektion von 1 u. 2 mg *Pentobarbital* (**I**) auf die eingeübten Tauben ohne Einfl.; bei verzögerter Erfolgschance (15 Min.) sank dagegen die Zielstrebigkeit der Tiere stark ab. Merkliche Vergiftungserscheinungen waren erst nach Gaben von 4 mg **I** zu beobachten. (J. Pharmacol. exp. Therapeut. **113.** 393—401. April 1955. Boston, Mass., Harvard Med. School, Dep. of Pharmacol.) K. ZOPFF. 4627

Sten-Otto Liljedahl, *Verlängerung der Tetracain (Pontocain)-Spinalanästhesie durch Noradrenalin mit besonderer Berücksichtigung des Wirkungsmechanismus.* Besprechung der Spinalanästhesie mit *Tetracain* (**I**) u. *Noradrenalin* (**II**) nach Erfahrungen an 1126 Fällen. Kombination mit 1 mg **II** verlängert die **I**-Anästhesie mit 18—20 mg **I** um 65—75%. Intrathecale Injektion von 1 mg *dl*-**II** (entsprechend 0,5 mg *l*-**II**) ändert den Blutdruck nicht, verursacht aber leichte Steigerung der **II**-Urinausscheidung; keine Störung des Allgemeinbefindens wegen der langsamen **II**-Resorption, nachgewiesen am exponentiellen Abfall der **II**-Konz. des Liquors von 25 µg auf 1 µg in 6—8 Std. nach intrathecaler Injektion von 0,5 mg *l*-**II** mit 10 mg **I**. Bei intravenöser Infusion erscheint **II** nicht im Liquor; niedrige **II**-Konz. in der Cisterna magna nach intralumbaler Gabe von 0,5 mg **II**. Injektion von 50 µg/kg **II** u. von 50 µg/kg *Adrenalin* in Cisterna u. Gehirnventrikel bewirkte Erhöhung des Blutzuckers ohne Effekt auf den Blutdruck. (Acta chirurg. scand., Suppl. **1955.** Nr. 202. 7—88. Stockholm, Karolinska Sjukhuset, Lidköping Hosp. u. Karolinska Inst., Dep. of Physiol.) H. DOSSMANN. 4627

Maurice J. Parsonage, Deryck Taverner und **G. H. Wooler**, *Paraplegie nach Anwendung von Efocain.* Vor Schließung der Wunde nach einer Ösophagusoperation wurden in die 6.—9. Intercostalnerven je 1 ml *Efocain* (1% *Procain*, 0,25% *Procainhydrochlorid*, 5% *Butyl-p-aminobenzoat*, 0,1% *Na-Metabisulfit*, 4 mg% *Phenylmercuriborat* in einem Lösungsm. aus 78% *Propylenglykol*, 2% *Polyäthylenglykol* u. W.) injiziert. Es kam zu schweren neurolog. Ausfallserscheinungen, u. a. mit Lähmung der Beine. (Brit. med. J. **1955 I.** 1322—23. 28/5. Leeds, Gen. Infirmary, Univ.) F. KRUSEN. 4627

Thomas N. Fraser, *Vielfach toxische Wirkungen von Phenylbutazon. Bericht eines tödlichen Falles.* Eine Patientin mit rheumatoider Arthritis zeigte nach 3monatiger Zufuhr von 200 mg *Phenylbutazon* (= *Butazolidin*, Anfangsdosen 600—400 mg täglich) schwere Vergiftungserscheinungen, wie Lippen- u. Mundgeschwüre, Hämatemesis, Gelbsucht, Perforation eines Magengeschwürs u. Polyneuritis, die zum Exitus führten. — 28 Literaturangaben. (Brit. med. J. **1955 I.** 1318—20. 28/5. Stirlingshire, Killearne Hosp.) F. KRUSEN. 4627

Hans-Ludwig Krüskemper und **Annelore Marsch**, *Über die antithyreoidale Wirkung von Pyrazolderivaten.* Weiße männliche Inzuchtratten (150—225 g) auf Standarddiät, die täglich 1mal subcutan 200 mg/kg folgender *Pyrazolonverbb.*, *Phenyldimethylpyrazolon* (*Antipyrin*, **I**), *Dimethylaminophenyldimethylpyrazolon* (*Pyramidon*, **II**), *Phenyldimethylpyrazolonmethylaminomethan-Na-sulfonat* (*Novalgin*, **III**) u. *3.5-Dioxo-1.2-diphenyl-4-n-butylpyrazolidin* (*Butazolidin*, **IV**), erhielten, zeigten nachst. Veränderungen: Stoffwechselsenkung (Messung durch Gewebsatmung der Leber) nach **I** u. **III**, keine nach **II**, Anstieg des Schilddrüsengewichtes nach **I** u. **III**, keine Schilddrüsengewichtsveränderungen nach **II**. **IV** bedingt nach Unterss. von KLEINSORG u. KRÜSKEMPER Schilddrüsenvergrößerung u. Stoffwechselsenkung. Die histolog. Unters. der Schilddrüsen I- u. III-behandelter Tiere zeigte eine aktivierte Drüse mit Kornvergrößerung, Epithelerhöhung u. Verminderung des Kolloidgehaltes. In Analogie zu den mit IV gemachten Befunden dürften die Ergebnisse durch eine verminderte *Thyroxin*-Synth. zu deuten sein. Die antithyreoidale Nebenwrkg. von **IV** beruht demnach auf einer pharmakol. Eig. der Pyrazolongruppe u. nicht auf einem spezif. **IV**-Effekt. (Klin. Wschr. **33**. 285—86. 15/3. 1955. Göttingen, Med. Univ.-Klinik.) K. MAIER. 4627

Siegfried Fischer, *Ircodenyl zur postoperativen Schmerzausschaltung.* Vf. machte bei 400 Patienten gute Erfahrungen mit *Ircodenyl*-Suppositorien (*Butazolidin, Aminophenazon, Codein, Medomin*) bei der Schmerzausschaltung nach Operationen. (Die Medizinische **1955.** 751—52. 14/5. Schleswig-Hesterberg, Stadtkrankenhaus, Chirurg. Abt.) D. NEUBERT. 4627

Bedford Shelmire, F. M. Gastineau und **Thomas L. Shields,** *Beurteilung eines neuen örtlichen Betäubungsmittels: Dycloninehydrochlorid.* Bericht über Erfahrungen mit *Dyclonine = 4-n-Butoxy-β-[piperidyl-(1)]-propiophenon*, 1 % ig in Polyäthylenglykol oder als *Dyclone*-Salbe (PITMAN-MOORE, COMP., Indianapolis) bei Behandlung von Pruritus, schmerzhaften Ekzemen u. a. in 200 Fällen; 169 Erfolge, 31 Versager. (A. M. A. Arch. Dermatol. **71.** 728—30. Juni 1955. Dallas, Tex., Indianapolis u. Fort Worth, Tex.) H. DOSSMANN. 4627

D. E. Argent und **O. P. Dinnick,** *Pethidinphlebitis. Pethidin* (*Dolantin*) verursacht bei intravenöser Injektion eine Reizung der Venenwand u. eine Histaminfreisetzung in den darüberliegenden Hautpartien. Durch zehnfache Verdünnung der handelsüblichen Lsg. können Phlebitiden verhütet werden. Als Verdünnungsmittel eignet sich am besten eine 0,25%ig. Novocainlösung. (Brit. J. Anaesthesia **26.** 260—63. Juli **1954.** London, Middlesex Hosp.) LOTHAR BARTH. 4627

George W. Smith und **Joseph M. Miller,** *Behandlung des Gesichtskrampfes mit Stilbamidin.* Mit Injektionen von *Stilbamidin = 4.4'-Diamidinostilben*, 0,15 g/Tag über 14 Tage, wurden in 15 von 16 Fällen ausgezeichnete Erfolge bei Gesichtskrampf erzielt. (Bull. Johns Hopkins Hosp. **96.** 146—49. April 1955. Fort Howard, Md., Vet. Adminst., Johns Hopkins Univ., School of Med. and Surg. Serv.) H. DOSSMANN. 4627

Jack W. Miller und **Henry W. Elliott,** *Der Gehalt von Rattengewebe an ^{14}C-markierten Analgeticis in Beziehung zur pharmakologischen Aktivität.* Da die Verteilung von *Morphin, Codein* u. *Methadon* in den verschied. Körpergeweben auf analyt. Wege nur schwer zu ermitteln ist, wird in dieser Unters. die Isotopenmeth. unter Verwendung *N-Methyl-^{14}C-morphin-HCl* (**I**, 5 mg/kg), *N-Methyl-^{14}C-Codein·HCl* (**II**, 25 mg/kg) u. *$^{14}C_{(2)}$-dl-Methadon·HBr* (**III**, 3 mg/kg) an Ratten erprobt. Die pharmakol. Aktivität ergab sich aus der Schmerzschwelle gegen Hitze. Nach Tötung der Tiere wurden Anteile aus dem Gebiet des Hypothalamus (a), des Kleinhirns (b), der Medulla (c), des Mittelgehirns (d), der Großhirnhemisphäre (e) u. des Rückenmarks (f) der Unters. unterworfen. Daneben wurden auch Proben der Leber, der Nebennieren u. der Nieren entnommen. Die Gewebe ließen sich nach Verdauung mit Pepsin zur Messung der Radioaktivität auswerten. Radioautogramme wurden durch Auflegen von Gewebsstücken auf Röntgenfilm hergestellt. E r g e b n i s s e : **I** u. **II** bedingen eine Analgesie, die nach 30 Min. einsetzt u. 90 Min. erhalten bleibt, entsprechende Werte für **III** sind 15 u. 135 Minuten. Unterschiedliche Verteilung im Nervengewebe ist vor allem bei **I** zu beobachten; hier liegt die Aufnahmefähigkeit von f bes. hoch, daneben finden sich Steigerungen in a u. b. Die Ausscheidung von **I** erfolgt über die Nieren, wobei nach 60 Min. der Höhepunkt erreicht wird. Die Verteilung von **II** u. **III** im Nervengewebe ist gleichmäßiger. Die Ausscheidungsweise von **II** wird durch Anreicherung in den Nieren angezeigt, **III** dagegen wird mit der Galle ausgeschieden u. findet sich deshalb zunächst in der Leber angereichert. Neben unverändertem **II** scheinen hier auch Umwandlungsprodd. vorzuliegen, wie die Auftrennungsmöglichkeit mit Äthylendichlorid zeigt. Die Radioautogramme der mit **I** behandelten Ratten wiesen bes. Anreicherungen im Aderhautgeflecht u. den Ventrikeln des Gehirns, den sezernierenden Teilen der Nieren u. im Pfortgebiet der Leber auf. (J. Pharmacol. exp. Therapeut. **113.** 283—91. März 1955. San Francisco, Calif., Univ. of California, School of Med. and Coll. of Dent., Dep. of Pharmacol. and Exp. Therapeutics.) K. ZOPFF. 4627

P. J. Costa und **D. D. Bonnycastle,** *Die Wirkung von Lävallorphantartrat, Nalorphin·HCl und WIN 7681 (1-Allyl-4-phenyl-4-carbäthoxypiperidin) auf die durch einige aktive Analgetica hervorgerufene Atmungslähmung und Analgesie.* Es ist bekannt, daß Morphin u. verwandte Analgetica bei Ersatz der N-Methylgruppe durch die N-Allylgruppe oftmals die atmungshemmende Wrkg. verlieren. Hier wurden mit *Nalorphin* (**I**, *N-Allylnormorphin*), *Lävallorphan* (**II**, *l-3-Oxy-N-allylmorphinan*) u. *WIN 7681* (**III**) derartige Verbb. in Verss. an Ratten als Antagonisten gegen die Stammverbb. *Morphin, l-Dromoran* (*Lävorphan*) u. *Meperidin* (*Dolantin*) erprobt. Zusätzlich kamen noch *l-Methadon, Alphaprodin* u. *Luminal* zur Überprüfung. In allen Fällen führte **II** bei geringster Beeinträchtigung der Analgesie zu rascher Erholung der Atmung. **I** ist weniger wirksam, bei **III** verhindert die Toxizität oftmals die Anwendung ausreichender Gaben. Die durch Barbitursäurepräpp. verursachte Atmungslähmung ist erst durch größere Gaben von **I** u. **II** zu beeinflussen. (J. Pharmacol. exp. Therapeut. **113**. 310—18. März 1955. New Haven, Conn., Yale Univ., School of Med., Dep. of Pharmacol.) K. ZOPFF. 4627

James E. Eckenhoff, Martin Helrich, Muriel J. D. Hege und **Richard E. Jones**, *Die Kombination von Opiatantagonisten und Opiaten zur Verhinderung der Atmungslähmung.* Die in der letzten Zeit für den prakt. Gebrauch empfohlene Kombination *l-Dromoran–Lävallorphan* wird hier in der Wrkg. auf die Atmung des Menschen untersucht. Messungen am Spirometer zeigten, daß die von *Dromoranhydrobromid* oder *l-Dromorantartrat* in Gesamtgaben von 5 mg verursachte Senkung der Ventilationsgröße durch Zumischung von *Lävallorphantartrat* (0,5—5 mg) nicht aufzuheben ist. Bei Stimulierung der Atmung durch CO_2 trat der Effekt noch deutlicher in Erscheinung. (J. Pharmacol. exp. Therapeut. **113**. 332—40. März 1955. Univ. of Pennsylvania, Hosp., Dep. of Anesthesiol. and School of Med., Dep. of Surg. Res.) K. ZOPFF. 4627

Thue Poulsen, *Experimentelle Untersuchungen über die Wirkung von Morphin und Aprobarbital auf durch Kohlendioxyd verursachte Lungenödeme bei Mäusen.* Beim Einatmen von 30 u. 40%ig. CO_2 für 5 Min. zeigten 6 mg/kg *Morphin* u. 30—100 mg/kg *Aprobarbital* (**I**, *Allylpropymal NFN*), 20 Min. vor der CO_2-Einatmung injiziert, eine Inhibierung der Entw. von Lungenödemen. Die hemmende Wrkg., die bei **I** ausgesprochener war, wird auf eine hemmende Wrkg. der Verbb. auf das Atemzentrum zurückgeführt. (Acta pharmacol. toxicol. [Köbenhavn] **10**. 246—52. 1954. Copenhagen, Univ., Dep. of Pharm.) G. WELTZIEN. 4627

B. G. B. Lucas und **S. Miles**, *Cholinesteraseinhibitoren und Muskelrelaxantien.* Zur Best. der Dauer der Muskelerschlaffung durch *Tubocurarin* (**I**), *Gallamin* (**II**), *Succinylcholin* (**III**) u. *Dekamethoniumjodid* (**IV**) in Ggw. von *Sarin* (**V**; *Isopropylmethylfluorphosphat*) als Cholinesteraseinhibitor werden Verss. an Affen beschrieben. Die Wirkungsdauer von **I** u. **II** wird nach subcutaner Verabreichung von **V** herabgesetzt. Die **III**-Wrkg., die von der enzymat. Hydrolyse im Blut u. an der motor. Nervenendplatte beherrscht wird, wird signifikant verlängert. Auf **IV**, das unabhängig vom Cholinesterasespiegel wirkt, ist **V** ohne Einfluß. Bemerkenswert ist die zur Erzeugung einer Atemlähmung bei Affen notwendige hohe Dosierung von **III**, die 10mal so hoch ist wie übliche Dosierungen bei Menschen. (Brit. med. J. **1955 I**. 579—80. 5/3. Porton, Chem. Defence Exp. Establ.) H. WUNDERLICH. 4628

H. Kremer und **G. Narik**, *Die pharmakodynamische Beeinflußbarkeit der Uterusmotorik sub partu.* Bericht über medikamentöse Einflüsse auf die Uterusmotorik. Parasympathicomimetica (*Doryl*; *Carbaminoylcholinchlorid* „MERCK") wirken wehenfördernd, Sympathicomimetica (*Adrenalin*) wehenhemmend. Parasympathicolytica (*Atropinsulfat*) u. *Buscopan* beeinflussen den Wehenablauf negativ, wobei der Effekt um so deutlicher ist, je patholog. die Steigerung der Wehentätigkeit ist. Sympathicolytica [*Dihydroergotamin* „SANDOZ" (**I**) sowie *Hydergin* (**II**)] fördern die Wehentätigkeit. Die Verwendung von **I** erfordert wegen der Gefahr spast. Wehen Vorsicht. Vff. empfehlen, **I** in der Geburtshilfe durch **II** zu ersetzen. *Noradrenalin* wirkt ähnlich wehenfördernd wie *Chinin*. *Hexöstrol* scheint ohne charakterist. Änderungen des Wehenbildes positiv zu wirken. Menschliches Fruchtwasser war ohne Einfl. auf die Wehentätigkeit. (Geburtshilfe u. Frauenheilkunde **15**. 433—43. Mai 1955. Wien, I. Univ., Frauenklinik.) H. WUNDERLICH. 4628

Hussein Aly Mohamed, *Succinylcholindimethojodid „Asta" als sehr kurz wirkendes Muskelrelaxans.* In der Chirurgie bewährte sich als kurz u. ohne Nebenerscheinungen wirkendes Muskelrelaxans *Succinylcholindimethojodid*. (J. Roy. Egypt. med. Assoc. **38**. 88—91. 1955. Cairo, Univ.) F. KRUSEN. 4628

F. Poppelbaum, *Erfahrungen mit den synthetischen Muskelrelaxantien Succicuran und Tricuran bei der Bronchoskopie und großen thoraxchirurgischen Eingriffen.* Bericht über die Technik bei Anwendung des kurzwirkenden *Succicurans* (*Succinylcholinchlorid*; VEB DEUTSCHES HYDRIERWERK, Rodleben) als Relaxans bei Bronchoskopien u. des langwirkenden *Tricurans* (*Gallamintriäthojodid*; VEB DEUTSCHES HYDRIERWERK, Rodleben) bei 100 thoraxchirurg. Großeingriffen. (Dtsch. Gesundheitswes. **10**. 608—12. 28/4. 1955. Stralsund, Tuberkuloseheilstätte.) H. WUNDERLICH. 4628

Karl Imo, *Über Belladonninbromäthylat (C 100), ein neues Muskelrelaxans.* Bericht über die klin. Erprobung von *Belladonninbromäthylat* (**I**) als Muskelrelaxans bei 100 Anästhesien. Wie bei Laboratoriumstieren hat **I** auch beim Menschen eine stärkere

Wrkg. als *d-Tubocurarin*. Verstärkte Drüsensekretion sowie Laryngospasmen wurden nicht beobachtet. Auf Grund uncharakterist. Blutdruck- u. Pulsfrequenzänderungen während der Anwendung u. größerer Neigung zur „Recurarisierung" wird das Präp. als wenig geeignet für den klin. Gebrauch abgelehnt. (Anaesthesist **3.** 116–18. Juni 1954. Ludwigshafen, Städt. Krankenhaus.) LOTHAR BARTH. 4628

H. Moussatché und **G. Duarte Vieira,** *Über den Mechanismus der durch das Gift der Grubenotter Crotalus terrificus terrificus verursachten Kontraktur.* Das untersuchte Schlangengift zeigt in der pharmakol. Wrkg. Unterschiede je nach dem Fundort der Schlange. Die Wrkg. wird am Musculus recto-abdominalis des Frosches geprüft. Bei einigen Proben wird Überempfindlichkeit gegenüber K^+, ähnlich wie bei Veratrin, festgestellt; Ca^{2+} u. Mg^{2+} wirken dieser Erscheinung entgegen. Die verursachte reversible Kontraktion, die durch Ca^{2+} u. Mg^{2+} nicht aufgehoben wird, ist vom Typ der LUNDSGAARDschen Kontrakturen, wie sie bei thiolfreien Mitteln beobachtet werden. (An. Acad. brasil. Ci. **25.** 249–58. 30/9. 1953. Rio de Janeiro, Inst. Oswaldo Cruz, Div. de Fisiol.) R. K. MÜLLER. 4628

Bertrand L. Stolzer, Harold B. Houser und **Ernest J. Clark,** *Therapeutische Mittel bei rheumatischer Herzentzündung. Vergleich der Wirkungen von Acetylsalicylsäure, Corticotropin und Cortison.* Unters. der Wrkg. von *Aspirin* (**I**), *Cortison* (**II**) u. *ACTH* (**III**) auf die Herzgeräusche bei Herzklappenfehler an 3 Gruppen von 52 — 38 — 38 Patienten über 14 Monate. Beste Erfolge mit **II**, Herzgeräusche nur in 18% der Fälle nachweisbar gegenüber 34% bei **I** bzw. **III**. Aus den Verss. war hinsichtlich der Prophylaxe keine Überlegenheit von **II** oder **III** im Vgl. mit **I** herzuleiten. (A. M. A. Arch. intern. Med. **95.** 677–88. Mai 1955. Wyoming, Francis E. Warren Air Force Base, U. S. A. F. Hosp. u. Cleveland, Western Reserve Univ., School of Med., Dep. of Preventive Med.) H. DOSSMANN. 4630

Martin M. Winbury und **Miriam L. Hemmer** (unter Mitarbeit von **Dolores H. Papierski, Dorwen G. Wright, Barbara J. Runyon** und **Robert G. Bianchi**), *Die Wirkung von Chinidin, Procainamid und anderer Verbindungen auf die experimentellen atrialen und ventriculären Arrhythmien des Hundes.* An Hunden mit in Morphinsulfat–Pentobarbital-Anästhesie freigelegtem Herz wurden durch elektr. Reizung, Aconitinanwendung sowie Unterbindung der Coronararterie Vorhofflattern, atriale Fibrillation u. ventriculäre Arrhythmien hervorgerufen u. zur Testung der nachgenannten Verbb. benutzt: SC–3920 (**I**, *N-[γ-Isopropylaminopropyl]-α.α-diphenylacetamidhydrochlorid*), *SC–3323* (**II**, *β-Diisopropylaminoäthyl-4-phenyl-4-tetrahydropyrancarboxylathydrochlorid*), *SC–3755* (**III**, *o-[4-Chlorbenzyl]-phenoxyacetamidinhydrochlorid*), *SC–2919* (**IV**, *N.N.N'-Triphenyl-N'-[β-diäthylaminoäthyl]-harnstoffhydrochlorid*) u. *SC–3412* (**V**, *β-Diäthylaminoäthyl-2.6-dimethyl-5.6-dihydro-4H-pyran-3-carboxylathydrochlorid*), die in der Wrkg. mit *Chinidin* (**VI**) u. *Procainamid* (**VII**) verglichen wurden. **I, IV** u. **V** sowie **VI** u. **VII** waren in Mengen von 5, 4, 8, 15 u. 36 mg/kg gegen alle drei Arten der Arrhythmie wirksam. **II** wirkte in Mengen von 4,5 mg/kg vorwiegend auf das Atrium. **III** endlich behob in Mengen bis zu 16 mg/kg die ventriculäre Arrhythmie. (J. Pharmacol. exp. Therapeut. **113.** 402–13. April 1955. Chicago, Ill., G. D. Searle & Co., Div. of Biol. Res.) K. ZOPFF. 4630

K. Heinrich, *Die Behandlung cardialer Reizbildungsstörungen mit Novocamid.* Bei 81 Kranken mit cardialen Rhythmusstörungen zeigte sich die orale oder intramuskuläre Anwendung von *Novocamid „Hoechst"* (I) der Behandlung mit *Chinidin* bes. bei ventriculären Heterotopien überlegen. Die intravenöse Therapie mit I ist nicht ohne Gefahren. *Novocamid* (*Procainamid, Pronestyl*) zeigt durch Einführung der Aminogruppe in das Novocainmol. erhöhte Stabilität u. verringerte Toxizität bei erhaltener antiarrhythm. Wirkung. (Therap. d. Gegenwart **93.** 44—48. Febr. 1954. Braunschweig, Innere Klinik d. Städt. Krankenanst. I.) G. WELTZIEN. 4630

Meyer Markovitz, Juta V. Koik, Ford K. Hick und **Robert L. Grissom,** *Hexamethonium-, Hydralazine- und Rauwolfia serpentina-Therapie bei Hypertension.* (Amer. J. med. Sci. **229.** 486–95. Mai 1955. Chicago, Ill., Univ. of Illinois, Coll. of Med. u. Omaha, Neb., Univ. of Nebraska.) H. DOSSMANN. 4630

Robert R. Burch, *Die Wirkung intravenöser Gaben von Hexamethonium auf den Venendruck normotoner und hypertoner Kranker mit und ohne Herzfehler. Hexamethonium* erniedrigt den patholog. gesteigerten Venendruck bei Patienten mit dekompensierten Herzerkrankungen. Der Effekt auf die Venen (u. auch auf die Arterien bzw. Arteriolen) war bei höherer Ausgangslage am besten. Er hält 1–13 Std. an. (Circulation [New York] **11.** 271–79. Febr. 1955. Tulane, Univ., School of Med., Dep. of Med. and Louisiana, New Orleans, La., Hosp. Charity.) H. JORDAN. 4630

Dino Ciafaloni und **Felice Melloni,** *Klinische Anwendung des Tolazolins als neue gefäßerweiternde Substanz. Tolazolin* (*2-Benzyl-4.5-imidazolinhydrochlorid*) erwies sich als günstiges u. für langfristige Behandlung brauchbares Mittel zur Beseitigung von peripheren Gefäßspasmen. Die Verträglichkeit ist gut. Kontraindikationen: Magengeschwüre, Herz- u. Coronargefäßkrankheiten. (Gazz. med. ital. **114.** 10—14. Jan. 1955. Milano, Ospedale Maggiore.) P. G. SCHEURLEN. 4630

P. Laurentius, *Behandlung der Herzinsuffizienz mit i.v. Verodigen.* Es wird über gute Erfahrungen bei der Behandlung von 72 herzkranken Patienten mit schwerster Dekompensation mit *i.v. Verodigen* (C. F. BOEHRINGER & SOEHNE G. M. B. H., Mannheim) in hoher Dosierung berichtet. (Ärztl. Wschr. **10.** 102—05. 4/2. 1955. Hamburg, Allg. Krankenhaus Ochsenzoll.) F. LEUSCHNER. 4630

W. Wilbrandt, *Zum Wirkungsmechanismus der Herzglykoside.* Übersicht mit 6 graph. Darstellungen. (Schweiz. med. Wschr. **85.** 315—20. 2/4. 1955. Bern, Univ., Pharmakol. Inst.) P. FAHRNLAENDER. 4630

R. Baguena Candela, V. Tormo Alfonso und **J. Baguena Candela,** *Klinische Untersuchungen über die Glykoside der Digitalis thapsi (Thapsipan). Thapsipan* (I), eine Lsg. der Gesamtglykoside von Digitalis thapsi, hat eine vollständige Digitaliswrkg., es besitzt negative chronotrope, dromotrope u. positive inotrope Eigenschaften. Die Herzfrequenz wird weniger als durch Digitalis purpurea beeinflußt, so daß I auch bei n. frequenten Herzinsuffizienzen verwandt werden kann. Die Wrkg. tritt langsamer als bei Strophantin ein; dementsprechend kann I auch langfristig u. in der Ambulanz verordnet werden. I beeinflußt den arteriellen Blutdruck kaum, der Venendruck wird bei Stauungen erniedrigt. Auch die diuret. Wrkg. bei Ascites u. Ödemen ist gut. (Med. españ. **33** (**18**). 212—27. März 1955. Valencia, Fac. de Med., Cát. de Patol. y Clín. Méd.)
P. G. SCHEURLEN. 4630

Austin E. Doyle und **Horace F. Smirk,** *Blutdrucksenkende Wirkung des Reserpins.* (Prensa méd. argent. **42.** 696—99. 11/3. 1955. — C. **1955.** 405.) P. G. SCHEURLEN. 4630

A. E. Doyle, E. G. McQueen und **F. H. Smirk,** *Die Behandlung der Hypertension mit Reserpin, der Kombination von Reserpin und Pentapyrrolidin sowie Reserpin und Veratrumalkaloiden.* Aus vergleichenden klin. Unterss. der genannten Antihypertonicis geht hervor, daß die Kombination *Reserpin* (I) u. *Pentapyrrolidin* das am sichersten wirksame Mittel für schwere Hypertoniefälle darstellt. Für mildere Formen genügt I allein; die Kombination I/*Veratrumalkaloide* leistet nicht mehr als I allein. (Circulation [New York] **11.** 170—81. Febr. 1955. Dunedin, New Zealand, Univ. Otago, Med. School, Dep. of Med.) H. JORDAN. 4630

E. S. Foote, *Reserpin in der Behandlung chronischer Psychosen. Vorläufige Beobachtungen.* (Brit. med. J. **1955 I.** 1192—93. 14/5. Dorchester, Herrison Hosp.)
F. KRUSEN. 4630

Martin Kramer, *Herzwirkung und enterale Resorption des Thevetins. Thevetin* (I) ist ein Glykosid aus den Nüssen von Thevetia neriifolia JUSSIEU. Sein Aglykon ist *Digitoxigenin* mit *Thevethose* (*2-Glucomethylose-3-methyläther*) am $C_{(3)}$, wobei an diesem Zucker 2 Mol Glucose glykosid. gebunden sind. Durch Abspalten dieser Glucosemoll. entsteht entweder *Thevebiosid* oder *Neriifolin*; beides herzwirksame Stoffe. Eine mögliche papierchromatograph. Trennung in 2 Fraktionen scheint anzuzeigen, daß das krist. Glykosid noch keine einheitliche Substanz ist. Bei Katzen fand sich eine letale Dosis von 1,0 mg/kg, beim Hund 1,36—0,93 mg/kg, die DL_{50} für Ratten betrug 150 mg/kg bei intraperitonealer Applikation (Mittelwerte). Zentralerregende Effekte traten nicht auf. Die Resorption betrug bei Katzen 1½—5½ Std. nach Applikation 23,7% im Mittel. I kumuliert etwa so wie *k-Strophanthin* (Katze). Veränderungen der Anspannungs- u. Austreibungszeit (Hund) traten bei I schneller ein als beim Strophanthin. I verstärkte auch die coronarverengernde Wrkg. von Acetylcholin (LANGENDORFF-Herz) u. wirkte fördernd auf die Dünndarmperistaltik. (Naunyn-Schmiedebergs Arch. exp. Pathol. Pharmakol. **224.** 348—56. 1955. Berlin, Univ., Pharmakol. Inst.) H. JORDAN. 4630

Pietro Bianucci, *Über die Anwendung eines neuen sulfamidhaltigen peroralen Diureticums.* An Hand von kasuist. Berichten wird über die günstige diuret. Wrkg. von *Diamox* (LEDERLE 6063; *2-Acetylamino-1.3.4-thiodiazol-5-sulfonamid*) bei Herz- u. Leberkranken mit Ödemen berichtet. Tägliche Dosis 250 mg peroral. (Minerva med. [Torino] **46 I.** 1651—60. 6/6. 1955. Savona, Ospedale Civico „San Paolo".)
P. G. SCHEURLEN. 4634

H. Hagen und **H. A. Heinsen,** *Diamox, ein neuartiges Diureticum.* (Vorl. Mitt.) Vff. verabreichten an 31 Patienten, davon 23 mit Kreislaufdekompensation mit Ödemen, alle 2—3 Tage peroral 250 mg *Diamox* (I; *2-Acetylamino-1.3.4-thiadiazol-5-sulfonamid*; LEDERLE-München). Bei den meisten wurde eine nach 2—3 Std. beginnende Diurese erzielt, die nach 6—8 Std. ein Maximum erreichte u. nach 12 bis 14 Std. wieder abklang. In einigen Fällen war I wirksamer als *Salyrgan*, in anderen bewährten sich Kombinationen beider Präparate. I bewirkt infolge seiner kohlensäureanhydraseinhibitor. Eigg. eine Hemmung der Rückresorption von W., Na^+, K^+ u.

CO_3^{2-} in den Nierentubuli. (Dtsch. med. Wschr. **80.** 292. 25/2. 1955. Zeven, Hann., Waldkrankenhaus.) F. KRUSEN. 4634

J. Beyreder und **E. Herzog,** *Klinische Erfahrungen mit einem neuen peroralen Diureticum.* Es wird über klin. Erfahrungen mit einem neuen peroralen Diureticum, *2-Acetylamino-5-sulfonamido-1.3.4-thiadiazol* (*Diamox*; I), einem spezif. *Kohlensäureanhydrase*-Hemmstoff, bei 71 Patienten mit Ödemen u. Ascites verschied. Genese berichtet. I führt durch Veränderungen in der Elektrolytausscheidung zu einer erhöhten Diurese, einer Alkalisierung des Harnes u. einer leichten Acidose des Blutes. (Wiener med. Wschr. **105.** 408—12. 21/5. 1955. Wien, Kaiserin-Elisabeth-Spital, Med. Abt.) K. MAIER. 4634

A. Farah und **F. Koda,** *Die Wirkung quecksilberhaltiger Diuretica auf die Natriumkonzentration im Urin und die Urinmenge.* Frühere Unterss. ließen vermuten, daß die nach Verabreichung quecksilberhaltiger Diuretica eintretende Steigerung der Na-Ausscheidung u. Zunahme der gesamten Urinmenge auf zwei verschied. Vorgänge bei der Rückresorption zurückzuführen sei (vgl. C. **1954.** 9336). In dieser Versuchsreihe zeigte es sich, daß bei Hunden ein durch Infusion von Glucoselsg. erreichter niedriger Na-Geh. des Urins nach intravenösen Gaben von 0,5—1,5 mg *Mersalyl* (I)/kg bei einer Wirkungsdauer von 3 Std. auf ein Mehrfaches ansteigt. Gleichzeitige Zunahme des Harnvol. war indessen erst bei Verabreichung von 10 mg I/kg zu beobachten. Die nach massiven Gaben von I + Cystein auftretende Harnflut war durch intravenöse Verabreichung von *2.3-Dimercaptopropanol* (BAL) in Mengen von 0,5 mg/kg zum Versiegen zu bringen. Die erhöhte Na-Ausscheidung war dabei nicht betroffen. Erst hohe antidiuret. wirkende Gaben von 10 mg BAL/kg wirkten in dieser Richtung hemmend. (J. Pharmacol. exp. Therapeut. **113.** 256—61. März 1955. Syracuse, N. Y., State Univ. of New York, Upstate Medical Center, Dep. of Pharmacology. K. ZOPFF. 4634

P. Knobel und **Y. Saudan,** *Ein neuer Fall von medikamentöser Unverträglichkeit: Thiomerine und Marcoumar.* Ein Fall mit Diabetes, Fettsucht, Herzkrankheit u. Thrombose der Beine wurde mit dem Diureticum *Thiomerine* (2 cm^3 = 280 mg wirksamer Substanz, ca. 80 mg Hg) u. dem antikoagulierenden Mittel *Marcoumar* (ROCHE) behandelt. Trotz hoher Dosen *Marcoumar* stieg der Geh. an *Prothrombin* bis auf 85%, sank aber bei Anwendung eines Hg-freien Diureticums auf unter 30% bei einer Dosis von nur 4,5 mg *Marcoumar.* Vff. vermuten, daß im *Thiomerine* Hg sich im ionisierten Zustand findet u. in vivo eine Inaktivierung, Fixierung oder gar eine Fällung des *Marcoumar* vor sich geht. Auch andere Verbb. des Hg oder der Schwermetalle an sich mögen ähnlich wirken. (Schweiz. med. Wschr. **85.** 131. 5/2. 1955. Lausanne, Univ., Policlin. Med.) G. WELTZIEN. 4634

Eldon M. Boyd, Wilfred A. Cassell, Carl E. Boyd und **Joan K. Miller,** *Verhinderung des durch Apomorphin hervorgerufenen Erbrechens mit antihistaminwirksamen Mitteln.* (Vgl. C. **1955.** 5841.) An Hunden, welche intramuskuläre Gaben von 0,025—0,150 mg *Apomorphin* (I)/kg erhalten hatten, wurde die antiemet. Wrkg. von 31 Histaminantagonisten erprobt. Bei oralen Gaben von 5—40 mg/kg, die 1 Std. vor der I-Injektion verabreicht waren, erwiesen sich gegen das Erbrechen wirksam: *Bromazin, Bromenhydrinat, Chlorcyclizin, Chlorpromazin, Chlorprophenpyridamin, Chlortriplennamin, Cyclizin, Dimenhydrinat, Diphenhydramin, Doxylamin, Mepyramin, Methapyrenhydrinat, Methapyrilen, Paracarbinoxamin, Phenethazin, Phenindamin, Promethazin, Prophenamin, Prophenpyridamin, Pyrathiazin, Pyrrobutamin* u. *Tripelennamin.* Bei vergleichender Zusammenstellung der Strukturformeln erwies sich die p-Chlor-, Brom- oder Methoxyphenylgruppe u. die Dimethylaminogruppe als häufiger Bestandteil der antiemet. wirksamen Verbindungen. Bemerkenswert ist der lindernde Einfl. der Mehrzahl der Mittel auf die Seekrankheit. (J. Pharmacol. exp. Therapeut. **113.** 299—309. März 1955. Kingston, Ontario, Can., Queens Univ., Dep. of Pharmacol.) K. ZOPFF. 4646

A. Halawani, A. Abdallah und **M. Saif,** *Miracil D bei Schistosomiasis. Ein neues Behandlungsschema.* Behandlung von Infektionen mit Bilharzia haematobium mit *Miracil D* (*1-Diäthylaminoäthylamino-4-methylthioxanthonhydrochlorid*; BAYER, Leverkusen) in Dosen von ca. 10 mg/kg führte in vielen Fällen zu Erregerfreiheit u. Besserung des klin. Zustandes. (J. Roy. Egypt. med. Assoc. **38.** 49—62. 1955. Cairo, Inst. of Res., Hosp. of Trop. Med.) F. KRUSEN. 4649

Franklin I. Ball, *Eine neue Behandlung für seborrhoische Dermatitis.* Ein Kopfwasser mit *Vancide 89* = *N-Trichlormethylmercaptocyclohexen-(4)-1.2-dicarbonimid* u. Zusatz von *Benzethonium* (*Phermerol*)-*chlorid* erwies sich mit wenigen Ausnahmen in 98 Fällen mit Seborrhoe als sehr wirksam. (A. M. A. Arch. Dermatol. **71.** 696—98. Juni 1955. Hollywood, Calif.) H. DOSSMANN. 4661

Magda Metzger, *Neue Möglichkeiten der lokalen Psoriasisbehandlung mit organisch gebundenem Quecksilber. Riasol* (Emulsion mit 0,45% an Seife gebundenem Hg; ARZNEIMITTELHERST. U. VERTRIEB APOTHEKER W. STUBBE, Köln) hatte bei den meisten der behandelten Psoriasisfälle günstige Wirkungen. (Münchener med. Wschr. **97.** 640—42. 13/5. 1955. München, Univ., Dermatol. Klinik u. Poliklinik.) F. KRUSEN. 4661

Stephan Epstein, *Hexachlorophene (G–11) bei der Behandlung ekzematöser Dermatosen.* Angabe der Ergebnisse mit *Hexachlorophene* (*G–11*; I) zu 1 u. 2% in Zinköl u. sulfonierter Bitumenpaste sowie 1%ig. in einer Salbengrundlage bei Dermatosen, auch bei Moniliasis, u. in vitro-Testen mit I im Vgl. zu Antibioticis gegenüber 15 Staphylokokkenstämmen. (A. M. A. Arch. Dermatol. **71.** 692—95. Juni 1955. Marshfield, Wis., Marshfield Clinic.) H. DOSSMANN. 4661

W. Temps, *Erfahrungen aus der dermatologischen Praxis mit Myxal. Myxal (Alkyltriphenylphosphoniumbromid)* besitzt noch in hohen Verdünnungen eine gute bakteriostat. u. fungostat. Wirkung. Bei der Behandlung von Dermatosen sah Vf. keine Überempfindlichkeits-Rk. u. Intoxikationserscheinungen. (Die Medizinische **1955.** 749—51. 14/5. Kronach/Obfr.) D. NEUBERT. 4661

Jack L. Evans, *Bromid-Intoxikation.* Ausführliche Zusammenstellung über Pharmakologie (Resorption, Verteilung, Exkretion u. Wirkungsweise), klin. Erscheinungen (geistige, neurolog. u. andere Störungen) u. Behandlung. — Kasuistik von 6 Fällen. — 24 Literaturangaben. (Med. J. Australia **42 I.** 498—504. 2/4. 1955. Kenmore, New South Wales, Mental Hosp.) F. KRUSEN. 4675

Elston L. Belknap und **Margaret C. Perry,** *Behandlung der Vergiftung mit anorganischem Blei mit „Edathamil Calcium-Dinatrium".* Auf Grund ihrer Erfahrungen in 7 Fällen (Kasuistik) von schwerer gewerblicher *Pb*-Intoxikation empfehlen Vff. die Behandlung mit täglich 2 g *$CaNa_2$-Äthylendiamintetraacetat* (I) bei intravenöser Injektion. Es kommt zu einer sehr schnellen Steigerung der urinalen Pb-Exkretion auf das 5—20fache, die innerhalb von 24—48 Std. ein Maximum erreicht. In den meisten Fällen kommt es gleichzeitig zu einer schnellen Senkung des Porphyrinspiegels, der dann häufig in n. Höhe bestehen bleibt. Zur Behandlung der Pb-Koliken verwenden Vff. gleichzeitig zu I intravenöse Injektionen von Ca-Gluconat. Die wirksamste I-Therapie besteht nach Vff. aus einem Wechsel von 2—3 Tagen mit u. 4—5 Tagen ohne I-Injektionen. (A. M. A. Arch. ind. Hyg. occupat. Med. **10.** 530—47. Dez. 1954. Milwaukee.) F. KRUSEN. 4675

Enrico C. Vigliani, *Behandlung der Bleikolik mit Cortison und Corticotropin.* Bericht über die Behandlung von 38 Fällen mit Bleikolik, von denen 19 mit Ca-Präpp., 4 mit BAL u. der Rest mit *Cortison* (I) oder *ACTH* behandelt wurden. Während mit Ca u. BAL keine zufriedenstellenden Ergebnisse erzielt wurden, trat nach I u. *ACTH* meist schnelle Besserung u. Schmerzfreiheit ein. Bei positivem THORN-Test empfiehlt Vf. täglich 2mal 15—20 mg *ACTH* in Glucoselsg. zu infundieren. Durch die Flüssigkeitszufuhr wird dabei gleichzeitig der Wasserhaushalt des Organismus normalisiert. Die Wrkg. von I u. ACTH ist nach Feststellungen des Vf. keine spezif. u. auch keine hormonale, sondern beruht lediglich auf einer Erhöhung der körpereigenen Abwehrkräfte. — 19 Literaturangaben. (A. M. A. Arch. ind. Hyg. occupat. Med. **10.** 491—500. Dez. 1954. Mailand, Univ., Inst. for Ind. Med., Clin. del Lavoro.) F. KRUSEN. 4675

S. Moeschlin und **H. Garson,** *Untersuchungen über die Äthylalkoholtherapie der experimentellen Methylalkoholvergiftung.* Meerschweinchen erhielten 15 Min. vor der intraperitonealen Injektion von 10 g/kg *Methanol* (I) subcutan 1 g/kg *Äthanol* (II) u. danach bis zum Exitus oder während 72 Std. in regelmäßigen Abständen 11 intraperitoneale Injektionen von je 0,4 g/kg II. Danach scheint die Behandlung von I-Vergiftungen mit II ohne Wert zu sein; die früher beobachteten Erfolge scheinen auf der gleichzeitig durchgeführten Alkalitherapie zu beruhen. (Schweiz. med. Wschr. **85.** 61—62. 15/1. 1955. Zürich, Univ., Med. Klinik; Solothurn, Bürgerspital.) F. KRUSEN. 4675

W. Holczabek, *Tödliche Narkosezwischenfälle bei Anwendung von Chloräthyl.* Ein plötzlicher Todesfall bei kunstgerecht durchgeführtem *Chloräthyl*-Rausch wird zum Anlaß genommen, die Frage zu diskutieren, ob Chloräthyl ein bes. gefährliches Narkoticum sei, oder ob der in diesem Falle autopt. nachweisbare Status thymicolymphaticus eine bes. Gefahr darstelle. Letzteres hält Vf. für wahrscheinlich. (Anaesthesist **3.** 128—30. Juni 1954. Wien, Univ., Inst. für gerichtliche Medizin.) LOTHAR BARTH. 4675

K. Velhagen, *Eine verhängnisvolle iatrogene Augenverätzung.* Bericht über Erblindung nach Umschlägen mit 3%ig. Lsg. von *Zn-Salz* der *p-Oxybenzolsulfonsäure.* (Klin. Monatsbl. Augenheilkunde augenärztl. Fortbild. **126.** 580—85. 1955. Leipzig, Univ., Augenklinik.) D. ZEMKE. 4675

J. Tas und **D. S. Feingold,** *Ein Fall von Empfindlichkeit gegenüber 1-Acetylcyclohexen.* Durch *1-Acetylcyclohexen* (I) wurde ein Kontaktekzem der Hände hervorgerufen. Strukturell ähnliche Verbb. (*1-Methylcyclohexen, β-Ionen, Aceton, Butanon, Acetophenon*) zeigten keine ähnlichen Eigenschaften. Es scheint, daß die allerg. Eigg. an das ganze Mol.

gebunden sind. (Dermatologica [Basel] **110.** 167—69. Febr. 1955. Jerusalem, Israel Hassadah Hebrew Univ., Med. School u. Hosp.) J. MILLER. 4675

Klaus-Eberhard Haase, *Vergiftungen durch phenothiazinhaltige Wurmschokolade.* Vf. berichtet über 10 Vergiftungsfälle bei $1^1/_2$—$5^1/_4$ Jahre alten Kindern, die zur Oxyuriasistherapie *Helmetina-Wurmschokolade* (PROGREDA, Köln-Deutz) mit *Phenothiazin* (I)-Mengen von 0,8—3,2 g erhalten hatten. In allen Fällen traten als Hauptsymptom tox. hämolyt. Anämien auf, daneben meist Leukocytose, Fieber u. Lebervergrößerung. Behandlung mit Bluttransfusionen. Vf. lehnt die Oxyuriasistherapie mit dem genannten u. anderen I-Präpp. als gefährlich u. darüberhinaus wenig wirksam ab. (Dtsch. med. Wschr. **80.** 280—83. 25/2. 1955. Frankfurt/M., Univ., Kinderklinik.) F. KRUSEN. 4675

H. E. Harding und **A. I. G. McLaughlin,** *Lungenfibrose bei nicht in der Eisenindustrie beschäftigten Gießereiarbeitern.* Bericht über klin., röntgenolog., patholog. u. berufliche Untersuchungsergebnisse bei 6 nicht in der Eisenindustrie beschäftigten Gießereiarbeitern, die an einer Lungenfibrose gestorben waren. (Brit. J. ind. Med. **12.** 92—99. April 1955. Sheffield, Univ., Dep. of Pathol., and Min. of Labour and Nat. Serv., Fact. Dep.) H. ZELLER. 4681

Richard Doll, *Über die Mortalität an Lungencarcinom bei Asbestarbeitern.* Von 105 Personen aus der Asbestindustrie starben 18 an Lungencarcinom, davon zeigten 15 gleichzeitig eine Asbestose. Aus dem Vgl. der erhaltenen mit der bei der Durchschnittsbevölkerung erwarteten Häufigkeit des Lungenkrebses (Verhältnis 1 : 10) wird geschlossen, daß das Lungencarcinom eine besondere Berufskrankheit bei Asbestarbeitern darstellt. (Brit. J. ind. Med. **12.** 81—86. April 1955. London, Med. Res. Council, Statist. Res. Unit.) H. ZELLER. 4681

Isidor Greenwald, *Wirkungen der Inhalation von niedrigen Schwefeldioxydkonzentrationen auf den Menschen und andere Säugetiere.* Übersichtsbericht mit 79 Literaturangaben. (A. M. A. Arch. ind. Hyg. occupat. Med. **10.** 455—75. Dez. 1954. New York, N. Y., Univ., Bellevue Med. Center, Inst. of Ind. Med. and Dep. of Chem.) F. KRUSEN. 4681

A. Royce und **W. K. S. Moore,** *Durch Äthylenoxyd ausgelöste Berufsdermatitis.* Bei der Verwendung von *Äthylenoxyd* (I) zur Desinfektion wurde bei mehreren Personen eine Dermatitis der Hände beobachtet. (Brit. J. ind. Med. **12.** 169—71. April 1955. Nottingham, Boots Pure Drug Co. Ltd., and Ind. Health Unit, Stand. Dep., Microbiol. Div.) H. ZELLER. 4681

E. Grandjean, R. Münchinger, V. Turrian, P. A. Haas, H.-K. Knoepfel und **H. Rosenmund,** *Untersuchungen über die Wirkung von Trichloräthylen in mechanischen Werkstätten.* In 24 verschied. Werkstätten wurde die Konz. von *Trichloräthylen* (I)-Dämpfen am Arbeitsplatz bestimmt u. bei 73 in diesen Werkstätten beschäftigten Personen die Ausscheidung von Trichloressigsäure (**II**) im Urin gemessen. Die meisten I-Werte der insgesamt 96 durchgeführten Luftanalysen lagen zwischen 20 u. 40 p.p.m. (Schwankungen zwischen 1 u. 335 p.p.m.), der gefunde Durchschnittswert von **II** lag bei 84,7 mg/Liter (8—444 mg/Liter). Aus den Untersuchungsergebnissen wird geschlossen, daß der MAK (maximale Arbeitsplatzkonz.)-Wert für **I** unter 40 p.p.m. liegen sollte. Die Konz. von **II** im Urin bei mit I umgehenden Arbeitern sollte 96 mg/Liter nicht überschreiten. (Brit. J. ind. Med. **12.** 131—42. April 1955. Zürich, Swiss Federal Inst. of Technol., Inst. of Hygiene and of Industr. Physiol.; Cantonal Hospital; Dübendorf, Inst. of Aviat. Med.) H. ZELLER. 4681

Charles C. Comstock, Lorraine H. Lawson, Earle A. Greene und **Fred W. Oberst,** *Inhalationstoxizität von Hydrazindämpfen.* In ausführlichen akuten, subakuten u. chron. Verss. erwies sich *Hydrazin* (I)-Dampf bei Ratten, Mäusen, Kaninchen, Meerschweinchen u. Hunden in Konzz. von mehr als 18 mg/cm³ als tox., wobei als Vergiftungserscheinungen Lungen-, Leber- u. Nierenschäden, Anorexie, Gewichtsverlust, Tremor, Schwäche, Convulsionen u. Todesfälle auftraten. Beim Menschen tritt als erstes Vergiftungssymptom Gewichtsabnahme auf. Vff. fordern, die sogenannte „maximum allowable concentration" für **I** auf einen unter 6 mg/m³ (= 5 p.p.m.) liegenden Wert festzusetzen. (A. M. A. Arch. ind. Hyg. occupat. Med. **10.** 476—90. Dez. 1954. U. S. Army, Chem. Corps, Med. Labor.) F. KRUSEN. 4681

James M. Devereux, *Ernährungsfaktor bei der TNT-Vergiftung. Untersuchung an 50 Arbeitern, die dem toxischen Einfluß von Trinitrotoluol bei der Verarbeitung ausgesetzt waren.* Durch tägliche Verabreichung eines Pulvers (57,7% Protein, 1,4% Lactose, 2,7% Maltose-Dextrin, 1,5% Fett) in Milch mit Zusatz von Geschmackskorrigentien sollen die Arbeitsausfälle bei *Trinitrotoluol* (I)-Arbeitern, die bei diesen Personen beobachteten Anämien sowie die sonstigen Symptome nach I-Einw. auf ein Mindestmaß herabgedrückt worden sein (Beobachtung an 50 Arbeitern, keine Vergleichsreihen!). (Ind.

Med. Surgery **24.** 171—72. April 1955. Parsons, Kans., Kansas Ordnance Plant, Nat. Gypsum Comp.) H. Zeller. 4681

Renato Maffei und **Luigi Napolitano,** *Allergische Reaktionen auf Penicillin bei Arbeitern der Penicillinherstellung.* An Hand von Kontakt- u. Intracutanproben stellten Vff. bei 19 unter 156 Arbeitern der *Penicillin* (I)-Industrie eine Allergie gegen I fest, wobei 3 asthmat. Erscheinungen zeigten. (Minerva med. [Torino] **46 I.** 1785—92. 20/6. 1955. Roma, Univ., Ist. di Clin. Med. Gen.) P. G. Scheurlen. 4681

J. M. **Barnes,** Toxic hazards of certain pesticides to man. Together with a select bibliography on the toxicology of pesticides in man and mammals. 2nd impr. Geneva: World health organization. 1953. (129 S.) 8°. fr. 6,—.

F. Pharmazie. Desinfektion.

W. Kern und **O. Salzmann,** *Über die Prüfung einiger Salbengrundlagen, die für einen Nachtrag zum DAB. 6 bzw. für das DAB. 7 in Frage kommen.* 1. Mitt. (unter Mitarbeit von **H. Scheller.**) *Über Glycerinmonostearat und Polyäthylenglykol-Sorbitanmonooleat.* (Dtsch. Apotheker-Ztg. **95.** 536—37. 9/6.; Pharmaz. Ztg. verein. Apotheker-Ztg. **91/100.** 582—83. 2/6. 1955. Bochum, Privatlabor.; Hamburg, Fa. Beiersdorf; Essen, Th. Goldschmidt A.-G. — C. **1955.** 8207.) W. Barz 4750

W. Kern und **O. Salzmann,** *Über die Prüfung einiger Salbengrundlagen, die für einen Nachtrag zum DAB. 6 bzw. für das DAB. 7 in Frage kommen.* 2. Mitt. (unter Mitarbeit von **Fr. Neuwald**). *Über Wollwachsalkohole und Wollwachsalkoholsalben.* (1. vgl. vorst. Ref.) (Dtsch. Apotheker-Ztg. **95.** 577—78. 23/6.; Pharmaz. Ind. **17.** 224—25. Juni; Pharmaz. Ztg. verein. Apotheker-Ztg. **91/100.** 816—17. 21/7. 1955.) W. Barz. 4750

W. Kern und **O. Salzmann,** *Über die Prüfung einiger Salbengrundlagen. Vorschlag für einen Nachtrag zum DAB. 6 bzw. für das DAB. 7.* 3. Mitt. (unter Mitarbeit von **Fr. Neuwald**). *Paraffinum durum, Paraffinum subliquidum, Paraffinum perliquidum, Vaselinum album, Vaselinum flavum.* (2. vgl. vorst. Ref.) (Dtsch. Apotheker-Ztg. **95.** 784—86. 11/8.; Pharmaz. Ind. **17.** 269—71. Juli; Pharmaz. Ztg. verein. Apotheker-Ztg. **91/100.** 844—46. 28/7. 1955.) W. Barz. 4750

W. Kern und **O. Salzmann,** *Über die Prüfung einiger Salbengrundlagen. Vorschlag für einen Nachtrag zum DAB. 6 bzw. für das DAB. 7.* 4. Mitt. (unter Mitarbeit von **G. Lietz** und **F. Neuwald**). *Cetostearylalkohol, cetostearylschwefelsaures Natrium, emulgierender Cetostearylalkohol, emulgierende Salbe, wasserhaltige emulgierende Salbe und Ölsäureoleylester.* (3. vgl. vorst. Ref.) (Dtsch. Apotheker-Ztg. **95.** 846—48. 1/9.; Pharmaz. Ind. **17.** 321—23. Aug.; Pharmaz. Ztg. verein. Apotheker-Ztg. **91/100.** 955—57. 25/8. 1955.) W. Barz. 4750

W. Kern und **O. Salzmann,** *Über die Prüfung einiger Salbengrundlagen. Vorschlag für einen Nachtrag zum DAB. 6 bzw. für das DAB. 7.* 5. Mitt. (unter Mitarbeit von **C. Schöller**). *Polyäthylenglykol-400-Monostearat, polyäthyliertes Ricinusöl.* (4. vgl. vorst. Ref.) (Pharmaz. Ztg. verein. Apotheker-Ztg. **91/100.** 1105. 29/9.; Pharmaz. Ind. **17.** 370. Sept. 1955.) W. Barz. 4750

K. W. Rosenmund und **H. Vogt,** *Prüfung von Chlorkresol im Rahmen eines Nachtrages zum DAB. 6. Bemerkungen zu dem von Prof. Dr. O. Dann, Dr. M. Deutsch und Dr. W. Hausam veröffentlichten Vorschlag.* (Dtsch. Apotheker-Ztg. **95.** 507. 2/6. 1955. Kiel, Univ., Pharmaz. Inst. — C. **1955.** 8441.) W. Barz. 4750

—, *National Formulary 1955. Änderungen in der neuen Ausgabe.* Übersicht über Änderungen im National Formulary 1955 gegenüber der Ausgabe von 1952 mit Tabelle der neu aufgenommenen u. weggefallenen Artikel sowie mit tabellar. Zusammenfassung der Präpp., deren Zus. verbesssert wurde. (Pharmac. J. **174** ([4] **120**). 7—8. 1/1. 1955.) W. Spitaler. 4750

M. L. Cooper, *Gerät zur Bestimmung der Kapselgröße.* Es wird ein Gerät (Capselelector) beschrieben, das die Best. der einer vorgeschriebenen Menge Wirkstoff entsprechenden Gelatinekapselgröße gestattet. (J. Amer. pharmac. Assoc., pract. Pharmacy Edit. **15.** 300. Mai 1954. Baltimore, Md.) H. P. Fiedler. 4758

Erik Sandell, *Die Herstellung von Suspensionspillen nach dem Tropfverfahren.* Beschreibung eines Verf., bei dem ein geschmolzenes Fett mit geeignetem E. in A. getropft wird. Das Verf. eignet sich sowohl für fettlösl. als auch nichtfettlösl. Arzneimittel (vgl. Ernerfeldt u. Sandell, C. **1953.** 7139). (Farmac. Revy **54.** 242—43. 14/4. 1955. Stockholm, Kgl. Pharmaz. Inst., Abt. für galen. Pharmaz.) W. Spitaler. 4766

G. Schenck und **A. Hennig,** *Über das Saponin von Bredemeyera floribunda Willd.* 2. Mitt. (1. vgl. C. **1955.** 6565.) Fraktionierungsverss. mit organ. Lösungsmitteln ergaben, daß das Rohsaponin aus zwei verschied. Saponinen mit den hämolyt. Indices

10000 bzw. 17—19000 besteht. (Arch. Pharmaz. Ber. dtsch. pharmaz. Ges. **288/60.** 173—74. 1955. Berlin, Freie Univ., Pharmazeut. Inst.) M. NEGWER. 4782

H. Eder, *Über die Inhaltsstoffe von Rauwolfia serpentina Benth.* Kurzer Überblick über die Chemie u. die physiol. Wirkungen der einzelnen *Rauwolfia*-Alkaloide (mit Quellenangaben): *Ajmalin* u. seine Isomeren, *Neo-* u. *Isoajmalin, Ajmalinin, Ajmalicin* (ohne spezif. Wrkg.), *Serpentinin, Serpentin* (Hauptalkaloid), *Reserpin* (starkes Sedativum), *Raubasin* (lange blutdrucksenkende Wrkg.), *Base F. 228°* $C_{22}H_{26}O_4N_2$ (ohne besondere pharmakol. Wrkg.), *Rauhimbin, Isorauhimbin, Raupin* (adrenolyt. atropinresistente Wrkg.) u. *Rescinnamin* (sedative u. hypotensive Wrkg.). Beschreibung von Methoden zur Best. des Alkaloidgeh. der Droge u. zur Isolierung alkaloidähnlicher, stark blutdruckwirksamer Stoffe. (Pharmazie **10.** 236—43. April 1955. Eßlingen-Zell a. N.) W. SCHULENBURG. 4782

J. Hranicka, *Über die Variabilität des Eisengehaltes im Mutterkorn.* In 29 Mutterkornproben verschied. Herkunft (Anbau 1953; Ergotamintyp) wurde der Fe-Geh. photocolorimetr. zu 0,0028—0,019% bestimmt; Werte >0,01% waren selten. Zwischen Fe- u. Alkaloidgeh. wurde keine Beziehung gefunden. Bei Perkolation mit 45%ig. A. gingen je nach p_H-Wert 2,5—5,5% der ursprünglichen Fe-Menge in den Extrakt über. (Pharmazie **10.** 331—32. Mai 1955. Prag, Forsch.-Inst. für Heilpflanzen.) W. SCHULENBURG. 4782

E. Steinegger und **F. Gessler,** *Alkaloidbiogenese bei Datura innoxia Miller.* Auf Grund von Pfropfungsverss. war man bis vor kurzer Zeit geneigt, bei den *Solanaceen* die Wurzel als alleinigen Ort der Alkaloidbiogenese anzusehen. Indessen weisen junge Blätter ungepfropfter Pflanzen oftmals eine so auffällige Alkaloidanreicherung auf, daß die Fähigkeit der Alkaloidbldg. auch dem oberird., in Teilung befindlichen Gewebe zugesprochen werden muß. Zur weiteren Klärung des Fragenkomplexes wird hier an *Datura innoxia Miller* die Verteilung von *Hyoscyamin* (**I**), *Scopolamin* (**II**), Scopolin, Tropin, Apoatropin u. Meteloidin in den einzelnen Pflanzenorganen untersucht. Nach Vakuumtrocknung bei 60° wurde der Alkaloidgeh. der einzelnen Proben nach der Meth. von HEGNAUER u. FLÜCK (vgl. C. **1948.** E. 1713) festgestellt. Daneben kam auch die Papierchromatographie auf Rundfiltern nach JENTZSCH (C. **1953.** 8140) unter Benutzung von Butanol–Eisessig–W. als Lauf-Fl. u. DRAGENDORFFs Reagens als Sprühmittel zur Anwendung. Zur Trennung von **I** u. **II** + Meteloidin diente zusätzlich die Verteilungschromatographie auf Kieselgur bei p_H 6 bei anschließender Elution mit Ae. u. Chloroform. Die weitere Identifizierung der hauptsächlich interessierenden Alkaloide **I** u. **II** gelang über die Pikrate: *Hyoscyaminpikrat,* F. 163—164°; *Scopolaminpikrat,* F. 186—188°; Meteloidinpikrat, F. 175—176°. — Ergebnisse: Die Wurzel ist die Hauptstätte der Bldg. von **I**, **II** wird dagegen vorwiegend im Blatt gebildet. Während der Blüte sind die beiden Alkaloide in der Wurzel in gleicher Menge vorhanden. Die ältere Pflanze mit Kapselbldg. vermag im Blatt nur noch **II** zu synthetisieren. Die Alkaloidbilanz in der Wurzel dagegen erreicht nach der Blüte wieder die Anfangswerte. Bei künstlicher Zufuhr von **I** u. **II** konnte an alkaloidfreien Reisern von Datura innoxia auf Tomatenunterlage keine gegenseitige Umwandlung festgestellt werden. (Pharmac. Acta Helvetiae **30.** 115—23. März 1955. Beilage zu: Schweiz. Apotheker-Ztg. Bern, Univ., Pharmazeut. Inst.) K. ZOPFF. 4782

O. Saiko, *Die Silicone in Medizin, Pharmazie und Lebensmittelindustrie.* (Vgl. ULLRICH, C. **1954.** 2281.) Überblick über Chemie, Herst. u. Eigg. der Silicone sowie ihre vielfältigen Anwendungsmöglichkeiten (z. B. als Salbengrundlage in der Dermatologie, in Form von Überzügen bei Glasgeräten u. Metallformen, als Antischaummittel). (Österr. Apotheker-Ztg. **9.** 361—63. 28/5. 1955.) W. SPITALER. 4786

F. Neuwald und **W. Loges,** *Die Herstellung isotonischer Augentropfen.* Entgegen anderen Angaben stellen Vff. fest, daß Blutserum, Schweiß- u. Tränen-Fl. des Menschen isoton. sind u. gegenüber W. eine Gefrierpunktserniedrigung von 0,52° zeigen. Dies entspricht einer 0,9%ig. NaCl- oder einer 1,6%ig. KNO_3-Lösung. An Hand von 5 Abbildungen geben Vff. Anleitungen zur Berechnung derjenigen Menge NaCl bzw. KNO_3, die Augentropfen mit den gebräuchlichsten Arzneimitteln als Inhaltstoffen zuzusetzen ist um isoton. Lsgg. herzustellen. Bei manchen gebräuchlichen hyperton. Augentropfen (z. B. Aqua ophthalmica isotonica DRF) empfehlen Vff. Abänderung der Vorschrift. (Arch. Pharmaz. Ber. dtsch. pharmaz. Ges. **288/60.** Nr. 1. Mitt. dtsch. pharmaz. Ges. **25.** 4—9. 1955. Schönberg/Holstein, Apotheke.) M. NEGWER. 4790

A. Schubiger, *Zur Frage der Zellwollbeimischung zu Verbandwatte und Verbandgaze.* Vf. rät von der Verwendung von Zellwollwatte, von Zellwoll–Baumwoll-Gemischen für Watte u. Verbandgaze u. deren Zulassung durch die Pharmakopöe ab, solange keine der Baumwolle strukturell ebenbürtige Zellwolle zur Verfügung steht. Dies wird bei der heutigen Zellwollfaser durch ihre drahtähnliche Oberfläche, Brüchigkeit, geringe Naßreißfestigkeit, Saugkraft, Wasserhaltungsvermögen, Elastizität u. Sterilisierbarkeit bedingt. (Schweiz. Apotheker-Ztg. **93**. 141—44. 19/2. 1955. Luzern.) M. Negwer. 4794

H. Einfeldt, *Zur Frage der schnellhärtenden Kunststoffe.* Literaturübersicht (15 Angaben) über das Anwendungsgebiet der schnellhärtenden Kunststoffe sowie ihre Vor- u. Nachteile (Fehlen der Farbbeständigkeit, geringe Härte, Schädigung der Pulpa). (Dtsch. Zahnärztebl. **8**. 529—31. 8/7. 1954. Flensburg.) G. Klesse. 4798

Kenneth R. Pfeiffer, James L. Harvey und **Gerhard M. Brauer,** *Verschlechterung von zahnärztlichen Abdruckmassen aus hydrokolloidalen Alginaten während der Lagerung.* Die im Handel befindlichen Abdruckmassen auf Alginatbasis (*Coe-Loid, D-P elastic impression cream, Kalginate, Moyco u. Zelex*) werden nach Lagerung bei erhöhten Tempp. (1 Monat bei 50—65°) durch Depolymerisation des Alginatkomplexes völlig unbrauchbar. Eine Lagertemp. von höchstens 37° darf nicht überschritten werden. (U. S. Armed Forces med. J. **5**. 1315—20. Sept. 1954. Washington, D. C., Nat. Bur. of Standards, Dental Res. Labor.; Durham, N. C., Veterans Admin. Hosp.) G. Klesse. 4798

—, *Neue Arzneimittel. Linoxsol Tablets* (S. F. Durst & Co. Inc., Philadelphia, Pa.): Enthalten Aminophyllin 60 (mg), dl-Desoxyephedrin 2,5, Salicylamid 200. Analgeticum. — *Piperate Solution* (Lincoln Laboratories, Decatur): Sirup mit 10% Piperazin als Tartrat. Wurmmittel. — *Sandril Tablets* (Eli Lilly & Co., Indianopolis): Reserpin 0,25 mg. — *Serpasil-Apresoline Tablets* (Ciba Pharmaceutical Products Inc., Summit): Enthalten Reserpin 0,2 (mg) u. Hydralazinhydrochlorid 50. (J. Amer. pharmac. Assoc., pract. Pharmacy Edit. **15**. 576. Sept. 1954.) A. Hotzel. 4800

—, *Neue Arzneimittel. Pentakaps* (Abbott Laboratories Ltd., Greenford): Polyvitaminpräparat. — *Senokot Tablets* (Westminster Laboratories Ltd., London): Enthalten Senna. — *Bitrinsic Tablets* (Evans Medical Supplies Ltd., Liverpool): Tabletten mit 10 γ Vitamin B_{12} u. 50 mg „intrinsic factor". — *Halabar* (Brooks & Warburton Ltd., Mitcham): Tabletten mit 16 (mg) Butobarbital u. 300 Mephenesin. Sedativum. — *Ascum Tablets* (Kumar Ltd., London): Enthalten Acetylsalicylsäure 5 (grain), $CaCO_3$ 1,5, Citronensäure 0,5, Ascorbinsäure $^3/_4$, Chininhydrochlorid $^1/_4$, Saccharin. Analgeticum, Antipyreticum. — *Bardase Tablets* (Parke, Davis & Co. Ltd., Hounslow): Enthalten Phenobarbiton 16 (mg), Hyoscyaminsulfat 0,1, Scopolaminhydrobromid 0,007, Atropinsulfat 0,02, Takadiastase 0,16 g. Ulcusmittel, Spasmolyticum. — *Glycinal Tablets* (Kumar Ltd., London): Enthalten Al-Glycinat 0,5 (g), Mg-Trisilicat 0,5, Zucker u. Pfefferminzöl. Antacidum. (Chemist and Druggist **163**. 514—15. 7/5. 1955.) A. Hotzel. 4800

Joachim Knabe, *Inkompatibilitäten neuerer Arzneimittel.* Vf. gibt einen Überblick über mögliche Inkompatibilitäten neuerer Arzneimittel u. zeigt, daß auch in neueren Vorschriftensammlungen solche nicht fehlen (z. B. Mixt. antihypertonic. DRF.). Auch bei der Anwendung von Mischspritzen ist auf die Möglichkeit des Auftretens von Inkompatibilitäten zu achten. (Arch. Pharmaz. Ber. dtsch. pharmaz. Ges. **288/60**. Nr. 4. Mitt. dtsch. pharmaz. Ges. **25**. 62—66. 1955. Braunschweig, TH, Inst. für Pharmazeut. Chemie u. Lebensmittelchemie.) M. Negwer. 4800

Lars-Erik Tammelin und **Lennart Larsson,** *Die Haltbarkeit von Acetyl-β-methylcholinjodid (Betacholyl) und Succinylcholinjodid (Celocurin) in Lösung.* Vff. untersuchen die Abhängigkeit der Hydrolyse von *Betacholyl* (I) u. *Celocurin* (II) vom p_H in wss. Lösung. Das Minimum der Hydrolyse liegt bei **I** bei p_H 4,2 u. bei **II** bei p_H 3,6. Zur Verhinderung einer Oxydation von **I**- u. **II**-Lsgg. empfiehlt sich Zusatz von Glucose (**III**). Haltbare Lsgg. von **I** u. **II** werden demzufolge unter Zusatz von **III** beim p_H des Hydrolysenminimums hergestellt. (Svensk farmac. Tidskr. **59**. 229—32. 30/3. 1955. Stockholm, Vitrum AB.) M. Negwer. 4806

George S. Rogers, *Die Nitrofurane.* Unter den antibakteriellen Arzneimitteln nehmen die Nitrofurane neben den Antibioticis u. den Sulfonamiden eine Sonderstellung ein, da ihre bactericide u./oder fungicide Wrkg. auf einer enzymat. Blockierung des Kohlenhydratstoffwechsels beruht. Bes. Bedeutung erlangten das *Furacin* (Nitrofurazon, Nitrofurfuraldehydsemicarbazon), das *Furaspor* (Nitrofurfurylmethyläther; fungicid wirkend) u. das *Furadantin* (Nitrofurfurylidenaminohydantoin; für orale Applikation geeignet). Die Eigg. der vorgenannten Präpp. werden kurz besprochen. (J. Amer. pharmac. Assoc., pract. Pharmacy Edit. **15**. 422. 432. Juli 1954. Norwich, N. Y., Eaton Labor., Med. Dep.) H. P. Fiedler. 4806

Edward S. Brady, *Arzneimittel gegen Krebs.* Es werden diejenigen Wirkstoffe besprochen, die bisher in der Krebsbekämpfung gewisse Erfolge gezeitigt haben. — 7 Literaturangaben. (J. Amer. pharmac. Assoc., pract. Pharmacy Edit. **15**. 237—38. April 1954. Los Angeles, Calif., Univ. of South California.) H. P. Fiedler. 4806

Masataka Yamazaki, *Vitamin-C-Gewinnung durch Gärung.* 8. Mitt. *Bildung und Isolierung von 2-Keto-L-gulonsäure aus einem Gemisch der Ca-Salze von L-Idonsäure und*

D-Gluconsäure durch submerse Gärung sowie Synthese von Vitamin C aus 2-Keto-L-gulonsäure. (7. vgl. J. agric. chem. Soc. Japan [Nippon Nôgeikagaku Kaishi] **28.** [1954.] 748.) Das Verf. der Vergärung des Hexonatgemisches mit einer Kultur von Pseudomonas fluorescens wurde weiterentwickelt. 100 cm^3 der Kultur je 7 Liter Gär-Fl. wurden angewandt. Einhalten von p_H 5,5 während der 60 std. Gärdauer ergab die beste Ausbeute, 52,5% an roher krist. *2-Keto-L-gulonsäure* (I), bezogen auf Hexonatgemisch. Durch 70 std. Erhitzen von I auf 60° mit n-Butanol, n-Hexan u. konz. HCl wurde *Vitamin C* (II) erhalten; Ausbeute (umkrist.), bezogen auf I, war 76,3%. — Schema der App.; 9 Literaturangaben. (J. agric. chem. Soc. Japan [Nippon Nôgeikagaku Kaishi] **28.** 890—94. Nov. 1954. Tokyo, Res. Inst. of pharmaceut. Resources. [Orig.: japan., Auszug: engl.]) EBERHARD MÜLLER. 4808

Nils Sterner, *Metacortandracin, ein neues cortisonähnliches Steroid.* Metacortandracin (I; Meticorten, SCHERING CORP.) ist $\Delta^{1,4}$-Pregnadien-17α.21-diol-3.11.20-trion, geruchlose, gelbliche Kristalle, F. 233—235° (Zers.). Gegenüber Cortison oder Hydrocortison ist I 3—5 mal wirksamer (z. B. bei Gelenkrheumatismus u. Bronchialasthma) bei geringeren Nebenwirkungen u. mindestens nicht höherer Toxizität, die infolge der geringen Wasserlöslichkeit in üblicher Weise (LD_{50}) nicht bestimmbar ist. (Farmac. Revy **54.** 268—71. 21/4. 1955. Malmö, AB Ferrosan.) R. K. MÜLLER. 4808

L. M. Broude, Je. A. Kolli und **T. Ss. Ssachatzkaja,** *Über die Bestimmung der Formolzahl bei der Bewertung der zur Herstellung von Insulin angewandten Bauchspeicheldrüse.* In den Extrakten der Bauchspeicheldrüse vom Rind wurden *Formolzahl, Gesamt-N, Rest-N* u. *Amino-N* in Abhängigkeit von der Art der Aufbewahrung (im gefrorenen Zustand u. zu verschied. Zeitpunkten nach dem Auftauen) bestimmt. Bei Aufbewahrung im gefrorenen Zustand ergaben sich nachst. Werte für den Geh. an Amino-N (in mg-%) u. die Formolzahl (Wert in Klammer): unmittelbar nach dem Gefrieren 69 (3,0); nach 3 Wochen 65 (3,2); nach 7 Wochen 66 (3,0). Aus den Werten bei verschied. Aufbewahrung der Bauchspeicheldrüse (Gefrieren, Auftauen, Wiedergefrieren) geht hervor, daß eine Erhöhung der Formolzahl immer von einer Abnahme des Insulin (I)-Geh. begleitet ist. Im gefrorenen Zustand bleiben Formolzahl u. Geh. an Amino-N im Laufe eines Monates u. mehr unverändert. Die A.-Säureextrakte der Bauchspeicheldrüse bleiben hinsichtlich Formolzahl u. Geh. an Gesamt-, Rest- u. Amino-N mindestens 3—4 Wochen unverändert. Bei ungünstiger Aufbewahrung beobachtet man einen Anstieg der Formolzahl u. eine Abnahme des biol. bestimmten I-Gehaltes. Die leicht durchführbare Best. der Formolzahl ermöglicht also eine bequeme Auswahl der Bauchspeicheldrüsen zur Sicherung einer guten I-Ausbeute. (Биохимия [Biochemie] **20.** 16—18. Jan./Febr. 1955. Moskau, Allunions Inst. für exp. Endokrinol., Biochem. Abt.) O. LEBTAG. 4808

A. I. Rosenberg, *Ein neues Rezept für die Stabilisierung von Blut mit Natrog.* Natrog, ein Na-Salz der Trioxyglutarsäure, wurde wegen seiner Billigkeit an Stelle von Na-Citrat vorgeschlagen. Die fertige Blutkonserve mit 250 cm^3 3%ig. Natroglsg., 10 cm^3 25%ig. Glucoselsg. u. 250 cm^3 Blut ist 25 Tage haltbar. (Хирургия [Chirurgie] **1955.** Nr. 3. 64—65. März. Moskau, Landwirtsch. Timirjasew Akad.) F. DU MANS. 4812

A. Manten und **J. H. Bekker,** *Desinfektion von Tuberkulosesputum mit Hilfe einer Mischung von Chlor und Natronlauge.* Als geruchloses u. durchsichtiges Desinfektionsmittel für Tuberkulosesputum, das das Sputum völlig auflöst, wird eine wss. Lsg. von 0,2% Cl_2, 0,5% NaOH u. (als Färbemittel) 0,001% Methylenblau empfohlen. (Nederl. Tijdschr. Geneeskunde **99.** 1107—10. 9/4. 1955. Utrecht, Rijsk-Inst. voor de Volksgezondheid.) W. WESLY. 4832

Jorma Juntunen, *Über Gehaltsbestimmungen von Nitroglycerinlösungen.* Die Best. von Nitroglycerin in Lsgg. nach der Meth. des finn. Arzneibuches durch Zers. mit alkoh. KOH u. H_2O_2 u. titrimetr. Ermittlung des verbrauchten KOH hat nicht die erforderliche Genauigkeit. Die Meth. nach HAGER, durch Verdampfen des Lösungsm., ist einfach, genau, aber zeitraubend. Die Meth. des schwed. Arzneibuches, Red. mit Fe-Zn u. Titration des gebildeten NH_3, ist genau, verlangt aber gute Übung. (Semina [Helsinki] **38.** 344—45. Sept. 1954.) S. BECKMANN. 4880

Paul Janssen und **Paul Demoen,** *Analytische Prüfung des I. N. H. G.* Von dem [N^1-Isonicotinyl]-[N^2-D-glucofuranuronoyl-3.6-lacton]-hydrazin (Isonicotinylhydrazon des D-Glucuronolactons, I.N.H.G., I), F. 145—175° (Zers.), werden die Löslichkeit in verschied. Lösungsmitteln u. das UV-Spektr. angegeben. Zur Best. von I eignet sich die allerdings wenig spezif. bromometr. Meth. nach HAUGAS u. MITCHELL (C. **1953.** 8140), während die jodometr. Best. keine befriedigenden Ergebnisse liefert. Der Wassergeh. wird mit dem FISCHER-Reagens ermittelt; die Papierchromatographie kann zur Identifizierung u. quantitativen Best. gegebenenfalls vorhandener Verunreinigungen dienen. Von den colorimetr. Bestimmungsmethoden eignet sich bes. das von PRATT (Analytic.

Chem. **25.** [1953.] 814) beschriebene u. in der vorliegenden Arbeit ausführlich wiedergegebene Verfahren. — 66 Literaturangaben. (J. Pharmac. Belgique [N. S.] **8** (**36**). 20—29. Jan./Febr. 1954. Turnhout, Labor. de Rech. Richter-Eupharma.)
H. P. FIEDLER. 4880

W. Poethke und **D. Horn**, *Die maßanalytische Bestimmung von Veramon und verwandten Präparaten.* Das von den Vff. beschriebene Verf. zur maßanalyt. Best. der Barbitursäurederivv. (C. **1955.** 10322) läßt sich auch auf *Veramon* (**I**) u. verwandte Präpp. anwenden. Das im **I** vorhandene Pyramidon (**II**) ist eine so schwache Base, daß es in wss.-alkoh. Lsg. gegenüber Thymolphthalein (**III**) nicht alkal. reagiert u. die Best. des Veronals (**IV**) in ca. 50%ig. CO_2-freiem A. mit 0,1n-Lauge u. **III** als Indicator (Vergleichslsg. 50 ml einer ammoniakal. Lsg. mit 2 mg Cu = 7,85 mg $CuSO_4 \cdot 5\,H_2O$ u. 0,1 mg Cr als Chromat = 0,285 mg $K_2Cr_2O_7$) nicht stört. Die Best. des **II** erfolgt auf aminometr. Wege durch Titration in Chlf. mit einer 0,05n-p-Toluolsulfonsäurelsg. (**V**) in Chlf. u. Dimethylaminoazobenzol (**VI**) als Indicator. Hierbei stört **IV** nicht. Vorschrift: ca. 0,1 g **II** oder die entsprechende Menge **I** werden in 10 ml Chlf. (DAB. 6) gelöst u. mit **V** in Chlf. gegen **VI** (5 Tropfen einer 0,05%ig. Lsg. in Chlf.) titriert. 1 ml **V** entspricht 11,56 mg **II**. Die Einstellung der **V** erfolgt mit Hexamethylentetramin. — 32 Literaturangaben. (Pharmaz. Zentralhalle Deutschland **94.** 41—45. Febr. 1955. Jena, Univ., Inst. für Pharmazie u. Lebensmittelchemie u. Inst. für Arzneimittelprüfung.)
M. NEGWER. 4880

P. Braeckman, R. van Severen und **D. Deprez**, *Prüfung und Bewertung der offiziellen Saponinpräparate.* Zur Bewertung von Saponindrogen (Polygala, Sarsaparille u. Quillaja) eignet sich die Best. des hämolyt. Index. Die für die Drogen, Tinkturen bzw. Extrakte jeweils anwendbare Arbeitsweise zur Best. des hämolyt. Index wird beschrieden, auch werden die verschied. Indices, zum Teil in Abhängigkeit von der Lagerzeit der Droge, mitgeteilt. (J. Pharmac. Belgique [N. S.] **8** (**36**). 30—31. Jan./Febr. 1954. Gand, Univ., Labor. de Pharmacognosie et de Pharm. galén.) H. P. FIEDLER. 4880

Carl Stainier und **Charles Lapière**, *Neue Methode zur Bestimmung des Yohimbins, die in Gegenwart anderer Alkaloide anwendbar ist.* Zunächst werden einige Identitäts-Rkk. beschrieben, die eine Unterscheidung des *Yohimbins* (**I**) vom Strychnin ermöglichen. Zur I-Gehaltsbest. wird eine Meth. vorgeschlagen u. beschrieben, die eine Umwandlung des **I** in die Yohimbinsäure u. deren Abtrennung u. Fällung als Reineckat vorsieht. Letzteres wird in Aceton gelöst u. spektrophotometr. bei 525 mμ bestimmt. Diese Meth. ist anwendbar in Ggw. von Luminal, Papaverin, Atropin u. Ergotoxin. (J. Pharmac. Belgique [N. S.] **8.** (**36**). 3—8. Jan./Febr. 1954. Liège, Univ., Labor. d'analyse des médicaments.)
H. P. FIEDLER. 4880

Pálné Tuzson und **Gábor Vastagh**, *Über die chemische Bestimmung von Vitamin B_{12}.* Es ist bekannt, daß sich aus Präpp. mit Vitamin B_{12} unter Einfl. von Licht HCN bildet. Vff. fanden, daß zur Bldg. auch eine gewöhnliche Glühlampe von 200 Watt genügt. Der sich bildende HCN wurde mit N_2 ausgetrieben, im Phenolphthalein-Reagens nach ROBBIE u. LEINFELDER aufgefangen u. die rote Farbe des Phenolphthaleins gemessen. (Acta pharmac. hung. **1954.** 65—73. Sept.) H. LANGENBECK. 4880

Poul Mørch, *Penicillinbestimmung nach der Hydroxylaminmethode.* Im Anschluß an das Verf. von BOXER u. EVERETT (C. **1949.** E. 1086) werden die bei der Rk. von Penicillin (**I**) mit NH_2OH sich bildenden Komplexe untersucht. Der Monokomplex aus der dem **I** entsprechenden Hydroxamsäure zeigt ein Absorptionsmaximum bei 490 mμ. Die NH_2OH-Konz. soll nicht unter 0,5 n sein. Der Einfl. der Penicillinase kann dadurch ausgeschaltet werden, daß man auch die Blindprobe damit versetzt. Zur Beseitigung von Verunreinigungen mischt man im Scheidetrichter 5—20 cm³ Lsg. (10000—30000 I. E. I) mit 20 cm³ W. u. 40 cm³ Amylacetat, kühlt auf 0—5° u. schüttelt 30—60 Sek. mit 20 cm³ eisgekühltem Glycinpuffer (45 g Glycin + 35 g NaCl + 50 cm³ konz. HCl im Liter, p_H 1,1), trocknet nach Abtrennen der wss. Schicht durch Schütteln mit 5—10 g Na_2SO_4, filtriert, schüttelt 30 cm³ Filtrat mit 5 cm³ 2%ig. $NaHCO_3$-Lsg. u. verwendet 2mal 1 cm³ des wss. Filtrats für die Colorimetrie. Die Best. wird mit derselben Menge Lsg. unter Zusatz von 15000—25000 I. E. Na-I wiederholt, wobei 30 cm³ Amylacetatphase mit 10 cm³ 1%ig. $NaHCO_3$-Lsg. geschüttelt werden. Wenn a cm³ Lsg. ohne u. mit Zusatz von b mg Na-I (mit c I. E./mg) verwendet werden u. die Extinktionswerte E_1 bzw. E_2 ergeben, errechnen sich I. E. je cm³ Lsg. = $E_1 \cdot b \cdot c/(2\,E_2 - E_1) \cdot a$. Der Fehler ist von der Größenordnung 1—2%. (Dansk Tidsskr. Farmaci **28.** 157—79. Aug. 1954. Kopenhagen, Løvens kem. fabrik.) R. K. MÜLLER. 4880

Elisabeth Legrand (Erfinder: **Walther Sexauer**), Oberhausen/Rhld., *Herstellung zersetzbarer Gipsformen.* Zur Herst. von Gipsformen, bes. für *zahnärztliche Zwecke*, werden beim Anrühren des Gipsmörtels 10—30 (Gew.-%) Bicarbonate, Carbonate oder Oxyde des Mg oder der Erdalkalien oder 1—6 Metallpulver, z. B. Al, Mg, Zn, Sn oder Fe, zugesetzt. Nach dem Erhärten u. Gebrauch können die Formen durch Säuren oder Laugen zers. werden. (**D. B. P. 929 348** Kl. 80b vom 27/1. 1953, ausg. 23/6. 1955. Anmeldung bekanntgemacht 2/12. 1954.) Hans Hoffmann. 4799

Benno Otto Bjarsch, Schkeuditz, *Herabsetzung der Stoß- oder Bruchfestigkeit von Gipsformen für zahnärztliche Zwecke.* Hart- oder Alabastergips wird mit nichtbindenden Füllkörpern, wie Quarzsand, kleinen Glas- oder Metallperlen) in einer Korngröße von ca. 0,3 mm vermischt u. hierauf mit W. angemacht. (**D. B. P. 929 349** Kl. 80b vom 12/8. 1952, ausg. 23/6. 1955. Anmeldung bekanntgemacht 2/12. 1954.) Hans Hoffmann. 4799

May & Baker Ltd., Dagenham, Essex, England (Erfinder: **Harry James Barber**), *Hexamethylen-1.6-bis-ammoniumsalze* der Formel I, worin R = Methyl oder Äthyl u. X ein Anion bedeuten, dienen als *Therapeutica.* — Diese Salze werden in reiner Form hergestellt, indem man auf eine wss. Lsg. eines solchen rohen Salzes ein wasserlösl. Salz der *Embonsäure* (= *2.2'-Dioxy-1.1'-dinaphthylmethan-3.3'-diacrbonsäure*) einwirken läßt, das ausfallende bisquaternäre Ammoniumembonat abfiltriert, in wss. Suspension mit der als Anionbildner gewünschten Säure umsetzt, die ausfallende unlösl. Embonsäure abfiltriert u. das Filtrat eindampft. — Man setzt Hexamethylen-1.6-diamin mit Dimethylsulfat in heißem W. zum bisquaternären Salz um, versetzt mit Na-Embonat, filtriert das ausfallende *Hexamethylen-1.6.bis-trimethylammoniumembonat* (F. 290—291°) ab, setzt in W. mit HBr um, filtriert die ausfallende Embonsäure ab u. dampft die wss. Lsg. des *Hexamethylen-1.6-bis-trimethylammoniumbromids* ein. — Analog: *Hexamethylen-1.6-bis-(dimethyläthylammonium)-embonat,* F. 262—265°. (**E. P. 723 203** vom 27/10. 1950, ausg. 2/2. 1955.) G. Langer. 4807

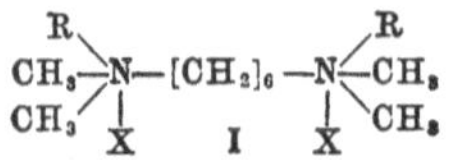

Vittorio Emiliano Ferrari und **Giorgio Ferrari,** Pavia, Italien, *Äthanol-2-aminophosphorsäure* dient als solche oder in Form ihrer Ca-, Di-Na- oder Di-K-Salze zur Herst. pharmazeut. Prodd., bes. *ton.* u. *anäm.* Mittel. — Man erhitzt Monoäthanolaminophosphat oder ein Gemisch äquimol. Mengen von Monoäthanolamin u. Phosphorsäure in W. im Vakuum bis auf ca. 185°. F. 232—233°. (**D. B. P. 930 566** Kl. 12q vom 25/6. 1952, ausg. 18/7. 1955. Anmeldung bekanntgemacht 27/1. 1955. It. Prior. 25/6. 1951.) G. Langer. 4807

Olin Mathieson Chemical Corp., New York, N. Y., übert. von: **Jack Bernstein,** New Brunswick, **William A. Lott,** Maplewood, und **Frederick J. Wiselogle,** New Brunswick, N. J., V. St. A., *Thiosemicarbazone* des *p-Isobutoxybenzaldehyds,* F. 147—148,5°, des *p-Isoamoxybenzaldehyds,* F. 134—135°, u. des *p-sek.-Butoxybenzaldehyds,* F. 110,5 bis 112,5°, werden in üblicher Weise durch Rk. der Aldehyde mit Thiosemicarbazid erhalten. — *Tuberkulosemittel.* (**A. PP. 2 699 448** vom 15/1. 1952, **2 699 449** vom 13/3. 1952 u. **2 699 450** vom 14/3. 1952, alle ausg. 11/1. 1955.) A. Brösamle. 4807

Sterling Drug, Inc. (Erfinder: **Aubrey Arnold Larsen**), New York, N. Y., V. St. A., *Herstellung von l-2.2-Diphenyl-4-dimethylaminopentanal-(1)* (**I**), im wesentlichen frei von der rechtsdrehenden Form, dad. gek., daß man eine Lsg. von d-2.2-Diphenyl-4-dimethylaminopentannitril in einem inerten organ. Lösungsm. (das bevorzugt $<150°$ sd., wie Ae., Bzl., Toluol, A., PAe.) mit ca. $^1/_4$—$^1/_2$ (Mol) $LiAlH_4$ pro 1 Nitril unter im wesentlichen wasserfreien Bedingungen behandelt u. das Reaktionsgemisch hydrolysiert. Die *analget.* Wrkg. ist doppelt so groß wie die des Racemats bei gleicher Giftigkeit; bevorzugt werden die wenig giftigen, leichtlösl. Salze mit HCl, HBr, HJ, H_2SO_4, Essig-, Citronen- oder Weinsäure (quaternäre Ammoniumsalze) benutzt. I-*Hydrochloridhydrat,* F. 111—112° bzw. 103—105°, geht nach 3tägigem Trocknen im Vakuumofen bei 100° in wasserfreies *Hydrochlorid,* F. 198—201°, $[\alpha]_D^{25}$ —28°, 1%ig. in W., über. (**D. B. P. 924 862** Kl. 12o vom 24/4. 1953, ausg. 10/3. 1955. Anmeldung bekanntgemacht 12/8. 1954. A. Prior. 6/5. 1952.) W. Herold. 4807

Upjohn Co., Kalamazoo, Mich., V. St. A. (Erfinder: **Richard Voorhees Heinzelmann**), *Bis-[β-(o-hydrocarbonoxyphenyl)-isopropyl]-amine* der Formel **I,** worin R einen KW-stoffrest mit 1—7 C-Atomen bedeutet, wirken *anästhetisch, bronchodilator., spasmolyt.* u. *antisekretorisch.* — Sie entstehen aus o-Hydrocarbonoxyphenylaceton durch Red. mit H_2 u. einem Katalysator in Ggw. von NH_3 oder einem o-Hydrocarbonoxyphenylisopropylamin unter Druck. — *o-Benzyloxybenzaldehyd* (**II**). Aus Salicylaldehyd, Benzylchlorid u. Na-Äthylatlösung, F. 46—48°; $Kp._{0,05}$

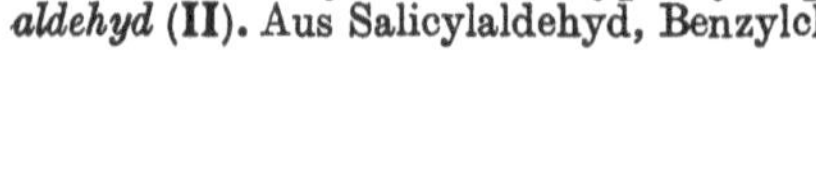

147—148°. — Analog: *o-Isopropyloxybenzaldehyd*, $Kp._{13}$ 118—121,5°; *Semicarbazon*, F. 178—180°. — *o-n-Propyloxybenzaldehyd*, $Kp._{13}$ 131—132°; *Semicarbazon*, F. 176,5 bis 177,5°. — *o-n-Hexyloxybenzaldehyd*, $Kp._{13}$ 170—173°; *Semicarbazon*, F. 169—171°. — *o-Benzyloxyphenylaceton*. Man kocht **II** mit Nitroäthan, n-Butylamin u. Toluol, versetzt mit W., $FeCl_3$, Fe-Pulver u. kocht weiter mit HCl. $Kp._{0,25}$ 155—160°; *Semicarbazon*, F. 167—169°. — Analog: *o-Isopropyloxyphenylaceton*, $Kp._{13}$ 133—135°; *Semicarbazon*, F. 152,4°. — *o-n-Propyloxyphenylaceton*, $Kp._{13}$ 132—135°; *Semicarbazon*, F. 138—141°. — *o-n-Hexyloxyphenylaceton*, $Kp._{0,04}$ 124—127°; *Semicarbazon*, F. 113—115°. — *Bis-[β-(o-methoxyphenyl)-isopropyl]-amin*. Aus o-Methoxyphenylisopropylamin, o-Methoxyphenylaceton, H_2 u. Pt-Oxyd in Methanol unter Druck. Analog aus o-Methoxyphenylaceton u. NH_3. Wird in 2 diastereoisomeren Formen erhalten, die mit Methanol eine lösl. u. eine unlösl. Komplexverb. bilden u. sich über diese trennen lassen. *Diastereoisomeres* aus der unlösl. Komplexverb.: *Hydrochlorid*, F. 254—255°; *Lactat*, F. 156,5—157°; *Nicotinat*, F. 156—158°; *Nitrat*, F. 168—169°; *Acetylsalicylat*, F. 110—111°; *Glykolat*, F. 166,5 bis 167°; *Methanolkomplex*, F. 25°. *Diastereoisomeres* aus der lösl. Komplexverb.: *Hydrochlorid*, F. 214—215°; *Lactat*, F. 140,5—142°; *Methanolkomplex*, F. 5°. — Analog: *Bis-[β-(o-benzyloxyphenyl)-isopropyl]-aminhydrochlorid*, F. 236—238°; *Hypophosphat*, F. 196 bis 200°; *Lactat*, F. 126—128°. — *Bis-[β-(o-isopropyloxyphenyl)-isopropyl]-amin*, Öl, $Kp._{0,03}$ 138—140°; *Hydrochlorid*, F. 193—194°; *Lactat*, F. 113—115°. — *Bis-[β-(o-n-propyloxyphenyl)-isopropyl]-amin*, Öl, $Kp._{0,02}$ 144,6°; *Hydrochlorid*, F. 185—186°; *Lactat*, F. 145—147°. — *Bis-[β-(o-n-hexyloxyphenyl)-isopropyl]-aminhydrochlorid*, F. 108—110°. (**E. P. 722 301** vom 24/10. 1952, ausg. 19/1. 1955.) G. LANGER. 4807

Knoll Akt.-Ges. Chemische Fabriken, Ludwigshafen/Rh., *β-(4-(Oxyphenyl)-β'-phenyldiisopropylamin*. Man red. ein Gemisch aus Methyl-(4-oxybenzyl)-keton u. β-Phenylisopropylamin oder ein Gemisch aus Methylbenzylketon u. β-(4-Oxyphenyl)-isopropylamin. Bildet 2 Racemate: 1. F. 146—147°; *Hydrochlorid*, F. 213°; 2. F. 109°; *Hydrochlorid*, F. 214—215°. — Wirkt *blutdrucksteigernd*. (**Schwz. P. 303 459** vom 2/2. 1952, ausg. 1/2. 1955. D. Prior. 12/2. 1951.) G. LANGER. 4807

Parke, Davis & Co., Detroit, übert. von: **Loren M. Long**, Grosse Pointe Woods, und **Helen I. Scholl**, River Rouge, Mich., V. St. A., *Herstellung von N-Methylhexahydrophthalimid*, F. 52—54°. Man setzt Hexahydrophthalsäure oder ihr Anhydrid mit CH_3NH_2 um u. erhitzt das entstandene Zwischenprod. auf 100—350°. — Mittel zur Behandlung von *Epilepsie*. (**A. P. 2 698 851** vom 12/2. 1952, ausg. 4/1. 1955.) K. FABEL. 4807

Beecham Research Laboratories Ltd., Betchworth, England, *N-Acyltryptophanester*. Man setzt niedrige Alkylester von α-Acyl-β-indolyl-(3)-propionsäure mit N_3H u. H_2SO_4 um. Z. B. erhält man aus dem α-Aceto-β-indolyl-(3)-propionsäureäthylester den *N-Acetyltryptophanäthylester*, F. 131,5—132,5°. Analog: *N-Acetyltryptophanmethylester*, F. 154°. — Zwischenprodd. für die *Herst. von Tryptophan*. (**E. P. 723 986** vom 21/12. 1951, ausg. 16/2. 1955.) K. FABEL. 4807

G. D. Searle & Co., Chicago, übert. von: **Carl Peter Krimmel**, Mundelein, Ill., V. St. A., *2-(2'-Imidazolin-2'-thiomethyl)-5-oxy-4-pyron* (**I**) erhält man durch Rk. von 5-Oxy-2-chlormethyl-4-pyron mit Äthylenthioharnstoff in Äthanol. *Hydrochlorid*, F. 190 bis 192°. — Analog: *2-(2'-Imidazolin-2'-thiomethyl)-5-methoxy-4-pyron*; *Hydrochlorid*, F. 166—168°. — *Therapeutica* mit *antibakterieller* Wirksamkeit. (**A. P. 2 700 045** vom 1/9. 1953, ausg. 18/1. 1955.) A. BRÖSAMLE. 4807

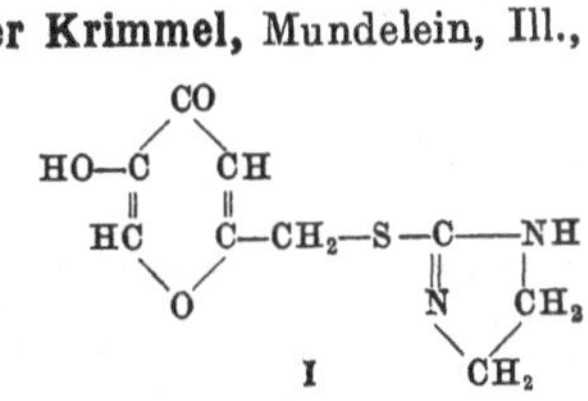

I

Farbenfabriken Bayer Akt.-Ges., Leverkusen (Erfinder: **Bruno Emmert, Alfons Holz**, Würzburg, **Hans-Albert Offe**, Wuppertal, und **Manfred Groll**, Köln), *Thiazolverbindungen* erhält man durch Erhitzen aromat. Monoamine, Mononitro- oder Mononitrosoverbb. mit S u. α- bzw. γ-Picolin, zweckmäßig in Ggw. eines hochsd. Lösungs- oder Verdünnungsmittels, bes. auf 150—250°. — Aus α-Picolin, Nitrobenzol u. S nach 50std. rückfließendem Erhitzen → *2-(α-Pyridyl)-benzthiazol* (**I**), aus Methanol Prismen, F. 133 bis 133,5°. Mit γ-Picolin → *2-(γ-Pyridyl)-benzthiazol*, aus A. Blättchen, F. 134—135°. — Mit m-Anisidin, dem entsprechenden Picolin u. S → *2-(α-Pyridyl)-5-methoxybenzthiazol*, aus A. oder Methanol gelbe Nadeln, F. 124°. —p-Toluidin → *2-(γ-Pyridyl)-6-methylbenzthiazol*, F. 157—158°. — 4-Amino-1.2-dimethylbenzol → *2-(γ-Pyridyl)-5.6-dimethylbenzthiazol*, Blättchen, F. 160°. *Gelbes Hydrochlorid*. — 3-Amino-1.2-dimethylbenzol → *2-(γ-Pyridyl)-4.5-dimethylbenzthiazol*, schwachgelbe Kristalle, F. 100°. *Gelbes Hydrochlorid*. — β-Naphthylamin → *2-(γ-Pyridyl)-naphtho-2'.1'.4:5-thiazol*, aus A. Blättchen, F. 160°. — m-Chloranilin → *2-(γ-Pyridyl)-5-chlorbenzthiazol*, F. 181°. — p-Anisidin → *2-(γ-Pyri-*

dyl)-6-methoxybenzthiazol, F. 160°. — m-Anisidin → *2-(γ-Pyridyl)-5-methoxybenzthiazol*, aus Methanol gelbe Nadeln, F. 135°; daraus mit konz. HBr unter Erhitzen → *2-(γ-Pyridyl)-5-oxybenzthiazol*, F. 319—320°. — N-Methylanilin → **I.** — *Heilmittel* u. Zwischenprodukte. (**D. B. P. 930 926** Kl. 12p vom 31/7. 1953, ausg. 28/7. 1955. Anmeldung bekanntgemacht 3/2. 1955.) G. Krauss. 4807

Ward, Blenkinsop & Co. Ltd., London, England (Erfinder: **Alan August Goldberg** und **Harold Augustus Walker**), *Xanthonderivate* der allg. Formel **I** oder **II** (X = NH_2, NO_2 oder Halogen). Man erhitzt entsprechend substituierte Diphenyläther-2-monocarbonsäuren mit H_2SO_4 oder $POCl_3$ bis zum Ringschluß u. red. etwaige NO_2-Gruppen oder spaltet aus Acylaminogruppen den Acylrest ab. In der 2-Stellung gelingt die Einführung der NH_2-Gruppe durch Nitrierung mit H_2SO_4 + HNO_3 u. Red. mit Sn u. HCl oder $SnCl_2$ + HCl. — Z. B. erhält man aus der 4.3'-Dinitrodiphenyläther-2-carbonsäure über das *1.7-Dinitroxanthon* (F. 265 bis 266°) das *1.7-Diaminoxanthon* (F. 267—268°). Weiter werden hergestellt: *1.5-Dinitroxanthon* (F. 305—306°) u. *1.5-Diaminoxanthon* (F. 265—266°); *1.6-Dinitroxanthon* (F. 252°) u. *1.6-Diaminoxanthon* (F. 254—256°); *1-Nitro-6-chlorxanthon* u. *1-Amino-6-chlorxanthon*; sowie *2.6-Dinitroxanthon* (F. 254°) u. *2.6-Diaminoxanthon* (F. 320—322°); *2.7-Dinitroxanthon* (F. 264°) u. *2.7-Diaminoxanthon* (F. 276—278°); *2.5-Dinitroxanthon* (F. 215 bis 217°) u. *2.5-Diaminoxanthon* (F. 253—255°); *2.4.7-Trinitroxanthon* (F. 201—203°) u. *2.4.7-Triaminoxanthon* (F. 255—257°); *2-Nitro-6-chlorxanthon* (F. 254—256°) u. *2-Amino-6-chlorxanthon* (F. 268—270°). — Verbb. mit hoher *Aktivität* gegenüber *M. tuberculosis*. (**E. PP. 723 415** u. **723 416** vom 29/1. 1951, ausg. 9/2. 1955.) K. Fabel. 4807

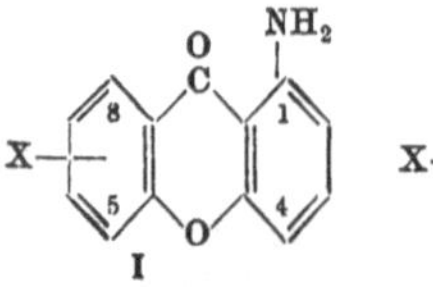

I

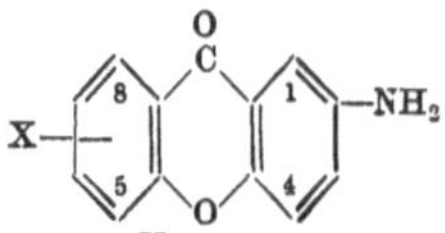

II

F. Hoffmann-La Roche & Co. Akt.-Ges., Basel, Schweiz, *Tuberkulocidwirksame substituierte Isonicotinylisonicotinsäurehydrazide* der allg. Formel **I** (R = gegebenenfalls substituierte Oxy-, Mercapto-, Aminogruppe oder Halogen, R' = H oder R) erhält man durch Kondensation der entsprechenden Isonicotinsäurehalogenids mit Isonicotinsäurehydrazid, bes. in Ggw. eines Halogenwasserstoff bindenden Mittels (Pyridin). — Aus 2-Methoxyisonicotinsäurechlorid (hergestellt aus 2.6-Dichlorisonicotinsäure u. Na-Methylat u. Behandeln der gebildeten 2-Chlor-6-methoxyisonicotinsäure mit H_2 in NaOH in Ggw. von Pd-Ni u. anschließend mit $SOCl_2$, $Kp._{0,09}$ 60—65°) u. Isonicotinsäurehydrazid in absol. Pyridin nach 1 std. Erwärmen → *(2-Methoxyisonicotinyl)-isonicotinsäurehydrazid*, aus Bzl.–Essigester u. Bzl.–A., F. 178—179,5°. — *(2.6-Dichlorisonicotinyl)-*; *(2.6-Dimethoxyisonicotinyl)-*; *(2.6-Diäthoxyisonicotinyl)-*; *(2.6-Diisopropoxyisonicotinyl)-*; *(2.6-Dibutoxyisonicotinyl)-*; *(2-Chlorisonicotinyl)-*; *(2-Oxyisonicotinyl)-*; *(2.6-Dioxyisonicotinyl)-*; *(2-Aminoisonicotinyl)-*; *(2-Mercaptoisonicotinyl)-*; *(2-Äthoxyisonicotinyl)-*; *(2-Äthylmercaptoisonicotinyl)-*; *(2-Chlor-6-methoxyisonicotinyl)-*; *(2-Chlor-6-äthoxyisonicotinyl)-*; *(2-Chlor-6-mercaptoisonicotinyl)-*; *(2-Chlor-6-oxyisonicotinyl)-*; *(2-Chlor-6-aminoisonicotinyl)-*; *(2.6-Dijodisonicotinyl)-*; *(2.6-Diaminoisonicotinyl)-*; *(2-Amino-6-methoxyisonicotinyl)-*; *(2-Amino-6-äthylmercaptoisonicotinyl)-*; *(2.6-Diäthylmercaptoisonicotinyl)-*; *(2-Methoxy-6-äthylmercaptoisonicotinyl)-*; *(2.6-Diäthylaminoisonicotinyl)-*; *(2.6-Diäthanolaminoisonicotinyl)-*; *[2.6-Di-(diäthylaminoäthylamino)-isonicotinyl]-*; *[2.6-Di-(diäthylaminoäthoxy)-isonicotinyl]-*; *[2.6-Di-(diäthylaminoäthylmercapto)-isonicotinyl]-*; *[2.6-Di-(β-oxyäthoxy)-isonicotinyl]-*; *[2.6-Di-(β-carboxyäthylamino)-isonicotinyl]-isonicotinsäurehydrazid.* (**Schwz. P. 303 084** vom 14/3. 1952, ausg. 17/1. 1955.) G. Krauss. 4807

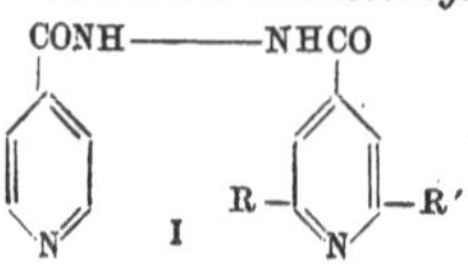

I

Pabst Brewing Co., Milwaukee, übert. von: **Samuel H. Lipton,** Milwaukee, und **Samuel A. Morell,** Whitefish Bay, Wis., V. St. A., *Zweibasische Alkalisalze der Adenosintriphosphorsäure*, die sich in W. leicht lösen u. stabil sind, scheiden sich aus einer wss. Lsg. der Adenosintriphosphorsäure, die stark sauer sein kann, in Ggw. einer hinreichenden Menge an Alkalimetallionen bei Zugabe eines mit W. mischbaren organ. Lösungsm. aus. (**A. P. 2 700 038** vom 27/9. 1951, ausg. 18/1. 1955.) A. Brösamle. 4807

Ciba Akt.-Ges., Basel, Schweiz, *$\Delta^{20;23}$-21-Brom-24.24-diarylcholadiene* erhält man in einem einstufigen Verf. durch Rk. von Δ^{23}-24.24-Diarylcholenen mit einem N-Bromdicarbonsäureimid in Ggw. eines ungesätt. aliphat. Halogenkohlenwasserstoffes. — Δ^{23}-12-Brom-24.24-diphenylcholen-3α-ol-11-on-3-acetat + N-Bromsuccinimid + Allylbromid (I) → *$\Delta^{20;23}$-12.21-Dibrom-24.24-diphenylcholadien-3α-ol-11-on-3-acetat*, F. 225 bis 228°. — An Stelle von I kann mit gleichem Erfolg Tetrachloräthylen oder Trichloräthylen verwendet werden. — Analog: *$\Delta^{20;23}$-21-Brom-24.24-diphenylcholadien-3α.12α-dioldiacetat*, F. 178—180°. (**Schwz. P. 304 033** vom 20/12. 1951, ausg. 1/3. 1955.) U. Sievers. 4809

Løvens Kemiske Fabrik ved A. Kongsted, Kopenhagen, Dänemark (Erfinder: **Hans Herloff Inhoffen,** Braunschweig), *Herstellung von in 4-Stellung verätherten oder veresterten 1-Methylcyclohexen-$\Delta^{1(6)}$-onen-(2)*, dad. gek., daß man in 4-Stellung verätherte oder veresterte 1-Cyclohexanone mit einem Methyl–Mg-Halogenid umsetzt, aus dem durch Zers. mit Säure entstandenen in 4-Stellung verätherten oder veresterten 1-Methylcyclohexanol-(1) durch Behandlung mit wasserabspaltendem Mittel 1 Mol W. abspaltet, das gebildete in 4-Stellung verätherte oder veresterte 1-Methylcyclohexen-$\Delta^{1(6)}$ bromiert, das entstandene in 4-Stellung verätherte oder veresterte 1-Methyl-2-bromcyclohexen-$\Delta^{1(6)}$

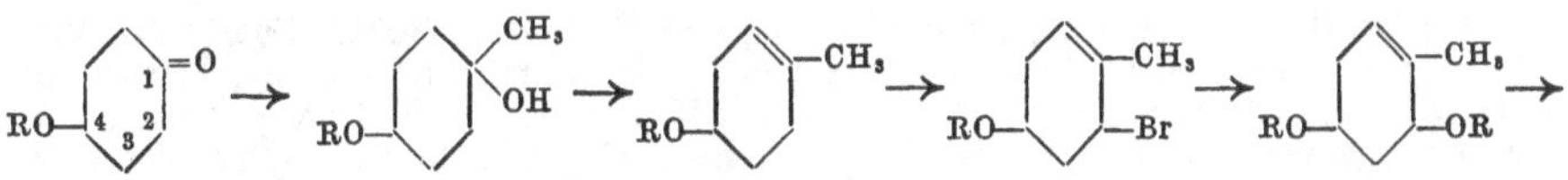

mit einem Alkalisalz einer schwachen Säure in den Ester überführt, diesen zum A. verseift, der dann zum Keton oxydiert wird. (R = Alkyl, Aryl, Acyl, bzw. gemischte Gruppe). — Aus p-Methoxycyclohexanon u. Methyl-MgBr in Ae.

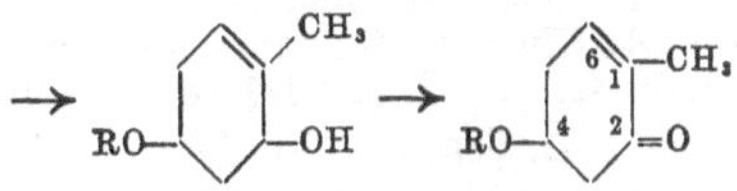

mit anschließender Zers. mit H_2SO_4 → 1-Methyl-4-methoxycyclohexanol, Kp.$_4$ 70—72°, F. 21,5°; daraus mit $KHSO_4$ nach 2 Std. bei 140° → 1-Methyl-4-methoxycyclohexen-$\Delta^{1(6)}$, Kp.$_{35}$ 65°; daraus mit N-Bromsuccinimid in CCl_4 → 1-Methyl-2-brom-4-methoxycyclohexen-$\Delta^{1(6)}$, Kp.$_{0,01 \text{ bzw. } 0,03}$ 48° bzw. 60—65°; daraus mit Eisessig in CCl_4 u. K-Acetat→ 1-Methyl-2-acetoxy-4-methoxycyclohexen-$\Delta^{1(6)}$, Kp.$_8$ 99—101°; durch Verseifen mit KOH in 50%ig. A. bei 50—60° → 1-Methyl-3-methoxycyclohexen-$\Delta^{1(6)}$-ol-(2), Kp.$_4$ 82 bis 84°, Ausbeute 84%, β-Anthrachinoncarbonsäureester, aus Aceton, F. 156—157°; daraus mit CrO_3 in Butanol u. Bzl. → *1-Methyl-4-methoxycyclohexen-$\Delta^{1(6)}$-on-(2)*, Kp.$_{3 \text{ bzw. } 10}$ 66—68° bzw. 90—92°. *Semicarbazon.* — Zwischenprodd. zur Herst. von Steroiden. (**D. B. P. 929 369** Kl. 12o vom 11/9. 1952, ausg. 27/6. 1955. Anmeldung bekanntgemacht 9/12. 1954.) G. KRAUSS. 4809

Hoffmann-La Roche, Inc., Nutley, übert. von: **Edward George Scheibel,** Montclair, und **Andrew E. Karr,** Lyndhurst, N. J., V. St. A., *Fraktionierte Extraktion von A-Vitamin, A-Estern und A-Alkoholen aus Fischleber* u. Reaktionsprodd. der A-Synthese. Das Vitaminkonzentrat wird in die Mitte einer Gegenstromkolonne eingeführt, an deren Kopf Acetonitril u. an deren Boden Heptan eingeführt wird. Die Heptanlsg. des Vitamins wird im Vakuum konz. u. die Extraktion mit den gleichen Lösungsmitteln wiederholt, wobei mehr Heptan angewendet wird. — Extraktionsschema. (**A. P. 2 676 903** vom 15/2. 1950, ausg. 27/4. 1954.) K. HEINZE. 4809

Chas. Pfizer & Co., Inc., übert. von: **Albert E. Timreck,** New York, und **Abraham Bavley,** Brooklyn, N. Y., V. St. A., *Vitaminpräparat* durch Emulgieren einer Lsg. von Vitamin A, D u./oder E in $>$40° schm. Wachsen oder hydrierten Ölen oder Fetten mit konz. Gelen von Agar-Agar, Pektin, Gelatine, die Sirup als Plastifizierungsmittel enthalten. Die warme Emulsion wird in dünnen Schichten vorgetrocknet, in der Kälte gemahlen u. im Vakuum unter Mitverwendung von CO_2-Schnee auf 3—4% W. gebracht. Gute Haltbarkeit. (**A. P. 2 702 262** vom 28/4. 1952, ausg. 15/2. 1955.) K. HEINZE. 4809

Løvens Kemiske Fabrik ved A. Kongsted, Kopenhagen (Erfinder: **Ole Ludwig Bremer,** Bagsvaerd), Dänemark, *Acyloxysteroide* erhält man durch Red. der entsprechenden Monoketosteroide mit $LiAlH_4$ u. unmittelbare Acylierung des erhaltenen Lithiumaluminiumalkoholates in üblicher Weise. — 5-Dehydroandrosteron-3-methyläther + $LiAlH_4$ in Ae. + Benzoylchlorid → *5-Androsten-3.17-diol-3-methyläther-17-benzoat,* F. 214—215°. — *5-Androsten-3.17-dioldiacetat,* F. 158—159°. — *Cholestan-3-olpropionat,* F. 122—123°. — 7-Ketocholesterylacetat → Dibenzoat vom F. 170—171°. — *Zwischenprodd.* für die Herst. von *D-Vitaminen* u. *Steroidhormonen.* (**D. B. P. 928 832** Kl. 12o vom 7/5. 1952, ausg. 13/6. 1955. Anmeldung bekanntgemacht 4/11. 1954. Dän. Prior. 12/5. 1951.) U. SIEVERS. 4809

E. I. du Pont de Nemours & Co., Wilmington, Del., übert. von: **Harry B. Copelin,** Niagara Falls, N. Y., V. St. A., *Herstellung von γ-Acetopropanol.* Man läßt bei 0—150°, bes. bei 15—50°, eine Lsg. von 1 (Teil) 2-Methylfuran in 0,5—3,0, bes. 0,8—2,0 eines niederen gesätt. Dialkylketons mit 3—5 C-Atomen (Aceton, Methyläthylketon, Diäthylketon, Methylpropylketon, Methylisopropylketon) mit H_2 u. W. in Ggw. eines metall. Pd-Katalysators u. einer geringen Menge (0,0001—0,2, bes. 0,001—0,1, Mol auf 1 Mol 2-Methylfuran) einer starken Mineralsäure (HCl, HBr, H_3PO_4) reagieren u. erhält γ-Acetopropanol, Kp. 78—80°, n_D^{20} 1,4354. Als *Zwischenprod.* für die Herst. verschied. organ. Verbb., bes. von *Vitamin B_1.* (**A. P. 2 682 546** vom 20/2. 1952, ausg. 29/6. 1954.) W. GRÄGER. 4809

Merck & Co., Inc., Rahway, übert. von: **Henry M. Shafer,** Westfield, N. J., und **Arnold J. Holland,** Penn Laird, Va., V. St. A., *Vitamin-B_{12}-Gewinnung* durch Behandlung einer Vitamin B_{12} u. Begleitvitamine enthaltenden Lsg. mit einem neutralen Entfärbungsharz ohne Ionenaustauschereigg. u. Eluieren des Adsorbates mit wss. Lsgg. von wasserlösl. Ketonen, Alkoholen oder Estern. Das Harz kann Aminogruppen, wie „Permutit DR", oder phenol. OH-Gruppen, wie „Duolite S-30", enthalten. Die Eluierungslsg. kann mit Phosphorsäure, Salzsäure, Essigsäure oder dgl. angesäuert werden. (**A. P. 2 702 263** vom 25/1. 1954, ausg. 15/2. 1955.) K. HEINZE. 4809

British Drug Houses Ltd., London, England (Erfinder: **Robert Edwin Stuckey**), *Wässerige Steroidsuspensionen* durch Verteilen von Östradiolmonobenzoat-, Testosteronpropionat- oder Progesteronkristallen, die durch Mahlen auf eine Teilchengröße von < 50, bes. 15 μ, gebracht wurden, in wss. Lsgg. von hydrophilen Kolloiden, wie Celluloseäther, Alginat oder Gelatine, die geringe Mengen oberflächenakt. Stoffe, z. B. Polyoxyalkylenverbb. (Tweens), fettsaure Alkalisalze oder Na-Salz des Sulfobernsteinsäuredialkylesters enthalten. (**E. P. 722 017** vom 6/9. 1951, ausg. 19/1. 1955.) K. HEINZE. 4809

G. D. Searle & Co., Chicago, Ill., übert. von: **Max N. Huffman,** Oklahoma, Okla., V. St. A., *Östrogen wirksame Östrone und Androstane.* Man red. z. B. 16-Oximinoöstron-3-methyläther mit Zn-Essigsäure → *1.3.5(10)-Östratrien-3.17α-diol-16-on-3-methyläther,* F. 167—168°, red. diesen mit Na-Amalgam in A.–Essigsäure weiter → *1.3.5(10)-Östratrien-3.16.17-triol-3-methyläther* (Isomerengemisch, das durch fraktionierte Kristallisation getrennt werden kann) u. entmethyliert → *1.3.5(10)-Östratrien-3.16.17-triol* (Östriol). — Analog erhält man aus 16-Oximinodehydroisoandrosteron-3-methyläther durch Red. den *5-Androsten-3β.17α-diol-16-on-3-methyläther* u. hieraus den *5-Androsten-3β.16β.17α-triol-3-methyläther.* — Die erhaltenen Verbb. dienen auch als *Zwischenprodd.* für die Herst. von *Steroidhormonen.* (**A. P. 2 682 548** vom 29/12. 1951, ausg. 29/6. 1954.) U. SIEVERS. 4809

Syntex Soc. An., Mexico, Mex., übert. von: **Carl Djerassi,** Detroit, Mich., V. St. A., **Jesus Romo** und **George Rosenkranz,** Mexico, Mex. *In 16-Stellung gesättigte Pregnane* erhält man durch Rk. der entsprechenden in 16(17)-Stellung ungesätt. Pregnane mit einem Mercaptan in Ggw. eines Katalysators u. Entschwefelung des erhaltenen 16-Thiopregnans in Ggw. von RANEY-Ni (I). — 5.16-Pregnadien-3β-ol-20-on-3-acetat in Bzl. + β-Mercaptoäthanol in Ggw. von Piperidin → *16-(β-Oxyäthylmercapto)-5-pregnen-3β-ol-20-on-3-acetat,* F. 91—93°; $[\alpha]_D^{20} = -24{,}5°$; daraus durch Erwärmen mit I in Aceton das *5-Pregnen-3β-ol-20-on-3-acetat,* F. 147—148°; $[\alpha]_D^{20}$ $-14°$. — *16-(β-Oxyäthylmercapto)-progesteron,* F. 72—74°; $[\alpha]_D^{20}$ $+84°$; daraus *Progesteron,* F. 127—128°. — *3-Acetoxypregnenolon-16-thioessigsäure,* F. 180—182°; $[\alpha]_D$ $-37°$; *Methylester,* F. 136—138°; $[\alpha]_D^{20}$ $-20°$; daraus *Pregnenolonacetat,* F. 140—144°; $[\alpha]_D^{20}$ $-17°$. — *Steroidhormone,* sowie *Zwischenprodd.* zu deren *Herstellung.* (**A. P. 2 702 297** vom 16/5. 1952, ausg. 15/2. 1955. Mexikan. Prior. 25/5. 1951.) U. SIEVERS. 4809

Syntex Soc. An. (Erfinder: **George Rosenkranz, John Pataki** und **Carl Djerassi**), Mexico, Mex. *Allopregnan-17α.21-diol-3.11.20-trion sowie dessen Ester* erhält man z. B. durch Red. von Allopregnan-3-11.20-trion, F. 216—218°, mit H_2/RANEY-Ni in Äthanol–Dioxan zu *Allopregnan-3β-ol-11.20-dion,* F. 190—191°; *3-Acetat* (I), F. 142—144°; $[\alpha]_D^{20}$ $+85°$, Umsetzung von I mit Acetanhydrid in Ggw. von p-Toluolsulfonsäure → *11.17-Allopregnadien-3β.11.20-trioltriacetat* (**II**), Rk. von **II** mit Perbenzoesäure u. Hydrolyse des gebildeten Epoxydes → *Allopregnan-3β.17α-diol-11.20-dion,* F. 270—272° (**III**); durch Bromierung von III in Chlf. → *21-Bromallopregnan-3β.17α-diol-11.20-dion,* F. 242 bis 244° (Zers.) u. anschließende Überführung der 21ständigen Br-Gruppe in eine Oxygruppe durch Rk. mit NaJ/Aceton u. K-Acetat erhält man das *Allopregnan-3β.17α.21-triol-11.20-dion-21-acetat,* F. 235—239°; $[\alpha]_D^{20}$ $+80{,}6°$, das mit N-Bromacetamid in Ggw. von Pyridin zu *Allopregnan-17α.21-diol-3.11.20-trion-21-acetat,* F. 235—237°; $[\alpha]_D^{20}$ $+78°$ bzw. $+89°$ (Aceton bzw. Chlf.) oxydiert wird. — *Zwischenprod.* für die Herst. von *Cortison.* (**D. B. P. 927 030** Kl. 12o vom 24/5. 1952, ausg. 28/4. 1955. Anmeldung bekanntgemacht 7/10. 1954. Mexikan. Prior. 25/5. 1951.) U. SIEVERS. 4809

Syntex Soc. An., Mexico, Mex., übert. von: **Carl Djerassi,** Birmingham, Mich., V. St. A., **Franz Sondheimer, George Rosenkranz** und **Octavio Mancera,** Mexico, Mex. *11-Oxy-steroide* erhält man aus der entsprechenden 11-Ketosteroiden durch selektive Red. mit einem Alkalimetall in fl. NH_3 u. in Ggw. eines Alkohols. Gegebenenfalls im Mol. enthaltene weitere Ketogruppen werden vor der Red. durch Ketalisierung geschützt. — Pregnan-3α-ol-11.20-dion-20-äthylenketal, F. 144—146°, in Ae. u. CH_3OH + fl. NH_3 + Li → *Pregnan-3α.11α-diol-20-on-20-äthylenketal,* F. 199—200°; $[\alpha]_D$ $+15{,}83°$; nach der Hydrolyse der Ketalgruppe mit p-Toluolsulfonsäure erhält man das *Pregnan-3α.11α-diol-20-on,* F. 142—144°; $[\alpha]_D$ $+61°$. — *22-Isoallospirostan-3β.11α-dioldiacetat,* F. 172 bis

174°; $[\alpha]_D$ −77°. — *Allopregnan-3β.11α-diol-20-ondiacetat*, F. 169—171°; $[\alpha]_D$ +43°. — *Allopregnan-3β.11α.17α-triol-20-on*, F. 253—255°. — *4-Pregnen-11α-ol-3.20-dion*, F. 166—167°. — *Zwischenprodd.* für die Herst. von *Steroidhormonen*. (**A. P. 2 702 291** vom 28/7. 1953, ausg. 15/2. 1955. Mexikan. Prior. 2/8. 1952.) U. Sievers. 4809

Schering Akt.-Ges., Berlin (Erfinder: **Hans Dannenbaum**, Egerpohl), *Pregnane* erhält man in Ausbldg. des Verf. nach D. B.P. 921 753 durch partielle katalyt. Hydrierung der in 16(17)-Stellung ungesätt. Nitrile der Ätiocholanreihe u. Rk. mit Verbb. CH_3Mg-Halogen, worauf nach Spaltung des Ketimins gegebenenfalls oxydiert wird. — 17-Cyan-5.16-androstadien-3-olacetat (I) + H_2 in Ggw. von Raney-Ni in methanol. KOH → *17-Cyan-5-androsten-3-olacetat* (II), F. 197—212°; $[\alpha]_D^{20}$ −45°, neben unverändertem I u. 17-Acetaminomethyl-5-androsten-3-olacetat. — II + CH_3MgBr → *5-Pregnen-3-ol-20-on*, F. 188—190°. — (**D. B. P. 923 187** Kl. 12o vom 7/2. 1939, ausg. 7/2. 1955. Anmeldung bekanntgemacht 31/12. 1952. **Zusatz zu D. B. P. 921 753; C. 1955. 8925.**) U. Sievers. 4809

Schering Akt.-Ges., Berlin (Erfinder: **Adolf Butenandt**, Tübingen), *Pregnane* erhält man in Weiterbldg. des Verf. nach D. B. P. 921 753 durch Vorverlegung der Oxydation vor die Einführung der Cyangruppe u. vorübergehenden Schutz der gebildeten 3ständigen Ketogruppe. — Benzylenoläther des 4-Androsten-3.17-dions + KCN → *Benzylenoläther des Androstendioncyanhydrins*, aus dem mit $POCl_3$ in Ggw. von Pyridin W. abgespalten wird. Man setzt das so erhaltene Prod., F. 217—218°, mit CH_3MgBr um u. hydrolysiert zu *Dehydroprogesteron* (I), F. 186—189°; *Benzylenoläther*, F. 207°. I + H_2 in Ggw. von Essigester u. $Pd/CaCO_3$ → *Progesteron*, F. 125—129°. — *Steroidhormone*. (**D. B. P. 923 188** Kl. 12o vom 20/10. 1942, ausg. 7/2. 1955. Anmeldung bekanntgemacht 23/4. 1953. **Zusatz zu D. B. P. 921 753; C. 1955. 8925.**) U. Sievers. 4809

Upjohn Co., übert. von: **Herbert C. Murray**, Hickory Corners, und **Durey H. Peterson**, Kalamazoo, Mich., V. St. A., *5-Pregnen-3β.7.11α-triol-20-on und dessen Ester* erhält man durch biol. Oxydation von Pregnenolon mit einer Kultur von Rhizopus arrhizus u. anschließende Acylierung in bekannter Weise. — *5-Pregnen-3β.7.11α-triol-20-on*, F. 247—248° u. 250—255°; $[\alpha]_D^{27}$ −41°. — *Zwischenprodd.* für die Herst. von *Steroidhormonen*. (**A. P. 2 702 809** vom 26/8. 1953, ausg. 22/2. 1955.) U. Sievers. 4809

Upjohn Co., übert. von: **Herbert C. Murray**, Hickory Corners, und **Durey H. Peterson**, Kalamazoo, Mich., V. St. A., *5-Pregnen-3β-ol-7.11.20-trion*, F. 228—229°, $[\alpha]_D^{24}$ −34° (Chlf.), erhält man aus dem durch biol. Oxydation gewonnenen 5-Pregnen-3β.11α-diol-7.20-dion durch Chromsäuredehydrierung bei n. Temperatur. Die entsprechenden 3-Acylate können durch übliche Veresterung der 3ständigen OH-Gruppe hergestellt werden. — *Zwischenprod.* für die Herst. von *Steroidhormonen*. (**A. P. 2 702 810** vom 26/8. 1953, ausg. 22/2. 1955.) U. Sievers. 4809

Upjohn Co., übert. von: **Robert H. Levin**, **A. Vern McIntosh jr.** und **George B. Spero**, Kalamazoo, Mich., V. St. A., *5.7.9(11)-Pregnatrien-12-ol-20-onaddukte* der Maleinsäure oder von deren Derivv. erhält man durch Rk. eines entsprechenden 5.7.9(11)-Pregnatrien-3β-ol-12-brom (oder -oxy)-20-onadduktes oder von dessen 3-Acylaten mit einem Silbersalz (oder mit einer Base). — 5.7.9(11)-Pregnatrien-3β-ol-12-brom-20-on-3-acetatmaleinsäureanhydridaddukt, F. 216—218°, in Aceton + 0,1 n $AgNO_3$ → *5.7.9(11)-Pregnatrien-3β.12-diol-20-on-3-acetatmaleinsäureanhydridaddukt*, F. 234 bis 237°; $[\alpha]_D^{25}$ +126,6° (Chlf.); *Maleinsäuredimethylesteraddukt*, F. 205—214°, $[\alpha]_D^{25}$ +139,6° (Chlf.). — *5.7.9(11)-Pregnatrien-3β.12-diol-20-on-3.12-diacetatmaleinsäureanhydridaddukt*, F. 248—250°; $[\alpha]_D^{25}$ +256° (Chlf.); *Maleinsäuredimethylesteraddukt*, F. 216—218°; $[\alpha]_D^{25,5}$ +270,42° (Chlf.). — *Zwischenprodd.* für die Herst. von *Steroidhormonen*. (**A. P. 2 697 705** vom 22/5. 1953, ausg. 21/12. 1954.) U. Sievers. 4809

Chas. Pfizer & Co., Inc., New York, übert. von: **Gilbert M. Shull**, Huntington Station, **Donald A. Kita**, Jackson Heights, und **Jacob W. Davisson**, Levittown, N. Y., V. St. A., *11β.14α.17α-Trioxyprogesteron*, F. 247—250°; $[\alpha]_D^{A.}$ +181,2°; λ_{max} 242 mμ, erhält man durch Bebrütung von 17-Oxyprogesteron mit der Kultur eines Pilzes der Gattung Curvularia, z. B. Curvularia lunata, Abtrennung des Reaktionsprod. aus der Gärlsg. durch Extraktion mit Chlf. u. Reinigung durch Chromatographie an Kieselsäuregel. — *Zwischenprod.* für die *Herst. von Steroidhormonen*. (**A. P. 2 702 812** vom 10/2. 1954, ausg. 22/2. 1955.) U. Sievers. 4809

G. D. Searle & Co., übert. von: **Frank B. Colton**, Chicago, Ill., V. St. A., *In 11-Stellung oxydierte 19-Norandrostane* erhält man durch biol. Oxydation der entsprechenden 11-Desoxyverbb. (Perfusion mit lebenden Nebennieren). — 19-Nor-17-äthinyl-4-androsten-17-ol-3-on, F. 202—204°, $[\alpha]_D$ −22,5°, → *19-Nor-17-äthinyl-4-androsten-11.17-diol-3-on*, F. ca. 233,5—236,5°; $[\alpha]_D$ +14°; λ_{max} = 242 mμ. — Analog: *19-Nor-17-vinyl-4-androsten-3.11-diol-3-on*, F. ca. 187—188°; $[\alpha]_D$ +75°; λ_{max} 242 mμ. —

Die Verbb. zeigen nebennierenrindenhormonartige Wrkg. u. dienen als *Zwischenprodd.* zur Herst. derartiger *Hormone.* (**A. P. 2 702 811** vom 28/8. 1953, ausg. 22/2. 1955.) U. SIEVERS. 4809

Schering Akt.-Ges., Berlin (Erfinder: **Joseph Schmidt-Thomé,** Frankfurt/M., und **Hans Dannenbaum,** Egerpohl), *α.β-Ungesättigte Nitrile der Androstanreihe* erhält man in Weiterbldg. des Verf. nach D. B. P. 921 753 durch Wasserabspaltung aus 17-Cyanhydrinen der Androstanreihe mit tert. Aminen mit ringständigem N u. Phosphoroxyhalogeniden bei $>150^0$, gegebenenfalls durch Erhitzen unter Druck u. bzw. oder Luftabschluß. — 17-Cyan-5-androsten-3.17-diol-3-acetat + Pyridin (I) + $POCl_3 \rightarrow$ *17-Cyan-5.16-androstadien-3-olacetat,* F. 206°. — An Stelle von I kann man auch I-Chinolin, alkylierte Anilinbasen, Chinolin, Kollidin oder Lutidin verwenden. — *Zwischenprodd.* für die Herst. von *Steroidhormonen.* (**D. B. P. 923 186** Kl. 12o vom 4/4. 1939, ausg. 7/12. 1955. Anmeldung bekanntgemacht 5/3. 1953. **Zusatz zu D. B. P. 921 753; C. 1955. 8925.**) U. SIEVERS. 4809

American Cyanamid Co., New York, N. Y., übert. von: **Marjorie A. Darken,** Allendale, N. J., V. St. A., *Erhöhung der Penicillinausbeute* bei der Fermentationsmeth. durch Zusatz von 0,025—1, bes. 0,5%, Phthalsäure oder deren sauren K-oder Na-Salzen zu den üblichen Nährflüssigkeiten. — Mengenbeispiele, Tabellen. (**A. P. 2 685 554** vom 26/3. 1952, ausg. 3/8. 1954.) H. SCHINDLER. 4811

Nippon Kayaku Co. Ltd., Tokio, Japan, *Gewinnung und Reinigung von Penicillin G* aus einer Mischung mit verschied. Penicillinsäuren oder deren Salzen, die durch *Penicillium chrysogenum* oder anderen Penicilline erzeugenden Mikroorganismen erhalten wurde. Die Mischung wird mit einem 2-Aminopyrimidin der Formel I (R u. R_1 = H, CH_3, OCH_3) oder dessen Salz in einem Lösungsm. behandelt u. das nach dem Abkühlen abgeschiedene 2-Aminopyrimidinpenicillinsalz in ein Alkali- oder Erdalkalisalz übergeführt. — Eine Mischung von Penicillinsäure (G = 88%; F = 3%; Dihydro-F = 4,5%; K = 4,5%) wird tropfenweise mit einer Lsg. von 2-Amino-4-methyl-6-methoxypyrimidinhydrochlorid unter Eiskühlung versetzt. Nach 16 Std. wird das krist. Pyrimidinpenicillinsalz, F. 137 bis 138° (Zers.), in 92,2%ig. Ausbeute abgetrennt (Geh.: G = 94%; F = 1,5%; Dihydro-F = 1,5%; K = 3%). Das Salz kann zur weiteren Reinigung umkrist. werden. Nach der Zers. mit 20%ig. H_3PO_4 in W.–Butylacetat erhält man mit KOH das *K-Salz* von *Penicillin G.* Ausbeute: 94%. — *Ca-Salz.* (**E. P. 715 902** vom 6/12. 1951, ausg. 22/9. 1954. Jap. Prior. 6/4. 1951.) G. KRAUSS. 4811

I 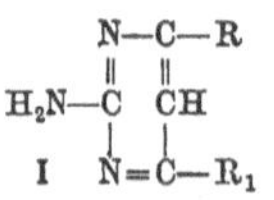

American Home Products Corp., New York, N. Y., V. St. A., *Penicillinsalze von N.N′-disubstituierten Äthylendiaminen* der allg. Formel $RCH_2NHCH_2CH_2NHCH_2R_1$ (R u. R_1 = gleiches oder verschied. Phenyl, das auch durch OH u./oder Alkoxy substituiert sein kann) erhält man durch Kondensation einer wss. Lsg. eines Penicillinsalzes oder einer dieses enthaltenden Lsg. mit einem Salz des genannten N.N′-disubstituierten Äthylendiamins. — Benzaldehyd wird in A. mit Äthylendiaminmonohydrat umgesetzt u. dann hydriert. 0,147 (Mol) des gebildeten N-Benzyläthylendiamins, $Kp._{0,3}$ 138—142°, werden dann mit 0,147 Äthylvanillin (3-Äthoxy-4-oxybenzaldehyd) in Toluol u. anschließender Hydrierung mit H_2 in Ggw. von 5%ig. Pd-Kohle u. 1200 lbs./sq.in. zu N-Benzyl-N′-(3-äthoxy-4-oxybenzyl)-äthylendiamindihydrochlorid, F. 233—235°, umgesetzt. 0,04 davon geben mit K-Penicillin in W. das entsprechende *Salz,* F. 118—122°, schwerlösl. in Wasser. — Die wss. oder ölige Lsg. dient als *Depotpenicillin.* (**E. P. 719 887** vom 16/7. 1952, ausg. 8/12. 1954. A. Prior. 4/8. 1951.) G. KRAUSS. 4811

Heyden Chemical Corp., New York, N. Y., übert. von: **Herman Sokol,** Hasbrouck Heights, N. J., V. St. A., *Reines Streptomycin und dessen Salze* erhält man durch Behandeln einer Lsg. von Rohstreptomycinsalz, z. B. des Hydrochlorids, in einem mit W. mischbaren organ. Lösungsm. mit Al_2O_3, das mit Säure behandelt wurde, ein p_H von 3—4 hat u. in einer Säule angeordnet ist. Die Verunreinigungen werden zurückgehalten u. aus der durchlaufenden Lsg. kann das Streptomycin, z. B. als Sulfat, gewonnen werden. Als Lösungsm. sind geeignet: Aceton, Methanol, A., Isopropanol u. deren Mischungen. (**A. P. 2 653 151** vom 17/2. 1950, ausg. 22/9. 1953.) G. KRAUSS. 4811

Centre National de la Recherche Scientifique, Paris, Frankreich (Erfinder: **Tchoubar**), *2-Acylamino-1-arylpropan-1.3-diole* entstehen durch Red. von Oxazolinen der Formel I, worin R einen durch mindestens eine Nitrogruppe substituierten Arylrest, R′ eine gegebenenfalls substituierte Alkyl- oder Arylgruppe u. R″ eine Alkylgruppe bedeuten, mit $LiAlH_4$ in wasserfreiem Ae. u. saure Hydrolyse. — *Antibiotica* u. *Zwischenprodd. für Antibiotica.* — *DL-threo-2-Benzamido-1-p-nitrophenylpropan-1.3-diol.* Man red. trans-2-Phenyl-5-p-nitrophenyl-4-carbäthoxyoxazolin mit $LiAlH_4$ in wasserfreiem Ae. u. behandelt das Reaktionsgemisch mit 50%ig.

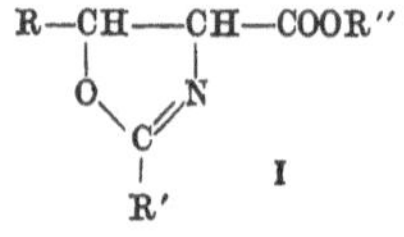
I

Essigsäure oder mit HCl u. Na-Acetat, F. 160—163°. — Analog: trans-2-Methyl-5-p-nitrophenyl-4-carbäthoxyoxazolin → *DL-threo-1-p-Nitrophenyl-2-acetaminopropan-1.3-diol*, F. 167,5—168,5°. — trans-2-Dichlormethyl-5-p-nitrophenyl-4-carbäthoxyoxazolin → *DL-threo-2-Dichloracetamino-1-p-nitrophenylpropan-1.3-diol*, F. 149—151°. — L-trans-2-Dichlormethyl-5-p-nitrophenyl-4-carbäthoxyoxazolin → *D-threo-2-Dichloracetamino-1-p-nitrophenylpropan-1.3-diol*, F. 150—151°. (**E. P. 719 103** vom 11/3. 1952, ausg. 24/11. 1954. **Schwz. P. 301 250** vom 11/3. 1952, ausg. 1/11. 1954. Beide F. Priorr. 13/3. 1951 u. 28/2. 1952.) G. LANGER. 4811

American Cyanamid Co., New York, N. Y., übert. von: **Marjorie A. Darken,** Allendale, und **Newell O. Sjolander,** Princeton, N. J., V. St. A., *Gewinnung des Antibioticums Patulin* (I) durch Züchtung von *Aspergillus clavatus* oder *Penicillium urticae* unter üblichen Bedingungen unter Zusatz von Alkali- oder Erdalkalisalzen der Phthalsäure als Puffersubstanz u. von $NaNO_3$ zur Nähr-Fl. zur Ausbeuteerhöhung. I wurde unter den Bezeichnungen Clavacin, Clavatin, Claviformin, Peniciden u. Expansin geführt. — Kulturbeispiele. (**A. P. 2 696 457** vom 15/4. 1952, ausg. 7/12. 1954.) H. SCHINDLER. 4811

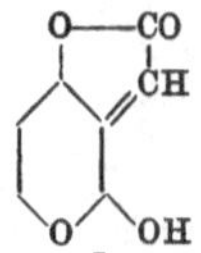

I

Chas. Pfizer & Co., Inc., Brooklyn, übert. von: **Fred W. Tanner jr.,** Baldwin, N.Y., **John E. Lynch,** East Paterson, und **John B. Routien,** Tenafly, N. J., V. St. A., *Gewinnung des Antibioticums Anisomycin* durch Züchtung des Stammes *Streptomyces griseolus ATCC 11796* unter üblichen Bedingungen. Nähere Angaben über Isolierung, Physiologie u. Morphologie des Mikroorganismus u. über physikal. u. antibakterielle Eigg. des Produktes. — Tabellen, Kurven. (**A. P. 2 691 618** vom 5/6. 1953, ausg. 12/10. 1954.) H. SCHINDLER. 4811

Imhausen & Co. G. m. b. H., Witten (Erfinder: **Erich Hesse,** Hamburg, und **Gertrud Meissner,** Borstel), *Gewinnung von Bakterienpräparaten mit antibiotischer Wirkung* gegen Tuberkeln nach D. B. P. 889 203, dad. gek., daß die bebrütete Nährlsg. (I), bes. nach Abtrennen der Bakterienmasse, als Ausgangsstoff für die Isolierung der Wirkstoffe benutzt wird. Es kann eine solche Nährlsg. verwendet werden, aus der die vor der Bebrütung zugesetzten Peptone ganz oder zum größten Teil verbraucht sind. (**D. B. P. 922 968** Kl. 30h vom 26/7. 1949, ausg. 31/1. 1955. Anmeldung bekanntgemacht 15/3. 1951. **Zusatz zu D. B. P. 889203; C. 1955. 9149.**) H. SCHINDLER. 4811

Imhausen & Co. G. m. b. H. und **Karl-Heinz Imhausen** (Erfinder: **Walter Rudolph, Gustav Renckhoff** und **Karl-Heinz Imhausen,** Witten/Ruhr, und **Erich Hesse,** Hamburg), *Anreicherung antibiotisch, insbesondere tuberkulocid wirksamer Stoffe aus Colibakterien.* durch Extraktion mit Hilfe von Lipoide (I), bzw. höhere Fettsäuren lösenden organ. Lösungsmitteln (**II**) u. Entfernen des **II** sowie gegebenenfalls von in schwachen Alkalien unlösl. Stoffen, nach D. B. P. 923 739, dad. gek., daß die nur in I stark lösenden **II** lösl. Stoffen getrennt von den auch in I schwach lösenden **II** lösl. Stoffen gewonnen werden. Stark lösende **II** sind z. B. KW-stoffe, Ester, Äther u. dgl., schwach lösende **II** sind z. B. wasserhaltige niedere Alkohole, Ketone u. dergleichen. Teilweise krist. gelbes Öl, das bis zur Verdünnung 1 : 20000 baktericid wirkt. — Mengenbeispiele. (**D. B. P. 927 652** Kl. 30h vom 9/3. 1951, ausg. 12/5. 1955. Anmeldung bekanntgemacht 28/8. 1952. **Zusatz zu D. B. P. 923 739; C. 1955. 9149.**) H. SCHINDLER. 4811

—, Sempex pharmaceutique, répertoire général des spécialités pharmaceutiques. Paris: Société d'expansion de marques pharmaceutiques. 1955. (458 S.) 8°.

G. Analyse. Laboratorium.

A. D. Ssyrowatko, *Apparat zur automatischen Gewinnung von Gasen mit Filtrieraufsatz.* Das Glasgefäß mit einem Trichter, dessen Rohr bis zum Boden des Glasgefäßes reicht, wird zunächst mit groben Glasstücken, dann mit kleineren Glasstücken u. Glaswatte beschickt. Auf die als Filter dienende Glaswatteschicht kommt das feste Reagens. Bei geöffnetem Hahn des Gasableitungsrohres wird durch den Trichter so lange das fl. Reagens zugegeben, bis es das feste Reagens auf der Glaswatte erreicht. Bei geschlossenem Hahn wird die Fl. durch den Gasdruck zurückgedrängt, so daß die Rk. aufhört. Gegenüber dem KIPPschen App. hat der beschriebene den Vorteil, daß das feste Reagens in Pulverform angewandt werden kann. (Химия в Школе [Chem. Schule] **9.** Nr. 5. 58—59. Sept./Okt. 1954.) O. LEBTAG. 5006

David Taber, *Löslichkeit von Siliconhahnfett.* Vf. warnt vor der Verwendung von DOW-CORNING-Silicon-Hahnfett bei Ggw. von organ. Lösungsmitteln. Bei 7std. Extraktion im SOXHLET-App. bei 30—60° wurden durch PAe. 88,2%, durch Aceton 43,5% extrahiert. (Chemist-Analyst **44.** 26. März 1955. New York, N. Y., Med. School.) H. PLUSKAL. 5006

M. R. Verma und **V. M. Bhuchar,** *Verbesserung der Koch-Mikrobürette.* Vff. beschreiben eine verbesserte KOCH-Mikrobürette mit Glasspitze u. Schliffverbb. zum Gebrauch für oxydierende Lösungen. (Chemist-Analyst **44.** 26. März 1955. New Delhi, Nat. Physic. Labor. of India.) H. PLUSKAL. 5014

G. K. T. Conn und **H. N. Daglish,** *Ein hochempfindliches Ionisationsmanometer mit Magnetfeld.* In einer Anordnung mit zylindr. Anode, axialer Glühkathode u. axialem Magnetfeld kann eine hohe Elektronendichte erreicht werden, wenn das Magnetfeld stark genug ist, die Mehrzahl der Elektronen am Erreichen der Anode zu hindern. Endscheiben, senkrecht zur Achse, die gegen das Gitter negative Spannung besitzen, verhindern einerseits das Entweichen der Elektronen aus dem Entladungsraum u. dienen andererseits zur Aufnahme u. Ableitung der positiven Ionen. Eine solche Anordnung kann als Ionisationsmanometer eine Empfindlichkeit erzielen, die um zwei Zehnerpotenzen höher als die der üblichen Ionisationsmanometer liegt, so daß zur Messung des Ionenstroms keine Galvanometer oder Gleichstromverstärker erforderlich sind, sondern robuste Mikroamperemeter ausreichen. Bis zu Drucken von 10^{-4} Torr ist der Ionenstrom dem Druck proportional. Die erreichte Empfindlichkeit hängt stark von Anodenspannung, Magnetfeld u. Emission ab. (J. sci. Instruments **31.** 412—16. Nov. 1954. Sheffield, Univ., Dep. of Phys.) F. LENZ. 5016

C. Capitani und **E. Milani,** *Eine „universale" Laboratoriumsapparatur zur fraktionierten Destillation.* Es wird eine App. zur fraktionierten Dest. für Laborr. (Einsatz 50 ml bis zu 10 Liter) beschrieben. Sie kann kontinuierlich oder diskontinuierlich bei Normaldruck oder im Vakuum betrieben werden. Die konstruktiven Details wie auch die Anwendung der App. auf verschied. Destillationsprobleme werden eingehend besprochen. — 143 Literaturzitate. (Chim. e Ind. [Milano] **36.** 671—84. Sept. 1954. Novara, Soc. Rhodiatoce, Labor. Ricerche „Acetilene e Derivati".) H. NÖTH. 5038

Hermann Stage, *Einfache Vorrichtung zur Steuerung der Heizung von Laboratoriumskolonnen.* Zur Kontrolle der Heizung einer Destillierblase für Laboratoriumskolonnen werden 2 Manometer, eines davon mit verstellbarer Empfindlichkeit, zur Druckmessung in der Blase u. gegebenenfalls auch im Kolonnenkopf sowie eine in Glas oder Metall ausgeführte Sicherheitsvorr. beschrieben, die den Zweck hat, den an den Dampfraum angeschlossenen Manometerschenkel kondensatfrei zu halten. Die Manometer sind außerdem mit einer Vorr. versehen, die bei Überschreitung eines bestimmten Druckes im Blasenraum über ein Ruhestromrelais die Blasenheizung abstellt, um die Dest. selbsttätig zu regeln. (Chemie-Ing.-Techn. **22.** 374—75. 14/9. 1950. Köln-Niehl, Labor. Fa. Destillationstechn. Dr. Stage.) W. METZENER. 5038

Nasim Andrew David, *Verhinderung der Schimmelbildung in konstanten Temperaturbädern.* Die allmähliche Bldg. von Schimmel (Beschlag) auf Metall u. Glas, das ständig in ein Temperaturwasserbad eintaucht, wird für Wochen unterbunden, wenn dem W. 2% Chlf. u. 0,1% n-Butyl-p-oxybenzoat (Butoben; MERCK) zugesetzt wird. (Chemist-Analyst **43.** 83. Sept. 1954. Worcester, Mass., Brever & Comp.) R. KIESSIG. 5046

J. V. Karabinos, *Zusatz fester Körper in ein geschlossenes System.* Beschreibung eines Kolbens, in dem der zuzuführende Stoff in einem elektr. Heizmantel geschmolzen u. in das geschlossene Syst. durch einen unteren Stutzen abgelassen wird, der im Kolben mittels eines luftdicht eingesetzten eingeschliffenen Glasstabes von oben her verschlossen oder geöffnet werden kann. (J. chem. Educat. **31.** 571. Nov. 1954. Joliet, Ill., Blockson Chem. Comp.) H. MÜHLMEISTER. 5048

C. Risch, *Die Herstellung und Anwendungsweise eines einfachen Diaphanometers.* Vf. beschreibt ein zur Messung grobgetrübter Fll. geeignetes Diaphanometer (I) (Abb.). Gegenüber dem bisher gebräuchlichen I verwendet Vf. einen schwarzen Tuschestrich auf weißer drehbarer Scheibe, der sich auf festem Grund außen fortsetzt. Über der Scheibe steht ein mit Längsschlitz versehener Metallzylinder. Innerhalb dieses befindet sich der Glaszylinder mit mm-Graduierung u. zu messender Flüssigkeit. Beleuchtung von außen unter stets gleichen Bedingungen. Drehbare Lichtschutzhülle ermöglicht Verschluß. Messung der Schichthöhe erfolgt in mm, wenn die beiden Striche nicht mehr zur Deckung gebracht werden können. (Pharmazie **10.** 101—02. Febr. 1955. Berlin-Charlottenburg.) J. MILLER. 5048

Edward A. Tyczkowski und **Lucius A. Bigelow,** *Die Einwirkung von elementarem Fluor auf organische Verbindungen.* 19. Mitt. *Ein neuer Düsenfluorierungsapparat.* (18. vgl. C. **1953.** 8336.) Vff. konstruierten eine App. zur Fluorierung von organ. Verbb. mit elementarem Fluor ohne die bisher gebräuchlichen metall. Kontakte. Die wesentliche Neuerung besteht darin, daß die zu fluorierende gasförmige Substanz mit N_2 verd. u. durch eine Düse eingeführt wird, hinter der sie sich in einer turbulenten Strömung mit dem getrennt zugeleiteten Fluor mischt. Durch seitliche Schlitze wird gleichzeitig ein

Teil der verhältnismäßig inerten Reaktionsprodd. angesaugt, die auf diese Weise zur Verdünnung des Reaktionsgemisches beitragen. Mit dieser App. wurde aus Äthan bei 64° *Hexafluoräthan* mit 83% ig. Ausbeute ohne Auftreten von CF_4 erhalten. (J. Amer. chem. Soc. **77.** 3007–08. 5/6. 1955. Durham, N. C., Duke Univ., Dep. of Chem.)
E. FORCHE. 5048

M. B. Neumann (Neiman) und **W. B. Miller,** *Die Verwendung radioaktiver Isotope in der analytischen Chemie.* Gekürzte deutsche Wiedergabe der C. **1954.** 3287 referierten Arbeit. (Fortschr. Physik **2.** 42–66. 1954.) E. KLEVER. 5050

Thomas L. Marple, *Bestimmung der Standardabweichung bei einer kleinen Anzahl von Beobachtungen.* Für die Standardabweichung eines Meßwertes bei einer kleinen Anzahl von Beobachtungen gibt Vf. die von DEAN u. DIXON (C. **1952.** 418) aufgestellte Formel K(W/x)100 = %S an, wobei K der Abweichungsfaktor, W die Differenz zwischen höchstem u. tiefstem Wert, S die Standardabweichung, x der arithmet. Mittelwert sind. %S wird in einem rechtwinkligen Koordinatensyst. gegen (W/x)100 so aufgetragen, daß die Standardabweichungswerte von 0–1,2%, erhalten durch K, gegeben sind. Zur Best. von %S eines Meßwertes ist (W/x)100 zu berechnen u. %S abzulesen. (Chemist-Analyst **43.** 83–84. Sept. 1954. Cambridge, Mass. M.I.T.) R. KIESSIG. 5050

F. L. Hahn, *Potentiometrische Messung von Reaktionsgeschwindigkeiten und von kleinsten, katalytisch wirksamen Stoffmengen. — Jodid und Kupfer.* Kleine Mengen Cu^{2+} u. J^- beeinflussen die Reaktionsgeschwindigkeit von As_2O_3 in H_2SO_4-saurer Lsg. mit Ce^{4+}-Salzen. Die Reaktionsgeschwindigkeit ist proportional der Cu^{2+} bzw. J^- Menge. Vf. mißt die Änderung des Potentials mit der Zeit u. bestimmt so Mengen von ca. 0,02 bis 7 γ J^-. In Lsgg., die z. B. 200 mg NaCl/ml enthalten, n/10 an As_2O_3 u. Ce(IV)-Ammoniumsulfat, beides in 1,2n H_2SO_4 sind u. 10 γ J^-/ml enthalten, geht das Potential von 935 mV auf ca. 440 mV (gegen gesätt. Hg_2Cl_2-Elektrode gemessen) zurück. Dieses Verf. ist der colorimetr. Meth. zur Verfolgung des Reaktionsablaufes überlegen. (Analytica chim. Acta [Amsterdam] **11.** 482–86. Nov. 1954. Mexico, Mex.)
H.-G. MOSLÉ. 5052

K. Macek und **R. Přibil,** *Die Verwendung von Komplexonen in der chemischen Analyse.* 45. Mitt. *Beitrag zur Iontophorese der anorganischen Verbindungen auf Papier.* (44. vgl. C. **1955.** 7278.) Es wurde die Verwendung von *Komplexon III* (I), mit welchem nach STRAIN u. SULLIVAN (C. **1953.** 422) die Trennung einiger Kationen in der Elektrochromatographie verbessert wird, für die Zwecke der Iontophorese von Kationen auf Papier untersucht. Die Trennung einiger Kationen in 2% ig. HNO_3 [z. B. Fe(III), Cu(II) u. UO_2(II)], welche ohne I unvollkommen [Fe(III) von Cu(II), bzw. von UO_2(II)] oder sogar undurchführbar [Cu(II) von UO_2(II)] ist, wird in Ggw. von I wesentlich deutlicher, u. zwar infolge der Bldg. von ungleich stabilen Komplexen u. deren unterschiedlicher Ladung u. Beweglichkeit im Vgl. mit den freien Kationen. Nachteilig ist der schwierige Nachw. einiger Kationen (z. B. Pb), deren Komplexe bes. stabil sind. Vff. schlagen vor, die Iontophorese auf Papier zur Ermittlung der Stabilität u. anderer Eigg. einzelner Komplexe zu verwenden. (Chem. Listy **49.** 367–68. März; Collect. czechoslov. chem. Commun. **20.** 715–17. Juni 1955. Praha, Výzk. ústav pro farmacii a biochemii. [Orig.: tschech.]) K. KÁMEN/Prag. 5054

W. Lotmar, *Eine Modifikation der Polsonschen Simultanelektrophoresetechnik.* Die Technik von POLSON (vgl. hierzu C. **1952.** 6412; **1954.** 7933) gestattet die gleichzeitige Elektrophorese von 2 oder mehr Proben in der TISELIUS-Zelle, indem Cellophanmembrane zwischen Kanalteil u. Elektrodengefäße gebracht u. nur die absteigenden Grenzflächen untersucht werden. Die Modifikation des Verf. sieht an Stelle der Cellophanmembrane solche aus einer dünnen Lage Agar (z. B. 0,3 mm 1% ig. Agar) oder Gelatine vor, die zur mechan. Stabilisierung auf Filtrierpapier aufgebracht ist. Die Vorteile dieser Membrane werden diskutiert u. die Brauchbarkeit an zwei gleichzeitig gelaufenen Interpherogrammen des gleichen n. menschlichen Serums demonstriert. Derartige Agargelmembrane können auch als Filter benutzt werden. (Biochim. biophysica Acta [Amsterdam] **16.** 603–04. April 1955. Aarau, Schweiz, Kern & Co. Ltd., Res. Labor.)
K. NEHRING. 5054

L. F. J. Parker, *Zonenelektrophorese auf Filterpapier. Ein Überblick.* Überblick über Entw., gegenwärtigen Stand u. künftige Rolle der Zonenelektrophorese. Vf. geht dabei bes. auf nachst. Punkte ein: Apparatetypen, Einfl. des p_H, der Ionenkonz. u. der Art u. Temp. der Pufferlsgg., Papiersorten, kontinuierliche Elektrophorese, Elektrochromatographie, Zonenelektrophorese auf papierähnlichen u. papierfremden Medien, Anwendung der Zonenelektrophorese auf verschied. organ. u. anorgan. Substrate, Lokalisierung, Identifizierung u. Messung der Zonen. — 240 Literaturzitate. (Analyst **80.** 638–51. Sept. 1955. Greenford, Middlesex, Glaxo Labors. Ltd.) H. HOFMANN. 5054

K. Starke, *Eine Variation der Rundfilterpapyrographie.* Bericht über die von TÖPPEL (C. **1955.** 170) angegebene Modifikation der Exsiccatormeth. der Rundfilterpapierchromatographie. Vf. verbessert die Meth., indem das Glasröhrchen nach TÖPPEL nicht im Exsiccator, sondern beim Glasplattenverf. angewendet wird. Es erhält dann keine bauchige Erweiterung. Das Lösungsmittelgemisch wird mit einem Scheidetrichter auf die Cellulosesäule getropft. (Dtsch. Apotheker-Ztg. **94.** 1097. 11/11. 1954. Würzburg, Staatl. Luitpoldkrankenhaus, Apotheke.) PH. FRESENIUS. 5062

Olof Samuelson, *Über die Verwendung von Ionenaustauschern in der analytischen Chemie.* 25. Mitt. (24. vgl. C. **1954.** 1084.) A. Metalltrennungen mit Anionenaustauschern in Citratform (Mitarbeiter: **Kerstin Schramm**): Die Kationen Fe^{3+}, VO^{2+}, Co^{2+}, Ni^{2+} u. Cu^{2+} werden durch Anionenaustauscher *Dowex 2* in Citratform komplex gebunden u. quantitativ aus Lsgg. von Alkalimetallsalzen entfernt. Schickt man das Eluat anschließend über einen Anionenaustaucher in OH^--Form, so kann man die Alkalimetallhydroxyde direkt titrieren. Kleine Mengen freier Säure stören nicht, erfordern jedoch längere Säulen. Zn^{2+}, Ba^{2+}, Sr^{2+}, Ca^{2+} laufen durch die Säule, werden aber nach Pufferung des Austauschers auf hohen p_H-Wert ebenfalls quantitativ zurückgehalten. Unter gewissen Bedingungen gelingt eine Trennung der beiden Gruppen. Zur Entfernung von Cr^{3+} kocht man die Lsg. mit Oxalsäure u. benutzt einen Anionenaustauscher in Oxalatform. — B. Verss. mit *Aldehyden* u. *Ketonen* (Mitarbeiter: **Gunnar Gabrielson**): Von Anionenaustauschern (*Amberlite IRA-400*) in Bisulfitform werden Carbonylverbb. als α-Oxysulfonsäuren quantitativ gebunden. Darauf gründen Vff. eine Gruppentrennung: organ. Säuren—Alkohole—Ketone—Aldehyde: Zunächst werden die Säuren auf einem Anionenaustauscher in Bicarbonatform gebunden, mit 0,1 mol. Na_2CO_3-Lsg. eluiert, mittels eines Kationenaustauschers in H^+-Form in die freien Säuren zurückverwandelt u. titriert. Die von Säuren befreite Lsg. gibt man direkt auf die Säule mit dem Bisulfit-Anionenaustauscher; die Alkohole finden sich im Eluat u. werden pyknometr. bestimmt. Dann eluiert man die Ketone (Aceton, Methyläthylketon) mit heißem W. bei 75° u. bestimmt sie colorimetrisch. Anschließend verdrängt man die fester gebundenen Aldehyde mit 1 mol. NaCl-Lsg. von der Säule u. titriert sie im Eluat jodometr. nach der Bisulfitmethode. — C. Verss. mit *Acetal* (Mitarbeiter: **Gunnar Gabrielson**): Acetal $[CH_3CH(OC_2H_5)_2]$ wird in wss. Lsg. beim Durchlaufen durch eine mit Bisulfit gesätt. Säule quantitativ gespalten; der gebildete Acetaldehyd bleibt auf der Säule. In 95%ig. A. erfolgt keine Spaltung, das Acetal findet sich quantitativ im Eluat. Da Aldehyde von einem Bisulfit-Anionenaustauscher auch aus alkoh. Lsg. gebunden werden, ist eine Trennung u. Best. nebeneinander möglich. — D. Trennung von verschied. Ketonen (Mitarbeiter: **E. Sjöström**): Auf Anionenaustauschern in Bisulfitform lassen sich verschied. Typen von Ketonen trennen, entsprechend der Beständigkeit ihrer Bisulfitaddukte: Aromat. gesätt. Ketone in alkoh. Lsg. werden nicht gebunden (z. B. Acetophenon u. Benzophenon), desgleichen gewisse alicycl. Ketone, wie *Campher* u. *Fenchon*. — *Cyclohexanon* u. die aliphat. Diketone, wie *Diacetyl* u. *Acetylaceton* (**I**), werden aus wss. Lsg. quantitativ zurückgehalten u. lassen sich bei 70° wieder mit W. eluieren. Aromat. Diketone — *Benzil* u. *Benzoylaceton* — werden weniger stark gebunden. Bes. fest gehalten werden α.β-ungesätt. Ketone, wie *Mesityloxyd* (**II**), bei denen sich Bisulfit an die C—C-Doppelbindung addiert. Diese Rk. erfolgt jedoch nur langsam, so daß bei **II** mit niedriger Durchlaufgeschwindigkeit, bei Benzalacetophenon mit erhöhter Temp. gearbeitet werden muß, um quantitative Bindung zu erhalten. Diese Ketone können nur mit NaCl-Lsg. als Sulfonsäuren quantitativ von der Säule verdrängt werden. Beispiel für eine quantitative Trennung: *Diacetonalkohol*, Elution bei 40°, — **I**, Elution bei 70° mit W., — **II**, Elution mit 1 mol. NaCl-Lösung. Ketone, die die Neigung zur Enolisierung besitzen, wie **I**, können auch von stark bas. Anionenaustauschern in OH^--Form gebunden werden. (Z. Elektrochem., Ber. Bunsenges. physik. Chem. **57.** 207—13. April 1953. Göteborg, Chalmers TH, Inst. für Techn. Chem.) F. UMLAND. 5062

Hermann Specker, *Ionenaustauscher in der analytischen Chemie.* An Beispielen mit natürlichen u. synthet. Ionenaustauschern u. durch Erörterung der Massenwrkg. der Austauschvorgänge wird nachgewiesen, daß die Ionenaustauscher in steigendem Maße auch für techn. u. betriebsanalyt. Aufgaben Bedeutung haben. Die Entw. geht dahin, für alle Elemente u. für bestimmte Aufgabenstellungen, z. B. für die Unters. von Stahl u. Eisen, selektive Austauscher u. einfache Arbeitsverff. zu finden. Farblose Alginatfolien werden durch Spuren von Fe^{3+} dauerhaft braun gefärbt. Entwickelt wurde ein Verf. zur Darst. der freien Alginsäure in einer für den Ionenaustausch geeigneten Form. Der Austauscher verhält sich sehr selektiv gegenüber Fe^{3+}. Zweiwertige Elemente, wie Ca, Mg, Co, Mn, Ni, können durch bloßes Eluieren mit dieser Säure abgetrennt werden. Eine Fe–U-Trennung mit Alginsäure ist einfacher als alle bisher üblichen Verfahren (Arch. Eisenhüttenwes. **25.** 417—20. Sept./Okt. 1954. Dortmund.) H. HOCHSTEIN. 5062

Pierre Douzou und **Simon Gerstenkorn,** *Verwendung eines Konkavgittermonochromators in der Photochemie.* Beschreibung eines Konkavgittermonochromators mit modifizierter ROWLANDscher Montierung, welcher bei Verwendung eines Gitters mit 570 Strichen/mm u. 1 m Krümmungsradius eine reziproke Dispersion von 18 Å/mm liefert. Diskussion der Vorteile einer solchen App. bei der gleichzeitigen Messung von I_0 in der symm. liegenden Ordnung. (C. R. hebd. Séances Acad. Sci. **239.** 49—51. 5/7. 1954.) H.-J. EICHHOFF. 5063

F. H. Smith, *Zwei Halbschattenvorrichtungen für optische Polarisationsinstrumente.* (Nature [London] **173.** 362—63. 20/2. 1954. Croydon, C. Baker of Holborn Ltd., Metron Works.) C. GOTTFRIED. 5063

Hellmuth Rudolph, *Photoelektrischer Polarimeteransatz.* Beschreibung u. Prüfung eines photoelektr. Ansatzes für gebräuchliche Polarimeter, welcher, nach der „Meth. der symm. Winkel" arbeitend, für Hg 5461 u. Na 5893 Å bei großen Aperturen u. geringer Absorption in der Probe die gleiche Genauigkeit liefert wie ein dunkeladaptiertes Auge in einem verdunkelten Raum. In den Fällen von Mikro- u. Halbmikrobestimmungen u. bei Proben mit starker Lichtabsorption hat die den Beobachter nicht ermüdende, photoelektr. Meth. eine um eine Größenordnung höhere Genauigkeit. (J. opt. Soc. America **45.** 50—59. Jan. 1955. Caldwell, N. J., O. C. Rudolph & Sons.) H.-J. EICHHOFF. 5063

George W. Stroke, *Interferometrische Messung von Wellenfrontaberrationen in normalen Gittern und Echelle-Gittern.* Beschreibung einer interferometr. Anordnung vom MICHELSON-Typ zur Prüfung von Beugungsgittern. Behandlung der Theorie u. der Auswertung von Interferogrammen sowie der Grenzen der Leistungsfähigkeit der Methode. (J. opt. Soc. America **45.** 30—35. Jan. 1955. Cambridge, Mass., MIT, Spectr. Labor.) H.-J. EICHHOFF. 5063

R. Herrmann, *Zur Darstellung von Spektren auf einem Oscillographenschirm mit Hilfe eines schwingenden Spaltes.* Beschreibung einer Versuchsanordnung zur Aufzeichnung von Spektren auf einem Oscillographenschirm dadurch, daß der Eintrittsspalt eines Monochromators elektromagnet. in Schwingungen um seine Mittellage, senkrecht zur opt. Achse u. der brechenden Kante des Prismas, versetzt wird u. auf diese Weise period. einen bestimmten Wellenlängenbereich abtastet. Das durch den Austrittsspalt austretende Wechsellicht wird von einem Multiplier erfaßt, welcher direkt an einen Oscillographen angeschlossen ist. Diskussion der Schwierigkeiten bei quantitativen Messungen nach dieser Methode. (Optik **11.** 505—08. 1954. Gießen.) H.-J. EICHHOFF. 5063

Maurice Françon und **Hélène Royer,** *Mikrospektrographie.* Zusammenfassender Überblick über die Charakteristiken der von verschied. Seiten für die Unters. von infraroten Absorptionsspektren entwickelten Spiegelobjektive in der Mikrospektrographie. Die beiden hauptsächlichsten Arbeitsmethoden — Beleuchtung des Objektes mit monochromat. Licht u. Beleuchtung mit weißem Licht u. spektraler Zerlegung des Lichtes nach Durchgang durch das zu untersuchende Objekt — werden genau beschrieben. (Rev. Opt. théoret. instrument. **34.** 25—29. Jan. 1955. Paris, Inst. d'Optique.) C. GOTTFRIED. 5063

Jean Lecomte, *Beschreibung eines Ofens und eines Kryostaten.* Vf. beschreibt einen bis zu 300° reichenden Ofen sowie einen Kryostaten, die beide in Verbindung mit einem PERKIN-ELMERschen Spektrographen Verwendung finden sollen. — Anwendungsbeispiele. (Rev. Opt. théoret. instrument. **34.** 22—25. Jan. 1955. Paris, Sorbonne, Labor. de Rech. Phys.) C. GOTTFRIED. 5063

J. W. Forrest, *Ein lineares Refraktometer.* Das Instrument mit einem Arbeitsbereich von 1,33—1,47 hat Mikrometerschraubenablesung. Mit einer Genauigkeit von 0,0001 im Brechungsindex ist es genauer als Instrumente vom Standard ABBE-Typ. (J. opt. Soc. America **45.** 132—33. Febr. 1955. Rochester, N. Y., Bausch u. Lomb Opt. Comp.) H. LINDBERG. 5063

Florin Abelès, *Zwei neue photometrische Methoden zur Bestimmung der optischen Konstanten von Festkörpern.* Theoret. Behandlung der Best. des komplexen Brechungsindex (n — ik) von homogenen, isotropen Festkörpern aus den Messungen von: 1. R_0 u. $R_\perp$; 2. R_0 u. $R_\parallel$ (R_0 = Reflexionsvermögen für n. Incidenz; $R_\perp$ bzw. $R_\parallel$ = Reflexionsvermögen bei schräger Incidenz u. Lichtvektor senkrecht bzw. parallel zur Einfallsebene). Bei einer Messung an einer undurchlässigen *Cr*-Aufdampfschicht nach der 2. Meth. ergaben sich n = $2{,}81_4$ u. k = $2{,}71_2$ mit einem relativen Fehler von $\sim \pm 0{,}7\%$, gegenüber einem Fehler von $\pm 3{,}2\%$ für eine Messung anderer Autoren an massivem Cr nach der polarimetr. Meth. von VOIGT. (C. R. hebd. Séances Acad. Sci. **238.** 1983—84. 17/5. 1954.) H.-J. EICHHOFF. 5064

D. F. Westneat, W. E. Keder und **H. W. Safford,** *Ein ungewöhnlicher Instrumentfehler bei der photometrischen Analyse.* Vff. berichten über das Auftreten therm. Potentiale, die bei Verwendung sehr geringer Lichtstärken bei lichtelektr. Photometern erhebliche Fehler verursachen können. Bei n. Lichtstärke treten sie wenig in Erscheinung. Zu ihrer Beseitigung empfehlen Vff. eine bessere Abschirmung der zur Beleuchtung des Galvanometers dienenden Lampe. (Chemist-Analyst **44**. 12—13. März 1955. Pittsburgh, Pa., Univ. of Pittsburgh.) H. PLUSKAL. 5064

Charles N. Reilley und **Barbara Schweizer**, *Photometrische Titration in nichtwässerigen Lösungsmitteln.* Vff. beschreiben die Titration in Eisessig gelöster Basen, wie *Chinolin*, *o-* u. *m-Chloranilin* u. eines Gemisches von Na-Acetat u. o-Chloranilin. Als Titrierlsg. benutzen sie in Eisessig gelöste ca. 0,1 n $HClO_4$. Den Äquivalenzpunkt bzw. das Umschlagsintervall stellen sie durch Messung des Lichtabsorptionsvermögens der Lsgg. im UV-Bereich geeigneter Wellenlänge spektrophotometr. fest. Die erhaltenen Werte stimmen mit den potentiometr. ermittelten Zahlen gut überein, jedoch hat das spektrophotometr. Verf. mancherlei Vorteile gegenüber der Potentiometrie, der Konduktometrie u. der Verwendung von Indicatoren. (Analytic. Chem. **26**. 1124—26. Juli 1954. Chapel Hill, N. C., Univ. of North Carolina.) H. FEIT. 5066

Pascal Huc, *Volumetrische Bestimmungen gefärbter Flüssigkeiten unter Verwendung komplementär gefärbter Farbfilter.* Bei Titrationen, die darauf beruhen, daß gefärbte Lsgg. vollständig entfärbt werden, läßt sich der Endpunkt sehr viel schärfer erfassen, wenn man die Lsg. im komplementär zur Eigenfarbe der Lsg. gefärbten Licht in der Durchsicht beobachtet. Beim Endpunkt der Titration erscheint dann die Lsg. dunkel. Die Anwendung auf die Cu-Best. mit KCN wird beschrieben. Man führt die Titration in orangefarbigem Licht aus. Weitere Anwendung kann die Meth. bei der Zucker-Best. mit FEHLINGscher Lsg. finden. Die schärfere Erkennbarkeit des Endpunktes ist bes. wichtig bei dem Vorliegen kleiner Zuckermengen. Als Beispiel wird die Zuckerbest. in pflanzlichen *Gerbstoffen* u. im *Blut* beschrieben. (Rev. techn. Ind. Cuir **42**. 69—71. April; 91—92. Mai; 105—06. Juni; 125—26. Juli 1950.) O. ENGEL. 5066

J. H. Bradbury, *Eine allgemeine Theorie der „dead stop"-Titration.* (Vgl. C. **1955**. 6578.) Es wird eine allg. Theorie der „dead stop"-Titration entwickelt. Sie basiert auf der Tatsache, daß in Ggw. eines reversiblen Elektrodensyst. der Strom durch die Geschwindigkeit der Diffusion u. Wanderung der Reaktionsteilnehmer zu u. von den Elektroden bestimmt wird. Im einzelnen werden behandelt: 1. Titrationen von Fe^{2+} mit Ce^{4+}; 2. Titrationen von Cl^- mit Ag^+ mit Ag–AgCl-Elektroden. Die theoret. Behandlung dieses Syst. ist mit der des 1. fast identisch. 3. Titrationen von Fe^{2+} mit $Cr_2O_7^{2-}$ an Pt-Elektroden. (Trans. Faraday Soc. **49**. 304—13. März 1953. Melbourne, Australia, Univ., Chem. Dep.) PH. FRESENIUS. 5066

Virginia Z. Deal und **Garrard E. A. Wyld**, *Potentiometrische Titration von sehr schwachen Säuren. Titration mit Hydroxyden in nichtwässerigen Medien unter Verwendung des Systems Glas–Kalomel–Elektrode.* Sehr schwache Säuren (Phenol u. a.) lassen sich in *Äthylendiamin* (I) oder *Dimethylformaldehyd* (II) mit alkoh. Lsgg. von KOH (nicht NaOH) oder substituierten Ammoniumhydroxyden (0,1—0,2 n) potentiometr. titrieren (Glaselektrode als Indicatorelektrode, Kalomelelektrode als Bezugselektrode). Die Titration wurde unter Ausschluß von H_2O u. CO_2, mit magnet. Rührwerk, für 0,3 mg Säure je Analyse durchgeführt. Änderungen von < 2 mV in 30 Sek. wurden nicht mehr berücksichtigt. Zur Sicherung wird eine Blindprobe empfohlen. In II lassen sich sehr schwache Säuren von Carbonsäuren u. starken Säuren unterscheiden, in I nur sehr schwache Säuren von starken Säuren. Bei tiefen Tempp. (0°) ist II das geeignete Lösungsm., weil I erst bei 11° schmilzt. Es ist jedoch zu beachten, daß II mit starken Basen selbst zu reagieren vermag (Überschuß an Lauge vermeiden). Da W. die Rk. stört, kann eine Reinigung der Lösungsmittel das Ergebnis verbessern. I reagiert leicht mit CO_2. Die Analyse wird deshalb am besten im N_2-Strom durchgeführt. Vff. berichten über die befriedigende Anwendung der Meth. auf eine Reihe sehr schwacher Säuren u. einige Mischungen mit starken Säuren. (Analytic. Chem. **27**. 47—55. Jan. 1955. Emeryville, Calif., Shell Developm. Co.) H. PLUSKAL. 5066

Robert L. Pecsok und **Richard S. Juvet jr.**, *Eine vielseitige Polarographierzelle.* Bei der beschriebenen modifizierten H-Zelle wird zwischen Elektrolysierzelle u. Vergleichselektrode ein von 2 Glassinterplatten begrenzter Zwischenelektrolytraum mit leicht austauschbarer Füllung eingeschoben. (Analytic. Chem. **27**. 165—66. Jan. 1955. Los Angeles, Calif., Univ.) E. MOISAR. 5066

H. R. Gersmann, *Einige Gesichtspunkte der Sauerstoffelektrode.* Übersicht über die die O_2-Elektrode betreffenden Theorien (Adsorptions-, H_2O_2- u. Oxyd-Theorie) u. die Anwendung der Elektrode zu potentiometr. Titrationen u. p_H-Messungen. — 26 Literaturangaben. (Chem. Weekbl. **51**. 109—14. 19/2. 1955. Amsterdam, Univ., Labor. voor Analyt. Scheikunde.) W. WESLY. 5066

R. E. Essery, *Die Herstellung von Schwefelsäurelösungen bekannter Konzentration durch Bestimmung des spezifischen Gewichtes.* Vf. zeigt an Hand von Verss., daß H_2SO_4 zwischen 32 u. 39% nicht hygroskop. ist. Mittels einer einfachen Formel kann aus der D. die Normalität der H_2SO_4 berechnet werden. Da sich Lsgg. oben genannter Konz. innerhalb 6 Monaten nicht verändern, so können mit diesem Verf. durch direktes Wägen eingestellte H_2SO_4-Lsgg. gewonnen werden. (Analytica chim. Acta [Amsterdam] **11.** 501—06. Dez. 1954. Birmingham, Inst. of Brewing Res. Labor.) A. ZIELFELDER. 5070

L. W. Phipps, *Ein adiabatisches Calorimeter zur Messung der spezifischen Wärmen von Flüssigkeiten im Temperaturgebiet von 0—100°.* Vff. beschreiben ein adiabat. Calorimeter zur Messung der spezif. Wärme von Fll. über ein Temperaturintervall von 2—3° in einem Bereich von 0—100°. Das Calorimeter hat eine Genauigkeit von $\pm$0,5% u. wurde bes. für fl. milchwirtschaftliche Prodd. entwickelt. Es kann auch für andere Fll. benutzt werden. Im Prinzip besteht das Calorimeter aus einem elektr. geheizten, ringförmigen Metallmantel, der zusammen mit dem Calorimetergefäß zentral auf einer Platte befestigt ist u. durch Oscillation in vertikaler Achsenrichtung die zu messende Fll. rührt. Die Temperaturmessung erfolgt mit einem Thermoelement. Vff. geben konstruktive Einzelheiten u. die Eichung des Calorimeters an u. bringen einige Ergebnisse verschied. fetthaltiger Milchprodukte. (J. sci. Instruments **32.** 109—13. März 1955. Reading, Berks., Univ., Nat. Inst. for Res. in Dairying, Physics Dep.) V. BURBACH. 5084

A. R. Challoner, H. A. Gundry und **A. R. Meetham,** *Ein elektrisch geeichtes Bombencalorimeter.* Vff. behandeln zunächst ausführlich die physikal. Grundlagen der Calorimetrie u. die möglichen Fehlerquellen bei der Best. von Verbrennungswärmen in „klass." Bombencalorimetern. Es wird dann der Aufbau u. die Versuchsmethodik bei einem Calorimeter beschrieben, das elektr. u. durch Verbrennung geheizt werden kann. Abweichungen von der gebräuchlichen Methodik ergeben sich durch die Berücksichtigung der Temperaturdifferenz zwischen der äußeren Oberfläche des Calorimeters u. dem innen befindlichen Thermometer, der „wirksamen Begrenzungen", das heißt der die Calorimeterbombe berührenden Körper, bei den elektr. u. Verbrennungsverss., u. der Veränderlichkeit der Apparatekonstanten mit der Temperatur. Die Verbrennungswärme von thermochem. reiner *Benzoesäure* unter Standardbedingungen wurde mit 26 436 J/g ermittelt. (Philos. Trans. Roy. Soc. London, Ser. A **247.** 553—80. 26/4. 1955. London, Nat. Phys. Labor., Physics Div.) D. BREDTSCHNEIDER. 5084

Pierre Boivinet und **Edouard Calvet,** *Eichung eines Mikrocalorimeters mittels einer radioaktiven Substanz von konstanter Wärmeabgabe.* Die Eichung geschah durch Messen des Ausschlags Δ des Lichtzeigers eines Galvanometers, welches mit 2 Thermoelementen verbunden war, von denen sich das eine im zu eichenden Calorimeter befand. Als konstante Wärmequelle dienten verschied. mit ihren Folgeprodd. im radioakt. Gleichgewicht befindliche Ra-Präpp. einer Aktivität von 0,5—10 mC. Vff. variierten den Inhalt der Calorimeterzelle (H_2O, Paraffinöl, Toluol, Filterpapierbrei) u. benutzten Zellen aus Glas, Al, rostfreiem Stahl u. erhielten stets gleiche Ausschläge Δ, so daß die einzelnen Erwärmungskurven stets genau gleich waren. (C. R. hebd. Séances Acad. Sci. **238.** 1995—97. 17/5. 1954.) J. ROESMER. 5084

Antonio Corbellini und **Pietro Lanza,** *Coulometrie gasförmiger Substanzen.* 3. Mitt. (2. vgl. C. **1955.** 1908.) Das auf der Messung der Geschwindigkeit der Höhenabnahme einer polarograph. Stufe bei der elektrolyt. Red. beruhende Verf. wird auf die Mikrobest. von O_2 u. NO angewandt, um den Wert n der Valenzänderung zu erhalten. Als Zelle dient ein Stück Glasrohr, an das mit Canadabalsam die Capillare angesetzt ist (Abb.). Die O_2-Best. erfolgt in n $NaNO_3$-Lsg., die NO-Best. in Acetatpufferlsg. p_H 4,6 (0,2n Essigsäure + 0,2n Na-Acetat). In beiden Fällen wird lineare Abnahme von log i_d (i_d = Diffusionsstromstärke in Ampere) mit der Zeit t gefunden. Bei O_2 ergibt sich bei —0,6 V u. —1,44 V mit 0,3 cm^3 Lsg. für die 1. Stufe 2 u. 2,1, für die 2. Stufe 4,04 u. 3,95 (Konz. $2{,}05\cdot10^{-4}$ Mol/Liter), bei NO (0,80 V) mit 0,25, 0,29 u. 0,29 cm^3 Lsg. 1,02, 1,03 u. 0,98 (Konz. $1{,}5\cdot10^{-3}$ Mol/Liter). (Atti Accad. naz. Lincei, Rend., Cl. Sci. fisiche, mat. natur. [8] **14.** 294—98. Febr. 1953. Padova, C.N.R., Ist. di Chim. fis. u. Centro di Polarografia.) R. K. MÜLLER. 5086

František Čůta und **Zdeněk Burianec,** *Eine kontinuierliche potentiometrische Bestimmung von Schwefelwasserstoffspuren im Wasserstoff durch Absorption in Jodlösung.* Die Oxydation von H_2S mit einer Jodlsg. wurde zu einer Best. von H_2S-Spuren in H_2 ausgenützt, u. zwar auf Grund der Senkung des Redoxpotentials einer sehr verd. Jodlsg., welche nach der Oxydation des in der Lsg. absorbierten H_2S infolge der Gleichgewichtsänderung zwischen J_2 u. J^- wahrzunehmen ist. Die nötige Jodlsg., welche womöglich keine J^- enthalten soll, wird aus reinstem Jod durch Schütteln mit 0,01 n HCl hergestellt u. mit redest. W. auf die Normalität $2\cdot10^{-4}$—$2\cdot10^{-5}$ verdünnt. Zur Herst. von Standard-Wasserstoffgemischen mit bekanntem Geh. an H_2S wurde die in der vorangehenden Arbeit

(C. **1955.** 6091) beschriebene App. benützt. Die Absorption von H_2S in der Jodlsg. wurde in einer ähnlichen, zweckmäßig modifizierten App. durchgeführt. Nach der Absorption des H_2S fließt die Jodlsg. durch ein kleines Meßgefäß mit zwei gegebenenfalls vergoldeten Pt-Meßelektroden; als Bezugselektrode dient gesätt. Kalomelelektrode. Nach 6—8std. Einleiten des Gasgemisches in die Absorptionsapp. bis zu seiner konstanten Zus. wird die EMK. während 4—6 Std. unter wechselndem Einleiten des Gasgemisches u. reinen H_2 in kurzen Zeitabständen gemessen; aus dem bekannten H_2S-Geh. in Standard-Gasgemischen wird die Eichkurve ermittelt. Die gemessenen EMK.-Werte stimmen mit den aus der NERNSTschen Gleichung berechneten Werten gut überein. Vor jeder Messung sind die Meßelektroden auf 15 Min. in eine koll. Schwefellsg. einzutauchen; die derart nichtbehandelten Elektroden weisen in Ggw. von H_2 zu niedrige Potentiale auf. Mit $2\cdot10^{-4}$n Jodlsg. können 0,5—0,02 mg H_2S im Liter, mit $2\cdot10^{-5}$n Lsg. 0,05—0,003 mg H_2S im Liter mit einem Fehler von ca. $\pm5\%$ bestimmt werden. (Chem. Listy **49.** 503—09. April 1955. Praha, Vys. škola chem.-technol., katedra analyt. chemie.) [Orig.: tschech.].) K. KÁMEN/Prag. 5086

R. L. Hollingsworth und **B. F. Waling,** *Bestimmung von Äthylenoxyd in der Luft. Erfahrung bei der Verwendung der Lubatti-Methode.* Zur *Äthylenoxyd* (I)-Best. wird nach LUBATTI (J. Soc. Chem. Ind. Trans. and Commun. **63.** [1944.] 133) das Luftgemisch durch Waschflaschen mit $MgBr_2$-haltiger 0,025nH_2SO_4 geleitet, wobei I sich nach $2\,(CH_2)_2O + MgBr_2 + 2\,H_2O \rightarrow 2\,OH\cdot CH_2\cdot CH_2\cdot Br + Mg(OH)_2$ umsetzt u. der Verbrauch an H_2SO_4 durch Titration mit NaOH (Indicator: Xylolblau–Methylorange) festgestellt wird. Mit einer beschriebenen App. wird die Meth. an eingestellten I-Luft-Gemischen geprüft u. gibt nur bei Abwesenheit saurer oder alkal. Gase brauchbare Ergebnisse. (Amer. ind. Hyg. Assoc. Quart. **16.** 52—54. März 1955. Midland, Mich., Dow Chemical Comp.) W. LUCHSINGER. 5088

H. W. Kacy jr. und **R. W. Cope,** *Bestimmung von kleinen Mengen Isophoron in der Luft.* Beschrieben wird eine colorimetr. Meth. zur Best. von Isophoron von 0—150 p.p.m. Luft, die auf dem Umsatz von Isophoron mit Phosphormolybdänsäure in Eisessig beruht. Gemessen wird mit einem BECKMAN-Spektralphotometer bei 650 bzw. 870 mμ. Die Messung stören nicht Methyläthylketon, Methylisobutylketon u. Aceton. Eine App. zur Herst. von Luftproben mit bekanntem Isophorongeh. wird angegeben. (Amer. ind. Hyg. Assoc. Quart. **16.** 55—59. März 1955. Charleston, W. Va., Carbide & Carbon Chem. Comp.) W. LUCHSINGER. 5088

a) Elemente und anorganische Verbindungen.

Q. Fernando und **M. de Silva,** *Papierchromatographie von Kationen mit Azoderivaten des 8-Oxychinolins.* Die R_f-Werte der Kationen Fe^{3+}, Al^{3+}, Hg^{2+}, Mg^{2+}, Ni^{2+}, Cd^{2+}, Zn^{2+}, Cu^{2+}, Co^{2+}, Mn^{2+}, UO_2^{2+} auf mit Azoderivv. des *8-Oxychinolins* (I) imprägniertem Papier wurden bestimmt. Als Lösungsm. dienten A. u. Methanol. 5-Phenylazo-I, 5-p-Tolylazo-I u. 5-p-Acetylaminophenylazo-I eignen sich nicht zur chromatograph. Trennung der untersuchten Kationen, weil in allen Fällen nur sehr kleine R_f-Werte erhalten wurden. Ebenso ist 7-Phenylazo-I-5-sulfonsäure nicht zur Trennung geeignet, weil alle R_f-Werte sehr hoch u. nahezu von gleicher Größe sind. Große Unterschiede wurden gefunden in den R_f-Werten bei Verwendung von *5-o-Carboxyphenylazo*-I u. *5-p-Sulfamylphenylazo*-I, die damit für papierchromatograph. Kationentrennungen geeignet erscheinen. (Analyst **79.** 711—13. Nov. 1954. Colombo, Univ. of Ceylon, Dep. of Chem.) F. UMLAND. 5100

J. M. Bremner und **K. Shaw,** *Die Reduktion von Nitrat durch Eisen(II)-hydroxyd unter verschieden alkalischen Bedingungen.* Es werden Unterss. mit dem Ziel einer Modifizierung der NO_3^--Best. durch Red. mit Fe u. H_2SO_4 u. Best. des NH_3 in einer CONWAY-Mikrodiffusionsapp. beschrieben u. diskutiert. Durch Variation der Versuchsbedingungen bes. hinsichtlich der Temp. u. Alkalität durch Verwendung von MgO u. NaOH verschied. Konzz. wird gezeigt, daß NO_3^- durch $Fe(OH)_2$ in Ggw. von MgO u. NaOH höherer Konzz. zu NH_3 red. wird. Auf die Bedeutung dieser Rk. für die NH_3-Best. bei Bodenanalysen in Ggw. größerer Mengen Fe(II) wird hingewiesen. (Analyst **80.** 626—27. Aug. 1955. Harpenden, Herts., Rothamsted Exp. Stat., Chem. Dep.) H. HOFMANN. G 243

Zoltán G. Szabó und **Lajos G. Bartha,** *Die alkalimetrische Bestimmung von Nitration durch eine kupferkatalysierte Reduktion.* In Fortsetzung früherer Verss. (C. **1955.** 7988) prüfen Vff. die Red. von NO_3^- in schwach alkal. Lsg. durch $Fe(OH)_2$ in Ggw. von Cu^{2+} zu NH_3. Die Probelsg. mit 30—150 mg NO_3^- wird mit 5 ml 4%ig. $CuSO_4$- oder 2,7%ig. $CuCl_2$-Lsg., 50 ml 21%ig. $FeSO_4$-Lsg. u. 30 ml 30%ig. NaOH versetzt, das entstehende NH_3 abdest. u. acidimetr. bestimmt. Wie die Versuchsergebnisse zeigen, ist die Red. quantitativ. Die Genauigkeit beträgt $\pm0,5\%$. Durch Wasserdampfdest. kann das Verf. erheblich beschleunigt werden. Die Störungen in Ggw. von As^{3+}, Sb^{3+} u. Sb^{5+}

werden diskutiert. (Analytica chim. Acta [Amsterdam] **6.** 416—19. Mai 1952. Szeged, Univ., Inst. of inorgan. analyt. Chem.) G. Weitbrecht. G 243

K. Kadič und **Z. Řezáč**, *Polarometrische Fluorbestimmung in löslichen Fluoriden mit Eisen(III)-chlorid.* Da das FeF_6^{3-}-Ion nicht bei 0,0 V red. wird, können bei dieser Spannung die F^--Ionen mit einer Fe(III)-Lsg. titriert werden. Die Rk. verläuft am besten zwischen p_H 5 u. 7. Der Äquivalenzpunkt kann genauer als bei der visuellen oder potentiometr. Titration bestimmt werden. (Chem. Listy **49.** 570—72. April 1955. Ústí n/Labem, Spolek pro chem. a hutní výrobu. [Orig.: tschech.]) P. Zuman/Prag. G 246

Wolf Bodenheimer und **Hannah Weiler**, *Colorimetrische Bestimmung des Perchlorations.* Zur Best. des ClO_4^- wird dieses mit einer bestimmten Lsg. von Cu-Tetrapyridinnitrat in W. u. *Pyridin* (I) gefällt, nach 48 Std. filtriert, die Lsg. colorimetriert u. aus der Absorption bei 6350 Å auf die ClO_4^--Konz. geschlossen. Eine Mischung von gleichen Teilen W. u. I wird als optimales Volumenverhältnis festgestellt. Bei der Unters. des Einfl. verschied. Anionen auf die Absorption des Komplexes zeigt sich, daß Cl^- u. Br^- die Farbe verstärken, während SO_4^{2-} u. NO_3^- prakt. keine Wrkg. zeigen. Bei hohen NaCl-Konzz. (16%) wird jedoch der Einfl. anderer Anionen ausgeschaltet. Alkalien u. Erdalkalien verändern die Absorption erst bei einer Konz. von $>$ 10 mg/ml. Der größte Fehler liegt bei einem ClO_4^--Geh. von 0,5—1,2 mg/ml bei 30 γ/ml. Zur Analyse von Perchloraten organ. Basen wird der Umstand ausgenutzt, daß die Eichkurve in mit NaCl gesätt. Lsgg. auch bei kleineren Konzz. prakt. eine Gerade darstellt. Die wss. Lsgg. einiger organ. Perchlorate werden dementsprechend vor der Filtration mit NaCl geschüttelt u. aus dem ClO_4^--Geh. das Mol.-Gew. der Verbb. ermittelt. (Analytic. Chem. **27.** 1293—95. Aug. 1955. Jerusalem, Ministry of Defence, Scient. Dep., Anal. Labor.) Günter Lange. G 247

E. A. Johnson und **E. J. Newman**, *Die Bestimmung von fünfwertigem Antimon nach Reduktion durch Jod und roten Phosphor.* Sb^{5+} in $KSb(OH)_6$ wird durch J_2 u. roten P zu Sb^{3+} red. u. jodometr. bestimmt. Nach Ansicht der Vff. ist diese Meth. allg. auf Sb(V)-Verbb. anwendbar. — 0,4 g $KSb(OH)_6$ werden in 15 ml W. u. 15 ml HCl (D. 1,18) gelöst, zu der heißen Lsg. 2 ml 0,1n J_2-Lsg. u. 0,2 g roter P gegeben, einige Min. erhitzt, bis die überstehende Fl. farblos geworden ist, durch ein Asbestfilter (Gooch-Tiegel) filtriert u. mit ca. 40 ml W. gewaschen. Zu Filtrat u. Waschwasser werden 4 g KNa-Tartrat gegeben u. nach dessen Auflösung mit 5n NaOH (ca. 30 ml) bis zu eben saurer Rk. neutralisiert. Nach Abkühlung werden 3 g $NaHCO_3$ zugegeben u. mit 0,1n J_2-Lsg. gegen Stärke titriert. (Analyst **80.** 631—32. Aug. 1955. Chadwell Heath, Essex, Hopkin and Williams Ltd.) H. Hofmann. G 266

A. A. Smales und **L. Salmon**, *Bestimmung kleiner Mengen von Rubidium und Cäsium in Meerwasser und in verwandten Materialien von geochemischem Interesse durch Radioaktivierung.* Vff. entwickeln eine Meth., mit deren Hilfe Rb u. Cs in Mengen von 10^{-7} bis 10^{-8} g quantitativ bestimmt werden können. Aus dem Meerwasser werden Rb u. Cs an einem Kationenaustauscher angereichert u. dann im Kernreaktor mit Neutronen bestrahlt; nach der anschließenden Trennung mittels Trägersubstanzen werden die entstandenen Isotope ^{89}Rb u. die beiden isomeren ^{134}Cs als Chloroplatinate gefällt u. ihre Aktivitäten bestimmt. Es wird auch ein Verf. zur Best. von mg-Mengen *Na* durch Radioaktivierung ohne chem. Anreicherung beschrieben; Vff. messen die 2,76 MeV γ-Strahlung von ^{24}Na, das bei der Bestrahlung entsteht, mit einem γ-Strahlenspektrometer u. vergleichen die Intensität mit der gleichzeitig bestrahlter Standardlösungen. Meerwasser aus dem Nordatlantik enthält 120 μg Rb/Liter u. 0,5 μg Cs/Liter. Rb- u. Cs-Gehh. von Meerespflanzen, Meeresablagerungen u. von verschied. Kohlensorten vgl. Tabellen im Original. (Analyst **80.** 37—50. Jan. 1955. Harwell, Atomic Energy Res. Establ., Analytic. Chem. Group.) Max Schmidt. G 277

M. Sunderasan und **M. Sankar Das**, *Eine indirekte colorimetrische Methode für die Bestimmung von Beryllium.* Be wird als $BeNH_4PO_4 \cdot 6\,H_2O$ gefällt u. als Molybdatophosphorsäure spektrophotometriert. Störungen durch Cu, Ni, Zn, Fe, Al, Ca, Mg u. Ti werden durch Fällung in Ggw. von Äthylendiamintetraessigsäure beim p_H 5 u. im Falle des Ti Zugabe von einigen Tropfen H_2O_2 vor der p_H-Einstellung vermieden. Die Meth. ist bes. zur Best. kleiner Be-Mengen (bis zu 2 p.p.m.) in Erzen, Salzen u. Legierungen geeignet. — Ein Aliquot der Probe wird in einem 40 ml-Zentrifugierglas auf ca. 30 ml verd., 1 ml 10%ig. $(NH_4)_2HPO_4$-Lsg. u. 2—3 Tropfen 0,05%ig. alkoh. Bromkresolgrünlsg. zugegeben, mit verd. HCl (1 : 1) schwach angesäuert, die im Wasserbad erhitzte Lsg. tropfenweise mit 2n NH_4-Acetat bis zum p_H 5 (Umschlag nach deutlich blau) versetzt u. 30 Min. im Wasserbad belassen. Danach wird abgekühlt, 15 Min. bei 2500 U/Min. zentrifugiert, filtriert u. 3mal mit 2%ig. NH_4NO_3-Lsg. (mit NH_4-Acetat auf p_H 5,3 eingestellt) gewaschen. Der Nd. wird in heißer verd. HNO_3 (1 : 4) gelöst, überschüssige HNO_3 abgedampft (Wasserbad), der Rückstand in 5 ml 2n H_2SO_4 u. 5 ml 10%ig. Na_2MoO_4-Lsg.

(g $Na_2MoO_4 \cdot 2\,H_2O$/Vol.) gelöst, auf 50 ml verd. u. nach 15 Min. bei 390, 400 oder 420 mμ gemessen. Die Ergebnisse werden an Hand von entsprechenden Eichkurven für P u. Be ausgewertet. Bei Ggw. der obigen Fremdionen wird vor der p_H-Einstellung 1 ml 10%ig. Na_2-Äthylendiamintetraacetatlsg. zugegeben. Bei Ggw. größerer Mengen dieser Fremdionen ist Umfällung erforderlich. Die Genauigkeit der Meth. beträgt $\pm 5\%$. (Analyst **80**. 697—99. Sept. 1955. Bombay, Atomic Energy Establ., Chem. Div.)
H. HOFMANN. G 281

Wesley W. Wendlandt, *Thermogravimetrische Pyrolyse der Cupferronkomplexe des Scandiums, Yttriums und der Seltenen Erden.* Die thermogravimetr. Pyrolyse der Cupferronkomplexe des Sc, Y u. der Seltenen Erden wird hinsichtlich der optimalen Zersetzungstemp. zur gravimetr. Best. dieser Elemente als Oxyde untersucht u. diskutiert. Pyrolysekurven sind wiedergegeben. Die Unterss. zeigen, daß bereits bei 500—600° die Verbrennung zu den entsprechenden Oxyden vollständig ist. Die Konstruktion u. Bedienung einer einfachen Thermowaage wird beschrieben (Skizze). (Analytic. Chem. **27**. 1277—78. Aug. 1955. Lubbock, Tex., Texas Techn. Coll., Dep. of Chem. and Chem. Engng.)
H. HOFMANN. G 303

Henry J. Hettel und **Velmer A. Fassel,** *Bestimmung von Spuren einiger Seltener Erden in Zirkonium. Ionenaustauschtrennung und spektrographische Bestimmung von Bruchteilen von Mikromengen.* Da Spuren *Seltener Erden* (I) die Wirtschaftlichkeit von Zr in therm. Reaktoren herabsetzen, ist eine quantitative Best. dieser Mengen erforderlich. Dazu wird Zr über einen Kationenaustauscher abgetrennt u. I nach Reinigung spektrograph. bestimmt. Das Metall wird in HF gelöst u. nach Zugabe von 20 mg Y_2O_3 als Träger über *Dowex 50* (50—60 mesh) gegeben. Eine Fluoridfällung von I wird dabei mit H_2SO_4 in Lsg. gebracht. Während Zr als anion. Fluorid komplex im Filtrat auftritt, werden I u. die übrigen Verunreinigungen mit 6 mol. HCl eluiert. Die Abtrennung dieser Bestandteile, die die Best. von *Tb, Gd, Dy, Ho* u. *Sm* stören, geschieht durch Ae.-Extraktion u. Fällung mittels NH_3. Bei einer darauffolgenden Behandlung mit HF fallen die Fluoride von I u. *Y* zusammen mit den unlösl. Fluoriden anderer Elemente aus. Nach Lösen in H_2SO_4 u. nochmaliger Fällung mit NH_3 werden schließlich I neben Y spektrograph. bestimmt. Mittels der Anreicherung an I zwischen dem ursprünglichem Geh. in dem zugesetzten Y_2O_3 u. der Konz. bei der Endspektrographie kann schließlich der Geh. an I in dem verwendeten Zr berechnet werden. An Hand der Analyse von 2 Zr-Metallen mit 3 verschied. Y_2O_3-Trägern wird nachgewiesen, daß der Geh. an I in den Trägeroxyden innerhalb der Fehlergrenzen der spektrograph. Best. vollständig wiedergefunden wird u. daß die Konz. von I in 100 g des verwendeten Zr $< 5\,\gamma$ beträgt. (Analytic. Chem. **27**. 1311—14. Aug. 1955. Ames, Io., Iowa State Coll., Inst. for Atom. Res. and Dep. of Chem.)
GÜNTER LANGE. G 303

David C. Foster und **Howard E. Kremers,** *Europiumbestimmung in Mischungen der Seltenen Erden.* Aus der zu untersuchenden Probe werden die Seltenen Erden als Oxalate gefällt u. diese zu den Oxyden verglüht. Die salzsaure Lsg. der Oxyde wird zwecks Entfernung überschüssiger HCl zur Sirupkonsistenz eingedampft, mit W. verd. u. im Reduktor mit amalgamiertem Zn behandelt, wodurch $EuCl_3$ in $EuCl_2$ übergeht, während die Chloride des Sm u. Yb nicht red. werden. Die red. Lsg. fließt in einer CO_2-Atmosphäre zu vorgelegter 0,04n $FeCl_3$-Lsg. u. red. dort die dem $EuCl_2$ äquivalente $FeCl_3$-Menge. Das entstandene $FeCl_2$ wird nach Zusatz von HCl u. H_3PO_4 unter Verwendung von Na-Diphenylamin-p-sulfonat als Indicator mit 0,04n $K_2Cr_2O_7$-Lsg. titriert. (Analytic. Chem. **25**. 1921—22. Dez. 1953. West Chicago, Ill., Lindsay Chem. Co., Res. Dep.)
H. FEIT. G 309

R. Collee, *Molekularanalyse von Bleiverbindungen in Mineralien und metallurgischen Produkten.* Vf. entwickelt einen Trennungsgang zur direkten Best. von Pb-Verbb. nebeneinander, bei dem die Probe nacheinander mit verschied. selektiven Lösungsmitteln ausgelaugt wird. Ein Gemenge von *PbO*, *PbSO$_4$*, *PbS*, *Pb$_2$SiO$_4$*, *PbO$_2$* u. *Pb* wird mit einem Methanol–Ricinolsäure-Gemisch extrahiert, dabei gehen nur PbO u. Pb_2SiO_4 in Lösung. Der Rückstand wird mit halbkonz. warmer Ammoniumacetatlsg. ausgelaugt: $PbSO_4$ löst sich. Stark verd. HCl löst aus dem Rest PbO_2 heraus. Durch Oxydation des noch aus PbS u. Pb bestehenden Rückstandes mit H_2O_2 wird PbS in $PbSO_4$ übergeführt, dies kann wieder mit NH_4-Acetat abgetrennt werden u. metall. Pb bleibt zurück. Die einzeln abgetrennten Verbb. werden als $PbSO_4$ gefällt u. bestimmt. Eine Trennung von Oxyd u. Silicat ist bisher nicht gelungen, alle anderen Verbb. können jedoch ohne Anwendung einer Differenzmeth. bestimmt werden. Der Trennungsgang hat sich auch bei natürlichen Mineralien u. metallurg. Prodd. bewährt. (Rev. univ. Mines, Métallurg., Trav. publ., Sci. Arts appl. Ind. [9] **8** (**95**). 264—69. Juli 1952. Liège, Univ., Inst. du Val-Benoît, Labor. de Métallurgie des Métaux autres que le fer et de Préparat. des Minerais.)
D. BREDTSCHNEIDER. G 328

L. M. Kulberg, L. A. Molot und **L. F. Grigorjewa,** *Persulfat-Kobalt-Methode zur Bestimmung von Mangan und Chrom in Stählen und Gußeisen in einer Einwaage.* Die von Kusnetzow u. Budanowa (C. **1954.** 1081) eingeführte Meth. der Mn-Best. mit Co–Ni- bzw. Co–Cu-Katalysatoren läßt sich wie folgt auf die Parallelbest. von Cr neben Mn ausdehnen: 0,5 g Stahl oder 0,2 g Gußeisen werden in 25 cm³ H_2SO_4 (1 : 3) gelöst u. mit einigen Tropfen konz. HNO_3 oxydiert. Hierauf wird erwärmt, mit 150 cm³ W. verd., 10 ml Katalysatorlsg. (0,5% $CoSO_4 \cdot 7 H_2O$ + 1,5% $NiSO_4 \cdot 7 H_2O$) werden zugesetzt, zum Kochen gebracht, 15—20 cm³ 25%ig. $(NH_4)_2S_2O_8$ zugefügt u. weitere 2—3 Min. gekocht. Nach Zers. des Persulfats wird abgekühlt u. bei Zimmertemp. werden 10 cm³ H_2SO_4 (1 : 3) zugesetzt, worauf zwecks Mn-Best. mit Na_3AsO_3 bis zur Gelbfärbung titriert wird. Anschließend wird der Lsg. 4—5 Tropfen Phenylanthranylsäurelsg. zugefügt, worauf nach 1 Min. zwecks Cr-Best. mit Mohrschem Salz von Violett auf Grün titriert wird. Die Meth. eignet sich für Stähle mit einem Geh. von < 1,5% Cr. (Журнал Аналитической Химии [J. analyt. Chem.] **8.** 370—72. Nov./Dez. 1953. Saratow, Tschernyschewski-Univ.; „Sichel u. Hammer"-Werk.) O. Pollak v. Emhofen. G 350

H. Flaschka, A. M. Amin und **R. Zaki,** *Mikrovolumetrische Bestimmung von Mangan.* Vff. beschreiben eine volumetr. Meth. zur Best. von Mn in Gesteinen, Legierungen u. Stählen. Zur Abtrennung von Fe u. Al wird ZnO verwendet, auch bei Ggw. von größeren Mengen Phosphat. Das im Filtrat befindliche Mn wird bei 70—80° mit EDTA (= Äthylendiamintetraessigsäure) von Weinrot nach Blau titriert, nachdem Zn, Ni, Co, Cu oder Cd durch Zusatz von KCN gebunden worden sind. (Chemist-Analyst **43.** 67—69. Sept. 1954. Graz, Univ.; Giza, Univ. of Cairo.) R. Kiessig. G 350

Hermann Specker, Heinrich Hartkamp und **Mathilde Kuchtner,** *Photometrische Bestimmung des Mangans mit Dithiocarbaminaten.* Zur Best. kleiner Mengen Mn [15 bis 300 μg Mn(II)] wurden die Dithiocarbamatkomplexe bei p_H 6,5 (Acetatpuffer) mit Hilfe der Na-Salze von Diäthyl-, Piperidin- oder Pyrrolidindithiocarbamat (10 ml 2%ig. Lsg.) hergestellt u. 2mal durch 10 ml Chlf. extrahiert. Die Extinktion des nach kurzem Schütteln entstandenen Komplexes des Mn(III) wurde dann bei 578 mμ gegen reines Chlf. gemessen. Unter Berücksichtigung einer Korrektur für die Extinktion der reinen Reagenslsgg. konnte der Mn-Geh. mit Hilfe einer Eichkurve festgestellt werden; der Fehler beträgt ±2%. Fe, Cu, Co, V, Mo u. U müssen vorher durch Extraktion ihrer Thiocyanatkomplexe aus ca. 3n HCl mit einer Mischung von Ae. u. Tetrahydrofuran entfernt werden. Ni stört. (Z. analyt. Chem. **143.** 425—31. 1954.) H. Pluskal. G 350

Áron Scher, *Colorimetrische Bestimmung des Aluminium- und Eisengehaltes in einer einzigen Probe.* Die störende Farbwrkg. des Eisens wird durch Red. mit Ascorbinsäure beseitigt. Gang der Analyse: Colorimetr. Best. des Fe mit KCNS. Red. zu Fe^{2+} mit Ascorbinsäure u. anschließend Best. des Al mit Aluminon (NH_4-Salz der Aurintricarbonsäure). Die Rk. ist bis 0,1 mg Al/Liter empfindlich auch bei Ggw. einer mehrhundertfachen Fe-Menge. Mg stört die Rk. nicht. (Hidrol. Közlöny [Z. Hydrol.] **35.** 64—65. Jan./Febr. 1955.) R. Schrauf. G 354

Robert V. Dilts und **N. Howell Furman,** *Coulometrische Bestimmung von Ferrocyanid mit elektrolytisch erzeugtem Cer(IV)-Ion.* Die prakt. Durchführung einer coulometr. Analyse von $[Fe(CN)_6]^{4-}$ mit anod. hergestelltem Ce^{4+} wird beschrieben. Das Ce^{4+} wird aus einer $Ce_2(SO_4)_3$-Lsg. zwischen Pt–Ir-Blechen erzeugt, wobei die Kathode durch ein Glasdiaphragma von der übrigen Lsg. abgetrennt ist. Als Indicatorelektrode dient ein Pt-Draht bzw. -Blech, als Vergleichselektrode Pb–Amalgam–$PbSO_4$–H_2SO_4. Zu Beginn der Best. wird ein Potential von 1,21 V eingestellt, das durch potentiometr. Titration von $[Fe(CN)_6]^{4-}$ mit elektrolyt. hergestelltem Ce^{4+} ermittelt wurde. Nach Zugabe der Analysenlsg. wird bei genau konstanter Stromstärke bis zur Einstellung des Anfangspotentials elektrolysiert. Dabei muß bes. in der Nähe des Endpunktes in kleinen Schritten vorgegangen werden. Die Indicatorelektrode wird wegen etwaiger Niederschlagsbldg. erst gegen Ende der Best. in Betrieb genommen. Aus der Stromstärke u. der Dauer der elektrolyt. Ce^{4+}-Erzeugung wird alsdann die Menge an $[Fe(CN)_6]^{4-}$ berechnet. Gehh. von 0,72—26,2 mg ergeben dabei einen maximalen Fehler von ca. 0,5%. (Analytic. Chem. **27.** 1275—77. Aug. 1955. Princetown, N. J., Princeton Univ., Frick Chem. Labor.) Günter Lange. G 354

Ray F. Wilson und **Hubert G. Lovelady,** *Amperometrische Titration von Eisen mit 1-Nitroso-2-naphthol.* Die amperometr. Titration von Fe(III) in Essigsäure–Na-Acetatpuffer mit 1-Nitroso-2-naphthol bei −0,5 V (gegen gesätt. Hg_2Cl_2-Elektrode) unter Verwendung eines Sargent-Polarographen wird hinsichtlich optimaler Bedingungen zur Erzielung reproduzierbarer u. genauer Werte untersucht u. diskutiert. Die beschriebene Meth. ist schneller u. einfacher als gravimetr. u. andere amperometr. Verfahren. Zur Best. von Fe in Erzen u. Vergütungsstählen wird dieses mit Ae. extrahiert, aus dem Ae.

mit W. extrahiert u. titriert. Von den untersuchten Ionen (Pb^{2+}, Ca^{2+}, Ni^{2+}, Zn^{2+}, Al^{3+}, Ti^{3+}, Cr^{3+}) stört Pb. (Analytic. Chem. **27.** 1231—33. Aug. 1955. Houston, Tex., Texas Southern Univ., Dep. of Chem.) H. HOFMANN. G 354

H. L. Hamner und **R. M. Fowler,** *Sauerstoffbestimmung im Eisen in Gegenwart von Schwefel nach dem Vakuumschmelzverfahren.* Die bei der Heißextraktion erhaltenen S-haltigen Gase werden durch Mischung mit H_2 red., über eine heiße Pt-Spirale geleitet u. entstehender H_2S mit Bleiacetat oder Jod absorbiert. Die hierbei verwendeten Geräte werden beschrieben u. es werden Beleganalysen durchgeführt. (J. Metals **4.** Trans. AIME 1313—15. Dez. 1952. Niagara Falls, O., Union Carbide and Carbon Res. Labor.) H. HOCHSTEIN. G 354

Leonard P. Pepkowitz und **Jack L. Marley,** *Schnellbestimmung von Kobalt in legierten Stählen durch die Tetraphenylarsoniummethode.* Die von POTRATZ u. Mitarbeitern (C. **1950.** II. 85) entwickelte Meth. der colorimetr. Best. von Co als Tetraphenylarsoniumthiocyanatocobaltat(II) wird mit geringen Modifizierungen auf die Co-Best. in 18–8-Edelstählen angewandt u. kurz diskutiert. Die Anwendung des Verf. auf andere Materialien ist möglich. — 0,5—1 g der Probe werden unter schwachem Erwärmen in Königswasser gelöst, mit 25 ml dest. W. verd., von SiO_2 u. Carbiden abfiltriert u. auf 200 ml aufgefüllt. Ein 50—150 γ Co entsprechendes Aliquot dieser Lsg. wird soweit zur Trockne eingedampft, daß kein Zusammenbacken erfolgt, abgekühlt, in wenig HCl gelöst u. zur Entfernung von NO_3^- wieder zur Trockne eingedampft. Der Rückstand wird in möglichst wenig verd. HCl (1 : 1) gelöst, mit ca. 20 ml W. verd. u. mit verd. NH_4OH (1 : 1) so weit neutralisiert, daß die Lsg. noch eben sauer ist. Darauf werden unter Rühren 3—4 Tropfen frisch bereiteter 10%ig. KSCN-, 10 ml 50%ig. NH_4SCN-Lsg. u. 1,5 g NH_4F zugegeben, die Lsg. quantitativ in einen 150 ml-Scheidetrichter übergeführt, 15 Tropfen einer 0,05mol. *Tetraphenylarsoniumchloridlsg.* (I) zugefügt, mit 9 ml $CHCl_3$ extrahiert (1 Min.) u. die $CHCl_3$-Schicht durch einen mit $CHCl_3$ getränkten Wattebausch in einen 25 ml-Meßkolben filtriert. Die Extraktionen u. Filtrationen werden 2mal mit je 5 ml $CHCl_3$ u. 5 Tropfen I wiederholt, der Meßkolben mit $CHCl_3$ aufgefüllt u. die Absorption der Lsg. in einer 25 mm-Küvette bei 620 mμ gemessen. Nach Abzug der entsprechend gemessenen Blindwerte wird der Co-Geh. mittels Eichkurve berechnet. (Analytic. Chem. **27.** 1330—31. Aug. 1955. Schenectady, N. Y., General Electric Co., Knolls Atomic Power Labor.) H. HOFMANN. G 355

F. E. Faller, *Titrimetrische Schnellbestimmung von Kupfer in Leichtmetallegierungen mit Kaliumjodid–Kaliumrhodanid.* Man löst 2 g Späne in 20 cm³ 25%ig. NaOH, versetzt die Lsg. mit 45 cm³ H_2SO_4 (1 : 1) u. 5 cm³ 3%ig. H_2O_2-Lsg., zers. das H_2O_2 durch kurzes Aufkochen, versetzt je nach dem Fe-Geh. mit 10—20 cm³ gesätt. $N_2H_4 \cdot H_2SO_4$-Lsg., kocht 3 Min., verd. auf 100 cm³, kühlt auf Zimmertemp. ab, versetzt mit 10 cm³ einer Lsg. von 50 g KCNS u. 6 g KJ in 1000 cm³ W. u. titriert mit 0,05n $Na_2S_2O_3$-Lsg. u. Stärkelsg. als Indicator. Den genauen Titer der $Na_2S_2O_3$-Lsg. ermittelt man gegen eine Probe mit bekanntem Cu-Gehalt. Die Genauigkeit des Verf. (Anwendungsbereich: 0,5 bis 6,0% Cu) beträgt $\pm$0,05%. (Aluminium **28.** 400—01. Nov. 1952. Bonn, Ver. Aluminium-Werke A.-G. u. Ver. Leichtmetall-Werke G. m. b. H., Forschungslaborr.) W. WESLY. G 358

Eugene W. Berg und **William L. Senn jr.,** *Ionenaustauschtrennung von Rhodium und Iridium.* Die Trennung des Rh von Ir mit Hilfe ihrer *Thioharnstoff* (I)-Komplexe über *Dowex 50 X 8* (50—100 mesh, H^+) wird beschrieben. Die Lsg. der Chlorokomplexe wird mit I eine Std. lang erhitzt, da sich der kation. I-Komplex von Rh nur langsam bildet. Nach Aufgeben auf den Austauscher wird mit 100 ml 0,3 mol. HCl der teilweise am Harz adsorbierte anion. Ir–I-Komplex ausgewaschen. Zur Elution des Rh erweist sich 6mol. HCl bei 74° am günstigsten. Die Metalle können schließlich nach Zerstörung von I prakt. quantitativ spektrophotometr. bestimmt werden. (Analytic. Chem. **27.** 1255—56. Aug. 1955. Baton Rouge, La., Louisiana State Univ., Coates Chem. Labor.) GÜNTER LANGE. G 367

W. I. Baranow und **L. A. Kusmina,** *Ioniummethode der Altersbestimmung von Meeresschlamm.* 3 g Schlamm werden mit der 10fachen Menge Na_2O_2 geschmolzen, wobei u. a. U, Po, Si u. Al in Lsg. gehen, während Io, Th, Fe, Ca, Ra, Pa, Ba im Nd. verbleiben, der mit HCl ausgelaugt u. mit CO_2-freiem NH_4OH gefällt wird. In Lsg. gehen hierbei u. a. Ra, Mn, Ca, Ba. Fe, Pa, Io u. Th bilden den Nd. der mit HF auf $La(NO_3)_3$ (I)-Träger behandelt wird. Die Lsg. enthält Pa u. Fe, der Nd. Io, Th u. La. Im letzten Stadium werden $\approx$ 20 mg I zugesetzt. Im letzten Nd. liegen Io u. Th in radiochem. reiner Form auf La vor. Die Vollständigkeit der Io-Abscheidung wurde mit dem UX_1-Isotop von Th mit $T_{0,5}$ = 24,3 Tage nachgeprüft, die radiochem. Reinheit der Th-Isotope an Uranpecherz mit 67% U. Diese Prüfungen ergaben, daß nach dem beschriebenen Analysenverf. die Io-

Präpp. in radiochem. reiner Form ohne Verluste erhalten werden. (Доклады Академии Наук СССР [Ber. Akad. Wiss. UdSSR] [N. S.] **97.** 483—85. 21/7. 1954. Vernadsky-Inst. für Geochem. u. analyt. Chem. der Akad. der Wiss. der UdSSR.) O. LEBTAG. 5290

b) Organische Verbindungen.

J. Marcelli, *Mitteilung über die Verseifungszahl.* Da der Begriff der VZ. nicht einheitlich ausgelegt wird, werden nachst. Festlegungen vorgeschlagen: KÖTTSTORFER-Zahl = mg KOH, die zur Bindung der freien Fettsäuren u. zur Verseifung der Fettsäureester in 1 g Fett nötig sind. — SZ. = mg KOH, die zur Bindung der freien Fettsäuren in 1 g Fett erforderlich sind. — VZ. oder EZ. = mg KOH, die zur Verseifung der Fettsäureester in 1 g Fett benötigt werden. Diese Zahl ergibt sich, wenn man die SZ. von der KÖTTSTORFER-Zahl abzieht. (Ann. pharmac. franç. **10.** 553—55. Juli/Aug. 1952.) W. WESLY. 5358

E. Ss. Lewin und **A. P. Schesstow,** *Polarographische Bestimmung von Sulfonen.* Vf. benutzt folgende Stoffe: *Diphenylsulfon* $(C_6H_5)_2SO_2$, das *Chlorid der 1.3-Benzoldisulfosäure,* 1.3-$C_6H_4(SO_2Cl)_2$ u. das *Chlorid der Diphenylsulfon-3.3'-disulfosäure,* $(C_6H_4SO_2Cl)_2 \cdot SO_2$. Die Sulfochloride wurden durch 2std. Kochen mit der 2fachen theoret. Menge von $N(C_2H_5)_4OH$ in wss. Lsg. in die Tetraäthylammoniumsalze umgewandelt. Die vollständige Verseifung wurde durch potentiometr. Titration des Cl-Ions kontrolliert. Es wurden 100,4% bzw. 99,3 gefunden. Die nach der Verseifung erhaltenen farblosen Lsgg. bestimmter Konz. dienten nach dem Verdünnen u. Zufügen einer Basislsg. für die Aufnahme der Polarogramme. Die Polarisationskurven wurden im visuellen Polarographen erhalten. Da das Diphenylsulfon in H_2O unlösl. ist, wurden, um die Polarogramme beider Sulfone vergleichen zu können, diese in 50%ig. A. aufgenommen. Als Basislsg. diente eine 0,05mol. $N(C_2H_5)_4J$-Lösung. Außerdem wurde die Diphenylsulfon-3.3'-disulfosäure in wss. Lsg. untersucht. Besondere Verss. wurden angestellt, um den Einfl. des p_H-Wertes zu bestimmen. Als Puffersyst. wurde eine Kombination aus $H_3BO_3 + N(C_2H_5)_4OH$ benutzt. Auf den Polarogrammen erhält man eine gut ausgeprägte Welle, deren Höhe in Grenzen der Meßgenauigkeit der Konz. proportional ist. Um die Elektronenzahl n festzustellen, wurde unter gleichen Bedingungen die Red. des *Benzophenons* durchgeführt. Für n = 2 genügen 2 ganz verschied. Rkk.: 1. $C_6H_5{-}SO_2{-}C_6H_5 + 2H_2O + 2e \rightarrow C_6H_5{-}SO_2H + C_6H_6 + 2\,OH^-$; 2. $(C_6H_5)_2SO_2 + H_2O + 2e \rightarrow (C_6H_5)_2SO + 2\,OH^-$. Wahrscheinlicher ist die Rk. 1, weil bei der chem. Red. (metall. Na im sd. Xylol) eine Umwandlung stattfindet: 3. $2\,C_6H_5{-}SO_2{-}C_6H_5 + 2\,Na \rightarrow 2\,C_6H_5SO_2Na + C_6H_5{-}C_6H_5$. Die Möglichkeit einer quantitativen Best. des Sulfons in Ggw. eines Überschusses an Sulfosäure wird durch die Polarisationskurve einer $4 \cdot 10^{-3}$mol. wss. Lsg. von $C_6H_4(SO_3H)_2$ veranschaulicht, die $(C_6H_4SO_3H)_2SO_2$ in Konzz.: 0; 0; $0{,}5 \cdot 10^{-3}$; $1 \cdot 10^{-3}$ mol. enthält. Die polarograph. Analyse ist eine Allgemeinmeth. zur Best. der funktionellen Gruppe: $>SO_2$, wobei die Gruppe $-SO_3H$ nicht stört. (Доклады Академии Наук СССР [Ber. Akad. Wiss. UdSSR] [N. S.] **96.** 999—1002. 11/6. 1954. Staatl. Woroschilow-Inst. für Wiss. Unterss. organ. Halbprodd. u. Farbstoffe.) E. STEINBERG. G 1490

Stanley K. Freeman, *Infrarotspektrophotometrische Bestimmung von Allethrin.* Für die spektrophotometr. Best. von *Allethrin* (I) ist bes. die Bande bei 5,81 μ geeignet. Von den vier möglichen Verunreinigungen des Insekticids I: *Allethrolon* (II), *cis-* u. *trans-Chrysanthemummonocarbonsäure* (III), III-*Chlorid* u. III-*Anhydrid* interferiert nur II bei der zur Analyse benutzten Wellenlänge; II wird daher durch seine 2,86 μ-Bande nach der Standard- oder Differenztechnik bestimmt. III-*Anhydrid* läßt sich durch seine Bande bei 5,56 μ bestimmen. *Cis-* u. *trans-*I unterscheiden sich in der Stärke ihrer Absorption bei 5,81 μ; die relativen Mengen der beiden Isomeren ergeben sich aus ihren Absorptionen bei 8,7 μ (trans) bzw. 8,85 μ (cis). Das untersuchte käufliche I zeigte ein konstantes Verhältnis cis : trans = 20 : 80. — I, II u. III wurden nach SCHECHTER u. Mitarbeitern (C. **1949.** E. 1047 u. J. Amer. chem. Soc. **73.** [1951.] 3541) dargestellt. III-*Anhydrid,* Kp.$_{10}$ 188—189° aus III-Chlorid u. Na-Salz unter N_2, 1std. Erhitzen auf dem Dampfbad, gelbe, geruchlose Fl.; 55% (Ausbeute). (Analytic. Chem. **27.** 1268—74. Aug. 1955. Newark, N. J., Benzol Prodd. Co.) U. JOHN. G 2070

G. Wanag und **M. Matzkanowa,** *Farbreaktionen von Nitroindandion.* 1. Mitt. *Reaktionen mit Phenolen, Alkaloiden und Pyrrolen.* Phenol, Kresole, Xylenole, Brenzcatechin u. Hydrochinon geben mit *Nitroindandion* (I) keine Färbungen. Resorcin gibt nach kurzem Erwärmen in wss. alkoh. oder essigsaurer Lsg. mit I eine helleuchtende orange Färbung, die bei einer Verdünnung von 1 : 33000 noch wahrnehmbar ist. Fügt man zu dieser Lsg. verd. NH_3, so wird die Färbung zunächst verstärkt, um dann ganz zu verschwinden. Beim Zufügen von konz. H_2SO_4 geht die Färbung in Dunkelrot über. Durch KOH-Lsg. geht die Färbung in Dunkelgelb über. *Orcin* oder *1-Methyl-3.5-dioxy-*

benzol gibt zum Unterschied von Resorcin weder in essigsaurer, noch in wss., wohl aber in alkoh. Lsg. Orangefärbung, was als Unterscheidungs-Rk. benutzt werden kann. Die Bldg. dieser gefärbten Verbb. beruht wahrscheinlich auf der Bldg. von Molekülverbb. der Phenole mit I. Folgende Alkaloide geben mit einer gesätt. wss. Lsg. von I Orangefärbung: *Codein, Dionin, Paracodein, Papaverin, Strychnin, Brucin* u. *Yohimbin.* Mit $CHCl_3$ läßt sich die gefärbte Verb. ausschütteln, mit Ae. nicht. Morphin, Scopolamin, Atropin, Homatropin, Coffein, Theobromin, Salsolin, Salsolidin, Platiphyllin u. a. geben keine Färbungen mit I. Pyrrol, einige seiner Homologen u. seine Derivv. geben mit einer gesätt. I-Lsg. schon bei Zimmertemp. Rotfärbung. Die Färbung erscheint sehr schnell u. ist bei einer Verdünnung von 1 : 200000, beim Erwärmen in einer Verdünnung von 1 : 3333000 noch erkennbar. Man kann somit 0,3 γ in 1 ml nachweisen. Die Farb-Rkk. erhält man in wss. alkoh. u. essigsauren Lösungen. (Известия Академии Наук Латвийской ССР [Nachr. Akad. Wiss. LettSSR] **1954.** Nr. 10. 143—46. Chem. Inst. der Akad. der Wiss. der LettSSR.) E. STEINBERG. G 3081

K. G. Mijesserow, *Bestimmung von Pyridinbasen auf der Oberfläche von Aluminiumsilicatkatalysatoren.* Vf. beschreibt eine neue Meth. zur Best. von *Pyridinbasen* (I) an der Oberfläche von Aluminiumsilicatkatalysatoren. 1 g der zu untersuchenden Probe wird in einen langhalsigen Kolben gebracht. Der Kolben wird mit einem Kühler u. dieser mit einer Vorlage versehen. Durch einen Tropftrichter im Kolbenhals fügt man zur Probe 50 cm^3 15%ig. Lauge hinzu u. erhitzt bis zum Sieden. Die überdestillierenden I werden in mit Eiswasser gekühltem H_2O aufgefangen. Die Auffang-Fl. beträgt anfänglich 10 cm^3. Man dest. bis zu einem Gesamtvol. von 30 cm^3. Das Destillat wird anschließend im Auffangkolben mit 0,029n HCl in Ggw. von Bromphenolblau als Indicator von Blau auf Gelbgrün titriert. Daneben werden Blindverss. angestellt. Nach dieser Meth. lassen sich geringe Mengen von I mit großer Genauigkeit in so porösem Material wie dem Aluminiumsilicat nachweisen. (Журнал Прикладной Химии [J. angew. Chem.] **27.** 566—67. Mai 1954.) E. STEINBERG. G 3231

Guido Noto La Diega, *Bestimmung des Hydrolysegrades von Cellulose.* Um für die Best. des Hydrolysegrads u. zur Klärung des Depolymerisationschemismus von Cellulose strengen Anforderungen gerecht werdende Möglichkeiten zu ermitteln, untersucht Vf. in vergleichender Gegenüberstellung die Bestimmungsmethoden 1. von WILLSTÄTTER u. SCHUDEL (Jodatmeth.), 2. von SHAFFER u. SOMOGYI (Cu^{2+}) u. 3. von BERTRAND (Cu^{2+}). Die Unterss. ermitteln die Einflüsse von Na_2SO_4, der Abbau- u. Reaktionsprodd. (Cellobiose, Glucose), des Grades der partiellen Hydrolyse, des p_H-Werts u. die davon abhängigen Reaktionsgeschwindigkeiten. Vf. kommt zu dem Schluß, daß die Meth. 1 vor 2 u. 3 vorzuziehen ist. Jedoch ist in Fällen einer bereits fortgeschrittenen Hydrolyse 2 ebenfalls gut brauchbar. Graph. Auswertung der Untersuchungsergebnisse. (Ann. Chimica **44.** 168—82. Febr. 1954. Palermo, Univ., Ist. di Chim. ind.) W. ANIKA. G 4050

Je. D. Kawersnewa und **A. Ss. Ssalowa,** *Spezifische Methode zur Bestimmung von Carbonylgruppen in Oxycellulosen.* Die bei der Best. von CO-Gruppen in Oxycellulosen auf der Grundlage der Kondensation derselben mit $NH_2OH \cdot HCl$ sich ergebenden zu hohen Werte hängen von den Lactongruppen der Oxycellulose ab. Die Rk. der Lactongruppen mit $NH_2OH \cdot HCl$ kann durch Erniedrigung des p_H von 5—6 auf 3—4 unter gleichzeitigem Ersatz des wss. Medium durch alkoh. Lsg. ausgeschaltet werden. Ferner verringert sich unter diesen Bedingungen der Dissoziationsgrad der COOH-Gruppen derart, daß eine Neutralisation derselben mit Ca-Acetat überflüssig wird. Das frisch bereitete $NH_2OH \cdot HCl$ in alkoh. Lsg. wird potentiometr. auf p_H 3,2 eingestellt, mit der Oxycellulose versetzt u. verbleibt 2 Std. bei Zimmertemp.; danach wird filtriert u. in einem aliquoten Anteil des Filtrats wird mit 0,1n NaOH potentiometr. p_H 3,2 wiederhergestellt. Zur Kontrolle kann auch die N-Best. durchgeführt werden. Die Oxime erleiden in alkoh. Lsg. keine Veränderung, wodurch in Reihenverss. übereinstimmende Ergebnisse erzielt wurden. (Журнал Аналитической Химии [J. analyt. Chem.] **8.** 365—69. Nov./Dez. 1953. Moskau, Inst. für organ. Chem.) O. POLLAK V. EMHOFEN. G 4050

c) Bestandteile von Pflanzen und Tieren.

J. B. Clark, *Eine Kammer zum Fixieren mit Osmiumtetroxyddampf.* Beschreibung eines zylindr. Wägeglases mit einem durch Drehen der Verschlußkappe schließbaren Schlitz, in den das Deckglas mit dem Präp. auf ein Glastischchen eingeschoben wird. Sparsamer OsO_4-Verbrauch. (Stain Technol. **30.** 29—30. Jan. 1955. Norman, Okla., Univ. of Oklahoma, Dep. of Plant Sci.) K. BLUMRICH. 5661

Samuel L. Pharr, David A. Wood und **Herbert F. Traut,** *Ein vereinfachtes Verfahren, EA- und Orange G-Färbungen herzustellen.* Vff. empfehlen die Anwendung eines mechan. Rührwerkes (WARING Blendor) zur Herst. von Färbelsgg. u. beschreiben eine modifizierte PAPANICOLAOU-Färbung. (Amer. J. clin. Pathol. **24.** 239—42. Febr. 1954. San Francisco, Calif., Univ. of California, Cancer Res. Inst.) B. KRAFT. 5661

Rita Bogoroch, *Nachweis von Radioelementen in histologischen Schnitten durch Bedeckung mit Abstreifemulsion. Die „Strip-Coating"-Technik.* Beschreibung einer Arbeitsmeth. zur Bedeckung von histolog. Schnitten auf Objektträgern mit Abstreifemulsionen u. deren photograph. Verarbeitung unter Vermeidung einer gegenseitigen Verschiebung von Schnitt u. Emulsion. Vgl. der Resultate mit Abstreifemulsionen verschied. Typen u. Fabrikate. (Stain Technol. **26.** 43—50. Jan. **1951.** Montreal, McGill Univ., Dep. of Anatomy,) H.-J. EICHHOFF. 5661

C. M. Johnson und **T. H. Arkley,** *Die Mikrobestimmung von Schwefel in Pflanzenmaterial, Böden und Berieselungswässern.* Bei der *S*-Best. mittels der *Methylenblau* (I)-Meth. von JOHNSON u. NISHITA (C. **1953.** 2332) wurden gelegentlich zu niedrige Werte erhalten. Eine Unters. zeigte, daß das zur Herst. der Wasch-Fl. u. der Zn-Acetatabsorptionslsg. verwendete dest. W. manchmal bis zu 0,01 mg% Cu enthielt. Unter diesen Bedingungen wird in Wasch-Fl. u. Zn-Acetatlsg. *Sulfid* quantitativ gefällt u. steht dann nicht mehr für die Bldg. von I zur Verfügung. *Cu* in der Probe oder in der Veraschungsmischung beeinflußt die Best. nicht. Das dest. W. wird zweckmäßig in einem Ganzglasapp. hergestellt. (Analytic. Chem. **26.** 1525. Sept. 1954. Berkeley, Calif., Univ. of California.) K. MAIER. 5664

P. W. Kent und **M. W. Whitehouse,** *Mikrobestimmung von Estersulfat und freien Sulfationen.* Es wird eine modifizierte Meth. für die reproduzierbare Fällung, Abtrennung u. colorimetr. Best. von *Benzidinsulfat* (I) zur Best. von SO_4^{2-} in Mengen bis zu 2 γ aus den Sulfatestern biol. *Schleimsubstanzen* beschrieben u. kurz diskutiert, deren wesentlichste Neuerung gegenüber herkömmlichen Verff. in der Verwendung von Immersionsfiltern aus Frittenglas (9 mm Durchmesser, G 3) von weitgehendst einheitlicher Porengröße besteht. Die Genauigkeit der Meth. liegt bei 5—10 γ SO_4^{2-} innerhalb 10%, bei 10—20 γ SO_4^{2-} innerhalb 5%. Polysaccharidhydrolysate, die > 300—400 γ Polysaccharid entsprechen, sowie > 20—25 γ Phosphat verhindern die Fällung von I. Auf langsame u. stetige Filtration u. sorgfältiges Auswaschen zur völligen Entfernung von Benzidin ist bes. zu achten. (Analyst **80.** 630—31. Aug. 1955. Oxford, Univ., Dep. of Biochem.) H. HOFMANN. 5664

R. F. Glascock, *Eine Verbrennungstechnik für die Bestimmung von Tritium, ^{13}C und ^{14}C in einer einzelnen 10 mg-Probe von biologischem Material.* Es wird eine Meth. zur quantitativen Verbrennung von 10 mg-Proben biol. Materials angegeben (Skizze der App.). ^{13}C, ^{14}C u. ^{3}H werden nebeneinander bestimmt, u. zwar ^{13}C durch Massenspektrometrie von $^{13}CO_2$, ^{14}C nach der Zählmeth. in $^{14}CO_2$. Das Verbrennungswasser wird mit n-Butyl-MgBr umgesetzt, u. das gebildete n-Tritiobutan ebenfalls ausgezählt. Quantitative Best. an Standardsubstanzen zeigte, daß vorst. Meth. einfacher u. empfindlicher ist als die Ermittlung der Aktivität durch Zählen an festen Substanzen, z. B. nach Überführen von CO_2 in $BaCO_3$. (Biochem. J. **52.** 699—704. Dez. Kurze Mitt.: **51.** XXXIX bis XL. Aug. 1952.) U. WÖRFFEL. 5664

Robert Ballentine und **Dorothy D. Burford,** *Radiochemischer Nachweis von Cobalt-60.* Vff. beschreiben Meth. zur Best. von ^{60}Co in biol. Material, die bei über 1000 Bestimmungen eine Fehlergrenze von $\pm 3\%$ ergab. Die Best. wird mit ca. 100 mg Trockensubstanz durchgeführt, die mit einer Mischung von HNO_3 u. $HClO_4$ „verascht" wird. Das Co wird daraus als $Co(OH)_3$ isoliert u. aus einer mit KBF_4 gepufferten Lsg. elektrolyt. niedergeschlagen. Mit einem bes. empfindlichen zylindr. Methandurchströmzähler wird die β-Aktivität gemessen. (Analytic. Chem. **26.** 1031—35. Juni 1954. Baltimore, Md., Johns Hopkins Univ., McCollum-Pratt Inst.) MAX SCHMIDT. 5664

W. J. Wark, *Spektrographische Analyse aus Pflanzen und Böden als Dithizonate extrahierter Spurenelemente.* Die spektrograph. Best. von Spurenelementen (I) in Pflanzen u. Böden erfordert infolge der wechselnden Zus. des Materials vorher eine chem. Abtrennung von I. *Co*, *Zn* u. *Cu* werden aus Böden u. Pflanzenasche als *Dithizonate* extrahiert u. diese für *Co* im Bereich von 0,1—100 γ, für *Cu* von 0,3—100 γ u. für Zn von 10—100 γ spektrograph. untersucht (Standardabweichung für *Co* $\pm 5\%$, Zn $\pm 9,2\%$, Cu $\pm 15\%$). Ausführung; Die Boden- u. Pflanzenascheproben durch Schmelzen mit Na_2CO_3 nach Techn. Comm. **44.** [1948] lösen, I-Lsg. auf ca. 150 cm³ einengen, 20 cm³ 40%ig. NH_4-Citrat-Lsg. zugeben, bei p_H 8,3 (NH_3) erschöpfend mit 10 cm³-Portionen 0,1%ig. Dithizonlsg. in Chlf. extrahieren, Chloroformlsg. der I-Dithizonate eindampfen, Rückstand in 2 cm³ reinem Chlf. lösen, zu 100 mg reinem, feinkörnigem Graphit geben (mit Chlf. nachwaschen), Mischung eindampfen, 15 Min. auf 150° erhitzen, Probe mit 10 mg Li_2CO_3 mischen (interner Standard), 50 mg auf die Graphitelektrode geben. Als Eichmischungen dienen CuO, Co_3O_4 u. ZnO mit Graphit. (Analytic. Chem. **26.** 203—05. Jan. 1954. Guelph, Ontario Agric. Coll., Dep. of Chem.) K. MAIER. 5664

R. A. Brown, W. S. Young und **Nicholas Nicolaides**, *Analyse von hochmolekularen Alkoholen mit dem Massenspektrometer. Die Wachsalkohole von menschlichem Haarfett.* Alkohole vom mittleren Mol.-Gew. 295, die aus menschlichem Haarfett durch chromatograph. Methoden u. auf dem Weg über die Harnstoffaddukte abgetrennt waren, wurden nach der früher beschriebenen Meth. der Massenspektrometrie bei hohen Tempp. (O'NEAL u. WIER, C. **1952.** 3136) im Consolidated 21–103 A-Massenspektrometer untersucht. Hierzu wurden die Eichspektren zahlreicher n. Alkohole von C_{10}—C_{34} u. von Oleylalkohol aufgenommen. Bei diesen Spektren fehlt das Molekülion fast stets; am schweren Ende des Spektr. treten Ionen mit abwechselnd großer u. geringer Intensität im Abstand von 14 Masseneinheiten auf. Die Massen der häufigen Ionen können durch die Ausdrücke M — (18 + n 28) u. M — (20 + n 28) ausgedrückt werden (M = Mol.-Gew. des Alkohols; n entweder 0 oder 1). Mit Hilfe der Eichspektren wurde nach umfangreichen Rechnungen die Zus. der Gemische ermittelt. Eine Tabelle gibt die so bestimmte Verteilung geradkettiger Alkohole im Haarfett verschied. männlicher, weiblicher u. jugendlicher Versuchspersonen. Die Verteilung der gesätt. u. monoolefin. Alkohole ist in allen drei Gruppen die gleiche. Bemerkenswert ist bei gesätt. u. ungesätt. Alkoholen das Überwiegen von solchen mit gerader C-Zahl über die mit ungerader C-Zahl. (Analytic. Chem. **26.** 1653—54. Okt. 1954. Philadelphia, Pa., Atlantic Refining Co.; Chicago, Ill., Univ. of Chicago, Dep. of Med., Sect. of Dermatol.) R. CONRAD. 5666

S. Lissitzky, Isabelle Garcia und **J. Roche**, *Über die Charakterisierung von Guanidinderivaten biologischer Herkunft durch Elektrophorese und Papierchromatographie (Chromatoelektrophorese).* Zur Trennung u. Charakterisierung verschied. biol. interessanter *Guanidinderivv.*, wie *Glykocyamin, Kreatin, γ-Guanidobuttersäure, Arginin, Arcain, Dimethylguanidin, Agmatin, Methylguanidin, Guanidin, Octopin,* u. von *Citrullin* wird zunächst eine eindimensionale Papierchromatographie (n-Butanol–Eisessig–W., 73 : 10 : 17, oder Pyridin–Isopentanol–Essigsäure–W., 80 : 40 : 10 : 40) u. anschließend, nach Imprägnierung des Chromatogramms mit Veronalpuffer (p_H 8,6, Ionenstärke 0,1) eine Elektrophorese (300 V, 0,4 mA/cm^2, 2 Std., 10^0) senkrecht zur Chromatogrammrichtung durchgeführt. Die Markierung der Komponenten des „Elektrochromatogramms" erfolgt mittels der Ninhydrin-, SAKAGUCHI-, Diacetyl-α-Naphthol- u. p-Dimethylaminobenzaldehydreaktion. Die kombinierte Meth. arbeitet rascher u. mit anderer Selektivität als Chromatographie oder Elektrophorese allein. (Experientia [Basel] **10.** 379—81. 15/9. 1954. Paris, Coll. de France, Labor. de Biochim. gén. et comparée; Alger, Fac. de Méd. et de Pharm., Labors. de Chim. biol. et de Chim. gén. et pharmaceut.) K. MAIER. 5666

d) Medizinische und toxikologische Analyse.

W. Massmann, *Eine einfache approximative Kohlenoxydbestimmung in kleinen Blutmengen.* In Abänderung der von WOLFF u. JONSSON angegebenen CO-Bestimmungsmeth. im Blut (Svensk Läkartidn. **9.** [1941]), die davon ausgeht, daß Oxy-Hb bei gegebener Temp. u. bestimmtem p_H der Blutlsg. schneller als CO-Hb ausfällt, fällt Vf. Oxy-Hb mit einer Pufferlsg. (Gemisch aus 1 Volumenteil 5n Essigsäure + 3 Volumenteilen 3n Na-Acetatlsg.) aus, wobei er die Citratblutlsg. genau 5 Min. bei 55^0 im Wasserbad hält. Nach dem Abkühlen wird in kaltem W. filtriert u. das Filtrat mit selbstangefertigter u. geeichter Farbskala verglichen. (Zbl. Arbeitsmed. Arbeitsschutz **5.** 17—18. Jan. 1955. Berlin-Lichtenberg, Zentralinst. für Sozial- u. Gewerbehygiene.) H. ZELLER. 5727

Friedrich Portheine und **Erich Budde**, *Scheinbarer Anstieg des Kohlenoxyds bei dem stufenphotometrischen Nachweis in älteren Blutproben.* Das stufenphotometr. Nachweisverf. nach MAY (Arch. Gew. Path. **8.** [1937.] 21) ist nach den Unterss. des Vf. nur für die Unters. frischer Blutproben geeignet. Offensichtlich infolge von Denaturierungserscheinungen findet bei nicht mehr ganz frischen Blutproben ein überraschend starker „scheinbarer Anstieg" von CO-Hb statt. Es wird über Vergleichsunterss. von gealterten Blutproben mit der Testfleckenmeth. nach GETTLER u. FREIMUTH (J. Physiology **143.** [1945.] 594) u. der von MAY angegebenen Meth. berichtet, aus denen hervorgeht, daß mit der letzten Meth. Höchstwerte ermittelt werden, während in Wirklichkeit nur Spuren CO-Hb vorhanden waren. (Zbl. Arbeitsmed. Arbeitsschutz **5.** 15—17. Jan. 1955. Gelsenkirchen, Hygiene-Inst. des Ruhrgebietes.) H. ZELLER. 5727

K. H. Kimbel, *Die Reaktionsbedingungen der mercurimetrischen Chloridtitration in biologischen Flüssigkeiten.* Die von LANG (Biochem. Z. **290.** [1937.] 289) entwickelte u. von anderen Autoren modifizierte mercurimetr. Cl^--Best. wird bei Verwendung von Diphenylcarbazon als Indicator eingehend untersucht u. auf ihre Brauchbarkeit unter klin. Bedingungen geprüft. Sie ergibt an ungepufferten, 0,01—1 mol. NaCl-Lsgg. linear konzentrationsabhängige, reproduzierbare Ergebnisse. Der Reaktionsendpunkt ist nur zwischen p_H 1,0—2,4 von der Cl^--Konz. abhängig u. oberhalb p_H 4,8 mit Diphenylcarbazon nicht mehr festzulegen. Der Einfl. der Proteinkonz. unverd. *Serums* kann für klin.

Zwecke vernachlässigt werden. Mit 0,0282mol. $Hg(NO_3)_2$ in 0,1n HNO_3 titriert man im unverd. Serum bis zu 250 mg % Cl^- sicher im Äquivalenzbereich u. kann den Cl^--Geh. in mg% an der Bürettenteilung ablesen. (Hoppe Seyler's Z. physiol. Chem. **295.** 132—40. 26/11. 1953. Würzburg, Univ., Med. Poliklinik.) H. HOFMANN. 5728

M. und **G. Delaville, J. Desbordes** und **G. Schuster,** *Beitrag zur Bestimmung von Kalium in biologischen Lösungen.* 0,5—1 mg K lassen sich in *Blut* u. *Urin* durch Fällung als K–Na–Kobalt(III)-nitrit (I) bestimmen. Je eine colorimetr. u. eine titrimetr. Arbeitsweise werden im einzelnen beschrieben: 1. Blaufärbung der mit NH_4CNS u. Na_2HPO_4 versetzten, mit einer Mischung von Amylalkohol u. Aceton extrahierten HCl-Lsg. des I; 2. Lösen des I in konz. HCl, Eindampfen, Aufnehmen in HNO_3 u. $AgNO_3$-Lsg., Zurücktitrieren des $AgNO_3$-Überschusses mit NH_4CNS u. Fe-Alaun als Indicator; Vgl. gegen Blindprobe. (Ann. pharmac. franç. **10.** 488—92. Juli/Aug. 1952.) W. WESLY. 5732

J. Desbordes und **Ch. Guyotjeannin,** *Über die biologische Bestimmung von Histamin enthaltenden Stoffen.* Die Best. von *Histamin* (I) in biol. Fll. (*Blut, Gewebeextrakten, Urin* usw.) zerfällt in die Extraktion des I (Kochen des CCl_3COOH-Extraktes mit HCl, Eindampfen mit A., Lösen des Rückstandes mit TYRODE-Lsg., p_H 7,4) u. die eigentliche Bestimmung. Diese wird ausgeführt, indem man die von I bewirkte Kontraktion mit Hilfe eines in geeigneter Weise vorbehandelten Teiles eines Meerschweinchenileums mißt. (Ann. pharmac. franç. **10.** 632—36. Sept./Okt. 1952.) W. WESLY. 5732

Joachim Brugsch und **Fritz Kubowitz,** *Koproporphyrinbestimmung für klinische Zwecke.* Der *Urin* wird mit Essigsäure angesäuert, das *Koproporphyrin* (I) mit Ae. extrahiert, der Extrakt mit dest. W. gewaschen u. sodann das I in eine 5% ig. HCl übergeführt. In dieser Lsg. wird die I-Konz. durch Fluorescenzmessung bestimmt. Für klin. Zwecke genügt die subjektive Abschätzung der Rotfluorescenzstärke dieser Extrakte gegen die von Standardlösungen. Der Vgl. dieser Werte mit Absorptionsmessungen bei 402 mμ ergab eine befriedigende Übereinstimmung. (Biochem. Z. **324.** 244—48. 1953. Berlin, Univ., I. Med. Klinik.) W. SCHELER. 5732

Erich Zymny, *Chemisch-pharmazeutische Untersuchungen mit einem einfachen Colorimeter.* Beschreibung des einfachen u. doch brauchbaren STUNDLschen Colorimeters, das im pharmazeut. Labor. an Stelle teurer Colorimeter gut verwendet werden kann. Es wird die Best. des *Cholesterins* in *Blut* u. *Organen,* des *Reststickstoffs* im Blut u. *Serum,* der *Harnsäure* u. des *Gesamtstickstoffs* im *Harn* beschrieben. (Pharmaz. Ztg. verein. Apotheker-Ztg. **90.** 1207—09. 25/11. 1954. München.) M. NEGWER. 5732

Ja. Openska-Bljaut, *Anwendung der Papierchromatographie für die Untersuchung von Phosphorsäuren.* Vf. gibt eine krit. Betrachtung der bisher für die Best. u. den Nachw. von *Hexosephosphaten* (*Glucose-1-monophosphosphat, Fructose-6-monophosphat, Fructose-1.6-diphosphosphat* u. *Adenosintriphosphat*) vorgeschlagenen, papierchromatograph. Verfahren. Statt der etwas zweifelhafte Resultate ergebenden Hydrolyse mit Ammoniummolybdat wird die Hydrolyse auf enzymat. Wege durchgeführt. Dadurch wird die organ. Komponente des Phosphorsäureesters nicht zerstört, sie kann anschließend mit entsprechenden Reagentien nachgewiesen werden. Statt der R_f-Werte werden wegen der langen Laufzeit der Chromatogramme R_T-Werte eingeführt, T bedeutet dabei: die Bewegungszeit in Stunden. (Биохимия [Biochemie] **18.** 748—51. Nov./Dez. 1953. Lublin, Polen, Med. Akad., Physiol.-chem. Labor.) R. WITTWER. 5750

Fischer & Porter Co. (Erfinder: **Kermit Fischer**), Hatboro, Pa., V. St. A., *Bestimmung der Viscosität einer bewegten Flüssigkeit,* dad. gek., daß hierzu der Unterschied in der Einstellung zweier von der Fl. beeinflußter Körper benutzt wird, von denen der eine unempfindlich u. der andere empfindlich für Viscosität ist. — Vorrichtung. (**D. B. PP. 870 193** Kl. 42 l vom 28/9. 1950, ausg. 12/3. 1953. Anmeldung bekanntgemacht 17/7. 1952. A. Prior. 15/5. 1944 u. **865 387** Kl. 42 l vom 28/9. 1950, ausg. 2/2. 1953. Anmeldung bekanntgemacht 5/6. 1952. A. Prior. 24/1. 1945.) W. v. HUHN. 5041

Jan van Calker und **Rudolf Wienecke,** Untersuchungen über den Einfluß dritter Analysenpartner auf die spektrochemische Analyse. Köln u. Opladen: Westdt. Verl. 1955. (25 S. m. Abb.) 4°. = Forschungsberichte des Wirtschafts- u. Verkehrsministeriums Nordrhein/Westf. Nr. 141. DM 9,10.

H. Angewandte Chemie.

I. Allgemeine chemische Technologie.

O.-H. Schmidt, *Hartporzellan im chemischen Apparatebau.* (Chem. Techn. **6.** 596—601. Nov. 1954.) P. ECKERT. 5804

K. A. Spencer, *Kathodischer Schutz.* Übersicht über die Ursachen der Korrosion von erdverlegtem Stahl, die Theorie des kathod. Schutzes, dessen prakt. Anwendung u.

Überwachung. (Iron Steel Inst., spec. Rep. **45.** 75—94. Juli 1952. Anglo-Iranian Oil Co., Ltd.) W. Wesly. 5808

F. E. Costanzo, *Die Grundlagen für Prüfungen an der Korrosion ausgesetzten Bauteilen.* Vortrag über die Methoden zur Feststellung der elektr. Ströme, die eine Korrosion unterird. verlegter Rohrleitungen u. dgl. verursachen können, u. die Schutzmaßnahmen gegen derartige Korrosionen mit prakt. Beispielen. (Metano [Padova] **9.** 237—45. April 1955. Pittsburgh, Pa., Manuf. Lights and Heat Co.) R. K. Müller. 5808

A. I. Rytschkow und **I. Ja. Klinow,** *Ein Versuch zur Anwendung von Asbovinyl als Antikorrosionsmaterial. Asbovinyl* (**I**) ist ein Gemisch von Äthinollack (**II**) u. gemahlenem Asbest; D. 1,5—1,6; Wasseraufnahme 0,5—1,0%; Zerreißfestigkeit 175—200 (kg/cm^2); Härte 18—25 kg/mm^2; Wärmeleitfähigkeit 0,3—0,4 kcal/m·Std.·Grad; linearer Ausdehnungskoeffizient 3,3—4·10^{-5}, Kältefestigkeit —50^0, Schubspannung 20—25 (kg/cm^2). Weitere Daten sind angegeben. Verhältnis Bindemittel : Asbest beträgt ca. 1 : 1,3 bis 1,5. **I** wird in 2—3 Schichten von je 3—4 mm aufgetragen u. ist gegen die meisten aggressiven Stoffe beständig, auch gegen SO_2, H_2SO_3, $Ca(HSO_3)_2$, H_2SO_4 geringer u. mittlerer Konz., W. u. schwache Alkalilsgg., dagegen nicht beständig gegen HNO_3 u. andere Oxydationsmittel, konz. H_2SO_4, HF u. einige organ. Stoffe. Bei der Verwendung ist die Feuer- u. Explosionsgefährlichkeit u. die physiol. Wrkg. von **II** zu beachten, die verschied., im einzelnen aufgeführte Vorsichtsmaßnahmen bedingen. (Химическая Промышленность [Chem. Ind.] **1954.** Nr. 8. 44—45. Dez.) R. K. Müller. 5808

Raymond B. Seymour und **Robert H. Steiner,** *Epoxydharze für Kitte und Überzüge.* Untersuchungsbericht über die Korrosionsbeständigkeit von Kitten u. Überzügen auf Epoxydharzbasis gegenüber einer Reihe aggressiver Chemikalien. Ihre chem. Beständigkeit gleicht der von Furankitten bei Tempp. unter 94^0 mit der Ausnahme, daß Epoxydkitte nicht so beständig sind gegenüber warmen Alkalilösungen. (Chem. Engng. **61.** Nr. 4. 244. 246. 248. 250. 252. April 1954. Mertztown, Pa., Atlas Mineral Prod. Co.) R. Schäff. 5810

F. Kelly, *Wahl und Gestaltung von Mischeinrichtungen für Flüssigkeiten.* Beschreibung verschied. Typen von Einrichtungen zum Mischen von Fll. miteinander oder mit Pulvern sowie Kritik der Anwendbarkeit in Abhängigkeit von der Art der Aufgabe (Herst. von echten Lsgg., von Emulsionen oder Suspensionen) u. von der Viscosität der Mischgüter. (Chem. Products chem. News **17.** 144—49. April 1954.) Gerhard Günther. 5822

—, *Flotationsreagentien.* Alphabet. Liste amerikan. Flotationsreagentien unter Angabe des Herstellers, der Zus. u. der Verwendung. (Engng. Mining J. **156.** Nr. 3a. 66—69. März 1955.) M. Gehlen-Keller. 5828

V. M. G. Kamm, *Schlammpumpen.* Beschreibung der Eigg. der in der Industrie anfallenden Schlammwasserarten (Pülpe, Kalk- u. Zementbrühe, Abwässer, Waschwasser aus Kohlenwäschereien) u. der zu ihrer Förderung angewandten Pumpen. (Ingenieur ['s-Gravenhage] **67.** Ch. 49—54. 17/6. 1955.) W. Wesly. 5880

American Can Co., New York, N. Y., übert. von: **James H. Groves,** Oak Park, und **Daniel J. Lenane,** Maywood, Ill., V. St. A., *Verschluß-, Dichtungs- und Überzugsmasse,* bestehend aus einer künstlichen wss. Dispersion von 25—40(% Trockensubstanz) Natur- oder Kunstkautschuk, 25—40 Klebharz, z. B. Zn-Resinat, β-Pinenpolymerisat oder Cumaron–Inden-Harz, wärmehärtbarem Phenol-CH_2O-, Phenol–Acajunußschalenöl- oder Aldehyd–Acajunußschalenöl-Harz, 3—8 Methylcellulose u. Rest Füllstoffen. Die M. ist nach dem Trocknen nicht wieder dispergierbar. (**A. P. 2 692 245** vom **17/11. 1950,** ausg. **19/10. 1954.**) W. Overbeck. 5811

Mij. voor Kolenbewerking Stamicarbon N. V., Holland, *Dispergieren oder Lösen von Substanzen in einer Flüssigkeit.* Man versetzt die Fl. in eine rasche kreisförmige, zyklonartige Bewegung u. leitet eine Substanz oder ein Gemisch von Substanzen, welche gasförmig, fest oder fl. sein können, in der Mitte oder nahezu in der Mitte des Flüssigkeitswirbels ein. — Vorrichtung. (**F. P. 1 048 869** vom 12/10. 1951, ausg. 24/12. 1953. Holl. Priorr. 13/10. 1950 u. 13/4. 1951.) T. Oppermann. 5825

Socony-Vacuum Oil Co., Inc., New York, übert. von: **Charles J. Plank** und **Siegmund J. Lukasiewicz,** Woodbury, und **Leonard C. Drake,** Wenonah, N. J., V. St. A., *Porenvergrößerung anorganischer Oxydgele.* Die prakt. trockenen Oxydgele (Al_2O_3, SiO_2, Al_2O_3–SiO_2, SiO_2–ZrO_2, SiO_2–MgO) werden bei 400—900^0 F u. einem Druck von 100 bis 300 lbs./sq.in. 15 Min. bis 6 Std. mit Wasserdampf behandelt. — *Adsorptionsmittel,* Katalysatoren. (**A. P. 2 698 305** vom 23/3. 1951, ausg. 28/12. 1954.) W. Matthaes. 5849

Karl von Asboth, Österreich, *Entfernen von Kohlensäure aus Industriegasen.* Man leitet die Gase durch natürlichen oder synthet. Dolomit, welcher die CO_2 adsorbiert u. durch Erhitzen auf 500—520° regeneriert wird. Zur Herst. von synthet. Dolomit erhitzt man ein Gemisch von $CaCO_3$- u. $MgCO_3$-Nd. mit SiO_2-Gel ca. 2 Std. auf ca. 110° u. beläßt das Gemisch 24 Std. bei dieser Temperatur. Dann erhitzt man es in 1 Std. auf 200°, nach ca. 4 Std. mindestens 2 Std. auf ca. 400°, beläßt es ca. 2 Std. bei 450—480° u. läßt es erkalten. (**F. P. 1 037 179** vom 17/5. 1951, ausg. 15/9. 1953.) T. Oppermann. 5849

E. Green & Son Ltd., Wakefield, Yorkshire (Erfinder: **John Richard Rylands** und **Cyril Wright Parris**), England, *Entstauben von Gasen.* Elektrostat. aufgeladene Teilchen eines dielektr. Stoffes (z. B. Hartgummi, Hartglas, SiO_2) läßt man durch ein Sieb (wobei die Aufladung erfolgt) senkrecht durch den waagerechten Weg des zu entstaubenden Gases fallen. Vorteilhaft läßt man sie über schräge, gegeneinander versetzte Prallflächen (die zur weiteren Aufladung der Teilchen dienen können) herabrieseln, zwischen denen das Gas durchströmt. Am Boden fallen die mit dem Staub beladenen Teilchen in einen Sammeltrichter. Durch Absieben, unterstützt durch elektrostat. Umladen der Teilchen, wird der Staub aus dem Gemenge abgetrennt, wonach die wieder staubfreien Teilchen erneut geladen u. herabrieseln gelassen werden. — Abbildungen. (**E. P. 690 628** vom 30/6. 1950, ausg. 22/4. 1953.) R. Schreiner. 5851

National Research Development Corp., London (Erfinder: **Herbert Sixsmith,** Reading, Berkshire), England, *Verflüssigung von Gasen,* dad. gek., daß das Gas komprimiert, ein kleinerer Teilstrom davon zur Verflüssigung durch einen Kondensator geleitet, der restliche Teilstrom zur Abkühlung adiabat. entspannt u. der entspannte Gasstrom erst durch den Kondensator u. dann durch einen 1. Stufenkühler geschickt wird. Das komprimierte Gas wird so durch diesen Kühler geleitet, daß der Netto-Massestrom komprimierten Gases pro Zeiteinheit im wesentlichen dem entspannten Teilstrom gleich ist. Der kleinere, zu verflüssigende Teilstrom kann auch direkt zum Kondensator geleitet werden. Weitere Abänderung des Verfahrens. — Vorr., Zeichnung. (**D. B. P. 928 954** Kl. 17g vom 23/4. 1953, ausg. 16/6. 1955. Anmeldung bekanntgemacht 25/11. 1954. E. Prior. 22/4. 1952.) H. Schindler. 5857

Badische Anilin- & Soda-Fabrik, Deutschland, *Thermometerfüllung* für Tempp. bis ca. —200°, bestehend aus einer Mischung von Isopentan (2-Methylbutan) mit 10 bis 90% Isohexanen oder Isoheptanen; z. B. 80 (g) Isopentan (Kp. 28°; n_{D20} 1,3537) u. 20 2-Methylpentan (Kp. 60,3°; n_{D20} 1,3715). (**F. P. 1 070 501** vom 14/10. 1952, ausg. 28/7. 1954. D. Prior. 16/10. 1951.) G. Weltzien. 5887

L. Gambi, Le grandi conquiste della chimica industriale. Torino: Radio italiana. 1955. (68 S.) L. 100,—.

II. Betriebsschutz. Feuerschutz.

K. A. Buschtujewa, *Verhältnis der Konzentration von Schwefeldioxydgas und Aerosolen von Schwefelsäure in der atmosphärischen Luft in Abhängigkeit von den meteorologischen Bedingungen.* Zwecks Klärung der Ursachen für die in Industriestädten wiederholt beobachteten Massenvergiftungen der Bevölkerung (vorwiegend bei Nebel, Windstille u. Temperaturumschlag) wurden 258 Luftproben auf ihren Geh. an *SO_2* (**I**) u. *H_2SO_4-Aerosol* (**II**) untersucht. Zwischen dem **I**- u. **II**-Geh. herrscht demnach in der Regel eine fast lineare Beziehung. Bei erhöhtem Wassergeh. der Luft nimmt der **II**-Geh. im Vgl. zu **I** stark zu. Bei Regen oder Schnee wird **II** viel stärker ausgewaschen als **I**. Vf. schließt hieraus, daß die **I**-Oxydation zu **II** in der fl. Phase erfolgt. Bei Windstille ist die **II**-Konz. 4,5mal größer als bei Windstärken über 5 m/Sekunde. Bei klarem Wetter beträgt das Verhältnis **I/II** 3,27%, bei leichter Bewölkung 5,1%, bei starker Bewölkung 6,8% u. bei Nebel 15,7%. Bei 11std. Nebel innerhalb 1 Tages beträgt dies Verhältnis 30%, bei 7std. Nebel 20—24,5%. Die Versuchsergebnisse bestätigen die Annahme, daß an windstillen nebligen Tagen die Stadtluft mit **II** angereichert werden kann u. daß die dabei auftretenden Massenvergiftungen durch **II** verursacht werden. (Гигиена и Санитария [Hyg. u. Sanitätswes.] **1954**. Nr. 11. 11—13. Nov. Wiss. Sanit. Erissman-Forschungsinst.) O. Lebtag. 5930

Gordon S. Batchelor und **Kenneth C. Walker,** *Gesundheitsschäden durch die Anwendung von Parathion in Obstplantagen in Nordzentralwashington.* In mit *Parathion* (**I**) durch Flugzeuge, Hand- u. Druckluftsprüher behandelten Obstplantagen wurden in der Luft in allen Fällen unter 0,1 mg/m³ **I** nachgewiesen. Lediglich beim Umfüllen u. Mischen der **I**-Präpp. traten in der Umgebung höhere Konzz. von im Mittel 0,5—0,7 mg/m³ auf. Größere **I**-Konzz. kamen dagegen bei den mit Sprüharbeiten Beschäftigten in dermalen Kontakt, nämlich je nach Art des verwandten Gerätes 1,7—76 mg/sq.ft/acre, u. zur Inhalation (0,5—11 mg/sq.ft/acre). Die aus diesen Zahlen errechneten täglich einwirkenden Mengen erreichen die akuten tox. Dosen für Laboratoriumstiere. (A. M. A. Arch. ind. Hyg. occupat. Med. **10.** 522—29. Dez. 1954. Wenatchee, Wash., U. S. Dep. of Health, Educat. and Welfare, Publ. Health Serv., Commun. Disease Center.) F. KRUSEN. 5932

—, *Sicherheitsmaßregeln für radiographische Laboratorien. Empfehlungen für Stahlgießereien.* Sicherheitsrichtlinien für die radiograph. Laborr. der Stahlgießereien, die in genauer u. verständlicher Form bisher nicht vorliegen, werden auf Grund jahrelanger Erfahrungen der EDGAR-ALLEN-RESEARCH-LABORR. bekanntgegeben. Sie behandeln elektr. Gefahren, Gefahren durch Röntgen- u. γ-Strahlen, bei der Handhabung der Gußstücke, bei Photoarbeiten u. den Feuerschutz. (Edgar Allen News **34.** 9—10. Jan. 1955.) H. EISENBARTH. 5932

E. Wehner, *Untersuchungen über Industriestaubexplosionen.* Zusammenfassender Bericht über Untersuchungsverff. u. bei der Versuchsstrecke Dortmund-Derne benutzte Meßeinrichtungen, die zur Feststellung der Voraussetzungen dienen, unter denen Industriestaube explodieren können. (Rev. Ind. minérale **35.** 1320—24. Dez. 1954.) H. EISENBARTH. 5936

D.-H. Schultze-Rhonhof, *Fortschritte im Kampf gegen Schlagwetter- und Kohlenstaubexplosionen durch feuchte Mittel.* Über einen Vers., der den Fortschritt der Wirksamkeit viscoser wss. $CaCl_2$-Pasten zur Bekämpfung von Schlagwetter- u. Kohlenstaubexplosionen zeigt, wird berichtet. Die $CaCl_2$-Paste ist als neue Technik geeignet, allmählich die Gesteinsstaubsperren zu ersetzen, zumal dadurch gleichzeitig ein großer Teil des Silicose erzeugenden Staubes gebunden wird. Versprühtes H_2O ist nicht in der Lage, eine voll entwickelte Explosion zu löschen. Wassersperren finden in Deutschland trotz ihrer Vorteile kaum Verbreitung. (Rev. Ind. minérale **35.** 1347—50. Dez. 1954.) H. EISENBARTH. 5936

Schulze-Manitus, *Feuerlöschapparate für brennbare flüssige und halbfeste Stoffe.* Übersicht über mit verschied. Löschmitteln arbeitende Handfeuerlöscher (Naß-, Schaum-, CCl_4-, CO_2-Schnee- u. CO_2-Trockenlöscher, Löscher für Sonderzwecke) u. ortsfeste selbsttätige Feuerlöscheinrichtungen (Trockenrohr- u. Naßrohr–Sprinkler-Anlagen, Drencheranlagen, Schaumlösch-, CO_2-Schnee-, CO_2-Gas- u. CCl_4-Anlagen) mit Hinweisen auf ihre Zweckmäßigkeit zum Löschen von Bränden brennbarer fl. u. halbfester Stoffe. (Seifen-Öle-Fette-Wachse **79.** 633—34. 25/11. 656—58. 9/12. 1953.) H. EISENBARTH. 5944

Técalémit (Soc. An.), Seine, Frankreich, *Stabilisieren von Gemischen von Substanzen, insbesondere von Feuerlöschmitteln.* Man vermischt das aus einem alkal. Pulver, einem sauren Pulver u. schaumbildenden Mitteln bestehende Feuerlöschmittel mit einer inerten Substanz (z. B. SiO_2-Gel). Die Schaumbldg. erfolgt durch Einw. von W. auf das Feuerlöschmittel. (**F. P. 1 032 165** vom 7/2. 1951, ausg. 30/6. 1953.) T. OPPERMANN. 5945

Técalémit (Soc. An.), Seine, Frankreich (Erfinder: **Ruvin Lewinson**), *Verbessertes Feuerlöschmittel.* Füllungen von Feuerlöschern wird *Pyrogallol* beigemischt. (**F. P. 1 071 102** vom 18/9. 1952, ausg. 25/8. 1954.) G. WELTZIEN. 5945

M. Dechigi e B. Paccagnella, Inquinamento atmosferivo da prodotti della combustione e dall'attività industriale. Relazione al XVII Congresso nazionale dell'Associazione italiane per l'igiene. Venezia, 24—28 ottobre 1954. Padova: Tip. del Seminario. 1954. (203 S. m. Abb.) 8°.

H. A. J. Pieters, Veiligheid en chemie. Wenken en voorschriften ter bevordering van de veiligheid in het scheikundig laboratorium en in de chemische industrie. 3e, geheel omgewerkte dr. Heerlen: Winants. (XI + 592 S. m. Abb.) fl. 19,50.

III. Elektrotechnik.

J. C. Bailey, *Aluminium in der Elektrotechnik.* (Metallurgia [Manchester] **51.** 81—91. Febr. 1955. Aluminium Developm. Assoc.) K. STEIN. 5952

J. C. Chaston, *Werkstoffe für wenig und mittelstark beanspruchte elektrische Kontakte.* Um einwandfrei arbeitende, von störenden Einww. durch Oxyd- u. Sulfidfilme sowie Staub u. Schmutz freie elektr. Kontakte herzustellen, werden bei wenig beanspruchten Kontakten ein *Edelmetall* (z. B. Au, Pt, Pd) oder mindestens 50 At.-% Edelmetall enthaltende Legierungen empfohlen. Ag eignet sich hierfür infolge Bldg. von Ag_2S nicht. Bei Kontakten, die bes. Staub u. Schmutz ausgesetzt sind, verwendet man am besten auf Hochglanz poliertes *Rh.* Für mittelstark beanspruchte Kontakte, bei denen die Bldg. einer dünnen, das Verschweißen der Kontakte verhindernden Oxydschicht erwünscht ist, eignen sich bes. *Ru-Pt-Legierungen, Ag,* geeignet sind auch *Ag–Cd-* u. *Ag–Pd-Legierungen.* (Schweiz. Arch. angew. Wiss. Techn. **19.** 44—48. Febr. 1953. Wembley, Middlesex, Matthey & Co. Ltd.) T. OPPERMANN. 5952

G. Ja. Tarassow und **A. Ss. Fialkow,** *Untersuchungen über Struktur und Eigenschaften von Elektrokohlengemischen.* 1. Mitt. *Struktur-mechanische Charakteristik der trockenen kohlenstoffhaltigen Erdölkoks–Ruß-Gemische.* Die Verss. erfolgten mit Gemischen aus *Lampenruß* u. 2 Sorten von *Erdölkoks* (I u. II), wobei I feindisperser war als II. Mit steigendem Rußgeh. von 5—95 Vol.-% nahm die spezif. Oberfläche der Gemische bei I um das 9fache, bei II um mehr als das 10fache zu. Das Schüttgewicht nahm mit steigendem Rußgeh. stetig zu. Der spezif. elektr. Widerstand zeigte bei 25—30 Vol.-% Ruß ein Minimum u. nahm dann zu. Das Minimum des elektr. Widerstandes fiel mit dem Maximum des Schüttwinkels zusammen. Die Ergebnisse zeigen, daß die granulometr. Zus. der Ruß–Koks-Gemische entscheidend für ihre Eigg. ist. (Журнал Прикладной Химии [J. angew. Chem.] **27.** 1290—95. Dez. 1954.) O. Lebtag. 5952

G. Ja. Tarassow und **A. Ss. Fialkow,** *Untersuchungen über Struktur und Eigenschaften von Elektrokohlengemischen.* 2. Mitt. *Struktur und Eigenschaften der Ruß–Pech- und Koks–Pech-Gemische.* (1. vgl. vorst. Ref.) Als Untersuchungsobjekt dienten *Lampenruß, Erdölkoks* (I) u. *Steinkohlenpech* (II). Das Gemisch Ruß–II zeigte auf der Kurve Grenzschubspannung/Zus. je ein Maximum bei 45 u. 60 Vol.-% Ruß u. ein Minimum bei 50 Vol.-% Ruß. Die gleiche Abhängigkeit von der Zus. zeigte der elektr. Widerstand. Im Gemisch I–II nahm die Grenzschubspannung mit der II-Steigerung von 30—35 Vol.-% zu, später ab. Eine Formung der Mischpulver bei einseitigem Druck von 2000 kg/cm² ohne merkliche Rißbldg. war bei 40 Vol.-% u. mehr II möglich. In den gebrannten Proben von Ruß–II wurde mit der II-Zunahme von 40 auf 55 Vol.-% die Menge der Rußagglomerate erhöht. Bei 45 Vol.-% Ruß beobachtete man ein Gerüst aus Rußagglomeraten, welches das gesamte Vol. durchdrang. Ein erhöhter II-Geh. im Gemisch I–II bewirkte eine Erhöhung der Plastizität. Die Versuchsergebnisse werden theoret. gedeutet. (Журнал Прикладной Химии [J. angew. Chem.] **27.** 1296—1301. Dez. 1954.) O. Lebtag. 5952

W. Shockley und **W. P. Mason,** *Gegliederte Verstärker unter Verwendung negativer Widerstände.* Zur Überwindung der Dimensionierungsschwierigkeiten bei Transistorverstärkern schlagen Vff. die Kombination einer 5eckigen *Ge*-Hall-Effektplatte mit 3 negativen Widerstandselementen vor. Die einer Pentode entsprechende Anordnung wird diskutiert. (J. appl. Physics **25.** 677. Mai 1954. Murray Hill, N. J., Bell Telephone Labors., Inc.) H. Liepack. 5976

Ernst Schmitz-Hillebrecht, Bitterfeld, und **Max Hagedorn,** Dessau, *Folien und Bänder aus Cellulosetriacetat* enthalten 0,01—3% eines Naphthalinderiv., das mindestens eine OH-Gruppe, aber keine Sulfo- oder Carboxylgruppe im Mol. enthält, z. B. 1,5-Aminonaphthol oder N-(p-Oxyphenyl)-α-naphthylamin. — Elektr. Isoliermaterial. (**D. P. [DDR] 3 531** Kl. 21c vom 22/4. 1944, ausg. 14/12. 1953 [Ausschließungspatent].) Kessel. 5957

E. I. du Pont de Nemours & Co., übert. von: **Lawton A. Burrows, Walter E. Lawson** und **Carl B. van Winter,** Wilmington, Del., V. St. A., *Isolation für elektrische Leiter.* Als isolierendes Überzugsmittel werden Mischungen von 80—95% eines synthet. linearen Polyamids u. 20—5% Toluolalkylsulfonamid vorgeschlagen. Diese Mischungen können dahingehend abgeändert sein, daß 82—85% eines Mischpolymerisats aus Polyhexamethylen–Adipinsäureamid u. Polyhexamethylen–Sebacinsäureamid (im Verhältnis 85:15%), 14—16% Toluoläthylsulfonamid u. 0,5—2% Phenol–Formaldehydharz verwendet werden. (**Can. P. 486 708** vom 8/8. 1946, ausg. 23/9. 1952.) W. Wittholz. 5957

Yardney International Corp., New York, N. Y., V. St. A., *Silberelektrode für Akkumulatoren.* Das feine Ag-Pulver wird erhitzt, bis Klumpenbldg. eintritt, z. B. 15 Min. auf 400—600°, u. dann wieder fein zerkleinert. Die mit diesem Pulver gepreßten Elektroden zeigen nicht mehr den starken Spannungsabfall in den ersten Sek. der Entladung. (**E. P. 724 394** vom 12/1. 1953, ausg. 23/2. 1955. A. Prior. 12/1. 1952.) F. Laass. 5971

Robert Bosch G. m. b. H., Stuttgart, *Separator für Akkumulatoren,* der aus einem perforierten Wellenseparator aus Polyvinylchlorid u. einem säurefest, aber porös imprägnierten, <0,6 mm dicken Papierblatt besteht, das entlang den Berührungslinien der Wellen thermoplast. mit dem Wellenseparator verklebt ist. (**E. P. 725 076** vom 26/6. 1953, ausg. 2/3. 1955. D. Prior. 28/6. 1952.) F. Laass. 5971

Soc. An. Ateliers de Constructions Électriques de Charleroi, Belgien, *Herstellung einer festhaftenden und gleichmäßigen Lage von fluorescierender Substanz an inneren Glasgefäßwänden, z. B. Lampenröhren.* Nach feinster Zermahlung der Fluorescenzpigmente in Kugelmühlen (<3600 Maschensieb) wird das Pulver in einwertigen Alkoholen, Kp. <100°, suspendiert, die keine chem. Rk. mit den Pigmenten eingehen. Die Röhre wird vorher gewaschen u. sogleich mit der Suspension aufgefüllt, dann aber wieder entleert, sobald sich an der Innenwand der Röhre eine gleichmäßige dünne Schicht abgesetzt hat.

Unter Rotation der Röhre wird die Schicht dann abgetrocknet. (**F. P. 997 831** vom 3/8. 1945, ausg. 10/1. 1952.) F. BEWERSDORF. 5975

Egyesült Izzólámpa és Villamossági Részvénytársaság, Ungarn, *Herstellung von fluorescierenden Auskleidungen für elektrische Entladungsröhren,* z. B. Fluorescenzlampen, Kathodenstrahlröhren. Nach Aufbringung der fluorescierenden Schicht, welche außer der fluorescierenden Substanz noch SiO_2 (Korngröße 1 μ) enthält, unterwirft man diese Schicht einer Hydratation, z. B. mittels A. oder Wasser. Hierdurch geht zumindestens ein Teil der SiO_2 in den Gelzustand über u. stellt so eine feste Verbindung zwischen der Rohrwand u. der fluorescierenden Schicht her. Eine schädliche Einw. auf die fluorescierenden Eigg. der fluorescierenden Substanz tritt hierbei nicht ein. (**F. P. 1 070 808** vom 12/2. 1953, ausg. 17/8. 1954.) T. OPPERMANN. 5975

Westinghouse Electric Corp., V. St. A., übert. von: **Henry W. Rimbach,** *Leuchtmasse,* z. B. für *Leuchtröhren,* bestehend aus einem Fluor–Chlor-Phosphat des Ca oder des Ca u. Sr, in welchem das Mol-Verhältnis von Gesamthalogen zu Gesamtphosphat ca. 0,85:3 beträgt. Zusätzlich können 0,3—2,0 Gew.-% Sb als Aktivator verwendet werden. Als Beispiel ist u. a. genannt: 110 (Gewichtsteile) Halophosphat bleu (I), 135 Halophosphat 3500° K, 9,0 Ca-Wolframat. I erhält man aus 268 (Gewichtsteilen) $CaHPO_4$, 77 $CaCO_3$, 20 CaF_2, 11,1 $SrCl_2$ u. 4,5 Sb_2O_3 bei 1125—1165°. (**F. P. 1 067 442** vom 4/12. 1952, ausg. 15/6. 1954. A. Prior. 8/12. 1951.) G. WELTZIEN. 5975

C. Lorenz Akt.-Ges., Stuttgart (Erfinder: **Felix Herriger,** Esslingen), *Gitter für Elektronenröhren.* Zur Unterdrückung von Sekundäremission dient eine mit einem Bindemittel (I) aufgesinterte Mo–W-Pulverschicht. Als I dient prakt. in Xylol gelöstes Paraffin. Nach dem Sintern kann das Mo chem. herausgelöst werden. (**D. B. P. 872 606** Kl. 21g vom 3/12. 1938, ausg. 2/4. 1953.) H. KESSEL. 5975

Telefunken Gesellschaft für drahtlose Telegraphie m. b. H., Berlin (Erfinder: **Heinz Beneking,** Ulm), *Kristalloide* mit einem Halbleiterkristall, z. B. aus Ge. Zur Fixierung der Elektrodenspitzen dient ein fl. Kunstharz, z. B. ein Gießharz, das durch kapazitive Hochfrequenzerhitzung ausgehärtet wird. (**D. B. P. 920 140** Kl. 21g vom 31/10. 1952, ausg. 15/11. 1954. Anmeldung bekanntgemacht 1/4. 1954.) H. KESSEL. 5975

Hydrawerk Akt.-Ges. (Erfinder: **Kurt Gorniak**), Berlin, *Elektrolytkondensator* für Betriebsspannungen über 600 Volt. Der Elektrolyt besteht aus einer Lsg. von $NH_4 \cdot BO_2$ in Butylenglykol. (**D. R. P. 755 192** Kl. 21g vom 10/3. 1939, ausg. 23/2. 1953.) H. KESSEL. 5983

Drägerwerk, Heinr. & Bernh. Dräger, Lübeck, *Elektrolytkondensator.* Beim Formieren von Al-Folien wird der Elektrolyt so zugegeben (prakt. durch einen MARIOTTEschen Heber), daß er die Folien nur nach u. nach bedeckt. Die Zufuhrgeschwindigkeit kann durch die Stromaufnahme des Formierbades gesteuert werden. (**D. B. P. 875 967** Kl. 21g vom 27/2. 1951, ausg. 7/5. 1953.) H. KESSEL. 5983

Steatit-Magnesia Akt.-Ges., Porz/Rh. (Erfinder: **Ernst Albers-Schönberg,** Metuchen, N. J., V. St. A.), *Kondensator.* Das Dielektrikum enthält mindestens 50(%) Talkum oder Speckstein u. 30—35 TiO_2 u. hat steatitähnlichen Charakter bei einer gegenüber Steatit um den Faktor 2—3 erhöhten Dielektrizitätskonstante. (**D. B. P. 902 756** Kl. 21g vom 28/9. 1933, ausg. 28/1. 1954. Anmeldung bekanntgemacht 18/9. 1952.) H. KESSEL. 5983

Henry Lind Gjørup, Lyngby, Dänemark, *Herstellung von Elektrolytkondensatoren.* Man überzieht einen Körper aus keram. Material mit einem elektr. leitenden Belag oder einem Belag, der beim Erhitzen leitend wird. Es werden jedoch einzelne nichtleitende Stellen frei gelassen, so daß hintereinanderliegend eine Reihe von elektr. isolierten Elektroden erhalten werden, worauf das Ganze mit einer isolierenden Emaille überzogen wird. Das Erhitzen u. anschließende Zusammensintern der Belagschicht u. der Anschlußorgane wird vorgenommen, wobei zwischen den elektr. leitenden Teilen eine Verbindung angebracht wird, die ein Erwärmen auf Emailliertemp. ertragen kann; z. B. überzieht man ein keram. Rohr außen mit einem Belag mittels einer Ag-Lsg. in einem organ. Lösungsm. u. versieht das Rohr innen ebenfalls mit einem Belag aus der gleichen Masse. Anschlußstücke werden vorzugsweise aus Fe–Ni-Legierungen hergestellt, welche den gleichen Wärmeausdehnungskoeff. wie das Rohr besitzen. Diese Anschlußstücke werden vorzugsweise mit einer dünnen Ag-Schicht überzogen, die beim Erhitzen die Kontaktbldg. zum Ag-Belag sicherstellt. (**Dän. P. 75 580** vom 18/1. 1951, ausg. 16/3. 1953.) JÜRGEN SCHMIDT. 5983

General Aniline & Film Corp., New York, N. Y., übert. von: **Warren F. Busse** und **Hugh R. Davidson,** Easton, Pa., V. St. A., *Kondensator.* Das fl. Dielektrikum besteht aus einem n. fl. Sulfolan (I) oder einem Gemisch, das ein dielektr. aromat. Sulfon u. mindestens 25(%) I enthält; z. B. 60 Dimethyl-I u. 40 Tolylxylylsulfon. (**A. P. 2 628265** vom 27/2. 1948, ausg. 10/2. 1953.) H. KESSEL. 5983

P. R. Mallory & Co., Inc., Indianapolis, Ind., V. St. A., *Elektrolytkondensator* für Tempp. von —60 bis 200°. In der Mitte eines Bechers aus Cu-Blech, dessen Innenseite mit einer Ag-Schicht überzogen ist, befindet sich eine stabförmige Elektrode aus gesintertem Ta-Pulver. Als Elektrolyt dient mit Silicagel festgelegte H_2SO_4. — Vgl. auch A. P. 2 616 953; C. **1954.** 2465. (**Aust. P. 154 546** vom 27/7. 1950, ausg. 7/1. 1954. A. Prior. 30/7. 1949.) F. LAASS. 5983

Philips Electrical Ltd., London, England, *Dielektrika für Kondensatoren.* BaO, TiO_2 u. ZrO_2 oder andere Verbb. der genannten Metalle, die beim Brennen Oxyde ohne Bldg. eines nichtflüchtigen Rückstandes ergeben, werden gemischt, geformt u. gebrannt. Der BaO-Geh. in den Körpern soll zwischen 50 u. 58 (Mol-%) liegen, der TiO_2-Geh. soll nicht unter 20 u. der ZrO_2-Geh. nicht über 30 liegen. Der BaO-Geh. kann unter Umständen bis zu 34 sinken u. niedriger als der TiO_2-Geh. sein. Die Brenntemp. beträgt zwischen 1200 u. 1500°, das Sintern der Körper kann durch Zusatz von bis zu 10 Gew.-% keram. Flußmitteln, wie Bentonit, erleichtert werden. Die Körper haben geringe Verluste bei Radiofrequenzen. (**E. P. 684 474** vom 10/11. 1948, ausg. 17/12. 1952.) F. REINHART. 5983

Mullard Radio Valve Co. Ltd. und **Maurice Andrew Strivens,** London, *Elektrische Kondensatoren.* Das Dielektrikum des Kondensators ist aus den Oxyden TiO_2, ZnO u. BeO zusammengesetzt u. gesintert. Die Zuss., dargestellt in dem Dreistoff-Dreiecks-Diagramm TiO_2–ZnO–BeO liegen in einem Gebiet, das durch die vier Punkte A: 70(%) TiO_2–30 ZnO; B: 60 ZnO–40 TiO_2; C: 35 TiO_2–65 BeO u. D: 80 BeO–20 TiO_2 u. die Verbindungslinien A—D u. B—C begrenzt wird. Die aus den Oxyden etwa mit Hilfe eines temporären Bindemittels u. eines Flußmittels, wie Steatit, Bentonit oder Ton, geformten Körper werden in einer oxydierenden oder neutralen Atmosphäre gebrannt. Die Prodd. haben einen geringen Verlustwinkel u. einen niedrigen Temperaturkoeff. der Kapazität. (**E. P. 685 031** vom 7/8. 1947, ausg. 31/12. 1952.) F. REINHART. 5983

VEB Elektrochemisches Kombinat Bitterfeld (Erfinder: **Walter Heyder, Karl Woernle** und **Friedrich Fiedler**), Bitterfeld, *Elektrolytische Zelle mit Quecksilberkathode.* Auf dem Bodenteil der Zelle ist unter Zwischenlage einer aus Weichgummi, Kunststoff u. dgl. bestehenden Dichtung ein auswechselbarer Eisenrahmen aufgeschraubt, der mit dem Boden zusammen den Trog der Zelle bildet. Die Oberkante der trogartigen Dichtung liegt höher als der Quecksilberspiegel. Die Berührung des Hg mit dem Rahmen wird dadurch verhindert. — Zeichnung. (**D. P. [DDR] 4 123** Kl. 12h vom 28/12. 1943, ausg. 26/9. 1953 [Wirtschaftspatent].) H. HOLM. 5993

Deutsche Gold- und Silberscheideanstalt vormals Roessler, Frankfurt/M. (Erfinder: **Josef Müller,** Rheinfelden/Baden), *Unlösliche Elektrode,* bes. für die elektrolyt. Oxydation (z. B. für die Herst. von Perverbb.), bestehend aus einem mit einer geschlossenen, dünnen Schicht Ta oder Ta-haltiger Legierungen überzogenen Grundkörper aus elektr. gut leitendem Metall (z. B. Ag, Cu oder Al). Zur Herst. der Elektrode kann Ta-Manteldraht verwendet werden. Die Elektrode kann zusätzlich über der Ta-Schicht mit einer dünnen Pt-Schicht überzogen oder mit einem dünnen Pt-Draht (bes. in Form einer Spirale) umwickelt sein. — Abbildungen. (**D. B. P. 913 768** Kl. 12h vom 1/1. 1952, ausg. 21/6. 1954. Anmeldung bekanntgemacht 29/10. 1953.) R. SCHREINER. 5993

Farbwerke Hoechst Akt.-Ges. vormals Meister Lucius & Brüning, Frankfurt/M.-Höchst (Erfinder: **Ludwig Popp** und **Josef König,** Gersthofen), *Durchführung von Elektrolysen* unter Verwendung von Elektroden mit auf diesen haftenden Diaphragmenschichten, die mindestens den in den Elektrolyten eintauchenden Teil der Elektroden allseitig umschließen. (**D. B. P. 925 464** Kl. 12h vom 16/1. 1952, ausg. 21/3. 1955. Anmeldung bekanntgemacht 12/8. 1954.) R. SCHREINER. 5993

Deutsch & Brenner Ltd., Birmingham, England (Erfinder: **John Albert Kemp**), *Anodentaschen für Elektrolysen.* Um die z. B. beim Elektroplattieren zwecks Zurückhaltung des von der in Lsg. gehenden Anode abfallenden Anodenschlammes üblichen, aus z. B. Baumwollgewebe oder Kattun hergestellten Anodentaschen wirksamer zu gestalten, werden sie in ihrem unteren (Sammel-) Teil u. (wenn aus anderen Gründen erwünscht) auch in der Nähe der Elektrolytoberfläche mit einem völlig undurchlässigen, inerten u. die Biegsamkeit nicht beeinträchtigenden Material imprägniert. Empfohlen werden Kautschuklatex, Cellulosederivv. (z. B. Cellulosenitrat oder -acetat, Benzyl- oder Äthylcellulose) u. Kunstharze (z. B. Polyvinylchlorid, dessen Mischpolymere oder Polystyrol). — Beispiele für Imprägnierlsgg.: a) 10 (Gewichtsteile) Äthylcellulose, 70 Bzl., 30 A., 1 Trikresylphosphat; b) 10 Polyvinylchlorid, 90 Methylcyclohexanol, 2 Tributylphthalat; c) 10 Polystyrol, 90 Trichloräthylen, 3 Trikresylphosphat. Nach dem Imprägnieren werden die Taschen an der Luft, gegebenenfalls unter gelindem Erwärmen, getrocknet. — Abbildungen. (**E. P. 660 214** vom 4/12. 1948, ausg. 31/10. 1951.) R. SCHREINER. 5993

IV. Wasser. Abwasser.

Himansu Kumar Roy, *Rolle der Mikroorganismen bei der Reinigung von Wasser und Abwasser.* Eingehende Übersicht über die nützlichen u. schädlichen Mikroorganismen im W., die Methoden ihrer Nutzung u. Bekämpfung, die Nebenprodd., u. daraus zu ziehende Folgerungen für das öffentliche Wohl in Indien. (Sci. and Cult. **19.** 281—89. Dez. 1953. Calcutta Corp., Water Works Labor.) H. MÜHLMEISTER. 6014

H. Wilke, *Keim- und schwebstofffreies Betriebswasser durch Seitz-Schichtenfilter.* Grundlagen, Bau u. Wirkungsweise von Filtergeräten bis zu 50 m^3 Stundenleistung u. der dabei benutzten verschied. Schichtenfilter aus Zellstoff- u. Asbestfasern werden eingehend beschrieben u. Maßnahmen zur Erhöhung der Filterleistung, u. a. durch Druckerhöhung, richtige Auswahl der Filtermedien, Vor- u. Nachfiltration u. aufgeschwemmte abspülbare Kieselgurschichten, besprochen. (Fette, Seifen, Anstrichmittel **56.** 316—21. Mai 1954. Bad Kreuznach, Seitz-Werke, Filtertechn. Labor.) H. MÜHLMEISTER. 6016

G. W. Walker, *Entfernung überschüssigen Fluors aus Tränkwasser für Vieh.* Da bei Rindvieh bei $>$18 mg F/Liter Fluorose der Zähne, bei $>$25 mg Skelettanomalien auftreten, wurde W. mit diesem F-Geh., das eine hohe Carbonatalkalinität u. sehr niedrigen Ca-Geh. aufwies, mit $CaCl_2$ behandelt. Ein W. von 28 mg F/Liter u. p_H 8,8 konnte durch 0,54 g $CaCl_2$/Liter auf 13 mg F u. p_H 7,4 gebracht werden. (East African agric. J. Kenya, Tanganyika, Uganda, Zanzibar **20.** 220. April 1955. Mpwapwa, Tanganyika, Veterin. Res. Labor.) H. MÜHLMEISTER. 6018

I. Claus, *Die neuzeitliche Wasserenthärtung.* Beschreibung der in Textilbetrieben u. Kraftwerken angewandten Verff. zur Wasserenthärtung (Fäll- u. Austauschverff., bes. Na- u. H-Austausch u. Vollentsalzung). (Rev. Textil **11.** Nr. 2. 28—35. Febr. 1955. Belg. Textielinst.) W. WESLY. 6024

S. R. M. Ellis, *Behandlung von Kesselspeisewasser und Entfernung des Sauerstoffs.* Überblick u. Wertung der Enthärtung u. Entsalzung durch Fällungs- u. Austausch-Rkk., Korrosionsverhütung u. Entgasung, bes. für Hochdruckkessel bis 140 atü. Zur Bindung des O_2 wird an Stelle von Na_2SO_3 Hydrazin empfohlen u. seine Anwendung u. deren Bedingungen besprochen. Cu u. akt. Kohle wirken dabei katalyt. beschleunigend. Betriebserfahrungen des Tavazzano-Kraftwerks werden angegeben, nach denen im Dampf mit der photometr. o-Toluidinmeth. O_2 bis 0,001 mg/kg nicht nachzuweisen war. (Chem. Process Engng. **36.** 79—82. März 1955. Birmingham, Univ., Chem. Engng. Dep.) H. MÜHLMEISTER. 6030

Carl J. Swartz, *Veränderungen in der Kanalisation zur Vermeidung einer Verschmutzung der Abwässer.* Vf. zeigt auf, wie schon durch rationelle Führung der Kanalisation eine übermäßige Verschmutzung der Abwässer vermieden werden kann. Die in der metallverarbeitenden Industrie anfallenden Abwässer sind in ihrem Verschmutzungsgrad sehr unterschiedlich. Da die Aufbereitung hier nur eine Kostenfrage ist, ist es sinnvoll, die aufzuarbeitende Wassermenge möglichst klein zu halten. Daher gehen fast saubere Spül- u. Waschwässer direkt in die städt. Anlage, nur Galvanisierbäder u. ähnliche, an chem. Substanzen reiche Lsgg. gehen über die Aufbereitung. (Sewage ind. Wastes **26.** 1468—74. Dez. 1954. Allentown, Pa., L. F. Grammes & Sons.) G. KISTNER. 6036

Fred W. Bishop und **J. W. Wilson,** *Über die Behandlung und Überwachung des Abwassers bei den „Southland Paper Mills“.* Vff. berichten über die Abwasseraufbereitung in der Papierfabrik. Es wird gezeigt, daß die biol. Aufbereitung, bei guter Planung u. Leitung, für die Papierfabriken durchaus ausreichend ist. Zu erwähnen sind Verss. über die Bereitung des Faulschlammes u. die zu beachtenden Maßnahmen bei der Inbetriebnahme einer neuen Anlage. Unterbrechungen des kontinuierlichen Betriebes sind künstlich zu überbrücken, um ein Absterben der Flora im Klärbecken zu vermeiden. (Sewage ind. Wastes **26.** 1485—90. Dez. 1954. Lufkin, Tex., Southland Paper Mills, Inc.) G. KISTNER. 6044

C. E. Keefer, T. C. Buck jr. und **Hester Hatch,** *Bakteriologische Untersuchungen über Schlammabbau. 2. Mitt. p_H-Optimum für den Abbau von mit Streptococcus diploidus beimpftem Schlamm.* (1. vgl. C. **1955.** 3705.) Der Abbau geht in einem weiten p_H-Bereich vor sich, jedoch liegt das Optimum bei p_H 7,6. Bei Abweichungen davon verläuft der Abbau weniger schnell u. in anderen Richtungen, so daß die Bldg. von Gasen u. flüchtigen festen Stoffen geringer wird. Neben CO_2 tritt CH_4 vorwiegend bei der Zers. auf, u. zwar beim p_H-Optimum häufig bis zu 70%. Str. diploidus spielt somit eine wesentliche Rolle bei der Auflösung u. Beseitigung von festen Schlammablagerungen. (Sewage ind. Wastes **25.** 1174—78. Okt. 1953. Baltimore, Md., City Health Dep.) GERDA SCHULZE. 6048

C. E. Keefer, T. C. Buck jr. und **Hester Hatch,** *Bakteriologische Untersuchungen über Schlammabbau.* 3. Mitt. *Einfluß verschiedener Mengen von Streptococcus diploidus* *auf den Schlammabbau.* (2. vgl. vorst. Ref.) Bei 35 ± 0,5° u. p_H 7,6 tritt der völlige Abbau von rohem Ablagerungsschlamm durch *Str. diplococcus* (Str. d.) in 30—45 Tagen ein. Das frei werdende Gas besteht zu 65—75% aus CH_4. Eine Beziehung zwischen der Menge der zugesetzten Bakterien u. der Gasproduktion konnte nicht festgestellt werden. Sterilisierter Schlamm wird nur zu ca. 70% u. ohne Gasbldg. beseitigt. Nach Zufügen von unsterilisiertem Schlamm setzt sofort wieder reichliche Gasentw. ein, was auf Zusammenwirken von Str. d. mit anderen Organismen, welche für die CO_2- u. CH_4-Bldg. vor allem verantwortlich sind, hinzudeuten scheint. (Sewage ind. Wastes **25.** 1406—13. Dez. 1953. Baltimore, Md., City Health Dep.) GERDA SCHULZE. 6048

Werner N. Grune und **Robert Q. Sload,** *Biokatalysatoren bei der Schlammaufbereitung.* Der Zusatz eines Gemisches von Reinkulturen anaerober Organismen u. Enzympräpp. zu Faulschlammansätzen (Roh- : Faulschlamm 1 : 1) zeigte keine ausgeprägte Überlegenheit dieser Arbeitsweise. Als Maßstäbe dienten der Beginn der Methangärung u. die gebildete Menge Gas/Gewichtsteil abgebauter Substanz. Gegenüber unkontrollierten Ansätzen ist zwar eine Verbesserung festzustellen, wird jedoch eine dem Biokatalysator entsprechende Menge nicht organisiertes Protein zugesetzt, lassen sich die gleichen Wirkungen erzielen. (Sewage ind. Wastes **26.** 1425—42. Dez. 1954. Atlanta, Geo., Georgia Inst. of Technol.) G. KISTNER. 6048

Dow Chemical Co., übert. von: **William C. Bauman,** Midland, Mich., V. St. A., *Entfernen von gelösten Feststoffen aus Rohwasser,* indem dieses mit einem bas. Anionenaustauscher auf vinylaromat. Harzbasis, mit dessen aromat. Kern halogenierte Methylradikale über tert. Amine verbunden sind u. der quaternäre Ammoniumbicarbonatgruppen aufweist, behandelt wird u. die gebildeten Ca- u. Mg-Bicarbonate durch Zusatz von CaO niedergeschlagen werden. (**A. P. 2 702 275** vom 29/12. 1948, ausg. 15/2. 1955.) K. DEMMLER. 6021

Henkel Kemiskt-Tekniskt Aktiebolag, Stockholm, Schweden (Erfinder: **E. Heinerth**), *Weichmachungsmittel für Wasser.* In Ausbldg. des Schwed. P. 138 773 wird ein $CaCO_3$ verwendet, daß durch Einw. von $CaSO_4$ auf Alkalicarbonate erhalten wird, wobei die Ggw. von MgO soweit als möglich ausgeschaltet sein muß. (**Schwed. P. 141 114** vom 11/4. 1944, ausg. 30/6. 1953. **Zusatz zu Schwed. P. 138 773; C. 1955. 1584.**) K. H. KÄHLER. 6025

Georges Bonnard, Isère, Frankreich, *Reinigung von Wasser,* indem man es über ein wasserunlösl. Oxydationsmittel, wie Mn(IV)-Oxydhydrat, leitet, das auf einem Träger niedergeschlagen sein kann. Das erschöpfte Material kann man mit Hypochlorit regenerieren. (**F. P. 1 068 288** vom 12/12. 1952, ausg. 23/6. 1954.) G. WELTZIEN. 6025

National Aluminate Corp., Chicago, Ill., V. St. A. (Erfinder: **Clarence Jacklin** und **Arthur Lawrence Jacoby**), *Schaumverhütung bei der Dampferzeugung.* Dem W. werden geringe Mengen (0,001—0,1 grain/gallon W.) eines nichtionogenen Polyoxyalkylenglykols mit Mol.-Gew. >1000 zugesetzt. — Vgl. auch A. P. 2 626 243; C. **1955.** 5392. (**E. P. 685 491** vom 23/10. 1950, ausg. 7/1. 1953.) A. HEINSEN. 6035

Welsbach Corp., Philadelphia, Pa., übert. von: **Victor Adams Hann,** Havertown, und **Sigismund Joseph Niegowski,** Philadelphia, Pa., V. St. A., *Behandlung phenolhaltiger Abwässer,* z. B. zwecks Beseitigung der Geruchsbelästigung der Umgebung. Man stellt das Abwasser durch entsprechenden Zusatz von Säuren oder Basen auf ein p_H von >10,5, bes. 11,5—12,5, ein u. oxydiert mit O_3 oder ozonisierter Luft. (**A. P. 2 703 312** vom 23/3. 1951, ausg. 1/3. 1955.) H. NEBELSIEK. 6043

V. Anorganische Industrie.

E. Ss. Nenno, *Über die Löslichkeit von Natriumchlorid in wässerigen ammoniakalischen Lösungen.* Da Literaturangaben über die Löslichkeit von *NaCl* (**I**) in wss. NH_4OH nur für 15, 20 u. 30° vorliegen, bestimmt Vf. die Löslichkeit bei 35 u. 60° (Tabelle). Wenn die Löslichkeit des I in W. mit x_0, in einer Lsg. von y g NH_3 in 100 g W. mit x, die Aktivität des W. in wss.-ammoniakal. Lsg. bei t° mit a bezeichnet wird, dann ist $\log x = \log x_0 + K(A - a)y$, wobei $K = 0{,}01171 - 0{,}000452\,t$, $A = 0{,}840 - (0{,}0023/K)$. Die Gleichung gilt bei 20—60° u. den bei der Absorption der Ammoniaksodaindustrie gebräuchlichen NH_3-Konzentrationen. (Химическая Промышленность [Chem. Ind.] **1954.** Nr. 8. 47—48. Dez. Allunions-Inst. für Sodaindustrie.) R. K. MÜLLER. H 274

Dilermando P. De Brito, *Baryt und pflanzliche Kohle als Rohstoffe für Bariumsalze.* Im Anschluß an die Red. von $BaSO_4$ mit Kohle zu BaS wird dessen Überführung in $BaCO_3$, $Ba(NO_3)_2$ u. andere Ba-Salze erörtert. (Rev. Quím. ind. **22.** Nr. 256. 20. Aug. 1953. Curitiba.) R. K. MÜLLER. H 285

Robert A. Wells, „*Dreiphasen*"-*Einschluß in synthetischem Smaragd.* Der von dem Vf. in einem synthet. Smaragd beobachtete Einschluß bestand aus einer Gasblase u.

2 quadrat. Einschlüssen innerhalb eines mit Fl. gefüllten Hohlraums. (Gemmologist **22.** 107. Juni 1953.) C. GOTTFRIED. 6152

Universal Oil Products Co., Chicago, Ill., übert. von: **Louis S. Kassel,** Oak Park, Ill., V. St. A., *Anreicherung von Wasserstoff.* Zur Gewinnung von H_2 aus neben H_2 niedermol. KW-stoffe enthaltenden Gasgemischen, bes. solchen des „Platforming"-Prozesses, werden diese unter einem Überdruck von 1000—5000 lbs./sq.in. mit einem fl. Absorbens (KW-stoffe engen Siedebereichs u. einem Durchschnitts-Mol.-Gew. von ca. 150) behandelt, dabei ein angereichertes Absorbens u. ein H_2-reiches Gas erhalten, aus dem Absorbens durch schlagartiges Verdampfen in einer Hochdruckzone H_2-reiches Gas u. in einer Niederdruckzone H_2 u. leichte KW-stoffe abgeschieden, worauf nach Abstreifen des Absorbens mit Gas aus der Hochdruckzone das Absorbens wieder in den Prozeß zurückgeführt wird. (**A. P. 2 685 941** vom 31/1. 1951, ausg. 10/8. 1954.) W. MATTHAES. H 238

Bergwerksverband zur Verwertung von Schutzrechten der Kohlentechnik G.m.b.H., Dortmund, *Verarbeitung von Schwefelwasserstoff enthaltendem Ammoniakwasser* (I) durch Leiten des **I** bei erhöhter Temp. u. erhöhtem Druck in Ggw. von Luft oder anderen O_2-haltigen Gasen über großoberflächige Körper. Dabei verwendet man Apparate, deren mit den sauren Bestandteilen des rohen **I** (H_2S, CO_2, HCN) in Berührung kommende Teile aus Stoffen hergestellt oder damit ausgekleidet sind, die korrosionsfest sind, wie z. B. Al, Pb, Ta oder Ni–Cr- oder Fe–Ni–Cr-Legierungen. Die Wandungen können auch mit keram. Materialien belegt sein. Ebenso müssen auch die Einbauten (Kühlrohre u. -schlangen) u. die Füllkörper, wenn sie aus Metall bestehen, z. B. Ringe, Wendeln, Zwillingskörper, Sattelkörper, Dreikantkörper u. dgl., aus den genannten Metallen oder Legierungen hergestellt sein. (**D. B. P. 916 826** Kl. 12k vom 6/1. 1950, ausg. 18/7. 1955. Anmeldung bekanntgemacht 5/2. 1953. **Zusatz zu D. B. P. 874 000; C. 1955. 9168.**) H. NEBELSIEK. H 243

Mathieson Chemical Corp., Baltimore, Md., V. St. A., *Trennen von Ammoniak und Chlorwasserstoff von Ammonchlorid.* Man mischt NH_4Cl mit einer Bisulfatschmelze (0,15—0,75 : 1 Mol), läßt die NH_4Cl-haltige Schmelze erst bei 220—270° einen Säureabsorptionsturm u. danach bei 330—380° einen Ammoniakabsorptionsturm durchlaufen. Dabei werden in beiden Türmen Dampf u. befreite Schmelze getrennt abgezogen. Die Schmelze führt man in den Prozeß zurück u. gewinnt HCl aus dem ersten u. NH_3 aus dem letzten Dampfstrom. (**E. P. 716 754** vom 15/8. 1952, ausg. 13/10. 1954. A. Prior. 16/8. 1951.) H. NEBELSIEK. H 247

Metallgesellschaft Akt.-Ges. (Erfinder: **Willi Taut**), Frankfurt/M., *Gewinnung von Schwefel aus elementarschwefelhaltigem Material, z. B. Erzen, durch Destillation,* dad. gek., daß als inerter Wärmeüberträger die stückige Gangart des S-haltigen Materials benutzt wird. Man siebt die aus dem Reaktor kommende entschwefelte Gangart von dem Unterkorn ab u. führt den für den Entschwefelungsprozeß erforderlichen Anteil der übrigbleibenden Gangart dem Aufheizer zu. (**D. B. P. 930 810** Kl. 12i vom 21/2. 1952, ausg. 25/7. 1955. Anmeldung bekanntgemacht 9/12. 1954. **Zusatz zu D. B. P. 886 593; C. 1954. 7952.**) A. ZÜRN. H 253

Metallgesellschaft Akt.-Ges., Frankfurt/M., *Rösten von schwefelhaltigen Stoffen nach dem Wirbelschichtverfahren.* Über der Wirbelschicht wird die Gasgeschwindigkeit so stark vermindert, daß sie sich der Absetzgeschwindigkeit der vom Gas mitgerissenen Teilchen nähert. Die feinen Teilchen agglomerieren u. fallen in die Wirbelschicht zurück. Man vergrößert z. B. den Durchmesser des Ofens über der Wirbelschicht im Verhältnis von 1,5 : 1 oder mehr. Der Gasstrom im Ofen wird stetiger, wenn man eine Zwischenzone einschaltet, in der sich die Geschwindigkeit allmählich vermindert. — Vorr., Abbildung. (**E. P. 724 778** vom 13/1. 1953, ausg. 23/2. 1955. D. Prior. 23/1. 1952.) A. ZÜRN. H 253

Metallgesellschaft Akt.-Ges., Frankfurt/M., *Herstellung von schwefeldioxydhaltigen Gasen durch Abrösten von Sulfiderzen nach dem Wirbelschichtverfahren.* Man kühlt die Wirbelschicht dadurch, daß man zusammen mit den Gasen, bes. mit der Luft, unter der Wirbelschicht feinverteilte Fll. einführt, deren Verdampfung oder Zers. Wärme verbraucht. Man kann gleichzeitig noch indirekt kühlen. (**E. P. 725 271** vom 1/1. 1953, ausg. 2/3. 1955. D. Prior. 16/2. 1952.) A. ZÜRN. H 253

Metal Hydrides, Inc., Beverly, Mass., übert. von: **Thomas R. P. Gibb jr.,** Marblehead, Mass., V. St. A., *Feste Lösungen von Metallhydriden in Metallhalogeniden.* Alkali- u. Erdalkalihalogenide werden zusammen mit Na, K, Rb, Cs in H_2-Atmosphäre z. B. auf 500—600° erhitzt, bis die gewünschte Menge H_2 aufgenommen ist, u. in der H_2-Atmosphäre abgekühlt. — Trockenmittel, Reduktionsmittel, Kondensationsmittel. (**A. P. 2 702 281** vom 17/11. 1950, ausg. 15/2. 1955.) W. MATTHAES. H 270

Diamond Alkali Co., Cleveland, übert. von: **Chester C. Brumbaugh**, Painesville, und **Robert A. Springer**, Madison, O., V. St. A., *Herstellung von Natriumcarbonat.* Feuchte, zusammenhängende Massen roher $NaHCO_3$-Kristalle aus dem NH_3–Soda-Prozeß werden, z. B. von den Filtern oder Zentrifugen zu den Trocknern, über Oberflächen von nichtpolarem, hydrophobem Charakter transportiert, die aus harzartigem organ. Material bestehen, bes. aus Polymeren u. Mischpolymeren von äthylen. ungesätt. Monomeren, wie *Polyvinylchlorid, Polyvinylidenchlorid, Polyäthylen, Polymethylmethacrylat* u. dergleichen. Anbackungen der feuchten Massen an den Oberflächen u. Verkrustungen sowie Betriebsstörungen werden vermieden. (**E. P. 723 611** vom 2/10. 1952, ausg. 9/2. 1955. A. Prior. 26/1. 1952.) H. KARST. H 274

N. V. Zuid-Nederlandsche Spiritusfabriek, Bergen op Zoom, Holland, *Gewinnen einer kaliumreichen Asche aus der Schlempe der Melasse verarbeitenden Industrien* durch Eindampfen der Schlempe-Fl. u. Verbrennung der konz. M., bes. durch Verbrennung unter reduzierenden Bedingungen mit anschließender Umsetzung des gebildeten K_2S mit CO_2 zu K_2CO_3, dad. gek., daß man vor der Verbrennung der Schlempe Alkalicarbonat, bes. K_2CO_3, zusetzt u. den gebildeten Nd. entfernt. Als K_2CO_3 kann die bei der Verbrennung gewonnene Asche, gegebenenfalls nach Konz., zugesetzt werden. Es wird ein komplexes Gemisch aus anorgan. Verbb. gefällt, das die wasserunlösl. Komponenten der Melasseasche u. $CaCO_3$ enthält. Man erhält eine Fl., die sich leicht eindicken u. verbrennen läßt u. dabei eine Asche ergibt, deren F. genügend niedrig ist, um sie kontinuierlich aus dem Feuerherd entfernen zu können. (**D. B. P. 928 830** Kl. 12 l vom 1/5. 1953, ausg. 13/6. 1955. Anmeldung bekanntgemacht 18/11. 1954. Holl. Prior. 3/5. 1952.) H. KARST. H 275

United States Atomic Energy Commission, übert. von: **Carl W. Schwenzfeier**, Woodville, O., V. St. A., *Reinigen von Ammonium–Berylliumfluorid-Lösungen.* Zwecks Ausfällung der Cr- u. Mn-Verunreinigungen stellt man den p_H-Wert der Lsg. auf wenigstens 5 ein u. fügt PbO_2 zu. Dann erhitzt man zum Sieden u. trennt den Nd. ab. Im Filtrat sind an Stelle von z. B. 0,24 (g/Liter) Mn u. 0,014 Cr nur noch $<$0,006 Mn u. 0,005 Cr. (**A. P. 2 708 618** vom 30/4. 1953, ausg. 17/5. 1955.) H. NEBELSIEK. H 281

Vereinigte Aluminium-Werke Akt.-Ges. (Erfinder: **Herbert Schönfelder**, Bonn, und **Hans Ginsberg**, Bad Godesberg), *Aufschluß von kieselsäurereichen Tonen* durch Vorglühen bei 900—1100°, bes. 1000°, u. anschließende Behandlung mit NaOH. Dabei erfolgt diese Behandlung mit einer Lauge von $>$20% Alkali (als Hydroxyd berechnet) bei einer Temp. zwischen 70° u. Kp. während ca. 15—30 Minuten. Der erhaltene Rückstand wird nach dem Sinteraufschlußverf. weiterverarbeitet. (**D. B. P. 932 424** Kl. 12m vom 15/11. 1953, ausg. 1/9. 1955. Anmeldung bekanntgemacht 3/3. 1955.) H. NEBELSIEK. H 294

E. I. du Pont de Nemours & Co., übert. von: **Ignace Joseph Krchma**, Wilmington, Del., V. St. A., *Herstellung von Titantetrachlorid.* Ein feinverteiltes Gemisch aus Ti-Schlacken, die durch Erdalkaliverbb. verunreinigt sind, u. einem C-haltigen Reduktionsmittel wird in einer Wirbelschicht bei 500—1250°, bes. 850—1250°, mit Cl_2 umgesetzt, wobei man in der Wirbelschicht einen Geh. an 4—7 Gew.-% an lösl. Chloriden der Verunreinigungen aufrechterhält, indem man laufend Feststoffe aus der Wirbelschicht abzieht, auslaugt, trocknet u. wieder zurückführt. — Fließbild. (**A. P. 2 701 180** vom 26/10. 1951, ausg. 1/2. 1955.) A. ZÜRN. H 321

Vereinigte Aluminium-Werke Akt.-Ges., Berlin und Bonn (Erfinder: **Günther Wendt**, Töging/Inn), *Rückgewinnung des Kryoliths und der Tonerde aus dem Abraum von Aluminiumelektrolyseöfen.* Die die Al- u. F-Verbb. enthaltenden Stoffe werden mit NaOH ausgelaugt. Aus der so gewonnenen Lauge wird durch Zugabe von HF der Kryolith ausgefällt. Die anzuwendenden Mengen NaOH u. HF werden so aufeinander abgestimmt, daß die zur Kryolithbldg. erforderlichen Komponenten NaF u. AlF_3 im Molverhältnis 3 : 1 entstehen. Zur Erleichterung des NaOH-Aufschlusses wird der Ofenabraum vorher längere Zeit in feuchter Luft gelagert. (**D. B. P. 926 782** Kl. 12i vom 8/11. 1952, ausg. 25/4. 1955. Anmeldung bekanntgemacht 19/8. 1954. **Zusatz zu D. B. P. 925 407; C. 1955. 8234.**) R. SCHREINER. 6151

Fritz Tegeder, Verfahren der Chemie-Industrie in farbigen Fließbildern. Bd. 1. Braunschweig: Westermann. 1955. 4°. = Westermann-Fachbücher. 1. Anorganisch. (140 S. m. 119 Abb. u. 19 Farbtaf.) DM 11,80.

VI. Silicatchemie. Baustoffe.

O. S. Levi, *Neuere Entwicklung der Kupfer–Silber-Färbung auf Soda–Kalk-Gläsern.* Sogenannte Gelbätze (oberflächliche Färbung) auf Glas wird mit Hilfe von Cu-, Ag- u. Zn-Salzen hergestellt. Es werden Verss. kurz beschrieben, bei denen die Metallionenanteile des Farbgemenges geändert u. die Wrkg. des Zusatzes von Chloriden untersucht wurden. Kurven der spektr. Lichtdurchlässigkeit u. ein Dreistoffdiagramm (Cu, Ag, Zn) veranschaulichen die Ergebnisse. Die Wichtigkeit der genauen Einhaltung der Einbrenntempp. wird ebenfalls durch die Verss. gezeigt. Rote, grüne u. gelbe Farben können durch die Änderung des Verhältnisses der vier Anteile (Cu-, Ag-, Zn- u. Cl-Ionen) erreicht werden. (Amer. ceram. Soc. Bull. **34.** 119—21. April 1955.) L. KÜHNERT. 6176

Adolf Dietzel und **Horst Scholze,** *Untersuchungen im System B_2O_3–Al_2O_3–SiO_2.* Es wurden einige Mischungen des Syst. B_2O_3–Al_2O_3–SiO_2 zusammengeschmolzen, die sich an das Mullitausscheidungsfeld des Syst. Al_2O_3–SiO_2 anlehnen. Aus den Lichtbrechungsmessungen der Gläser ergab sich, daß das Al-Ion sowohl in 4er- als auch in 6er-Koordination vorliegt, mit steigendem SiO_2-Geh. aber der Anteil der 4er-Koordinationen zunimmt. Die Liquidustempp. des Mullitfeldes werden durch B_2O_3 nur gering erniedrigt. In die Kristalle wird B eingebaut, was auf Mischkristallbldg. zwischen Mullit u. $9\,Al_2O_3 \cdot 2\,B_2O_3$ hinweist. Mullit wird durch borhaltige Gläser zers., weil B in das Mullitgitter eingebaut wird u. weil das borhaltige Glas größere D. besitzt. (Glastechn. Ber. **28.** 47—51. Febr. 1955. Würzburg, Max-Planck-Inst. für Silikatforsch.) R. WALCKER. 6200

Kentaro Takahashi, *Einführung neuer Faktoren zur Berechnung der Ausdehnungskoeffizienten von Silicat- und Borosilicatgläsern. Ausdehnungskoeffizient und Struktur des Glases.* Es werden neue Faktoren für die Berechnung des Ausdehnungskoeff. auf der Grundlage des kation. %-Anteils aus Strukturbetrachtungen der Netzwerktheorie des Glases entwickelt. Zwei Gruppen von Werten (für das Temperaturgebiet 1—100 u. 1—400°) werden berechnet u. in den niederen Lagen mit den nach WINKELMANN u. SCHOTT, ENGLISH u. TURNER sowie GILARD u. DUBRUL, in den höheren nach DANZIN berechneten verglichen. Bearbeitet wurden Glassysteme, wie Na_2O–CaO–SiO_2, Na_2O–Al_2O_3–SiO_2, Na_2O–B_2O_3–SiO_2 u. handelsübliche Einschmelzgläser. In einer großen Anzahl von ausführlichen Tabellen wird gezeigt, daß die neuen Formeln bei geringerer Fehlerzahl einen größeren Anwendungsbereich haben. (J. ceram. Assoc., Japan [Yogyo Kyokai Shi] **63.** 142—47. 1955. [Orig.: japan.; Auszug: engl.]) L. KUHNERT. 6200

Hans Wessel, *Siliconfilme auf Glasoberflächen.* 1. Mitt. Die von PATNODE um 1940 beschriebenen Siliconfilme (I) auf Glasoberflächen entstehen dadurch, daß geeignete Siliconvorprodd., wie Methylchlorsilane, die Wasserhaut des Glases als Reaktionspartner benutzen. Diese bewirkt eine hydrolyt. Spaltung der Methylchlorsilane. Die sich daran anschließende Kondensations-Rk. der Hydrolysenprodd. führt bei geeigneter Wahl der Ausgangsstoffe zu einem Siliconharz. An die Stelle der Wasserhaut ist eine Siliconhaut getreten. Die röntgenograph. Unters. der Struktur von Siliconharzen zeigte, daß hier wie bei den Silicaten ein ungeordnetes Netzwerk angenommen werden muß, dessen Grundlage wie bei den techn. Gläsern die Si—O—Si-Bindung ist. Es wird die Mol.-Struktur u. die Bindungskraft der Silicate u. Silicone gegenübergestellt u. die Voraussetzung für die Erzeugung von Siliconfilmen auf Glasoberflächen beschrieben, sowie die Haltbarkeit der Siliconfilme durch einen Tauchvers. geprüft. Von der Wahl der in das Mol. einzuführenden organ. Gruppen hängt es ab, welche Eigg. die I auf Glasoberflächen zeigen werden. (Silikattechnik **6.** 3—9. Jan. 1955. Jena, VEB Jenaer Glaswerk Schott u. Gen.) R. WALCKER. 6200

Schätzer, *Die Rolle der Eisenverbindungen in keramischen Roh- und Werkstoffen.* Der Geh. an Fe-Verbb. in Tonen, bezogen auf Fe_2O_3. schwankt zwischen 0,5 u. 10%. Bei fetten Steinguttonen darf der Fe_2O_3- u. TiO_2-Geh. nicht über 2% liegen. Es wird dargelegt, in welcher Form die Fe-Verbb. in den keram. Materialien auftreten u. welche Wirkungen sie in ihnen entfalten. (Silikattechnik **6.** 37—38. Jan. 1955.) R. WALCKER. 6208

H. Kalpers, *Glasemailliertes Aluminium.* Überblick über Zus., Eigg. u. Anwendungsmöglichkeiten von Emailüberzügen auf Al. Die zu emaillierenden Al-Gegenstände werden vor dem Emaillieren gründlich in einer 1 (%) Na-Alkylsulfonat, 0,5 $(NaPO_3)_6$, 1 Na_2SiO_3 u. 1 Alkohol enthaltenden Lsg. entfettet u. dann chem. oxydiert. — 6 Literaturstellen. (Sprechsaal Keram., Glas, Email **88.** 72—73. 20/2. 1955.) F. MARKHOFF. 6212

Leon Schätzer, *Zu einigen Fehlerursachen bei Porzellan-, Steinzeug- und Steingut-erzeugnissen.* Es werden einige typ., bei Porzellan-, Steingut- u. Steinzeugerzeugnissen auftretende Fehler besprochen, wie Fleckenbldg., Ausblühungen, Trocken- u. Brandrisse, Hervortreten von Gießnähten usw. u. Hinweise zu ihrer Abstellung bzw. Vermeidung gegeben. Es handelt sich hierbei nur um Fehler, die nicht irgendwie mit der Glasur zusammenhängen. (Silikattechnik **6.** 35—37. Jan. 1955. Hermsdorf, Thür., VEB Zentral-Labor. der feinkeram. Ind.) R. WALCKER. 6214

O. A. Esin und **B. I. Lepinskich,** *Über den Zustand der Tonerde in geschmolzenen Schlacken.* In fl. Tonerdeschlacke existieren die Anionen der beiden kongruent schm.

Verbb. $5\,CaO\cdot 3\,Al_2O_3$ u. $2\,CaO\cdot Al_2O_3\cdot SiO_2$. Dies wurde mittels einer Konzentrationskette ohne Überführung: Fe, Al, C/CaO, MgO, SiO_2, Al_2O_3/C/CaO, MgO, SiO_2, Al_2O_3/Fe, Al, C ermittelt. (Silikattechnik **6.** 11. Jan. 1955.) R. WALCKER. 6216

Edgard Frias Rocha, *Die Gewinnung von Chromerzen in Pium-í.* Das beschriebene Vork. liefert Cr-Erze mit Cr_2O_3-Gehh. bis 50%. Die dort gewonnenen *Chromite* eignen sich für die Herst. feuerfester Steine. (Rev. Quím. ind. **23.** Nr. 272. 14—18. Dez. 1954.) R. K. MÜLLER. 6218

J. Arvid Hedvall, *Sinterung und Reaktionsfähigkeit von festen Körpern.* Trockensinterung ist die Grundlage der modernen Fabrikation von gepreßten Metallpulvern, hochtemperaturfesten Metallegierungen, Keramometallprodd. u. vieler oxyd. feuerfester Körper. Diese Reaktionsprozesse gehen schon bei 500° oder weniger vor sich. Es wird hier als Beispiel die Zerlegung des Kaolins zu Ca- u. Al-Silicaten angeführt. Es wird der Rekristallisationsprozeß in den Pulvermischungen beschrieben u. seine allg. Charakteristiken angegeben. Ferner werden die reversiblen u. irreversiblen Gitterdefekte besprochen. Die Aktivität u. damit die Beweglichkeit der Partikel u. die Kernbldg. nimmt einen ganz verschied. Verlauf an der Oberfläche u. im Innern des Gitters. Es gibt zahlreiche Möglichkeiten, die Aktivität der Substanzen u. damit den Sinterungsprozeß zu beeinflussen, wofür einige Beispiele gegeben werden. Die Rohmaterialien der Keramik sind solchen Einflüssen weitgehend unterworfen. Die wichtigste Schlußfolgerung ist, daß der Oberflächentransport den Hauptanteil am Sinterungsprozeß hat, während die Bedingungen im Innern des Gitters die Struktur der so gebildeten Oberflächen bestimmen. (Ceram. Age **65.** Nr. 2. 13—17. Febr. 1955. Chalmers Univ. of Technol., Inst. of Silica Chem. Res.) R. WALCKER. 6220

—, *Methoden zur Prüfung der Frostbeständigkeit von Dachziegeln.* Es erscheint, nach den durchgeführten Unterss. zu schließen schwierig, die Frostbeständigkeit eines keram. Prod. durch eine rasch durchführbare Meth. zu bestimmen. Die Ermittlung des Sättigungskoeff. wie auch die laufende Beobachtung der Porositätsveränderungen während der Verss. erlauben keine eindeutigen Rückschlüsse auf die Frostbeständigkeit zu ziehen. Es scheint jedoch, daß durch Textur- u. Porengrößeunterss. wertvolle Hinweise gewonnen werden können. Es wurden Verss. durchgeführt, bei denen Ziegel mit W. unter Vakuum gesätt. wurden. Sie weisen einen Zusammenhang zwischen hierbei aufgetretenen Zerstörungen u. Frostbeständigkeit der Ziegel auf. (Schweiz. Tonwaren-Ind. **58.** Nr. 1. 6—8. Jan. 1955.) R. WALCKER. 6228

J. H. Lauchner, R. L. Cook und **A. I. Andrews,** *Eine neue Technik für die gleichzeitige Aufzeichnung von Spannungen und Temperatur in Email–Metall-Systemen.* Beschreibung eines Apparates. Es wird die Durchbiegung des emaillierten Musterblechs bei Temperaturänderungen durch eine photoelektr. Zelle gemessen. (Amer. ceram. Soc. Bull. **34.** 105—08. April 1955. Urbana, Ill., Univ.) F. MARKHOFF. 6242

Gerhard Hartleif und **Heinz Kornfeld,** *Spektrochemische Bestimmungen an Tonen und Schamotten.* Es werden drei spektrochem. Arbeitsverff. zur schnellen Best. von Al_2O_3, TiO_2, Fe_2O_3, CaO u. MgO in Tonen u. Schamotten beschrieben, u. zwar 1. eine Arbeitsweise ohne vorherigen Aufschluß mit dem SiO_2-Geh. des Probeguts als innerem Standard; 2. ein Verf. nach vorherigem Aufschluß mit dem SiO_2 des Probeguts als innerem Standard u. 3. ein Verf. nach vorherigem Aufschluß mit Ca als äußerem Standard. Die Vor- u. Nachteile der einzelnen Verff. werden besprochen u. ihre Anwendungsmöglichkeiten erörtert. Es wird nachgewiesen, daß zumindest bei den hochwertigen Tonen ein vorheriger Aufschluß vorteilhaft ist. (Arch. Eisenhüttenwes. **26.** 329—32. Juni 1955. Dortmund-Hörde, Dortmund-Hörder Hüttenunion Akt.-Ges.) H. HOCHSTEIN. 6248

F. Matouschek, *Bestimmung der SO_4-Ionen durch konduktometrische Titration, unter besonderer Berücksichtigung der Anwendung auf Zement und Klinker.* Vf. beschreibt einige Methoden zur quantitativen Best. des SO_4-Ions. Die konduktometr. Titration mit Ba-Acetatlsgg. erweist sich bes. für Reihenverss. bei Zement u. Klinker als geeignet u. ergibt bedeutenden Zeitgewinn. (Zement-Kalk-Gips **7** (**43**). 9—19. Jan. 1954. Schweiz, Zementfabrik Roche.) D. BREDTSCHNEIDER. 6252

Pasquale d'Elia, *Untersuchungen über die Härteprüfung von Beton.* Vf. berichtet über Arbeiten, die mit dem Ziel der Einführung eines neuartigen Festigkeitstests für Beton durchgeführt werden. Die vorgeschlagene Meth. liefert im Vgl. mit den normenmäßig ermittelten Werten für die Bruchfestigkeit brauchbare Resultate, wenn die vom Vf. angegebenen Eichkurven bzw. Formeln bei der Berechnung berücksichtigt werden. Die Meth. bietet den Vorteil, daß die Prüfung direkt am Bauelement vorgenommen werden kann u. daß die Messungen sehr einfach u. schnell durchzuführen sind. (Ind. ital. Cemento **25.** 64—67. März 1955. Napoli, Univ., Fac. di Ingegneria, Ist. di Sci. delle Costruzioni.) W. ANIKA. 6252

Howald Albert Tanner, Meadow Wood Drive, Md., V. St. A., *Kitt für optische Zwecke,* bestehend aus einem Celluloseester einer 6—20 C-Atome aufweisenden Säure, z. B. Cellulosestearat oder -caprat, der in geschmolzenem Zustand durch genügend langes Vakuum gasfrei gemacht wurde. (**E. P. 722 825** vom 6/2. 1952, ausg. 2/2. 1955.) C. Lüttgen. 6201

Poor & Co., Chicago, Ill., V. St. A., *Vorbehandlung von niedriggekohltem Eisen vor dem Emaillieren.* Nach dem Beizen in H_2SO_4 wird die Oberfläche mit einer Phosphat- u. S enthaltenden Schicht überzogen, auf die dann nacheinander noch eine dünne Sb- u. eine dünne Ni-Schicht aufgebracht wird. Das Aufbringen einer besonderen Grundemailschicht wird hierdurch überflüssig. — Abbildungen. (**E. P. 718 514** vom 23/8. 1951, ausg. 17/11. 1954.) F. Markhoff. 6213

Philips Patentverwaltung G. m. b. H. (Erfinder: **Josef Möllers**), Hamburg, *Keramisches Material und seine Herstellung. Dielektr.* Körper mit einer DK. ε von 35—55, kleinem Temperaturkoeff. TKε der DK. u. niedrigem Verlustfaktor von ca. tg $\delta < 10 \cdot 10^{-4}$ werden aus Gemischen von einem oder mehreren der Titanate $2\,CaO \cdot TiO_2$, $3\,CaO \cdot 2\,TiO_2$, $2\,SrO \cdot TiO_2$ u./oder $3\,SrO \cdot 2\,TiO_2$ u. 3—50% Zusätzen eines oder mehrerer der Titanate $ZnO \cdot TiO_2$, $2\,ZnO \cdot TiO_2$, $CdO \cdot TiO_2$ u./oder $2\,CdO \cdot TiO_2$ hergestellt. Zur Erzeugung der Gemische werden die reinen Oxyde oder zersetzliche Verbb. der Bestandteile, wie Carbonate, verwendet, die, gegebenenfalls nach einem Vorbrand bei 800—1200° u. Feinzerkleinerung, vermengt u. bei 1200—1350° gesintert werden. (**D. B. P. 925 518** Kl. 80b vom 10/6. 1951, ausg. 24/3. 1955. Anmeldung bekanntgemacht 23/10. 1952.) F. Reinhart. 6217

Dolomitwerke G. m. b. H., Wülfrath/Rhld. (Erfinder: **Karl Verlohr,** Koblenz), *Feuerfeste Dolomiterzeugnisse.* Die feinkörnigen Anteile des Sinter- oder Schmelzdolomits, z. B. unter 0,5 mm Korngröße, wie sie nach kurzer Mahlung anfallen, werden ganz oder zum Teil von den groben Körnern abgetrennt, worauf der restliche Teil zur Herst. von Steinen oder Stampfmassen verwendet wird. Der Feinanteil kann nach Brennen mit Stabilisierungsmittel wieder dem Groben zugesetzt werden. Die Massen werden ohne Zusatz von Bindemitteln, wie Teer oder Sulfitablauge, unter hohem Druck zu Steinen geformt oder zu feuerfestem Futter gestampft. (**D. B. P. 923 299** Kl. 80b vom 3/1. 1945, ausg. 10/2. 1955. Anmeldung bekanntgemacht 26/7. 1951.) F. Reinhart. 6219

General Electric Co., New York, übert. von: **John P. Howe,** Round Lake, und **Richard R. Katucki,** Schenectady, N. Y., V. St. A., *Wärmeisolier- und -schutzmasse,* bestehend aus $Ca(NO_3)_2 \cdot 4\,H_2O$ mit einem Zusatz von ca. 5% $Ba(OH)_2 \cdot 8\,H_2O$, das bei ca. 45° eingeschmolzen wird. (**A. P. 2 706 716** vom 30/12. 1952, ausg. 19/4. 1955.) H. Schindler. 6229

D. & H. Scovil, Inc., übert. von: **Philip W. Porter,** Higganum, Conn., V. St. A., *Poliermittel.* Als Einbettungsmassen für feinverteilte Schleifmittel (bei Polierscheiben oder -bändern) werden Gemische von 4—36 (%) einer wss. Polyvinylacetatemulsion mit 56 Festgeh., 65—40 Alkalisilicat, 0,5—6 Na-Celluloseglykolat, 26—16 Ton u. 4,5 bis 2 Sorbit verwendet. (**A. P. 2 611 689** vom 6/9. 1949, ausg. 23/9. 1952.) W. Gräger. 6239

Gerhard Hartleif u. Heinz Kornfeld, Spektrochemische Bestimmungen an Tonen und Schamotten. Mitteilung aus der Metallurgischen Abteilung Hörde der Dortmund-Hörder-Hüttenunion. Düsseldorf: Verl. Stahleisen. 1955.

Heinz Neumann, Tabellenbuch für die Keramik-, Glas- und Emailindustrie. Bd. 1. Leipzig: Fachbuchverl. 1955. (480 S. m. 12 Bild.) 8°. DM 20,—.

Walter Stegmaier, Keramisches Fachwörterbuch. Begriffsbestimmungen. T. 1. Englisch/Amerikanisch-Deutsch. Bonn: Verl. d. Dt. Keram. Ges. 1954. (292 S.) 8°. = Bücher der Deutschen Keramischen Gesellschaft. DM 14,80.

VII. Agrikulturchemie. Schädlingsbekämpfung.

K. Maiwald, *Stand der stofflichen Untersuchung und Bewertung des Stalldüngers.* Die Unterss. über Stallmist beschäftigten sich in den letzten 15 Jahren hauptsächlich mit der Frage der Humuswrkg. des Stalldüngers im Boden, den stofflichen Verbesserungen während des Rottevorganges u. mit der Bedeutung der Mikroorganismen u. Kleintiere für die Rotte. In neuerer Zeit traten arbeitstechn. Gesichtspunkte hinzu, ferner die Unters. der Rückstände aus Biogasanlagen. (Landwirtsch. Forsch., Sonderh. Nr. 6. 86—93. 1955.) A. Jacob. 6294

M. Trénel, *Über Kondensationsvorgänge im Boden.* Im Boden sind Wassergewinne in Dampfform aus der freien Atmosphäre möglich. Kondensation findet im Boden zu allen Jahreszeiten in einem größeren Maße statt, als bisher angenommen wurde; sie wird durch die Hygroskopizität der akt. Oberflächen der Bodenkolloide u. durch Capillarkondensation verstärkt; ihre Mindesthöhe wurde pro Jahr zu ca. 50 mm berechnet. Bei starker Sonneneinstrahlung weicht das W. in den Bodencapillaren nach der Tiefe aus. Durch diese innere Dest. wird die Bewegung des W. zur Wurzel im Boden wesentlich erleichtert. (Landwirtsch. Forsch., Sonderh. Nr. **6.** 101—03. 1955.) A. JACOB. 6302

P. F. Butler und **J. A. Prescott,** *Verdunstungstranspiration von Weizen und Weide in Beziehung zur aufnehmbaren Feuchtigkeit.* Die Veränderungen der Bodenfeuchtigkeit bis zu einer Tiefe von 5 Fuß unter einer Fruchtfolge u. unter Dauerweide wurden von 1948—1950 verfolgt. Monatlich wurden der Wasservorrat des Bodens u. die Verdunstungstranspiration von Weizen u. Weide sowie die Feuchtigkeitsverluste von Schwarzbrache berechnet. Es wurde eine Formel für die Beziehungen zwischen Verdunstungstranspiration bei Pflanzen, Verdunstung im allgemeinen, Speicherung von W. im Boden u. Regenfall aufgestellt. Die Verluste bei Schwarzbrache wurden hauptsächlich durch Regenfall u. Speicherung im Boden bestimmt. (Austral. J. agric. Res. **6.** 52—61. Jan. 1955. Adelaide, Univ., Waite Agric. Res. Inst.) A. JACOB. 6302

F. Nieschlag, *Probleme der Förderung der Bodenfruchtbarkeit.* Die Maßnahmen zur Förderung der Bodenfruchtbarkeit werden im Zusammenhang mit dem Bodentyp besprochen. (Landwirtsch. Forsch., Sonderh. Nr. **6.** 63—69. 1955.) A. JACOB. 6304

P. Schachtschabel, *Der Nährstoffgehalt des idealen Bodens.* Die grundsätzlichen Fragen der Nährstoffaufnahme, die Gleichgewichte zwischen austauschbaren Ionen u. Bodenlsg., der Einfl. der Boden-Rk. auf die Löslichkeit von Mikronährstoffen u. der Einfl. des Redoxpotentials auf Mn u. Fe werden besprochen. Im speziellen Teil wird die Best. des pflanzenverfügbaren *Mn*, Möglichkeiten zu seiner Erhöhung u. der Mn-Geh. norddeutscher Böden erörtert. Ebenso werden die Spurenelemente *Cu* u. *B* besprochen. Die Zunahme von *Mg*-Mangelerscheinungen sowie die Ergebnisse der Bodenunterss. weisen auf einen starken Mangel an Mg hin, wobei der Ionenantagonismus von Mg gegenüber *K, N* u. *Ca* von Einfl. ist. Interessant sind auch die Zusammenhänge zwischen der Aufnahme von Mg u. den Mikronährstoffen. Mg-Mangel tritt verstärkt in feuchten Perioden auf. Grenzzahlen für den notwendigen Mg-Geh. der Böden werden vorgeschlagen. Die Kalkung kann Mangel an Spurenelementen hervorrufen. Es wird die Forderung aufgestellt, daß in einem idealen Boden die Nährstoffzus. so sein soll, daß eine hohe Gabe an irgendeinem Nährstoff keinesfalls einen anderen Nährstoff ins Minimum bringt, so daß die Ertragshöhe vermindert wird. (Landwirtsch. Forsch., Sonderh. Nr. **6.** 50—63. 1955.) A. JACOB. 6304

K. Rathsack, *Über Umsetzungsprodukte des Cyanamids im Boden.* Bei Wasserzusätzen zu Kalkstickstoff (I) von 200—300% des I-Gewichts wurde eine erhöhte *Cyanamid* (**II**)-Umsetzung festgestellt. Die düngende Wrkg. der bei Wasserzusatz von 250% zum I entstehenden Umsetzungsprodd. war geringer als diejenige der bei höheren u. niedrigeren Zusätzen entstehenden N-Verbindungen. Bei der Umsetzung des II im Boden tritt neben der prim. Reaktionsfolge **II**-Harnstoff-NH_3 in untergeordnetem Maße eine sek. Folge auf, deren Prodd. wahrscheinlich ein unterschiedliches Gemisch von Dicyandiamid, Guanylharnstoff u. Guanidin darstellen; diese sind mit der lang anhaltenden N-Wrkg. des I in Verbindung zu bringen. (Landwirtsch. Forsch., Sonderh. Nr. **6.** 116—23. 1955.) A. JACOB. 6304

P. Laske, *Bodenchemische Wirkungsweise weicherdiger Rohphosphate.* Die hohen Lactatwerte von Böden, die mit weicherdigen Rohphosphaten gedüngt wurden, sind eine Folge der geringen Festlegung der P_2O_5 u. der guten Lactatlöslichkeit dieser Rohphosphate. Die Lactatlsg. löst vorwiegend die im Boden fein verteilte mineral. P_2O_5. Auf Humus-Carbonat-Böden ist die lactatlösl. P_2O_5 für Hafer nur zu einem geringen Teil aufnehmbar. (Landwirtsch. Forsch., Sonderh. Nr. **6.** 38—41. 1955.) A. JACOB. 6304

A. Fruhstorfer, *Zur Bewertung der Phosphorsäure.* Das Einpflügen oder Einschälen von *Superphosphat* (I) in Verbindung mit Mist hat sich in der Praxis bereits bewährt. Das granulierte I ist gegenüber dem feingemahlenen zu bevorzugen. Die Wrkg. von I wird erhöht, wenn es schicht- oder bandförmig in den Boden gebracht u. nicht gleichmäßig mit diesem vermischt wird. (Landwirtsch. Forsch., Sonderh. Nr. **6.** 124—28. 1955.) A. JACOB. 6304

J. G. C. van Dam, *Untersuchung von Böden und Erträgen nach den Überschwemmungen vom 1. Februar 1953.* 2. Mitt. *Der Einfluß des Salzes auf die Erträge an wichtigsten Gemüsesorten.* (1. vgl. v. D. BERG; C. **1955.** 5630.) In den Überschwemmungsgebieten wurden 11 Versuchsfelder mit verschied. Gemüsesorten bestellt. Der erhöhte Salzgeh. verzögert die Keimung der Samen sowie das Wachstum der Pflanzen oder bringt diese zum Absterben. Haltbarkeit u. Geschmack (z. B. Kartoffeln bei einem Salzindex von >3) können ebenfalls nachteilig beeinflußt werden. Die Bodenstruktur wird im allg. wesentlich verschlechtert, so daß bes. kleinsamige Gemüse mechan. gehemmt werden. Die Empfindlichkeit gegenüber hohen NaCl-Konzz. nimmt etwa in folgender Reihenfolge zu (in Klammern: krit. Salzindex in 50—20 cm Bodentiefe): Portulak (10), Rüben (9), Rettich u. Grünkohl (8), Zichorie, Spinat, Herbstblumenkohl, Wirsingkohl u. Rosenkohl (6), Lauchgewächse u. Karotten (5), Rotkohl u. Sellerie (4), Endivie u. Frühkartoffeln (3). Der Salzgeh. kann gewisse Krankheiten begünstigen. Ferner tritt z. B. eine Bräunung der Blattränder bei Salat bis zu einem Salzindex von 3—4 gehäuft auf, um bei höheren Indices wieder abzunehmen, bei Endivie u. Wirsing war ein stetiges Ansteigen mit zunehmendem NaCl-Geh. festzustellen. Wie bei n. Böden können auch in salzigen Böden die Auswahl geeigneter Sorten, die Bodenqualität, die Fruchtfolge, die Bodenbearbeitung (Gipsgaben), der Humusgeh., Ndd. u. Wetter die Erträge stark beeinflussen. (Netherl. J. agric. Sci. **3.** 1—14. Febr. 1955.) HANS THIELE. 6304

W. G. Beeftink, *Untersuchung von Böden und Erträgen nach den Überschwemmungen vom 1. Februar 1953.* 3. Mitt. *Salzempfindlichkeit überfluteter Obstarten.* (2. vgl. vorst. Ref.) Die Beeinflussung der verschied. Obstarten durch die Überflutungen ist von zahlreichen Faktoren abhängig. Nach eigenen Unterss. u. unter Einbeziehung zahlreicher Literaturangaben kommt Vf. zu folgenden Ergebnissen. Die Empfindlichkeit gegenüber NaCl steigt ungefähr wie folgt an: Maulbeere, Trauben, Birne, Apfel, schwarze Johannisbeere, Pflaume, Pfirsich, Walnuß, Sauerkirschen, Süßkirsche, rote Johannisbeere, Stachelbeere, Himbeere, Brombeere. Von den Apfelsorten war „Glorie van Holland“ am unempfindlichsten, von den Birnensorten „Beurré Alexandre Lucas“. Die Empfindlichkeit der Pfropfunterlagen von Apfelbäumen hing im Gegensatz zu der Annahme von DORSMAN u. WATTEL nicht von der Wachstumskraft ab. Unterschiede in der Resistenz waren wie bei den Obstvarietäten von Änderungen im Genotyp abhängig. Die Tiefe des Wurzelsyst., die u. a. von der Bodenbeschaffenheit bestimmt wird, kann natürlich von großer Bedeutung sein. Bei flachen Wurzelsystemen ist einmal schneller Luftzutritt gewährleistet, zum anderen liegen alle Wurzeln in der ursprünglich salzreichsten Bodenschicht. Die Beobachtung des Zustandes von Apfel- u. Birnbäumen während der Vegetationsperiode zeigte, daß Birnbäume im allg. resistenter sind als Apfelbäume, dabei ist der Salzgeh. des Bodenwassers der wichtigste Faktor. Nach der Überflutung vom 1/2. 1953 waren ein Salzindex von 7—8 für Apfel- u. ein solcher von 11—12 für Birnbäume (Ende Juni 1953) die krit. Grenzen, oberhalb deren die Bäume auch unter günstigsten Bedingungen nicht mehr gerettet werden konnten. Läßt man den Salzindex unberücksichtigt, so können Apfel- u. Birnbäume eine Überflutung von 8 bis 9 Wochen ohne Schaden überstehen. Das Alter der Bäume hat keinen deutlichen Einfl., jedoch zeigten Apfelbäume, die 25 Jahre oder älter waren, meist geringere Resistenz. Die Höhe des Wasserstandes beeinflußt unverschnittene Bäume weniger als verschnittene. Die Beobachtungen zeigten ferner, daß tiefe Bodenbearbeitung, Erschöpfung des Bodens u. mangelnde Pflege der Bäume sich sehr ungünstig auswirken können. Im allg. können vorübergehend höhere NaCl-Konzz. nach Überflutungen besser ertragen werden als niedrigere, aber von konstantem Wert. Es ist anzunehmen, daß die Beeinflussung der Obstsorten auch stark von der Jahreszeit der Überflutung abhängt. (Netherl. J. agric. Sci. **3.** 15—34. Febr. 1955.) HANS THIELE. 6304

A. R. C. Haas und **J. N. Brusca,** *Toxizität von Fluor für Citrus.* Citrusstecklinge wurden auf Sand, der mit HOAGLAND-Nährlsg. mit Zusatz von 25—400 p.p.m. F in Form von NaF bzw. KF versorgt wurde, kultiviert. Bei Anwendung von NaF wirkten Konzz. von $>$50 p.p.m. F, von KF Konzz. von $>$100 p.p.m. F toxisch. Die Schäden beruhen nicht auf dem Geh. der Verbb. an Na bzw. K. (Calif. Agric. **9.** Nr. 3. 15—16. März 1955. Riverside, Calif., Univ. of California.) F. RANG. 6304

H. Riehm, *Kobaltmangelerscheinungen im Schwarzwald und Wege zu ihrer Heilung.* Die HINSCH-Krankheit tritt in Granitgebieten, niemals in Gneisgebieten auf. Der Co-Geh. des Heus ist in den befallenen Betrieben niedriger als in gesunden. Der einfachste Weg zur Heilung ist die Verfütterung von Co-Salzen, bes. von kobaltiertem Futterphosphat. (Landwirtsch. Forsch., Sonderh. Nr. **6.** 139—44. 1955.) A. JACOB. 6304

R. C. Rossiter, *Der Einfluß des Bodentyps auf die Giftwirkung von Phosphor bei unterirdischem Klee* (*Trifolium subterraneum L.*). 5 Böden wurden in Gefäßverss. unter Anwendung einer weiten Staffelung von $Ca(H_2PO_4)_2$-Gaben untersucht. Die P-Mengen, die erforderlich waren, um Anzeichen von P-Vergiftung bei unterird. Klee zu erzeugen, waren von Boden zu Boden sehr unterschiedlich, auch wenn alle anderen Nährstoffe gleichmäßig zugeführt wurden. Diese Wrkg. des Bodens wird hauptsächlich auf Unterschiede in der Fähigkeit zurückgeführt, lösl. P in Formen festzulegen, die für die Pflanze nicht leicht aufnehmbar sind. Wenn das Problem im Freiland auftritt, kann schlechte Knöllchenbldg. die Krankheit noch verschärfen. (Austral. J. agric. Res. **6.** 1—8. Jan. 1955. Nedlands, Univ. of Western Australia, Div. of Plant-Ind.) A. JACOB. 6304

R. C. Rossiter, *Reaktion der Sorten von unterirdischem Klee (Trifolium subterraneum L.) auf Kalimangel.* In 2 Gefäßverss. u. einem Feldvers. wurden 5 Handelssorten von unterird. Klee in Perth auf Crawley-Sand gezogen. Alle wurden durch K-Mangel in ähnlicher Weise betroffen u. eine verschied. Rk. der Sorten auf K-Düngung wurde weder in bezug auf Ertrag an Trockensubstanz noch auf K-Geh. festgestellt. Beginnender K-Mangel wird durch den Wert von 0,8% K in Blatt u. Stengel der Spitzenblätter 10 Wochen oder später nach der Keimung angezeigt. (Austral. J. agric. Res. **6.** 9—14. Jan. 1955. Nedlands, Univ. of Western Australia, Div. of Plant-Ind.) A. Jacob. 6304

W. Hartfiel, *Der Einfluß von Natrium- und Kaliumdüngung auf den Mineralstoffgehalt von Futterpflanzen.* Düngungsverss. in Neubauer-Schalen u. Gefäßen zu Hafer u. Lolium perenne sowie Wiesendüngungsverss. ergaben, daß sich sowohl der Na- als auch der K-Geh. der Pflanzen durch entsprechende Düngergaben steigern läßt, wobei ertragsmäßig die Wrkg. des Na bedeutend geringer als die des K ist. Durch eine Kombination von K u. Na im Düngemittel kann das Verhältnis K : Na, das im Rahmen der Gesunderhaltung der landwirtschaftlichen Nutztiere außerordentlich wichtig ist, enger gestaltet werden, ohne daß die Ertragsleistung wesentlich verringert wird. (Arch. Tierernähr. **4.** 349—56. 1/3. 1955. Bonn, Univ., Inst. für Tierzucht u. Tierfütter.) W. Beinert. 6304

J. Vlamis, A. M. Schultz und **H. H. Biswell,** *Abbrennen und Bodenfruchtbarkeit.* Salat u. Gerste wurden im Gewächshaus auf Mineralboden von abgebrannten Waldflächen unter Düngung mit N + P bzw. N + K bzw. P + K kultiviert. Es zeigte sich, daß im Vgl. mit den nicht abgebrannten Kontrollböden je nach Intensität des Abbrennens der Geh. der Böden an aufnehmbarem N auf das Doppelte bis 8fache, an aufnehmbarem P bei nicht-P-fixierendem Boden bis auf das 10fache anstieg. (Calif. Agric. **9.** Nr. 3. 7. März 1955. Berkeley, Calif., Univ. of California.) F. Rang. 6304

L. I. Korablewa und **S. A. Prochorowa,** *Die Wirkung von Düngemitteln bei Überschwemmungsböden.* Laboratoriumsunterss. u. Feldverss. an Kartoffeln zeigten auf Marschböden Unterschiede in der Fruchtbarkeit dieser Böden in Abhängigkeit von ihrer Lage zur Moskwa. Feldverss. auf den Böden der zentralen Marsch zeigten eine starke Wrkg. der K-Dünger, dagegen kaum eine Wrkg. von P_2O_5 u. N. Durch K_2O erhöhte sich der Kartoffelertrag im Durchschnitt um 4—6 t/ha. Mg bewirkte eine Ertragssteigerung von durchschnittlich 2,5—3 t, wobei sich der Stärkegeh. der Kartoffeln im Vgl. zur Kontrolle um 1,2—1,7% erhöhte. Die höchste Kartoffelernte von 30,3 t/ha wurde mit 120 kg K_2O u. 50 kg MgO erzielt (Mehrertrag von 11—12 t/ha). Zur Erhöhung der Ernte an Kartoffeln u. Zuckerrüben muß man den alluvialen Marschböden des Moskwa-Flusses 90—120 kg K_2O zuführen. (Земледелие [Ackerbau] **1953.** Nr. 5. 58—64. Okt. Bodenkundl. Inst. der Akad. der Wiss. der UdSSR.) A. Jacob. 6304

W. Baden, *Einige Besonderheiten der Pflanzenernährung und Düngung auf nordwestdeutschen Moorkulturen.* Die Grenzzahlen für K_2O u. P_2O_5 für Hochmoorkulturen wurden niedriger als die für Mineralböden empfohlenen festgelegt. Liegen keine genauen Einblicke in die Nährstoffdynamik der Böden vor, so wird empfohlen, neue Kulturen einige Jahre mit P_2O_5 u. K_2O auf Vorrat zu düngen u. dann Ersatzdüngungen vorzunehmen. Für die Regelung des Kalkzustandes dient die Unters. des KCl-Auszuges nach der Meth. von Schachtschabel. Organ. Dünger wird auf Moorböden nicht benötigt. Zu starke Aufkalkung regt die Zers. der Humussubstanz stark an, wodurch der physikal. Bodenzustand verschlechtert wird. Bei geringerer Aufkalkung werden die Spurenelemente weniger stark fixiert. Der auf Mineralböden bestehende Antagonismus zwischen Mg u. K konnte auf Moorböden mit niedrigen p_H-Werten nicht beobachtet werden. Langsam wirkende N-Quellen sind auf Moorböden zu bevorzugen. (Landwirtsch. Forsch., Sonderh. Nr. **6.** 103—04. 1955.) A. Jacob. 6304

G. Gliemeroth, *Möglichkeiten der Beeinflussung von Wurzelmasse und Wurzeldifferenzierung.* Auf manchen verdichteten Böden förderte zusätzliche Unterbodenlockerung erst dann das Wurzelwachstum, wenn gleichzeitig die Nährstoffverhältnisse des Unterbodens verbessert wurden. In Gefäßen konnte gezeigt werden, daß die Wurzelverteilung in klarer Beziehung zum Nährstoffgeh. des die Wurzel umgebenden Bodens steht, daß also die alte Vorstellung falsch ist, nach der in einem nährstoffarmen Boden sich auf der Suche nach Nährstoffen ein bes. starkes Wurzelnetz ausbilden soll. Auch eine Veränderung der Einbringungstiefe des N kann das Wurzelbild stark beeinflussen. Die Verlagerung von N, der im Frühjahr in die oberste Bodenschicht flach eingearbeitet wird, wird zweifllos überschätzt; auch auf leichteren Böden findet während der Vegetationszeit meist keine N-Verlagerung unter die durchwurzelte Schicht statt. (Landwirtsch. Forsch., Sonderh. Nr. **6.** 69—85. 1955.) A. Jacob. 6304

A. Amberger, *Kohlenhydratstoffwechsel und Atmung einiger Kulturpflanzen und ihre Auswirkung auf Qualität und Lagerfähigkeit.* Sachgemäße Kalidüngung drückt die fermentative Stoffhydrolyse in lebenden Pflanzen herab u. fördert den Aufbau höherer Kohlenhydrate. K-Mangel äußert sich ähnlich wie N-Überdüngung in einer Erhöhung der Aktivität der hydrolysierenden Fermente u. führt zur Anhäufung niedermol. Zucker. Da gleichzeitig mit der Aktivität der Hydrolasen auch die der Atmungsfermente beeinflußt wird, führt der Abbau der Endprodd. einer verstärkten Hydrolyse zu erhöhten Atmungsverlusten. Dies konnte für den Fall der Heutrocknung sowie für mehrmonatige Lagerung von Kartoffeln, Rüben usw. gezeigt werden. (Landwirtsch. Forsch., Sonderh. Nr. **6.** 134—38. 1955.) A. JACOB. 6304

W. Ralph Singleton, *Der Beitrag der Strahlungsgenetik zur Landwirtschaft.* Allg. Ausführungen über Röntgen- u. γ-Bestrahlung von Nutzpflanzen zur Gewinnung ertragreicherer u. widerstandsfähiger Sorten. (Agronomy J. **47.** 113—17. März 1955. Upton, N. Y., Biol. Dep., Brookhaven Nat. Labor.) EBERHARD MÜLLER. 6304

H. Heigener, *Die Entwicklung der Samenuntersuchung und ihre praktische Auswirkung.* (Landwirtsch. Forsch., Sonderh. Nr. **6.** 10—17. 1955.) A. JACOB. 6312

G. L. Phillips, *Kornbegasung.* Abhandlung über die prakt. Anwendung der CH_3Br-Begasung von Korn u. Saatgut in Schiffsladeräumen zum Schädlingsschutz. (Agric. Chemicals **10.** Nr. 1. 55—56. 117—21. Jan. 1955. Manhattan, Kans., Stored-Grain Insects Labor.) W. JANICKE. 6312

S. W. Bailey, *Lagerung von Getreide unter Luftabschluß; ihre Wirkung auf schädliche Insekten.* 1. Mitt. *Calandra Granaria L.* (*Coleoptera, Curculionidae*). Bei Lagerung unter Luftabschluß sterben die Insekten ab infolge Mangels an O_2, der durch die Atmung der Insekten verursacht wird, u. nicht infolge der Anhäufung von CO_2. Am widerstandsfähigsten sind die erwachsenen Insekten. (Austral. J. agric. Res. **6.** 33—51. Jan. 1955. Canberra, A. C. T., Div. of Entomol.) A. JACOB. 6312

B. Rademacher, *Maßnahmen des Pflanzenarztes zum Schutze von Saatgut und Jungpflanzen.* Mit Universalbeizmitteln auf *Hg*-Grundlage gelang die Bekämpfung von Brandkrankheiten bei Getreide, Streifenkrankheit bei Gerste u. Schneeschimmel bei der Winterung. Die Vermutung einer Selektion Hg-resistenterer Brandrassen durch subletale Beizdosen ist bisher nicht bestätigt worden. Eine mögliche Ursache für stärkere Bodeninfektion mit Zwergbrand sind die modernen maschinellen Ernteverff., bei denen eine stärkere Verwehung der Brandsporen auf Nachbarfelder erfolgt. Neuerdings erscheint auch *HCH* allein oder mit Hg zusammen in den Beizmitteln. Die Anwendung von Antibioticis zur Saatbeize ist über das Laboratoriumsstadium noch kaum hinaus gediehen. Kontaktinsekticide, wie *Lindan*, dienen zur Bekämpfung von tier. Schädlingen, bes. von Drahtwürmern u. Engerlingen. Soll gleichzeitig gebeizt werden, so muß zunächst die fungicide, dann erst die insekticide Behandlung erfolgen. Gegen Vogelfraß, jedoch nur bis zur Keimung, schützt das Anthrachinon-Präp. *Morkit.* Neben die Behandlung des Saatgutes mit Fungiciden u. Insekticiden tritt neuerdings die Zugabe von Nährstoffen, bes. Spurenelementen, z. B. *Dynamal* (Kombination eines fungiciden Beizmittels mit *B, Cu, Mn*). Gegen Jugendschädlinge der Kulturen wird die Flächenbehandlung mit *HCH, Chlordan* u. *Aldrin* empfohlen. (Landwirtsch. Forsch., Sonderh. Nr. **6.** 18—27. 1955.) A. JACOB. 6312

E. Levi, *Einige Erscheinungen der Giftigkeit von CMU (3-[p-Chlorphenyl]-1.1-dimethylharnstoff) für Pflanzen.* CMU (3-[p-Chlorphenyl]-1.1-dimethylharnstoff) war sowohl für einjährige wie für perennierende Pflanzen ein starkes Gift, das hauptsächlich über das Wurzelsyst. wirkt, wenn auch Besprühungen ein Vertrocknen u. Abwerfen von Blättern verursachen. Eine Weiterleitung dieses Stoffes vom Sprößling nach der Wurzel wurde nicht festgestellt. (Austral. J. agric. Res. **6.** 27—32. Jan. 1955. Griffith, N. S. W., Irrigation Res. Stat.) A. JACOB. 6312

Lemac Hopkins, I. K. Abu Yaman und **L. A. Carruth,** *Geschmacksbeeinflussung und Rückstandsanalyse von mit Malathion behandeltem Salat.* Die analyt. Unterss. von Salat, der mit *Malathion*-Staub bzw. Spritzmitteln behandelt wurde, zeigte nach 3 Tagen nur noch Spuren des Wirkstoffes, die nach 10 Tagen vollständig verschwunden waren. Die Geschmacksunterss. ergaben keinen meßbaren Effekt. (J. econ. Entomol. **48.** 151 bis 152. April 1955. Tucson, Ariz., Univ. of Arizona.) W. KNÖPKE. 6312

Floyd F. Smith, Paul Giang und **Edgar A. Taylor,** *Reduzierung von Malathionrückständen auf Gemüse durch Waschen.* Verschied. Gemüsearten wurden kurz vor der Ernte mit *Malathion*-Emulsion, -Suspension bzw. -Staub behandelt. Bei allen geernteten Prodd. konnte durch eine Waschung von 60 Sek. Dauer der Malathiongeh. unter 1 p.p.m. herabgedrückt werden. (J. econ. Entomol. **48.** 209—10. April 1955. Agric. Res. Serv. Entomol. Res. Branch, USDA.) W. KNÖPKE. 6312

N. M. Russin, O. I. Wassiljewa und **W. G. Chartschenko,** *Hygienische Bewertung von Feldfrüchten, die mit Carbophos 1 behandelt wurden.* Das Insekticid *Carbophos 1* (**I**;

O.O-Dimethyldithiophosphatobernsteinsäurediäthylester) ist giftig für Warmblüter; cumulative Eigg. wurden nicht beobachtet. Pflanzliche Prodd., die während der Vegetationsperiode mit einer wss. Emulsion einer 35% ig. I-Lsg. behandelt wurden u. davon nicht mehr als 7—8 mg je kg enthielten, zeigten 3—5 Tage nach der Behandlung keine ungünstigen Veränderungen des Geschmacks u. des Geruchs. Enthielten die Prodd. mehr als 8 mg/kg **I**, so erlangten sie einen bitteren Geschmack. Sie sind dann zwar nicht giftig, aber für Genußzwecke ungeeignet. Es wird eine Meth. zur Best. von **I** in pflanzlichen Prodd. angegeben. Vom hygien. Standpunkt aus sind keine Einwendungen gegen die Anwendung von **I** zum Pflanzenschutz unter der Bedingung zu erheben, daß Geruch u. Geschmack nicht beeinträchtigt werden u. daß der Geh. 5 mg **I** je kg nicht übersteigt. (Гигиена и Санитария [Hyg. u. Sanitätswes.] **1955.** Nr. 6. 38—44. Juni. Sanitäres Wiss. Erissman-Forschungsinst.) A. JACOB. 6312

Paul R. Miller, *Wirksamkeit von Bodenfungiciden zur Bekämpfung von Kartoffelschorf.* Vf. berichtet über Verss. mit *P-162* (*Hexachlorcyclopentadien;* **I**), *Paraformaldehyd* (**II**), *S* (**III**), *OPP* (*Na-o-Phenylphenolat;* **IV**) u. *PCNB* (*Pentachlornitrobenzol;* **V**) zur Bekämpfung des Schorferregers Streptomyces scabies. **V** zeigte Wrkg. u. Schädigung der Pflanzen, **II** u. **IV** waren unwirksam, **I** nicht eindeutig u. **III** schwächer wirksam als **V**. (Agric. Chemicals **10.** Nr. 1. 60—61. 121—22. Jan. 1955. Beltsville, Md., U. S. Dep. of Agr., Horticult. Crops Res. Branch, Plant Disease Epidemics and Identificat. Sect.) W. JANICKE. 6312

C. D. Gustafson, *Begasung von Avocado-Böden.* Verss. zur Prüfung von CH_3Br (**I**), *Dithane D-14*, *Chlorpikrin* (**II**) u. *Vancide 51* auf ihre Wirksamkeit gegenüber dem Erreger der Avocadowurzelfäule Phytopthora cinnamoni ergaben, daß alle Mittel gut wirkten (**I** u. **II** am schnellsten u. vollständigsten), die Wurzeln der Kulturen jedoch teilweise erheblich geschädigt wurden. (Calif. Agric. **8.** Nr. 11. 10—14. Nov. 1954. San Diego County, Calif., Univ. of California.) W. JANICKE. 6312

Richard W. Harris und **William H. Griggs,** *Rostbefall von Bartlett-Birnen.* Nach den Ergebnissen von 2jährigen Verss. wird die Rostbldg. auf *Bartlett*-Birnen durch Anwendung von *Kupfer-Kalk*-Präpp. nicht hervorgerufen; der Befall dürfte auf ungünstigen Witterungseinflüssen beruhen. Durch Umhüllen der Blüten konnte der Rostbefall vermindert werden. *Streptomycin*-Sprays waren unwirksam. (Calif. Agric. **9.** Nr. 3. 5—6. März 1955. Davis, Calif., Univ. of California.) F. RANG. 6312

Roger F. Anderson, *Innere Therapie der Pflanzen zur Bekämpfung von Insekten.* Vf. prüfte die innertherapeut. Wrkg. von Insekticiden nach Aufnahme der Stoffe durch die Wurzeln u. Weiterleitung in die grünen Pflanzenteile. Die Erde wurde mit Lsgg. der Mittel gegossen. *Quassiaextrakt* erwies sich als tox. gegenüber Epilachna varivestis (Larven), Neodiprion lecontei (Larven), Malacosoma americanum, Ichthyura inclusa, Aphis medicaginis, Unilachnus parvus u. Brevicoryne brassicae, dagegen wurden Tetranychus bimaculatus, Macrosiphum solanifolii, Myzus persicae u. Pieris rapae nicht geschädigt. *Parathion* vernichtete Epilachna varivestis (Larven) u. Malacosoma americanum, aber nicht Tetranychus bimaculatus. Bei folgenden Stoffen konnte keine innertherapeut. Wrkg. festgestellt werden: HCH, Aloin, Cyclohexanonoxim, 2.4-Dimethylpentanon-(3)-semicarbazon, 4-Phenylmorpholin, α-Äthyl-α-toluamid, 1-Phenyl-2-propionylhydrazin u. 1-Isobutyryl-2-phenylhydrazin. (J. econ. Entomol. **48.** 187—90. April 1955. Durham, N. C., Duke Univ., School of Forestry.) W. KNÖPKE. 6312

Chas. F. Henderson und **Elvin W. Tilton,** *Versuche mit Acariciden gegen die Milbenart Petrobia latens* (*Müller*). Vff. prüften verschied. Acaricide in Feldverss. gegen Petrobia latens an Weizen. Die Ergebnisse zeigten, daß die organ. Phosphorsäureester die größte Wirksamkeit aufwiesen, dagegen ließ sich durch chlorierte KW-stoffe u. Schwefelverbb. nur ein geringer Erfolg erzielen. Die Initialtoxizität war bei *Demeton* u. *Parathion* (**I**) gleich gut; jedoch blieb nur **I** noch nach 18 Tagen ausreichend wirksam. **I** wird deshalb als das geeignetste Mittel für den Gebrauch in der Praxis empfohlen. (J. econ. Entomol. **48.** 157—61. April 1955. Agr. Res. Ser., Entomol. Res. Branch. and Kansas State Coll.) W. KNÖPKE. 6312

C. Winner, *Schädigungen und Krankheiten an Zuckerrüben.* Vf. bespricht Erfahrungen bei der chem. Bekämpfung der direkten u. indirekten Zuckerrübenschädlinge (Virusüberträger) Schwarze Bohnenlaus (Doralis fabae) u. Pfirsichblattlaus (Myzodes persicae) im „Läusejahr" 1954. Phosphorsäureestermittel wirkten nicht vollständig, Verstäubung von *E 605* wirkt teilweise besser als Besprühung, die Anwendung von *Systox* mußte teilweise wiederholt werden. Rechtzeitige Anwendung von Systox u. *Metasystox* zeigte die besten Erfolge. Zeitpunkt der Anwendung u. Witterung sind von Bedeutung. (Mitt. dtsch. Landwirtschafts-Ges. **70.** 53—55. 20/1. 1955. Göttingen.) W. JANICKE. 6312

J. W. Apple und **Ronald Martin,** *Erbsenblattlausbekämpfung mit Demeton in Beziehung zum Alter der Erbsenpflanzen.* Vff. prüften die Möglichkeiten der Bekämpfung von Macrosiphum pisi mit *Demeton* (I; Mischung von O-[2-(Äthylmercapto)-äthyl]-O.O-diäthylthiophosphat u. S-[2-(Äthylmercapto)-äthyl]-O.O-diäthylthiophosphat). Die Spritzung wurde an Pflanzen vorgenommen, die zwischen 18 u. 54 Tagen vor der Behandlung gepflanzt waren (4 Pflanztermine). Die Parzellen wurden mit 70, 140, 280 u. 560 g Wirkstoff/ha behandelt. Nach 3 Tagen zeigte sich eine 92,5—100%ig. Abtötung der Läuse bei den einzelnen Aufwandmengen. Ein Wiederansteigen der Population machte sich bei 70 u. 140 g/ha nach 8—10 Tagen u. bei 280 u. 560 g/ha nach 18 Tagen bemerkbar. Die analyt. Unters. des Pflanzenmaterials (Meth. von GIANG u. HALL, Messung der Cholinesterasehemmung) ergab 3 Std. nach der Spritzung 4,2, 11,5 u. 21,5 p.p.m. I bei den Aufwandmengen 70, 140 u. 280 g/ha. Die Rückstände waren nach 5—7 Tagen nur noch halb so groß u. lagen zum Zeitpunkt des Wiederauftretens der Läuse bei ca. 2 p.p.m. Geerntete Erbsen zeigten $<$0,3 p.p.m. I. (J. econ. Entomol. **48.** 193—95. April 1955. Madison, Wis., Univ. of Wisconsin.) W. KNÖPKE. 6312

L. R. Jeppson und **J. C. Ortega,** *Verwendung von Demeton bei Citrusbäumen.* Verss. ergeben, daß das systemat. Insekticid *Demeton* sowohl gegen die rote Citrusmilbe als auch gegen die grüne Citrusblattlaus als Sprühmittel wirksam ist, gegen jene infolge größerer Rückstandswirksamkeit mehr als gegen diese. Die Wrkg. gegen andere Citrusschädlinge ist unterschiedlich. (Calif. Agric. **8.** Nr. 11. 13. Nov. 1954. Riverside, Calif., Univ. of California.) W. JANICKE. 6312

Satoru Togashi und **Ralph L. Parker,** *Bekämpfung der Gemeinen Spinnmilbe (Tetranychus bimaculatus) an Buschbohnen.* Die Verss. zur Bekämpfung der Gemeinen Spinnmilbe mit acariciden Suspensionen (2 lb. netzbares Pulver/100 gall.) ergaben nach einer Versuchsdauer von 11 Tagen: *Aramite* (15%) 99%, *Malathion* (25%) 14% u. *Ovotran* (50%) 99,9% Abtötung. Mit *Chlorbenzilat* konnten 95% der Milben vernichtet werden. *Diazinon* hatte eine gute Anfangswrkg., konnte aber nur 30% der Schädlinge abtöten, dagegen ergab eine Malathionemulsion einen 88,8%ig. Erfolg. (J. econ. Entomol. **48.** 177—79. April 1955. Manhattan, Kans., Kansas State Coll.) W. KNÖPKE. 6312

W. E. Beckel, *Lindan-Anwendung in flüssigem Bohnerwachs zur Bekämpfung von Silberfischen (Thysanura).* Durch eine Mischung einer 1%ig. *Lindan*-Emulsion bzw. -Suspension mit einem Bohnerwachs werden auf einem frischbehandelten Fußboden Silberfische nach einer Verweildauer von 2—5 Min. abgetötet; nach 14 Tagen verlängerte sich diese Verweildauer auf 1½ Stunden. (J. econ. Entomol. **48.** 221. April 1955. Fr. Churchill, Manitoba Defence Res. Northern Labor.) W. KNÖPKE. 6312

H. Orth und **H. Bremer,** *Zur Bekämpfung der „Bohnenfliege".* Zur Zeit beste Bekämpfungsmöglichkeit ist die Beizung der Bohnensamen mit einem *Lindan* enthaltenden Hg-Beizmittel. (Anz. Schädlingskunde **27.** 87—88. Juni 1954. Neuß-Lauvenburg, Biol. Bundesanst. für Land- u. Forstwirtschaft, Inst. für Gemüsebau u. Unkrautforsch.) M. WINIKER. 6312

H. Bremer, *Die Ackerbohnen-Minierfliege Phytobia (Cephalomyza) cruciferícola.* Zur Bekämpfung der Minierfliege an Ackerbohnen (Vicia faba L.) erwiesen sich wiederholte Spritzungen von *DDT*, *Lindan* u. *Toxaphen* als wirkungslos, während eine zweimalige Behandlung mit 0,035% *E 605* u. eine einmalige Spritzung mit *E 605* kurz vor der Blüte vollständige Vernichtung des Schädlings ergab. (Nachrichtenbl. dtsch. Pflanzenschutzdienstes [Braunschweig] **7.** 4. Jan. 1955. Neuß-Lauvenburg, Biol. Bundesanstalt, Inst. für Gemüsebau u. Unkrautforsch.) W. JANICKE. 6312

R. E. Pfadt, *Bekämpfung von Chorizagrotis auxiliaris an Alfalfa.* Vf. verglich 8 chlorierte KW-stoffe auf ihre Wrkg. gegenüber Raupen von Chorizagrotis auxiliaris an Alfalfa. Die Insekticide wurden in Emulsionsform angewandt. Gute Ergebnisse zeigten *Endrin* [225 (g/ha)], *Dilan* (275), *DDT* (2,250) u. *Dieldrin* (425), dagegen waren Heptachlor, Chlordan, Aldrin u. Toxaphen wenig wirksam. Analyt. Unterss. des Erntegutes auf den Endringeh. 55—80 Tage nach der Behandlung ergaben, daß zu diesem Zeitpunkt keine Rückstände vorhanden sind. (J. econ. Entomol. **48.** 227. April 1955. Laramie, Wyo., Wyoming Agric. Exp. Stat.) W. KNÖPKE. 6312

Martin T. Hutchinson, *Systox zur Bekämpfung von Zikaden als Überträger des „false-blossom"- („falsche Blüten"-) Virus bei Preiselbeeren.* Verss. mit *Systox* als Gießmittel zeigten, daß viruskranke Preiselbeeren durch eine einmalige Behandlung 4 Monate vor einem Befall durch Scleroracus vaccinii geschützt werden können. (J. econ. Entomol. **48.** 222—23. April 1955. New Brunswick, N. J., State Univ. of New Jersey, Dep. of Entomol.) W. KNÖPKE. 6312

M. M. Barnes und **C. R. Ash,** *Ovicide Wirkung von Malathion auf Eier von Erythroneura variabilis an Wein.* Zur Prüfung der reinen oviciden Wrkg. auf die Eier der Zikadenart Erythroneura variabilis wurden Weinblätter mit je 250 Zikaden besetzt u.

die Tiere nach der Eiablage entfernt. Eine Stäubung der Blätter mit 4%ig. *Malathion*-Staub, kurz nach Abnehmen der Tiere bzw. bei Beginn des Schlüpfprozesses, ergab eine vollständige Abtötung der Eier. (J. econ. Entomol. **48.** 220—21. April 1955. Riverside, Calif., Univ. of California, Citrus Exp. Stat.) W. KNÖPKE. 6312

D. D. Pond, *Insekticide gegen den amerikanischen Baumwollkapselwurm in New Brunswick.* Verss. zur Bekämpfung von *Heliothis armigera* an Futtermais zeigten, daß durch 5%ig. *DDT*-Staub, 3%ig. *DDD*-Staub oder 40%ig. *Ryania*-Staub bei einmaliger Behandlung gute Erfolge zu erzielen sind. Bei sehr starkem Befall muß wiederholt gestäubt werden. (J. econ. Entomol. **48.** 198—99. April 1955. Fredericton, Entomol. Labor., Field Crop Insect Section.) W. KNÖPKE. 6312

C. C. Burkhardt und **M. P. Breithaupt,** *Chemische Bekämpfung des amerikanischen Baumwollkapselwurms an Hirseähren.* Vff. prüften system. u. Kontaktinsekticide als Emulsionen zur Bekämpfung von Heliothis armigera, der stark an den Ähren von Hirse auftrat. 24 Std. nach der Behandlung erbrachten das Systeminsekticid *OS-2406* (0,55 kg/ha) u. *DDT* (3,4 kg/ha) eine 96 bzw. 85%ig. Abtötung der Raupen. Nach 96 Std. wurde auch mit *Endrin* (0,5 u. 0,75 kg/ha), *Lindan* (0,5 u. 0,65 kg/ha) u. *Heptachlor* (1,5 kg/ha) die gleiche Abtötungsquote erzielt. (J. econ. Entomol. **48.** 225. April 1955. Manhattan, Kans., Kansas State Coll.) W. KNÖPKE. 6312

D. L. Lindgren, L. E. Vincent und **H. E. Krohne,** *Untersuchungen über die Bekämpfung des Khapra-Käfers.* Bei Verss. zur Bekämpfung von Eiern, Larven u. Puppen des Khapra-Käfers [Trogoderma granarium (Everts)] war Begasen mit 7,8—54 mg/Liter *Cyanwasserstoff, Acrylsäurenitril, Äthylendibromid, Chlorpikrin* bzw. *Methylbromid* oder Anwendung von 4—16 p.p.m. *Malathion* stark wirksam. (Calif. Agric. **9.** Nr. 3. 8—9. März 1955. Riverside, Calif., Univ. of California.) F. RANG. 6312

E. Knickmann, *Der Morgan-Test in Frankreich.* Die an den französ. landwirtschaftlichen Versuchsstationen zur Feststellung des Bedarfs an K_2O u. P_2O_5 eingeführte Arbeitsweise nach MORGAN-BARBIER wird beschrieben. Sie erlaubt es, mit geringstem Zeitaufwand extreme Fälle von Nährstoffreichtum oder Nährstoffmangel zu erkennen, was für die Praxis ausreicht. (Landwirtsch. Forsch., Sonderh. Nr. **6.** 47—50. 1955.) A. JACOB. 6324

H. Egnér, *Neue Beiträge zur chemischen Bodenuntersuchung unter besonderer Berücksichtigung der Lactatmethode.* Die Verbesserung der analyt. Methoden ermöglicht es, eine Extraktionslsg. für P u. K anzuwenden, die auch für Ca, Mg u. Spurenelemente brauchbar ist. Der Boden soll nach Gewicht u. nicht nach Vol. untersucht werden. Auf die p_H-Pufferung der Extraktionslsg. ist zu achten. (Landwirtsch. Forsch., Sonderh. Nr. **6.** 28—32. 1955.) A. JACOB. 6324

W. U. Behrens, *Über die Verwendung von radioaktivem Phosphor zum Studium von Problemen der Pflanzenernährung und Düngung.* Bei Verss. mit radioakt. *markiertem Rhenaniaphosphat* (**I**) wurde über den Pflanzen waagerecht ein Al-Zählrohr an einem Stativ befestigt; die Gefäße mit den Pflanzen wurden darunter auf einem Drehteller in langsame Drehung versetzt. Die radiometr. bestimmte P_2O_5-Aufnahme blieb auf einem Boden hinter der chem. bestimmten zurück, auf einem anderen war das Gegenteil der Fall. Die Meth. erlaubt auch, die Aufnahme der Dünger-P_2O_5 durch Pflanzen zu verfolgen. Auf manchen Böden war $CaHPO_4$ hinsichtlich der Ausnutzbarkeit der P_2O_5 zunächst dem **I** überlegen, später wurde **I** besser ausgenutzt. Bei einer anderen Versuchsreihe wurde von Anfang an die P_2O_5 von **I** besser ausgenutzt als von $CaHPO_4$. (Landwirtsch. Forsch., Sonderh. Nr. **6.** 129—33. 1955.) A. JACOB. 6324

H. Roth und **C. Pfaff,** *Über ein Verfahren zur Bestimmung des pflanzenaufnehmbaren Mangans.* Als Grenzwerte für beginnende Mn-Mangelerscheinungen wurden für die erntereife Haferpflanze 12—17 mg u. für Körner 15—20 mg Mn je kg Trockensubstanz gefunden. Zwischen dem nach den üblichen Methoden bestimmten verfügbaren Boden-Mn u. dem von der Pflanze aufgenommenen Mn konnten keine Beziehungen festgestellt werden. Bei Extraktion mit heißem W. standen dagegen die Werte in guter Relation zu dem durch Hafer im Gefäßvers. aufgenommenen Mn. Für eine grobe Kennzeichnung des Geh. des Bodens an verfügbarem Mn ist auch die Analyse der Sprosse nach der Keimpflanzenmeth. von NEUBAUER brauchbar. Böden, die weniger als 0,9 mg je Liter Bodenheißwasser extrahierbares Mn enthalten, sind hinsichtlich Mn-Versorgung der Haferpflanze gefährdet. Zwischen Humusgeh. des Bodens u. Boden-p_H, das über 6 liegt, einerseits u. dem verfügbaren Mn andererseits, bestehen keine Beziehungen. (Landwirtsch. Forsch., Sonderh. Nr. **6.** 41—47. 1955.) A. JACOB. 6324

J. J. Niles, *Die Verwendung von Triphenyltetrazoliumbromid zum Keimfähigkeitstest bei Reissaat.* Es wird ein allg. anwendbares Verf. zur Best. der Keimfähigkeit von Reis durch Anfärben mit *Triphenyltetrazoliumbromid* angegeben, das auch unmittelbar nach der Ernte angewendet werden kann u. dem üblichen Keimungstest an Kürze überlegen ist. (Trop. Agriculturist **110.** 13—20. Jan./März 1954.) J. RUNGE. 6326

H. P. Burchfield und **Albert Hartzell,** *Eine neue biologische Methode zur Bestimmung von Insekticidrückständen.* Vff. benutzen zur Best. kleiner Insekticidmengen Moskitolarven, die auf einer behandelten Fläche gehalten werden. Als Maß für die Schädigung wird der Verlust der Fähigkeit, vor grellem Licht zu fliehen, ausgenutzt. (J. econ. Entomol. **48.** 210—14. April 1955. Yonkers, N. Y., Boyce Thompson Inst. for Plant Res., Inc.) W. KNÖPKE. 6328

Arden O. Lea jr., *Zwei Einzelheiten einer brauchbaren Ausrüstung bei der Kriebelmückenbekämpfung (Simulium spec.).* Vf. beschreibt eine App., mit deren Hilfe eine Kontrolle der Wrkg. eines Insekticides in strömendem W. durchgeführt werden kann. (J. econ. Entomol. **48.** 202—03. April 1955. Bethesda, Md., Nat. Microbiol. Inst., Labor. Trop. Diseases.) W. KNÖPKE. 6328

Chemische Fabrik Kalk G. m. b. H., Köln (Erfinder: **Fritz Vorster,** Immekeppel, und **Walter Büttgens,** Köln), *Herstellung von Mischdüngern* nach D. B. P. 897 572, dad. gek., daß die verwendeten salpetersauren Aufschlußprodd. aus Rohphosphaten zur Bindung von NH_3 benutzt werden, indem man sie ganz oder teilweise ammonisiert u. dann mit dem ammonisierten Superphosphat vermischt, oder indem man sie teilweise ammonisiert, mit dem ammonisierten Superphosphat vermischt u. das erhaltene Gemisch ammonisiert, oder indem man sie mit dem ammonisierten Superphosphat vermischt u. das erhaltene Gemisch teilweise oder ganz ammonisiert. NH_4NO_3-haltiges, ammonisiertes Superphosphat kann verwendet u. die Gemische können mit heißer konz. NH_4NO_3-Lsg. granuliert werden. Den Ausgangsstoffen oder Gemischen können noch Kalisalze, bes. K_2SO_4, zugefügt werden. Bldg. von Ammonsulfatsalpeter in dem Gemisch, der zur Erhöhung der Lagerbeständigkeit beiträgt. Durch die Neutralisationswärme werden Wasserverdampfung, Trocknung u. Verfestigung der Mischdünger erreicht. (**D. B. P. 930 088** Kl. 16 vom 13/9. 1951, ausg. 11/7. 1955. Anmeldung bekanntgemacht 6/11. 1952. **Zusatz zu D. B. P. 897 572; C. 1954. 2035.**) H. KARST. 6291

Pierre Mastagli, Seine, Frankreich, *Herstellung von Ionenaustauschern* aus landwirtschaftlichen Abfällen. 50 (g) Erdnußschalen werden 2 Std. lang mit 200 H_3PO_4 auf 130° erhitzt. Man wäscht die Schalen mit dest. W. bis zur Neutralisierung. Verwendung zum *Düngen von Pflanzen.* (**F. P. 1 067 918** vom 1/8. 1952, ausg. 21/6. 1954.) G. WELTZIEN. 6293

Cofuna (Soc. à r. l.), Seine et Marne, Frankreich, *Düngemittel.* Man läßt eine Mischung aus Abfällen, wie Straßenmüll, Stalldüngern oder ähnlichen Stoffen, vergären, mischt mit Kunstdünger, Spurenelementen u. gegebenenfalls zur Neutralisation mit Kalk. (**F. P. 1 068 278** vom 11/12. 1952, ausg. 23/6. 1954.) G. WELTZIEN. 6295

Soc. Uclaf (Erfinder: **Paul Bellet**), Paris, Frankreich, *Kristallisiertes Glucosid der Herbstzeitlose,* $C_{27}H_{33}O_{11}N$, „*Colchicosid*" (**C**) genannt, leicht lösl. in W., niedermol. Alkoholen, Pyridin, Mischungen aus Alkoholen u. Halogen-KW-stoffen (Chlf., Tetrachloräthan, Trichloräthylen), aus A. Tafeln oder rechteckige Prismen, F. 216—218°, nach Erweichung bei 190°; $[\alpha]_D^{15}$ $-360 \pm 3°$; $[\alpha]_j^{15}$ $-375 \pm 3°$; $[\alpha]_v^{15}$ $-455 \pm 4°$; zeigt im UV-Licht weißbläuliche Fluorescenz, gibt mit Mineralsäuren Gelbfärbung, red. FEHLINGsche Lsg. u. gibt nach dem Aufkochen im sauren Medium mit $FeCl_3$ eine grüne Farbe (ZEISEL-Rk.), ist mit den üblichen Alkaloidreagentien aus der wss. Lsg. nicht ausfällbar, gibt dagegen mit Br_2-W. eine amorphe Fällung; ist 10mal weniger giftig als Colchicin u. wird bei der *Kernteilung* (*Mitose* oder *Karyokinese*) u. der Herst. von *Polyploiden,* bes. in der Landwirtschaft, verwendet. Die Herbstzeitlose wird mit einem Lösungsm., das alle wirksamen Bestandteile mit Ausnahme des **C** löst, gegebenenfalls unter Zusatz von Mineralsalzen oder inerten Stoffen, erschöpfend extrahiert (Chlf., Tetrachloräthan, Trichloräthylen) u. der Rückstand mit einem anderen Lösungsm., in dem **C** lösl. ist (W., niedermol. Alkohole, deren Mischungen mit W. oder niedermol. Halogen-KW-stoffen), behandelt. Aus der Lsg. kann dann **C** abgeschieden werden. Als Ausgangsmaterial dient pulverisierte, gegebenenfalls entfettete Herbstzeitlose u. deren Samen. (**D. B. P. 926 489** Kl. 12o vom 24/12. 1952, ausg. 18/4. 1955. Anmeldung bekanntgemacht 23/9. 1954. F. Prior. 22/1. 1952.) G. KRAUSS. 6297

Phillips Petroleum Co., übert. von: **Lyle D. Goodhue** und **Roy E. Stansbury,** Bartlesville, Okla., V. St. A., *Entblätterungsmittel,* enthaltend ein organ. Polysulfid der allg. Formel RS_xR', in der R u. R' Alkyl-, Cycloalkyl-, Aryl-, Alkaryl- u./oder Aralkylreste, je mit 3—10 C-Atomen, bedeuten u. x eine ganze Zahl von 2—5 darstellt, im Gemisch mit einem Dithiobiuret der allg. Formel $(R)_2N-C(:S)-N(R)-C(:S)-N(R)_2$, in der R H, ein Alkyl-, Cycloalkyl-, Aryl-, Aralkyl- oder Alkarylrest bedeutet, wobei jedes $R < 11$ C-Atome enthält. Dabei sind Dithiobiuret u. Polysulfid im Verhältnis 1:20 bis

1:1, bes. 1:9—1:4, in einem Trägerstoff, z. B. dem Monoäthyläther des Äthylenglykols, dispergiert. Da Dithiobiuret wegen seiner geringen Löslichkeit schwer mit dem Polysulfid zu mischen ist, stellt man sich zuerst eine Stammlsg. her, indem man das Dithiobiuret in Pyridin oder Aceton löst u. diese Lsg. dann mit dem Polysulfid, z. B. in einer Kugelmühle, mischt. — Beispiele: Di-tert.-butylpolysulfid; Di-tert.-hexylpolysulfid; Di-tert.-octyldisulfid; Di-n-hexyldisulfid u. Dicyclohexyldisulfid. — 2.4-Dithiobiuret; 1.5-Diphenyl, 1.5-Diäthyl-; 1-Äthyl-5-phenyl- u. 1.5-Ditolyl-2.4-dithiobiuret. (**A. P. 2 704 244** vom 12/1. 1953, ausg. 15/3. 1955.) H. NEBELSIEK. 6313

Phillips Petroleum Co., übert. von: **Lyle D. Goodhue**, Bartlesville, Okla., und **Carolyn E. Tissol**, Minneapolis, Minn., V. St. A., *Entblätterungsmittel*, enthaltend organ. Sulfide, Sulfenyltrithiocarbonate, Thiosulfenyltrithiocarbonate oder Bis-(alkylmercaptothiocarbonyl)-disulfide als tox. Komponente u. als Lösungsm. einen Isoparaffin-KW-stoff (I) mit 9—20 C-Atomen, von denen wenigstens eines ein tert. u. ein zweites ein quaternäres C-Atom ist (Kp.$_{760}$ 260—800° F). — Beispiele für I: 2.2.4.4-Tetramethylpentan; 2.3-Dimethylheptan; 2.4-Dimethylheptan; 2.2.3-Trimethylhexan u. 2.2.4-Trimethylhexan. — Man erhält die I durch Alkylierung von Isoparaffinen mit Monoolefinen in Ggw. von HF als Katalysator. (**A. P. 2 704 246** vom 30/1. 1951, ausg. 15/3. 1955.) H. NEBELSIEK. 6313

Chipman Chemical Co., Inc., übert. von: **Frank J. Seibert**, Bound Brook, N. J., V. St. A., *Entblätterungsverfahren*, z. B. für Baumwolle, durch Behandlung mit einer wss. Lsg. aus 25—60(%), bes. 40—60, $NaClO_3$ u. 75—40, bes. 60—40, Na-Polyborat, z. B. Na-Pentaborat. Gleichzeitig wird auf diese Weise die Nichtflammbarkeit der Pflanzen erhöht. (**A. P. 2 704 243** vom 10/4. 1952, ausg. 15/3. 1955.) H. NEBELSIEK. 6313

F. Raschig G.m.b.H. (Erfinder: **Carl Thönnessen**), Ludwigshafen/Rh., *Gewinnung von reinem γ-Hexachlorcyclohexan* (HCH) aus HCH-Isomerengemischen, die neben hauptsächlich α-HCH > ca. 40% γ-HCH enthalten, dad. gek., daß das Isomerengemisch mit so viel Dioxan in der Wärme gelöst wird, daß beim Erkalten das α-HCH gelöst bleibt, sich dagegen die sich bildende Anlagerungsverb. des γ-HCH mit Dioxan ($C_4H_8O_2 \cdot 2\gamma$-$C_6H_6Cl_6$) abscheidet, die nach der Abtrennung, z. B. durch Dest., gespalten wird. Im Beispiel wird aus einem Gemisch mit 75% γ- u. 25% α-HCH ein 100%ig. γ-HCH, F. 112 bis 113°, gewonnen. (**D. B. P. 930 389** Kl. 12o vom 27/5. 1951, ausg. 14/7. 1955. Anmeldung bekanntgemacht 25/9. 1952.) G. KRAUSS. 6313

Farbenfabriken Bayer Akt.-Ges., Leverkusen (Erfinder: **Walter Lorenz**, Wuppertal), *Thiophosphorsäureester* erhält man durch Rk. von 1-Halogenmethyl-1.2.3-triazolen mit Salzen von Dialkylthio- bzw. -dithiophosphorsäuren in inerten Lösungsmitteln; z. B. aus O.O-Dimethyldithiophosphorsäure u. 1-Brommethylbenztriazol in Aceton *O.O-Dimethyl-S-[benztriazolyl-(1)-methyl]-dithiophosphat* (I) als gelbes, nicht destillierbares Öl. — Analog werden dargestellt: *O.O-Diäthyl-S-[benztriazolyl-(1)-methyl]-thiolphosphat*; *O.O-Diäthyl-S-[4-nitrobenztriazolyl-(1)-methyl]-dithiophosphat*, F. 69°; *O.O-Diäthyl-S-[5-chlorbenztriazolyl-(1)-methyl]-thiolphosphat*; *O.O-Diisopropyl-S-[benztriazolyl-(1)-methyl]-dithiophosphat*; *O.O-Diäthyl-S-[naphtho-2'.3':4.5-triazolyl-(1)-methyl]-thiolphosphat*; *O.O-Diäthyl-S-[6-chlorbenztriazolyl-(1)-methyl]-thiolphosphat*, gelbes, wasserunlösl. Öl, das nicht destillierbar ist. — *Insekticide*; Wrkg. auf *Mückenlarven*. (**D. B. P. 933 627** Kl. 12p vom 10/2. 1953, ausg. 29/9. 1955. Anmeldung bekanntgemacht 7/4. 1955.) A. BRÖSAMLE. 6313

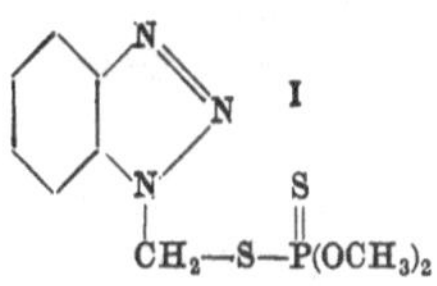

I

Cilag Akt.-Ges., Schaffhausen, Schweiz, *Cyclohexyl-1-cyan-1-(N-acyl-N-alkyl)-amine* der allg. Formel I (Acyl = Alkyl-, Aralkyl- oder Arylacyl) erhält man z. B. durch Kondensation von Cyclohexyl-1-cyan-1-N-alkylaminen mit funktionellen Carbonsäurederivv., bes. Säurehalogeniden. — Aus N-(1-Cyancyclohexyl)-methylamin u. n-Buttersäurechlorid in Bzl. → *N-n-Butyroyl-N-(1-cyancyclohexyl)-methylamin*, aus Hexan Nadeln, F. 56°. Es ist auch erhältlich aus N-(1-Cyancyclohexyl)-N-methylcarbaminsäurechlorid + Na-Butyrat in Xylol. — *Cyclohexyl-1-cyan-1-(N-methyl-N-propionyl)-amin*, F. 58—59°; Kp.$_{0,05}$ 125—127°. — *Cyclohexyl-1-cyan-1-(N-methyl-N-crotonoyl)-amin*, Kp.$_{0,16}$ 136—138°, aus PAe., F. 73,5—74°. — *Cyclohexyl-1-cyan-1-(N-methyl-N-n-valeroyl)-amin*, Kp.$_{0,12}$ 140°; F. 45,5—47°. — *Cyclohexyl-1-cyan-1-(N-methyl-N-benzoyl)-amin*, F. 131—133°. — *Cyclohexyl-1-cyan-1-(N-äthyl-N-o-chlorbenzoyl)-amin*, F. 99,5—101,5°. — *Cyclohexyl-1-cyan-1-(N-methyl-N-p-chlorphenacetyl)-amin*, F. 143 bis 144°. — *Insektenvergrämungsmittel*, bes. gegen *Arthropoden*, wie *Stechfliegen*, *Stechmücken*, *Malariamücken*, *Gelbfiebermücken*, z. B. in Form von Lsgg., Pulvern, Salben, Pasten, Emulsionen, Aerosolen, Sprühmitteln, Räucherspiralen, Räucherkerzen, auch in Mischung mit anderen insektenabhaltenden Verbb., wie Phthalsäuredialkylestern,

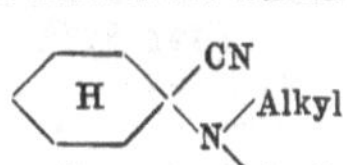

I

Indalon, 2-Äthylhexandiol-(1.2); Crotonsäure-N-äthyl-o-toluidid, o-Chlorbenzoesäurediäthylamid, 3.4-Dimethylbenzoesäuremorpholid, o-Chlorbenzylacetessigsäurediäthylamid oder Sonnenschutzmitteln, wie Umbelliferon, Farbstoffen, Parfüms, Konservierungs- u. Desinfektionsmitteln. (**Schwz. P. 303183** vom 11/1. 1952, ausg. 1/2. 1955. **E. P. 721081** vom 22/12. 1952, ausg. 29/12. 1954. Schwz. Prior. 11/1. 1952.) G. KRAUSS. 6313

Sergius Alexander Wilde and **G. K. Voigt**, Analysis of soils and plants for foresters and horticulturists. Ann Arbor, Mich.: J. W. Edwards. 1955. (127 S. m. Abb., Diagr.) O. $ 3,75.

—, Deutsche Reichspatente aus dem Gebiete der organischen Chemie. 1939—45. Bearb. von d. Literarisch-Wissenschaftlichen Abt. d. Farbenfabriken Bayer AG., Leverkusen Bd. 5. Schädlingsbekämpfung. Leverkusen: Farbenfabriken Bayer. 1955. 4°. (XXV + 447 S.)

VIII. Metallurgie. Metallographie. Metallverarbeitung.

H. L. Talbot, *Chemische Metallurgie löst die Probleme niedergrädiger komplexer Erze.* Nach kurzer Schilderung von 4 älteren Anlagen wird an Hand eines Fließschemas die „Nicaro“-Anlage der NICKEL PROCESSING, CORP. eingehend beschrieben, die aus einem komplexen cuban. Erz mit 1,37% Ni u. 0,14% Co durch Brechen, Rösten, Auslaugen mit NH_3 u. Luft unter NH_3-Rückgewinnung ca. 80 t *Ni* als Oxyd täglich erzeugt. (Engng. Mining J. **156.** Nr. 3a. 52—55. 96. März 1955.) H. ECKHARD. 6360

C. W. Jensen, *Das Waelz-Verfahren.* Das WAELZ-Verf., Verdampfen leicht zu verflüchtigender Metalle, wie *Zn, Pb, Sn, Sb, Cd, Hg, As, Mo* u. *Tl*, aus Erzen, Abfällen, Aschen usw. in einem Drehofen, wird am Beispiel des Zn auf Grund prakt. Erfahrungen eingehend beschrieben. (Mining Mag. **92.** 73—79. Febr. 1955.) H. ECKHARD. 6380

Graham Oldham, *Extraktionsmetallurgie.* Übersicht über neue Verff. zur Gewinnung von *Mg, Zn, Ce, Mo, V, Ti, Cu* u. *Ni* durch Red. mit C, H_2, Mg oder CH_4, von *Zr, Ti, V* nach dem Jodidverf., von *Al* u. *Ti* durch Elektrolyse, von *Zr* durch Ionenaustausch, von *Ni, Cu, Co* durch Auslaugen mit NH_3 u. NH_3-Salzen, Verff. zur Reinigung von *Ge, Mg* u. *Sb* u. zur Vakuumdest. von *Zn.* — 29 Literaturzitate. (Mining J. [London] **1954.** 106—110. Mai.) H. ECKHARD. 6380

Rolf Morén und **Stig Bergman**, *Feuchtigkeitsaufnahme bei getrockneten Kernen.* Zur Kontrolle der Feuchtigkeitsaufnahme von Kernmassen hat sich deren Lagerung auf einem Drahtnetz über einem auf konstanter Temp. gehaltenen Wasserbad von z. B. 25° bewährt. In der durch Überdecken mit Glasscheibe erhaltenen feuchtigkeitsgesätt. Atmosphäre wird der Einfl. von Bindemitteln für die Erzielung von Grünfestigkeit bei ölgebundenen Kernmassen untersucht. Die Feuchtigkeitsaufnahme nimmt ab in der Reihenfolge Dextrin > Stärke > Äthyloxyäthylcellulose; analog nimmt auch die Gasabgabe aus dem Kern ab. (Gjuteriet **45.** 51—54. April 1955. Örnsköldsvik.) R. K. MÜLLER. 6382

D. V. Atterton, *Der Kohlensäureprozeß.* Nach einer histor. Einleitung wird der Kohlensäureprozeß beschrieben, bei dem Quarzsand als Formsand mit einem Wasserglasbinder gemischt und mit CO_2 gehärtet wird. Vorteile: Wegfall des Trockenofens, die Formen und Kerne werden im Kernkasten oder bei eingelegtem Modell gehärtet, keine Formänderung, gute Gasdurchlässigkeit, lange Lagerfähigkeit, einfache Handhabung, Leistungssteigerung, weniger Schrumpfrisse. Nachteile: Die Quarzsand–Wasserglas-Mischung kann wegen des CO_2-Geh. an der Luft abbinden u. härten, das Abziehen der gehärteten Formen von den Modellen ist schwieriger. Besprochen werden die Eigg. des Sandes, die Zuführung des CO_2 in die Kernkästen u. durch die Formen. Prakt. Ausführungsbeispiele. — Schrifttum, Diskussion. (Foundry Trade J. **98.** 479—82. 5/5. 505—14. 12/5. 1955.) K. STEIN. 6382

Klas Erik Johansson, *Werkzeugstahlproblem beim Preßgießen von Metallen mit hohem Schmelzpunkt.* Vf. diskutiert die Anforderungen, die an Werkzeugstähle für diesen Verwendungszweck gestellt werden. Bes. wird auf die Schädigungen eingegangen, die die Preßgußwerkzeuge beim Gebrauch erfahren. (Ingeniøren **64.** 282—87. 26/3. 1955. Uddeholms A/B.) O. KRISEMENT. 6382

G. J. Rogers, *Probleme und Grundsätzliches in der Gießerei.* An prakt. Beispielen werden Fehler beim Gießen u. ihre Beseitigung besprochen. (Foundry Trade J. **98.** 531—39. 19/5. 1955.) K. STEIN. 6382

Alan Levy, *Hochhitzebeständige Materialien für Düsenantriebe.* Beschreibung der für die wichtigsten Konstruktionsteile von Düsen- u. Raketenantrieben zu stellenden Forderungen bzgl. Hitze-, Korrosions- u. mechan. Festigkeit u. die für den jeweiligen Zweck geeigneten Legierungselemente. (Western Metals **13.** Nr. 3. 78—81. März 1955. Van Nuys, Calif., Marquardt Aircraft Co.) H. ECKHARD. 6388

T. P. Colclough, *Die Rolle des Schwefels bei der Herstellung von Eisen und Stahl.* Trotzdem hohe S-Gehh. in den Brennstoffen u. Erzen vorhanden sind, gelingt es, im

Fertigprod. den S-Geh. unter 0,05 (%) zu halten. Bei der Verkokung gehen 60 des S in den Koks, der Rest in den Teer u. das Gas. Der S des Kokses u. der Erze wird fast vollständig von der Schlacke aufgenommen. Auch bei der Stahlerzeugung wird der S in die Schlacke aufgenommen, so daß lediglich der S-Geh. der für die Feuerung verwendeten Brennstoffe als SO_2 in die Abgase u. in die Atmosphäre gelangt. S-Bilanzen u. Zus. der Abgase verschied. Brennstoffe. (Blast Furnace Steel Plant **43**. 502—07. Mai 1955. Brit. Iron & Steel Federation.) K. STEIN. 6390

Erich E. Hofmann, *Verhütten von Erz–Kohle-Mischbriketts im Niederschachtofen.* Erörtert wird das DEMAG-HUMBOLDT-Niederschachtofenverf., u. es wird gezeigt, daß sowohl der im Eigenbetrieb anfallende Teer gut als Bindemittel als auch der Gichtstaub mit seinem hohen Geh. an bereits gebildetem Schwelkoks als günstiger Gerüstträger bei der Verschwelung der Kohle im oberen Schachtteil des Ofens verwertet werden kann. Erkenntnisse über das Fortschreiten der Reduktionsvorgänge u. Gleichgewichtsbetrachtungen werden mitgeteilt. (Stahl u. Eisen **74**. 1464—68. 4/11. 1954. Wittlaer.) H. HOCHSTEIN. 6400

Sven Eketorp, *Entschwefelung mit festem Kalk.* Das Verf. u. die prakt. Ausführung des Verf. zur Entschwefelung von Roheisen nach $2 FeS + 4 CaO + Si = 2 Fe + 2 CaS + 2 CaO \cdot SiO_2$ in einem Drehofen werden im einzelnen beschrieben. (Blast Furnace Steel Plant **42**. 1159—61. 1177. Okt. 1954.) W. WESLY. 6400

R. Sewell, *Prüfung von Stahlwerkskalk, eine in Ostdeutschland entwickelte Methode.* Die Reaktionsfähigkeit verschied. Proben von gebranntem Kalk werden durch eine Entschwefelung von fl. Roheisen im TAMMANN-Ofen u. durch das Verh. gegenüber Feuchtigkeit, W., Wasserdampf u. H_2S geprüft. Grobstückiger Kalk hat eine schlechte entschwefelnde Wirkung. Brennt man Kalk bei 1200°, so löst er sich schlecht in der Schlacke, während sich bei 1050° gebrannter Kalk leicht löst. (Brit. Steelmaker **21**. 46—48. Febr. 1955.) K. STEIN. 6400

L. I. Lewi, *Schmelzen im Kupolofen mit basischem Futter.* Auf Grund einer theoret. Analyse der physikal.-chem. Grundlagen des Schmelzprozesses im bas. Kupolofen, der krit. Durchsicht des einschlägigen Schrifttums u. eigener Betriebsverss. wird gefolgert, daß der bas. Kupolofen das Erschmelzen eines S-armen *Gußeisens* unter der Voraussetzung einer hohen Basizität der Schlacke u. bei gewährleisteter hoher Schmelztemp. ermöglicht. Letzteres wird durch Windvorerhitzung, besser durch einen O_2-Zusatz beim Blasen erreicht. Im Gegensatz hierzu ist der Entphosphorungsprozeß mit einer Ansäuerung der Schlacke u. der Erfordernis einer niedrigen Schmelztemp. verbunden. Ein gleichzeitiges erfolgreiches Entschwefeln u. Entphosphoren ist daher auf bas. Futter nicht möglich. Als weitere Merkmale gegenüber dem sauren Prozeß werden hoher Si- u. geringer Mn-Abbrand sowie eine stärkere Aufkohlung der Schmelze genannt. Auch soll der Mg-Verbrauch bei einer nachträglichen Mg-Behandlung geringer sein. (Литейное Производство [Giessereiwesen] **1955**. Nr. 4. 3—8. April.) V. EHMCKE. 6402

L. I. Koshinski, *Untersuchung der mechanischen Eigenschaften von weißem Gußeisen und der Spannungen in demselben.* Bericht über Zerreiß- u. Biegeverss. an gegossenen Proben aus weißem Gußeisen in Abhängigkeit von Zus., Gefüge u. Probestababmessungen. In Verbindung mit dem Verh. gegossener Probegitter verschied. Stabdicke werden Schlußfolgerungen über die im Gußeisen auftretenden therm. Spannungen gezogen. (Литейное Производство [Giessereiwesen] **1955**. Nr. 4. 19—22. April.) V. EHMCKE. 6402

A. D. Uschakow, *Untersuchung der Formbeständigkeit von magnesiumhaltigem Gußeisen.* Untersucht wurden eine mit Mg auf kugeligen Graphit behandelte Versuchsschmelze (I) mit 3,14 (%) C; 2,04 Si; 0,79 Mn; 0,106 P; 0,008 S u. 0,03 Mg u. eine mit Fe-Si auf lamellaren Graphit modifizierte Probe (II) mit 2,3 C; 1,70 Si; 0,6 Mn; 0,11 P u. 0,036 S im gegossenen u. im bei 930° getemperten Zustand. Bei 500, 700 u. 800° durchgeführte Dilatationsmessungen zeigen die geringste bleibende Längenänderung aller Proben im ferrit. Zustand an, wobei jedoch diese bei I 4mal kleiner war als bei II. Im perlit. Zustand beträgt die Formbeständigkeit des Gußeisens nach I gegenüber dem nach II etwa das 2fache. Die Ergebnisse werden an Hand von Gefügebildern erläutert. (Литейное Производство [Giessereiwesen] **1955**. Nr. 4. 22—23. April.) V. EHMCKE. 6404

P. König und **B. Marincek,** *Erzeugung von Graphitsphärolithen im Gußeisen durch Ausspülen der Schmelze mit Argon.* Es wird an untereutekt. Gußeisenschmelzen die Bedeutung der entgasenden Wrkg. von *Zn* u. einer Spülbehandlung mit *Ar* für die Bldg. von Kugelgraphit beschrieben. Die Auswrkg. auf die Graphitisierung u. der Einfl. des *Mn* wurde in drei Verss. mit steigenden Mn-Gehh. untersucht. Weiter wird darauf hingewiesen, daß bei erwünschter spärolith. Graphitausscheidung eine erhöhte Badtemp.

während der Spülbehandlung mit Ar bei steigendem C-Geh. notwendig ist. (Schweiz. Arch. angew. Wiss. Techn. **20.** 41–44. Febr. 1954. Zürich, ETH, Metallurg. Labor.) H. SCHÖBERL. 6404

A. De Sy und **J. Foulon**, *Die systematische Unterdrückung eutektoid gebildeten Ferrits.* Vf. lenkt die Aufmerksamkeit auf die techn. Anwendungsmöglichkeit von nodulär-perlit. Gußeisen u. untersucht die Möglichkeiten, eine vollständig perlit. Struktur zu erhalten. Das ist im allg. schwierig, da der sphärolit. Graphit oft von einer Ferritinsel umgeben ist. Um die Bldg. dieser Ferritinseln zu unterdrücken, hat sich ein schwacher Zusatz von *Cu* oder *Sn* als sehr wirksam erwiesen. Um eine rein perlit. Struktur zu erhalten, genügt ein Zusatz von 0,6–1 (%) Cu oder 0,06–0,10 Sn, wobei letzterer in der Schmelze einen Geh. von 0,03–0,05 Sn ergibt. Ein Zusatz von 2 Cu u. höher hindert die Bldg. sphärolith. Graphits, u. ein genügend hoher Sn-Zusatz ergibt den gleichen Effekt. Cu u. Sn wirken ebenso auf Schmelzen mit lamellarem Graphit. (Fonderie belge **1954.** 187–95. Dez.) O. KRISEMENT. 6404

A. De Sy, J. Vidts und **J. van Eeghem**, *Der Mechanismus der Ferritbildung im grauen Gußeisen und Untersuchung ihrer Verlangsamung durch die Elemente Sn und Cu.* (Vgl. vorst. Ref.) Im Gußeisen wird durch eine gewisse Gruppe von Legierungselementen die Graphitbldg., durch eine andere Gruppe die Zementitbldg. stabilisiert. Dieses Verh. beeinflußt die Ferritbldg. zusammen mit einer Verteilung der Legierungselemente auf α- u. γ-Phase. Vff. untersuchen diese Einflüsse, speziell für die Legierungselemente Sn u. Cu. Durch beide Legierungselemente wird die Ferritbldg. verzögert, u. zwar durch 0,82% Cu ca. 10mal stärker als durch 0,046% Sn. Daraus kann nicht geschlossen werden, daß bei gleichen Gehh. Sn nur doppelt so wirksam ist wie Cu, vielmehr ist bei Gehh. kleiner als 0,1% das Verhältnis der Wirksamkeit viel größer als 2. Es wird eine Hypothese für den Mechanismus der Ferritbldg. gegeben. (Fonderie belge **1954.** 196–207. Dez.) O. KRISEMENT. 6404

N. Y. Newton, *Gesichtspunkte der metallurgischen Überwachung in der neuzeitlichen Stahlgießerei.* Diskussion zu der C. **1955.** 4923 referierten Arbeit. (Foundry Trade J. **98.** 461–63. 28/4. 1955.) W. WESLY. 6408

H. W. Hastings, *Ölbrennstoff in der Stahlindustrie — Lagerung, Handhabung und Gebrauch.* Vf. beschreibt die Lagerung u. Verwendung von Brennöl in der Stahlerzeugung. Dichten, Flamm- u. Fließpunkte, Heizwerte, S-Gehh. u. Viskositäts–Temperatur-Verlauf von 4 Standardölen werden angegeben. Brenneranordnung für SM-Öfen u. die Vermeidung des Eindringens von Nebenluft werden behandelt. Die Befürchtungen, der S-Geh. der Öle werde die Stahlqualität herabsetzen, waren unbegründet; Verwendung von Öl mit 2% S ergab Stahl mit nur 0,035–0,05% S. (Iron Coal Trades Rev. **170.** 737–40. 1/4. 1955.) D. BREDTSCHNEIDER. 6408

Theo Kootz und **Heinrich Rellermeyer**, *Der Heißwindkupolofen im Stahlwerk.* In einem Versuchskupolofen, der an einem Hochofenwinderhitzer angeschlossen war, wurden bei hochgestampftem Herd Verss. durchgeführt, um bei reinem Schrotteinsatz ein möglichst niedriggekohltes Eisen zu erschmelzen. Den stärksten gleichlaufenden Einfl. auf den C-Geh. übte die Temp. aus mit 1% C je 100° Eisentemperatur. Es folgte dann der Einfl. des Kokssatzes mit 0,5% C je 5% Kokssatz. Bei Steigerung der Einströmungsgeschwindigkeit von etwa 20 m/Sek. auf 60 m/Sek. sank der C-Geh. um etwa 0,7%. Bei je 1% C im Einsatz kann mit 0,25% C-Zuwachs im Eisen gerechnet werden. Ein Si-Zusatz wirkt nicht nur durch seinen löslichkeitsmindernden Einfl., der zu 0,2% C je 1% Si im Eisen angesetzt wurde. Als niedrigst erreichbarer C-Geh. für die vorliegenden Versuchsbedingungen wurden 2% C angegeben. Die Entschwefelung wird um so schlechter, je niedrigere C-Gehh. erzielt werden. — 10 Schrifttumsstellen. (Arch. Eisenhüttenwes. **26.** 1–8. Jan. 1955. Duisburg-Hamborn.) H. HOCHSTEIN. 6408

G. Fölke, *Stahltechnologische Fragen beim Kalteinsenken von Preßwerkzeugen für Kunststoffe.* Übersicht über die Einw. der Kaltbearbeitung von Stahl auf dessen inneren Aufbau, seine Festigkeit u. Zähigkeit u. sein Deformationsvermögen bzgl. seiner Zus., Reinheit u. Struktur, Art der Beanspruchung u. Fließverlauf in Matrizenstählen mit einfachen Stempelformen u. die Eigg. der in Schweden hauptsächlich verwendeten Matrizen- u. Stempelstähle. (Kunststoffe **44.** 388–95. Sept. 1954. Hagfors, Stahlwerk, Uddeholms AB.) W. WESLY. 6408

Angelica Schrader, *Der Perlit in einem Chromstahl mit 0,4% C und 3,5% Cr.* In einem Cr-Stahl mit 0,4 (%) C u. 3,5 Cr treten Unterschiede in der Perlitausbldg. im oberen u. unteren Teil der Perlitstufe auf. In der oberen Perlitstufe wächst der Perlit in geschlossener Front vor, nach Beendigung der Umwandlung sind prakt. keine Anzeichen für einen Orientierungszusammenhang mit dem Austenit zu erkennen. In der unteren Perlitstufe zeigt der Perlit ein gerichtetes Verwachsen u. eine deutliche Ausrichtung sowohl der Carbide als auch des Ferrits in bezug auf die Orientierung des

Austenits. Diese Unterschiede treten nach einer Austenitisierungstemp. von 1300° u. grobem Austenitkorn deutlich hervor. Das Auftreten der gerichteten Perlitbldg. wird mit abnehmender Umwandlungstemp. begünstigt. Das bes. Gefüge der unteren Perlitstufe tritt auch in Mn-Stählen auf. Der Übergang der bei der Perlitbldg. des Cr-Stahls zunächst gebildeten Eisencarbidlamellen in Chromcarbid wird im Gefügebild nachgewiesen. (Arch. Eisenhüttenwes. **25.** 465—74. Sept./Okt. 1954. Düsseldorf, Max-Planck-Inst. für Eisenforschung.) H. HOCHSTEIN. 6410

Francisco Joanxich Aymá, *Metallographischer Nachweis der „Sigma"-Phase in in einem ferritischen Chromstahl und zwei austenitischen Chrom-Nickel–Stählen.* 1. Mitt. *Einleitung. Versuche mit ferritischem Chromstahl.* Nach einem allg. Überblick über Entdeckung, Bldg. u. Eigg. der σ-Phase (I) u. die bisher bekannten Methoden zu ihrer Best. werden Verss. mit 13%ig. Cr-Stahl beschrieben, in dem **I** zwischen 500 u. 800° auftritt u. durch Härtemessung oder metallograph. bestimmt werden kann. Bei letzterem Verf. kann nach mechan. Polieren rein chem. (mit MARBLE-Lsg.) oder besser elektrolyt. (mit 10%ig. Oxalsäure) geätzt werden. Es werden zahlreiche Ätzbilder mitgeteilt. (Rev. Ci. apl. **8.** 18—34. Jan./Febr. 1954. Barcelona, Inst. des Invest. técn.) R. K. MÜLLER. 6410

A. G. Allten, J. G. Y. Chow und **A. Simon,** *Die Ausscheidungshärtung in austenitischen Chrom–Nickel-Stählen mit hohem Kohlenstoff- und Phosphorgehalt.* Die Ausscheidungshärtung in einem austenit. Stahl mit 21 (%) *Cr*, 12 *Ni*, 0,3—0,7 *C* u. 0,03—0,5 *P* wurde röntgenograph. durch elektr. Widerstandsmessungen u. metallograph. untersucht. Hierbei zeigte sich u. a., daß eine Härte von Rockwell C-40 in einem Stahl mit 0,5 C, 21 Cr, 12 Ni u. 0,03 P durch eine Lösungsbehandlung bei 1230°, Wasserabschrekkung u. Alterung bei 705° erhalten werden kann. Höhere Härtewerte (Rockwell C-46) können bei niedrigeren Lösungstempp. von 1170° erreicht werden, wenn der P-Geh. auf 0,5 erhöht wird. Die Zeiten für den Beginn der Ausscheidungshärtung nahmen ab, u. die Ausscheidungsgeschwindigkeiten nahmen mit steigendem P-Geh. in den Stählen zu. Eine lokalisierte Ausscheidung längs der Gleitlinien u. an den Korngrenzen tritt in dem Stahl mit 0,5 C sowohl bei niedrigem als auch hohem P-Geh. nach Wasserabschreckung von hoher Lösungstemp. auf. Der Verteilungsgrad der Ausscheidung stieg stark mit zunehmendem P-Geh. an. Keine Ausscheidung außer derjenigen mit der Struktur des kub. Chromcarbids wurde in den Stählen sonst noch ermittelt. Das Carbid hatte einen Gitterparameter von 10,60 Å. Es wurde angenommen, daß es sich in diesen Stählen um eine $(Cr, Fe)_{23}C_6$-Ausscheidung handelt. Da keine Ausscheidung einer P-Verb. beobachtet werden konnte, wurde für die Erklärung der P-Wrkg. angenommen, daß die Spannungsenergie des Austenitgitters durch in den Zwischenräumen gelösten P erhöht wird. — 18 Schrifttumsangaben. (Trans. Amer. Soc. Metals **46.** 948—72. 1954. Harrison, N. J., Crucible Steel Co. of America bzw. New York, Arabian American Oil Co.) H. HOCHSTEIN. 6410

G. N. Flint und **L. H. Toft,** *Die Eigenschaften eines hochmanganhaltigen austenitischen rostsicheren Stahles.* Verglichen werden Ti-stabilisierter *18/8*-Stahl, ein mit *Ti* stabilisierter Stahl mit 18 (%) *Cr*, 10 *Mn*, 2 *Ni* u. ein ferrit. 17%ig. Cr-Stahl. Die Zähigkeit u. Tiefziehfähigkeit des Mn-Stahles sind schlechter als die des *18/8*-Stahles, vermutlich wegen des Austenit–Ferrit-Mischgefüges. Durch weitere Zusätze von Mn oder Ni dürfte ein reiner Austenit mit der gleichen Zähigkeit wie die des *18/8*-Stahles zu erzielen sein. Der Korrosionswiderstand des Mn-Stahles ist nicht so umfassend wie der des *18/8*-Stahles, er schützt aber ähnlich wie der Cr-Stahl gegen den Angriff einer Reihe von Flüssigkeiten. (Metallurgia [Manchester] **51.** 125—29. März 1955. Mond Nickel Co., Ltd.) K. STEIN. 6410

Tatsuo Fujiwara und **Yukio Matsunaga,** *Untersuchungen über warmfeste Werkzeugstähle.* 1. Mitt. *Einflüsse von Cr, W und V auf Cr–Mo–Si-Stahl.* Die zur Unters. gelangenden 12 Stahlsorten auf der Basis 5 (%) *Cr*, 1,5 *Mo*, 1 *Si* werden in den *Cr*-Gehh. variiert von 2,5—5, bei 0—3 *W*, 0—0,5 *V*. Einflüsse auf das Schmelzen, Schmieden, Anlassen, nichtmetall. Einschlüsse, Makrostruktur, Körnung im Bruch, Umwandlungspunkte, Ablösch- u. Temperhärte, Gestalt der Ausdehnungskurve beim Tempern, elektronenmikroskop. Struktur u. Restaustenit. (Denkiseiko [Elektr. Stahlherstell.] **25.** 132—43. Mai 1954. [Orig.: japan.]) L. SCHULER. 6410

Tatsuo Fujiwara und **Yukio Matsunaga,** *Untersuchungen über warmfeste Werkzeugstähle. Einflüsse von Cr, W und V auf Cr–Mo–Si-Stahl.* (Vgl. vorst. Ref.) Sämtliche Sorten zeigen C-Verbb. in äußerst feiner sphärolith. homogener Perlitstruktur mit einer Anlaßhärte 180—210 (Brinell). Die Makrostruktur wird durch steigenden W-Geh. ungünstig beeinflußt. Die Temperkörnung (äußerst fein bei 1000°) entspricht etwa Nr. 9 — Jernkontoret. Ansteigender Geh. an W verschiebt den Ar-Endpunkt, der von V den Ar- u. Ac-, der von Cr nur den Ac-Punkt nach oben. Der Ms-Punkt wird durch W u. V nach oben, durch Cr nach unten verschoben. Cr-Minderung setzt die Ablöschhärte wenig herab, W- u. V-Steigerung, bei höherer Temp., desgleichen. Die geeignetste Ablöschtemp. ist 1000—1050°. Beim Tempern zeigt sich bis 400° kaum Härteänderung, bei 500—550° Härtung, bes. bei 0,5% V. V-Zunahme u. Cr-Abnahme vermindern, W-Zunahme erhöht die Erweichungstemperatur. Die geeignetste Tempertemp. ist 550—600°. Auf die Änderung der Wärmeausdehnung (bes. über 700°) haben die Legierungselemente keinen gesetzmäßigen Einfluß. Während des Ablöschens nimmt der Restaustenit um 5—7% ab u. löst sich bei 550° völlig auf. Die Wärmezugfestigkeit sinkt ab 600° ziemlich ab, wird aber durch viel W u. V bis 500° verstärkt. Stähle mit 0,5% V u. 2,5% Cr zeigen bei 700° geringere Wärmeschlagfestigkeit. Bei wiederholtem Tempern wird der Erweichungswiderstand durch erhöhtes V u. durch vermindertes Cr erhöht, durch 3% W erniedrigt. Die Formänderung beim Ablöschen ist bei W- u. V-reichen Stählen erhöht, bei 550° Tempertemp. ist sie bei allen Sorten etwa 0,1%. Die Zustandsänderung bei einer oberen konst. Temp. von 775° zeigt eine „Nase“ u. wird durch W-Zuwachs beschleunigt, durch den von Cr u. V verlangsamt. W ist also ungünstig, V- u. Cr-Steigerung günstig für die Härtbarkeit. Weitere anwendungstechn. Verss. bzgl. Al-Matrizenguß usw. (Denkiseiko [Elektr. Stahlherstell.] **25.** 301—05. Nov. 1954.) L. SCHULER. 6410

T. R. A. Davey, *Entsilberung von Rohblei.* Schrifttumsüberblick über die Entw. u. die derzeitigen Kenntnisse der für die Entsilberung von Rohblei wichtigen tern. *Ag–Pb–Zn*-Zustandsschaubilder. Die Bedeutung des Diagramms für den Betrieb wird erörtert. Das PARKER-Verfahren des sogenannten Goldschaums vor der eigentlichen Entsilberung wird an Hand von Schrifttumsangaben besprochen. — 35 Schrifttumsstellen. (J. Metals **6.** Trans. AIME 838—48. Juli 1954. South Pirie, Australien, Broken Hill Associated Smelters Pty.) H. HOCHSTEIN. 6430

Wilhelm Hofmann und **Reinhard Müller,** *Prüfung der Erschütterungsfestigkeit von Kabelmänteln aus unlegiertem und schwachlegiertem Blei.* Kabelmäntel aus nach modernen Raffinationsverff. gewonnenem Hüttenblei zeigen häufig schon nach geringer Beanspruchung Erschütterungsbrüche. Legierungen mit 0,6 (%) *Sb* benötigen bei der Verarbeitung einen erhöhten Preßdruck. Bei Zusätzen von *Cu* braucht der Preßdruck nur geringfügig erhöht zu werden. Es wurden verschied. Hüttenbleisorten, Pb mit 0,04 Cu, mit 0,04 Cu + 0,10 Sb u. mit 0,04 Cu + 0,02 *Sn* untersucht. Für eine Lastspielzahl von 20 Millionen betragen die Dauerwechselfestigkeiten bei unlegiertem Feinblei $\pm 17{,}5$ kg/cm², bei unlegiertem Hüttenblei $\pm 21{,}5$ kg/cm², bei Hütten- oder Feinblei mit 0,04 C $\pm$ 27,5 kg/cm², bei Hüttenblei mit 0,04 Cu + 0,02 Sn $\pm$ 28,0 kg/cm², bei Hüttenblei mit 0,04 Cu + 0,1 Sb $\pm$ 29,5 kg/cm². — Schrifttumsstellen. (Z. Erzbergbau Metallhüttenwes. **7.** 247—52. Juni 1954. Braunschweig, TH, Inst. für Werkstoffkunde.) F. VIER. 6430

H. Anders, *Über die Verarbeitung von Magnesiumschrott.* Überblick über Zus. u. Eigg. von Mg-Schrott. Mg-Legierungen werden derzeitig in Deutschland in Blockform nur aus Schrott als Knet- u. Gußlegierungen gewonnen. Die Aufarbeitung des Schrotts gestattet ein unmittelbares Vergießen zu Walz- u. Preßblöcken und Formguß in einer Güte, die den aus Hüttenmetallen hergestellten Legierungen ebenbürtig sind. Wesentlich beim Vergießen des Schrotts zu neuen brauchbaren Legierungen ist das Formfüllungsvermögen, die stat. Festigkeitseigg. u. der Korrosionswiderstand. (Giessereipraxis **72.** 382—84. 10/10. 1954.) K. H. ANDERS. 6444

C. S. Roberts, *Das Kriechverhalten von Magnesium–Cer-Legierungen.* Mg-Legierungen mit Ce-Gehh. von 0,06, 0,7, 1,2 u. 6,0% wurden im Temperaturbereich von 300—600° F auf ihr Kriechverh. hin untersucht. Eine photograph. Unters. der Feingefügeveränderungen zeigte, daß die sehr hohe Kriechfestigkeit prim. von einer starken Ausscheidungshärtung an den Korngrenzen hervorgerufen wird. Auch traten Ausscheidungen innerhalb der Körner auf. Die Wrkg. der Korngrenzenausscheidung ist eine Blockierung der zykl. Korngrenzenverformungscharakteristik des unlegierten Mg. Eine bevorzugte Orientierung von stranggepreßten Mg–Ce-Legierungen bewirkt das Auftreten einer Verformungszwillingsbldg. bis zu Tempp. von 500° F. Diese Zwillingsbldg. trägt fast ausschließlich zum prim. Kriechen bei. Ein tert. Kriechen in diesen Legierungen rührt prim. von dem Vorgang einer nicht im Grunde der Legierungen auftretenden Gleitung ab. — 17 Schrifttumsangaben. (J. Metals **6.** Nr. 5. Sect. 2. 634—40. Mai 1954. Midland, Mich., Dow Chemical C.) H. HOCHSTEIN. 6444

Arthur W. Mullendore und **Nicholas J. Grant,** *Zeitstandfestigkeit von Al–Mg-Mischkristallegierungen.* Drei *Al*-Legierungen mit 0,94, 1,92 u. 5,10% Mg die aus sehr reinen Metallen hergestellt waren, wurden auf ihre Zeitstandfestigkeit bei Tempp. von 500, 700 u. 900° F untersucht. Ebenso wurde bei ihnen der Verfestigungsgrad u. dessen Einfl. auf die Verformungsfähigkeit u. den Bruch der Proben bestimmt. Hierbei zeigte sich u. a., daß die Verformbarkeit eine Funktion von Spannung u. Temp. ist. Ein Korngrenzengleiten gilt als eine grundsätzliche Art der Verformung bei hoher Temperatur. Eine ausgeprägte Knickbldg. tritt nur selten auf. In der Legierung mit 5,10% Mg wurde bei 700° F eine ungewöhnliche Art von Unterkorngrenzen beobachtet. — 13 Schrifttumsangaben. (J. Metals 6. Sect. 1. 973—79. Sept. 1954. Cambridge, Mass., Massachusetts Inst. of Technol.) H. HOCHSTEIN. 6446

T. E. Perry und **R. J. Garmy,** *Titan. Fortschritt und Anwendung.* (Iron Steel Engr. 32. Nr. 2. 98—106. Febr. 1955. Massillon, O., Republic Steel Corp.) M. GEHLEN-KELLER. 6448

W. R. Opie, *Verschiedene Probleme der Titangewinnung nach dem Chloridverfahren.* Überblick über die bei der Ti-Gewinnung, u. zwar bei der Chlorierung von Rutil oder Ilmenit zu $TiCl_4$, bei Reinigung u. bei Red. von $TiCl_4$ zu metall. Ti im prakt. Betrieb auftretenden verschied. Probleme. (J. Metals 6. 807—10. Juli 1954. South Amboy, N. J., National Lead Co.) H. HOCHSTEIN. 6448

L. Luini und **E. Lee,** *Untersuchung der Wärmebehandlung von handelsüblichen Titanlegierungen.* Ein Überblick über die Wärmebehandlung von den handelsüblichen Ti-Legierungen *Ti-150 A* mit 2,7 (%) Cr, 1,32 Fe, 0,25 O_2, 0,02 C, 0,02 N u. 0,03 W, *RC-130 B* mit 3,2—4,1 Al, 4,5—4,6 Mn u. 0,14—0,16 C sowie *MST-3 Al-5 Cr* mit 4,38—5,7 Cr, bis 0,32 Fe, 3,16—3,87 Al, 0,38—0,54 C u. 0,063—0,096 W ergibt einen weiten Bereich von erreichbaren Härtewerten u. Feingefügen. Die Härtung ist prim. von der Umwandlung der β-Phase im festen Zustande abhängig. Eine Aushärtung-Rk., welche offensichtlich von einer Zersetzung der β-Phase u. einer Ausscheidung begleitet wird, wird nachgewiesen. Sprödigkeit u. Kerbempfindlichkeit sind für eine Aushärtung mit hoher Härte kennzeichnend. Kaltbildsamkeits-, Zugfestigkeits- u. Dehnungswerte werden angegeben. — Schrifttumsangaben. (J. Metals 6. Nr. 5. Sect. 2. 581—92. Mai 1954. Woodridge, N. J., Curtiss-Wright Corp.) H. HOCHSTEIN. 6448

V. A. Nieberlein, M. M. Fine, W. A. Calhoun und **E. W. Parsons,** *Fortschrittsbericht für 1953 über Niob in Arkansas.* Bericht über die Suche nach Nb-Mineralien in Arkansas, die Entw. metallurg. Methoden zu Konzentrierung derselben u. die Extraktion des Metalls. — 42 Literaturangaben. (U.S. Dep. Interior, Bur. Mines, Rep. Invest. 1954. 1—23. Juli.) M. GEHLEN-KELLER. 6448

R. Domanowski, *Herstellung und Eigenschaften der bedeutendsten Sinterwerkstoffe. Einführung in die Pulvermetallurgie.* Überblick über Eigenarten u. Aufbau der Sinterkörper, über Herst. der Metallpulver u. ihre Verarbeitung zu Formkörpern. Bes. behandelt werden die duktilen Sinterwerkstoffe u. die Anwendungsmöglichkeiten. (Giessereipraxis 72. 377—81. 10/10. 1954.) K. H. ANDERS. 6474

F. W. Glaser, *Fortschrittsbericht über Cermets.* Übersicht unter besonderer Berücksichtigung von *TiC, Boriden* u. *Aluminiden.* (Planseeber. Pulvermetallurgie 2. 59—70. Nov. 1954.) M. GEHLEN-KELLER. 6476

John B. Campbell, *Mechanische Eigenschaften und Prüfverfahren.* Erläuterung der wichtigsten Ausdrücke u. Verff. der Materialprüfung. (Materials and Methods 40. Nr. 1. 109—32. Juli 1954.) M. WINIKER. 6480

Herbert Barghoorn, *Vergleichende Untersuchungen von Schichtdickenmeßverfahren.* Bei der Unters. der für die Best. von Schichtdicken in der Praxis gebräuchlichen Verff. in bezug auf ihre Fehlermöglichkeiten zeigte sich, daß die Messung mit Feinzeigern, u. von diesen bes. die mit dem Ultraoptimeter, die genauesten Werte lieferte (geringste Meßunsicherheit $\pm 0{,}04\,\mu$). Es wurden deshalb einige Schichten mit nach diesem Verf. bestimmter Dicke zur Beurteilung der übrigen Meßmethoden verwandt u. festgestellt, daß beim mikroskop. ausgemessenen Querschliff mit einem Fehler von $\pm 1\,\mu$ u. bei der Wägemeth. mit einem solchen von ca. 1% der Schichtdicke gerechnet werden muß. Die zerstörungsfrei arbeitenden elektr. Verff. sind bei Schichtdicken bis 10 μ zu ungenau. Sie ergeben bei Dicken bis 20 μ Fehler von $\pm$20%, erst bei größeren Dicken sinkt die Fehlergrenze auf $\pm$10%. Die Tropf- u. Strahlverff. sind etwas genauer. Ihre Fehlergrenze liegt unabhängig von der Dicke bei $\pm$10%. Das zur Best. von Cr-Schichten unter 1 μ vorgeschlagene Tüpfelverf. ergab sehr große Abweichungen u. wird daher nicht empfohlen. — 17 Schrifttumsstellen. (Metalloberfläche, Ausg. B 7. 8—11. Jan., 20—25. Febr., 36—38. März 1955. Dresden, TH, Inst. für Meßtechnik.) F. MARKHOFF. 6480

E. Kappler, *Die Härte metallischer Werkstoffe. Zusammenhang zwischen Härte und Zugfestigkeit.* Unterss. über die Kugeldruckhärte zeigen, daß beim Eindrücken einer harten Kugel in einen weicheren Werkstoff dieser sich plast. u. elast. verformt. Durch Kaltreckung plast. verformte Werkstoffe verhalten sich anders als weichgeglühte. Als neue Härtezahl wird der allein durch Verfestigung des Werkstoffes bei unendlich großer Prüflast hervorgerufene Flächendruck eingeführt. Auf diese Weise erhält man eine von den Versuchsbedingungen unabhängige Werkstoffkonstante. Wendet man diese Überlegungen auf das beim Zugvers. auftretende Fließen an, so erhält man eine eindeutige Beziehung zwischen Härteprüfung u. Zugversuch. (VDI-Z. **97.** 479—85. 15/5. 1955. Münster/Westf., Univ., Physikal. Inst.) W. WESLY. 6480

H. Bückle, *Theorie und Praxis der Mikrohärteprüfung nach Vickers und ihre Anwendung bei Kupfer und seinen Legierungen.* Überblick über die Mikrohärtebest. nach VICKERS unter bes. Berücksichtigung der Messungen mit Lasten unter 200 g. Die Fehlermöglichkeiten der Mikroprüfung werden aufgezeigt u. diskutiert sowie Anwendungsbeispiele, wie Best. von Schichtdicken, besprochen. (Cuivre, Laitons, Alliages **1955.** Nr. 24. 41—49. März/April. Paris, O. N. E. R. A.) H.-G. MOSLÉ. 6480

Raymond L. Orr, Oleg D. Sherby und **John E. Dorn,** *Die Beziehungen von Zerreißwerten für Metalle bei erhöhten Temperaturen.* Die Zerreißfestigkeitswerte reiner Metalle u. hochfester Legierungen bei erhöhten Tempp. werden unter sich durch die Gleichung bestimmt: $t_r e^{-\Delta H_\nu/RT} = t(\sigma)$, worin σ die angelegte Spannung, T die absol. Temp., tr die Zeit bis zum Bruch, R die Gaskonstante u. ΔH_ν die Aktivierungsenergie für den Bruch bedeuten. Diese Wechselbeziehungen werden erfolgreich auf die Werte von *Al, Be, Ti, Ni, Nb, Mo* u. einer größeren Anzahl handelsüblicher, hochfester Legierungen, darunter auch nichtrostender *Cr-Ni-Stähle,* angewendet. Es wurde gefunden, daß ΔH_ν für ein gegebenes Metall konstant ist; für die verhältnismäßig reinen Metalle wurde angenommen, daß ΔH_ν gleich der Aktivierungsenergie für das Kriechen u. die Selbstdiffusion ist. — 19 Schrifttumsangaben. (Trans. Amer. Soc. Metals **46.** 113—28. 1954. Berkeley, Calif., Univ. of California.) H. HOCHSTEIN. 6480

Albert Kochendörfer, *Bedingungen für die Auslösung und das Auftreten des Spröd- und Verformungsbruches auf Grund der Eigenschaften der Versetzungen.* 1. Mitt. *Beständigkeitsgrenzen zwischen Versetzungsanordnungen und Löchern.* 2. Mitt. *Bildung und Ausbreitung von Rissen bis zum Bruch unter dem Einfluß von Temperatur, Beanspruchungsgeschwindigkeit und Spannungszustand.* Eigenspannungen u. Energie von Einzelversetzungen u. Versetzungsanordnungen. Die Oberflächenenergie von Löchern. Beständigkeitsgrenzen zwischen Versetzungsanordnungen u. Löchern. Rißbldg. durch zusammenlaufende Versetzungen oder durch Verdichtung von Leerstellen. Dämpfung bewegter Versetzung. Erörterung des Einfl von Temp. u. Geschwindigkeit auf die Bruchart sowie der Reckalterung. Räumlicher u. zeitlicher Verlauf eines Bruches. Orientierungsabhängigkeit der Bruchspannung. Besprechung mehrachsiger Spannungszustände. — 76 Schrifttumsangaben. (Arch. Eisenhüttenwes. **25.** 351—72. Juli/Aug. 1954. Düsseldorf, Max-Planck-Inst. für Eisenforschung.) H. HOCHSTEIN. 6480

W. S. Pellini, G. A. Sandoz und **H. F. Bishop,** *Fallgewichtsprobe zur Bestimmung der Kerbempfindlichkeit von Gußeisen mit Kugelgraphit.* Das Prüfverf. mit dem Fallgewicht eignet sich gut zur schnellen Ermittlung der Kerbempfindlichkeit u. der Übergangstemp. vom zähen zum spröden Zustand bei Proben aus *Gußeisen* mit Kugelgraphit. Durchgeführte Verss. zeigen, daß die Si- u. P-Gehh., der Perlitanteil sowie die freien Carbide die durch das Verf. ermittelte Übergangstemp. beeinflussen. (Iron Age **174.** Nr. 2. 100—03. 8/7. 1954. Washington, D. C., Naval Res. Labor.) H. HOCHSTEIN. 6480

R. D. Olleman, E. T. Wessel und **F. C. Hull,** *Eine Untersuchung der die Festigkeit bei der Torsionsprüfung bestimmenden Einflüsse.* Die die Festigkeit bei der stat. Torsionsprüfung bestimmenden Faktoren wurden an verschied. hochangelassenen Werkzeug-*Stählen* mit etwa 1 (%) *C*, 5 *Cr*, 1 *Mo* u. 0,2 *V* untersucht. Es wurde eine Beziehung zwischen den gemessenen Festigkeitseigg. u. dem Aussehen der Bruchoberflächen festgestellt. Es wurde gefunden, daß der Bruch bei niedrigen Härtewerten durch die Scher-Bruch-Festigkeit u. bei hohen Härtewerten durch die Zerreißfestigkeit bestimmt wird. Die Zerreißfestigkeit wird durch spannungssteigernde Unvollkommenheiten u. durch die Empfindlichkeit des Stahles gegenüber diesen Mängeln beeinflußt. Diese Empfindlichkeit ist vom Restaustenit im Stahl abhängig. Der die Festigkeit mindernde Einfl. von Restaustenit wird durch eine plast. Verformung, welche eine Austenitumwandlung verursacht, verringert. — Schrifttumsangaben. (Trans. Amer. Soc. Metals **46.** 87—99. 1954. East-Pittsburgh, Westinghouse Electric. Corp.) H. HOCHSTEIN. 6480

W. G. R. de Jager und **P. Breedveld,** *Präpariertechnik in der Metalluntersuchung.* Übersicht über Ausführung u. Hilfsmittel des Schleifens u. Polierens u. Herst. von Metallschliffen an Hand mehrerer Beispiele. (Metalen **10.** 61—65. 15/3. 1955. Metaalinst., T. N. O.) W. WESLY. 6482

Hans-Kurt Görlich, Egon Koerfer, Günter Obelode und **Hermann Schenck,** *Anwendung der Zephirolätzung bei Untersuchungen über Anlaßversprödung, Alterungsversprödung und Spannungskorrosion von Stählen.* Im Rahmen von Unterss. über die Anlaßversprödung, Alterungsversprödung u. Spannungsrißkorrosion von Stählen wurde die

Eignung von *Zephirol*-Lsg. als metallograph. Ätzmittel zur Erkennbarkeit dieser Erscheinungen im Gefüge geprüft. Während bei einem anlaßspröden Cr–Ni-Vergütungsstahl ausgeprägte u. erweiterte Korngrenzen nach der *Zephirol*-Ätzung kennzeichnend sind, zeigen gealterte weiche THOMAS-Stähle u. gegen Spannungsrißkorrosion empfindliche innerhalb der Ferritkörner bestimmte, ausgerichtete Ätzfiguren. Durch Gegenüberstellung so erhaltener Gefügebilder mit Eigenstrahlungsaufnahmen von einem mit aktivem C angereicherten gealterten THOMAS-Stahl wird festgestellt, daß der Angriff der *Zephirol*-Lsg. offenbar an den C-Verbb. bevorzugt stattfindet. Die gleiche Ätzwrkg. kann bei Anwendung einer äther. *Pikrinsäure* erreicht werden. — 15 Schrifttumsangaben. (Arch. Eisenhüttenwes. **25.** 613—19. Nov./Dez. 1954. Aachen, TH.) H. HOCHSTEIN. 6482

Ernst Kinder, *Gefügeuntersuchungen an Stahl mit einem Kleinelektronenmikroskop.* Mit einem vom Vf. entwickelten elektromagnet. Kleinelektronenmikroskop wurden Gefügeunterss. an einigen Stahlproben mit unterschiedlichem Gefüge, u. a. an Stahl mit 0,98 (%) C u. 1,8 Mn, durchgeführt, wobei Aufnahmen von Lackabdrucken in 650- u. 3200facher Originalvergrößerung gemacht u. mit lichtopt. Aufnahmen vom Schliff u. elektronenmkr. Aufnahmen von Lackabdrucken an einem großen Elektronenmikroskop verglichen wurden. Schon in der niedrigen Vergrößerungsstufe des Kleinelektronenmikroskops werden die Gefüge mit sehr großem Detailreichtum wiedergegeben. Bei der Unters. isolierter Gefügebestandteile, wie Carbide, gibt das Gerät im wesentlichen nur deren Umrisse wieder, da eine Strahlspannung von 50 kV zu gering ist, um die verhältnismäßig dicken Teilchen zu durchstrahlen u. die Innenstrukturen sichtbar zu machen. (Arch. Eisenhüttenwes. **26.** 113—16. Febr. 1955. München, II. Physikal. Inst. der Univ.) H. HOCHSTEIN. 6484

Th. Geiger, *Anwendung von Röntgenfeinstrukturmethoden.* An zwei warmfesten Stählen werden die strukturellen Veränderungen beim Kriechen mit Hilfe von Röntgenfeinstrukturaufnahmen verfolgt. Beim schnellen Kriechen erfolgt die Verformung vorwiegend über Gleitprozesse, während bei kleiner Kriechgeschwindigkeit bei einem der beiden Stähle neben Gleitvorgängen eine Aufteilung der Kristallite in kleinere und leicht gegeneinander verdrehte Blöcke stattfindet. Dieser als „*Zellmechanismus*" bezeichnete Aufteilungsvorgang wurde bisher bes. beim Kriechen von Al beobachtet. Die Unterss. des Vf. zeigen aber, daß ähnliche Vorgänge auch bei hochlegierten austenit. Stählen auftreten können. (Schweiz. Arch. angew. Wiss. Techn. **21.** 50—55. Febr. 1955. Winterthur. Gebr. Sulzer A.G.) K. H. ANDERS. 6484.

J. Savage und **D. S. Box,** *Röntgenstrahlentechnik und Schnellaufzeichnungen.* Anwendung der Prinzipien der allgemeinen Physik. (Metal Treatment Drop Forging **21.** 503—05. Nov. 1954.) A. SCHAAL. 6484

B. G. Baldwin, *Röntgenstrahlentechnik und ihre Anwendung in der Eisenherstellung.* (Metal Treatment Drop Forging **21.** 537—39. Nov. 1954. London, Imp. Coll. of Sci. and Techn.) A. SCHAAL. 6484

R. J. Reed, *Gas oder Öl oder Gas–Öl-Mischung zum Schmieden.* Verss. zeigen, daß ein Wechsel des Brennstoffes allein eine nennenswerte Verbesserung in der Menge der Erzeugnisse, der Brennstoffausnutzung oder der Güte der Erzeugnisse nicht zur Folge hat. Am besten verwendet man den billigsten Brennstoff, unter Umständen mit einem eine Verbesserung versprechenden anderen Brennstoff gemischt. Dazu sind Brenner geeignet, die sowohl mit einem einzigen Brennstoff als auch mit einem Gas–Öl-Gemisch gespeist werden können. (Steel Processing **40.** 653—60. Okt. 1954. North American Mfg. Co.) W. WESLY. 6490

E. A. Hohmann, *Vorteile der Zwischenstufenhärtung von Graugußstücken.* Überblick über Wesen u. Eigg. der Zwischenstufenglühung. Die Vorteile liegen nach Vf. in der isotherm. Umwandlung, verschieden dicke Querschnitte ohne Martensitbldg. u. die damit verbundene Volumenvergrößerung auf die gewünschte Härte bei großer Maßhaltigkeit zu bringen. (Giessereipraxis **72.** 473—74. 25/12. 1954.) K. H. ANDERS. 6492

T. H. Atkinson und **W. Paul Thompson,** *Lösungsglühen, Anlassen und Spannungsfreiglühen in einem Salzbadofen.* Zur Wärmebehandlung von Al-Legierungen, Messing u. Stahl eignet sich gut ein elektr. beheizter Salzbadofen, der gegenüber den bisher benutzten Luftöfen den Vorteil eines erhöhten Durchsatzes besitzt. (Wire and Wire Products **29.** 744—45. Juli 1954. New Brighton, Pa., Townsend Comp.) H. SPINDLER. 6492

G. W. Powell, M. B. Bever und **C. F. Floe,** *Die Carbonitrierung von unlegierten und borhaltigen Stählen.* Die Härtbarkeit einer carbonitrierten Schicht auf einem unlegierten Stahl ist größer als diejenige desselben Stahls in nur aufgekohltem Zustande. Die Härtbarkeit der carbonitrierten Schicht eines unlegierten Stahls nimmt mit abnehmender N-Absorption ab. Die Härtbarkeit von B-Stählen (*AISI 94 B 17* u. *80 B 20*), die bei

1600° F carbonitriert wurden, ist geringer als die eines bei 1700° F aufgekohlten Stahles. Dies wird durch Störung des N_2 mit der B-Wirkung erklärt. Die Härtbarkeit von carbonitrierten Schichten der Stähle *AISI 94 B 17* u. *80 B 20* ist geringer als die der carbonitrierten Schichten von Stahl *AJSJ 1020.* Eine Bestätigung des Einfl. von zunehmendem C auf die Wrkg. von B auf die Härtbarkeit wurde durch metallograph. Feststellungen u. Mikrohärteprüfungen erhalten. — 14 Schrifttumsangaben. Diskussion. (Trans. Amer. Soc. Metals **46.** 1359—76. 1954. Cambridge, Mass., Massachusetts Inst. of Technology.) H. HOCHSTEIN. 6492

A. Je. Assniss und **A. Ss. Demjantschuk,** *Zur Frage des Einflusses von Gas–Sauerstoff-Schneiden auf die Oberfläche des Schnittes.* Die Oberfläche des Schnittes von wenig getemperten und legierten Stählen wird beim Gas–Sauerstoff-Schneiden mit verschied. Brenngasen u. Verwendung hoher Tempp. mit C, Ni u. Cu angereichert, während sich die Konz. von Mn, Si u. Cr verringert. Es wird eine quantitative Abschätzung des Geh. der genannten Elemente in der Oberfläche des Schnittes angegeben, der sich in der Größenordnung 0,1—0,5% hält. (Автоматическая Сварка [Automat. Schweißen] **7.** Nr. 3. 65—73. Mai/Juni 1954. Paton-Inst. für Elektroschweißen der Akad. der Wiss. der UkrSSR.) A. KUNZE. 6502

Ss. T. Kischkin, W. W. Nikolenko und **Ss. I. Ratner,** *Festigkeit von Metallen beim Kontakt mit geschmolzenen Loten.* Vff. untersuchten die Voraussetzungen für das Auftreten von Lötbrüchigkeit an den Baustählen *30 CrMnSi, 30 CrMnSiNi, 18 CrNiV, 40 CrNiMo* u. der austenit. CrNi-Legierung *EJ 437* unter der Einw. von *SnPb-Lot* (61 bzw. 40% Sn) u. *Pb-Ag-Lot* (2,8% Ag). Die Verss. werden derart durchgeführt, daß ein in der Zerreißmaschine bei verschied. Belastungen unter Spannung gesetzter Probestab mit dem geschmolzenen Lot in Berührung gebracht wurde. Als Maßstab für die Anfälligkeit zum Lötbruch wurde die Mindestbelastung, bei der ein solcher in weniger als 3 Min. auftrat, angesehen. In einigen Fällen wurde auch der im unbelasteten Zustand mit Lot überzogene Probestab bei einer Temp. oberhalb des F. in üblicher Weise bis zum Bruch steigend belastet. Die Ergebnisse werden wie folgt zusammengefaßt: Sprödbruch unter der Einw. von fl. Lot tritt bei Vorhandensein bestimmter elast. Dehnungen auf. Die Größe der hierfür erforderlichen Spannung ist von der Zus. des Lotes u. des Stahles sowie der Kontaktdauer abhängig. SnPb-Lote führen bei bedeutend geringeren Spannungen zum Bruch als PbAg-Lot. Beim Stahl 30 CrMnSi in weichgeglühtem oder normalisiertem Zustand wurde ein Auftreten von Lötbruch nicht festgestellt. Nach einer solchen Behandlung liegt die Festigkeit dieses Stahles unter der die Lötsprödigkeit hervorrufenden Spannung. Im spannungslosen Zustand zeigte kein Stahl einen vorzeitigen Bruch, lediglich die Plastizität wurde etwas beeinträchtigt, Zur Verringerung der Lötbruchgefahr an Konstruktionsteilen wird empfohlen: Die Verwendung einer Zwischenschicht aus Cu oder Ni; die Bevorzugung eines PbAg-Lotes; die Vermeidung von Spannungen an den Verbindungsstellen; die Durchführung des Lötens bei möglichst niedriger Temp. u. geringst erforderlicher Zeitdauer. Журнал Технической Физики [J. techn. Physik] **24.** 1455—66. Aug. 1954.) V. EHMCKE. 6504

T. M. Slutzkaja und **A. Ss. Ikra,** *Die Herstellung einer hochfesten Stumpfschweißnaht beim Schweißen der Stähle 30 ChGCA und 38 ChA.* Es wird festgestellt, daß die Verwendung eines Drahtes aus Stahl mit 0,21 (%) *C*, 0,37 *Si*, 0,81 *Mn*, 132 *Cr*, 1,0 *Ni*, 0,32 *Mo* u. 0,02 *Ti* bei der senkrechten Elektroschlackenschweißung von Stahl *30 ChCA* mit 0,22 C, 0,83 Si, 0,98 Mn, 0,80 Cr, 0,74 Ni u. 0,10 Mo sowie von Stahl *38 ChA* mit 0,25 C, 0,43 Si, 1,08 Mn, 0,73 Cr, 0,95 Ni u. 0,15 Mo bei einer Stärke von 30 mm eine Stumpfschweißverbindung ohne Risse in der Schweißnaht u. in der Nachbarzone sichergestellt. Die Festigkeitseigg. dieser Schweißverbindung sind nach einer aus Härten u. Anlassen bestehenden Wärmebehandlung nicht niedriger als die des Grundstahls. Das Gefüge der vergüteten Schweißverbindung ist gleichmäßig u. prakt. mit dem des Grundstahls gleich. (Автоматическая Сварка [Automat. Schweißen] **7.** Nr. 5. 58—65. Sept./Okt. 1954.) H. HOCHSTEIN. 6506

Ju. N. Gotalski, *Zur Frage der Reaktion zwischen Schlacke und Metall bei der Elektroschlackenschweißung.* Bei der Elektroschlackenschweißung ist die gegenseitige Wechselwrkg. zwischen Schlacke u. Metall von der gleichen Art wie bei der n. Lichtbogenschweißung. Mit einer Erhöhung der Basizität des Flußmittels wird der Übergang von Si verringert u. der Übergang von Mn aus der Schlacke in die metall Schweißnaht erhöht. Ein Vgl. der Si- u. Mn-Reduktionsvorgänge zeigt, daß bei der Elektroschlackenschweißung der Übergang der Beimischungen aus der Schlacke in die Metallschweißnaht intensiver verläuft als bei der Lichtbogenschweißung. Bei Verwendung von Gleichstrom ist der Übergang der Beimischungen in die Schweißnaht größer als bei der Lichtbogenschweißung. — 13 Schrifttumsangaben. (Автоматическая Сварка [Automat. Schweißen] **7.** Nr. 5. 38—43. Sept./Okt. 1954.) H. HOCHSTEIN. 6506

I. B. Baranow, *Kaltschweißung von Metallen.* Das Kaltschweißen liefert in mechan. u. elektr. Beziehung einwandfreie Verbindungen. Es läßt sich bes. gut bei *Al* u. seinen Legierungen, *Cu, Ni, Pb, Zn, Ag* u. derartigen Metallen anwenden. Die Vorzüge des Verf. werden im Vgl. zur elektr. Kontaktschweißung erörtert. Hiermit können verschiedenartige Metalle, z. B. Cu u. Al, miteinander verbunden werden. Anwendungsbeispiele werden besprochen. — 18 Schrifttumsangaben. (Автоматическая Сварка [Automat. Schweißen] **7.** Nr. 5. 44—57. Sept./Okt. 1954.)
H. HOCHSTEIN. 6506

G. Lieby, *Oberflächenveredlung bei Druckgußteilen.* Beschrieben werden die Oberflächenbehandlung durch mechan. u. chem. Mittel u. die Herst. von Lack- u. Metallüberzügen. (Metall **8.** 463—67. Juni 1954.) F. VIER. 6508

Hugo A. Barbian, *Methoden der Fertigbearbeitung von Magnesium.* Vf. gibt Methoden u. prakt. Anweisungen. Bes. muß auf eine saubere Oberfläche u. größte Korrosionsbeständigkeit Wert gelegt werden. Durch eine Essigsäure–Nitrat-Beize können Späne oder eingewalzte Schwermetallteilchen gelöst werden, u. auch nach dem Sandstrahlen muß eine Beizbehandlung (z. B. mit 8% HNO_3 u. 2% H_2SO_4) folgen, um Korrosion zu verhindern. Zur Vermeidung der Bldg. von freiem Alkali an der Oberfläche wird diese mit einer chromathaltigen Lsg. behandelt. Die Vorbereitung für Anstriche u. die Verhinderung der galvan. Korrosion (bes. bei Berührung mit Seewasser) wird eingehend behandelt. (Materials and Methods **39.** Nr. 1. 102—05. Jan. 1954. Dow Chemical Co.) H. SCHÖBERL. 6508

Sixten Arensten, *Ein verbessertes Verfahren zur Nachbearbeitung in Drehtrommeln.* Die Arbeitsweise unterscheidet sich von dem alten Sandstrahlverf. dadurch, daß sie in der Hauptsache ein Naßverf. darstellt. Die zu bearbeitenden Werkstücke werden in der Drehtrommel nacheinander mit wss. Aufschlämmungen von Kies, Seesand, Al_2O_3, Holz, Lederabfällen, Zn-Drahtstücken, Stahlstücken zum Entfernen des Grates, Glätten der Ränder u. Polieren der Oberflächen behandelt. Die zur Behandlung von *Fe-*, *Zn-* u. *Al*-Werkstücken verwendeten Aufschlämmungen werden mit Na_3PO_4 u. Na_2CO_3 auf p_H 6—14 eingestellt. *Cu*-haltige Werkstoffe u. rostbeständige *Stahl*-Sorten behandelt man mit Aufschlämmungen, deren p_H infolge von HCl- oder H_2SO_4-Zusätzen zwischen 1 u. 5 liegt. Das Verf. kann auch zur Nachbearbeitung von *Kunststoff*-Werkstücken angewandt werden. (Métallurgie Construct. mécan. **86.** 683. 685—87. 689. 691. Sept. 1954.) W. WESLY. 6510

A. Pollack, *Sparsames Beizen in Theorie und Praxis.* Überblick über die Sparbeizzusätze, Beizaktivatoren u. ihre Wirkungen. Ferner wird die Aufarbeitung der verbrauchten Beizlsgg. durch Auskristallisieren des Sulfates als $FeSO_4 \cdot 7\,H_2O$ u. als $FeSO_4 \cdot H_2O$ beschrieben. Bei der Abscheidung als $FeSO_4 \cdot H_2O$ wird in der Weise verfahren, daß die Lsg. durch eine Düse in einen Verdampferturm zerstäubt u. dort durch Einleiten heißer Gase konzentriert wird. Dem Konzentrat wird H_2SO_4 zugesetzt, wobei $FeSO_4 \cdot H_2O$ in leicht filtrierbarer Form ausfällt. (Metalloberfläche, Ausg. A **9.** 17–22. Febr. 1955.) F. MARKHOFF. 6512

B. J. Sherwood, *Reinigen mit emulgierenden Lösungsmitteln.* Der Hauptbestandteil dieser Reinigungsmittel ist *Petroleum, Kerosin* oder *Naphtha.* In diesen Fll. wird ein Emulgiermittel, eine *Harz-* oder *Fettseife,* z. B. K-Oleat, gelöst u. ein höherer Alkohol oder ein Netzmittel zugesetzt. Ein Vgl. mit andern Reinigungsmitteln zeigt einige Vorteile des neuen Mittels, wie gute Löslichkeit der lösl. u. gute Durchdringung der unlösl. Anteile des zu entfernenden Schmutzes. (Metal Finishing **52.** Nr. 3. 70—72. März 1954. Los Angeles, Calif., Chemplate Co.) F. MARKHOFF. 6512

Hermann Baur, *Patente über das chemische und elektrochemische Polieren und Glänzen von Metalloberflächen seit 1940.* Tabellar. Übersicht. (Metalloberfläche, Ausg. A **9.** 22—28. Febr. 1955. München.) F. MARKHOFF. 6512

P. A. Jacquet, *Das elektrolytische Polieren von Metallen. Grundlagen und Anwendung des elektrolytischen Polierens in Wissenschaft und Technik.* Ausführlicher Überblick. — 69 Literaturstellen. (Metall **8.** 449—58. Juni 1954. Paris.)
F. MARKHOFF. 6514.

R. Weiner und **G. Klein,** *Härte und Abnützungsbeständigkeit galvanischer Metallüberzüge.* Es wurden Mikroeindruckhärten, Ritzhärten u. Scheuerverluste an einer größeren Anzahl von galvan. erzeugten Oberflächen bestimmt, z. B. auf Oberflächen aus *Glanz-* u. *Hartchrom,* aus *Ni, Cu, Ag, Zn, Cd* in glänzender u. nichtglänzender Form, aus cyankal. u. aus sauren Bädern erzeugt. Zwischen jenen 3 Größen besteht kein strenger Zusammenhang, bes. nicht zwischen Eindruckhärte u. Scheuerbeständigkeit. Bei stärkerem Abfall der Ritzhärte gegenüber der Eindruckhärte ist mit geringerer Scheuerfestigkeit zu rechnen. Glanzbäder liefern keineswegs in jedem Fall härtere Ndd. als n. Bäder. Vor allem kann die Scheuerbeständigkeit glänzender Ndd. erheblich unter der

der gewöhnlichen Überzüge liegen. — Schrifttumsangaben. (Metalloberfläche, Ausg. B 7. 1—7. Jan. 1955. Innsbruck, Univ. u. Chlorat-Chemie G.m.b.H.) F. MARKHOFF. 6514

Howard Vanderpool, *Anwendungsmöglichkeiten von Metallisierungsverfahren.* (Vgl. C. **1954.** 8209.) Vf. gibt an Hand von Beispielen eine Übersicht über die Möglichkeit der techn. Verwendung von Metallisierungen. Als Beispiele werden u. a. angeführt: *Al*-Überzüge durch Aufspritzen in einer Dicke von 0,01 in. (0,03 cm) auf Stahl in Schwefelsäurekontaktanlagen zur Verhinderung der Rostbildg.; gegen den Angriff von wasserfreier HCl in Cl-haltigen organ. Säuren wird empfohlen ein Überzug von *Ag* mit Zwischenschichten aus *Mo* u. *Ni* auf rostfreiem Stahl. *Ta*-Überzüge auf Cr–Ni–Mn-Legierungen vermindern den Abrieb. Für Atomanlagen wird *Zn*-gespritzter Stahl verwendet. Bei der Herst. von Fettsäuren finden Al-Überzüge, bei der Lagerung von Glycerin Zn-Überzüge Verwendung. (Chem. Engng. **61.** Nr. 7. 189. 193. 194. Juli 1954.) F. MARKHOFF. 6516

P. Lombardi und **S. Bordi,** *Oberflächenvertitanung von Kupfer mit Hilfe von Titanhydrür.* Intitanung durch Zers. eines mit TiH_2 pigmentierten Nitrolacks auf Reinstelektrolytkupfer bei 900—980° im Hochvakuum. Das oberflächlich im Cu gelöste Ti erhöht die Oberflächenhärte um das 3—4fache u. verbessert die Korrosionsfestigkeit. (Metallurgia ital. **46.** 221—24. Juni 1954.) A. SANDER. 6516

P. D. Alexandrow und **A. M. Ginberg,** *Ein thermogalvanisches Verfahren zur Erzielung der Goldfarbe von Beschlägen.* Zur Herst. von imitierten Goldüberzügen auf Beschlägen aus Stahl für Lederwaren werden Vorschriften angegeben auf Grundlage von galvan. erzeugten Überzügen aus Cu, Messing oder einer Cu–Sn-Legierung, die mit einem Lack aus BF-4 (ein Polymersiationsprod.) unter Zugabe von Resollack bedeckt u. nach Schleifen einer Temperaturbehandlung von 110—140° unterzogen werden, wobei die Goldnuancen von der Metallschicht u. der Dauer der Hitzeeinw. abhängen. (Легкая Промышленность [Leicht-Ind.] **14.** Nr. 6. 19—21. Juni 1954.) J. v. SCHROEDER. 6516

W. Rienäcker und **H. Spengler,** *Beitrag zum Diffusionsverhalten von Edelmetallplattierungen.* Das Diffusionsverh. von Edelmetallplattierungen als Kontaktwerkstoffe wird erörtert. Hier genügen Edelmetallauflagen von 20 μ bis zu einigen mm Stärke, die durch Aufwalzen aufgebracht werden. Bei Verwendung von *Sn*-Bronze oder hochwertigen *Ni*-Legierungen als Grundwerkstoff erhält man Kontaktwerkstoffe mit sehr günstigen Federeigenschaften. Der Walzdruck hat keinen Einfl. auf die Diffusionsgeschwindigkeit. — Schrifttumsstellen. (Metall **8.** 615—18. Aug. 1954. Pforzheim, Fa. G. Rau.) F. VIER. 6526

Hans Reininger, *Flammspritzen nichtmetallischer Schutzschichten auf Metalloberflächen.* Überblick über die spritzbaren Stoffe, Spritzverff. u. Spritzpulver sowie über Eigg. u. Anwendungen der Schutzschichten. — 36 Literaturstellen. (Metalloberfläche, Ausg. A **9.** 6—9. Jan. 1955. Bad Schandau/Elbe.) F. MARKHOFF. 6528

Stanley L. Eisler, Jodie Doss und **Mary Ann Henderson,** *Radiometrische Untersuchung von zusätzlichen Chromatüberzügen beim galvanischen Verzinken und Verkadmen.* Unters. des Einfl. okkludierter SO_4^{2-}-Ionen auf die Korrosionsbeständigkeit zusätzlicher Chromatüberzüge auf galvan. Zn- u. Cd-Schichten. Radioaktives ^{35}S u. ^{51}Cr wurden als Tracer benutzt, um die Cr- u. SO_4-Gehalte in den Überzügen aus verschied. Tauchbädern zu bestimmen. Beschreibung einer Meth., die es gestattet, die Aktivität eines jeden Isotopes in Ggw. des anderen zu bestimmen. Der SO_4-Geh. u. der Cr-Geh. in den Schichten nimmt mit steigendem H_2SO_4-Geh. in den Bädern zu, aber nicht proportional. Weiter würde die Auslaugung des SO_4 u. Cr in fließendem, kaltem W. u. in einem Feuchtlagerraum bei 100° F untersucht. Cr geht langsam und nur bis zu 10% wieder in Lsg., SO_4 dagegen schneller u. bis zu 70%. Der H_2SO_4-Geh. der Bäder hat keinen Einfl. auf die Korrosionsbeständigkeit der Schichten. NO_3- enthaltende Lsgg. haben gegenüber SO_4-haltigen in dieser Beziehung keine Vorteile. (Plating **41.** 147—54. Febr. 1954. Rock Island, Ill., Rock Island Arsenal.) H. SPINDLER. 6528

J. Frasch, *Inhibierung und Aktivierung.* Übersicht über Grundlagen der Korrosion, Fe-Potential, Polarisation, korrosionsbeschleunigende u. -verzögernde Stoffe. (Métaux **29.** 216—24. Mai 1954. Société „Framalite".) W. WESLY. 6538

R. A. Lincoln, *Spannungskorrosion rostfreier Stähle.* Überblick über Auftreten, Einflußfaktoren u. Ursache der transkristallinen Spannungskorrosionsrisse rostfreier Cr- u. Cr–Ni-Stähle. — Diskussion. (Year Book Amer. Iron Steel Inst. **1954.** 172—184. Brackenridge, Pa., Allegheny Ludlum Steel Corp.) H. SPINDLER. 6538

W. O. Everling, *Spannungskorrosion hochfester Drähte.* Unters. des Spannungskorrosionsverh. von hochfesten Drähten aus Stählen mit 0,50—0,80 (%) C u. 0,47—0,98

Mn im hartgezogenen, spannungsfreigeglühten u. in Öl angelassenen Zustande gegenüber 8n-Lsgg. von NH_4NO_3, $(NH_4)_2SO_4$, NH_4Cl u. $(NH_4)_2CO_3$ bei 80 u. 200° F u. verschied. p_H-Werten. Als Prüfkörper dienten bogenförmig gespannte u. schlaufenförmig gewickelte Drahtstücke. Spannungskorrosion tritt unter den untersuchten Bedingungen nur in Nitratlsgg. auf, u. ölangelassene Proben sind spannungskorrosionsempfindlicher als hartgezogene. — Diskussion. (Year Book Amer. Iron Stell Inst. **1954**. 185—205. Cleveland, O., United States Steel Corp.) H. SPINDLER. 6538

Thomas P. May, *Einige Ansichten über Spannungskorrosionsrisse.* Überblick über Auftreten u. Theorien über den Mechanismus der Spannungskorrosionsrisse bei metall. Werkstoffen. — 14 Schrifttumsangaben. Diskussion. (Year Book Amer. Iron Steel Inst. **1954**. 206—213. New York, N. Y., International Nickel Comp., Inc.) H. SPINDLER. 6538

Franz Jaklitsch, *Reibkorrosion als Druckursache bei aufgeschrumpften Kurbelwellen von Großkolbenmaschinen.* Bei der Unters. der Dauerbrüche von Kurbelwellen ergab sich, daß die an den Hochdruckwangen vorhandenen Anrißstellen, die vermutlich die Ausgangsstelle für die Dauerbrüche gewesen sind, mit Stellen zusammenfielen, an denen Reibkorrosion zu erkennen war. Das Versagen der Wellen erfolgt daher durch eine Verminderung der Biegewechselfestigkeit durch Reibkorrosion, die darauf zurückgeführt wird, daß an bevorzugten Stellen aufgeschrumpfter Kurbelwellen kleine Differenzbewegungen auftreten. Es werden Richtlinien zur Vermeidung solch kritischer Stellen in den Schrumpfflächen gegeben. (Stahl u. Eisen **75**. 97—98. 27/1. 1955.) H. HOCHSTEIN. 6538.

Frank L. LaQue, *Korrosionswiderstand von Kupfer-Nickel-Legierungen mit Nickelgehalten zwischen 10 und 30%.* An Hand der Literatur gibt Vf. einen Überblick über die Eigg. der Cu-Ni-Legierungen u. ihr Verh. gegen Korrosion. Obwohl Cu 600 Millivolt edler ist als Ni, nimmt in 20%iger HNO_3 die Korrosion mit zunehmendem Ni-Geh. ab, weil in diesem Fall die Bldg. einer passiven Nickeloxydschicht maßgebend ist. Das umgekehrte Verh. wird in 63%iger H_2SO_4 beobachtet. 5 Abbildungen und 15 Tabellen zeigen eingehende Korrosionsverss. mit Cu-Ni-Legierungen in einer größeren Anzahl techn. wichtiger Fll. (alkal. Lsgg., verschied. Petroleumprodd., organ. Verbb., Halogene u. Halogenverbb. usw.). — 19 Literaturangaben. Diskussion. (Corrosion [Houston] **10**. Topic of the Month. 391—399. Nov. 1954.) F. TÖDT. 6538

Vereinigte Deutsche Metallwerke Akt.-Ges. (Erfinder: **Wilhelm Endres**), Frankfurt/M., *Anfertigung von Modellen oder Kernkasten in Reihenherstellung.* Auf einen Stützkörper wird eine Auflage aus nachgiebigen, prakt. schwindungsfreien u. verschleißfesten Massen, wie *Natur-* oder *Kunstkautschuk*, mit Hilfe eines Dauernegativs aufgepreßt oder aufgegossen. (**D. B. P. 923 214** Kl. 31c vom 3/3. 1942, ausg. 7/2. 1955. Anmeldung bekanntgemacht 16/8. 1951.) HANS HOFFMANN. 6383

Hans Pletscher-Wyder, Marthalen, Zürich, Schweiz, *Herstellung von starkem Verschleiß ausgesetzten Teilen von Gießmaschinen.* Auf einen weniger widerstandsfähigen, festen Grundstoff, der aus Metall oder auch aus Nichtmetall bestehen kann, wird ein Überzug aufgebracht, der wenigstens ein Metall der Gruppe VIa des Period. Systems enthält. (**Schwz. P. 303 294** vom 17/9. 1951, ausg. 1/2. 1955.) HANS HOFFMANN. 6383

Nicolas Herzmark, New York (Erfinder: **Roy Chester Feagin,** Flushing, N. Y.), V. St. A., *Gießform für den Präzisionsguß von hochschmelzenden Metallen.* Die innere Oberfläche der Gießform wird mit feingemahlenen Stoffen überzogen, welche neben einem Bindemittel, wie *Na-Silicat*, zwei feuerfeste Stoffe, z. B. SiO_2 u. Al_2O_3, in einem solchen Mengenverhältnis enthalten, daß der F. des Überzuges wesentlich tiefer liegt als derjenige der übrigen Massen. (**Oe. P. 179 853** vom 6/4. 1949, ausg. 11/10. 1954. A. Prior. 31/8. 1945.) HANS HOFFMANN. 6383

Sulzer Frères, Soc. An., Winterthur, Schweiz, *Herstellung von Gießereiformen.* Ein Wachsmodell wird mit einer Schicht aus einem feinkörnigen *feuerfesten Stoff* u. einem *Kieselsäuresol* als Bindemittel überzogen. Vor dem Aufbringen einer zweiten feuerfesten Schicht wird der erste Überzug mit einem hygroskop. Mittel, z. B. *konz. A.*, behandelt. (**E. P. 725 318** vom 20/2. 1953, ausg. 2/3. 1955. **F. P. 1 070 819** vom 12/2. 1953, ausg. 17/8. 1954. Beide Schwz. Prior. 11/3. 1952.) HANS HOFFMANN. 6383

Sulzer Frères, Soc. An., Winterthur, Schweiz, *Herstellung von Gießereiformen.* Ein Wachsmodell wird zunächst in eine Suspension getaucht, welche aus einem *feuerfesten Stoff* u. einer alkoh. Lsg. eines *teilweise hydrolysierten Kieselsäureesters* besteht. Nach dem Verdunsten des A. wird auf den entstandenen Überzug eine zweite Schicht aufgebracht, welche aus einer wss. Aufschlämmung eines feuerfesten Stoffes besteht. Nach dem Trocknen der Überzugsmasse wird das Wachsmodell ausgeschmolzen. (**E. P. 725 319**

vom 20/2. 1953, ausg. 2/3. 1955. **F. P. 1 071 360** vom 20/2. 1953, ausg. 31/8. 1954. Beide Schwz. Prior. 11/3. 1952.) HANS HOFFMANN. 6383

Franz Roll, Duisburg, *Überzugsmittel für Gießereikerne.* Dieser besteht aus organ. Salzen oder salzähnlichen Verbb. des *Al.* Beim Aufspritzen auf die Kerne kann z. B. $Al_2(C_2O_4)_3$ oder $Al(HCO_2)_3$ verwendet werden. (**D. B. P. 930 945** Kl. 31c vom 25/7. 1953. ausg. 28/7. 1955. Anmeldung bekanntgemacht 3/2. 1955.) HANS HOFFMANN. 6383

Ciba Akt.-Ges., Basel, Schweiz, *Herstellung von Gußkernen für die Metallgießerei.* Als Bindemittel für den Kernsand wird die Emulsion einer hydrophilen Lsg. eines in der Wärme härtenden Kondensates, bestehend aus *Harnstoff, Melamin* oder *Phenolen*, als disperse Phase u. eines hydrophoben Mittels, wie *KW-stofföl*, als kontinuierliche Phase verwendet. (**Oe. P. 179 024** vom 27/11. 1952, ausg. 10/7. 1954. E. Prior. 28/11. 1951.) HANS HOFFMANN. 6383

Gesellschaft für Hüttenwerks-Anlagen m. b. H., Düsseldorf, und **Hans Malzacher,** Innsbruck, Österreich, *Herstellung von Stahl mit Siemens-Martin-Ofenqualität.* Ein auf 1500—1600° erhitztes Roheisen wird in einem Kupolofen, der mit heißer u. an O_2 angereicherter Luft betrieben wird, behandelt u. das so erhaltene Eisen wird in einem unbeheizten Kessel mittels eines auf die Badoberfläche gerichteten O_2-Stromes gefrischt. Das im Kupolofen zu behandelnde Roheisen besteht zweckmäßig aus 1,5—2,5 (%) *C*, 0,3—0,5 *Si*, 0,6—0,8 *Mn*, 0,1—0,2 *P*, höchstens 0,05 *S*, Rest Eisen. (**E. P. 726 821** vom 1/12. 1952, ausg. 23/3. 1955. D. Prior. 1/12. 1951.) H. HOCHSTEIN. 6409

Stahl- und Walzwerke Rasselstein/Andernach Akt.-Ges., Neuwied/Rh., *Einschmelzen von stückigem Stahlschrott.* Die absatzweise Beschickung von SIEMENS-MARTIN-Öfen u. anderen Stahlschmelzöfen mit stückigem Stahlschrott mittels eines Förderbandes erfolgt derart, daß die in Haufen geschichteten Schrottstücke durch die Abgase des Schmelzofens vorgewärmt u. erst, wenn sie eine sehr hohe Vorwärmetemp. erreicht haben, in einen Schmelzraum oberhalb des Ofenherdes eingebracht werden, von wo der geschmolzene Stahl durch eine Führung in den eigentlichen Ofenherd eingeleitet wird, wobei eine Aufkohlung von durch außen direkt in die Führung eingebrachten brennenden Koks erzielt wird. (**E. P. 723 939** vom 21/7. 1952, ausg. 16/2. 1955. D. Prior. 21/7. 1951.) H. HOCHSTEIN. 6409

Gebr. Böhler & Co. Akt.-Ges., Wien, Österreich, *Stahllegierungen mit austenitisch-ferritischem Mischgefüge.* Verwendet wird ein Stahl mit 0,25—0,75 (%) *C*, 20—35 *Cr*, 0—8 *Mo*, 0—10 *Ni* u./oder *Mn*, 0—30 *Co*, 0— zu je 10 *W*, *V*, *Nb*, *Ta*, *Zr* u. *Ti*, mit der Maßgabe, daß die Legierungsgehh. des Stahls so zueinander abgestimmt sind, daß der Stahl ein austenit.-ferrit. Mischgefüge aufweist, als Werkstoff für Warmarbeitswerkzeuge, bes. für Werkzeuge zum Strangpressen hochschmelzender Metalle. (**D. B. P. 931 352** Kl. 18d vom 28/2. 1953, ausg. 8/8. 1955. Anmeldung bekanntgemacht 23/12. 1954. Oe. Prior. 3/3. 1952.) H. HOCHSTEIN. 6411

Hermann Dörrenberg, Oskar Dörrenberg, Eduard Michael Dörrenberg und **Werner Bottenberg,** Ründeroth, *Korrosionsbeständige Stahllegierung* besteht aus 0,05 bis 0,5 (%) *C*, 25—32 *Cr*, 3—7 *Mo*, 0,3—1 *Nb*, 0,3—1 *Ta*, Rest Eisen. Die Legierung kann auch noch 0,8—3 *Si* u. 0,5—2 *Ni* enthalten. Sie ist gegen die Einw. von Lsgg. oder Gasen, die Salze der HCl u. deren Reaktionsprodd. sowie Chloride oder ClO_2 enthalten u. einen p_H-Wert von unter 7 besitzen, beständig. (**E. P. 722 855** vom 6/10. 1952, ausg. 2/2. 1955.) H. HOCHSTEIN. 6411

Gebr. Böhler & Co. Akt.-Ges., Wien, Österreich, *Stahllegierung für Schleudergußkokillen.* Verwendet wird eine Stahllegierung mit 0,05—0,15 (%) *C*, 0,3—0,6 *Mn*, 1—1,5 *Si*, 1,7—2,6 *Cr*, 0,2—0,5 *Mo*, 0,2—0,5 *V* u. gegebenenfalls noch Zusätzen von *W*, *Ti*, *Ta*, *Nb* einzeln oder gemeinsam bis zu 1%. Die aus diesem Werkstoff hergestellte Schleudergußkokille besitzt ausreichende Dauerstand- u. Warmfestigkeitswerte neben einem guten Verh. gegen das Auftreten von Brandrissen. (**Oe. P. 179 855** vom 7/5. 1953, ausg. 11/10. 1954.) H. HOCHSTEIN. 6411

Oberhütten Vereinigte Oberschlesische Hüttenwerke Akt.-Ges., Düsseldorf (Erfinder: **Otto Kukla,** Düsseldorf, und **Wolfgang Küntscher,** Berlin-Hennigsdorf), *Stahl für Dauerarbeitswerkzeuge, die bei Kaltarbeit auf Stoß, Schlag und Schneiden beansprucht werden.* Verwendet wird ein Stahl mit 0,60—1 (%) *C*, 0,5—2 *Cr*, 0,3—3 *V* unter 0,7 *Mn*, als Werkstoff für Dauerarbeitswerkzeuge, die bei Kaltarbeit auf Stoß, Schlag u. Schneiden im Gestein, Kohle oder dgl. beansprucht werden. (**D. B. P. 930 267** Kl. 18d vom 9/7. 1941, ausg. 14/7. 1955. Anmeldung bekanntgemacht 10/7. 1952.) H. HOCHSTEIN. 6411

Pyror Ltd., Pembroke, Bermuda, Brit.-Westindien, *Aufarbeitung von kupferhaltigem Schwefelkies,* bei dem der Kies zunächst zum Austreiben des locker gebundenen S-Atoms u. zur Herbeiführung einer guten Säurelöslichkeit auf Glühtempp. unter Luft-

abschluß erhitzt u. der anfallende Kiesrückstand mit verd. H_2SO_4 zwecks Herauslösung von Fe als *$FeSO_4$* unter Bldg. von *H_2S* u. Erhalt eines schlammartigen Rückstandes behandelt wird, der bes. auf *Cu* aufgearbeitet wird, wobei aus der $FeSO_4$-Lsg. die *H_2SO_4* zur Behandlung weiterer Kiesrückstandsmengen wiedergewonnen wird, während zweckmäßig aus dem H_2S-Gas katalyt. gemäß der Rk. $2\ H_2S + SO_2 = 3\ S + 2\ H_2O$ *Schwefel* gewonnen wird, dad. gek., daß die Wiedergewinnung der H_2SO_4 auf der $FeSO_4$-Lsg. elektrolyt. unter Verwendung eines Diaphragmas erfolgt, zum Zwecke, unmittelbar metall. *Fe*, eine für den Lösungsvorgang geeignete H_2SO_4 u. gasförmigen *O_2* zu gewinnen. — Abbildung. (**Oe. P. 178 093** vom 8/12. 1950, ausg. 10/4. 1954.)
H. Hochstein. 6433

Vereinigte Leichtmetall-Werke G. m. b. H., Bonn (Erfinder: **Paul Brenner,** Bad Godesberg, und **Werner Sauter,** Bonn), *Verwendung von Aluminium und dessen Legierungen*, bes. solchen mit bis zu 2,5 (%) *Mg* u. einem *B*-Zusatz von 0,0001—0,3 für die Herst. von geknetetem Halbzeug, dessen Oberfläche einer chem. u./oder elektrolyt. Behandlung, bes. einer Glänzung u./oder einer anod. Oxydation unterzogen werden soll. (**D. B. P. 928 673** Kl. 40b vom 24/2. 1953, ausg. 6/6. 1955. Anmeldung bekanntgemacht 18/11. 1954.) C. Götze. 6447

Busch-Jaeger Dürener Metallwerke Akt.-Ges., Lüdenscheid (Erfinder: **Adolf Teubler,** Berlin-Wittenau), *Aushärtbare Aluminiumlegierungen* bestehen aus 3,1 bis 3,5 (%) *Cu*, 0,2—0,3 *Mg*, 0,2—0,4 *Mn*, unter 0,4 *Si*, Rest handelsübliches *Al*. Die Legierungen dienen zur Herst. von Nieten. (**D. B. P. 927 295** Kl. 40b vom 23/3. 1944, ausg. 5/5. 1955. Anmeldung bekanntgemacht 29/5. 1952.) C. Götze. 6447

Fulmer Research Institute Ltd., Philipp Gross und **David Leon Levi,** Stoke Poges, England, *Titangewinnung* durch Red. von Di- u. Trihalogeniden des Ti mit H_2 im Überschuß bei ca. 1300—1400°. In einer 1. Reaktionszone werden Ti-Halogeniddämpfe über verunreinigtes metall. Ti geleitet u. dann in einer 2. Reaktionszone mit H_2 im Vakuum reduziert. Es setzt sich in dieser 2. Zone eine dichte metall. Schicht Ti ab. (**E. P. 723 879** vom 5/9. 1951, ausg. 16/2. 1955.) H. Nebelsiek. 6449

W. C. Heraeus G. m. b. H. (Erfinder: **Konrad Ruthardt),** Hanau/M., *Weiße Legierungen für zahnärztliche Zwecke* bestehen aus 15—23 (%) *Pd*, 2—10 *Cd*, Rest *Ag*. Das Cd kann ganz oder teilweise durch 3—10 *Cu* ersetzt sein, wobei die Summe an Cd + Cu 15 nicht übersteigt. Die Legierungen besitzen gute Mundbeständigkeit, ausreichende Härte, günstige Schmelztemp. u. gute Verarbeitbarkeit. (**D. B. P. 925 736** Kl. 40b vom 2/10. 1948, ausg. 28/3. 1955. Anmeldung bekanntgemacht 23/5. 1951.)
C. Götze. 6461

W. C. Heraeus G. m. b. H. (Erfinder: **Konrad Ruthardt),** Hanau/M., *Verfahren zur Wiedergewinnung von Platin* bei unter Verwendung von Pt oder seinen Legierungen als Katalysator bei erhöhter Temp. verlaufenden Gas-Rkk., bes. der NH_3-Oxydation, dad. gek., daß ohne Zwischenschaltung einer Filterschicht hinter die Katalysatoren gasdurchlässige Schichten geschaltet sind, die Metalle aus der 4. u. 5. Gruppe des Period. Syst., wie Ti, Zn, Sb u. Bi, oder solche Verbb., bes. Oxyde dieser Metalle, enthalten, die unter den Reaktionsbedingungen eine hohe Affinität zum Pt besitzen, worauf das von den Schichten zurückgehaltene Pt abgetrennt wird. (**D. B. P. 927 566** Kl. 12g vom 30/1. 1952, ausg. 12/5. 1955. Anmeldung bekanntgemacht 7/10. 1954.)
W. Matthaes. 6465

Johann Simon Streicher, East Orange, N. Y., V. St. A., *Platinlegierungen mit unveränderlichem Korn.* Die 6 Pt-Metalle oder Legierungen derselben, bes. bin. Legierungen aus *Pt* mit bis zu 50 (%) *Rh* oder bis zu 30 *Ir* oder bis zu 6 *W* oder bis zu 6 *Ni* oder bis zu 11 *Ru*, ferner tert. Legierungen aus 10—77 *Pt*, 13—88 *Pd*, 2—10 *Ru* sowie Legierungen aus Pd mit bis zu 8 Ru haben die Neigung, in der Hitze das Korn zu vergröbern gleichgültig ob sie auf dem Schmelz- oder Sinterwege hergestellt sind. Um ein stetiges Korn zu erhalten, wird den Metallen bzw. Legierungen 0,001—2,5, vornehmlich 0,001—0,2 *SiO_2* zugesetzt. (**E. P. 717 496** vom 21/2. 1951, ausg. 27/10. 1954. A. Prior. 21/4. 1950.)
C. Götze. 6465

Gesellschaft der Ludwig von Roll'schen Eisenwerke Akt.-Ges., Gerlafingen, Schweiz, *Einführung von Legierungskomponenten in Metallschmelzen.* Metalle, deren F. tiefer liegt als derjenige der Schmelze, mit dem das Metall, z. B. *Mg*, legiert werden soll, werden in Pulverform aus einem Behälter durch ein Rohr, das tief in die Schmelze taucht, eingeführt. Durch die Temp. der Schmelze verdampft das zu legierende Metall u. tritt am unteren Ende des Rohres in die Schmelze ein. Diese Darstellungsweise hat den Vorteil, daß sie unter Ausschluß von Luft vor sich geht. (**E. P. 716 858** vom 18/12. 1952, ausg. 13/10. 1954. Schwz. Prior. 29/12. 1951.) C. Götze. 6471

Jakob Bingel, Berlin, *Glühen von Transformatorenblechen* zur Verringerung der Eisenverluste in luftdicht zugeschweißten eisernen Behältern mit einem Getterstoff ist dad. gek., daß die Bleche bei 1200° in Ggw. von CaC_2 geglüht werden. — Schliffbilder. (**D. B. P. 924 086** Kl. 18c vom 31/12. 1949, ausg. 24/2. 1955. Anmeldung bekanntgemacht 9/8. 1951.) H. HOCHSTEIN. 6493

General Electric Co. Ltd., England, *Carbonitrierung von Stahl.* Das Carbonitriermittel ist fl. u. besteht aus einem Gemisch von mindestens zwei organ. Verbindungen. Der erste Bestandteil, z. B. *Methylalkohol,* dient als Träger-Fl. u. zers. sich bei der Carbonitriertemp. im Ofen unter Bldg. einer nur schwach aufkohlenden Gasatmosphäre. Der in nur geringerer Menge verwendete zweite Bestandteil des Gemisches besteht aus einem *Amin,* einem *Amid* oder *Nitril,* die sich bei der Betriebstemp. unter Bldg. einer stark aufkohlenden u. nitrierenden Gasatmosphäre zersetzen. Dieser zweite Bestandteil kann aber auch aus einem oder mehreren N_2-freien Verbb. gebildet sein u. besteht dann zweckmäßig aus *Reinbenzol* oder *Toluol* oder aus *Isopropylalkohol.* In dem Gemisch können die Anteile der verschied. Bestandteile während der Carbonitrierung geregelt werden. (**F. P. 1 069 639** vom 6/5. 1952, ausg. 9/7. 1954.) H. HOCHSTEIN. 6493

Electric Furnace Products Co. Ltd., Toronto, Can., *Schweißstab.* Der Schweißstab, der bes. für das Inertschutzgas-Metallichtbogenschweißen geeignet ist, besteht aus einer Legierung aus 25—35 (%) *Mn,* bis zu 10 *Al,* bis zu 2 *Si,* Rest *Cu* u. allfällige Verunreinigungen. Bes. enthält die Schweißstablegierung 28—30 Mn, 3—5 Al, 0,1—0,25 Si, Rest Cu mit Verunreinigungen. (**Oe. P. 180 188** vom 17/3. 1953, ausg. 10/11. 1954. A. Prior. 21/4. 1952.) H. HOCHSTEIN. 6507

Wacker-Chemie G. m. b. H., München (Erfinder: **Ernst Harbeck,** Partille, Schweden), *Reinigen von Metallen im Dampf eines flüchtigen Lösungsmittels.* Die Dämpfe des Lösungsm., wie *Trichloräthylen, Perchloräthylen* oder *Tetrachlorkohlenstoff,* werden an den luftgekühlten Wänden des oberen Teils des Behandlungsgefäßes kondensiert. Das An- u. Abstellen der Heizung für das Lösungsm. geschieht durch entsprechend eingestellte Kontaktthermometer. — Abbildung. (**D. B. P. 919 806** Kl. 48d vom 6/2. 1943, ausg. 4/11. 1954. Anmeldung bekanntgemacht 20/12. 1951.) F. MARKHOFF. 6513

Radio Corp. of America, übert. von: **Don G. Buride,** Princeton, N. J., V. St. A., *Erzeugen einer matten Oberfläche auf polierten Oberflächen aus Kupfer und Messing.* Die Gegenstände werden in einer wss. Lsg. aus 10—40 Gew.-% $(NH_4)_2S_2O_8$ u. 0,3—1,5 Vol.-% H_2O_2, z. B. ca. 1—2 Min., behandelt. (**A. P. 2 678 876** vom 26/12. 1950, ausg. 18/5. 1954.) F. MARKHOFF. 6513

Westinghouse Electric Corp., East Pittsburgh, Pa., V. St. A., übert. von: **George W. Jernstedt** und **James D. Patrick,** *Galvanisches Verkupfern mit Stromumkehr.* Als Elektrolyt wird eine *cyankal. Cu-Lsg.* verwendet, der geringe Mengen *Zn* u. *Thiocyanat* zugesetzt sein können. Die Plattierperiode soll jeweils 45—300 Sek. dauern, die Stromumkehrung wenigstens 30% dieser Zeit u. die Stromdichte soll hierbei 50—90% der Plattierstromdichte betragen u. die Strommenge 30—95%. Hierbei wird die Rauhigkeit der Oberfläche erheblich verringert. Auch bei Verwendung anderer Elektrolyte, so bei *Ag-, Zn-, Cd-, Sn-, Au-* u. *Messing*-Bädern, werden bei Anwendung dieses Abscheidungsverf. ähnliche Wirkungen erzielt. (**A. P. 2 678 909** vom 5/11. 1949, ausg. 18/5. 1954.) F. MARKHOFF. 6517

Udylite Corp., V. St. A. (Erfinder: **Henry Brown** und **Richard A. Fellows**), *Glanzzusatz für saure galvanische Kupferbäder* besteht aus einer Verb. der allg. Formel I. In dieser bedeuten R_1 u. R_2 entweder H oder die Methyl- oder Äthylgruppe, X ein Anion u. Z die Phenyl- oder Naphthylgruppe, die durch eine oder mehrere Hydroxy-, Alkoxy-, Amino- oder Alkylaminogruppen substituiert sein kann. Eine solche Verb. ist z. B. *Janusgrün B.* (**F. P. 1 077 492** vom 21/5. 1953, ausg. 8/11. 1954. A. Prior. 26/5. 1952.) F. MARKHOFF. 6517

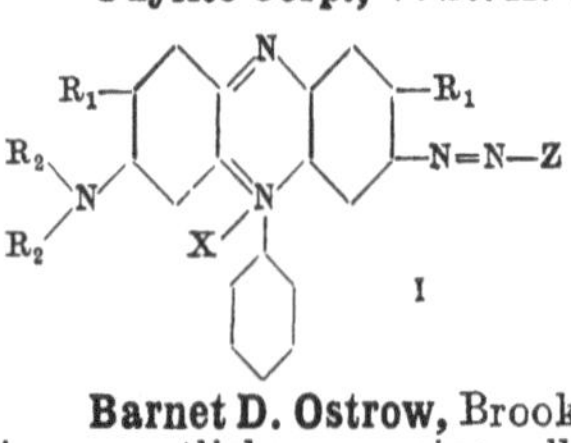

I

Barnet D. Ostrow, Brooklyn, N. Y., V. St. A., *Galvanisches Glanzkupferbad* besteht im wesentlichen aus einer alkal. *CuCN*-Lsg., die mindestens 0,005 g/Liter Se in Form eines lösl. *Selenophenols* oder *Selenocyanats* enthält, in denen die Wertigkeit des Se — 2 ist. Die Ndd. sind duktil u. leicht polierbar. (**A. P. 2 694 677** vom 10/11. 1949, ausg. 16/11. 1954.) F. MARKHOFF. 6517

John William Howlett, Sidney Bernard Dew und **Wellworthy Piston Rings Ltd.,** Lymington, England, *Schaufeln für Gasturbinen.* Die an ihrem einen Ende in weicheres Metall, z. B. *Al* oder Al-Legierungen, eingebetteten Schaufeln aus Streifen von *rostfreiem Stahl* oder *Monelmetall* erhalten zwischen dem Einbettungsmetall u. dem Metall der

Schaufel eine Zwischenschicht aus einer Legierung des Einbettungsmetalls u. dem Metall der Schaufel, z. B. eine Fe–Al-Legierung. Hierzu wird das erhitzte Blatt in ein schmelzfl. Al-Bad so lange über den F. von Al eingetaucht, bis sich eine Fe–Al-Legierung auf der Oberfläche gebildet hat. Dann wird die Schaufel mit Al umgossen. (**E. P. 713 089** vom 17/8. 1951, ausg. 4/8. 1954.) F. VIER. 6517

Vereinigte Deutsche Metallwerke Akt.-Ges., Frankfurt/M. (Erfinder: **Herbert Schulze,** Altena), *Herstellung hochzunderfester Oberflächen auf Metallgegenständen,* die Tempp. von über 800° u. der Einw. korrosiver Gase ausgesetzt sind, mittels aufgespritzter Metallschichten, dad. gek., daß zunächst eine an sich bekannte *Fe–Cr–Al*-Legierung aufgespritzt wird u. die in dieser Weise metall. überzogenen Gegenstände einer Nachbehandlung mit Li-Verbb., bes. von Li_2CO_3, oder Al_2O_3 oder einem Gemisch dieser beiden Stoffe, unterworfen werden. Die Verbb. werden mit W. angerührt aufgebracht u. die Gegenstände zum Trocknen auf 150—200° erwärmt. Die aufgespritzte Legierung besteht aus 1—12 (%) Al, 5—30 Cr, Rest Fe. (**D. B. P. 927 126** Kl. 48b vom 24/5. 1952, ausg. 28/4. 1955. Anmeldung bekanntgemacht 7/10. 1954.) F. VIER. 6517

Siemens & Halske Akt.-Ges. (Erfinder: **Nikolai Budiloff** und **Kurt Hahn,** Berlin), Berlin u. München, *Herstellung verschiedenfarbiger Musterungen auf Aluminium und Aluminiumlegierungen,* dad. gek., daß die eingefärbte Oxydschicht nach mustergemäßem Abdecken kurze Zeit durch Behandung mit anorgan. Säuren, wie konz. HNO_3, H_2CrO_4, H_2SO_4 oder H_2O_2, ohne Entfernung der Oxydschicht entfärbt oder im Farbton verändert wird. (**D. R. P. 764 879** Kl. 75b vom 5/9. 1937, ausg. 31/5. 1954.) E. WEISS. 6535

Josef Heyes u. **Heinz Spähn,** Feinbearbeitung durch chemische Umwandlung. Das elektrolytische Polieren unter besonderer Berücksichtigung des Perchlorsäure-Essigsäureanhydrid-Elektrolyten. — Das chemische Glänzen der Metalle. 1.—3. Tsd. Stuttgart: Dt. Fachzeitschrift- u. Fachbuchverl. 1954. (81 S. m. Abb.) 8°. — Schriftenreihe Feinbearbeitung. DM 3,80.

Lucio F. Mondolfo u. **Otto Zmeskal,** Engineering metallurgy. New York: McGraw-Hill. 1955. (406 S. m. Abb.,Diagr.) O. $ 7,50.

IX. Organische Industrie.

P. W. Sherwood, *Die technische Bedeutung des Butadiens.* Überblick: Darst. u. Trennung der Butene u. der Butan–Buten-Gemische; Dehydrierung der n-Butene zu Butadien; direkte Dehydrierung des Butans; Reinigung des Butadiens. — 13 Literaturhinweise. (Riv. Combustibili **9.** 59—67. Jan. 1955.) R. K. MÜLLER. H 520

Joe T. Kelly und **Robert J. Lee,** *Dehydrierende Alkylierung von Aromaten mit Isoparaffinen.* Tert. Butylaromaten können in guter Ausbeute u. hoher Reinheit durch Alkylierung von aromat. KW-stoffen mit Isobutan in Ggw. eines Olefins dargestellt werden. Das Olefin wirkt bei Säurekatalyse zwischen 0 u. 30° als H_2-Akzeptor, wenn ein Überschuß an Isobutan angewandt wird, u. geht in einen Paraffin–KW-stoff über. Bei n-Olefinen mit mehr als 3 C-Atomen tritt Isomerisierung ein. $BF_3 \cdot H_2O$, FH u. H_2SO_4 sind als Katalysatoren geeignet. Außer bei Verwendung von $BF_3 \cdot H_2O$, das isomerisierend auf das Olefin wirkt, sind verzweigte Olefine günstiger als H_2-Akzeptoren. Ein Carboniumionmechanismus wird vorgeschlagen. (Ind. Engng. Chem. **47.** 757—63. April 1955. Texas City, Tex., Pan Amer. Refining Corp.) H. BERTSCH. H 1010

P. M. Pitts jr., J. E. Connor und **L. N. Leum,** *Isomerisierung von alkylierten aromatischen KW-stoffen.* Es wird ein zweistufiges Verf. beschrieben, um *Äthylbenzol* (I) in *Xylole* oder umgekehrt Xylole in I überzuführen. Das Verf. ist auch zur Darst. von Trimethyl- oder Methyläthylbenzol aus Isopropylbenzol geeignet. Unter Verwendung von Catforming-Katalysator (Pt auf desaktivierter Kieselsäuretonerde) u. H_2-Druck wird der 1. Schritt bei Tempp. durchgeführt, die die Hydrierung der Aromaten begünstigen, der 2. Schritt bei Tempp., bei denen die Aromaten rückgebildet werden. Die Isomerisierung im 2. Schritt verläuft leichter als beim (Hochtemp.-Verf.) 1-Schritt bei dem bes. bei Isopropylbenzol Desalkylierung erfolgt. (Ind. Engng. Chem. **47.** 770—73. April 1955. Philadelphia, Pa., The Atlantic Refining Co.) H. BERTSCH. H 1010

Standard Oil Development Co., übert. von: **Delmer L. Cottle,** Highland Park, N. J., V. St. A., *Ester* erhält man durch Rk. von Olefinen C_2—C_{12} mit Mono- oder Dicarbonsäuren C_2—C_{12} bei 80—210° in Ggw. eines wasserfreien festen Kationenaustauschers, z. B. sulfonierter Kohle oder kernsulfonierter Phenol–CH_2O-Harzen. — Beispiele: 2-Buten (I) + $CH_3COOH \xrightarrow{100°}$ *sek.-Butylacetat*; 1-Penten $\xrightarrow{120°}$ *sek.-Amylacetat*; I + $C_6H_5COOH \rightarrow$ *sek.-Butylbenzoat*; I + Bernsteinsäure $\rightarrow$ *sek.-Butylsuccinat.* (**A. P. 2 678 332** vom 23/12. 1949, ausg. 11/5. 1954.) O. MÜLLER-MEININGEN 6573

Phillips Petroleum Co., Del., übert. von: **Robert A. Findlay** und **John A. Weedman,** Bartlesville, Okla., V. St. A., *Trennung von organischen Verbindungen* (KW-stoffen). Das

Gemisch aus einer mit Harnstoff bzw. Thioharnstoff adduktbildenden Verb. u. einer nichtadduktbildenden Verb. (I) wird kontinuierlich durch eine sich abwärts bewegende M. von krist. Harnstoff bzw. Thioharnstoff geleitet. Die I wird kontinuierlich abgezogen u. das Addukt zers. u. so die Gemischanteile getrennt. — Zeichnungen. (**A. P. 2 676 167** vom 16/5. 1950, ausg. 20/4. 1954.) E. KAHLES. H 500

Standard Oil Development Co., übert. von: **William W. Odell**, New York, N. Y., V. St. A., *Katalytische Reaktionen in Gasphase* an verschied. Katalysatoren. Durch ein Bett von 2 verschied. Katalysatoren **A** u. **B**, von denen **A** schwerer aufwirbelbar ist, wird der umzusetzende Gasstrom aufwärts geführt, so daß Wirbelblattschichten entstehen, von denen die unterste, **A** enthaltende Zone den geringsten Durchmesser besitzt, die mittlere, **A** + **B** enthaltende Zone nach unten konvergiert, u. die oberste, breiteste Zone nur **B** enthält. Der Gasstrom durchsetzt also die oberste Zone langsamer als die unterste. Bei der *CO-Hydrierung* mit **A** = Ni-Katalysator von $^1/_{16}$—$^1/_8$ inch u. **B** = Fe-Katalysator von 60—100 mesh wird mit dem Reaktionsprod. oben laufend ein Teil der Fe-Katalysatorteilchen (**B**) abgezogen u. der untersten Zone in solcher Menge zugeführt, daß diese zu 5—50% aus **B**-Teilchen besteht. Hierbei wird zur Vermeidung von Katalysatorvergiftung als Ni-Katalysator NiS verwandt. Eine andere Möglichkeit der Anwendung des obigen Verf. bietet die Oxydation von KW-stoffen mit CuO-Katalysator. — Zeichnung. (**A. P. 2 665 288** vom 6/9. 1949, ausg. 5/1. 1954.) W. HEROLD. H 500

Standard Oil Development Co., Del., übert. von: **James W. Brown**, Summit, und **Harvey E. W. Burnside**, Rumson, N. J., V. St. A., *Kohlenwasserstoffsynthese* aus n. gasförmigen KW-stoffen (I), dad. gek., daß I mit O_2 bei 2000—2500° F u. >400 lbs./sq. in. (wobei die Gase vor dem Erhitzen komprimiert wurden) einer partiellen Verbrennung zu CO, H_2 u. Wasserdampf unterworfen u. das erhaltene Synthesegas durch indirekten Wärmeaustausch mit dem Eintrittsgas auf ca. 175° F unter Erhaltung des Druckes abgekühlt u. das kondensierte W. entfernt wird, worauf das Gas nach Erhitzen auf 250 bis 300° F vorerhitzt u. an indirekt mit W. auf 600—700° F gekühlten aufgewirbelten Fe-Katalysatoren unter Erhaltung des Druckes in KW-stoffe umgewandelt u. durch indirekten Wärmeaustausch mit W. auf 350—470° F (also ohne Abscheidung von Fl.) u. dann durch Zusatz von höhersd. Schweröl weitergekühlt u. endlich im indirekten Wärmeaustausch mit dem von ca. 175° auf 250—300° F vorzuerhitzenden Synthesegas so weit gekühlt wird, daß die n. fl. Prodd. abgeschieden werden. Das bei dem Abkühlen des Synthesegases (bes. in mehreren Stufen) auf 175° F abgeschiedene W. wird zur Dampferzeugung in den Wärmeaustauschern benutzt. Alle in der Rk. benutzte Wärme (Hochdruck- u. Niederdruckdampf) soll aus der Rk. selbst kommen. — Zeichnungen. (**A. P. 2 683 158** vom 21/5. 1949, ausg. 6/7. 1954.) W. HEROLD. H 500

Badische Anilin- & Soda-Fabrik Akt.-Ges. (Erfinder: **Wilhelm Himmler**, Ludwigshafen/Rh., und **Georg Schiller**, Mannheim), *Herstellung von Kohlenwasserstoffen und sauerstoffhaltigen organischen Verbindungen aus Kohlenoxyd und Wasserdampf* bei erhöhter Temp. in Ggw. von Katalysatoren, dad. gek., daß die aus dem Reaktionsraum austretenden Gase nach vollständiger oder teilweiser Entfernung der KW-stoffe oder O-haltigen organ. Verbb. in den Reaktionsraum zurückgeführt werden, wobei der Geh. des Kreislaufgases an CO_2 u./oder die Menge des zugeführten W. so eingestellt werden, daß die aus dem Reaktionsraum austretenden Gase annähernd ebensoviel H_2 enthalten wie die in ihn eintretenden Gase. — Beispiel für Herst. von 30—35 kg CH_3OH aus 35—40 kg W. u. 65—75 m³ CO/Std. bei 380° u. 180 at an 50 Liter Katalysator aus mit H_2 red. [ZnO + Cr_2O_3] unter solchem Kreislauf, daß 10000 Vol./Vol. Katalysator/Std. strömen, unter Auswaschen des CO_2 bis auf ca. 2%. (**D. B. P. 929 247** Kl. 12o vom 30/12. 1951, ausg. 23/6. 1955. Anmeldung bekanntgemacht 19/3. 1953.) W. HEROLD. H 500

Phillips Petroleum Co., Del., übert. von: **Dwight L. McKay**, Bartlesville, Okla., V. St. A., *Entfernen von Furfurol von Metallflächen*. Das bei der Abtrennung von *KW-stoffen* benutzte Furfurol, das sich bes. in den metallenen Destillierkolonnen als Polymeres festsetzt, wird mit Mono-, Di- oder Triäthanolamin bei 93—171° in 4 Std. abgelöst. (**A. P. 2 679 465** vom 21/8. 1950, ausg. 25/5. 1954.) G. SALZMANN. H 500

Lonza Elektrizitätswerke und chemische Fabriken Akt.-Ges., Basel, Schweiz (Erfinder: **Rudolf Wendtlandt** und **Gerhart Hoffmann**), *Herstellung von Methan und Methanmischungen aus Kohlenoxyd und Wasserstoff* im Kreislaufverf., dad. gek., daß <3 (z. B. 1,1—1,5) H_2 auf 1 CO angewandt werden u. dieses Synthesegas bei 200—300° mit mindestens dem gleichen, bes. 2—6fachen, Vol. Kreislaufgas (das bes. >100° heiß ist) über den Katalysator (z. B. Ni:Mn:Al = 10:2:1) geleitet wird. (O_2 soll aus dem Kreislaufgas vor dessen Rückführung entfernt werden. Die Vorwärmung des Gases auf 230 bis 270° erfolgt im indirekten Wärmeaustausch mit allem aus dem Ofen austretenden oder dem nicht im Kreis geführten abgezweigten Gas; ähnlich kann Reaktionswärme durch Dampferzeugung abgeleitet werden. (**E. P. 705 623** vom 28/12. 1951, ausg. 17/3. 1954.) W. HEROLD. H 510

Braunkohle-Benzin Akt.-Ges., Berlin (Erfinder: **Hans Steinbrecher**, Hildesheim, und **Matthias Gebhard**, Schwarzheide), *Oxydation von höhermolekularen Paraffinkohlenwasserstoffen* mit Luft in O_2 in Ggw. von Katalysatoren bei Tempp. von ca. 100 bis 150°, dad. gek., daß hochmol. Paraffine vom F. ca. 70° in Ggw. von Bleicherde oder ähnlichen Al-Hydrosilicaten oxydiert werden. Bei niedrigmol. Paraffin-KW-stoffen u. einem Paraffin vom F. 54° wirkt Bleicherde als ausgesprochener Oxydationsverzögerer. Menge der Bleicherde hängt von den Reaktionsbedingungen ab, unter üblichen Bedingungen genügen ca. 10%. Die Oxydate besitzen eine hohe Emulgierwirkung. (**D. B. P. 930 326** Kl. 12o vom 11/12. 1943, ausg. 14/7. 1955. Anmeldung bekanntgemacht 23/12. 1954.) G. KÖNIG. H 510

N. V. de Bataafsche Petroleum Mij., Den Haag, Holland (Erfinder: **Frederick Farlow Rust** und **Lee Marion Porter**, Emeryville, V. St. A.), *Herstellung ungesättigter allylsubstituierter organischer Verbindungen*, dad. gek., daß ein Allylhalogenid, z. B. ein Allylchlorid mit 3—8 C-Atomen, wie Allylchlorid oder Methallylchlorid, während 1 bis 50 Sek. bei 450—750° mit organ. Verbb. (I), die zumindest ein austauschbares H-Atom enthalten, in einem Molverhältnis von mindestens 1:3, bes. 1:4 bis 1:12, pyrolysiert wird. Als I sind solche mit einer H-Bindungsenergie von <90 u. bes. <85 kcal zu verwenden, wie Olefine mit 2—12, bes. 2—8, C-Atomen oder Alkane u. Cycloalkane mit 2—6 C-Atomen. (**D. B. P. 928 646** Kl. 12o vom 14/7. 1953, ausg. 6/6. 1955. Anmeldung bekanntgemacht 18/11. 1954. A. Prior. 15/7. 1952.) W. GRÄGER. H 520

United Kingdom Chemicals Ltd., London, England, *Herstellung von Halogenalkenen*, bes. von Chlor- u. Bromalkenen (Vinylchlorid oder -bromid, Dichloräthen, Allylchlorid, Monochlorhexen, Mono- oder Dichlorpropen), die durch Anlagern von Cl_2 oder Br_2 an Alkene bei einer Temp., bei der die Bldg. anderer Chlor- oder Bromverbb. vermieden werden, mit darauffolgendem Abspalten von HCl oder HBr in einer 2. Reaktionszone bei wesentlich höherer Temp. erhalten werden. Die Anlagerungsprodd. der 1. Zone werden unmittelbar ohne Zwischenschaltung von Zuführungsleitungen, Fraktionierungs- oder Konzentrierungsvorr. in die 2. Reaktionszone geleitet. (**Holl. P. 74 081** vom 31/7. 1950, ausg. 15/2. 1954.) W. GRÄGER. H 520

E. I. du Pont de Nemours & Co., Wilmington, Del., übert. von: **Elbert C. Herrick**, Boothwyn, Pa., und **John C. Sauer**, Wilmington, Del., V. St. A., *Polymerisation von Acetylen zu offenkettigen Polymeren*. Man führt Acetylen kontinuierlich bei $>50°$ in eine Lsg. eines Ni-Katalysators in einem heterocycl. Amin ein, dessen Amino-N Teil des heterocycl. Rings ist (γ-Picolin, 2.4-Dimethylpyridin, 2-Methylpiperidin, Morpholin, Piperazin, 2-Methylchinolin, Isochinolin, Pyrrolidin oder α-Äthylpyrrolin). Der Ni-Katalysator ist das Ni-Salz der Enolform einer 1.3-Dicarbonylverb., wie Ni-Äthylsalicylat, -o-Oxyacetophenon, -Äthylacetondicarboxylat, -Äthylacetoacetat oder -Phenylacetoacetat. Das gebildete *Monovinylacetylen* wird laufend entfernt. (**A. P. 2 667 520** vom 4/12. 1952, ausg. 26/1. 1954.) W. GRÄGER. H 530

Stanolind Oil & Gas Co., übert. von: **Alfred Steitz jr.**, Tulsa, Okla., V. St. A., *Gewinnung öllöslicher Alkohole durch azeotrope Destillation* aus wss. Gemischen, wie sie bei der katalyt. CO-Hydrierung erhalten werden, u. die Alkohole mit bis zu 8 C-Atomen enthalten. Man setzt Isopropanol in genügender Menge hinzu, um W. u. die bis 126° sd. KW-stoffe in azeotrop. Dest. zusammen mit dem Isopropanol zu entfernen. (**A. P. 2 690 995** vom 25/8. 1950, ausg. 5/10. 1954.) W. GRÄGER. H 550

Wacker-Chemie G. m. b. H., München (Erfinder: **Adolf Gerber, Otto Leschhorn, Helmut Müller** und **Josef Rambausek**, Burghausen), *Herstellung von Lösungen von Alkalialkoholaten* in Alkoholen durch Einw. von feinverteiltem Na-Amalgam aus einer Chlor–Alkali-Elektrolyse auf Alkohole unter Rückführung des alkalimetallfreien Hg in die Elektrolysezelle, dad. gek., daß das feinverteilte Na-Amalgam in einem mit 2—3 mm großen Stücken eines Katalysators gefüllten Reaktionsgefäß dem fl. aufwärts strömenden A. entgegengeführt wird. Als Katalysator wird eine Mischung von Elektrodengraphit oder Aktivkohle u. zweckmäßig 10—20% Metallspänen, z. B. aus Fe, verwendet. (**D. B. P. 928 467** Kl. 12 o vom 6/5. 1953, ausg. 2/6. 1955. Anmeldung bekanntgemacht 11/11. 1954.) G. KÖNIG. H 4550

Rheinpreußen Akt.-Ges. für Bergbau und Chemie, Homberg/Ndrh. (Erfinder: **Helmut Wiedmann**, Burgstall, und **Walter Grimme**, Utfort), *Herstellung von Alkoholaten der Alkalien, Erdalkalien und des Aluminiums* durch Rk. dieser Metalle oder ihrer Legierungen mit Alkoholen in Ggw. von Aktivierungsmitteln, unter Verwendung eines Umlaufkühlers u. Rückführung der von den Wasserstoffgasen mitgerissenen, nicht umgesetzten Alkoholanteile, dad. gek., daß die Rk. in einem Reaktionsgefäß durchgeführt wird, das mit einem Ausweichgefäß kommunizierend verbunden ist, so daß der A. durch den entstehenden H_2-Druck in das Ausweichgefäß zurückgedrängt wird, sobald die H_2-Entw. das durch ein Ventil einstellbare Maß übersteigt, während der bei der Rk. entstehende H_2 nach Durchlaufen des Umlaufkühlers in den oberen Teil des Ausgleichgefäßes geführt u. durch Regelung des H_2-Abganges aus dem Ausgleichsgefäß, z. B. durch ein Überdruckventil, im gesamten Reaktionssyst. gegebenenfalls ein Druck eingestellt wird, der den Dampfdruck des verwendeten A. bei der Reaktionstemp. überschreitet. — Zeichnung. (**D. B. P. 930 087** Kl. 12o vom 18/11. 1941, ausg. 11/7. 1955. Anmeldung bekanntgemacht 3/6. 1953.) G. KÖNIG. H 550

Monsanto Chemical Co., St. Louis, Mo., übert. von: **Raymond I. Longley jr.**, Dayton, O., V. St. A., *Herstellung ungesättigter Äther* der allg. Formel R(R')C=C(Y)·(OZ), in der R u. R' H oder einen Alkylrest mit 1—7 C-Atomen, Y H oder einen Alkylrest mit 1—8 C-Atomen u. Z einen Alkylrest mit 1—2 C-Atomen bedeuten, wobei die Gesamtzahl der C-Atome im Mol. 3—20 beträgt. Man erhitzt ein entsprechendes Acetal der allg. Formel R(R')CHC(Y)$(OZ)_2$, z. B. Dimethylbutyral, mit einer Aryl- oder Alkarylsulfonsäure mit 6—18 C-Atomen in einem Lösungsm., wie KW-stoffen oder chlorierten KW-stoffen mit einem Kp. von wenigstens 175°, z. B. in einer Lsg. von 4-Toluolsulfonsäure in einem Gemisch von polychlorierten Polyphenylverbb., auf 140—250°. Während der Äther, z. B. 1-Butenylmethyläther, abdest., wird das Acetal kontinuierlich zugeführt. Man erhält so auch Methylvinyl-, Äthylpropenyl-, Äthylisopropenyl- oder Methyl-1-hexenyläther. (**A. P. 2 667 517** vom 15/6. 1951, ausg. 26/1. 1954.) W. GRÄGER. H 550

Imperial Chemical Industries Ltd., England, *Herstellung von Katalysatoren für die Hydratation von Olefinen.* Man stellt ein inniges Gemisch von TiO_2 u. Fe_2O_3 her. Die Menge an Fe_2O_3 beträgt 1—90 Mol/100 Mol Gemisch. — Z. B. vermischt man trockenes Fe_2O_3-Gel mit $TiCl_4$, behandelt das Gemisch mit Wasserdampf u. calciniert es bei 600°. Der Katalysator dient z. B. zur Herst. von *Isopropanol* aus Propylen. (**F. P. 1 068 938** vom 3/10. 1952, ausg. 1/7. 1954. E. Prior. 3/10. 1951.) T. OPPERMANN. H 560

Karl Wiesler (Erfinder: **Karl Wiesler**, Konstanz, und **Wilhelm Querfurth**, Oberursel), *Herstellung von Alkoholen* mit höherem C-Geh. als die zur Rk. gebrachten Ausgangsstoffe durch Überleiten von Gemischen von Aldehyden u. Alkoholen, bes. solchen von gleicher C-Zahl wie die Aldehyde, in Ggw. von H_2 oder mit an der Rk. nichtteilnehmenden Gasen verd. H_2 über Katalysatoren, dad. gek., daß zu Beginn der Rk. einmalig der A. u. dann laufend dem in Kreislauf befindlichen Reaktionsgemisch Aldehyd zugeführt wird, mit der Maßgabe, daß hierbei das molare Verhältnis von A., bezogen auf jeweils zugesetzten Aldehyd, 1—2 Mol u. mehr beträgt. Die Katalysatoren können im wesentlichen aus kondensierend wirkenden Stoffen, z. B. Oxyden oder Hydroxyden der Elemente der 2. bis 4. Gruppe u. aus die Hydrierung beschleunigenden Schwermetallen bzw. Metallverbb., wie Cu, Ni, Mo, in Mengen von mindestens 10% bestehen. Drucke von 10—100 at können angewendet werden. Die Reaktionstemp. liegt $>150°$ (325°). Fe übt auf die Reaktionsteilnehmer eine zersetzende Wrkg. aus; deshalb ist es angezeigt, in erhitzten Apparateteilen Fe auszuschalten. — A., Acetaldehyd u. H_2 werden über einen Katalysator, bestehend aus 71 (Teilen) Mg, 6 Ti, 10 Cu u. 13 Cr, gemischt mit 5 Al-Pulver, bei 323° u. 30 at geleitet. Man erhält *n-Butanol* u. höhere Alkohole (*Hexanol, Octanol, Decanol*) u. geringe Mengen Äthylacetat, sowie Butyraldehyd. (**D. B. P. 930 750** Kl. 12o vom 4/3. 1939, ausg. 25/7. 1955. Anmeldung bekanntgemacht 3/2. 1955.) G. KÖNIG. H 560

Deutsche Gold- & Silberscheideanstalt vormals Roessler, Frankfurt/M. (Erfinder: **Robert Richter**, Mainz), *Herstellung von Trimethylolverbindungen* mit mindestens 5 C durch alkal. Kondensation von Aldehyden mit mindestens 3 C mit vorteilhaft 3 Mol CH_2O in einem wss. Medium bei Tempp. $<40°$, dad. gek., daß die alkal. Kondensation unter Aufrechterhaltung von Tempp. $<0°$, zweckmäßig solchen von —5 bis —10°, erfolgt, worauf zweckmäßig durch ein verhältnismäßig kurzes Erhitzen des Reaktionsgemisches auf Tempp. bis ca. 60° die Kondensation vervollständigt wird u. gegebenenfalls dann gleich bei dieser Temp. die nach beendeter Kondensation zur Entfernung bzw. Abstumpfung des alkal. Kondensationsmittels verwendete Säure zugefügt wird. — 30%ig. CH_2O, Propionaldehyd u. W. bei —5° in Ggw. von $Ca(OH)_2$ behandelt, ergeben *Methyltrimethylolmethan*, F. 192—197°. Auf gleiche Weise erhält man *Äthyl-* oder *Propyltrimethylolmethan.* (**D. B. P. 930 387** Kl. 12o vom 2/8. 1942, ausg. 14/7. 1955. Anmeldung bekanntgemacht 2/12. 1954.) G. KÖNIG. H 580

Allied Chemical & Dye Corp., New York, übert. von: **Everett E. Gilbert**, Flushing, und **Catherine J. McGough**, Kew Gardens, N. Y., V. St. A., *Thiophosphorsäureester* der Formel R—S—$PO(OR')_2$ (R u. R' = Alkyl, substituiertes Alkyl, Cycloalkyl, R' = auch Alkenyl) erhält man durch Kondensation eines Phosphits der Formel $(R'O)_3P$ entweder mit einem Sulfonylchlorid RSO_2Cl oder einem Sulfenylchlorid RSCl, bes. in Ggw.

eines Lösungsm. (Ae., PAe., CCl_4, Toluol, Bzl., Äthylendichlorid). — Aus Triäthylphosphit u. n-Butansulfonylchlorid in Ae. bei 30° → $C_4H_9SPO(OC_2H_5)_2$, Kp.$_5$ 100—115°; Ausbeute 97%. — Tri-(β-chloräthyl)-phosphit → $C_4H_9SPO(OC_2H_4Cl)_2$. — Weitere Ausgangsstoffe sind: Cyclohexylsulfonylchloride, Triphenylmethylsulfenylchloride, Tributyl-, Tricyclohexylphosphite. — *Lösungsmittel, Weichmacher, Zwischenprodd.* zur Herst. von *Mercaptanen*, die daraus durch Hydrolyse erhältlich sind. (**A. P. 2 690 451** vom 28/9. 1951, ausg. 28/9. 1954.) G. KRAUSS. H 590

American Cyanamid Co., New York, N. Y., übert. von: **Ingenuin Hechenbleikner**, Stamford, Conn., V. St. A., *Dialkylchlorthiophosphate* der Formel I (R u. R' = gleiches oder verschied. Alkyl) erhält man durch Kondensation von 2 Mol-Äquivalenten eines Dialkylthiophosphates der Formel II (X = H, Alkali) mit 3 Mol-Äquivalenten Cl_2 in Abwesenheit von W. bei 0—60°, bes. 10—40°. Die II können nach A. P. 1 893 018 hergestellt werden. — Aus 1 Mol Na-O.O-Diäthyldithiophosphat u. 1,55 Mol Cl_2 in trockenem CCl_4 bei 10—20° → *O.O-Diäthylchlorthiophosphat*, Kp.$_1$ 49—50°, Ausbeute 80%. — O.O-Dimethyldithiophosphat → *O.O-Dimethylchlorthiophosphat*, Kp.$_1$ 40°, Ausbeute 58%. — O.O-Diisopropyldithiophosphat → *O.O-Diisopropylchlorthiophosphat*, Kp.$_5$ 55°. — *O.O-Di-n-butylchlorthiophosphat*, Kp.$_1$ 75°. — *O.O-Di-(2-äthylhexyl)-chlorthiophosphat*. — *Insekticide, Flotationsmittel* u. *Vulkanisationsbeschleuniger*. (**A. P. 2 692 893** vom 5/4. 1952, ausg. 26/10. 1954.) G. KRAUSS. H 590

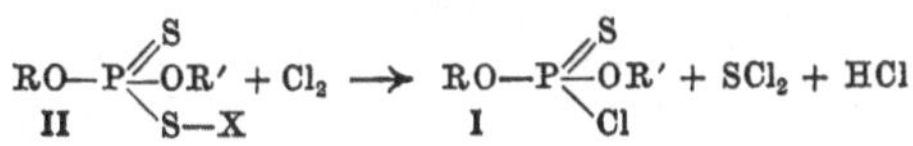

E. I. du Pont de Nemours & Co., übert. von: **John C. Sauer**, Wilmington, Del., V. St. A., *Kohlenwasserstoffsulfonsäurevinylester* der Formel $RSO_2O-CH = CH_2$ (R = KW-stoffrest, bes. Alkyl, Cycloalkyl oder Aryl mit 1—18 C-Atomen) erhält man durch Rk. von KW-stoffsulfonsäuren $R-SO_3H$ mit Acetylen bei 0—150°, bes. 20—50°, in Ggw. eines Äthers (Dioxan) u. von bes. 0,1—10% einer Hg-Verb. (HgO) bei n. oder erhöhtem Druck. — Aus Benzolsulfonsäure + Acetylen in Dioxan in Ggw. von gelbem HgO bei 55—65° u. 100—200 lbs./sq. in. → *Vinylbenzolsulfonat*, $C_8H_8O_3S$, Kp.$_{0,5-1,5}$ 95—101°; n_D^{25} 1,5161; VZ. 318,8; durch Hydrierung entsteht Benzolsulfonsäureäthylester, Kp.$_{0,9}$ 107°; n_D^{25} 1,5067; durch Polymerisation in Ggw. von 1.1'-Azodicyclohexancarbonitril bei 100° nach 4 Std. ein weiches, klebendes, stark viscoses Polymeres. — *Vinylbutansulfonat*, $C_6H_{12}O_3S$, Kp.$_{15}$ 98—98,2°; n_D^{25} 1,4390. — *Vinyl-p-toluolsulfonat*, $C_9H_{10}O_3S$, Kp.$_{0,3}$ 106 bis 111°; n_D^{25} 1,5188. — *Vinylmethansulfonat*, $C_3H_6O_3S$, Kp.$_9$ 70°; n_D^{25} 1,4278. Dieses gibt mit Acrylsäurenitril ein Mischpolymeres, das sich in 20%ig. Dimethylformamidlsg. in einen klaren Film überführen läßt. — *Vinyläthan-, Vinyl-n-hexan-, Vinyl-n-octan-, Vinyl-octadecan-, Vinylcyclopentan-, Vinylcyclohexan-, Vinylmethylcyclohexan-, Vinylnaphthalin-, Vinylxylolsulfonat*. Die Verbb. können auch mit Äthylen, Isobutylen, Butadien, Tetrafluoräthylen, Styrol, Vinylchlorid, Vinylidenchlorid, Vinylfluorid, Vinylacetat, Methylmethacrylat, Methacrylanilid u. Acrylnitril mischpolymerisiert werden. Durch Red. entstehen aus den Monomeren die entsprechenden Äthyl-KW-stoffsulfonate, die zur Herst. von Klebstoffen, Überzugsmassen u. Weichmachern dienen. (**A. P. 2 667 469** vom 19/2. 1951, ausg. 26/1. 1954.) G. KRAUSS. H 600

Imperial Chemical Industries Ltd., London (Erfinder: **Arthur William Charles Taylor** und **John Burnard Harding**, Norton-on-Tees), England, *Regenerieren von Kobaltkatalysatoren der Oxosynthese*, die aus der Reaktionslsg. als Metall auf Trägern, bes. Magneten, abgeschieden werden, dad. gek., daß das metall. Co mit einer ungesätt. Lsg. von CO oder CO + H_2 in einer Fl., die Kobaltcarbonylverbb. (I) zu lösen vermag, im wesentlichen in Abwesenheit von gasförmigem CO u. H_2 bei höherer Temp. u. höherem Druck in eine Lsg. von I übergeführt wird, wobei bevorzugt die Mengen Fl. u. Gase so abgestimmt werden, daß die Co-Konz. in der Lsg. die Löslichkeitsgrenze für die I bei 20° u. n. Druck nicht überschreitet. In einer bes. App. wird in einer oberhalb der Co-beladenen Magnete befindlichen, mit Füllkörpern beschickten Zone kontinuierlich durch aufperlende Gase in der Fl. eine CO + H_2-Lsg. erzeugt, diese beim Abwärtsfließen mit Fl. auf das gewünschte Maß verd. u. bei 140—160° u. 150—300 at über die vollkommen in die Fl. getauchten Magnete geführt. (**D. B. P. 929 250** Kl. 12o vom 1/9. 1951, ausg. 23/6. 1955. Anmeldung bekanntgemacht 12/2. 1953. E. Prior. 5/9. 1950. **E. P. 721 272** vom 5/9. 1950, ausg. 5/1. 1955. **Zusatz zu E. P. 670 423; C. 1954. 1346.**) W. HEROLD. H 650

Badische Anilin- & Soda-Fabrik Akt.-Ges. (Erfinder: **Hans Jürgen Nienburg, Fritz Nicolai**, Ludwigshafen/Rh., und **Werner Hagen**, Heidelberg), *Herstellung von α-Äthyl-β-isopropylacrolein*, Kp.$_{10}$ 50—53° (gibt mit H_2 bei 120° u. 200 at in Ggw. von Ni-Kieselgur-Katalysator *2-Äthyl-4-methylpentanol-(1)*, Kp.$_{10}$ 75—77°) durch alkal. Kondensation unter den für die Herst. ungesätt. Aldehyde aus gesätt. Aldehyden mit der halben C-Atomzahl üblichen Bedingungen, dad. gek., daß man n-Butyraldehyd mit mindestens 50%ig. (bes. >100%ig.) Überschuß von Isobutyraldehyd der Einw. alkal. Kondensationsmittel, vorzugsweise beim Kp. des Aldehydgemisches unterwirft. (**D. B. P. 927 626** Kl. 12o vom 28/12. 1952, ausg. 12/5. 1955. Anmeldung bekanntgemacht 21/10. 1954.) W. Herold. H 670

Chemische Verwertungsgesellschaft Oberhausen m. b. H. (Erfinder: **Otto Roelen, Josef Meis,** Oberhausen/Rhld., und **Karl Büchner,** Duisburg), *Herstellung von Dialdehyden oder deren Umwandlungsprodukten aus Diolefinen* durch katalyt. Wassergasanlagerung an beide Doppelbindungen, dad. gek., daß die Wassergasanlagerung in Ggw. von Verdünnungsmitteln (aromat. oder hydroaromat. KW-stoffe) u. von Stabilisatoren (aromat. Dioxyverbb. in Hydrochinon) mit Co-Carbonylwasserstoff liefernden Verbb. (wss. $CoSO_4$-Lsg.), gegebenenfalls in Ggw. von metall. Co oder Fe, bes. red. Co-Verbb., durchgeführt wird; Temp. bei wss. $COSO_4$-Lsg. 140—150°, bei metall. Co 100—120°. Die Aldehyde können durch Druckwasserbehandlung bei 160—200° von Metallgeh. u. Acetalen befreit werden; will man Diole gewinnen, verbindet man die Druckwasserbehandlung mit der Reduktion. (**D. B. P. 928 645** Kl. 12o vom 1/1. 1952, ausg. 6/6. 1955. Anmeldung bekanntgemacht 18/11. 1954.) W. Herold. H 680

E. I. du Pont de Nemours & Co., übert. von: **Harry Norman Cripps,** Wilmington, Del., und **Donald Drake Coffman,** West Chester, Pa., V. St. A., *Langkettige ungesättigte Diketone* der Formel $R-CO-R'-(C_4H_4R''_2)-(C_4H_4R''_2)-R'-CO-R$ (R = Alkyl, Aryl, Aralkyl, R' = acycl. gesätt. KW-stoffrest mit wenigstens 4 C-Atomen, R'' = H, Halogen, Alkyl, Aryl oder Aralkyl) erhält man durch Rk. von Olefinen, bes. konjugierten Dienen, mit tert. cycl. Hydroperoxyden in Ggw. eines Redoxkatalysators (Fe-, Co-, Mn-, Cu-, Cr-Salze, *l*-Ascorbinsäure, Na-Formaldehydsulfoxylat, $NaHSO_3$, reduzierend wirkende Zucker) bei bes. —100 bis +100° in Ggw. eines Lösungsmittels. — Aus 0,18 (Mol) 1-Methylcyclopentylhydroperoxyd u. 0,5 1.3-Butadien in mit N_2 gesätt. Methanol bei —20 bis —10° in Ggw. von 0,18 $FeSO_4 \cdot 7\,H_2O$ in mit N_2 gesätt. dest. W. → *8.12-Eikosadien-2.19-dion,* $C_{20}H_{34}O_2$, aus A. F. 64—64,5°. *2.4-Dinitrophenylhydrazon,* $C_{32}H_{42}O_8N_8$, F. 115—130°. *Semicarbazon,* $C_{22}H_{40}O_2N_6$, F. 182—182,5°. Nebenbei entsteht auch ein Öl. Durch Hydrierung der Mischung aus beiden erhält man *Eikosan-2.19-dion,* $C_{20}H_{38}O_2$, F. 92,5—93°; daraus *Dioxim,* $C_{20}H_{40}\,O_2N_2$, F. 110—114°. — Methylcyclohexylhydroperoxyd + 1.3-Butadien → *9.13-Dokosadien-2.21-dion,* $C_{22}H_{38}O_2$, F. 71,5—72°; CO-Äquivalent 122,1. *Semicarbazon,* $C_{24}H_{44}O_2N_6$, F. 163,5—165°. Das nebenbei sich bildende Öl, $C_{22}H_{38}O_2$, ist eine Isomerenmischung. — 1-Methylcyclopentylhydroperoxyd + Isopren (Kp. 34,5°) → *Dodecan-2.11-dion,* $C_{12}H_{22}O_2$, F. 66,5—68°. *Semicarbazon,* $C_{14}H_{28}O_2N_6$, F. 202,5—204,5°. Das nebenbei entstandene gelbe Öl, $C_{22}H_{38}O_2$, ist eine Isomerenmischung $CH_3CO(CH_2)_4-(C_5H_8)-(C_5H_8)-(CH_2)_4COCH_3$. — *13.17-Triakontadien-2.29-dion.* — *1.22-Diphenyl-9.13-dokosadien-2.21-dion.* — *10.14-Tetrakosadien-10.14-dichlor-3.22-dion.* — Weitere Ausgangsstoffe sind: 1-Phenylcyclohexyl-; 1-Benzylcyclopentyl-; 1-Methylcyclobutyl-; 1-Äthylcyclopentyl-; 1-Methylcyclododecylhydroperoxyd (hergestellt nach J. chem. Soc. [London] **1950.** 2798 u. J. Amer. chem. Soc. **60.** [1938.] 2434); Äthylen, Isobutylen, Styrol, Vinylacetat, Vinylchlorid, Vinylidenchlorid, Tetrafluoräthylen, Acrylnitril, Acrylsäuremethylester, Methacrylsäurebutylester, 1.3-Pentadien, 2.3-Dimethyl-1.3-butadien, 2.3-Dichlor-1.3-butadien, 2-Fluor-1.3-butadien, 2-Chlor-1.3-butadien (= Chloropren), 2-Phenyl-1.3-butadien, Cyclopentadien. Die Diketone lassen sich zu den entsprechenden *Dicarbonsäuren* oxydieren, die mit Dialkoholen u. Aminen zu *Polyestern* u. *Polyamiden* umgesetzt werden können. — *Weichmacher, oberflächenakt. Mittel, Riechstoffe* u. Zwischenprodukte. (**A. P. 2 671 810** vom 24/5. 1952, ausg. 9/3. 1954.) G. Krauss. H 720

Joh. A. Benckiser G. m. b. H., Chemische Fabrik, Ludwigshafen/Rh. (Erfinder: **Alois Franz Lindner,** München), *Herstellung von festem, haltbarem, saurem Natriumacetat,* dad. gek., daß Eisessig (I) mit der entsprechenden Menge wasserfreiem NaOH oder Na_2CO_3 bes. bei 100° u. darüber umsetzt u. die Schmelze erstarren läßt. Sie hat etwa die Zus. $CH_3-COONa \cdot 2\,CH_3COOH$; F. ca. 80°. (**D. B. P. 932 607** Kl. 12o vom 23/12. 1944, ausg. 5/9. 1955. Anmeldung bekanntgemacht 17/3. 1955.) O. Müller-Meiningen. H 810

British Oxygen Co. Ltd. (Erfinder: **Donald Laurence Nicol** und **Samuel Aaron Miller),** London, England, *Herstellung von Vinylacetat* durch Rk. von Acetylen mit Essigsäure (I) in fl. Phase in Ggw. eines Hg-Katalysators, der im wesentlichen unlösl. in I ist, bei 40—100°. Die Reaktionszeit soll nicht größer sein, als nach der Formel log (t/2) = 0,031(110—T) berechnet ist, in welcher t die maximale angenommene Reaktionszeit in Min. u. T die Temp. ist. Zur Unterbrechung der Rk., die bes. bei 60—70° durchgeführt wird, werden Inhibitoren, wie NH_3, Pyridin, Na-Acetat, zugesetzt. Es kann bei n. Druck u. bes. bei 10—25 at gearbeitet werden. Die Bldg. von Äthylidendiacetat wird weitgehend vermieden. (**E. P. 723 033** vom 15/4. 1952, ausg. 2/2. 1955.) W. Gräger. H 810

Corn Products Refining Co., New York, N. Y., übert. von: **William Hach,** Oak Parks, und **Donald G. Benjamin,** Maywood, Ill., V. St. A., *Alkalisalze der Glucuron-*

säure (I) erhält man durch Rk. von 1 (Mol) I-Lacton mit 0,9—1 wss. 1—1,7 n-Alkalihydroxyd bei einer Temp. nicht $>130^0$, bes. 70—90° F. Nach Behandeln der erhaltenen wss. Lsg. mit akt. Kohle fällt man das Salz durch Zugabe von 20—55 Vol.-% CH_3OH als Dihydrat. (**A. P. 2 681 352** vom 30/10. 1951, ausg. 15/6. 1954.) O. MÜLLER-MEININGEN. H 860

Deutsche Gold- & Silberscheideanstalt vormals Roessler, Frankfurt/M. (Erfinder: **Heinz Günther,** Mainz), *Herstellung von Alkalixanthaten* durch Rk. von Mischungen von CS_2 mit Lsgg. von Alkalihydroxyd in einem überschüssigen höhermol. A., dad. gek., daß man bei der Rk. einen solchen Überschuß eines wassergesätt. A. u. gegebenenfalls noch W. in solchen Mengen zusetzt, daß alles gebildete Xanthat in Lsg. bleibt. — Aus KOH u. CS_2 in mit W. gesätt. Amylalkohol bei 48° → in Lsg. bleibendes *K-Amylxanthat,* aus dem das feste Prod. durch Eindampfen im Vakuum in 94%ig. Reinheit gewonnen werden kann. (**D. R. P. 765 196** Kl. 12o vom 9/11. 1939, ausg. 28/7. 1955.) G. KRAUSS. H 880

Ciba Akt.-Ges., Basel (Erfinder: **Daniel Porret,** Monthey), Schweiz, *Verfahren zur Reinigung und Verlängerung der Wirkungsdauer von Cuprosalzkatalysatoren bei der Herstellung von Acrylsäurenitril* (I) aus HCN u.C_2H_2, dad. gek., daß man mindestens einen Teil des ca. 70—100° warmen Katalysators auf eine $<70^0$ liegende Temp., bei der der Katalysator im wesentlichen noch fl. ist, bes. auf 40°, abkühlt, wobei sich die im heißen Katalysator gelösten Polymerisationsprodd. abscheiden, u. daß man dann den abgekühlten Katalysator stufenweise auf die für die Herst. des I notwendige Temp., u. zwar zuerst auf 50—55° wieder erwärmt, wobei die ausgeschiedenen Polymerisationsprodd. koagulieren. Die Abkühlung u. stufenweise Wiedererwärmung des Katalysators kann in einem Behälter erfolgen. Man kann entweder die gesamte Katalysatormenge oder eine aus dem Verf. abgezweigte Teilmenge, z. B. $^1/_{10}$, reinigen. Das Verf. kann zeitlich so häufig durchgeführt werden, daß die Sättigungsgrenze der Polymerisationsprodd. im heißen Katalysator nicht überschritten wird. Beim kontinuierlichen Verf. wird die Abkühlung u. stufenweise Wiedererwärmung des Katalysators in 2 hintereinandergeschalteten, mit der übrigen Vorr. verbundenen Behältern durchgeführt, von denen der 1. auf 40° u. der 2. auf 50—55° gehalten wird. — Ein aus 35,2 (%) W., 40,8 CuCl, 22 NH_4Cl, 0,6 Cu-Pulver u. 1,4 konz. HCl bestehender u. auf 80° erwärmter Katalysator wird mit HCN beladen u. dann mit einem C_2H_2-Strom von 6000 Liter/Std. behandelt. Nach 5 Tagen ist der Katalysator mit Polymeren gesättigt. Ein Teil des Katalysators wird abgezogen u. auf 40° abgekühlt, wodurch sich die Polymeren abscheiden. Nach dem Erwärmen auf 50—55° löst sich das auskrist. CuCl wieder, u. die Katalysatorlsg. kann von den Polymeren abgetrennt werden. Wird das Reinigungsverf. 2mal am Tage durchgeführt, so wird die Abscheidung von Polymerisationsprodd. in der Vorr. verhindert. — Vorr., Zeichnung. (**D. B. P. 926 844** Kl. 12o vom 3/12. 1952, ausg. 25/4. 1955. Anmeldung bekanntgemacht 30/9. 1954. **E. P. 716 770** vom 1/12. 1952, ausg. 13/10. 1954. Beide Schwz. Prior. 7/12. 1951. **Schwz. P. 302 531** vom 7/12. 1951, ausg. 3/1. 1955.) G. KRAUSS. H 890

Badische Anilin- & Soda-Fabrik Akt.-Ges. (Erfinder: **Rudolf Keller, Ernst Keyssner,** Ludwigshafen/Rh., und **Alfred Münster,** Heidelberg), *Reinigung von milchsäurenitril-, acetaldehyd-, blausäurehaltigen und aus Acetylen und Cyanwasserstoff hergestelltem Acrylsäurenitril,* dad. gek., daß man das rohe Acrylsäurenitril mit stark alkal. reagierenden anorgan. Stoffen (Oxyde, Hydroxyde u. Carbonate der Alkali- oder Erdalkalien, alkal. reagierende anorgan. Pufferlsgg., die z. B. Alkaliphosphate oder -borate enthalten) behandelt u. nach Abtrennung u./oder Neutralisation der alkal. reagierenden Stoffe, bes. nach Einstellung einer sauren Rk., dest.; Ergebnisse vgl. Tabellen im Original. Auch carbonylgruppenhaltige Verbb. lassen sich aus dem Nitril entfernen, wenn man vor oder während der alkal. Behandlung eine den carbonylgruppenhaltigen Verbb. äquivalente Menge HCN zusetzt. (**D. B. P. 927 927** Kl. 12o vom 6/8. 1952, ausg. 20/5. 1955. Anmeldung bekanntgemacht 4/11. 1954.) G. KRAUSS. H 890

Sharples Chemicals, Inc., übert. von: **David D. Humphreys,** Riverview, Mich., V. St. A., *Herstellung von Alkalisubstitutionsprodukten von aliphatischen primären Aminen* erfolgt nach der allg. Gleichung $MeNH_2 + R—NH_2 \rightarrow R—NHMe + NH_3$ (Me = Alkalimetall) bei 20—150°, bes. 50—100°. — Man erhitzt z. B. ein Gemisch aus 500 cm^3 Isopropylamin u. $NaNH_2$ zum Sieden u. absorbiert NH_3 in einer gemessenen Menge H_2SO_4. Nach 121 Std. sind 95% der ber. Menge NH_3 abgespalten u. man erhält ein Reaktionsprod. mit einem Geh. von 78 g *Na-Isopropylamid.* Weitere Beispiele zur Herst. von *Na-n-Butyl-, -Cyclohexyl-, -n-Octyl-, -tert.-Amyl-* u. *-Äthylamid.* — Zwischenprodukte. (**A. P. 2 685 604** vom 1/5. 1951, ausg. 3/8. 1954.) O. MÜLLER-MEININGEN. H 910

Chemische Werke Hüls Akt.-Ges. (Erfinder: **Walter Franke** und **Fritz Baxmann**), Marl, *Herstellung von ε-Caprolactam.* 1-Alkoxypentannitrile-(5) werden mit gasförmigem

HBr umgesetzt, die Reaktionsprodd. zu *ε-Bromcapronsäureamid* (F. 107—108°) hydrolysiert u. dieses mit mindestens 5 Mol wasserfreiem NH_3 unter Druck auf Tempp. >100° erhitzt. (**D. B. P. 930 445** Kl. 12p vom 30/8. 1953, ausg. 18/7. 1955. Anmeldung bekanntgemacht 9/12. 1954.) K. FABEL. H 950

Frederick Charles Bersworth, Verona, N. J., V. St. A., *Substituierte Alkylenpolyaminoessigsäuren* der Formel I, worin R eine Alkyl- oder substituierte Alkylgruppe mit 1—18 C-Atomen, M = H, NH_4, Na, K oder ein Amin, n = 0, 1 oder 2 u. Alkylen eine Äthylen-, Propylen-, Isopropylen- oder Butylengruppe bedeuten, bilden *Chelate* u. sind

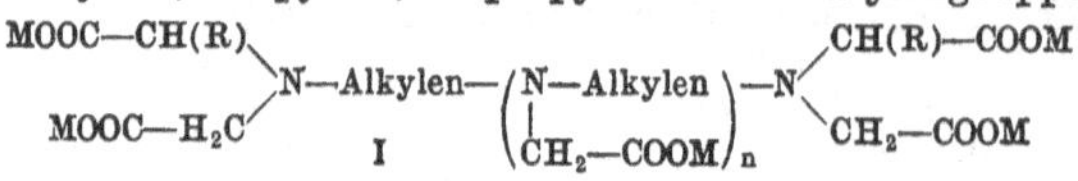

I

lösl. in polaren u. nichtpolaren organ. Lösungsmitteln u. in gemischt-wss.-organ. Systemen. — *Äthylen-bis-(α-alanin)-diessigsäure.* Man setzt α-Alanin erst mit Äthylendibromid, dann mit Chloressigsäure um. — Analog: *Äthylen-bis-(α-aminocapronsäure)-diessigsäure.* — *Äthylen-bis-(α-aminoundecansäure)-diessigsäure.* — Analoge Verbb. aus *α-Amino-β.δ.δ-trimethylcapronsäure, α-Amino-γ.ε.ε-trimethylheptansäure, α-Aminovaleriansäure, 2-Amino-3-oxypropansäure, 2-Amino-3-phenylpropansäure, 2-Amino-3-(p-oxyphenyl)-propansäure, 2-Amino-3-methylbuttersäure, 2-Amino-4-methylpentansäure, 2-Amino-3-(β-indol)-propansäure, 2-Amino-3-mercaptopropansäure, Bis-(2-amino-3-mercaptopropansäure), 2-Amino-4-methylmercaptobuttersäure.* (**E. P. 723 316** vom 11/6. 1951, ausg. 9/2. 1955.) G. LANGER. H 950

Stamicarbon N. V., Heerlen (Erfinder: **Leonard Wiebo Felix Kampschmidt,** Beek), Holland, *Gewinnung von Caprolactam* (I) aus den Reaktionsgemischen, die durch BECKMANNsche Umlagerung von Cyclohexanonoxim anfallen, durch Neutralisieren dieser Gemische, Abtrennen des wasserhaltigen Lactamöls (II) von der wss. Salzlsg. u. Extrahieren von II mittels eines organ. Lösungsmittels. Vor dem Extrahieren wird II auf einen Geh. an I von 80—90 Gew.-% konzentriert. — Schema einer Anlage. (**D. B. P. 930 447** Kl. 12p vom 1/9. 1953, ausg. 18/7. 1955. Anmeldung bekanntgemacht 25/11. 1954. Holl. Prior. 2/9. 1952.) K. FABEL. H 950

Monsanto Chemical Co., St. Louis, Mo., V. St. A. (Erfinder: **Thomas Boyd**), *Gemischte Anhydride aus Carbonsäuren* (I) u. Orthotitansäure erhält man durch Rk. von TiO_2 mit mindestens 4 Mol einer I oder eines I-Anhydrids unter Wasserausschluß bei 40 bis 100° u. in Ggw. eines KW- oder Halogen-KW-stoffs als Lösungsmittel. Als I werden genannt: CH_3COOH u. Phthalsäure bzw. deren Anhydride u. Milchsäure. — Verwendung als Beiz- u. wasserabstoßende Mittel in der Textil- u. Papierindustrie, als Modifikatoren für Thermoplaste u. wärmehärtende Überzugsmassen. — Vgl. auch A. P. 2 630 443; C. **1954.** 3802. (**E. P. 719 340** vom 14/5. 1952, ausg. 1/12. 1954.)
O. MÜLLER-MEININGEN. H 980

Phillips Petroleum Co., Del., übert. von: **Charles F. Bethea,** Bartlesville, Okla., V. St. A., *Trennverfahren* für ein Gemisch von KW-stoffen, die ein Eutektikum bilden können, z. B. *3.3'-Ditolyl* (**I**) u. *n-Hexadecan* (**II**), u. von denen einer (z. B. **II**) mit Harnstoff (**III**) oder Thioharnstoff eine feste Komplexverb. zu bilden vermag u. den höheren F. besitzt, dad. gek., daß das **II** im Überschuß über das eutekt. Gleichgew. enthaltende **I**—**II**-Gemisch in die Mitte einer Reaktionszone eingeführt wird, die nach beiden Seiten zu abfallende Temp. bis zum eutekt. Punkt aufweist, wobei das ausgefallene **II** nach der einen Seite u. das fl. **I**—**II**-Gemisch nach der anderen Seite entfernt u. aus letzterem mittels **III** die Komplexverb. gefällt wird bei einer über dem F. von **I** liegenden u. zur Komplexbldg. ausreichenden Temperatur. Die Komplexverb. wird mit geschmolzenem **II** (vom anderen Ende der App.) unter Rückfluß gereinigt u. dann zu reinem **II** unter Rückgewinnung des **III** zersetzt. — Abbildung. (**A. P. 2 691 009** vom 31/7. 1950, ausg. 5/10. 1954.) W. HEROLD. H 1010

Vereinigte Glanzstoff-Fabriken Akt.-Ges., Wuppertal-Elberfeld (Erfinder: **Erwin Heisenberg,** Erlenbach/M., und **Rudolf Lotz,** Klingenberg/M.), *Herstellung von p-Xylylendichlorid* (I) aus Bzl., CH_2O bzw. CH_2O-abspaltenden Substanzen u. HCl in Ggw. von $ZnCl_2$ u. einem Suspensionsmittel, dad. gek., daß man zu der aus CH_2O oder CH_2O-abspaltenden Verb., Suspensionsmittel (z. B. CCl_4), $ZnCl_2$ u. B_2O_3 bzw. BPO_4 bestehenden Suspension so lange HCl einleitet, bis eine klare Lsg. entsteht, dann Bzl. in kleinen Anteilen zufügt, worauf man nach Abscheiden des nach einiger Zeit in der unteren Schicht gebildeten Reaktionswassers erneut gaförmige oder konz. wss. HCl u. gegebenenfalls Suspensionsmittel in das Reaktionsgemisch einleitet. $ZnCl_2$ u. B_2O_3 (oder Phosphat) werden im Mengenverhältnis 90:10 bis 30:70, bes. 50:50, angewandt. Das in der oberen Schicht enthaltene I gewinnt man am besten durch Auskristallisieren. (**D. B. P. 923 249** Kl. 12o vom 26/6. 1953, ausg. 7/2. 1955. Anmeldung bekanntgemacht 1/7. 1954.)
W. HEROLD. H 1010

Distillers Co. Ltd., England, *Herstellung von Phenol.* Man zers. Isopropylbenzolhydroperoxyd bei 75° in Ggw. von Aceton mit H_2SO_4. Das Reaktionsprod. befreit man durch Waschen von der Säure u. unterwirft es einer fraktionierten Dest., wobei man Aceton, Methylstyrol u. den größten Teil des Phenols (ca. 90%) gewinnt. Den Rückstand behandelt man (gegebenenfalls nach einer Pyrolyse, z. B. bei 350°) mit einer wss. NaOH-Lsg., welche 5—10 g NaOH/100 cm^3 enthält, unter Zusatz von Isopropylbenzol. Es bildet sich eine obere ölige Schicht mit ca. 97 (%) Acetophenon u. ca. 5,4 Phenol in Form von Na-Phenolat, welche man fraktioniert destilliert. Man erhält Isopropylbenzol u. Acetophenon, während das Na-Phenolat zurückbleibt. Die untere wss. Schicht mit 2,5% Acetophenon u. 94,6% Phenol in Form von Na-Phenolat säuert man zur Gewinnung des Phenols an u. dest. sie in Ggw. von Wasser. Man kann die untere wss. Schicht auch zur Neutralisation des sauren Reaktionsprod. verwenden, wobei das Phenol ebenfalls in Freiheit gesetzt wird. — Abbildungen. (**F. P. 1 068 799** vom 1/9. 1952, ausg. 30/6. 1954. E. Prior. 1/9. 1951.) T. OPPERMANN. H 1060

Olin Mathieson Chemical Corp., übert. von: **Bernard H. Nicolaisen** und **Theodore M. Jenney,** Kenmore, N. Y., V. St. A., *Selektive Kristallisation von 2.5-Dichlorphenol* (I) aus Gemischen von Isomeren, die z. B. durch Hydrolyse einer Mischung von 1.2.3- u. 1.2.4-Trichlorbenzol erhalten worden sind u. wenigstens 50% I enthalten. Man kühlt die Mischungen auf 0—5° ab, bis $^1/_3$—$^1/_2$ davon als feste Phase abgeschieden ist, die im wesentlichen aus I besteht. (**A. P. 2 708 209** vom 29/10. 1953, ausg. 10/5. 1955.) K. FABEL. H 1060

Eastman Kodak Co., Rochester, N. Y., übert. von: **De Walt S. Young** und **Georg F. Rodgers,** Kingsport, Tenn., V. St. A., *Herstellung von Phenylhydrochinon* durch Hydrierung von Phenyl-p-benzochinon unter hohem Druck mit H_2 bei 60—70° in Ggw. von z. B. RANEY-Ni u. eines inerten Lösungsm., z. B. Isopropanol. F. 99,5—100,5°. — Zwischenprod. u. Antioxydationsmittel. (**A. P. 2 704 773** vom 5/5. 1951, ausg. 22/3. 1955.) K. FABEL. H 1060

E. I. du Pont de Nemours & Co., übert. von: **William W. Prichard,** Wilmington, Del., V. St. A., *Cyclische Anhydride und Imide aromatischer Dicarbonsäuren* erhält man durch Rk. offenkettiger aromat. Verbb. der allg. Zus. R·CO·X·CO·R″ (R u. R″ = carbocycl. Reste mit 1—3 6gliedrigen Ringsystemen; X = O u. $\rangle$NR′; R′ = H, Alkyl, Aryl) in Ggw. von Ni-Carbonyl (I) bei 250—375° u. 10—1000 at CO-Druck, z. B. nach folgender Gleichung: $C_6H_5·CO·O·CO·C_6H_5 \rightarrow C_6H_4(CO_2)O + C_6H_6$. — Man preßt z. B. auf 25 (Teile) Benzoesäureanhydrid, 100 Toluol u. 5 I 100 at CO auf u. erhitzt unter Rühren 2 Std. auf 325°. Durch Vakuumdest. der hochsd. Anteile des Reaktionsgemisches erhält man als Destillat 11,5 eines festen Prod., aus dem man durch Waschen mit kaltem Ae. 10,1 *Phthalsäureanhydrid* (II), F. 128—130°, erhält. — Weitere Beispiele: Dibenzoylanilin, $(C_6H_5CO)_2N·C_6H_5$, → *N-Phenylphthalimid*, F. 203° (Chlf.-CH_3OH). — o-Toluylsäureanhydrid → *3-Methyl*-II, F. 108—110°, $Kp._{0,2}$ 142°; Hydrolyse liefert *3-Methylphthalsäure*, F. 154—155°. — α-Naphthoesäureanhydrid → *1.8-Naphthalindicarbonsäureanhydrid*, F. 274—276° (Chlf.). — p-Methoxybenzoesäureanhydrid → *4-Methoxy*-II, F. 94—95°, $Kp._{13}$ 250°; Hydrolyse → *4-Methoxyphthalsäure*, F. 171—172°. — $C_6H_5COOH + C_6H_5CN$ → Dibenzamid $(C_6H_5CO)_2NH$ → *Phthalimid*, F. 233—234° (CH_3OH). (**A. P. 2 680 750** vom 25/9. 1951, ausg. 8/6. 1954.) O. MÜLLER-MEININGEN. H 1220

Imperial Chemical Industries Ltd., London (Erfinder: **Robert Alfred Darrall, Randal George Arthur New** und **Edmund Cecil Owen**), England, *Terephthalsäure* (I) erhält man durch 2stufige Oxydation von p-Toluylaldehyd mit Luft oder O_2-haltigen Gasen u. anschließend mit 60%ig. HNO_3 bei 150—184° bzw. mit Luft oder O_2-haltigen Gasen zunächst bei ca. 150° u. anschließend bei 220—240° in Ggw. von Co-Naphthenat als Katalysator. Das Oxydationsprod. enthält z. B. 86% I. (**E. P. 722 114** vom 30/1. 1952, ausg. 19/1. 1955.) U. SIEVERS. H 1220

Sumner Chemical Co., Inc., Zeeland, Mich., V. St. A., *m-Aminophenol.* Man schm. metanilsaures Na mit KOH, Na_2CO_3 u. W. bei 250—260° unter überhitztem Wasserdampf. F. 120—121°. (**E. P. 722 074** vom 21/10. 1952, ausg. 19/1. 1955. A. Prior. 28/11. 1951.) G. LANGER. H 1320

Farbenfabriken Bayer Akt.-Ges., Leverkusen (Erfinder: **Gerhard Schrader,** Opladen), *O-Acylderivate der Oxyphenylthioharnstoffe* erhält man durch Rk. von Oxyphenylthioharnstoffen mit Säurehalogeniden in Ggw. säurebindender Mittel, wie Alkalialkoholate, wss. Alkalien usw. — Z. B. erhält man aus *p-Oxyphenylthioharnstoff* (I) u. Diäthylthionophosphorsäuremonochlorid den *Diäthylthionophosphorsäureester* von I vom F. 109°. Die entsprechenden Ester des *o-* u. *m-Oxyphenylthioharnstoffs* schm. bei 119° bzw. 69°. — Ferner werden dargestellt: die *O-Acetylverb.* von I, F. 162°; der *Carbäthoxyläthylester* von I, F. 125—127°; der *Methansulfosäureester* von I; der *Dimethyl-*

carbamidsäureester von I, F. 174°; der *Diäthylphosphorsäureester* von I, F. 105°. — *Tuberkolostat.* Wrkg.; auch Verwendung im Pflanzenschutz. (**D. B. P. 932 064** Kl. 12o vom 5/3. 1953, ausg. 22/8. 1955. Anmeldung bekanntgemacht 3/3. 1955.)
A. Brösamle. H 1320

Farbwerke Hoechst Akt.-Ges., vormals Meister Lucius & Brüning, Frankfurt/M.-Höchst, *Terpenphenole* erhält man durch Kondensation von Terpenen (Pinen, Limonen, Terpinen, Sulfatterpentinöl, Kienöl, Balsamterpentinöl) mit Phenolen (Mono- u. Polyoxybenzole, -naphthaline) in Ggw. von BF_3 oder dessen Mol.-Verbindungen. — Aus Rohkresol u. Camphen (I) in Ggw. von BF_3 unterhalb 70° → hellbraunes, trockenes *Weichharz,* Mol.-Gew. 258, OHZ. 6,47. — Dipenten + Resorcin → hellgelbes, springhartes *Harz,* Mol.-Gew. 370, OHZ. 8,25. — I + 2.3-Dioxynaphthalin → dunkelbraunes *Harz,* Mol.-Gew. 4,15, OHZ. 7,45. — I + p-tert. Butylphenol, gelbes, hartes *Harz,* Mol.-Gew. 420, OHZ. 4,0. Phenol + I, springhartes, gelbes *Harz,* Mol.-Gew. 487, OHZ. 3,2. Die Harze sind in fast allen organ. Lösungsmitteln lösl. u. mit den meisten Filmbildnern gut verträglich. — Zwischenprodd. für *Textilhilfs-, Schädlingsbekämpfungs-, Klebmittel* u. für *Kautschukmassen.* (**Schwz. P. 295 065** vom 13/11. 1943, ausg. 16/2. 1954. D. Prior. 28/7. 1941.)
G. Krauss. H 1860

Farbwerke Hoechst Akt.-Ges., vormals Meister Lucius & Brüning (Erfinder: **Roderich Graf,** Frankfurt/M., und **Hans Gruschke,** Bad Soden), *Sulfonsäuren.* Gesätt., nichtaromat. KW-stoffe werden mit SO_2 u. O_2 nach Einleiten der Rk. durch Belichtung mit photoakt. Strahlen oder durch Zusatz von organ. Persäuren oder O_3 in Ggw. niedermol. Alkylcarbonsäureanhydride, -chloride oder von Keten, zweckmäßig bei erhöhter Temp., behandelt; dann wird das Reaktionsgemisch ohne weiteren Zusatz dieser Stoffe mit SO_2 u. O_2, bes. bei weiter erhöhter Temp., gegebenenfalls unter Zusatz von W., umgesetzt. Die KW-stoffe können auch mit SO_2 u. O_2, gegebenenfalls in Ggw. von Carbonsäureanhydriden oder -chloriden oder von Keten, $>60°$ umgesetzt werden, wobei man die Rk. unter langsamer Temperatursenkung weiterführt. — Aus Cyclohexan → *Cyclohexansulfonsäure.* — KW-stoffgemisch, erhalten durch Hydrierung einer durch Rk. von CO + H_2 gewonnenen, bei 220—320° sd. KW-stofffraktion → *Sulfonsäuren.* — Butan → *Butansulfonsäure.* (**D. B. PP. 916 409** Kl. 12o vom 5/12. 1942 u. **916 411** Kl. 12o vom 4/3. 1943, beide ausg. 9/8. 1954. Anmeldungen bekanntgemacht 6/11. 1952. **Zusätze zu D. B. P. 907174; C. 1955. 8966** u. **916 410** Kl. 12o vom 20/3. 1943, ausg. 9/8. 1954. Anmeldung bekanntgemacht 6/11. 1952. **Zusatz zu D. R. P. 735 096; C. 1943. II. 2331.**)
G. Krauss. H 1890

Chemische Werke Hüls Akt.-Ges. (Erfinder: **Herbert Meister**), Marl, *Cyclohexanonoxim* erhält man durch Oxydation von Cyclohexylhydroxylamin mit O_2 in Ggw. von alkal. wirkenden Stoffen [Butylamin, Cyclohexylamin, Piperidin, Trimethylbenzylammoniumhydroxyd, Äthanolamin, LiOH, NaOH, KOH, $Ca(OH)_2$, $Ba(OH)_2$, Li_2CO_3, Na_2CO_3, K_2CO_3, $CaCO_3$] u. zweckmäßig hydrierend bzw. dehydrierend wirkenden Katalysatoren (Pd-$CaCO_3$); Ausbeute: 85%. (**D. B. P. 921 624** Kl. 12o vom 19/6. 1953, ausg. 23/12. 1954. Anmeldung bekanntgemacht 20/5. 1954. **Zusatz zu D. B. P. 920 127; C. 1955. 3735.**)
G. Krauss. H 1960

Interchemical Corp., New York, N. Y., übert. von: **Alfred F. Schneid,** Jersey City, N. J., und **Paul Resnick,** Brooklyn, N. Y., V. St. A., *1.4.5-Trihalogen-8-oxyanthrachinon* kann durch Kondensation von p-Chlorphenol (I) mit 3.6-Dichlor- oder -dibromphthalsäureanhydrid erhalten werden. — Zu einer Schmelze aus 120 $AlCl_3$ u. 24 NaCl gibt man in 15—20 Min. bei 200—220° ein Gemisch von 21,6 3.6-Dichlorphthalsäureanhydrid u. 12,85 I, rührt 3 Std. bei 200—220°, läßt abkühlen (Schmelze erstarrt bei 150°), zerkleinert die M. u. kocht sie in mit HCl stark angesäuertem Wasser. Durch Zugabe von 1% NaF zum Reaktionsgemisch wird der E. der Schmelze auf 80—100° herabgesetzt u. damt ein leichteres Aufarbeiten ermöglicht. Der ausgefallene Nd. wird säurefrei gewaschen u. bei 50—100° getrocknet. Das 1.4.5-Trichlor-8-oxyanthrachinon, F. 205°, wird in 93%ig. Ausbeute erhalten. (**A. P. 2 695 302** vom 15/2. 1952, ausg. 23/11. 1954.)
O. Roick. H 2800

Durand & Huguenin Akt.-Ges., Basel, Schweiz, *Acetoacetylaminoverbindungen.* In Ergänzung zu den Schwz. PP. 299 706; C. **1955.** 7791, 302 376; C. **1955. 9676,** 302 377; C. **1955.** 9676 u. 302 378; C. **1955.** 9676, ist nachzutragen: *2-Acetoacetylaminoanthrachinon.* Aus 2-Aminoanthrachinon u. Diketen in Eisessig, F. 156—158°. — Analog: *3-Chlor-2-acetoacetylaminoanthrachinon,* F. 195—198°. — *1-Acetoacetylaminobenzol-4-sulfonsäuremorpholid,* F. 142—144°. — *Acetoacetyldiphenylamin,* F. 81,5—82,5°. — *Acetoacetyl-4-benzoylaminodiphenylamin,* F. 136—140°. — *Acetoacetylcarbazol,* F. 118—120°. — *1-Acetoacetylaminobenzol-4-sulfonsäurethiazolyl-(2')-amid,* F. 198—201°. — *Acetoacetylnaphthosultam,* F. 118—119°. (**E. P. 723 057** vom 21/8. 1952, ausg. 2/2. 1955. Schwz. Prior. 21/8. 1951.)
G. Langer. H 2800

Badische Anilin- & Soda-Fabrik, Ludwigshafen/Rh., *Reduktion von Verbindungen der Anthrachinonreihe,* die mindestens 2 kerngebundene CO-Gruppen enthalten, geschieht durch Behandeln der Carbonylverbb. mit nascierendem H in einer Schmelze von wasserfreiem $AlCl_3$. — *Dibenzanthren.* In eine Schmelze aus wasserfreiem $AlCl_3$ + NaCl trägt man bei 150—155° nacheinander Dibenzanthron, die Komplexverb. $AlCl_3 \cdot 6\ NH_3$ u. Zn-Staub ein u. erwärmt auf 170—175°. — Analog wird das Verf. angewendet auf: Isodibenzanthrone, Flavanthrone, 3.4;8.9-Dibenzpyrenchinon-(5.10) u. Pyranthron. (**E. P. 720 738** vom 25/2. 1953, ausg. 22/12. 1954. D. Prior. 26/2. 1952.) G. LANGER. H 2950

Chas. Pfizer & Co., Inc., übert. von: **Jay S. Buckley,** Groton, Conn., V. St. A., *Entfernen der bläulichen Fluorescenz des synthetischen Coffeins* durch Behandeln seiner wss. Lsg. mit salpetriger Säure oder Metallnitriten oder Äthyl-, Butyl- oder Amylnitrit in Verbindung mit HCl oder Essigsäure bei 70—100°. Das krist. Coffein ist prakt. fluorescenzfrei. (**A. P. 2 584 839** vom 4/12. 1950, ausg. 5/2. 1952.) H. SCHINDLER. H 3272

N. V. Koninklijke Veenendaalsche Sajet- en Vijfschachtfabriek voorheen Wed. D. S. van Schuppen & Zoon, Veenendaal (Erfinder: **Johannes Thomas Hackmann,** Amsterdam, Holland), *Sterine oder deren Additionsverbindungen* gewinnt man aus diese enthaltenden Mischungen oder Lsgg. durch Rk. des Ausgangsmaterials mit aliphat. N-Verbb.; die selbst oder deren Salze eine oder mehrere NH_2-Gruppen enthalten u. Abtrennung der gebildeten Additionsprodd., aus denen gegebenenfalls das freie Sterin zurückgewonnen werden kann. — Man erwärmt z. B. 500 (g) Wollfettalkohole (28,7% Cholesterin) 30 Min. mit 13 Harnstoff auf ca. 90°, gießt danach das auf 30—35° abgekühlte Reaktionsgemisch in 2500 cm^3 Isooctan, zentrifugiert den gebildeten Nd., wäscht mit Isooctan u. zerlegt das Additionsprod. mit 250 cm^3 W. bei n. Temp.; das erhaltene *Cholesterin* hat einen Reinheitsgrad von 72,6%. Es kann durch Umkrist. aus A. weiter gereinigt werden; F. 146°. (**D. B. P. 929 424** Kl. 12o vom 14/12. 1948, ausg. 27/6. 1955. Anmeldung bekanntgemacht 19/4. 1951. Holl. Prior. 9/1. 1947.) U. SIEVERS. H 3700

X. Färberei. Organische Farbstoffe.

Kenichi Tanabe und **Osamu Morimoto,** *Über die Anfärbbarkeit von mit Formaldehyd behandelten Produkten aus Polyvinylalkohol.* 1. Mitt. *Mit Formaldehyd behandelte Produkte aus wässerigen Lösungen von Polyvinylalkohol sowie nicht in der Hitze behandelte Fasern aus Polyvinylalkohol.* Untersucht wurde die Farbstoffabsorption von Direktfarbstoffen (C. I. 325) an mit CH_2O behandelte Pulver, die aus einer formalisierten wss. Lsg. von Polyvinylalkohol erhalten wurden, sowie an formalisierte nicht hitzebehandelte Polyvinylalkoholfasern. Die Beziehung zwischen Farbstoffabsorption u. dem Grad der Formalisierung der Pulver wird in einer Kurve wiedergegeben, welche bei 80 Mol-% des Formalisierungsgrades rasch abzusinken beginnt. Bei 90 Mol-% wird das Pulver langsam unanfärbbar. Gegenüber den Pulvern verschiebt sich bei den Fasern das Verhältnis der Formalisierung auf 10—20 Mol-%. Wenn die Pulver u. die Fasern durch Eintauchen in wss. Phenollsg. gequollen werden, zeigt sich, daß bei den Fasern die Reaktionsfähigkeit der OH-Gruppen deutlich zunimmt, während dies bei den Pulvern nicht der Fall ist. Die Untersuchungsergebnisse weisen darauf hin, daß bei den formalisierten Pulvern eine homogene Verteilung der CH_2O-Gruppen vorliegt, während bei den Fasern mehr eine heterogene Verteilung der substituierten Gruppen gegeben ist. Einige der nach der Behandlung vorhandenen OH-Gruppen sind zwar nicht mehr in reaktionsfähigem Zustand, werden aber durch die Quellung wieder reaktionsfähig. (J. Soc. Textile Cellulose Ind., Japan [Sen-i Gakkaishi] **11.** 86—90. Febr. 1955. [Orig.: japan., Auszug: engl.])
P. ECKERT. 7002

—, *Farbstoffe und Hilfsmittel.* Prodd. der FARBWERKE HOECHST AKT.-GES., vorm. MEISTER LUCIUS & BRÜNING, Frankfurt/M.-Höchst: *Wollechtblau HFL* liefert Färbungen von besonderer Klarheit u. besitzt gutes Egalisiervermögen. Auf Grund seines guten Ziehvermögens kann das Prod. zum Färben von Wollgarnen, Kammzug, loser Wolle, Reißwolle, sowie von Mischgeweben mit Wolle verwendet werden. Sehr gute Wasser-, Seewasser-, Wasch- u. Schweißechtheiten, ziemlich gute Lichtechtheit u. gute Walkechtheit. Ebenfalls anwendbar für den Direktdruck. — *Remol AS,* ein Hilfsmittel zum Entwickeln u. Nachbehandeln von Naphthol AS-Färbungen. Das nichtionogene Prod. ist alkali-, säure-, salz- u. wasserhärtebeständig. — Prod. der CASSELLA FARBWERKE MAINKUR AKT.-GES., Frankfurt/M.-Fechenheim: *Immedialdruckschwarz WB Pulver* liefert eine blaustichige Schwarznuance. Sehr gute Licht- u. Waschechtheit. Der Farbstoff wird nach einer Spezialvorschrift mit Glucose ohne Rongalit C gedruckt. — Prodd. der CIBA AKT.-GES., Basel: *Cibanonschwarz 3BAO Mikropulver für Färbung* ergibt blaustichige Schwarztöne auf Baumwolle u. Kunstseide mit sehr guter Licht-,

Koch-, Chlor- u. Superoxydechtheit. Bes. für die Apparatefärberei geeignet; die nichtentwickelte Färbung liefert ein Olivgrün mit guten Echtheiten (Zirk. Nr. 751). — *Cibanogenfarbstoffe. Cibanogenbordeaux R* u. *BL* sowie *Cibanogenmarineblau B* u. *Cibanogenschwarz B* für den Druck auf Baumwolle, Leinen, Reyon u. Zellwolle. Die Prodd. sind ein pulverförmiges Gemisch aus stabilisierten Diazoniumverbb. u. Cibanaphtholen. Gute Licht-, Wasch- u. Chlorechtheit (Zirk. Nr. 749 u. 745). — *Chlorantinlichtgrau ACLL* zum Färben von nativer u. regenerierter Cellulosefaser in sehr guten lichtechten, blaustichigen Grautönen. Der Farbstoff wird zum Färben von Strick- u. Wirkwaren, Trikotagen, Damenkleiderstoffen u. Innendekorationsartikeln verwendet, sowie für Gewebe, die Kunstharzappreturen unterzogen werden. Er ist gut lösl., verkocht nicht u. reserviert Effekte aus Acetat rein weiß. Auch für Fondfärbungen für Buntätzartikel geeignet (Zirk. Nr. 743). — *Cibacetgrün 5G* für den Druck auf Acetat u. Polyamidfasern, das Prod. liefert lebhafte Grünnuancen. Gutes Egalisiervermögen, gute Licht- u. Allgemeinechtheiten (Zirk. Nr. 750). (Reyon, Zellwolle andere Chemiefasern **1955**. 506—07. Juli.) P. Eckert. 7018

F. W. Bradley, *Entwicklungen in der Färberei mit Coprantinfarbstoffen.* Allg. Hinweise auf das Färben mit Coprantinfarbstoffen u. die hierbei erhaltenen Licht- u. Waschechtheiten. Während man mit *Coprantinsalz II* maximale Lichtechtheiten erhält, führt *Coprantex B* zu maximalen Waschechtheiten. (Textile Manufacturer **80**. 594—95. Nov. 1954.) H. G. Fröhlich. 7020

M. R. Fox, *Die Zersetzung von Leukoküpenfarbstoffen bei hohen Temperaturen.* Vf. bespricht in der Einleitung die verschied. Kontinuefärbverff., bei denen der Leukoküpenfarbstoff bzw. die Küpensäure während der Fixierung auf der Faser relativ hoher Temp. ausgesetzt wird, ca. 100°. Es können Farbtonänderungen, Schwächungen der Färbung u. gewisse Minderungen der Echtheitseigg. auftreten, u. zwar durch Hydrolyse labiler auxochromer Gruppen, z. B. der Säureamidgruppe, durch Verlust auxochromer Gruppen, z. B. der Halogengruppen, durch Isomerisation von Ketogruppen, z. B. Umbldg. des Anthrachinons in Anthron. Vf. erläutert diese Möglichkeiten eines Einfl. ausführlich an typ. Vertretern der Anthrachinonfarbstoffe u. zeichnet einzeln die Gefahren auf, mit denen bei ihrer Verwendung im Kontinuefärbeverf. durch Fixierungsvorgänge mit Einw. höherer Temp. zu rechnen ist. Als Schlußfolgerung ergeben sich einige vom Vf. kurz formulierte Aufgaben für Farbstoff- u. Hilfsmittelproduzenten. (Rev. Textile — Tiba — Rusta-Rayonne [N. S.] **54**. 27—31. Jan. 1955.) E. Wagner. 7020

William F. Brommelsiek, Werner von Bergen und **Henry e Millson,** *Das färberische Verhalten verschiedener Wollarten.* Für die Verss. wurden 4 verschied. Wollen, Australian Fine, New Zealand Medium, Domestic Fine u. Domestic Medium, verwendet. Die ausführlichen Unterss. haben einwandfrei eine Beziehung zwischen der Farbtiefe u. der Wollfeinheit aufgezeigt, u. zwar derart, daß die Farbtiefe bei feineren Wollen geringer ist als bei gröberen. In diesem Zusammenhang konnte ebenfalls eindeutig festgestellt werden, daß die Farbstoffaufnahme bei den gröberen Wollen rascher erfolgt als bei den feinen. Erwähnenswert sind ferner die Ergebnisse beim Färben von Wollen, die bereits von Natur stärker geschädigt sind. Hierbei wurde gefunden, daß dieselben sich verhältnismäßig egal bei niedrigen Tempp. anfärben, während dann beim Kochendfärben die Egalität verschlechtert wird. Die ausführlichen Unterss. selbst sind in 8 Tabellen, 27 Mikrophotos u. 10 Figuren zusammengestellt. (Amer. Dyestuff Reporter **44**. P73—86. 31/1. 1955. American Cyanamid Co., Org. Chem. Div.) H. G. Fröhlich. 7020

S. Minges, *Schwierigkeiten beim Färben carbonisierter Herren- und Damenstoffe.* Vf. weist darauf hin, daß die meisten Schwierigkeiten beim Färben carbonisierter Stoffe auf unterschiedliche H_2SO_4-Konz. im Gewebe u. auf zu hohe H_2SO_4-Konz. beim Carbonisieren selbst zurückgeführt werden können. (Textil-Prax. **10**. 93—94. Jan. 1955.) H. G. Fröhlich. 7020

J. F. Laucius, R. A. Clarke und **J. A. Brooks,** *Das Färben von Orlon alleine und in Mischung mit anderen Fasern.* Es wird ein ausführlicher Überblick über die zum Färben von *Orlon Typ 42* geeigneten Färbeverff. gegeben. Daneben werden weitere Verff. zum Färben von Orlon in Mischung mit Wolle, Reyon, Baumwolle, Nylon u. Dacron beschrieben. Als Egalisierhilfsmittel wird auf die Verwendung von *Leveling Salt* u. *Retarder LAN*, bes. beim Färben von hellen Tönen, verwiesen. Zum Schluß wird noch kurz auf das Färben von *Orlon Seide Typ 81* hingewiesen. Die Färbeverff., die ausführlich besprochen werden, sind teilweise durch vollständige Rezepturen ergänzt. (Amer. Dyestuff Reporter **44**. P362—66. 23/5. 1955.) H. G. Fröhlich. 7020

H. Haller, *Stärke und Metallsalze beim Textildruck.* Da die Entfernung der Stärke (I) nach dem Ätzdruck Schwierigkeiten bereitet, setzte man zwecks Nachprüfung I mit $FeCl_3$ u. $Fe(CH_3CO_2)_3$ in alkoh. Lsg. zu gefärbten Prodd. um. Diese wie auch die Umsetzungsprodd. mit Al-Acetat bilden Verbb., die offenbar mit der Baumwolle reagieren

u. von Diastase nicht mehr abgebaut werden. Dasselbe gilt auch für Stärke-$Cr_2(CH_3 \cdot CO_2)_6$-Verbindungen. Verwendet man abgebaute I, so werden die Verbb. von Diastase vollständig verzuckert. In der Praxis verwendet man daher immer zusätzlich Traganth, der eine Spaltung der I bewirkt. (Rev. gén. Teinture, Impress., Blanchiment, Apprêt (Tiba) **28.** 11—15. Sept./Okt. 1951.) G. SALZMANN. 7022

E. W. Lawrence und **R. H. Phillips,** *Herstellung dreidimensionaler Farbmuster auf Baumwolle mit Hilfe von Kunstharzen.* Im Zusammenhang mit der Herst. von dreidimensionalem Farbmuster werden die Probleme sowie die Technik des Prägedruckes (inlay-printing), des Schleifdruckes (tip-printing) sowie des Laugenkreppdruckes (fitted plisse prints) ausführlich besprochen. (Amer. Dyestuff Reporter **44.** P253—55. 11/4. 1955. Cranston, R. I., Cranston Print Works Co.) H. G. FRÖHLICH. 7022

Fosse Dyeworks Ltd., Syston, Leicester, England, *Wollfärbungen* erhält man durch Behandeln der Wolle mit der wss. Lsg. oder Paste eines Wollfarbstoffs, der keine oder nur eine SO_3H-Gruppe u. ein Egalisiermittel enthält, das aus einem wasserlösl. Reaktionsprod. von Harnstoff oder CH_2O mit einer, eine oder mehrere phenol. OH-Gruppen enthaltenden aromat. Mono-, Di- oder Trisulfonsäure oder deren wasserlösl. Salzen besteht. (**E. P. 707 925** vom 8/11. 1951, ausg. 28/4. 1954.) O. MÜLLER-MEININGEN. 7021

Farbenfabriken Bayer Akt.-Ges. (Erfinder: **Ferdinand Münz),** Leverkusen, *Herstellung von Alkylierungsprodukten von Polyaminen,* dad. gek., daß wss. Lsgg. von β-Halogenäthylaminen, bes. des β-Chloräthylamins, bzw. von Salzen der β-Halogenäthylamine, gegebenenfalls in Ggw. von Di- u. Polyaminen, mit Alkalien so umgesetzt werden, daß während des Hauptteiles der Rk. die Lsgg. nicht stärker alkal. reagieren als die entstehenden Polyamine, u. daß die gebildeten Polyamine in bekannter Weise mit Alkylierungsmitteln in quaternäre Ammoniumverbb. übergeführt werden. — 1 (Mol) salzsaures β-Chloräthylamin wird in W. mit 1 50%ig. NaOH auf 50—60° erwärmt, dann werden weitere 0,95 50%ig. NaOH so zugesetzt, daß das p_H ständig 12 beträgt. Nach ca. 5 Std. wird die Lsg. eingedampft u. der Rückstand mit 2 Dimethylsulfat alkyliert. Die entstandene Lsg. eignet sich nach entsprechender Verdünnung zur *Nachbehandlung* von *Färbungen* mit *substantiven Farbstoffen,* wodurch eine besondere *Naßechtheit* erzielt wird. Man kann die Rk. auch in Ggw. von Äthylendiaminhydrat durchführen. (**D. B. P. 928 713** Kl. 12p vom 28/5. 1952, ausg. 10/6. 1955. Anmeldung bekanntgemacht 18/11. 1954.) G. KRAUSS. 7029

American Cyanamid Co., New York, N. Y., übert. von: **Mario Scalera,** Somerville, und **Frederic Henry Adams,** Bound Brook, N. J., V. St. A., *5-Oxy-1.2.3-benztriazol-4-carbonsäure* erhält man durch Einw. von CO_2 unter Druck auf 5-Oxy-1.2.3-benztriazol in Ggw. eines Alkalis, z. B. K_2CO_3, F. 210°. — *5-Oxy-1.2.3-benztriazol-6-carbonsäure* (I) erhält man durch Rk. von 4-Aminosalicylsäure mit KOCN in wss.-alkal. Lsg., Kupplung der erhaltenen 4-Ureidosalicylsäure mit diazotiertem p-Toluidin zur 5-(p-Tolylazo)-4-ureidosalicylsäure, Red. dieser zur 5-Amino-4-ureidosalicylsäure u. Einw. von $NaNO_2$ auf diese; I zers. sich, ohne zu schm., bei ca. 280°. — *Zwischenprodd.* zur Herst. von *Azofarbstoffen.* (**A. P. 2 700 669** vom 27/9. 1951, ausg. 25/1. 1955.) A. BRÜSAMLE. 7053

Ciba Akt.-Ges., Basel, Schweiz, *Herstellung eines kobalthaltigen Azofarbstoffes.* 2-Amino-1-oxybenzol-4-sulfonsäureamid → Acetessigsäureanilid. Der Farbstoff wird mit Natronlauge in W. gelöst u. bei 80° mit einer Co-Sulfatlsg. (mit 1,18% Co) gerührt. Man filtriert heiß u. dampft zur Trockene, Wolle goldgelb, mit guten Echtheitseigenschaften. (**Schwz. P. 301 811** vom 14/8. 1951, ausg. 1/12. 1954.) U. SIEVERS. 7053

Sandoz Akt.-Ges., Basel, Schweiz, *Herstellung eines kupferhaltigen Disazofarbstoffes.* 1-Amino-2-oxynaphthalin-4-sulfonsäure → 2-Amino-5-oxynaphthalin-7-sulfonsäure. Der Kupferkomplex dieses Farbstoffes wird mit Fumarsäuredichlorid umgesetzt; färbt Baumwolle u. regenerierte Cellulose blauviolett. (**Schwz. P. 304 388** vom 17/1. 1952, ausg. 16/3. 1955.) U. SIEVERS. 7055

General Aniline & Film Corp., New York, N. Y., übert. von: **Wilhelm Schmidt-Nickels,** Little York, N. J., V. St. A., *Küpenfarbstoffe* der allg. Zus. I (R = Alkyl, Alkoxy oder Halogen, n = 0—6), die auf Baumwolle leuchtend grünstichig-gelbe Färbungen mit gelber Fluorescenz im UV-Licht ergeben, erhält man durch Rk. einer 1.9-Thiophenanthron-2-carbonsäure oder deren Säurechlorid mit einem 2-Amino-3-oxy- oder -halogenanthrachinon u. Behandeln des erhaltenen Prod.

I

mit konz. H_2SO_4 zwecks Ringschluß. — Man gibt in 100 (Teile) Nitrobenzol (**II**) 7 1.9-Thiophenanthron-2-carbonsäure (**III**) u. nach Überführung von **III** mit $SOCl_2$ in das Säurechlorid 6 2-Amino-3-oxyanthrachinon, rührt 4 Std. unter Rückfluß bei 200—205°, filtriert, wäscht mit **II** u. Bzl. u. trocknet. Fünf des so erhaltenen Prod. trägt man in 50 konz. H_2SO_4 ein, rührt ½ Std. bei 145°, kühlt auf n. Temp., gießt in W. u. reinigt den erhaltenen Farbstoff in üblicher Weise durch Auskochen mit einer wss. alkal. Na-Hypochloritlösung. (**A. P. 2 683 717** vom 30/12. 1950, ausg. 13/7. 1954.) O. ROICK. 7059

E. I. du Pont de Nemours & Co., übert. von: **Melvin A. Perkins**, Wilmington, Del., V. St. A., *1.4-Diamino-2.3-anthrachinondicarbonsäurediamide* der Formel **I**, worin R = H, Alkyl u. Oxyalkyl bedeutet, dienen als *Farbstoffe für Polyäthylenterephthalatfasern*. — *1.4-Diamino-2.3-anthrachinondicarbonsäurediamid.* Man erhitzt 1.4-Diamino-2.3-anthrachinondicarbonsäure mit $SOCl_2$ in Nitrobenzol u. setzt mit NH_3 um, F. über 300°. — Analog: *1.4-Diamino-N.N'-bis-(2-oxyäthyl)-2.3-anthrachinondicarbonsäurediamid*, F. 285 bis 294°. — *1.4-Diamino-N.N'-tetrakis-(2-oxyäthyl)-2.3-anthrachinondicarbonsäurediamid*, F. über 300°. — *1.4-Diamino-N.N'-dimethyl-2.3-anthrachinondicarbonsäurediamid.* (**A. P. 2 692 272** vom 5/12. 1951, ausg. 19/10. 1954.) G. LANGER. 7059

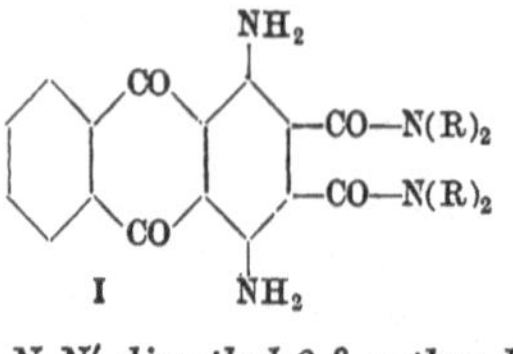

I

General Aniline & Film Corp., New York, N. Y., übert. von: **Saul R. Buc**, Easton, Pa., V. St. A., *Tetracyano- und Tetracarboxypthalocyanine* der allg. Zus. **I**, worin R_1—R_4 Reste der Benzol- oder Naphthalinreihe bedeuten, die je eine CN- oder COOH-Gruppe aufweisen u. 1—3 der Benzol- oder Naphthalinreste als weitere Substituenten KW-stoffreste der Benzolreihe enthalten, können in der Weise hergestellt werden, daß man ein Phenylcyandihalogenderiv. eines aromat. KW-stoffs, wie 1-Phenyl-3.5-dihalogen-2-cyanbenzole, u. einen dihalogencyansubstituierten KW-stoffrest der Benzol- oder Naphthalinreihe, z. B. 2.3-, 2.4-, 3.4- oder 2.6-Dichlor- oder Dibromphenylcyanid, 2.4-Dichlor-6-methylphenylcyanid, 1.4-Dichlor-2-naphthylcyanid usw., mit einem Überschuß von CuCN bei 150 bis 400° erhitzt u. die erhaltenen Tetracyanoderivv. (**II**), z. B. durch Kochen mit **10**% ig. NaOH (bis kein NH_3 mehr entweicht) zu den carboxysubstituierten Phthalocyaninen (**III**) verseift. — **II** sind lichtechte grüne Pigmente, während **III** in Form ihrer Alkalisalze zur Herst. von Tinten, zum Färben von Seife u. Papier u. für Druckansätze verwendet werden können. Mit Schwermetallen bilden **III** sehr lichtechte unlösl. Lacke. — 93 (Gewichtsteile) 2-Cyan-3.5-dichlorbiphenyl u. 21,5 2,5-Dichlorbenzonitril erhitzt man unter Rühren bei 250°, gibt anteilweise in 2 Std. bei 275—290° 100 CuCN hinzu u. erhitzt eine weitere Stunde. Man erhält *Tri-3-phenyltetra-5-cyano-Cu-phthalocyanin* u. nach Verseifung die entsprechende Carbonsäure. Analog können die Mono- u. Di-Verbb. erhalten werden. (**A. P. 2 647 908** vom 11/2. 1950, ausg. 4/8. 1953.) O. ROICK. 7073

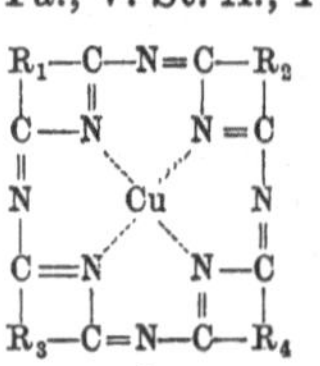

I

XIa. Farben. Anstriche. Lacke. Naturharze.

V. Charrin, *Reinigung der Metalle mit dem Sandstrahl vor dem Anstrich.* Übersicht über die Sandstrahlmaschinen u. die an den verwendeten Sand zu stellenden Anforderungen (möglichst hoher SiO_2-Geh.). (Peintures, Pigments, Vernis **31**. 49—50.. Jan. 1955.) W. WESLY. 7090

J. D'Ans, *Über anstrichtechnische Forschung, insbesondere über die der Filmquellung.* Vf. sieht das Ziel der Anstrichforschung bes. in der Verbesserung bestehender u. Schaffung neuer Bindemittel, im Studium der Pigmentprobleme u. in der Klärung aller Vorgänge, die mit Werden, Sein u. Vergehen von Anstrichfilmen zusammenhängen. Als Forschungsbeispiel werden Untersuchungsergebnisse über Quellungsvorgänge unter kontrollierten Bedingungen mitgeteilt. (Farbe u. Lack **61**. 54—59. Febr. 1955.) A. SANDER. 7090

L. W. Robson, *Titanpigmente.* Bericht über die neue Entw. der TiO_2-Pigmente, die zur Einführung der colorist. wertvolleren Rutilform des Pigments führte. (Paint Manufact. **25**. 25. 36. Jan. 1955.) A. SANDER. 7092

Heinrich Wulf, *Leuchtfarben.* Überblick über handelsübliche Leuchtfarben mit kurzen Angaben über Zus., Herst., Eigg., Verwendung u. Verarbeitung. (Dtsch. Drogisten-Ztg. **10**. 10—12. 1/1. 1955.) G. ZIMMER. 7092

J. J. Sleightholme und **A. J. Seavell**, *Einige Produkte aus der Hitzeeindickung von Leinöl.* Bei der Herst. von Standöl fanden sich in den flüchtigen Prodd. neben freien monomeren Fettsäuren auch komplexe hochmol. Säureglyceride, die das Eindicken hochpolymerisierter Standöle von verhältnismäßig niederer Säurezahl in Ggw. von ZnO verursachen können. Einzelheiten der Verss. werden in 9 Tabellen wiedergegeben. (J. Oil Colour Chemists' Assoc. **38.** 178—90. April 1955. Haltwhistle, Northumberland, Smith and Walton Ltd.) A. SANDER. 7096

Y. Bagot, *Das sogenannte chinesische Holzöl.* Übersicht über Technologie, Zus., Eigg., Kennwerte u. Anwendung des chines. Holz- (Tung-) öls. — 60 Schrifttumshinweise. (Peintures, Pigments, Vernis **31.** 27—35. Jan. 131—40. Febr. 1955.) W. WESLY. 7096

G. Sachs und **F. Werther,** *Über die Anwendung von monomerem und polymerem Butyltitanat zu Anstrichzwecken.* Eigg., Darst. u. Verwendung des Butyltitanats u. seiner Polymeren für hochhitzebeständige Schutzanstriche. Rezepturen solcher hitze- u. korrosionsbeständigen Einbrennlacke sowie Untergrundbehandlung u. Auftragetechnik werden näher beschrieben. — 23 Literaturhinweise. (Farbe u. Lack **61.** 60—66. Febr. 1955. Leverkusen-Bayerwerk, Titangesellsch. m. b. H.) A. SANDER. 7096

Erich Müthlein, *Hochglänzende und polierbare Nitrolacke.* Versuchsergebnisse über Abschirmung der glanzhemmenden OH-Gruppen der Nitrocellulose durch Zusätze von „Glanzgebern", als die sich Polyvinyläther in Verbindung mit höheren Alkoholen oder deren Estern u./oder Caprolactam am besten bewährten. (Farbe u. Lack **61.** 67—68. Febr. 1955.) A. SANDER. 7106

George A. Wells, *Industrielle Instandhaltung von Überzügen auf Phenolharzgrundlage.* Übersicht über geschichtliche Entw., Herst., Eigg. u. Anwendung von Phenolharzen als Oberflächenüberzüge. (Amer. Paint J. **39.** Nr. 39. 70—86. 13/6. 1955. New York, N. Y., Bakelite Co., Surface Coatings Div.) W. WESLY. 7106

W. Sandow, *Organische Schutzüberzüge im Dienste des modernen Bautenschutzes.* Vortrag über die zweckmäßigste Anwendung der verschied. Schutzanstricharten zum Schutze von Mauerwerk, Beton, Eisenkonstruktionen, Holzteilen, Leicht- u. Buntmetallen im Bauwesen, bes. im Hinblick auf Art u. Stärke der Beanspruchung. (Schweiz. Arch. angew. Wiss. Techn. **21.** 95—99. März 1955. Killwangen/AG, Dr. W. Mäder Akt.-Ges., Lack- u. Farbenfabr.) W. GELMROTH. 7106

N. I. Winogradowa und **A. R. Neisstat,** *Lacküberzug für Wasserbehälter.* Die mit dem Lack *ChS-74* (**I**; keine näheren Angaben) überzogenen Schwarzblechbecher zeigten beim Füllen mit dest. W., enthaltend 5 mg/Liter Cl, nach 5 Tagen keine Auflösung des Lacküberzuges. Bei 39—40° erfolgte keine Korrosion durch dest. Wasser. Wurde der mit **I** gefüllte Schwarzblechbecher mit 96%ig. A. oder 2%ig. SO_2-Lsg. gefüllt, so war bei Zimmertemp. nach 5 Tagen keine Trübung oder Färbung der Fl. festzustellen. Bei Berührung mit 45%ig. Milchsäure, 10%ig. Na_2CO_3, 1%ig. Weinsäure mit 25% A. u. 26% Zucker konnte nach 5 Tagen bei 37° keine Trübung oder Färbung der Fl. nachgewiesen werden. Pb, Cu, Sn u. Zn waren nicht nachzuweisen, ebensowenig As, Cl u. Vinylgruppe. Die gute Bewährung von **I** in den Kellereien lassen seine Anwendung für Wasserbehälter (Eisenbahnzisternen u. a.) angebracht erscheinen. (Гигиена и Санитария [Hyg. u. Sanitätswes.] **1955.** Nr. 3. 45—46. März. Moskau, Zentr. Wiss. Forschungslabor. für Hygiene u. Epidemiol. des Verkehrsmin. der UdSSR u. Champagnerweinfabrik.) O. LEBTAG. 7106

H. Hublet, *Das Imprägnieren von Gußstücken mit Kunstharz.* Poren in Gußstücken sind die Ursache von Undichtigkeiten u. schneller Korrosion. Auch zur besseren Korrosionsfestigkeit bes. in den Tropen müssen die Gußstücke durch einen auf der Oberfläche fest haftenden Überzug geschützt werden. Angaben über die Ausführung u. die verwendeten Massen. (Fonderie belge **1955.** 29—35. Febr.) K. STEIN. 7106

Karl Buser, *Zur Frage der Schnellbewitterung von Anstrichen unter besonderer Berücksichtigung der Wasserbeanspruchung.* Bei der Prüfung von Rostschutzfarben in näher beschriebenen Kurzbewitterungsreihen sowie bei kombinierten Prüfungen in Anlehnung an die natürlichen Verhältnisse mit langen u. kurzen Einwirkungszeiten erhielt Vf. Werte, die mit den prakt. Erfahrungen übereinstimmten. (Farbe u. Lack **61.** 69—70. Febr. 1955.) A. SANDER. 7158

—, *Radioisotope in der Lacktechnik,* Italien. Bericht über die Bedeutung der Tracermeth. für die Farbtechnik. (Atomics **6.** 82. 87. März 1955.) GERHARD SCHMIDT. 7158

Titan Co., Inc., V. St. A. (Erfinder: **Adrian R. Pitrot**), *Herstellung von Bleisilicat und Bleichromat enthaltenden Pigmenten* mit stabilen antikorrosiven Eigenschaften. Man calciniert ein Gemisch von Pb-Chromat u. SiO_2 bei höherer Temp. oder fällt bas. Pb-Chromat in Ggw. von feinverteiltem SiO_2. — Z. B. vermischt man 5 Liter W., 2223 (g) PbO u. 2070 feinverteilte SiO_2 u. läßt das Ganze unter Zusatz von Eisessig bei n. Temp. reagieren. Danach versetzt man es unter Rühren in 1½ Std. mit einer Lsg. von 252 Chromsäureanhydrid in 2 Litern Wasser. Das Reaktionsprod. filtriert man ab, trocknet es u. erhitzt es 2 Std. auf 650°. — Vgl. auch A. P. 2668122; C. **1955.** 1385. (**F. P. 1070492** vom 4/10. 1952, ausg. 27/7. 1954. A. Prior. 10/10. 1951.) T. OPPERMANN. 7093

Badische Anilin- & Soda-Fabrik, Deutschland, *Herstellung von gefärbten fluorescierenden Pigmenten.* Man behandelt Polyvinylchlorid oder seine Mischpolymerisate mit Lsgg. oder Suspensionen von im Sichtbaren oder im UV-Licht fluorescierenden Farbstoffen. — Z. B. vermischt man 100 (Teile) Polyvinylchloridpulver mit 350 W., 28 krist. Na-Acetat u. einer Lsg. von 0,3 „Rhodamin B extra" in ca. 40 Wasser. Das Ganze erhitzt man 18 Std. auf 95°. Die Pigmente dienen zur Herst. von Drucken, Bildern auf Schildern, zum Kennzeichnen von Pfosten usw. (**F. P. 1 071 750** vom 18/9. 1952, ausg. 3/9. 1954. D. Prior. 29/9. 1951.) T. OPPERMANN. 7093

Chemische Werke Albert (Erfinder: **Felix Schlenker**), Wiesbaden, *Ricinenöl* erhält man durch Wasserabspaltung aus Ricinusöl in Ggw. einer Mischung aus Na-Bisulfat (bes. 1%) u. Borsäure (bes. 0,5%) als Wasserabspaltungskatalysatoren bei ca. 250 bis 290°, bes. 260—270°. *Lackrohstoff.* (**D. B. P. 927 629** Kl. 12o vom 27/1. 1951, ausg. 12/5. 1955. Anmeldung bekanntgemacht 6/11. 1952.) G. KRAUSS. 7097

Standard Oil Development Co., Elizabeth, N. J., V. St. A., *Verbesserung synthetischer trocknender Öle.* Aus C_4—C_8-Diolefinen mit konjugierter Doppelbindung gewonnene polymere Öle werden mit 5—40, bes. 20—25%, eines Cyclodiolefins oder dessen Dimeren, bes. Cyclopentadien, Dicyclopentadien, oder Methylcyclopentadien, 1—3 Std. auf 200 bis 300° erhitzt. (**E. P. 724 796** vom 11/2. 1953, ausg. 23/2. 1955. A. Prior. 1/5. 1952.) C. LÜTTGEN. 7097

Rütgerswerke Akt.-Ges., Frankfurt/M. (Erfinder: **Helmut Meis** und **Hubert Sauer,** Letmathe, Westf.), *Herstellung von Mischpolymerisaten* aus aromat. *Vinylverbb.* mit nichtpolymerisierbaren Verbb., dad. gek., daß die Vinylverbb. mit Hilfe von wasserfreien sauren Polymerisationskatalysatoren mit Acenaphthen (**I**) oder dessen Substitutionsprodd. polymerisiert u. die Reaktionsprodd. gegebenenfalls mit CH_2O nachkondensiert werden. — Nach einem Beispiel wird Styrol mit **I** in Xylol in Ggw. von Borfluoridessigsäure bei n. Temp. verrührt. Nach Dest. des Katalysators u. Lösungsm. erhält man ein sehr viscoses klebriges Öl. Die Rk. kann auch in Ggw. von trocknenden Ölen, wie Leinöl, durchgeführt werden. — Weichmacher, Lacke. (**D. B. P. 927 832** Kl. 39c vom 19/4. 1952, ausg. 16/5. 1955. Anmeldung bekanntgemacht 28/10. 1954.) H. SCHINDLER. 7097

Firestone Tire & Rubber Co., Akron, übert. von: **Robert L. Bebb, James M. Willis,** Akron, **John H. Musch,** Silver Lake, O., und **Verle A. Miller,** Dover, Del., V. St. A., *Beständiger Mischpolymerlatex und diesen enthaltendes Anstrichmittel.* Ein Emulsionspolymer aus 61—73% Styrol u. entsprechend 39—27% 1.3- Butadien, das in Ggw. von 1—2 (Teilen) eines lösl. Salzes der Perschwefelsäure ($K_2S_2O_8$) u. 0,02—2,5 eines anion. Emulgiermittels (Alkyl- oder Alkarylsulfonate, Alkylsulfate oder Naphthenate auf 100 Monomere bei p_H 7—12 (durch Zusatz von NaOH + HBO_3, $NaBO_2$, Na_2HPO_4, Na_3PO_4, $Na_4P_2O_7$ als Puffer) zu ca. 50% auspolymerisiert ist, erhält noch einen weiteren Zusatz eines anion. u. eines nichtionogenen Emulgiermittels, bevor es mit der Pigmentsuspension gemischt wird. Als nichtionogene Mittel sind Casein, Proteine, Celluloseäther oder -ester, bes. ein Alkylarylpolyätheralkohol, geeignet. Frostbeständig. (**A. P. 2 702 285** vom 19/8. 1954, ausg. 15/2. 1955.) W. GRÄGER. 7097

Hans Bode K.-G., Moers, Deutschland, *Herstellung von mineralischen Anstrichfarben.* Sie bestehen aus Zement, Füll- u. Farbstoffen, Alkali-, Erdalkali- u./oder Erdmetallsalzen u. gegebenenfalls synthet. Harzen. — Z. B. löst man 10 (Gewichtsteile) $CaCl_2$ u. 1 $AlCl_3$ in 50 Wasser. Diese Lsg. versetzt man vor Gebrauch noch mit 300 W. u. dann mit 720 Teilen Zement, Füll- oder Farbstoffen. Wenn man eine bes. gegen atmosphär. Einflüsse widerstandsfähige Anstrichfarbe herstellen will, gibt man noch synthet. Harze (z. B. polymere Verbb. des Vinylalkohols, des Styrols, der Acrylsäure u. ihrer Ester, der Methacrylsäurester) hinzu. (**F. P. 1 071 043** vom 23/5. 1952, ausg. 24/8. 1954.) T. OPPERMANN. 7107

Firestone Tire & Rubber Co., Akron, übert. von: **Marlyn J. Brock,** Stow, O., V. St. A., *Wässerige Anstrichemulsionen,* die neben den mit Hilfe von Emulgiermitteln suspendierten Pigmenten Emulsionspolymere, bes. -mischpolymere aus Diolefinen mit konjugierten Doppelbindungen (Butadien, Isopren, Dimethylbutadien, Piperylen) u. aus Verbb. mit der Gruppe $H_2C{=}C{<}$ (Styrol oder dessen Derivv., Vinyl- oder Acrylverbb., Isobutylen, Äthylen, Propylen) enthalten, erhalten einen Zusatz eines lösl. Ba-Salzes in einer geringen Menge, so daß 0,01—2 g Ba-Ionen auf 100 g Latexpolymer bzw. mindestens 0,0003 g in 100 g wss. Anstrichmittel bei 25° gelöst sind. Die Ba-Verbb. (Acetat, Benzoat, Bromid, Butyrat, Camphorat, Chlorat, Chlorid, Chlorsulfoacetat, Cyanid, Dithionat, Formiat, Gluconat, Hydroxyd, Hypophosphit, Jodid, Nitrat, Nitrit, Oxyd, Perchlorat, Permanganat, Phenolat, Propionat, Salicylat, Silicat, Hydrosulfid, Tetra- oder Trisulfid, Thiocyanat usw.) erhöhen die Viscosität u. Frostbeständigkeit. (**A. P. 2 702 284** vom 19/8. 1952, ausg. 15/2. 1955.) W. GRÄGER. 7107

United States of America, übert. von: **Alfred L. Glass,** Philadelphia, Pa., V. St. A., *Korrosionsbeständiger Überzug für Flugzeugkabel.* Hierzu dient ein *Lack* aus z. B. 100 bis 102 (Teilen) eines 1% Maleinsäure enthaltenden Vinylchlorid (86)-Vinylacetat (13)-Mischpolymerisats, 40—42 Poly-N-butylmethacrylat, 33—35 Polyäthylenglykol-400-di-2-äthylhexoat, 5—7 $K_2O \cdot 4\,ZnO \cdot 4\,CrO_3 \cdot 3\,H_2O$ (Zn-Gelb), 50—60 Xylol, 50—60 Toluol u. 275—375 Methylisobutylketon. (**A. P. 2 676 942** vom 5/8. 1952, ausg. 27/4. 1954.) G. SALZMANN. 7107

XIb. Plaste (Kunstharze. Plastische Massen).

J. Jiménez-González, *Kontrolle der elektrischen Eigenschaften bei Kunststoffen und Kautschuk. Spurenbildung durch leitenden Niederschlag.* Nach einem Überblick über die Methoden der Unters. der dielektr. Eigg. wird im einzelnen das in der UNE-Norm 53 041 festgelegte Prüfverf. mit Abscheidung eines leitenden Nd. beschrieben. (Rev. Plásticos **6.** 140—46. Mai/Juni 1955.) R. K. MÜLLER. 7170

John B. Campbell, *Elektronenbeschuß erzeugt neuen Kunststoff. Bestrahltes Polyäthylen.* Die mechan. Eigg. von Polyäthylen (**I**)-Filmen werden durch Bestrahlung mit Elektronen infolge Vernetzung verbessert. So wird ein unschmelzbares **I** mit hoher Wärmefestigkeit erhalten, das keine Spannungsrißbldg. zeigt. Das unter der Bezeichnung *Irrathene 101* (GENERAL ELECTRIC CO.) hergestellte **I** ist nur wenig vernetzt u. daher noch flexibel u. zähelastisch. Die Eigg. u. Anwendung dieses Prod. werden besprochen. Das Verh. der anderen Kunststoffe bei Elektronenbestrahlung wird aufgezeigt (zum Teil Vernetzung, zum Teil Aufbau). (Materials and Methods **40.** Nr. 3. 91—95. Sept. 1954.) R. SCHÄFF. 7172

F. R. Hansen und **S. F. Dennis,** *Polyvinylchloridstabilisatoren und Materialablagerung auf Kalanderwalzen.* Beim Kalandern einer Polyvinylchloridmischung mit Dioctylphthalat, TiO_2 u. verschied. Stabilisatoren wurde die Bldg. von Ablagerungen auf den Walzen untersucht. Die Art des Stabilisators hat dabei einen deutlichen Einfluß. Die Art des Polymerisats oder Weichmachers wirkt sich nicht so stark aus. Weitere für diese Erscheinung verantwortlichen Faktoren wurden untersucht u. Folgerungen für die Paxis erörtert. (Rubber Age [New York] **76.** 715—17. Febr. 1955. Bedford, O., Ferro Chem. Corp.) R. SCHÄFF. 7172

L. Berger und **I. Weber,** *Zugfestigkeitsprüfung von gespritzten und gegossenen Vinylharzfilmen.* 1. Mitt. *Vorläufige Untersuchungen.* Die Zugfestigkeitseigg. von Vinylharzfilmen, die nach dem Spritz- bzw. Gießverf. hergestellt wurden, werden untersucht. Es bestehen keine deutlichen Unterschiede in der Reproduzierbarkeit der Prüfung von Filmen aus beiden Methoden. Das Herstellungsverf. der Filme u. deren Ausprüfung werden erörtert (Rubber Age [New York] **76.** 551—61 Jan. 1955. Philadelphia, Pa., Ordnance Corps, Frankford Arsenal.) R. SCHÄFF. 7172

J. Fontán Yanes und **J. Navarro Beato,** *Chemie der Harze aus ungesättigtem Polyester.* Übersicht über die Grundlagen, die verschied. Typen, die Copolymeren mit Vinylverbb. (z. B. Styrol), die Herstellungsverff. u. ihre Kontrolle, die verwendeten Inhibitoren, Katalysatoren, Aktivatoren u. Promotoren, die exothermen Kurven u. ihre Verwertung im Herstellungsprozeß. — 14 Literaturhinweise. (Rev. Plásticos **6.** 126—31. 151. Mai/Juni 1955.) R. K. MÜLLER. 7176

Russell T. Dean und **Joseph P. Manasia,** *Stabilisierung von Polyestern gegen Licht.* Zusammenfassende Arbeit über die Verfärbung von lichtdurchlässigen Polyesterscheiben durch UV-Bestrahlung. Es wird der Zusammenhang zwischen Härtungsgrad u. UV-Beständigkeit, sowie die Abhängigkeit der Lichtdurchlässigkeit von der Belichtungszeit u. der Wellenlänge diskutiert. Weiterhin ist der Einfl. der verschied. Stabilisatoren, Katalysatoren, Aktivatoren u. Metallsalze auf die Lichtbeständigkeit beschrieben. — 6 Abbildungen, 6 Tabellen. (Mod. Plastics **32.** 131—38. Febr. 1955; Interchem. Rev. **13.** 91—100. Winter 1954/1955.) R. HOFFMEISTER. 7176

Ralph C. Krueger, *Neuartiger Polyesterfilm.* Ein neuartiger Polyesterfilm auf Basis von Polyäthylenterephthalat (Handelsname: *Mylar-Film*), seine physikal. u. elektr. Eigg. im Vgl. zu anderen Filmen (Cellophan, Celluloseacetat, Polyäthylen) sowie seine Anwendung werden besprochen. (Materials and Methods **39.** Nr. 3. 104—06. März 1954. E. I. du Ponte de Nemours & Co., Film Dep.) R. SCHÄFF. 7176

K. N. Wlassowa, *Polyamidharze und ihre Anwendung in der Industrie.* Überblick über die bei der Bldg. von *Polyamidharzen* (**I**) sich abspielenden Rkk., die Methoden ihrer Darst., ihre physikal.-chem. u. mechan. Eigg. in Abhängigkeit von der Länge der C—C-Ketten u. der Zahl der reaktionsfähigen NH-Gruppen. Tabelle der Eigg. von *Polyhexamethylenadipinsäureamid, Polycaprolactam, Polyundecansäureamid* u. *Polyhexamethylensebacinsäureamid.* An Beispielen wird die Änderung der Eigg. mit der Zus.

bei Mischpolymeren gezeigt. — Die Anwendungsmöglichkeiten werden eingehend erörtert. — 28 Literaturhinweise. (Химическая Промышленность [Chem. Ind.] **1954**. Nr. 8. 22—29. Dez. Wiss. Forsch.- u. Proj.-Inst. für plast. Massen.) R. K. MÜLLER. 7180.

Kenneth Rose, *Sandwich-Materialien*. Zusammenfassender Bericht über Sandwich-Materialien (Verbunde aus 3 Schichten, deren innere Schicht eine andere Zus. oder Struktur aufweist als die beiden Deckschichten u. die durch Klebstoffe oder natürliche Adhäsion miteinander verbunden sind). Der Aufbau solcher Verbunde aus verschied. Materialien (Metalle, Holz, Kunststoffe u. a.), ihre Herst., Eigg. u. Anwendung für Isolierzwecke usw. werden an Hand zahlreicher Beispiele erörtert. (Materials and Methods **39**. Nr. 3. 117—32. März 1954.) R. SCHÄFF. 7204

D. M. Sterlin und **I. A. Scheidin**, *Über Methoden zur Bestimmung des Gehaltes an trockenem Harz im durchtränkten Span*. Nachdem gefunden worden war, daß bei der üblichen Best. des Harzgeh. in Holzschichtmaterial diese teilweise von der Feuchtigkeit des Spanes vor u. nach Durchtränkung u. Trocknung abhängt u. damit zu falschen Werten führt, wird eine Arbeitsweise vorgeschlagen, bei der ein Probespan vor Durchtränkung in absol. trockenem Zustand gewogen wird, desgleichen nach Durchtränkung u. erneuter Trocknung (100—105°). (Деревообрабатывающая Промышленность [Holzverarb. Ind.] **5**. Nr. 2. 17—19. Febr. 1955. Zentr. Wiss. Forschungsinst. für Furniere u. Möbel.) M. ULMANN. 7210

Glasurit-Werke M. Winkelmann Akt.-Ges. (Erfinder: **Richard Weithöner** und **Karl Brockhausen**), Hiltrup, Westf., *Herstellung von Mischpolymerisaten* aus einem Vinylmonomeren der Styrolreihe u. trocknenden oder halbtrocknenden Ölen, dad. gek., daß ungesätt. KW-stoffe mit einer olefin. Dreikohlenstoffkette vom Typ partiell substituierter Propylen- oder Allylverbb., z. B. Terpen-KW-stoffe, wie Terpentinöl u. Dipenten, α-Methylstyrol, abietinsäurehaltige Stoffe, Butadien, Propylen oder Tetrahydronaphthalin mit S bei 150—250° verkocht werden u. das Reaktionsprod. als Regler für die Mischpolymerisation Verwendung findet. Es können z. B. Styrol u. trocknende Öle mit einem oder einer Mischung reaktiver, geschwefelter KW-stoffe unter Zusatz von Peroxyden mischpolymerisiert werden. Verkürzung der Reaktionszeit. Helle klare Prodd. von niedriger Viscosität. — Mengenbeispiele. (**D. B. P. 929 448** Kl. 39c vom 22/2. 1952, ausg. 27/6. 1955. Anmeldung bekanntgemacht 2/12. 1954.) H. SCHINDLER. 7173

Permutit Akt.-Ges., Berlin (Erfinder: **William Wood**, Moorestown, N. J., V. St. A.), *Herstellen von Kationenaustauschern*, dad. gek., daß aromat. Gruppen enthaltende Harze oder Polymerisate mit Phosphortrihalogeniden u. FRIEDEL-CRAFTS-Katalysatoren behandelt, anschließend hydrolysiert u. oxydiert werden. Molverhältnis: 1 Harz:3 P-Verb.:1 Katalysator. Als Harze dienen bes. Mischpolymerisate aus Styrol u. Divinylbenzol, -toluol, -naphthalin, -alkylbenzol oder -xylol. (**D. B. P. 930 415** Kl. 39c vom 9/6. 1953, ausg. 14/7. 1955. Anmeldung bekanntgemacht 23/12. 1954. A. Prior. 11/6. 1952.) W. OVERBECK. 7173

Monsanto Chemical Co., St. Louis, Mo., übert. von: **Allen S. Kenyon**, Dayton, O., V. St. A., *Stabilisierungsmittel für halogenhaltige Polymerisate*, bestehend aus einem ungesätt., unkonjugierten aliphat. Äthylenalkohol mit 10—18 C-Atomen, z. B. 3.7-Dimethyl-1.6-octadien-3-ol, 3.7-Dimethyl-6-octen-1-ol, 2-Äthyliden-1-octanol, 9-Decen-1-ol bis 9-Octadecen-1-ol, 9.12-Octadecadien-1-ol, 6.10.14-Hexadecatrien-1-ol u. dergleichen. Als Weichmacher eignet sich u. a. 2-Äthylhexyldiphenylphosphat. (**A. P. 2 676 940** vom 25/2. 1952, ausg. 27/4. 1954.) G. SALZMANN. 7173

Pittsburgh Plate Glass Co., Pittsburgh, Pa., übert. von: **Howard Leon Gerhart**, Milwaukee, Wis., V. St. A., *Cyclopentadien–Vinylacetat-Mischpolymerisate* werden hergestellt, indem man eine Mischung aus 5—56% Vinylacetat u. dem Rest Cyclopentadien oder seinen niederen Polymerisaten ½—24 Std. auf ca. 200° erhitzt. Verwendung als Zusatz zu fetten, bes. trocknenden Ölen oder Nitrocellulose. (**A. P. 2 689 240** vom 9/5. 1952, ausg. 14/9. 1954.) W. OVERBECK. 7177

E. I. du Pont de Nemours & Co., Wilmington, Del., übert. von: **Charles H. Jarboe**, Louisville, Ky., V. St. A., *Stabilisieren von Polyvinylacetal*, bes. von -butyral, in Form von Filmen für Sicherheitsglas. Verwendung von 2-Thiazolin-2-thiol der Formel I als Stabilisierungsmittel. (**A. P. 2 680 727** vom 17/4. 1953, ausg. 8/6. 1954.) G. SALZMANN. 7177

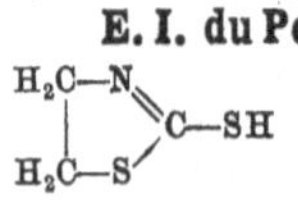

I

E. I. du Pont de Nemours & Co., Wilmington, Del., übert. von: **Ben Edmund Sorensen**, Drexel Hill, Pa., V. St. A., *Phenol–Aldehydharz-Derivate*. An bekannte Phenolformaldehydharze werden Verbb. angelagert, die einen Äthylenoxydring enthalten, z. B. Äthylenoxyd, Propylenoxyd usw., u. dann dieser Anlagerungsverbb. mit aliphat. Alkoholen mit 1—4 C-Atomen u. einem aliphat. Aldehyd, bes. Paraformaldehyd, z. B.

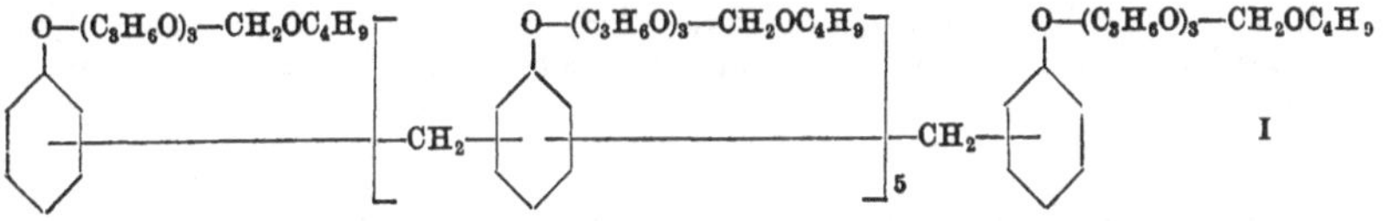
I

in Toluol in Ggw. saurer Katalysatoren, zur Rk. gebracht, bzw. durch weitere Kondensation verbunden, z. B. zu Verbb. der Formel I. Reaktionstemp. 80—135°. — Lacke, Klebmittel, Kunststoffe, Emulgatoren, Plastifiziermittel u. Zwischenprodukte. — Mengenbeispiele. (**A. P. 2 705 704** vom 3/10. 1952, ausg. 5/4. 1955.) H. SCHINDLER. 7177

Badische Anilin- & Soda-Fabrik Akt.-Ges., Ludwigshafen/Rh. (Erfinder: **Wolfgang Schmidt**, Neustadt, Haardt, und **Konrad Jost**, Lützelsachsen a. d. Bergstraße), *Herstellung von hochschmelzenden linearen Polyestern* aus aromat. Dicarbonsäuren u. Diolen oder Estern dieser Stoffe, dad. gek., daß man die Kondensation bei F. ca. 150 bis 200° für die Kondensationsprodd. unterbricht, die Schmelze im Strom eines indifferenten Gases oder Dampfes oder im Vakuum versprüht oder sonstwie pulvert oder granuliert u. das zerkleinerte Prod. in einem lebhaften indifferenten Gas- oder Dampfstrom bei langsam steigender, aber unter dem F. bleibenden Temp. in bewegter Schicht, z. B. Wirbelschicht, behandelt, bis der gewünschte Polykondensationsgrad erreicht ist. Als Ausgangsstoffe sind im Ausführungsbeispiel Terephthalsäure- u. Äthylenglykol genannt. (**D. B. P. 930 231** Kl. 39c vom 24/7. 1952, ausg. 11/7. 1955. Anmeldung bekanntgemacht 20/1. 1955.) H. SCHINDLER. 7177

E. I. du Pont de Nemours & Co., Wilmington, Del., übert. von: **Algernon P. Guess** und **William B. McCaskill**, Camden, S. C., V. St. A., *Kontinuierliche Polymerisation von Acrylnitril* wird zwecks Erzielung eines einheitlichen Mol.-Gew. unter Aufrechterhaltung bestimmter Monomerenmengen, Katalysator ($K_2S_2O_8$) u. Aktivator (Na-Metabisulfit) bei 20—75° u. p_H 2,75—3,75 durchgeführt. 30—300 Min. nach Beginn der Rk. wird der Katalysator u. Aktivatorzufluß um 10—40% erhöht. Das Prod. wird durch Überlauf entfernt u. hat eine Grenzviscosität von 1,81—1,89. — Mengenbeispiele. (**A. P. 2 693 462** vom 27/6. 1951, ausg. 2/11. 1954.) H. SCHINDLER. 7181

Farbenfabriken Bayer Akt.-Ges., Leverkusen (Erfinder: **Emil Hubert †**, Dessau, **Paul Schlack**, Bobingen, und **Hermann Ludewig**, Jeßnitz, Anh.), *Herstellung von linearen Polykondensationsprodukten*, dad. gek., daß Urethan-N-Carbonsäuren mit einer Kette von mindestens 5 C-Atomen zwischen der Carboxyl- u. der Carbamidsäureestergruppe oder Bis-carboamidsäurealkylester mit einer Kette von mindestens 2 C-Atomen zwischen den Carbamidsäureestergruppen mit Diolen u. gegebenenfalls noch mit anderen, mit den Carbamidsäureestergruppen kondensationsfähigen Verbb., wie Diaminen u./oder Dicarbonsäuren, unter kondensierenden Bedingungen erhitzt werden. Als Ausgangsstoffe sind z. B. genannt: Urethylan-N-δ-pelargonsäure u. Hexandiol (I) u./oder 1.6-Hexamethylendiamin u. Oktamethylen-N.N'-diurethylan u. I u. Phenol u. I. Harte Kunststoffe, die versponnen werden können. (**D. B. P. 929 578** Kl. 39c vom 6/8. 1942, ausg. 4/7. 1955. Anmeldung bekanntgemacht 9/12. 1954.) H. SCHINDLER. 7181

Jack Jousset, Matières plastiques. 2 vol. Paris: Dunod. 1955. (Abb.) 16. fr. 480,— je Band.

XII. Kautschuk. Guttapercha. Balata.

W. Je. Gul und **A. G. Schwarz**, *Der Einfluß zwischenmolekularer Wechselwirkungen auf die Kinetik der Kautschukquellung.* Die Kinetik der Quellung von Kautschuk ist wesentlich bedingt durch Intensität u. Charakter der mol. Wechselwrkg. mit dem Lösungsmittel. Die Quellungsdauer, gemessen bis zur Erreichung des weiteren geradlinigen Verlaufes, ist am größten in Methanol, geringer in A. u. am geringsten in Methyläthylketon. Sie ist weiter abhängig von der D. der spezif. Kohäsionsenergie. Je geringer diejenige des Lösungsm. ist, desto größer ist die Quellungsgeschwindigkeit. Letztere wird durch Temperaturerhöhung beschleunigt. (Коллоидный Журнал [Kolloid-J.] **17**. 24—30. Jan./Febr. 1955. Moskau, Inst. für chem. Feintechnol.) J. v. SCHROEDER. 7220

E. R. Beaufils, *Untersuchungen über die Variation der Mineralbestandteile der Blätter und des Latex von Hevea brasiliensis.* Es wurde festgestellt, daß die Variationen der Mineralbestandteile der Blätter meist zueinander in Beziehung stehen. So wurden z. B. die N/K- u. die K/P-Werte durch natürliche vegetative Faktoren wenig beeinflußt, wohl aber durch Mineralstoffmangel. Die Blattdiagnose erscheint somit zur Beurteilung des Düngerbedarfs von Heveakulturen geeignet. Außerdem wurde beobachtet, daß Beziehungen zwischen dem Mineralstoffgeh. der Blätter u. dem des Latex bestehen. So entspricht z. B. einer Verminderung des K/Ca-Verhältnisses der Blätter eine Erhöhung des Geh. des Latex an Mg, was von besonderer prakt. Bedeutung ist, da Zunahme des Mg-Geh. Abnahme der Stabilität des Latex bewirkt. (Rev. gén. Caoutchouc **32.** 323—31. April 1955. Laikhe, Süd-Vietnam, Inst. des Recherches sur le Caoutchouc en Indochine.) M. Winiker. 7222

M. E. Conroy, F. J. Honn, L. E. Robb und **D. R. Wolf,** *Kel-F-Elastomer. Eigenschaften, Mischung, Vulkanisation und Herstellung.* Bericht über ein neu entwickeltes kautschukelast. Prod. auf Basis eines gesätt. fluorhaltigen Polymerisats mit CH_2-Gruppen, die die Beweglichkeit der Kette verursachen. Das Material bleibt bis -40^0 amorph, ergibt aber bei 300% Dehnung ein typ. Faserdiagramm. Bis 227^0 tritt keine therm. Zers. ein. Die Verarbeitungseigg. entsprechen etwa denen von n. Kautschuk. Mit Hilfe von organ. Peroxyden, Polyisocyanaten, Polyaminen u. Isocyanat–Amin-Kombinationen kann dieses Prod. bei höheren Tempp. vulkanisiert werden u. erreicht dadurch höhere Festigkeitswerte u. bessere Lösungsmittelbeständigkeit. Das Elastomere kann durch Füllstoffe u. Weichmacher (z. B. niedermol. Polyisobutylen oder Polytrifluorchloräthylen) modifiziert werden. Die physikal. Eigg. dieser Vulkanisate, ihre chem. Beständigkeit gegenüber einer Reihe aggressiver Verbb., die therm., elektr. u. Tieftemperatureigg. sowie die Herstellungsmethoden u. Anwendungsgebiete werden ausführlich besprochen. (Rubber Age [New York] **76.** 543—50. Jan. 1955. Jersey City, N. J., M. W. Kellogg Co.) R. Schäff. 7224

H. Falguières, *Rumänischer Gasruß.* Kurzer Bericht über günstige Erfahrungen mit rumän. Gasrußsorten (*Furnal R-250* u. *R-300*) bei der Herst. von Gummiartikeln. (Rev. gén. Caoutschouc **32.** 320—21. April 1955.) M. Winiker. 7226

Jean Duval, *Spaltneigung (von Formartikeln).* Bei der Herst. von Formartikeln aus Kautschuk zeigt das Materialgefüge während der Vulkanisation oder im Augenblick des Öffnens der Form häufig Neigung zur Bldg. von Spalten (croquage). Zur Verhütung dieser Risse müssen alle Ursachen eines inneren Überdrucks (z. B. zu hohe Temp., zu viel an Mischung, Feuchtigkeit der Mischung, leichtflüchtige Mischungsbestandteile usw.) vermieden werden. (Rev. gén. Caoutchouc **32.** 318—19. April 1955.) M. Winiker. 7230

Standard Oil Development Co., übert. von: **William R. Lewis, Wilmer L. Bird** und **Leon B. Page,** Baton Rouge, La., V. St. A., *Herstellen von Butylkautschuk mit guter Vulkanisierbarkeit.* Nach der üblichen Lösungsmischpolymerisation wird das Reaktionsgemisch unter starkem Rühren in W. von 60^0 gegeben, das eine Al-, Zn-, Mg-, Ca-, Sr- oder Ba-Seife enthält u. auf einen p_H-Wert von 4,5—6,5 eingestellt ist. Bevorzugt wird Zn-Stearat. Abscheidung des Kautschuks wie üblich. (**A. P. 2 688 004** vom 30/10. 1951, ausg. 31/8. 1954.) W. Overbeck. 7225

Sharples Chemicals, Inc., Philadelphia, Pa. (Erfinder: **John Frank Olin,** Grosse Ile, und **John Littell Eaton,** Trenton, Mich.), V. St. A., *Mercaptane* $(R_1, R_2)C(SH)—CH(R_3, R_4)$ erhält man durch Anlagerung von H_2S an peroxydfreie Olefine $(R_1, R_2)\cdot C{=}C(R_3, R_4)$ $(R_1, R_2, R_3, R_4 =$ gleiche oder verschied. Alkyle, Aryle, Cycloalkyle oder heterocycl. Reste, R_1 u. R_2 nicht gleichzeitig H) mit 8—20 C-Atomen, in fl. Phase unter 100^0, bes. unter 50^0, in Ggw. von HF, BF_3, $AlCl_3$, $BeCl_2$, $ZnCl_2$, BCl_3, PF_5, AsF_3, $SnCl_4$, $TiCl_4$, SbP_5 oder H_2SO_4 + HCl oder HF. — Aus Triisobutylen + H_2S in Ggw. von HF bei 18—23^0 → *Dodecylmercaptan* neben Butylmercaptan. — Umwandlungsgrad 91,5%. Verwendung zur Lenkung von Butadien-1.3-polymerisationen, zur Herst. synthet. Elastomerer. (**D. B. P. 904 528** Kl. 12o vom 1/1. 1949, ausg. 18/2. 1954. Anmeldung bekanntgemacht 14/12. 1950. A. Prior. 20/1. 1943.) G. Krauss. 7225

Badische Anilin- & Soda-Fabrik Akt.-Ges., Ludwigshafen/Rh. (Erfinder: **Hans-Werner Kunth,** Hann. Münden), *Farbpasten zum Färben von Kautschuk und Kunststoffen,* bestehend aus einer Mischung von organ. oder anorgan. Farbstoffen u. Wollfett, bes. solchem mit 2—3(%) freier Fettsäure, 0,1—0,2 W. u. 0,01—0,04 Asche, einer D. 0,96, einem F. ca. 40^0 u. einem Flammpunkt von ca. 240^0. (**D. B. P. 930 654** Kl. 39b vom 4/9. 1951, ausg. 21/7. 1955. Anmeldung bekanntgemacht 30/12. 1954.) W. Overbeck. 7227

Dunlop Rubber Co. Ltd., London (Erfinder: **Roy Hickson,** Sutton Coldfield), England, *Herstellen eines verstärkten Kautschukgegenstandes,* dad. gek., daß vulkanisierbarem, natürlichem oder synthet. Kautschuk Humussäure, ein eine Methylengruppe abspaltendes Mittel, bes. Hexamethylentetramin oder ein CH_2O-Polymerisat, u. eine Polyvinylverb. zugemischt, die Mischung auf die zur Rk. der Humussäure mit dem die Methylengruppe abspaltenden Mittel erforderliche Temp., bes. unter gleichzeitigem Durcharbeiten, erwärmt u. geformt u. vulkanisiert wird. Es kann auch eine wss. Dispersion bzw. Lsg. der Komponenten hergestellt u. mit Säure ausgefällt werden. (**D. B. P. 930 230** Kl. 39b vom 28/2. 1953, ausg. 11/7. 1955. Anmeldung bekanntgemacht 13/1. 1955.) W. Overbeck. 7231

Phoenix Gummiwerke Akt.-Ges. (Erfinder: **Walter Stegemann** und **Gottfried Reuter**), Hamburg-Harburg, *Verbinden von unvulkanisiertem oder vulkanisiertem Kautschuk und kondensierten oder nichtkondensierten Kunststoffen* miteinander oder mit festen Körpern, dad. gek., daß die Berührungsflächen mit Lsgg. von aliphat. Mono- oder Polyazoverbb., z. B. Bis-azodicarbonsäureester, behandelt werden. Zusätzlich kann eine Behandlung mit Di- oder Polyisocyanaten erfolgen. (**D. B. P. 930 655** Kl. 39b vom 10/6. 1953, ausg. 21/7. 1955. Anmeldung bekanntgemacht 30/12. 1954.) W. Overbeck. 7231

Clemens A. Voigt, Höhr-Grenzhausen, *Befestigen von Kautschukkörpern auf glatten, starren Teilen* aus bes. Metall, Holz oder Glas, dad. gek., daß auf den starren Teil eine Schicht aus kautschukfreiem, nichtausgehärtetem Kunstharz, bes. Phenol-Aldehyd-Harz, aufgetragen wird, in einer Preßform auf die so vorbereitete Unterlage Altkautschukstaub, bes. Altkautschukfaserstaub, aufgebracht u. unter Druck u. Hitze verpreßt wird. (**D. B. P. 930 120** Kl. 39b vom 26/2. 1941, ausg. 11/7. 1955. Anmeldung bekanntgemacht 20/1. 1955.) W. Overbeck. 7231

Carl Freudenberg K.-G. auf Aktien (Erfinder: **Carl-Ludwig Nottebohm**), Weinheim/Bergstraße, *Herstellen poröser saugfähiger Flächengebilde*, dad. gek., daß ein aus krempelbaren Fasern bestehendes Wirrfaservlies einer in $\geqq$ 2 Stufen durchgeführten Imprägnierung mit filmbildenden Verklebungsmitteln in wss. Phase unterworfen wird, wobei nach der 1. Imprägnierung, bei der nur eine Teilmenge des erforderlichen Imprägnierungsmaterials in das Faservlies eingeführt wird, das Gebilde einer koagulierenden u. vulkanisierenden Behandlung unterworfen wird u. in dieses Zwischenprod. bes. wasserlösl. Porenbildner, bes. anorgan. Salze u./oder organ. Stoffe, u. das restliche Imprägniermittel eingeführt werden, worauf das Gebilde einer Trockenbehandlung u. nochmaligen Vulkanisierung unterworfen u. anschließend der Porenbildner entfernt u. das Gebilde getrocknet wird. Als Zwischenbehandlung kann eine Behandlung mit konz. Porenbildnerlsg. erfolgen, die auch noch ungelöste Anteile enthalten kann. Als Verklebungsmittel dienen Natur- oder Kunstkautschuk oder vulkanisierbare Kunstharze. Die Dispersionen können auch als fließfähiger Schaum zur Anwendung kommen. (**D. B. P. 930 119** Kl. 39b vom 2/10. 1948, ausg. 11/7. 1955. Anmeldung bekanntgemacht 20/1. 1955.) W. Overbeck. 7231

Franz Jakubeit, Willi Maur und **Hans Heiner**, Aachen, *Bodenbelag*, bestehend aus Magnesit, granuliertem Gummireifenabfall u. $MgCl_2$-Lsg., gegebenenfalls mit einem Zusatz von Asbestfasern, Papiermehl, Holzmehl, Talkum, SiO_2-Mehl oder dergleichen. (**E. P. 721 650** vom 5/11. 1952, ausg. 12/1. 1955. D. Priorr. 5/11. 1951, 2/1. u. 26/1. 1952.) H. Möllering. 7231

XIII. Ätherische Öle. Parfümerie. Kosmetik.

Yves-René Naves und **Pierre Ardizio**, *Über das Muhuhu-Öl* (*Brachyleana Hutchinsii Hutch.*) *aus Ostafrika*. Das aus dem Holze der Composite *Muhuhu*-Baum, *Brachyleana Hutchinsii Hutch.*, mit Wasserdampf dest. äther. Öl von einem an Ceder u. Vetiver (mittlere Fraktionen) erinnernden Geruch u. einer dem Sandelholzöl ähnlichen Viscosität hatte $D.^{20}$ 0,9804, $[\alpha]_D$ $-0{,}80^0$, $n_D{}^{20}$ 1,5133, SZ. 2,8, EZ. 19,6, Alkohole als $C_{15}H_{24}O$ durch Acetylierung 53,1(%), desgleichen in Pyridin 32,0, durch Phthalisierung 24,8, Aldehyde u. Ketone als $C_{15}H_{22}O$ durch Oximierung 22,6. Fast die Hälfte der Alkohole war tert., Phenole waren nur in geringen Mengen Methyl- u. Äthylester u. -äther nicht vorhanden. Bei der Fraktionierung wurden zunächst bis $+31{,}7^0$ drehende Anteile von Sesquiterpenen u. oximbildenden Körpern erhalten, dann solche mit $-4{,}8$ bis $-16{,}8^0$, die aus Alkoholen u. teilweise oximbildenden Körpern bestanden. (Perfum. essent. Oil Rec. **46**. 46—47. Febr. 1955. Vernier-Genf, L. Givaudan & Cie., S. A.) H. Mühlmeister. 7262

Yovan Tucakov, *Beitrag zur Kenntnis und Bestimmung des ätherischen Öls von Artemisia annua L.* (*compositae*). Die in Serbien in großen Mengen wildwachsende Composite *Artemisia annua L.* wurde mit Wasserdampf destilliert. Die Ausbeute an äther. Öl aus frischen Pflanzen war kurz vor der Blüte am höchsten u. betrug ca. 1%, nach der Blüte fällt sie schnell ab. Beim Trocknen geht viel Öl verloren. Es ist wegen seines angenhmen, frischen, balsam., an Basilikum erinnernden Geruchs für Seifen u. Kosmetica gut brauchbar u. hat $D.^{15}$ 0,8915, $n_D{}^{20}$ 1,4693—1,4706, $[\alpha]_D{}^{20}$ $5^0 40'-7^0 35'$, SZ. 0,55—1,60, EZ. 10,18—11,10, EZ. nach Acetylierung 41,86—52,0, VZ. 10,60—12,70, ist lösl. in 0,90—0,95 Voll. 80%ig. A., in 70%ig. A. opalisierend. (Perfum. essent. Oil Rec. **46**. 75—78. März 1955. Belgrad, Univ.) H. Mühlmeister. 7262

Kurt Weigel, *Organo-siliciumhaltige Haarfärbemittel.* Die Verwendung von *Na-Methylsiliconat* (MS 10 oder N/M-Siliconat) an Stelle von NH_3, auch zusammen mit ihm, bewirkt bessere Farbstabilität u. eine Haarverfestigung durch Ablagerung von Alkylkieselsäure. Wegen seiner Geruchlosigkeit ist einwandfreie Parfümierung möglich, Reizerscheinungen werden vermieden, eine schnelle Oxydation bei der Lagerung der Präpp. verhindert. (Parfümerie u. Kosmet. **36.** 13—14. Jan. 1955.)
H. MÜHLMEISTER. 7284

A. F. Poljakow und **N. A. Turyschewa,** *Die Bestimmung des Linalools nach der Methode der Dehydratation in einer zugeschmolzenen Ampulle.* In eine abgewogene Ampulle werden 1—2 Tropfen 50%ig. H_2SO_4 u. darauf 1—2 g getrocknetes u. filtriertes Linalool bzw. Corianderöl gebracht. Die Ampulle wird zugeschmolzen u. in einem Ölbad auf 150° erhitzt, die Temp. bis zur Beendigung der Dehydratation (15—20 Min.) auf 200° gesteigert. Hierauf wird die Ampulle herausgenommen, abgekühlt, zentrifugiert u. geöffnet. Der Inhalt wird in ein mit einer geeichten Capillare versehenes Gefäß gebracht u. nochmals zentrifugiert. Auf Grund von Vff. entwickelten Gleichungen kann nach der Höhe der Wassersäule in der Capillare der Geh. an Linalool bestimmt werden. Genauigkeit 0,57—1,5%, je nach dem Ausgangsstoff. (Маслобойно-Жировая Промышленность [Öl- u. Fett-Ind.] **20.** Nr. 3. 23—25. 1955. Krasnodar, Inst. für Lebensmittelind.)
R. RICHTER. 7286

Hans Schwarzkopf, Deutschland, *Herstellung von Haarfärbemitteln.* Sie sind fest, fl. oder pastenartig u. enthalten eine färbende aromat. Base, Phenole u. ihre Derivv., Netzmittel, H_2O_2, A., Polyalkohole, Fett- u. analoge Substanzen u. außerdem Substanzen, welche im fl. Zustand NH_4-, PO_4- oder CO_3-Ionen entwickeln. Ein fl. Haarfärbemittel zum Blondfärben erhält man z. B. dadurch, daß man 100 (Teilen) eines fl. Prod., welches aus W., ca. 10% Seife oder einer analogen Substanz u. Glycerin besteht, 0,5 p-Toluylendiamin, 0,1 Resorcin, 0,3 Pikraminsäure, 1 Na_2CO_3, 0,5 $(NH_4)_2CO_3$ u. 0,3 Na_2HPO_4 einverleibt. Das Ganze stellt man mittels NH_4OH auf ein p_H von ca. 10 ein. Bei Gebrauch vermischt man 40 Teile des Haarfärbemittels mit 3 ca. 33%ig. H_2O_2. (**F. P. 1 070 766** vom 11/2. 1953, ausg. 12/8. 1954. D. Prior. 11/2. 1952.) T. OPPERMANN. 7285

Soc. An. Monsavon-l'Oréal, Seine, Frankreich, *Herstellung von cremeförmigen Präparaten,* bes. zu kosmet. Zwecken. Als Verdickungsmittel dienen Reaktionsprodd. von Basen mit akt. Kationen mit Säuren mit akt. Anionen. Zu ersteren gehören höhermol. organ. Verbb. mit N, S, P, O; zu letzteren Fettsäuren, saure Sulfate von Alkoholen, Alkylarylsulfonsäuren, Sulfonsäuren von Paraffin- u. Taurinverbb. u. Sarkosinabkömmlinge. Die Viscosität der Prodd. wird durch Zusatz von W. erhöht. Es werden 284 (Teile) Stearinsäure mit 667 Distearylamid des Dioxydiäthylentriamins bis zur völligen Klärung verschmolzen. Eine Dauerwellencreme besteht aus 6 dieses Verdickungsmittels, 0,25 Borax, 3 „Karion-MERCK" (Sorbitlsg.) u. 60 W., wozu nach Erkalten auf 30° die gewünschte Menge Ammoniumthioglykolat u. NH_3 zugesetzt wird. (**F. P. 1 068 586** vom 24/12. 1952, ausg. 28/6. 1954. D. Prior. 3/1. 1952.) G. WELTZIEN. 7285

Badische Anilin- & Soda-Fabrik, Deutschland, *Kosmetische und pharmazeutische Produkte in fester Form.* Man benutzt höhermol. Polyglykoläther mit anästhesierenden Eigg., welche im aliphat. Rest 8—14 C-Atome u. auf 4 C-Atome ca. 3 Gruppen C_2H_4O oder Derivv. derselben enthalten. Die Äther können auch cycl. Reste, bes. aromat. oder cycloaliphat., die durch aliphat. Reste mit 6—14 C-Atomen substituiert sind, u. so viel C_2H_4O-Gruppen enthalten, daß auf 1 C-Atom des aliphat. Restes oder des längsten aliphat. Restes wenigstens 1 C_2H_4O-Gruppe kommt. Für einen wärmebeständigen *Lippenstift* erhitzt man eine Mischung aus 25 (Teilen) Bienenwachs, 25 Walrat, 25 Paraffinöl u. 5 des Reaktionsprod. von 8—10 Mol/g Äthylenoxyd mit 1 der Alkoholmischung aus Cocosfettsäuren. (**F. P. 1 070 144** vom 28/1. 1953, ausg. 19/7. 1954. D. Priorr. 9/2. u. 29/8. 1952.)
G. WELTZIEN. 7285

XIV. Zucker. Kohlenhydrate. Stärke.

N. P. Ssilina, *Bestimmung von Nichtzuckern im gelben Streuzucker und Auswahl der Reinigungsmethode.* Zwecks Klärung der Rolle der Occlusion bei den Verunreinigungen des gelben Zuckers wurde dieser wiederholt mit einer gesätt. Lsg. von chem. reiner Saccharose im Verhältnis 1:1 affiniert u. auf die elektr. Leitfähigkeit (10 g Zucker in 100 ml wss. Lsg.) untersucht. Sie war ca. 6mal größer wie bei der Lsg. von weißem Sandzucker. Aus den Ergebnissen ist zu schließen, daß der überwiegende Teil der Nichtzucker sich auf der Kristalloberfläche im Häutchen der Mutterlsg. befindet u. daß hier auch die meisten gefärbten Stoffe konz. sind. (Сахарная Промышленность [Zucker-Ind.] **29.** Nr. 3. 17—19. 1955. Moskau, Technol. Inst. für Lebensmittelind.)
A. ECKE. 7416

S. V. Parthasarathy, *Zuckerrohr im Staate Madras.* Nächst dem Anbau geeigneter Sorten spielt die Düngung bes. mit N eine große Rolle bei der Steigerung der Erträge. Eine Verteilung der N-Düngung auf 2 Gaben wurde als vorteilhaft erkannt. Bewässerung, Bodenbearbeitung, Bekämpfung von Pflanzenkrankheiten werden erörtert. Die Wrkg. der N-Düngung auf die Zus. des Saftes wird besprochen. (Madras agric. J. **42.** 3—13. Jan. 1955. Gudiyattam.) A. JACOB. 7440

—, *Gewinnung von Bagasse zur Papierherstellung. Thermische Betrachtungen.* (Vortrag — Kurzbericht.) Es wird über rationelle Methoden bei der Entfernung von Saftresten aus Bagasse mittels durch Verheizung von Bagasse erzeugtem überhitzten Dampf berichtet, die es ermöglichen, einen Teil der Bagasse zur Papierherst. zu erhalten. Durch niedrigen Wassergeh. (12%) der Bagasse, niedrige Temp. (205°) der Abgase u. Verwendung eines Luftvorwärmers lassen sich bis zu 35% mehr Bagasse gewinnen. (Int. Sugar J. **57.** 132—35. Mai 1955. Cellulose Developm. Corp. Ltd., u. John Thompson Water Tube Boilers Ltd.) P. FAHRNLAENDER. 7440

F. J. Simpson, *Die Trennung von Stärke und Kleber.* 7. Mitt. *Die Anwendung bakterieller Pentosanasen zur Gewinnung von Stärke aus Weizenmehlen.* (6. vgl. ADAMS, C. **1952.** 3096.) Extracellular in Kulturen von *Bacillus licheniformis, B. polymyxa, B. pumilus* u. *B. subtilis* produzierte Pentosanasen können zur Hydrolyse der die Weizenstärke verunreinigenden Pentosane verwendet werden. Die Enzyme werden der Stärkemilch nach der Entfernung des Klebers zugesetzt (ca. 1,5 Vol.-% Enzym), dadurch wird die Absetzgeschwindigkeit erhöht, die Stärkeausbeute steigt von 76 auf 87%, der Pentosan- u. Proteingeh. des Fertigprod. wird herabgesetzt. Durch Waschen der Stärke bei p_H-Werten unter 4,5 oder über 8,5 werden die Pentosanasen inaktiviert. (Canad. J. Technol. **33.** 33—40. Jan. 1955. Saskatoon, Saskatchewan, Can., Nat. Res. Council of Canada, Prairie Reg. Labor.) H. ROSSOW. 7448

Kodak Ltd., London, England (Erfinder: **Marcel Marie Bertrand Arribat,** Vincennes, Frankreich), *Kontinuierliche Schaumtrennung,* z. B. zur Entfernung der Proteine aus *Zuckersaft.* Die zu reinigende Lsg. wird kontinuierlich in den unteren Teil einer zylindr. Röhre, in die durch eine poröse, im Boden angeordnete Platte Gas (Luft) gepreßt wird, ein- u. die gereinigte Lsg. nach der Bodenplatte abgezogen. Die Verunreinigungen werden mit dem entstehenden Schaum nach oben getragen. — Abbildungen. (**E. P. 688 547** vom 1/2. 1950, ausg. 11/3. 1953.) O. STEIL. 7413

Sharples Corp., Del., übert. von: **Donald W. Collier,** Philadelphia, Pa., V. St. A. *Melassereinigung.* Melasse wird im Mehrstufen-Gegenstromverf. mit Austauscherharz behandelt. Das Harz wandert dabei im Gegenstrom zur Melasse durch die Behälterreihe durch. Nach diesem Verf. können sowohl Anionen als auch Kationen oder auch beide ausgetauscht werden; bes. können ausgesuchte Ionengruppen, z. B. die organ. Säuren, wie Aconitsäure, gewonnen werden. — Abbildungen. (**A. P. 2 697 724** vom 15/3. 1950, ausg. 21/12. 1954.) A. GRADL. 7419

Herbert Fricke, Wellentrup, Lippe, *Verringerung bzw. Beseitigung des Eiweißgehaltes von Rohmilchzucker* (I), dad. gek., daß der in üblicher Weise gewonnene I mit W. angesetzt, dann H_2O_2 zugegeben u. nach einiger Zeit abgeschleudert wird. Mindesteiweißgeh. 0,8%. (**D. B. P. 920 600** Kl. 89i vom 24/5. 1953, ausg. 11/7. 1955. Anmeldung bekanntgemacht 22/4. 1954.) H. SCHINDLER. 7445

—, Technologie des Zuckers. Hrsg. vom Verein d. Zuckerindustrie. Bearb. von **Dietrich Becker, Brunolf Brukner** u. a. Hannover: Schaper. 1955. (XX + 781 S. m. 264 Abb.) 8°. DM 90,—.

XV. Gärungsindustrie.

Richard Levinge und **P. W. R. Jolley,** *Trocknen von Gerste in tiefen Silos mit bewegter warmer Luft.* Malzgerste bis 23% Feuchtigkeit läßt sich in tiefen Silos mit Vorteil durch Warmluftheizung trocknen. Es werden Verss. beschrieben, aus denen folgt, daß Trocknung ohne Zerstörung der Keimfähigkeit u. ohne Malzverluste möglich ist. (J. Inst. Brewing **61** ([N. S.] **52**). 7—18. Jan./Febr. 1955. Dublin, St. James's Gate Brewery; Cheadle Heath, Stockport, Simon Handling Eng. Ltd.) J. MILLER. 7540

H. O. Askew und **R. J. Monk,** *Eine inverse Beziehung zwischen Harz- und Zuckerbestandteilen von Hopfenzapfen.* In getrockneten Hopfenzapfen von 46 Proben 17 verschied. Arten wurde statist. eine auffallende negative Beziehung zwischen dem Geh. an *Glucose, Fructose* u. total reduzierendem Zucker einerseits u. α-Harz u. total in Ae. lösl. Bestandteilen andererseits festgestellt. Man findet hohen Zuckergeh. zusammen mit geringem Harzgehalt. Die Beziehung variiert bei verschied. Arten, bleibt jedoch bei einer Art während verschied. Jahre konstant. (J. Inst. Brewing **61** ([N. S.] **52**). 32—39. Jan./Febr. 1955. Nelson, New Zealand, Cawthron Inst.) J. MILLER. 7540

B. Drews und **H. Specht**, *Zur Ermittlung der amylolytischen Kraft von Verzuckerungsstoffen, insbesondere von Pilzdiastasepräparaten.* 3. Mitt. (2. vgl. C. **1954.** 11564.) Vff. stellten fest, daß die Ergebnisse des Verf. von SANDSTEDT, KNEEN u. BLISH (Cereal Chem. **16.** [1939.] 712), modifiziert von OLSON, EVANS u. DICKSON (Cereal Chem. **21.** [1944.] 533 u. **24.** [1947.] 299) zur Best. der α-Amylase (**I**)-Aktivität von der zur Vorverdauung verwendeten β-Amylase beeinflußt werden. Zur Best. der I-Einheiten im Malz ist die Meth. geeignet, wobei zu bemerken ist, daß hohe Werte für die diastat. Kraft (nach WINDISCH-KOLBACH) nicht immer hohen **I**-Einheiten entsprechen. **I**-Einheiten, die nach dieser Meth. ermittelt wurden, waren im Vgl. zu denen von Brennereimalzen bis zu 20fach höher. Bei hoher **I**-Aktivität waren die Dextrinierungswerte der Pilzkleien nicht mehr mit den **I**-Einheiten in Übereinstimmung zu bringen. (Branntweinwirtschaft **76.** 194—96. 25/5. 1954; Brauerei, wiss. Beilage **7.** 78—81. Juli 1954.) M. WINIKER. 7594

R. G. Ault, E. J. Hudson und **A. G. R. Whitehouse**, *Bestimmung von Kupfer in Hopfen und Bier.* Vff. geben eine schnelle u. bequeme Meth. zur Best. von *Cu* bekannt, welche die Zerstörung der organ. Verbb. durch nasse Oxydation mit konz. Säuren oder durch Veraschen vermeidet. Nach Behandlung mit saurer $KMnO_4$-Lsg. wird *Cu* als gefärbter Komplex von *Na-Diäthyldithiocarbamat* erfaßt u. mit einer CCl_4–*A.*-Mischung extrahiert. Der *Cu*-Geh. wird opt. mit Vergleichslsgg. bestimmt. Die Verteilung von *Cu* im Hopfen wird diskutiert u. die Schwierigkeit der Probenahme betont. (J. Inst. Brewing **61** ([N. S.] **52**). 39—43. Jan./Febr. 1955. Birmingham, Cape Hill Brewery.)

———

J. MILLER. 7600

Hefe-Patent G. m. b. H., Berlin (Erfinder: **Karl Bruno**, Wien), *Fördernde oder hemmende Beeinflussung des Lebens von Bakterien oder pflanzlichen Zellen*, dad. gek., daß die zu behandelnden Stoffe der von einer geeigneten Quelle, z. B. einer therm. oder chem. oder elektr. Ionisierungsquelle ausgehenden Strömung kleinster Elektrizitätsträger oder elektr. Körperchen ausgesetzt werden, die durch ein elektr. Feld aus der Quelle herausgetrieben u. durch dieses Feld so beschleunigt werden, daß sie mit einer gewissen Geschwindigkeit auf die zu beeinflussenden Stoffe auftreffen, u. zwar der positiven Strömung zur Förderung des Wachstums u. der negativen zur Hemmung oder Abtötung der Zellen. (**D. B. P. 909 324** Kl. 6a vom 14/4. 1937, ausg. 15/4. 1954. Anmeldung bekanntgemacht 10/11. 1938.) J. KETTNER. 7501

Phrix-Werke Akt.-Ges., Hamburg (Erfinder: **Otto Moldenhauer**, Hamburg, und **Richard Lechner**, Tornesch), *Kontinuierliche Vergärung von kohlenhydrathaltigen Flüssigkeiten* auf A. unter Rückführung der Hefe, dad. gek., daß die Hefekonz., die bereits zu Beginn des Verf. im Gebiet der cellulären Sättigung liegt, mit fortschreitender Vergärung erhöht wird. (**D. B. P. 932 302** Kl. 6b vom 22/12. 1950, ausg. 29/8. 1955. Anmeldung bekanntgemacht 14/2. 1952.) J. KETTNER. 7511

Uddeholms Aktiebolag, Uddeholm, Schweden (Erfinder: **A. I. Hedlund** und **L. G. Anderson**), *Vergärung kohlenhydrathaltiger Flüssigkeiten mittels butanolbildender Bakterien.* Als organ. Stickstoffquelle für Butanolgärungen mittels Clostridium butyricum wird ein Autolysat von Bakterien derselben Art verwendet. Ein solcher Zusatz ist bes. bei Verwendung von Rohrzucker, Kartoffelmehl oder Holzzucker als Ausgangsmaterial vorgesehen. (**Schwed. P. 141 629** vom 29/12. 1948, ausg. 18/8. 1953.)

———

K. H. KÄHLER. 7579

Hermann Kretzschmar, Hefe und Alkohol sowie andere Gärungsprodukte. Berlin, Göttingen, Heidelberg: Springer. 1955. (XV + 648 S. m. 176 Abb. u. 3 Taf.) 8°. DM 66,—.

XVI. Nahrungs-, Genuß- und Futtermittel.

W. Dierchen, *Verpackungsprobleme für Dauerbackwaren.* Anforderungen, die an das Verpackungsmaterial für Dauerbackwaren gestellt werden müssen, um langfristige Qualitätserhaltung zu sichern. Eigg. der üblichen Packstoffe. (Brot u. Gebäck **8.** 85—87. Juni 1954. Detmold, Bundesforschungsanst. für Getreideverarb.) M. W. ROTHE. 7630

Finn Jakobsen, *Bemerkungen zum Verfahrensverlauf.* Angabe von Berechnungsmethoden für den zeitlichen u. räumlichen Verlauf der Tempp. bei der Sterilisierung von Lebensmitteln in Abhängigkeit von den durch die App. gegebenen Bedingungen. (Food Res. **19.** 66—79. Jan./Febr. 1954. Malmö, Schweden.) W. BLAUHUT. 7634

G. B. Mohanty und **A. B. Roy**, *Hydrolysiertes Fischeiweiß aus dem Fleisch von Fischabfällen.* Vff. geben ein Verf. zur Gewinnung von Eiweiß aus Fischabfällen an. Ihre vorläufigen Unterss. erstrecken sich auf die Verarbeitung von Haifisch- u. Rochenfleisch. Eiweißgeh. 85%. Es ist leicht lösl. in Wasser. Ausbeute ca. 10% vom Rohmaterial. Das Prod. läßt sich in der Farben-, Leder-, Kunststoff- u. Reyonfaserindustrie verwenden u. ist bes. geeignet zur Bekämpfung der Unterernährung. Das Prod. ist klin. erprobt worden. (Science [Washington] **121**. 41—42. 7/1. 1955. Orissa, Indian, Dep. of fisheries.) K. HEYNS. 7646

B. Wurzschmitt, *Verwendung von Chemikalien in der Lebensmittelindustrie unter dem Gesichtspunkt der Krebsbekämpfung.* Vf. fordert, daß die Verwendung von Chemikalien in der Lebensmittelindustrie der Genehmigung des Gesetzgebers bedarf. Voraussetzung der Anwendung ist der Nachw. wirtschaftlicher Bedeutung, der sicheren techn. Wrkg., sowie der im Tiervers. gesicherten gesundheitlichen Unbedenklichkeit. Diskussion über die wichtigsten heute in Deutschland gebräuchlichen Lebensmittelzusätze. (Strahlentherapie **96**. 250—58. Febr. 1955. Ludwigshafen/Rh., Badische Anilin- u. Sodafabrik AG. Unters.-Labor.) K. PFEIFER. 7658

W. Schäfer, *Die Wirkung der Vorbereitung im mikroskopischen Bild.* Die Vitalfärbung von Weizen- u. Roggenkornschnitten mit *Neutralrot* (I) gestattet den Nachw. einer Hitzebehandlung dieser Getreidearten. Während native, unbehandelte Zellen I nur in Form der „Krümelspeicherung" aufnehmen, verlieren sie nach Einw. höherer Tempp. diese Fähigkeit u. der Zellinhalt der Aleuronschicht färbt sich stark. Diese charakterist. Unterschiede treten nicht sprunghaft auf, sondern entwickeln sich stetig. Auch darüber, an welcher Stelle sich die müller. Trennschicht ausbildet, das heißt wo sich Mehlkern u. Schale trennen, gibt die Vitalfärbung Aufschluß. (Mühle **91**. 558. 28/10. **1954**. Detmold, Bundesforschg.-Anst. für Getreideverarb.) R. WOLLER. 7670

H. Burmeister, *Die Diabetes und Diabetikerobstzubereitungen.* Das Problem der Diabetes u. die Möglichkeiten dem Diabetiker Obstzubereitungen zuzuführen, wird gelöst durch hierfür geeignete Süßungsmittel (I), wie Sorbit, Fructose, die im Spezialverf. geröstete Saccharose, d-Xylose, Dulcin u. Saccharin. Die I werden in ihrer Anwendung u. Wrkg. beschrieben. — 2 Tabellen. (Ind. Obst- u. Gemüseverwert. **40**. **143—46**. **7/4**. 1955. Berlin, Herrmann Meyer & Co. A. G.) K. H. ANDERS. 7688

G. Gennerich, *Über die Herstellung von mit Kohlensäure gesättigten Sauermilch-Fruchtsaft-Getränken.* (Molkerei- u. Käserei-Ztg. **5**. 1575—78. 2/12. 1954. Lengerich/ Westf.) F. KRUSEN. 7706

A. Mehlitz, *Über die Verbesserung von unharmonischen Apfelsüßmosten mit Apfeldicksäften.* Apfeldicksäfte (I) werden aus natürlichen u. alkoholfreien Apfelsäften durch schonendes Einengen gewonnen. Sie bieten die Möglichkeit, unharmon., naturreine Süßmoste auf techn. einfache Weise zu verbessern. Es darf nur verbesserungsbedürftiger, naturreiner Apfelsüßmost (II) ohne jeden Wasserzusatz mit I versetzt werden. Für den einwandfreien Nachw. des Zusatzes von I zu II gibt es noch kein analyt. Verfahren. (Ind. Obst- u. Gemüseverwert. **40**. 146—47. 7/4. 1955. Berlin, Techn. Univ., Inst. für Obst- u. Gemüseverwertung.) K. H. ANDERS. 7706

A. Scheunert und **H. Haenel,** *Die Bedeutung von flüssigen Obst- und Gemüsekonserven als Träger des Vitamin-B-Komplexes.* Für unsere heutige Kost ist ein Zusatz von B-Vitaminen wünschenswert. Natürliche Vitaminquellen bieten noch den Vorteil, daß sie noch andere für die Ernährung wertvolle Stoffe wie Mineralsalze u. Spurenelemente enthalten. Es wird auf Unterss. verwiesen, wo bei einer Reihe von Obst- u. Gemüsesäften mit mikrobiol. Methoden der Geh. u. die Wrkg. hinsichtlich des B-Komplexes nachgewiesen wurden. Es ergibt sich für die obstverarbeitende Industrie die Aufgabe, möglichst B-vitaminreiche Obst- u. Gemüsesäfte zu erzeugen. (Ind. Obst- u. Gemüseverwert. **40**. 125—27. 24/3. 1955. Potsdam-Rehbrücke, Anst. für Vitaminforsch.) K. H. ANDERS. 7706

Flora Hanning, Jacqueline de Goumois Bloch und **Lorene Larsen Siemers,** *Die Qualität von Stärkepuddings, die Molke und/oder Magermilchpulver enthalten.* Der Wohlgeschmack von Pudding steigt erheblich, wenn man statt Milchpulver Trockenmolke (I) oder Magermilchpulver (II) zusetzt, wobei aber dem Milcheiweis die günstige Wrkg. zugesprochen wird. Ein guter, nur mit W. angesetzter Pudding ergibt sich, wenn die Milchtrockenmasse aus 25% I u. 75% II zusammengesetzt ist. (J. Home Econ. **47**. 107—09. Febr. 1955.) F. HOPPE. 7710

H. L. Janovsky, *Aromatische Chemikalien in Getränkeessenzen.* Übersicht über die wichtigsten synthet. Geschmackstoffe, die als Grundgeschmack u. Neutralester zusammen mit abrundenden Chemikalien bei der Schaffung künstlicher Getränkeessenzen verwendet werden. Gesichtspunkte hierfür. (Amer. Perfumer essent. Oil Rev. **65**. 59—60. Jan. 1955. Virginia Dare Extr. Co.) H. MÜHLMEISTER. 7714

João R. Pucci, *Chemische Zusammensetzung der löslichen Feststoffe des Kaffeeextrakts.* Der %-Geh. des Trockenextrakts beträgt bei n. Kaffeeaufguß: äther. Extrakt 6,5, Coffein 4,3, Trigonellin 1,9, Chlorogensäure **11**,6, Kaffeesäure 2,0, reduzierende Zucker 1,0, Saccharose 0,70, Gesamt-N 3,6, Albuminoid-N 2,3, Protein (= vorst. mal 6,25) 14,3, Asche (Mineralsalze) 14,0. Aus entwässertem Extrakt hergestellter Kaffee enthält im Trockenextrakt fast die gleichen Werte. Die Best. der einzelnen Bestandteile wird erläutert. (Rev. mens. Ind. brasil. **21**. Nr. 241. 44—45. Aug. 1953.) R. K. MÜLLER. 7720

Conrad Weidemann, *Der Einfluß der Standweite auf Ertrag, Qualität und Arbeitsaufwand im Tabakbau.* Es werden verschied. Ergebnisse beschrieben, die zeigen, daß sich die Standweite nicht nur nach ökolog. Verhältnissen richtet, sondern auch nach dem Ertrag pro Arbeitsaufwand u. nach Qualitätsmerkmalen des Tabakblattes. (Ber. Inst. Tabakforsch. Dresden **2.** 30—50. 1955.) P. BERGER. 7734

Rudolf Müller, *Untersuchungen über die Tätigkeit des Fermentes Amylase im Tabakblatt.* Die Amylaseaktivitätsverteilungskurve einer Tabakpflanze wurde ermittelt. Dabei konnte erkannt werden, daß das Maximum u. Minimum der Kurve ausgeprägte Bereiche widerspiegelt, z. B. daß techn. reife Blätter gegenüber unreifen, geköpften oder kranken einen mehr oder weniger breiten Bereich des Aktivitätsmaximums aufzuweisen haben. Ebenso wurde die Amylaseaktivität während der Heißlufttrocknung bis zum Fermentationsprozeß beobachtet. (Ber. Inst. Tabakforsch. Dresden **2.** 75—93. 1955.) P. BERGER. 7734

Constantin Pyriki und **Wolfgang Philipp,** *Der Einfluß verschiedener anorganischer Salze auf die Glimmfähigkeit des fermentierten Tabaks.* Die Glimmfähigkeit wird nicht wesentlich von NaCl u. KCl beeinflußt. Dagegen bewirken $CaCl_2$ u. $MgCl_2$ eine Herabsetzung des Glimmvermögens u. der Glimmschnelligkeit. Ähnliche Verhältnisse wurden für die Sulfate u. Carbonate des Na, K u. Mg ermittelt. Die Kaliumverbb. begünstigen die Glimmfähigkeit. Die Herabsetzung der Glimmfähigkeit steht vermutlich im Zusammenhang mit der leichten Schmelzbarkeit der Salze. (Ber. Inst. Tabakforsch. Dresden **2.** 94—111. 1955.) P. BERGER. 7734

Wilhelm Endemann, *Über das Verhalten von Schattenzelttabaken während der Trocknung.* Durch die stark hygroskop. Beschaffenheit des Zelttabakblattes, die im einzelnen beschrieben wird, verläuft der n. Trocknungsprozeß im Hang in den ersten Tagen sehr intensiv. Dabei werden die Eiweißstoffe nicht genügend abgebaut, so daß empfohlen wird, die erste Phase der Trocknung von Schattenzelttabaken mit relativ hoher Luftfeuchtigkeit u. erhöhter Temp. durchzuführen. (Ber. Inst. Tabakforsch. Dresden **2.** 23—29. 1955.) P. BERGER. 7734

Heinz Simetsberger, *Untersuchungen über die Desinfektion von Händen, Eutern und Zitzen beim Melken.* Es wurden untersucht: Chloramin, Formulsin (ZELLENKA, Wien), *Tego 51* (**I**; GOLDSCHMIDT, Essen), *Benirol* (**II**; BIRUPHA, Wien), *Mefarol* (**III**; BAYER, Leverkusen), *Beloran B* (**IV**; CIBA, Wien) u. *Delegol T* (**V**; BAYER, Leverkusen) u. für die Desinfektion von Händen u. Zitzen geeignet befunden (optimale Konzz.): **I** (3%), **II** u. **III** (0,5%), **IV** (0,1%) u. **V** (1%). (Milchwiss. Ber. **4.** 179—91. 1954. Wolfpassing, Österreich, Bundes-Lehr- u. Versuchsanst. für Milchwirtschaft.) F. GÜNTHER. 7756

F. C. Storrs und **Winifred Hiett-Brown,** *Das Vorkommen von Penicillin in Milchlieferungen.* Von zur Butterbereitung vorgesehener Milch enthielt eine Testgruppe 1,4% *Penicillin* (**I**), in einer anderen waren es 2,8%, in einer dritten 3,2%, während Sammelmilch frei von **I** war. Von 27 1951—1953 untersuchten u. für das Versagen von Käsestartern verantwortlich gemachten Milch- u. Molkeproben enthielten nur 2 Milchproben u. 1 Molke **I** in signifikanten Mengen. Unterss. der Milch einer Herde mit 70% kranken u. mit **I** behandelten Kühen ergaben, daß die Sammelmilch dieser Herde bis zum 5. Melken nach der Behandlung **I** noch in Mengen enthielt, die die Wirksamkeit von Startern unterbanden. (J. Dairy Res. **21.** 337—41. Okt. 1954. London, United Dairies Res. Labor.) F. KRUSEN. 7756

D. J. Hankinson, Warren Litsky, R. B. Read jr. und **R. R. Brown,** *Pasteurisierung ohne Erhitzungsröhren.* Die Erhitzung von Milch auf die Pasteurisierungstemp. kann gegenüber den üblichen Apparaturen mit Erhitzungsröhren nach Vorschlag der Vff. wesentlich schneller in einem 0,60—3,0 m langen Stahlrohr von 0,065—0,11 in. Durchmesser, das durch Wechselstrom von niedriger Spannung ($<$ 15 V) u. hoher Stromstärke ($<$ 1200 A) erhitzt wird, durchgeführt werden. Die Milch wird mit einer Geschwindigkeit von 3—6 m/Sek. mit Druckluft durch das Rohr gedrückt u. in 0,1—1,0 Sek. von 40 auf 210° F erhitzt. (Milk Plant Monthly **43.** Nr. 10. 39—40. Okt. 1954. Amherst, Mass., Univ. of Massachusetts, Dairy Dep., Electrical Engng. Dep., Bacteriol. Dep.) F. KRUSEN. 7756

C. K. Jones und **I. Berzins,** *Jodophore als Konservierungsmittel für Milch.* Jodophore sind Kombinationspräpp. von J_2 mit nichtion. Detergentien u. Säure u. werden zur Reinigung von Molkereigeräten verwendet. Unterss. mit einem derartigen Präp., *Iosan* (WEST DESINFECTING CO. LTD., Montreal), ergaben, daß bei Konzz. von 8 u. 16 p.p.m. in Milch keine nennenswerte Hemmung des Bakterienwachstums eintritt. Höhere Konzz. führten zur Entw. von unerwünschtem Geschmack der Milch. (J. Milk Food Technol. **17.** 313—19. Okt. 1954. Ottawa, Ontario, Can., Dep. of Agric.) F. KRUSEN. 7756

J. K. Scott, *Die Vertreibung von unerwünschten Stoffen aus Flüssigkeit mittels Dampf.* 1. Mitt. *Eine Untersuchung von Verfahren mit besonderer Berücksichtigung des*

Vacreators. Ausführliche Unters. der theoret. Grundlagen des Entfernens von unerwünschten, flüchtigen Geschmacks- u. Geruchsstoffen aus Fll. (Milch oder Sahne) mit Dampf, wobei bes. auf die Möglichkeit hingewiesen wird, verschied. Vacreators dafür einzusetzen. Formeln zur Anwendung entsprechender Verff. auf beliebige Systeme u. Gleichgewichtszustände werden entwickelt u. an Diacetyl u. Acetoin als Beispielen demonstriert. (J. Dairy Res. **21.** 354—69. Okt. 1954. New Zealand, Dairy Res. Inst.) F. KRUSEN. 7756

J. K. Scott, *Die Vertreibung von unerwünschten Stoffen aus Flüssigkeiten mittels Dampf.* 2. Mitt. *Gegenstromverfahren mit besonderer Berücksichtigung der möglichen Anwendung von Vacreatoranlagen.* (1. vgl. vorst. Ref.) Die größere Wirksamkeit von Gegenstromverff. zur Vertreibung von unangenehmen Geschmacks- u. Geruchsstoffen aus Fll. mit Dampf wird theoret. dargestellt u. durch Verss. mit Diacetyl u. Acetoin unter Verwendung eines Vacreators nachgewiesen. (J. Dairy Res. **21.** 370—82. Okt. 1954.) F. KRUSEN. 7756

W. Mohr und **E. Mohr,** *Aufrahmung und Butterbildung.* Vff. diskutieren bisherige Theorien der Butterbldg. u. weisen nach, daß Grenz- u. Oberflächenspannung des Butterfettes u. der durch fraktionierte Kristallisation erhaltenen Butterfettfraktionen keinen Einfl. auf die Butterbldg. haben. Auf Grund der Beobachtungen ist für die Aufrahmung die Ggw. intakter Phosphatid–Protein-Hüllen um die Fettkügelchen erforderlich, während die Butterkornbldg. durch ein Entmischen der Fette (Trennung in Öl u. festes Fett) u. Kristallisieren der Phosphatide eingeleitet wird. Es muß dabei eine bestimmte Menge an Butteröl vorhanden sein, das gegenüber Butter- bzw. Magermilch eine schlechte, gegenüber dem festen Butterfett dagegen eine sehr gute Benetzungstendenz zeigt. Die um die aus festem Fett bestehenden Kügelchen liegenden Butterölfilme streben nach Vereinigung, wodurch es zur Bldg. der Butterklumpen kommt. Es wird die große Bedeutung der Einhaltung der richtigen Butterungstemp. klar, wodurch das günstige Verhältnis von festen u. fl. Butterfett eingestellt wird. (Molkerei- u. Käserei-Ztg. **5.** 1568—74. 2/12. 1954. Kiel.) F. KRUSEN. 7758

W. Mohr und **E. Mohr,** *Die Formen der festen Bestandteile des Butterfetts in Butterschmalz und in der Butter.* Vff. fanden in Butter u. Butterschmalz an Erscheinungsformen des festen Fettes: Kristallnadeln u. aus diesen gebildete Vierkantkristalle, radiale Kristallnadelkugeln, Pseudovierkantkristalle u. Gelkugeln ohne oder mit Nadelkristallen im Innern. (Molkerei- u. Käserei-Ztg. **5.** 1508—13. 18/11. 1954.) F. KRUSEN. 7758

A. K. R. McDowell, *Die Eigenschaften neuseeländischer Butter und Butterfette.* 4. Mitt. *Refraktionsindex und Dichte des Butterfettes.* (3. vgl. C. **1954.** 3596.) Die Refraktionswerte n^{40} neuseeländ. Butterfette lagen nach über 3 Jahre geführten Unterss. zwischen 1,4535 u. 1,4571 (im Mittel bei 1,45492), die $D.^{60}{}_4$ zwischen 0,8885 u. 0,8916 (0,89045). Im Gegensatz zu Beobachtungen an nordeuropäischen Butterfetten wurden die niedrigsten Refraktionswerte im Sommer, die höchsten im Winter gefunden. Maximale D. wurd im Spätfrühjahr festgestellt, minimale im Herbst. An 140 im Laufe eines Jahres untersuchten Butterfettproben konnten sehr deutliche Zusammenhänge zwischen Refraktionswert u. JZ., zwischen D. u. VZ. u. zwischen D. u. REICHERT-Zahl beobachtet werden. — 19 Literaturangaben. (J. Dairy Res. **21.** 383—90. Okt. 1954. Palmerston North, New Zealand, Dairy Res. Inst.) F. KRUSEN. 7758

Johann Futschik und **Martin Aigner,** *Über den Einfluß des künstlichen Lichtes auf die Qualität der Butter.* Geformte $^1/_4$ kg-Butterstücke, die in Al-Folie oder Pergament verpackt oder unverpackt waren, wurden getrennt mit 40 W-Glühlampe, 5 Arten von PHILIPS-TL-Leuchtstofflampen u. TUV-Entkeimungslampe 48 Std. bestrahlt (Raumtemp. 15°) u. die Änderungen des Geschmacks, Aussehens u. Geruchs geprüft. Die in Al-Folie verpackte Butter wies nur bei der Entkeimungslampe verschwindend geringe Veränderungen auf, während die anderen Proben bei Glühlampenbestrahlung einen geringeren u. bei Leuchtstofflampenbestrahlung einen erheblichen Güteverlust zeigten. Die Beeinflussung ist nicht nur den UV-Strahlen, sondern auch dem blauvioletten, sichtbaren Anteil (4000—5000 Å) des Lichtes zuzuschreiben. (Milchwiss. Ber. **4.** 173—78. 1954. Wolfpassing, Österreich, Bundes-Lehr- u. Versuchsanst. für Milchwirtsch.) F. GÜNTHER. 7758

Matti Hietaranta, *Über die Lagerungsbeständigkeit der Butter.* Übersichtsvortrag über die Faktoren, die die Haltbarkeit der Milch beeinflussen. Bes. hervorgehoben wird die Bedeutung des Säuregrades u. des NaCl- u. Cu-Gehalts. (Karjantoute **37.** 318—22. 28/5. 343—47. 11/6. 1954.) S. BECKMANN. 7758

Siegfried Winkler und **Herbert Jager,** *Über die Eignung gefriergetrockneter Bakterienkulturen und über Kulturenaufbereitung in der Emmentalerkäserei.* Gefriertrocknung erfolgte durch Einfrieren des Naßgutes bei —15 bis —40°, Einstrahlen der Verdampfungsenergie (Ultrarot), Transport des Dampfes in Vakuumbehälter u. Entfernen daraus entweder durch Kristallisieren des Dampfes oder durch Adsorption an $CaSO_4 \cdot \frac{1}{2} H_2O$. Es wurden je 1 Liter Klarschotte u. Fettsirte mit 50 ml Emmentaler Käsereikultur (Lactobacillus helveticus) u. Mischkulturen (Lb. helveticus + Streptococcos thermophilus) u. in einer gleichen Anzahl Proben mit der entsprechenden Menge gefriergetrockneter Kulturen beimpft. Keimzählungen im Phasenkontrastverf. ergaben, daß aus gefriergetrockneten Kulturen weniger Keime zur Einsaat gelangen als aus flüssigen. Damit ist auch die Säuerung geringer. Die Vermehrung in gefriergetrockneten Kulturen ist langsamer, der zweite Ansatz jedoch normal. (Milchwiss. Ber. **4.** 131—56. 1954. Rotholz, Österreich, Bundes-Lehr- u. Versuchsanst. für Hartkäserei.) F. GÜNTHER. 7760

M. K. Hamdy und **S. M. Taha,** *Mish: ein weichgereifter ägyptischer Käse. Mish* ist ein weicher, ausgereifter ägypt. Käse, der gewöhnlich aus Magermilch, unter Zusatz von Vollmilch u. viel NaCl u. a., hergestellt wird. Das Rohprod. wird in verschlossenen irdenen Töpfen ein Jahr lang, zeitweise an sonniger Stelle, gelagert. Der Reifungsvorgang besteht in einer Milchsäure- u. einer anschließenden Buttersäuregärung. Das ausgereifte Endprod. schmeckt sehr scharf u. hat einen buttersäureähnlichen, an Roquefortkäse erinnernden Geruch. (Milk Products J. **45.** Nr. 11. 14—15. 29—33. Nov. 1954. Cairo, Egypt., Univ., Fac. of Agric., Dep. of Agric. Bacteriol.) R. WOLLER. 7760

J. Köhnlein und **H. Vetter,** *Die Höhe der Trockensubstanz- und Nährstoffverluste bei sorgfältiger Heugewinnung auf Trockengerüsten unter holsteinischen Witterungsverhältnissen.* Bei sorgfältiger Heugewinnung betragen die Trockensubstanzverluste im Mittel ca. 20%. Den stärksten Einfl. hat die Witterung, den zweitgrößten die Pflanzenart, den geringsten die Gerüstform. Die nach dem Aufreutern fallenden Ndd. erhöhen die Verluste nur unwesentlich. Während der Scheunenlagerung beliefen sich die Trockensubstanzverluste im Mittel auf 6,6%. (Z. Acker- u. Pflanzenbau **99.** 183—206. April 1955. Kiel, Inst. für Futterbau der Bundes-Versuchs- u. Forschungsanst. für Milchwirtschaft.) A. JACOB. 7782

K. I. Weressenko und **W. K. Gawrisch,** *Getrennte Silierung der Kolben und Stengel von Mais.* Nach 5monatigem Silieren von Maiskolben in mit Ziegelsteinen ausgekleideten Gruben mit einem Fassungsvermögen von 120—150 t erhielt man gutes Silofutter mit 50—60,9% Milchsäure. Bei rascher Füllung der Gruben mit Silomaterial sanken die Verluste an Nährstoffen gegenüber langsamem Silieren (20%) fast auf die Hälfte. Eine weitere Verminderung der Verluste wurde durch den Zusatz von Kartoffeln, Mohrrüben, Rüben u. Kürbis zu den Maiskolben erzielt. Gute Resultate ergab auch das Silieren von zerkleinerten Maisstengeln. (Достижения Науки и Передового Опыта в Сельском Хозяйстве [Errungenschaften Wiss. u. fortschr. Erfahrung Landwirtsch.] **1955.** Nr. 6. 74—76. Juni. Kiew, Wiss. Forschungsstat. für Viehzucht.) M. GORDIENKO. 7782

A. W. A. Burt, S. Bartlett und **S. J. Rowland,** *Die Verwendung von Seetangmehl in Konzentratgemischen für Milchkühe.* Futterkonzentratgemische mit je 10% Seetangmehl (Ascophyllum nodosum u. Laminaria cloustoni) hatten gegenüber Haferfuttergemischen keine Wrkg. auf Milchleistung u. Fettgeh. der Milch. Der Nährwert solcher Seetangmehle liegt nicht höher als derjenige von 7 Teilen Haferfutter + 1 Teil Salz; dies entspricht einem Stärkeäquivalent von 39. (J. Dairy Res. **21.** 299—304. Okt. 1954. Reading, Univ., Nat. Inst. for Res. in Dairying.) F. KRUSEN. 7786

Johann Futschik, *Über die Brauchbarkeit neuer Colibestimmungsmethoden für die bakteriologische Stufenkontrolle.* Vf. wendete bei der Stufenkontrolle von Proben von Rohmilch nach der Zentrifuge, von pasteurisierter Milch nach dem Heißhalter u. nach dem Tiefkühler u. aus dem Eisenbahntransporttank folgende Verff. zum Colinachw. an: *Desoxycholatverf.* (auf Pepton–Lactose–Agar + Na-Desoxycholat), *Makrocoliverf., Mikrocoliverf.* (Gentianaviolette–Pepton–Lactose–Galle) u. *Membranfilterverf.* (Milchzucker–Fuchsin–Agar). Es wurden die Verdünnungen verwendet: für Rohmilch 10^{-3} bis 10^{-5} u. für pasteurisierte Milch 10^{-1} bis 10^{-2}. Die Zuverlässigkeit der Verff. ist aus der oben angegebenen Reihenfolge u. der Zahl der positiven Befunde des Colibefalls erkennbar: 29 : 24 : 23 : 21. (Milchwiss. Ber. **4.** 157—72. 1954. Wolfpassing, Oesterreich, Bundes-Lehr- u. Versuchsanst. für Milchwirtschaft.) F. GÜNTHER. 7856

Socrates A. Kaloyereas, *Der Einfluß des Pasteurisierens auf die Stabilität von Phosphaten als Test für die Milcherhitzung.* Beim Erhitzen von Milch erniedrigt sich deren p_H-Wert. Dies ist auf eine Verschiebung des Gleichgewichtes zwischen den im Serum gelösten Phosphaten $CaHPO_4$ (I) u. $Ca(H_2PO_4)_2$ (II) zurückzuführen. Es spielt sich hierbei wohl folgende Rk. ab: $2\,\mathrm{I} + H_2CO_3 \rightarrow \mathrm{II} + CaCO_3$; das heißt der I-Geh. geht zurück, während der II-Geh. mehr oder weniger zunimmt. Es resultiert eine größere Stabilität des Serums, die ihren Ausdruck darin findet, daß I + II beim Erhitzen sich nicht so leicht fällen lassen wie in roher Milch u. die Niederschlagsmenge geringer ist. Auf Grund dieser Ergebnisse kann stattgefundene Milcherhitzung nachgewiesen werden. (Science [Washington] **120.** 111—12. 16/7. 1954. Baton Rouge, Louisiana State Univ., Dep. of Agric. Chem. and Biochem.) R. WOLLER. 7856

Erich Schumann, Hamburg, *Frischhaltung, Verhinderung und Bekämpfung des Befalls von gekühlten Lebensmitteln* durch Schimmelsporen u. Bakterien, dad. gek., daß die Entkeimung durch UV-Strahlen des B—C-Gebietes, das heißt Wellenlängen $<$ 315 bes. $<$ 280 mμ, u. durch Ultraschallstrahlung, bes. Frequenzen zwischen 80000 u. 120000 Hz, gleichzeitig in einem evakuierten Raum erfolgt. (**D. B. P. 893 138** Kl. 53c vom 29/5. 1951, ausg. 27/6. 1955. Anmeldung bekanntgemacht 8/1. 1953.) H. MAASS. 7635

Unga Ltd., Nairobi, Kenya, *Herstellung von Mehl.* Zur Verbesserung der Backeigg. werden Ströme des Mehls, bes. von Weizenmehl, mit feinstzerstäubten wss. Lsgg. von CH_2O oder wasserlösl. CH_2O-Polymeren behandelt (1000000 : 15—100). In die bewegten Ströme des Mehls können auch heiße Luftströme eingeblasen werden, die mit CH_2O-Dämpfen beladen sind. (**E. P. 718 700** vom 3/4. 1951, ausg. 17/11. 1954.) H. KARST. 7671

Joseph Rank Ltd., England, *Brotbereitung aus unbehandelten und ungebleichten Mehlen.* Das Mehl wird ca. 2—7mal länger in der Teigknetmaschine durchgearbeitet als chem. behandelte Mehle, ehe der Teig zum Gehen aufgestellt wird. Die weitere Verarbeitung erfolgt in der üblichen Weise. (**F. P. 1 070 174** vom 28/1. 1953, ausg. 20/7. 1954.) G. WELTZIEN. 7675

Percival Sydney Jewell, George Cocker Ingram und **James Gordon Travis-King,** Cambridge, England, *Glutenpräparat für Nahrungsmittelzwecke,* z. B. als *Zusatz zum Brotteig.* Trocken- oder Feuchtgluten („Kleber"; I) wird mit Hefe u. W. bei 28—36° unter Rühren bis zur Bldg. einer cremeartigen Emulsion behandelt. An Stelle von Hefe kann auch eine bereits vorgebildete Emulsion verwendet werden. (**E. PP. 695 145** vom 3/12. 1951, ausg. 5/8. 1953 u. **704 549** vom 31/12. 1951, ausg. 24/2. 1954.) W. KRANZ. 7675

Best Foods, Inc., New York, übert. von: **Chester M. Gooding,** Staten Island, N. Y., **Hans W. Vahlteich,** Englewood, und **Carl F. Brown,** Jersey City, N. J., V. St. A., *Stabilisieren von Mürbungsmitteln für Backzwecke,* bes. für Feingebäck mit hohem Zuckergehalt. Dem Fettanteil des Mürbungsmittels werden wenigstens 0,002% eines Monoesters einer aliphat. Tricarbonsäure, z. B. Citronen-, Aconit- oder Tricarballylsäure, zugesetzt, in der die Säure mit einem Radikal der Formel R—CO—O—$(C_nH_{2n}O)x$—, z. B. $C_{17}H_{35}$—CO—O—$C(CH_3)H$—CH_2O—, verestert ist. Dabei bedeutet R eine aliphat. KW-stoffgruppe mit 11—17 C-Atomen, n eine ganze Zahl $>$ 1 u. $<$ 5 u. x eine ganze Zahl $<$ 5. (**A. P. 2 701 203** vom 21/10. 1950, ausg. 1/2. 1955.) W. KRANZ. 7675

Herbert Thal Leo und **Clarence C. Taylor,** Anaheim, Calif., V. St. A., *Geliermittel,* bes. für Gelees u. *Marmeladen.* Ein durch Fällung als Komplexverb. eines mehrwertigen Metalls erhaltenes wasserunlösl. Pektin (**I**) mit einem Feinheitsgrad von 10—100 Maschenweite wird mit einem Alkalisalz einer organ. Oxysäure in granulierter Form, ferner Weinsäure (**II**) in einer solchen Menge, daß die wss. Lsg. der Mischung ein p_H von 2,2 bis 4,0 aufweist, u. Zucker gemischt. — Beispiel: 100 (Gewichtsteile) **I**, 5 Na-Citrat, 15 **II** u. die mehrfache Menge Zucker. (**A. PP. 2 703 757** vom 5/7. 1951 u. **2 703 759** vom 12/8. 1952, beide ausg. 8/3. 1955.) W. KRANZ. 7703

Rose A. Weiss, Miami Beach, Fla., V. St. A., *Alkoholfreies Getränk in Trockenform.* Einer Aufkochung von Citronensäure u. Coffein in dest. W. werden nach dem Abkühlen eine alkoh. Lsg. von Kastanienblättern u. eine Lsg. von Kolanußextrakt in Glycerin u. Propylenglykol beigegeben. Nach weiterer Zugabe von H_3PO_4 u. Limonensirup steht die Mischung ca. 10 Tage zwecks Alterung u. wird dann unter Vakuum filtriert. Zusammen mit Zucker, Kaffeepulver u. verschied. Naturessenzen wird die M. homogenisiert u. getrocknet. Zum Verbrauch wird eine Tablette des Prod. mit einer Tablette $KHCO_3$ in W. gelöst. (**A. P. 2 704 256** vom 4/9. 1953, ausg. 15/3. 1955.) W. KRANZ. 7707

Commonwealth Engineering Co. of Ohio, übert. von: **Harry A. Toulmin jr.,** Dayton, O., V. St. A., *Aufarbeiten von Citrusfrüchten.* Die ganzen Früchte werden unter Zulauf von W. durch einen Reibvorgang von der äußeren ölhaltigen Schicht befreit. Aus diesem Abfall gewinnt man Öl, Carotin u. Xanthophyll durch Dest. in Ggw. eines KW-stofflösungsmittels. Die Früchte werden sodann unter Vermeidung einer Quetschung der Samenkerne gepreßt, der Fruchtsaft gegebenenfalls konz. u. der Rückstand durch Trocknung in ein *Futtermittel* übergeführt. — Vorrichtung. (**A. P. 2 708 627** vom 21/10. 1950, ausg. 17/5. 1955.) W. KRANZ. 7787

Annabel L. Merrill and **Bernice K. Watt,** Energy value of foods; basis and derivation. Washington: Govt. Pr. Off.; Supt. of Doc. 1955. (107 S.) Q. $ 0,55.

XVII. Fette. Seifen. Wasch- u. Reinigungsmittel. Wachse. Bohnermassen usw.

B. Ghosh, *Grundverfahren zur Lösungsmittelextraktion der Fette.* Hinweis auf die besondere Bedeutung der Lösungsmittelextraktion für die Fettgewinnung, auf die Arbeitsweise dieser Verff. u. die hierfür notwendigen Berechnungen. (Indian Soap J. **19.** 87—93. Okt. 1953. Jadavpur, Coll. of Engng. & Technol.) H. P. Fiedler. 7872

B. Braae, *Ein neues „Kurzmischverfahren" für die kontinuierliche Raffination von Fetten und fetten Ölen.* Beschreibung von Grundlagen u. Betriebstechnik eines neuen Verf. der kontinuierlichen Raffination von Fetten u. fetten Ölen. Hierbei wird eine speziell für dieses Verf. (D. L. S. M. = De Laval Short Mix refining process) entwickelte hermet. Zentrifuge bei den Verfahrensstufen Schleimentfernung (degumming), Neutralisation, Nachraffination u. Wasserwäsche eingesetzt. Die Schleuder wird an Hand einer Werkstattzeichnung, das Gesamtverf. an Hand eines Fließschemas beschrieben. (Ind. Chemist **30.** 523—28. Nov. 1954.) Gerhard Günther. 7874

G. B. Martinenghi, *Über die Verwertung von saurem Reisöl.* 2. Mitt. *Über ein neues Raffinationsverfahren.* (1. vgl. C. **1955.** 4482.) Zur Gewinnung von Speiseölen, freien Fettsäuren u. Wachs (I) filtriert man das durch direkte Kühlung von Stearin befreite saure Reiskleieöl bei $\sim 60^0$, wäscht bei 90—100^0 mit 10%ig. H_2SO_4, trennt die saure wss. Schicht ab, behandelt bei 80—110^0 mit 3% Bleicherde (II), filtriert, fällt bei 8—10^0 mit Aceton I aus, gewinnt das Lösungsm. zurück u. entsäuert durch Dest. mit überhitztem Wasserdampf bei 8 mm Hg; anschließend kann man entweder mit 3% II behandeln, filtrieren u. 1 Std. desodorisieren oder bei $\sim 70^0$ mit höchstens 10% NaOH (D. 1,07) u. 0,5% NaCl-Lsg. behandeln, worauf nach wiederholtem Waschen mit W. von 70^0 u. Trocknen eine Behandlung mit 3% II bei 80—110^0, Filtration u. 1std. Desodorisierung folgt. Die Ausbeute an I mit F. 75—76^0, SZ. 13,6, übersteigt meist nicht 1% des Rohöls. Das raffinierte Öl enthält etwas mehr Unverseifbares als die meisten pflanzlichen Öle (wahrscheinlich Sterine) u. einen Squalen enthaltenden KW-stoffanteil. (Chim. e Ind. [Milano] **36.** 467—74. Juni 1954. Rio de Janeiro u. Milano.) R. K. Müller. 7894

P. M. Rousseau, *Der Prozeß „Drupex" und die Gewinnung des Olivenöles.* Unterss. im laboratoriumsmäßigen, halb- u. ganzindustriellen Ausmaß über die Anwendung des „Dupex"-Verf. bei der Gewinnung von Olivenöl aus zerkleinerten Oliven. Das Verf. besteht darin, die zu pressende Olivenpülpe durch Zusatz von Alkalisierungsmitteln (Na_3PO_4, Na_2CO_3, $NaHCO_3$) in geeigneter Menge u. Form (als Pulver bzw. in wss. Lsg.) von ihrem natürlichen $p_H \sim 4,5$ auf ca. p_H 6 zu bringen; dadurch kommt eine Änderung der Spannungsverhältnisse zwischen der wss. u. der Ölphase sowie eine Entquellung der koll. Bestandteile der Pülpe zustande. Als Folge davon stellt sich, wie die tabellar. mitgeteilten Ergebnisse ausweisen, eine Erhöhung der Ölausbeute bis zu 3%, im Mittel von 1,5% ein. Bei wasserreichen Oliven ist der Zusatz des Alkalisierungsmittels in Pulverform angezeigt, bei n. Ölfrüchten in gesätt. wss. Lsg., bei trocknen Oliven in 20%ig. wss. Lösung. Die technolog. Bearbeitung wird durch diese Arbeitsweise erleichtert; das Öl kann in der Farbe gegenüber dem gewöhnlichen Öl etwas dunkler sein, der Geschmack ist prakt. unverändert bzw. leicht verbessert, der Geh. an Säure meist etwas herabgesetzt. Das Verf. wird als für die Praxis empfehlenswert hingestellt, setzt aber Anpassung an die jeweilige Art u. Beschaffenheit der Oliven voraus. (Oléagineux **10.** 183—88. März 1955. Tunis, École Coloniale d'Agric.) K. Täufel. 7894

R. P. Hansen, F. B. Shorland und **N. June Cooke,** *Das Vorkommen von 10-Methyldodecansäure im Hammelfett.* (Vgl. Hansen u. Mitarbeiter, C. **1953.** 3428.) Vff. erhalten im Verlauf der Unters. der im Hammelfett vorliegenden verzweigtkettigen Fettsäuren als weitere Fraktion *10-Methyldodecansäure.*

Versuche: *10-Methyldodecansäure,* $C_{13}H_{26}O_2$, F. 4,0^0, durch Hydrierung der Methylester der Glyceride, Trennung in „fl." u. „feste" Fraktionen durch Kristallisation aus Aceton bei -30^0, fraktionierte Vakuumdest. der fl. Fraktionen u. wiederholte Tieftemperaturkristallisation, n_D^{25} 1,4424. (Chem. and Ind. **1954.** 1229—30. 2/10. Wellington, New Zealand, Fats Res. Labor., Dep. of Sci. and Ind. Res.) G. Winkler. 7896

O. K. Palladina und **A. G. Stjashkina,** *Zur Frage der Aufstellung von Fettrezepturen für Margarine.* Die Fettgrundlage der Margarine muß bei 28—32^0 leicht schm. u. bei 35^0 völlig klar sein, da bei Verwendung von über 35^0 schm. Fetten auf der Zunge ein talgiger Geschmack festzustellen ist. Die Menge der hochschm. Triglyceride muß geringer sein als die der niedrigschm. u. darf 18% der Fettgrundlage nicht übersteigen. Der Zusatz von fl. Ölen vermindert die Härte der Fette, ändert jedoch nicht die Zus. u. die Eigg. der festen, hochschm. Fraktion. Fette mit einer einheitlichen festen, in einem engen Intervall schm. Fraktion, sind spröde. Fette mit nicht einheitlichen festen, in einem breiten Intervall schm. Fraktionen (Milchfett, Olein u. hydrierte Walfischöle) besitzen die erforderliche

Viscosität u. verbessern die plast. Eigg. der Fettmischungen. Die Fettgrundlage für Margarine mit den gewünschten Eigg. besteht aus niedrigschm. hydrierten pflanzlichen Ölen unter Zusatz von hydrierten Walfischölen, Cocosöl u. fl. Ölen. (Маслобойно-Жировая Промышленность [Öl- u. Fett-Ind.] **20.** Nr. 3. 9—13. 1955. Allunions-Wiss. Fettforschungsinst.) R. RICHTER. 7900

N. D. Kusmina und **T. M. Nowikowa,** *Qualitätsverbesserung der milchfreien Margarine.* Die milchfreie Margarine wird statt mit W. mit 80—100 kg/t Molke versetzt. Die Molke mit einer SZ. von 46—68° Thörner wird vor der Zugabe zur Margarine 30 Min. bei 75—80° pasteurisiert u. dann auf 25—28° abgekühlt. Die so erhaltene Margarine ist bei der sonst üblichen Technologie von höchster Qualität. (Маслобойно-Жировая Промышленность [Öl- u. Fett-Ind.] **20.** Nr. 1. 32. 1955. Charkow, Fettkombinat.) O. LEBTAG. 7900

—, *Reinigung von Rohglycerin durch Ionenaustausch.* Rohglycerin (82% Glycerin [I], 6% NaCl, Restwasser u. Verunreinigungen) kann durch Ionenaustausch ohne Schwierigkeit gereinigt werden, u. zwar unter Verwendung von 3 kation., 3 anion. u. 1 gemischten Kolonne, die zusammen 12 t Rohglycerin/Tag verarbeiten u. reinigen können. Das anfallende I wird dest. u. ist prakt. rein: 99,3 (%) I, 0,007 Rückstand, 0,0006 Asche. 0,0005 NaCl u. Spuren von Fettsäuren bzw. Fettsäureestern. Die Arbeitsweise der Kolonne u. die Aufarbeitung der Austauscher wird beschrieben. (Indian Soap J. **19.** 116—20. Nov. 1953. Illinois Water Treatment Co.) H. P. FIEDLER. 7908

W. K. Zysskowski, Z. N. Schtscheglowa, Ss. G. Ssoltan und **B. G. Freidin,** *Die Gewinnung von höheren Fettsäuren durch Oxydation von flüssigen Paraffinen.* Vff. untersuchen die Oxydation von fl. Paraffinen mit 12—20 C-Atomen bei einer Temp. von 125 ± 2^{0} unter Verwendung von Mn-Naphthenat als Katalysator in einer Menge von 0,05% (berechnet auf Mn). Die erhaltenen Oxydationsprodd. werden unter Druck bei ca. 320°, dann mit überhitztem Wasserdampf behandelt u. destilliert. Bei der Oxydation von Isoparaffine enthaltenden fl. Paraffinen bilden sich wesentlich mehr Oxysäuren als bei der Oxydation von fl. Paraffinen mit 97% n-Paraffin. Bei diskontinuierlicher Oxydation von fl. Paraffinen werden Fettsäuren mit einem Mol.-Gew. erhalten, das 1,3mal niedriger ist als das der Ausgangsparaffine; bei der Oxydation von festen Paraffinen ist das Mol.-Gew. der erhaltenen Fettsäuren 1,6mal niedriger. Die besten Resultate werden bei einer kontinuierlichen Arbeitsweise erhalten. Die Ausbeute an in W. unlösl. Säuren ist hierbei 1,6mal größer als bei der period. Oxydation. (Маслобойно-Жировая Промышленность [Öl- u. Fett-Ind.] **20.** Nr. 3. 17—20. 1955.) R. RICHTER. 7908

F. W. Newolin, *Physikalisch-chemische Untersuchungen von Nichtfettfarbstoffen und den wässerigen Lösungen ihrer Salze.* Die aus dem verseiften Soapstock durch Behandlung mit Säure u. Extraktion mit Ae. erhaltenen Nichtfettfarbstoffe werden durch Behandlung mit H_2O_2 oxydiert. Die Na-Salze der Nichtfettfarbstoffe haben geringe akt. Oberflächeneigenschaften. Teilweise können diese Eigg. durch die Ggw. von Na-Salzen der Oxyfettsäuren bedingt sein. Die in der Seife enthaltenen Mengen an Na-Salzen der Nichtfettfarbstoffe haben bis 5% keinen merklichen Einfl. auf die Schaumkraft. (Маслобойно-Жировая Промышленность [Öl- u. Fett-Ind.] **19.** Nr. 8. 19—20. 1954. Allunions-Wiss. Forschungsinst. für Fette.) OTTO MAIER. 7910

F. W. Brauss, *Experimentelle Untersuchungen zur Brauchbarkeit desodorierender Seifen zur Händedesinfektion.* Vf. prüft 5 desodorierende Handelsseifen u. 3 Laboratoriumsmuster im Vgl. zu n. Handwaschseife auf ihre baktericide Wrkg. gegen *Bacterium coli* (beimpfte Nährplatten). Weder mit festen Seifen noch mit 1%ig. Seifenlsgg. konnten Wachstumshemmungen bzw. Unterschiede zwischen den wirkstoffhaltigen Seifen u. den Kontrollen festgestellt werden. Auch aus der Keimabgabe der Hände vor dem Waschen u. nach 5 Min. langem Waschen, bestimmt durch Aufnahme von Bakteriogrammen aus dem Waschwasser mittels bakteriendichter Membranfilter, kann auf keine desinfizierende Wrkg. geschlossen werden. Vf. schließt daraus, daß die desodorierenden Seifen keine baktericide Wrkg. entfalten u. die desodorierende Wrkg. nicht auf baktericiden Eigg. beruht. (Fette, Seifen, Anstrichmittel **56.** 618—19. Aug. 1954. Münster-Westf., Univ., Hyg. Inst.) H. SPOHN. 7910

W. Fong und **W. H. Ward,** *Physikochemische Untersuchungen über die Rolle von den Weißgrad erhaltenden Zusätzen beim Waschen.* Die den Weißgrad verbessernden Waschmittelzusätze u. Waschmittel, wie Nacconol NRSF, Gliadin (**II**), Polyvinylalkohol, Polyvinylpyrrolidon (**III**), Na-Carboxymethylcellulose (**I**) wurden physikochem. untersucht. Elektrophoret. Messungen ergaben, daß **I** u. **II** die negative Oberflächenladung von Baumwolle erhöhen. Messungen in der Ultrazentrifuge ergaben, daß die nichtionogenen Zusätze die Sedimentationsgeschwindigkeit von Rußteilchen prakt. nicht beeinflussen, während die ionogenen Zusätze **I** u. **II** diese herabsetzen. **III** zieht auf Ruß auf, nicht aber auf Baumwolle. Die ionogenen Zusätze sind wirksam wegen ihres Einfl.

auf die Faseroberfläche (Zunahme der elektrostat. Abstoßung zwischen Gewebe u. Schmutz); die nichtionogenen Mittel wirken auf die Oberfläche des Schmutzes ein u. reduzieren die VAN DER WAALS-Kräfte zwischen Gewebe u. Schmutz. (Textile Res. J. **24.** 881—89. Okt. 1954. Albany, Calif., Western Utilization Res. Branch.) H. ZAHN. 7912

L. Ivanovszky, *Neue Ergebnisse und Erkenntnisse der Retentionslehre.* 3. Mitt. (2. vgl. C. **1955.** 7343.) Experimenteller Bericht. Es wurde eine Pasteneinwaage mit einem Lösungsmittelgeh. von 100 g vorgeschlagen. Bei abweichenden Pasteneinwaagen ist eine verläßliche Umrechnung nicht möglich. Die Versuchsergebnisse wurden daher als „Verlustwerte" u. die graph. Darst. als „Verlustkurven" bzw. „Effektkurven" u. nicht wie üblich, als Rz- oder Rn-Kurven bzw. als RE-Kurven bezeichnet. Eine Anzahl derartiger Verlust- bzw. Effektkurven wird dargestellt. Nur Pasten gleicher Oberfläche u. Schichthöhe lassen auswertbare Versuchsergebnisse zu. Wachse ähnlicher Herkunft weisen ähnliche Retentionseffektkurven auf. Verdunstungsverlustkurven sind konvex bei geringer, konkav bei hoher Retention. Wendepunktlinienzüge weisen auf Änderung des inneren Aufbaus hin. Aussehen u. Beschaffenheit von aus verschied. Wachs/Lösungsm.-Systemen stammende Verdunstungsrückstände werden beschrieben u. durch Abbildungen dargestellt. (Fette u. Seifen, Anstrichmittel **55.** **444—48.** Juli 1953. London.) K. STEINER. 7924

N. W. Wengerowa, *Eine colorimetrische Methode zur Bestimmung von Nickel in gehärteten Fetten.* 2 g hydriertes Fett für Nahrungszwecke oder 1 g hydriertes Fett für techn. Zwecke werden in einem Trichter im Sandbad verbrannt u. dann in einer Muffel 20—30 Min. geglüht. Falls die Best. mittels eines Photocolorimeters erfolgen soll,wird die Einwaage um die Hälfte verringert. Die erhaltene Asche wird mit 1—2 ml Königswasser versetzt u. bis zur Trockne eingedampft. Der Rückstand wird in 1—2 Tropfen HCl u. 6 ml W. gelöst. Zu der Lsg. werden nacheinander zugegeben: 1 ml einer 20%ig. Seignettesalzlsg., 1 ml einer 5%ig. NaOH-Lsg., 1 ml einer 3%ig. NH_4-Persulfatlsg (oder einer 0,01n wss. J_2-Lsg.) u. 1 ml einer 1%ig. Lsg. von Dimethylglyoxim in 5%ig. NaOH-Lösung. Nach 10 Min. wird die Lsg. colorimetriert. (Маслобойно-Жировая Промышленность [Öl- u. Fett-Ind.] **20.** Nr. 3. 25—26. 1955. Allunions Wiss. Fettforschungsinst.) R. RICHTER. 7934

Universal Oil Products Co., Chicago, übert. von: **Joseph A. Chenicek,** Bensenville, Ill., V. St. A., *Geruchfreimachen von 2-tert.-Alkyl-4-alkoxyphenolen* durch Zugabe von 0,015—0,04% Vanillin. — Beispiele für *2-tert.-Butyl-4-methoxyphenol.* — *Antioxydationsmittel* für Fette u. Öle. (**A. P. 2 704 724** vom 23/12. 1949, ausg. 22/3. 1955.) K. FABEL. 7879

Glidden Co., Cleveland, O., übert. von: **Walter M. Cochram,** Highland Park, und **John Carter,** Chicago, Ill., V. St. A., *Herstellung von Erdnußbutter.* Zur Verhinderung der Abscheidung von Öl bei längerem Lagern werden die blanchierten Erdnüsse in Ggw. von hydriertem Erdnußöl (JZ. 40—60) geröstet u. nach dem Ablaufenlassen des Öls zu Butter zermahlen. (**A. P. 2 708 634** vom 12/9. 1952, ausg. 17/5. 1955.) C. LÜTTGEN. 7893

Farbenfabriken Bayer, Deutschland, *Raffinieren von Ölen und Fetten.* Man behandelt die Öle bzw. Fette mit ClO_2 oder ClO_2 entwickelnden Substanzen. — Z. B. tropft man in 1400 g dunkelbraun gefärbtes *Rüböl,* welches 2,9% freie Fettsäuren (berechnet als Ölsäure) enthält, in 1 Std. bei 55° 456 cm³ einer wss. 0,202%ig. Lsg. von ClO_2 (= 0,921 g ClO_2), die 3 cm³ 50%ig. Essigsäure enthält. Dann entsäuert man das Öl auf übliche Weise mit einer NaOH-Lsg. von 16° Bé, entfernt die gebildete dunkle Seife u. wäscht u. desodorisiert das Öl im Vakuum mittels Wasserdampf. Das raffinierte Öl hat eine Neutralisationszahl unter 0,05 u. besitzt eine hellgelbe Farbe. (**F. P. 1 071 703** vom 19/8. 1952, ausg. 3/9. 1954. D. Prior. 21/8. 1951.) T. OPPERMANN. 7895

General Aniline & Film Corp., New York, N. Y., übert. von: **Robert L. Sundberg,** Phillipsburg, N. J., und **Max E. Chiddix,** Easton, Pa., V. St. A., *Herstellung von Kondensationsprodukten* aus Alkylenoxyden u. OH-gruppenfreien Fettsäureglyceriden, z. B. Sojaöl, erfolgt in Ggw. alkal. Katalysatoren, z. B. KOH, u. geringer Mengen einer ein akt. H-Atom enthaltenden Verb., wie W., CH_3OH, Glykol, bei 80—180°. — Man erhält z. B. mit Äthylenoxyd Prodd. mit einem F. 14—20°, die als Emulgatoren, Dispergatoren, *Baumwollwaschmittel* u. dgl. dienen. (**A. P. 2 678 935** vom 29/12. 1950, ausg. 18/5. 1954.) O. MÜLLER-MEININGEN. 7913

Procter & Gamble Co., Cincinnati, O., V. St. A., *Waschmittel,* bestehend aus Seife, Alkylsulfat oder -sulfonat u. einem Fettsäureamid oder -alkanolamid, z. B. 5,5 (%) Amid aus Cocosfettsäure u. Monoäthanolamin, 67,2 Seife u. 27,3 Kokylsulfat (? die Redaktion). (**Belg. P. 499 964** vom 11/12. 1950, ausg. 31/3. 1951. A. Prior. 24/10. 1950.) C. LÜTTGEN. 7913

British Petroleum Co. Ltd., London, **Wilfred John Oldham** und **Max Marin Wirth**, Sunbury-on-Thames, England, *Herstellung oberflächenaktiver Mittel.* Man geht von arylierten Alkylperoxyden aus, z. B. von mit Luft bei 140—150° geblasenem Nonyltoluol, u. behandelt diese mit SO_2 oder Sulfiten in wss. Lösung. (**E. P. 728 504** vom 4/10. 1951, ausg. 20/4. 1955.) C. Lüttgen. 7913

Hugues Wagner, Alpes-Maritimes, Frankreich, *Herstellung von leicht löslichen, fadenförmigen Reinigungsmitteln.* Man verleibt einer auf übliche Weise erzeugten Seife oder einer Seife, welche polymerisierte Phosphate oder Alkalisalze usw. enthält, oder einem Reinigungsmittel ohne Seife auf bekannte Weise ein inertes Gas (z. B. CO_2, Luft) ein, um sie porös, voluminös u. schwimmfähig zu machen, u. zieht die M. dann zu Fäden aus. (**F. P. 1 070 469** vom 12/8. 1952, ausg. 27/7. 1954.) T. Oppermann. 7913

Herbert Honig, New York, N. Y., V. St. A., *Poliermittel*, bestehend aus einem Gemisch von ca. 10—15 (Gew.-%) Phenol-CH_2O-Harz (I) u. 10—14 fl. Chlorophyll enthaltender Kiefernölseife (II), wobei I u. II in wesentlich gleichen Mengen vorhanden sein sollen, 8—10 Terpentin, 15—20 Citronenöl (III) u. ebensoviel Paraffinöl (IV), wobei die Menge von III u. IV größer sein soll als die von I u. II, u. einem Gemisch von 12—16 CH_3COOH u. 5—8 A., während der Rest W. ist. (**A. P. 2 613 192** vom 21/10. 1947, ausg. 7/10. 1952.) W. Gräger. 7917

George C. Reinhard, Woodridge, N. J., V. St. A., *Herstellung von Reinigungsmitteln*, die aus trockenen, leicht schüttbaren u. nicht zusammenbackenden Pulvern bestehen. Borax wird allein oder zusammen mit wasserlösl. alkal. Na- oder K-Salzen (Na_2CO_3, $Na_4P_2O_7$, Na_3PO_4, Na-Metasilicat) bis zum Aufblähen erhitzt, so daß poröse Teilchen entstehen, die darauf mit einer wss. Lsg. von Seife oder oberflächenakt. organ. Verbb. (Monobutylphenylphenol-Na-monosulfat, sulfatierte Fettsäureamide, Alkarylsulfonate) wieder hydratisiert werden können. (**A. P. 2 673 841** vom 4/2. 1947, ausg. 30/3. 1954.) W. Gräger. 7917

Orfèvrerie Christofle (Soc. An.), Seine, Frankreich, *Entfetten und Schützen von Silberzeug* gegen die Einw. von O_2 u. H_2S-Verbindungen. Man taucht das Silberzeug in ein Bad, welches 2—20% eines entfettenden Mittels (z. B. NaOH, KOH, Li-, Sr-Oxyd) u. 0,5—10% einer Sn^{II}-Verb. [z. B. $SnCl_2$, $Sn(SO_4)$] enthält. (**F. P. 1 039 328** vom 3/7. 1951, ausg. 6/10. 1953.) T. Oppermann. 7917

Georges Antoine Melki und **Lucien Alexandre Pierre Octave Beaudouin**, Seine, Frankreich, *Fleckenentferner*, bes. für Gewebe u. Kleider. Er besteht aus einer Paste, welche 40—60 (%) einer absorbierenden koll. Tonsubstanz, 40—60 organ. Lösungsm. u. 1—10 eines Mittels zum Verfestigen desselben enthält. Ein solches Mittel hat z. B. die Zus.: 52,5 (%) Bentonit, 2,5 Kienöl, 2,5 Butylglykol, 20 Methylenchlorid, 12 Bzl., 5 Trichloräthylen, 0,5 Methanol u. 5 „Wachs I.G.O.P.“. (**F. P. 1 070 136** vom 28/1. 1953, ausg. 19/7. 1954.) T. Oppermann. 7917

XVIIIa. Holz. Cellulose. Zellstoff. Papier. Papierdruck. Celluloid. Linoleum.

Anton Kurir, *Ein neuer Holzschädling für Mitteleuropa. Der amerikanische Splintholzkäfer (Lyctus planicollis Lec.).* Als chem. Bekämpfungsmittel bewährten sich im Tauchverf.: *Xylamon LX* (Ebenseer Solvay-Werke, Österreich), *Lasurin* (Avenarius-Carbolineum-Werke, Österreich) sowie *Bauholz-* u. *Hausbock-Basileum B, Bb* u. *F* (Farbenfabriken Bayer, Leverkusen); ferner Pentachlorphenol. (Anz. Schädlingskunde **27**. 81—86. Juni 1954. Wien, Hochschule für Bodenkultur, Inst. für Forstentomologie u. Forstschutz.) M. Winiker. 7952

E. Vintilă, *Die qualitative Kontrolle der Holzimprägnierung.* Als Kriterien der Holzimprägnierung sind das Eindringen, die Verteilung u. die Absorption der tox. Stoffe im Holz zu berücksichtigen. Für die einzelnen Faktoren werden kennzeichnende Indices definiert. (Ind. Lemnului Celulozei Hîrtiei [Ind. Holzes, Cellulose Papiers] **1954**. 207—11. Juni.) R. K. Müller. 7952

Toru Abe, Kei Matsuzaki, Akira Hatano und **Hiroshi Sobue**, *Die Verteilung der Substituenten in heterogen methylierter Cellulose.* Es wurden 4, durch Einw. von Dimethylsulfat in Toluol in alkal. Medium heterogen methylierte Cellulosen sowie ein Handelsprod. mit H_2SO_4 hydrolysiert. Mittels Papierchromatographie konnten Mono-, Di- u. Trimethylglucose nachgewiesen werden. Die auf diese Weise erhaltenen Ergebnisse wurden mit den Berechnungen von Spurlin sowie den experimentellen Befunden anderer Autoren verglichen. (Textile Res. J. **25**. 254—56. März 1955. Tokio, Univ. of Tokio, Fac. of Engineering.) H. G. Fröhlich. 7954

István Hegedüs, *Neueste Verfahren der Sulfitcelluloseherstellung.* Übersicht über die neueren theoret. Forschungsergebnisse sowjet. Forscher u. die Technologie des kontinuierlichen Laugendurchflusses bei der Sulfitcelluloseherstellung. (Papír Nyomda Techn. [Papier u. Drucktechn.] **7.** 177—84. Juni 1955.) J. PLANK. 7962

Istvánné Marton, Lidia Kóbor und **Sándor Annus,** *Über den Chemismus des Strohaufschlusses mit Calciumbisulfit.* Der Aufschluß von Stroh darf bei höchstens 115 bis 120° durchgeführt werden. 4,3% SO_2-Geh. der Kochsäure bei 8 Std. Kochdauer geben die besten Ergebnisse, da ein längeres Kochen nicht wirtschaftlich ist. Bei dem Aufschluß mit Ca-Bisulfit spielen wahrscheinlich hydrolyt. Prozesse die Hauptrolle: Auflockerung der Lignin (**I**)-Cellulose-, I-Hemicellulose- u. Hemicellulose–Cellulose-Bindungen, hydrolyt. Spaltung der Hemicellulose u. Hexosane in einfache Zucker, bzw. Furfurol. Ein gewisser Teil der Komponenten des **I**, wahrscheinlich der weniger Methoxygruppen enthaltende, ist leichter löslich. Die weitere Lsg. des **I** ist nach einer früheren Mitt. der Vff. die Folge des Sulfogruppeneinbaus. Es wäre damit die Erklärung des S:C-Verhältnisses, des in der Sulfitlauge u. im Zellstoff verbleibenden **I** gegeben. Bei den optimalen Bedingungen des Strohaufschlusses besteht zwischen der S-Aufnahme des **I** u. der Auflösung des **I** ein Gleichgewicht, auch wenn die SO_2-Konz., die Temp., oder die Zeitdauer gesteigert werden. (Papír Nyomda Techn. [Papier u. Drucktechn.] **7.** 54—59. Febr./März 1955.) J. PLANK. 7962

Helmut Schröter, *Die Einstufenbleiche von Sulfitzellstoff mit Natriumperoxyd.* Bei der Einstufenbleiche werden 3—4,5% Na_2O_2 in Lsg. dem Zellstoff vor dem Aufrollen durch eine Bleichpresse, bei hochverdichteter Bahn durch Tauchen oder im Kollergang, im Holländer, in der Zahnscheibenmühle oder im Kugelkocher zugesetzt. Nach mehrtägigem Lagern erreicht der Stoff dann einen Weißgeh. von 77—82%. Die Verluste betragen nur 1—2%, meist Hemicellulose. Vor der Herst. von Papier muß noch angesäuert werden; die Mahlresistenz kann etwas erhöht sein. (Wbl. Papierfabrikat. **83.** 383—86. Ende Mai 1955.) H. BECKER. 7962

P. B. Davidson, *Mahlzusätze bei der Papierherstellung.* Inhaltlich ident. mit der C. **1955.** 8060 referierten Arbeit. (Paper Mill News **78.** Nr. 21. 53—60. 66. 21/5. 1955. Pittsburgh, Pa., Mellon Inst. of Ind. Res.) H. BECKER. 7976

L. Rothamel, *Hydrophiles Weichmachen von Papier, unter besonderer Berücksichtigung von Karion F, flüssig (Sorbit „Merck“).* Glycerin u. Glykole sind zu flüchtig u. werden auch stark vom Filz aufgenommen; Salzlsg. korrodiert zu stark. Sorbit (**I**) ist zwar weniger hygroskop., durch Zusatz von NaCl oder Harnstoff läßt sich aber der Geh. an Feuchtigkeit einstellen. **I** ist ungiftig, nicht flüchtig u. wird auch nur wenig vom Filz aufgenommen. Die Transparenz des Papiers wird durch **I** stärker als durch andere Weichmacher erhöht, die Bedruckbarkeit dagegen nur wenig verändert. Beispiele der Weichmachung von paraffinierten u. Pergamentpapieren mit **I** werden angegeben. (Allg. Papier-Rdsch. **1955.** 526—32. 20/6. Darmstadt.) H. BECKER. 7982

Walter Brecht und **Dieter Pothmann,** *Der Einfluß der beim Trocknen von Papier herrschenden Zugkräfte auf das Verhalten des Papiers.* Mit bes. für die Unterss. entwickelten Geräten wurde die Trocknung von Papierblättern, die hinsichtlich der Faserlagerung isotrop waren, untersucht. Es wurden die im Papier auftretende Temp. u. der Verlauf der Trocknung ermittelt, vor allem aber die Schrumpfung oder Streckung, die auftrat, als die Trocknung unter der Wrkg. von „Zügen“ bekannter Größe vorgenommen wurde. Ferner wurde der Einfl. dieser verschied. Trocknungsbedingungen auf die Festigkeit u. das viscos-elast. Verh. des Papiers geprüft. (Papier **9.** 304—11. Juli. 429. Sept. 1955. Darmstadt, TH, Inst. für Papierfabrikation.) P. ECKERT. 7984

Domenico Borruso, *Die Wirkungen der Qualitätsverbesserung und die Kontrolle der Durchflußkennwerte des Fasermaterials für Papier.* Nach einem Überblick über die Verff. u. Wirkungen der Entwässerung von Zellstoffbrei u. ihre Kontrolle werden Meßwerte mitgeteilt, die mit dem Gerät von IVARSSON u. JOHANSSON (C. **1952.** 3752) erhalten wurden. (Ind. Carta **9.** 17—23. Febr. 31—38. März 1955.) R. K. MÜLLER. 8010

Chadeloid Corp., Dayton, übert. von: **Herman Nack,** Troy, und **George L. Deniston,** Dayton, O., V. St. A., *Herstellung von Holzbeizen* mit verbessertem Eindringungsvermögen u. guten Farbeigg. durch Mischen einer roten Mahagonifarblsg. oder einer anderen Farblsg. in einem Gemisch von 80 (Teilen) Äthylenglykolmonomethyläther u. 20 Diäthylenglykolmonomethyläther mit einer neutralen Paste aus einem Harz (Alkydharz aus Phthalsäure u. Äthylenglykol, Phenol- oder Harnstoff–CH_2O-Harz), einem Füllmittel (SiO_2, Ca-Silicat), einem Dispergiermittel u. einem Netzmittel (Al-Stearat, Morpholin, Polyvinylalkohol). Außerdem können noch Verdünnungsmittel (Toluol, Methanol) zugesetzt werden. (**A. P. 2680103** vom 12/3. 1951, ausg. 1/6. 1954.) W. GRÄGER. 7953

Svenska Cellulosa A/B, Stockholm, Schweden, *Herstellung von besonders abriebfestem Sperrholz* (**I**). Ein mit einer dünner als sonst üblichen Edelholzschicht versehenes **I** wird durch Behandlung mit einer Lsg. oder Dispersion eines polymeren Vinylesters, gegebenenfalls mit einem geringen Zusatz eines härtbaren Harnstoff- oder Melamin–

CH_2O-Harzes, in der Oberfläche gehärtet. Danach bringt man ein transparentes Klebmittel, z. B. ein Vinylchlorid–Vinylacetat-Mischpolymerisat auf, mit dem eine ca. 0,5 mm starke transparente Folie, z. B. aus Polyvinylchlorid, auf dem I fixiert wird. (**E. P. 707 329** vom 29/2. 1952, ausg. 14/4. 1954. Schwed. Prior. 3/3. 1951.) H. MÖLLERING. 7953

Giovanni Rossi, Italien, *Kontinuierliche Hydrolyse von cellulosehaltigen Substanzen.* Man trägt das zerkleinerte oder pulverisierte, cellulosehaltige, mit H_2SO_4 befeuchtete Material fortlaufend von oben her in ein Reaktionsgefäß oder eine senkrecht angeordnete Kolonne ein u. behandelt das Material mit am Boden des Gefäßes oder der Kolonne eingeleitetem überhitztem Wasserdampf von n. oder höherem Druck. — Vorrichtungen. (**F. P. 1 068 887** vom 23/9. 1952, ausg. 1/7. 1954. It. Prior. 24/9. 1951.) T. OPPERMANN. 7969

Celanese Corp. of America, New York, übert. von: **Norman van Gorder**, Scotch Plains, und **Walter D. Paist**, Berkeley Heights, N. J., V. St. A., *Unentflammbare Cellulosederivate.* Ein freie OH-Gruppen enthaltender Celluloseester niedrigmol. aliphat. Säuren wird in Toluol–Pyridin mit Bis-(2-chloräthyl)-chlorphosphonat oder analog gebauten Chlorphosphonaten verestert, nachdem die Feuchtigkeit zuvor mit Toluol abgetrieben wurde. Der Celluloseester ist in Aceton, 1.4-Dioxan, Morpholin u. Äthylenglykolmonomethyläther löslich. Verarbeitung nach dem Preß- u. Spritzgießverfahren. — Vgl. auch E. P. 694 217; C. **1954.** 8013. (**A. P. 2 678 309** vom 18/5. 1950, ausg. 11/5. 1954.) G. SALZMANN. 7971

Diamond Alkali Co., Cleveland, übert. von: **Harry S. Olson** und **Robert C. Danison**, Painesville, O., V. St. A., *Formkörper aus transparenten, unentflammbaren Celluloseacetatbutyrat-Massen.* Man verarbeitet z. B. 66,6 (Teile) Celluloseacetatbutyrat mit gegebenenfalls in Aceton gelösten 28 Chlorparaffin (68% Cl), 4 Trikresylphosphat u. 1,4 Phenoxypropylenoxyd. (**A. P. 2 680 691** vom 16/12. 1948, ausg. 8/6. 1954.) G. SALZMANN. 7971

Deutsche Gold- & Silberscheideanstalt vormals Roessler, Frankfurt/M. (Erfinder: **Wilhelm Gärtner**, Neunkirchen, Odenwald), *Bleichen von Holzschliff und anderem mechanisch erzeugtem Fasermaterial* mit H_2O_2 oder solches abgebenden Perverbb., dad. gek., daß die Bleiche bei p_H 7 oder niedrigerem p_H erfolgt. Die Stoffdichte beträgt zweckmäßig 10% oder mehr. (**D. B. P. 931 690** Kl. 55c vom 24/12. 1942, ausg. 16/8. 1955. Anmeldung bekanntgemacht 24/1. 1952.) G. VOGEL. 7979

American Cyanamid Co., New York, N. Y., übert. von: **Chester G. Landes**, New Canaan, und **Walter F. Reynolds jr.**, Stamford, Conn., V. St. A., *Herstellung geleimter Papiere hoher Naß- und Tintenfestigkeit* durch Zusatz von 0,5—5% eines kation. organ., alkal., wasserunlösl. Leimungsmittels als Salz in wss. Dispersion zu Stoff, Bldg. u. Trocknung der Bahn u. Härten des Harzes bei 105—150° während 0,5—3 Min., dad. gek., daß der Stoff–Leim-Mischung außerdem eine wss. Lsg. eines hydrophilen kation. Alkyleniminharzes zugesetzt wird, das durch Polymerisation eines Alkylenimins mit höchstens 4 C-Atomen, bes. Äthylenimin, hergestellt u. in 0,1—4facher Menge des Leimungsmittels (Reaktionsprodd. aus Fettsäureaminen u. Epichlorhydrin bzw. Fettsäuren u. Polyalkylenpolyaminen) verwendet wird, worauf der Stoff bis zur fast völligen Absorption des Harzes stehenbleibt. Das Leimungsmittel wird dem Stoff bes. bei p_H 4—6 u. das Harz bei p_H 8 bis 11 zugesetzt. (**A. P. 2 698 793** vom 11/4. 1952, ausg. 4/1. 1955.) G. VOGEL. 7979

Ecusta Paper Corp., Del., übert. von: **Milton O. Schur**, Asheville, N. C., V. St. A., *Gleichmäßige Verteilung von Carbonatfüllstoff in Zigarettenpapier.* Der geringere Geh. an Füllstoff an den Rändern des Papiers bei Langsiebmaschinen wird durch nochmaligen Zusatz von Carbonatfüllstoff am Stoffauflauf an den Rändern ausgeglichen. — Tabellen, Zeichnung. (**A. P. 2 693 415** vom 10/4. 1951, ausg. 2/11. 1954.) G. VOGEL. 7987

Kiddy Case Mfg. Co., Inc., übert. von: **Norman Greenberg** und **Walter S. Greenberg**, Denver, Colo., V. St. A., *Herstellen einer harten, reibfesten Platte,* dad. gek., daß (im wesentlichen säurefreie) Pappe mit einer Lsg. von 1 (Teil) Essigsäure in 3 W. gesätt., getrocknet u. nochmals mit wss. Lsg. eines Harnstoff (I)-Polymerisationsprod., z. B. 24 Std. in einer Lsg. von 10 W., 4 Dimethylolharnstoff u. 1 I gesätt., getrocknet u. bei ca. 149° gepreßt wird. Ebenso können mehrere dünne Papierblätter imprägniert u. vor dem Pressen aufeinandergelegt werden. (**A. P. 2 704 736** vom 16/4. 1951, ausg. 22/3. 1955.) G. VOGEL. 7993

Reinhard Trendelenburg, Das Holz als Rohstoff. 2. Aufl. Neubearb. u. hrsg. von **Hans Mayer-Wegelin.** München: Hanser. 1955. (XV + 541 S. m. 175 Abb. u. 66 Tab.) 8°. DM 38,50.

XVIIIb. Textilfasern.

—, *Textilien: Entölen von Fibranne.* Verf. zur Entölung durch Extraktion mit einem Gemisch aus A. u. Ae. u. eine Vorschrift durch Waschen mit Seifenlösung. (Textil-Rdsch. [St. Gallen] **9.** 584. Nov. 1954. Schweiz. Verband für die Materialprüfungen der Technik.) I. SCHOENMANN. 8026

I. McArthur, *Spinnöle.* Zus. u. Eigg. der gebräuchlichsten Spinnöle für Kammgarne. (Wool Rec. Textile Wld. **87.** 1402—07. 16/6. 1955.) I. SCHOENMANN. 8028

Hector C. Borghetty und **John T. Taylor,** *Entschlichtungsmethoden in Beziehung zur Enzymwirkung.* Es werden Methoden zum Entschlichten bei Tempp. bis zu 100° unter Verwendung von Enzymen beschrieben. Hierdurch wird eine raschere Entschlichtung u. somit höhere Produktion möglich. Dieses Verf. wird dadurch möglich, daß man Enzyme bakteriellen Ursprungs mit hohem α-Amylasegeh. (höchste Aktivität zwischen p_H 6—7) in Ggw. von NaCl u. nichtionogenen Prod. (Waschmittel) zur Anwendung bringt. App. u. Zus. der Behandlungsflotten sowie die näheren Arbeitsbedingungen werden angegeben. Weiterhin werden Methoden zur Best. der diastat. Wrkg. u. der Hitzebeständigkeit der Enzyme beschrieben. (Amer. Dyestuff Reporter **44.** P 256—P 261. 11/4. 1955. Philadelphia, Rohm & Haas Comp.) H. G. FRÖHLICH. 8030

E. Matuscheck, *Nichtrostende und säurefeste Werkstoffe in Ausrüstungsbetrieben.* Übersichtsarbeit über verschied. Stähle als Werkstoff in Ausrüstungsbetrieben. Der Einfl. des Kohlenstoffs auf das Verh. der Stähle wird näher erläutert. Auf das Schweißen, das Beizen u. die Korrosion der als Werkstoff dienenden Stähle wird eingegangen. (Textil-Prax. **10.** 182—87. Febr. 1955.) K. HOINKIS. 8032

F. Liewald, *Melaminharze in der Textilhochveredlung.* Vf. gibt eine ausführliche Übersicht über die Herst. von permanenten Chintz-, Schreiner- u. Gaufrageeffekten einerseits sowie über die Knitter- u. Krumpfechtausrüstung von Baumwolle u. Zellwolle andererseits unter Verwendung von *Cassurit MKF konz. Plv.* u. *-MLP flüssig.* In diesem Zusammenhang werden auch genaue Arbeitsvorschriften, einschließlich von Rezepturen, gegeben. (Textil-Prax. **10.** 79—86. Jan. 1955. Frankfurt/M., Cassella Farbwerke Mainkur.) H. G. FRÖHLICH. 8032

A. Pradon, *Die Daueralppreturen.* Inhaltlich ident. mit der C. **1955.** 4732 referierten Arbeit. (Rev. Textile — Tiba — Rusta-Rayonne [N. S.] **54.** 319—25. Mai/Juni 1955. St. Fons, Laboratoire d'Application de Ciba.) E. WAGNER. 8032

H. M. Ulrich, *Der Schutz der Textilien gegen Verrottung und Schimmelbefall. Prüfmethoden.* 1. Mitt. Übersicht über das wesentlichste, was über diese Fragen in der Literatur berichtet wird (mit Literaturnachweis), wobei auch eigne Erfahrungen des Vf. mit berücksichtigt sind. Es werden folgende Themen behandelt: Appreturen u. Verff., die Textilien gegen Schimmel, Fäulnis u. Verrottung schützen (Verrottungsechtheit, Widerstand gegen Schimmel- u. Bakterienbefall), Eigg., die ein ideales Verrottungsschutzmittel haben sollte. (Textil-Prax. **10.** 187—89. Febr. 1955.) K. HOINKIS. 8038

D. E. Brooks, *Mechanische Eigenschaften von entkristallisierter Baumwolle.* Nach einer einleitenden Beschreibung über den Aufbau der Baumwollfaser wird die Behandlung mit Äthylamin zur Herabsetzung des kristallinen Anteiles zwecks Erhöhung der Elastizität ohne Verminderung der Bruchfestigkeit beschrieben. In diesem Zusammenhang werden noch andre Behandlungsverff. mit Aminen beschrieben u. gleichzeitig die erforderlichen Prüfmethoden aufgezeigt. Die im einzelnen erhaltenen Ergebnisse, wobei auch die mechan. Verarbeitungsart entsprechend berücksichtigt wird, werden ausführlich an Hand von 3 Tabellen u. 7 Figuren diskutiert. (Textile Manufacturer **80.** 582 bis 586. Nov. 1954.) H. G. FRÖHLICH. 8044

Hazel T. Stevens und **Sarah M. Browning,** *Das Schrumpfen baumwollener Gewebe.* Besprochen wird das Schrumpfen einiger Baumwollgewebe während des Waschens. (Rayon synthet. Textiles **33.** 62—64. 69. Juli 1952.) P. ECKERT. 8044

Leonard S. Lang, *Das Schrumpfen von Baumwollgeweben und seine Verhütung.* Die Arbeitsweise der Maschine für die Kompressions-Schrumpfungs-Ausrüstung von Baumwollgeweben („Sanforized") wird beschrieben. (Amer. Dyestuff Reporter **43.** P 464 bis 466. 19/7. 1954. Troy, N. Y., Cluett, Peabody u. Co.) H. ZAHN. 8044

George C. Daul, Robert M. Reinhardt und **J. David Reid,** *Die Herstellung von teilweise cyanoäthylierter Baumwolle unter Verwendung von Acrylnitril.* Zunächst beschreiben die Vff. ausführlich ein Verf., das einen Cyanoäthylierungsgrad der Baumwolle von 2,7 pro Glucoseeinheit ermöglicht. Hierbei werden gleichzeitig alle Einzelheiten über Abhängigkeit der Cyanoäthylierung von der Temp., der Reaktionsdauer sowie der Konz. der verwendeten Chemikalien aufgezeigt. Zum Schluß wird noch die Hydrolyse von cyanoäthylierter Baumwolle mit Alkali verschied. Konz. u. bei verschied. Temp. eingehend untersucht, wobei gefunden wurde, daß hierbei einerseits die Cyanoäthylgruppe abgespalten werden kann oder andererseits zur Bldg. von Carboxyäthylgruppen führt. Die Ergebnisse im einzelnen werden an Hand von 8 Tabellen ausführlich besprochen u. diskutiert. (Textile Res. J. **25.** 246—53. März 1955. New Orleans, La., Southern Reg. Res. Labor.) H. G. FRÖHLICH. 8044

Wilhelm Hundt, *Breitbleiche mit Natriumchlorit.* Beschreibung eines Verf. zum Bleichen von Baumwollgeweben in breitem Zustand. Das Gewebe wird auf einem Jigger oder Foulard mit kalter Na-Chloritlsg. imprägniert u. abgepreßt, dann unter gleichzeitigem u. beidseitigem Beströmen mit Dampf direkt auf eine Rolle aufgerollt u. so in einem wärmeisolierten oder an den Wänden durch Beheizung warm gehaltenen Kasten je nach Gewebeart oder Bleichbarkeit 2—6 Std. stehengelassen. Dann wird das Gewebe unter Auswaschen erst mit heißem sodaalkal., dann mit kaltem reinem W. abgerollt. Auf diese Weise erzielt man nicht nur ein reine weiße schalenfreie Bleiche, sondern auch eine vorzügliche Saugfähigkeit sowie ein ganz gleichmäßiges Farbaufnahmevermögen. Die beschriebene Ausführungsweise kann mit gleichem Erfolg auch für die Breitbleiche von Leinengeweben angewendet werden. Eine Schemaskizze, in der das Prinzip der Einrichtung u. der Arbeitsweise dargestellt wird, ist beigefügt. (Textil-Prax. **10.** 181—82. Febr. 1955.) K. HOINKIS. 8044

R. Allscher und **Erich Kiefer,** *Ein Beitrag zum Problem der Trocknung von Geweben aus nativer Cellulose in der Hochveredlung.* Beschreibung von Verss. zur knitterfreien Ausrüstung von Baumwollpopeline unter Verwendung von *Preska Permanent PAG 8* (bei niedriger Temp. kondensierbares Weichharz) in Verb. mit *Elastik D 14,* einem Weichmacher, sowie dem *Katalysator D.* Die so ausgerüstete Ware soll gute knitterfreie Eigg. unter weitgehender Erhaltung der ursprünglichen Reißfestigkeit aufweisen. (Textil-Prax. **10.** 86—88. Jan. 1955.) H. G. FRÖHLICH. 8044

H. Schönefeld, *Echte Röste und Pseudoröste von Bastfasern.* Vf. weist im Verlauf seiner ausführlichen Darst. über die Röste von Bastfasern darauf hin, daß es sich hierbei keinesfalls um einen unkontrollierbaren Vorgang handelt. Durch die Wahl der Bakterien oder die Umstellung auf die Chemischröste läßt sich der Reaktionsablauf der Röste beliebig beeinflussen. Vor allem das allerdings schwierige Gebiet der Bakteriologie steht noch völlig am Anfang seiner Entwicklung. Im Verlauf seiner Ausführungen bespricht der Vf. den Aufbau der Bastfasern einerseits sowie den Aufbau u. das chem.-physikal. Verh. des Pektins andererseits. (Chem. Techn. **6.** 152—60. März 1954. Forst [Lausitz], Fachschule für Textilindustrie.) H. G. FRÖHLICH. 8048

Marcel Goossens, *Die Jute. Technologie und Klassifizierung der Faser.* (Ind. Textile **1953.** 79—85. Febr., 161—66. März, 631—36. Sept., 697—702. Okt., 786—94. Nov.; **1954.** 5—8. Jan., 165—72. März, 315—20. Mai, 485—90. Juli.) P. ECKERT. 8052

—, *Die Verwendung radioaktiver Indicatoren in der Wollforschung zur Erforschung der Struktur, der Färbeverfahren und Waschvorgänge. Die Verwendung von radioaktivem Kupfer, Brom und Natrium.* Strukturunterss. des Keratins mittels radioakt. Cu, die Ermittlung der Farbstoffaufnahmegeschwindigkeit durch radioakt. Br u. Na u. die Best. der Verteilung synthet. Waschmittel zwischen Wolle, Fett u. Waschflotte durch radioakt. Na. (Textil-Rdsch. [St. Gallen] **9.** 586. Nov. 1954.) I. SCHOENMANN. 8060

J. H. Dusenbury, E. H. Mercer und **J. H. Wakelin,** *Der Einfluß chemischer Behandlung auf die Eigenschaften von Wolle.* 1. Mitt. *Die Alkalilöslichkeit als Maß des Schwefelsäureabbaus.* Kammgarngewebe wurden bis zu 24 Std. mit einer H_2SO_4-Lsg. (1,2 g/Liter) gekocht u. nach dem Waschen u. Trocknen der Alkalilöslichkeitsprobe nach HARRIS u. SMITH unterzogen. In einer weiteren Serie wurde nach der H_2SO_4-Einw. mit einer 0,74%ig. CH_2O-Lsg. 18 Std. bei 60° u. p_H 4,5 behandelt u. hierauf die Alkalilöslichkeit ermittelt. Der Logarithmus des „Alkaliunlöslichen" wurde gegen die Dauer der Säureeinw. aufgetragen u. aus dem Kurvenverlauf ein bevorzugter Angriff auf den Orthocortex abgeleitet. Dieser Teil der bilateralen Spindelzellschicht wird 11 mal rascher durch die H_2SO_4 sensitiviert als der Paracortex. Die CH_2O-Einw. verringert zwar die Alkalilöslichkeit, kann aber die Verschlechterung der mechan. Eigg. nicht korrigieren. Zwischen der Bruchenergie der Einzelfaser u. der Scheuerfestigkeit des Gewebes wurde eine einfache Beziehung gefunden. (Textile Res. J. **24.** 890—99. Okt. 1954. Princeton, N. J., Textile Res. Inst.) H. ZAHN. 8060

G. Reichhardt, *Über die Carbonisation.* Unters. der Schwefelsäurecarbonisation der Wolle. Die Fehlerquellen bei der Carbonisation der Wolle werden angeführt u. Maßnahmen zur Ausschaltung dieser Fehlerquellen u. zur Erzielung einer fehlerfreien Ware werden empfohlen. Nach Vf. ist es wichtig, die Carbonisation so zu führen, daß die maßgebenden Einfll. durch selbsttätige Regelungen oder Meßapparete konstant gehalten bzw. überwacht werden. Dies gilt für die Säurekonz. im Säurebottich, die durch Titration zu bestimmen ist u. vor allem für die Überwachung der Tempp. im Vortrockner u. im Brennofen. Während die Chemiefasern auf Cellulosebasis kein besonderes Problem hinsichtlich der Carbonisation darstellen, ist es nach Vf. bis jetzt noch nicht gelungen, ein brauchbares Verf. zu entwickeln, um synthet. Fasern, wie Perlon oder Nylon, auf chem. Wege aus der Wolle abzuscheiden. (Textil-Prax. **10.** 178—81. Febr. 1955.) K. HOINKIS. 8060

A. L. Balter, *Die Appretur von Tuchen aus Wolle und Perlon.* Beschreibung von Unterss. der Appreturvorgänge bei Tuchen aus Wolle u. Perlon, bes. der Walke, der Carbonisation u. des Pressens, um den Einfl. der Perlonfaser auf die Gewebeeigg. festzustellen. Die Unters. zeigte, daß die Beimischung von 10—20% Perlonstapelfasern die Reißfestigkeit, Bruchdehnung u. Scheuerfestigkeit verbessert. Die Erhöhung der Beimischung über 10% (20 u. 30%) verschlechtert das Aussehen des Gewebes. Nach Vf. erscheint es im Zusammenhang hiermit zweckmäßig, in Wollgeweben u. Geweben mit einem größeren Prozentsatz Viscosezellwolle 10% Perlonstapelfasern in gewaschener Form mitzuverwenden. (Textil-Prax. **10.** 173—76. Febr. 1955.) K. HOINKIS. 8060

H. Zahn und **A. Räuchle,** *Über die Darstellung mottenfester Wolle durch chemische Modifizierung.* Die vorliegenden Unterss. der Vff. haben gezeigt, daß man der Wolle durch Vernetzung mit Bis-(chlormethyl)-dimethylbenzol einen weitgehenden Motten- u. Bakterienschutz verleihen kann, ohne die Wolle in unerwünschter Weise zu verändern. Die weiterhin im einzelnen erhaltenen Ergebnisse unter Verwendung von 1.5-Dichlor-2.4-dinitrobenzol, Acetanhydrid u. a. Verbb. werden an Hand von 5 Tabellen u. 4 Abbildungen besprochen. (Textil-Prax. **10.** 89—93. Jan. 1955. Heidelberg, Univ., Chem. Inst.) H. G. FRÖHLICH. 8062

Genichiro Osawa, *Untersuchungen über die Torsionsnachwirkung in der Faser.* 1. Mitt. *Über die Relaxation des Zwirnmoments bei Rohseide.* Untersuchungsbefund an Hand von Berechnungsgrundlagen, die ausführlich behandelt werden. (J. Soc. Textile Cellulose Ind., Japan [Sen-i Gakkaishi] **11.** 72—78. Febr. 1955. [Orig.: japan.; Auszug: engl.]) P. ECKERT. 8068

Adolf Kämpf, *Wann und wie die „Vistra" entstand.* Kurze Übersicht. (Chemiker-Ztg. **79.** 35—37. 20/1. 1955.) P. ECKERT. 8074

Kurt Hess, *Xanthogenierung und Lösung der Cellulose.* Durch die Unters. wird der CROSS-BEVAN-Prozeß über die Umwandlung von Cellulose in Viscose in seinen wesentlichen Phasen aufgeklärt. Die Rk. zwischen CS_2 mit Alkali-Cellulose (Na-Cell I) ist eine Schichtgitter-Rk., die nach Maßgabe der CS_2-Bindung unter kontinuierlicher Vergrößerung der Periode einer definierten Netzebenenschar verläuft. Die Umsetzung ist mit bekannten permutoiden Rkk. exakt vergleichbar. Die Rk. führt im Endprod. zu einem faserigen Perxanthat mit 1 CS_2/1 $C_6H_{10}O_5$. Die Xanthogenierung im Faserverband ist auf eine definierte OH-Gruppe je C_6 beschränkt. Die Rk. verläuft im wesentlichen in 2 Stufen, wobei 3 Aggregatzustände beteiligt sind. Die für die Kinetik bestimmende erste Reaktionsstufe (Vor-Rk.) spielt sich zwischen gasförmigem CS_2 u. gelöstem NaOH in der der festen Phase (Na-Cell I) anhaftenden Tauchlauge ab u. führt zu einem Zwischenprod. aus CS_2 u. NaOH. Die zweite Reaktionsstufe (Nach-Rk.) ist die eigentliche Sulfidierung u. vollzieht sich zwischen dem Zwischenprod. u. Na-Cell. Geschwindigkeitsbestimmend für die Xanthogenierung ist die Vor-Rk., sie verläuft in weiten Meßbereichen bimol. nach Maßgabe von CS_2-Druck u. disponiblem NaOH. Die Kinetik der Xanthogenierung wird mit der Kinetik der Umsetzung von Na-Cell I u. COS verglichen. Bei der COS-Rk. ist die Nach-Rk. geschwindigkeitsbestimmend. Bei der Auflösung des Faserxanthates verschwindet zunächst die period. Anordnung der Schichtebenen. In bezug auf den Zerfall der Schichtebenen in Einzelketten ist der Lösungsmechanismus noch unbestimmt. Für den Lösungszustand sind neben dem Xanthogenierungsgrad das freie NaOH der Faser u. der Grad der Gitteraufweitung des Faserxanthates von Einfluß. In größeren Meßbereichen ist der Einfl. dieser 3 Variabelen auf den durch Zähigkeitsmessungen bestimmten Lösungszustand experimentell festgelegt u. in Raummodellen graph. dargestellt worden. — 10 Literaturnachweise. (Holzforschung **9.** 65—75. 1955.) P. ECKERT. 8074

Heinrich Sulser, *Die Prüfung der Scheuerfestigkeit von Textilien.* (Vgl. C. **1954.** 11085.) (Textil-Rdsch. [St. Gallen] **9.** 348—54. Juli; 399—409. Aug.; 468—80. Sept.; 514—26. Okt.; 569—81. Nov. 1954. St. Gallen, Eidg. Materialprüfungs- u. Versuchsanstalt.) P. ECKERT. 8096

Cassella Farbwerke Mainkur Akt.-Ges., Deutschland, *Herstellung von optischen Bleichmitteln.* Man läßt freie Aminogruppen enthaltende Stilben-2.2′-disulfonsäuren mit Glykolderivv. (z. B. Äthylenoxyd, Glykolchlorhydrin) oder Glycerinderivv. (z. B. Epichlorhydrin) reagieren. — Z. B. versetzt man in einem Autoklaven 60,8 (Teile) 4.4′-Di-(4″-aminobenzoylamino)-stilben-2.2′-disulfonsäure mit einer Lsg. von 88 Äthylenoxyd in 1000 W. u. erhitzt die M. auf 100°, bis sich eine Probe nicht mehr diazotieren läßt. Die Aufarbeitung des Reaktionsprod. ergibt ein schwachgelbes Pulver, welches sich in Na_2CO_3-haltigem W. leicht löst u. Baumwolle, Wolle, Reyon, Polyamid- u. Polyurethanfasern einen bes. reinen weißen Farbton erteilt. (**F. P. 1 070 056** vom 23/1. 1953, ausg. 16/7. 1954. D. Prior. 24/1. 1952.) T. OPPERMANN. 8033

E. I. du Pont de Nemours & Co., Wilmington, übert. von: **Arthur A. Baum** und **Paul A. Sanders**, New Castle County, und **Mario Francesco Sartori**, Wilmington, Del., V. St. A., *OptischeBleichmittel.* Durch Diazotieren von 2-(p-Aminophenyl)-6-methylbenzthiazol (I), Kupplung mit 2-Amino-naphthalin-6-sulfonamid u. Oxydation des Kupplungsprod. erhält man ein Triazol II. Analog werden Triazole dargestellt, die in dem Ausgangsstoff I in 7-Stellung eine SO_3H-Gruppe bzw. eine SO_2NHCH_3-Gruppe aufweisen. — An Stelle von I kann man auch 2-(p-Aminophenyl)-benzimidazol verwenden u. dieses, nach der Diazotierung, mit 1-Amino-naphthalin-5-sulfonsäure, 2-Aminonaphthalin-3,6-disulfonsäure oder 2-Aminonaphthalin-6.8-disulfonsäure verkuppeln u. dann in bekannter Weise zu den Triazolen oxydieren. Diese fluoreszieren *bläulich.* (**A. PP. 2 700 043** vom 26/3. 1953 u. **2 700 044** vom 6/3. 1953, beide ausg. 18/1. 1955.) A. BRÖSAMLE. 8033

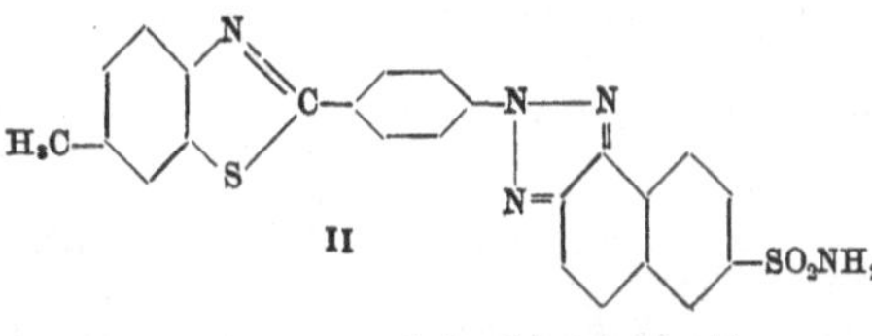

II

Farbenfabriken Bayer Akt.-Ges., Leverkusen (Erfinder: **Arnold Doser**, Köln, **Otto Bayer** und **Karl Hintzmann**, Leverkusen), *Wasserabstoßendmachen von Faserstoffen.* Das Gut wird mit wss. Emulsionen, die einen Geh. an wasserabstoßenden Verbb., wie Paraffinen, Wachsen oder Fettstoffen, hochwirksamen synthet. Emulgatoren u. wss. Lsgg. von Zirkonoxychlorid (I) oder -oxynitrat oder Hydrolysaten dieser Salze aufweisen, imprägniert, zwischengetrocknet, mit heißem W. gespült u. heiß getrocknet. — Geeignet ist z. B. folgender Ansatz: 62,5 (g) Emulsion (75% W., 8% Paraffin, 8% Ceresin, 7% Montansäureester u. 2% Äthylenoxyd–Oleinalkoholkondensat), 12 I-Lsg. (46% ZrO_2) in 300 W., 30 Na_2CO_3-Lsg. (10%ig.), 2,2-Na-Acetat u. 2 Essigsäure. Der Ansatz wird auf p_H-3,9 eingestellt u. dient zum Imprägnieren von Viscose- oder Acetatseide- (Zellwoll-) Geweben. Der Wasserabperleffekt ist nach 5maliger Wäsche bzw. 32std. Walke nur unmerklich verringert. (**D. B. P. 928 343** Kl. 8k vom 16/4. 1939, ausg. 21/5. 1955. Anmeldung bekanntgemacht 6/11. 1941.) H. MÖLLERING. 8037

Vereinigte Glanzstoff-Fabriken Akt.-Ges., Wuppertal, und **Bergedorfer Eisenwerk Akt.-Ges.**, Hamburg (Erfinder: **Richard Elssner**, Randerath, **Julius Funcke**, Erlenbach/M., und **Josef Wollseifen**, Wuppertal), *Entlüften und Abkürzen des Entlüftens von Viscose,* dad. gek., daß man die zu behandelnde erhitzte Viscose dem Vakuum nur ganz kurz aussetzt, also prakt. nur ein Entlüften, aber kein zusätzliches Nachreifen herbeiführt. Als Entlüftevorr. dient ein einfaches kurzes, unter Vakuum stehendes u. eine Erhitzervorr. mit einer Kühlvorr. verbindendes Rohrstück. (**D. B. P. 924 890** Kl. 29b vom 2/10. 1948, ausg. 10/3. 1955. Anmeldung bekanntgemacht 10/5. 1951. **Zusatz zu D. B. P. 901 697; C. 1954. 9889.**) G. SALZMANN. 8075

E. I. du Pont de Nemours & Co., Wilmington, Del., übert. von: **Myron Charles Hall**, Snyder, N. Y., V. St. A., *Wiedergewinnung von CS_2 aus nach dem Viscoseverfahren gesponnenen Fasern* mittels Flüssigkeitsvakuumpumpe. Die noch sauren nassen Fäden oder Stränge mit einem Geh. von 16—18% CS_2 werden einem Vakuum ausgesetzt. Das 50° warme W. der Pumpe reißt CS_2, Luft u. W. aus den Fäden mit u. gelangt in einen Verdampfer, von dem aus CS_2 u. W. nach getrennten Behältern gelangen; das W. läuft über einen Wärmeaustauscher im Kreislauf wieder zur Pumpe. Die noch 1,5—4% CS_2 enthaltenden Fäden werden mit W. von 30—45° gewaschen. — Zeichnung. (**A. P. 2 673 785** vom 23/4. 1951, ausg. 30/3. 1954.) G. SALZMANN. 8075

Farbwerke Hoechst Akt.-Ges., vormals Meister Lucius & Brüning, Frankfurt/M., *Herstellung eines amidgruppenhaltigen Glykolesters* erfolgt durch Rk. von Cocosölfettsäureglykokollid mit 4 Mol Äthylenoxyd oder Glykol in Abwesenheit von W. u. in Ggw. von CH_3ONa bei 120—170°. Das Endprod. ist ein in W. koll. lösl. Öl; es dient als *Präparationsmittel für Zellwolle.* (**Schwz. P. 304 719** vom 11/3. 1952, ausg. 1/4. 1955.) O. MÜLLER-MEININGEN. 8075

Farbenfabriken Bayer Akt.-Ges., Leverkusen (Erfinder: **Martin Schenk**, Berlin, **Lothar Strassberger**, Buenos Aires, Argentinien, und **Rudolf Gund**, Heidelberg), *Wärmebeständige Gebilde, wie Fäden oder Folien, aus Celluloseestern,* bes. für *elektrotechn. Zwecke,* gek. durch einen Geh. an solchen organ. Verbb. in Celluloseestern, bes. Triestern, die sich in den für Celluloseester üblichen Lösungsmitteln lösen u. in den Endprodd. gelöst bleiben u. ihre den Viscositätsabbau hemmenden Eigg. bei wiederholter u./oder erhöhter Wärmeeinw. weitgehend behalten. Solche Verbb. sind: Aliphat. oder aromat. Aminoverbb. (Harnstoffe, Naphthylamine, Diphenylamine), organ. Farbstoffe (Azine, Oxazine, Thiazine, Indigo), S-haltige Stoffe, bes. mit bas. Charakter (Thioharnstoff, Thiodiphenylamin u. dgl.). (**D. B. P. 911 432** Kl. 39b vom 21/4. 1942, ausg. 13/5. 1954. Anmeldung bekanntgemacht 23/7. 1953.) G. SALZMANN. 8077

Farbwerke Hoechst Akt.-Ges., vormals Meister Lucius & Brüning, Frankfurt/M. (Erfinder: **Paul Schlack,** Leitershofen), *Herstellung von schmelzbaren, hochpolymeren, linearen Polyamiden* (I), dad. gek., daß man hochpolymere, lineare, verformbare I mit solchen Ausgangsstoffen, die zur Herst. von I verwendbar sind, oder mit in der Schmelze niedrigviscosen, niedrigmol. I vereinigt u. die M. so lange erhitzt, gegebenenfalls in Ggw. von Beschleunigern u. Lösungsmitteln, bis eine homogene, zur Verformung aus dem Schmelzfluß genügend hochmol., geschmolzene M. entstanden ist. Der monomere Anteil kann aus polymerisierbaren Lactamen (II) bestehen. — Nach einem Beispiel wird ein makromol. I aus ε-Caprolactam mit II, das ε-Aminocapronsäurehydrochlorid (0,5%) u. $^1/_{50}$ Mol W., bezogen auf 1 Mol II, enthält, unter N_2 auf 250°, dann auf 255° erhitzt. *Fäden.* Verwertung von Fabrikationsabfällen. (**D. B. P. 929 933** Kl. 39c vom 29/11. 1938, ausg. 7/7. 1955. Anmeldung bekanntgemacht 9/9. 1954.) H. SCHINDLER. 8081

Stockholms Superphosphat Fabriks Aktiebolag, Stockholm, Schweden (Erfinder: **S. Sönnerskog** und **G. By**), *Herstellung von Fasern und Folien aus Polyacrylnitril.* Polyacrylnitril (Mol.-Gew. 80000—150000) wird in β-Aminopropionitril bei 120° aufgelöst u. bei 140° unter Anwendung eines Glycerin-Fällbades feucht versponnen. (**Schwed. P. 141 280** vom 1/2. 1951, ausg. 21/7. 1953.) K. H. KÄHLER. 8081

Dow Chemical Co., übert. von: **Nelson W. Abernethy,** Midland, Mich., V. St. A., *Spinnlösung* für künstliche *Fäden.* Man verwendet ein Mischpolymerisat (I), gelöst zu 10—20 (%) in Aceton, das aus 30—55 *Acrylnitril* u. 70—45 *Vinylidenchlorid* besteht u. ein solches Mol.-Gew. besitzt, daß eine Testlsg. von 0,5 g I in 100 cm³ eine Viscosität von 1,5—2,5 cP/25° aufweist. (**A. P. 2 681 325** vom 8/10. 1952, ausg. 15/6. 1954.) G. SALZMANN. 8081

Firestone Tire & Rubber Co., Akron, O., übert. von: **Alfred S. Kidwell,** Milford, Conn., und **George P. Rowland jr.,** Pottstown, Pa., V. St. A., *Kristalline Vinylidenmischpolymerisate* erhält man durch Polymerisation von 94—97 (Gewichtsteile) Vinylidenchlorid, 3—6 Methylacrylat u. 1—7 Trichloräthylen in Ggw. eines Peroxydkatalysators bei 40—90° in wss. Suspension. Geeignet zur Herst. orientierter *Fäden* mit hoher Schrumpffestigkeit in sd. Wasser. — Mengenbeispiel, Tabellen u. Diagramme. (**A. P. 2 697 091** vom 16/3. 1953, ausg. 14/12. 1954.) H. SCHINDLER. 8081

Imperial Chemical Industries Ltd., London, England (Erfinder: **Alan Charles Farthing**), *Polymere Oxacyclobutane* erhält man aus Verbb. der Formel **I,** wobei X u. Y Halogen, CN, OH, Alkoxy, Aryloxy bzw. Acyloxy bedeuten, bzw. miteinander einen O- oder sonstigen heterocycl. Ring bilden, durch Polymerisation mit FRIEDEL-CRAFTS-Katalysatoren, wie BF_3 oder dessen Komplexverbb., konz. H_2SO_4, $SnCl_4$, $AlCl_3$, $GaCl_3$ oder Triäthyloxoniumfluoborat, bei —80 bis +150°, zweckmäßig in Ggw. von Lösungsmitteln, wie CH_3Cl, SO_2 oder $CHCl_2F$. — Durch Rk. von 60 (Teilen) 3.3-Bis-(chlormethyl)-oxacyclobutan mit 0,34 Bortrifluoriddiäthylätherat erhält man einen weißen festen Stoff, der nach 50 Min. langem Erhitzen auf 197° bei 15 mm Druck eine bei 180° erweichende M. ergibt, die *versponnen* werden kann. — *Verwendung zur Herst. von Fasern*; Preßmassen. (**E. P. 723 777** vom 22/8. 1951, ausg. 9/2. 1955.) J. MÜHLEISEN. 8081

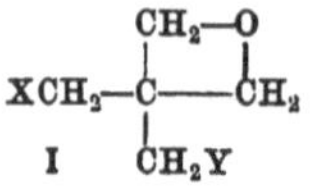

I

Algemeene Kunstvezel Mij. N. V., Den Haag, Holland (Erfinder: **E. Jenny**), *Behandlung von Glasfasern oder -geweben* durch eine progressive Erhitzung auf ca. 550° während 5—10 Min.; darauf erfolgt eine schnelle Abkühlung mittels kalter Luft oder W. sowie eine anschließende Behandlung mit einer Lsg., bestehend aus 2 (%) Carbamidformaldehydharz, 1 kationakt. quaternäre Ammoniumverb., 1 emulgiertes Paraffin, 1 Kondensationsprod. aus Dicyandiamidin u. Formaldehyd, 3 Ameisensäure. Nach 15 Min. Eintauchen erfolgt Trocknen bei 80° u. Polymerisieren bei 140° während 8 Minuten. Durch diese Behandlung werden die Glasfasern geschmeidiger u. anfärbbar. (**Schwed. P. 141 224** vom 16/4. 1951, ausg. 21/7. 1953. F. Priorr. 15/4. 1950 u. 14/4. 1951.) K. H. KÄHLER. 8083

Gerhard Meier, Hrsg., Jahrbuch der Textilveredlung. Bd. 1. 1953. (586 S. m. Abb., 22 Taf.) DM 25,—. Bd. 2. 1954. (941 S. m. Abb.) DM 36,—. Berlin: Verl. Technik. 1953—54. 4°.

XIX. Brennstoffe. Erdöl. Mineralöle.

Katsuya Inoue, *Versuche über turbostratische und micellare Struktur bei Steinkohle.* In einem Modellvers. wird die Röntgenbeugung mit den rheolog. Eigg. von *Steinkohlen* bei der Verkokung in Beziehung gebracht. Die aus den Aschebestandteilen gebildeten, durch Kohle-„Moll." solvatisierten Micellen sind von anderen „Moll." als einer Grundmasse (GM) umgeben, die durch schwächere Bindungskräfte als die Micellen zusammengehalten werden u. gleichsam als Weichmacher fungieren. Der Röntgenbeugungsvers.

wird mit einer Modellprobe (I) ausgeführt, hergestellt durch Mischung von gepulvertem Anthrazit (für die Micellen) u. gepulvertem Bakelit (für die GM) mit einem geringen Zusatz von Äthylalkohol. Beim Erhitzen von I sieht man I als Ganzes plast. werden, sich aufblähen (durch Verdampfen des A.) u. dann mit geringer Zusammenziehung hart werden. Das Endprod. sieht wie richtiger Koks aus. Maximale Temp. des Vers.: 120°. Da hierbei keine weitere Änderung als die Verdampfung von W. stattfindet, könnte die Strukturänderung eine solche der relativen Konfiguration von Micellen u. GM sein. Die Gitterabstände u. die Größe S der Kristallite entlang der a- u. c-Achse lassen sich aus den Intensitätsbestimmungen erhalten. Bei 110° erscheint ein Maximum in S_c entlang der c-Richtung, wie bei einem wirklichen Verkokungsvers., desgleichen bei 80 u. 120°. S_c ist kleiner als das ursprüngliche S_c des Anthrazits, was ganz analog den Befunden beim Verkoken unter der Backtemp. ist. Auf solche Weise lassen sich die Backeigg. durch das Micellenmodell der Steinkohlestruktur verständlich machen. (Kagaku [Science] **23.** 317—18. 1953. Shibara Engngn. Inst. [Orig.: japan.]) L. SCHULER. 8126

J. I. von Graham, *Einige physikalische und chemische Eigenschaften der Kohle.* Die Durchlässigkeit der Kohle für Gase u. W. ist eine Funktion ihres Alters, u. es ist zu berücksichtigen, daß infolge der großen Porosität verhältnismäßig viel CH_4 u. a. Gase in der Kohle enthalten sind. UV- u. Infrarotspektroskopie können zur Best. der Wichte u. des Aufbaues der Kohle herangezogen werden. Durch Änderung des Feuchtigkeitsgeh. werden bes. in Braunkohle starke innere Spannungen hervorgerufen. Die O_2-Absorption von gemahlener Kohle wird mit den Oxydationsprodd. u. ihrer Selbstentzündlichkeit in Beziehung gebracht. — 31 Literaturangaben. (New Zealand J. Sci. Technol., Sect. B **36.** 464—78. März 1955.) H. SCHÖBERL. 8126

J. S. Forrest, A. C. Smith und **J. M. Ward,** *Germanium in Kesselanlagen von Kraftwerken.* 60 Proben Flugstaub u. Asche werden auf Geh. an Ge untersucht, u. es wird gefunden, daß nur bei 2 Proben aus einem Überhitzer der Ge-Geh. höher als 0,1%, der untersten Rentabilitätsgrenze, lag. In weiteren 10 Proben lag der Geh. an Ge zwischen 0,05 u. 0,1%, bei dem Rest wurden nur Gehh. von 0,003—0,05% Ge festgestellt. Verss. werden durchgeführt, um festzustellen, ob entweder Pyrite oder NaCl oder KCl die Abspaltung von Ge während der Kohleverbrennung erleichtern, um eine Anreicherung von Ge in der Flugasche zu erhalten. (Nature [London] **175.** 558. 26/3. 1955. Leatherhead, Randall's Farme Laue, Res. Labor. Brit. Electricity Anthority.) K. O. MÜLLER. 8128

Je. I. Schmuk, A. Ja. Larin und **W. B. Schnejersson,** *Schaumlöschung in Salzlösungen bei der Anreicherung von Kohle.* Die Bldg. eines stabilen dreiphasigen Schaumes in Salzsuspensionen von Kohle beruht auf dem Haften hydrophober Kohleteilchen an Luftbläschen u. deren Flotation zur Oberfläche der Pulpe. In Ggw. von Metallsalzen aromat. Sulfonsäuren DS (Detergent sovj.) werden die Kohleteilchen hydrophil u. benetzen sich mit der Lösung. Die Eigg. von DS sind vom organ. Teil u. dem Kation (Na, Ca, Al, NH_4) abhängig. Am besten wirkt eine Konz. von 0,005—0,04% DS-Na in einer Salzlsg., D. 1,15—1,3 (2%ig. Kohlesuspension), wodurch der Schaum in wenigen Min. zerstört wird. Bei höheren Konzz. von DS-Na (0,1%) wird bei einer Verringerung der Oberflächenspannung DS-Na infolge Erhöhung der koll. Eigg. zu einem guten Schaumbildner. (Известия Академии Наук СССР, Отделение Технических Наук [Nachr. Akad. Wiss. UdSSR, Abt. techn. Wiss.] **1955.** 135—40. Jan. Inst. für mineral. Brennstoffe u. Erdölinst. der Akad. der Wiss. der UdSSR.) O. POLLAK V. EMHOFEN. 8134

Milan Dočkal, *Die Herabsetzung des Schwefelgehaltes in Kohlen.* An Kohlen der verschied. Reviere der Tschechoslowakei werden Vergleichsverss. zur Verminderung des S-Geh. durch Aufbereitung in schweren Fll., wie Xylenol, durch Setzverf. u. durch Flotation durchgeführt u. für die Vorbereitung der Kohlen zur Verkokung ausgewertet. (Uhlí 5. 85—89. März 1955. Úst. pro výzk. a využití paliv.) R. K. MÜLLER. 8134

Charles E. Silverblatt und **Donald A. Dahlstrom,** *Feuchtigkeitsgehalt eines Filterkuchens aus Feinkohle. Einflüsse von Viscosität und Oberflächenspannung.* Vff. untersuchen den Einfl. von Oberflächenspannung u. Viscosität des Flüssigkeitsmediums, dem bei einigen Versuchsreihen Netzmittel (*Aerosol T* u. *Tergitol CW*) zugesetzt waren, auf die Feuchtigkeit des Filterkuchens aus einem Brei von Feinkohle u. Wasser. Die Unterss. wurden mit einem unter Vakuum stehenden Filter durchgeführt u. sind für die Aufbereitung der Kohle von Bedeutung. Der Einfl. von F hat die größte Bedeutung, es folgen Viscosität u. Oberflächenspannung; andere Variable, wie Luftgeschwindigkeit, Druckabfall innerhalb des Filterkuchens, Konz. des Netzmittels, werden ebenfalls untersucht. Der Feuchtigkeitsgeh. ist prim. eine Funktion der Viscosität für geringe Konzz. des Netzmittels. Relativ hohe Konzz. des Netzmittels haben einen tiefgreifenden Einfl. sowohl auf den Feuchtigkeitsgeh. als auch auf die Luftgeschwindigkeit durch den

Filterkuchen. (Ind. Engng. Chem. **46.** 1201—07. Juni 1954. Evanston, Ill., Northwestern Univ.) K. O. MÜLLER. 8134

K. Y. Shrikhande, A. K. Das Gupta und **A. Lahiri,** *Tieftemperaturverkokung von indischen Kohlen unter fluidisierten Bedingungen.* 2 lbs. (0,9 kg) Kohle werden in einem auf 300—400° vorerhitzten Gasstrom von 25—40 cu.ft/h (0,7—1,12 m^3/Std.) in einer 2 inch. (5 cm) Durchmesser besitzenden elektr. beheizten Kolonne diskontinuierlich bei 900° verkokt u. die erhaltenen Resultate mit dem in einem 10 kg Fischer-Verkokungstiegel mit der gleichen Kohle erhaltenen Wert verglichen. Ergebnisse im Original. Die Verkokungszeit variiert zwischen 15 u. 60 Min. pro Charge u. ist abhängig von der Geschwindigkeit der zugeführten Wärme u. der Verkokungstemperatur. Die Verss. zeigten, daß entweder eine hohe Wandtemp. im Verkoker u./oder eine höhere Gastemp. u. größere Feinheit der Kohle erforderlich sind, um eine restlose Entgasung der nichtbackenden Feinkohle aus dem Raniganj Revier zu erzielen. (J. sci. ind. Res. [New Delhi] Sect. B **13.** 634—41. Sept. 1954. Dealgora, Bihar, Fuel Res. Inst.) K. O. MÜLLER. 8140

W. N. Ssergejewa und **A. Ja. Waiwad,** *Thermographische Untersuchung der Pyrolyse von Holz und dessen Bestandteilen.* Die Verfolgung der therm. Spaltung von Birkenholz, von daraus gewonnener *Holocellulose* u. *Cellolignin,* sowie von den einzelnen Holzkomponenten (*Cellulose, Xylan* u. *Xylose*) nach der Meth. von KURNAKOW zeigte, daß der Charakter der therm. Spaltung der einzelnen Holzkomponenten ein ganz anderer ist, als wenn sie im ursprünglichen Verbande vorliegen. Bei der therm. Spaltung von Xylan wird freie Xylose nicht gebildet. Hexosen u. Pentosen weisen einen verschied. Spaltungsmechanismus beim therm. Abbau auf. (Известия АкадемииНаук Латвийской ССР [Nachr. Akad. Wiss. LettSSR] **1954.** Nr. 9. 103—08. Akad. der Wiss. der LettSSR.) M. ULMANN. 8140

D. Hadži, B. Popović und **M. Samec,** *Untersuchungen an verschiedenen Substanzen, die Verkokungseigenschaften besitzen.* Zweck der Unterss. war, die Konstitutionen solcher Substanzen aufzuklären, die wie backende bituminöse Kohlen bei der Zumischung zu nichtbackender Kohle wirken. Untersucht wurden Stoffe mit asphalt. Eigg., die durch Ausfällung aus benzol. Lsgg. mittels Ae. oder Normalbenzin erhalten werden (1), KW-stoffe, die durch Rk. von Naphthalin (2) u. Anthracen (3) mit $AlCl_3$ erhalten werden, u. ein Pyrolysenprod. von Polyvinylchlorid (4). Von besonderem Interesse waren die nur aus den Elementen C u. H bestehenden Prodd. (2) u. (3), während die Substanz (1) S-haltig u. das Prod. (4) Cl-haltig waren. Die Spektren aller 4 Substanzen sind sehr ähnlich, bes. in der C—H-Region. Weiter zeigen die Spektren, daß die Substanzen eine aromat.-polycycl. Struktur mit einigen gesätt. CH_2-Gruppen besitzen. Die Verkokungseigg. aller 4 Substanzen sind ebenfalls sehr ähnlich, die ermittelten chem. Verbb. werden aufgezählt. (Bull. sci. [Yougoslavie] **1.** 14—15. Jan. 1953. Belgrad, Coal Inst. Acad.; Ljubljana, Chem. Inst. Acad.) K. O. MÜLLER. 8142

B. Popović und **M. Samec,** *Untersuchungen über den Mechanismus des Verkokungsverfahrens durch Zugabe von bestimmten chemischen Verbindungen zu einer nichtkokenden Kohle.* Als Ausgangsstoff diente Lignit u. ein aus Lignit hergestellter Halbkoks. Neben Zucker wurden Naphthalin u. Derivv. von Naphthalin als Zusatzstoffe untersucht. Auch mit Dextrose u. Holzhydrolysaten wurden Verkokungsverss. in Mischung mit den Ausgangsstoffen vorgenommen u. gefunden, daß alle Substanzen der Ausgangskohle verkokende Eigg. verleihen. Lignin, das aus der Holzhydrolyse stammt, ruft Verkokung hervor, $\beta.\beta$-Dinaphthyldisulfon ergab negative Ergebnisse, während ein Pyrolysenprod. von $\beta.\beta$-Dinaphthylsulfon, aus dem die lösl. Teile mittels A. u. Ae. eliminiert sind, bes. gute Verkokungsergebnisse ergab. (Bull. sci. [Yougoslavie] **1.** 15. Jan. **1953.** Belgrad, Coal Inst. Acad.; Ljubljana, Chem. Inst. Acad.) K. O. MÜLLER. 8142

Wilhelm Reerink, *Neue Erkenntnisse für die Beurteilung und Herstellung von Koks unter Berücksichtigung der verschiedenen Verwendungszwecke.* Die internationale Einteilung der Kohlensorten sowie die Maßstäbe für ihre Beurteilung werden erörtert. Das verkokungstechn. Verh. der verschied. Kohlenarten u. -mischungen wird durch Best. des Erweichungsverh. der Kohle, ihres Entgasungsverlaufes u. der Entgasungsgeschwindigkeit sowie der unterschiedlichen mechan. Widerstandsfähigkeit der einzelnen Sorten untersucht. Erörterung mkr. u. petrograph. Untersuchungsmethoden. Die Bedeutung der Festigkeitsbest. an Koks, der inneren u. äußeren Oberfläche, der Reaktivität, Reaktionsgeschwindigkeit u. Aktivierungsenergie wird besprochen, u. Angaben über die Ermittlung der Eindringtiefe der Gase, über die Abbrand- u. Abrieselungsprüfung, über die Bedeutung der Gleichmäßigkeit u. Kornverteilung der Ofenbeschickung, über die Graphitisierung, den Inkohlungsgrad sowie die C-Modifikationen, über die Zündpunktbest. sowie über die Herst. von Formkoks u. Sonderkoks werden gemacht. (Stahl u. Eisen **75.** 322—35. 24/3. 1955. Essen.) H. HOCHSTEIN. 8144

J. L. Soulé, *Der Vorgang der Rissebildung in Koks.* Zur Erklärung einiger anomaler Erscheinungen bei der Unters. der Rissebldg. in Koks wurden Verss. über diesen Vorgang durchgeführt. Es konnte eine einheitliche Deutung der bekannten Tatsachen gegeben werden. Weiter werden Vorschläge für die Verbesserung des Kokes u. für die Kontrolle der Ofenchargen dargelegt. (Fuel **34.** 68—77. Jan. 1955. Oise, Labor. de Verneuil, Centre d'Études et Rech. des Charbonnages de France.) E. Boye. 8144

W. J. Walters, *Die Ölvergasung.* Übersicht über die Verff. der Ölvergasung. — 9 Schriftumshinweise. (Gas Wld. **141.** Nr. 3688. 1065—72. 23/4. 1955. North Thames Gas Board.) W. Wesly. 8148

T. F. Loughry, *Das Thermophor-Pyrolytic-Cracking-Verfahren für die Gewinnung von Gas aus Mineralölen.* Bei dem beschriebenen Verf. werden in den Reaktionsraum zwei getrennte Ströme von Kügelchen von Erdölkoks von oben eingeführt, von denen der eine auf die Reaktionstemp. von 820—870° vorgeheizt, der andere kälter ist. Das zu spaltende Öl (getopptes Rohöl oder andere schwere Erdölrückstände) wird teils etwa in der Mitte, teils im oberen Teil des Reaktionsraumes zugeführt; es liefert ein Gas von der Qualität des Stadtgases mit einem Heizwert von 8000—10000 kcal/m^3. Der Koks scheidet sich auf den eingeführten Feststoffen ab. (Riv. Combustibili **8.** 491—512. Juli/Aug. 1954.) R. K. Müller. 8156

Marcel Migeon, *Gewinnung von wertvollem Gas aus Masutrückständen.* Auf Grund französ. Erfahrungen wird die Vergasung von Masut zu einem Gas mit Heizwert 9500 cal beschrieben u. die dafür verwendete Anlage mit 2 mit feuerfesten Steinen ausgekleideten Kammern erläutert. (Engenharia, Mineração Metalurg. **21.** 121—23. März 1955.) R. K. Müller. 8162

Jinichiro Kaneyasu, *Die Entphenolung von Gaswasser.* Beschreibung einer Anlage zur Entphenolung, deren Wirkungsgrad durch Zusatz von Teerbasen zum Extraktionsmittel (Bzl.) gesteigert wird. (J. Fuel Soc. Japan **34.** 137—45. März 1955. Kawasaki Iron Manufact. Co. Ltd., Chiba Works. [Orig.: japan.; Auszug: engl.]) W. Wesly. 8164

A. Wachal, *Die Verwertung von Abfällen der Erdölraffination als oberflächenaktive Mittel.* Beim Raffinieren der Erdöl- (Naphtha-) Destillate entstehen unter der Einw. der dabei verwendeten H_2SO_4 eine Anzahl von Sulfo- u. Naphthensäuren; Vf. unterscheidet hierbei unter den Sulfosäuren: in Öl lösl. u. nichtlösl. Monosulfosäuren, endlich in Öl unlösl. Disulfosäuren. Eine Tabelle gibt über die chem. Eigg. der Verbindungsgruppen dieser 4 Hauptgruppen Auskunft, ausführlich ergänzt durch Angaben im Text über die chem. Vorgänge während des Sulfurierungsvorgangs. Viele dieser Zwischenprodd. stellen billige Abfallstoffe dar, deren Wert jedoch in ihrer Oberflächenaktivität liegt. Im Schlußabschnitt über die Verwendung aller dieser Stoffe wird die Darst. u. Niederschlagung von Emulsionen behandelt u. anschließend die Verwendung der Naphthen- u. Sulfonsäuren sowie ihrer Derivv. in der Textilindustrie, der Technologie der Metalle, der Fettindustrie, der Herst. plast. Massen, der Pharmazie, der Landwirtschaft (Schädlingsbekämpfungsmittel) u. a. Industrien. (Przemysł chem. [Chem. Ind.] **7 (30).** 464—73. Juli/Aug. 1951. Raffinerie „Jasło".) A. v. Wilpert. 8186

H. M. Bigford, *Aluminium in der Erdölindustrie.* Die hohe Wärmeleitfähigkeit der *Al*-Legierungen zusammen mit ihrem geringen Gewicht u. ihrer Korrosionsbeständigkeit sind für die Erdölindustrie wertvolle Eigenschaften. Berichtet wird über Verss. mit Rohren aus *HT 10-WP(B.S. 1471)* mit bis 0,15 (%) Cu, 0,4—1,5 Mg, 0,75—1,3 Si, bis 0,6 Fe, bis 1 Mn u. bis 0,5 Cr. Die Schweißung nach dem *Argonarc*-Verf. liefert gute Werte. Al-plattierte Stahlrohre haben den Vorteil eines guten Korrosionsschutzes mit einer verbesserten Wärmeableitung. Verwendung von Al-Legierungen in der Tankschiffahrt u. für Behälter. (Metallurgia [Manchester] **51.** 75—80. Febr. 1955. Birmingham, T. I. Aluminium Ltd.) K. Stein. 8186

H. J. Waterman, *Die Bedeutung der graphisch-statistischen Analyse für die Erforschung der Mineralöle.* (Brennstoff-Chem. **36.** 169—76. 1/6. 1955. Delft, Holland, TH, Labor. für Chem. Technol.) K. O. Müller. 8188

C. K. Ferguson und **J. A. Klotz,** *Filtrieren von Schlamm während dem Bohren.* In ausführlicher Weise werden die theoret. Grundlagen gegeben. Vff. haben hierzu eine geeignete App. u. eine Modellbohrung geschaffen, um die Fragen besser bearbeiten zu können. Sie geben eine Übersicht über das vorliegende Schrifttum u. behandeln dann im einzelnen die dynam. u. stat. Filtration. Die der Filtration gesetzten Grenzen werden mathemat. entwickelt. Das im Umlauf befindliche W. konnte nur schwer vom Filtrat unterschieden werden, doch muß angenommen werden, daß es sich um durchgelaufenes W. handelt u. nicht um durchgelaufenen Schlamm. (J. Petroleum Technol. **6.** Petroleum Trans. AIME 30—43. Febr. 1954. La Habra, Calif.) F. Rosendahl. 8190

Franz Kirnbauer, *Die Verwendung von Gerbstoffen in der Dickspülung.* An Hand von 24 Schrifttumsangaben gibt Vf. eine Darst. über die derzeitigen Kenntnisse über die

Anwendung von Gerbstoffen in der Dickspülung. (Erdöl-Ztg. **71.** 22—27. Febr./März 1955.) F. ROSENDAHL. 8190

R. B. Brown, *Die Verwendung von Erdölraffineriegas.* Übersicht über Gewinnung, Eigg. u. Verwendung des als Nebenprod. bei der Dest. u. Wärmebehandlung von Erdöl anfallenden Raffineriegases mit (in Vol.-%) 4 H_2, 32 CH_4, 8,0 C_2H_4, 23,0 C_2H_6, 28,0 C_3-KW-stoffen, 2,0 C_4-KW-stoffen; 3,0 S-Verbindungen. (Gas Wld. **141.** 309—10. 313. 29/1. 1955. North Western Gas Board, Wirral Group.) W. WESLY. 8194

Georg Geißelbrecht, *Äthylen, ein Kohlenwertstoff?* Vf. gibt einen kurzen Überblick über die Verwertungsmöglichkeit des Äthylens zur Gewinnung von Petrochemikalien u. die Möglichkeit seiner Gewinnung aus Crackgasen nach dem Hypersorptionsverf. u. aus dem Koksofengas nach dem Rektisorptionsverfahren. (Gas u. Wasserfach, Ausg. Gas **96.** Nr. 7. 198—99. 1/4. 1955. Frankfurt/M.) F. ROSENDAHL. 8196

M. O. Kilpatrick, L. E. Dean, D. S. Hall und **K. W. Speed,** *Anwendung der Wirbelbettechnik auf die pyrogene Gewinnung von Olefinen aus gasförmigen Paraffinen.* Ein Wirbelbettofen („Pebble Heater") wird für die Spaltung leichter KW-stoffe zu Olefinen, z. B. C_2H_4 (I), verwendet. Infolge der höheren Temp. u. kürzeren Verweilzeit werden im Vgl. mit den üblichen Röhrenöfen höhere Ausbeuten an I u. C_2H_2 erzielt. Bei 1500° wird n-Butan zu 91% umgesetzt u. ein Gas mit 37,3% I, 30,5% CH_4, 16,6% H_2, 6,7% C_3H_8, 2,0% C_2H_6 u. 1,2% C_2H_2 erhalten. (Riv. Combustibili **8.** 513—25. Juli/Aug. 1954. Bartlesville, Okla., Phillips Petroleum Co.) R. K. MÜLLER. 8196

Heinz Heinemann, J. B. Hattman und **J. W. Schall,** *Houdriforming von hydrierend gecrackten Erdölen. Zusammensetzung von Erdölen aus der hydrierenden Gasölcrackung.* Das durch hydrierende Crackung schwerer Mineralölfraktionen erhaltene Bzn. von niedriger Octanzahl besteht hauptsächlich aus geradkettigen oder einfach verzweigten Paraffinen, Naphthenen mit kurzer Seitenkette, die aus Aromaten entstehen, u. aus Aromaten, die aus Aromaten von hohem Mol.-Gew. gebildet werden, u. stimmt in der Zus. weitgehend mit dem straight-run-Bzn. aus demselben Rohöl überein. Der Houdriforming-Prozeß eignet sich zur Verbesserung dieses Bzn. ebensogut wie für straight-run-Bzn.; die Ausbeuten u. erhaltenen Octanzahlen sind etwa gleich. (Ind. Engng. Chem. **47.** 735—39. April 1955. Linwood, Pa., Houdry Process Corp.) H. BERTSCH. 8196

H. E. Benson, J. H. Field, D. Bienstock und **H. H. Storch,** *Das Ölumlaufverfahren bei der Fischer-Tropsch-Synthese.* Massive Eisenkatalysatoren, bes. Stahl-Drehspäne erwiesen sich als stabil u. haltbar bei dem Öl-Umlaufverfahren. Diese Drehspäne werden partiell oxydiert u. red., so daß eine akt. poröse Eisenoberfläche auf einem inerten Eisenkern erhalten wird. Durch die vielen Zwischenräume zwischen den Drehspänen konnte mit einer Festbettkatalysatoranordnung gearbeitet werden, ohne Gefahr zu laufen, daß eine Verstopfung, wie sie bei geschmolzenem granuliertem Eisenoxydkatalysator beobachtet wurde, eintritt. Die Arbeitsbedingungen lagen oberhalb 290°, dabei trat kein Aktivierungsabfall bei dem Katalysator ein, u. es wurden verhältnismäßig lange u. stabile Syntheseperioden erreicht. Durch die höheren Arbeitstempp. wurden höhere Ausbeuten an niedrig sd. KW-stoffen erhalten u. die Möglichkeit gegeben, ein Syntheseprod. zu erhalten, das im Siedebereich von Bzn. liegt. Neben Stahldrehspänen wurde auch Stahlwolle als Katalysator untersucht. (Ind. Engng. Chem. **46.** 2278—86. Nov. 1954. Bruceton, Pa., Synthetic Fuel Res. Branch U. S. Bureau of Mines, Region VIII.) K. O. MÜLLER. 8200

J. J. Forbes, *Entwicklung synthetischer flüssiger Brennstoffe.* Vf. gibt einen Überblick über die Möglichkeiten der Gewinnung von Ölen u. Kraftstoffen aus Kohlen. (Mines Mag. **44.** Nr. 11. 111—114. 158. Nov. 1954.) F. ROSENDAHL. 8204

Takeshi Kamatani, *Über Dieseltreibstoffe.* Vf. gibt einen Überblick über Dieselöle in bezug auf den Gebrauch u. ihre Zähigkeit. Allg. Natur der Öle. Zustand der Öle kurz vor der Einspritzung u. nach dem Beginn der Verbrennung. Beziehungen zwischen dem Öl für die Einspritzung u. seiner Zähigkeit. Eigg. hochviscoser Öle für die Verwendung im langsam laufenden Marinediesel u. Angaben über die Handhabung solcher Öle. Vgl. zwischen amerikan. u. japan. Dieselölen. (J. Fuel Soc. Japan **34.** 10—16. Jan. 1955. [Orig.: japan.; Auszug: engl.]) F. ROSENDAHL. 8212

A. Dierichs, *Entwicklung der Forschung über Schmierstoffe.* Es wird über Verss. berichtet, die mit Motorenölen der DDR durchgeführt wurden (Bunaöl, Leunaöl). Im Vordergrund stehen Fragen wie die Verwendbarkeit von Molybdändisulfid, dessen Vork. in der DDR beschrieben werden, an Stelle von Graphit, die Mischbarkeit der Motorenöle u. die Wrkg. von Additives. (Technik **10.** 221—25. April 1955. Freiberg, Bergakademie, Inst. für org. Chemie u. Chemie der Kohle u. Öle.) K. L. WOLF. 8220

Cesare Carola, *Die Zusatzstoffe beim Erdöl.* Vf. erörtert die steigenden Anforderungen, die heute an die Qualität von Motorentreibstoffen u. Schmiermittel aus Erdölprodd. gestellt werden, u. die dadurch bedingte Suche nach zweckmäßigen Zusatzstoffen zur Verbesserung der Eigenschaften. Er beschreibt einzelne Antiklopfmittel u. verschied. Zusatzstoffe, die die Bldg. von Rückständen bei Motorenölen u. Schmiermitteln vermindern oder verhindern u. die Widerstandsfähigkeit von Benzinen gegen Oxydation erhöhen oder die Induktionszeit für deren Beginn verlängern. Verschied. Arten von organ. Hemmungsstoffen gegen die Gefahr einer Voroxydation durch metall. Katalyse (z. B. durch Cu) während der Lagerung (Cu-Chelatbldg.) werden aufgeführt u. die Erhöhung der Cetanzahl von Dieselöl mit 2.2-Dinitropropan diskutiert. Die gute Schmierfähigkeit von Ölen in Abhängigkeit von Metalloberflächen u. Reibungskoeff., die Eignung von Schwefel-Phosphor-Verbb., von organ. Selenverbb. u. a. mit hohem Mol.-Gew. als Antioxydationsmittel für Schmieröle, Mittel zur Viscositätserhöhung, Stockpunktserniedrigung u. zur Verbesserung der Schmiereigg. von Ölen für Anlagen mit hohen Drucken u. Reibungen u. die Möglichkeit der Verhinderung der Oxydation bei Paraffinen werden (unter Beifügung von Versuchsergebnissen mit Erwähnung von entsprechenden amerikan. u. italien. Prüfvorschriften) besprochen. (Olii minerali, Grassi Saponi, Colori Vernici **27.** 13—20. Febr. 1950.) H. WINGCHEN. 8220

Fernando A. B. Pilar, *Die Industrie der Wiedergewinnung von Schmierölen.* Überblick über die Probleme der Schmierölrückgewinnung u. Beschreibung der bei der Firma IBROL (Indústria Brasileira de Regeneração de Óleos) angewandten Arbeitsweise. (Rev. Quím. ind. **23.** Nr. 271. 19—23. Nov. 1954.) R. K. MÜLLER. 8220

E. Pietsch, *Zur Frage der Beanspruchung der Schmierstoffe an der Schmierstelle.* Es wird die Beanspruchung der Schmierstoffe, bes. im Zustand der Grenzreibung, u. deren Auswrkg. auf den Schmiervorgang untersucht. Die Auswrkg. verschied. Einfll. auf die Reibungszahl werden belegt u. erörtert. (Technik **10.** 226—31. April 1955.) K. L. WOLF. 8222

G. Pankow, *Die Gewinnung von oxydierten Erdölbitumen aus bulgarischem Masut.* Bei der Oxydation von bulgar. Masut, der mangels anderer Anlagen durch Dest. von Erdöl bei Atmosphärendruck gewonnen wird, erhält man Straßenbitumen, das den Standardanforderungen entspricht. Es enthält neben 45% Ölen 32,7% Teer u. 22,4% Asphalt, wobei 12—14 Std. bei 220—250° mit 4,8 m^3 Luft/t Masut oxydiert wird. Es ist bes. günstig, mit mehr Luft in kürzerer Zeit zu oxydieren, wobei man Bitumen mit hoher Duktilität u. gutem Bindevermögen erhält, während sonst solches mit höherem Asphaltgeh. u. höherer Erweichungstemp. erhalten wird. (Минно Дело (София) [Bergbau (Sofia)] **10.** Nr. **4.** 78—85. Juli/Aug. 1955.) O. POLLAK V. EMHOFEN. 8224

Andreas Thaer, *Die mikroskopische Auswertung der Staubproben beim betrieblichen Staubmeßverfahren im deutschen Steinkohlenbergbau.* Die mkr. Unters. von Staubproben zur stofflichen Beurteilung des Feinstaubes ist ein fester Bestandteil des betrieblichen Staubmeßverf. im deutschen Bergbau. Routinemäßig wird der Feinstaub unter Tage mit dem Bergbaukonimeter aufgefangen u. über Tage mit einem für diesen Zweck konstruierten Projektionsmikroskop auf Silicate u. Quarz als Bergeanteile in grober Annäherung untersucht. Zur anzustrebenden mineralog. Aufgliederung des Bergeanteiles stößt das rein opt. Verf. im polarisierten Licht auf Schwierigkeiten. Die Veraschung der Staubproben wurde als einfachstes u. zuverlässigstes Verf. befunden. Um die zeitraubende Auszählung der Konimeterproben vor u. nach der Veraschung zu vermeiden, wurden ein phototechn. Vergleichsverf. u. Bildreihen für den Direktvgl. am Projektionsmikroskop entwickelt. Zur Best. des Quarz- u. Silicatanteiles im Feinstaub unter 0,5 μ Korngröße wird ein lichtmkr. Verf. mit Phasenkontrastoptik in Verbindung mit bestimmten Einbettungsmitteln beschrieben, das in verhältnismäßig einfacher Weise ermöglicht, die mineralog. Analyse beim betriebsmäßigen Staubmeßverf. auf eine breitere Grundlage zu stellen. (Glückauf **91.** 29—37. 1/1. 1955. Essen.) H. EISENBARTH. 8246

William Volk, *Genauigkeit massenspektrometrischer Analysen von carburiertem Wassergas.* Die in einem früheren Bericht (SHEPHERD, C. **1952.** 3109) mitgeteilten Ergebnisse einer Gemeinschaftsarbeit, bei der in 27 verschied. Laborr. die gleichen Proben von carburiertem Wassergas massenspektrometr. analysiert wurden, werden in bezug auf die erreichte Genauigkeit sowohl innerhalb eines Labor. (G 1) als auch von Labor. zu Labor. (G 2) statist. untersucht. Aus der tabellar. Übersicht der Ergebnisse geht hervor, daß G 1 0,2—0,6%, G 2 dagegen 0,3—5,9% je nach der Gaskomponente betrug. 50% der Abweichungen vom Mittelwert innerhalb eines Labor. werden dem Spektrometer, 30% dem Bedienungspersonal u. der Rest unbekannten Ursachen zugeschrieben. G 1 liegt über der mit vergleichbaren chem. Methoden erzielbaren Genauigkeit, G 2 liegt darunter. (Analytic. Chem. **26.** 1771—74. Nov. 1954. Trenton, N. J., Hydrocarbon Res. Inc.) R. CONRAD. 8250

G. Costantinides und **S. Valussi,** *Anwendung der thermischen Differentialanalyse auf die festen Paraffine des Erdöls.* 1. Mitt. *Paraffine und Isoparaffine aus destillierten und mit Lösungsmitteln raffinierten Fraktionen aus einem Rohöl des Mittleren Ostens.* Auf die mit Harnstoff (I) krist. Paraffine wird die therm. Differentialanalyse angewandt. Dabei zeigt sich, daß n. Paraffine von niedrigem Mol.-Gew. 2 Umwandlungspunkte aufweisen, z. B. 37—44° u. 52—68° (Molverhältnis I : Paraffin = 1 : 10—20), die höhermol. Paraffine u. die Isoparaffine dagegen nur einen Umwandlungspunkt (60—68° bzw. 42—47°). Bei dieser Erscheinung spielt auch die Abkühlungsgeschwindigkeit eine Rolle. (Riv. Combustibili **8.** 526—44. Juli/Aug. 1954. Trieste, Univ., Ist. di Chim. appl.) R. K. MÜLLER. 8252

G. Costantinides und **S. Valussi,** *Anwendung der thermischen Differentialanalyse auf die festen Paraffine des Erdöls.* 2. Mitt. *Paraffine und Isoparaffine aus Rückständen der Vakuumdestillation von Rohöl des Mittleren Ostens.* (1. vgl. vorst. Ref.) Die in der vorst. referierten Mitt. angegebene Technik wird auf Paraffine (I) u. Isoparaffine (II) aus Rückständen der Vakuumdest. angewandt. Während das Ausgangsmaterial einen Übergangspunkt zwischen 50 u. 70° (F. 80°) zeigt, werden für die n. I 78° (85°), für die II u. die Cycloparaffine 50° (62°) festgestellt. Der Umfang dieser Erscheinungen wird durch die Abkühlungsgeschwindigkeit beeinflußt, was bisher nur für die I bekannt war. (Riv. Combustibili **8.** 545—50. Juli/Aug. 1954.) R. K. MÜLLER. 8252

Günther Schiemann und **Otto Finke,** *Zur Kenntnis des türkischen Erdöls von Ramandag.* 4. Mitt. *Der Schwefelgehalt des türkischen Erdöls von Ramandag und seine Verteilung auf die einzelnen Fraktionen und Verbindungsklassen.* (3. vgl. Rev. Fac. des Sciences Univ. d'Istambul, Ser. A **19.**; vgl. auch C. **1954.** **921.**) Das ca. 4% S enthaltende türk. Erdöl von Ramandag wurde durch Dest. in verschied. Fraktionen u. asphalt. Rückstand zerlegt. Deren S-Geh. wurde im einzelnen bestimmt. In den Fraktionen steigt der Geh. an Gesamt-S mit steigender D., im Rückstand ist er angereichert auf 5,44%. In den 3 Hauptfraktionen: A mit dem Siedebereich von 44—150°; B mit dem Siedebereich zwischen 50 u. 180° bei **16** Torr; u. C mit Siedegrenzen zwischen 172 u. 200° bei 13 Torr, wurde die Verteilung des S auf elementaren S, H_2S u. organ. S-Verbb. ermittelt. Von den letzteren wurden berücksichtigt: Mercaptane, Dialkylsulfide, Disulfide u. — im wesentlichen ringförmig gebundenen S enthaltende — Rest-S-Verbindungen. Die letzteren kennzeichnen die Fraktion C u. wahrscheinlich auch den Rückstand, während A viel elementaren S zeigt neben H_2S, der in den höheren Fraktionen fehlt. B hat viel Alkylsulfide. Im Rohöl ist weder elementarer S noch H_2S enthalten. Dieser bildet sich erst beim Erwärmen ab **160°.** Die erhaltenen Ergebnisse können für die Raffination u. die Verarbeitung auf handelsfähige u. S-freie Prodd. wertvoll sein sowie die Grundlage zur Erforschung der im türk. Erdöl enthaltenen S-Verbb. bilden. (Brennstoff-Chem. **35.** 47—49. 17/2. 1954.) P. ECKERT. 8252

Philip McCutchan und **D. A. Young,** *Eine Mikromethode zur Bestimmung des Flammpunktes von Erdölprodukten.* Vff. entwickeln eine Mikroapp. zur Best. des Flammpunktes von Erdölprodd. im Bereich 200—500° F bei nur 0,3 cm^3 benötigter Probe. Die an Hand von Zeichnungen näher beschriebene App. besteht im wesentlichen aus einem mit verschied. Bohrungen versehenen, genau dimensionierten Al-Block, der von außen durch einen Mikrobrenner beheizt wird. Die Entzündung der KW-stoffdämpfe erfolgt elektr., die Feststellung des Aufflammens visuell. Die Mikrometh. liefert im Bereich 200—500° F gegenüber der üblichen ASTM-Meth. D 92-46 (CLEVELAND, offener Tiegel) prakt. dieselben Werte u. benötigt je Best. auch die gleiche Zeit. Bei entsprechender Umkonstruktion der Mikroapp. lassen sich auch gegenüber der üblichen PENSKY-MARTENS-App. vergleichbare Werte erzielen. (Analytic. Chem. **24.** 1974—76. Dez. 1952. Brea, Calif., Union Oil Co. of California, Res. and Proc. Dep.) K.-H. KLASSKE. 8252

Joseph Bomstein, *Infrarotbestimmung der Gesamtaromaten in Naphtha und katalytisch reformierten Kohlenwasserstoffen mit einem Siedebereich von 200—400° F.* Es werden K-Werte von Aromaten (>99% rein) berechnet, wobei K = (A·M)/100 aus A = Fläche [in cm^2] zwischen der 100%-Durchlässigkeitslinie u. der Absorptionskurve zwischen 5,00 u. 5,85 μ u. M, dem mittleren Mol.-Gew. des Aromatengemisches, massenspektroskop. für eine 0,1 mm-Zelle ermittelt wird. Störend wirken Verbb., die im untersuchten Bereich absorbieren, wie Carbonylverbb., Olefine, Thiophene u. Pyridin, ferner Aromaten, deren K-Wert vom Mittel abweicht, wie Bzl., Naphthalin u. Polyphenyle. K-Werte sind angegeben für: *Bzl., Toluol, Äthyl-, n-* u. *Isopropyl-, n-, Iso-, sek.-* u. *tert.-Butylbenzol, o-, m-* u. *p-Xylol, o-, m-* u. *p-Methyläthylbenzol, 1.2.3-, 1.2.4-* u. *1.3.5-Trimethylbenzol, o-, m-* u. *p-Cymol, 1.2.3.5-* u. *1.2.4.5-Tetramethylbenzol, 1.3-Dimethyl-5-äthylbenzol, o-, m-* u. *p-Diäthylbenzol, Inden, o-, m-* u. *p-tert.-Butyltoluol* u. *Tetralin.* (Analytic. Chem. **25.** 1770—72. Nov. 1953. Harvey, Ill., Sinclair Res. Labor., Inc.) W. LAMPRECHT. 8254

D. Tarjan und **E. Knežević**, *Bestimmung von Tetraäthylblei in äthylierten Benzinen.* 6 Methoden zur Best. von Tetraäthylblei wurden verglichen. Die Komplexonmeth. nach GRÜNWALD wird als günstigste Meth. empfohlen; sie gestattet eine rasche Ermittlung der Octanzahl mit genügender Genauigkeit. (Nafta [Zagreb] **5.** 14—19. Jan. 1954. Sisak, Rafinerija nafte.) S. BECKMANN. 8254

Ryo Katō, *Untersuchungen über die Herstellung von Bezugskraftstoffen für die Cetanzahlbestimmung.* 1. Mitt. *Über den sekundären Bezugskraftstoff (Cetanzahl 100).* Vf. fand, daß Fettsäureester, die über MoS_3 als Beschleuniger hydriert werden, einen guten Bezugskraftstoff geben. Für die Verwendung von Walrat als Rohstoff werden ausführliche Angaben über Temp. u. Menge des Beschleunigers gemacht. Walrat, das in der Hauptsache aus Cetylpalmitat besteht, ist ein guter Rohstoff für die Herst. von Cetan, doch ist die Ausbeute nur gering, da Verbb. mit Seitenketten entstehen, die nur als sek. Bezugskraftstoff in Frage kommen. Gute Erfolge für die Herst. des Bezugskraftstoffes für die Cetanzahl 100 hatte Vf. bei der Hydrierung von animal., vegetabilen u. natürlichen Fetten, wie Walfischtranen, Sojabohnenöl, Öl aus Reiskleie u. Japanwachs. (J. Fuel Soc. Japan **34.** 40—49. Jan. 1955. [Orig.: japan.; Auszug: engl.]) F. ROSENDAHL. 8254

Ryo Katō, *Untersuchungen über die Herstellung von Bezugstreibstoffen zur Bestimmung der Cetanzahl.* 2. Mitt. *Über den einfachsten Bezugstreibstoff.* (1. vgl. vorst. Ref.) Bei der Red. von natürlich vorkommendem Cetylpalmitat besteht die Möglichkeit der Ausbldg. von Seitenketten. Vf. untersuchte daher die Möglichkeit, Methylpalmitat aus Japanwachs in Cetan überzuführen. Unter geeigneten Bedingungen wurde ein Cetan erhalten, das einem synthet. Präp. ebenbürtig war u. sich gut eignete zur Feststellung von Cetanzahlen. Die inneratomaren Beziehungen der C-Atome wurden mit Hilfe des Anilinpunktes, der Cetanzahl u. des Reaktionsmechanismus bei der Gewinnung des Cetans aus Methylpalmitat untersucht. (J. Fuel Soc. Japan **34.** 95—110. Febr. 1955. [Orig.: japan.; Auszug: engl.]) F. ROSENDAHL. 8254

Franz Eisenstecken, *Die Alterungsbeständigkeit von Schmierölen, ihre Bedeutung und Bestimmung.* Da zur Charakterisierung der Alterung von Schmierölen Neutralisationszahl (NZ.) u. VZ. nicht ausreichen, sollen diese durch Messungen der Erdölharze E_H u. der Hartasphalte H_A ergänzt werden. Ein Verf. zu deren Best. wird beschrieben. Der Alterungswert F wird dann gegeben durch die Beziehung $F = (NZ.+VZ.)+(E_H)^2+(H_A)^2$, deren Brauchbarkeit durch Betriebsunterss. bestätigt wird. Ergänzende Messungen an Turbinenölen mit u. ohne Wirkstoff u. an Motorenölen sowie Unterss. an PKWs (Volkswagen u. Mercedes) werden mitgeteilt. Eine Abgrenzung der Brauchbarkeit des Verf. wird gegeben. (Glückauf **91.** 625—32. 4/6. 1955.) K. L. WOLF. 8258

Hermann-Hans Müller-Neuglück, *Laboratoriumsuntersuchungen von Schmierstoffen.* Es werden die für die Beurteilung neuer Öle u. Fette u. für die Kennzeichnung derselben im Betrieb üblichen Verff. kurz aufgezählt u. erläutert. (Glückauf **91.** 621—25. 4/6. 1955. Essen, Labor. des Techn. Überwachungsvereins.) K. L. WOLF. 8258

L. W. Corbett, *Die Reproduzierbarkeit der Bestimmung der Penetration bei Asphalten im Ölfeld.* Die unterschiedlichen Ergebnisse bei der Best. der Penetration an Ort u. Stelle beruhen in der Hauptsache auf Meßfehlern, die auf der Probenahme, dem Asphalt selbst oder beiden beruhen können. (ASTM Bull. **1955.** 63—64. Mai.) F. ROSENDAHL. 8264

Standard Oil Co., Cleveland, übert. von: **Karl H. Obermeit**, Mantua, O., V. St. A., *Innenreinigung von Verbrennungskraftmaschinen.* In das Kurbelgehäuse führt man ein Gemisch aus 50—75 (Volumenteilen) eines KW-stoffschmieröls mit einer Viscosität von ca. 75 SUS bei 100° F (Paraffinöl) u. 25 einer Kresolseifenlsg. mit 50% o-Kresol (oder auch Äthylphenol, Xylenol oder Mesitol) in einer der Schmierölkapazität entsprechenden Menge ein u. läßt die Maschine im Leerlauf gehen. Die Seifenlsg. kann K- oder Na-Seifen des Lein- oder Sojabohnenöls enthalten u. muß einen p_H-Wert von 8,5—9,0 aufweisen. (**A. P. 2 671 036** vom 1/11. 1948, ausg. 2/3. 1954.) W. GRÄGER. 8121

Gebrüder Sulzer Akt.-Ges., Winterthur, Schweiz, *Verfahren zum Beschleunigen der Verbrennung eines Brennstoffes.* Den an der Verbrennung teilnehmenden Stoffen setzt man Substanzen zu, die bei der Verbrennung feuerfeste, oxyd. Verbb. ergeben, z. B. Metallpulver, organ. Metallverbb., Metalldämpfe oder dampfförmige, organ. Metallverbindungen. Der Zusatz beträgt mindestens 0,05% der Brennstoffmenge. (**Schwz. P. 306 651** vom 20/6. 1952, ausg. 1/7. 1955.) H. NEBELSIEK. 8129

Gebrüder Sulzer Akt.-Ges., Winterthur, Schweiz, *Verminderung störender Wirkungen von Verbrennungsprodukten,* die bei der Verbrennung V-haltiger Brennstoffe in einer Brennkammer entstehen, durch Zusatz einer Fe(II)-Verb. oder eines Metallcarbonyls zusammen mit Luft bei $< 900^0$. (**Schwz. P. 306 652** vom 20/6. 1952, ausg. 1/7. 1955.) H. NEBELSIEK. 8129

Metallgesellschaft Akt.-Ges., Deutschland, **Soc. des Aciéries de Longwy,** Seine, und **Eugène Burstlein,** Moselle, Frankreich, *Herstellung von Hüttenkoks* aus gasreichen u./oder gasarmen Kohlenteilchen, z. B. von brasilian. Kohlen. Man zerkleinert die Kohlen u. trennt die petrograph. aschereichen Kohlenteilchen (Korngröße über 2 mm) durch Sieben oder einen Prozeß ähnlicher Art von den aschearmen Kohlenteilchen (Korngröße 1—2 mm). Dann bringt man die aschereichen Kohlenteilchen auf eine Korngröße von 0,5—1,5 mm, vereinigt sie sofort wieder mit den aschearmen Kohlenteilchen u. verkokt das Gemisch. (**F. P. 1 070 895** vom 16/2. 1953, ausg. 18/8. 1954. D. Prior. 23/2. 1952.) T. OPPERMANN. 8145

Badische Anilin- & Soda-Fabrik, Ludwigshafen/Rh., *Vergasen von grobstückigen und feinkörnigen Brennstoffen.* Man mischt die Brennstoffe (I) mit Öl. Die grobkörnigen I bilden im Vergaser ein ruhendes Bett. In dieses werden die feinkörnigen oder gepulverten I durch einen außen gekühlten Schneckenförderer eingebracht. Gleichzeitig werden O_2 oder O_2-haltiges Gas oder, falls notwendig, andere Vergasungsmittel eingeführt, u. zwar so, daß der I an der Austrittstelle des Förderers mit dem Vergasungsgas gemischt wird u. dadurch Tempp. erzeugt werden, bei denen die Asche schmilzt. — Zeichnungen. (**E. P. 710 999** vom 26/5. 1952, ausg. 23/6. 1954. D. Prior. 30/5. 1951.) E. KAHLES. 8149

Gaz de France (Service National), Seine, Frankreich (Erfinder: **Gustave Ribaud** und **Francis Guyomard**), *Herstellung von Gas* durch Spalten von KW-stoffen. Die Aufheizung der zu spaltenden fl. oder gasförmigen KW-stoffe auf die Spalttemp. erfolgt durch eine brennende Schicht dieser KW-stoffe in der Reaktionszone ohne Zwischenschaltung von Heizwänden. — Abbildungen. (**F. P. 1 067 667** vom 13/12. 1952, ausg. 17/6. 1954.) T. OPPERMANN. 8155

Metallgesellschaft Akt.-Ges., Frankfurt/M. (Erfinder: **Richard Bayer,** Friedberg, Hessen), *Herstellung CO-armer Gase aus CO-reichen Gasen,* z. B. aus Wassergas, durch zweistufige Wasserdampfkatalyse mit zwischengeschalteter CO_2-Entfernung (sowie Durchführung ähnlicher, in 2 oder mehr Stufen mit verschieden großer Wärmeentw. in den einzelnen Stufen verlaufender Umsetzungen), dad. gek., daß das Reaktionsgemisch der 2. Stufe in Wärmeaustausch mit dem Reaktionsraum der 1. Stufe gebracht wird. Vorzugsweise werden der Katalysator für die eine Stufe im Innenraum der Rohre, der Katalysator für die andere Stufe im Zwischenraum zwischen den Rohren eines u. desselben Rohrbündelwärmeaustauschers untergebracht u. die Gase innerhalb u. außerhalb der Rohre zweckmäßigerweise im Gleichstrom geführt. — Apparatur. (**D. B. P. 886 892** Kl. 12i vom 31/10. 1942, ausg. 17/8. 1953. Anmeldung bekanntgemacht 9/10. 1952.) R. SCHREINER. 8157

Gas Research Board, Frederick James Dent und **Lionel Arthur Moignard,** Beckenham, England, *Extrahieren von Schwefel aus gebrauchter Gasreinigungsmasse* mittels CS_2. Die erhaltene Lsg. wird mit H_2SO_4 von mindestens 95% behandelt, die eine kleine Menge von Ag_2SO_4, V_2O_5, CrO_3, TiO_2, MnO_2, SnO_2, MoO_3, $(NH_4)_2S_2O_8$ oder einem Salz der Chromsäure enthält. Hierdurch wird der in der Lsg. enthaltene Teer in eine in CS_2 unlösl. M. übergeführt, die von der Lsg. abgetrennt wird. (**E. P. 709 414** vom 31/5. 1950, ausg. 26/5. 1954.) A. ZÜRN. 8165

Gas Research Board und **Lionel Arthur Moignard,** Beckenham, England, *Extrahieren von Schwefel aus gebrauchter Gasreinigungsmasse* oder anderen Stoffen, die S u. Teer enthalten, mittels eines Lösungsmittels. Die erhaltene Lsg. wird mit $FeCl_3$ behandelt, wodurch der Teer in eine in dem Lösungsm. unlösl. M. übergeführt wird, die von der Lsg. abgetrennt wird. (**E. P. 709 439** vom 8/6. 1951, ausg. 26/5. 1954.) A. ZÜRN. 8165

F. J. Collin Akt.-Ges. (Erfinder: **Karl Bayerlein** und **Friedrich Strauß**), Dortmund, *Extraktion von Schwefel aus schwefelhaltigen Massen,* bes. *Gasreinigungsmassen,* unter Verwendung S-lösender Fll., bes. CS_2, welche einen die M. aufnehmenden Extraktionsbehälter (I) durchströmen u. anschließend in einer Destillierblase oder dgl. zwecks Verdampfung des Lösungsm. u. Gewinnung des S erhitzt werden, während das in der M. verbleibende Restlösungsm. durch eine Dampfbeaufschlagung des I abgetrieben wird, dad. gek., daß zur Austreibung des Restlösungsm. die M. im I von überhitzten Dämpfen des Lösungsm. selbst, bes. CS_2-Dämpfen, durchströmt wird. — Vorrichtung. (**D. B. P. 916 202** Kl. 26d vom 9/12. 1948, ausg. 5/8. 1954. Anmeldung bekanntgemacht 31/7. 1952.) K. DEMMLER. 8165

Heinrich Koppers G. m. b. H. (Erfinder: **Franz Bönnemann**), Essen, *Entfernen von H_2S und anderen sauren Verunreinigungen aus Kohlendestillationsgasen oder dergleichen* mittels Lsgg. von Alkalicarbonat–Bicarbonat, z. B. K_2CO_3 u. $KHCO_3$, wobei die Behandlung des Gases mit der Lsg. bei erhöhtem Druck, bes. dem Druck der Ferngasleitung, u. die Abtreibung des von der Lsg. aufgenommenen H_2S mit CO_2 unter vermindertem Druck u. durch Erhitzen erfolgt, dad. gek., daß die Aufnahmefähigkeit der Lsg. für H_2S u. CO_2 durch Eindampfen der Lsg. u. Abtrennen des dabei auskristallisierenden Kaliumferrocyanids aufrechterhalten wird. — Schema. (**D. B. P. 929 018** Kl. 26d vom 10/10. 1939, ausg. 16/6. 1955. Anmeldung bekanntgemacht 24/7. 1952.) K. DEMMLER. 8173

F. J. Collin Akt.-Ges., Deutschland, *Entschwefeln von Kokereigasen.* Man trennt den aus dem Koksofen kommenden gekühlten Gasstrom in zwei Teilströme u. entschwefelt den der Gasversorgung dienenden Teilstrom auf nassem Wege mittels Ammoniakwasser, während man den anderen Teilstrom, welcher zum Beheizen des Koksofens dient, von NH_3 u. dem größten Teil des H_2S mittels des Kondensats des 1. Teilstromes befreit. Die aus den beiden Wäschen abgeleiteten Prodd. werden vereinigt u. in einem gemeinsamen Säureabscheider vom H_2S befreit. — Vorrichtung. (**F. P. 1 070 998** vom 20/2.1953, ausg. 20/8. 1954. D. Prior. 25/6. 1952.) T. OPPERMANN. 8173

Otto H. Muck, Uffing, Staffelsee, *Methanhaltige flüssige Kohlenwasserstoffe aus Erdgas.* Man entspannt das Erdgas vom Austrittsdruck auf etwa Ferngasleitungsdruck nach vorheriger Vorkühlung. Unter Ausnutzung der dabei frei werdenden Kälte werden die Gase teilweise verflüssigt. Antrieb der Kühlmaschinen durch Expansionsmaschinen, die durch expandierendes Erdgas angetrieben werden. (**D. B. P. 930 749** Kl. 12o vom 26/7. 1950, ausg. 25/7. 1955. Anmeldung bekanntgemacht 17/1. 1952. Schwz. Prior. 1/10. 1949.) P. UNGER. 8187

Cities Service Research & Development Co., New York, N. Y., übert. von: **William B. Hughes**, Bartlesville, Okla., V. St. A., *Verhüten des Korrosionsangriffes des Rohöls auf Rohrleitungen.* Dem Rohöl wird eine Verb. zugesetzt, die erhalten wird durch Einw. von 1 Mol *Diäthylentriamin* auf ca. 1 Mol eines aliphat. oder aromat. *Aldehyds* bei höchstens 190°, bis das gebildete W. verdampft ist, u. durch anschließenden Zusatz eines weiteren Mols Aldehyd u. Erhitzen bis auf 190°. — Nach A. P. 2 643 977 wird die Zusatzverb. durch Einw. von *Polyäthylenverbb.*, wie *Triäthylentetramin* u. *Tetraäthylenpentamin*, auf *Aldehyde* hergestellt. (**A. PP. 2 643 977** vom 29/1. 1951 u. **2 643 978** vom 24/2. 1951, beide ausg. 30/6. 1953.) F. MARKHOFF. 8189

Petrolite Corp. Ltd., Wilmington, Del., übert. von: **Arthur F. Wirtel**, Glendale, Mo., V. St. A., *Brechen von Erdölemulsionen* (I) vom W.-in-Öl-Typ. Man gibt zu **I** ein Gemisch (**II**) von Emulsionsbrechern, das aus den Bestandteilen **A, B, C** u. **D** zusammengesetzt ist. An **A** sind 20—30% in **II** enthalten; **A** wird als Oxyalkylierungsprod. aus einem $\alpha.\beta$-Alkylenoxyd (Äthylen-, Propylen-, Butylenoxyd, Glycid, Methylglycid) u. einem oxyalkylierbaren, schmelzbaren, in organ. Lösungsmitteln lösl. u. wasserunlösl. Phenolaldehydharz (**III**) erhalten, das aus Alkylphenolen der Formel $HO \cdot C_6H_4 \cdot R$, worin R einen KW-stoffrest mit mindestens 4 u. höchstens 8 C-Atomen in 2-, 4- oder 6-Stellung bedeutet, hergestellt wird. Dabei werden 2 Mol Alkylenoxyd je Phenolkern zugegeben; wegen der hydrophilen Wrkg. des oxyalkylierten Prod. kann eine äquivalente Menge an Xylol, das mit W. eine Emulsion bildet, zugesetzt werden. An **B**, das eine Verb. der Formel $(C_3H_7)_n—C_{10}H_6—SO_3H \cdot C_6H_{11}NH_2$ darstellt, worin n = 1—4 u. $C_6H_{11}—NH_2$ = Cyclohexylamin bedeutet, sind 25—35% in **II** enthalten. Von **C** sind 25—35% in **II** vorhanden, wobei **C** eine Verb. der Formel $(C_3H_7)_n—C_{10}H_6—SO_3H \cdot NH_3$ (n = 1—4) darstellt. **D** ist ein öllösl. Alkalisalz von Mahogany-Erdölsäure, von dem 10—20% in **II** enthalten sind. (**A. P. 2 501 015** vom 16/2. 1948, ausg. 21/3. 1950.) E. KAHLES. 8191

Petrolite Corp. Ltd., Wilmington, Del., übert. von: **Melvin De Groote**, University City, **Arthur F. Wirtel** und **Owen H. Pettingill**, Kirkwood, Mo., V. St. A., *Brechen von Erdölemulsionen* (I) vom W.-in-Öl-Typ. Man gibt zu **I** einen Emulsionsbrecher, der aus einer in einem Arbeitsgang herstellbaren Mischung (**II**; cogeneric mixture) homologer Reihen von Glykoläthern des α-Terpineols (**III**) besteht, wobei die **II** Reaktionsprodd. des **III** mit Äthylenoxyd (**IV**) u. Propylenoxyd (**V**) darstellen u. die drei Ausgangsprodd. in solchem Gewichtsverhältnis in **II** vorhanden sind, daß ihr Geh. innerhalb der durch die Punkte 8, 9, 10 u. 11 begrenzte trapezoedr. Fläche einer beigefügten Zeichnung liegen. Zur Herst. der **II** wird α-Terpineol mit Ätzalkali bei 150° umgesetzt u. **IV** portionsweise zugegeben (Temp. 150—160°, durch Kühlung); **V** wird kontinuierlich in das Reaktionsprod. bei 150—160° im Laufe von $1^1/_4$ Std. eingebracht. (**A. P. 2 549 434** vom 11/8. 1949, ausg. 17/4. 1951.) E. KAHLES. 8191

Petrolite Corp. Ltd., Wilmington, Del., übert. von: **Melvin De Groote**, University City, **Arthur F. Wirtel** und **Owen H. Pettingill**, Kirkwood, Mo., V. St. A., *Brechen von Erdölemulsionen* (I) vom Wasser-in-Öl-Typ. Man gibt zu diesen einen Emulsionsbrecher, der aus einer in einem Arbeitsgang herstellbaren Mischung (cogeneric mixture) homologer

Reihen von Glykoläthern des β-Terpineols besteht, u. zwar aus einem Gemisch der Reaktionsprodd. des β-Terpineols mit Äthylen- u. Propylenoxyd, wobei die Reaktionsteilnehmer in solchem Gewichtsverhältnis in der Mischung vorhanden sind, daß ihr Geh. innerhalb des durch die Punkte 1, 3 u. 6 auf der Zeichnung gek. Kreisabschnitts liegt u. der Geh. an β-Terpineol mindestens 4% beträgt. Letzteres wird zuerst mit Propylen- u. anschließend mit Äthylenoxyd in Rk. gebracht. — Zeichnung. (**A. P. 2 549 436** vom 11/8. 1949, ausg. 17/4. 1951.) E. KAHLES. 8191

Petrolite Corp. Ltd., Wilmington, Del., übert. von: **Melvin De Groote,** University City, **Arthur F. Wirtel** und **Owen H. Pettingill,** Kirkwood, Mo., V. St. A., *Brechung von Erdölemulsionen* (Wasser-in-Öl-Typ). In Abänderung des Verf. gemäß A. P. 2549436 (vgl. vorst. Ref.) wird an Stelle des β-Terpineols α-Terpineol verwendet. (**A. P. 2 549 437** vom 15/8. 1949, ausg. 17/4. 1951.) E. KAHLES. 8191

Petrolite Corp. Ltd., Wilmington, Del., übert. von: **Melvin De Groote,** St. Louis, Mo., V. St. A., *Brechen von Erdölemulsionen* (W.-in-Öl-Typ) durch einen Emulsionsbrecher, der hochmol. oxypropylierte Derivv. von monomeren Polyaminen (Diäthylentriamin, Triäthylentetramin oder Tetraäthylenpentamin) mit Propylenoxyd enthält. Die Polyamine dürfen keine Reste haben, die mehr als 8 C-Atome in ununterbrochener Reihenfolge aufweisen, u. sollen ein Mol.-Gew. unter 1800 sowie eine Vielzahl von akt. H-Atomen u. mindestens ein bas. N-Atom, welches mit einer Kette von C-Atomen verknüpft ist, haben u. wasserlösl. sein. Das Mol.-Gew. der Oxypropylderivv. muß zwischen 2000 u. 30000 liegen. Die Zugabe an Propylenoxyd soll je akt. H-Atom 7—70 betragen; die Polyamine sollen nicht mehr als 20 Gew.-% des Endprod. ausmachen. (**A. P. 2 552 530** vom 28/7. 1949, ausg. 15/5. 1951.) E. KAHLES. 8191

Petrolite Corp. Ltd., Wilmington, Del., übert. von: **Melvin De Groote,** St. Louis, Mo., V. St. A., *Brechung von Erdölemulsionen* (W.-in-Öl-Typ). In Abänderung zum vorst. A. P. 2 552 530 wurden an Stelle von Propylenoxyd u. monomeren Polyaminen Propylenoxyd u. mit Glycid umgesetzte Polyamine verwendet. (**A. P. 2 552 531** vom 10/8. 1949, ausg. 15/5. 1951.) E. KAHLES. 8191

Petrolite Corp. Ltd., Wilmington, Del., übert. von: **Melvin De Groote,** University City, und **Bernhard Keiser,** Webster Groves, Mo., V. St. A., *Brechen von Erdölemulsionen* vom Wasser-in-Öl-Typ. Man gibt zu diesen einen Emulsionsbrecher, der aus einem in einem Arbeitsgang (cogeneric mixture) herstellbaren Gemisch (I) von homologen Reihen von Glykoläthern von oxyalkylierbaren, schmelzbaren, wasserunlösl. in organ. Lösungsmitteln lösl. Phenol–Aldehyd-Harzen (II) besteht. I wird aus II, Glycid, Äthylenoxyd u. Propylenoxyd hergestellt, wobei die Reaktionsteilnehmer in solchen Gewichtsverhältnissen vorhanden sind, daß der durchschnittliche Geh. der Komponenten innerhalb der durch die Punkte E, F, G, H, I, J, K u. L in Zeichnung 4 gek., abgestumpften trapezoedr. Pyramide liegen, der Glycidgeh. 2—25 Gew.-% betragen soll u. der Geh. an II, Äthylen- u. Propylenoxyd innerhalb der durch die Punkte 1, 2, 3 u. 4 gek. trapezoedr. Fläche der Zeichnung 3 liegen. II wird aus einem Phenol der Formel $HO \cdot C_6H_4 \cdot R$, worin R ein KW-stoffrest von 4—14 C-Atomen bedeutet u. sich in 2, 4,6-Stellung befindet, u. einem Aldehyd mit höchstens 8 C-Atomen gebildet. — Zeichnungen. (**A. P. 2 594 541** vom 22/12. 1949, ausg. 29/4. 1952.) E. KAHLES. 8191

Petrolite Corp. Ltd., Wilmington, Del., übert. von: **Melvin De Groote,** University City, und **Bernhard Keiser,** Webster Groves, Mo., V. St. A., *Brechen von Erdölemulsionen* vom Wasser-in-Öl-Typ. Man verwendet einen Emulsionsbrecher, der aus einem in einem Arbeitsgang (cogeneric mixture) herstellbaren Gemisch (I) von homologen Reihen von Glykoläthern von Phenol–Acetylen-Harzen (II) besteht. Das I wird aus oxyalkylierbarem, wasserunlösl. II, Glycid (III), Äthylenoxyd (IV) u. Propylenoxyd (V) hergestellt, wobei die Reaktionsteilnehmer in solchen Gewichtsverhältnissen vorhanden sind, daß der durchschnittliche Geh. an II—V innerhalb der durch die Punkte E, F, G, H, I, J, K u. L gek., abgestumpften trapezoedr. Pyramide der Zeichnung 4 liegen, der III-Geh. 2—25 Gew.-% betragen soll u. der Geh. an **II, IV** u. **V** innerhalb der durch die Punkte 1, 2, 3 u. 4 gek. trapezoedr. Fläche der Zeichnung 3 liegen. — Zeichnungen. (**A. P. 2 594 542** vom 22/12. 1949, ausg. 29/4. 1952.) E. KAHLES. 8191

Petrolite Corp. Del., übert. von: **Melvin De Groote,** University City, Mo., V. St. A., *Brechen von Erdölemulsionen* vom W.-in-Öl-Typ. Man verwendet einen Emulsionsbrecher, der aus einem in einem Arbeitsgang herstellbaren Gemisch (cogeneric mixture) aus sauren Halbestern, sauren Estersalzen u. sauren Amidderivv. besteht, wobei das Gemisch durch Rk. einer Polycarbonsäure (I; Weinsäure, Oxalsäure, Aconitsäure, Phthalsäure, Maleinsäure) mit hochmol. Oxypropylierungsderivv. von monomeren Pentaminverbb. (II) gewonnen wird, wobei die II frei von jedem Rest mit <8 C-Atomen in ununterbrochener Reihe sind u. ein Mol.-Gew. >800 aufweisen, mehrere akt. H-Atome besitzen u. wasserlösl. sind. Das oxypropylierte Endprod. soll wasserunlösl. u. kerosenlösl. sein u. ein Mol.-Gew. von 2500—30000 haben. Das Verhältnis von Propylenoxyd zu akt. H-Atomen soll 7—70 sein. Im Endprod. sind >20 Gew.-% von **II** enthalten, u. die N-Atome sind durch eine Äthylenkette verknüpft. Das Verhältnis von **I** zu **II** beträgt 1 Mol **I** je akt. H-Atom in **II**. (**A. P. 2 626 917** vom 14/5. 1951, ausg. 27/1. 1953.) E. KAHLES. 8191

Petrolite Corp. Del., übert. von: **Melvin De Groote,** University City, Mo., V. St. A., *Brechen von Erdölemulsionen* vom W.-in-Öl-Typ. Man verwendet einen Emulsionsbrecher, der aus einem in einem Arbeitsgang herstellbaren Gemisch (cogeneric mixture) aus sauren Halbestern, sauren Estersalzen u. sauren Amidderivv. besteht, wobei das Gemisch durch Rk. einer Polycarbonsäure (**I**; Weinsäure, Oxalsäure, Maleinsäure, Phthalsäure, Citraconsäure, Aconitsäure) mit hochmol. Oxypropylierungsderivv. von monomeren Triaminverbb. (**II**) gewonnen wird; letztere sind frei von jedem Rest mit < 8 C-Atomen in ununterbrochener Reihe u. besitzen ein Mol.-Gew. >800 mehrere akt. H-Atome u. sind wasserlöslich. Das oxypropylierte Endprodd. soll wasserunlösl. u. kerosenlösl. sein u. ein Mol.-Gew. von 2500—30000 haben. Das Verhältnis von Propylenoxyd zu akt. H-Atomen soll 7—70 sein. Im Endprodd. sind >20 Gew.-% von **II** enthalten, u. die N-Atome sind durch eine Propylenkette verknüpft. Das Verhältnis von **I** zu **II** beträgt 1 Mol **I** je akt. H-Atom in **II**. (**A. P. 2 626 918** vom 14/5. 1951, ausg. 27/1. 1953.) E. KAHLES. 8191

Texas Acidizers, Inc., Seguin, übert. von: **Clark D. Core,** Seguin, und **Edward N. Jones,** Pettus, Tex., V. St. A., *Korrosionsschutzmittel für Ölquellen*, bestehend aus 4—45% einer 40%ig. wss. Alkaliarsenitlsg., 4—45% eines Alkalihexametaphosphats u. einer geringen Menge (0,4%) eines emulsionsbrechenden Mittels (Na-Salz der Isopropylnaphthalinsulfonsäure oder der Dihexyl-, der Diamyl- oder der Diisobutylsulfobernsteinsäure). (**A. P. 2 658 036** vom 19/7. 1950, ausg. 3/11. 1953.) W. GRÄGER. 8191

Esso Standard Soc. An. Française, Paris (Erfinder: **Jean Baptiste Larbre,** Rueil Malmaison, Seine-et-Oise, und **Bernard Charles Le Boucher,** Notre-Dame de Gravenchon, Seine Inférieure), Frankreich, *Verringerung der Korrosion* bei der Dest. von KW-stoffen, bes. Mineralölen, durch Einführen einer kleineren Menge Guanidin oder eines Guanidinderiv., z. B. Diphenylguanidinchlorhydrat, vorwiegend 0,001—1 Gew.-% des anwesenden W., in den Destillationsapparat. (**D. B. P. 931 545** Kl. 23b vom 12/12. 1952, ausg. 11/8. 1955. Anmeldung bekanntgemacht 17/2. 1955. F. Prior. 12/12. 1951.) P. UNGER. 8193

Atlantic Refining Co., Philadelphia, Pa., übert. von: **Edgar W. Clarke,** Laurel Springs, N. J., V. St. A., *Raffination von Erdölprodukten.* Zur Trennung von KW-stofölen wird ein selektives Lösungsmittel verwendet, welches aus 10—90 (Vol.-%) Nitrobenzol, 90—10 Anilin (**I**) u. S_2C (0,001—0,01 Vol. pro Vol. **I**) besteht. (**A. P. 2 684 324** vom 20/3. 1952, ausg. 20/7. 1954.) E. KAHLES. 8195

Standard Oil Co., Chicago, Ill., übert. von: **Harold Shalit,** East Chicago, **John F. Deters,** Valparaiso, und **Arthur P. Lien,** Hammond, Ind., V. St. A., *Raffination von gecrackter Naphtha* (**I**), die Olefine (**II**), gesätt. KW-stoffe (**III**), Aromaten (**IV**) u. S-Verbb. (**V**) (< 0,15 Gew.-%) enthält. Um die **I** in zwei Fraktionen, nämlich eine Fraktion mit hohem Geh. an **II** u. **III** u. eine zweite Fraktion mit hohem Geh. an **IV** u. **V** zu zerlegen, wird die **I** mit einem Reinigungsmittel (Dimethylformamid, 2.4-Dimethylsulfolan oder Silicagel) behandelt. Die zweite Fraktion wird bei —10 bis 100° unter Druck mit wasserfreiem fl. HF in Kontakt gebracht. Das S-haltige Öl u. das Raffinat werden getrennt u. das Raffinat durch Dest. in eine S-arme Aromatenfraktion u. eine S-reiche Bodenfraktion zerlegt. Die Aromatenfraktion, gemischt mit der ersten Fraktion mit hohem Geh. an **II** u. **III**, ergibt eine klopffeste **I**. — Zeichnung. (**A. P. 2 690 417** vom 19/12. 1949, ausg. 28/9. 1954.) E. KAHLES. 8195

Standard Oil Development Co., Del. (Erfinder: **John Dennis Sandrock**), V. St. A., *Entschwefelung von Kohlenwasserstofffraktionen und Regenerierung des Katalysators.* Man setzt dampfförmig Naphtha, Kerosin oder Gasöl bei 650—850° F, 50—300 lbs./sq.in. u. einer Raumgeschwindigkeit von 0,5—10 V/V/Std. in Ggw. eines fluidisierten Katalysators (5—15 Gew.-% Co-Molybdat auf Tonerde) in einer endothermen Rk. um. Der Katalysator wird nach dem Abstreifen der Reaktionsprodd. in der Regenerationszone mit gasförmigem HF oder fl. $(NH_4)_2F_2$ regeneriert, wobei die in der Regenerationszone erzeugte Wärme wenigstens einen Teil der in der Reaktionszone benötigten Energie liefert. (**E. P. 719 644** vom 4/2. 1952, ausg. 8/12. 1954.) E. KAHLES. 8195

Anglo-Iranian Oil Co. Ltd., London, und **William Llewelyn Thomas,** Sunbury-on-Thames, England, *Entfernung von Schwefelverbindungen aus Mineralölfraktionen* (**I**), die hauptsächlich Paraffine, Naphthene, Mono- u. Polyolefine u. wenig oder keine Aromaten (II) enthalten, durch extraktive Destillation. Zu I werden ein oder mehrere II, wie Toluol oder Xylole, gegeben u. in Ggw. eines selektiven polaren Lösungsmittels, wie Phenol, Kresole oder Furfurol, destilliert. Über Kopf wird schwefelarmes Destillat erhalten, das gegebenenfalls im Kreislauf geführt werden kann. (**E. P. 722 252** vom 8/1. 1951, ausg. 19/1. 1955.) E. KAHLES. 8195

Phillips Petroleum Co., Del., übert. von: **Harris A. Dutcher,** Bartlesville, Okla., V. St. A., *Umwandlung von schweren Erdölfraktionen.* „Pebbles" (I) werden in zwei Teilen nacheinander in einer Erhitzungszone (II) auf 2000—3200° F bzw. niedrigere Temp. erhitzt. Der eine Teil der I mit niedriger Temp. wird hierauf in einer Kontaktzone mit den Erdölfraktionen in Berührung gebracht, wobei die I mit den Erdölfraktionen überzogen werden. In der Reaktionszone werden die I aus der Kontaktzone u. die I aus der II, die nicht mit Erdölfraktionen überzogen sind, bei 300—800° F gemischt, u. dadurch werden die Erdölfraktionen gespalten; diese können im Kreislauf geführt werden. — Zeichnungen. (**A. P. 2 682 497** vom 10/4. 1950, ausg. 29/6. 1954.) E. KAHLES. 8197

Universal Oil Products Co., Chicago, übert. von: **Frederick W. Leffer,** Riverside, Ill., V. St. A., *Verkoken von schweren Kohlenwasserstoffen* (I). Gleichzeitig mit einem Heizgas werden die I in Dampfform von unten nach oben in eine Verkokungszone, in der feinkörniger Koks enthalten ist, eingeleitet. Ein Teil der I verdampft, ein anderer wird umgewandelt bzw. verkokt. Der feinkörnige Koks fließt oben über ein Wehr aus der Verkokungs- in eine Trockenzone. Hier werden die Koksteilchen von den anhaftenden flüchtigen Reaktionsprodd. befreit u. durch das Hindurchleiten eines heißen, nichtoxydierenden Gases getrocknet u. gleichzeitig in fluidisiertem Zustand gehalten. Die Koksteilchen gelangen aus der Trockenzone von unten wieder in die Verkokungszone. Der überschüssige Koksanteil wird aus der Trockenzone abgezogen. — Vorr., Zeichnung. (**A. P. 2 687 992** vom 28/6. 1949, ausg. 31/8. 1954.) E. KAHLES. 8197

Paul Guivante de Saint-Gast, Frankreich, *Hydrierende Spaltung organischer Stoffe.* Feinverteilte Braunkohle, auch Sägespäne, mit einem Katalysator (RANEY-Ni, Fe) gut vermischt, wird in Ggw. eines Metallsalzes (Na_2CO_3 oder MOHRsches Salz) einer elektr. Entladung unterworfen. Diese elektr. Crackung führt zu vorwiegend fl. Produkten. — Zeichnung. (**F. P. 1 033 534** vom 7/3. 1951, ausg. 13/7. 1953.) S. MEIER. 8197

Standard Oil Development Co., übert. von: **George F. Feldbauer,** Cranford, **Charles E. Jahnig,** Red Bank, und **Homer Z. Martin,** Cranford, N. J., V. St. A., *Wiedergewinnung von Fluorwasserstoff aus den Regenerationsgasen* von katalyt. Crackprozessen. HF wird mittels eines feinverteilten Adsorptionsmittels, z. B. CaO, in dem Maße aus den Gasen entfernt, daß das Adsorptionsmittel am Ende der Reaktionszone höchstens 5% HF enthält, wobei man die Temp. so reguliert, z. B. auf 200—900° F, daß der gesamte HF adsorbiert wird; der desorbierte HF wird in den Crackprozeß zurückgeführt. — Zeichnungen. (**A. P. 2 686 151** vom 16/12. 1950, ausg. 10/8. 1954.) K. DEMMLER. 8197

Eugène J. Houdry, V. St. A., *Herstellung von Kieselsäure–Tonerde-Katalysatoren zum Spalten von KW-stoffen* nach dem Wirbelschichtverfahren. Die Katalysatoren erhält man durch Vermischen eines schwach akt. Al-Silicats [z. B. Bentonit (Filtro l), Kaolin] mit einem hochaktiven synthet. Al-Silicat [Zus. ca. 87,5 (%) SiO_2 u. 12,5 Al_2O_3). (**F. P. 1 067 996** vom 9/9. 1952, ausg. 21/6. 1954. A. Prior. 15/9. 1951.) T. OPPERMANN. 8197

Henri Fabrice Mélot, Seine, Frankreich, *Herstellung von Katalysatoren,* z. B. *zum Spalten von KW-stoffen.* Man erhält die Katalysatoren durch Metallisieren von inerten oder metall. Trägern im Vakuum u. unterwirft den Katalysator danach gegebenenfalls einer chem. Behandlung. — Z. B. bedeckt man auf diese Weise ein Ni-Drahtgewebe mit Platin. (**F. P. 1 072 751** vom 24/1. 1953, ausg. 15/9. 1954.) T. OPPERMANN. 8197

Socony-Vacuum Oil Co., Inc., New York, N. Y., übert. von: **Robert L. Smith,** Pitman, und **Leonard C. Drake,** Wenonah, N. J., V. St. A., *Reaktivierung eines Kieselsäurespaltkatalysators,* der bei der Umwandlung von hochsd. Erdöl-KW-stoffen in Leichtbenzin-KW-stoffe durch eine geringe Menge ($<$20 Gew.-%) Ni vergiftet wurde, durch Behandlung mit Acetylaceton. Man trennt den Katalysator von dem Behandlungsmittel, trocknet ihn u. calciniert. (**A. P. 2 693 455** vom 21/4. 1952, ausg. 2/11. 1954.) P. UNGER. 8197

Badische Anilin- & Soda-Fabrik Akt.-Ges., Ludwigshafen/Rh., *Herstellung von Benzin aus Mineral- oder Schieferöl durch katalytische Druckhydrierung in zwei Stufen.* Das Einsetzgut, das gegebenenfalls von Bzn. u. Mittelöl befreit wird, wird in fl. Phase mit H_2 unter einem Druck von mindestens 200 at, z. B. 200—800 at, bei einer Temp. von 450—550° in Ggw. von inerten Stoffen, wie Silicagel, Bleicherde, Kieselgur oder Kohle, so durch die Reaktionszone geleitet, daß mehr als 30%, vorteilhafter mehr als 40%, Mittelöl entstehen. Das Prod. aus der ersten Reaktionszone, gegebenenfalls vom Bzn. befreit, wird mit H_2 (1—5 m^3/kg Öl/Std.) bei einem Druck von 200—800 at u. einer Temp. von 400—550° mit einer Durchsatzgeschwindigkeit von 0,3—1,5 kg Öl/Liter Katalysator/Std. über einen Katalysator geleitet, der aus mit Säure (HNO_3) aktiviertem Silicat oder Tonerde als Träger u. Verbb. von Mo oder W u. einem geringen Anteil einer Verb. der Metalle Cr, Zn, Fe, Ni u. Co als akt. Anteil besteht. — Vgl. auch D. B. P. 844 142; C. **1953**. 5440. (**E. P. 714 066** vom 3/5. 1951, ausg. 25/8. 1954. D. Priorr. 19/5., 14/6. u. 2/9. 1950.) E. KAHLES. 8199

Badische Anilin- & Soda-Fabrik Akt.-Ges. (Erfinder: **Ludwig Raichle** und **Ernst Wittmann**), Ludwigshafen/Rh., *Gewinnung von für Synthesen unter hohem Druck bestimmten wasserstoffhaltigen Gasgemischen* durch Umsetzung CO-haltiger Gase mit Wasserdampf zu CO_2 u. H_2 u. anschließende Entfernung des CO_2, dad. gek., daß man die Rk. des CO mit Wasserdampf unter erhöhtem, aber niedrigerem als dem Synthesedruck ausführt u. einen Teil des CO_2 durch Kondensation bei den durch Verdampfen von bereits kondensiertem CO_2 entstehenden tiefen Tempp. entfernt u. den Rest des CO_2 zusammen mit S-haltigen Verunreinigungen mit einem unter den herrschenden Temperatur- u. Druckbedingungen fl. bleibenden Lösungsm., bes. fl. N_2, herauswäscht. Vor dem Auswaschen mit fl. N_2 kann ein Teil der Beimengungen durch mittelbaren Kälteaustausch kondensiert u. zweckmäßig auch dieses Kondensat zur Erzeugung von Kälte ausgenutzt werden. Aus der tiefgekühlten Lsg. können die Gase durch Wärmeaustausch mit dem zu verarbeitenden, gegebenenfalls bereits mit Wasserdampf umgesetzten Ausgangsgas ausgetrieben werden. — Vorrichtung. (**D. B. P. 908 013** Kl. 12i vom 23/12. 1950, ausg. 1/4. 1954. Anmeldung bekanntgemacht 26/6. 1952.) R. SCHREINER. 8201

Socony-Vacuum Oil Co., Inc., New York, N. Y., übert. von: **Brunner C. Barnes**, Dallas, Tex., V. St. A., *Stabilisieren von Rohgasolin.* Das kondensierbare KW-stoffe, wie Propan, Butan, Pentan, Hexan u. Heptan, enthaltende Gas wird in 2—3 Kompressions-, Kühl- u. Trennzonen durch Komprimieren u. Abkühlen auf verschied. Drucke u. Tempp. [85 lbs./sq.in. u. 265 sowie 95 u. 0° F] in verschieden sd. Bestandteile zerlegt. Die Drucke werden in den Stufen aufeinander folgend, von einer Stufe zur anderen erhöht, die Tempp. dagegen erniedrigt. Die fl. Kondensprodd. werden stabilisiert. — Zeichnung. (**A. P. 2 663 669** vom 1/7. 1950, ausg. 22/12. 1953.) E. KAHLES. 8201

Standard Oil Development Co., Del., übert. von: **John Weikart**, Westfield, N. J., V. St. A., *Gewinnung von Motortreibstoffen.* Durch die über 750° F sd. Rückstandsöle (I) wird bei 450—700° F ca. ½—2 Std. Luft hindurchgeblasen. Mittels 4—10 Vol.-% an KW-stoffen mit 2—5 C-Atomen (Propan, Butan) werden die geblasenen **I** bei 110 bis 160° F (110—140° F) entasphaltiert u. anschließend in Ggw. eines fluidisierten Katalysators bei 800—1000° F u. einem Druck $>$100 lbs./sq.in. gecrackt. Durch Fraktionierung der Crackprodd. werden die gewünschten Treibstoffe erhalten. Geeignete Katalysatoren enthalten 5—20 Gew.-% Al_2O_3 oder MgO. Auch 0,05—0,5 Gew.-% ThO_2, WO_3, MoO, BeO, Bi_2O_3, CdO, UO_3, B_2O_3, SnO_2, Fe_2O_3, V_2O_5, MnO, Cr_2O_3, CaO, Tl_2O_3, MgO u. Ce_2O_3 können noch vorhanden sein. — Zeichnung. (**A. P. 2 682 494** vom 19/2. 1952, ausg. 29/6. 1954.) E. KAHLES. 8201

Badische Anilin- & Soda-Fabrik Akt.-Ges., Ludwigshafen/Rh. (Erfinder: **Willy Oettinger** und **Wilhelm von Füner**), *Herstellung von Benzin aus Erdölen.* Die Ausgangsstoffe werden zusammen mit H_2 unter Druck ($>$50—150 at) bei 250—450° über synthet. Metallsilicate der 6. u./oder 8. Gruppe des Period. Syst. (frei von Al u. Mg), die zusätzlich ein Oxyd oder Sulfid eines oder mehrerer Metalle der 6. Gruppe enthalten, derart geleitet, daß die Siedekurven der Ausgangsstoffe nur unwesentlich verändert werden. Die Reaktionsprodd. werden bei 360—550° unter Druck ($>$50 at) gemeinsam mit H_2 über Al- u. Mg-Silicate, die mit einem Oxyd oder Sulfid eines oder mehrerer Metalle der 6.—8. Gruppe des Period. Syst. versehen sind, zwecks Aufspaltung zu Bzn. geleitet. (**D. B. P. 930 889** Kl. 23b vom 18/8. 1953, ausg. 28/7. 1955. Anmeldung bekanntgemacht 3/2. 1955.) P. UNGER. 8201

Union Oil Co. of California, Los Angeles, übert. von: **Donald H. Imhoff** und **Clyde H. O. Berg**, Long Beach, und **Raoul P. Vaell**, Beverly Hills, Calif., V. St. A., *Umwandlung von Kohlenwasserstoffen.* Ein Gemisch von hydrierbaren KW-stoffen u. von H-abgebenden KW-stoffen (Straight-run-Gasolin u. Crackdest.), sowie H_2 werden in eine Reaktionszone geleitet, in der sich ein Katalysator (vom Kobaltmolybdattyp [2 (Gew.-%) CoO, 10 MoO_3 auf Träger, 5 SiO_2 u. 95 Al_2O_3] befindet. Durch genaue Dosierung der Zugabe an H-abgebenden u. hydrierbaren Prodd. läßt sich ein Gleichgewicht zwischen Bedarf u. Erzeugung an H_2 einstellen. — Zeichnungen. (**A. P. 2 689 821** vom 17/10. 1950, ausg. 21/9. 1954.) E. KAHLES. 8201

Universal Oil Products Co., Chicago, übert. von: **Mitchell S. Bielawsky,** Berwyn, Ill., V. St. A., *Kobalthaltiger Katalysator.* 50—75(%) Phosphorsäure werden bei 50 bis 450° F mit z. B. 15—49,5 Diatomeenerde oder eines anderen SiO_2-haltigen Adsorbens u. 0,5—50 einer Co-Verb. (CoO, CoS, Co-Halogenid) vermischt, verformt, bei 200—500° getrocknet u. 0,25—10 Std. bei 500—1000° calciniert. — *Katalysator für die Polymerisation von Olefinen.* (**A. P. 2 704 747** vom 29/7. 1949, ausg. 22/3. 1955.) W. MATTHAES. 8201

Sharples Chemicals, Inc., übert. von: **John Barry Davidson,** Grosse Ile, Mich., V. St. A., *Tetramethyläthylen* (I). Man leitet Propylen oder einen dieses enthaltenden Gasstrom (Propan) in fl. Phase bei 25—94° über einen wasserfreien Katalysator (Al_2O_3, Bauxit), der 0,5—12% BF_3 als Aktivierungsmittel adsorbiert enthält. Die Reaktions-Fl. wird dann dest., die Kopffraktion in den Kreislauf zurückgegeben u. die Bodenfraktion in einer weiteren Kolonne destilliert. Das rohe Polymere kann z. B. 70% u. mehr Hexene enthalten, wovon wenigstens 15% I sind. Ausbeute an I 14%. Zwischenprod. zur Herst. von *octanhaltigen Kraftstoffen,* wie *Diisopropyl* u. *Triptan* (= 2.2.3-Trimethylbutan) für Verbrennungsmaschinen. — Schemat. Vorrichtung. (**A. P. 2 657 245** vom 28/5. 1949, ausg. 27/10. 1953.) G. KRAUSS. 8205

Gulf Research & Development Co., Pittsburgh, Pa., übert. von: **Henry A. Ambrose,** Penn Township, Allegheny County, und **Oliver L. Brandes,** Gibsonia, Pa., V. St. A., *Stabilisatoren für Treibstoffe,* bestehend aus einer Mischung eines Zn-, Ba-, Ca- oder Mg-Salzes einer C_{4-12}-Dialkyldithiophosphorsäure (I) u. eines im Treibstoff lösl. Ba- oder Ca-Petroleumsulfonates. Zusatzmenge: 0,005—0,25 Gew.-%. — Beispiel für I: Di-2-äthylhexyl-, Di-n-heptyl-, Dicyclohexyldithiophosphorsäure (II). — Beispiel: Mischung aus je 0,025 Zn-Salz von II u. Ca-Petroleumsulfonat. — Verhinderung der Schlammausscheidung. (**A. P. 2 697 033** vom 28/3. 1950, ausg. 14/12. 1954.) E. DREWS. 8205

Standard Oil Co., Cleveland, übert. von: **Arthur R. Klingel jr.,** Chagrin Falls, O., V. St. A., *Entfernen von Kohleablagerungen aus Verbrennungskraftmaschinen.* In die Verbrennungsräume werden kleine Teilchen (Kügelchen) (von 0,05—0,25″) aus gesintertem Metall mit einem F. >300° u. einer BRINELL-Härte von 3—115 eingeführt. Die Teilchengröße muß die Einführung ohne Entfernen des Zylinderkopfes gestatten. Geeignete Metalllegierungen bestehen aus 8 (%) Sn, 4 Pb u. 88 Cu; oder 70 Cu u. 30 Pb; oder 60 Cu u. 40 Pb. Die Metallteilchen wirken wie Scheuermittel. (**A. P. 2 698 265** vom 15/12. 1950, ausg. 28/12. 1954.) W. GRÄGER. 8205

Phillips Petroleum Co., Del., übert. von: **Eugene V. Mathy,** Bartlesville, Okla., V. St. A., *Herstellung von einem Öl mit einem niedrigeren Anilinpunkt als das Ausgangsöl.* Ein *Gasöl* (I) vom Kp. 450—750° F u. einem Anilinpunkt von 125—160° F wird in 2 Teile aufgeteilt. Der eine Teil wird bei einer Temp. von 50—160° F mit einem selektiven Lösungsm. (II) (z. B. Furfurol, Nitrobenzol, SO_2) im Verhältnis 0,5 : 1 bis 5 : 1 extrahiert u. dabei eine aromatenreiche u. eine paraffinreiche Phase erhalten. II wird von jeder Phase zurückgewonnen u. in den Extraktionsprozeß zurückgeführt. Das so erhaltene aromatenreiche I wird zu dem unbehandelten Teil von I gegeben u. somit ein I mit einem vorbestimmten Anilinpunkt gewonnen. — Zeichnung. (**A. P. 2 695 262** vom 22/12. 1949, ausg. 23/11. 1954.) E. KAHLES. 8213

Standard Oil Co., Chicago, Ill., übert. von: **Richard E. Dickey,** Independence, und **William A. Wearerling,** Kansas City, Mo., V. St. A., *Gewinnung von Kresolen aus alkalischen Lösungen,* die ein p_H 13 besitzen u. als Verunreinigungen Mercaptane (I) u. Neutralöle (II) enthalten. Man erzeugt in der Lsg. durch Unterwasserverbrennung ein heißes Verbrennungsgas ($CO_2 + O_2$). Durch den Kontakt zwischen den Gasen u. der Lsg. dest. W. u. II ab, I wird zu Disulfiden oxydiert. Diese bilden eine obere Schicht, die abgetrennt wird. Das W. wird wieder ergänzt u. die Behandlung mit den Gasen fortgesetzt, bis der p_H <11 liegt. Die dann frei werdenden Kresole bilden eine neue obere Schicht, die ebenfalls abgetrennt wird. — Die Ausgangslsgg. werden z. B. durch Behandlung von gecracktem Naphtha mit NaOH erhalten. (**A. P. 2 686 105** vom 26/12. 1950, ausg. 10/8. 1954.) K. FABEL. 8215

Universal Oil Products Co., Chicago, Ill., übert. von: **Joseph A. Chenicek,** Bensenville, und **Ralph B. Thompson,** Hinsdale, V. St. A., *Stabilisierung von Heizölgemischen.* Zur Verhinderung der Sedimentbldg. beim Lagern setzt man dem Heizölgemisch ca. 0,0005—1 Gew.-% eines prim. Alkanolamins zu. Dieses enthält in der Alkylgruppe mindestens 6 C-Atome in gerader Kette u. nicht >20 C-Atome im Mol., wobei die Amino- u.

Hydroxylgruppen an benachbarte C-Atome gebunden sind. Allg. Formel I, worin X eine aliphat. Gruppe u. R, R', R'' u. R''' Alkylgruppen oder H bedeuten. — Beispiele: 5-Amino-4-octanol, 2-Amino-2-methyl-3-octanol, 1-Amino-2-octanol, 3-Amino-4-heptanol, 2-Amino-2-methyl-3-hexanol. — Zeichnung. (**A. P. 2 695 222** vom 14/6. 1951, ausg. 23/11. 1954.) P. UNGER. 8217

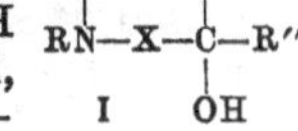
I

National Aluminate Corp., V. St. A., *Herabsetzung der Bildung von Kohleniederschlägen beim Verbrennen von Heizölen.* Man verleibt den Heizölen vor dem Verbrennen 1,5—7°/₀₀ (berechnet auf Co-Metall) eines in den Ölen lösl. Co-Salzes (z. B. Co-Tallat, -Naphthenat, -2-Äthylhexanoat) ein. (**F. P. 1 070 581** vom 13/11. 1952, ausg. 29/7. 1954.) T. OPPERMANN. 8217

Shell Development Co., Emeryville, übert. von: **Rupert C. Morris** und **Forrest J. Watson**, Berkeley, Calif., V. St. A., *Phosphonsäureester.* Durch Rk. von N-(2-Chloräthyl)-morpholin mit Na-Dibutylphosphit, NaP(:O)O·$(OC_4H_9)_2$, erhält man *Dibutyl-2-(N-morpholino)-äthanphosphonat* (I), Kp.$_{0,1}$ 127—129°. Analog werden dargestellt: *Dioctyl-3-(N-piperidino)-propanphosphonat; Diallyl-3-(N-thiamorpholino)-2-methylpropanphosphonat; N.N'-Bis-[2-(diisopropylphosphono)-äthyl]-piperazin.* — *Korrosionsverhindernde Zusätze zu hydraul. Fll. u. Schmierölen.* (**A. P. 2 706 194** vom 14/5. 1951, ausg. 12/4. 1955.) A. BRÖSAMLE. 8221

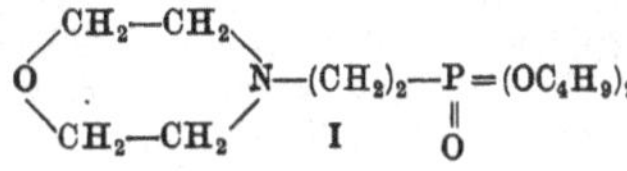
I

Douglas Aircraft Co., Inc., Santa Monica, Calif., übert. von: **Douglas H. Moreton**, Pacific Palisades, Calif., V. St. A., *Schmieröl* auf Siliconbasis (**I**) mit einem Geh. von ca. 10 (Vol.-%) Trialkylphosphaten (**II**) mit C_{3-10}-Alkylresten. **I** sind Methyl- oder Dimethylsilicone mit einem Verhältnis $CH_3 : Si = 1{,}9—2{,}5 : 1$. — Beispiele für **II**: Tri-(2-äthylhexyl)-, Tri-n-butylphosphat (**III**). — Beispiel: 90 Dimethylsilicon, 10 **III**. (**A. P. 2 684 336** vom 2/6. 1950, ausg. 20/7. 1954.) E. DREWS. 8221

„Shell" Refining & Marketing Co. Ltd., London (Erfinder: **Raymond Spencer Airs, Philip James Garner, James Hartley** und **James Donald Shimmin**), England, *Herstellung synthetischer Schmieröle* durch 1—10std. Behandeln von Sebacinsäureestern bzw. Sebacinsäure–Adipinsäure-Estergemischen mit Alkalimetall (**I**) bei Tempp. oberhalb des F. von **I**, jedoch nicht oberhalb 200°. Zusatzmenge an **I** beträgt 0,5—2,5% der Ester. Das Schmieröl kann 0,1—1 Gew.-% polymere Acrylsäureester enthalten, z. B. „Acryloide". (**E. P. 718 581** vom 19/11. 1952, ausg. 17/11. 1954.) E. DREWS. 8221

Standard Oil Development Co., Del., übert. von: **Delmer L. Cottle**, Highland Park, **David W. Young**, Westfield, und **Frederick Knoth jr.**, Sayreville, N. J., V. St. A., *Schmieröl* für tiefe Tempp., bestehend aus Estern der Adipinsäure mit Alkoholen, die durch Rk. von Propylendimeren mit H_2 u. CO bei 300—400° F u. 1000—3000 atü in Ggw. von Metallcarbonyl u. Hydrierung der erhaltenen Aldehyde erhalten werden. (**A. P. 2 692 233** vom 16/2. 1952, ausg. 19/10. 1954. **F. P. 1 069 526** vom 9/1. 1953, ausg. 8/7. 1954. A. Prior. 16/2. 1952.) E. DREWS. 8221

Standard Oil Development Co., V. St. A. (Erfinder: **Charles A. Cohen** und **Louis A. Mikeska**), *Herstellung von synthetischen Schmierölen.* Sie bestehen aus einem Gemisch von Estern von Dicarbonsäuren [allg. Formel HOOC·$(CH_2)_x$·COOH, $x = 6—14$]. — Z. B. schm. man 100 g Oxystearinsäure, fügt 500 cm³ 70%ig. HNO_3 hinzu u. 0,1 g NH_4-Metavanadat (Katalysator) u. erhitzt das Ganze 12 Std. am Rückflußkühler. Die Aufarbeitung ergibt 45,5 g eines festen, weißen, kristallinen Gemisches von Dicarbonsäuren, F. 100—101°. Hiervon versetzt man 80,2 (g) mit 600 Isooctylalkohol, 200 cm³ Toluol u. 0,2 g 96%ig. H_2SO_4. Das Reaktionsgemisch erhitzt man 5 Std. am Rückflußkühler. Die Aufarbeitung ergibt 114 g synthet. Schmieröl, Kp.$_{0,1}$ 174—196°. (**F. P. 1 070 730** vom 10/2. 1953, ausg. 10/8. 1954. A. Prior. 13/3. 1952.) T. OPPERMANN. 8221

Standard Oil Development Co., Elizabeth, N. J., V. St. A., *Herstellung von Schmierölen* erfolgt durch Behandeln bestimmter Mineralölfraktionen, die durch Lösungsmittelextraktion u. Hydrierung gewonnen wurden, mit O_2 oder Luft bei 200—400, bes. 275—350° F, wobei man ein Prod. mit der VZ. 20—70 erhält. Dieses wird mit einem aliphat. $C_2—C_{20}$-, bes. $C_3—C_8$-Alkohol, z. B. Butanol, einem Amin, einem Erdalkalihydroxyd oder NH_3 neutralisiert, bis die NZ. nicht >50, bes. nicht >6% des Wertes der ursprünglichen NZ. liegt, worauf man durch Vakuumdest. niedrig sd. Oxydationsprodd. u./oder flüchtige Neutralisiermittel entfernt u. den Rückstand mit einem Stabilisator (**I**) versetzt, der eine O_2-Aufnahme von >1% bei 350° F innerhalb von 1 Std. verhindert. Als **I** verwendet man z. B.: ein Reaktionsprod. aus α-Pinen u. P_2S_5, Phenyl-α-naphthylamin, 2.6-ditert.-Butyl-4-methylphenol oder Erdalkalisalze von alkylierten Phenolsulfiden u. deren Reaktionsprodd. mit S oder P-Sulfiden. — Kurven, Zeichnungen. (**E. P. 713 664** vom 14/8. 1951, ausg. 18/8. 1954. A. Prior. 21/4. 1951.) O. MÜLLER-MEININGEN. 8221

Standard Oil Development Co., Elizabeth, N. J. (Erfinder: **Eric Bertram Evans** und **Leonard Matthew Kinnard**), V. St. A., *Traktorenöl*, bestehend aus 80 (Gew.-%) Mineralschmieröl SAE 50°, 8—20 (15) leichtem Mineralöl vom Kp. 170—300° (184—276°) u. 0,1—5 2.6-Ditert.-butyl-4-methylphenol als Inhibitor. (**E. P. 718 015** vom 13/9. 1950, ausg. 10/11. 1954.) E. Drews. 8221

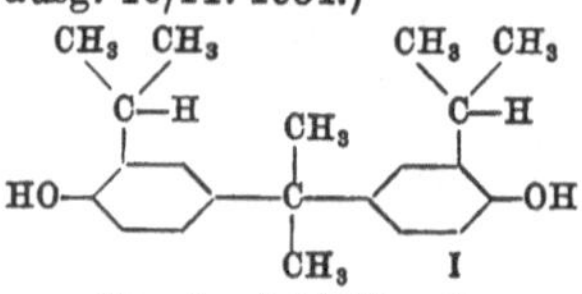
I

Standard Oil Development Co., Delaware, übert. von: **Elmer B. Cyphers,** Cranford, und **David W. Young,** Westfield, N. J., V. St. A., *Mineralschmieröl*, enthaltend 0,05 bis 1,5 Gew.-% 4.4'-Isopropyliden-bis-(2-isopropylphenol) der Formel I als Antioxydans. (**A. P. 2 691 001** vom 23/7. 1952, ausg. 5/10. 1954.) E. Drews. 8221

Standard Oil Development Co., Elizabeth, N. J., V. St. A., *Zusatzstoffe zu Mineralschmierölen*, bestehend aus Reaktionsprodd. von aliphat. prim. oder sek. Aminen mit 6 bis 20, bes. 8—18 C-Atomen u. deren Gemischen, mit Stoffen der allg. Zus. $[CH_2—CH(Cl)]_x \cdot [CH_2—CH(Z)]_y$, worin Z Cl oder ein unsubstituierter Acetatrest ist u. x u. y ganze Zahlen sind, wobei das Reaktionsprod. ein Mol.-Gew. zwischen 3000 u. 100000 hat. — Beispiel: Prod. aus 90 (g) eines Gemisches von prim. aliphat. C_{8-18}-Aminen (Mol.-Gew. ca. 200) u. 30 eines Mischpolymerisates aus 89 (%) Vinylchlorid u. 11 Vinylacetat, das ca. 50 Cl enthält. — Fließpunkterniedriger. (**D. B. P. 930 472** Kl. 23c vom 24/5. 1953, ausg. 18/7. 1955. Anmeldung bekanntgemacht 27/1. 1955. A. Prior. 23/5. 1952.) E. Drews. 8221

Farbenfabriken Bayer Akt.-Ges. (Erfinder: **Max Zimmermann, Hans Stephan,** Leverkusen, und **Werner Müller,** Köln), *Schmieröle* auf Mineralölbasis mit einem Geh. an substituierten Phosphon- oder Phosphinsäuren bzw. deren Estern nach den D. B. PP. 851 237 u. 879 138; C. **1954. 3144,** dad. gek., daß die Schmierstoffzusatzmittel zusammen mit Halogenderivv. von KW-stoffen verwendet werden. — Beispiele: Chlorparaffine, -olefine, chloriertes Diphenyl, Dichlornaphthaline, -anthracen. — Beispiel: 200 (Gewichtsteile) Mineralöl, 1 chlor- u. fluorhaltiges Diphenyl (45% Halogen), 1 4-Chlorphenylphosphinsäure. (**D. B. P. 928 194** Kl. 23c vom 18/1. 1951, ausg. 26/5. 1955. Anmeldung bekanntgemacht 11/2. 1954. **Zusatz zu D. B. P. 851 237; C. 1953. 6395.**) E. Drews. 8221

C. C. Wakefield & Co. (Erfinder: **Elliott Alfred Evans** und **Norman Ernest Frederick Hitchcock**), London, England, *Emulgierbares Mineralschmieröl*, bestehend aus 75 (Gew.-%) Mineralöl, 20 Alkalipetroleumsulfonaten, 1 Triäthanolamin, 3 Olein u. 1 Polyäthylenglykol mit einem Mol.-Gew. von mindestens 200 (= „Carbowachs 4000"). (**E. P. 709 262** vom 4/4. 1949, ausg. 19/5. 1954.) E. Drews. 8221

Philipps Petroleum Co., Del., übert. von: **William N. Axe** und **William B. Whitney,** Bartlesville, Okla., V. St. A., *Schmiermittel* mit einem Geh. an Reinigungsmittel. Dieses wird hergestellt durch Sulfonierung eines asphaltfreien Erdölraffinats, dessen Moll. mindestens 40 C-Atome enthalten, u. Neutralisieren der erhaltenen Sulfonate mit Guanidin u. bas. Guanidinsalzen. Diese Neutralsalzmischung wird durch Zugabe von A. in alkohol-unlösl.-öllösl. u. alkohollösl.-ölunlösl. Guanidinsulfonate getrennt. Ebenso können öllösl. Guanidinsulfonate aus synthet. hergestellten Alkylarylsulfonsäuren mit 10—20 C-Atomen, z. B. aus Octadecyltoluolsulfonat, hergestellt werden. Zusatzmenge zu Schmierölen 1—25 (Gew.-%), zu Schmierfetten 15—50. (**A. P. 2 660 562** vom 26/3. 1951, ausg. 24/11. 1953.) E. Drews. 8221

Manchester Oil Refinery Ltd., London, England, *Schmier- und Hydrauliköle* auf Mineralölbasis, gek. durch einen Geh. von 0,1—10 Gew.-% Polymerer (I) aus p-Alkylstyrolen oder deren Gemischen, deren Alkylreste 3—20 C-Atome aufweisen. Man kann auch Konzentrate von I im Öl herstellen u. auf 0,1—10 Polymergeh. mit Öl verdünnen. — Beispiel: Mineralöl mit 4,7 eines Prod. aus 100 (g) p-Isopropylstyrol in 200 Bzl. unter Zusatz von 0,3 Benzoylperoxyd (II); Konzentrat eines Prod. aus 50 p-sek.-Butylstyrol in Ggw. von 0,075 II in 50 leichtem Hydrauliköl (Viscosität 2,32 cs/130° F). (**E. P. 710 699** vom 5/2. 1951, ausg. 16/6. 1954.) E. Drews. 8221

California Research Corp., San Francisco, Calif., übert. von: **Oliver L. Harle,** Berkeley, Calif., V. St. A., *Antioxydans für Schmier- und Mineralöle*, bestehend aus einer Mischung von Tetramethylthiuramdisulfiden (I) oder Di-sek.-butylxanthogenat (II) mit Phenyl-α-naphthylamin (III). — Zusatzmenge: 0,03—10 I oder II, 0,05—5 III. — Tabellen mit Oxydationstesten. (**A. P. 2 691 632** vom 1/3. 1952, ausg. 12/10. 1954.) E. Drews. 8221

California Research Corp., San Francisco, übert. von: **Oliver L. Harle,** Berkeley, Calif., V. St. A., *Antioxydans für Mineralschmieröle*, bestehend aus einer Mischung von 0,03—10 (Gew.-%) Derivv. der Thiocarbonsäuren (I) u. 0,5—10 substituierten Naphthalinen (II). — Beispiele für I: Zn-(Di-n-butyl)-dithiocarbamat, -isopropylxanthogenat, Tetramethylthiuramdisulfid, Diisopropyldixanthogen, Butyldi-n-butyldithiocarbamat; für II: α-Methyl-, α-Amyl-, α-Phenylnaphthalin. (**A. P. 2 694 682** vom 20/6. 1952, ausg. 16/11. 1954.) E. DREWS. 8221

Eastman Kodak Co., Rochester, N. Y., übert. von: **Alan Bell** und **M. B. Knowles**, Kingsport, Tenn., V. St. A., *N-tert.-Alkylierte aromatische sekundäre Amine*, die als *Antioxydantien* u. *Stabilisatoren für Mineralöle* u. polymere Substanzen, wie Kautschuk, wirken, entstehen aus einem aromat. prim. Monoamin u. einem gesätt. tert. Alkylalkohol in Ggw. von Katalysatoren bei 120—220°. — *N-tert.-Butylanilin*, man erhitzt Anilin mit tert.-Butylalkohol u. HCl, mit oder ohne Zusatz einer geringen Menge J_2, auf 140—150°, Kp. 208—211°; *Acetylderiv.*, F. 55—55,5°. — Analog: *N-tert.-Butyl-p-nitroanilin*, F. 68—69,5°; *N-Nitroso-N-tert.-butyl-p-nitroanilin*, F. 137,4—138,6°. — *N-tert.-Butyl-p-aminophenol*, F. 167—174°. — *N-tert.-Butyl-2-naphthylamin*, F. 43 bis 45°, $Kp._2$ 124°. — *N-tert.-Butyl-2.4-diaminotoluol*, F. 56,6—58°. (**A. P. 2 692 287** vom 29/3. 1951, ausg. 19/10. 1954.) G. LANGER. 8221

American Cyanamid Co., New York, N. Y., V. St. A., übert. von: **Jack Tarkington Cassaday** und **George Lester Moffat Christopher**, *Dithiophosphorsäurebernsteinsäuretriester* u. deren Salze der Formel I (R = Alkyl, Cycloalkyl, R_1 u. R_2 = Aryl, Alkyl, Cycloalkyl, M = salzbildende Base, x = Wertigkeit von M) erhält man durch Rk. von Dithiophosphorsäure-O.O-diestern mit Fumar- oder Maleinsäuremonoestern u. anschließende Neutralisierung. — Aus O.O-Di-(4-methylpentyl-2)-dithiophosphorsäure u. Maleinsäuremono-3.5.5-trimethylhexylester bei 70—75° nach 24 Std. → dunkelgraue Fl., Ausbeute 98%,

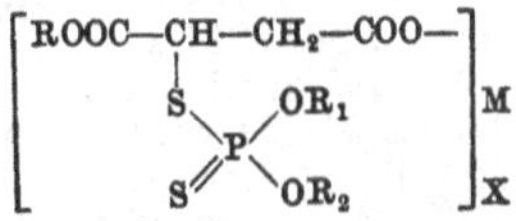

daraus mit BaO in Methanol-Bzl. unter Erhitzen → *Ba-3.2.2-Trimethylhexyl-(di-4-methylpentyl-2-dithiophosphato)-succinat. Ca-, Sr-, Zn-, Pb-, Al-Salze.* — O.O-Dioctadecylthiophosphorsäure + Maleinsäuremonoäthylester → *Ba-Dioctadecyl-di-(dithiophosphato)-bernsteinsäureäthylester*, festes, in KW-stoffölen lösl. Wachs. — *Zn-Octadecyl-(di-4-methylpentyl-2-dithiophosphato)-succinat. Ba-Salz.* — *Mono-4-methylpentyl-2-(di-n-decyldithiophosphato)-succinat. Ba-Salz.* — *Mono-4-tert.-butylcyclohexyl-(di-p-amylphenyldithiophosphato)-succinat. Ba-Salz.* — *Ba-4-Methylpentyl-2-(dioctylphenyldithiophosphato)-succinat*, braunes glasartiges Harz. — *Ba-Äthyl-(di-2.4-diamylphenoxyäthyldithiophosphato)-succinat*, viscose gelbe Fl., lösl. in Schmierölen. — *Ba-Äthyl-(di-hydroabietyldithiophosphato)-succinat*, viscose dunkelbraune Flüssigkeit. — *Mono-3.5.5-trimethylhexyl-(di-sek.-butyldithiophosphato)-succinat. Ba-, Zn-, Hg-, Pb-Salz.* Mit Guanidincarbonat → *Guanidinium-3.5.5-trimethylhexyl-(di-sek.-butyldithiophosphato)-succinat. Phenylbiguanidsalz. Dodecylaminsalz.* — O.O-Diisopropyldithiophosphorsäure + Maleinsäure mono-p-tert.-butylcyclohexylester. *Ba-Salz.* — *Ba-Tridecyl-(di-4-methylpentyl-2-dithiophosphato)-succinat. Ba-Salz.* — *Schmierölzusatzmittel*, bes. als *Antioxydations-, Reinigungs-* u. *Stabilisierungsmittel.* (**E. P. 700 530** vom 30/7. 1951, ausg. 2/12. 1953. A. Prior. 8/3. 1951.) G. KRAUSS. 8221

Anatole Julius und **Michel-Victor-Fernand Capron**, Seine, Frankreich, *Verbesserung der Eigenschaften von Schmierölen* jeglicher Viscosität. Man versetzt die Öle mit einem Lösungsm. (z. B. Cyclohexanol, halogenhaltigem Diphenyl), einem Schwer- u./oder Erdalkalimetallsalz (z. B. Stanno-, Ba-, Cr-Stearat), ferner mit einem Antioxydationsmittel oder einem Reinigungsmittel. — Eine solche Schmierölkomposition hat z. B. die Zus.: 10 (Teile) Triphenylphosphat, 7 Pentachlordiphenyl, 16 Stannostearat, 12 Ca-Naphthenat, 5α-Naphthylamin u. 50 Schmieröl. (**F. P. 1 053 388** vom 3/4. 1952, ausg. 2/2. 1954.) T. OPPERMANN. 8221

Texas Co., New York, N. Y., übert. von: **John K. McKinley**, Port Arthur, Tex., V. St. A., *Herstellung von Paraffinoxydaten* mit hohem Estergeh. u. guter Löslichkeit in Mineralölen erfolgt durch Rk. von Paraffin (I) mit einem Ölgeh. über 5% mit 5—20, bes. 8—15 cu.ft Luft je lb. I je Std. bei 360—390°, bes. 365—385° F u. weniger als 30 lbs./sq.in. in Abwesenheit eines Katalysators. — *Zusätze zu Spezialschmierölen.* (**A. P. 2 681 357** vom 7/6. 1951, ausg. 15/6. 1954.) O. MÜLLER-MEININGEN. 8221

Continental Oil Co., übert. von: **Edwin R. Baker**, Ponca City, Okla., V. St. A., *Schmieröl.* Als Stabilisator gegen H_2S-Abscheidung werden Schmierölen, die als Stabilisatoren bereits Epoxyde enthalten, Metallsalze organ. Sulfonsäuren zugesetzt. — Beispiel: Schmieröl mit 0,007 (Gew.-%) Expoxynonan oder -hexan u. 0,5 Ca-Petroleumsulfonat oder Ca-Salz einer dialkylsubstituierten Benzolsulfonsäure. (**A. P. 2 684 943** vom 1/11. 1950, ausg. 27/7. 1954.) E. DREWS. 8221

Deutsche Shell Akt.-Ges. (Erfinder: **Carl Zerbe**), Hamburg, *Verfahren zur Herstellung eingedickter Mineralschmieröle* nach D. P. B. 897 306 durch Überführen des Mineralöles mit feinst verteilten Trockenrückständen von Gallerten in ein kolloiddisperses Syst., dad. gek., daß die Rückstände in ein kältebeständiges, gegebenenfalls durch Stockpunktserniedriger, fette Öle, voltolisierte Fett- oder Mineralöle bzw. Gemische dieser Stoffe kältebeständig gemachtes Mineralöl eingebracht werden. Es kann ein konsistentes Schmierfett zugegeben werden. (**D. B. P. 934 004** Kl. 23c vom 8/3. 1942, ausg. 6/10. 1955. Anmeldung bekanntgemacht 14/4. 1955. **Zusatz zu D. B. P. 897 306; C. 1954. 4303.**) E. Drews. 8221

Victor Chemical Works, übert. von: **Willard H. Woodstock,** Crete, und **Thomas M. Beck,** Homewood, Ill., V. St. A., *Rostschutzmittel und Zusatzmittel für Schmieröle* erhält man durch Kondensation eines Dioctylsäureesters der Pyrophosphorsäure mit einem „Soyamin" (I), das wenigstens 70% ungesätt. aliphat. prim. Amine mit wenigstens 18 C-Atomen enthält, unterhalb der Zersetzungstemp. des Reaktionsproduktes. I wird aus Sojabohnenöl durch Verseifung, Umwandlung der Carbonsäuren mit NH_3 in das Amid bzw. Nitril u. Red. des Nitrils gewonnen; es besteht im wesentlichen aus Octadecenyl- u. Octadecadienylaminen (= „Armeen SD"). In den Beispielen werden Kondensationsprodd. hergestellt z. B. mit 2 bzw. 5 Mol Amin je 1 Mol Pyrophosphat. Die Prodd. sind öllösl. u. dienen in 0,05%ig. Öllsg. als *Korrosionsschutzmittel,* bes. für *Stahl* in *Seewasser.* (**A. P. 2 664 400** vom 13/8. 1949, ausg. 29/12. 1953.) G. Krauss. 8221

Socony-Vacuum Oil Co., Inc., übert. von: **James I. Barnes,** Mickleton, und **Arnold O. Pukkila,** Woodbury, N. J., V. St. A., *Abtrennung von Wachs aus Rückstandsschmieröl* durch Behandlung mit einer Harnstofflsg., wobei sich ein krist. Komplex bildet. Man trennt das zurückbleibende Öl u. den Komplex. Man behandelt bei ca. 125° F mit einer Lsg. von Harnstoff in p-Kresol. — Zeichnung. (**A. P. 2 642 378** vom 13/9. 1949, ausg. 16/6. 1953.) P. Unger. 8221

Metallgesellschaft Akt.-Ges., Frankfurt/M. (Erfinder: **Gerhard Roesner,** Frankfurt/M., und **Ludwig Schuster,** Philadelphia, Pa., V. St. A.), *Wässerige, die Werkstoffe angreifende Schneidlösungen* mit $p_H < 3$, für die spanabhebende Bearbeitung von Metallen, bes. Fe u. Stahl, mit Ausnahme von Mg u. seinen Legierungen, die mindestens eine schwerlösl., Metallsalze, wie Schwermetall- u. Calciumsalze, bildende Säure sowie als Puffersalz Salze, bes. Schwermetall-, Calcium- oder Alkalisalze, der gleichen Säure enthalten, wobei das stöchiometr. Verhältnis an freier Säure zu Gesamtsäure mindestens 1:7 beträgt. Die Lsgg. können Chromsäure, saure Chromate u./oder wasserlösl. Öle u. Emulgatoren enthalten. — Beispiel: Mischung aus 18 (g) $Zn(H_2PO_4)_2$, 500 P_2O_5, 3 Chromsäure u. 4,2 cm^3 H_3PO_4/Liter W., 5 (%) Bohröl, 4 Emulgator (Prod. aus Äthylenoxyd u. höheren Fettalkoholen). (**D. B. P. 930 649** Kl. 23c vom 9/5. 1940, ausg. 21/7. 1955. Anmeldung bekanntgemacht 30/12. 1954.) E. Drews. 8221

Standard Oil Development Co., V. St. A., *Kühlöle.* Sie bestehen aus 45 bis 80 (Gew.-%) mineral. Schmieröl, 5—10,2 Na-Petroleumsulfonat, 5—10 Na-Naphthenat, 0,5—3 A., 8—12 sulfuriertem Spermacetiöl (S-Geh. 6—20%), 0,5—2 eines partiellen Esters einer Fettsäure (mit 12—22 C-Atomen) mit Polyoxyäthylensorbitan (z. B. „Tween 85", „Tween 65"), 0,1—1 Kienöl u. 1—3 Wasser. (**F. P. 1 070 650** vom 3/2. 1953, ausg. 3/8. 1954.) T. Oppermann. 8221

Siemens & Halske Akt.-Ges., Berlin und München (Erfinder: **Willi Mertens,** Berlin), *Vorbehandlung von Metallteilen vor dem Aufbringen des Schmiermittels* mit 0,1 bis 1%ig. Lsgg. von Hydroxamsäuren langkettiger aliphat. Säuren in niedrigsd. organ. Lösungsmitteln, gegebenenfalls unter Zusatz von festem Paraffin. (**D. B. P. 932 691** Kl. 23c vom 15/12. 1953, ausg. 8/9. 1955. Anmeldung bekanntgemacht 17/3. 1955.) E. Drews. 8223

Lothar Magunna, Hannover (Erfinder: **Heinz Polzin,** Eldagsen), *Herstellung von Kaliseifen enthaltenden Maschinenschmierfetten* in Block-, Ziegel- oder Brikettform, dad. gek., daß man den in üblicher Weise hergestellten Kaliseifenschmierfetten in schaumfrei gesottenem Zustand eine Mischung aus Ozokerit oder rohem Ceresin mit Stearinpech zusetzt. Der Zusatz kann auch in die Schmelze eines Kaliüberschuß enthaltenden Schmierfettes erfolgen. (**D. B. P. 931 253** Kl. 23c vom 25/2. 1950, ausg. 4/8. 1955. Anmeldung bekanntgemacht 12/4. 1951.) E. Drews. 8223

Farbenfabriken Bayer Akt.-Ges. (Erfinder: **Wilhelm Müller, Max Zimmermann** und **Rudolf Stroh**), Leverkusen, *Zusätze für Schmiermittel,* bestehend aus gegebenenfalls durch Alkyl-, Oxalkyl- oder Cyclohexylgruppen kernsubstituierten Benzidinen, deren Aminogruppen durch je mindestens einen Cyclohexylrest substituiert sind. — Beispiele: N.N'-Dicyclohexyl-3.3'-dimethyl- bzw. -diäthoxybenzidin. (**D. B. P. 929 385** Kl. 23c vom 23/4. 1952, ausg. 27/6. 1955. Anmeldung bekanntgemacht 9/12. 1954.) E. Drews. 8223

Chemische Werke Hüls Akt.-Ges. (Erfinder: **Wilhelm Dietrich, Hans-Joachim Mertens** und **Fritz Wetter**), Marl, *Zusätze für Schmiermittel* sind Mischungen von öllösl. oder durch Lösungsvermittler in Lsg. zu bringenden organ. S-Verbb. der allg.

Formel R—$(S)_n$—R, in der R H oder einen Alkyl-, Cycloalkyl-, Aryl-, Aralkyl- oder heterocycl. Rest, der geradkettig oder verzweigt, gesätt. oder ungesätt., substituiert oder nichtsubstituiert sein kann u. gegebenenfalls noch Metalle, wie Sn oder Zn, enthält, u. n eine Zahl von 1—5 oder höher bedeuten, mit organ. Nitroverbb., letztere in Mengen bis zu 10 Gew.%, bezogen auf die S-Verbindungen. — Beispiel: Getriebeöl mit 0,25 (Gew.-%) Dinitrophenol u. 5 Di-tert.-butylkresoldisulfid. (**D. B. P. 929 384** Kl. 23c vom 4/10. 1952, ausg. 27/6. 1955. Anmeldung bekanntgemacht 2/12. 1954. **Zusatz zu D. B. P. 925 192; C. 1955. 7588.**) E. DREWS. 8223

Standard Oil Development Co., Elizabeth, N. J., V. St. A., *Antioxydationsmittel für Schmierfette* auf Ölseifenbasis sind 2.2-Di-(p-oxyphenyl)-alkane mit 1—6 C-Atomen, z. B. 2.2-Di-(p-oxyphenyl)-propan (I). Zusatzmenge: 0,1—2 (Gew.-%). — Beispiel: 77 Schmieröl, 22 Seife, z. B. Li-Stearat, 0,5 Rostschutzmittel, 1 I. (**E. P. 718 365** vom 3/11. 1950, ausg. 10/11. 1954.) E. DREWS. 8223

Edeleanu G. m. b. H. (Erfinder: **Alfred Hoppe**), Frankfurt/M., *Abtrennen von Paraffin aus paraffinhaltigen Kohlenwasserstoffölen.* Das homogene paraffinhaltige Gemisch wird in fl. Zustand bei einer Temp. wenig oberhalb seines F. mit oder ohne Zusatz eines Lösungsm. in inerte Gase, wie CO_2, N_2, Luft, oder Dämpfe von Entparaffinierungslösungsmitteln versprüht, wobei die Temp. des Gasraums unterhalb des F. des jeweils auskrist. Paraffins gehalten wird. Die versprühte M. wird in 100 bis 1000 Vol.-% Lösungsm., wie Dichloräthan oder ein Gemisch aus diesem u. Methylenchlorid, bei einer Temp. unterhalb des F. des jeweils gewünschten Paraffins angemaischt u. danach über eine Zeit von 5—60 Min. verrührt. Die Maische wird mittels Drehtrommelzellenfiltern in Paraffin u. Filtrat getrennt u. der Paraffinkuchen vom Drehfilter mit dem Gas des Gasraums abgeblasen. — Vorr., Zeichnung. (**D. B. P. 928 726** Kl. 23b vom 16/9. 1952, ausg. 10/6. 1955. Anmeldung bekanntgemacht 18/11. 1954.) E. KAHLES. 8227

Ruhrchemie Akt.-Ges., Oberhausen-Holten, Rhld. (Erfinder: **Robert Lüben**), *Steigerung der Ausbeute und Verbesserung der Qualität von Schieferölschwelparaffin* nach D. B. P. 928 060. Destillationsprod. des Rohparaffins (Kp. 320—460°) wird bei mittleren Drucken (bis 25 atü) bei 200—260° (vorzugsweise 250°) vorhydriert, durch Extraktion oder Schwitzen entölt, anschließend nachhydriert (H_2 = Partialdruck 50—100 atü). Dabei wird die Vor- u. Nachhydrierung des rohen entölten Prod. mit strömendem H_2 in solchem Überschuß durchgeführt, daß das entstehende NH_3 laufend u. vollständig aus dem Reaktionsraum entfernt wird. H_2 = Partialdrucke für beide Hydrierungen: nicht $>$18 atü. Die Entölung wird in 2 Stufen — erst unvollständig, dann vollständig — durchgeführt. Katalysator für beide Hydrierungen: Ni–MgO–Kieselgur. (**D. B. P. 931 796** Kl. 23b vom 5/5. 1953, ausg. 18/8. 1955. Anmeldung bekanntgemacht 2/12. 1954. **Zusatz zu D. B. P. 928 060; C. 1955. 9942.**) P. UNGER. 8227

Phillips Petroleum Co., übert. von: **Frederick E. Frey,** Bartlesville, Okla., V. St. A., *Behandlung von Paraffin mit $AlBr_3$.* Um den Fließpunkt von Paraffinen zu erniedrigen, behandelt man sie in Ggw. eines niedrigsd. gesätt. KW-stoffes mit $AlBr_3$ bei 10—100°. (**A. P. 2 645 601** vom 22/6. 1949, ausg. 14/7. 1953.) P. UNGER. 8227

Sven-Oloo Bertil Odelhög, Jönköping, Schweden, *Trennen von rohem Paraffinwachs* in 2 Fraktionen durch Behandeln des Wachses mit einer Mischung eines Lösungsm. für KW-stoffe (Bzl., Toluol) u. eines Nichtlösers (Methanol, A., Butanol) bei einer Temp., bei welcher KW-stoffe mit gefordertem F. sich lösen u. höhermol. KW-stoffe ungelöst bleiben. Man trennt vom Rückstand. Aus der Lsg. gewinnt man nach Abdestillieren des azeotrop. Gemisches aus Lösungsm. u. Nichtlöser die niedrig schm. KW-stoffe. Man kann das rohe Paraffinwachs auch vollkommen lösen u. die Trennung durch fraktionierte Fällung durchführen. (**E. P. 691 684** vom 19/10. 1949, ausg. 20/5. 1953. Schwed. Prior. 21/10. 1948.) G. KÖNIG. 8227

Gulf Research & Development Co., übert. von: **Robert G. Capell, William P. Ridenour** und **John A. Stewart,** Pittsburgh, Pa., V. St. A., *Wachsmasse,* bestehend aus einem größeren Teil Paraffinwachs u. einem kleineren Teil (0,0005 bis 0,01 Gew.-%) eines Oxydationsverhinderers in Form von α-Conidendrol (frei von β-Conidendrol) der Formel I. (**A. P. 2 694 014** vom 16/5. 1950, ausg. 9/11. 1954.) P. UNGER. 8227

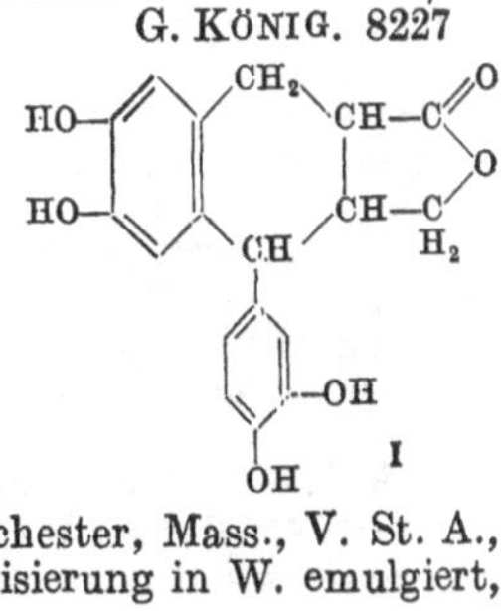

I

Frank L. McGowan, Malden, und **John P. Conley,** Dorchester, Mass., V. St. A., *Paraffinemulgator,* welcher Paraffin ohne vorherige Homogenisierung in W. emulgiert, bestehend aus einer wasserlösl. Seife, einem Glykol, Glycerin oder Glykoläther, einer freien C_{12-19}-Fettsäure u. einem in der Mischung u. dem Paraffin lösl. Alkylnaphthalin, z. B. Amyl-, Polyamyl-, Nonylnaphthalin. — Beispiel: 105 (lbs/sq.in.) hydriertes Fischöl, 53 Äthylenglykol, 48 KOH (als 49%ig. Lsg.), 70 hydrierte Fischölsäuren, 45 Polyamylnaphthalin. (**A. P. 2 684 338** vom 25/5. 1949, ausg. 20/7. 1954.) E. DREWS. 8227

Petrolite Corp. Ltd., übert. von: **Louis T. Monson**, Puente, Calif., V. St. A., *Harte bituminöse Gemische*, bestehend aus einem Asphalt u. nicht $>1\%$ eines Esters, der durch Erhitzen einer Monocarbonsäure mit 7—31 C-Atomen oder eines Glyceridesters (Öl- oder Linolsäure, Ricinusöl, Leinöl oder Tallöl) mit ca. 2—4 Mol eines Alkylolamins, deren N-Atome an je 3 C-Atome gebunden sind u. deren C-gebundene Ketten durch O unterbrochen sind (Triäthanol-, Diäthanol-, Octyläthanol-, Cyclohexyläthanol-, Dipropanol-, Propylpropanol-, Benzyläthanol-,Propyldiäthanol-, Tripropanol-, Methyldipropanol-, Cyclohexyldiäthanol-, Äthyldicyclohexanol-, Trihexanol-, Octadecyldiäthanol- oder Polyäthanolamin oder 2-Amino-2-methyl-1-propanol) erhalten wird. Hohe Abriebfestigkeit. (**A. P. 2 679 462** vom 18/12. 1951, ausg. 25/5. 1954.) W. GRÄGER. 8231

National Research Development Corp., England, *Stabilisieren von Steinkohlenteer* gegen die Einfll. von Licht, Luft u. tiefen Tempp., bes. bei *Straßenbelag*, durch Blasen mit Luft (z. B. 0,000615 m^3 pro Min. u. Liter) in Ggw. wss. Lsgg. von 0,5—5 (%) Ätzkali bei 70—80° u. Neutralisation des überschüssigen Alkalis. Verhinderung der Schaumbldg. durch Zugabe geringer Mengen von Schaumzerstörern, wie Alkylsulfonaten oder Siliconen. (**F. P. 1 073 018** vom 17/3. 1953, ausg. 17/9. 1954.) O. KAYSER. 8237

Walter Fuchs, Studien über die thermische Zersetzung der Kohle und die Kohledestillatprodukte. Köln u. Opladen: Westdt. Verl. 1955. (48 S. m. 20 Abb. u. 22 Tab.) 4°. — Forschungsberichte des Wirtschafts- und Verkehrsministeriums Nordrhein/Westfalen. Nr. 139. DM 11,80.

—, Chemische Kohleveredlung. Gemeinschaftstagung deutscher und tschechoslowakischer Wissenschaftler. 3. Freiberger Kolloquium vom 4./5. 2. 1955, über Organische Chemie und chemische Kohleveredlung. Berlin: Akademie Verlag. 1955. (134 S. m. 33 Bild. u. 25 Tab.) 8°. = Freiberger Forschungshefte. Reihe A, 36. DM 9,—.

XXI. Leder. Gerbstoffe.

A. Küntzel und **O. Mischitz**, *Über Chromsalze von höheren Fettsäuren*. Untersucht wurden die aus $CrCl_3$ u. Fettsäuren der Kettenlängen 3—16 in wss. Lsg. entstehenden Komplexe. Aus der dabei auftretenden Farbe läßt sich auf das Vorhandensein verschied. Komplextypen schließen. Die Löslichkeit der Komplexe in W. nimmt mit zunehmender Kettenlänge der Fettsäure erwartungsgemäß ab, die Löslichkeit in organ. Lösungsmitteln umgekehrt zu. Die bei der Bldg. des Chromstearinsäurekomplexes in alkoh. Lsg. erforderlichen Bedingungen u. die Abhängigkeit der Löslichkeit des Komplexes in W. werden eingehend untersucht, da dieser Komplex für das Hydrophobmachen z. B. von Velourleder von gewisser Bedeutung ist. (Leder 5. 285—89. 15/12. 1954. Darmstadt, TH, Inst. für Gerbereichemie.) P. STADLER. 8336

K. H. Gustavson, *Die Reaktion von nichtkationischen Chromkomplexen mit Kollagen*. Diskussion über den Mechanismus der Chromgerbung an Hand der Literatur (53 Hinweise). Auf Grund neuerer u. eigener Arbeiten werden die Wechselwirkungen zwischen nichtkation. Chromkomplexen u. dem *Kollagen* besprochen. Danach sollen bei der Fixierung von Tetraoxalatodiolchromat durch Kollagen zunächst die kation. u. dann wahrscheinlich noch die nichtionogenen Gruppen reagieren. Eine Mitwrkg. der COOH-Gruppen des Kollagens wird hierbei im Gegensatz zu SHUTTLEWORTH u. SYKES, nicht angenommen. Die nichtionogenen u. anion. Chromkomplexe, die in den Sulfitochromsulfatlsgg. hauptsächlich vorhanden sind, werden an den nichtionogenen Gruppen des Kollagens fixiert. Neuere Unterss. an Polyamiden u. O-acetyliertem Kollagen haben ergeben, daß bes. die Oxyaminosäuren (Oxyprolin) als Bindungsstellen für nichtionogene Komplexe in Frage kommen. Während der Gerbung, vor allem bei längerer Dauer, zers. sich die Sulfitokomplexe in kation. Verbb., die dann mit den COOH-Gruppen des Kollagens reagieren. Die mehrkernigen nichtionogenen Chromkomplexe, wie sie vor allem in den mit Phthalsäure maskierten Chromsulfatlsgg. oder in hochbas. Chromperchloratlsgg. vorkommen, reagieren ebenfalls mit den nichtionogenen Gruppen des Kollagens. Dieselben besitzen auch eine Affinität zu Polyamiden. Die Zweibadgerbung verläuft im wesentlichen unter Fixierung von kation. Komplexen. (J. Soc. Leather Trades' Chemists 39. 2—19. Jan. 1955. Stockholm, Swedish Leather Res. Inst.) H. G. FRÖHLICH. 8336

A. I. Metelkin, *Über die Erhöhung der Ausnutzung der Gerbstoffe bei der Gerbung*. Die Gerbverss. des Vf. mit Gemischen von *Eichenrinden-* u. *Tannenrindenextrakt*, sowie *Syntanen*, zeigen, daß die Menge der unauswaschbar gebundenen Gerbstoffe, die alle wertvollen Eigg. des Leders bedingen, von der Art u. Mischung der Gerbstoffe abhängen. Sie steigt mit Erhöhung der Konz. des Gerbstoffes in der Brühe an, ebenso durch Vermehrung der Gerbphasen. Den höchsten Ausnutzungskoeff. erhält man bei Verwendung eines Gemisches aus Eichen- u. Tannenrinde. (Легкая Промышленность [Leicht-Ind.] 15. Nr. 2. 41—43. Febr. 1955.) J. v. SCHROEDER. 8336

Hermann Babel, Bamberg, *Herstellung von Gerbmitteln aus Sulfitablauge und Ligninextrakten* nach D. B. P. 898 350, dad. gek., daß die Umsetzung mit Ferro- u./oder Ferricyanwasserstoffionen enthaltenden Lsgg. bei Abwesenheit von Licht u. gegebenenfalls bei Ggw. von Alkali erfolgt, u. daß sämtlichen Waschwässern Alkali zugesetzt wird. — Z. B. wird zu 200 (g) Sulfitablauge, welche mit 200 W. verd. ist, eine Lsg. von 4 $Na_2 \cdot CO_3$ (I) u. 40 $K_4[Fe(CN)_6]$ in 400 W. in einem abgedunkelten Raum unter Schütteln zugesetzt u. die Mischung 14 Tage unter Abdunkelung aufbewahrt. Von der über dem gebildeten Nd. befindlichen Fl. (p_H 6,8) werden 350 abgehebert u. der Nd. mit einer Lsg. von 5 I in 250 W. vermischt. Nach dem Absetzen des Nd. werden erneut 350 der Fl. abgehebert u. die Behandlung des Nd. solange wiederholt, bis die Auswasch-Fl. klar geworden u. der Nd. eine weißliche Farbe angenommen hat. Zum Gerben wird eine Stammlsg. aus der Trockenmasse der ersten 3 abgeheberten Flüssigkeitsschichten in der Weise hergestellt, daß man 3 kg dieser M. in 24 Liter W. löst, mit 270 HCOOH (II) auf p_H 4,5 einstellt u. von entstandenem Nd. abtrennt. Der nach dem Beispiel behandelte Nd. kann nach dem Einstellen der wss. Lsg. mit II auf p_H 6,5 als Gerbstoff Verwendung finden. (**D. B. P. 930 341** Kl. 28a vom 12/9. 1952, ausg. 14/7. 1955. Anmeldung bekanntgemacht 23/12. 1954. **Zusatz zu D. B. P. 898 350; C. 1955. 1421.**) TH. SEIZ. 8337

Leslie Bolgar, Benfieldside, Durham, England, *Wasserlösliche synthetische Gerbstoffe.* Man kondensiert aromat. Sulfonsäuren (I), wie Alkyl- oder Arylnaphthalinsulfonsäuren, mit Kondensationsprodd., welche aus Harnstoff (II), Thioharnstoff oder Melamin oder Mischungen dieser mit Ketonen (III) u. Aldehyden (IV) in alkal. Lsg. erhalten wurden. An Stelle von I kann auch gereinigte Sulfitcelluloseablauge verwendet werden. Als III verwendet man Aceton, Butanon, ungesätt. Ketone, Cyclohexanone u. aromat. Ketone, als IV: Acetaldehyd, Furfurol, Benzaldehyd, allein oder in Mischung. — Z. B. kondensiert man 640 (g) CH_2O (40%ig) (V) mit 60 Aceton u. 13 NaOH (40%ig) bei 30—40° über Nacht. Dann setzt man 160 V u. 120 II zu u. erwärmt 2 Std. auf 80—90° (Mischung **a**). Nach dem Erhitzen von 128 Naphthalin mit 175 H_2SO_4 (98%ig) auf 95—100° während 2—3 Std. u. einem Zusatz von 50 W. wird diese Mischung mit 60 Mischung **a** versetzt u. 4—5 Std. auf 90—95° erwärmt. Nach dem Abstumpfen mit NH_4OH auf p_H 5 wird mit 75 HCOOH (85%ig) angesäuert. (**E. P. 722 906** vom 4/10. 1951, ausg. 2/2. 1955.) TH. SEIZ. 8337

XXII. Leim. Klebstoffe usw.

Hans Hadert, *Kolophoniumester für Klebstoffe und Selbstklebebänder.* Vf. gibt einen Überblick auf die Verwendung nichtoxydierender Kolophoniumester zur Herst. von Selbstklebebändern, Pflastern usw. Einige Eigg., die diese vor allem zur Verarbeitung in Kombination mit Filmbildnern geeignet machen, werden erwähnt. (Seifen-Oele-Fette-Wachse **81.** 41—43. 19/1. 1955.) H. LIESE. 8384

H. Sonne, *Zur Funktion und Technologie der Trockenkleber.* Übersicht über die Funktionen nicht austrocknender Klebstoffe, die Wahl geeigneter Ausgangsstoffe, die Einflüsse von Harzen, Weichmachern, Pigmenten, Lösungsmitteln u. Füllstoffen u. die techn. Herst. von Klebebändern, ihre Unterlage u. Abwickelbarkeit. (Kunststoffe **44.** 385—87. Sept. 1954. Leverkusen.) W. WESLY. 8388

A. P. Pissarenko und **R. A. Resnikowa,** *Ein neuer Klebstoff für das Anbringen von Polyisobutylenfolien auf Metall.* Zwecks Korrosionsschutz der App. bei der Viscoseherst. wird zur Aufbringung von Polyisobutylen (I) auf Metall ein wärmebeständiger kalthärtender Leim aus 25 (Gew.-%) Leukonat u. 75 Nairit (II) in Dichloräthan angewandt. Die einzelnen Komponenten für sich ergeben bei I keine positiven Ergebnisse. Die Adhäsion wird bei dem Gemisch stark erhöht. Der Leim weist bei 90° noch gute Festigkeit auf. Da die beiden Komponenten polar sind, kann man die Polarität u. somit die Klebefähigkeit von I erhöhen, wenn in die Folien 7,5—10% II eingewalzt wird. Die maximale Festigkeit wird bei 20° nach 5 Tagen erreicht. (Легкая Промышленность [Leicht-Ind.] **14.** Nr. 10. 23—26. Okt. 1954.) A. AMBURGER. 8388

Kendall Co., Boston, Mass., übert. von: **Willard M. Bright,** Chicago, Ill., V. St. A., *Klebbänder und -folien.* Man benutzt als Träger feste Polymere der Formel I, worin R_1 = H

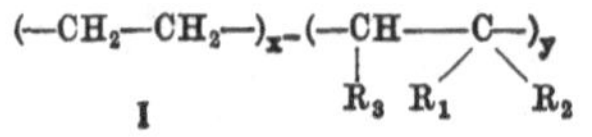

I

oder Alkyl, R_2 u. R_3 = H, Alkyl, Phenyl, substituiertes Phenyl, Vinyl oder substituiertes Vinyl sind u. das Verhältnis x : y 1,5 übersteigt, bes. Polyäthylen. Der Klebstoff, der in KW-stoffen (II) oder chlorierten II lösl. sein muß, wird als Lsg. aufgebracht u. das Ganze auf Tempp. erwärmt, die über der beginnenden Löslichkeit von I in dem benutzten Lösungsm., aber < 170° F liegen. — Zeichnungen. (**A. P. 2 695 251** vom 24/8. 1948, ausg. 23/11. 1954.) C. LÜTTGEN. 8383

Anneliese Hasenberg, Essen, *Herstellung eines losen Staubgemisches aus klebefähigen Stoffen* durch Zerstäuben von klebenden u. nichtklebenden Stoffen gemäß Hauptpatent, dad. gek., daß als nichtklebende Stoffe quellfähige Stoffe, wie Ton, Torf oder Kohlenstaub usw. verwendet werden. (**D. B. P. 925 309** Kl. 22i vom 7/2. 1951, ausg. 17/3. 1955. Anmeldung bekanntgemacht 15/5. 1952. **Zusatz zu D. B. P. 924 338; C. 1955. 7820.**) C. LÜTTGEN. 8383

National Sugar Refining Co., New York, N. Y., übert. von: **Ronald J. Baird,** Philadelphia, Pa., V. St. A., *Reaktionsprodukte von Zuckern oder Dextrinen mit Aminoverbindungen.* Man läßt die Alkalisalze von z. B. Rohrzucker mit N-halogenierten Aminen oder Amiden reagieren, z. B. mit chloriertem Harnstoff, N-Dichlorbutylamin, N-Hexachlormelamin oder N.N-Dichloradipinsäurediamid. — *Weichmacher für tier. Leime.* (**A. P. 2 702 249** vom 22/11. 1950, ausg. 15/2. 1955.) K. FABEL. 8385

Badische Anilin- & Soda-Fabrik Akt.-Ges. (Erfinder: **Ulrich Ostwald,** Wiesbaden, **Johann Lenz** und **Hans Scheuermann**), Ludwigshafen/Rh., *Herstellung wasserlöslicher lagerbeständiger Carbamidharze,* dad. gek., daß man wasserlösl. oder wasserquellbare Carbamidharze mit wasserlösl. Sulfitsalzen oder sulfitabspaltenden Verbb. bei einem p_H über 7, bes. in der Wärme, behandelt. Man kondensiert z. B. Harnstoff, CH_2O u. Ameisensäure in üblicher Weise u. behandelt das Prod. dann mit $NaHSO_3$ u. Na_2SO_3-Lsg. unter Aufrechterhaltung des p_H von 7,5—8. — *Klebstoffe.* (**D. B. P. 904 108** Kl. 39c vom 9/4. 1944, ausg. 15/2. 1954.) H. SCHINDLER. 8389

XXIV. Photographie.

Héliette Raynaud und **Jacques Pouradier,** *Reflexionsspektren von Mischfällungen aus Jod- und Bromsilber.* Vff. nehmen mit einem Registrierspektrophotometer nach HARDY die Reflexionsspektren von *Bromjodsilber*-Gemischen auf, die unter verschied. Bedingungen hergestellt wurden. — Kristalle im thermodynam. Gleichgewicht, dargestellt durch Zugabe von n/10 Lsgg. einer Mischung von *KJ* u. *KBr* zu *$AgNO_3$* bei 80° unter leichter Ansäuerung mit HNO_3 u. Rühren der Fällung in 2nKBr-Lsg. während 17 Std. bei 70° u. anschließendem Trocknen während 24 Stunden. Hierbei zeigt reines *AgJ* zeigt eine starke (96%) Absorption im Violett; sie fällt rasch ab bei 430 mμ u. fällt auf 20% bei 460 mμ. Reines *AgBr* absorbiert zu 95% im Violett, zwischen 430 u. 460 mμ nimmt die Absorption langsam u. zwischen 460 u. 500 mμ stark ab. Eine Mischung von *AgJ* zeigt eine starke (96%) Absorption im Violett; sie fällt rasch ab bei 430 mμ u. fällt auf 20% bei 460 mμ. Reines *AgBr* absorbiert zu 95% im Violett, zwischen 430 u. 460 mμ nimmt die Absorption langsam u. zwischen 460 u. 500 mμ stark ab. Eine Mischung von 60% AgBr u. 40% AgJ absorbiert bis 500 mμ, um dann ebenfalls schnell abzunehmen. Die Reflexionskurven von Mischungen mit 0—4% AgBr entsprechen den Kurven von reinem AgJ. In diesem Gebiet liegt das *Bromjodsilber* als hexagonaler Kristall vor. Bei Mischungen mit einem Geh. von 60—100% sind die Reflexionskurven stark nach langen Wellenlängen hin verschoben. In diesem Mischbereich liegt das *Bromjodsilber* in kub. Kristallform vor. Im Zwischengebiet mit einem Geh. von 4—60% AgBr werden typ. Mischkurven festgestellt. — Im Wachstum befindliche Kristalle, dargestellt durch vorsichtiges Zugeben einer 2 n $AgNO_3$-Lsg. zu einer 2 n Mischlsg. von KBr u. KJ in Ggw. eines Überschusses von Halogenid u. Stehenlassen des Nd. zusammen mit der Mutterlauge in der Kälte während 24 Std., Trocknen auf dem Wasserbad bei 80° während 15 Stunden. Die Reflexionskurven von Kristallen dieser Herstellungsweise entsprechen im allg. den Kurven von Kristallen im thermodynam. Gleichgewicht. Man kann drei Arten von Kurven unterscheiden. Mischungen mit 0—1,5% AgBr entsprechen dem hexagonalen Typ. Mischungen mit 1,5—75% AgBr zeigen typ. Übergangsformen. Mischungen mit 75—100% geben entsprechend ihrer Existenz als kub. *Bromjodsilber* Kurven, die stark nach längeren Wellenlängen hin verschoben sind. — Frisch gefällte Kristalle, dargestellt wie die im Wachstum befindlichen Kristalle, nur mit dem Unterschied, daß sie sofort nach der Fällung abgetrennt u. im Vakuum bei 20° getrocknet wurden. Mit geringen Unterschieden ergeben sich bei den frisch hergestellten Kristallen ähnliche Verhältnisse wie bei den anderen Darstellungsarten. Die Kurve von reinem AgJ zeigt keinen Unterschied. Die Kurve von reinem AgBr ist leicht nach kürzeren Wellenlängen hin verschoben, das Reflexionsvermögen steigt sehr stark an ab 450 mμ, die Kurve biegt zwischen 460 u. 490 mμ um u. steigt noch bis 540 mμ. Übergangsstadien zeigen sich bei Mischungen mit 10 u. 35% AgBr. — Die Versuchsergebnisse demonstrieren, welche Bedeutung dem Einbau kleiner Jodsilbermengen in das AgBr-Gitter zuzuschreiben ist. Die Einführung von AgJ in das AgBr-Gitter bewirkt nicht nur empfindlichkeitssteigernde Störstellen, sondern ruft außerdem noch eine Verschiebung der Absorption nach längeren Wellenlängen hervor. Im Fall der Kristalle in thermodynam. Gleichgewicht tritt mit 40% AgJ eine Verschiebung von 50 mμ ein. Die Änderung der Reflexionskurven durch Einführung von AgJ wird dadurch erklärt, daß Jodionen viel größer sind als Bromionen u. daß sie leichter deformierbar sind als Silberionen. (Sci. Ind. photogr. [2] **26.** 206—11. Juni 1955. Kodak-Pathé, Labor. de Rech.) W. GÜNTHER. 8590

Nils Hansson, *Über das Auflösungsvermögen des photographischen Bildes unter besonderer Berücksichtigung des Entwicklers.* Ausgehend von seinen Unterss. über den EBERHARD-Effekt (vgl. C. **1954.** 1890) befaßt sich Vf. mit Messungen des Auflösungsvermögens (ALV) einer Reihe von ILFORD-Emulsionen (HP 3, Zenith, Thin Film), die in 17 verschied. Entwicklern, z. B. ID 2, 3, 11, 14, 19, 33, 34, 35, 50, 72 u. a. entwickelt wurden. Um festzustellen, ob das ALV von der Art des Lichtes abhängt, wurden die Messungen bei blauem, rotem u. grünem Licht durchgeführt. Ferner wurde die Abhängigkeit des ALV von der relativen Öffnung der Optik bestimmt. — Es scheint keine Beziehung zwischen ALV u. EBERHARD- bzw. KOSTINSKY-Effekt zu bestehen. Die Zus. des Lichtes bei der Beleuchtung des Testobjektes ist von wesentlicher Bedeutung. Der Einfl. der Lichtfarbe ist bei dicken Emulsionsschichten am größten, er tritt nicht so stark in Erscheinung, wenn man Oberflächenentwickler verwendet. Das geringe ALV bei Beleuchtung mit grünem Licht wird mit der geringen Absorption des grünen Lichtes durch die Emulsion erklärt. Das ALV in weißem Licht ist nur etwas geringer als das ALV in blauem Licht. — 46 Literaturangaben. (Ark. Astronomi **1.** Nr. 35. 531—42. 1955.) W. GÜNTHER. 8594

Antoine Hautot und **Henri Sauvenier,** *Über die Wirkung der Chromsäure auf das interne latente Bild von Brom- und Chlorsilberemulsionen.* Vff. untersuchen die Einw. von *Chromsäure* (I) auf das Entwicklungsvermögen von reinen *AgBr*- u. *AgCl*-Emulsionen mit einem mittleren Korndurchmesser von 0,8 μ. Variiert wird die Konz. von I im Bereich von 0,25—10%, die Einwirkungszeit von I auf die Halogensilberemulsionen zwischen 0 u. 216 Min. unter Zusatz von 0—10 g *KBr* bzw. *KCl* pro Liter I. — Schwärzungskurven vgl. Original. Reine I-Lsgg. von einer Konz. $c < 0{,}25\%$ wirken nur auf latente Oberflächenkeime; selbst nach einer Einw. von mehreren Std. wird das interne latente Bild nur ganz leicht angegriffen. Überschreitet die I-Konz. die Schwelle von $c = 0{,}25\%$, so nimmt die Oxydation der Innenkeime mit Erhöhung der I-Konz. u. mit Erhöhung der Einwirkungszeit von I stark zu. Zugabe von KBr bzw. KCl zu I bewirkt die totale Zerstörung des internen latenten Bildes nach einer genügend langen Einwirkungszeit. (Sci. Ind. photogr. [2] **26.** 201—06. Juni 1955. Lüttich, Univ., Labor. de Phys. Gén.) W. GÜNTHER. 8594

Henri Tellez-Plasencia, *Untersuchungen über die durch Röntgenstrahlen erzeugte photographische Schwärzung.* 3. Mitt. *Aufgewandte und nutzbare Energie, Versuche.* (2. vgl. C. **1955.** 4740.) In Fortsetzung früherer Arbeiten (vgl. l. c.) untersucht Vf. die Energiebilanz bei der Belichtung durch Röntgenstrahlung. Es werden Berechnungen über die Energieaufnahme eines Halogensilberkornes angestellt, wenn es bei Belichtung mit Röntgenstrahlen von den durch Absorption eines Photons befreiten Elektronen getroffen wird, u. über die Energie, die in einem solchen Korn verlorengeht. Die Versuchsergebnisse befinden sich in guter Übereinstimmung mit den theoret. Überlegungen. Es ist somit möglich, die Energie zu bestimmen, die notwendig ist, um ein Korn entwickelbar zu machen. (Sci. Ind. photogr. [2] **25.** 225—30. Juni 1954. Centre Nat. de la Rech. Sci., Labor. Central des Serv. Chim. de l'État.) W. GÜNTHER. 8598

Kiyoshi Murobushi, Kiyoshi Kawaguchi und **Eiichi Ashikawa,** *Synthetische Verzögerungsmittel für photographische Emulsionen.* 4. Mitt. *Photographische Eigenschaften von Thiocarbazonderivaten.* (3. vgl. J. chem. Soc. Japan, ind. Chem. Sect. [Kōgyō Kagaku Zassi] **52.** [1950.] 281.) Photograph. Emulsionen werden vor dem 2. Reifevorgang je Mol des in der Emulsion vorhandenen $AgNO_3$ 10^{-4} u. 10^{-5} Mol Thiosemicarbazid, Phenylthiosemicarbazid u. 19 verschied. Thiocarbazone zugesetzt u. die Empfindlichkeit u. Hofbldg. der Emulsionen beobachtet. Als zusätzliche Substanz für Emulsionen sind Aldehydthiosemicarbazone möglicherweise brauchbar. (J. chem. Soc. Japan, ind. Chem. Sect. [Kōgyō Kagaku Zassi] **56.** 373—75. Mai 1953. Tokyo, Konishiroku Photo Ind. Co. [Orig.: japan.]) L. SCHULER. 8600

A. Bernet und **M. R. Chastel,** *Schnellentwicklungsmethode für dicke Kernemulsionen mit „saurem Amidol".* Mitt. eines Verf., nach dem z. B. 400 μ dicke ILFORD-C 2-Platten bei 25° in 40 Min. homogen entwickelt werden können. Der Amidolentwickler wird zu diesem Zweck auf einen so niedrigen p_H-Wert eingestellt, daß eine Entw. erst dann erfolgt, wenn er durch das Hineindiffundieren in die Emulsion einen genügend hohen p_H-Wert erreicht hat. Das Verf. hat besondere Bedeutung in den Fällen, in denen durch eine Bestrahlung das Halogensilber akt. wird. (J. Physique Radium **15.** 781—82. Nov. 1954. Paris, Coll. de France, Labor. de Phys. et Chim. nucl.) H.-J. EICHHOFF. 8618

Eugen Armbruster, *Grundbegriffe der Farbphotographie.* Kurze Einführung in die Grundbegriffe der Farbenphotographie. (Dtsch. Drogisten-Ztg. **9.** 327—28. 15/6. 1954.) W. GÜNTHER. 8630

H. Gordon, *Der gegenwärtige Stand der Direkt–Negativ–Positiv-Farbkopierverfahren in Europa.* 2. Mitt. *Das Positivkopiermaterial und seine Verarbeitung.* (1. vgl. C. **1954.** 930.) Zusammenfassende Beschreibung der Positivmaterialien für das Agfacolor-, Gevacolor-, Ferraniacolor- u. Telcolor-Farbfilmverfahren. Charakterist. Eigg., Filterfragen, Entwicklungsvorschriften. (PSA J., Sect. B **19.** 3—10. Febr. 1953. Stockholm, Schweden, Swedish Colorphoto Corp.) W. GÜNTHER. 8630

Władysław Markocki, *Der Chemismus der neuzeitlichen Photographie in natürlichen Farben.* Überblick über die heute angewandten Verff. mit besonderer Berücksichtigung der Kodachrome- u. der Agfacolor-Photographie. (Wiadomości chem. **6.** 288—306. 1 Farbtafel. Juli 1952. Breslau [Wrocław], Politechn., Kat. Fototechn.) R. K. MÜLLER. 8630

Allan M. Koerner, *Probleme der bei Überprüfung der photographischen Colorprozesse.* Allg. gehaltene Ausführungen über die Prüfmethoden bei Herst. u. Verarbeitung von Kodachromfilm. Neben den sensitometr. Problemen ist die Überwachung der Entwicklerlsgg. von besonderer Bedeutung. (J. SMPTE [Soc. Motion Picture Television Engr.] **63.** 225—30. Dez. 1954. Rochester, N. Y., Eastman Kodak Co., Color Control Div.) W. GÜNTHER. 8630

P. Martinelli und **L. Del Bo,** *Über Farbentwicklersubstanzen.* Vff. untersuchen eine Reihe von Farbentwicklersubstanzen, z. B. *o-Aminophenol, p-Aminophenol, 1-Amino-2-naphthol, 1-Amino-4-naphthol, o-Phenylendiamin, p-Phenylendiamin* u. deren Substitutionsprodd. auf ihr chromogenes Entwicklungsvermögen. Hierbei erweisen sich die in einer Aminogruppe substituierten p-Phenylendiamine in ihrem Entwicklungs- u. Kupplungsvermögen für die prakt. Anwendung am geeignetsten. Farbentwicklerrezepte für Negativ- u. Positivmaterial verschied. Herkunft u. Tabelle der Trivialnamen für Farbentwicklersubstanzen der Firmen AGFA, ANSCO, BENACO, FERRANIA, JOHNSON, KODAK, MAY-BAKER vgl. Original. (Progr. fotografico **62.** 266—68. Juni 1955.) W. GÜNTHER. 8630

Yoshitada Tomoda und **Nobuya Nakamura,** *Über das Ausbleichen des photographischen Farbbildes.* Vff. untersuchen das Ausbleichen von *Indoanilin-* u. *Azomethin*-Farbstoffen, wie sie in der Farbenphotographie Verwendung finden, indem sie die Farbdichte vor u. nach maximal 12std. Belichtung messen. Gelbe Farbstoffe aus *Acetessigsäureanilid* sind wenig beständig. Purpurfarbstoffe aus *p-Nitrobenzylcyanid* sind instabiler als solche aus *Pyrazolonen.* Blaue Farbstoffe sind relativ beständig. Mit Ausnahme von Gelb sind Farbstoffe in modernen Farbfilmschichten im allg. beständiger als versuchsweise hergestellte Farbstoffe. Auch diffusionsfeste Farbstoffe mit langer aliphat. Kette sind, wie an einzelnen Beispielen gezeigt werden kann, gegen Belichtungen empfindlich. — Kurven u. Tabellen vgl. Original. — 8 Literaturangaben. (Rep. Government chem. ind. Res. Inst., Tokyo **50.** 63—69. Febr. 1955. [Orig.: japan.; Auszug: engl. IX.]) W. GÜNTHER. 8630

Harry H. Lerner, *Versuchsergebnisse über das Offset–Collotyp-Verfahren.* Kurzer Überblick über die Entw. des Offset–Collotyp-Verfahrens. Arbeitsweise u. Versuchsprobleme, Bedeutung für die Reproduktion von Luftbildaufnahmen. (Photogr. Sci. Techn. [2] **2.** 91—94. Mai 1955. New York, Triton Press Inc.) W. GÜNTHER. 8646

Herausgeber u. verantwortlich für den Inhalt: Prof. Dr. Maximilian Pflücke, Berlin N 4, Schiffbauerdamm 19, Fernsprecher: 425571. Redaktion: Chefredakteure Dr. Eugen Klever und Prof. Dr. Maximilian Pflücke. Verlag: Akademie-Verlag GmbH, Berlin W 8, Mohrenstraße 39 (Fernsprecher 200386, Postscheckkonto Berlin 35021), u. Verlag Chemie, GmbH, Weinheim/Bergstraße (Fernsprecher 2017 u. 2965, Postscheckkonto Frankfurt/M. 145314 u. Berlin-West 7430). Bestell- u. Verlags-Nr.: 1007/127. Das Chemische Zentralblatt erscheint wöchentlich. Preis des Jahrganges einschl. Autoren-, Patent-, Sach- und Formelregister: DM 680,—; einseitig bedruckte Ausgabe: DM 750,—. Abgabe der Zeitschrift nur mit sämtlichen Registern.
Satz u. Druck: VEB Leipziger Druckhaus, Leipzig, 13/60/89. XII. 55.
Veröffentlicht unter der Lizenznummer 1212 des Amtes für Literatur und Verlagswesen der Deutschen Demokratischen Republik.
Printed in Germany DDR.

Zeitfracht Medien GmbH
Ferdinand-Jühlke-Straße 7
99095 Erfurt, Deutschland
produktsicherheit@kolibri360.de